建筑节点构造与识图手册

杨霖华 赵小云 主编

化学工业出版社
·北京·

内 容 简 介

本书共25章，内容包括基础识图与节点构造、墙体识图与节点构造、钢筋混凝土框架识图与节点构造、钢筋混凝土构造柱抗震识图与节点构造、门窗识图与节点构造、建筑钢结构识图与节点构造、楼梯识图与节点构造、屋面识图与节点构造、建筑接缝与变形缝、其他细部构造、建筑抗震识图与节点构造、建筑防火识图与节点构造、人防工程识图与节点构造、楼地面识图与节点构造、墙柱面识图与节点构造、顶棚识图与节点构造、凸窗及空调外机置放、室外墙面装修识图与节点构造、室外构配件识图与节点构造、外装修做法、给水排水工程识图与节点构造、消防工程识图与节点构造、通风空调工程识图与节点构造、电气工程识图与节点构造、采暖工程识图与节点构造。本书在编写过程中，对于各分部分项工程节点，采用平、立、剖及详图的方式，对重点的节点辅以立体图和实际工程照片的形式表现，线图中对需要重点表达的内容采用双色的形式表现，清晰直观。同时，对重点节点配有视频讲解，以加深读者对于内容的理解和掌握。

本书可供从事建筑工程、装饰工程、安装工程、土木工程、给排水工程、管道工程等施工及技术人员参考使用，也可供从事相关方向的教学、科研人员参考，还可作为相关专业的高职高专、本科生、研究生的教材或参考用书。

图书在版编目（CIP）数据

建筑节点构造与识图手册/杨霖华，赵小云主编．—北京：化学工业出版社，2022.7

ISBN 978-7-122-41185-3

Ⅰ.①建… Ⅱ.①杨…②赵… Ⅲ.①建筑构造-节点-手册②建筑制图-识图-手册 Ⅳ.①TU22-62②TU204-62

中国版本图书馆CIP数据核字（2022）第059570号

责任编辑：彭明兰　　文字编辑：冯国庆

责任校对：刘曦阳　　装帧设计：刘丽华

出版发行：化学工业出版社（北京市东城区青年湖南街13号　邮政编码100011）

印　　装：大厂聚鑫印刷有限责任公司

787mm×1092mm　1/16　印张41　字数995千字　2023年1月北京第1版第1次印刷

购书咨询：010-64518888　　售后服务：010-64518899

网　　址：http://www.cip.com.cn

凡购买本书，如有缺损质量问题，本社销售中心负责调换。

定　　价：99.00元

编写人员名单

主　编： 杨霖华　赵小云

副主编： 蒋亮亮　刘　栋　王平强　陈红青

参　编： 李　申　王宇华　吕晓锋　曹冬梅
张茜茜　刘　嘉　栗　克　刘洪波
刘　传　王庆杰　毛静娜　罗云飞
余国立　付泽红　程新想　周　栋
房梦思　周梦迪　刘　瀚　李　晨

前言

建筑节点构造做法即建筑构造的细部做法，就是把房屋构造中局部要体现清楚的细节用较大比例绘制出来，表达出构造做法、尺寸、构配件相互关系和建筑材料等。相对于平立剖图样而言，建筑节点图是一种辅助图样。随着城市建设的发展，各类工程施工规模逐渐扩大，施工技术水平不断提高，新技术、新工艺、新设备、新材料不断涌现，对施工企业及施工人员提出了更高的要求，无论是管理层还是技术人员以及施工一线人员，如果对细部节点及构造能够做到清晰明了，那么组合起来之后对施工的过程操作就会更加得心应手，即所谓“因小见大”。正是如此，为了便于专业技术人员系统学习、查找施工节点与构件识图等技术方面的有关数据和资料，我们特组织编写了本手册。

本书主要依据《建筑制图标准》（GB/T 50104—2010）、《建筑工程抗震设防分类标准》（GB 50223—2008）、《房屋建筑制图统一标准》（GB/T 50001—2017）、《多、高层民用建筑钢结构节点构造详图》（16G519）、《钢结构连接施工图示（焊接连接）》（15G909-1）、《钢与混凝土组合楼（屋）盖结构构造》（05SG522）、《民用建筑设计统一标准》（GB 50352—2019）、《建筑电气工程施工质量验收规范》（GB 50303—2015）、《民用建筑供暖通风与空气调节设计规范》（GB 50736—2012）等相关规范进行编写。

本书共25章，内容包括基础识图与节点构造、墙体识图与节点构造、钢筋混凝土框架识图与节点构造、钢筋混凝土构造柱抗震识图与节点构造、门窗识图与节点构造、建筑钢结构识图与节点构造、楼梯识图与节点构造、屋面识图与节点构造、建筑接缝与变形缝、其他细部构造、建筑抗震识图与节点构造、建筑防火识图与节点构造、人防工程识图与节点构造、楼地面识图与节点构造、墙柱面识图与节点构造、顶棚识图与节点构造、凸窗及空调外机置放、室外墙面装修识图与节点构造、室外构配件识图与节点构造、外装修做法、给水排水工程识图与节点构造、消防工程识图与节点构造、通风空调工程识图与节点构造、电气工程识图与节点构造、采暖工程识图与节点构造。相比于同类书，本书具有以下特色。

（1）内容全面。内容涵盖基础、墙体、钢筋混凝土框架、构造柱、门窗、钢结构、楼梯、屋面、变形缝、其他附件、抗震、防火、人防工程、楼地面、墙柱面、顶棚、凸窗、室外墙面和构配件、外装修、给排水、消防工程、通风空调工程、电气工程、采暖工程等的识图与构造知识。

（2）直观易懂。对于各分部分项工程节点，采用平、立、剖及详图的方式，对重点的节点辅以立体图和实际工程照片的形式表现，线图中对要重点表达的内容采用双色的形式表现，清晰直观。

（3）内容可视化。对重点节点构造配有视频讲解，加深读者对于内容的理解和掌握。

（4）提供增值服务。创建在线答疑QQ群，跟踪答疑服务，全程贴心指导，不懂即问，有问必答，解决读者后顾之忧。

本书在编写过程中得到了有关高等院校、建设主管部门、建设单位、工程咨询单位、设计单位、施工单位等方面的领导和工程技术、管理人员，以及对本书提供宝贵意见和建议的学者、专家的大力支持，在此向他们表示由衷的感谢！

由于编者水平有限，书中难免有不妥之处，望广大读者批评指正。如有疑问，可发邮件至zjyjr1503@163.com或是申请加入QQ群909591943与编者联系。

编　者

2022年6月

目录

第1章 01 基础识图与节点构造

第2章 02 墙体识图与节点构造

第3章 钢筋混凝土框架识图与节点构造

第4章 钢筋混凝土构造柱抗震识图与节点构造

第5章 05 门窗识图与节点构造

第6章 06 建筑钢结构识图与节点构造

第7章 07 楼梯识图与节点构造

第8章 08 屋面识图与节点构造

第9章 09 建筑接缝与变形缝

第10章 10 其他细部构造

第11章 11 建筑抗震识图与节点构造

第12章 建筑防火识图与节点构造

第13章 人防工程识图与节点构造

第14章 楼地面识图与节点构造

第15章 墙柱面识图与节点构造

第16章 顶棚识图与节点构造

第17章 凸窗及空调外机置放

第18章 室外墙面装修识图与节点构造

第19章 室外构配件识图与节点构造

第20章 外装修做法

第21章 给水排水工程识图与节点构造

第22章 22 消防工程识图与节点构造

通风空调工程识图与节点构造

第24章 电气工程识图与节点构造

第25章 采暖工程识图与节点构造

参考文献

第1章 基础识图与节点构造

1.1 基础概要

扫码看视频

基础

任何建筑物都要建造在土层（或岩石）上面。土层受到压力后会产生压缩变形，其压缩程度比其他一些建筑材料（如砖、混凝土）大得多。为了控制建筑物的下沉和保证它的稳定性，就需要将建筑物与土接触部分的底面积适当扩大，也就是要比柱和墙身的横断面尺寸大一些，以减小建筑物与土的接触面积上的压强。人们将建筑物埋在地面以下的这一部分叫做基础；而将承受由基础传来的荷载的土层叫做地基。

屋顶荷载由屋面梁传给墙，再传给基础；楼面荷载由楼板传给梁，然后由梁传给墙和柱，再传给基础。最后，全部荷载，包括墙、柱自重在内，都由基础传给地基。也就是说基础是建筑物的组成部分，如图1-1所示。它承受建筑物上部结构传下来的全部荷载，并把这些荷载连同本身的重量一起传到地基上。因此，要求地基具有足够的承载能力。每平方米地基所能承受的最大垂直压力称为地基承载力。在进行结构设计时，必须计算基础下面的地基承载力，只有基础底面受到的平均压力不超过地基承载力才能确保建筑物安全稳定。

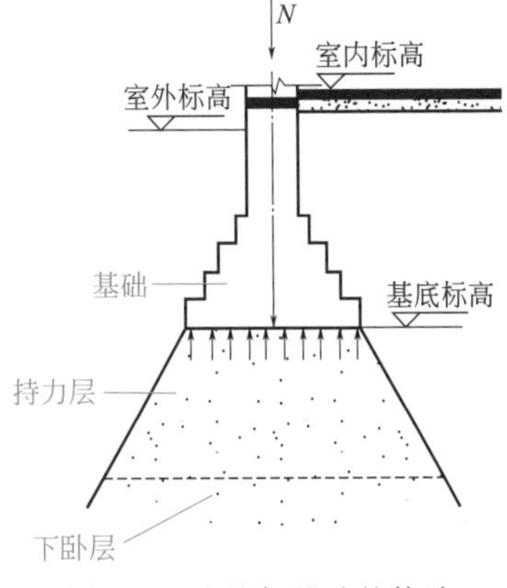

图1-1　地基与基础的构造

N—建筑的总荷载

1.2 基础功能和设计要求

(1) 地基应具有足够的承载力和均匀程度

建筑物应尽量选择地基承载力较高而且均匀的地段，如岩石、碎石等。地基土质应均匀，否则基础处理不当，会使建筑物发生不均匀沉降，引起墙体开裂，严重时甚至会影响建筑物的正常使用。

(2) 基础应具有足够的强度和耐久性

基础是建筑物的重要承重构件，它承受着上部结构的全部荷载，是建筑物安全的重要保证。因此，基础必须有足够的强度，才能保证其将建筑物的荷载可靠地传给地基。基础埋于地下，建成后检查和维修困难，所以在选择基础的材料与构造形式时，应考虑其耐久性与上部结构相适应。

(3) 造价经济合理

基础工程占建筑总造价的10%～40%，降低基础工程的造价是减少建筑总投资的有效方法。这就要求选择土质好的地段，以减少地基处理的费用。需要特殊处理的地基，也要尽量选用当地材料及合理的构造形式。

1.3 地基与土层

地基不是建筑物的组成部分，它只是承受由基础传来的荷载的土层。地基承受建筑物荷载而产生的应力和应变随着土层深度的增加而减小，在达到一定深度后就可忽略不计。直接承受建筑物荷载而需要进行压力计算的土层为持力层，持力层以下的土层为下卧层，如图1-1所示。

在建筑中，将建筑上部结构所承受的各种荷载传到地基上的结构构件称为基础。支承基础的土体或岩体称为地基。地基可分为天然地基和人工地基两大类。

1.3.1 土壤性质和工程分类

不同类别的工程，对土的物理和力学性质的研究重点及深度都各自不同。对沉降限制严格的建筑物，需要详细掌握土和土层的压缩固结特性；天然斜坡或人工边坡工程，需要有可靠的土抗剪强度指标；土作为填筑材料时，其粒径级配和压密击实性质是主要参数。土的形成年代和成因对土的工程性质有很大影响，不同成因类型的土，其力学性质会有很大差别。各种特殊土（黄土、软土、膨胀土、多年冻土、盐渍土和红黏土等）又各有其独特的工程性质。

1.3.2 天然地基

如果天然土层具有足够的承载力，不需要经过人工改良和加固，即可直接承受建筑物的全部荷载并满足变形要求，就可称这种地基为天然地基。岩石、碎石土、砂土、粉土、黏性土等，一般均可作为天然地基。

1.3.3 人工地基

当土层的承载能力较低或虽然土层较好，但因上部荷载较大，土层不能满足承受建筑物荷载的要求时，必须对土层进行处理，以提高其承载能力，改善其变形性质或渗透性质，这种经过人工方法进行处理的地基称为人工地基。人工地基的常见处理方法有压实法、换土法和打桩法。

（1）压实法

压实法是指利用各种机械对土层进行夯打、碾压、振动，挤压土壤，排走土中的空气，从而提高地基的强度，降低其透水性和压缩性。例如夯实法、重锤夯实法、机械碾压法等，如图 1-2 所示。

（2）换土法

换土法是指将地基中的软弱土全部或部分挖除，换以承载力高的好土。例如采用砂石、灰土、工业废渣等强度较高的材料，置换地基软弱土。换土法加固地基如图 1-3 所示。

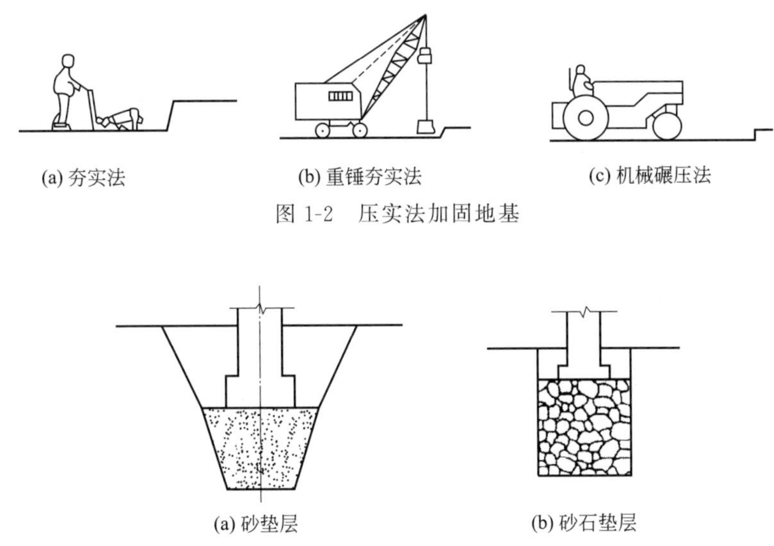

(a) 夯实法　(b) 重锤夯实法　(c) 机械碾压法

图 1-2　压实法加固地基

(a) 砂垫层　(b) 砂石垫层

图 1-3　换土法加固地基

（3）打桩法

打桩法是指将砂桩、钢桩或钢筋混凝土桩打入或灌入土中，将土壤挤实或将桩打入地下坚实的土壤层上，以提高土壤的承载能力。由于房屋的全部荷载都作用到桩上，所以也称为桩基础。

1.4 基础埋置深度及影响因素

（1）基础埋置深度

基础埋置深度，简称基础埋深，是指从设计室外地面至基础底面的垂直距离，如图 1-4 所示。基础按其埋深大小分为浅基础和深基础。基础埋深不超过 5m 时称为浅基础。如浅层土质不良，须将基础埋深加大，此时须采取一些特殊的施工手段和相应的基础形式来修建，如桩基、沉箱、沉井和地下连续墙等，这样的基础称为深基础。

（2）影响基础埋置深度的因素

基础埋深的大小关系到地基是否可靠、施工难易及造价高低。影响基础埋深的因素很多，其主要影响因素如下。

① 建筑物的使用要求、基础形式及荷载　当建筑物设置地下室、设备基础或地下设

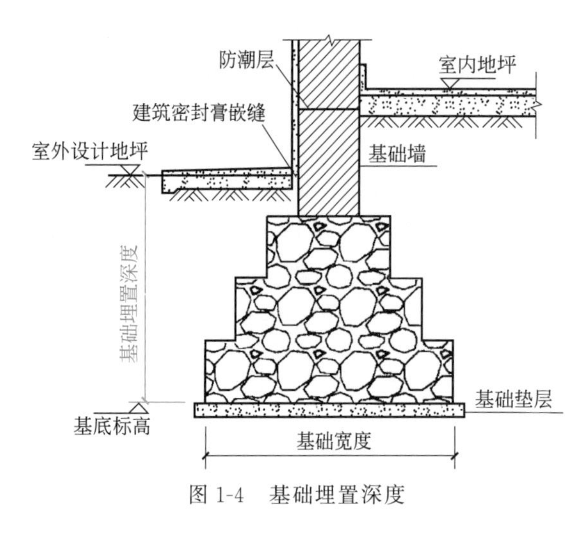

图 1-4　基础埋置深度

施时，基础埋深应满足其使用要求；高层建筑基础埋深随建筑高度的增加适当增大，才能满足稳定性要求；荷载大小和性质也影响基础埋深，一般荷载较大时应加大埋深；受向上拔力的基础，应有较大埋深以满足抗拔力的要求。

② 工程地质和水文地质条件　基础应建造在坚实可靠的地基上，而不能设置在承载力低、压缩性高的软弱土层上。在满足地基稳定和变形要求的前提下，基础尽量浅埋，但通常不浅于 0.5m。如浅层土作持力层不能满足要求，可考虑深埋，但应与其他方案比较。当地基软弱土层在 2m 内，下卧层为压缩性低的土时，一般应将基础埋在下卧层上；如软弱土层厚度为 2～5m，低层轻型建筑应争取将基础埋于表层软弱土层内，可加宽基础，必要时也可用换土、压实等方法进行地基处理；如软弱土层厚度大于 5m，低层轻型建筑应尽量浅埋于软弱土层内，必要时可加强上部结构或进行地基处理；如地基土由多层土组成且均属于软弱土层或上部荷载很大时，常采用深基础方案，如桩基等。按地基条件选择埋深时，还经常要求从减少不均匀沉降的角度来考虑；当土层分布明显不均匀或各部分荷载差别很大时，同一建筑物可采用不同的埋深来调整不均匀沉降量。

若存在地下水，在确定基础埋深时一般应考虑将基础埋于最高地下水位以上不小于 200mm 处，如图 1-5(a) 所示。当地下水位较高，基础不能埋置在地下水位以上时，宜将基础埋置在最低地下水位以上不少于 200mm 的深度，且应同时考虑施工时基坑的排水和坑壁的支护等因素，如图 1-5(b) 所示。地下水位以下的基础，选材时应考虑地下水是否对基础有腐蚀性，如有则应采取防腐措施。

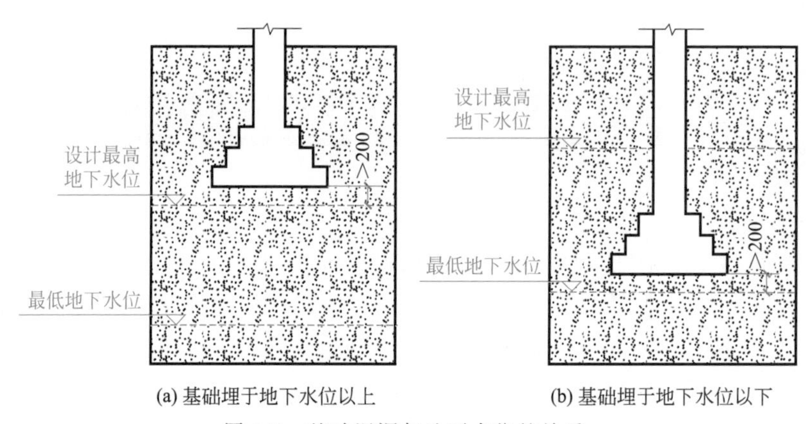

(a) 基础埋于地下水位以上　(b) 基础埋于地下水位以下

图 1-5　基础埋深与地下水位的关系

③ 土的冻结深度　粉砂、粉土和黏性土等细粒土具有冻胀现象，冻胀会将基础向上拱起；土层解冻，基础又下沉，使基础处于不稳定状态。冻融得不均匀会使建筑物产生变

形，严重时产生开裂等破坏情况，因此建筑物基础应埋置在冰冻层以下并不小于200mm处，如图1-6所示。

④ 相邻建筑物的埋深　新建建筑物基础埋深不宜大于相邻原基础埋深，当埋深大于原有建筑物基础时，基础间的净距应根据荷载大小和性质等确定，一般为相邻基础底面高差的1～2倍，如图1-7所示。当不能满足要求时，应采用加固原有地基或分段施工、设临时加固支撑、打板桩、设置地下连续墙等施工措施。

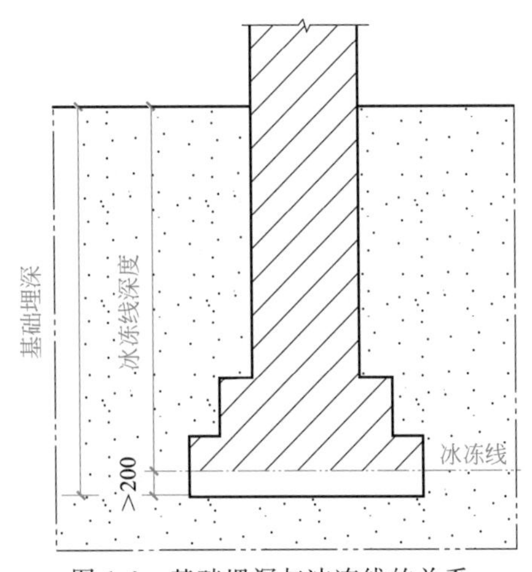

图1-6　基础埋深与冰冻线的关系

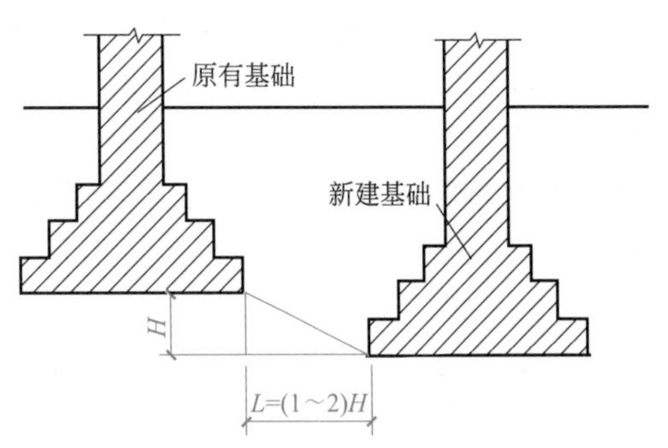

图1-7　基础埋深与相邻基础的关系

1.5　基础施工图识图

1.5.1　基础设计等级

地基基础设计应根据地基复杂程度、建筑物规模和功能特征以及由于地基问题可能造成建筑物破坏或影响正常使用的程度分为三个设计等级，设计时应根据具体情况，按照《建筑地基基础设计规范》（GB 50007—2011）中相关内容选用，见表1-1。

表1-1　地基基础设计等级

设计等级	建筑和地基类型
甲级	重要的工业与民用建筑物 30层以上的高层建筑物 体型复杂、层数相差超过10层的高低层连成一体的建筑物 大面积的多层地下建筑物(如地下车库、商场、运动场等) 对地基变形有特殊要求的建筑物 复杂地质条件下的坡上建筑物(包括高边坡) 对原有工程影响较大的新建建筑物 场地和地基条件复杂的一般建筑物 位于复杂地质条件及软土地区的二层及二层以上地下室的基坑工程 开挖深度大于15m的基坑工程 周边环境条件复杂、环境保护要求高的基坑工程

续表

设计等级	建筑和地基类型
乙级	除甲级、丙级以外的工业与民用建筑物 除甲级、丙级以外的基坑工程
丙级	场地和地基条件简单、荷载分布均匀的七层及七层以下民用建筑物及一般工业建筑物；次要的轻型建筑物 非软土地区且场地地质条件简单、基坑周边环境条件简单、环境保护要求不高且开挖深度小于5.0m的基坑工程

1.5.2 建筑场地

应选择对抗震有利的场地和避开抗震不利的场地进行建设，以大大地减轻地震灾害。但是，建筑场地的选择受到地震以外的许多因素的制约，除抗震极不利和严重危险性的场地以外，一般是不能排除其他场地作为建筑用地的。这样，就有必要将建筑场地按其对建筑物地震作用的强弱和特征进行分类，以便根据不同的建筑场地类别采用相应的设计参数，进行建筑物的抗震设计。

(1) 建筑场地的地震影响

不同场地上建筑物的震害差异是很明显的，且因地震大小、工程地质条件而不同。对过去建筑物震害现象进行总结后发现以下规律性的特点：在软弱地基上，柔性结构最容易遭到破坏，刚性结构表现较好；在坚硬地基上，柔性结构表现较好，而刚性结构表现不一，有的表现较差，有的又表现较好，常常出现矛盾现象。在坚硬地基上，建筑物的破坏通常是因结构破坏而产生的，在软弱地基上，有时是由于结构破坏而有时是由于地基破坏而产生的。就地面建筑物总的破坏现象来说，在软弱地基上的破坏比坚硬地基上的破坏要严重。不同覆盖层厚度上的建筑物，其震害表现明显不同。

(2) 建筑场地类别

建筑场地类别是场地条件的表征，根据上述场地的地震影响、场地土层的固有周期与场地地震效应的研究，《建筑抗震设计规范》(GB 50011—2010) 对建筑场地采用了等效剪切波速 v_{se} 和覆盖层厚度作为评定指标的两参数分类方法。建筑场地类别共分为4类(其中Ⅰ类分为$Ⅰ_0$、$Ⅰ_1$两个亚类)，并按表1-2进行确定。《建筑抗震设计规范》(GB 50011—2010) 还规定，当有可靠的剪切波速和覆盖层厚度且其值处于表1-2中所列场地类别的分界线附近时，为解决场地类别突变而带来的计算误差，应允许按插值方法确定地震作用计算所用的设计特征周期。

表1-2　各类建筑场地的覆盖层厚度　　单位：m

岩石的剪切波速或土的等效剪切波速/(m/s)	场地类别				
	$Ⅰ_0$	$Ⅰ_1$	Ⅱ	Ⅲ	Ⅳ
$v_s>800$	0				
$800\geq v_s>500$		0			
$500\geq v_{se}>250$		<5	≥5		
$250\geq v_{se}>150$		<3	3～50	>50	
$v_{se}\leq 150$		<3	3～15	15～80	>80

注：表中 v_s 表示岩石的剪切波速。

1.5.3 基础施工图

基础施工图通常包括基础平面图和基础详图，是用来表示房屋地面以下基础部分的平面布置和详细构造的图样。它是进行施工放线、基槽开挖和砌筑的主要依据，也是施工组织和预算的主要依据。

1.5.3.1 基础平面图

假想用一个水平剖切面，沿建筑物首层室内地面把建筑物水平剖开，移去剖切面以上的建筑物和回填土，向下作水平投影，所得到的图称为基础平面图。基础平面图的剖视位置在室内地面（正负零）处，一般不得因对称而只画一半。被剖切的墙身（或柱）用粗实线表示，基础底宽用细实线表示。它主要表示基础的平面布置以及墙、柱与轴线的关系。

条形基础平面图的主要内容及阅读方法如下。

（1）图名、比例和轴线

基础平面图的绘图比例、轴线编号及轴线间的尺寸必须与建筑平面图一样，如图 1-8 所示。

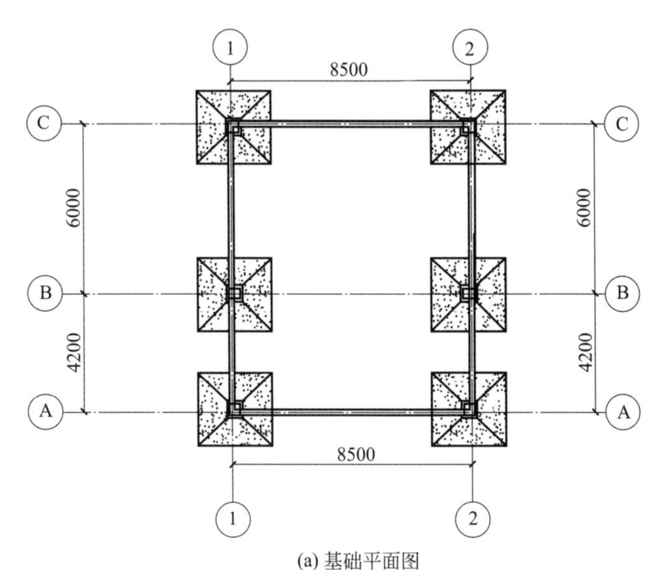

(a) 基础平面图

(b) 基础平面图软件绘图

图 1-8 基础平面图绘图对比

基础的平面布置，即基础墙、柱和基础底面的形状、大小及其与轴线的关系，如图 1-9 所示。

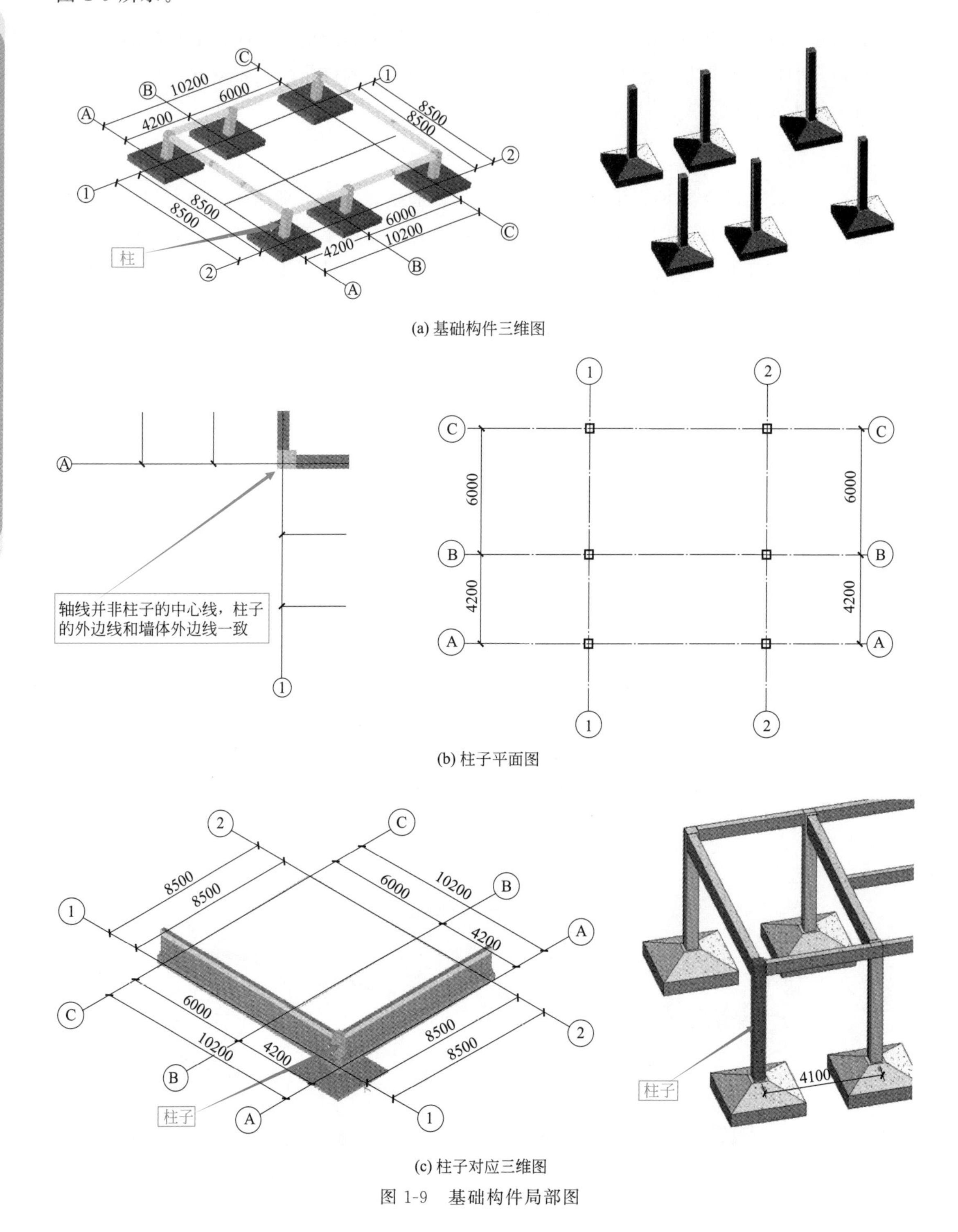

(a) 基础构件三维图

(b) 柱子平面图

(c) 柱子对应三维图

图 1-9　基础构件局部图

(2) 基础梁的位置和代号

主要了解基础哪些部位有梁，根据代号可以统计梁的种类、数量和查阅梁的详图，如

图 1-10 所示。

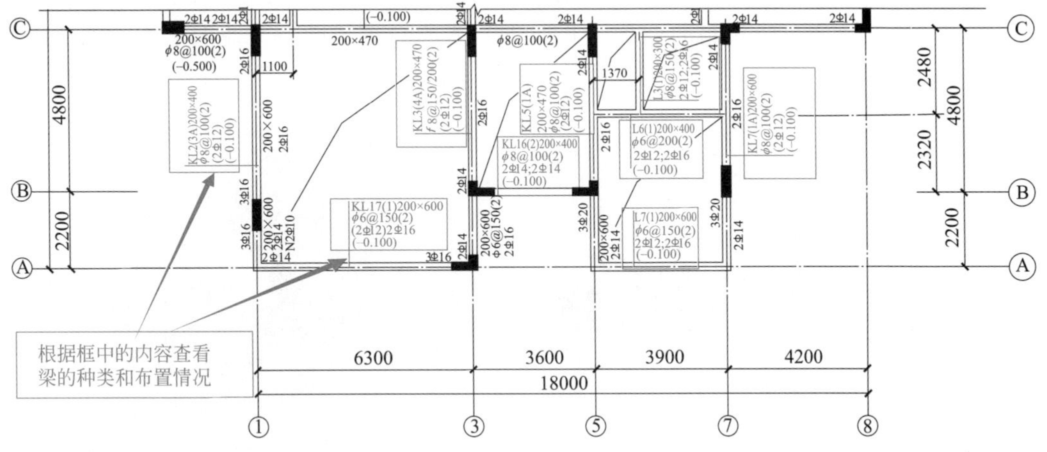

(a) 基础1梁平面图

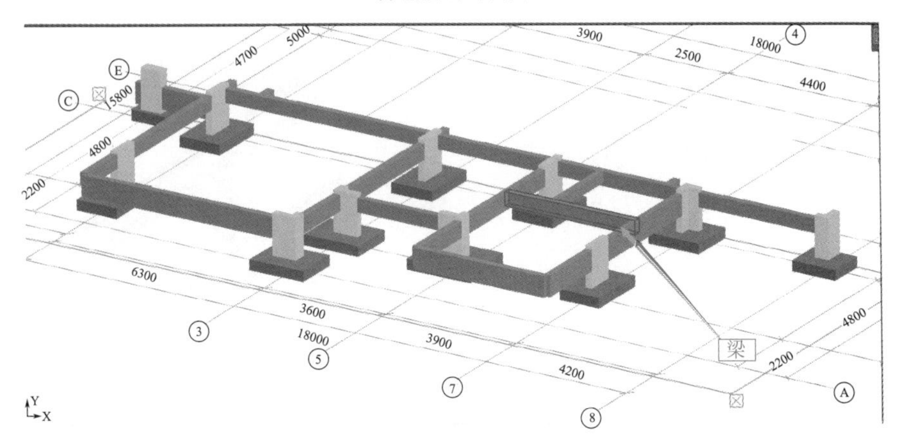

(b) 基础1梁立面图(局部)

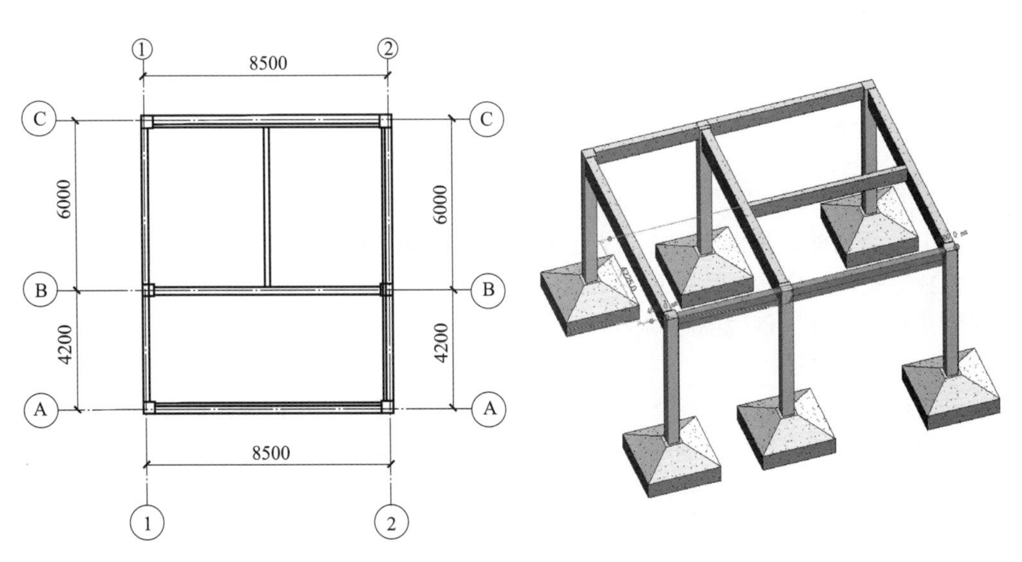

(c) 基础2梁平面图　　(d) 基础2梁立面图

图 1-10　基础梁位置和代号图

(3) 地沟与孔洞

由于给水、排水的要求，常常设置地沟或在地面以下的基础墙上预留孔洞。在基础平面图中用虚线表示地沟或孔洞的位置，并注明大小及洞底的标高。地沟示意图如图 1-11 所示。

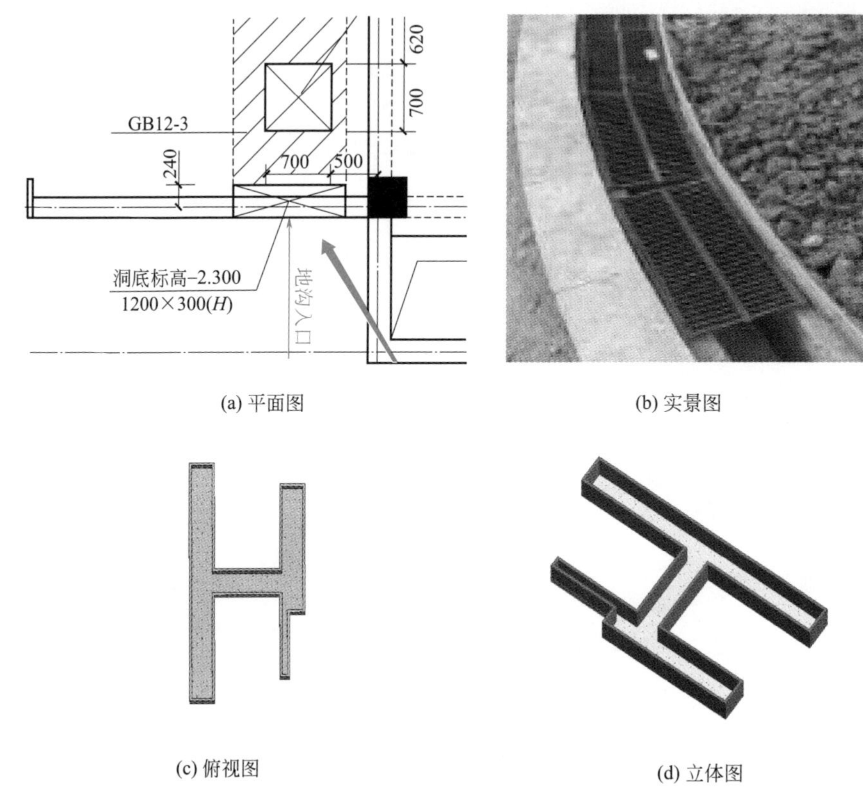

(a) 平面图　(b) 实景图

(c) 俯视图　(d) 立体图

图 1-11　地沟示意图

(4) 基础平面图中剖切符号及其编号

在不同的位置，基础的形状、尺寸、埋置深度及与轴线的相对位置不同，需要分别画出它们的断面图（基础详图）。在基础平面图中要相应地画出剖切符号，并注明断面图的编号，如图 1-12 所示。

1.5.3.2　基础详图

不同类型的基础，其详图的表示方法有所不同。如条形基础的详图一般为基础的垂直剖面图；独立基础的详图一般应包括平面图和剖面图。

现以某建筑基础为例说明基础详图，其基础平面图如图 1-13 所示。

(1) 条形基础详图

条形基础详图就是假想用剖切平面垂直剖切基础，用较大比例画出的断面图。它用于表示基础的断面形状、尺寸、材料、构造及基础埋置深度等内容。

图 1-13 中条形基础 1—1 的详图如图 1-14 所示，其阅读方法及步骤如下。

① 此基础详图给出 1—1 基础剖面图和三维示意图，其基础底面宽度为 900mm。为保护基础的钢筋，同时也为施工时铺设钢筋弹线方便，基础下面设置 C15 素混凝土垫层 100mm 厚，每侧超出基础底面各 100mm。

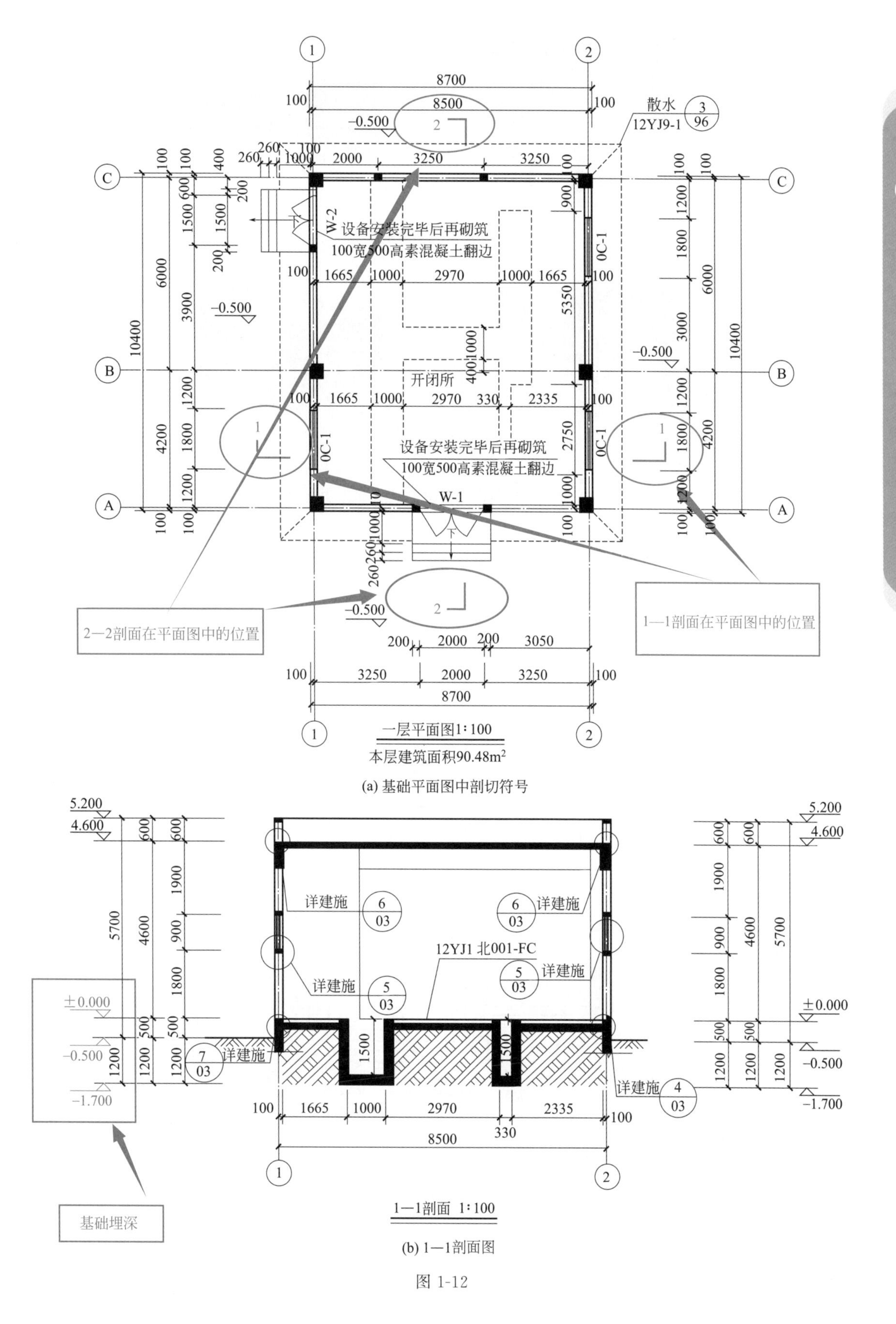

(a) 基础平面图中剖切符号

(b) 1—1剖面图

图 1-12

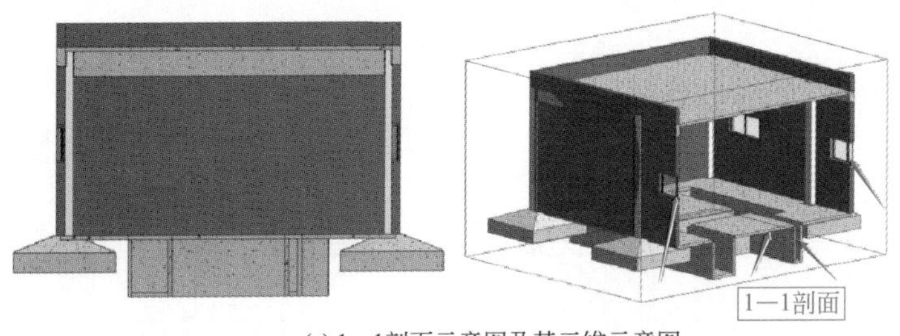

(c) 1—1剖面示意图及其三维示意图

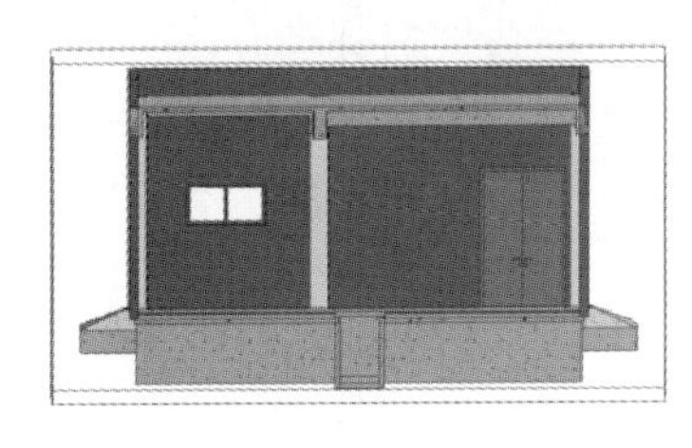

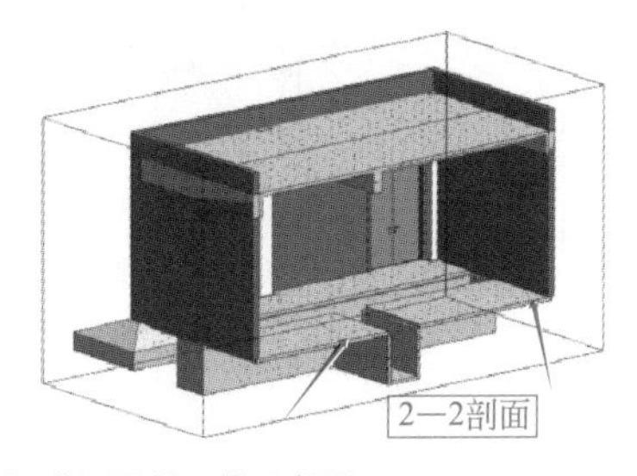

(d) 2—2剖面示意图及其三维示意图

图 1-12　基础平面图中剖切符号及其编号

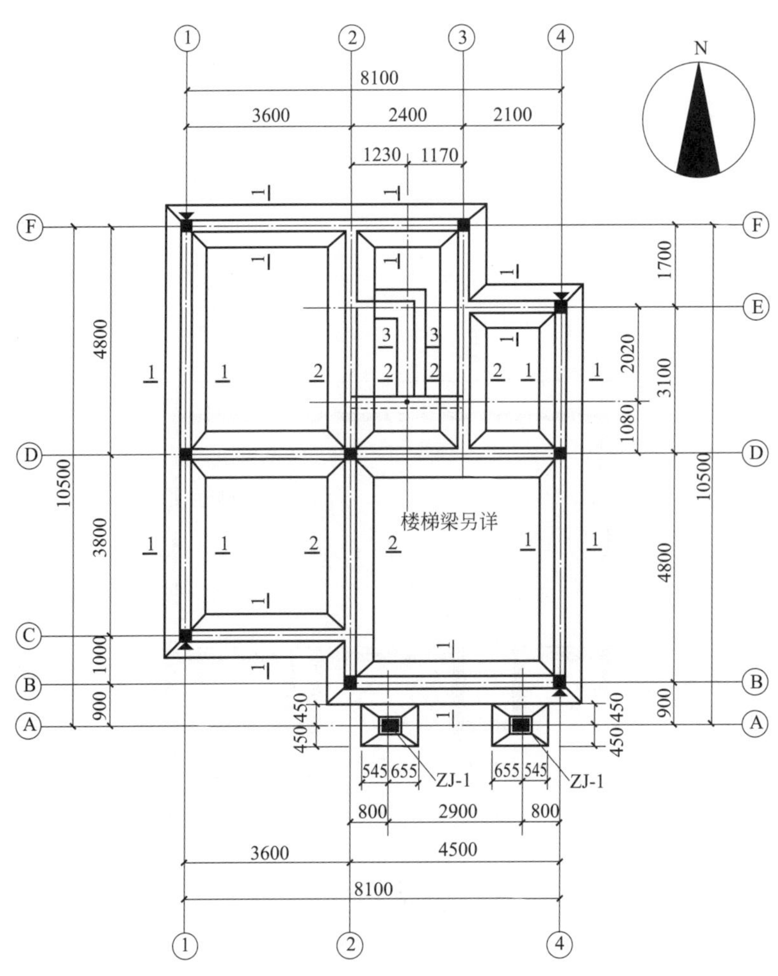

图 1-13　某建筑基础平面图

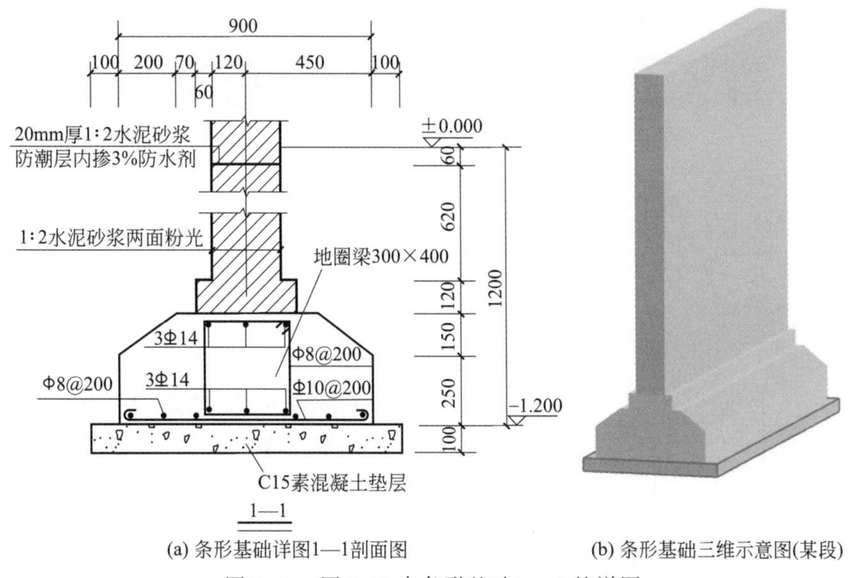

(a) 条形基础详图1—1剖面图　　(b) 条形基础三维示意图(某段)

图 1-14　图 1-13 中条形基础 1—1 的详图

② 基础埋置深度。基础底面即垫层顶面标高为－1.200m，埋深应以室外地坪计算，在基础开挖时必须要挖到这个深度。

③ 从 1—1 剖面基础详图中，可以看到沿基础纵向排列着间距为 200mm、直径为 8mm 的Ⅰ级通长钢筋，间距为 200mm、直径为 10mm 的Ⅱ级排列钢筋。该基础的地梁内，沿基础延长方向排列着 6 根直径为 14mm 的通长钢筋，间距为 200mm、直径为 8mm 的Ⅰ级箍筋。还可以看出基础梁的截面尺寸为 300mm×400mm，基础墙体厚为 240mm。

(2) 独立基础详图

对于钢筋混凝土独立基础详图，一般应画出平面图和剖面图，用以表达每个基础的形状、尺寸和配筋情况。

图 1-13 中柱下独立基础 ZJ-1 的详图如图 1-15 所示，现在对该图进行识读。

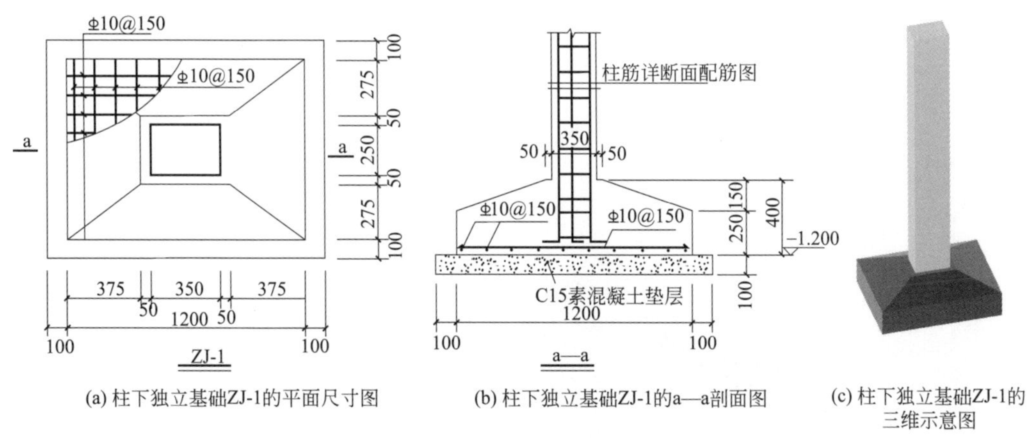

(a) 柱下独立基础ZJ-1的平面尺寸图　　(b) 柱下独立基础ZJ-1的a—a剖面图　　(c) 柱下独立基础ZJ-1的三维示意图

图 1-15　图 1-13 中柱下独立基础 ZJ-1 的详图

由图 1-15 可以看出，该基础采用倒锥形现浇混凝土独立基础，基础截面为 1200mm×900mm，基础高为 400mm，基础为矩形截面，基础下部配有的双向钢筋均为Φ10@150。基础垫层宽度为 1400mm×1100mm，采用 C15 素混凝土，厚度为 100mm。

1.6 基础类型与节点构造

1.6.1 常用刚性基础

刚性基础是指由砖石、毛石、素混凝土、灰土等刚性材料制作的基础。这种基础抗压强度高而抗拉强度和抗剪强度低。为满足地基允许承载力的要求，需要加大基础底面积，基础底面尺寸的放大应根据材料的刚性角来决定。刚性角是指基础放宽的引线与墙体垂直线之间的夹角，如图 1-16 所示的 α 角。凡受刚性角限制的基础都为刚性基础。

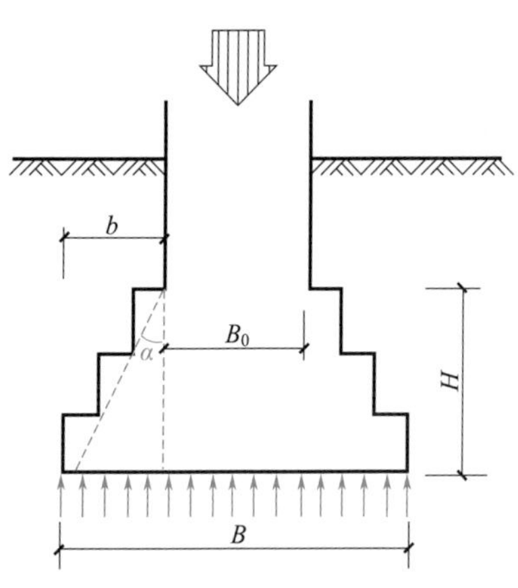

图 1-16 刚性基础的受力、传力特点

b—基础顶面宽度；B—基础底面宽度；α—刚性角；B_0—基础顶面的墙体宽度或柱脚宽度；H—基础高度

(1) 砖基础

砖基础适用于地基土质好、地下水位低、5 层以下的多层混合结构民用建筑。

砖基础一般砌为台阶形状，称为大放脚，如图 1-17 所示。通常砌成每两皮砖一收，每次收进 1/4 砖（60mm），称为等高式，如图 1-17(a) 所示；也可砌成两皮砖间隔收一皮砖，即两皮一收及一皮一收交错进行，如图 1-17(b) 所示。

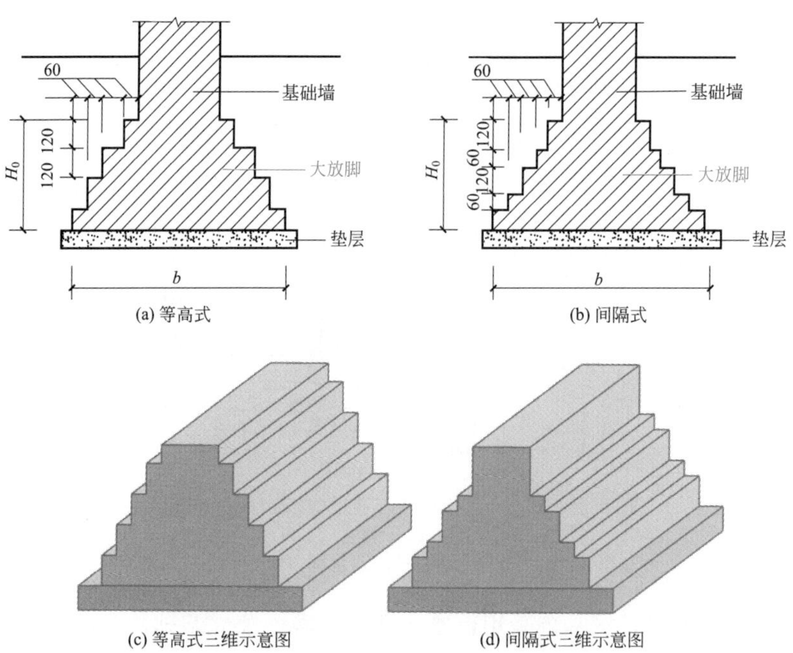

图 1-17 砖砌大放脚条形基础

b—基础宽度；H_0—基础高度

砖基础的大放脚下需加设垫层。垫层尺度是根据上部结构荷载和地基承载力的大小及材料来确定的。如地基是老土时，一般在大放脚下铺30～50mm厚水泥砂浆起找平作用的垫层。若上部荷载较大或地基较弱，北方地区多用450mm厚三七灰土（石灰：黄土为3：7，体积比）作为传力垫层。在南方潮湿地区多采用1：3：6（石灰：炉渣：碎石或碎砖，体积比）的三合土作为传力垫层，厚度不小于300mm。

（2）毛石基础

毛石基础如图1-18所示，适用于地下水位较高、冻结深度较深、单层或6层以下的多层民用建筑。

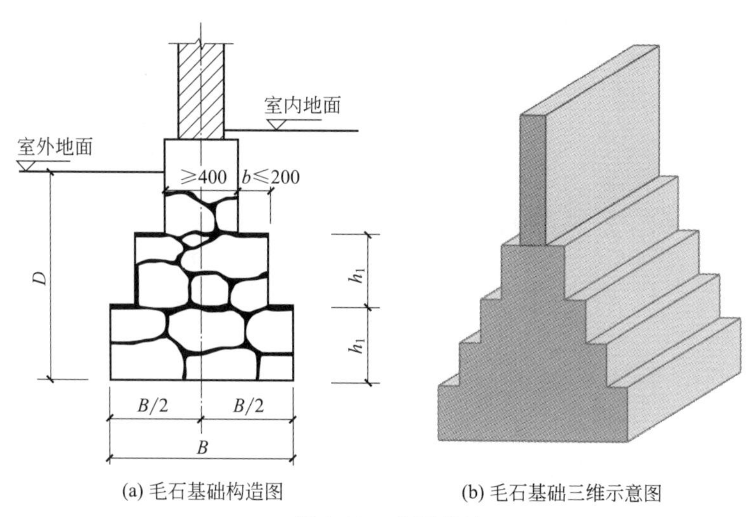

(a) 毛石基础构造图　(b) 毛石基础三维示意图

图1-18　毛石基础

毛石基础的毛石厚度和宽度不得小于150mm，长度为宽度的1.5～2.5倍，强度等级不低于MU25。其做法有两种：一种是在基坑内先铺一层高约400mm的毛石后，灌以M2.5砂浆，分层施工，这称为毛石灌浆基础；另一种是边铺砂浆边砌毛石，称为浆砌毛石基础。两种做法均要求毛石大小交错搭配，使灰缝错开。同时在砌毛石时，基础四周回填土应边砌边填、分层夯实。毛石基础剖面形式一般为矩形，墙厚为240～370mm时，一般做成基础宽度500～600mm、基础高度900mm的矩形剖面。若基础高度大于100mm，则基础宽度B相应加宽，其比值应按石材刚性角放阶，一般不宜超过三阶。

毛石基础的耐久性和抗冻性很强，但毛石基础的毛石间黏结依靠砂浆，结合力较差，因而砌体强度不高。

（3）灰土基础

灰土基础是指石灰与黏土按照3：7（或2：8）的体积比，在最佳含水量情况下拌和均匀，然后分层铺设夯实（或压实）而成，如图1-19所示。灰土基础适用于地下水位低、冻结深度较浅的南方、4层以下的民用建筑。

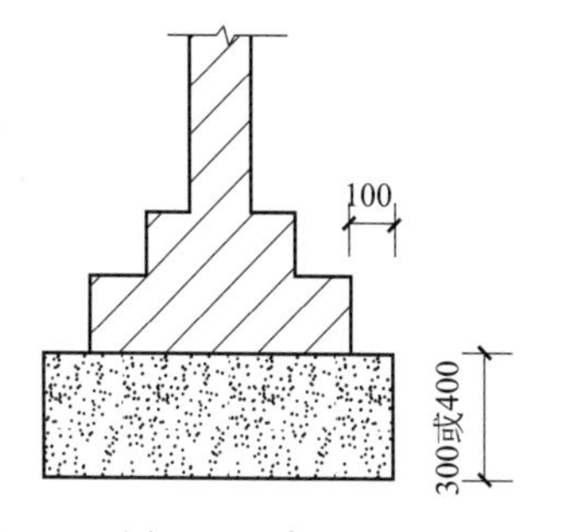

图1-19　灰土基础

（4）混凝土基础

这种基础适用于潮湿的地基或有水的基槽中，多采用强度等级为C15的混凝土浇筑而成，一般包括锥形和台阶形两种形式，如图 1-20 所示。

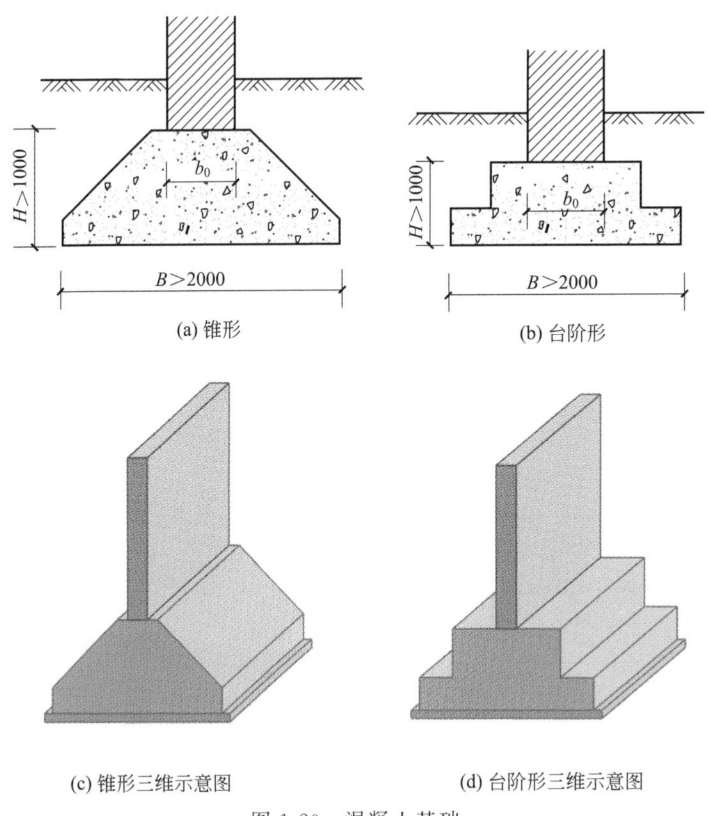

(a) 锥形　(b) 台阶形

(c) 锥形三维示意图　(d) 台阶形三维示意图

图 1-20　混凝土基础

B—基础宽度；H—基础高度；b_0—墙（柱）的宽度

混凝土的刚性角 α 为 45°，阶梯形断面台阶宽高比应小于 1∶1 或 1∶1.5，台阶高度为 300～400mm；锥形断面斜面与水平夹角 β 应大于 45°，基础最薄处一般不小于 200mm。混凝土基础底面应设置垫层，垫层的作用是找平和保护钢筋，常用 C15 混凝土，厚度为 100mm。

1.6.2　常用柔性基础

钢筋混凝土基础称为柔性基础。钢筋混凝土的抗弯和抗剪性能良好，可在上部结构荷载较大、地基承载力不高等情况下使用，这类基础的高度不受台阶宽高比的限制，故适宜在宽基浅埋的场合下采用，适用于上部荷载大，地下水位高的大、中型工业建筑和多层民用建筑。在同样情况下，与混凝土基础比较，采用钢筋混凝土可节省大量的材料和挖土的工作量。

常用的柔性基础包括独立柱基础、杯形基础、条形基础、柱下条形基础、筏形基础、箱形基础等。

(1) 独立柱基础

当房屋为框架承重结构时，承重柱下扩大形成独立柱基础，常用断面形式有矩形、锥形、杯形等，如图 1-21 所示。

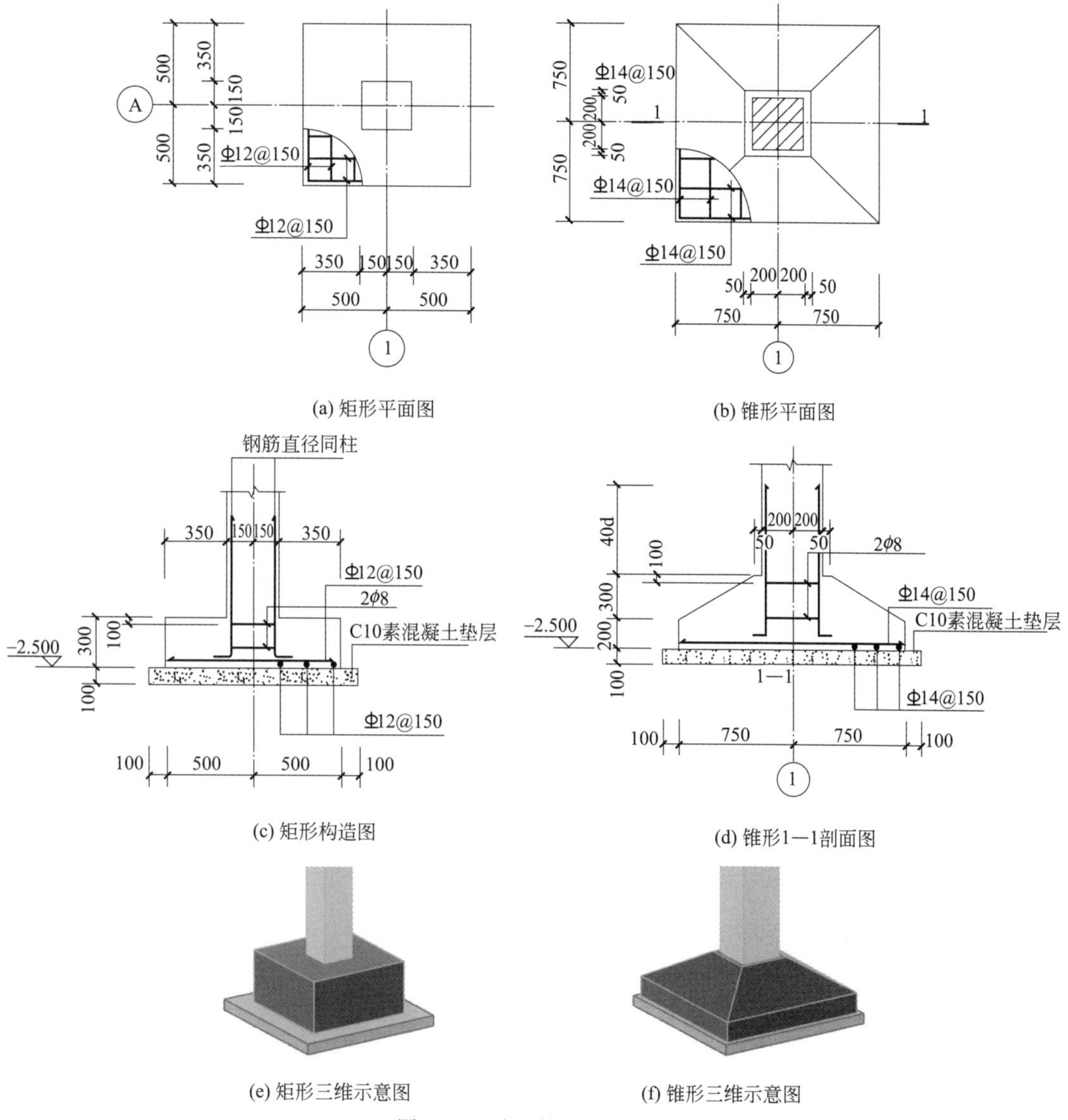

图 1-21　独立柱基础示意图

(2) 杯形基础

当柱采用预制钢筋混凝土构件时，基础做成杯口形，将柱子插入并嵌固在杯口内，称为杯形基础，如图 1-22 所示。

(3) 条形基础

当房屋为墙承重结构时，承重墙下一般采用通长的条形基础。中小型建筑常采用砖、石、混凝土、灰土等刚性材料的刚性条形基础。当荷载较大、地基软弱时，也可以采用钢筋混凝土条形基础，如图 1-23 与图 1-14 所示。

(4) 柱下条形基础

若房屋为框架承重结构，在荷载较大且地基为软土时，常用钢筋混凝土条形基础将各柱下的基础连接在一起，使整个房屋的基础具有良好的整体性。柱下条形基础可以有效防止不均匀沉降，如图 1-24 所示。

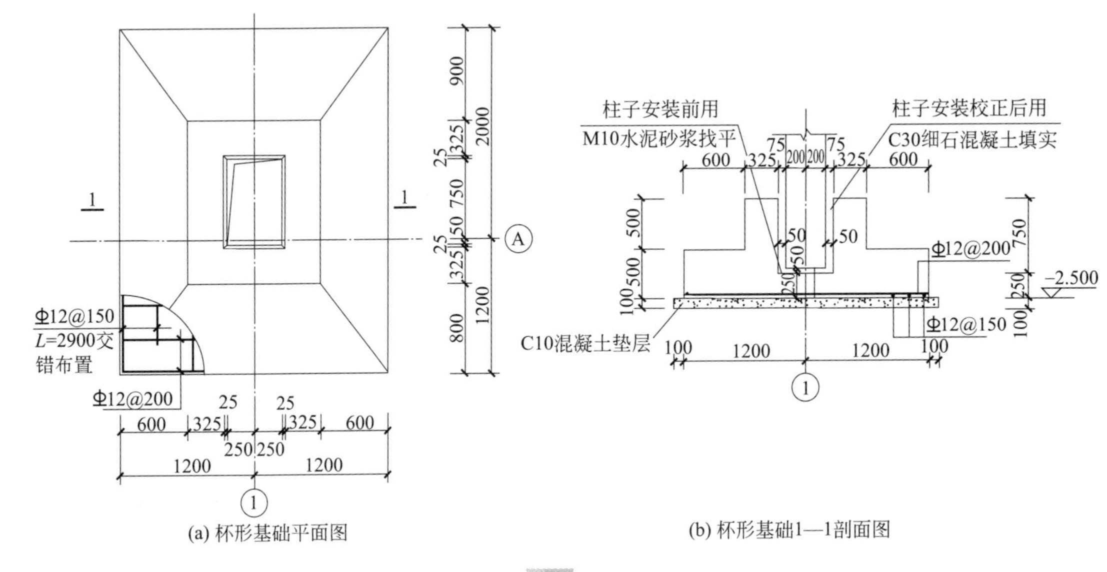

(a) 杯形基础平面图

(b) 杯形基础1—1剖面图

(c) 杯形基础三维示意图

图 1-22 杯形基础

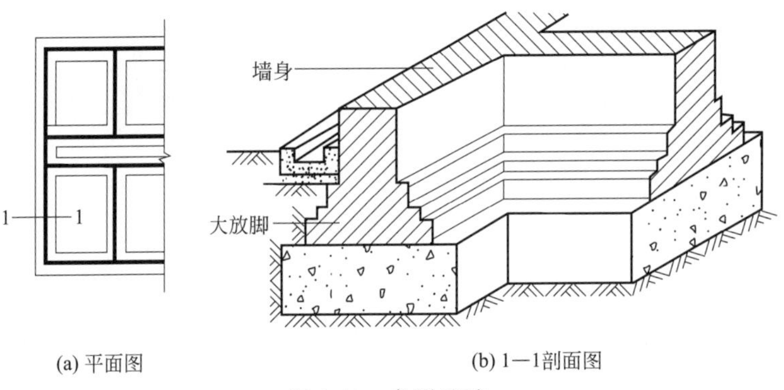

(a) 平面图

(b) 1—1剖面图

图 1-23 条形基础

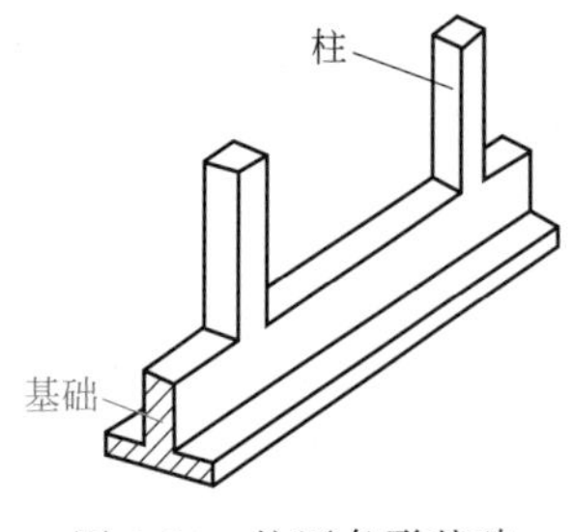

图 1-24 柱下条形基础

(5) 筏形基础

当上部结构荷载较大、地基承载力较低，井格基础或墙下条形基础的底面积占建筑物平面面积较大比例时，可考虑选用筏形基础。筏形基础具有减少基底压力、提高地基承载力和调整地基不均匀沉降的功能。筏形基础一般分柱下筏基和墙下筏基两类，前者是框架结构下的筏形基础，后者是承重墙结构下的筏形基础。墙下筏形基础也称墙下筏板基础。

筏形基础按结构形式分为板式结构和梁板式结构两类，如图 1-25 和图 1-26 所示。

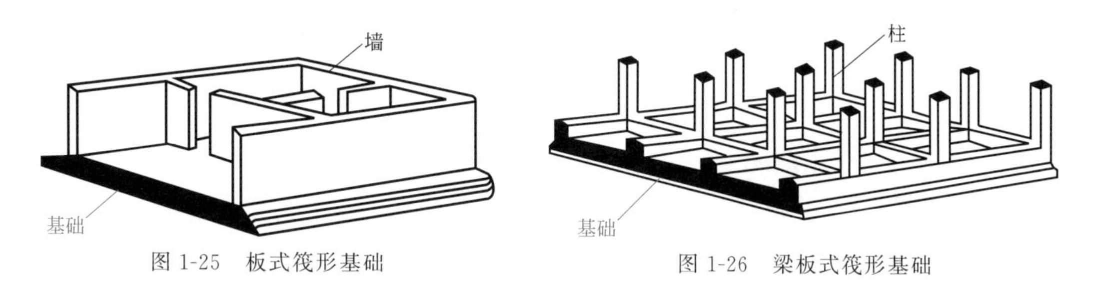

图 1-25 板式筏形基础

图 1-26 梁板式筏形基础

(6) 箱形基础

如钢筋混凝土基础埋深很大，为了增加建筑物的刚度，可用钢筋混凝土筑成有底板、顶板和四壁的箱形基础。箱形基础内部空间可用做地下室。这种基础可用于荷载很大的高层建筑，如图 1-27 所示。

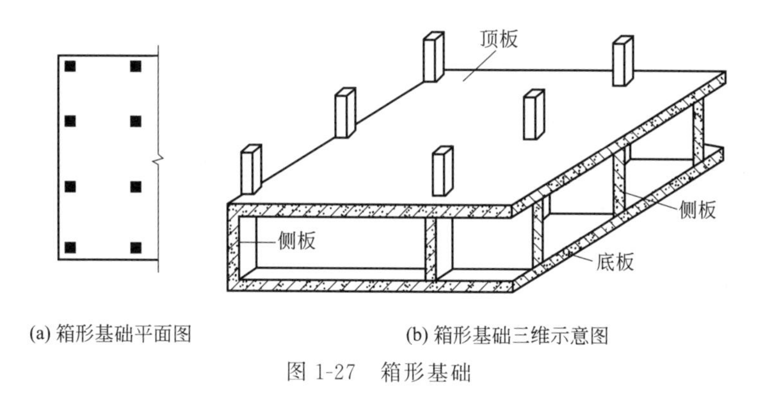

(a) 箱形基础平面图

(b) 箱形基础三维示意图

图 1-27 箱形基础

1.6.3 桩基础

桩基础由承台和桩柱两部分组成，如图 1-28 所示。

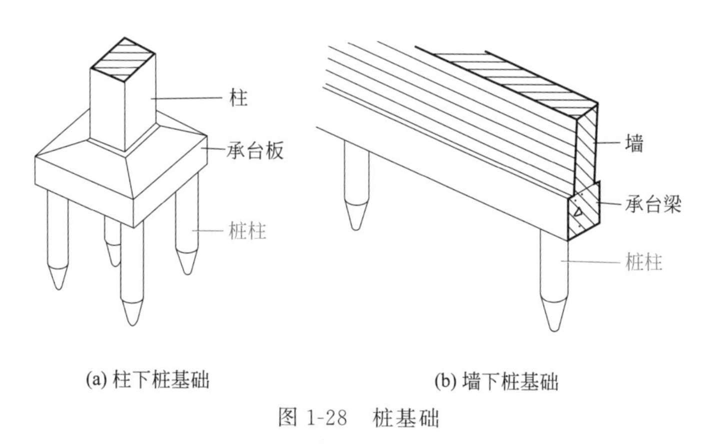

(a) 柱下桩基础

(b) 墙下桩基础

图 1-28 桩基础

承台是在桩柱顶现浇的钢筋混凝土梁或板，上部支承墙的为承台梁，上部支承柱的为承台板。承台的厚度一般不小于 300mm，通过结构计算确定，桩顶嵌入承台的深度不宜小于 5～100mm。根据桩将荷载传给地基土的不同方式，桩可以分为摩擦桩、摩擦端承桩和端承桩三种，如图 1-29 所示。其中摩擦桩全部由桩周与土之间的摩擦力来支承上部传来的荷载；摩擦端承桩则是桩周与土之间的摩擦力和桩尖支承力共同来支承上部传来的荷载；端承桩是指全部由桩尖支承力来支承上部传来的荷载。

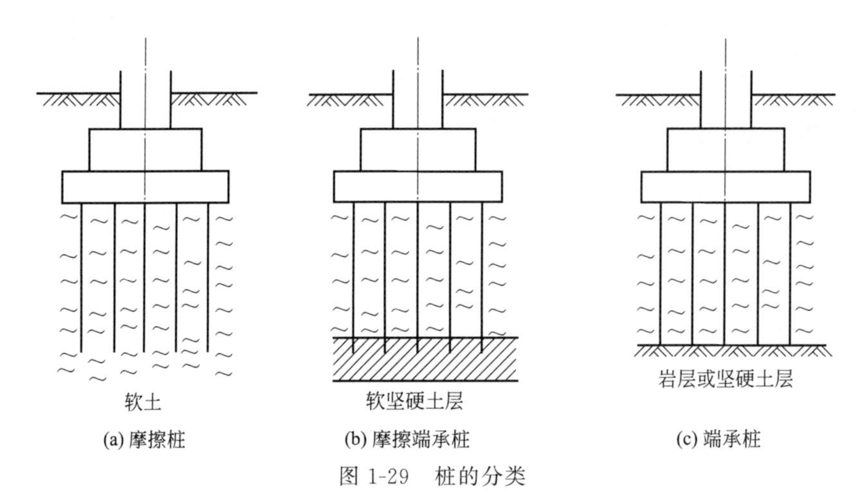

图 1-29　桩的分类

按桩的制作方法又可分为预制桩、灌注桩和爆扩桩三类。预制桩是把桩先预制好，然后用打桩机打入地基土层中。桩的断面尺寸一般为（200mm×200mm）～(350mm×350mm)，桩长不超过 12m。预制桩质量易于保证，不受地基其他条件影响（如地下水等)，但造价高，钢材用量大，打桩时有较大噪声，影响周围环境。灌注桩是直接在所设计的桩位上开孔（圆形)，然后在孔内加放钢筋骨架，浇筑混凝土而成。与钢筋混凝土预制桩比较，灌注桩有施工快、施工占地面积小、造价低等优点，近年来发展较快。爆扩桩是指用机械或爆扩等方法成孔，现已较少采用。

第2章 墙体识图与节点构造

2.1 墙体概要

墙体是组成建筑空间的竖向构件，它承担建筑地上部分的全部竖向荷载及风荷载，担负着抵御自然界中风、霜、雨、雪及噪声、冷热、太阳辐射等不利因素侵袭的责任，把建筑内部划分成不同的空间，使室内与室外分开，是建筑物中的重要组成构件。当然，大多数墙体并不是经常同时具有上述三个作用，根据建筑的结构形式和墙体的具体情况，往往只具备其中的一两个作用。

2.2 墙体的功能和设计要求

（1）具有足够的承载力和稳定性

设计墙体时要根据荷载及所用材料的性能和情况，通过计算确定墙体的厚度和所具备的承载能力。在使用中，砖墙的承载力与所采用的砖、砂浆强度等级及施工技术有关。墙体的稳定性与墙体的高度、长度、厚度及纵、横向墙体间的距离有关。

（2）具有保温、隔热性能

作为围护结构的外墙应满足建筑热工的要求。根据地域的差异应采取不同的措施。北方寒冷地区要求围护结构具有较好的保温能力，以减少室内热损失，同时防止外墙内表面与保温材料内部出现凝结水的现象。南方地区气候炎热，设计时要满足一定的隔热性能要求，还需考虑朝阳、通风等因素。

（3）具有隔声性能

为保证室内有一个良好的工作、生活环境，墙体必须具有足够的隔声能力，以避免噪声对室内环境的干扰。因此，在设计墙体构造时，应满足建筑隔声的相关要求。

（4）满足防潮、防水要求

为了保证墙体的坚固耐久性，对建筑物外墙的勒角部位及卫生间、厨房、浴室等用水房间的墙体和地下室的墙体都应采取防潮、防水的措施。选用良好的防水材料和构造做法，可使室内有良好的卫生环境。

(5) 满足防火要求

墙体材料的选择和应用，要符合国家建筑设计防火规范的规定。

(6) 满足建筑工业化要求

随着建筑工业化的发展，墙体应用新材料、新技术是建筑技术的发展方向。可通过提高机械化施工程度来提高工效、降低劳动强度，采用轻质、高强的新型墙体材料，以减轻自重、提高墙体的质量、缩短工期、降低成本。

2.3 块材墙识图与节点

2.3.1 块材墙识图

2.3.1.1 砖墙

砖墙具有一定的承载能力，且保温、隔热、隔声、防火、防冻性能好，又容易就地取材，生产制造及施工技术简单，不需要大型设备，因此在我国受到普遍欢迎。但是，砖墙也存在自重大、施工速度慢、劳动强度大等缺点。

砖墙的组砌方式是指砖在墙体中的排列方式。组砌的关键是错缝搭接，使上下皮砖的垂直缝交错，保证砖墙的整体性。如果墙体表面或内部的垂直缝处于一条线上，便会形成通缝，在荷载作用下，使墙体的强度和稳定性显著降低。

在砌筑砖墙时，应遵循“内外搭接、上下错缝”的组砌原则，砖在砌体中相互咬合，使砌体不出现连续的垂直通缝以增加砌体的整体性，确保砌体的强度。砖与砖之间搭接和错缝的距离一般不小于 60mm。砖墙组砌方式如图 2-1 所示，砖墙实物图如图 2-2 所示。当墙面不抹灰做清水墙时，组砌还应考虑墙面图案的美观。

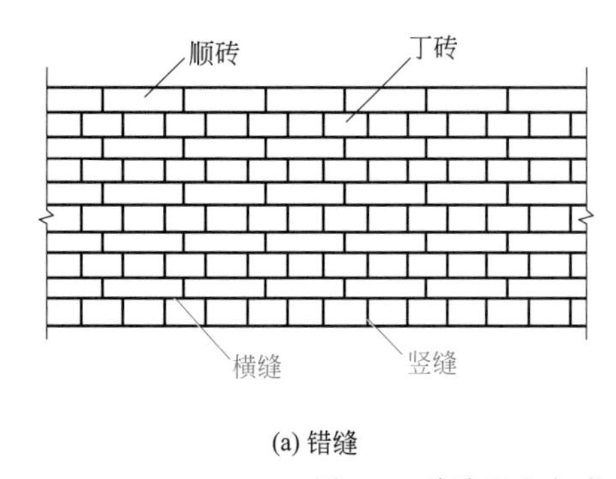

(a) 错缝

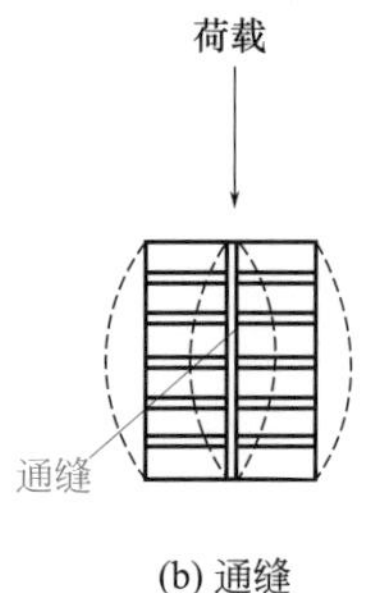

(b) 通缝

图 2-1　砖墙组砌方式

图 2-2　砖墙实物图

2.3.1.2 砌块墙

砌块墙是使用预制块材所砌筑的砌体，砌块在工厂预制，施工时现场组砌。砌块可以采用素混凝土或利用工业废料和地方材料制作成实心、空心或多孔的块材。砌块的优点是由于其重量、尺寸相对较小，因而制作方便、施工简单、效率高，运输方式也比较灵活。块材取材广泛，可以利用工业废料，能减少对耕地的破坏和节约耕地，如图 2-3 所示。

图 2-3　砌块墙

2.3.2　门窗洞口的过梁

2.3.2.1　过梁荷载

过梁是指在门窗洞口上用以承受上部墙体及楼（屋）盖传来的荷载的梁，如图 2-4 所示，其作用是将这些荷载传递给门窗间的墙。过梁上承受的荷载包括梁、板荷载及墙体荷载，根据托梁的原理，可以近似地认为过梁主要承受的是门窗洞口（过梁净跨）上方三角形范围内砌体的荷载。因此，如果采用叠涩构造，也可以在不采用砖拱、过梁的条件下形成墙面的开口部。这种结构规律在古代建筑中就已经被采用。

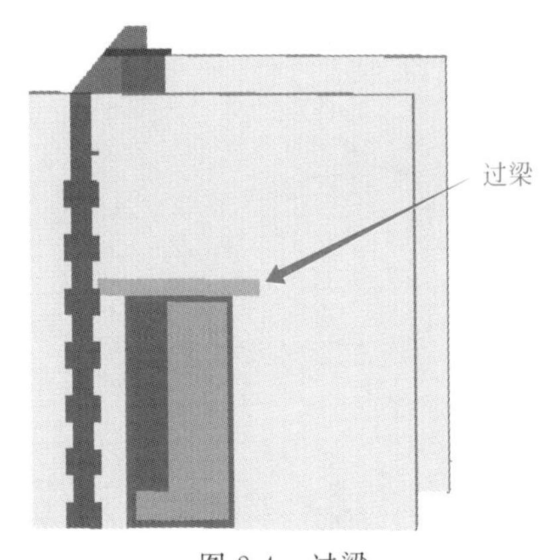

图 2-4　过梁

(1) 梁、板荷载

由于过梁上的砌体与过梁共同工作，使得过梁上的砌体荷载部分传给过梁，但在过梁上部高度较大的砌体上部加载时，过梁内的应力没有改变，当梁、板下的墙体高度大于过梁的净跨时，可不考虑梁、板的荷载。

(2) 墙体荷载

对于砖砌体，当过梁上的墙体高度 $h<l/3$（l 为过梁的净跨）时，墙体的荷载应按照墙体的均布自重考虑；当过梁上的墙体高度 $h>l/3$ 时，墙体的荷载应按照 l/3 高度的墙体的均布自重考虑，当采用小型砌块时，上述限值为 $l/2$，也可以看成过梁只承受门窗洞口上方三角形范围内砌体的荷载。

2.3.2.2　过梁构造

过梁是承重构件，用于支承门窗洞口上墙体的荷重，承重墙上的过梁还要支承楼板荷载。过梁承受洞口上方砌体三角形范围内的荷载，其形式有钢筋混凝土过梁和砖砌过梁，砖砌过梁又包括砖拱过梁和钢筋砖过梁等，各种过梁的构造要求如下。

(1) 钢筋混凝土过梁

钢筋混凝土过梁承载能力强，对房屋不均匀下沉或震动有一定的适应性，能适应不同宽度的洞口，且预制装配过梁施工速度快，是最常用的一种。过梁的宽度一般与墙体同宽，高度则由计算确定，同时符合砖的模数。过梁将上部的荷载传递到两端的砖墙上，因此，过梁两端伸进墙内的长度不小于 240mm（符合砖的模数）。过梁一般为矩形，也可以根据立面设计要求和气候条件，出挑形成窗楣或退后形成墙体以减小冷桥的作用。钢筋混凝土过梁构造如图 2-5 所示，钢筋混凝土过梁如图 2-6 所示，预制过梁如图 2-7 所示。

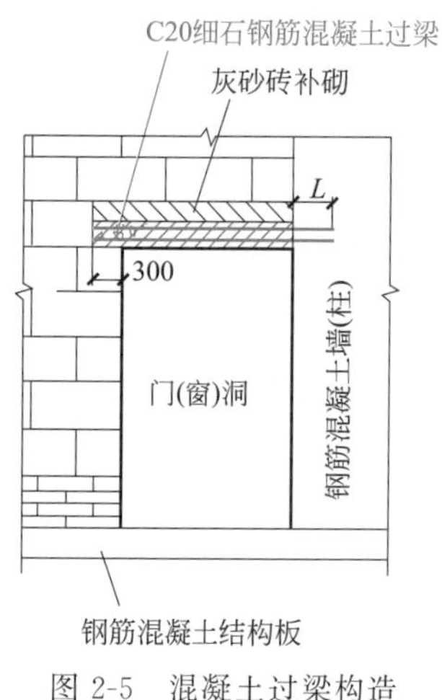

图 2-5　混凝土过梁构造

L—植筋长度

图 2-6　钢筋混凝土过梁

图 2-7　预制过梁

（2）砖（石）拱过梁

根据洞口上部的形状可以分为平拱砖（石）过梁和弧拱砖（石）过梁，它们的优点是钢筋、水泥用量少，缺点是施工速度慢。因为有侧推力，所以要求上部荷载较小或有足够的墙体抵挡侧推力。平拱砖（石）过梁主要用于非承重墙上的门窗，洞口宽度应小于 1.2m，有集中荷载的或半砖墙不宜使用，地震区禁用。平拱砖（石）过梁的两端下部伸入墙内 20～30mm，中部的起拱高度约为跨度的 1/50。砖（石）拱过梁构造如图 2-8 所示。

（3）钢筋砖过梁

外观与外墙砌法相同，可以保证清水墙面效果统一，但施工麻烦，仅用于宽 2m 以内的洞口，钢筋直径 6mm，间距小于 120mm，钢筋伸入两端墙内不小于 240mm，砂浆层

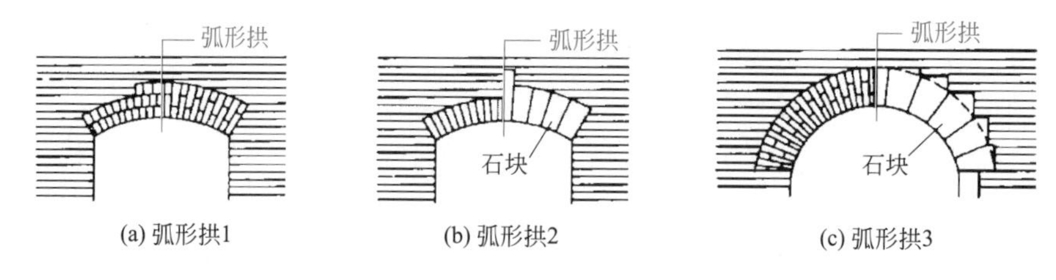

(a) 弧形拱1　(b) 弧形拱2　(c) 弧形拱3

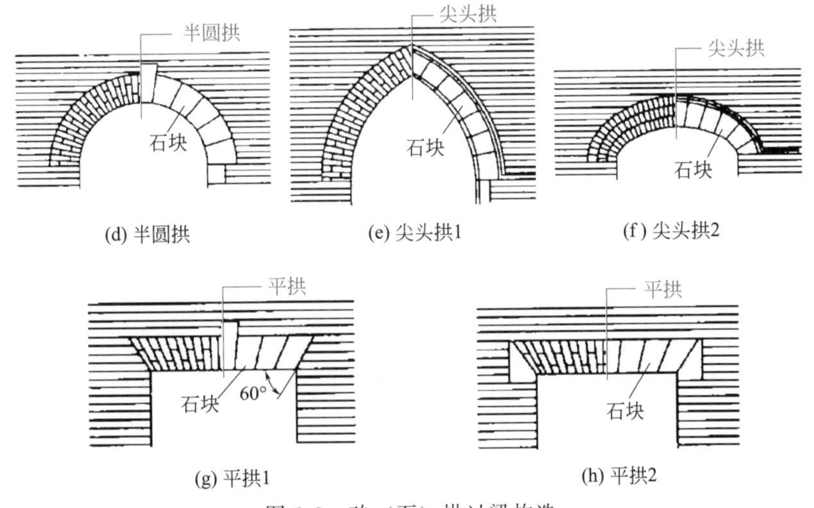

图 2-8　砖（石）拱过梁构造

的厚度不宜小于 30mm。用 M5 水泥砂浆砌筑钢筋砖过梁，高度不少于 5 皮砖，且不小于门窗洞口宽度的 1/4。钢筋砖过梁如图 2-9 所示。

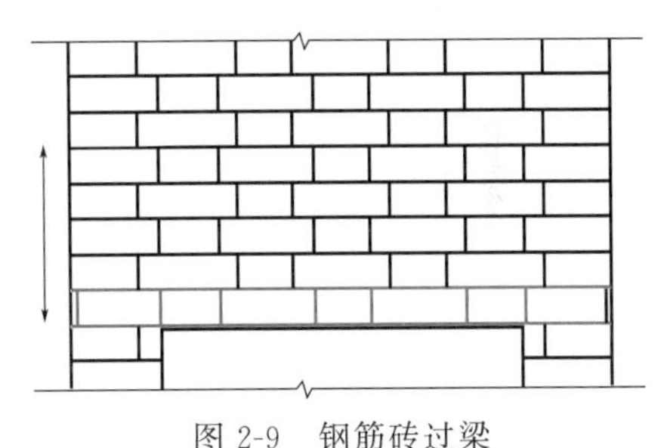

图 2-9　钢筋砖过梁

2.3.3　墙体防水构造——压顶与窗台

2.3.3.1　压顶

由于砖砌块的吸水率高，因此砖砌体在雨水渗透下容易引起霉变、白华、冻融等破坏。

白华是一种白色粉状物，常出现在砖墙、石材或混凝土砖墙的表面，它由多种水溶性盐组成，原存在于灰浆等材料中，渗入材料中的水分会将这些盐溶解并浮出表面，最后因为水的蒸发而留下白色的盐结晶。因此，白华产生的主要原因有两种：一种是灰浆中原有的水分及盐分，相应的克服方法也有两种，或选用不含水溶性盐的干净的砂浆以彻底避免白华，或在完工后用水和刷子清洗，经过几次可以减少并清除；另一种是在竣工一段时间后，由于水从墙体表面渗入而带出盐分，因此需要检查水的来源并对砖缝表面进行封堵。

冻融是使砖墙产生被动破坏的一种方式。主要是由于砖和砂浆的吸水性，在雨水等水分渗入后经过冰冻和解冻的过程，水分子在相变过程中的体积变化使得砂浆首先开裂剥离，造成砖墙的松动和脱落，砖块本身也会因为吸水率较高而在冰冻和溶解的过程中被剥离。因此，砖墙要防止雨水和地表水的渗透，特别是在砖墙的顶部、女儿墙顶、窗台的墙顶均需要做防水的压顶处理，其主要作用如下。

① 防水排水　排除直接的雨雪和沿着墙面、窗面下流的雨水，设有排水坡度。

② 防渗　防止雨水从墙体顶部渗入墙体及室内。

③ 防污　由于顶部形成了水平的积灰面，在雨水的冲刷下会形成立面上的不均匀污痕，因此，窗台、女儿墙顶等部位均需要做出挑和滴水处理。

砌体围墙压顶构造如图 2-10 所示，女儿墙压顶三维图如图 2-11 所示。

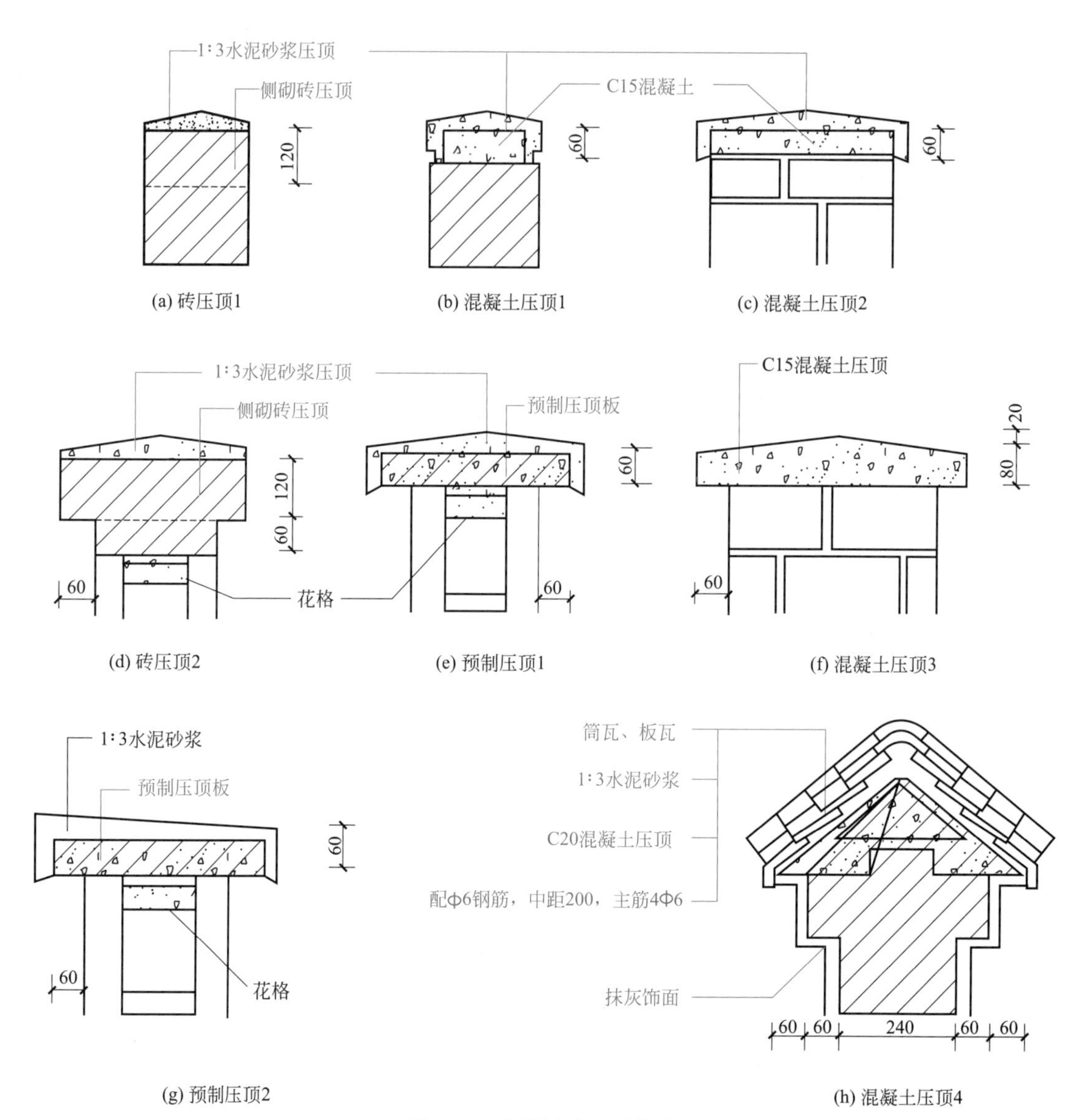

图 2-10　砌体围墙压顶构造

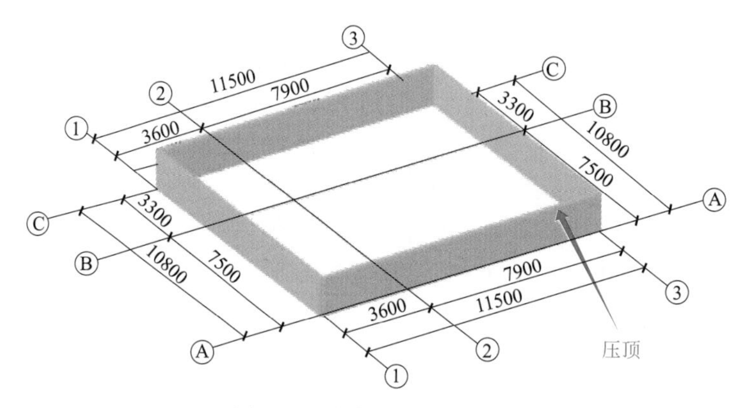

图 2-11　女儿墙压顶三维图

2.3.3.2 窗台

窗台按位置和构造做法不同，分为外窗台和内窗台。外窗台设于室外，内窗台设于室内。

外窗台应设置排水构造，其目的是防止雨水积聚在窗下、侵入墙身和向室内渗透。因此，外窗台应有不透水的面层，并向外形成不小于20%的坡度，以利于排水。外窗台有悬挑窗台和不悬挑窗台两种。悬挑窗台常采用顶砌一皮砖挑出60mm，或将一砖侧砌并挑出60mm，也可采用钢筋混凝土窗台。挑窗台底部边缘处抹灰时，应做宽度和深度均不小于10mm的滴水线或滴水槽，如图2-12所示。

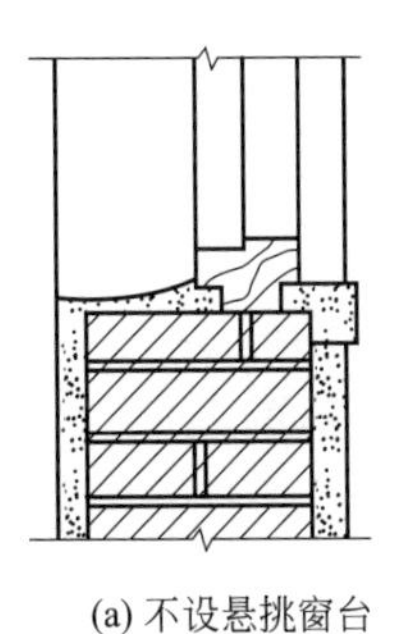

(a) 不设悬挑窗台

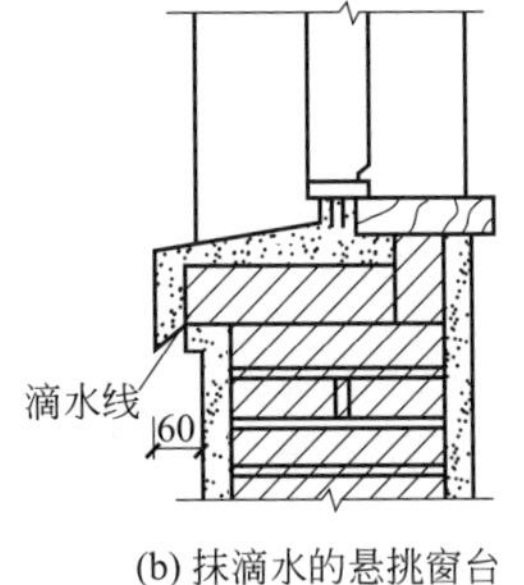

(b) 抹滴水的悬挑窗台

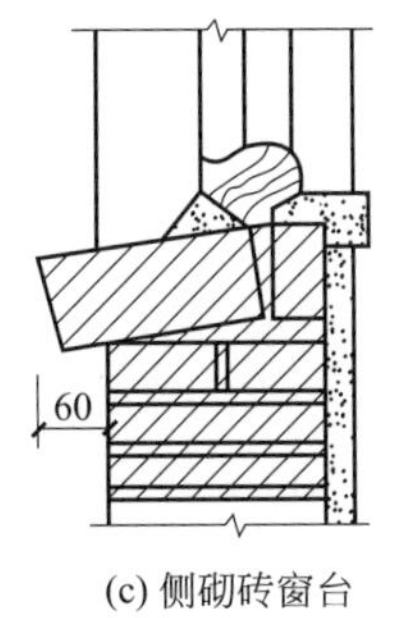

(c) 侧砌砖窗台

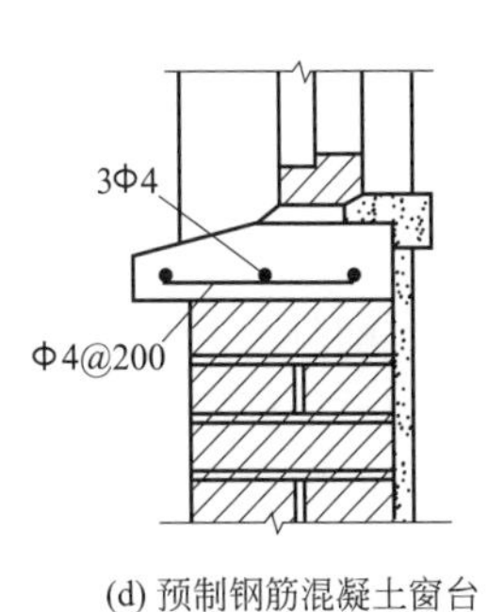

(d) 预制钢筋混凝土窗台

图2-12 窗台的构造

内窗台一般水平放置，通常结合室内装修做成水泥砂浆抹面、贴面砖、木窗台板、预制水磨石窗台板等形式。在我国严寒地区和寒冷地区，室内为暖气采暖时，为便于安装暖气片，窗台下会留凹龛，称为暖气槽，如图2-13所示。暖气槽进墙一般120mm，此时应采用预制水磨石窗台板或木窗台板，形成内窗台。预制窗台板支撑在窗两边的墙上，每端伸入墙内不小于60mm。

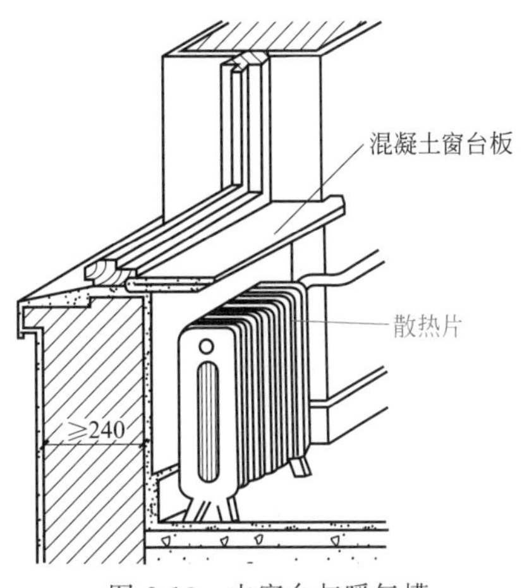

图2-13 内窗台与暖气槽

2.3.4 墙身防潮构造——防潮层与勒脚

2.3.4.1 防潮层

在墙身中设置防潮层的目的是防止土壤中的水分沿基础墙上升，使位于勒脚处的地面水渗入墙内。因此，必须在内、外墙脚部位连续设置防潮层。构造形式上有水平防潮层和垂直防潮层。

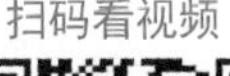

防潮层

水平防潮层一般应在室内地面不透水垫层（如混凝土）范围以内，通常在−0.060m标高处设置，而且至少要高于室外地坪150mm，以防雨水溅湿墙身。当地面垫层为透水材料时（如碎石、炉渣等），水平防潮层的位置应平齐或高于室内地面60mm，即在0.060m处。当两相邻房间之间室内地面有高差时，应在墙身内设置高低两道水平防潮层，并在靠土壤一侧设置垂直防潮层，以避免回填土中的潮气侵入墙身，如图2-14所示。

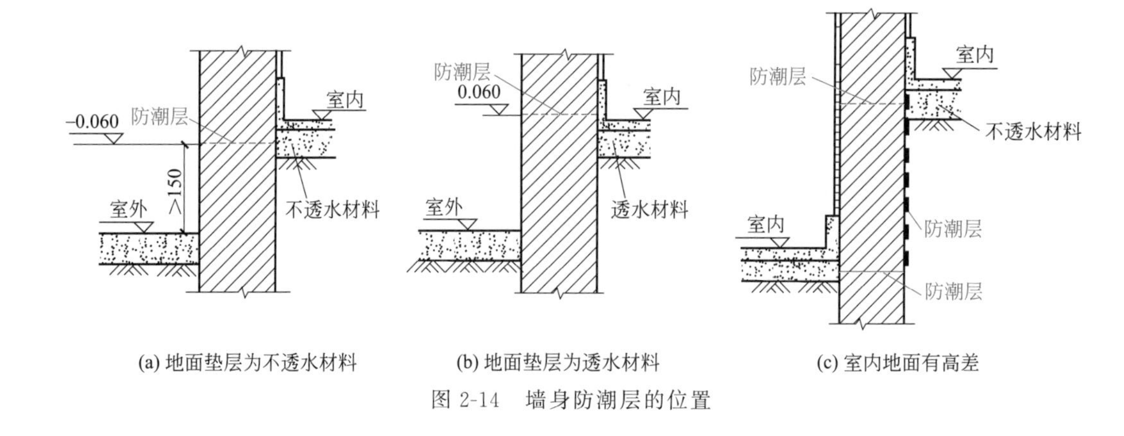

(a) 地面垫层为不透水材料　(b) 地面垫层为透水材料　(c) 室内地面有高差

图 2-14　墙身防潮层的位置

2.3.4.2　勒脚

勒脚是外墙接近室外地面的部分。勒脚位于建筑墙体的下部，承担的上部荷载多，而且容易受到雨、雪的侵蚀和人为因素的破坏，因此需要对这部分墙体加以特殊的保护。

勒脚的高度一般应在 500mm 以上，有时为了满足建筑立面形象的要求，可以把勒脚顶部提高至首层窗台处。目前，常用饰面的办法，即采用密实度大的材料来处理勒脚。勒脚应坚固、防水和美观。常见的做法有以下几种。

① 勒脚抹灰　在勒脚部位抹 20～30mm 厚 1∶2 或 1∶2.5 的水泥砂浆，或做水刷石、斩假石等，如图 2-15 所示。

② 勒脚贴面　在勒脚部位加厚 60～120mm，再用水泥砂浆或水刷石等贴面，如图 2-16 所示。当墙体材料防水性能较差时，勒脚部分的墙体应当换用防水性能好的材料。常用的防水性能好的材料有大理石板、花岗石板、水磨石板、面砖等。

③ 石勒脚　用天然石材砌筑勒脚，如图 2-17 所示。

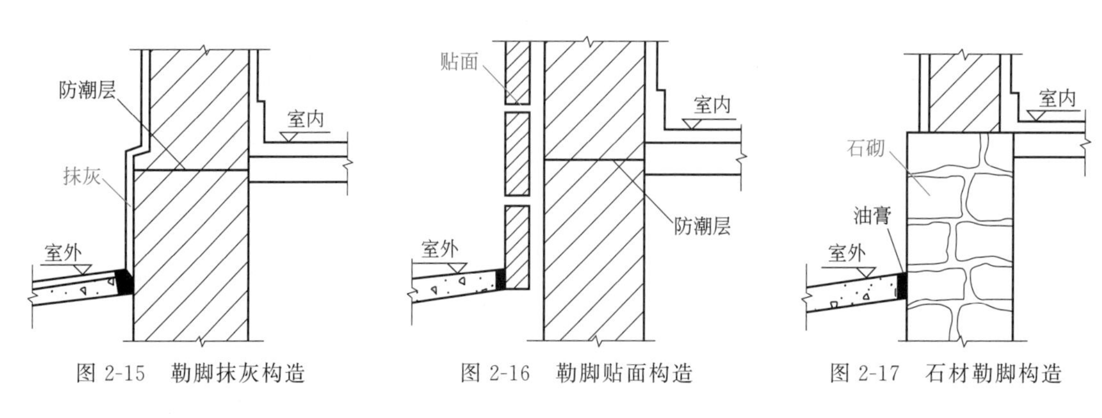

图 2-15　勒脚抹灰构造　图 2-16　勒脚贴面构造　图 2-17　石材勒脚构造

2.3.5　墙脚室内保护构造——墙裙与踢脚

在内墙抹灰中，对易受到碰撞的部位如门厅、走道的墙面，以及有防潮、防水要求的部位如厨房、浴厕的墙面，为保护墙身，做成高度 900mm 左右的护墙墙裙，如图 2-18 所示。在内墙阳角、门洞转角等处则做成护角。墙裙和护角高度为 2m 左右。根据要求护角也可用其他材料如木材制作。

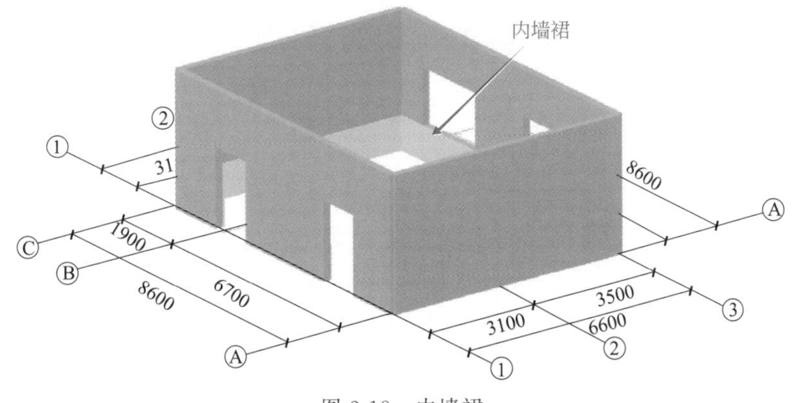

图 2-18 内墙裙

在医院、车站、机场等经常使用推车的走廊、大厅等部分，在墙裙和踢脚的高度设置防撞杆。医院、养老院的走廊等部位的防撞杆还兼作扶手，方便无障碍通行。防撞杆的构造做法与栏杆相同。

在内墙面和楼地面交接处，为了遮盖地面与墙面的接缝、保护墙身以及防止擦洗地面时弄脏墙面，做出踢脚，其材料与楼地面相同。常见做法有三种，即与墙面粉刷相平、凸出或凹进。踢脚线高 60～150mm。室内踢脚线做法如图 2-19 所示，踢脚线三维图如图 2-20 所示。

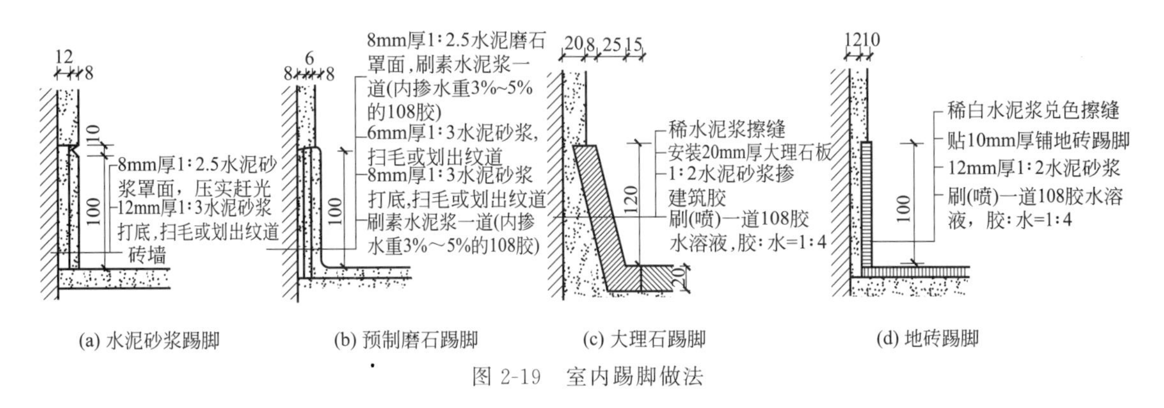

(a) 水泥砂浆踢脚　(b) 预制磨石踢脚　(c) 大理石踢脚　(d) 地砖踢脚

图 2-19 室内踢脚做法

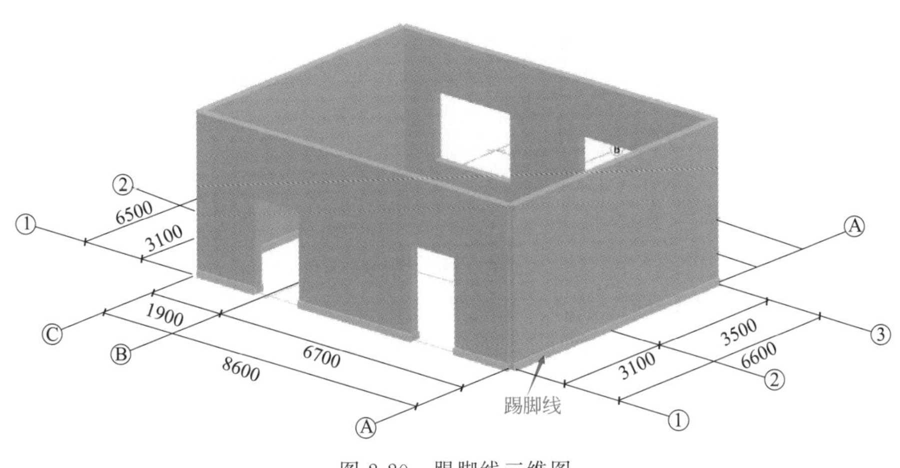

图 2-20 踢脚线三维图

2.3.6 墙脚排水构造——散水与明沟

建筑物屋顶和垂直墙面的雨水会冲击外墙周边的地基，影响建筑的稳定性，因此建筑物四周需采用可分散或承接雨水冲击的构造并迅速排水。建筑物接地部起到迅速排水、保护墙基不受雨水侵蚀作用的构件称为散水。也可以将这些垂直墙面排下的雨水收集汇入排水沟（明沟或暗沟），适用于雨量大的区域，也有利于保持建筑物底部的整洁，方便使用。

(1) 散水

散水的做法通常是在素土夯实的基础上铺三合土、混凝土、天然石材、陶瓷地砖等不透水材料，厚度为60～70mm。散水应设不小于3%的排水坡。散水宽度一般不应小于0.6m。散水与外墙交接处（散水的根部）应设分格缝，分格缝用弹性材料（沥青砂浆等）嵌缝，以防止外墙下沉时将散水拉裂。散水的端部应稍高于自然土壤面层，方便排水。也可以将散水做成低于室外地坪的隐藏式散水，使得建筑物垂直墙面与地表绿化直接相接，或通过卵石带、石块铺地等过渡。散水做法如图2-21所示，散水平面图如图2-22所示，散水实物图如图2-23所示，散水三维图如图2-24所示。

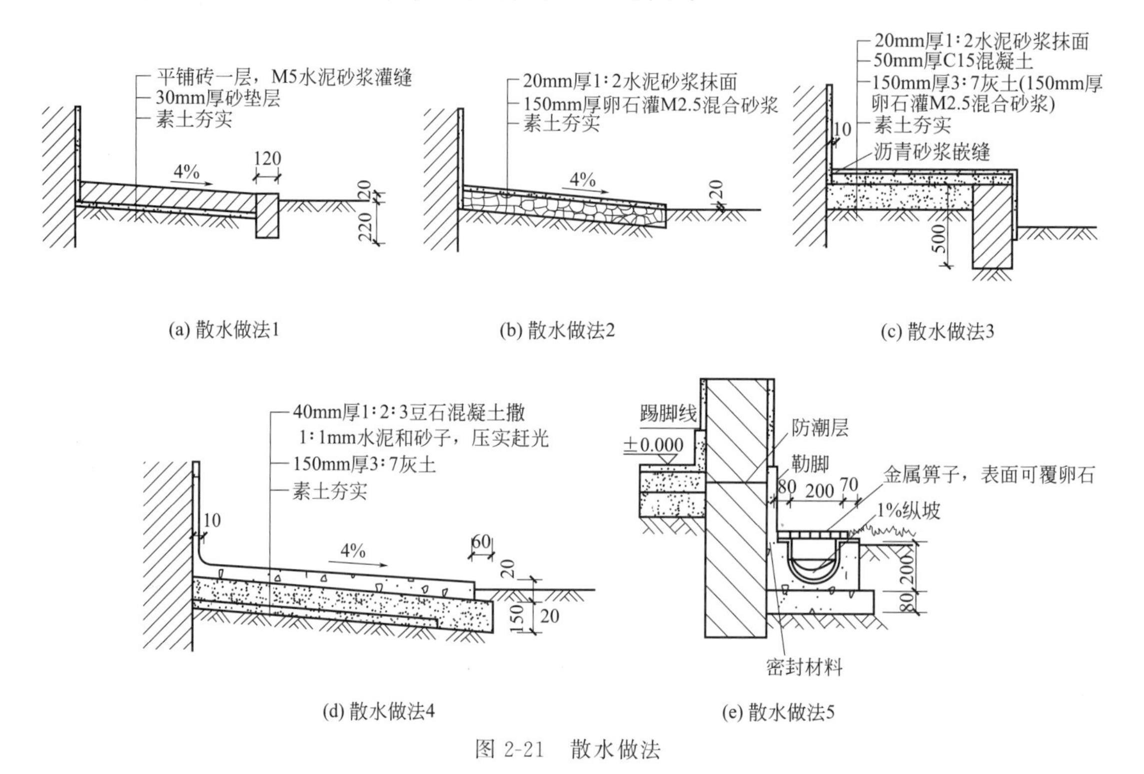

图2-21 散水做法

(2) 明沟

排水沟可用砖砌、石砌、混凝土现浇，沟底应做纵坡，坡度为0.5%～1%，坡向窨井。若为挑檐无组织排水，则沟中心应正对屋檐滴水位置，外墙与明沟之间应做散水；若无挑檐而是女儿墙封檐的外墙，排水沟应尽量贴近垂直外墙面，形成建筑物垂直接地的连接部位，方便屋顶的水落管排水和垂直墙面的汇水。沟顶盖板可用金属箅子、开槽板材或卵石铺设，具有很强的装饰效果。明沟构造图如图2-25所示，明沟实物图如图2-26所示。

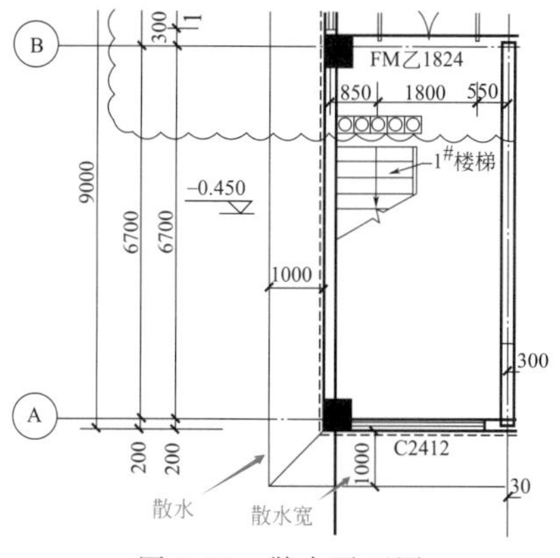

图 2-22　散水平面图

图 2-23　散水实物图

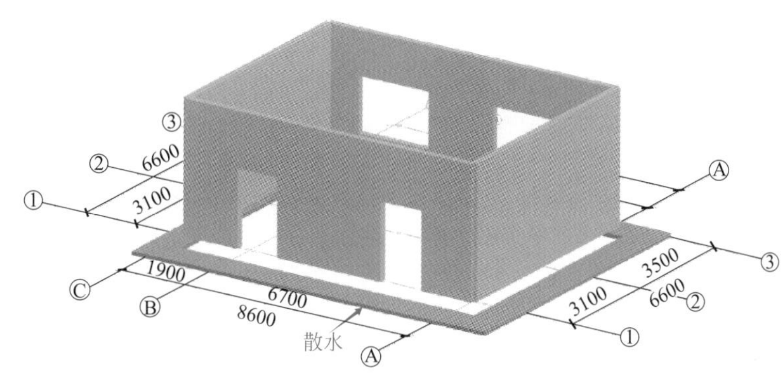

图 2-24　散水三维图

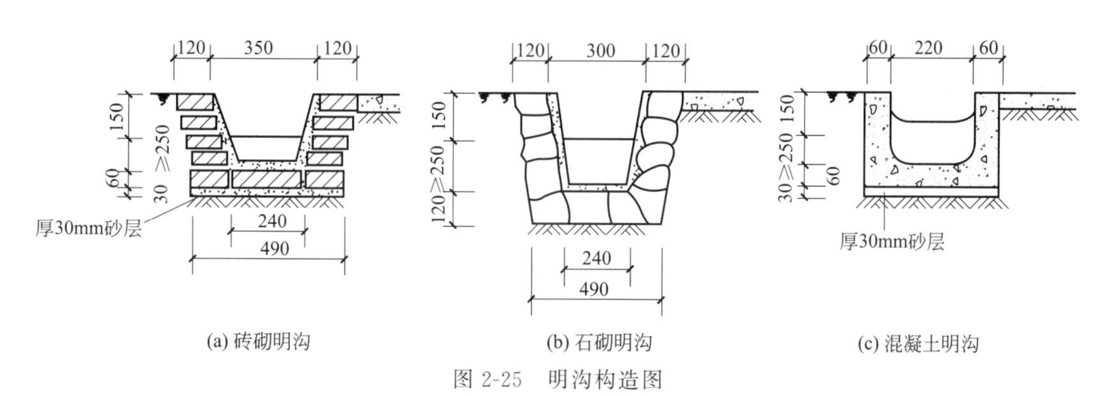

(a) 砖砌明沟　(b) 石砌明沟　(c) 混凝土明沟

图 2-25　明沟构造图

图 2-26　明沟实物图

2.3.7 室内隔墙

室内隔墙是指用于建筑室内空间分隔的墙体，它在建筑中不承重，可直接设置于楼板或梁上，以满足建筑室内空间灵活分隔和使用的需求。钢筋混凝土框架建筑的填充墙是一种用作围护结构的非承重块材墙，与内隔墙的构造相同。

室内隔墙与填充墙都是围护结构的一部分，因此要求自重轻、厚度薄、设置灵活。普通砖用作内隔墙时一般采用半砖（120mm）隔墙，即用普通砖顺砌，砌筑砂浆宜大于M2.5。当墙体高度超过5m时应加固，一般沿高度方向每隔0.5m加入2根Φ6钢筋，或每隔1.2～1.5m设一道30～50mm厚的水泥砂浆层，内置2根Φ6钢筋。顶部与楼板或梁的相接处应用立砖斜砌，填塞墙与楼板的孔隙并挤紧，以增强墙体的稳定性。隔墙上需要装门时，需预埋铁件或将带有木楔的混凝土预制块砌入隔墙内以固定门框。砌块隔墙的砌筑方法与砖墙类似。砌块隔墙坚固耐久，有一定的隔声能力，造价低廉，但自重大，湿作业多，施工较为麻烦。

2.4 板材墙识图与节点构造

2.4.1 板材墙识图

板材墙体（整体式板墙）一般是指单板高度相当于建筑层高、面积较大、厚度较大或板肋结合的整体性板材，可不依赖骨架，直接装配固定在梁和楼板上而成的整体式墙体。板材墙体除自承重外还承受各种侧向荷载，并将受力直接传递到建筑主体的梁、柱、楼板等。板材墙可以看成是砌块墙的整体化和大型化，也可以看成是骨架墙的面层和骨架的整体化及复合化。这种板材一般自重大，厚度也较大。

2.4.2 板材外墙

板材外墙（整体式骨架墙）整体性强，与结构躯体固定牢固，工厂化生产，现场施工快捷，湿作业少，并可在工厂生产时对其表面进行纹理和饰面的加工与复合，特别适用于抗震设防地区的框架结构和高层建筑。缺点是板与板之间、板与上下梁和楼板之间的连接需要特别注意，保证强度和建筑性能，同时工厂生产要求相对简单，做到模数化或标准化，造价也相对较高。

2.4.3 板材隔墙

板材隔墙是指单板高度相当于房间净高，面积较大且不依赖骨架，直接装配而成的隔墙。目前，大多采用条板，如蒸压加气混凝土条板、轻质条板（增强石膏空心条板、玻璃纤维增强水泥条板、轻骨料混凝土条板等）、复合板材等。这类隔墙材料的工厂化生产程度高，现场成品板材组装快、湿作业少、施工便捷，但比砌块隔墙造价高。板材隔墙在解决了防水、耐候性、强度等问题后，也可以用于外墙面。

条板自身的整体性能较好，条板与结构体（墙、柱、梁、楼板）、条板与条板之间的连接牢固和密封严实是提高隔墙性能的关键。室内隔墙条板的安装一般是在条板下部先用小木楔顶紧，然后用细石混凝土堵严。在抗震设防烈度为6～8度的地区，条板上端应加“L”形或“U”形钢板卡与结构预埋件焊接牢固，或用弹性胶连接填实。条板与条板之间用水玻璃砂浆或掺胶砂浆粘接，并用胶泥刮缝平整后再做表面装修。在隔声要求较高的空间，条板与墙、柱、梁、楼板等结合的部位应设置泡沫密封胶、橡胶垫等密封隔声层。

(1) 蒸压加气混凝土条板隔墙

蒸压加气混凝土条板由水泥、石灰、砂、矿渣等加发泡剂（铝粉）经配料浇筑、切割、蒸压养护等工序制成，为了保证板的强度，生产时需根据不同用途配置不同的防锈钢筋网片。蒸压加气混凝土条板规格为长2700～3000mm、宽600～800mm、厚75～250mm（每25mm一种规格）。

图2-27 蒸压加气混凝土条板墙

蒸压加气混凝土条板具有自重轻、保温效果好、防火性能优越、施工简单、易于加工（可锯、可刨、可钉）等优点，可用于外墙、内墙及屋面，但不宜用于高温高湿的环境。蒸压加气混凝土条板隔墙的根部，应用C15混凝土做100mm高的条带，防潮和防止人为破坏。由于其强度较低，表面做自重较大的石材或金属饰面板时，应另设金属骨架固定。蒸压加气混凝土条板墙如图2-27所示。

(2) 轻质条板隔墙

轻质条板一般包括玻璃纤维增强水泥条板、钢丝增强水泥条板、增强石膏空心条板、轻骨料（陶粒等）混凝土条板等。选用时，其板长应为层高减去楼板、梁等顶部构件的尺寸，板厚应满足防火、隔声、隔热等要求，并与板材隔墙的高度密切相关。单层条板墙体作为分户墙时，厚度不应小于120mm，用作户内分室隔墙时，厚度不宜小于90mm。条板的使用应与墙体的高度相适应，条板墙体的限制高度：60mm厚板为3.0m，90mm厚板为4.0m，120mm厚板为5.0m。增强石膏空心条板分为普通条板、钢木窗框条板及防水条板三种，在建筑中按各种功能要求配套使用。石膏空心板规格为长2400～3000mm、宽600mm、厚60mm（一般厚度取值范围为60～150mm），9个孔，孔径38mm，空隙率28%，能满足防火、隔声及抗撞击的要求，但不适宜长期处于潮湿的环境或接触水的厨房、卫生间等。轻质条板隔墙如图2-28所示。

(3) 复合板隔墙

复合工艺是指用现代制作工艺，将多种材料制成复合型的产品。用几种材料制成的多层板为复合板。复合板的面层有石棉水泥板、石膏板、铝板、树脂板、硬质纤维板、压型钢板等。夹芯材料可为矿棉、木质纤维、聚苯乙烯泡沫塑料、硬质发泡聚氨酯和蜂窝状材料等。复合板有利于综合发挥其各部分的性能，克服某些单一材料的缺陷，大多具有强度高，耐火性、防水性、隔声性好的优点，且安装、拆卸简便，有利于施工现场的作业和建筑的工业化。复合板隔墙如图2-29所示。

图 2-28　轻质条板隔墙

图 2-29　复合板隔墙

2.5 骨架墙识图与节点构造

2.5.1 骨架墙识图

骨架墙是指填充或悬挂于框架或排架柱间，并由框架或排架承受其荷载的墙体。它在多层、高层民用建筑和工业建筑中应用较多。轻骨架隔墙如图 2-30 所示。

图 2-30　轻骨架隔墙

2.5.2 幕墙

幕墙是不承重的外墙，一般由金属骨架和各种板材（玻璃、金属板、钢筋混凝土板、人工合成板材等）组成，以骨架或板材的形式悬挂在建筑物外表面。其构造特点是，通过幕墙的框架与结构主体以点接触，由连接件悬挂在主体上。其受力特点是，幕墙荷载由结构框架承受，幕墙自身只承受自重和风荷载。这种外围护体系像幕布一样固定、悬挂在主体结构之外，如同帷幕和帐篷一样。原始的帐篷建筑（篷布不与承重构架共同受力的类型）、“墙倒屋不塌”的木结构建筑等就是幕墙系统的原型。

采用幕墙体系将建筑的承重部分和围护部分彻底分离，幕墙承受自重，但作为外围护结构，还需承受风力、地震力等水平荷载以及温度等的作用，这样有利于发挥结构和围护材料各自的性能特征，并能简化施工程序、提高施工精度，是一种应用极广的工业化建造体系，玻璃幕墙、石材幕墙、金属板幕墙是其中的代表。近年来，随着建材的发展，水泥纤维板、金属面夹芯板等复合板材也广泛地应用在外墙上，与传统的单一材料的幕墙相比，具有重量轻、施工性能好、价格较低的优势。

2.5.3 玻璃幕墙

常用的玻璃幕墙可以按照不同的标准进行分类。

① 按照幕墙的材料　玻璃幕墙分为铝合金型材玻璃幕墙、钢型材玻璃幕墙、钢铝型

材组合玻璃幕墙。

② 按照幕墙的立面形式　主要是固定玻璃的金属框的位置，可以分为明框玻璃幕墙、隐框玻璃幕墙、半隐框玻璃幕墙（横隐竖明等组合方式）。

③ 按照幕墙的装配方式　分为单元式幕墙、元件式（构件式）幕墙。玻璃幕墙的一般做法是将玻璃单元板块挂装在主体结构上或者将元件（横梁）安装在建筑物主框架上形成框格体系，再镶嵌玻璃，最终组装成幕墙。在现场由幕墙元件拼装的称为元件式幕墙，在工厂组装成为幕墙单元后，在现场直接吊装的幕墙称为单元式幕墙。元件式幕墙施工复杂，成本低，适用性强；单元式幕墙现场施工简单，施工进度快，精度高，但工厂生产的成本高，灵活性较差。

④ 按照有无金属框架承重　分为框架式（有框式）玻璃幕墙、全玻璃幕墙（无框式玻璃幕墙）和点式玻璃幕墙，构造图如图 2-31～图 2-33 所示。

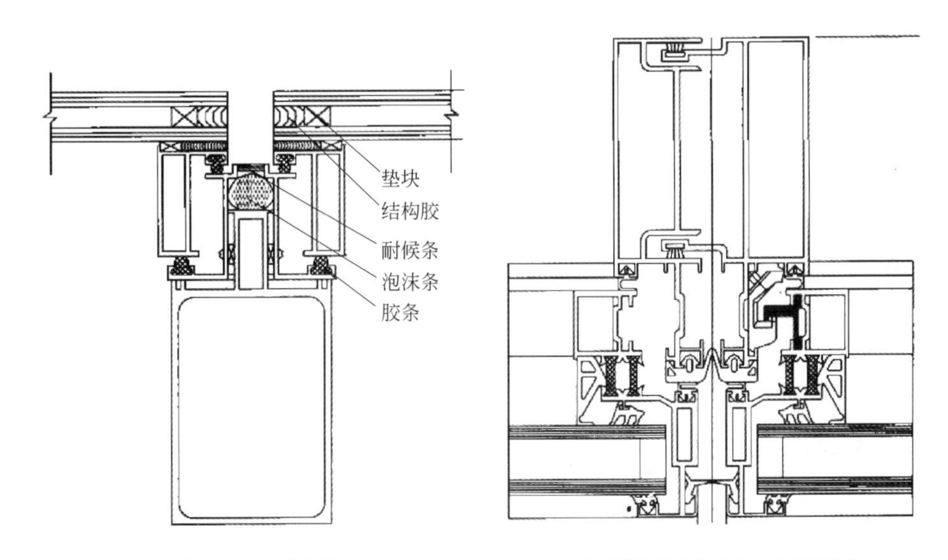

(a) 铝合金隐框框架式玻璃幕墙节点　　(b) 断桥型材明框单元式玻璃幕墙节点

图 2-31　框架式玻璃幕墙的节点构造

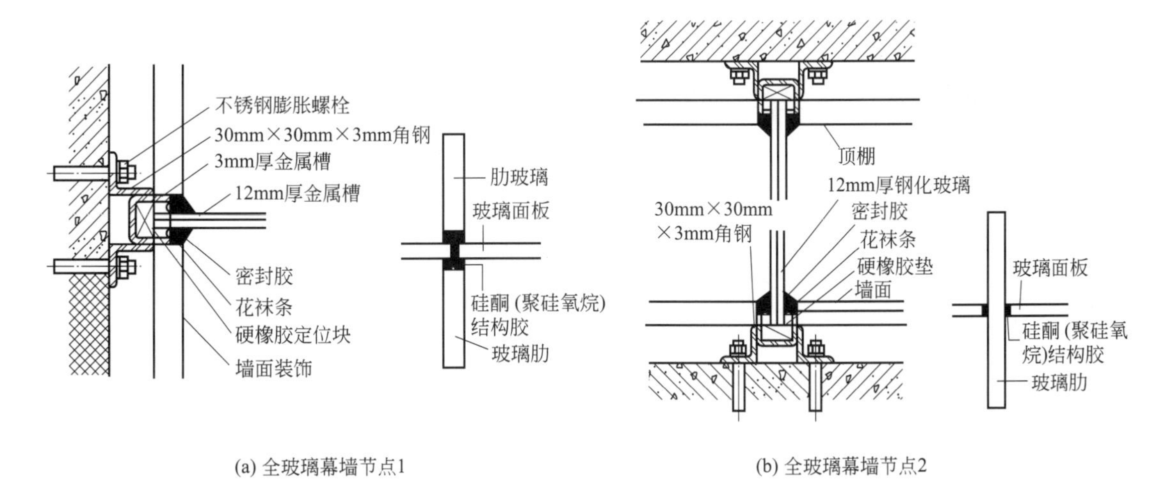

(a) 全玻璃幕墙节点1　　(b) 全玻璃幕墙节点2

图 2-32

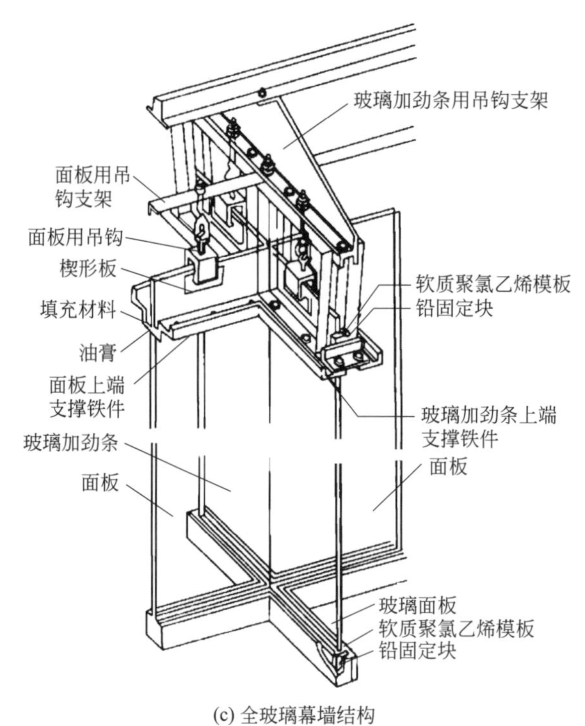

(c) 全玻璃幕墙结构

图 2-32　全玻璃幕墙构造

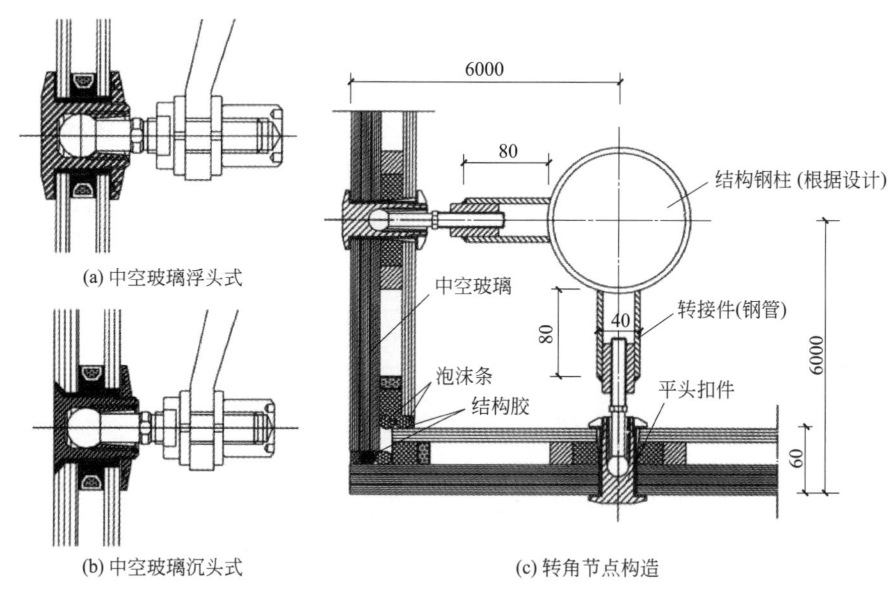

(a) 中空玻璃浮头式

(b) 中空玻璃沉头式

(c) 转角节点构造

图 2-33　点式玻璃幕墙构造

2.5.4　铝单板幕墙

铝单板幕墙采用优质高强度铝合金板材，其常用厚度为 1.5mm、2.0mm、2.5mm、3.0mm，型号为 3003。其构造主要由面板、加强筋和角码组成。角码可直接由面板折弯、冲压成形，也可在面板的小边上铆装角码成形。加强筋与板面后的电焊螺钉（螺钉是直接焊在板面背面的）连接，使之成为一个牢固的整体，极大增强了铝单板幕墙的强度与刚性，保证了长期使用中的平整度及抗风抗震能力。如果需要隔声和保温，可在铝板内侧安装高效的隔声和保温材料。铝单板幕墙构造图如图 2-34 所示，其实物图如图 2-35 所示。

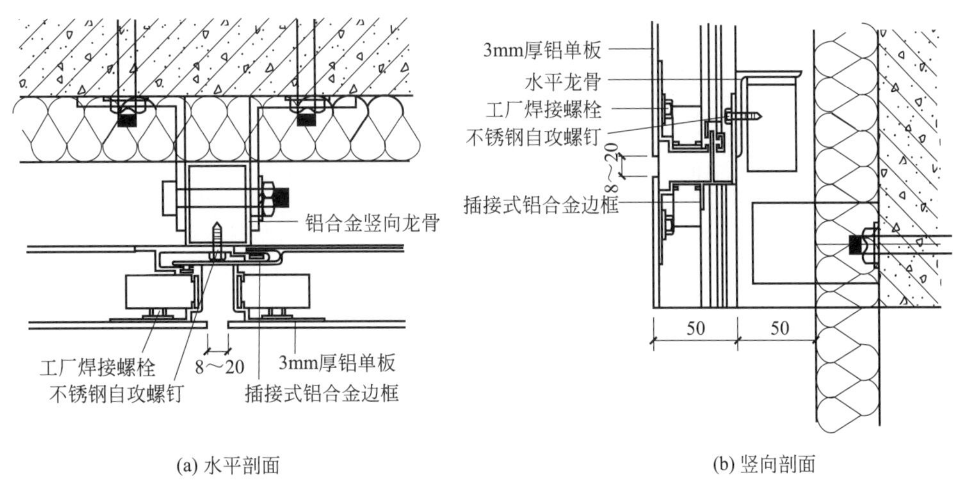

(a) 水平剖面　　(b) 竖向剖面

图 2-34　铝单板幕墙构造

图 2-35　铝单板外墙面实物图

2.5.5　石材幕墙

石材幕墙通常由石材面板和支承结构（横梁立柱、钢结构、连接件等）组成，不承担主体结构荷载与作用的建筑围护结构，其构造如图 2-36 所示，实物图如图 2-37 所示。

2.5.6　轻骨架隔墙

与建筑幕墙相同的室内骨架隔墙，由于结构承载要求较低，一般采用轻型骨架，又被称为轻骨架隔墙，由骨架和面层两部分组成，由于是先立墙筋（骨架）后做面层，因而又称为立筋式隔墙。常用的骨架有木骨架和型钢骨架。

木骨架由上槛、下槛、墙筋、斜撑及横档组成。上槛、下槛与墙筋的断面尺寸为(45～50)mm×(70～100)mm，斜撑和横档的断面相同或略小，墙筋间距常为 400mm，横档间距可与墙筋相同或适当放大。

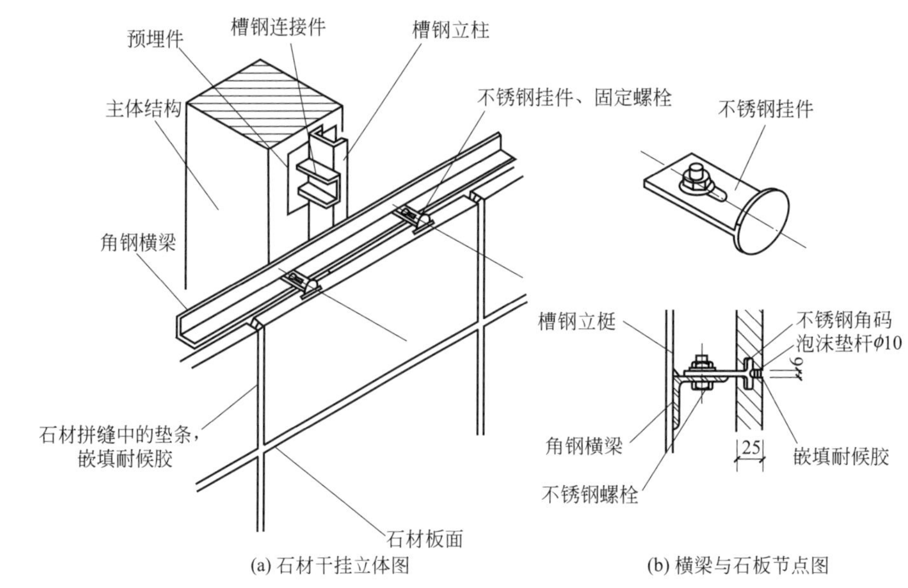

(a) 石材干挂立体图　　(b) 横梁与石板节点图

图 2-36　石材幕墙构造

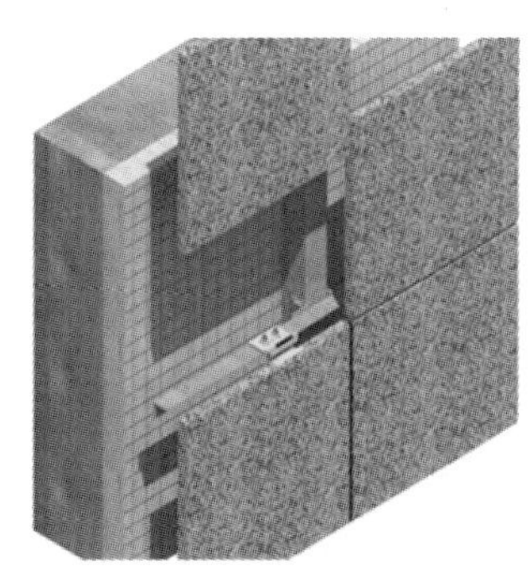
图 2-37　石材幕墙实物图

轻钢骨架由各种形式的薄壁型钢制成，其主要优点是强度高、刚度大、自重轻、整体性好、易于加工和大批量生产，还可根据需要拆卸和组装。常用的薄壁型钢有 0.8～1.0mm 厚的槽钢和工字钢。薄壁轻钢龙骨的安装过程是：先用螺钉将上槛、下槛固定在楼板和梁下，然后按 400～600mm 的间距安装钢龙骨（墙筋）。

轻骨架隔墙的面层有抹灰面层和人造板材面层。抹灰面层常用于木骨架，即传统的板条抹灰隔墙，如图 2-38 所示。人造板材面层可用于木骨架或轻钢骨架。隔墙的名称以面层材料而定。

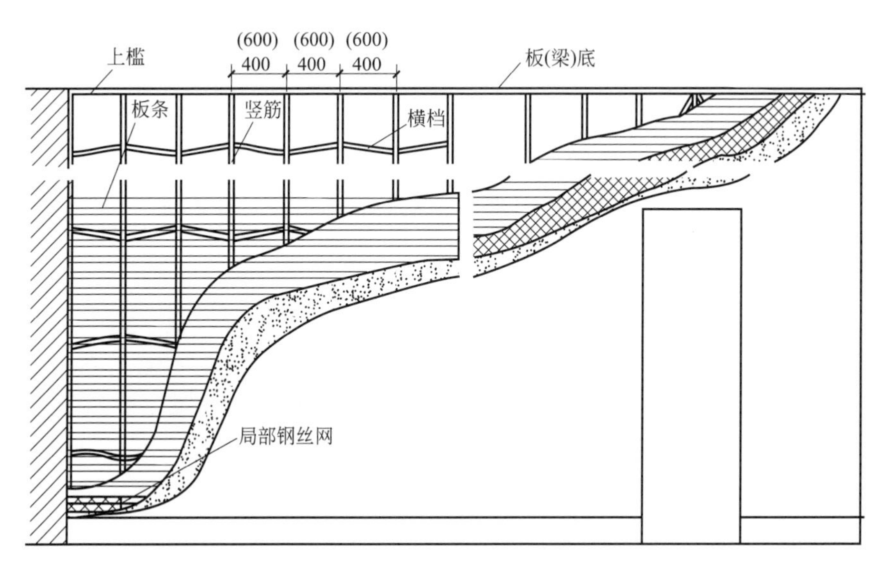

(a) 隔墙立面

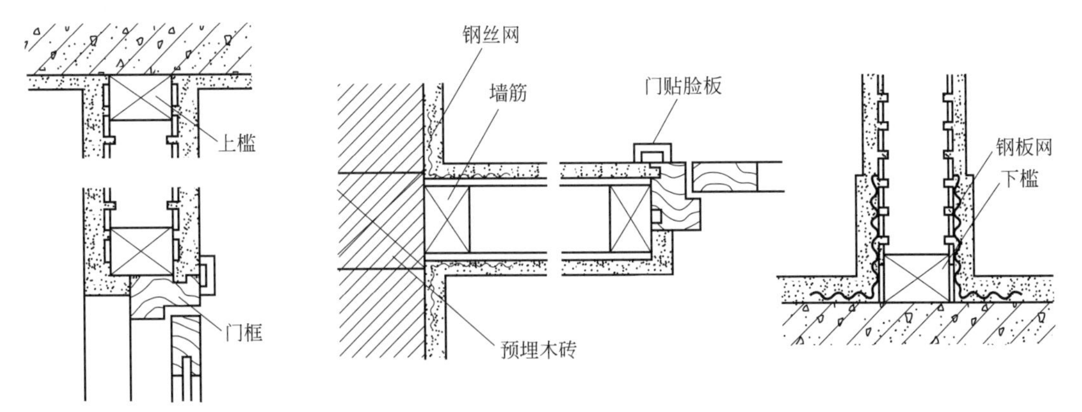

(b) 板条抹灰隔墙节点

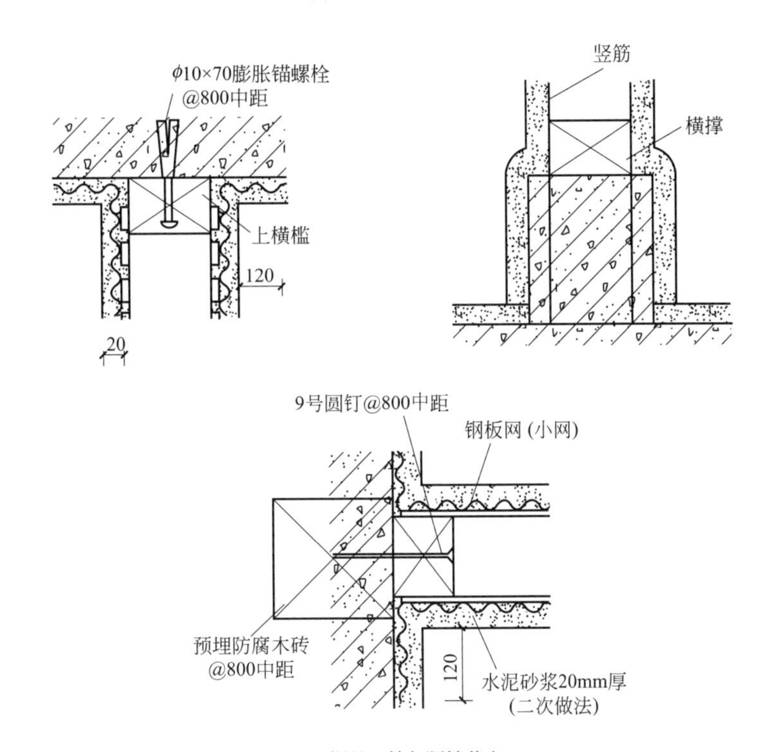

(c) 钢丝网抹灰隔墙节点

图 2-38　板条抹灰（板灰条）与钢丝网抹灰隔墙

2.6 墙和构件拉结识图与节点构造

2.6.1 墙和构件拉结

墙和构件拉结是为了保证建筑的稳定。墙与墙通过构造柱拉结，构造柱三维图如图 2-39 所示，如墙体为砌块墙，则在砌筑墙体时留出构造柱的空间，绑扎好钢筋与圈梁、梁等构件一起浇筑，如图 2-40 所示。为增加稳定性，砌块墙中可设圈梁，构造柱与圈梁、如图 2-41 所示。墙与门窗的拉结构造如图 2-42 所示。

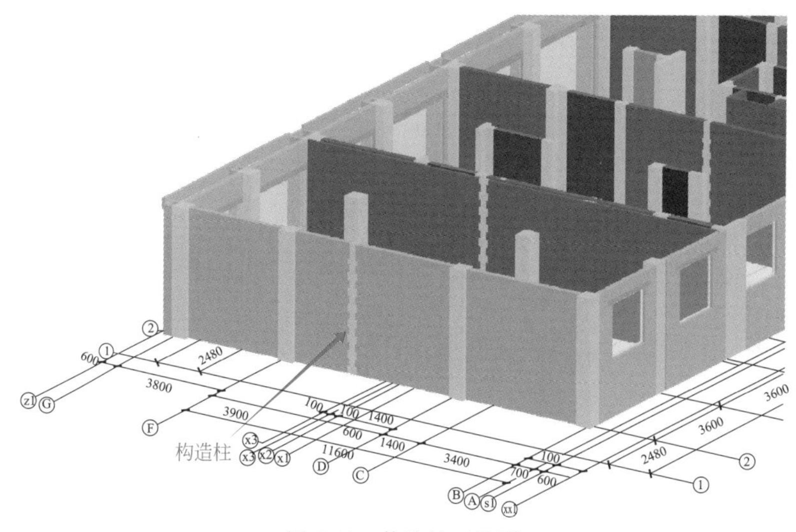

图 2-39　构造柱三维图

图 2-40　砌块墙构造柱

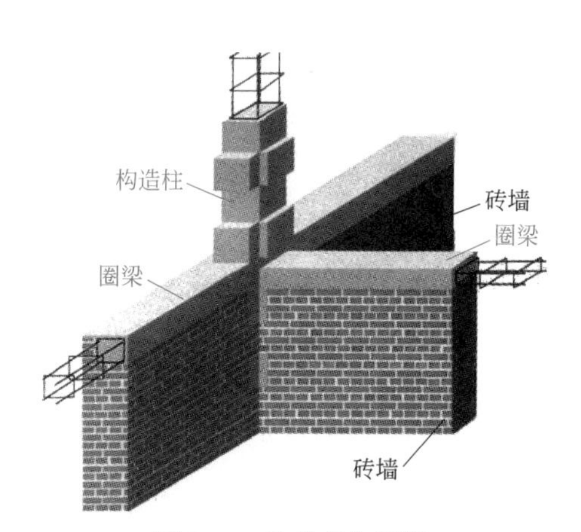

图 2-41　构造柱与圈梁

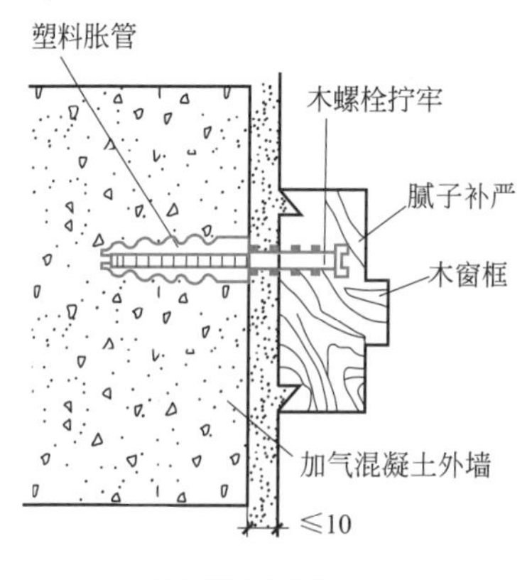

(a) 墙与门窗的拉结1

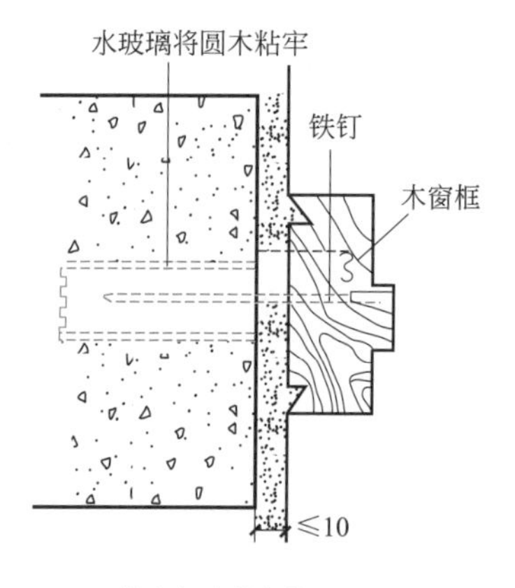

(b) 墙与门窗的拉结2

图 2-42　墙与门窗的拉结构造

2.6.2 墙和柱拉结

墙和柱拉结如图 2-43 所示。

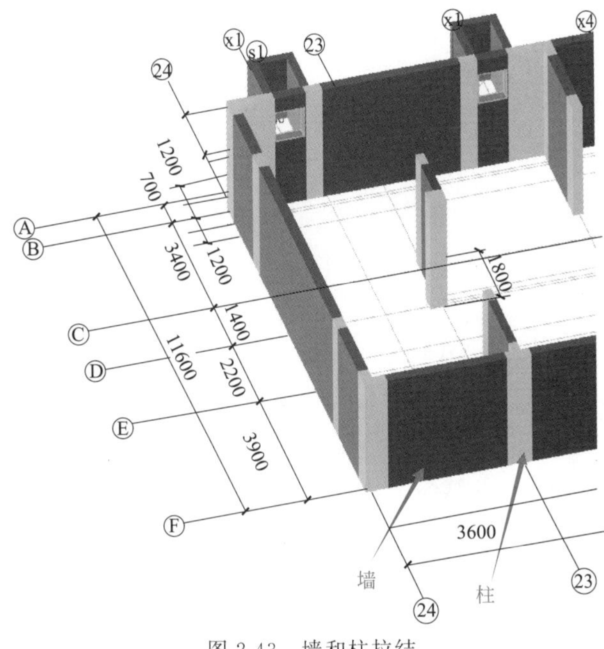

图 2-43 墙和柱拉结

2.6.3 墙和基架拉结

墙和基架拉结如图 2-44 所示，柱钢筋插入基础拉结如图 2-45 所示。

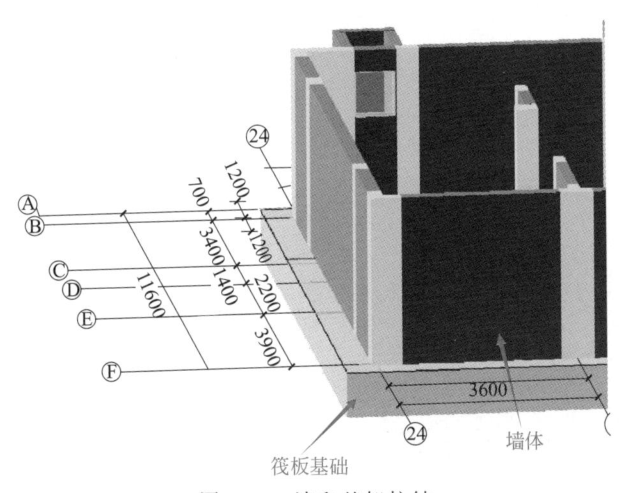

图 2-44 墙和基架拉结

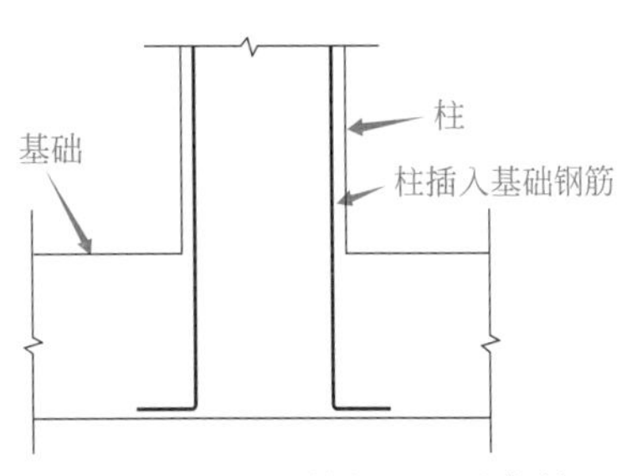

图 2-45 柱钢筋插入基础拉结

2.6.4 墙和屋架拉结

墙和屋架拉结如图 2-46 所示，柱和屋面板钢筋拉结如图 2-47 所示。

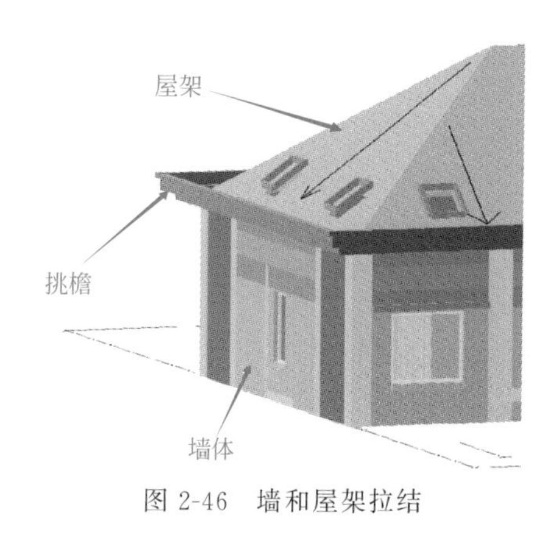

图 2-46　墙和屋架拉结

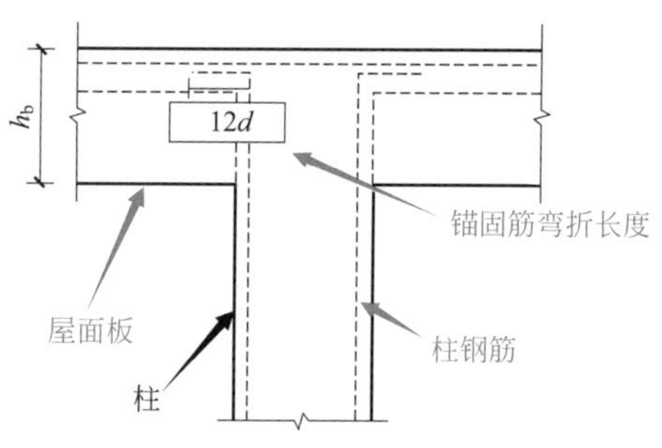

图 2-47　柱和屋面板钢筋拉结

h_b—梁截面高度；d—锚固钢筋直径

2.6.5　钢筋砖过梁

钢筋砖过梁是用砖平砌，并在灰缝中配置钢筋，形成可以承受荷载的加筋砖砌体，按每 240mm 厚墙配 2～3 根Φ 6 的钢筋，放置在洞口上部的砂浆层内，砂浆层为 30mm 厚的 1∶3 水泥砂浆，钢筋两边伸入支座长度不小于 240mm，并加弯钩。为使洞口上部的砌体与钢筋形成过梁，常在相当于 1/4 跨度的高度范围内（一般为 5～7 皮砖），用 M5 级砂浆砌筑，钢筋砖过梁适用于跨度在 2m 以内的门窗洞口，如图 2-48 所示。

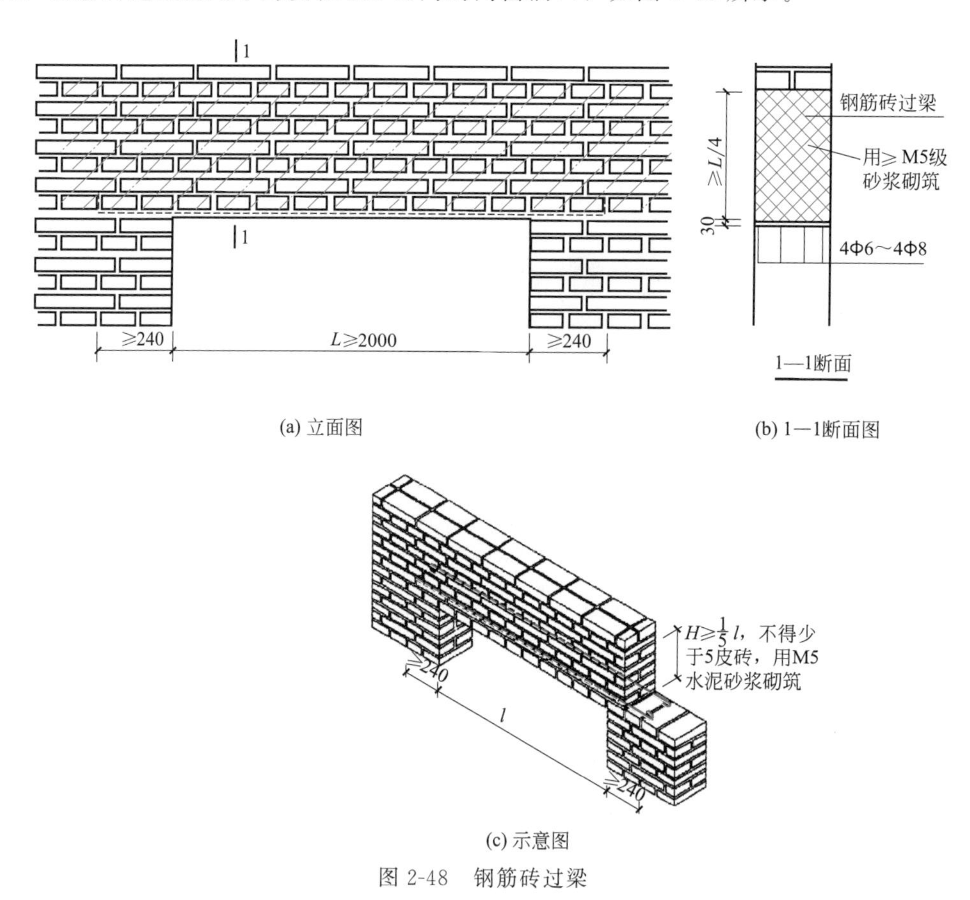

图 2-48　钢筋砖过梁

2.6.6 钢筋砖圈梁

钢筋砖圈梁就是将前述的钢筋砖过梁沿外墙和部分内墙一周连通砌筑而成。钢筋砖圈梁应采用不低于 50 号的砂浆砌筑，圈梁高度一般不少于 5 皮砖，中间设置通长钢筋，分上下两层设置，宽度与墙厚相同，如图 2-49 所示。

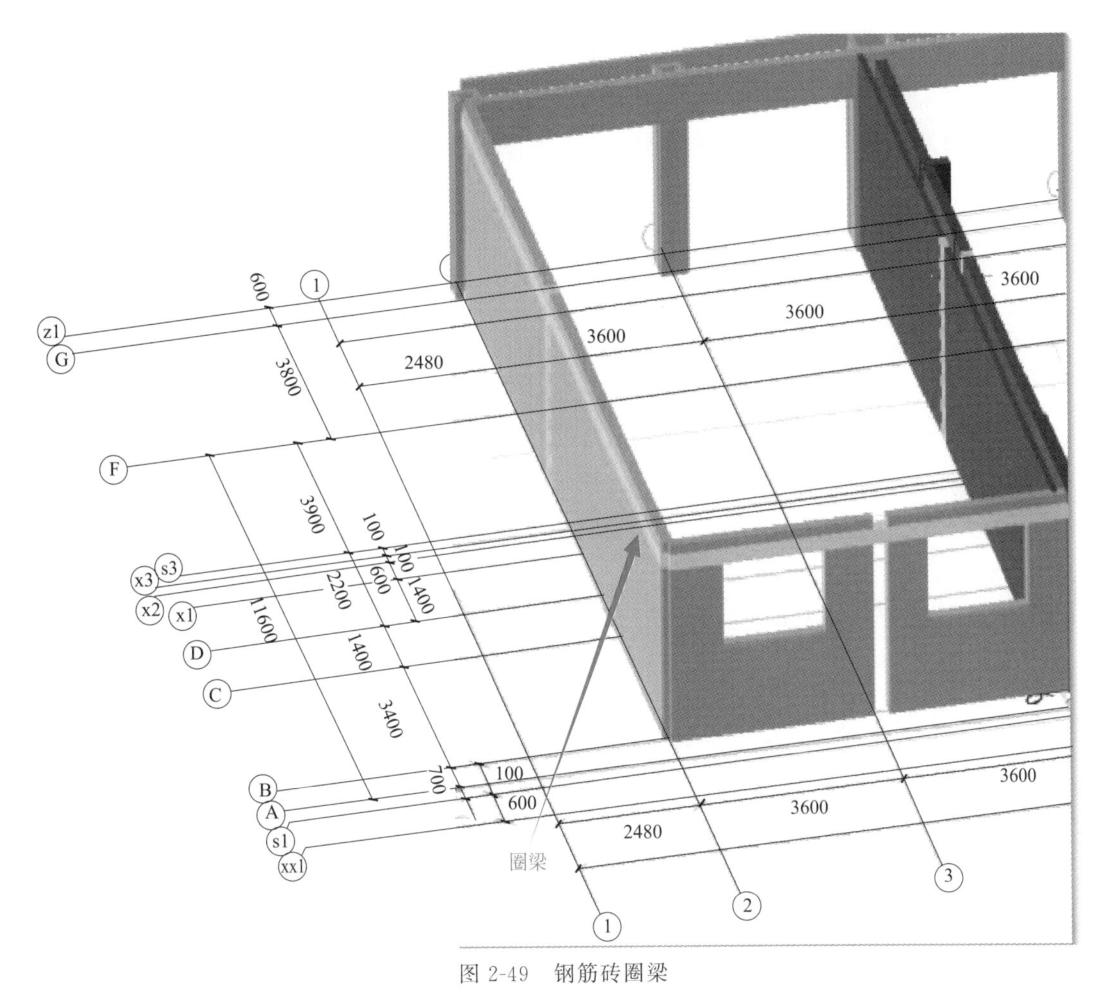

图 2-49　钢筋砖圈梁

2.7 隔墙识图与节点构造

2.7.1 隔墙识图

（1）隔墙平面图的识读

识读隔墙平面图的要点如下。

① 熟悉图例，只有将常用图例记住，看图时才方便。

② 查看隔墙周围建筑空间的情况，了解隔墙的平面布置情况。

③ 了解建筑物的平面布置和朝向。

④ 了解平面图上隔墙的各部分尺寸。

⑤ 了解剖面图的具体剖切位置。

(2) 隔墙立面图的识读

对隔墙的前面或后面所作的正投影图称为轻质隔墙立面图，它是用来表示隔墙的外貌和立面各个部位的形状、位置、尺寸和墙面材料及构造做法的图样。

识读隔墙立面图的要点如下。

① 了解隔墙上的造型，如门、窗、洞口等的位置、高度尺寸和构造等情况。

② 了解隔墙表面装饰及所用材料情况。在立面图中隔墙的表面装饰及所用材料情况，一般用文字说明。

③ 了解隔墙立面各部分的竖向尺寸和标高情况。一般靠近墙面第一道尺寸标注隔墙上各细部的高度，第二道尺寸标注隔墙的总高度。标高主要表示隔墙相对于室内地坪的相对高度。

④ 了解各节点的详图标号。

2.7.2 隔墙的类型及要求

隔墙是分隔室内空间的非承重构件。在现代建筑中，为提高平面布局的灵活性，大量采用隔墙以适应建筑功能的变化。因为隔墙不承受任何外来荷载，且本身的重量还要由楼板或小梁来承受，所以要求隔墙具有自重轻、厚度薄、便于拆卸、有一定的隔声能力。卫生间、厨房隔墙还应具有防水、防潮、防火等性能。

隔墙的类型很多，按其构造方式可分为块材隔墙、板材隔墙以及轻骨架隔墙。

2.7.3 砌筑类隔墙的构造

(1) 普通砖隔墙

砖砌隔墙多采用普通砖砌筑，分成1/4砖厚和1/2砖厚两种，以1/2砖砌隔墙为主。1/2砖砌隔墙又称半砖隔墙，标志尺寸为120mm，采用普通砖顺砌而成。当砌筑砂浆为M2.5时，墙的高度不宜超过3.6m、长度不宜超过5m；当采用M5砂浆砌筑时，高度不宜超过4m、长度不宜超过6m；高度超过4m时，应在门过梁处设通长钢筋混凝土带；长度超过6m时，应设砖壁柱。为保证隔墙的稳定性，一般沿高度每隔0.5m砌入2Φ4钢筋，还应沿隔墙高度每隔1.2m设一道30mm厚的水泥砂浆层，内放2Φ6钢筋。为保证隔墙不承重，在隔墙顶部与楼板相接处，应留有30mm的空隙或用立砖斜砌，以预防楼板结构产生挠度，致使隔墙被压坏。隔墙上有门时，要预埋铁件或将带有木楔的混凝土预制块砌入隔墙中，以固定门框。普通砖隔墙如图2-50所示。半砖隔墙坚固、耐久，隔声性能较好，但自重大、湿作业量大、不易拆装。

(2) 加气混凝土砌块隔墙

加气混凝土砌块隔墙具有重量轻、吸声好、保温性能好、便于操作的特点，目前在隔墙工程中应用较广。但是加气混凝土砌块吸湿性大，所以不宜用于浴室、厨房、厕所等处，如使用需另做防水层。

加气混凝土砌块隔墙的底部宜砌筑2～3皮普通砖，以利于踢脚砂浆的黏结，砌筑加

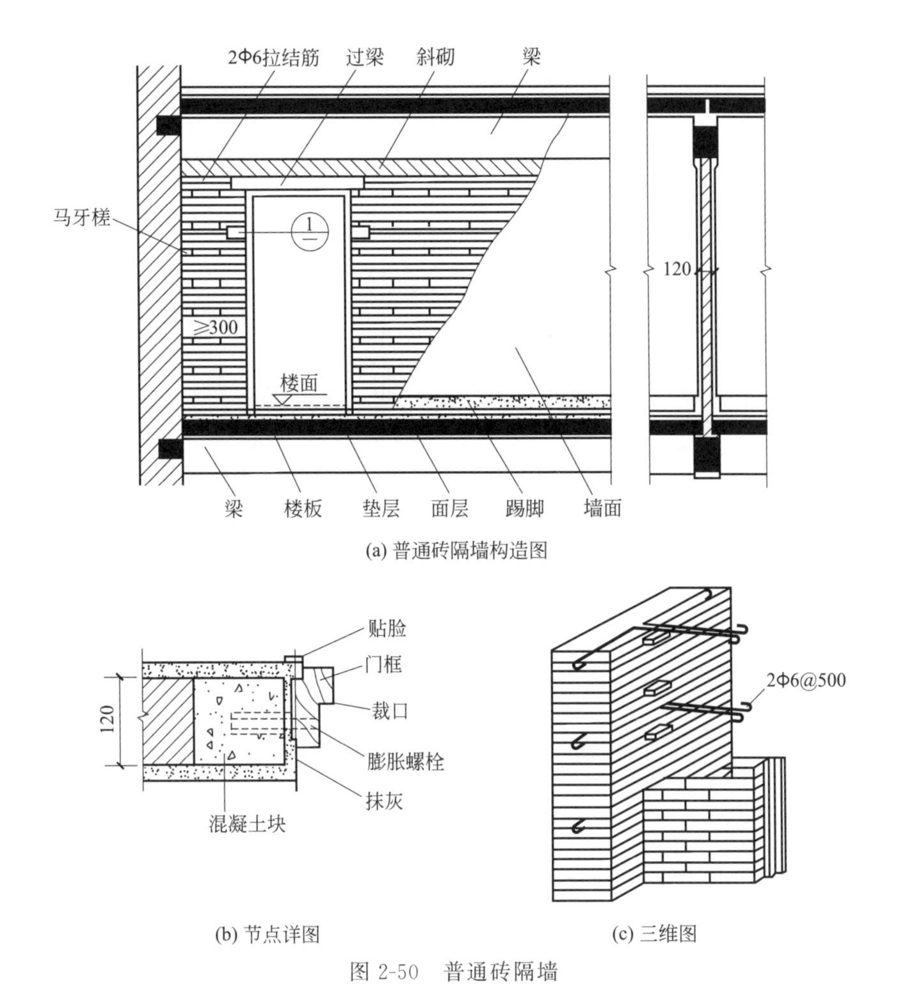

(a) 普通砖隔墙构造图

(b) 节点详图

(c) 三维图

图 2-50 普通砖隔墙

气混凝土砌块时应采用 1∶3 的水泥砂浆，为了保证加气混凝土砌块隔墙的稳定性，沿墙高每隔 900～1000mm 设置 2Φ6 的配筋带，门窗洞口上方也要设 2Φ6 的钢筋，如图 2-51 所示。墙面抹灰可直接抹在砌块上，为了防止灰皮脱落，可先用细铁丝网钉在砌块墙上再做抹灰。

2.7.4 骨架隔墙的构造

骨架隔墙是以木材、钢材或其他材料构成骨架，把面层钉结、涂抹或粘贴在骨架上形成的隔墙。所以，隔墙由骨架和面层两部分组成。由于是先立墙筋（骨架）再做面层，因而又称为立筋式隔墙。

木骨架自重轻、构造简单、便于拆装，但防水、防潮、防火、隔声性能较差。木骨架隔墙构造如图 2-52 所示。轻钢骨架由各种形式的薄壁型钢制成，其主要优点是强度高、刚度大、自重轻、整体性好、易于加工和大批量生产，且防火、防潮性能好，还可根据需要拆卸和组装。石膏骨架、石棉水泥骨架和铝合金骨架，利用工业废料和地方材料及轻金属制成，具有良好的使用性能，同时可以节约木材和钢材，应推广采用，轻钢龙骨石膏板隔墙构造如图 2-53 所示。

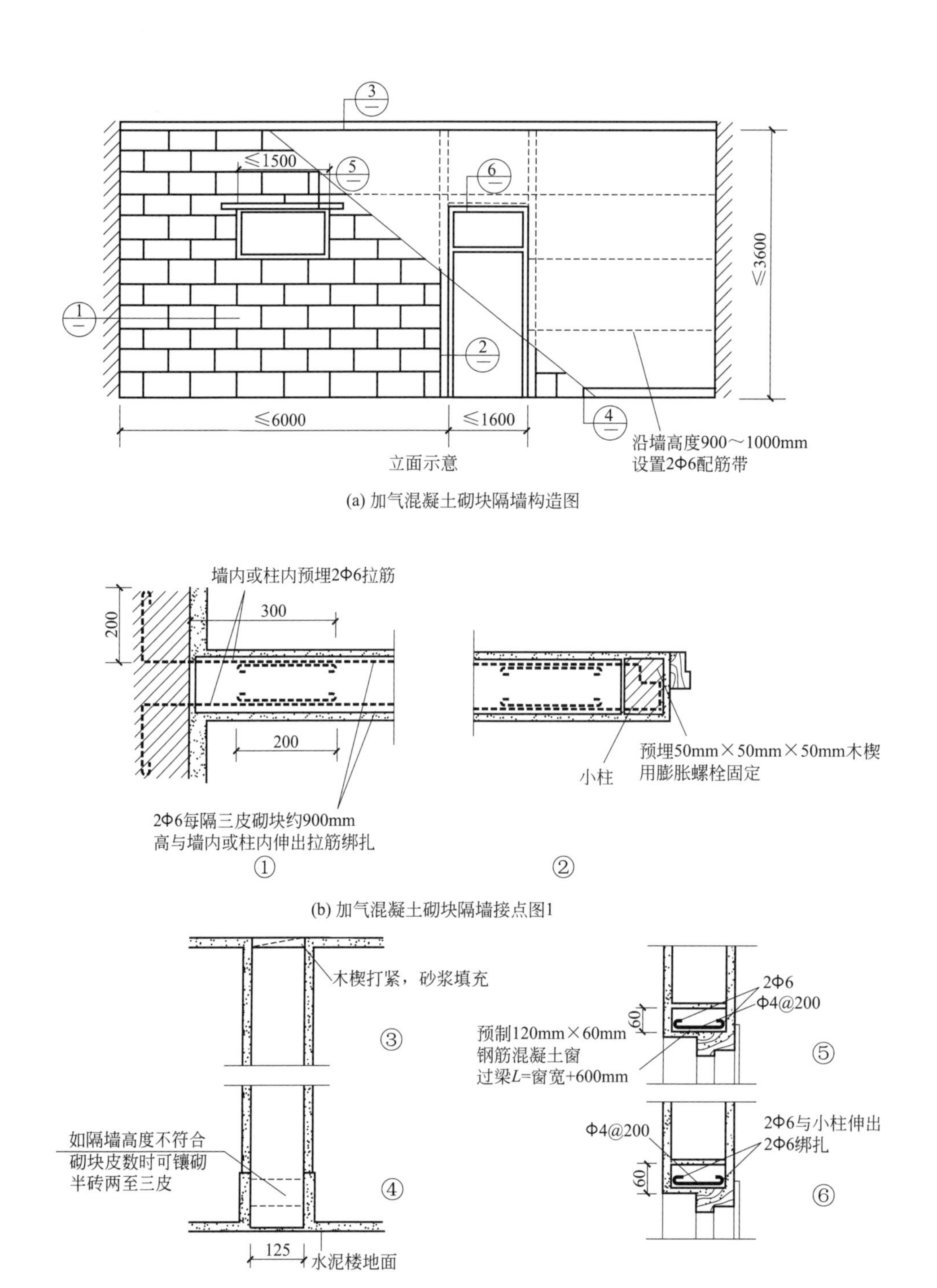

图 2-51　加气混凝土砌块隔墙

2.7.5　板材隔墙的构造

板材隔墙是指将各种轻质竖向通长的预制薄型板材用各种黏结剂拼合在一起形成的隔墙。其单板高度相当于房间净高，面积较大，且不依赖骨架，直接装配而成。目前采用的

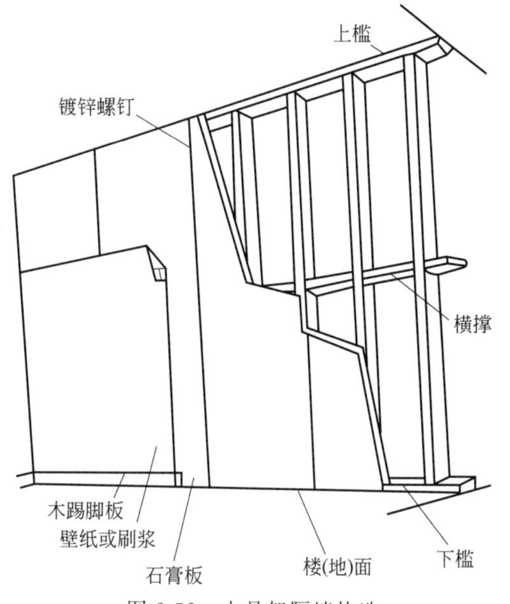

图 2-52　木骨架隔墙构造

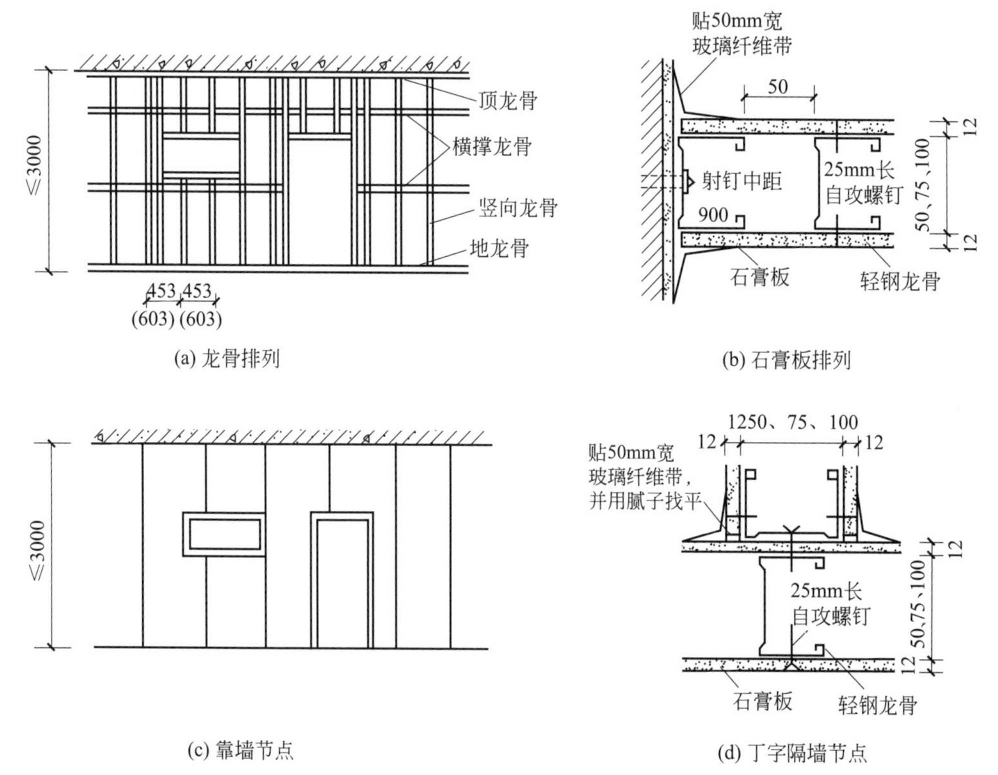

图 2-53　轻钢龙骨石膏板隔墙构造

大多为条板，例如加气混凝土条板、石膏条板、复合板和泰柏板等。条板隔墙构造如图 2-54 所示。

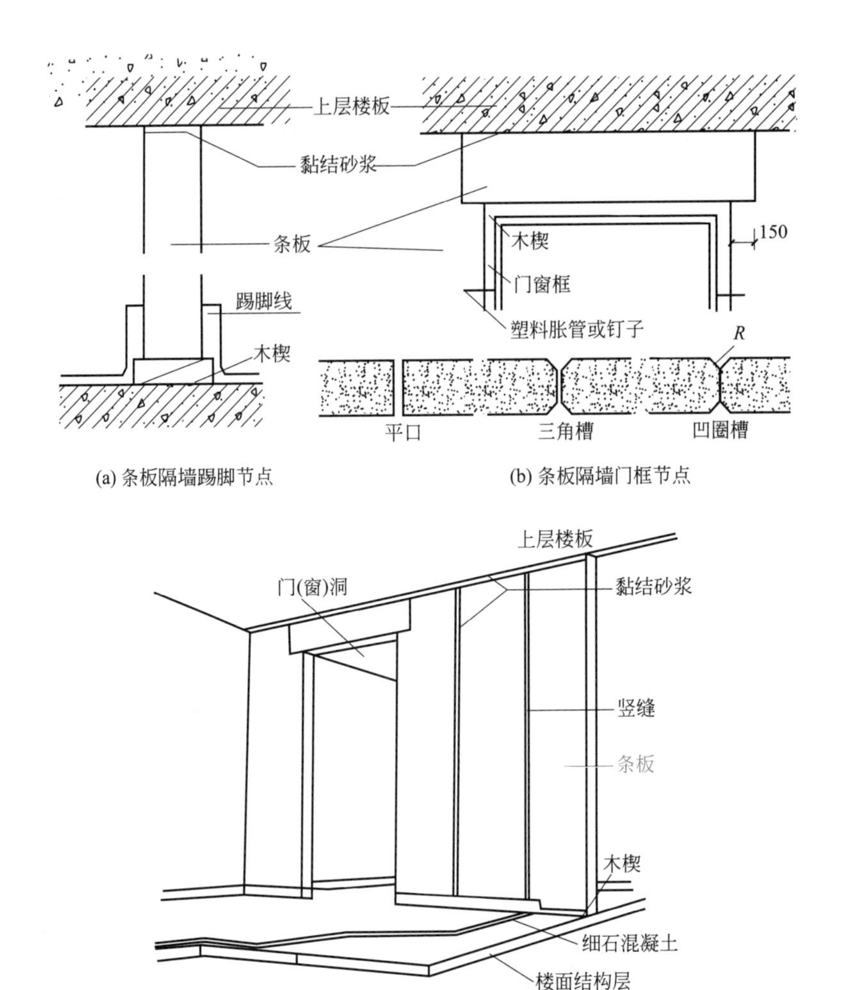

(a) 条板隔墙踢脚节点

(b) 条板隔墙门框节点

(c) 条板隔墙

图 2-54　条板隔墙构造

2.8 隔断识图与节点构造

2.8.1 隔断识图

隔断是指分隔室内空间的装饰构件，其特点是不隔到顶，通透性强，它既能分隔空间、遮挡视线，又能变化空间、丰富意境，是当今居住及公共建筑，如住宅、办公室、旅馆、餐厅、展览馆等在设计中常用的装饰手法。卫生间隔断平面图如图 2-55 所示，立面图如图 2-56 所示。

2.8.2 隔断的类型及要求

隔断的种类很多，从限定程度上来分，有空透式隔断和隔墙式隔断（含玻璃隔断）；从隔断的固定方式来分，有固定式隔断和移动式隔断；从隔断启闭方式考虑，移动式隔断中有折叠式、直滑式、拼装式，以及双面硬质折叠式、软质折叠等多种；从材料角度来分，有竹木隔断、玻璃隔断、金属隔断和混凝土花格隔断等。另外，还有诸如硬质隔断与软质隔断，家具式隔断与屏风式隔断等。

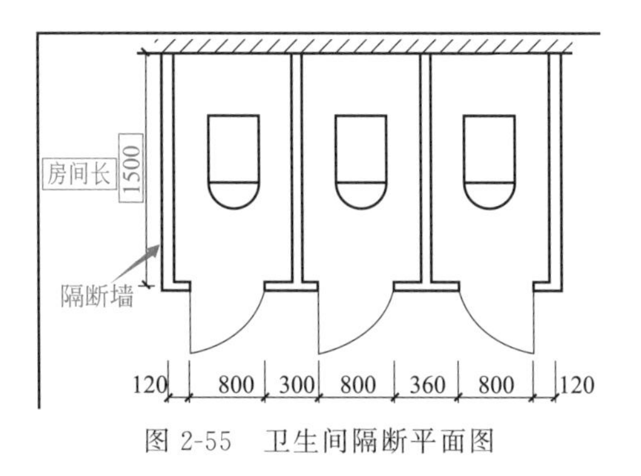

图 2-55　卫生间隔断平面图

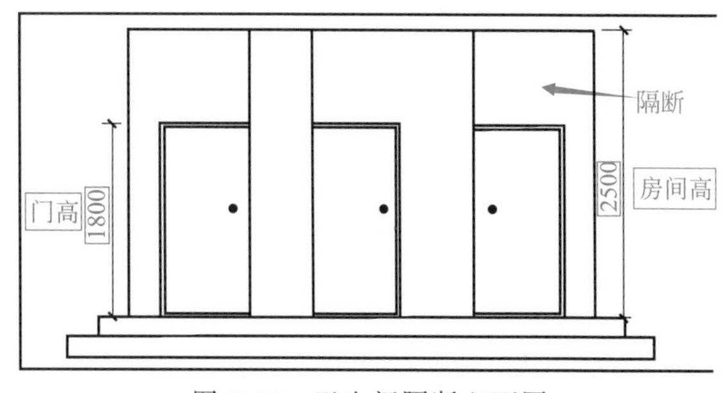

图 2-56　卫生间隔断立面图

2.8.3　木、竹隔断的构造

木、竹隔断是指以木材或竹材形成的隔断。木花格隔断的构造如图 2-57 所示。竹屏风隔断实物图如图 2-58 所示。

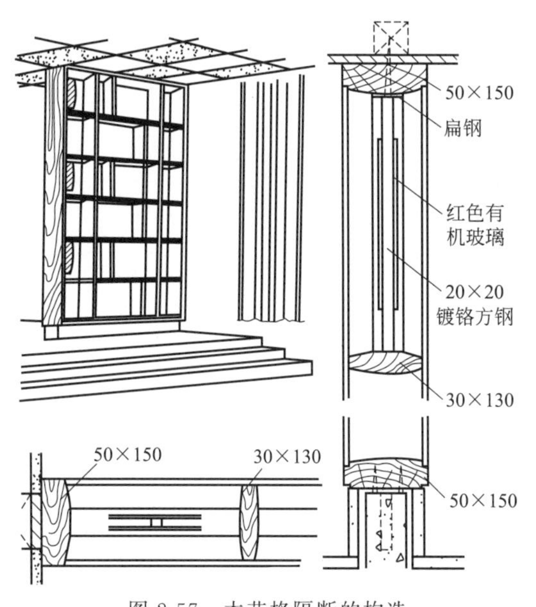

图 2-57　木花格隔断的构造

图 2-58　竹屏风隔断实物图

2.8.4　玻璃与玻璃砖隔断的构造

2.8.4.1　玻璃隔断

玻璃隔断构造如图 2-59 所示。玻璃隔断与吊顶交接面如图 2-60 所示，与吊顶收口构造如图 2-61 所示。玻璃隔断与地面收口剖面图如图 2-62 所示，与地面收口构造如图 2-63 所示。

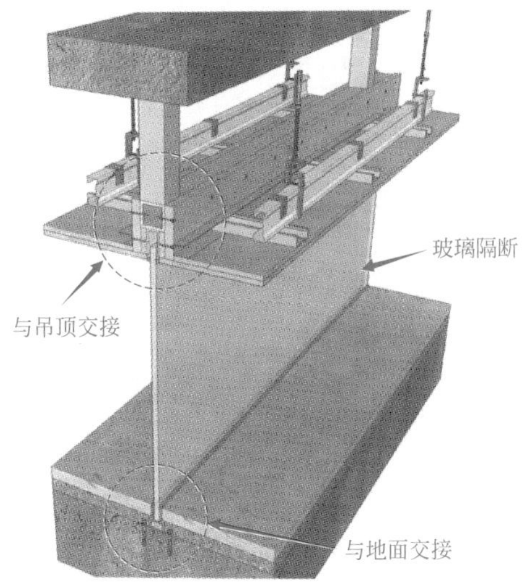

图 2-59　玻璃隔断构造

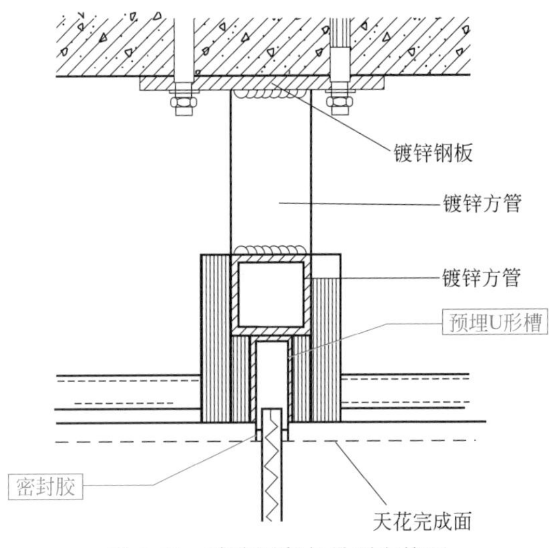

图 2-60　玻璃隔断与吊顶交接面

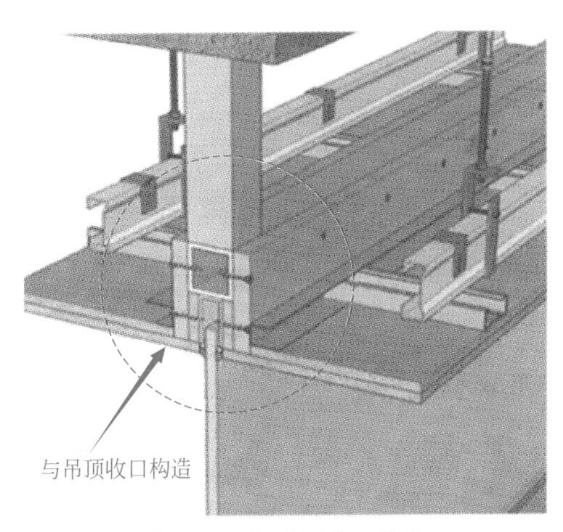

图 2-61　与吊顶收口构造

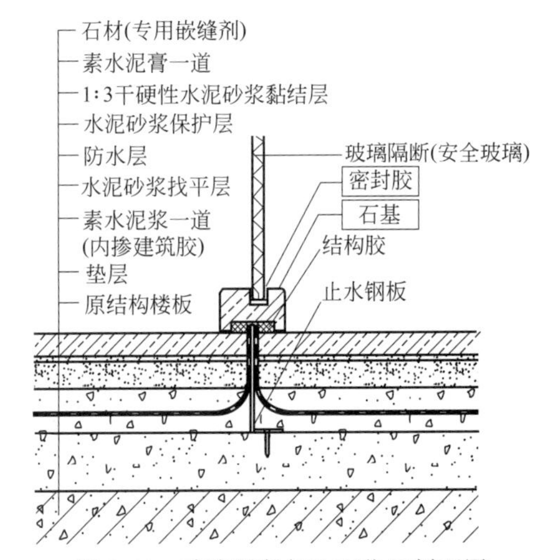

图 2-62　玻璃隔断与地面收口剖面图

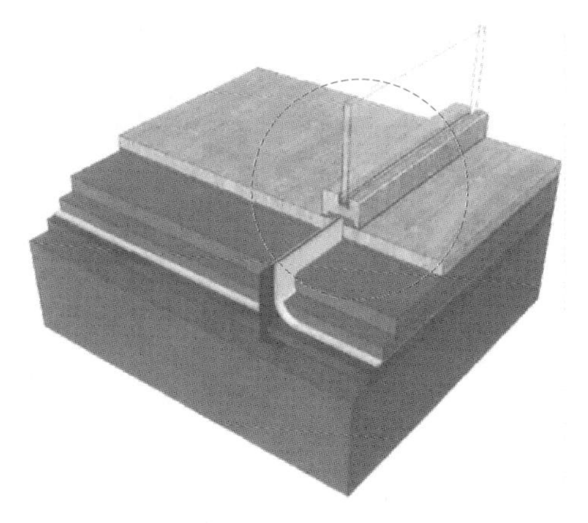

图 2-63　与地面收口构造

2.8.4.2 玻璃砖隔断

玻璃砖隔断构造如图 2-64 所示。

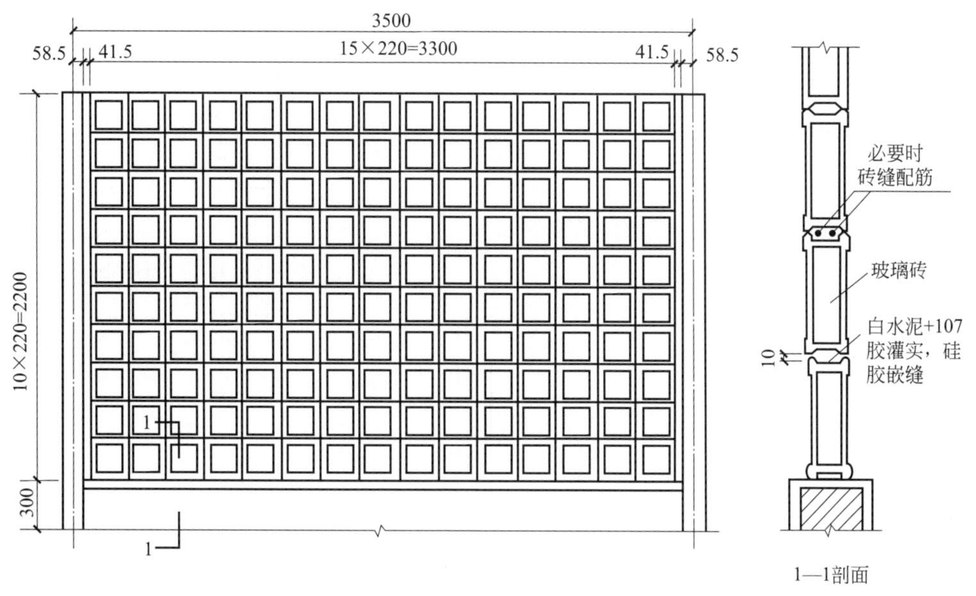

图 2-64 玻璃砖隔断构造

玻璃砖隔断节点图如图 2-65 所示。

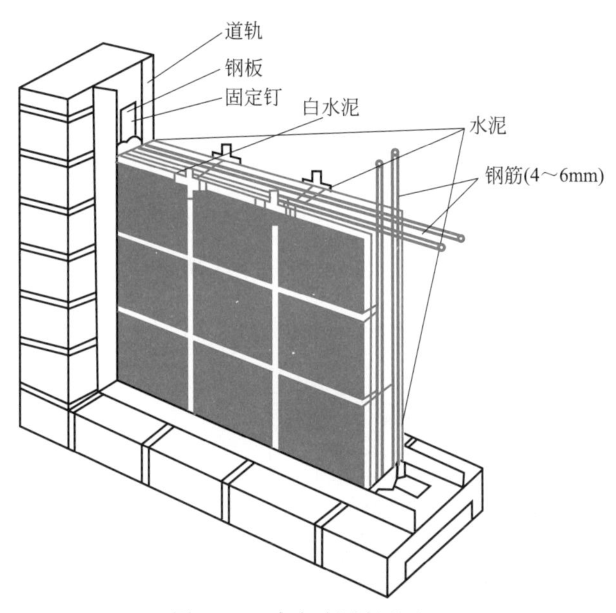

图 2-65 玻璃砖隔断节点图

2.8.5 活动轨道隔断系统

活动轨道隔断系统如图 2-66 所示。

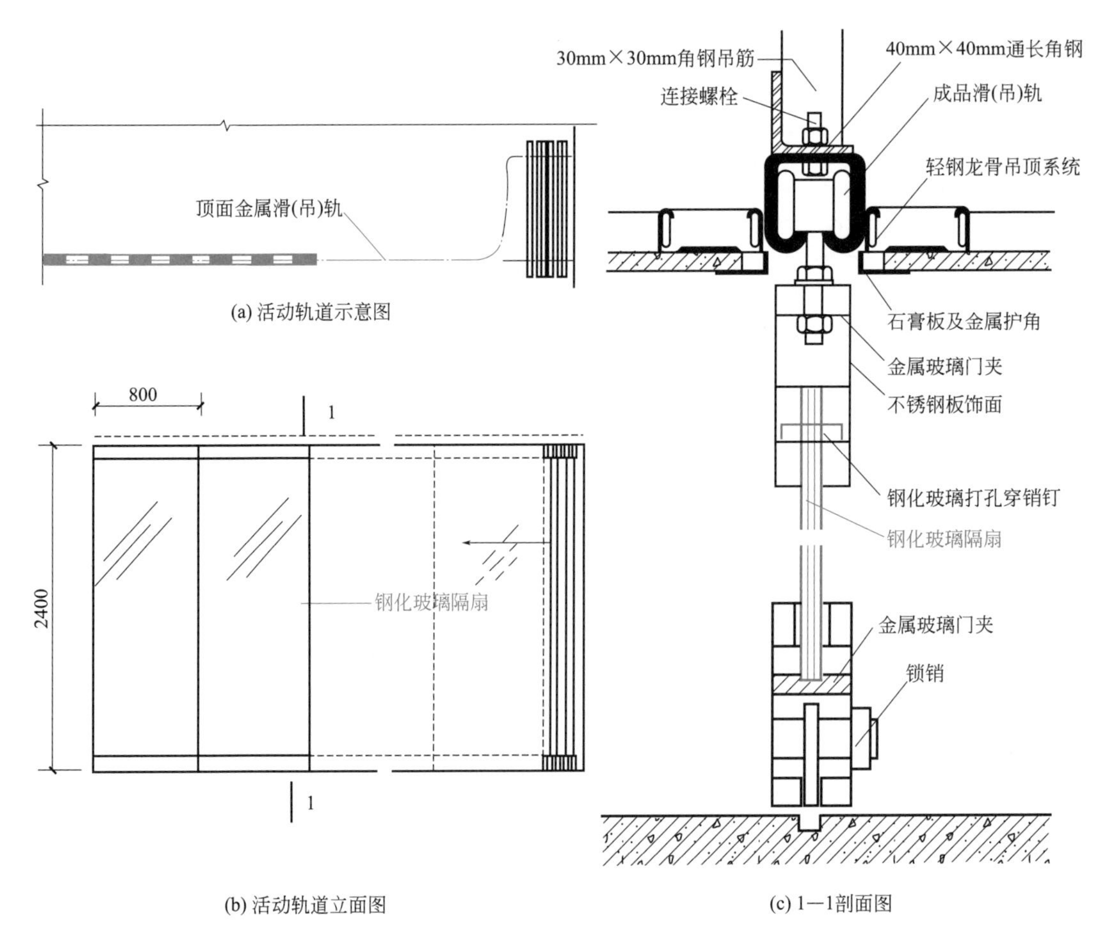

图 2-66 活动轨道隔断系统

2.8.6 家具隔断

家具隔断是指采用家具进行分隔空间，如图 2-67 所示是柜子隔断。

图 2-67 柜子隔断

2.9 墙面装修识图与构造

2.9.1 墙面装修识图

外墙装修指外墙做法。如图 2-68 所示为外墙装修图，外墙 1 是淡黄色干挂花岗石墙面，外墙 2 是砖红色外墙面砖，外墙 3 是土黄色涂料外墙，外墙 4 是浅灰色涂料外墙。根据外墙立面图，结合图例可看出外墙每个位置的装修做法。

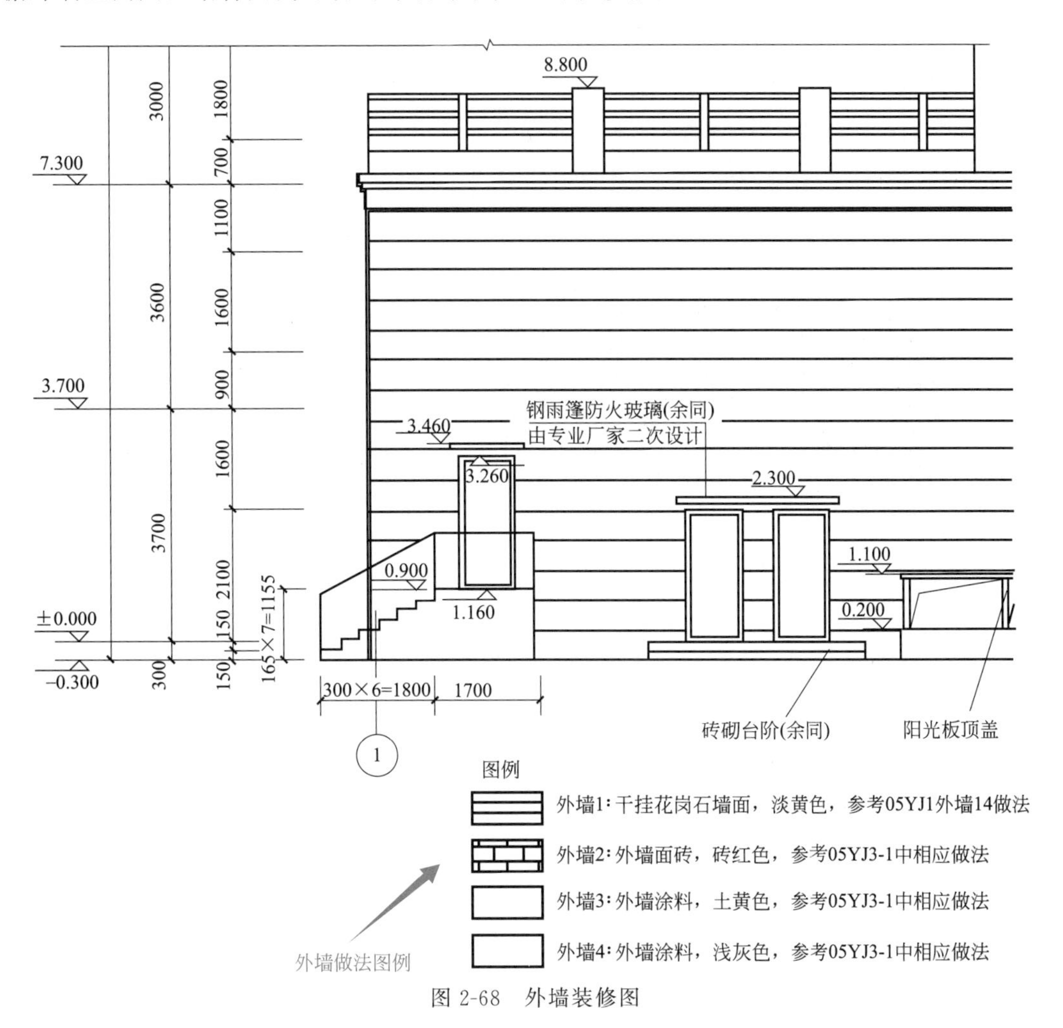

图 2-68　外墙装修图

2.9.2 墙面装修的作用

墙面装修的作用如下。

① 保护墙体　提高墙体防潮、防风化、耐污染等能力，增强墙体的坚固性和耐久性。

② 装饰作用　通过墙面材料色彩、质感、纹理、线型等的处理，丰富建筑的造型，

改善室内亮度，使室内变得更加温馨，富有一定的艺术魅力。

③ 改善环境条件　满足使用功能的要求。可以改善室内外清洁、卫生条件，增强建筑物的采光、保温、隔热隔声性能。

2.9.3　墙面装修的类型

装修按照墙面的位置不同分为内墙装修和外墙装修。

按照施工方式和材料的不同，内墙装修和外墙面装修又可分为抹灰类、贴面类、涂料类、干挂类、裱糊类（仅用于内墙）。

2.9.4　抹灰类墙面的构造

抹灰是我国传统的墙面做法，这种做法材料来源广泛，施工操作简便，造价低，但多为手工操作，工效较低，劳动强度大，表面粗糙，易积灰等。抹灰一般分底层、中层、面层三个层次，如图 2-69 所示。

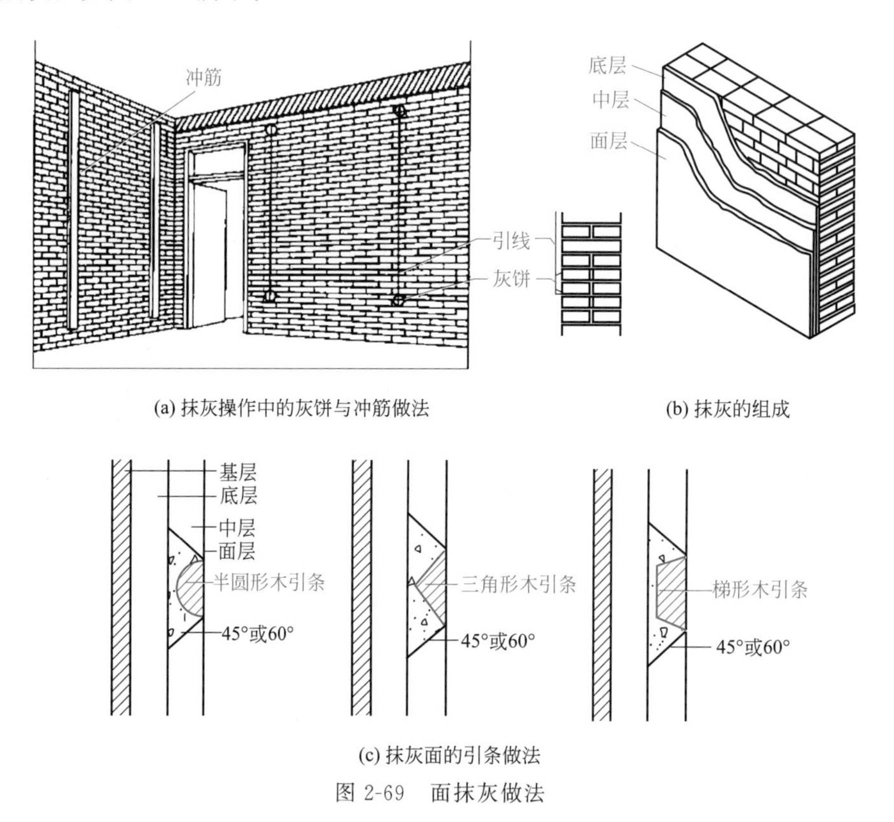

图 2-69　面抹灰做法

抹灰的层次如下。

(1) 底层

底层与基层有很好的黏结和初步找平的作用，厚度一般为 5～7mm。当墙体基层为砖、混凝土时，可采用水泥砂浆或混合砂浆打底；当墙体基层为砌块时，可采用混合砂浆打底；当墙体基层为灰条板时，应采用石灰砂浆打底，并在砂浆中掺入适量的麻刀或其他纤维。

(2) 中层

中层起进一步找平作用，弥补底层因灰浆干燥后收缩出现的裂缝，厚度为5～9mm。

(3) 面层

面层主要起装饰美观的作用，厚度为2～8mm。面层不包括在面层上的刷浆、喷浆或涂料。

2.9.5 贴面类墙面的构造

(1) 面砖

面砖是用陶土或瓷土为原料，压制成形后经烧制而成的。面砖质地坚固、耐磨、耐污染、装饰效果好，适用于装饰要求较高的建筑。面砖常用的规格有150mm×150mm、75mm×150mm、113mm×77mm、145mm×113mm、233mm×113mm、265mm×113mm等。外墙面粘贴面砖构造如图2-70所示。

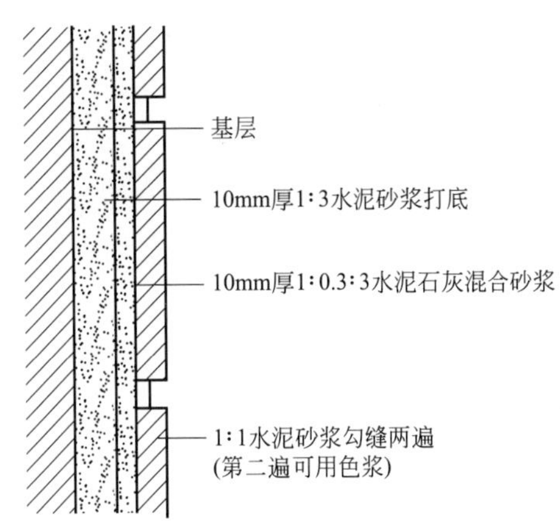

图2-70 外墙面粘贴面砖构造

面砖铺贴前先将表面清洗干净，然后将面砖放入水中浸泡，贴前取出晾干或擦干。先用1∶3水泥砂浆打底并刮毛，再用1∶0.3∶3水泥石灰砂浆或掺108胶的1∶2.5水泥砂浆满刮于面砖背面，其厚度不小于10mm，贴于墙上后，轻轻敲实，使其与底灰粘牢。面砖若被污染，可用含量为10%的盐酸洗刷，并用清水洗净。

(2) 花岗岩石板

花岗岩石板结构密实，强度和硬度较高，吸水率较小，抗冻性和耐磨性较好，耐酸碱和抗风化能力较强。花岗岩石板多用于宾馆、商场、银行等大型公共建筑物和柱面装饰，也适用于地面、台阶、水池等。

2.9.6 涂料类墙面的构造

涂料类饰面具有工效高、工期短、材料用量少、自重轻、造价低、维修更新方便等优点，在饰面装修工程中得到较为广泛应用。涂料分为有机涂料和无机涂料两类。

(1) 有机涂料

有机涂料根据主要成膜物质与稀释剂不同分为溶剂性涂料、水溶性涂料和乳胶涂料。

① 溶剂性涂料　溶剂性涂料有较好的硬度、光泽、耐水性、耐腐蚀性和耐老化性，但施工时污染环境，涂抹透气性差，主要用于外墙饰面。

② 水溶性涂料　水溶性涂料不掉粉、造价不高、施工方便、色彩丰富，多用于内外墙饰面。

③ 乳胶涂料　乳胶涂料所涂的饰面可以擦洗、易清洁、装饰效果好。所以乳胶涂料是住宅建筑和公共建筑的一种较好的内外墙饰面材料。

(2) 无机涂料

无机涂料分为普通无机涂料和无机高分子涂料。普通无机涂料多用于一般标准的室内装修；无机高分子涂料用于外墙面装修和有擦洗要求的内墙面装修。

2.10 墙体保温构造

2.10.1 外墙保温构造

外墙保温构造如图 2-71 所示，保温做法如图 2-72 所示。

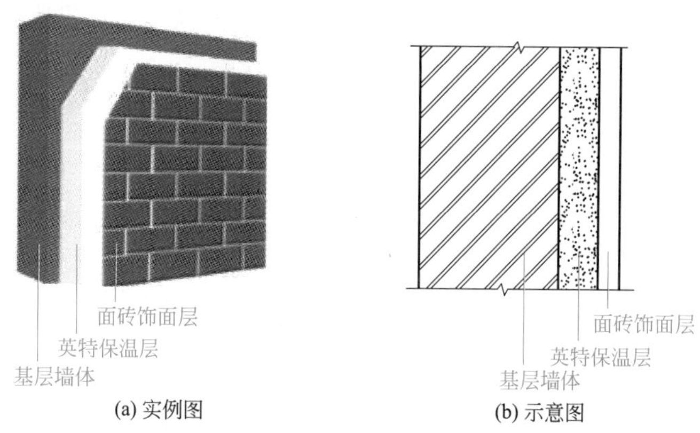

图 2-71 外墙保温构造

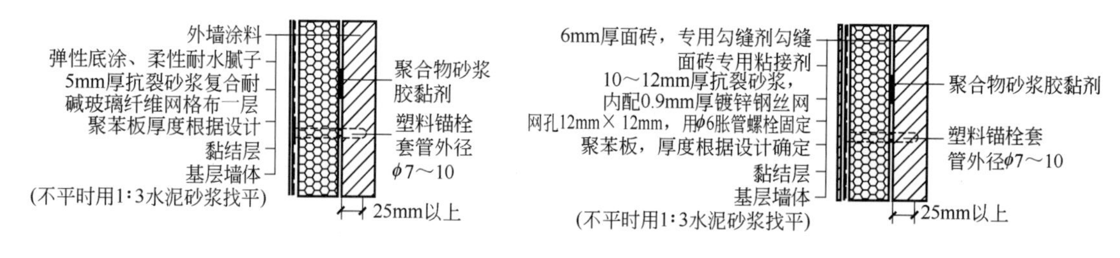

图 2-72 保温做法

2.10.2 内墙保温构造

内墙保温是将保温层做在内墙面层上，内保温构造如图 2-73 所示。

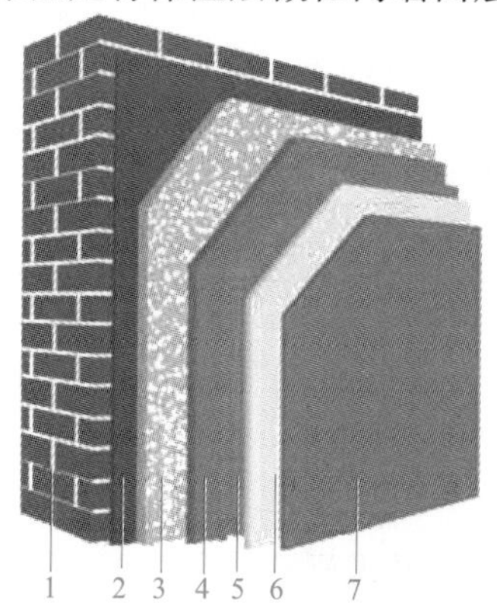

图 2-73 内墙保温构造

1—基材；2—界面砂浆；3—胶粉聚苯颗粒；4—抗裂砂浆；5—耐碱玻璃纤维网格布；6—抗裂砂浆；7—涂料饰面层（底涂、腻子、涂料）

第3章 钢筋混凝土框架识图与节点构造

3.1 框架节点概述

扫码看视频

框架节点的分类

3.1.1 框架节点分类

按构件组成划分为有梁板和无梁板。

按框架的施工方法划分为现浇整体式框架、装配式框架、半现浇框架、装配整体式框架。

按抗震要求划分为非抗震节点和抗震节点。

3.1.1.1 按构件组成划分

可分为有梁板（由梁、板、柱三种基本构件组成的骨架结构）和无梁板（由板和柱组成的骨架结构）两种类型。

（1）有梁板

有梁板是指由梁和板连成一体的钢筋混凝土板，它包括梁板式肋形板和井字肋形板。有梁板的板面靠梁支撑，是将荷载传给柱的支撑方式，是由一个方向或者两个方向的梁（主梁、次梁）与板连成一体的板。有梁板示意图如图3-1所示。

① 梁板式肋形板由主梁及梁（肋）、板组成。它具有传力线路明确、受力合理的特点。当房间的开间、进深较大，楼面承受的弯矩较大时，常采用这种楼板。梁板式肋形板示意图如图3-2所示。

② 井字肋形板没有主梁，都是次梁（肋），且肋与肋间的距离较小，通常只有1.5～3m，搁置长度不小于180mm；梁高大于500mm时，搁置长度不小于240mm。通常，次梁搁置长度为240mm，主梁搁置长度为370mm。值得注意的是，当梁上的荷载较大，梁在墙上的支承面积不足时，为了防止梁下墙体因局部抗压强度不足而破坏，需设置梁垫，以扩散由梁传来的过大集中荷载。井字肋形板示意图如图3-3所示。

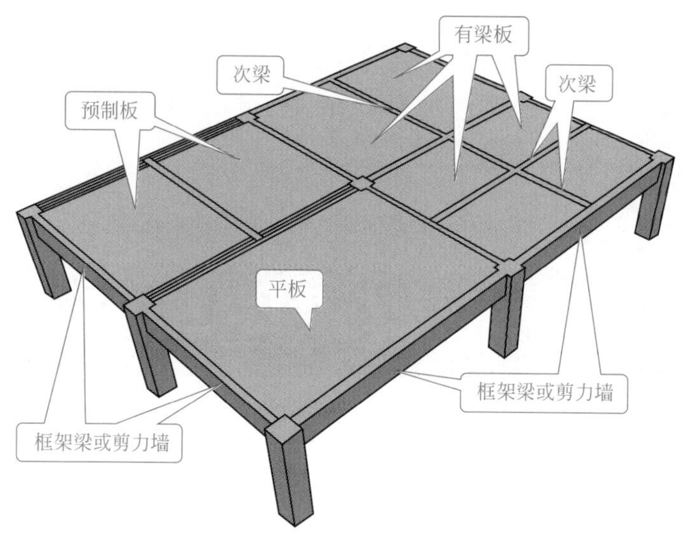

图 3-1 有梁板示意图

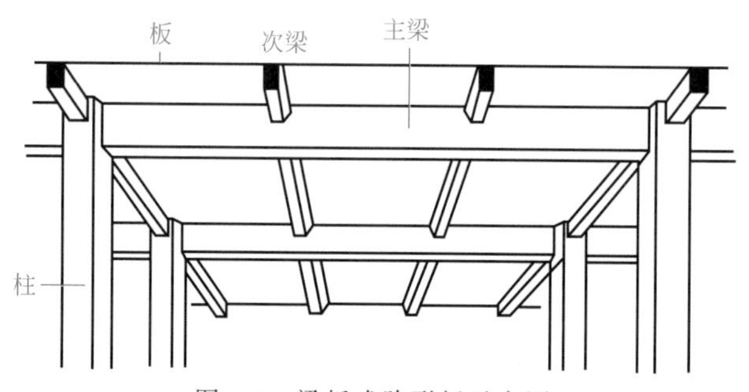

图 3-2 梁板式肋形板示意图

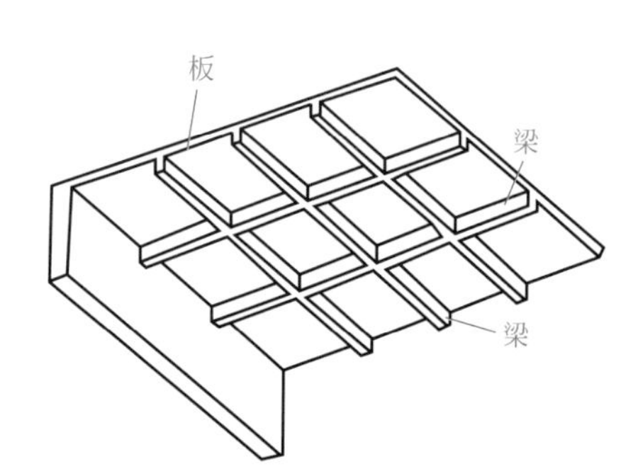

图 3-3 井字肋形板示意图

(2) 无梁板

① 无梁板是指将板直接支承在墙和柱上，不设置梁的板，是板的一种结构形式，它常用作增加房间净空高度而设计的楼板。无梁板在住宅楼里比较常见，多采用双层双向钢筋，并且增加板的厚度，从而减少梁的出现，使房间净空高度得到保证，而且该房间内可以由住户自由设计内墙隔断。

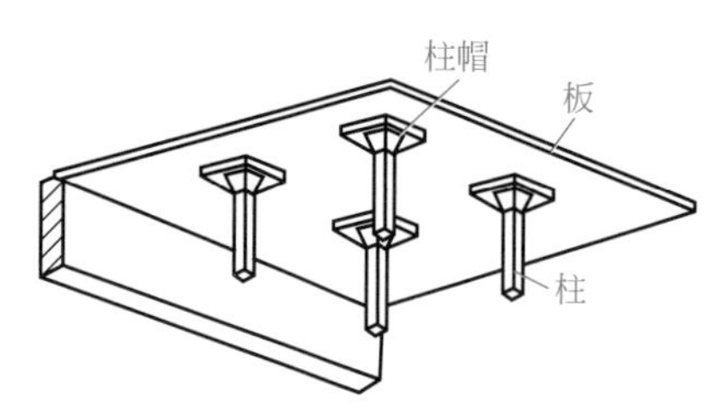

图 3-4 无梁板示意图

② 无梁板是指将板直接支承在墙和柱上，不设置梁的板。无梁板示意图如图 3-4 所示。

3.1.1.2 按框架的施工方法划分

① 现浇整体式框架 框架全部构件均在现场浇筑成整体，具有整体性和抗震性能好、构件尺寸不受标准构件限制的特点。

② 装配式框架 框架全部构件采用预制装配，具有可加快施工进度、提供建筑工业化程度的特点，但节点构造刚性差，抗震性差。

③ 半现浇框架 梁柱现浇，楼板预制或现浇，预制梁板，具有梁柱整体性好、可节约模板的特点。

④ 装配整体式框架　预制梁、柱，装配时通过局部现浇混凝土使构件连接成整体，结构的整体性和抗震性介于现浇和装配式构件之间，保证了节点的刚度，比全现浇节省模板，可加快施工进度，但使后浇混凝土的工序增加。

3.1.1.3　按抗震要求划分

(1) 非抗震节点

非抗震节点是指建造在非地震区的框架节点，或在地震区但不是承重框架中的节点，这种节点主要承受竖向荷载，而不承受大的反复作用的水平荷载。这样，节点只要满足强度上的要求而没有明显的非弹性变形即可，节点内的钢筋一般不会屈服，不致发生过大的滑移。

(2) 抗震节点

抗震节点是指那些抗震框架中的节点，它不仅满足使用阶段的荷载要求，而且能在预定的地震情况下，节点所连接的梁柱构件在反复变形后进入非弹性阶段，即进入弹塑性阶段后仍能维持传递竖向荷载的能力。也就是说，在框架进入弹塑性阶段后，节点也发生较大的变形（开裂）时，仍能维持传递压力、剪力和弯矩。

3.1.2　框架节点强度要求

3.1.2.1　对钢筋混凝土结构的混凝土强度等级的最低要求

①《混凝土结构设计规范》(GB 50010—2010) 要求钢筋混凝土结构的混凝土强度等级不应低于C15。

② 当采用HRB335级钢筋时，混凝土强度等级不宜低于C20。

③ 当采用HRB400和RRB400级钢筋以及承受重复荷载的构件时，混凝土强度等级不得低于C20。

④ 预应力混凝土结构的混凝土强度等级不应低于C30。

⑤ 当采用钢绞线、钢丝、热处理钢筋作为预应力钢筋时，混凝土强度等级不宜低于C40。

3.1.2.2　柱、墙混凝土设计强度等级高于梁、板混凝土设计强度等级

① 柱、墙混凝土设计强度比梁、板混凝土设计强度高一个等级时，柱、墙位置梁、板高度范围内的混凝土经设计单位同意，可采用与梁、板混凝土设计强度等级相同的混凝土进行浇筑。

② 柱、墙混凝土设计强度比梁、板混凝土设计强度高两个等级及以上时，应在交界区域采取分隔的措施。分隔的位置应在低强度等级的构件中，且距高强度等级构件边缘不应小500mm。

③ 宜先浇筑高强度等级混凝土，后浇筑低强度等级混凝土。

3.1.3　节点的黏结-锚固性能

(1) 钢筋混凝土之间的黏结力

钢筋混凝土构件在外力的作用下，在钢筋和混凝土之间的接触面上会产生剪应力，这种剪应力被称为黏结力。

钢筋与混凝土之间的黏结力由以下三部分组成。

① 由于混凝土的收缩将钢筋紧紧握固而产生的摩擦力。

② 由于混凝土颗粒的化学作用产生的混凝土与钢筋之间的胶合力。

③ 由于钢筋表面凸凹不平与混凝土之间产生的机械咬合力。

上述三部分中，以机械咬合力作用最大，约占总黏结力的一半以上。变形钢筋比光面钢筋的机械咬合力作用大。为了加强光圆钢筋与混凝土的黏结力，钢筋端部常做成弯钩，弯钩的角度有 180°、90°、45°等。

(2) 黏结强度的作用

① 胶结力　指接触面上混凝土水泥浆与钢筋的化学吸附作用。

② 摩阻力　指混凝土与钢筋之间的摩擦阻力。

③ 机械咬合力　指变形钢筋表面凸凹不平的横肋与混凝土之间所产生的挤压作用。

④ 机械锚固力　如弯钩、弯折、焊箍筋、焊横筋、焊角钢、焊锚板等所提供的锚固作用。

正常情况下，黏结强度取决于前三项，只是在黏结应力很高时，才借助机械锚固力来提高黏结强度。

3.2 现浇框架识图与节点构造

3.2.1 现浇框架识图

3.2.1.1 框架柱平法施工图制图规则

柱平法施工图，即在柱平面布置图上采用列表注写方式或截面注写方式，表达柱构件的截面形状、几何尺寸、配筋等设计内容，并用表格或其他方式注明包括地下和地上各层的结构层楼（地）面标高、结构层高及相应的结构层号（与建筑楼层号一致）。

(1) 列表注写方式

① 列表注写　就是在柱平面布置图上，分别在不同编号的柱中各选择一个（有时需几个）截面，标注柱的几何参数代号，另在柱表中注写几何尺寸与配筋具体数值，同时配以各种柱截面形状及其箍筋类型图的方式，来表达平法柱施工图，列表注写方式见表 3-1。

表 3-1　列表注写方式

栏号	标高/m	截面尺寸 $b\times h(D)$ /mm×mm	全部纵筋	角筋	b 边一侧中部筋	h 边一侧中部筋	箍筋类型	箍筋
KZ1	0.000～3.800	400×400	8Φ14				3	Φ8@100/200
	3.800～12.800	400×400	8Φ14				3	Φ8@100/200
	12.800～18.800	350×350	8Φ14				3	Φ8@100/200
KZ2	0.000～3.800	400×400		4Φ20	1Φ18	1Φ18	3	Φ10@100/200
	3.800～12.800	400×400		4Φ20	1Φ18	1Φ18	3	Φ8@100/200
	12.800～18.800	350×350		4Φ20	1Φ18	1Φ18	3	Φ8@100/200

续表

栏号	标高/m	截面尺寸 $b\times h(D)$ /mm×mm	全部纵筋	角筋	b 边一侧中部筋	h 边一侧中部筋	箍筋类型	箍筋
KZ3	0.000～3.800	400×400		4Φ20	1Φ18	1Φ18	3	Φ10@100/200
	3.800～12.800	400×400		4Φ20	1Φ18	1Φ18	3	Φ8@100/200
	12.800～18.800	350×350					3	Φ8@100/200
KZ4	0.000～3.800	450×450	12Φ20				1(4×4)	Φ10@100/200
	3.800～12.800	450×450	8Φ20				3	Φ8@100/200
	12.800～18.800	400×400		4Φ20			3	Φ8@100/200

举例如下。

KZ1：标高为0.000～3.800m，截面尺寸为400mm（宽）×400mm（长），纵筋有8根，直径为14mm的二级钢；箍筋直径为8mm，加密区间距100mm，非加密区间距200mm的一级钢，箍筋类型为3。

KZ2：标高为0.000～3.800m，截面尺寸为400mm（宽）×400mm（长），角筋有4根，直径为20mm的二级钢；b、h 边一侧中部筋有1根，直径为18mm的二级钢；箍筋直径为10mm，加密区间距100mm，非加密区为间距200mm的一级钢，箍筋类型为3。

KZ4：标高为0.000～3.800m，截面尺寸为450mm（宽）×450mm（长），纵筋有12根，直径为20mm的二级钢；箍筋直径为10mm，加密区间距100mm，非加密区为间距200mm的一级钢，箍筋类型为1(4×4)。

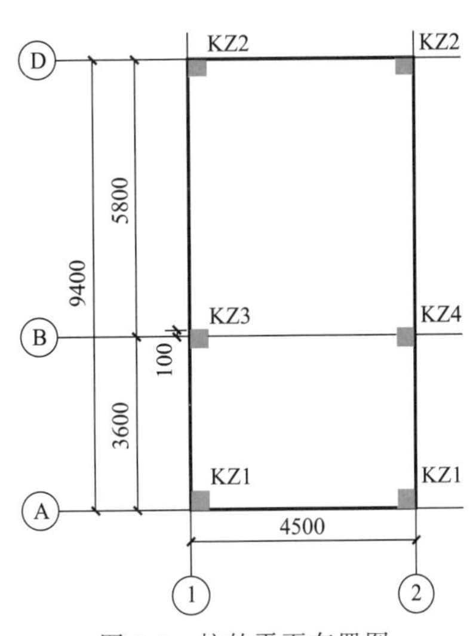

图3-5 柱的平面布置图

② 柱的平面布置图　如图3-5所示。

③ 柱平面布置图　在平面定位轴线上标注各柱所在位置和尺寸，并标注柱的几何参数代号，如 b_1、b_2、h_1、h_2，表示柱截面与轴线的关系。

④ 结构层楼面标高和结构层高　此项内容可以用表格或其他方法注明，结构层楼面标高指扣除建筑面层及垫层做法厚度后的标高。结构层应含地下及地上各层，同时注明相应结构楼层号（与建筑楼层号一致）。

⑤ 柱表　用来填写柱的几何尺寸和配筋。

a. 柱编号：为区分不同类型的柱，并与相应标准构造详图之间建立起明确的联系，共同构成完整的柱结构设计。柱编号由类型、代号和序号组成，柱编号如表3-2所示。

表3-2　柱编号

柱类型	代号	序号	柱类型	代号	序号
框架柱	KZ	××	梁上柱	LZ	××
框支柱	KZZ	××	剪力墙上柱	QZ	××
芯柱	XZ	××			

b. 各段柱的起止标高：自柱根部往上，以变截面位置或截面未变但配筋改变处为界分段注写。框架柱和框支柱的根部标高是指基础顶面标高；梁上柱的根部标高是指梁顶面标高。剪力墙上柱的根部标高分两种：当柱纵筋锚固在墙顶部时，其根部标高为墙顶面标高；当柱与剪力墙重叠在一层时，其根部标高为墙顶面往下一层的结构层楼面标高。柱的根部标高起始点示意图如图 3-6 所示。

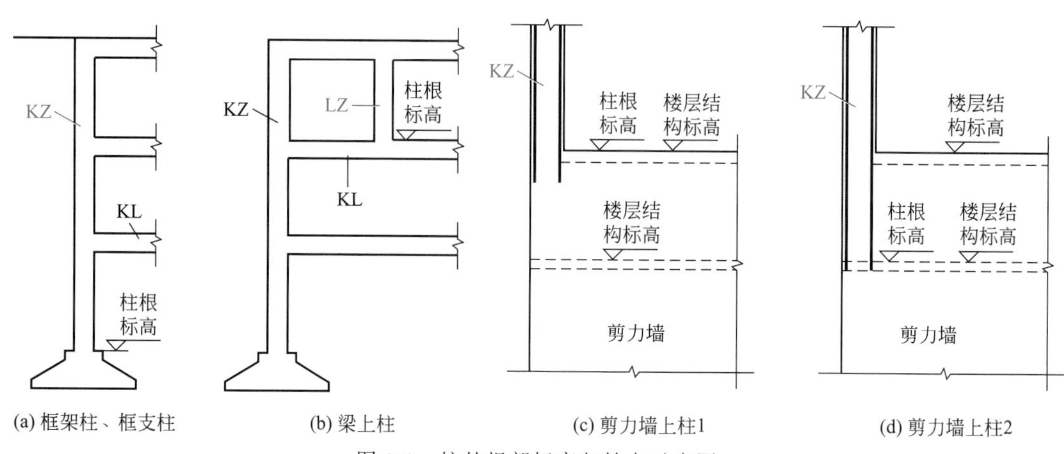

图 3-6　柱的根部标高起始点示意图

c. 柱截面尺寸 $b\times h$ 及与轴线关系的几何参数代号：b_1、b_2 和 h_1、h_2 的具体数值，须对应各段柱分别注写，其中 $b=b_1+b_2$，$h=h_1+h_2$。当截面的某一边收缩变化至与轴线重合或偏离轴线的另一侧时，b_1、b_2、h_1、h_2 中的某项为零或为负值。柱截面尺寸与轴线关系示意图如图 3-7 所示。

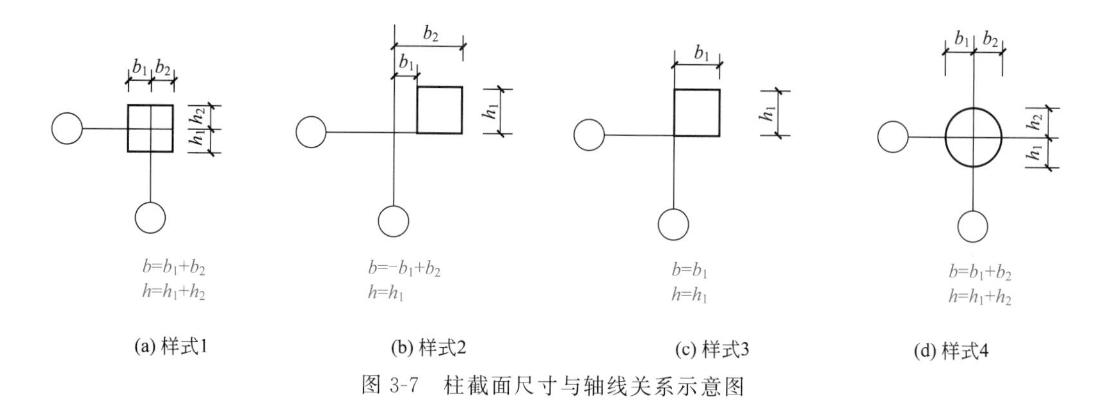

图 3-7　柱截面尺寸与轴线关系示意图

d. 柱纵筋：分为角筋、截面 b 边中部筋和 h 边中部筋三项。当柱纵筋直径相同、各边根数也相同时，可将纵筋写在“全部纵筋”的一栏中。对采用对称配筋的矩形柱，可仅注写一侧中部筋，对称边省略。

e. 箍筋种类、型号及箍筋肢数：在箍筋类型栏内注写。具体工程所设计的箍筋类型图及箍筋复合的具体方式，须画在表的上部或图中的适当位置，并在其上标注与表中相对应的 b、h 和编写类型号。

f. 柱箍筋：包括箍筋级别、直径与间距。当为抗震设计时，用斜线“/”区分柱端箍筋加密区与柱身非加密区长度范围内箍筋的不同间距。

⑥ 备注　注写必要的说明。

(2) 截面注写方式

截面注写方式是指在分标准层绘制的柱平面布置图的柱截面上，分别在同一编号的柱中选择一个截面，以直接注写截面尺寸和配筋具体数值的方式，来表达柱平法施工图。

当纵筋采用两种直径时，除角筋外还需再注写截面各边中部筋的具体数值（对称配筋时，可仅注写一侧的中部筋）。截面注写方式绘制的平法施工图，图纸数量一般与结构标准层数相同。对不同标准层的不同配筋，也可根据具体情况，在同一柱平面布置图上用加括号的方式注写数值。在图纸上用加括号的方式标注位置、图形相同但数值不同的构件，是设计人员常用的方法。柱平法施工图截面注写方式示意图如图 3-8 所示。

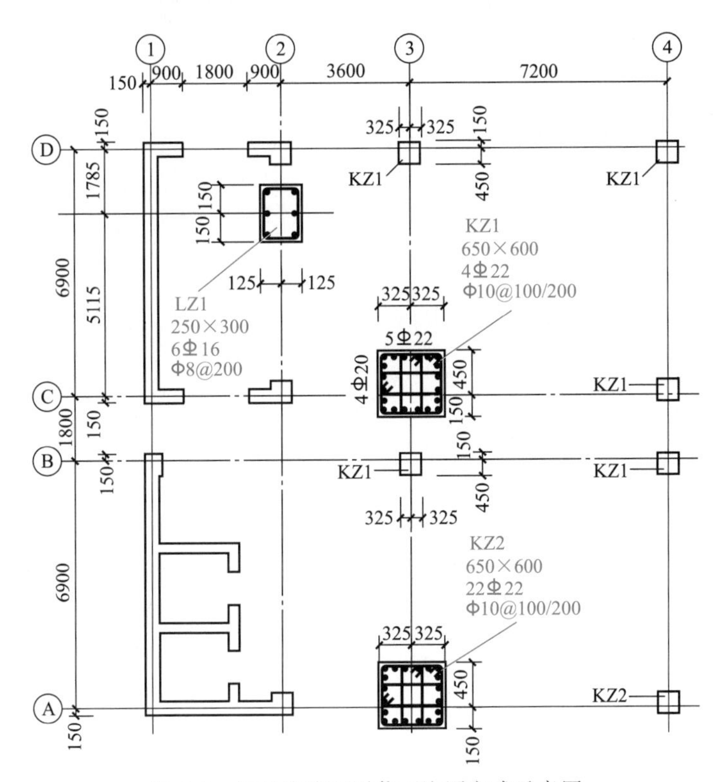

图 3-8　柱平法施工图截面注写方式示意图

举例如下。

图 3-8 中 LZ1：表示柱的截面尺寸为 250mm（宽）×300mm（长），纵筋有 6 根，直径为 16mm 的二级钢筋；箍筋直径为 8mm，间距为 200mm 的一级钢。

图 3-8 中 KZ1：表示柱的截面尺寸为 650mm（宽）×600mm（长），纵筋有 4 根，直径为 22mm 的二级钢筋；箍筋直径为 10mm，加密区间距为 100mm，非加密区间距为 200mm 的一级钢筋。

3.2.1.2　框架梁平法施工图制图规则

梁平法施工图是在梁平面布置图上，采用平面注写方式或截面注写方式表达梁的尺寸、配筋等信息。在梁平法施工图中，应注明结构层的顶面标高及相应的结构层号（同柱平法标注）。

(1) 平面注写方式

平面注写方式是指在梁平面布置图上，在不同编号的梁中各选一根梁，在引出线旁注写截面尺寸和配筋具体数值的方式来表达梁平法施工图，平面注写方式表达梁平法配筋示意图如图 3-9 所示。

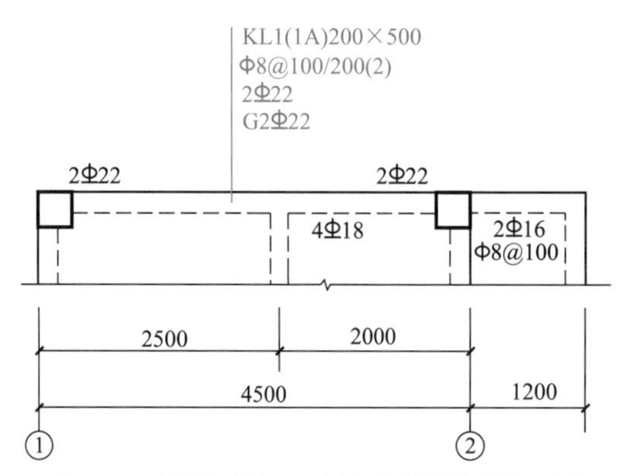

图 3-9　平面注写方式表达梁平法配筋示意图

平面注写包括集中标注和原位标注，集中标注表达梁的通用数值，原位标注表达梁的特殊数值。当集中标注中的某项数值不适用于梁的某部位时，则将该项数值进行原位标注，施工时，原位标注取值优先。

① 梁集中标注的内容　有五项为必注值及一项选注值（集中标注可以从梁的任意一跨引出）。五项必注值为梁编号；梁截面尺寸；梁箍筋；梁上部通长筋或架立筋配置（通长筋可为相同或不同直径采用搭接连接、机械连接或对焊连接的钢筋）；梁侧面纵向构造钢筋或受扭钢筋配置。还有一项选注值是梁顶面标高高差。

a. 梁编号。由梁类型、代号、序号、跨数及是否带悬挑代号组成，梁编号见表 3-3。

表 3-3　梁编号

梁类型	代号	序号	跨数、是否带悬挑
楼层框架梁	KL	××	(××)、(××A)或(××B)
屋面框架梁	WKL	××	(××)、(××A)或(××B)
框支梁	KZL	××	(××)、(××A)或(××B)
非框架梁	L	××	(××)、(××A)或(××B)
悬挑梁	XL	××	
井字梁	JZL	××	(××)、(××A)或(××B)

注：(××A) 表示一端有悬挑；(××B) 表示两端有悬挑，悬挑不计入跨内。

b. 梁截面尺寸。当为等截面梁时，用 $b\times h$ 表示；当为加腋梁时，用 $b\times h$、$\mathrm{Y}c_1\times c_2$ 表示，其中 c_1 为腋长，c_2 为腋高，加腋梁截面尺寸注写示例如图 3-10 所示。当有悬挑梁且根部和端部的高度不同时，用斜线分隔根部与端部的高度值，即 $b\times h_1/h_2$，悬挑梁不等高截面尺寸注写示例如图 3-11 所示。

c. 梁箍筋。包括钢筋级别、直径、加密区与非加密区间距及肢数。箍筋加密区与非加密区的不同间距及肢数需用斜线“/”分隔；当梁箍筋为同一种间距及肢数时，则不需用斜线；当加密区与非加密区的箍筋肢数相同时，则将肢数注写一次，箍筋肢数应写在括号内。加密区范围见相应抗震级别的构造详图。

d. 梁上部通长筋或架立筋配置。梁上部通长筋或架立筋配置示例如图 3-12 所示。

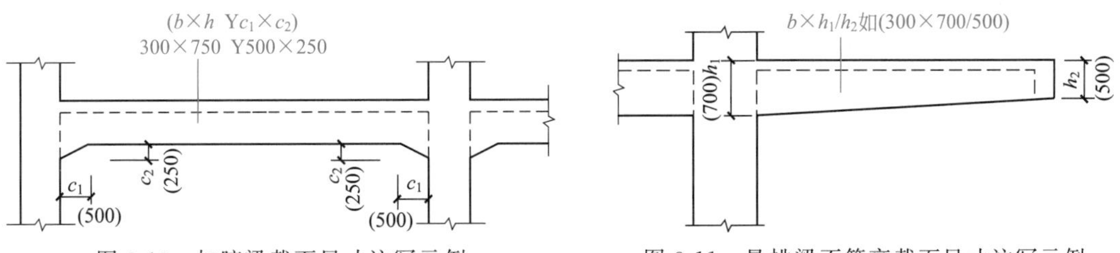

图 3-10　加腋梁截面尺寸注写示例　　图 3-11　悬挑梁不等高截面尺寸注写示例

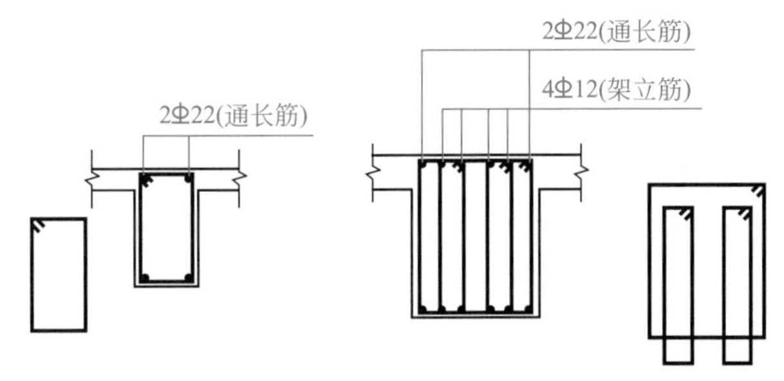

图 3-12　梁上部通长筋或架立筋配置示例

e. 梁侧面纵向构造钢筋或受扭钢筋配置。梁侧面纵向构造钢筋或受扭钢筋配置示例如图 3-13 所示。

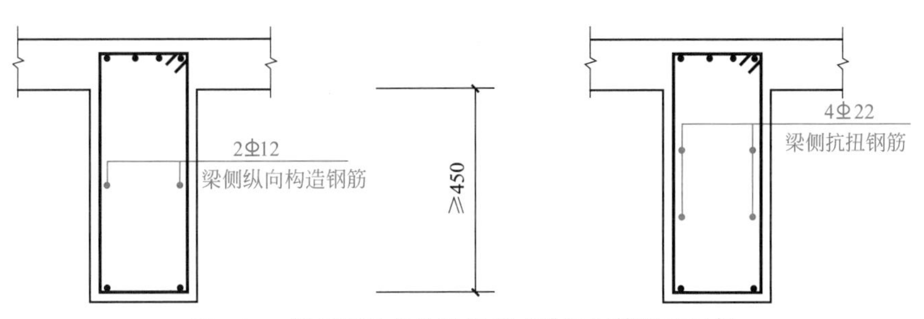

图 3-13　梁侧面纵向构造钢筋或受扭钢筋配置示例

② 梁原位标注的内容规定

a. 梁支座上部纵筋。

b. 梁下部纵筋。

c. 附加箍筋或吊筋。

附加箍筋或吊筋的画法示例如图 3-14 所示。

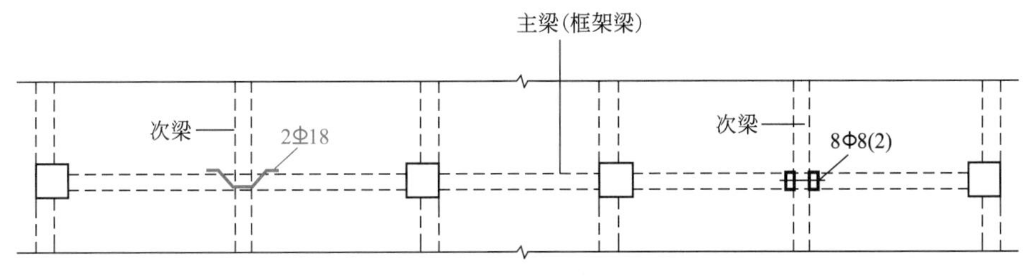

图 3-14　附加箍筋或吊筋的画法示例

（2）截面注写方式

梁的截面注写是在分标准层绘制的梁平面布置图上，在不同编号的梁中各选一根梁，用剖面号引出配筋图，并在其上注写截面尺寸和配筋具体数值的方式，表达梁平法施工图，梁平法施工图截面注写示例如图 3-15 所示。

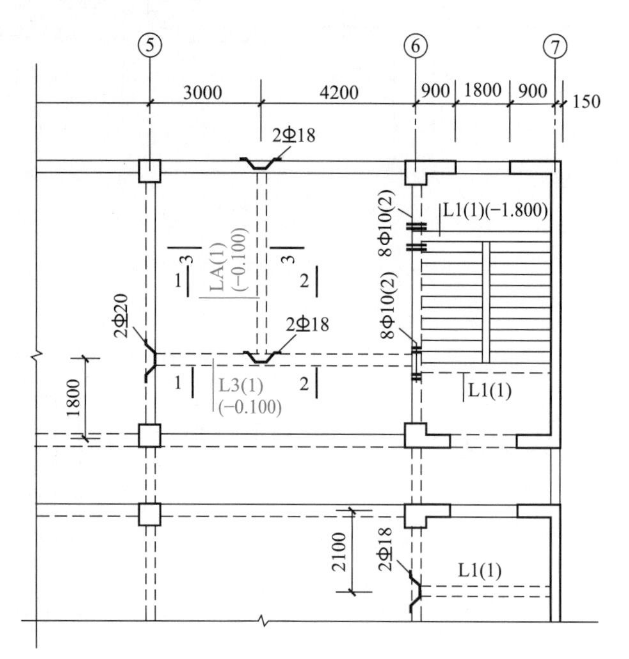

图 3-15　梁平法施工图截面注写示例

3.2.1.3　框架板平法施工图制图规则

有梁楼盖板平法施工图，是在楼面板和屋面板布置图上，采用平面注写的表达方式。板平面注写主要包括板块集中标注和板支座原位标注。

（1）板块集中标注

板块集中标注的内容包括板块编号、板厚、上部贯通纵筋、下部纵筋以及当板面标高不同时的标高高差。

对于普通楼面，两向均以一跨为一板块；对于密肋楼盖，两向主梁（框架梁）均以一跨为一板块（非主梁密肋不计）。所有板块都应逐一编号，相同编号的板块可择其做集中标注，其他仅注写置于圆圈内的板编号，以及当板面标高不同时的标高高差。

① 板块编号　见表 3-4。

表 3-4　板块编号

板类型	代号	序号
楼板	LB	××
屋面板	WB	××
悬挑板	XB	××

② 板厚　注写方式为 h＝×××（为垂直于板面的厚度）；当悬挑板的端部改变截面厚度时，用“/”分隔根部与端部的高度值，注写方式为 h＝×××/×××；当设计已在

图注中统一注明板厚时，此项可不注。

③ 贯通纵筋　按板块的下部和上部分别注写（当板块上部不设贯通纵筋时则不注），并以B代表下部，以T代表上部，B&T代表下部与上部；X 向贯通纵筋以X开头，Y 向贯通纵筋以Y开头，两向贯通纵筋配置相同时则以X&Y开头。

a. 为单向板时，分布筋可不必注写，而在图中统一注明。

b. 当在某些板内（例如悬挑板XB的下部）配置有构造钢筋时，则 X 向以Xc开头注写，Y 向以Yc开头注写。

c. 当 Y 向采用放射配筋时（切向为 X 向，径向为 Y 向），设计者应注明配筋间距的定位尺寸。

d. 当纵筋采用两种规格钢筋“隔一布一”方式时，表达为Φ xx/yy@×××，表示直径为 xx 的钢筋和直径为 yy 的钢筋两者之间间距为×××，直径 xx 的钢筋的间距为×××的2倍，直径 yy 的钢筋的间距为×××的2倍。

（2）板支座原位标注

① 板支座原位标注的内容为板支座上部非贯通纵筋和悬挑板上部受力钢筋。

板支座原位标注的钢筋，应在配置相同跨的第一跨表达（当在梁悬挑部位单独配置时则在原位表达）。在配置相同跨的第一跨（或梁悬挑部位），垂直于板支座（梁或墙）绘制一段适宜长度的中粗实线（当该筋通长设置在悬挑板或短跨板上部时，实线段应画至对边或贯通短跨），以该线段代表支座上部非贯通纵筋，并在线段上方注写钢筋编号（如①、②等）、配筋值、横向连续布置的跨数（注写在括号内，为一跨时可不注），以及是否横向布置到梁的悬挑端。

② 板支座上部非贯通筋自支座中线向跨内的伸出长度注写在线段的下方位置。

a. 当中间支座上部非贯通纵筋向支座两侧对称伸出时，可仅在支座一侧线段下方标注伸出长度，另一侧不注，板支座上部非贯通筋对称伸出示意图如图3-16所示。

b. 当向支座两侧非对称伸出时，应分别在支座两侧线段下方注写伸出长度，板支座上部非贯通筋非对称伸出示意图如图3-17所示。

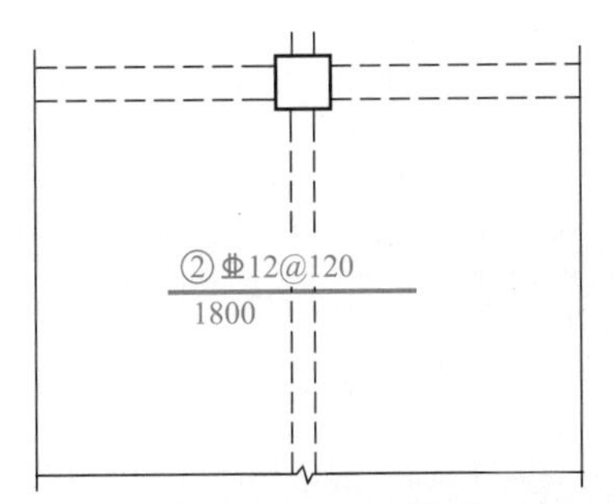

图3-16　板支座上部非贯通筋对称伸出示意图

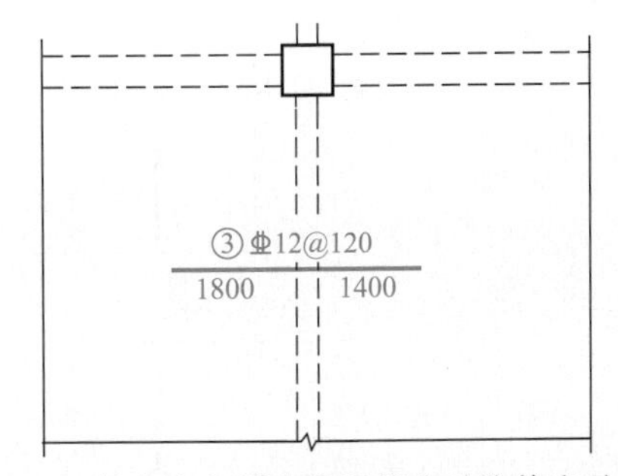

图3-17　板支座上部非贯通筋非对称伸出示意图

c. 对线段画至对边贯通全跨或贯通全悬挑长度的上部通长纵筋，贯通全跨或伸出至全悬挑一侧的长度值不注，只注明非贯通筋另一侧的伸出长度值，板支座非贯通筋贯通全跨或伸出至悬挑端示意图如图3-18所示。

d. 当板支座为弧形，支座上部非贯通纵筋呈放射状分布时，设计者应注明配筋间距的度量位置并加注“放射分布”四个字，必要时应补绘平面配筋图，弧形支座处放射钢筋

覆盖悬挑板一侧的伸出长度不注

⑤Φ10@100
2000

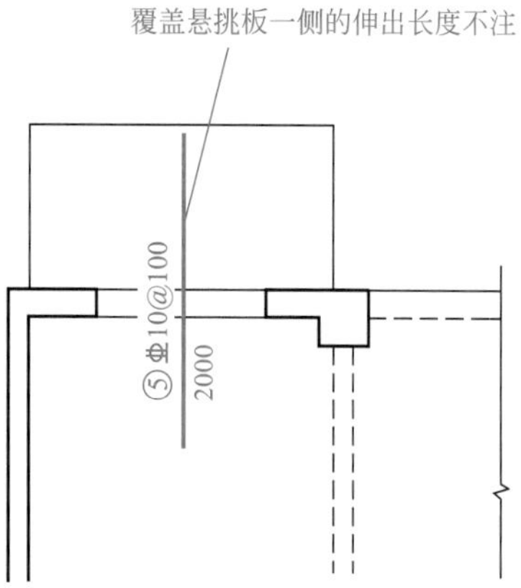

图 3-18　板支座非贯通筋贯通全跨或伸出至悬挑端示意图

示意图如图 3-19 所示。

e. 悬挑板的注写方式示意图如图 3-20 所示。当悬挑板端部厚度不小于 150mm 时，设计者应指定板端部封边构造方式；当采用 U 形钢筋封边时，还应指定 U 形钢筋的规格和直径。

f. 当板的上部已配置贯通纵筋，但需增配板支座上部非贯通纵筋时，应结合已配置的同向贯通纵筋的直径与间距采取“隔一布一”方式配置。“隔一布一”示意图如图 3-21 所示。

“隔一布一”方式，为非贯通纵筋的标注间距与贯通纵筋相同，两者组合后的实际间距为各自标注间距的 1/2。

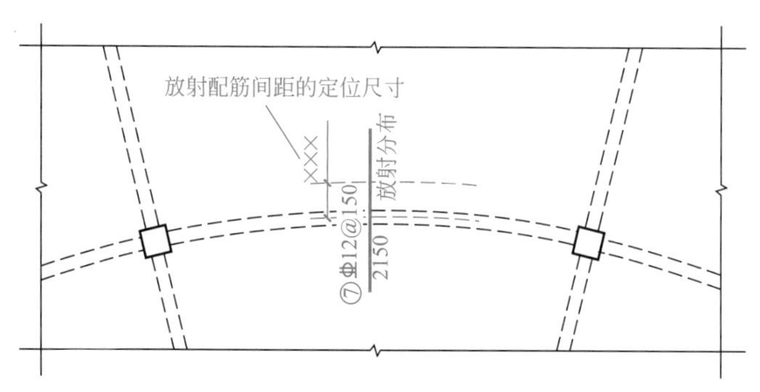

图 3-19　弧形支座处放射钢筋示意图

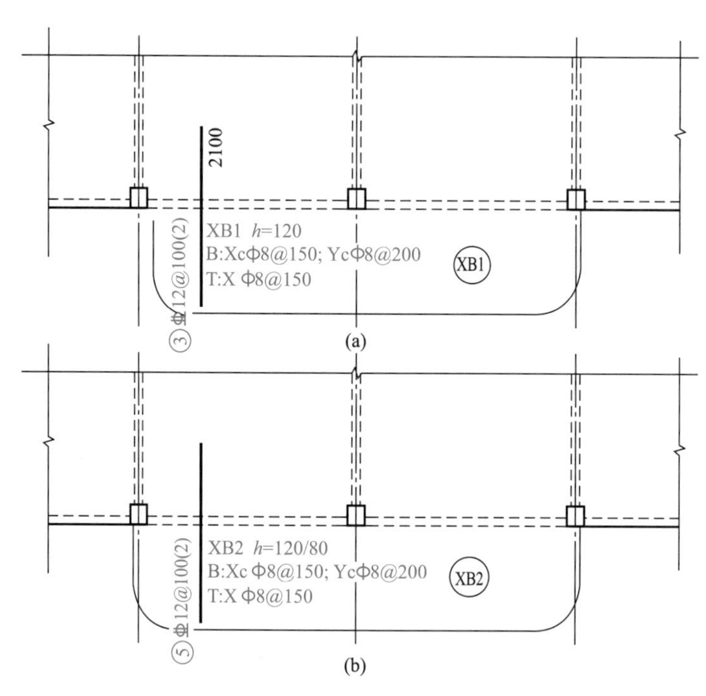

图 3-20　悬挑板的注写方式示意图

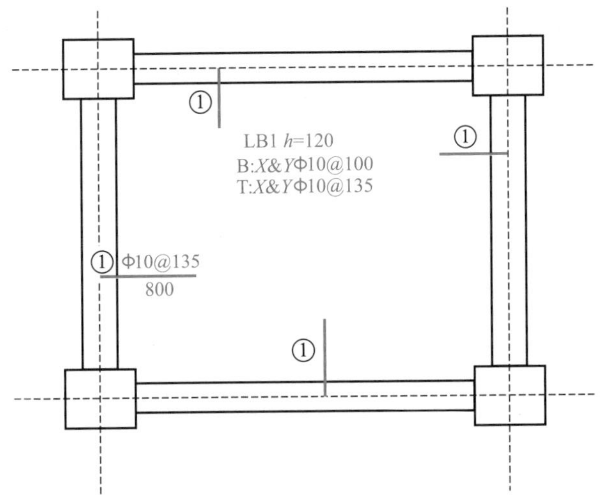

图 3-21 “隔一布一”示意图

3.2.2 外节点

外节点是指框架的边柱节点和角柱节点。为便于叙述，一般以平面框架边柱节点为基本形式。

外节点的特点是只有一侧有梁伸入柱子，梁对节点产生的剪力相对来说比中柱节点要小。但是梁筋在外节点的锚固比较复杂。外节点示意图如图 3-22 所示。

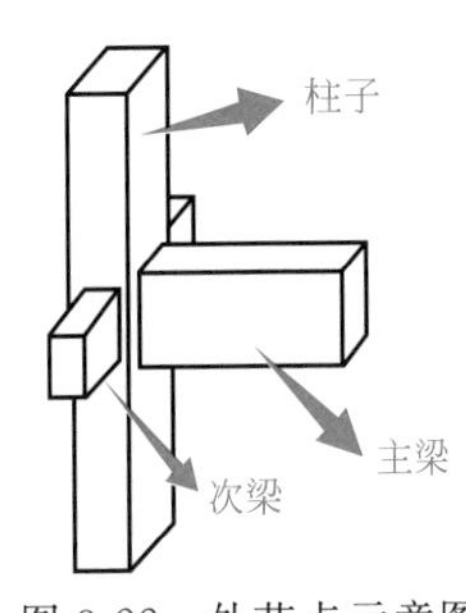

图 3-22 外节点示意图

3.2.3 内节点

与外节点不同的是，内节点在水平方向受到两侧梁传来的弯矩和剪力。在承受以水平荷载为主的框架结构中，内节点受到的水平剪力要比外节点大得多。内节点示意图如图 3-23 所示。

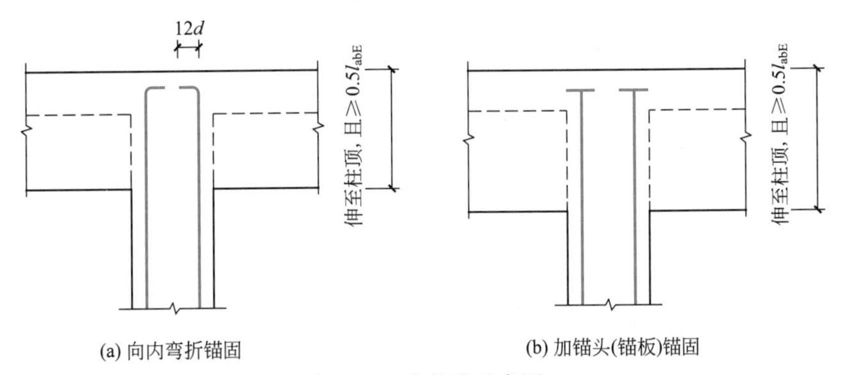

(a) 向内弯折锚固

(b) 加锚头(锚板)锚固

图 3-23 内节点示意图

3.2.4 顶层拐角节点

在框架顶层的边柱上出现一根梁与一根柱子的连接方式，这种节点的特点是梁和柱在节点处的弯矩大小相等而方向相反。类似这种受力的构件还有：门式刚架的转角节点，顶层楼板与混凝土墙板的连接，水池墙板与底板的连接，以及桥面板与桥台的连接等。

这种节点的受力特点是在外荷载作用下，节点中会产生斜拉力使节点产生斜裂缝而破坏；同时，由于斜裂缝的存在，加上梁柱主筋在节点内锚固不善，也会发生钢筋锚固破坏。研究这种节点的目的是在达到梁（柱）抗弯强度之前不要发生这两种脆性破坏。

顶层拐角节点应根据弯矩作用使节点“闭合”或“张开”的两种不同情况分别加以考察。“闭合”弯矩的定义是指使梁柱之间的夹角减小，而“张开”弯矩的定义是指使梁柱之间的夹角增大。顶层拐角节点示意图如图 3-24 所示。

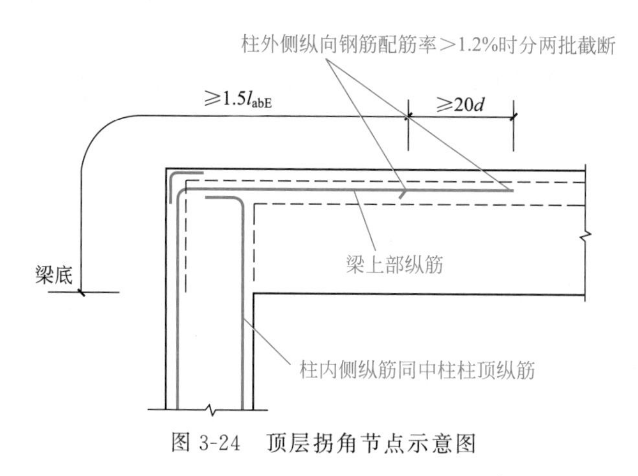

图 3-24　顶层拐角节点示意图

3.2.5　空间框架节点

目前抗震设计中常用的方法是：承受地震作用的建筑物应按两个主轴方向分别进行验算，此目的是为了简化计算。而实际上，承受力矩的框架通常都是一个空间框架（许多节点上都有两个相互垂直方向的梁）并带有楼板，空间框架节点示意图如图 3-25 所示。

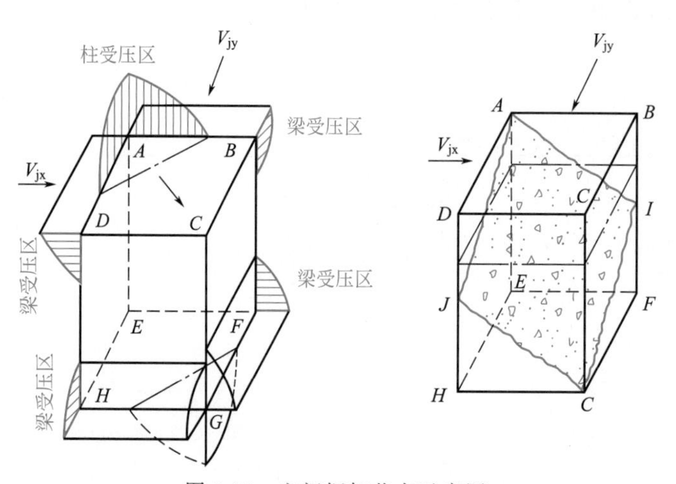

图 3-25　空间框架节点示意图

3.2.6　轻骨料混凝土节点

轻骨料混凝土是指采用轻骨料配制的混凝土，即以天然多孔轻骨料或人造陶粒作粗骨料，天然砂或轻砂作细骨料，用硅酸盐水泥、水和外加剂（或不掺外加剂）按配合比要求配制而成的干表观密度不大于 1950kg/m^3 的混凝土。所谓轻骨料是指为了减轻混凝土的重量以及提高热工效果而采用的骨料，其表观密度要比普通骨料低。人造轻骨料又称为陶粒。轻骨料混凝土具有轻质、高强、保温和耐火等特点，并且变形性能良好，弹性模量较低，在一般情况下收缩和徐变也较大。

轻骨料混凝土的密度小、保温性好、抗震性好，适用于高层及大跨度建筑。轻骨料混凝土示意图如图 3-26 所示。

图 3-26　轻骨料混凝土示意图

3.2.7　钢纤维混凝土节点

(1) 钢纤维的种类

钢纤维问世的时间不长，但应用领域越来越广泛，与此相应，钢纤维的品种也在不断增多。

① 按外形划分　各种钢纤维的形状示意图如图 3-27 所示。

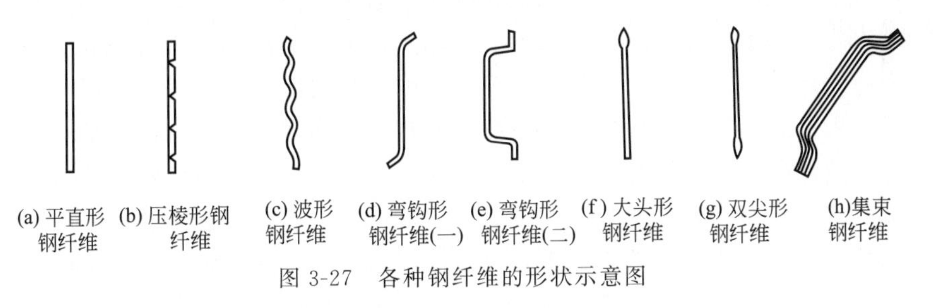

图 3-27　各种钢纤维的形状示意图

② 按截面形状划分　钢纤维的截面形状示意图如图 3-28 所示。

图 3-28　钢纤维的截面形状示意图

③ 按生产工艺划分　可分为切断钢纤维（用细钢丝切断）；剪切钢纤维（用薄钢板、带钢剪切）；铣曲形钢纤维（用厚钢板或钢锭切削）；熔抽钢纤维（用熔融钢水抽制）。最有前途的是熔抽钢纤维，价格最低。

④ 按材质划分　可分为普通钢纤维（抗拉强度一般为 300～2500MPa）；不锈钢纤维（按材质分为 304、310、330、430、446 等）；其他金属纤维（铝纤维、铜纤维、钛纤维以及合金纤维）。工业上大量使用的是无涂覆层的普通钢纤维。

⑤ 按表面涂覆状态划分　可分为无涂覆层钢纤维、表面涂环氧树脂钢纤维、镀锌钢纤维等。

⑥ 按施工工艺分类　可分为喷射用钢纤维、浇注用钢纤维。

⑦ 按直径尺寸分类　可分为普通钢纤维（直径 $d>0.08$mm）和超细钢纤维（直径 $d\leqslant0.08$mm）。超细钢纤维主要用于增强塑料及石棉摩擦材料。

（2）钢纤维的主要性能

① 黏结性　由于钢纤维与混凝土基体的界面黏结主要是物理性的，即以摩擦剪力的传递为主，因此对钢纤维本身来说，应该从纤维表面和纤维形状两个方面来改善其黏结性能。具体的方法有以下四种。

a. 使钢纤维表面粗糙化、截面呈不规则形。采用熔抽法生产就能达到这个目的。因为钢纤维在遇空气急剧冷却时，表面收缩不均匀而变得粗糙，同时截面也收缩成月牙形，增加与基体的接触面积。铣削型钢纤维一个表面光滑，另一个表面粗糙，也增加了与混凝土的接触面积。

b. 沿钢纤维轴线方向按一定间距对其进行塑性加工。

c. 使钢纤维的两端异形化。

d. 对钢纤维表面进行涂覆环氧树脂和表面微锈化处理。这种方法对界面黏结强度的提高不如前几种方法，但也有一定的增强效果。

② 硬度　无论哪一种加工方法制造的钢纤维，在加工过程中都遇到高热和急剧冷却，相当于淬火状态，因此钢纤维的表面硬度都较高，用于混凝土补强进行搅拌时很少发生弯曲现象。如果钢纤维过硬过脆，搅拌时也易折断，影响增强效果。在用熔抽法生产钢纤维时，从熔抽轮下离心喷出的钢纤维仍处于高温状态，必须用滚筒或振动输送方法分散并进行冷却，否则钢纤维聚集，热量难以散发，反而起退火作用。

③ 耐腐蚀性　在潮湿的环境中，开裂的钢纤维混凝土构件裂缝处的混凝土会碳化，碳化区的钢纤维会发生锈蚀，碳化深度和锈蚀程度随时间增长而发展。对钢纤维混凝土来说，主要是利用裂后弧度和裂后韧性，虽然裂缝宽度比钢筋混凝土小，但是终究是有裂缝的。故此在潮湿环境中，特别是在海滨使用的钢纤维混凝土需要采取防锈蚀措施。在保证钢纤维混凝土构件具有同等承载能力的前提下，采用直径较大的钢纤维，能提高耐腐蚀性；采用涂覆环氧树脂或镀锌的钢纤维，可提高耐腐蚀性。如果施工工艺许可的话，可只在混凝土表层1～2cm采用这种钢纤维，必要时也可以采用不锈钢纤维。

（3）钢纤维的改善办法

a. 增加纤维的黏结长度（即增加长径比）。

b. 改善基体对钢纤维的黏结性能。

c. 改善纤维的形状、增加纤维与基体间的摩阻和咬合力。

3.3 装配式框架识图与节点构造

3.3.1 明牛腿梁柱刚性节点

所谓“牛腿”，实际上是指柱体外伸出来的一个支撑固定结构，上部的板或梁搭接在其表面，并可以通过螺栓连接。牛腿连接具有承载力高、施工快的特点，还可以根据建筑要求采用明牛腿或者暗牛腿，连接处可以做成刚性连接或者是铰连接，可灵活布置。牛腿连接处要保证其抗剪承载力，接缝位置可采取后注浆处理。若梁的剪力过大，还可以制作型钢牛腿。牛腿也被广泛地应用在实际工程中。

明牛腿连接是直接利用柱体外伸的“牛腿”来支撑上部的梁或柱，钢筋混凝土明牛腿梁柱刚性节点示意图如图 3-29 所示。该种连接方式具有构造简单、施工方便、承载力高、安全可靠、可帮助缩短工期等优点。但是，由于外露的牛腿占据的空间较大，且不美观，因而明牛腿连接目前也只多用于框架较大的工业厂房结构中。因为厂房的大空间对牛腿的建筑要求不高，但是需要牛腿有很强的承载能力，这时就要采用明牛腿连接方式。这种连接节点的承载力大、受力可靠、节点刚性好、施工安装方便，但是，在建筑上明牛腿的做法影响美观，占用空间大；给结构性能带来不利影响，特别是不利于静力和动力性能的设计，并且在反复地震荷载作用下灌浆处容易发生脆性破坏；同时耗能性也不好，导致这种连接的抗震性能较低。

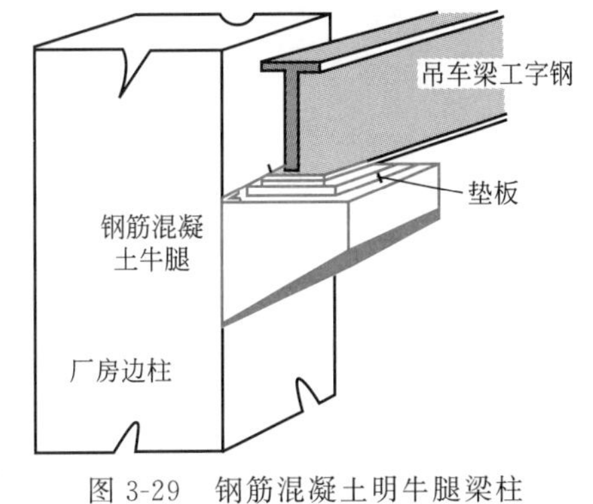

图 3-29　钢筋混凝土明牛腿梁柱刚性节点示意图

3.3.2　暗牛腿梁柱刚性节点

相对于明牛腿连接，暗牛腿连接占用空间较小，也更加美观实用，故在实际工程中的应用也更为广泛，钢筋混凝土暗牛腿梁柱刚性节点示意图如图 3-30 所示。

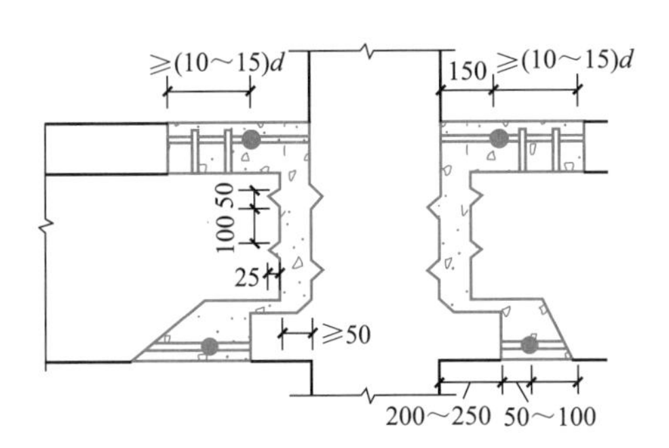

图 3-30　钢筋混凝土暗牛腿梁柱刚性节点示意图

暗牛腿连接就是将型钢直接伸出来而不用混凝土包裹，梁端的剪力可以直接通过牛腿传递到柱子上，梁端的弯矩可以通过梁端和牛腿顶部设置的预埋件传递，当剪力较大时，用型钢做成的牛腿可以减小暗牛腿的高度，相应地增加缺口梁的高度以增加结构的抗剪能力，但是这种连接中暗牛腿下的混凝土受力是相当复杂的，型钢暗牛腿下的混凝土极容易被压碎，也就是存在着局压现象。混凝土的局压破坏可以导致整个梁柱节点丧失承载能力，使节点无法充分发挥其承载能力以及变形能力，这是该种连接方式的一个缺点。

3.3.3　齿槽梁柱刚性节点

这种连接为分层现浇柱和预制梁的连接方式。按预制梁在施工阶段时支承方式的不同，可采用工具式非承重柱模和工具式承重柱模两种方式。施工时，前者的预制主梁端头伸入柱内 70mm，而纵向连系梁则用电焊与事先焊在柱纵向受力钢筋上的小角钢的撑筋相连。后者的预制主梁和纵向连系梁均宜支承在柱模上，主梁的梁端仅伸入柱内 20mm。两种支承方式在校正就位后，均可立即分层现浇柱子，不需后浇混凝土。采用此种连接方式时，梁端宜选用三角形齿槽，上下面齿的斜角应为 45°，齿数宜采用 2 个或 3 个，沿梁高均匀分布，齿深不宜小于 30mm，齿高宜取 60～90mm。这样，可增加梁柱的节点刚性。这种连接方式适用于抗震设防地区及荷载、跨度较大的多层厂房。其缺点是要有一整套的定型工具模板，一次投资费用大；柱分层现浇，施工工期较长；当采用工具式承重柱模施

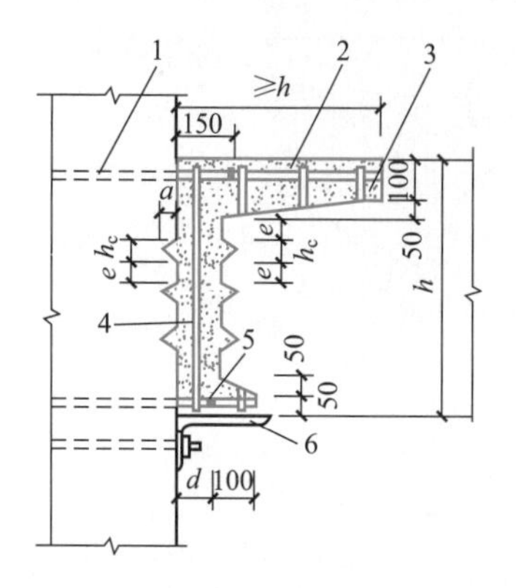

图 3-31　梁柱齿槽接头的构造示意图

1—柱内预埋插筋；2—梁内纵向受力钢筋；3—后浇混凝土；4—附加箍筋；5—剖口焊；6—临时安装钢牛腿；a—齿深；h_c—齿高；e—齿距；h—梁高；d—接缝宽度

工时，还应对柱模进行强度、刚度和稳定性的验算。梁柱齿槽接头的构造示意图如图 3-31 所示。

3.3.4　整浇装配式梁柱节点

装配整体式框架结构是指预制混凝土构件通过各种可靠的方式进行连接并与现场后浇混凝土、水泥基灌浆料形成整体的混凝土结构，常用于多层公共建筑（学校、医院、商业建筑等）。目前国家标准、规程采用“等同现浇”的设计理念，预制框架柱、叠合梁、叠合楼板与后浇混凝土接触面满足标准、规程构造要求，预制构件拆分以单个构件为主，方便制作及安装。

装配式混凝土框架结构主要采用叠合现浇方式进行连接的装配整体式混凝土框架。装配式混凝土框架结构中的结构性节点主要有柱-柱连接、梁-柱连接、主-次梁连接节点。

(1) 柱-柱连接节点

装配式混凝土框架结构中，预制柱之间的连接往往关系到整体结构的抗震性能和结构抗倒塌能力，是框架结构在地震荷载作用下的最后一道防线，极其重要。预制柱之间的连接常采用灌浆套筒连接的方式实现，灌浆套筒预埋于上部预制柱的底部，下部预制柱的钢筋伸出楼板现浇层之上，预留长度保证钢筋在灌浆套筒内的锚固长度加上预制柱下拼缝的宽度。现场安装时，通过“定位钢板”等装置固定下部伸出钢筋，使得下部伸出钢筋与上部预制柱的套筒位置一一对应。待楼层现浇混凝土浇筑、养护完毕后，吊装上部预制柱，下部钢筋伸入上部预制柱的灌浆套筒内，预制柱经过临时调整和固定后，进行灌浆作业。预制柱可以制作成方柱或圆柱等多种形式，采用灌浆套筒的柱-柱连接均可以实现较好的连接效果。装配整体式混凝土框架预制柱连接示意图如图 3-32 所示。

(a) 套筒预埋于柱脚

(b) 下部锚固钢筋定位钢板固定

(c) 方柱套筒连接

(d) 圆柱套筒连接

图 3-32　装配整体式混凝土框架预制柱连接示意图

由于灌浆套筒直径大于相应规格的钢筋直径，为了保证混凝土保护层的厚度，预制柱的纵向钢筋相对于普通混凝土柱往往略向柱截面中间靠近，使得有效截面高度略小于同规格的普通混凝土柱，在预制柱计算和设计时，需要额外注意。柱脚的灌浆套筒预埋区域形成了“刚域”，该处实际截面承载力强于上部非“刚域”部位，在地震荷载下，容易导致“刚域”上部混凝土压碎破坏，故在灌浆套筒上部不高于 50mm 的范围内必须要设置一道钢筋，提高此处混凝土的横向约束能力，加强此处的结构性能。

(2) 梁-柱连接节点

在装配式混凝土框架结构体系中，预制梁-柱连接节点对结构性能如承载能力、结构刚度、抗震性能等往往起到决定性的作用，同时深远影响着预制混凝土框架结构的施工可行性和建造方式，故而装配式混凝土框架的结构形式往往取决于预制梁-柱连接节点的形式。

预制梁-柱连接的形式多种多样，目前我国普遍采用的连接主要是节点区现浇的“湿”连接形式。根据预制梁底部钢筋连接方式不同，分为预制梁底筋锚固连接和附加钢筋搭接连接。前者连接中，预制梁底外伸的纵向钢筋直接伸入节点核心区位置进行锚固，这种节点必须有效保证下部纵筋的锚固性能，一般做法是将锚固钢筋端部弯折形成弯钩或者在钢筋端部增设锚固端头来保证锚固质量和减少锚固长度。预制梁底筋锚固式梁-柱连接示意图如图 3-33 所示。

(a) 钢筋锚固短板锚固连接

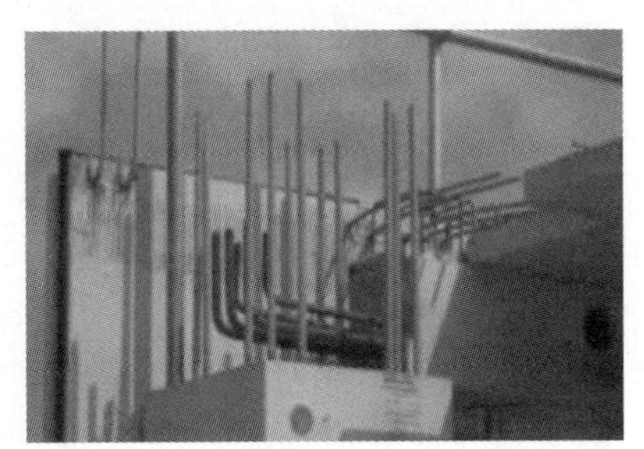

(b) 钢筋弯钩锚固连接

图 3-33　预制梁底筋锚固式梁-柱连接示意图

(3) 主-次梁连接节点

我国常规民用建筑结构中，多采用主、次梁来支撑楼体及承受楼板荷载，故“等同现浇”的装配式混凝土框架结构中也大量存在着预制主-次梁的连接。预制次梁也采用叠合现浇形式，次梁上部受力纵向钢筋在现场绑扎到位后，与楼板上部钢筋一同被浇筑于后浇层内。

预制主-次梁连接节点常采用整浇式或者搁置式连接形式。多数整浇式预制主-次梁连接中，预制主梁中部预留现浇区段，底筋连续，预制次梁底筋伸出端面，伸入预制主梁空缺区段内，再后浇混凝土形成整体连接。由于预制主梁中部预留缺口，增加预制和吊装难度，故也可设置预制主梁不留缺口的整浇主-次梁连接。该连接在主梁的连接位置处设置抗剪钢板，同时预留与次梁下部钢筋连接的短钢筋，预制次梁吊装到位后，下部伸出钢筋与主梁的预留短钢筋通过灌浆套筒进行连接。整浇式预制主-次梁连接示意图如图 3-34 所示。整浇式预制主-次梁连接将预制次梁下部纵向受力钢筋通过一定的方式与预制主梁下部进行了整体连接，形成类似“刚接”的形式，更加接近现浇混凝土结构的做法，连接整体性较好，但增加了主梁面外受扭作用，且提高了建造成本。

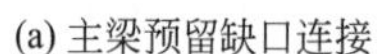

(a) 主梁预留缺口连接　　(b) 主梁无缺口连接

图 3-34　整浇式预制主-次梁连接示意图

3.3.5　预应力框架节点

装配式预应力混凝土框架结构是一种适合工业化生产的结构形式，其具有预制装配式结构的所有优点，如施工速度快、施工周期短、劳动生产效率高、现场湿作业少、减少噪声扰民等；同时，由于采用预应力技术作为装配手段，结构因预应力筋的回弹，具有良好的自恢复能力，残余变形很小。与传统现浇混凝土结构相比，该种结构形式更加节能、环保，具有突出的优势。

装配式预应力框架节点示意图如图 3-35 所示。就目前已经使用的情况，有两种预应力框架节点：一种用于现浇框架，施工时预埋管道，待混凝土达到一定强度（不小于25MPa）后，穿入预应力筋，张拉锚固后进行孔道灌浆，形成有黏结的节点；另一种用于装配式框架，柱、梁分别预制，构件吊装后通过后张预应力筋使框架形成整体。预应力筋在施工时作为一种拼装手段，使用阶段又承担设计荷载。

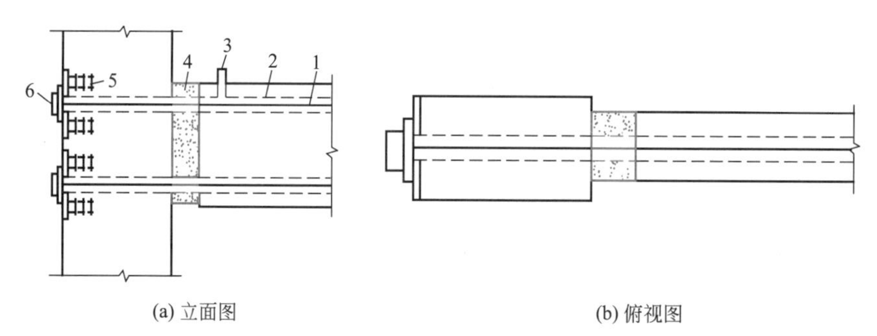

(a) 立面图　　(b) 俯视图

图 3-35　装配式预应力框架节点示意图

1—钢丝束；2—预埋管；3—灌浆孔；4—接缝砂浆；5—网片；6—锚杯式墩头锚具

3.3.6　梁与柱刚性接头节点

(1) 梁与柱刚性连接的构造

梁与柱刚性连接节点示意图如图 3-36 所示，其形式有如下三种。

① 梁翼缘、腹板与柱均为全熔透焊接，即全焊接节点。

② 梁翼缘与柱全熔透焊接，梁腹板与柱螺栓连接，即栓焊混合节点。

③ 梁翼缘、腹板与柱均为螺栓连接，即全栓接节点。

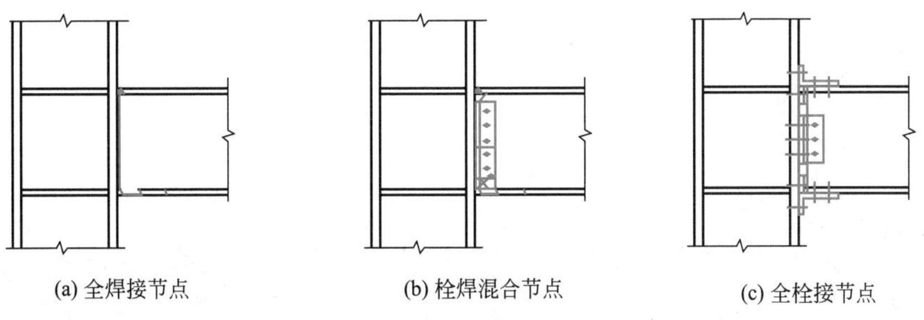

图 3-36 梁与柱刚性连接节点示意图

（2）梁与柱刚性连接的细部构造

① 工字形梁与工字形柱或箱形柱刚性连接的细部构造。梁与柱刚性连接细部构造示意图如图 3-37 所示。

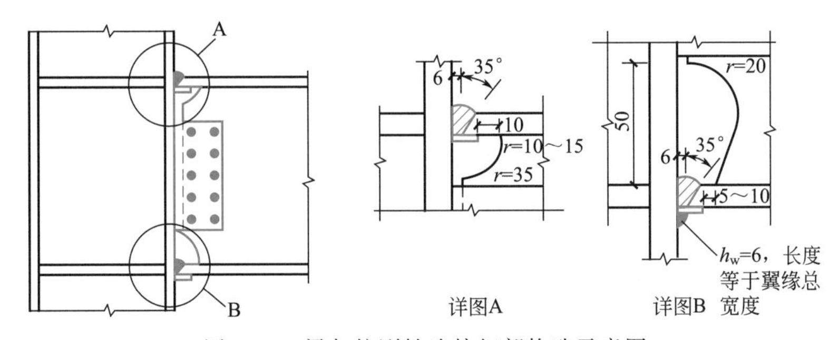

图 3-37 梁与柱刚性连接细部构造示意图

② 工字形柱和箱形柱通过带悬臂梁段与框架梁连接时，构造措施有两种：悬臂梁与梁栓焊混合节点；悬臂梁与梁全栓接节点。柱带悬臂梁段与梁连接示意图如图 3-38 所示。

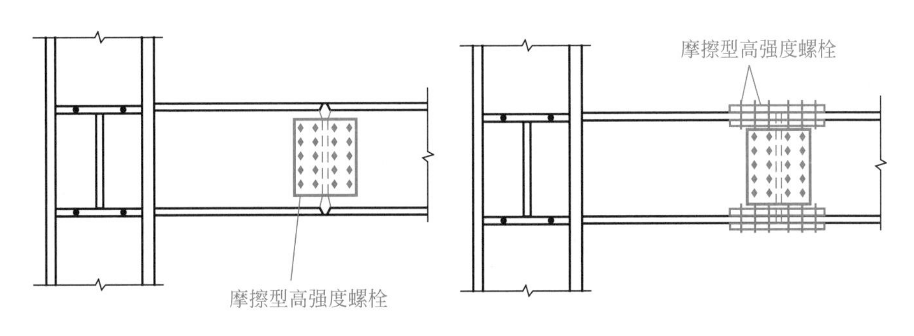

图 3-38 柱带悬臂梁段与梁连接示意图

梁与柱刚性连接时，按抗震设防的结构，柱在梁翼缘上下各 500mm 的节点范围内，柱翼缘与柱腹板间或箱形柱壁板间的组合焊缝，应采用全熔透坡口焊缝。

第4章 钢筋混凝土构造柱抗震识图与节点构造

4.1 构造柱的拉结筋识图与节点构造

构造柱是一种空间架构，具有增强建筑物的整体性和稳定性、防止房屋倒塌的作用。它的设置部位在外墙四角、错层部位横墙与外纵墙交接处、较大洞口两侧等，多层砖混结构建筑的墙体中还应设置钢筋混凝土构造柱，并与各层圈梁相连接，使之能够抗弯和抗剪。

（1）构造柱的设计规范

① 按照抗震规范要求，构造柱主要设置于抗震墙中。

② 120mm（或100mm）厚墙：当墙高小于等于3m时，开洞宽度小于等于2.4m，若不满足则应加构造柱或钢筋混凝土水平系梁。

③ 180mm（或190mm）厚墙：当墙高小于等于4m时，开洞宽度小于等于3.5m，若不满足则应加构造柱或钢筋混凝土水平系梁。

④ 墙体转角处无框架柱时，不同厚度墙体交接处应设置构造柱。

⑤ 当墙长大于5m（或墙长超过层高2倍）时，应该在墙长中部（遇有洞口，在洞口边）设置构造柱。

⑥ 较大洞口两侧、无约束墙端部应设置构造柱，构造柱与墙体拉结筋为2Φ6@500，沿墙体全高布置。

（2）构造柱的设置要求

构造柱的主要作用不是承担竖向荷载，而是承担抗击剪力、抗震等横向荷载。构造柱不作为主要受力构件。

构造柱通常设置在楼梯间的休息平台处、纵横墙交接处和墙的转角处，墙长达到5m的中间部位要设构造柱。为提高砌体结构的承载能力或稳定性而又不增大截面尺寸，墙中的构造柱已不仅仅设置在房屋墙体转角、边缘部位，而按需要设置在墙体的中间部位，圈梁应设置成封闭状。圈梁可以提高建筑物的整体刚度，抵抗不均匀沉降，圈梁的设置要求是宜连续设置在同一水平面上，不能截断，不可避免有门窗洞口堵截时，在门窗洞口上方设置附加圈梁，附加圈梁伸入支座不得小于2倍的圈梁高度（为被堵截圈梁的上平到附加圈梁的下平），且不得小于1000mm，过梁设置在门窗洞口的上方，宜与墙同厚，每边伸入支座不小于240mm。

从施工角度讲，构造柱要与圈梁、地梁、基础梁一起作用形成整体结构。在砖墙体中要有水平拉结筋连接。如果构造柱在建筑物、构筑物中间位置，则要与分布筋进行连接。

(3) 构造柱设置原则

① 应根据砌体结构体系、砌体类型结构或构件的受力或稳定要求，以及其他功能或构造要求，在墙体中的规定部位设置现浇混凝土构造柱。

② 对于大开间、荷载较大或层高较高以及层数大于等于8层的砌体结构房屋宜按下列要求设置构造柱：

a. 墙体的两端；

b. 较大洞口的两侧；

c. 房屋纵横墙交界处；

d. 构造柱的间距，当按组合墙考虑构造柱受力时，或考虑构造柱提高墙体的稳定性时，其间距不宜大于4m，其他情况不宜大于墙高的1.5～2倍及6m，或按有关的规范执行；

e. 构造柱应与圈梁有可靠的连接。

③ 下列情况宜设构造柱：

a. 受力或稳定性不足的小墙垛；

b. 跨度较大的梁下墙体的厚度受限制时，于梁下设置；

c. 墙体的高厚比较大，如自承重墙或风荷载较大时，可在墙的适当部位设置构造柱，以形成带壁柱的墙体满足高厚比和承载力的要求，此时构造柱的间距不宜大于4m，构造柱沿高度横向支点的距离与构造柱截面宽度之比不宜大于30，构造柱的配筋应满足水平受力的要求。

④ 构造柱的作用是保证墙体的稳定，和梁有关系。

a. 为提高多层建筑砌体结构的抗震性能，规范要求应在房屋的砌体内适宜部位设置钢筋混凝土柱并与圈梁连接，共同加强建筑物的稳定性，这种钢筋混凝土柱通常被称为构造柱。

b. 在多层砌体房屋、底层框架及内框架砖砌体中，它的作用一般为加强纵墙间的连接，由于构造柱与其相邻的纵横墙以及牙槎相连接并沿墙高每隔500mm设置2Φ6拉结筋，因此钢筋每边伸入墙内应大于1000mm。一般施工时先砌砖墙，后浇筑混凝土柱，这样能增加横墙的结合，可以提高砌体的抗剪承载能力10%～30%，提高的比例幅度虽然不高，但能明显约束墙体开裂，限制出现裂缝。构造柱与圈梁共同作用，可以把砖砌体分割包围，当砌体开裂时能迫使裂缝在所包围的范围之内，而不至于进一步扩展。砌体虽然出现裂缝，但能限制它的错位，使其维持承载能力并能抵消振动能量而不易较早倒塌。砌体结构作为垂直承载构件，地震时最怕出现四散错落倒地，从而使水平楼板和屋盖坠落，而构造柱则可以阻止或延缓倒塌时间以减少损失。构造柱与圈梁连接又可以起到类似框架结构的作用，其作用效果非常明显。

在砌体结构中其主要作用：一是和圈梁一起作用形成整体，增强砌体结构的抗震性能，二是减少和控制墙体的裂缝产生；三是增强砌体的强度。

在框架结构中其作用是当填充墙长超过 2 倍层高或开了比较大的洞口，中间没有支撑，纵向刚度会减弱，此时应设置构造柱加强，以防止墙体开裂。

(4) 构造柱抗震作用

以唐山地震为例：唐山地震后，有 3 幢带有钢筋混凝土构造柱且与圈梁组成封闭边框的多层砌体房屋，震后其墙体裂而未倒。其中唐山市第一招待所招待楼的客房，房屋墙体均有斜向或交叉裂缝，滑移错位明显，四、五层纵墙大多倒塌，而设有构造柱的楼梯间，横墙虽然每层均有斜裂缝，但滑移错位较一般横墙小得多，纵墙未倒，仅三层有裂缝，靠内廊的两根构造柱都遭破坏，以三层柱头最严重，靠外纵墙的构造柱被破坏得较轻。由此可见，钢筋混凝土构造柱在多层砌体房屋的抗震中起到了不可低估的作用。

多层砌体房屋应按抗开裂和抗倒塌的双重准则进行设防，而设置钢筋混凝土构造柱则是其中一项重要的抗震构造措施。

黑龙江省的许多地区基本烈度为 6～7 度，位于这些地区的多层砖混建筑均需设防，抗震构造柱的设置是必不可少的。构造柱应当设置在震害较重、连接构造比较薄弱和易于应力集中的部位，同时应根据房屋所在地区的烈度、房屋的用途、结构部位和承担地震作用的大小进行设置。由于钢筋混凝土构造柱的作用主要在于对墙体的约束，构造断面不必很大，但须与各层纵横墙的圈梁连接，无圈梁的楼层亦须设置配筋砖带，才能发挥约束作用。

抗震设计时多层普通砖、多孔砖房屋的构造柱应符合下列要求。

① 构造柱最小截面可采用 240mm×180mm，纵向钢筋宜采用 4Φ12，箍筋间距不宜大于 250mm，且在柱上下端宜适当加密；地震烈度为 7 度时超过六层、地震烈度为 8 度时超过五层和地震烈度为 9 度时，构造柱纵向钢筋宜采用 4Φ14，箍筋间距不应大于 200mm；房屋四角的构造柱可适当加大截面及配筋。

② 构造柱与墙连接处应砌成马牙槎，并应沿墙高每隔 500mm 设 2Φ6 拉结钢筋，每边伸入墙内不宜小于 1m。

③ 与圈梁连接处，构造柱的纵筋应穿过圈梁，保证构造柱纵筋上下贯通。

④ 构造柱可不单独设置基础，但应伸入室外地面下 500mm，或与埋深小于 500mm 的基础圈梁相连。

构造柱实物图如图 4-1 所示。

(a) 构造柱实物图一

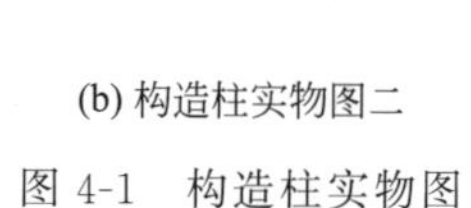

(b) 构造柱实物图二

(c) 构造柱实物图三

图 4-1 构造柱实物图

4.1.1 构造柱拉结筋识图

4.1.1.1 拉结筋

拉结筋是指通过植筋、预埋、绑扎等连接方式，使用 HPB300、HRB335 等钢筋按照一定的构造要求将后砌体与混凝土构件拉结在一起的钢筋。

(1) 拉结筋使用要求

对于拉结筋，用在不同的结构类型中，有不同的连接构造要求。

《建筑抗震设计规范》中规定，对于砌体墙，应采取措施减少对主体结构的不利影响，并应设置拉结筋、水平系梁、圈梁、构造柱等与主体结构可靠拉结。

① 多层砌体结构中，后砌的非承重隔墙应沿墙高每隔 500mm 配置 2Φ6 拉结钢筋与承重墙或柱拉结，每边伸入墙内不应少于 500mm；抗震设防烈度为 6 度和 7 度时底部 1/3 楼层，抗震设防烈度为 8 度时底部 1/2 楼层，抗震设防烈度为 9 度时全部楼层，墙顶还应与楼板或梁拉结。

② 钢筋混凝土结构中的砌体填充墙，适宜与柱脱开或采用柔性连接，并应符合下列要求。

a. 填充墙在平面和竖向的布置，宜均匀对称，宜避免形成薄弱层或短柱。

b. 砌体的砂浆强度等级不应低于 M5；实心块体的强度等级不宜低于 MU2.5；空心块体的强度等级不宜低于 MU3.5。墙顶应与框架梁密切结合。

c. 填充墙应沿框架柱全高每隔 500～600mm 设 2Φ6 拉结钢筋，拉结钢筋伸入墙内的长度，抗震设防烈度为 6 度和 7 度时宜沿墙全长贯通，抗震设防烈度为 8 度和 9 度时应全长贯通。

d. 墙长大于 5m 时，墙顶与梁宜有拉结；墙长超过 8m 或为层高 2 倍时，宜设置钢筋混凝土构造柱；墙高超过 4m 时，墙体半高宜设置与柱连接且沿墙全长贯通的钢筋混凝土水平系梁。

(2) 拉结筋在使用时的特殊情况

在抗震地区，板底设有圈梁时，预制板应在板端每块板缝处设 1Φ8 的拉结钢筋。中间墙处，钢筋每边伸入板中 1000mm；端墙处，伸入墙中并弯折。板跨大于 4.8m 的，还应在顺板跨方向靠墙边的第一块预制板的侧面，按 1000mm 的间距用 1Φ8 的钢筋拉结，一端通过板上伸入到第一、二块板间的板缝再向下弯折，另一端伸入墙体内弯折。抗震设防烈度为 7 度及以下地区，上述拉结钢筋不必与圈梁拉结；抗震设防烈度为 8 度和 9 度的地区，除设上述拉结钢筋外，还应在板下圈梁中预埋钢筋与上述拉结钢筋相连。

(3) 拉结筋作用

拉结筋是建筑工程中钢筋类型的一种，把它砌到墙的里面，摆在砖层当中，起连接砌体、防止开裂的作用。

拉结筋通常用直径 6.5mm 细钢筋制成，多用在砖墙的 L 形转角和 T 形转角处，每隔 500mm 放一层，每层每 125mm 宽度范围内放一根，长度按规范确定。在砌体留槎的时候必须按规定放置拉结筋。

(4) 构造柱拉结筋计算公式

单根拉结筋长度＝构造柱宽度＋(锚入墙体长度＋弯钩长度)×2

4.1.1.2 识图

构造柱及拉结筋位置示意图如图 4-2 所示。

构造柱属于二次结构，大部分情况图纸上不会画出来，而是出现在设计说明里，在做工程时一定要仔细看设计说明。若图纸没有交代，一般按照图集的规则布置，构造柱通常设置在楼梯间的休息平台处、纵横墙交接处、墙的转角处，墙长达到 5m 的中间部位要设构造柱。

(1) 构造柱与拉结筋的设置位置

① 构造柱设置位置：

a. 建筑四角；

b. 丁字接头处；

c. 十字接头处；

d. 楼体四周；

e. 疏散口；

f. 长墙中部。

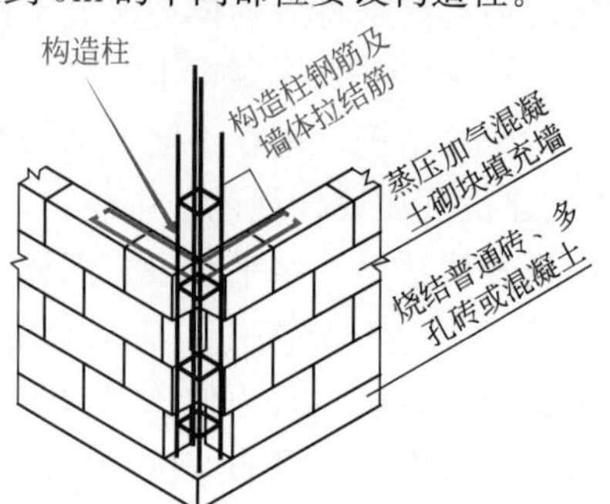

图 4-2 构造柱及拉结筋位置示意图

② 墙体拉结筋在遇到构造柱时的设置位置：

a. 当构造柱位于墙中部时，按照规范规定的长度制作墙拉筋，从构造柱中部贯通设置；

b. 构造柱位于墙端时，墙体拉结筋伸入构造柱中部即可；

c. 构造柱位于墙转角时，两边墙体内的墙拉筋设置参照本小节②下 b. 的布置形式。

(2) 马牙槎

马牙槎是砖墙留槎处的一种砌筑方法。构造柱施工时，应先砌筑填充墙，再浇捣构造柱；各种构造柱与填充墙连接处应砌成马牙槎。马牙槎从每层柱脚开始，应先退后进，进退相差 1/4 砖。各种构造柱与填充墙的连接面全高范围均应设置拉结筋。砌筑墙体时还要注意在马牙槎外侧留出脚手眼以便后期构造柱支模时使用。

每一马牙槎高度不宜超过 300mm，且应沿高每 500mm 设置 2Φ6 水平拉结钢筋，每边伸入墙内不宜小于 1m，马牙槎设置宽度一般为 60mm。

(3) 构造柱钢筋

沿着构造柱的竖向每隔 500mm 设置横向钢筋与左右的墙体连接，一般是两根或三根直径为 6mm 的钢筋，左右与墙体的搭接长度在混凝土结构施工平面整体表示方法制图规则和构造详图（22G101）中有规定，一般在 1m 左右，施工中拉结筋设置的位置和间距与马牙槎相互匹配更便于施工。

4.1.2 构造柱在外墙转角处的拉结筋

外墙：用判定法定义，设 A～B 为一道墙，若 A～B 墙线能够切割相关围护结构的为内墙，反之为外墙。从建筑学的角度来讲，围护建筑物，使之形成室内、室外的分界构件称为外墙。它有承担一定荷载、遮挡风雨、保温隔热、防止噪声、防火安全等功能。

墙体拉结筋在遇到构造柱时：

① 若构造柱位于墙中部，按照规范规定的长度制作墙拉筋，从构造柱中部贯通设置；

② 若构造柱位于墙端，墙体拉结筋伸入构造柱中部即可；

③ 若构造柱位于墙转角，两边墙体内的墙拉筋设置参照第②种布置。

构造柱在外墙转角处的拉结筋如图 4-3 所示。

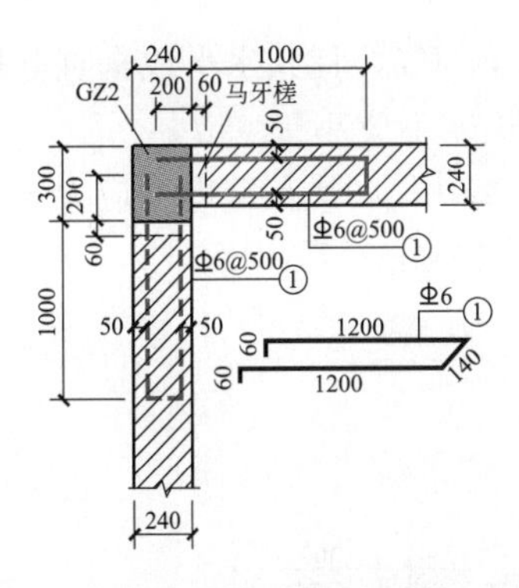

(a) 构造柱在外墙转角处的拉结筋1

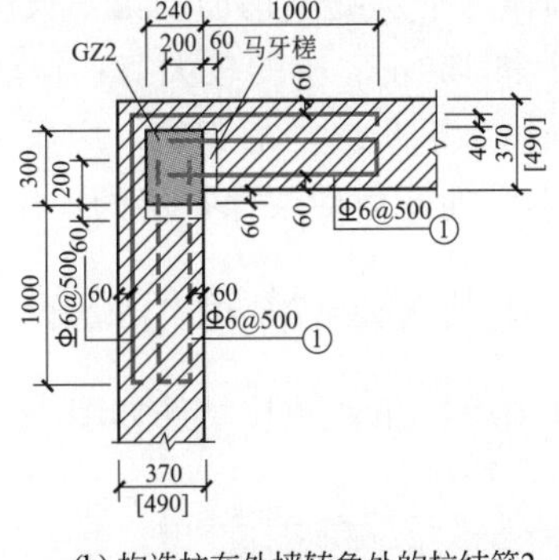

(b) 构造柱在外墙转角处的拉结筋2

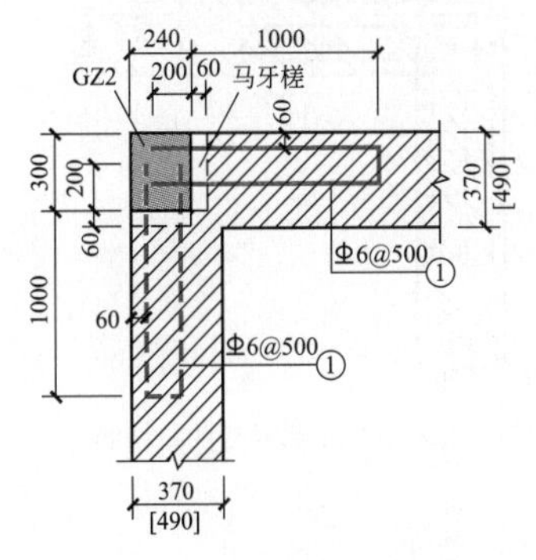

(c) 构造柱在外墙转角处的拉结筋3

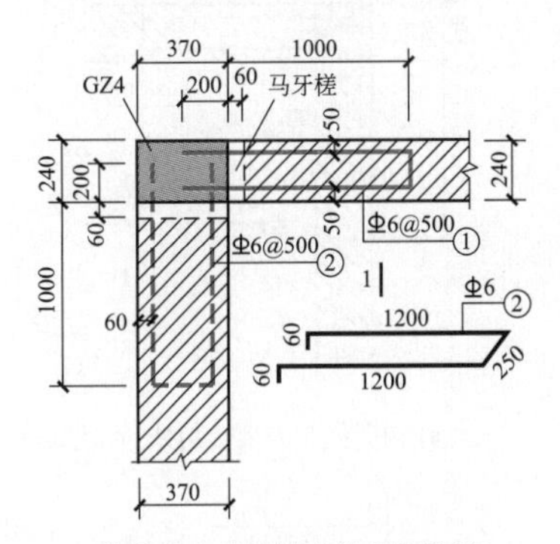

(d) 构造柱在外墙转角处的拉结筋4

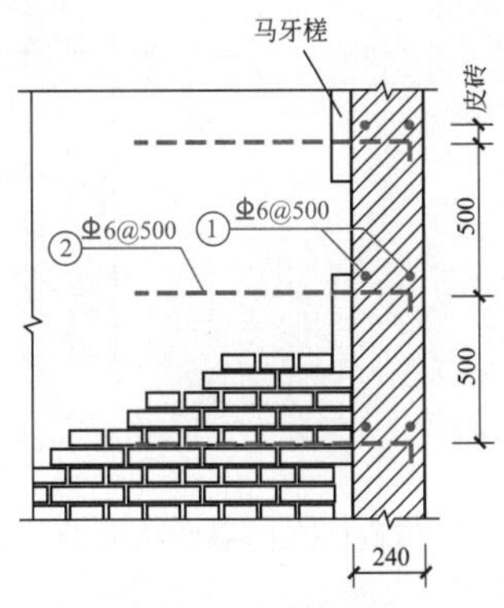

(e) 构造柱在外墙转角处的拉结筋1—1剖面图

图 4-3 构造柱在外墙转角处的拉结筋

构造柱在外墙转角处的拉结筋实物图如图 4-4 所示。

图 4-4 构造柱在外墙转角处的拉结筋实物图

设置在砌体水平灰缝中钢筋的锚固长度不宜小于 $50d$，且其水平或垂直弯折段的长度不宜小于 $20d$ 和 150mm 中的较大值；钢筋的搭接长度不应小于 $55d$。

设置在砌体水平灰缝内的钢筋，应居中置于灰缝中，水平灰缝厚度应大于钢筋的直径 4mm 以上，砌体外露面砂浆保护层的厚度不应小于 15mm。

4.1.3 构造柱在内墙转角处的拉结筋

构造柱在内墙转角处的拉结筋如图 4-5 所示。

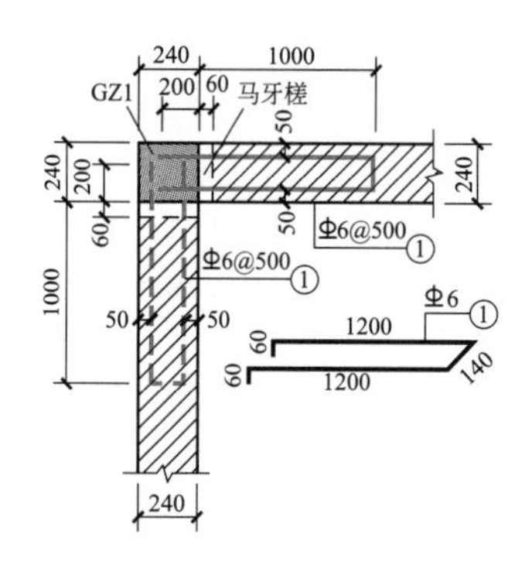

(a) 构造柱在内墙转角处的拉结筋1

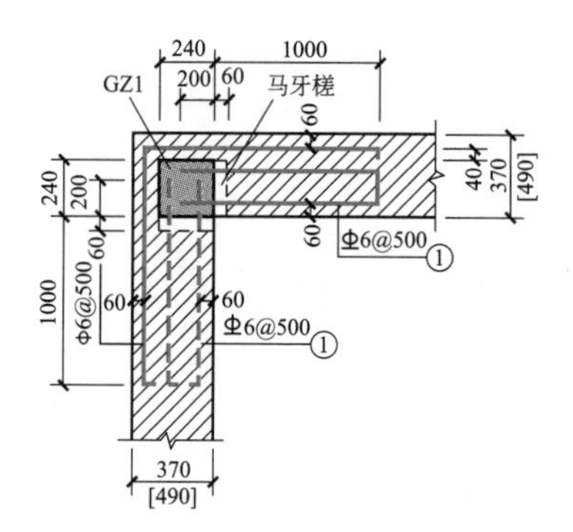

(b) 构造柱在内墙转角处的拉结筋2

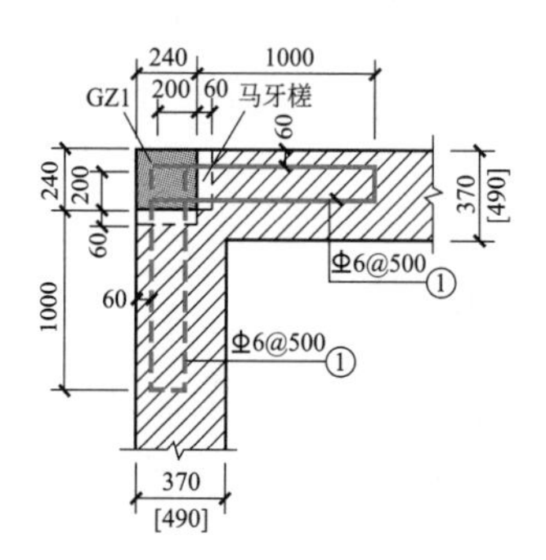

(c) 构造柱在内墙转角处的拉结筋3

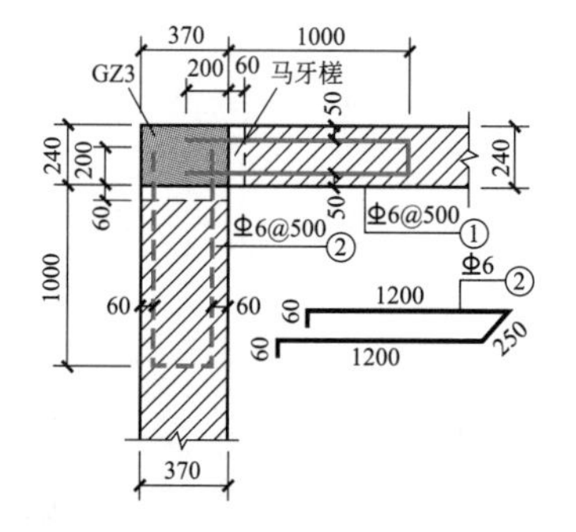

(d) 构造柱在内墙转角处的拉结筋4

图 4-5 构造柱在内墙转角处的拉结筋

构造柱在内墙转角处三维示意图如图 4-6 所示。

按墙体在建筑中的位置和走向分类，可分为外墙和内墙两类。沿建筑四周边缘布置的墙体称为外墙，被外墙包围的墙体称为内墙。

内墙是指在室内起分隔空间的作用，没有和室外空气直接接触的墙体，多为“暖墙”。

内墙将室内分隔成各种不同使用要求的空间或房间，沿房屋短轴方向布置的称横向内墙，沿长轴方向布置的称纵向内墙。不承重的内墙称隔墙。根据房屋等级及不同使用功能，选择墙体材料、厚度及构造方式，以达到具有一定的隔声、耐久及承重等能力。对有吸声、反射声光及艺术等特殊要求的内墙，可通过墙面做

2Φ12

拉结筋2Φ12

图 4-6 构造柱在内墙转角处三维示意图

相应的构造处理。

内墙墙体尺寸一般为 12 墙、18 墙、24 墙、37 墙。常用的为 12 墙、18 墙、24 墙，而有时候在一个工程中，会出现 15 墙，这只是甲方要求或者是设计院的设计要求所致。内墙还包括填充墙。

构造柱在内墙转角处的拉结筋遇洞边做法如图 4-7 所示。

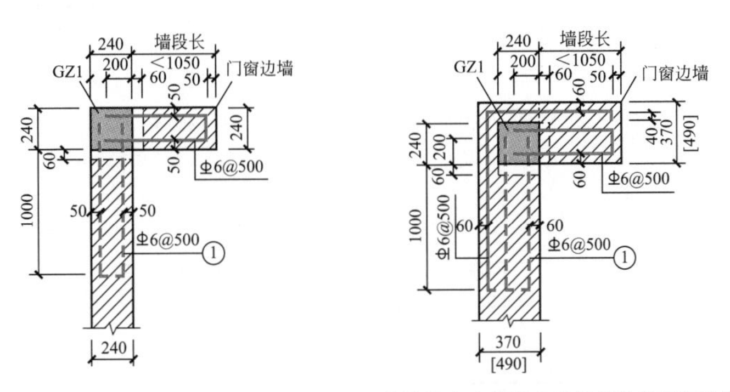

(a) 构造柱在内墙转角处的拉结筋遇洞边做法1　(b) 构造柱在内墙转角处的拉结筋遇洞边做法2

图 4-7　构造柱在内墙转角处的拉结筋遇洞边做法

4.1.4　构造柱在丁字墙处的拉结筋

丁字墙由直墙与横墙组成，直墙与横墙间断开，如果在断开处安装一个门，要用细木工板做宽度为 50～60mm 的假墙壁安放门套线。厚度与墙壁的墙体厚度一样。构造柱在丁字墙处的拉结筋如图 4-8 所示。

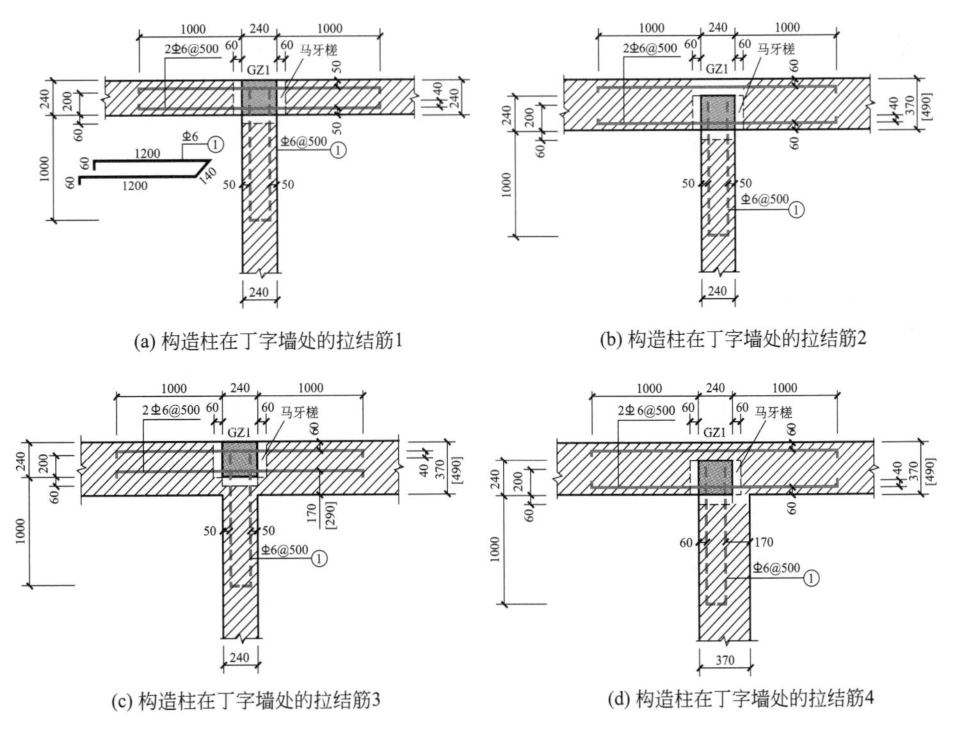

(a) 构造柱在丁字墙处的拉结筋1

(b) 构造柱在丁字墙处的拉结筋2

(c) 构造柱在丁字墙处的拉结筋3

(d) 构造柱在丁字墙处的拉结筋4

图 4-8

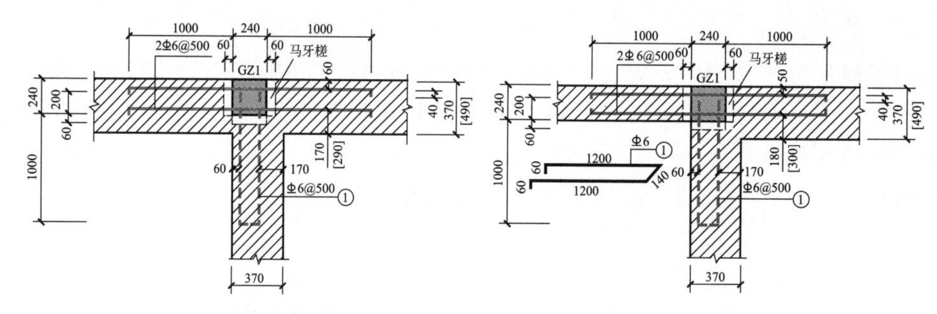

(e) 构造柱在丁字墙处的拉结筋5　　(f) 构造柱在丁字墙处的拉结筋6

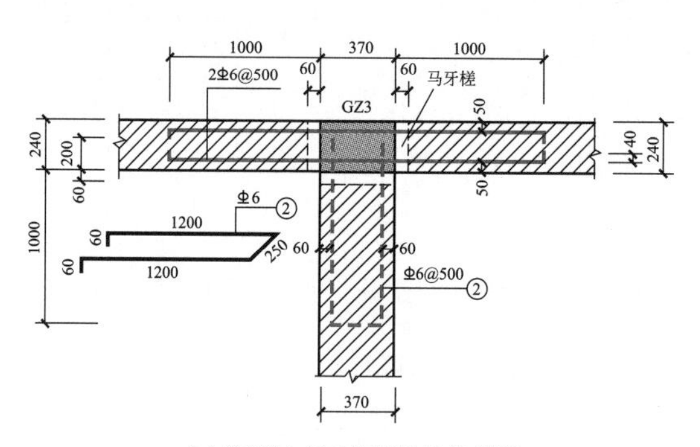

(g) 构造柱在丁字墙处的拉结筋7

图 4-8　构造柱在丁字墙处的拉结筋

丁字墙三维示意图如图 4-9 所示。

丁字墙拉结筋遇洞边做法如图 4-10 所示。

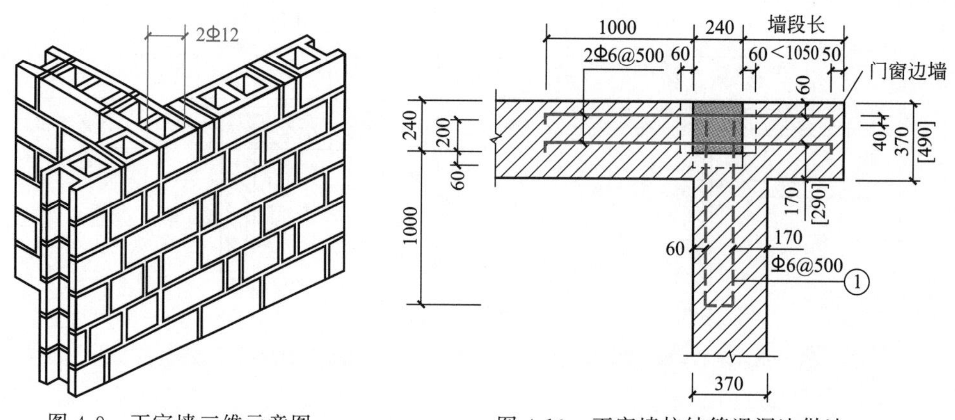

图 4-9　丁字墙三维示意图　　图 4-10　丁字墙拉结筋遇洞边做法

砌块用于钢筋混凝土结构中的填充墙，宜与柱采用柔性连接，并应符合下列要求。

① 填充墙在平面和竖向的布置宜均匀对称，应避免形成薄弱层或短柱。

② 砌体的砂浆强度等级不应低于 M5，墙顶应与框架梁密切结合。

③ 填充墙应沿框架柱全高每隔 500～600mm 设 2Φ6 拉结筋，当抗震设防烈度为 7 度及以下时，拉结筋伸入墙内的长度不应小于墙长的 1/5，且不应小于 700mm；当抗震设防烈度为 8 度时，沿墙全长贯通。

④ 墙长大于 5m 时，墙顶与梁宜有拉结；墙长超过层高 2 倍时，应设置钢筋混凝土构造

柱；墙高超过 4m 时，墙体半高宜设置与柱连接且沿墙全长贯通的钢筋混凝土水平系梁。

⑤ 对于转角，墙体转角处和纵横交接处宜沿墙高每隔 500～600mm 设拉结筋，其数量为每 120mm 墙厚不少于 1Φ6，埋入长度从墙的转角或交接处算起，每边不得小于 1000mm。

4.1.5 构造柱在十字墙处的拉结筋

构造柱在十字墙处的拉结筋如图 4-11 所示。

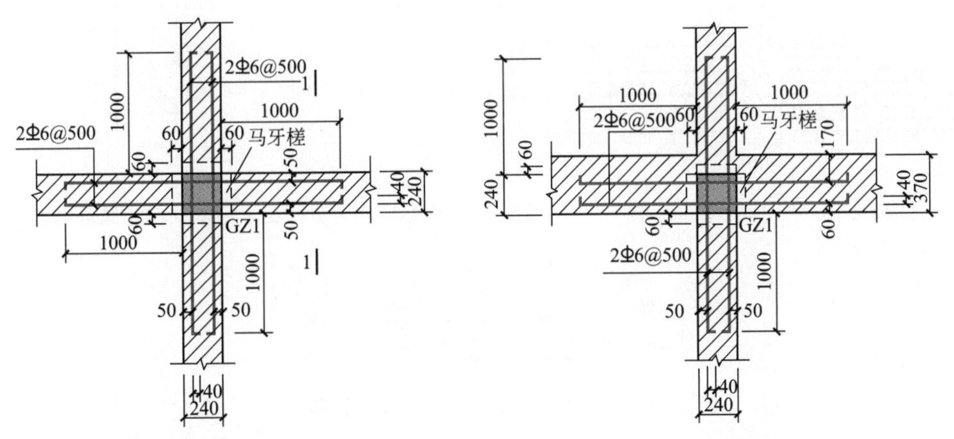

(a) 构造柱在十字墙处的拉结筋1

(b) 构造柱在十字墙处的拉结筋2

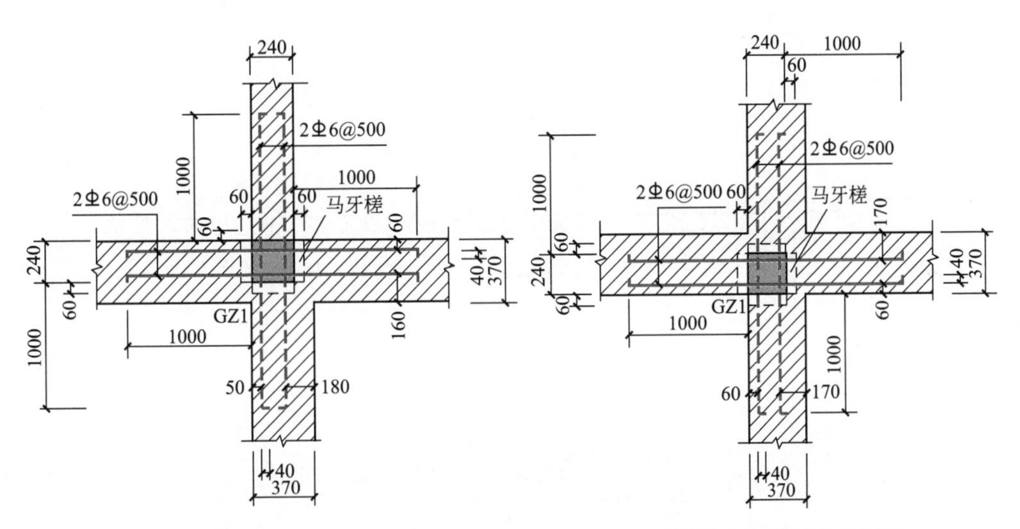

(c) 构造柱在十字墙处的拉结筋3

(d) 构造柱在十字墙处的拉结筋4

图 4-11　构造柱在十字墙处的拉结筋

构造柱在十字墙处的拉结筋 1—1 剖面图如图 4-12 所示。

构造柱在十字墙处的拉结筋遇洞边做法如图 4-13 所示。

4.1.6 构造柱在一字墙处的拉结筋

构造柱在一字墙处的拉结筋如图 4-14 所示。

构造柱在一字墙处的拉结筋遇洞边做法如图 4-15 所示。

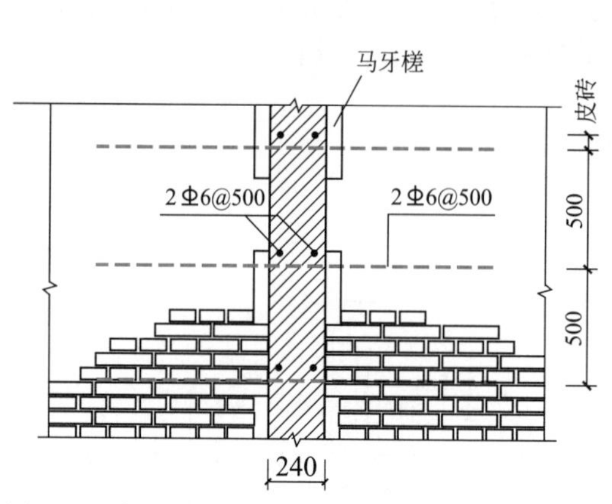

图 4-12　构造柱在十字墙处的拉结筋 1—1 剖面图

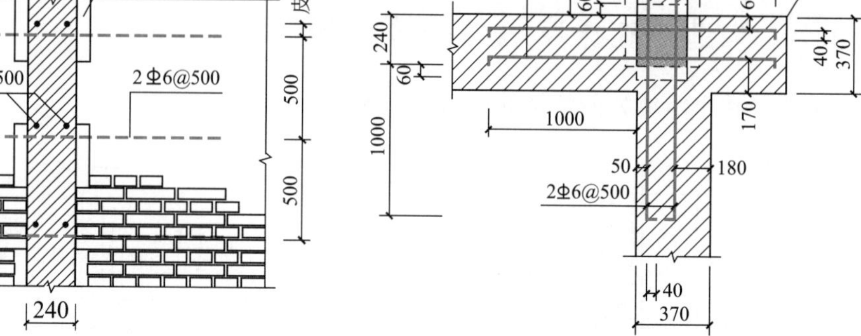

图 4-13　构造柱在十字墙处的拉结筋遇洞边做法

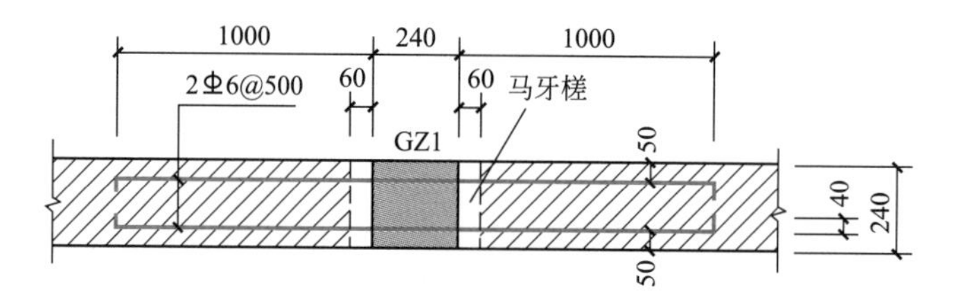

(a) 构造柱在一字墙处的拉结筋1

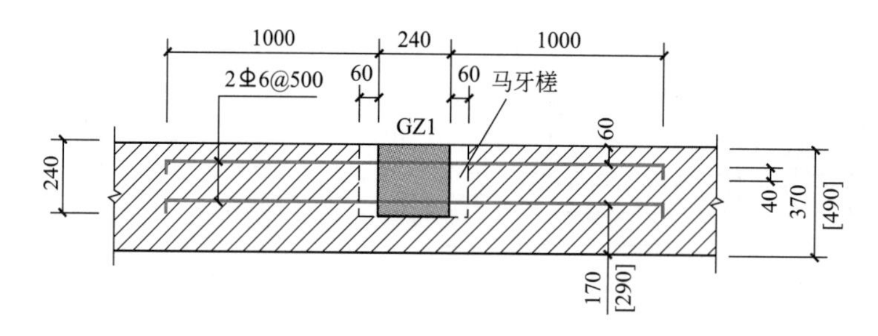

(b) 构造柱在一字墙处的拉结筋2

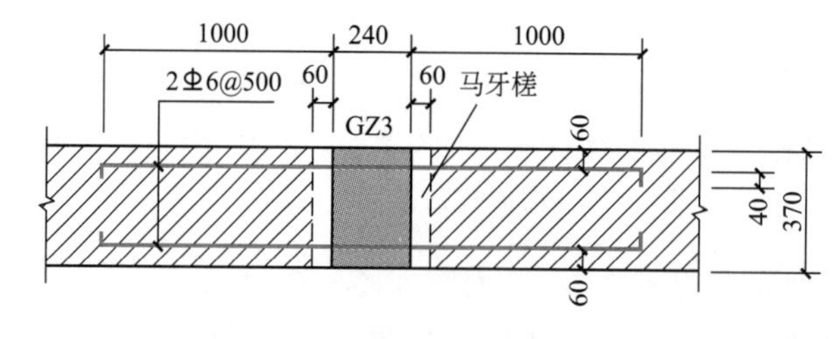

(c) 构造柱在一字墙处的拉结筋3

图 4-14　构造柱在一字墙处的拉结筋

(1) 一字墙

一字墙的裂缝较小，墙体配筋能够充分发挥作用，墙段的长度不宜大于 8m。剪力墙墙肢两边均为跨高比小于 5 的连梁或一边为跨高比小于 5 的连梁而一边为跨高比大于 5 的连梁时，此墙肢不作为一字墙；当墙肢两边均为跨高比大于5的连梁或一边为跨高比小于5的连梁而另一边无翼墙或端柱时，此墙为一字墙。

(2) 涵洞一字墙

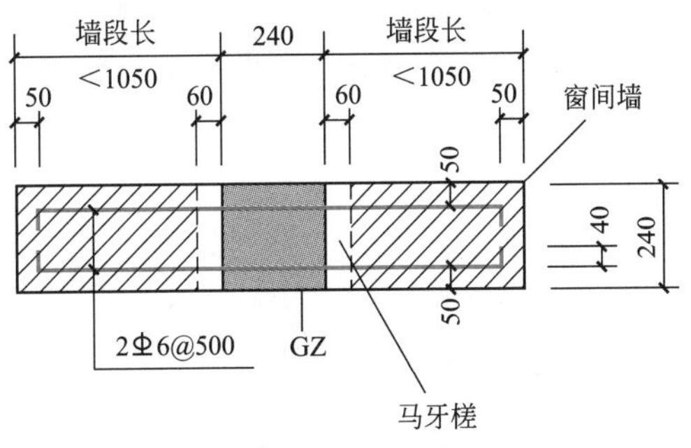

图 4-15 构造柱在一字墙处的拉结筋遇洞边做法

涵洞是横贯路基或路堤的小型泄水和排洪构筑物。涵洞从广义上可称为涵渠，即包括明渠和倒虹吸管等小型过水建筑物。涵洞一般采用单孔或双孔（很少超过四孔）。涵洞一般用开挖法修建。涵洞主要由洞身、端墙或翼墙和出入口铺砌等组成。洞身是涵洞的主体；端墙或翼墙位于入口和出口的两侧，起挡土和导流作用，是保证涵洞处路基或路堤稳定的构筑物。端墙和翼墙常用八字翼墙式及一字墙式。一字墙式，又称端墙式，构造简单，适用于小孔径涵洞，一般在洞口两侧砌筑锥体护坡，以保护路堤伸出端墙外的填土不受冲刷。

(3) 圆管涵一字墙

圆管涵是农村公路路基排水中最常用的涵洞结构类型，它不仅力学性能好，而且构造简单、施工方便、工期短、造价低。圆管涵中最常见的是钢筋混凝土圆管涵。圆管涵由洞身及洞口两部分组成。洞身是过水孔道的主体，主要由管身、基础、接缝组成。洞口是洞身、路基和水流三者的连接部位，主要有八字翼墙式和一字墙式两种洞口形式。

4.2 构造柱根部的锚固识图与节点构造

4.2.1 构造柱锚固识图

构造柱锚固实物图如图 4-16 所示。

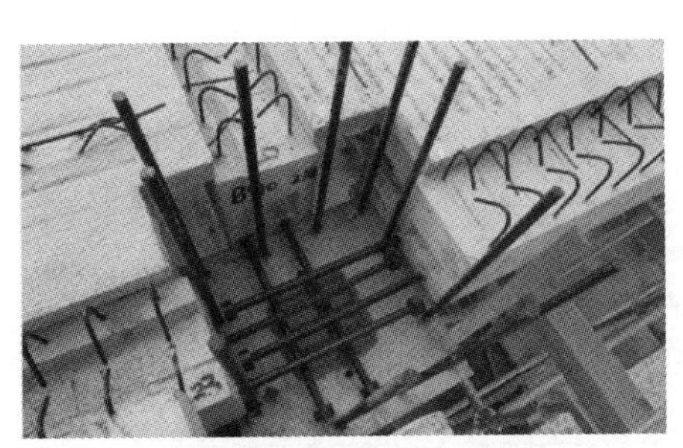

图 4-16 构造柱锚固实物图

一般的柱子钢筋的搭接长度如下。

① 绑扎搭接　在楼板上下各楼层高度的1/6处，柱宽度和500mm取大值，如果是底层大于等于1/3层高，在这个区段内不能把钢筋断开，钢筋的接头率不能大于50%，除这个区段外，钢筋的搭接长度为L_{ae}，接头和接头的距离最好大于$0.3L_{ae}$。

② 机械连接　非连接区段同上，接头和接头的距离大于等于$35d$。

③ 焊接连接　非连接区段同上，接头和接头的距离大于等于$35d$和500mm取大值。

构造柱不是受力承重构件，它的钢筋锚固长度不必硬套L_{ae}。砌体结构里：女儿墙构造柱，钢筋到屋面圈梁底筋弯折90°，水平长度250mm；底层构造柱，有地圈梁时，钢筋到圈梁底筋弯折90°，水平长度250mm；无地圈梁时，钢筋到基础底筋弯折90°，水平长度 250mm；无地圈梁基础较深时，构造柱底标高必须比室外地面低 500mm，砌墙先退后进。框架结构里：构造柱钢筋到梁底筋弯折 90°，水平长度 250mm。

锚固时按一定方向来用钻孔的方式穿透弱面深入到完整的岩体内，插入预应力锚索（钢筋），然后用水泥将孔固结起来，形成具有一定抗拉能力的结构。此外，对拱坝坝肩不稳定岩体的处理，还可以采用其他支挡办法，如抗滑桩、挡土墙、支撑柱等。

还应特别强调，地下水往往是导致基础失稳的主要因素，在设置工程处理措施时，应充分考虑到防渗排水的作用。

4.2.2 构造柱根部锚入基础墙做法

构造柱根部锚入基础墙做法如图 4-17 所示。

构造柱根部锚入基础墙做法仅用于未设基础圈梁的砖房。

室内外高差、基础埋深、基础尺寸及垫层材料由具体工程确定。

地面以下或防潮层以下的砌体，不宜采用多孔砖。如采用，多孔砖的孔洞应用水泥砂浆灌实。

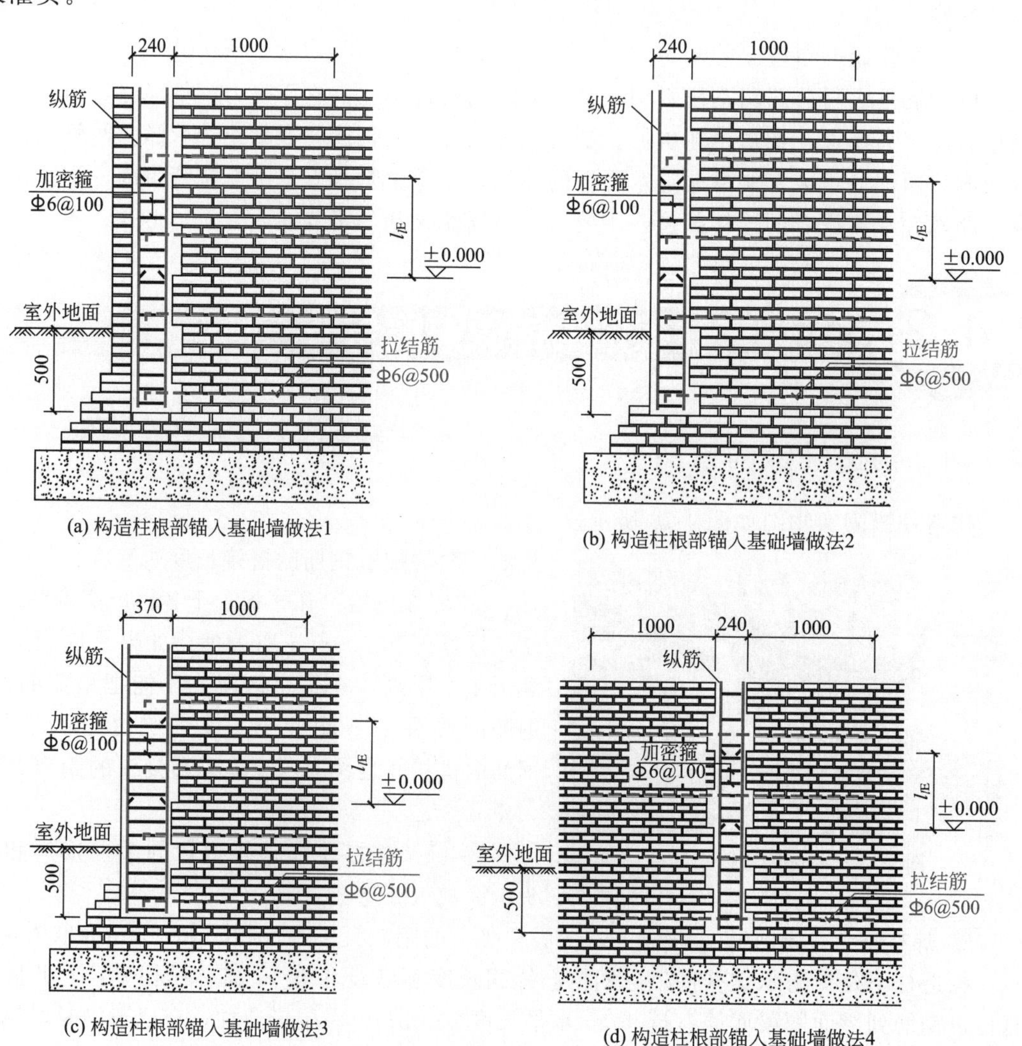

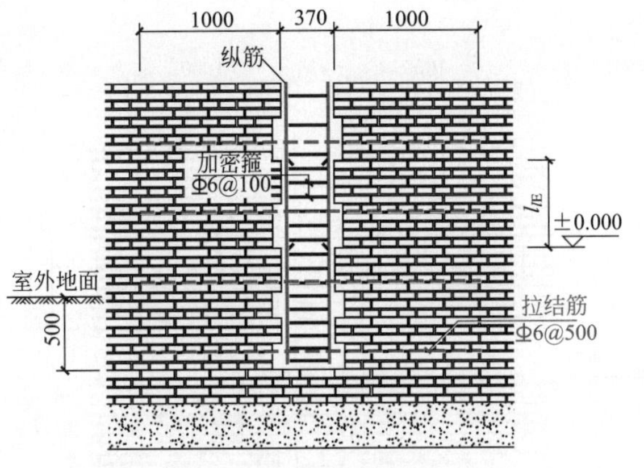

(e) 构造柱根部锚入基础墙做法5

图 4-17　构造柱根部锚入基础墙做法

4.2.3　构造柱根部与混凝土基础连接

构造柱根部与混凝土基础连接如图 4-18 所示。

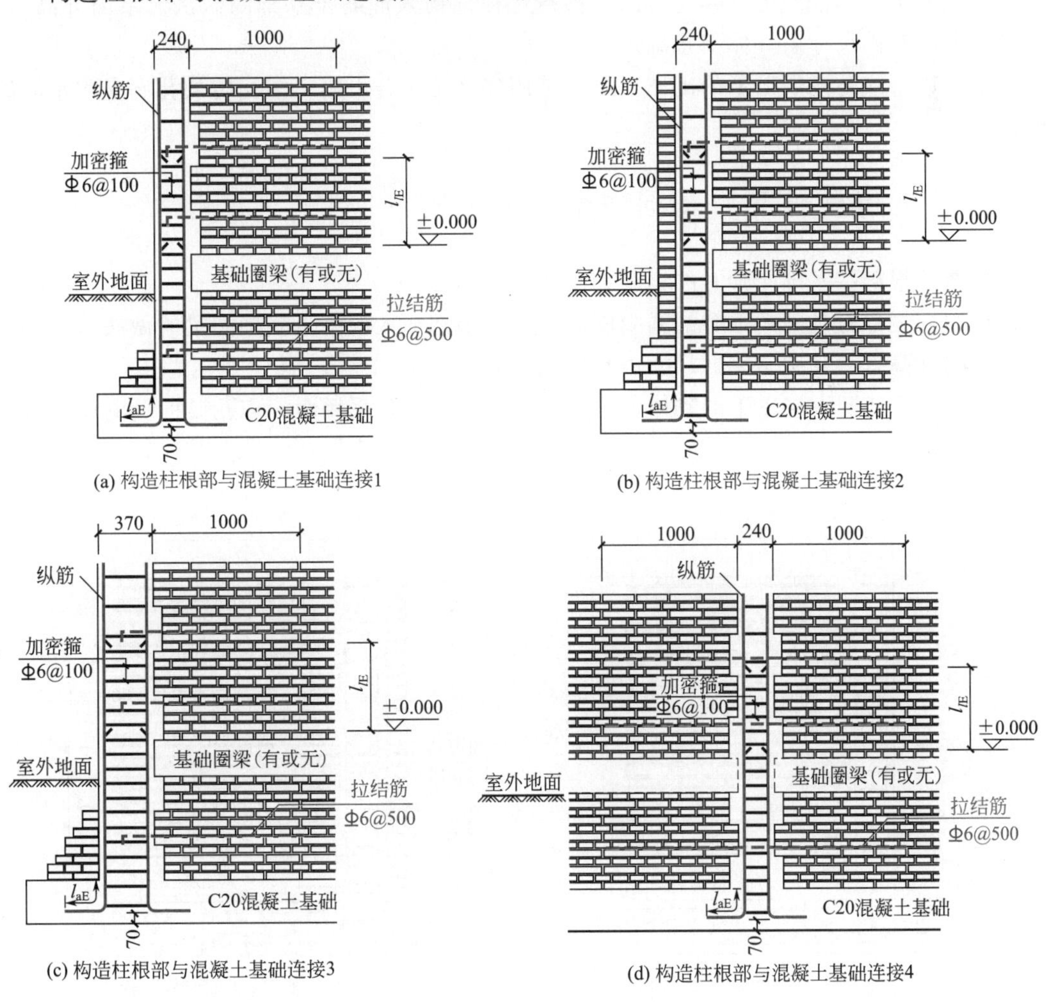

(a) 构造柱根部与混凝土基础连接1

(b) 构造柱根部与混凝土基础连接2

(c) 构造柱根部与混凝土基础连接3

(d) 构造柱根部与混凝土基础连接4

图 4-18

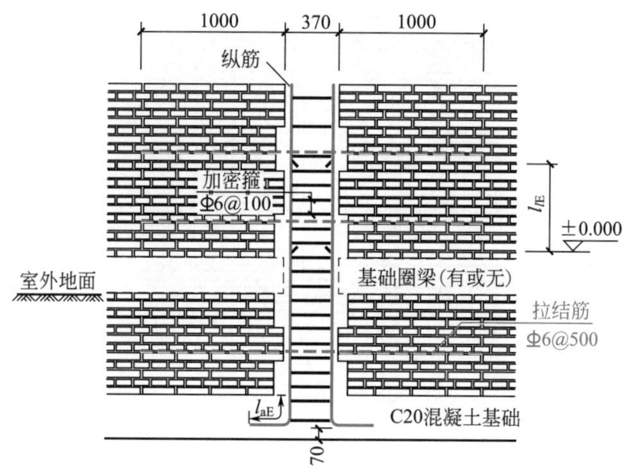

(e) 构造柱根部与混凝土基础连接5

图 4-18 构造柱根部与混凝土基础连接

构造柱根部与混凝土基础连接图为构造柱根部锚入混凝土基础的做法。室内外高差、基础埋深、基础尺寸由具体工程确定。

地面以下或防潮层以下的砌体，不宜采用多孔砖。若采用，多孔砖的孔洞应用水泥砂浆灌实。

4.2.4 构造柱根部有基础圈梁时的锚固

构造柱根部有基础圈梁时的锚固如图 4-19 所示。

构造柱根部有基础圈梁时的锚固图为构造柱根部锚入混凝土基础圈梁的做法。

室内外高差、基础圈梁的尺寸由具体工程确定。

地面以下或防潮层以下的砌体，不宜采用多孔砖。如采用时，多孔砖的孔洞应用水泥砂浆灌实。

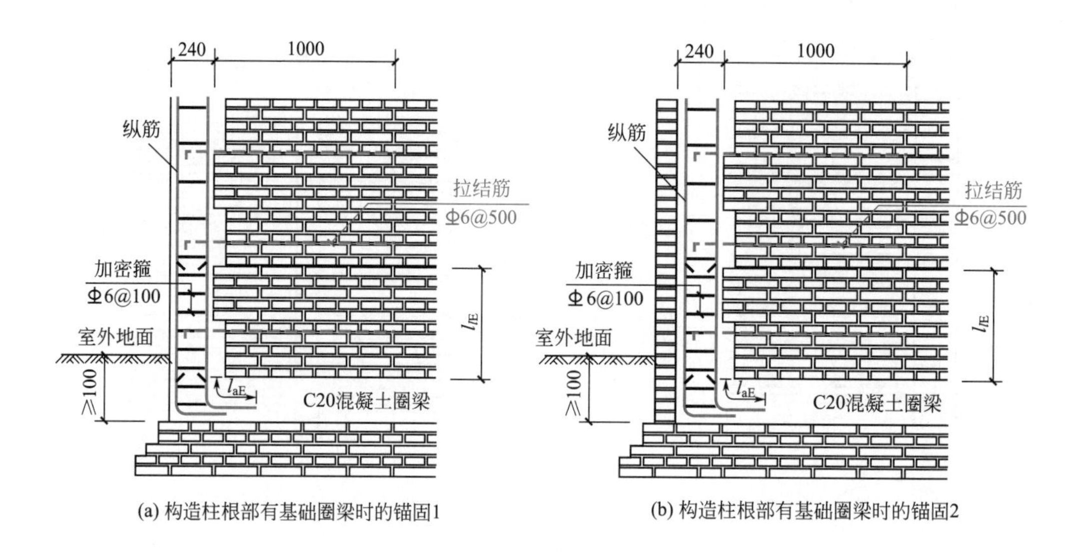

(a) 构造柱根部有基础圈梁时的锚固1

(b) 构造柱根部有基础圈梁时的锚固2

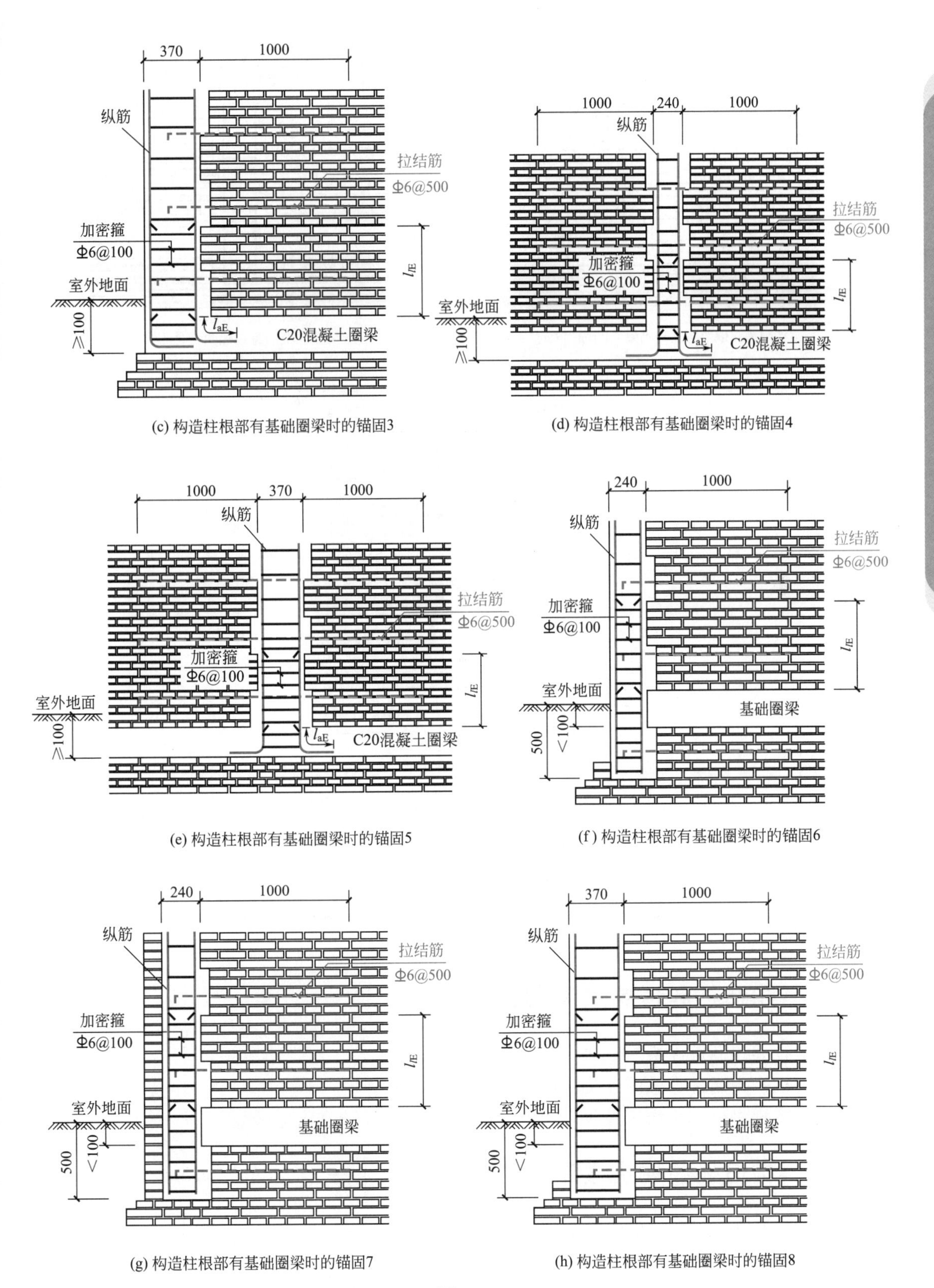

(c) 构造柱根部有基础圈梁时的锚固3

(d) 构造柱根部有基础圈梁时的锚固4

(e) 构造柱根部有基础圈梁时的锚固5

(f) 构造柱根部有基础圈梁时的锚固6

(g) 构造柱根部有基础圈梁时的锚固7

(h) 构造柱根部有基础圈梁时的锚固8

图 4-19

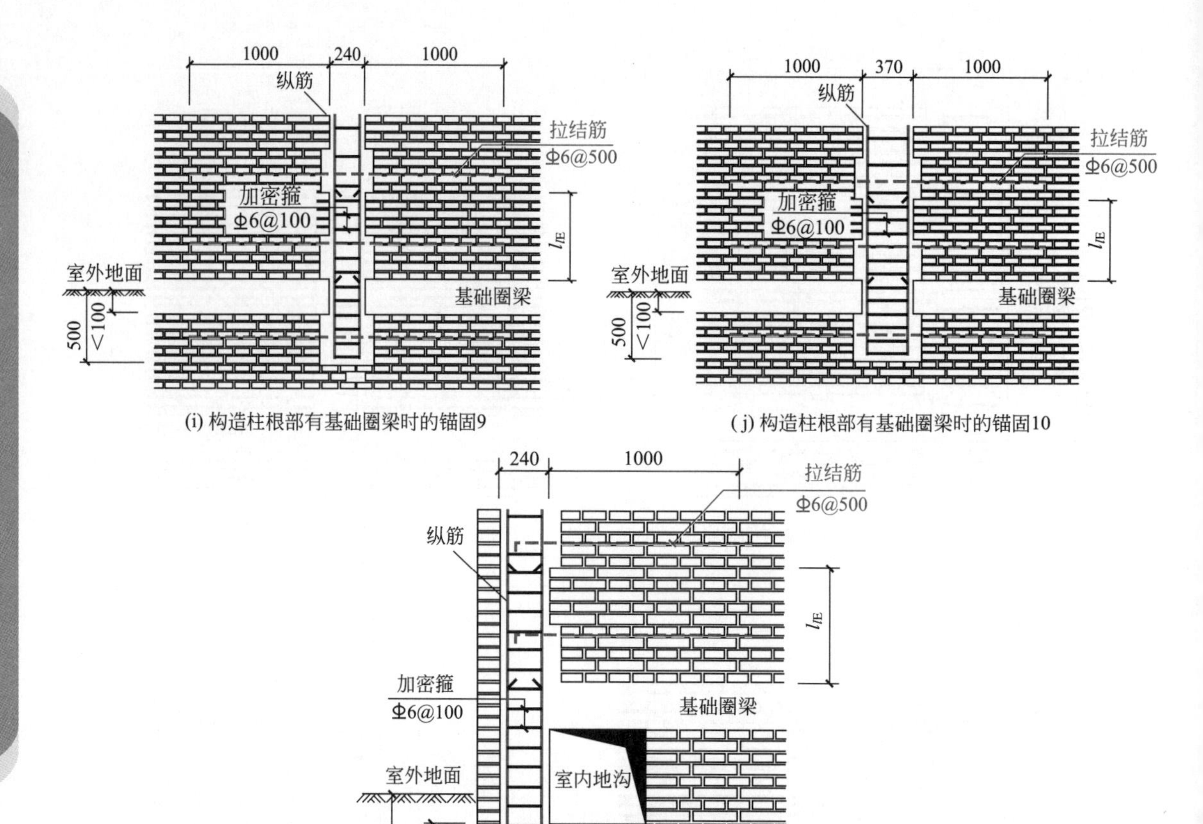

(i) 构造柱根部有基础圈梁时的锚固9

(j) 构造柱根部有基础圈梁时的锚固10

(k) 构造柱根部有基础圈梁时的锚固11

图 4-19　构造柱根部有基础圈梁时的锚固

4.3　构造柱和进深梁的连接识图与节点构造

4.3.1　构造柱和预制进深梁的连接

构造柱和预制进深梁的连接如图 4-20 所示。

构造柱和预制进深梁的连接剖面图如图 4-21 所示。

梁垫为现浇形式，均用虚线表示；20mm 厚坐浆用 1∶2 水泥砂浆。

4.3.2　构造柱和现浇进深梁的连接

构造柱和现浇进深梁的连接如图 4-22 所示。

构造柱和现浇进深梁的连接剖面图如图 4-23 所示。

梁垫为现浇形式，均用虚线表示；20mm 厚坐浆用 1∶2 水泥砂浆。

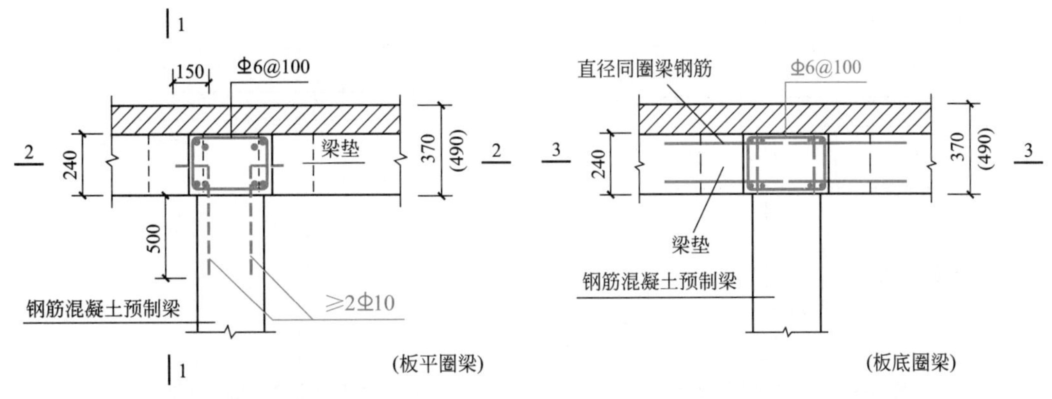

(a) 构造柱和预制进深梁的连接1

(b) 构造柱和预制进深梁的连接2

图 4-20 构造柱和预制进深梁的连接

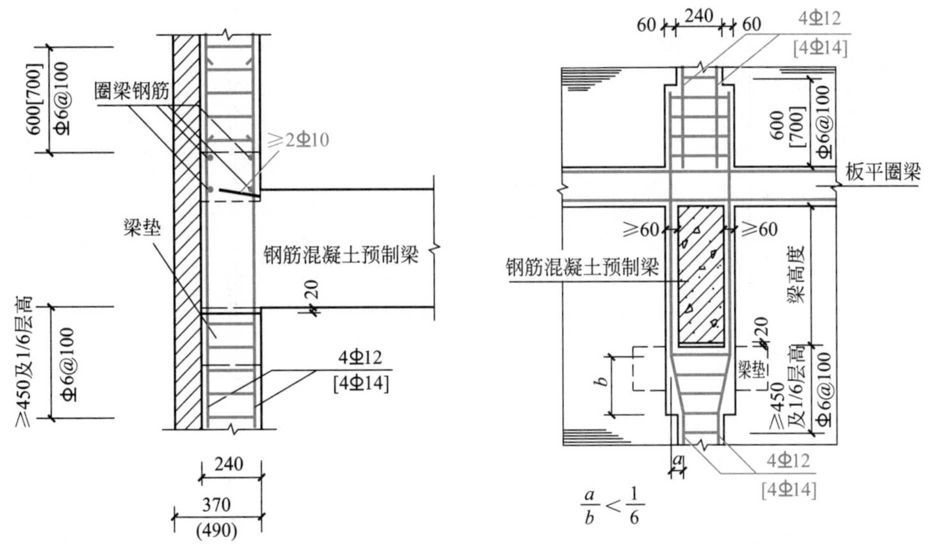

(a) 构造柱和预制进深梁的连接1—1剖面图

(b) 构造柱和预制进深梁的连接2—2剖面图

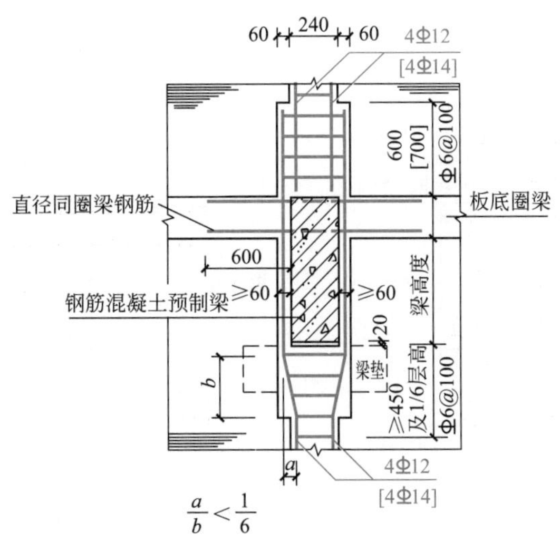

(c) 构造柱和预制进深梁的连接3—3剖面图

图 4-21 构造柱和预制进深梁的连接剖面图

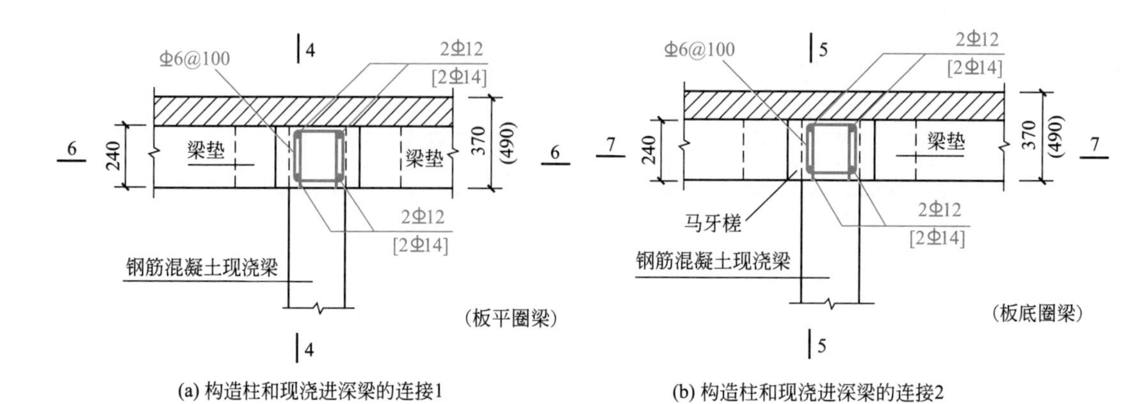

(a) 构造柱和现浇进深梁的连接1

(b) 构造柱和现浇进深梁的连接2

图 4-22 构造柱和现浇进深梁的连接

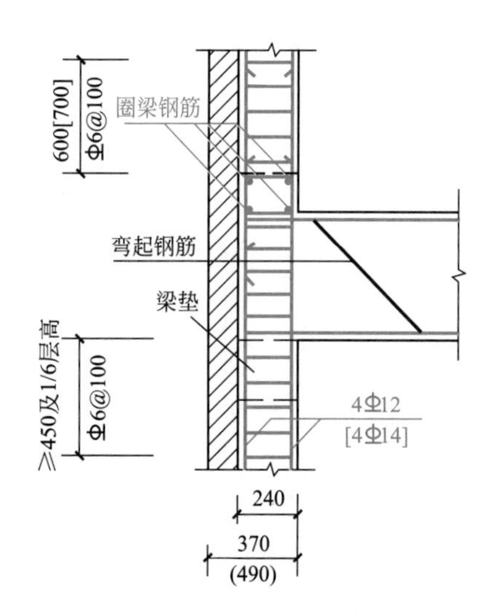

(a) 构造柱和现浇进深梁的连接4—4剖面图

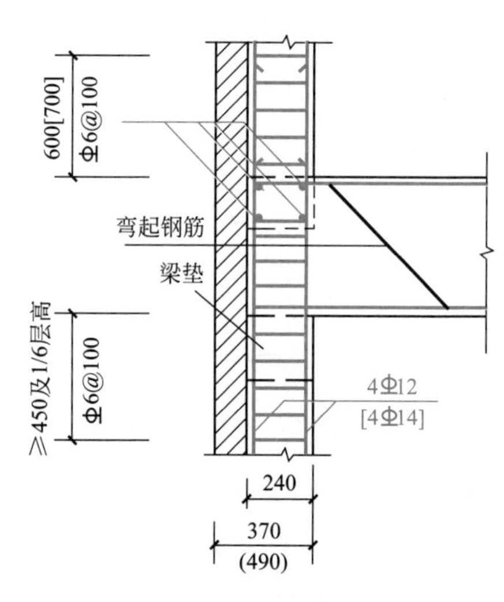

(b) 构造柱和现浇进深梁的连接5—5剖面图

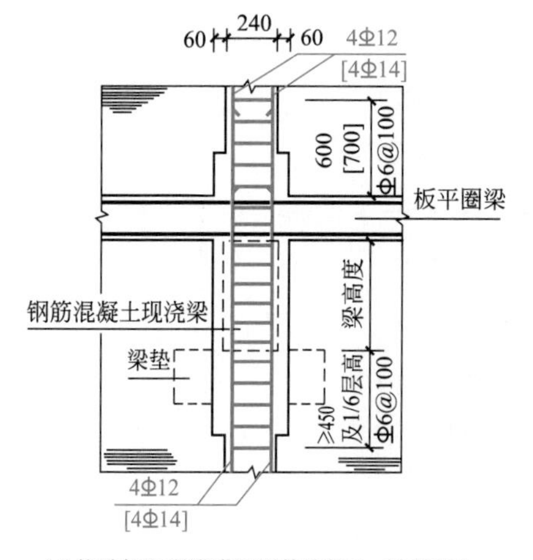

(c) 构造柱和现浇进深梁的连接6—6剖面图

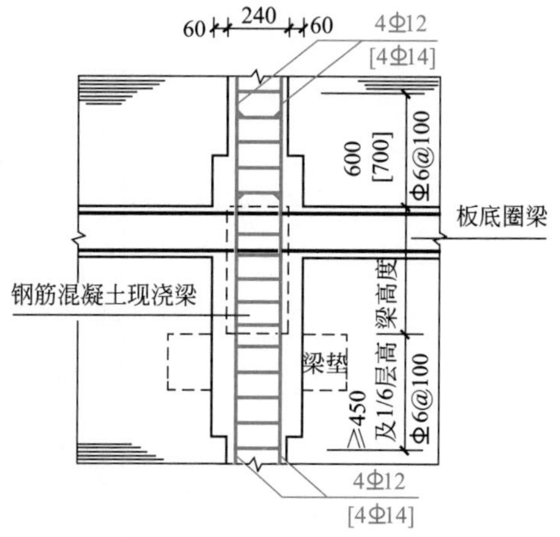

(d) 构造柱和现浇进深梁的连接7—7剖面图

图 4-23 构造柱和现浇进深梁的连接剖面图

4.3.3 构造柱和预制进深梁现浇接头的连接

构造柱和预制进深梁现浇接头的连接如图 4-24 所示。

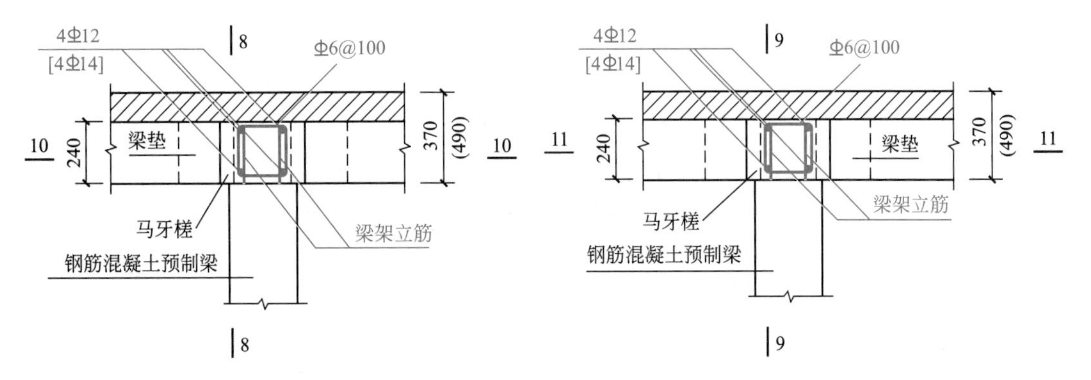

图 4-24 构造柱和预制进深梁现浇接头的连接

构造柱和预制进深梁现浇接头的连接剖面图如图 4-25 所示。

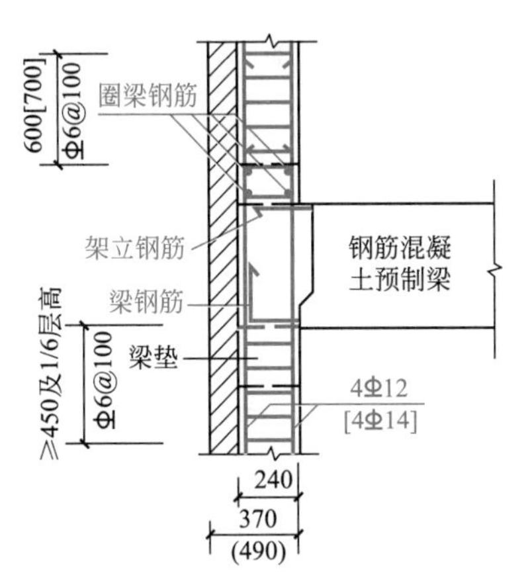

(a) 构造柱和预制进深梁现浇接头的连接8—8剖面图

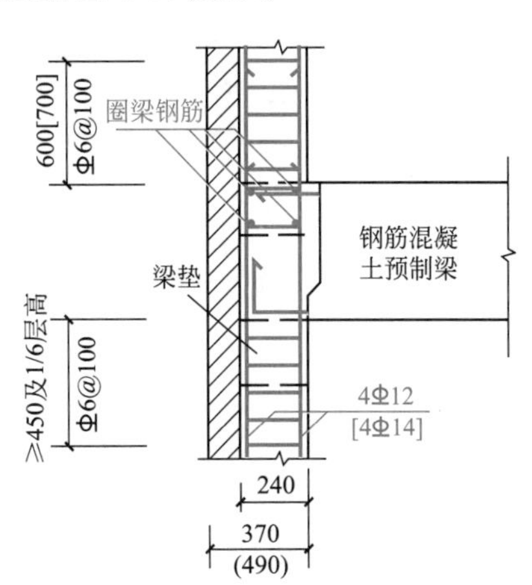

(b) 构造柱和预制进深梁现浇接头的连接9—9剖面图

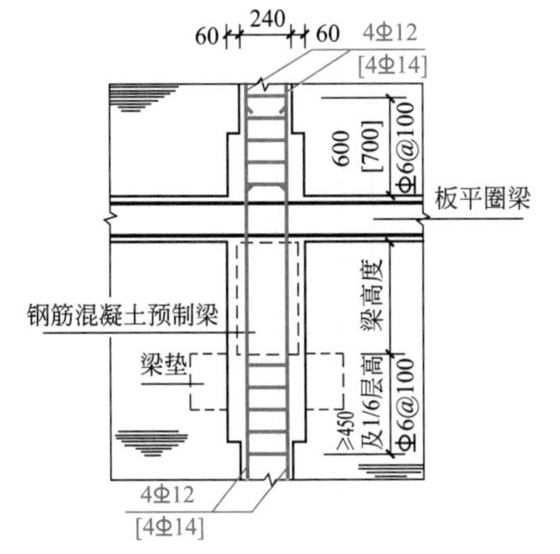

(c) 构造柱和预制进深梁现浇接头的连接10—10剖面图

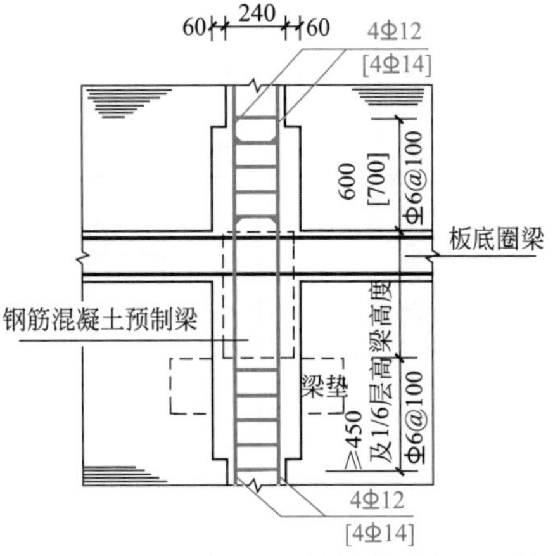

(d) 构造柱和预制进深梁现浇接头的连接11—11剖面图

图 4-25 构造柱和预制进深梁现浇接头的连接剖面图

梁垫为现浇形式，均用虚线表示；20mm 厚坐浆用 1∶2 水泥砂浆。

4.3.4 构造柱和叠合进深梁的连接

构造柱和叠合进深梁的连接如图 4-26 所示。

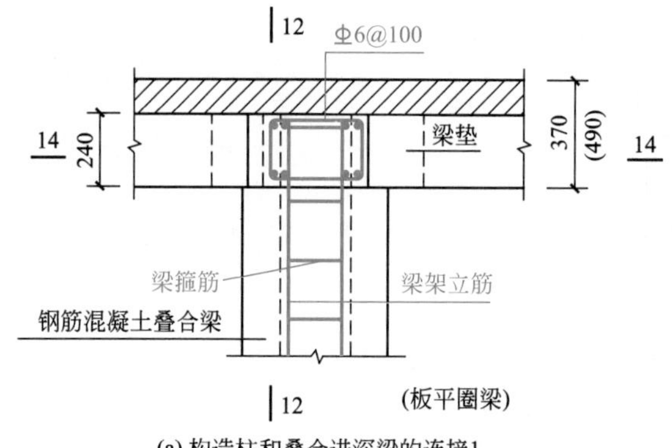

(a) 构造柱和叠合进深梁的连接1

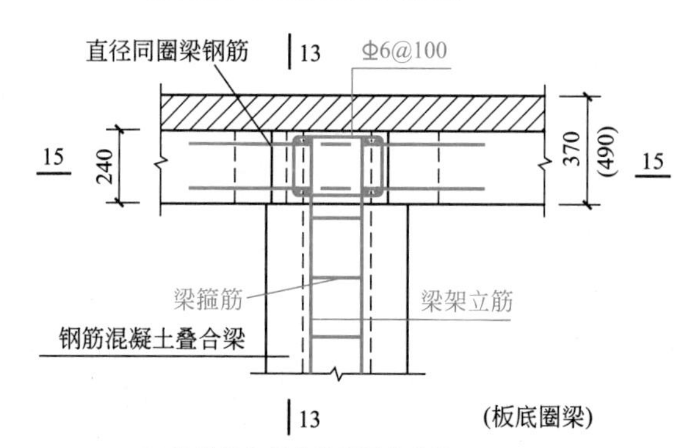

(b) 构造柱和叠合进深梁的连接2

图 4-26 构造柱和叠合进深梁的连接

构造柱和叠合进深梁的连接剖面图如图 4-27 所示。

梁垫为现浇形式，均用虚线表示；20mm 厚坐浆用 1∶2 水泥砂浆。

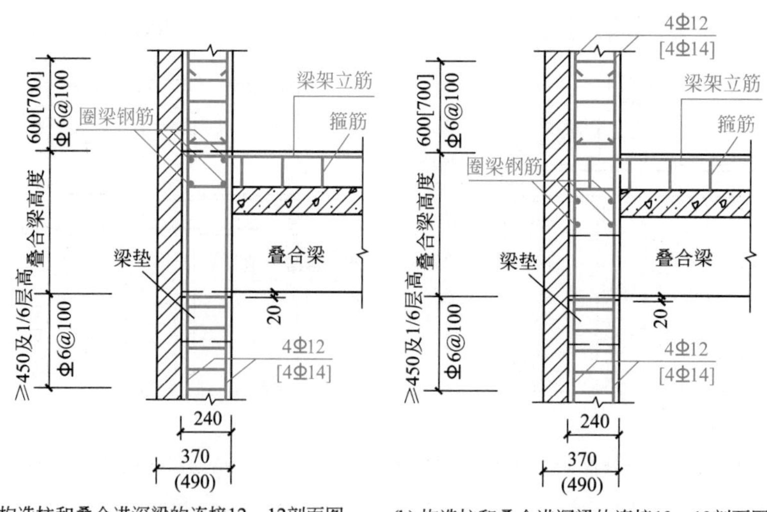

(a) 构造柱和叠合进深梁的连接12—12剖面图　(b) 构造柱和叠合进深梁的连接13—13剖面图

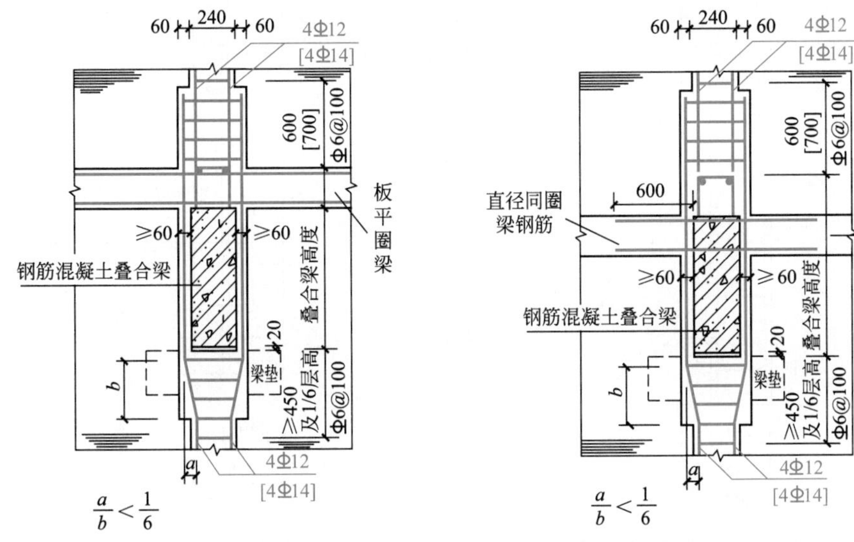

(c) 构造柱和叠合进深梁的连接14—14剖面图　(d) 构造柱和叠合进深梁的连接15—15剖面图

图 4-27　构造柱和叠合进深梁的连接剖面图

4.3.5　外侧构造柱和预制进深梁的连接

外侧构造柱和预制进深梁的连接如图 4-28 所示。

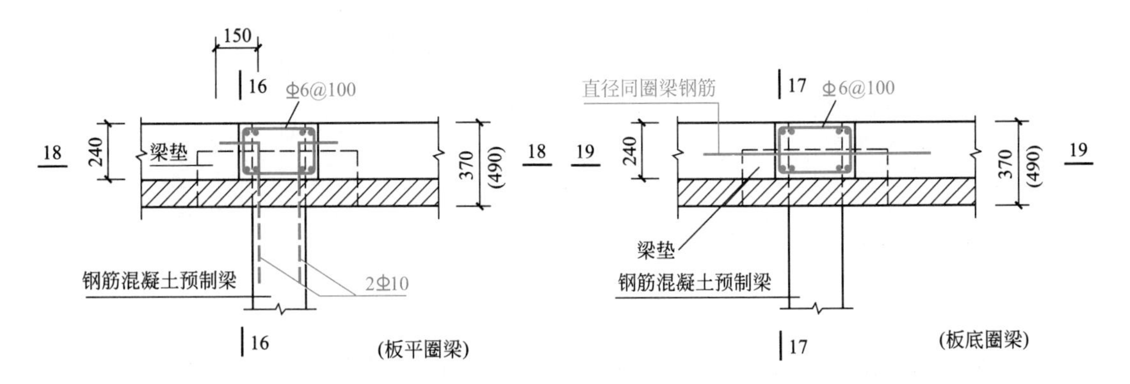

(a) 外侧构造柱和预制进深梁的连接1　(b) 外侧构造柱和预制进深梁的连接2

图 4-28　外侧构造柱和预制进深梁的连接

外侧构造柱和预制进深梁的连接剖面图如图 4-29 所示。

梁垫为现浇形式，均用虚线表示；20mm 厚坐浆用 1∶2 水泥砂浆。

4.3.6　外侧构造柱和现浇进深梁的连接

外侧构造柱和现浇进深梁的连接如图 4-30 所示。

外侧构造柱和现浇进深梁的连接剖面图如图 4-31 所示。

梁垫为现浇形式，均用虚线表示；20mm 厚坐浆用 1∶2 水泥砂浆。

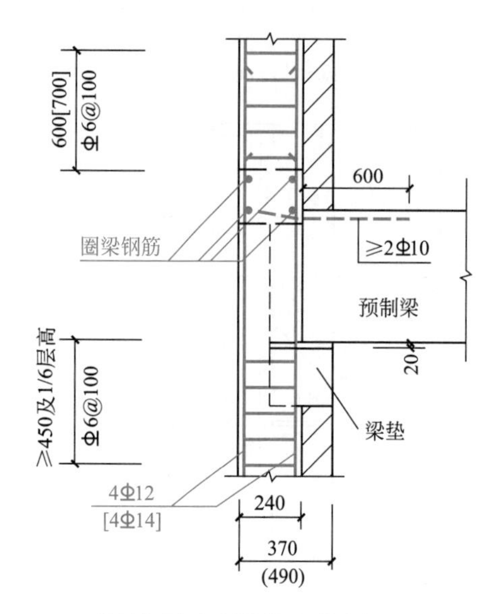

(a) 外侧构造柱和预制进深梁的连接16—16剖面图

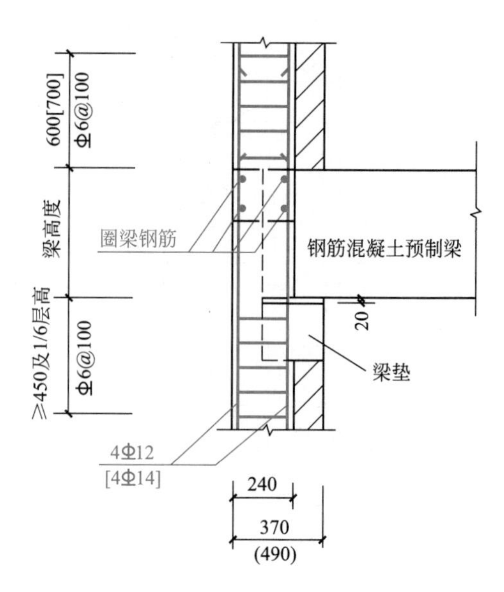

(b) 外侧构造柱和预制进深梁的连接17—17剖面图

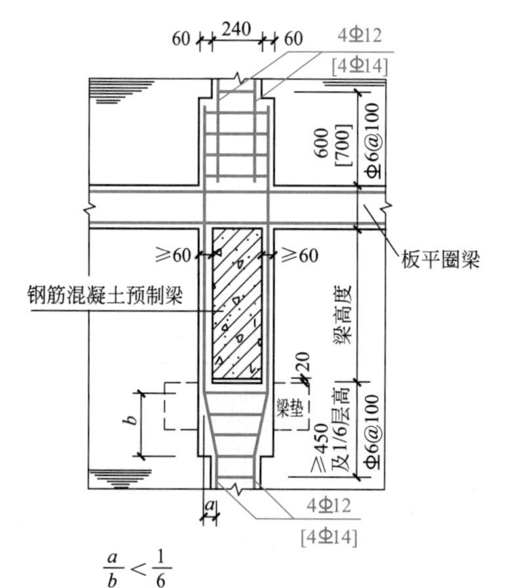

(c) 外侧构造柱和预制进深梁的连接18—18剖面图

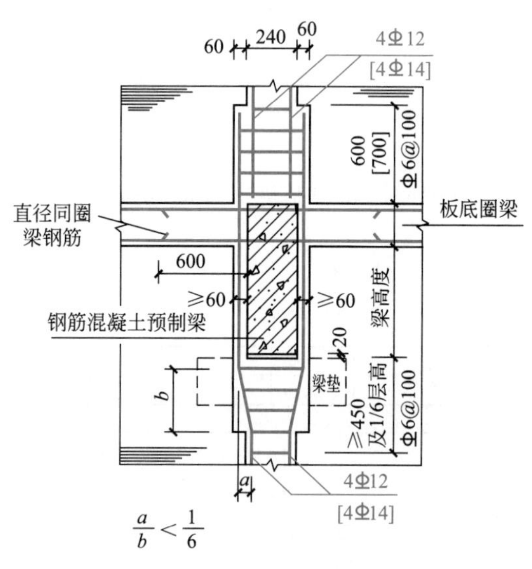

(d) 外侧构造柱和预制进深梁的连接19—19剖面图

图 4-29　外侧构造柱和预制进深梁的连接剖面图

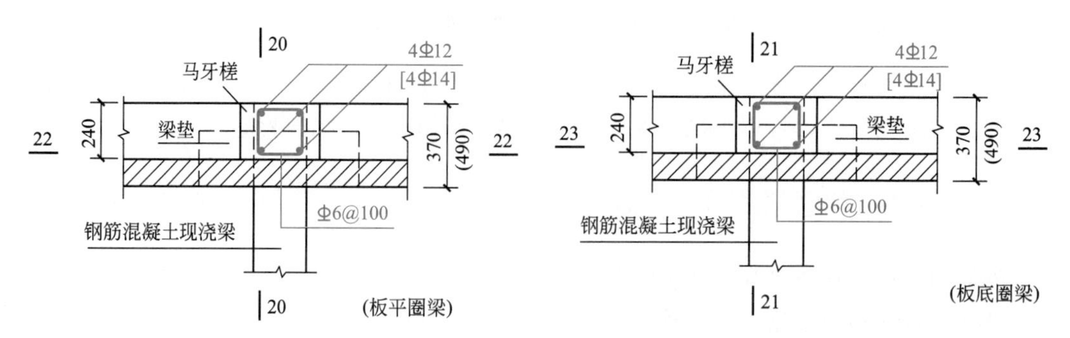

(a) 外侧构造柱和现浇进深梁的连接1

(b) 外侧构造柱和现浇进深梁的连接2

图 4-30　外侧构造柱和现浇进深梁的连接

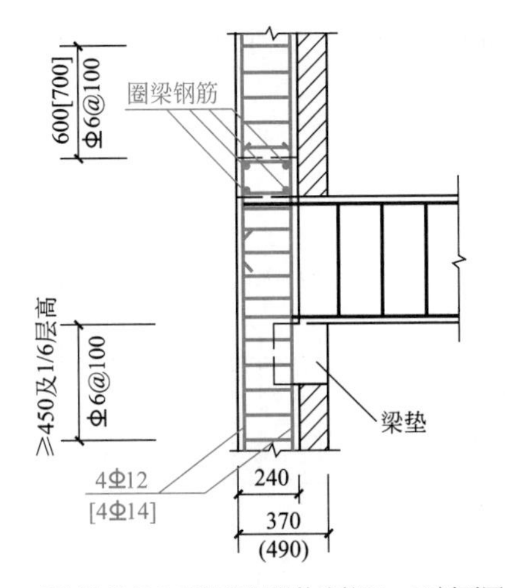

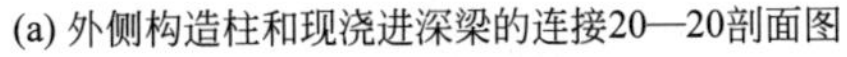
(a) 外侧构造柱和现浇进深梁的连接20—20剖面图

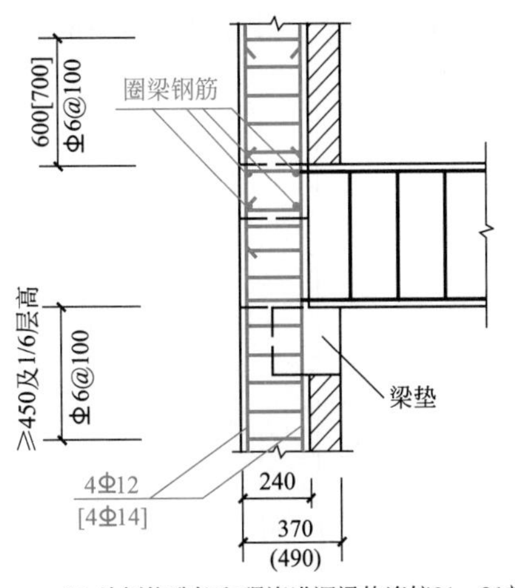

(b) 外侧构造柱和现浇进深梁的连接21—21剖面图

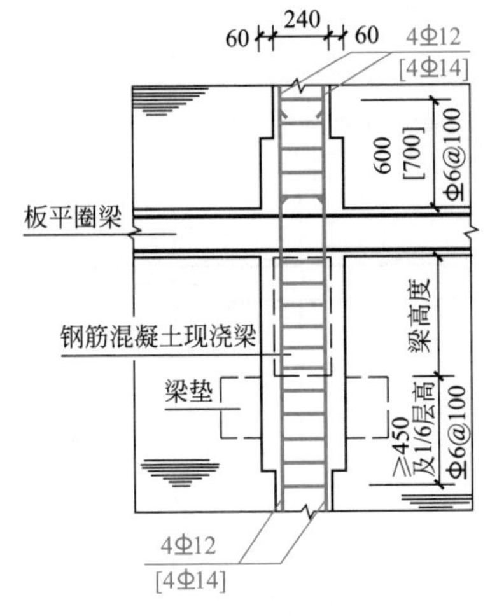

(c) 外侧构造柱和现浇进深梁的连接22—22剖面图

60 240 60 4Φ12 [4Φ14] 600 [700] Φ6@100 板底圈梁 钢筋混凝土现浇梁 梁高度 梁垫 ≥450 及1/6层高 Φ6@100 4Φ12 [4Φ14]

(d) 外侧构造柱和现浇进深梁的连接23—23剖面图

图 4-31　外侧构造柱和现浇进深梁的连接剖面图

4.3.7　外侧构造柱和预制进深梁现浇接头的连接

外侧构造柱和预制进深梁现浇接头的连接如图 4-32 所示。

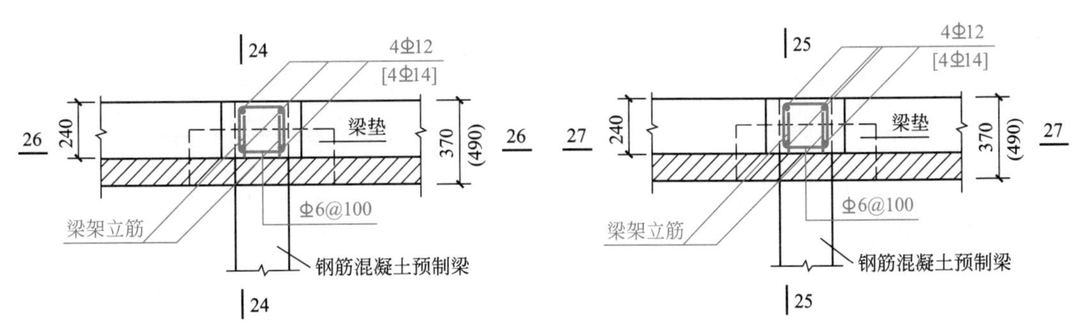

(a) 外侧构造柱和预制进深梁现浇接头的连接1

(b) 外侧构造柱和预制进深梁现浇接头的连接2

图 4-32　外侧构造柱和预制进深梁现浇接头的连接

外侧构造柱和预制进深梁现浇接头的连接剖面图如图 4-33 所示。

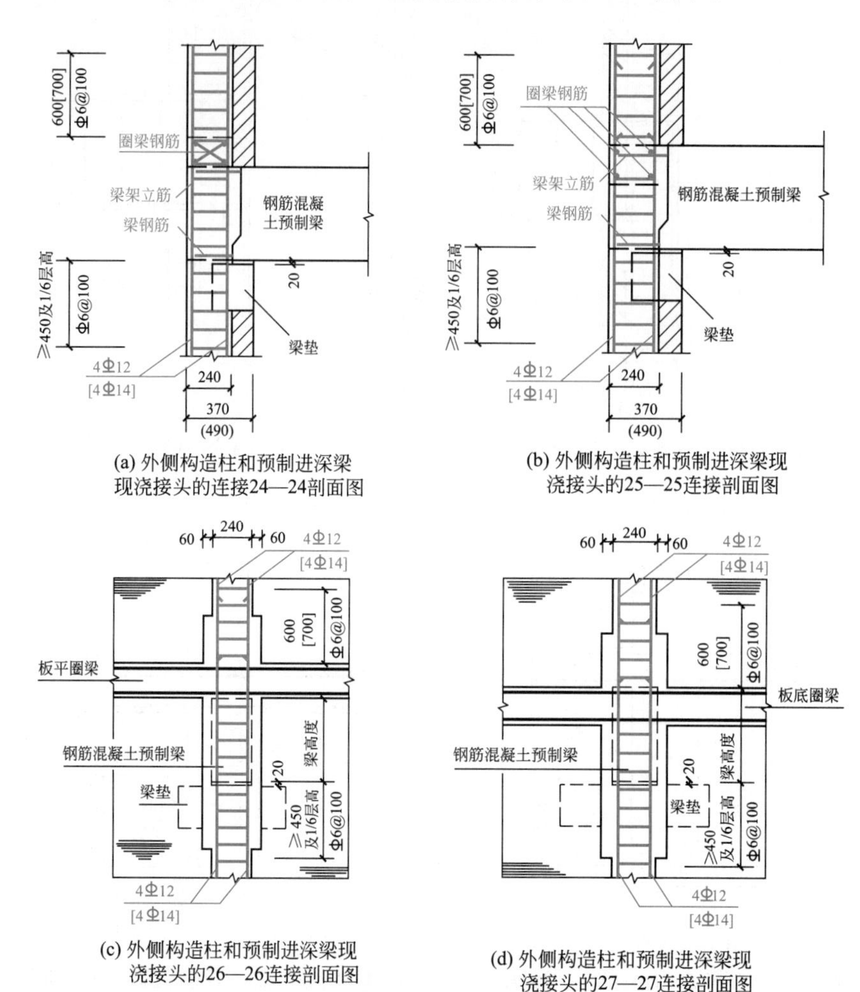

(a) 外侧构造柱和预制进深梁现浇接头的连接24—24剖面图

(b) 外侧构造柱和预制进深梁现浇接头的25—25连接剖面图

(c) 外侧构造柱和预制进深梁现浇接头的26—26连接剖面图

(d) 外侧构造柱和预制进深梁现浇接头的27—27连接剖面图

图 4-33 外侧构造柱和预制进深梁现浇接头的连接剖面图

梁垫为现浇形式，均用虚线表示；20mm 厚坐浆用 1∶2 水泥砂浆。

4.3.8 外侧构造柱和叠合进深梁的连接

外侧构造柱和叠合进深梁的连接如图 4-34 所示。

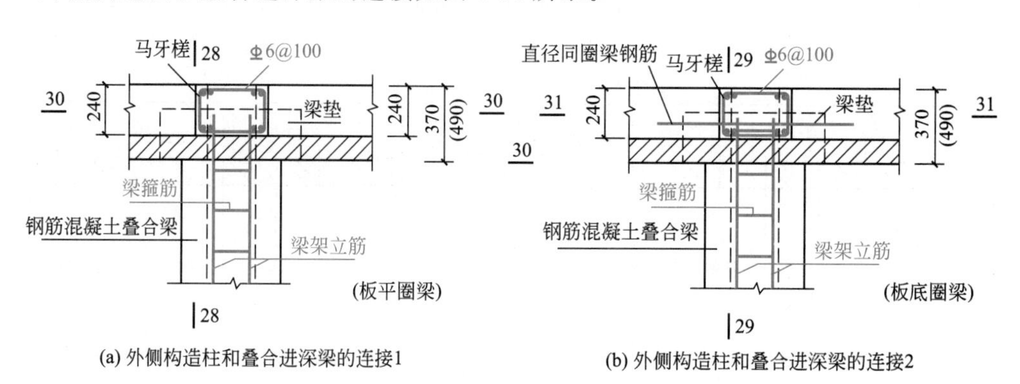

(a) 外侧构造柱和叠合进深梁的连接1

(b) 外侧构造柱和叠合进深梁的连接2

图 4-34 外侧构造柱和叠合进深梁的连接

外侧构造柱和叠合进深梁的连接剖面图如图 4-35 所示。

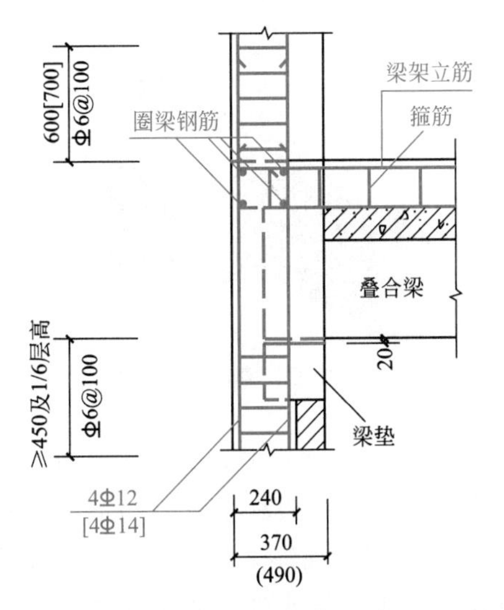

(a) 外侧构造柱和叠合进深梁的连接28—28剖面图

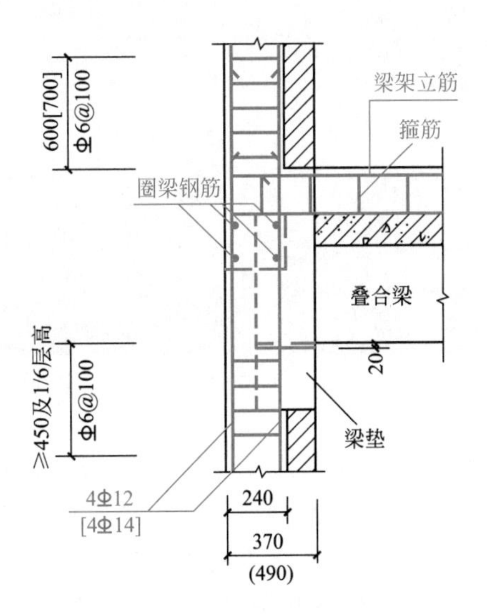

(b) 外侧构造柱和叠合进深梁的连接29—29剖面图

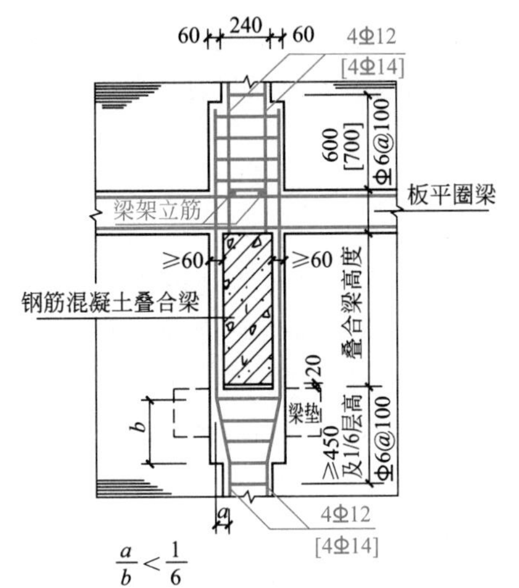

$\frac{a}{b}<\frac{1}{6}$

(c) 外侧构造柱和叠合进深梁的连接30—30剖面图

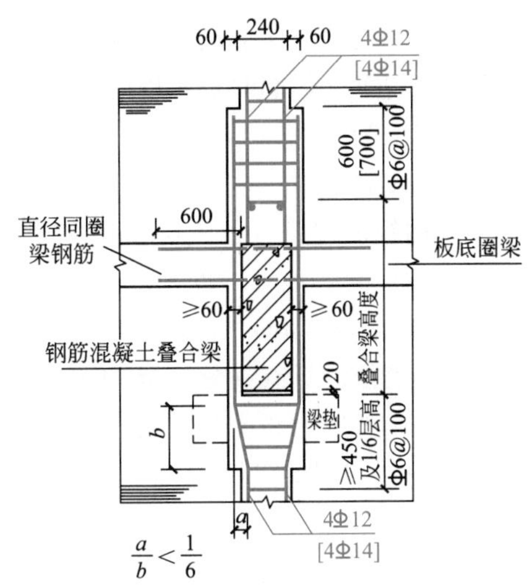

$\frac{a}{b}<\frac{1}{6}$

(d) 外侧构造柱和叠合进深梁的连接31—31剖面图

图 4-35　外侧构造柱和叠合进深梁的连接剖面图

梁垫为现浇形式，均用虚线表示；20mm 厚坐浆用 1∶2 水泥砂浆。

4.4 构造柱和圈梁的连接识图与节点构造

4.4.1　构造柱和圈梁连接识图

构造柱和圈梁连接实物图如图 4-36 所示，构造柱和圈梁连接示意图如图 4-37 所示。

图 4-36 构造柱和圈梁连接实物图

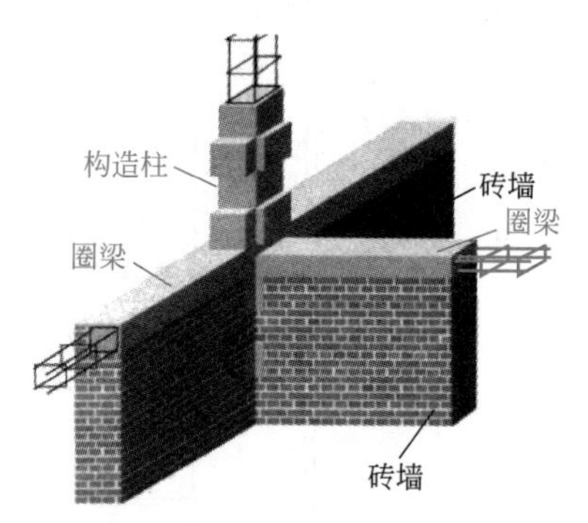

图 4-37 构造柱和圈梁连接示意图

墙长大于 5m 时，墙顶与梁（板）宜有钢筋拉结，当顶部拉结施工有困难时，可在砌体填充墙中设置构造柱，间距≤5m；当墙长大于层高 2 倍时，宜设构造柱；当墙高超过 4m 时，半高或门洞上皮宜设置与柱连接且沿墙长贯通的混凝土现浇带。另外，在砌体构造规范中还有以下几种情况需设构造柱：墙体转角；砌体丁字接头处；通窗或者连窗的两侧。

圈梁是指固定在建筑四面墙壁内部的梁，多用于多层的建筑，可增强结构的整体性，抵抗地基的不均匀沉降，同时还可以防止因地震导致的墙面大面积开裂。当前使用的圈梁材料以钢筋混凝土为主。

(1) 圈梁的设置

① 外墙和内纵墙的设置：屋盖处及每层楼盖处均有。

② 内纵墙的设置：地震烈度为 6 度和 7 度的地区，屋盖及楼盖处设置，屋盖处间距不应大于 7m，楼盖处间距不应大于 15m，构造柱对应部位；地震烈度为 8 度的地区，屋盖及楼盖处，屋盖处沿所有横墙，且间距不应大于 7m，楼盖处间距不应大于 7m，构造柱对应部位；地震烈度为 9 度的地区，屋盖及每层楼盖处，各层所有横墙。

③ 空旷的单层房屋的设置：砖砌体房屋，檐口标高为 5～8m 时，应在檐口标高处设置一道圈梁，檐口标高大于 8m 时应增加圈梁数量；砌块及料石砌体房屋，檐口标高为 4～5m 时，应在檐口标高处设置一道圈梁，檐口标高大于 5m 时，应增加圈梁数量；对有吊车或较大振动设备的单层工业房屋，除在檐口和窗顶标高处设置现浇钢筋混凝土圈梁外，还应增加设置数量。

④ 对建造在软弱地基或不均匀地基上的多层房屋，应在基础和顶层各设置一道圈梁，其他各层可隔层或每层设置。

⑤ 多层房屋基础处设置一道圈梁。

(2) 圈梁的构造

① 圈梁应连续设置在墙的同一水平面上，并尽可能地形成封闭圈，当圈梁被门窗洞口截断时，应在洞口上部增设相同截面的附加圈梁，附加圈梁与截面圈梁的搭接长度不应小于其垂直间距的 2 倍，且不得小于 1m。

② 纵横墙交接处的圈梁应有可靠的连接，刚弹性和弹性方案房屋，圈梁应与屋架、大梁等构件可靠连接。

③ 圈梁的宽度宜与墙厚相同，当墙厚大于等于 240mm 时，圈梁的宽度不宜小于 2/3

墙厚；圈梁高度应为砌体厚度的倍数，并不小于120mm；设置在软弱黏性土、液化土、新近填土或严重不均匀土质上的基础内的圈梁，其截面高度不应小于180mm。

④ 现浇圈梁的混凝土强度等级不宜低于C15，钢筋级别一般为Ⅰ级，混凝土保护层厚度为20mm，并不得小于15mm，也不宜大于25mm。

⑤ 内走廊房屋沿横向设置的圈梁，均应穿过走廊拉通，并隔一定距离（地震烈度为7度时：15m。地震烈度为8度时：11m。地震烈度为9度时：7m）将穿过走廊部分的圈梁局部加强，其最小高度一般不小于300mm。

⑥ 圈梁的最小纵筋不应小于4Φ10，箍筋最大间距不应大于250mm。

(3) 圈梁的作用

① 增强砌体房屋整体刚度，承受墙体中由于地基不均匀沉降等因素引起的弯曲应力，在一定程度上防止和减轻墙体裂缝的出现，防止纵墙外闪倒塌。

② 提高建筑物的整体性，圈梁和构造柱连接形成纵向和横向构造框架，加强纵、横墙的联系，限制墙体尤其是外纵墙山墙在平面外的变形，提高砌体结构的抗压和抗剪强度，抵抗震动荷载和传递水平荷载。

③ 起水平箍的作用，可减小墙、柱的压屈长度，提高墙、柱的稳定性，增强建筑物的水平刚度。

④ 通过与构造柱的配合，提高墙、柱的抗震能力和承载力。

⑤ 在温差较大的地区防止墙体开裂。

(4) 构造柱的设置

构造柱设置位置的规定：规范要求无论房屋层数和地震烈度为多少，均应在外墙四角、错层部位横墙与外纵墙交接处、较大洞口两侧、大房间内外墙交接处设置构造柱。

(5) 构造柱的构造

① 构造柱应与圈梁连接，构造柱的纵筋应穿过圈梁，保证构造柱的纵筋上下贯通。隔层设置圈梁的房屋，应在无圈梁的楼层设置配筋砖带。仅在外墙四角设置构造柱时，在外墙上应伸过一个开间，其他情况应在外纵墙和相应横墙上拉通，其截面高度不应小于四皮砖，砂浆强度不应低于M5级。

② 构造柱与墙连接处宜砌成马牙槎，并应沿墙高每隔500mm设2Φ6拉结钢筋，每边伸入墙内不小于1m或伸至洞口边。

③ 构造柱的最小截面可采用240mm×180mm，房屋四角的构造柱可适当加大截面尺寸，施工时应先砌墙后浇柱，构造柱的混凝土强度等级不宜低于C15，钢筋级别一般为Ⅰ级，混凝土保护层厚度为20mm，并不得小于15mm，也不宜大于25mm。纵向钢筋应采用4Φ12，箍筋间距不宜大于250mm，且在柱上、下端宜适当加密；地震烈度为7度时超过6层、地震烈度为8度时超过5层、地震烈度为9度时构造柱纵向钢筋宜采用4Φ14，箍筋间距不应大于200mm。圈梁和构造柱的交接处，圈梁钢筋应放在构造柱钢筋的内侧，即把构造柱当作圈梁的支座，这样对结构有利。

④ 构造柱可不单独设置基础，但应伸入地下500mm，宜在柱根设置120mm厚的混凝土座，将柱的竖向钢筋锚固在该座内，这样有利于抗震，方便施工。当有基础圈梁时，可将构造柱竖向钢筋锚固在低于室外地面下50mm的基础圈梁内。若遇基础圈梁高于室外地面（室内、外高差较大），仍应将构造柱伸入室外地面下500mm，在柱根设置120mm厚的混凝土座。当墙体附有管沟时，构造柱埋置深度应大于管沟的深度。

（6）构造柱的配筋

① 构造柱纵筋不宜小于 4Φ12，对于边柱、角柱不宜少于 4Φ14。地震烈度为 7 度时超过 6 层、地震烈度为 8 度时超过 5 层、地震烈度为 9 度时纵向钢筋宜采用 4Φ14。构造柱的竖向受力钢筋的直径也不宜小于 16mm。构造柱的竖向受力钢筋应在基础梁和楼层圈梁中锚固，并应符合受拉钢筋的锚固要求。

② 构造柱箍筋最小直径采用Φ6，间距不宜大于 250mm，柱上、下端大于等于 $h/6$（h 为层高）及大于等于 450mm 范围内箍筋间距加密至 100mm。

（7）构造柱的作用

① 构造柱能够提高砌体的抗剪强度 10%～30%，提高幅度与砌体高宽比、竖向压力和开洞情况有关。

② 构造柱通过与圈梁的配合，形成空间构造框架体系，使其有较高的变形能力。当墙体开裂以后，以其塑性变形和滑移、摩擦来耗散地震能量，它在限制破碎墙体散落方面起着关键的作用。由于摩擦，墙体能够承担竖向压力和一定的水平地震作用，因此能够保证房屋在罕遇地震作用下不致倒塌。

4.4.2 构造柱和楼盖圈梁的连接（角柱）

构造柱和楼盖圈梁的连接（角柱）如图 4-38 所示。

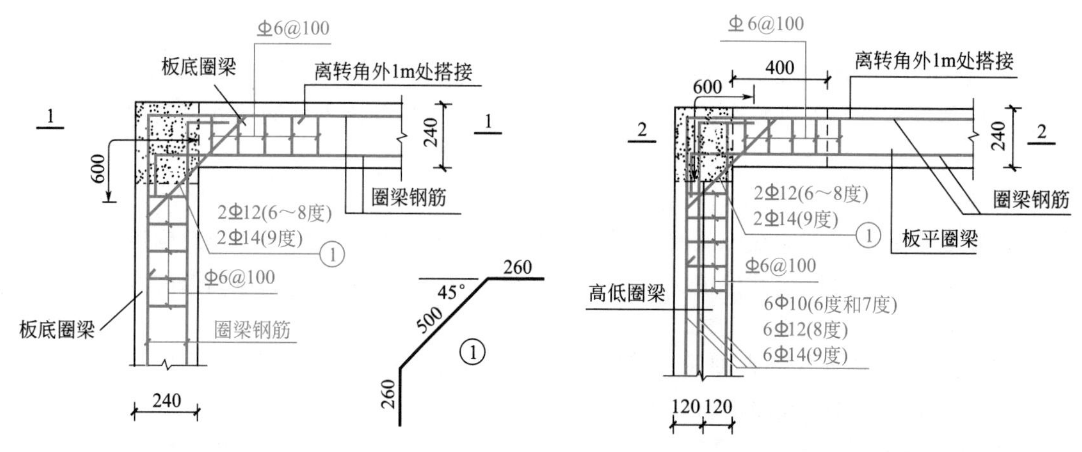

(a) 构造柱和楼盖圈梁的连接(角柱)1

(b) 构造柱和楼盖圈梁的连接(角柱)2

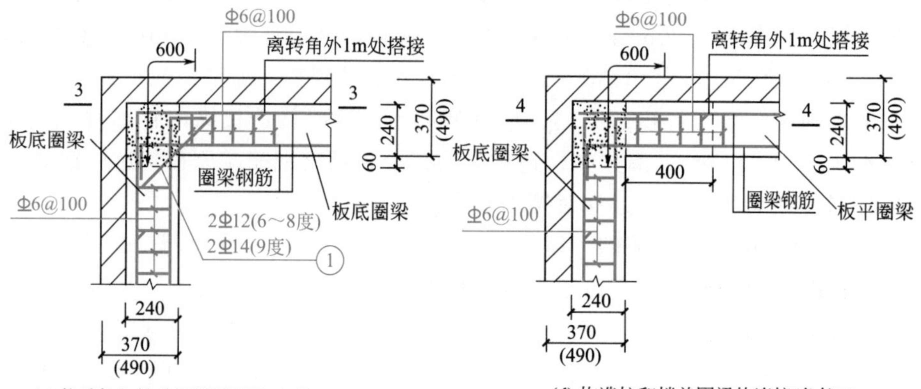

(c) 构造柱和楼盖圈梁的连接(角柱)3

(d) 构造柱和楼盖圈梁的连接(角柱)4

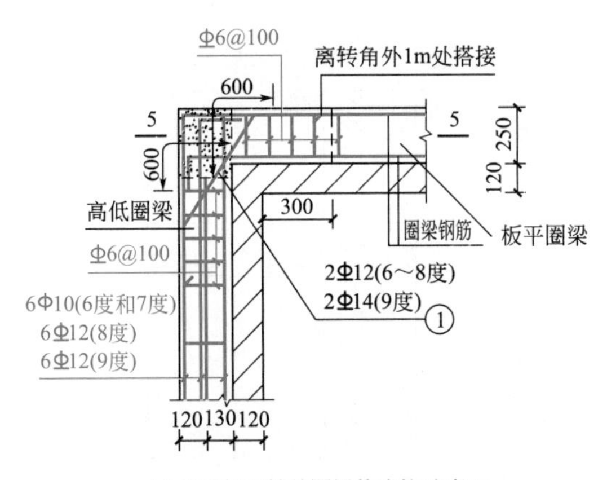

(e) 构造柱和楼盖圈梁的连接(角柱)5

图 4-38　构造柱和楼盖圈梁的连接（角柱）

构造柱和楼盖圈梁的连接（角柱）剖面图如图 4-39 所示。

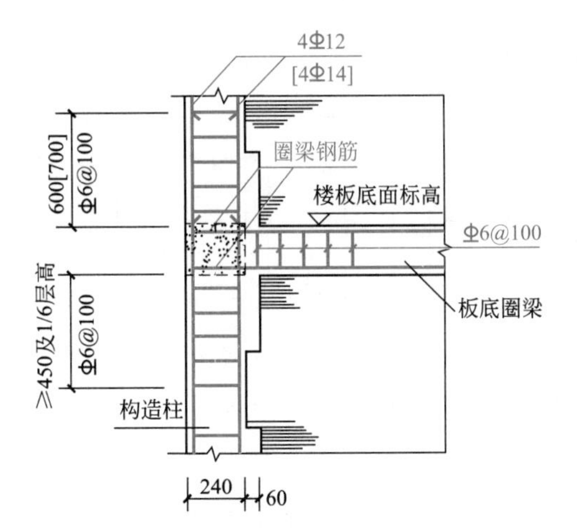

(a) 构造柱和楼盖圈梁的连接(角柱)1—1剖面图

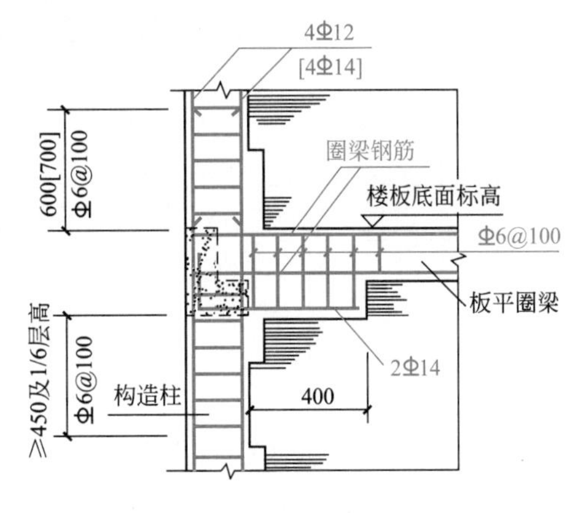

(b) 构造柱和楼盖圈梁的连接(角柱)2—2剖面图

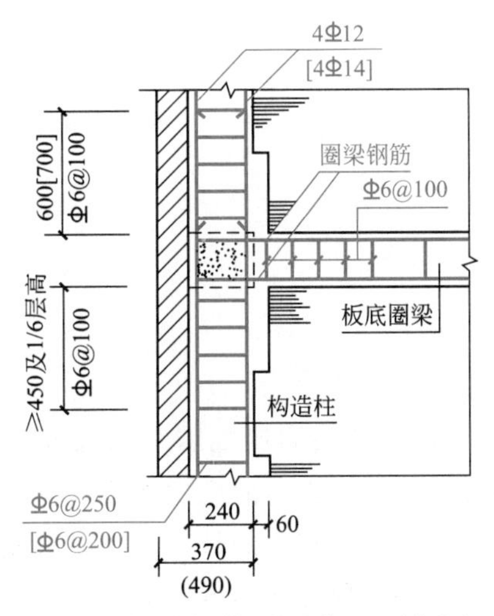

(c) 构造柱和楼盖圈梁的连接(角柱)3—3剖面图

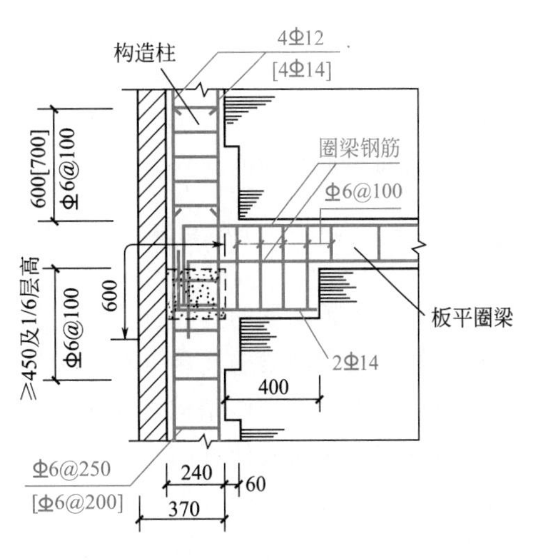

(d) 构造柱和楼盖圈梁的连接(角柱)4—4剖面图

图 4-39

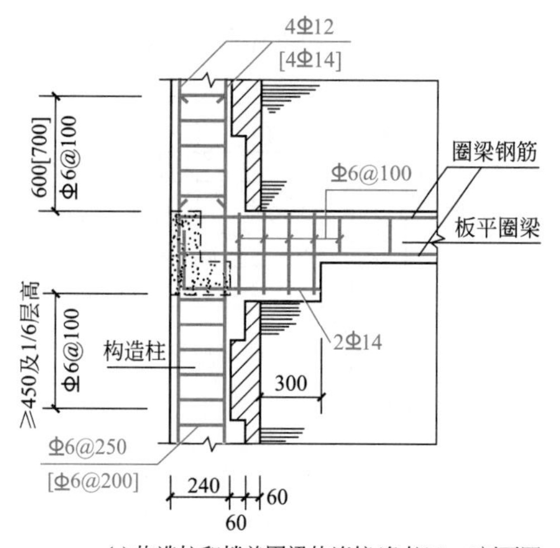

(e) 构造柱和楼盖圈梁的连接(角柱)5—5剖面图

图 4-39　构造柱和楼盖圈梁的连接（角柱）剖面图

板底圈梁、板平圈梁、高低圈梁示意图如图 4-40 所示。

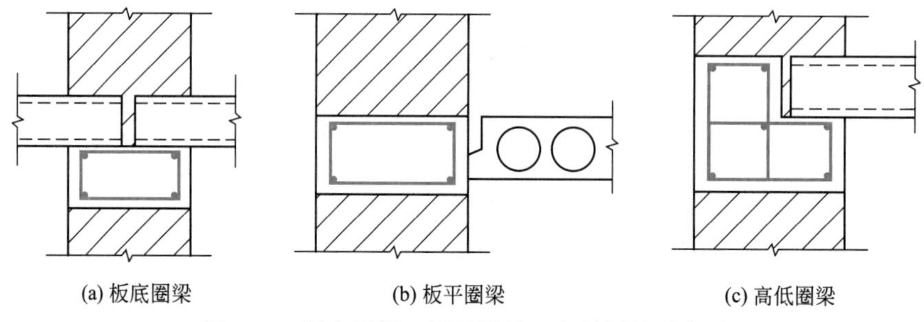

(a) 板底圈梁　(b) 板平圈梁　(c) 高低圈梁

图 4-40　板底圈梁、板平圈梁、高低圈梁示意图

图 4-40 中钢筋混凝土构造柱与楼盖圈梁的连接做法是按横墙承重方案表示的，采用纵墙承重方案时仍可参照本图灵活引用。

图 4-40 中圈梁纵向钢筋和箍筋除注明外，其他为 4Φ10（地震烈度为 6 度和 7 度）、4Φ12（地震烈度为 8 度）、4Φ14（地震烈度为 9 度），箍筋为Φ6@250（地震烈度为 6 度和 7 度）、Φ6@200（地震烈度为 8 度）、Φ6@150（地震烈度为 9 度），在节点处 500mm 范围内箍筋间距加密为@100。

4.4.3　构造柱和楼盖圈梁的连接（角、边柱）

构造柱和楼盖圈梁的连接（角、边柱）如图 4-41 所示。

构造柱和楼盖圈梁的连接（角、边柱）剖面图如图 4-42 所示。

构造柱配圈梁是砌体结构的重要抗震构造措施。构造柱与圈梁都不是结构的承重构件，是不参与结构荷载计算的构造构件。凭着构造柱与圈梁和砌体的可靠连接，对砌体的稳定性和整体性贡献了极大作用，也由于构造柱与圈梁形成了砌体的骨架，因而增强了房屋的抗震能力。圈梁必须设置在每层楼面标高上，圈梁必须现浇在砌体墙上且构成平面封闭；构造柱位置应根据地区设防烈度按规范要求设置，构造柱应先砌墙后浇混凝土，墙体留设马牙槎并与构造柱有可靠的锚拉；构造柱自下而上连续贯通，构造柱的纵筋每层都应穿过圈梁。注意这里说的上下连续贯通，并不是说不许分层施工。

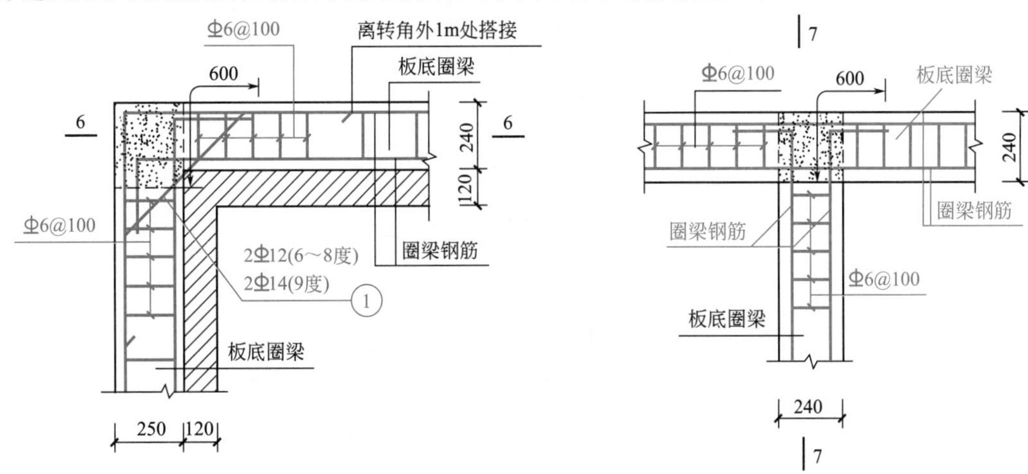

(a) 构造柱和楼盖圈梁的连接(角、边柱)1

(b) 构造柱和楼盖圈梁的连接(角、边柱)2

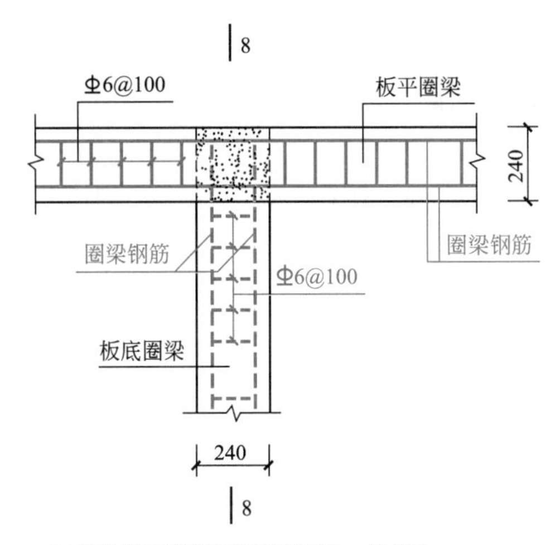

(c) 构造柱和楼盖圈梁的连接(角、边柱)3

图 4-41 构造柱和楼盖圈梁的连接（角、边柱）

(a) 构造柱和楼盖圈梁的连接(角、边柱)6—6剖面图

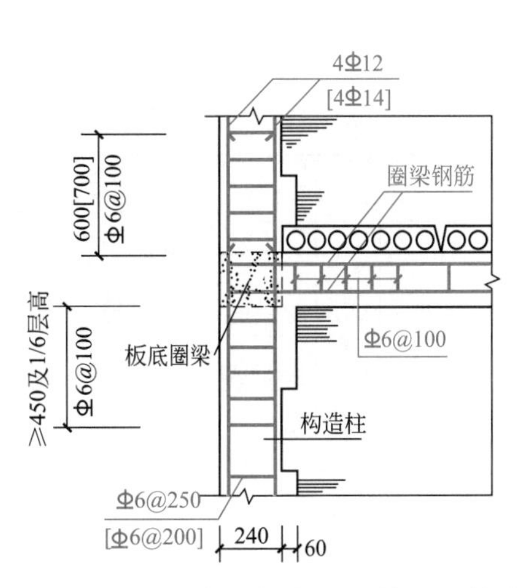

(b) 构造柱和楼盖圈梁的连接(角、边柱)7—7剖面图

图 4-42

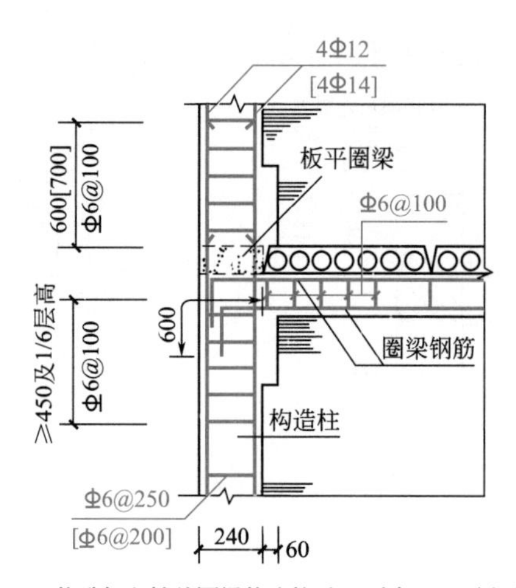

(c) 构造柱和楼盖圈梁的连接(角、边柱)8—8剖面图

图 4-42 构造柱和楼盖圈梁的连接（角、边柱）剖面图

4.4.4 构造柱和楼盖圈梁的连接（边柱）

构造柱和楼盖圈梁的连接（边柱）如图 4-43 所示。

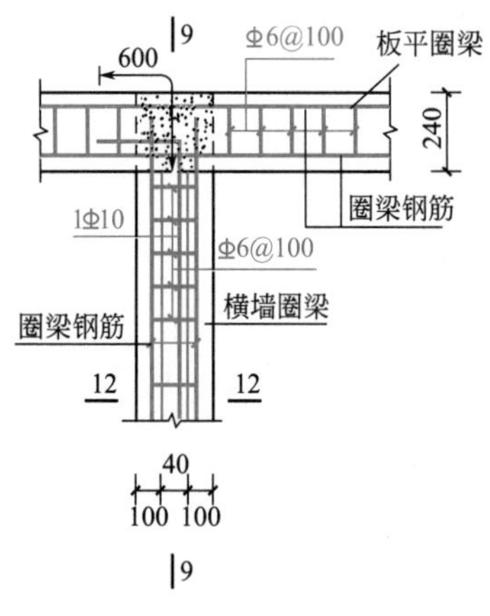

(a) 构造柱和楼盖圈梁的连接(边柱)1

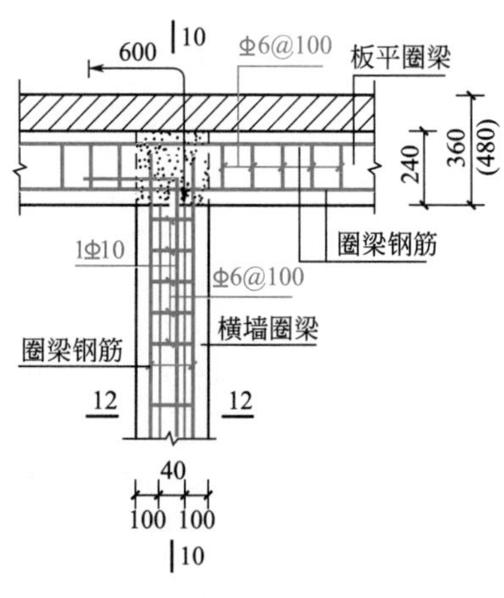

(b) 构造柱和楼盖圈梁的连接(边柱)2

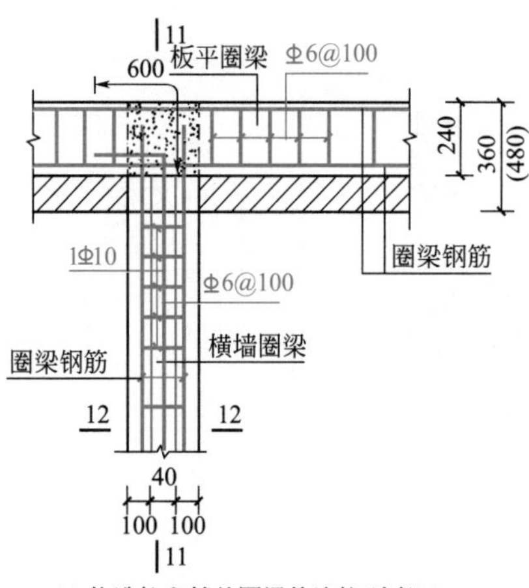

(c) 构造柱和楼盖圈梁的连接(边柱)3

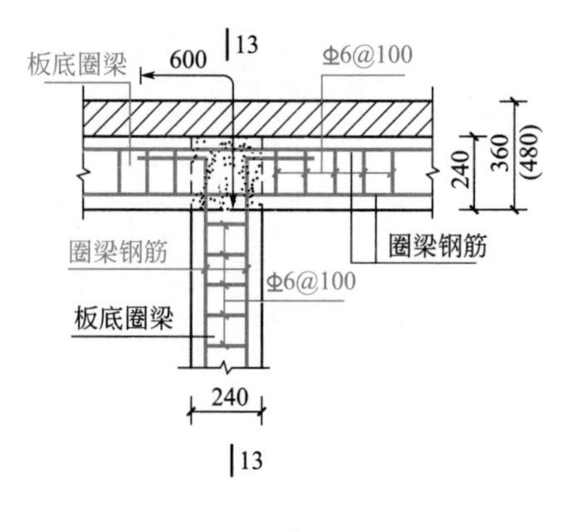

(d) 构造柱和楼盖圈梁的连接(边柱)4

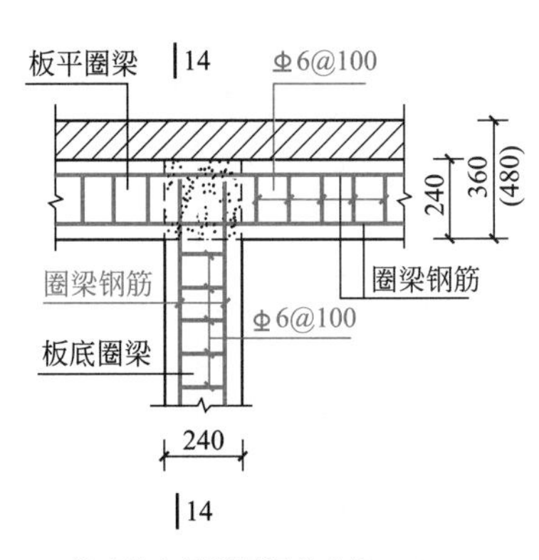

(e) 构造柱和楼盖圈梁的连接(边柱)5

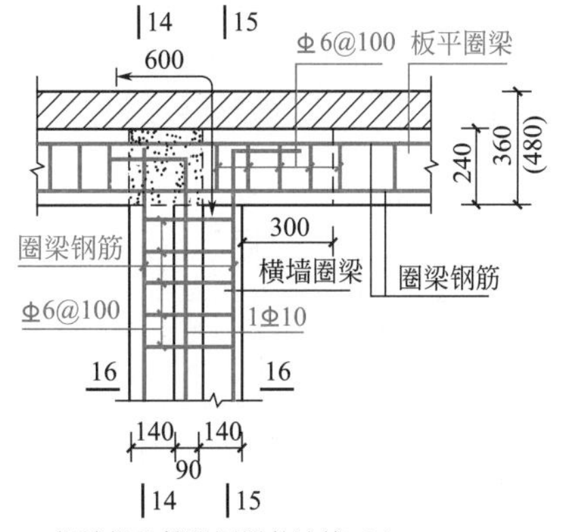

(f) 构造柱和楼盖圈梁的连接(边柱)6

图 4-43　构造柱和楼盖圈梁的连接（边柱）

构造柱和楼盖圈梁的连接（边柱）剖面图如图 4-44 所示。

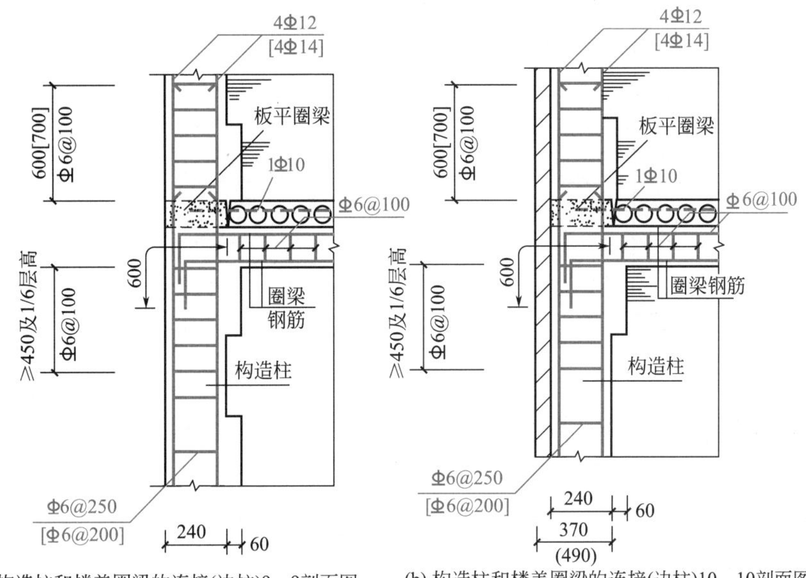

(a) 构造柱和楼盖圈梁的连接(边柱)9—9剖面图

(b) 构造柱和楼盖圈梁的连接(边柱)10—10剖面图

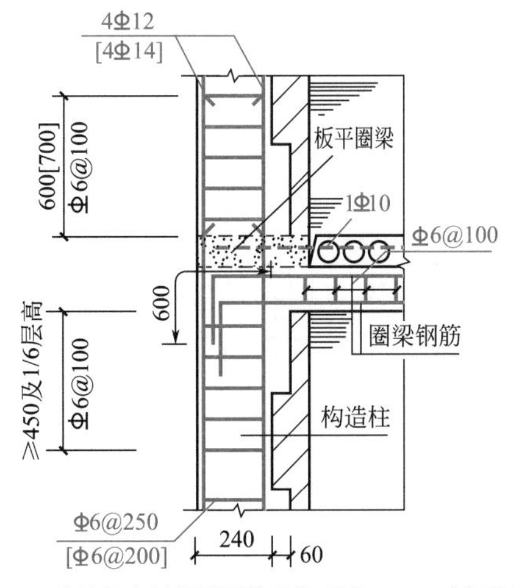

(c) 构造柱和楼盖圈梁的连接(边柱)11—11剖面图

内横墙
1Φ10
Φ6@300
预制楼板
板端堵块
横墙圈梁
圈梁钢筋
40
100
100

(d) 构造柱和楼盖圈梁的连接(边柱)12—12剖面图

图 4-44

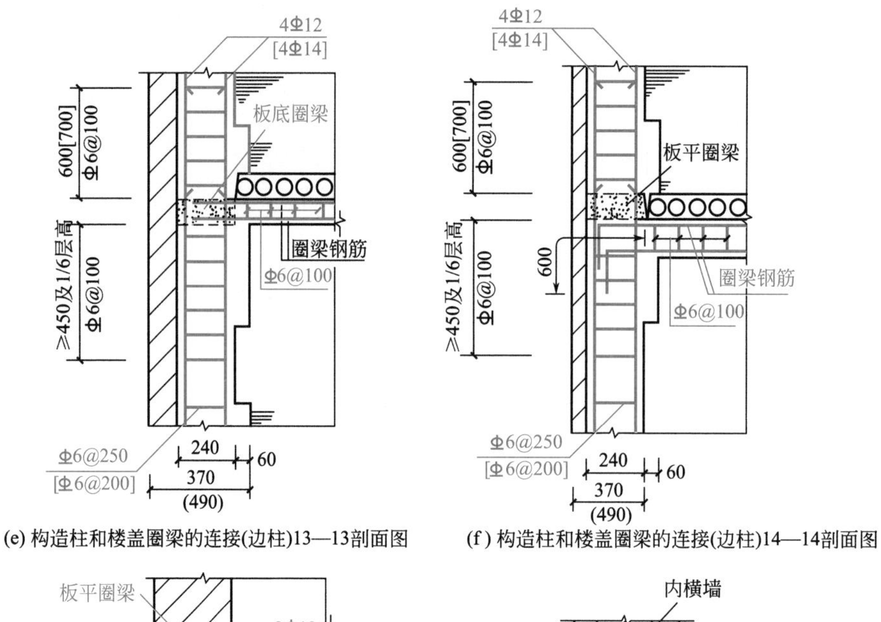

(e) 构造柱和楼盖圈梁的连接(边柱)13—13剖面图

(f) 构造柱和楼盖圈梁的连接(边柱)14—14剖面图

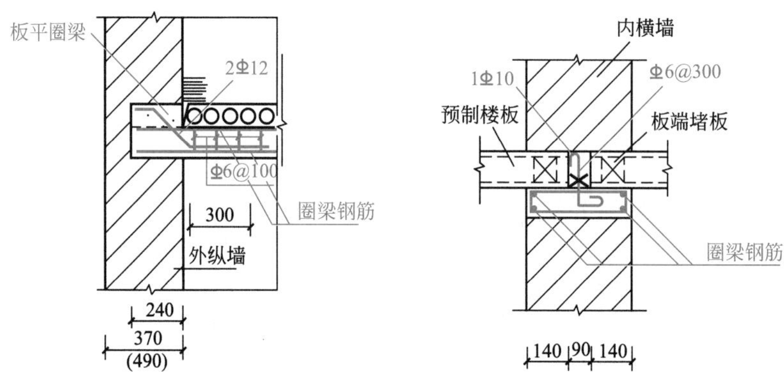

(g) 构造柱和楼盖圈梁的连接(边柱)15—15剖面图

(h) 构造柱和楼盖圈梁的连接(边柱)16—16剖面图

图 4-44 构造柱和楼盖圈梁的连接（边柱）剖面图

图 4-44 中钢筋混凝土构造柱和楼盖圈梁的连接做法是按横墙承重方案表示的，采用纵墙承重方案时仍可参照本图灵活引用。

4.4.5 构造柱和现浇楼板的连接（角柱）

构造柱和现浇楼板的连接（角柱）如图 4-45 所示。

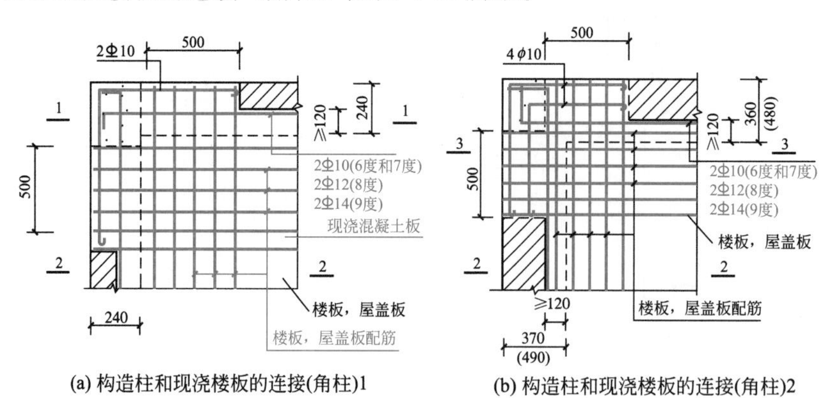

(a) 构造柱和现浇楼板的连接(角柱)1

(b) 构造柱和现浇楼板的连接(角柱)2

图 4-45 构造柱和现浇楼板的连接（角柱）

构造柱与现浇楼板的连接（角柱）剖面图如图 4-46 所示。

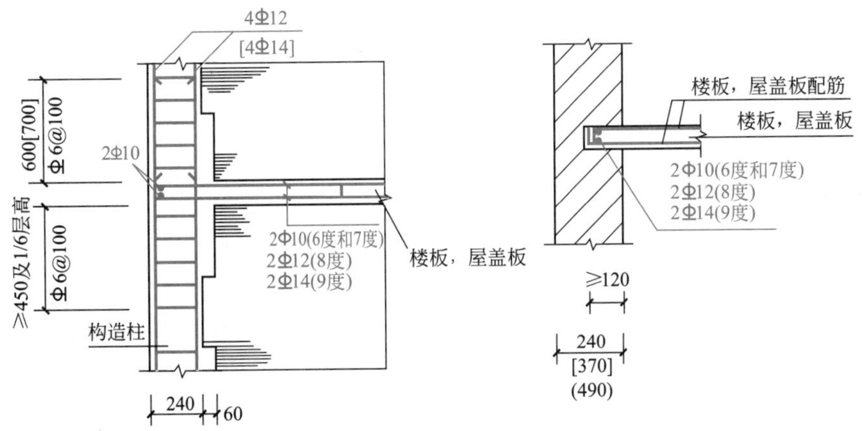

(a) 构造柱和现浇楼板的连接(角柱)1—1剖面图　(b) 构造柱和现浇楼板的连接(角柱)2—2剖面图

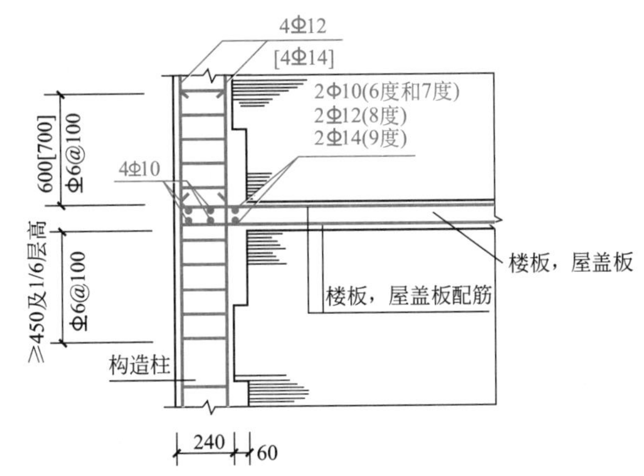

(c) 构造柱和现浇楼板的连接(角柱)3—3剖面图

图 4-46　构造柱和现浇楼板的连接（角柱）剖面图

构造柱和现浇楼板的连接三维示意图如图 4-47 所示。

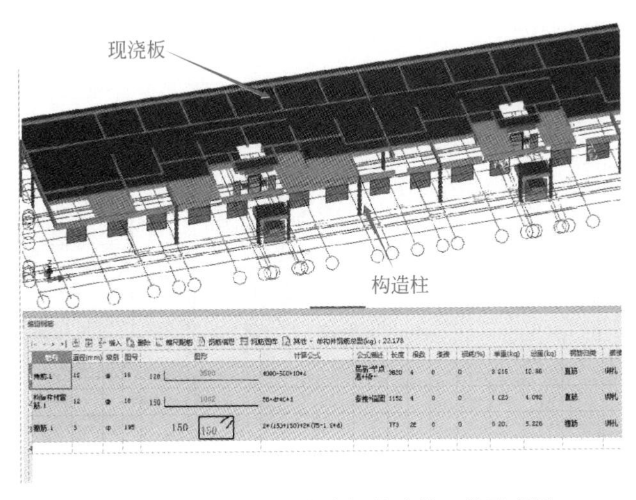

图 4-47　构造柱和现浇楼板的连接三维示意图

4.4.6 构造柱和现浇楼板的连接（边柱）

构造柱和现浇楼板的连接（边柱）如图 4-48 所示。

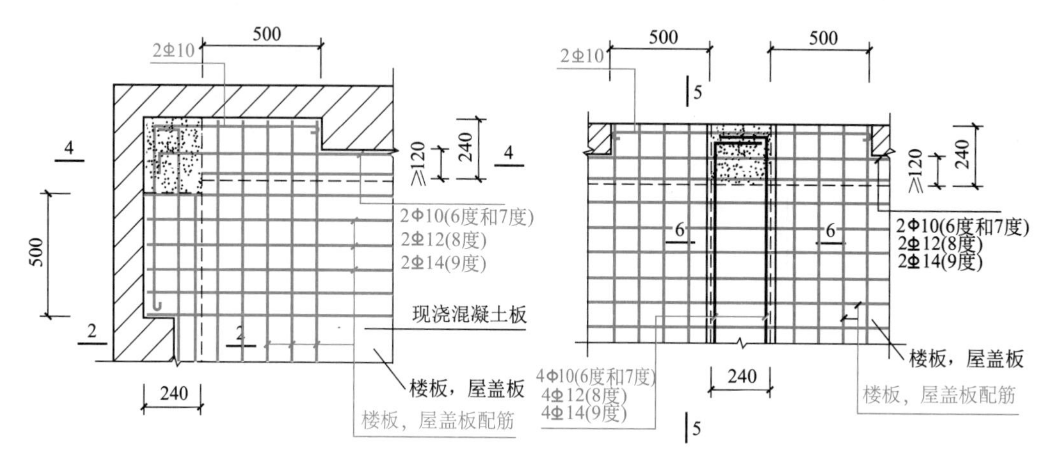

(a) 构造柱和现浇楼板的连接(边柱)1

(b) 构造柱和现浇楼板的连接(边柱)2

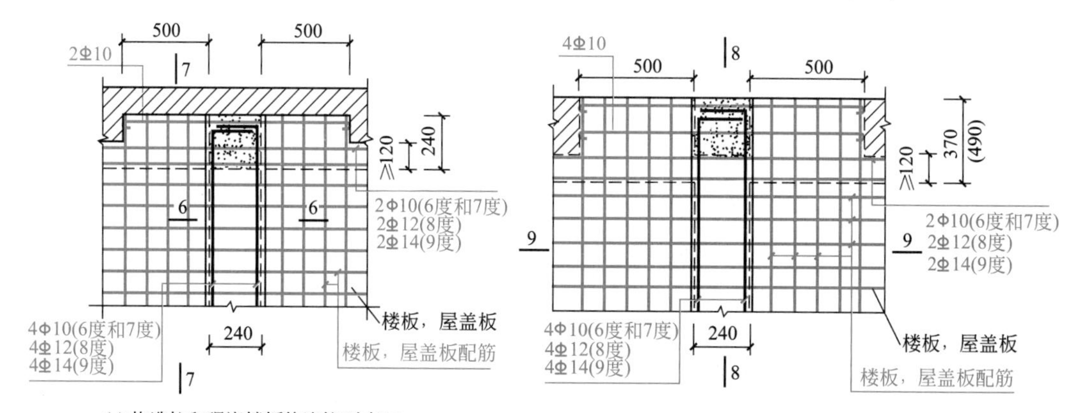

(c) 构造柱和现浇楼板的连接(边柱)3

(d) 构造柱和现浇楼板的连接(边柱)4

图 4-48 构造柱和现浇楼板的连接（边柱）

构造柱和现浇楼板的连接（边柱）剖面图如图 4-49 所示。

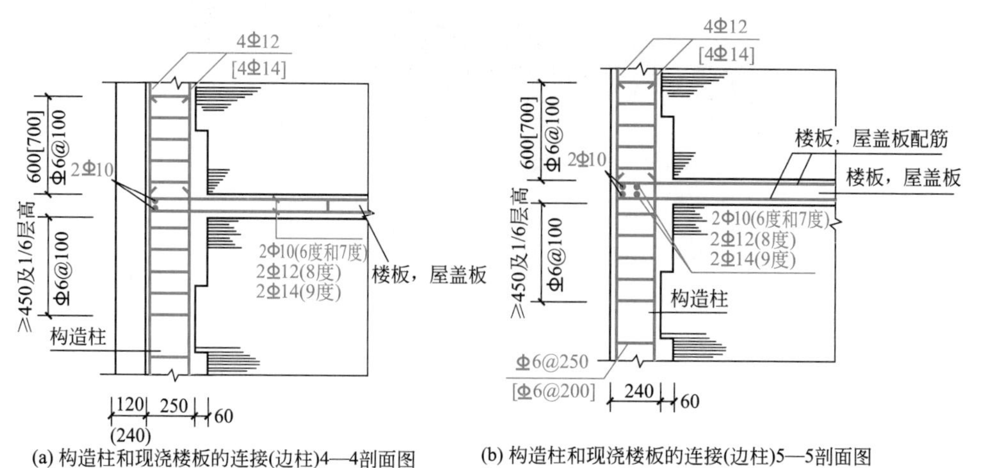

(a) 构造柱和现浇楼板的连接(边柱)4—4剖面图

(b) 构造柱和现浇楼板的连接(边柱)5—5剖面图

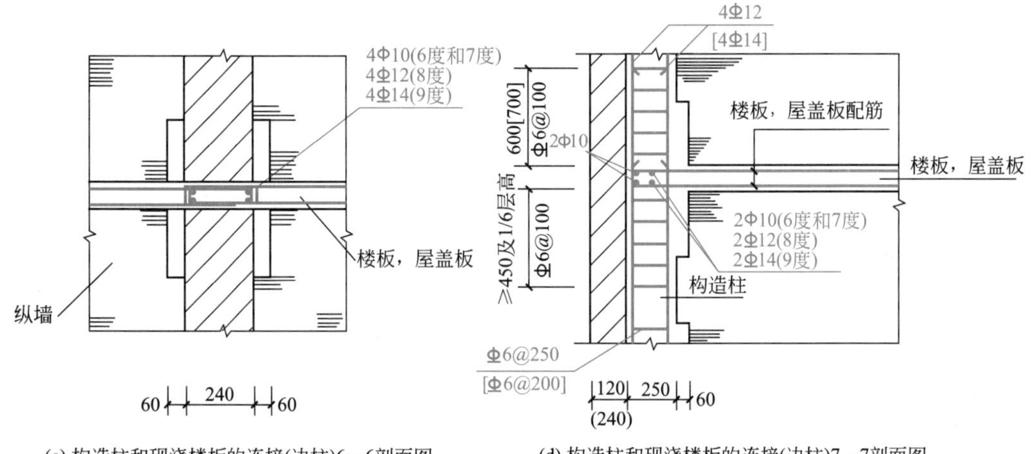

图 4-49 构造柱和现浇楼板的连接（边柱）剖面图

4.5 构造柱和女儿墙的连接识图与节点构造

4.5.1 构造柱和女儿墙连接识图

扫码看视频

构造柱与女儿墙的连接

女儿墙是建筑物屋顶四周的矮墙，主要作用是维护安全，同时在底处施作防水压砖收头，以避免防水层渗水或是屋顶雨水漫流。

依照国家建筑规范，上人屋面女儿墙高度一般为 1.2～1.5m。上人屋顶的女儿墙的作用是保护人员的安全，并对建筑立面起装饰作用；不上人屋顶的女儿墙的作用除立面装饰作用外，还可以固定油毡。

女儿墙构造三维图如图 4-50 所示。女儿墙实物图如图 4-51 所示。

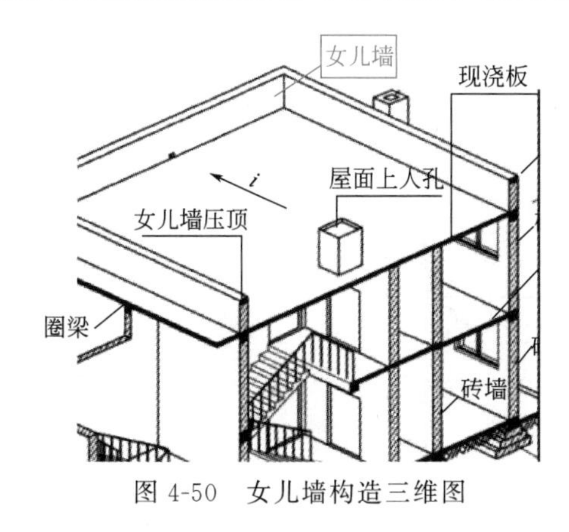

图 4-50 女儿墙构造三维图

图 4-51 女儿墙实物图

4.5.2 构造柱和女儿墙的连接

构造柱和女儿墙的连接如图 4-52 所示。

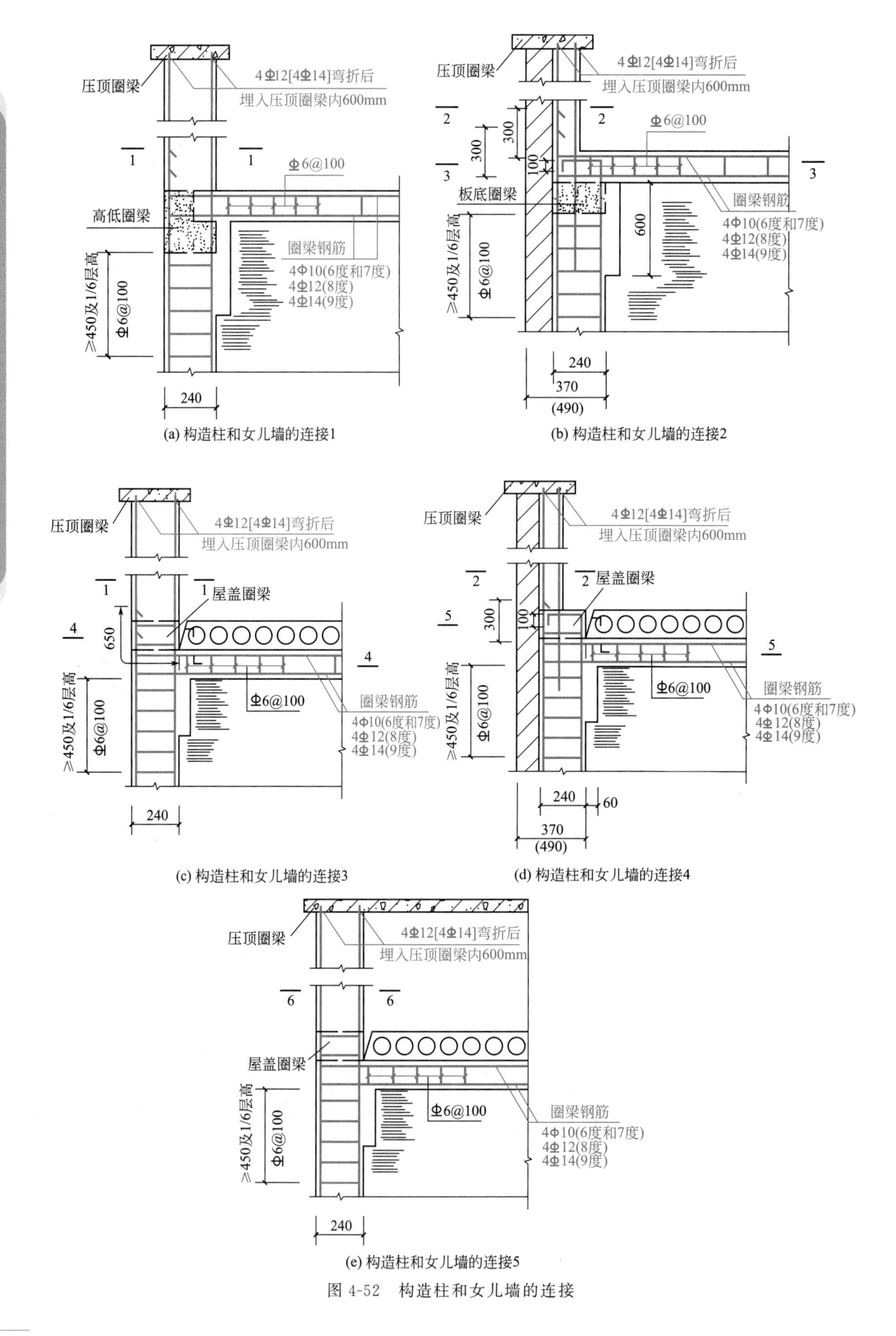

(a) 构造柱和女儿墙的连接1

(b) 构造柱和女儿墙的连接2

(c) 构造柱和女儿墙的连接3

(d) 构造柱和女儿墙的连接4

(e) 构造柱和女儿墙的连接5

图 4-52　构造柱和女儿墙的连接

构造柱和女儿墙的连接剖面图如图 4-53 所示。

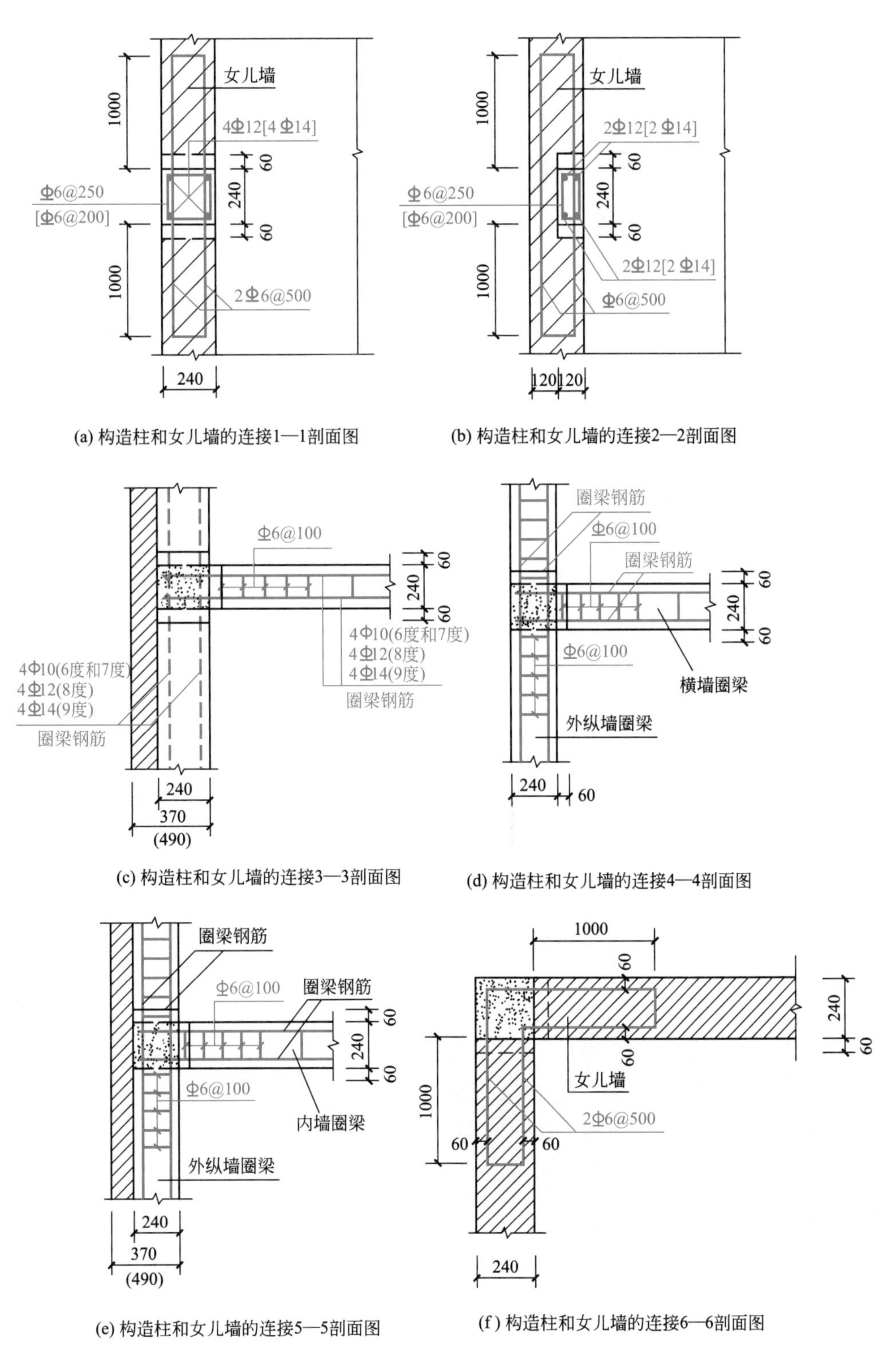

图 4-53 构造柱和女儿墙的连接剖面图

构造柱和女儿墙连接三维示意图如图 4-54 所示。

图 4-54　构造柱与女儿墙连接三维示意图

(1) 女儿墙构造柱的设置要求

① 当无混凝土墙（柱）分隔的直段长度，120mm 或 100mm 的厚墙超过 3.6m，180mm 或 190mm 的厚墙超过 5m 时，在该区间加混凝土构造柱分隔。

② 对于 120mm 或 100mm 的厚墙，若墙高大于 3m，开洞宽度大于 2.4m 时应加构造柱或钢筋混凝土水平系梁。

③ 对于 180mm 或 190mm 的厚墙，若墙高大于 4m，开洞宽度大于 3.5m 时应加构造柱或钢筋混凝土水平系梁。

④ 对于荷载较大或层高较高的大开间，以及层数大于等于 8 层的砌体结构房屋，宜按下列要求设置构造柱：墙体的两端；较大洞口的两侧；屋纵横墙交界处；构造柱的间距，当按组合墙考虑构造柱受力时，或考虑构造柱提高墙体的稳定性时，其间距不宜大于 4m，其他情况不宜大于墙高的 1.5～2 倍及 6m，或按有关的规范执行；e. 构造柱应与圈梁有可靠的连接。

(2) 女儿墙的作用

① 女儿墙作为屋顶上的栏杆或是房屋外形处理的措施，可以防止楼顶上的人员在玩耍、工作时跌落下来，也可以起到屋面防水的作用。

② 用于保护人员安全，对建筑物起到一定的装饰作用。女儿墙除了对立面具有装饰作用外，还可固定油毡或是固定的防水卷材。

图 4-55　构造柱与女儿墙连接实物图

③ 对于有混凝土压顶的情况，按照楼板顶面算至顶底面为准；无混凝土压顶时，则按照楼板顶面算至女儿墙顶面为准。

④ 一般在一些单元楼的屋顶上，成为建筑施工工序中一种必不可少的并且具有封闭性的一部分。

构造柱与女儿墙连接实物图如图 4-55 所示。

4.5.3　构造柱顶部与圈梁连接

构造柱顶部与圈梁连接如图 4-56 所示。

构造柱顶部与圈梁连接 7—7 剖面图如图 4-57 所示。预制挑檐必须进行锚固。

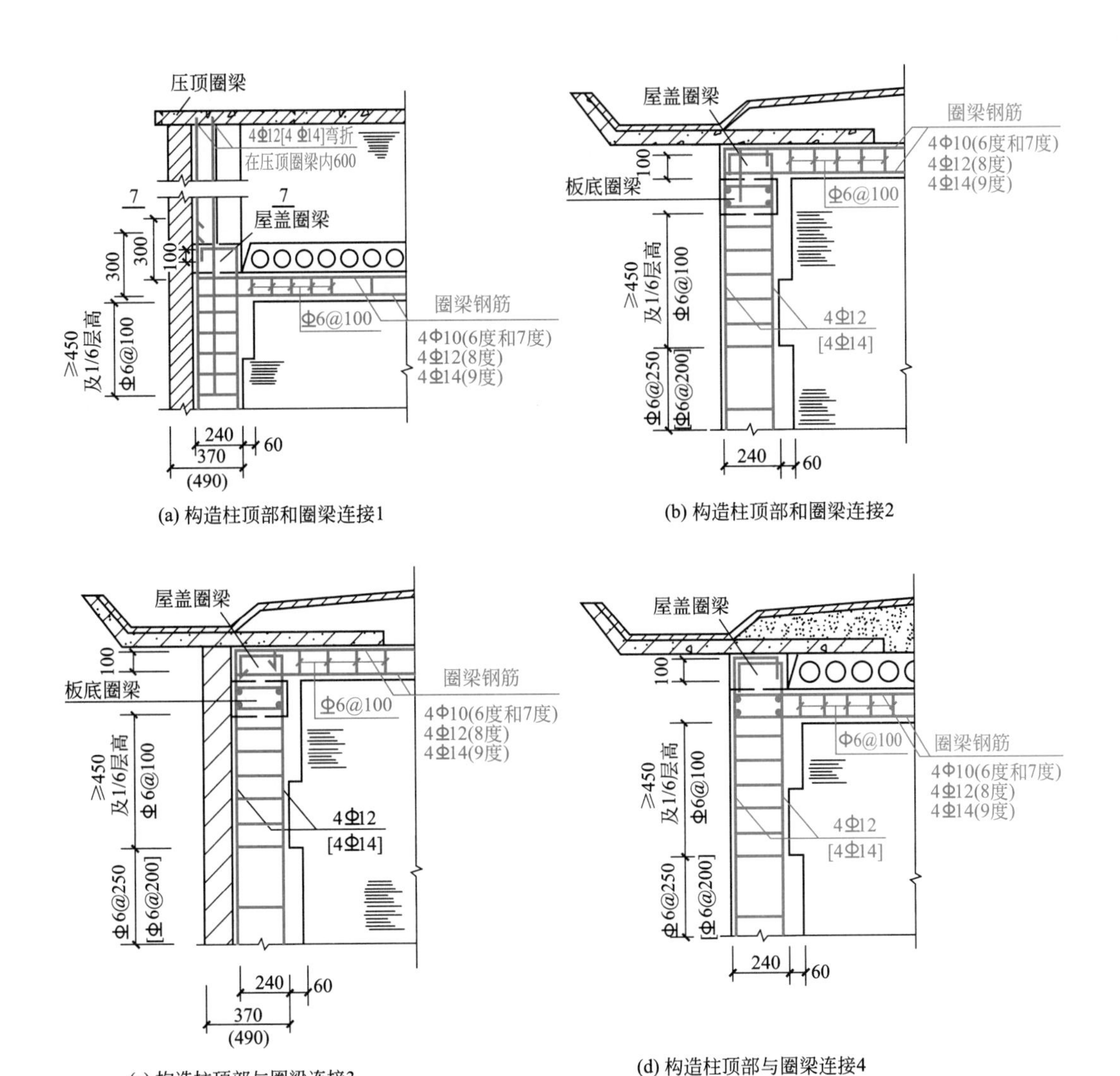

(a) 构造柱顶部和圈梁连接1

(b) 构造柱顶部和圈梁连接2

(c) 构造柱顶部与圈梁连接3

(d) 构造柱顶部与圈梁连接4

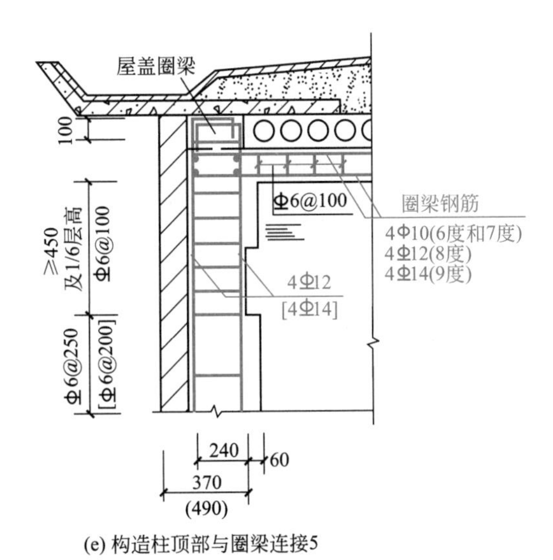

(e) 构造柱顶部与圈梁连接5

图 4-56　构造柱顶部与圈梁连接

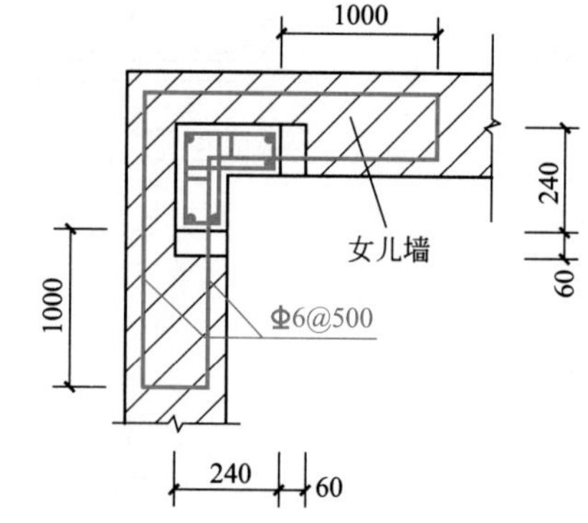

图 4-57 构造柱顶部与圈梁连接 7—7 剖面图

第5章 门窗识图与节点构造

5.1 门窗概要

门窗是重要的交通和交流的构件——人流、阳光、空气、视线的通过和调控。门的主要功能是满足室内外人与物的交通联系，窗的主要功能是采光和通风。门窗同时作为围护结构的一部分，是装在墙体或屋顶的开口部位的可开闭调控的围护构件，是解决通过与阻隔矛盾的产物，是一种特殊的墙体构件。

5.2 门窗的功能和设计要求

门窗的功能和设计要求如下。

(1) 交通与疏散——门的设计依据与建筑的安全性

门的主要作用为人提供交通，同时兼顾货物的搬运，并保证在紧急状态下的疏散。因此，门的尺寸、分布、开启方向等与建筑物和房间的使用性质、人流的数量、人体的体型密切相关。

门的主要尺寸是根据人体的体型而确定的，人的正常行走所占的宽度大约为600mm，因此门的宽度必须在考虑门的开启度的条件下保证人的通过，并综合考虑材料的特性、框架的支撑能力和材料的经济性，因此，在居住建筑中，单扇门洞口宽度为800～1000mm，卫生间、阳台等辅助性房间的门洞口宽度可为700mm，双扇门宽度为1200～1400mm，门的高度必须大于1800mm，一般为2000～2400mm，门上有采光通风的亮子时则增加高度300～500mm。在公共建筑中，考虑到大量人流的疏散和空间的尺度关系，门的高宽都比居住建筑稍大，单扇门宽度为950～1000mm，双扇门宽度为1400～1800mm，四扇门宽度为2500～3200mm，门高为2100～2300mm，亮子的高度为500～700mm。门的总体分布和总体宽度应根据建筑中的使用人数来确定。为了便于疏散和无障碍地使用，一般门均不设门槛，且向疏散方向开启。

（2）采光与通风——窗的设计依据与建筑的舒适性、健康性

窗主要满足室内空间的通风、采光、排烟等要求，满足更高的建筑舒适性与环境健康性的要求，窗的尺寸在传统建筑中一般较小，主要是考虑构件的加工和材料强度以及手动开启的可能性与方便性。一般根据人体的体型确定，座面的高度为450mm左右，桌面的高度为750mm左右，因此，通常的供人休憩的窗台高度在400mm左右，一般窗台的高度为900mm左右，为了阻隔视线的高窗的窗台高度为1500mm左右。在门窗的分格设计中应注意，在人的坐、立视线高度上，即1100～1500mm上尽量不要设置窗棂阻挡视线的通透。

在传统的推拉门和现代的落地窗中，门与窗实际是相同的。不过，在目前的门窗设计中，由于开口大小的不同使得框料的尺寸变化，因此，一般意义上窗是指高度小于1.5m的开口。同样，由于门窗的功能定位不同，在设计规范中窗的面积是采光通风的必要条件，因此，开窗的面积与室内地面面积的比例是一般设计中控制建筑采光和通风量的重要指标。

建筑物各类用房采光标准可以由窗地比（房间的侧窗洞口面积与房间净面积的比率）来控制，并以此来确定窗洞口面积。一般的阅览室等需要明亮环境的房间的窗地比不应小于1/4，办公室不应小于1/6，住宅起居室、卧室不应小于1/7，厕所、浴室等辅助用房不应小于1/10，楼梯间、走道等处不应小于1/14。

建筑物应有供室内与室外空气直接流通的窗户或开口，有效的自然通风道也由窗地比来控制，如居住用房、浴室、厕所等的通风开口面积不应小于该房间地板面积的1/20，厨房的通风开口面积不应小于其地板面积的1/10，并不得小于0.8m^2。

窗的尺寸主要根据地域的气候条件、设计的要求和生产制造的经济性来确定，封闭扇的尺寸主要取决于门窗玻璃的强度和尺寸，开启扇则因有复杂的开闭装置而需要考虑开闭的可操作性、安全性以及窗框的经济合理的尺寸，因此有一定的尺寸限制：通常平开单扇宽度不大于600mm，双扇宽度为900～1200mm，窗户的高度一般为1500～2100mm，窗台离地高度为900～1000mm。旋转窗、推拉窗因无平开窗的悬臂结构而使得受力合理，窗宽可以稍大，一般不超过1500mm，特别值得注意的是，推拉窗在手动推动时的可动窗扇不可过窄，否则受力不均时容易卡在滑槽中。过高过大的窗户由于自重大，一般采用外推或内倒的方式，以方便开启。

对于门窗，为了便于工业化生产，一般尽量做到规格统一及模数协调，以提高建筑工业化的水平和降低生产成本。

（3）围护与密封——门窗的防水、绝热、隔声、安全等

门窗是建筑围护构件，是墙体的开口部位和开启装置，是外围护结构上的薄弱环节，需要特别的构造来保证开口部的强度和封闭的密实，满足一定的防水、绝热、隔声、安全等围护性功能。经常采用的措施有：门窗玻璃的高强绝热性能、窗框的精密加工和绝热性能、门窗闭锁的高强度五金和精密加工的窗框、防污排水的披水条、防跌防盗的围护栏杆等。

由于室内空间舒适性的要求，现代建筑的门窗在立面上所占的比例较大，而透明玻璃体受到透明的限制无法复合一般的绝热材料，因此，整体上相对于实体墙体而言，绝热性能较差。采用中空与真空玻璃、热反射与低辐射玻璃、遮阳百叶、断桥等高热阻的型材提高建筑物门窗的绝热性能对于建筑物的整体节能作用巨大。

门窗与墙体之间的空隙是阻热、防水、隔声的薄弱环节，可采用挑檐、窗楣、窗台等构件强化防水、排水功能，同时采用具有保温和防水双重功效的硬性发泡聚氨酯封填，窗框之间、窗框与玻璃之间采用橡胶压条和密封胶填实，防止毛细作用的水分侵蚀，同时应

注意门窗内冷凝水的收集和排放。窗的密封性能构造如图 5-1 所示。

门窗框与门窗扇之间开启与闭合的精密性和切实的围护性能，主要通过门窗构件的密封、防水、绝热、隔声等性能确定。

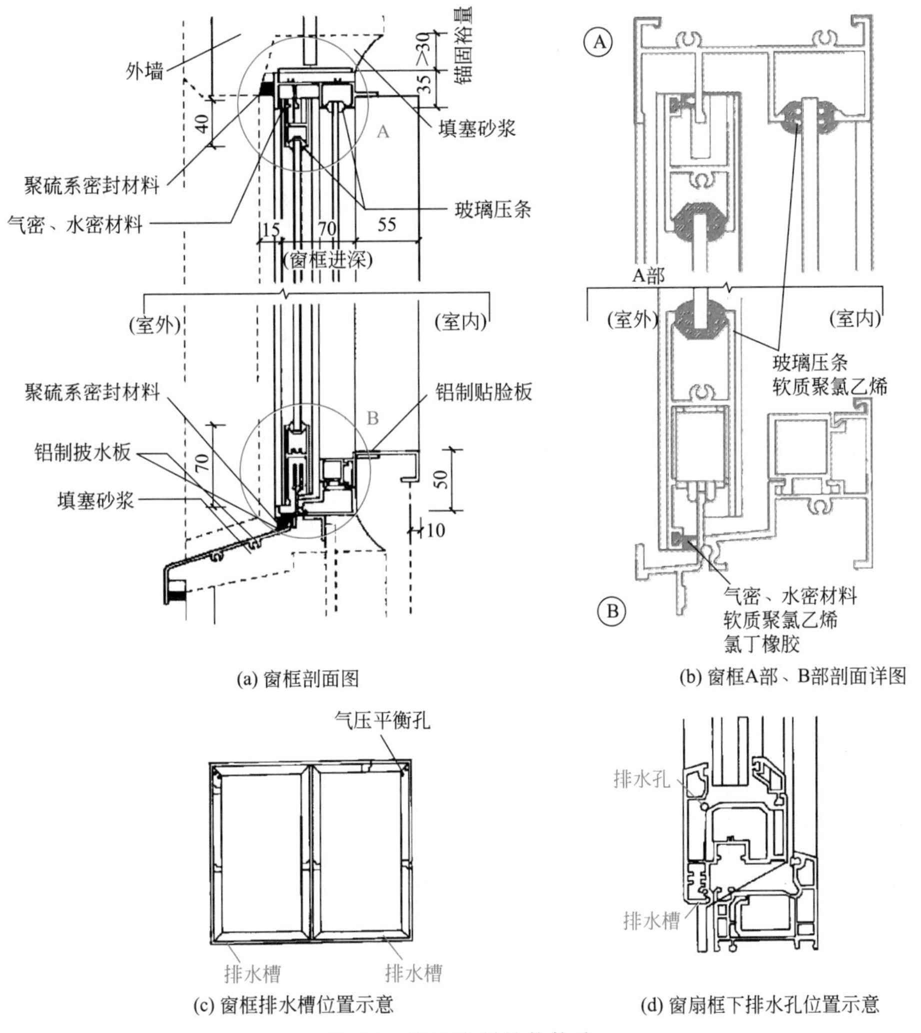

图 5-1　窗的密封性能构造

门窗作为墙体的开口部，还有防跌、防盗等安全性能的要求，一般规定较大面积的玻璃需要采用安全玻璃，并对防护高度（固定扇、窗框和栏杆）进行了明确的规定。

在此基础上，门窗还要保证其耐久性、耐污性、经济性等方面的要求。

5.3 门窗的固定、安装与五金

(1) 门窗的固定、安装

门窗框的安装方式有立框法和塞框法。立框法是指将框固定后再砌墙，框墙结合紧密，但施工不便。塞框法是指在墙体施工时预留出门窗洞口，墙体砌筑完成后再安装门窗框，框与墙体之间有20～30mm的空隙需要填塞。一般除木质门窗采用立框方式外，其他材质的门窗随着技术的进步和施工分工的明确，一般均采用塞框方式安装。

门窗框与墙体的固定主要有预埋木砖、预埋铁件、膨胀螺栓等方式，由于施工简便、调节方便，一般多使用螺栓法固定较小的门窗，受力较大的大型门窗则多采用预埋铁件焊接或螺栓连接的方式。木门窗的安装固定方式如图5-2所示，铝合金门的安装固定方式如图5-3所示，塑钢门窗的安装固定方式如图5-4所示。

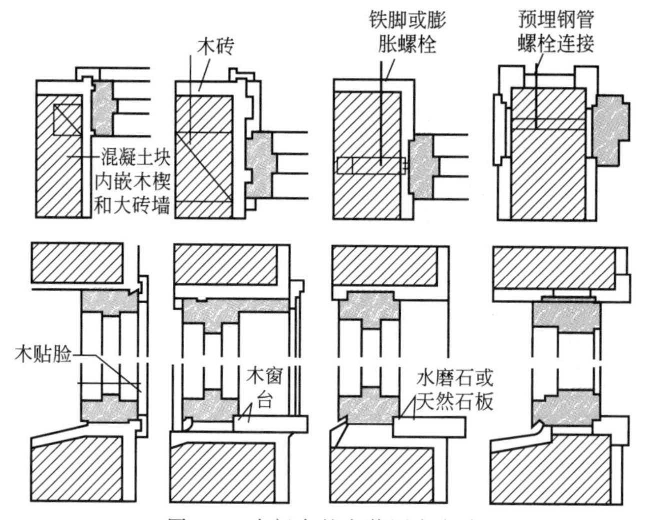

图5-2　木门窗的安装固定方式

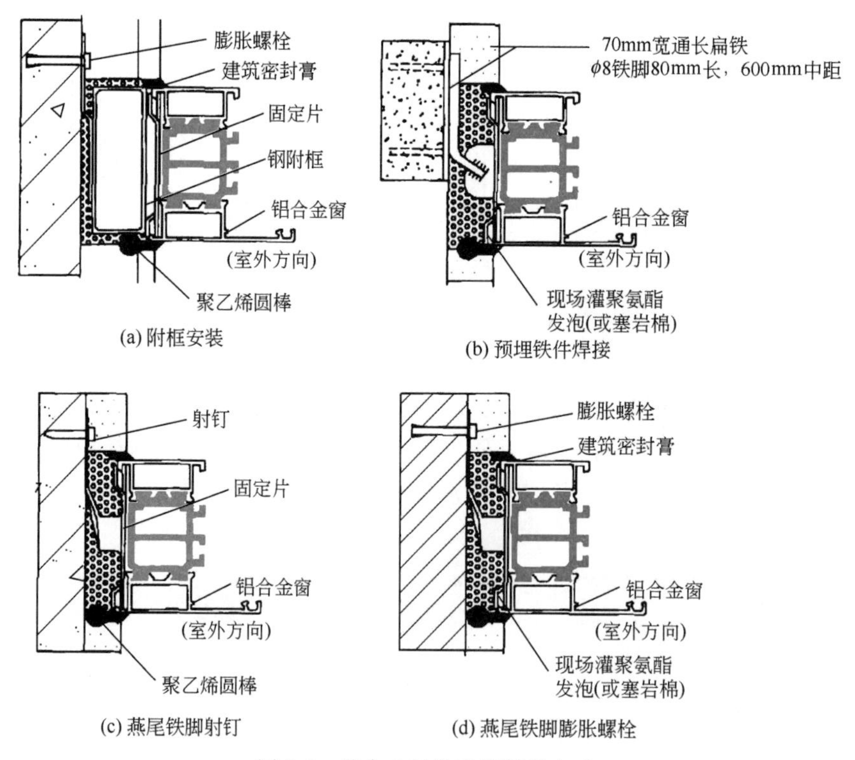

图5-3　铝合金门的安装固定方式

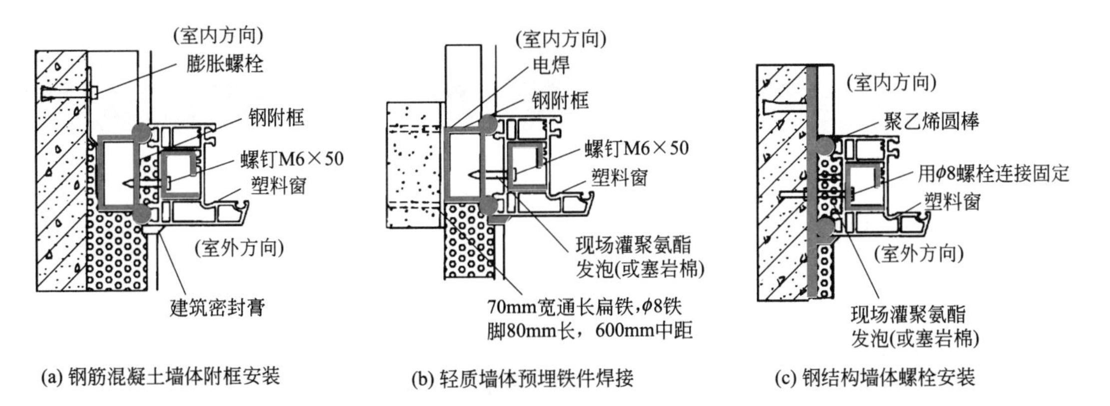

(a) 钢筋混凝土墙体附框安装 (b) 轻质墙体预埋铁件焊接 (c) 钢结构墙体螺栓安装

图 5-4 塑钢门窗的安装固定方式

(2) 门窗五金

门窗五金是门窗的重要构成要素，是保证门窗开启、固定、密闭的可动构件和机械装置，如图 5-5 所示，主要包括：

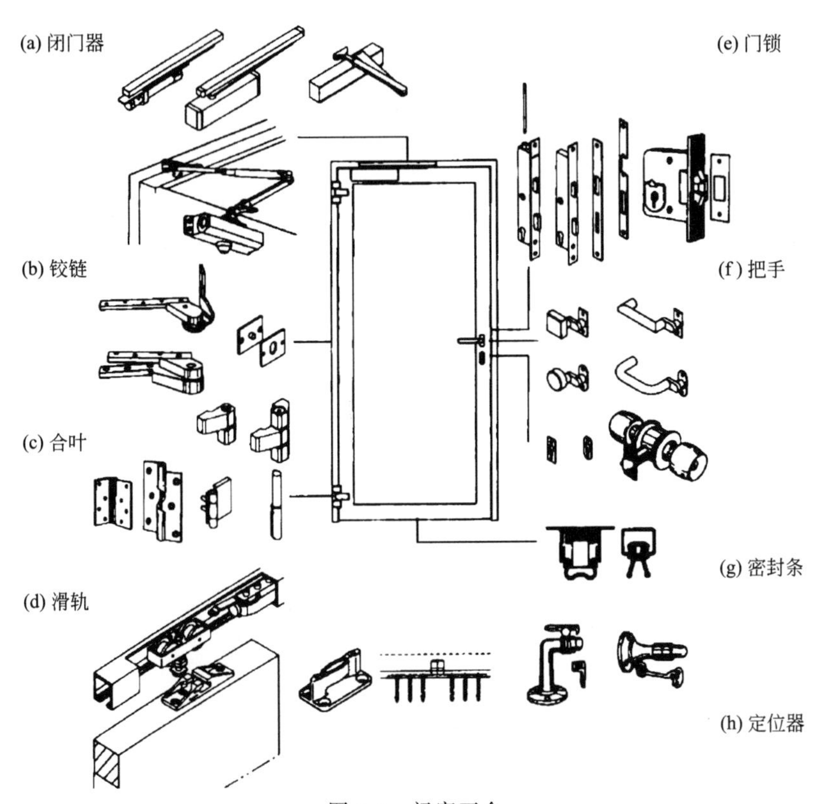

图 5-5 门窗五金

运动构件——合页、铰链、轨道、滑轮、电机等；

闭锁构件——锁（球形锁、直板锁、按压锁、感应锁等）、闭门器（地弹簧、门弹弓等）；

定位构件——门窗的定位器（门构、定门器等）；

握持构件——把手等；

密封构件——密封条等。

5.4 门识图与节点构造

5.4.1 门识图

下面以门平面图为例（图 5-6），说明门详图的识读要点。

① 从门的平面图上了解门的组合形式及开启方式。

② 从门的节点详图中可以了解到各节点门框、门扇的组合情况及各木料的用料断面尺寸和形状。

③ 门的开启方式由开启线决定，开启线有实线和虚线两种。

④ 目前设计时常选用标准图册中的门，一般是用文字代号等说明所选用的型号，而省去门详图。此时，必须找到相应的标准图册，才能完整地识读该图。

门三维图如图 5-7 所示。

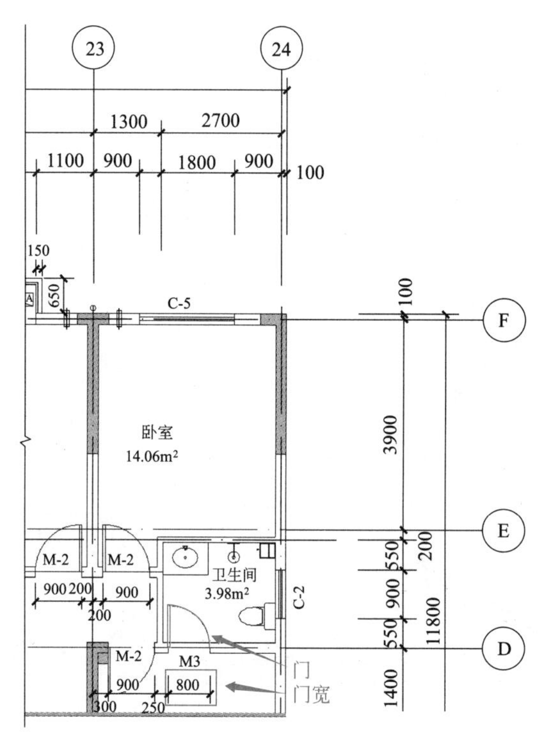

图 5-6 门平面图

扫码看视频

门的开启方式

5.4.2 门的开启方式

按门的开启方式分类有图 5-8 所示几种。

(1) 平开门

平开门是指门扇的一侧与铰链相连装于门框上，通过门扇沿铰链的水平转动实现开合的门，分为单扇、双扇、子母扇。平开门的构造简单、制作方便、开关灵活、关闭密实、

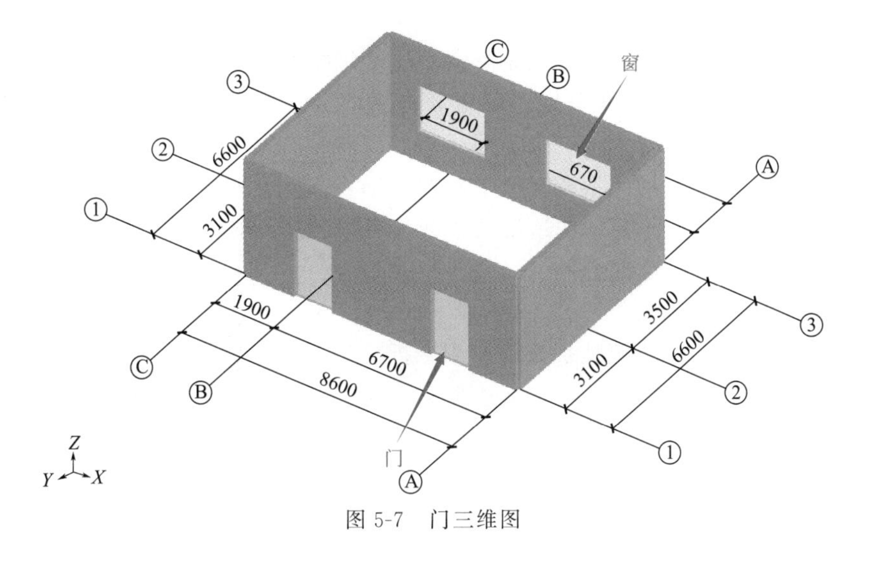

图 5-7 门三维图

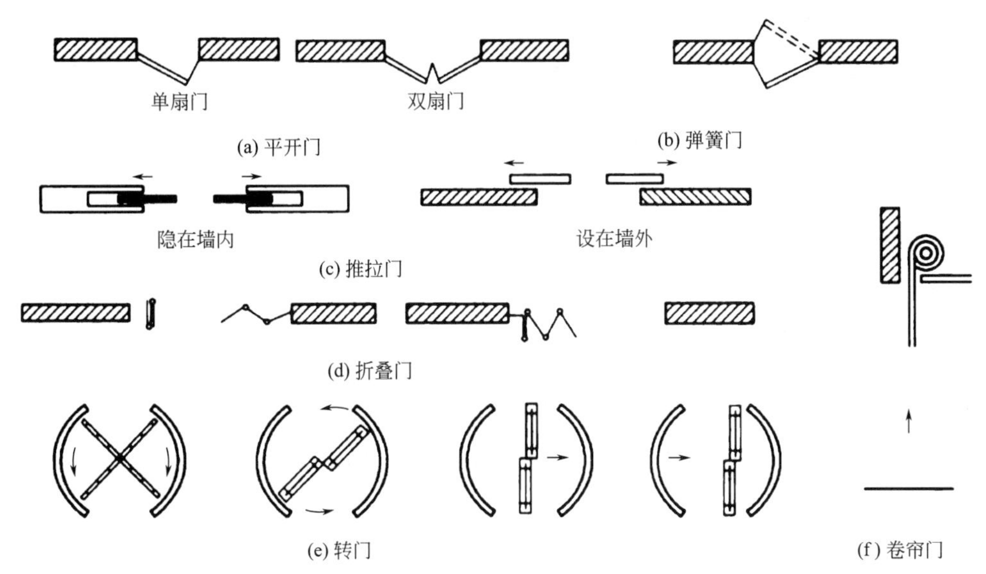

图 5-8 按门的开启方式分类

通行便利，是最常用的一种门，如图 5-9 所示。由于门扇实际上是悬挑于门的铰链，门扇受力不均，因此不适用于尺寸过大的门。一般平开木门的门扇宽度小于 1m，超过这个尺寸时一般采用金属门框，或采用推拉、折叠等形式。由于平开门的开启方向一般与人的运动方向相同，开启迅速，因此特别适用于紧急疏散的出口，在冲撞或挤靠中都可以顺利开启，平开门也是唯一可以用作疏散出口门的形式。

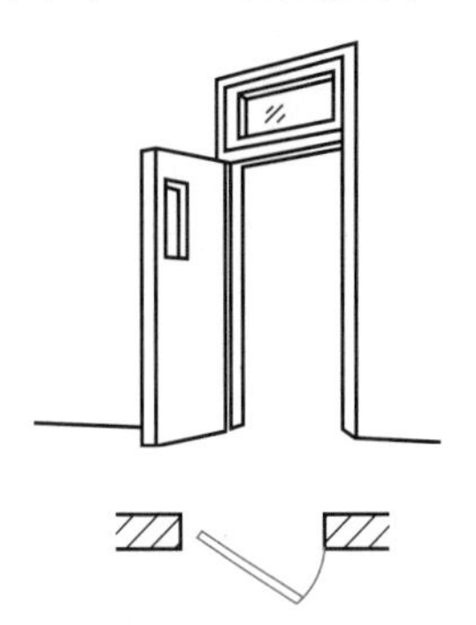

图 5-9 平开门

(2) 弹簧门

弹簧门的开启方式同平开门，只是侧边用弹簧铰链或下面用地弹簧与门框相连，开启后能自动关闭，有单扇和双扇之分，一般多用于人流出入较频繁或有自动关闭要求的场所，如图 5-10 所示。

(3) 推拉门

推拉门是指在门的上方或下方预装滑轨，通过门扇沿滑轨的运动达到开启、关闭的效果，如图 5-11 所示。推拉门有单扇、双扇和多扇之分，滑轨有单轨、双轨和多轨之分，按门扇开启后的位置可以分为交叠式、面板式、内藏式三种，滑轨也有上挂式、下滑式、上挂下滑式三种。由于推拉门沿滑轨水平左右移动开闭，没有平开门的门扇扫过的面积，可节省空间，但密封性能不好，构造复杂，开关时有噪声，滑轨易损，因此多用于室内对隔声和私密性要求不高的空间分隔。

(4) 折叠门

折叠门（图 5-12）分为侧挂折叠门、侧悬折叠门和中悬折叠门。侧挂折叠门无导轨，使用普通铰链，但一般只能挂一扇，不适于宽大的门洞。侧悬折叠门的特点是有导轨，滑轮装在门的一侧，开关较为灵活省力。中悬折叠门设有导轨，且滑轮装在门扇的中间，可以通过一扇牵动多扇移动，但开关时较为费力。折叠门开启时可以节省占地，但构造较为复杂，一般用于商业建筑的大门或公共空间中的隔断。

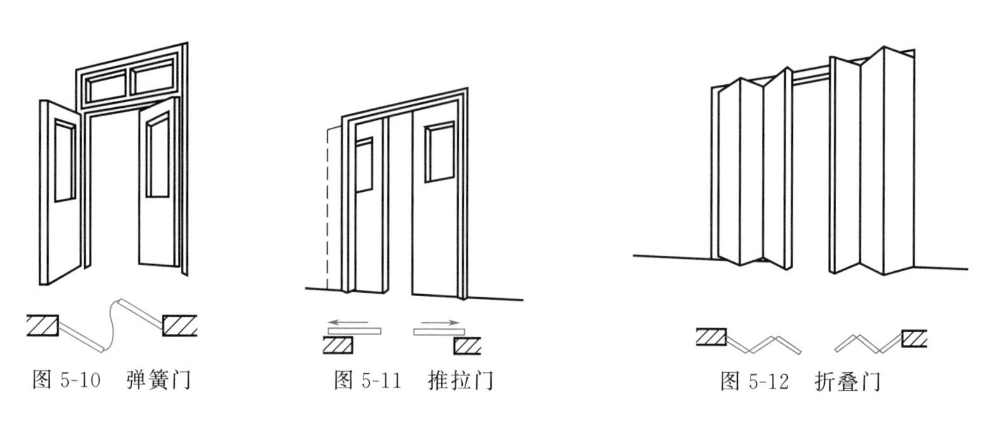

图 5-10　弹簧门　　图 5-11　推拉门　　图 5-12　折叠门

(5) 转门

转门（图 5-13）一般是由两到四扇门连成风车形，在两个固定弧形门套内转动。转门加工制作复杂，造价高。转门疏散人流能力较弱，所以必须同时在转门两旁设平开门作人流疏散之用。

图 5-13　转门

(6) 卷帘门

卷帘门由条状的金属帘板相互铰接组成，门洞两侧设有金属导轨，开启时由门洞上部的卷动滚轴将帘板卷入门上端的滚筒。卷帘有手动、电动、自动等启动方式，具有防火、防盗的功能，且开启不占室内空间，但须在门的上部留有足够的卷轴盒空间。卷帘门常用于商业建筑的外门，如图 5-14 所示。

(7) 升降门（上翻门）

升降门由门扇、平衡装置、导向装置三部分组成，构造较为复杂，但门扇大、不占室内空间，适用于车库、车间货运大门等。

(8) 伸缩门

伸缩门一般采用电动或手动方式，用于区域的室外围墙或围栏的大门，多与值班门卫

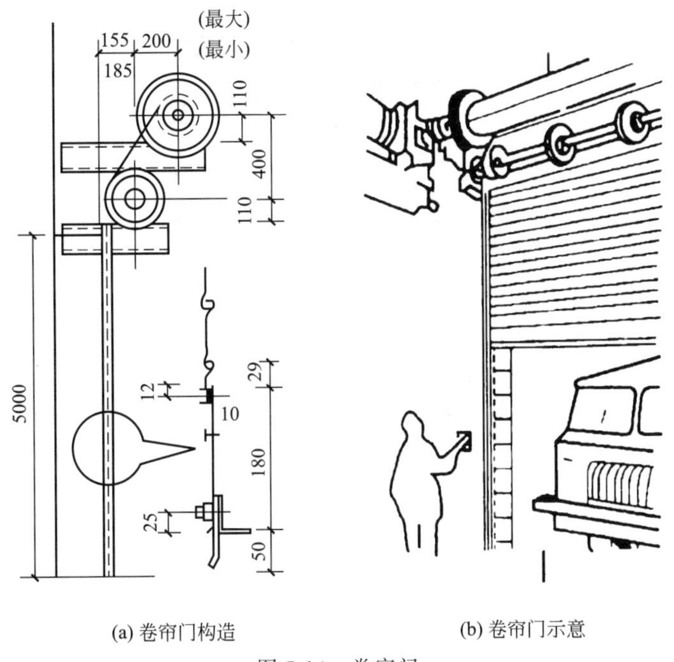

(a) 卷帘门构造　　(b) 卷帘门示意

图 5-14　卷帘门

室相连。由于一般大门车道的宽度较大，伸缩门收缩后仍需占用一定的长度，在设计中需要考虑，如图 5-15 所示。

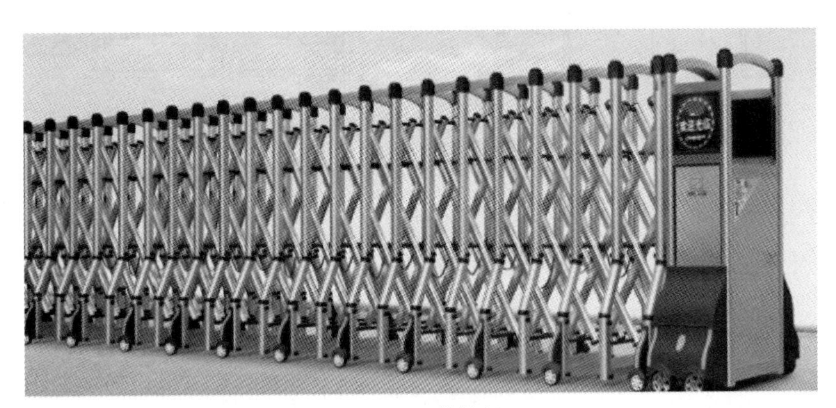

图 5-15　伸缩门

5.4.3　门的基本构造

门是由门框和门扇以及五金构件组成的，如图 5-16 所示。

门框是把门扇固定在围护墙体上并保证门在闭合时的定位和锁定的边框，一般由上槛、边框、中横框（有亮子时）、下槛（有门槛时）组成。

5.4.4　几种典型门的构造

夹板平开门、铝合金平开门、转门、玻璃自动门等几种常见门构造如图 5-17～图 5-20 所示。

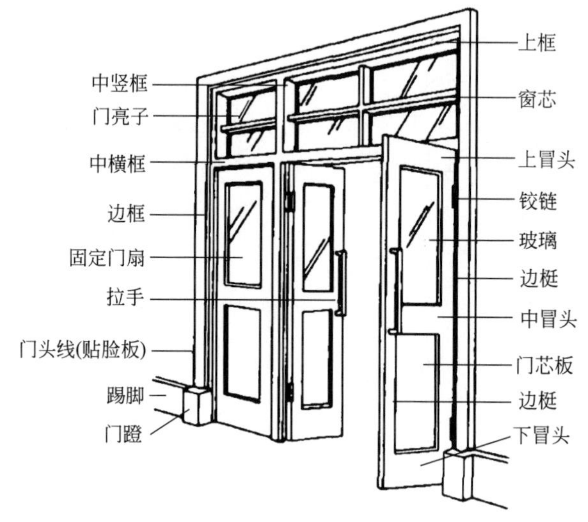

图 5-16 门的基本构造

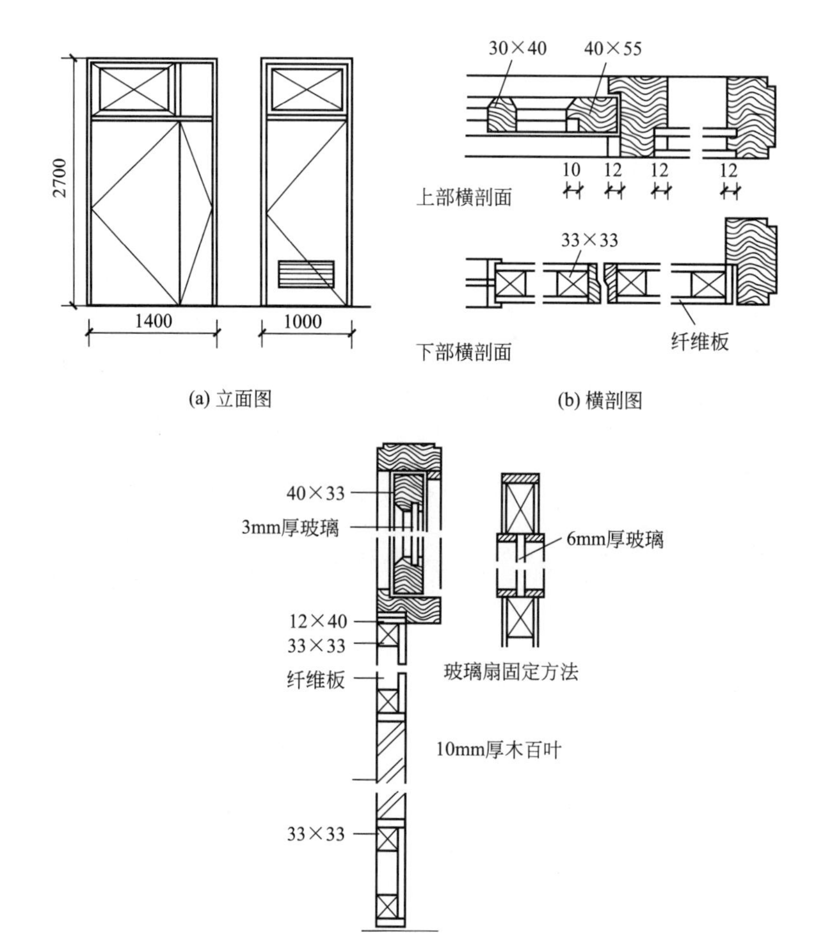

(a) 立面图 (b) 横剖图

(c) 纵剖面

图 5-17 夹板平开门的构造

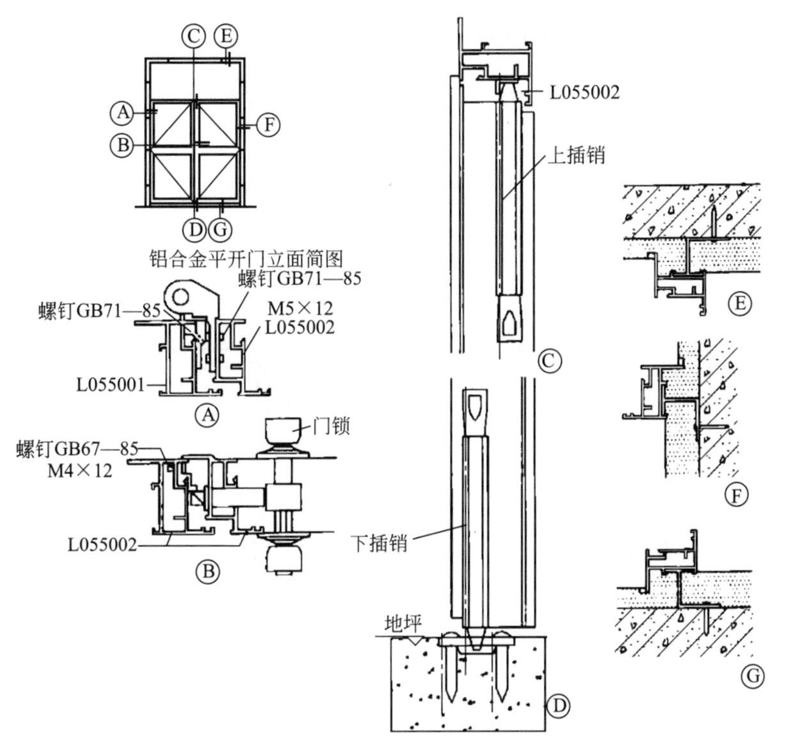

图 5-18 铝合金平开门构造及节点

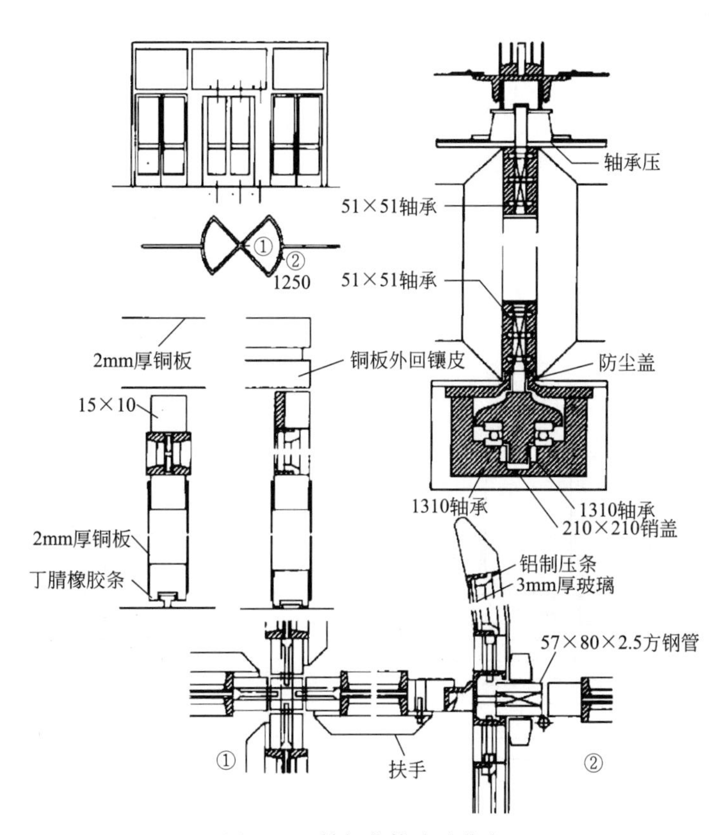

图 5-19 转门的构造及节点

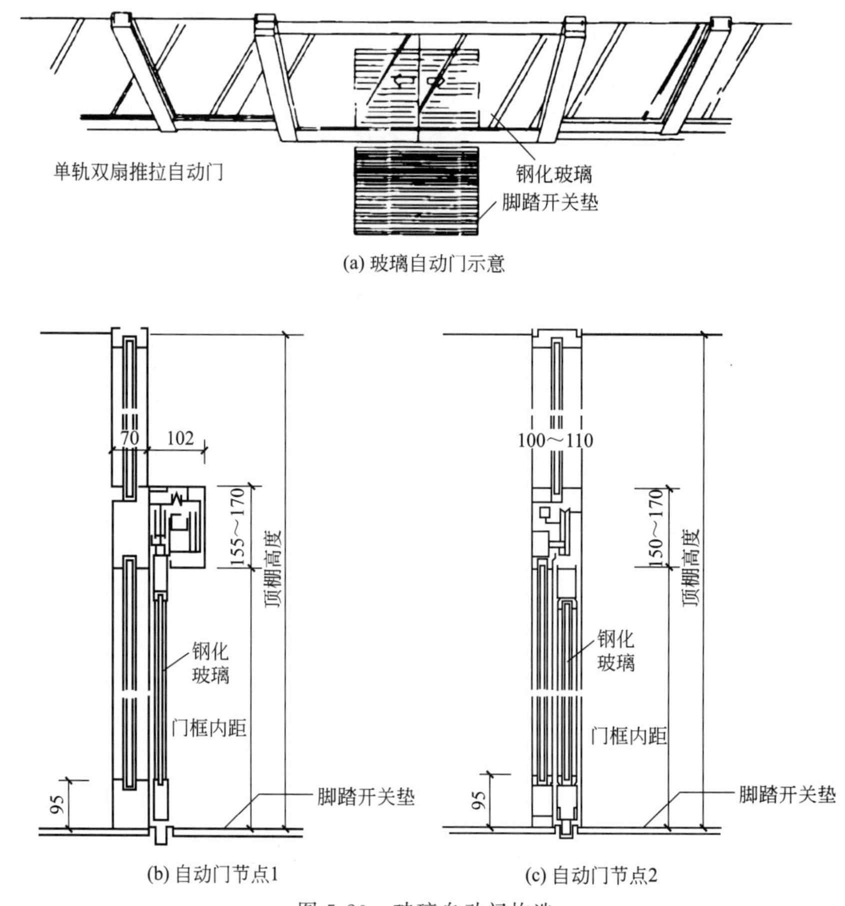

图 5-20　玻璃自动门构造

5.4.5 隔热门构造

隔热门多用在需要冷藏的场所，如冷库等，当门较大时，应尽可能降低门在内外温差下的弯曲效应。隔热门构造如图 5-21 所示，隔热门与门柱节点如图 5-22 所示。

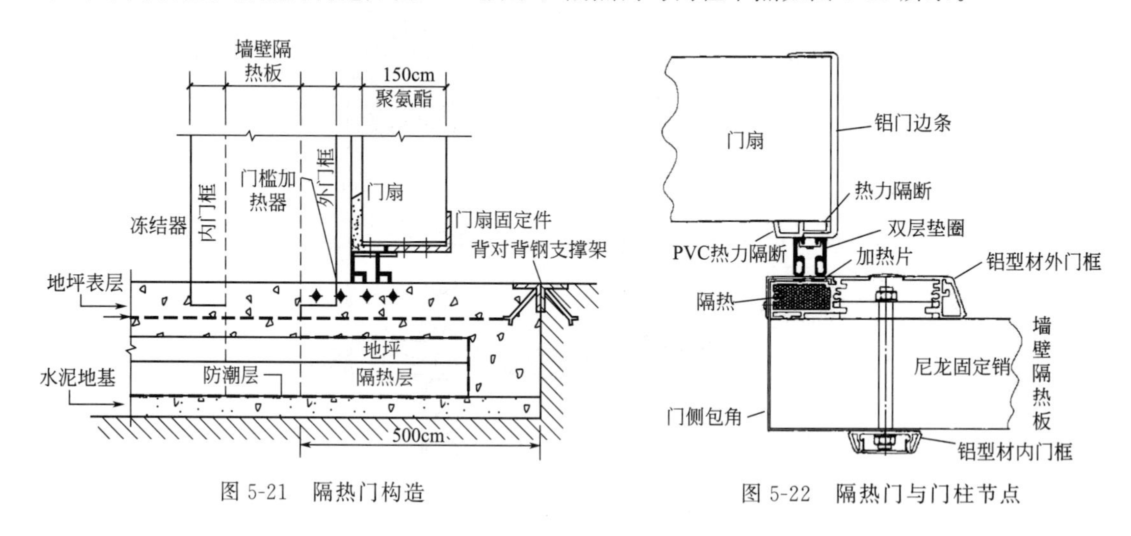

图 5-21　隔热门构造

图 5-22　隔热门与门柱节点

5.4.6 隔声门构造

一般常用的门在设计时就规定必须有缝隙，所以隔声会受影响，同时由于经常使用，为了开启方便，质量宜轻便，所以靠质量定律增加隔声量也很难。隔声门构造如图 5-23 所示，钢隔声门构造如图 5-24 所示。

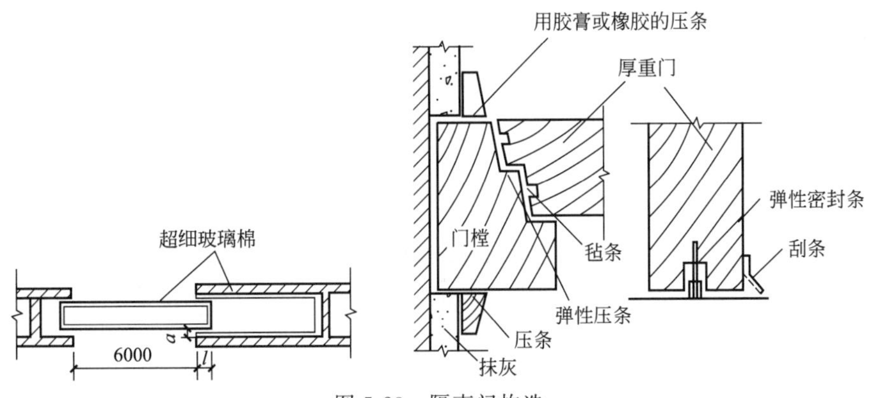

图 5-23 隔声门构造

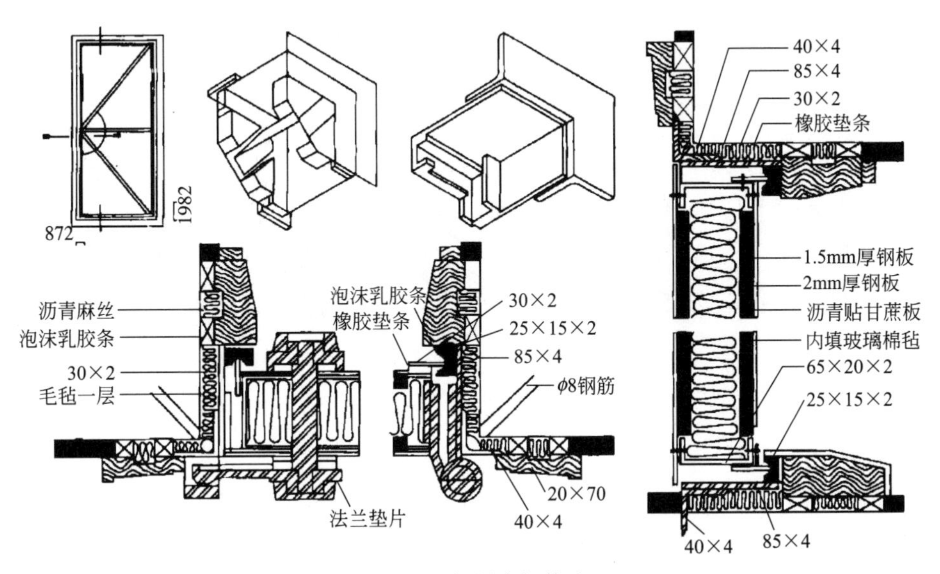

图 5-24 钢隔声门构造

5.5 窗识图与节点构造

5.5.1 窗识图

窗详图如图 5-25 所示，窗的识读要点如下。

① 从窗的详图上了解窗的组合形式及开启方式。

② 从窗的节点详图中可以了解到各节点窗框、窗扇的组合情况及各木料的用料断面尺寸和形状。

③ 窗的开启方式由开启线决定，开启线有实线和虚线两种。

④ 目前设计时常选用标准图册中的窗，一般是用文字代号等说明所选用的型号，而省去门窗详图。此时，必须找到相应的标准图册，才能完整地识读该图。

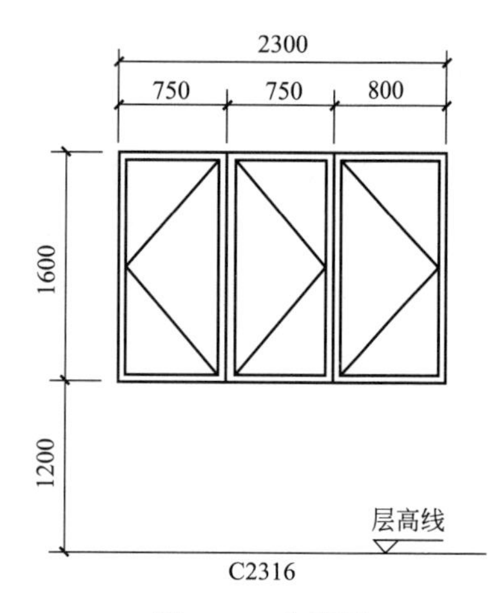

图 5-25　窗详图

5.5.2　窗的开启方式

窗的开启方式有图 5-26 所示几种。

(1) 平开窗

铰链安装在窗扇一侧与窗框相连，向外或向内水平开启，有单扇、双扇、多扇，以及向内开与向外开之分。平开窗构造简单，开启灵活，制作、安装、使用及维修方便，是民用建筑中应用最为广泛的开启方式。

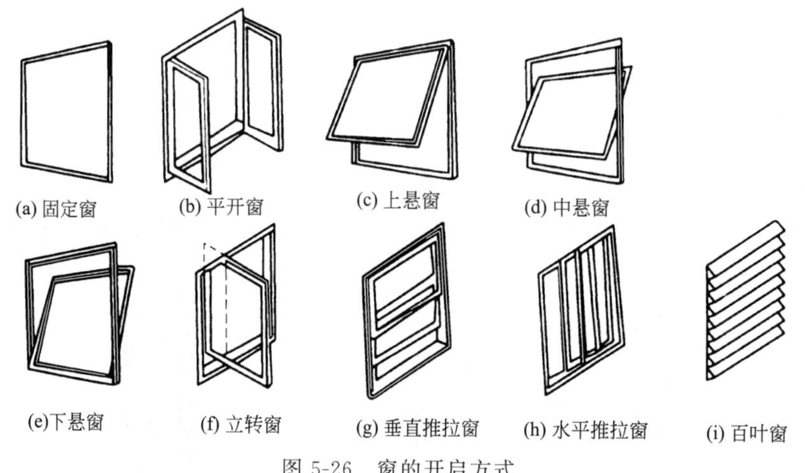

图 5-26　窗的开启方式

(2) 固定窗

无窗扇、不能开启的窗为固定窗，仅仅用于采光和眺望，无通风功能。固定窗的优点是构造简单、密闭性好，常与门亮子和开启窗配合使用。

(3) 推拉窗

推拉窗的特点是窗扇沿着水平或竖直方向以推拉的方式启闭。垂直推拉窗要有滑轮及平衡措施，水平推拉窗需要在窗扇上下设轨槽。推拉窗开启时不占室内外空间，窗扇和玻璃的尺寸可以较大一些，但它不能全部开启，使通风效果受到影响，同时推拉窗密闭性能较平开窗差。铝合金窗和塑钢窗常选用推拉方式。

(4) 立转窗

立转窗的窗扇围绕竖向转轴开闭，引导风进入室内的效果较好，多用于单层厂房的低侧窗。但立转窗的防雨性、密闭性较差，不宜用于寒冷和多风沙的地区。

(5) 悬窗

悬窗的特点是窗扇围绕横向转轴开闭，按开闭时转动横轴位置的不同，可分为上悬窗、中悬窗和下悬窗。上悬窗铰链安装在窗扇上边，一般向外开，防雨效果好，多用作外门和窗上的亮子。

对于中悬窗，在窗扇两边中部安装水平转轴，窗扇可绕水平轴旋转，开启时窗扇上部向内，下部向外，方便挡雨、通风，开启容易机械化，常用作大空间建筑的高侧窗。

下悬窗铰链安装在窗扇的下边，一般向内开，通风较好，但不防雨，一般用作内门上的亮子。

(6) 百叶窗

利用木材或金属的薄片制成的密集排列的格栅，可以在保证自然通风的基础上防雨、防盗、遮阳，在玻璃没有普及以前是一种标准的窗扇形式，现在一般用于需要控制室内外视线和太阳辐射的位置。按照百叶是否可调节角度可分为固定和可动百叶，按照调节方式可以分为手动、电动或自动百叶，按照功能可以分为防雨百叶、遮阳百叶、降噪百叶、装饰百叶等。

5.5.3 窗的基本构造

窗是由窗框、窗扇与五金构件构成的，如图 5-27 所示。

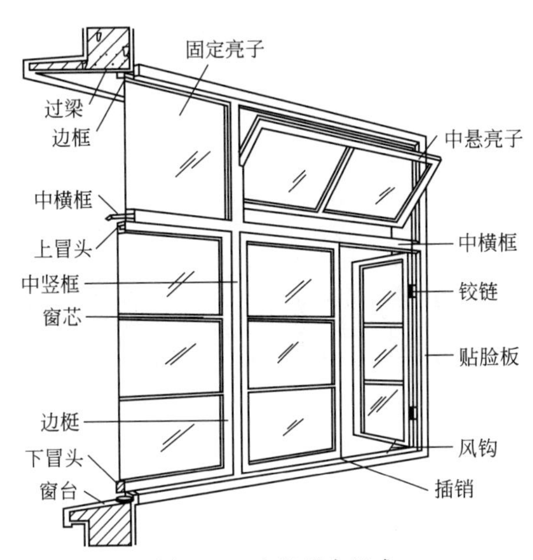

图 5-27 窗的基本组成

窗框把窗扇固定在围护墙体上，并锁定的边框和保证门闭合时的位置准确，一般由上槛、边框、中横框、下槛组成。

窗扇由上冒头、中冒头、下冒头、窗芯玻璃等组成，是代替墙体等围护构件的封闭构件。

五金构件是指门窗的转角加固与握持构件、铰链等转轴构件和锁定构件，主要起到加固、握持、转动和固定的作用。

5.5.4 几种典型窗的构造

常用的木窗、铝合金窗、塑钢窗、塑料窗的构造如图 5-28～图 5-31 所示。

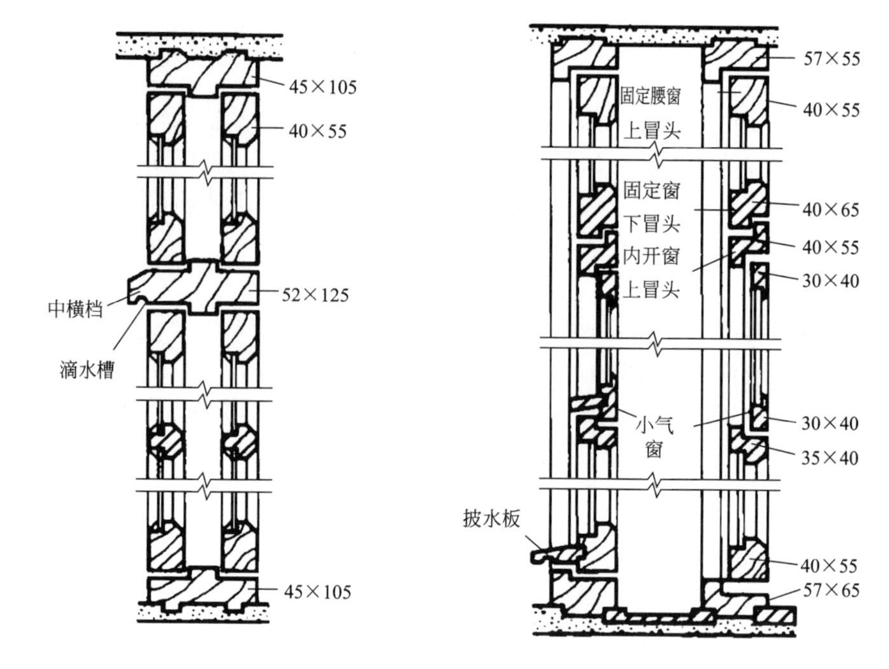

图 5-28 双层平开木窗构造

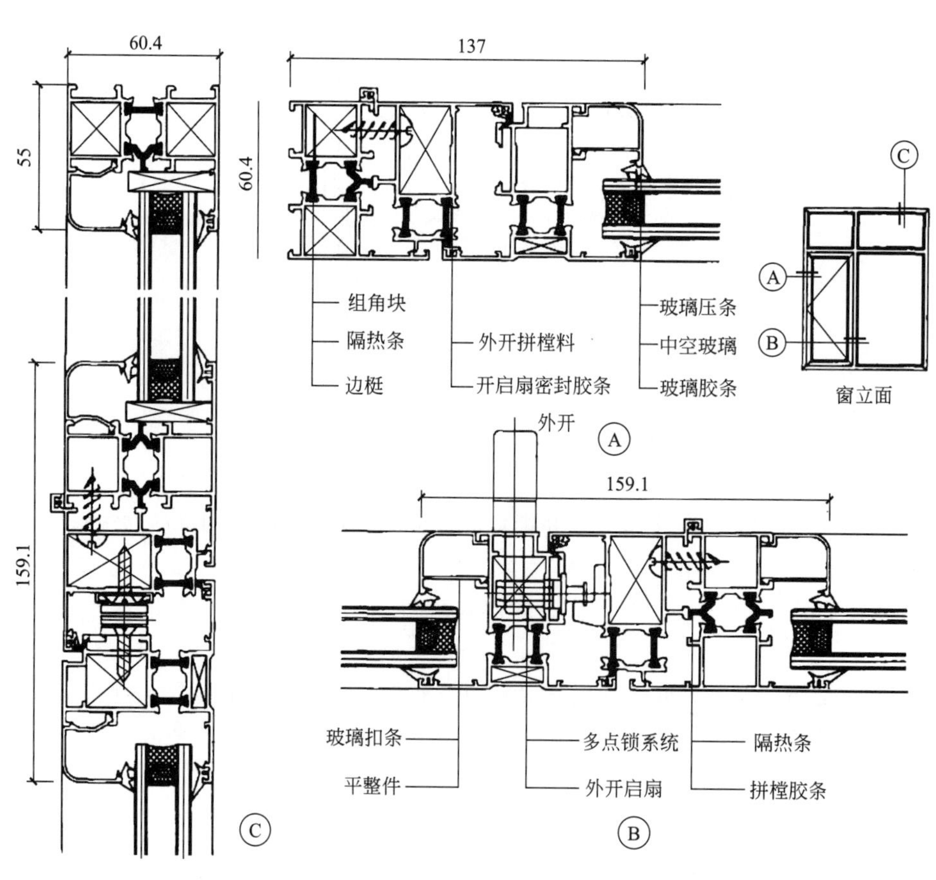

图 5-29 断桥铝合金外平开窗构造及节点（60 系列）

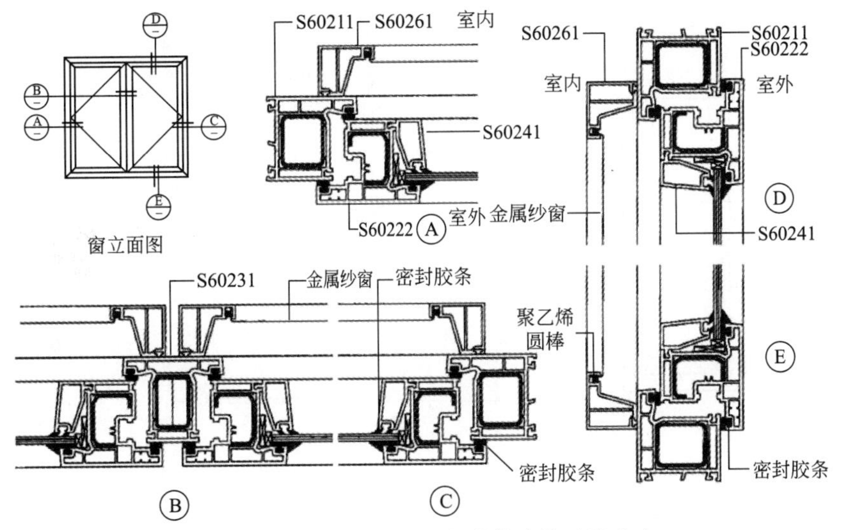

图 5-30　塑钢平开窗与塑钢推拉窗构造及节点

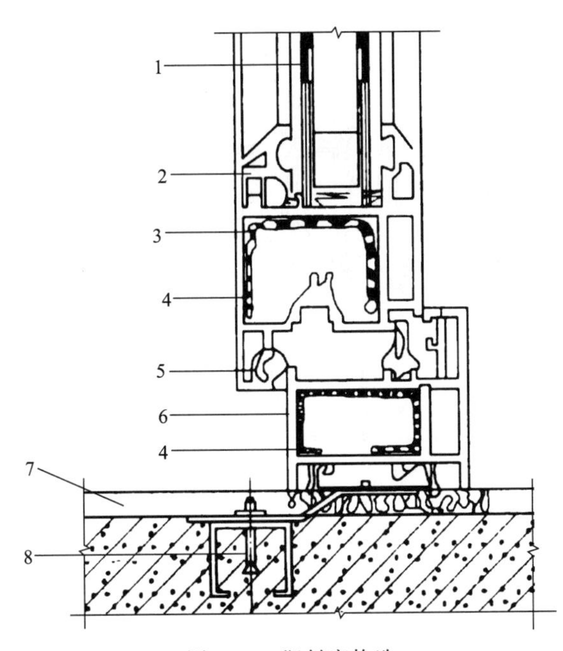

图 5-31　塑料窗构造

1—玻璃；2—玻璃压条；3—内扇；4—内钢条；5—密封条；6—外框；7—地脚；8—膨胀螺栓

5.5.5　隔热窗构造

隔热窗构造如图 5-32 所示。

5.5.6　隔声窗构造

隔声窗使用的是经过特别加工的隔声层，隔声层使用的是隔声阻尼胶（膜）经高温高压牢固黏合组合而成的隔声玻璃，根据室内外噪声情况，可将 80dB 的交通噪声降至 45dB 以下极为安静的程度。声音在通过隔声窗的时候，要经过八层介质反射和削减，所以隔声效果极佳，隔声效果比普通窗低 10dB 以上。隔声窗构造如图 5-33 所示。

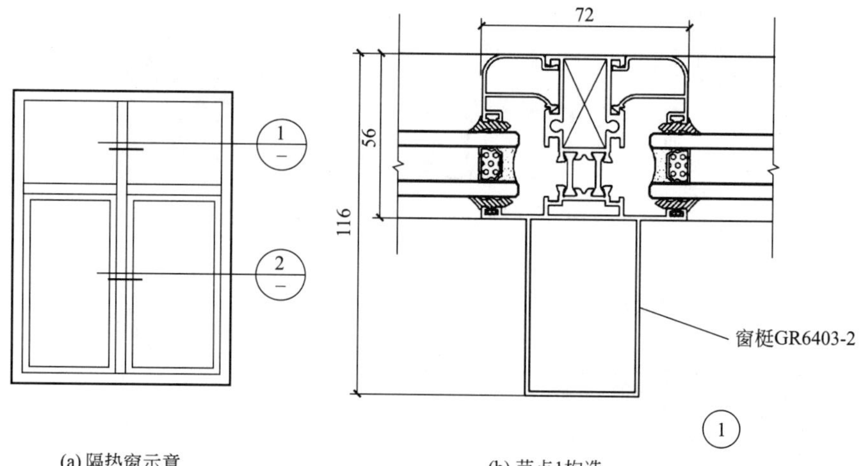

(a) 隔热窗示意　　(b) 节点1构造

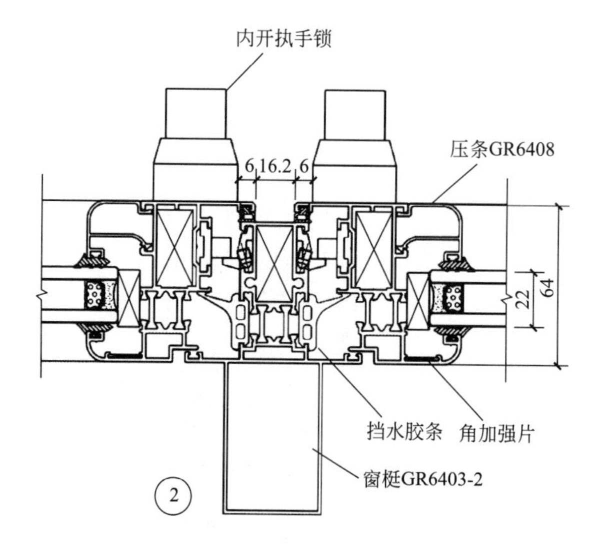

(c) 节点2构造

图 5-32　隔热窗构造

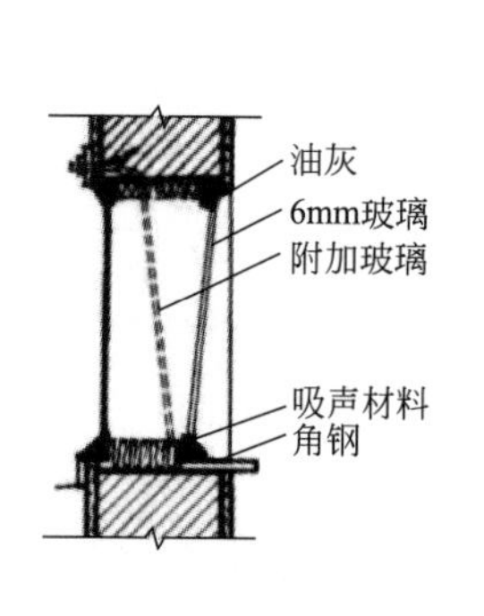

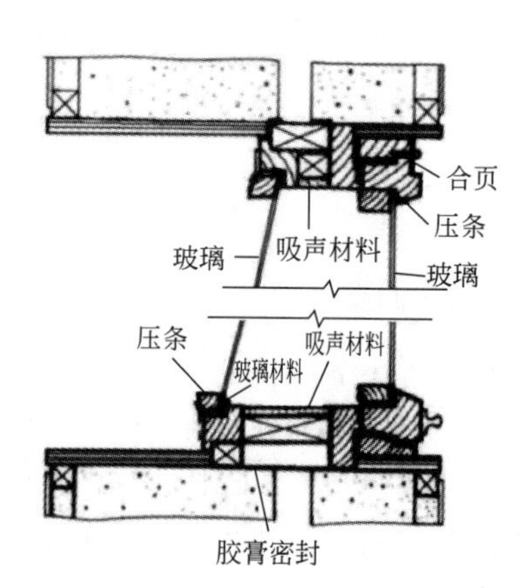

(a) 普通隔声窗　　(b) 演播室隔声窗

图 5-33　隔声窗构造

5.6 窗台识图与节点构造

5.6.1 窗台识图

窗台是指托着窗框的平面部分。窗台设计使窗台更为美观、漂亮。窗台的作用是排除沿窗面留下的雨水，防止其渗入墙身且沿窗缝渗入室内，同时避免雨水污染外墙面，如图 5-34 所示。

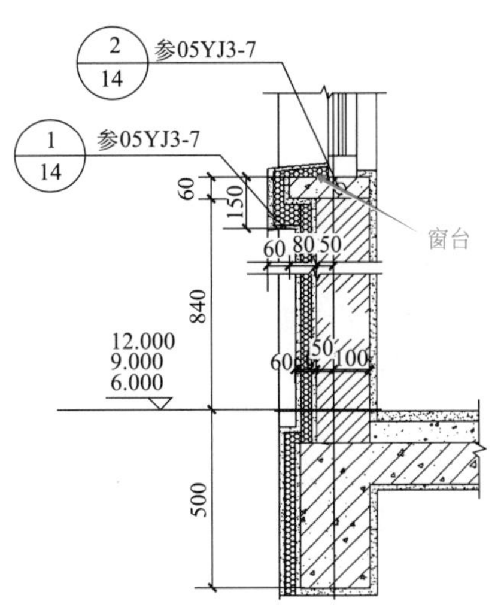

图 5-34　现浇混凝土窗台剖面图

5.6.2 窗户插销安装位置

插销是一种防止门窗从外面被打开的防盗部件。现代门窗等插销器具一般采用金属材料，而古代的门窗插销则为木质结构。插销一般分为两部分：一部分带有可活动的杆；另一部分是一个插销孔。窗户插销位置如图 5-35 所示。

5.6.3 窗台板的选用

窗台板就是装饰窗台用的板子，可以是木工用夹板、饰面板做成木饰面的形式，也可以是用水泥、石材做的窗台石。窗台的款式主要是从材质上来分类的，常见的材质有大理石、花岗石、人造石、亚克力（聚甲基丙烯酸甲酯）和木板等。

图 5-35　窗户插销位置

(1) 大理石

大理石应是窗台板的首选，但是前提是选取的色泽纹理比较理想。大理石窗台板的优点是颜色漂亮、纹理多样，台面可防溅落的雨水。但是大理石可能有辐射，对身体健康不利，因此不建议用在卧室。

(2) 花岗石

花岗石纹理基本上以颗粒状为主，色泽也有多种。其色泽和纹理都比不上大理石，但比大理石更坚硬耐用。

(3) 人造石

人造石硬度高，耐磨、耐划、耐高温，绿色环保，无毒、无味、无辐射，而且花色较多，档次高，能长时间保持良好的光洁度。

(4) 亚克力

亚克力的最大优点就是可以做任意造型，它的无缝拼接技术是其他任何材料都无法取代的。同时亚克力导热慢，遇到房间有大飘窗的时候，冬天坐在阳光下的飘窗里，温暖又惬意。缺点是，太过于纯色的亚克力可能会因为阳光的长期照射而变黄，所以选择亚克力做窗台的时候，最好选择偏黄、偏暖的色彩。

（5）木板

木板拼接可以体现淳朴的木头质感，彰显自然气息。但是木板的缺点是不能做造型，边角的封边是一个大难题，板材本身在阳光的长期照射下容易变形开裂。

5.6.4 窗台板的安装

窗台板的安装操作工艺流程如下。

（1）定位与划线

根据设计要求的窗下框标高、位置，划窗台板的标高、位置线。

（2）检查预埋件

定位与划线后，检查窗台板安装位置的预埋件，是否符合设计与安装的连接构造要求，如有误差应进行修正。

（3）支架安装

构造上需要设窗台板支架的，安装前应核对固定支架的预埋件，确认标高、位置无误后，根据设计构造进行支架安装。

（4）石材窗台板安装

按设计要求找好位置进行预装，标高、位置、出墙尺寸应符合要求，接缝平顺严密，固定件无误后，按其构造的固定方式正式固定安装。

石材窗台板构造如图 5-36 所示，大理石窗台板实物图如图 5-37 所示。

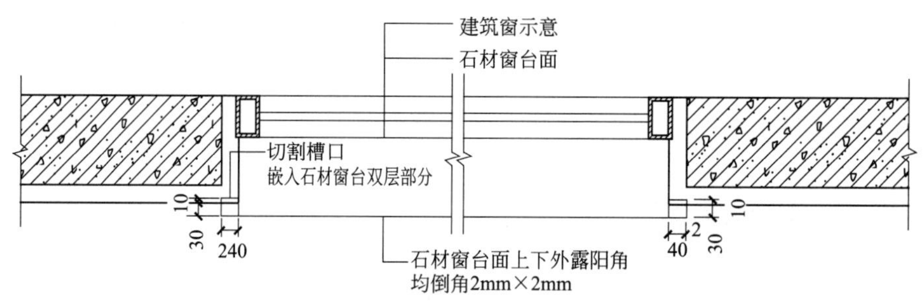

(a) 石材窗台贴面平面图

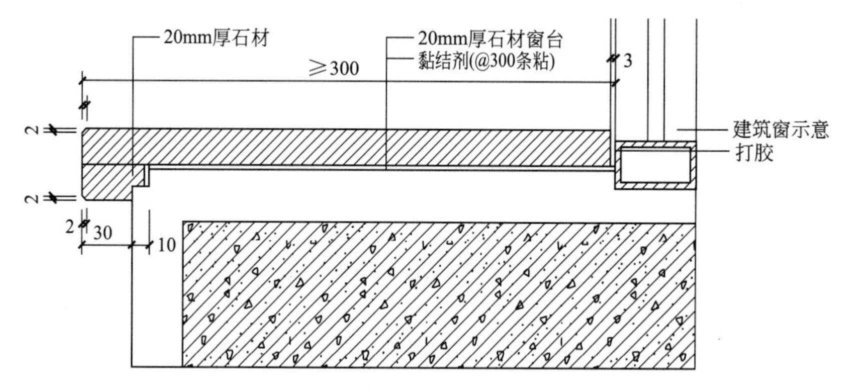

(b) 石材窗台贴面剖面图

图 5-36 石材窗台板构造

图 5-37　大理石窗台板实物图

5.6.5　窗台板配筋

窗台板配筋如图 5-38 所示。

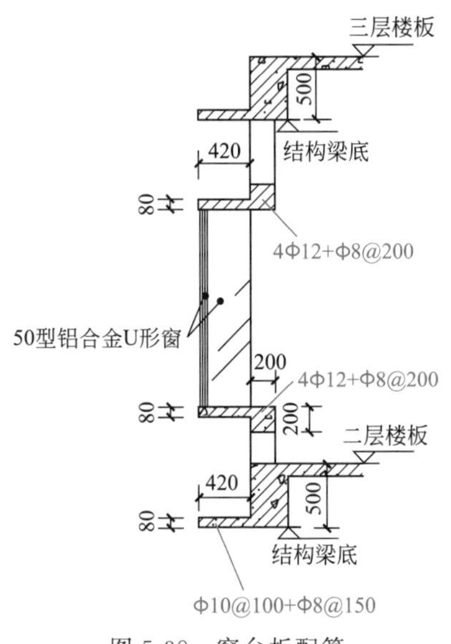

图 5-38　窗台板配筋

第6章 建筑钢结构识图与节点构造

6.1 建筑钢结构类型

根据节点处传递荷载的情况、所采用的连接方法以及其细部构造，按节点的力学特性，连接节点可分为刚性连接节点、半刚性连接节点和铰接连接节点。

(1) 刚性连接节点

从保持构件原有的力学特性来说，作为构件的刚性连接节点，在连接节点处应保证其原来的完全连续性。因为只有这样，才可保证原来的完全连续性，以及连接节点能和构件的其他部分一样承受弯矩、剪力和轴力的作用。

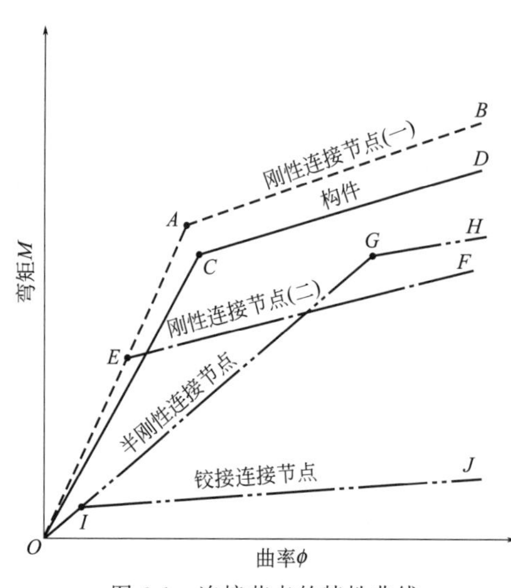

图 6-1 连接节点的特性曲线

采用连接节点所能承受的弯矩和相对应的曲率的关系来近似地表示刚性连接节点的特性，如图 6-1 中的虚线 OAB 所示刚性连接节点（一）。从图中可以看出，能确保构件连续性的刚性连接节点，具有与构件相同的弯矩-曲率（M-ϕ）关系，即图 6-1 中的实线 OCD。

但在某些特殊情况下，拼接连接节点处不能传递被连接构件的全强度（各种承载力）也是可以的。由于这种节点只根据作用于拼接连接节点处的内力来设计，因此，这种拼接连接节点的承载力只有构件全强度（各种承载力）的一部分。

因为这样的拼接连接节点不能保证构件的连续性，所以不能作为完全的刚性连接节点。但此时，根据所选择的连接板的刚度不同，可以使拼接连接节点的弹性刚度等于或大于构件的弹性刚度，只是承载力比构件的连续部分低，但仍在连接节点承载力的范围内。这样的连接节点，亦可视为刚性连接节点。

这样的连接节点的特性，则如图 6-1 中的单点划线 OEF 刚性连接节点（二）所示。

(2) 半刚性连接节点

对于某些连接节点，即便能保证其承载力等于或大于构件的承载力，但由于所采用的连接方法和细部构造设计的关系，致使连接节点的弹性刚度比构件的弹性刚度显著要低，这样的连接节点称为半刚性连接节点。若采用 M-ϕ 关系表示，则可用图 6-1 中的双点划线 OGH 来表示“半刚性连接节点”的特性。

作为设计的要求，半刚性连接节点一般是不采用的。若在设计中已经考虑了其刚度的降低，则可以采用。

(3) 铰接连接节点

从理论上讲，铰接连接节点是完全不能承受弯矩的连接节点，因而一般不能用于构件的拼接连接。铰接连接节点通常只用于构件端部的连接，比如柱脚、梁的端部连接（图 6-2）和桁架、网架杆件的端部连接等。但是由于在建筑结构中，作为铰接连接节点，其特性并非完全铰接，如图 6-3 所示的常用的铰接连接节点，其特性如图 6-1 中的双点划线 OIJ 所示。它对弯矩并不是完全不能承受，只是抗弯刚度远低于构件的抗弯刚度，因此在实际工程中把它视作铰接连接来处理，这是简便可行的，并且不会导致杆件的承载能力降低。

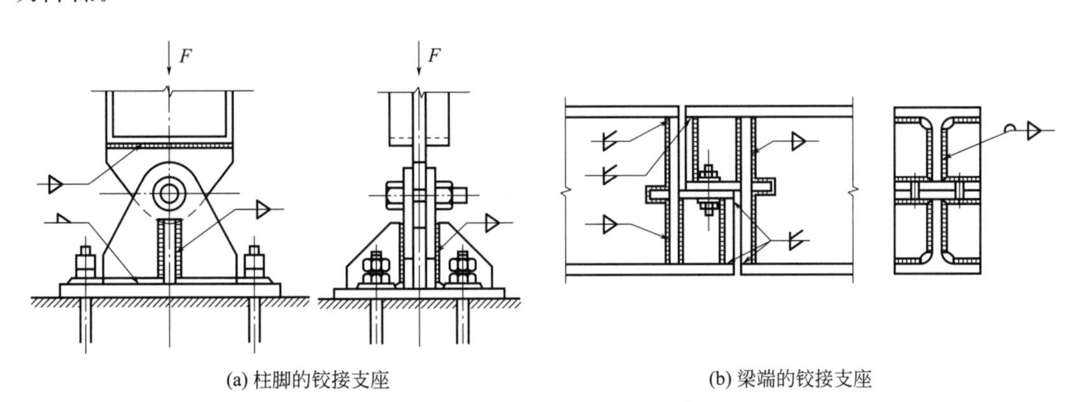

(a) 柱脚的铰接支座　　(b) 梁端的铰接支座

图 6-2　理想铰接连接节点示例

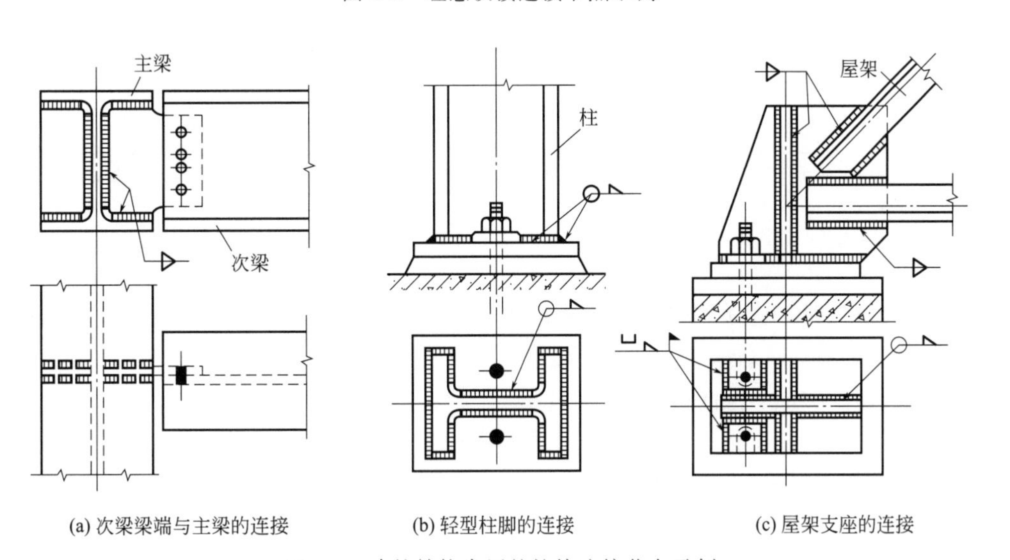

(a) 次梁梁端与主梁的连接　　(b) 轻型柱脚的连接　　(c) 屋架支座的连接

图 6-3　建筑结构常用的铰接连接节点示例

在钢结构设计工作中，连接节点的设计是一个重要的环节。为使连接节点具有足够的强度和刚度，设计时，应根据连接节点的位置及其所要求的强度和刚度，合理地确定连接节点的形式、连接节点的连接方法和连接节点的具体构造以及基本计算公式。

为简化计算起见，通常连接节点的设计（手工计算和程序计算）都按完全刚接或完全铰接的情况来处理。至于因节点构造形成的半刚性连接，对整个结构的安全度是不会有影响的，相反对个别杆件的安全储备是有一定好处的，但在设计中均不予以考虑。

6.2 节点连接设计的一般规定及其构造要求

（1）钢结构连接节点的设计要求

在钢结构设计工作中，连接节点的设计是一个重要的环节。为使连接节点具有足够的强度和刚度，设计时，应根据连接节点的位置及其所要求的强度和刚度，合理地确定连接节点的形式、连接节点的连接方法和连接节点的具体构造以及基本计算公式。

为简化计算起见，通常连接节点的设计都按完全刚接或完全铰接的情况来处理。至于因节点构造形成的半刚性连接，对整个结构的安全度是不会有影响的，因此在设计中均不予以考虑。

（2）节点设计原则

① 非抗震设计的多、高层民用建筑钢结构，在荷载作用下应处于弹性受力状态。节点承载力应满足杆件内力设计值的要求及构造要求。

② 抗震设计的多、高层民用建筑钢结构，抗侧力构件连接节点的承载力设计值，不应小于相连构件的承载力设计值；抗侧力构件连接节点的极限承载力应大于构件的全塑性承载力。钢构件连接的连接系数见表 6-1。

表 6-1 钢构件连接的连接系数

母材牌号	梁端焊接时		支撑连接/构件拼接		柱脚	
	母材破坏	高强螺栓破坏	母材破坏	高强螺栓破坏	埋入式/外包式	外露式
Q235	1.40	1.45	1.25	1.30	1.2(1.0)	1.0
Q345	1.35	1.40	1.20	1.25		
Q345GJ	1.25	1.30	1.10	1.15		

注：1. 屈服强度高于 Q345 的钢材，按 Q345 的规定采用；屈服强度高于 Q345GJ 的 GJ 钢材，按 Q345GJ 的规定采用。

2. 外露式柱脚是指刚接柱脚，抗震设防烈度为 6～7 度且高度不超过 50m 时可采用外露式柱脚。

3. 括号内数字用于箱形柱和圆管柱。

③ 节点设计时，应做到受力明确，减少应力集中，避免材料三向受拉。应尽量简化节点构造，以方便加工及安装调整就位。

（3）梁与柱连接构造的一般规定

① 梁与柱的连接应根据柱的不同形式采用柱贯通型或隔板贯通型。在互相垂直的两个方向都与梁刚性连接时，宜采用箱形柱。箱形柱壁厚不大于 16mm 时，不宜采用电渣焊焊接隔板。

② 梁与柱的节点设计应满足强节点弱杆件的要求，可采用控制梁端塑性铰的位置，

塑性铰向节点外移动的设计方法。这样强震时塑性铰先在距离梁柱节点不远处的梁端出现，可以避免节点的焊缝出现裂缝和脆性断裂。

③ 梁与柱的连接可采用翼缘焊接、腹板高强螺栓连接或全焊接连接的形式。抗震等级为一级、二级时梁与柱宜采用加强型连接或骨式连接。

④ 梁与柱刚性连接时，梁翼缘与柱翼缘间应采用全熔透坡口焊缝。抗震等级为一级、二级时应检验焊缝的 V 形切口冲击韧性，其夏比冲击韧性在－20℃时不低于 27J。

(4) 构件连接节点的设计与验算

① 梁与 H 形柱（绕强轴）刚性连接以及梁与箱形柱或圆管柱刚性连接时，弯矩由梁翼缘和腹板受弯区的连接承受，剪力由腹板受剪区的连接承受。

② 梁与柱的刚性连接应按下列公式验算。

$$M_u^j \geqslant \alpha M_P \tag{6-1}$$

$$V_u^j \geqslant \alpha \frac{\sum M_P}{l_n} + V_{Gb} \tag{6-2}$$

式中 M_u^j——梁与柱连接的极限受弯承载力，kN・m；

M_P——梁的全塑性受弯承载力（加强型连接按未扩大的原截面计算），kN・m，考虑轴力影响时按式(6-3)～式(6-8) 的 M_{Pc} 计算；

V_u^j——梁与柱连接的极限受剪承载力，kN；

$\sum M_P$——梁两端截面的塑性受弯承载力之和，kN・m；

l_n——梁的净跨，m；

V_{Gb}——梁在重力荷载代表值（地震设防烈度为 9 度时还应包括竖向地震作用标准值）作用下，按简支梁分析的梁端截面剪力设计值，kN；

α——连接系数，见表 6-1。

③ 构件拼接和柱脚计算时，构件的受弯承载力应考虑轴力的影响。此时构件的全塑性受弯承载力 M_P 应按下列规定以 M_{Pc} 代替。

H 形截面（绕强轴⌶）和箱形截面：

当 $N/N_y \leqslant 0.13$ 时

$$M_{Pc} = M_P \tag{6-3}$$

当 $N/N_y > 0.13$ 时

$$M_{Pc} = 1.15 \frac{1-N}{N_y} M_P \tag{6-4}$$

H 形截面（绕弱轴⊢⊣）：

当 $N/N_y \leqslant A_w/A$ 时

$$M_{Pc} = M_P \tag{6-5}$$

当 $N/N_y > A_w/A$ 时

$$M_{Pc} = \left[1 - \left(\frac{N - A_W f_y}{N_y - A_W f_y}\right)^2\right] M_P \tag{6-6}$$

圆形空心截面：

当 $N/N_y \leqslant 0.2$ 时

$$M_{Pc} = M_P \tag{6-7}$$

当 $N/N_y > 0.2$ 时

$$M_{Pc}=1.25\frac{1-N}{N_y}M_P \tag{6-8}$$

式中　N——构件轴力设计值，N；

N_y——构件轴向屈服承载力，N，取 $N_y=A_n f_y$；

A——H 形截面或箱形截面构件的截面面积，mm^2；

A_W——构件腹板截面面积，mm^2；

f_y——构件腹板钢材的屈服强度，MPa。

④ 梁、柱构件的拼接。

a. 在抗震设防结构中，工地拼接时，对于框架梁，通常宜避开塑性区，将拼接点放在距 1/10 跨长或两倍梁高范围之外；对于框架柱，宜使柱的拼接点高于框架梁顶面以上 1.2～1.3m 或柱净高的一半，取两者的较小值。

b. 抗震设防结构中，框架柱的拼接应采用坡口全熔透焊缝。

c. 梁的拼接可采用翼缘全熔透对接焊、腹板高强度螺栓摩擦型连接，腹板和翼缘均用高强度螺栓拼接，全截面焊接（用于地震等级为三级、四级和非抗震设计）。

d. 梁拼接的受弯、受剪极限承载力应符合下列规定。

$$M^j_{ub,sp}\geqslant \alpha M_P \tag{6-9}$$

$$V^j_{ub,sp}\geqslant \alpha\frac{2M_P}{l_n}+V_{Gb} \tag{6-10}$$

式中　$M^j_{ub,sp}$——梁拼接的极限受弯承载力，kN·m；

$V^j_{ub,sp}$——梁拼接的极限受剪承载力，kN·m。

若梁采用高强度螺栓拼接，进行弹性设计时计算截面的翼缘和腹板弯矩宜满足《高层民用建筑钢结构技术规程》(JGJ 99—2015) 中第 8.5.1 条第 2 款的要求，极限承载力还应满足该规程附录 F.2 的要求。

⑤ 柱脚的计算应满足《高层民用建筑钢结构技术规程》(JGJ 99—2015) 中第 8.6 节的要求。

⑥ 一个高强度螺栓连接的极限承载力应取下列两式计算中的较小者。

$$N^b_{vu}=0.58n_f A^b_e f^b_u \tag{6-11}$$

$$N^b_{cu}=d\sum t f^b_{cu} \tag{6-12}$$

式中　N^b_{vu}——1 个高强度螺栓的极限承载力，N；

N^b_{cu}——1 个高强度螺栓对应的板件极限承载力，N；

n_f——螺栓连接的剪切面数量；

A^b_e——螺栓螺纹处的有效截面面积，mm^2；

f^b_u——螺栓钢材的抗拉强度最小值，N/mm^2；

f^b_{cu}——螺栓连接板的极限承压强度，取 $1.5f_u$；

d——螺栓杆直径，mm；

$\sum t$——同一受力方向的钢板厚度之和，mm。

(5) 多、高层建筑钢结构框架柱、梁板件宽厚比要求

① 框架柱和梁板件宽厚比不应超过表 6-2 规定的限值。

表 6-2　框架柱和梁板件宽厚比限值

板件名称		抗震等级				非抗震设计
		一级	二级	三级	四级	
柱	工字形截面翼缘外伸部分	10	11	12	13	13
	工字形截面腹板	43	45	48	52	52
	箱形截面壁板	33	36	38	40	40
	冷成形方管壁板	32	35	37	40	40
	圆管(径厚比)	50	55	60	70	70
梁	工字形截面和箱形截面翼缘外伸部分	9	9	10	11	11
	箱形截面翼缘在两腹板之间部分	30	30	32	36	36
	工字形和箱形截面腹板	$(72\sim120)\rho$	$(72\sim120)\rho$	$(80\sim110)\rho$	$(85\sim120)\rho$	$(85\sim120)\rho$

注：1. 表中 $\rho=N/(Af)$，为梁轴压比。

2. 表列数值适用于 Q235 钢，当材料为其他牌号时应乘以 $\sqrt{235/f_y}$，对于圆管应乘以 $235/f_y$。

3. 冷成形方管适用于 Q235GJ 或 Q345GJ 钢。

4. 工字形梁和箱形梁的腹板宽厚比，对一级、二级、三级、四级分别不宜大于 60、65、70、75。

② 非抗侧力受弯构件的板件宽厚比限值应符合表 6-3 中的要求。

表 6-3　非抗侧力受弯构件的板件宽厚比限值

截面形状	受压翼缘的宽厚比限值
工字形	当梁截面计算不考虑塑性发展时，$b/t\leqslant15$ 当梁截面计算考虑塑性发展时，$b/t\leqslant13$
箱形	$b_0/t\leqslant13$

注：b/t 和 b_0/t 的数值适用于 Q235 钢，当材料为其他牌号时应乘以 $\sqrt{235/f_y}$，对于圆管应乘以 $235/f_y$。

③ 轴心受压构件的板件宽厚比限值应符合表 6-4 中的要求。

表 6-4　轴心受压构件的板件宽厚比限值

截面形状	翼缘	腹板
工字形	当 $\lambda\leqslant30$ 时，$b/t=15$	当 $\lambda\leqslant30$ 时，$h_W/t_W=40$
	当 $\lambda\geqslant100$ 时，$b/t=20$	当 $\lambda\geqslant100$ 时，$h_W/t_W=75$
	当 $30<\lambda<100$ 时，$b/t\leqslant(10+0.1\lambda)$	当 $30<\lambda<100$ 时，$h_W/t_W\leqslant(25+0.5\lambda)$
箱形	$b_0/t\leqslant40$	$h_W/t_W\leqslant40$

注：1. b/t、b_0/t 和 h_W/t_W 数值适用于 Q235 钢，当材料为其他牌号时应乘以 $\sqrt{235/f_y}$。

2. λ 为构件两方向长细比的较大值。宽厚比（径厚比）参数示意如图 6-4 所示。

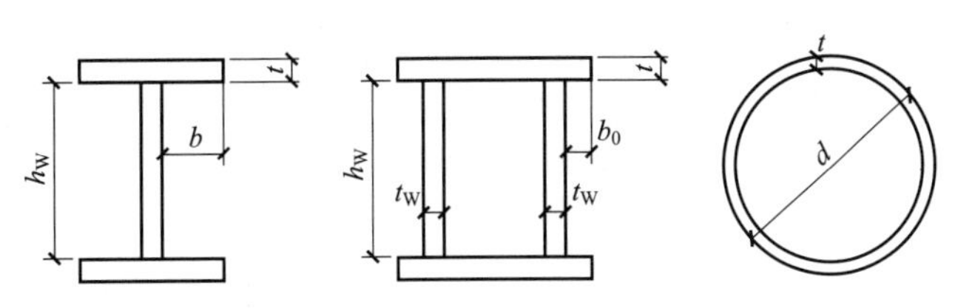

图 6-4　宽厚比（径厚比）参数示意

(6) 梁柱构件的侧向支承要求

① 抗震设计时，框架梁受压翼缘应根据需要设置侧向支承，在出现塑性铰的截面处，其上下翼缘均应设置侧向支承。

当梁上翼缘与楼板有可靠连接时，固端梁下翼缘在梁端 0.15 倍梁跨附近宜设置隅撑；梁端采用加强型连接或骨式连接时，应在塑性区外设置竖向加劲肋，隅撑与偏置 45°的竖向加劲肋在梁下翼缘附近相连，该竖向加劲肋不应与翼缘焊接。梁端下翼缘宽度局部加大，对梁下翼缘侧向约束较大时，视情况也可不设隅撑。

② 梁的受压翼缘在侧向支承点间长细比限值不应超过表 6-5 的规定。

表 6-5 梁的受压翼缘在侧向支承点间长细比限值

条件	弯矩作用平面外的长细比 λ_y
$-1 \leqslant M_1/(W_{px}f) \leqslant 0.5$	$\left(60-40\dfrac{M_1}{W_{px}f}\right)\sqrt{\dfrac{235}{f_y}}$
$0.5 < M_1/(W_{px}f) \leqslant 1.0$	$\left(45-10\dfrac{M_1}{W_{px}f}\right)\sqrt{\dfrac{235}{f_y}}$

式中 λ_y——弯矩作用平面外的长细比；

l_1——侧向支承点间距离，对不出现塑性铰的构件区段，其侧向支承点间距应由《钢结构设计标准》(GB 50017—2017) 第 6 章和第 8 章内有关弯矩作用平面外的整体稳定计算确定；

i_y——截面绕弱轴的回转半径；

W_{px}——对 x 轴的塑性毛截面模量；

M_1——与塑性铰相距为 l_1 的侧向支承点处的弯矩，当长度 l_1 内为同向曲率时，$M_1/(W_{px}f)$ 为正，为反向曲率时，$M_1/(W_{px}f)$ 为负。

(7) 框架柱的长细比限值

① 高层民用建筑钢结构的框架柱长细比限值不应超过表 6-6 中的规定。

表 6-6 高层民用建筑钢结构的框架柱长细比限值

非抗震设防结构	防震设防结构			
	一级	二级	三级	四级
100	60	70	80	100

② 多层民用建筑钢结构的框架柱长细比，可参照高层民用建筑钢结构取限值，也可按照表 6-7 取限值。

表 6-7 多层民用建筑钢结构的框架柱长细比限值

非抗震设防结构	防震设防结构			
	一级	二级	三级	四级
120	60	80	100	120

注：表列数值适用于 Q235 钢，当材料为其他牌号时应乘以 $\sqrt{235/f_y}$。

(8) 其他

角焊缝的焊脚尺寸 h_f 不得小于 $1.5\sqrt{t}$，t 为较厚焊件厚度，且不宜大于较薄焊件厚度的 1.2 倍。

6.3 框架节点构造详图索引

框架节点构造详图索引如图 6-5 所示。

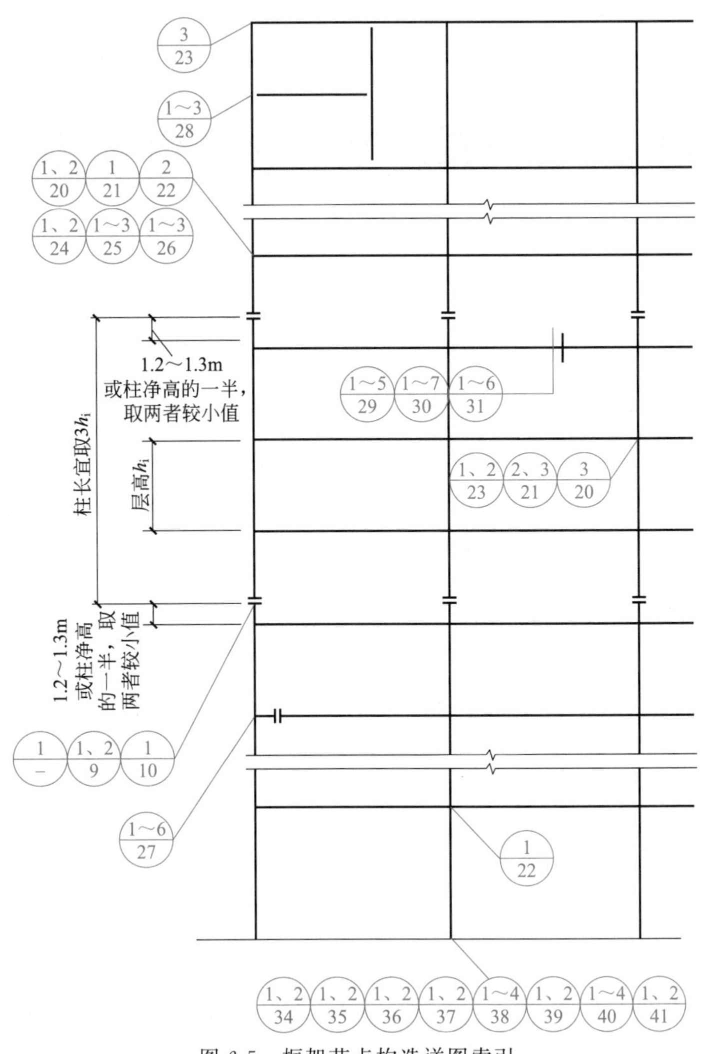

图 6-5　框架节点构造详图索引

6.4 柱拼接识图与节点构造

6.4.1 钢柱识图

(1) 平拼

先在柱的适当位置用枕木搭设 3～4 个支点，如图 6-6(a) 所示。各支点高度应拉通线，使柱轴线的中心线为一条水平线。先吊下节柱找平，再吊上节柱，使两端头对准，然后找中心线，并将安装螺栓或夹具上紧，最后进行接头焊接，采取对称施焊，焊完一面再翻过来焊另一面。

(2) 立拼

在下节柱适当位置设 2～3 个支点，上节柱设 1～2 个支点，如图 6-6(b) 所示，各支点用水平仪测平并垫平。拼装时先吊下节柱，使牛腿向下，并找平中心，再吊上节柱，使两节柱的节头端相对准，然后找正中心线，并将安装螺栓拧紧，最后进行接头焊接。

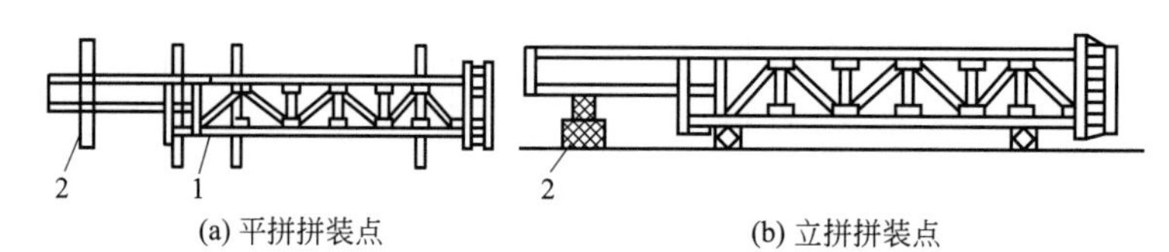

图 6-6 钢柱的拼装

1—拼接点；2—枕木

(3) 柱底座板和柱身组合拼装

柱底座板和柱身组合拼装时，应符合以下规定。

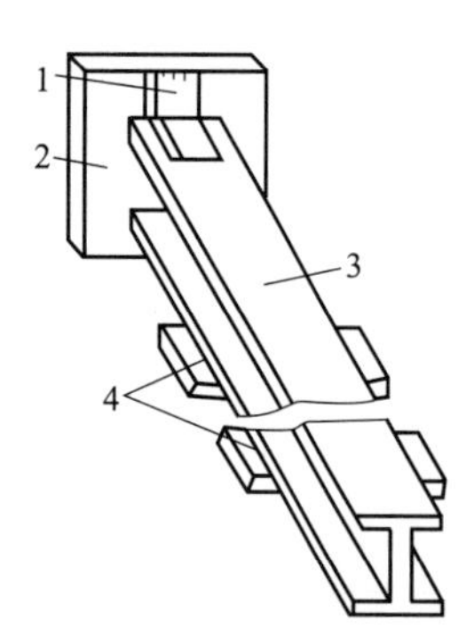

图 6-7 钢柱拼装示意

1—定位角钢；2—柱底板；3—柱身；4—水平垫基

① 将柱身按设计尺寸先行拼装焊接，使柱身达到横平竖直，符合设计和验收标准的要求。若不符合质量要求，可进行矫正以达到质量要求。

② 将事先准备好的柱底板按设计规定尺寸，分清内外方向画结构线并焊挡铁定位，防止在拼装时位移。

③ 柱底板与柱身拼装之前，必须将柱身与柱底板接触的端面用刨床或砂轮加工平。同时将柱身分几点垫平，如图 6-7 所示。使柱身垂直柱底板，保证安装后受力均匀，防止产生偏心压力，以达到质量要求。

④ 拼装时，将柱底座板用角钢头或平面型钢按位置点固，作为定位倒吊挂在柱身平面，并用直角尺检查垂直度和间隙大小，待合格后进行四周全面点固。为避免焊接变形，应采用对角或对称方法进行焊接。

⑤ 若柱底板左右有梯形板时，可先将底板与柱端接触焊缝焊完后，再组对梯形板，并同时焊接，这样可避免梯形板妨碍底板缝的焊接。

6.4.2 柱的工地拼接

6.4.2.1 H形截面柱的工地拼接及耳板的设置构造

H 形截面柱的工地拼接及耳板的设置构造如图 6-8 所示。

① 如图 6-8 所示，柱长一般宜三层一根，其接头宜位于框架梁顶面以上 1.2～1.3m 或柱净高的一半，取两者的较小值。

② 柱拼接时，当柱的板件厚度较大时，在工地宜采用全焊接连接。H 形柱全焊接拼接时翼缘开 V 形坡口，腹板开 K 形坡口。

③ 耳板厚度应根据风荷载和其他施工荷载确定，在任何情况下都不得小于 10mm；当连接板为单板时，其板厚宜取耳板厚度的 1.2～1.4 倍。当连接板为双板时，其板厚可取耳板厚度的约 70%。柱焊接完成后，将其耳板切除。

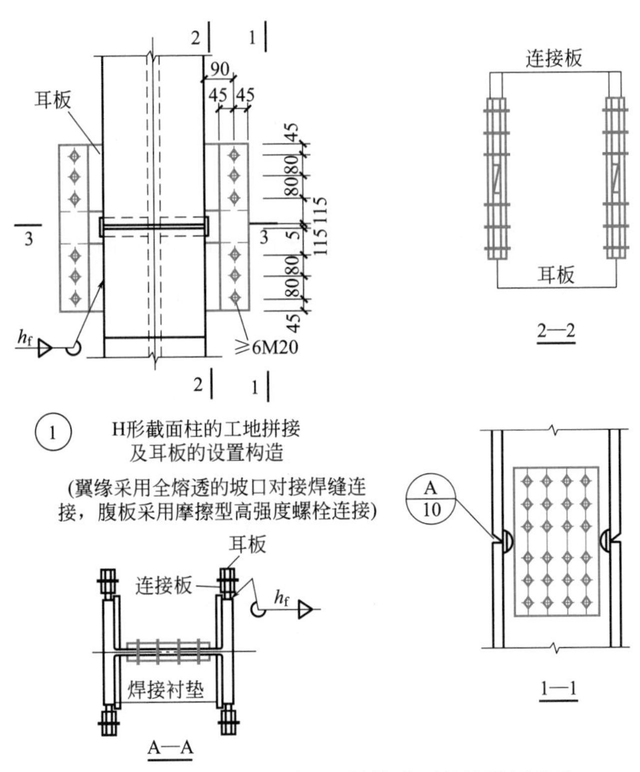

图 6-8　H 形截面柱的工地拼接及耳板的设置构造

6.4.2.2　十字形截面柱的工地拼接

十字形截面柱的工地拼接如图 6-9 所示，其剖面详图如图 6-10 所示。

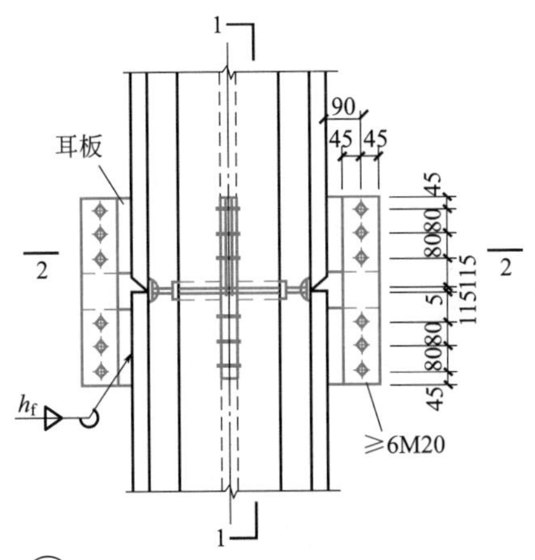

图 6-9　十字形截面柱的工地拼接

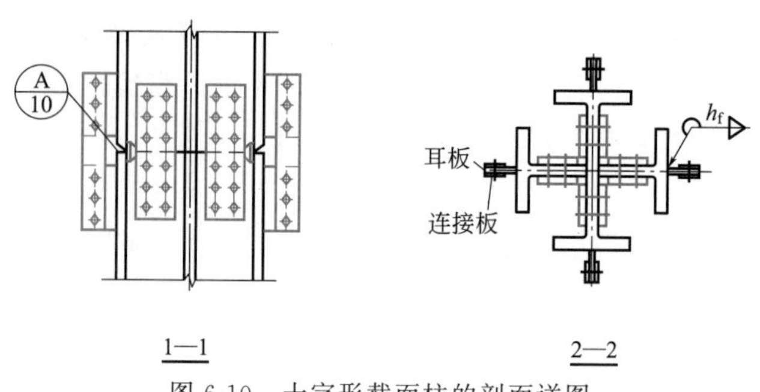

图 6-10 十字形截面柱的剖面详图

十字形截面柱主要用于型钢混凝土柱。十字形截面柱拼接时，若截面较大，腹板采用高强度螺栓拼接经常会导致螺栓过多，排布困难，宜采用全焊接。

6.4.2.3 箱形截面柱的工地拼接

箱形截面柱的工地拼接如图 6-11 所示，其剖面详图如图 6-12 所示。

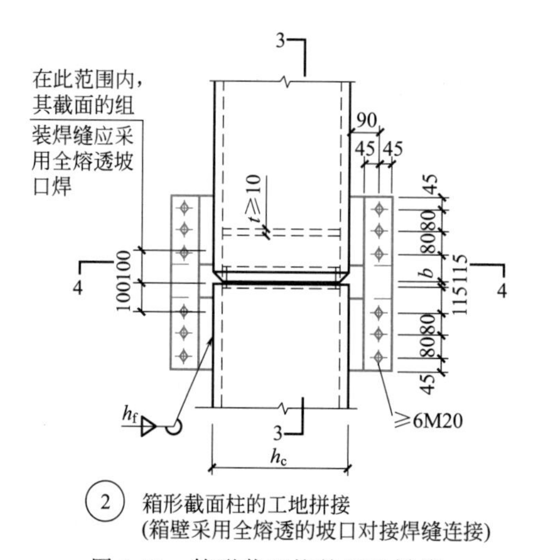

图 6-11 箱形截面柱的工地拼接

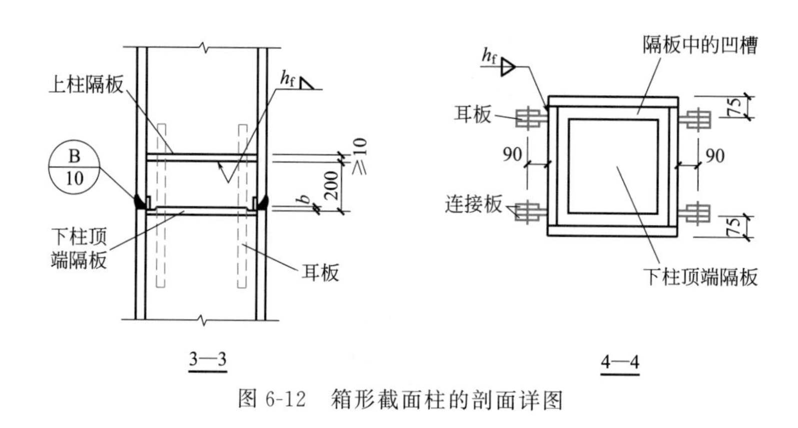

图 6-12 箱形截面柱的剖面详图

6.4.2.4 圆钢管柱的工地拼接

圆钢管柱的工地拼接如图 6-13 所示。

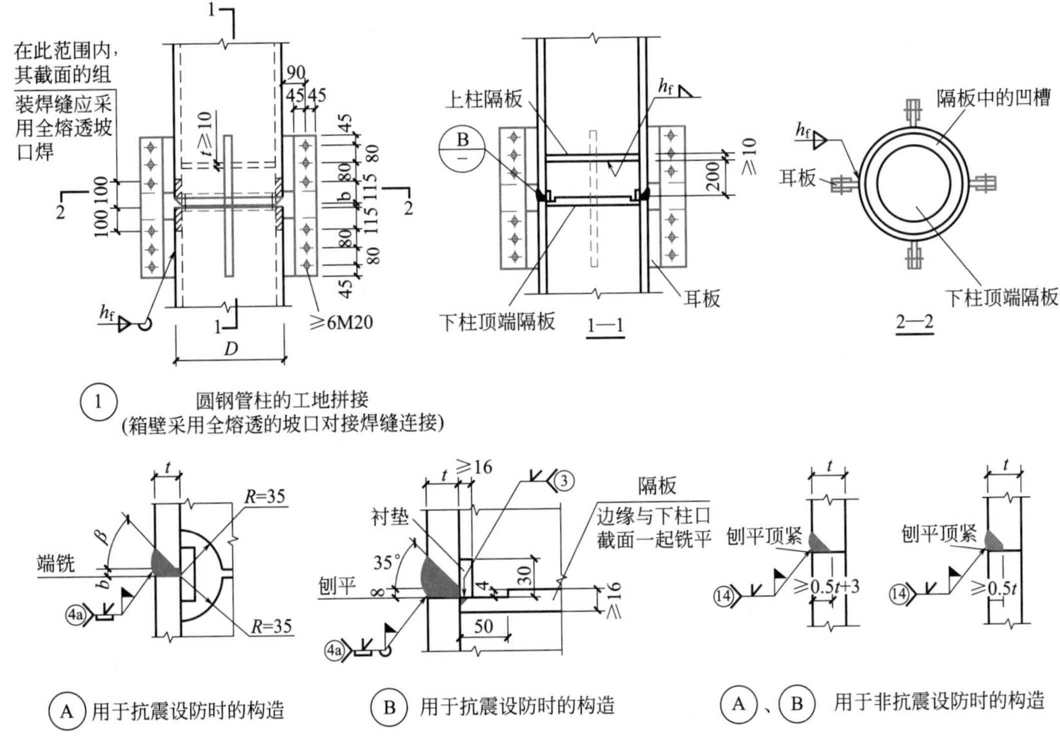

图 6-13　圆钢管柱的工地拼接

6.4.3　变截面 H 形截面边柱的工厂拼接

变截面 H 形截面边柱的工厂拼接如图 6-14 所示。

① 当柱全部采用焊接 H 形钢时，柱在梁翼缘上下各 500m 的节点范围内，柱翼缘与柱腹板间的连接焊缝，应采用全熔透坡口焊缝。

② 在节点①～④中对应于框架梁翼缘所在位置设置的水平加劲肋，其中心线应与梁翼缘的中心线对准，且厚度 t_s 和宽厚比 b_s/t_s 应符合下列要求：在抗震设防结构中，其厚度不得小于梁翼缘厚度加 2m，宽厚比不应超过表 6-2 中梁翼缘外伸部分的限值；在非抗震设防结构中，其厚度不得小于最大梁翼缘厚度的 1/2，宽厚比不应超过表 6-3 规定的限值。

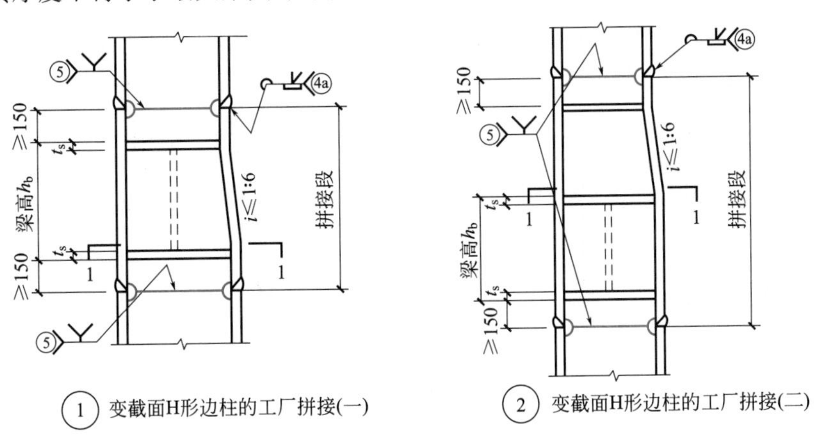

图 6-14

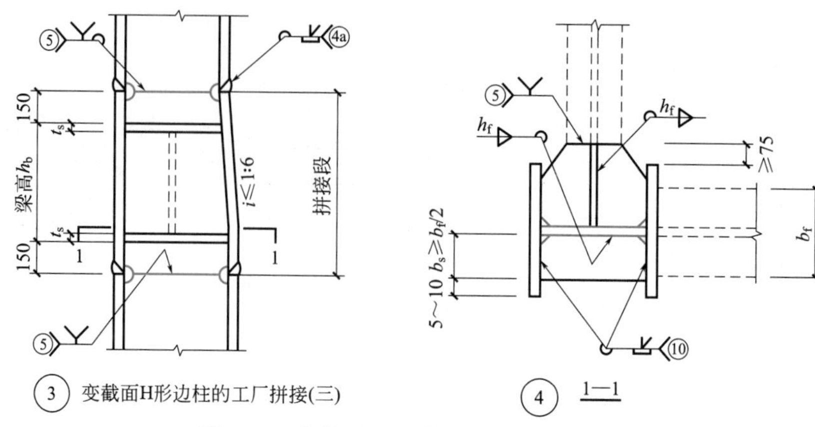

③ 变截面H形边柱的工厂拼接(三)　　④ 1—1

图 6-14　变截面 H 形截面边柱的工厂拼接

6.4.4 变截面 H 形截面中柱的工厂拼接

变截面 H 形截面中柱的工厂拼接如图 6-15 所示。

节点①、②中柱拼接位置如果距离水平加劲肋超过 150m，需要再增加一道加劲肋。

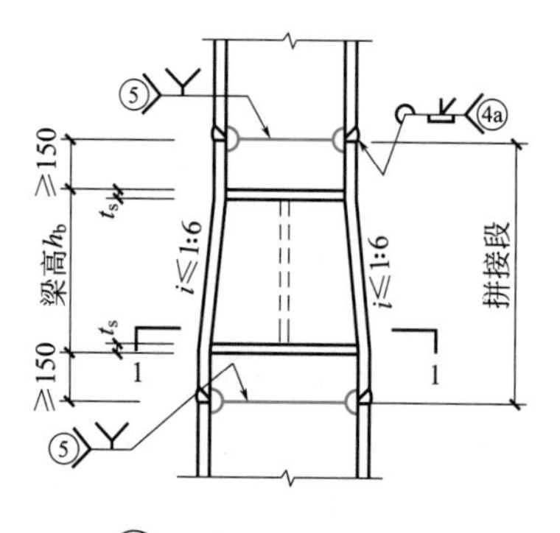

① 变截面H形中柱的工厂拼接(一)

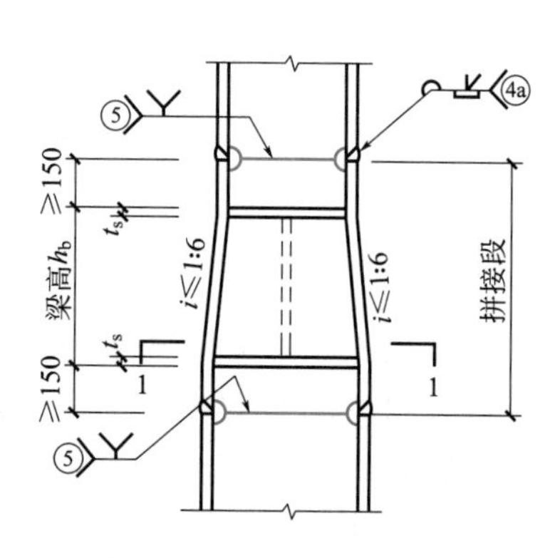

② 变截面H形中柱的工厂拼接(二)

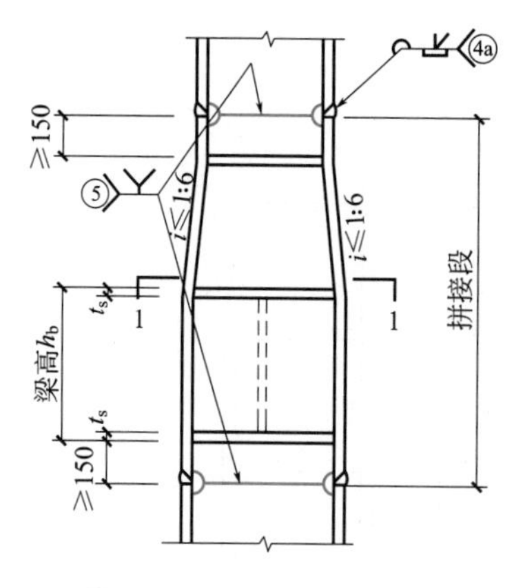

③ 变截面H形中柱的工厂拼接(三)

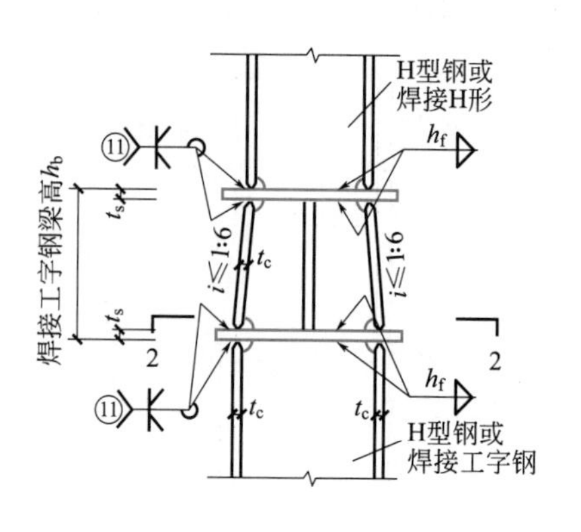

④ 变截面H形中柱的工厂拼接(四)

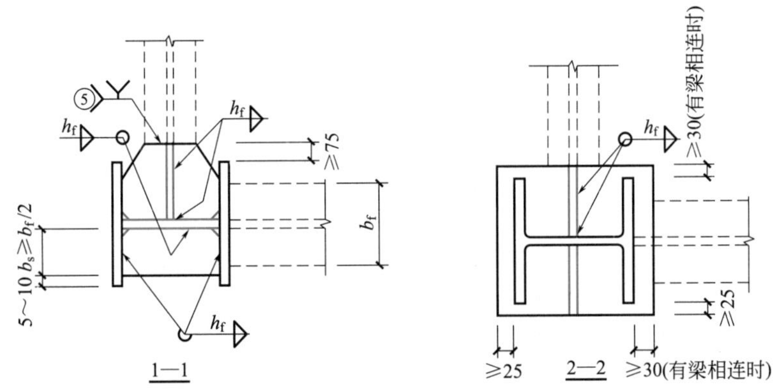

图 6-15　变截面 H 形截面中柱的工厂拼接

在节点③中对应于框架梁翼缘所在位置设置的贯通式隔板厚度应等于梁翼缘中的最厚者+2mm，且不小于柱壁板的厚度。若柱全部采用焊接工字钢，柱在梁翼缘上下各 500～600mm 的节点范围内，柱翼缘与柱腹板间的连接焊缝应采用坡口全熔透焊缝。

其余详见 6.4.3 小节部分相关内容。

6.4.5　箱形截面柱的工厂拼接

箱形截面柱的工厂拼接如图 6-16 所示，其剖面详图见图 6-17。

① 在节点②中对应于框架梁翼缘所在位置设置的贯通式隔板厚度应等于梁翼缘中的最厚者+2mm，且不小于柱壁板厚度。

② 在节点①中对应于框架梁翼缘所在位置设置的水平加劲肋，其中心线应与梁翼缘的中心线对准且厚度 t_s 和宽厚比 b_s/t_s 应符合下列要求：在抗震设防结构中，其厚度不得小于梁翼缘厚度加 2mm，宽厚比不应超过表 6-2 中工字形梁翼缘外伸部分的限值；在非抗震设防的结构中，其厚度不得小于最大梁翼缘厚度的 1/2，宽厚比不应超过表 6-3 规定的限值。

③ 节点①中括号内尺寸适用于柱宽大于 600mm 的情况。

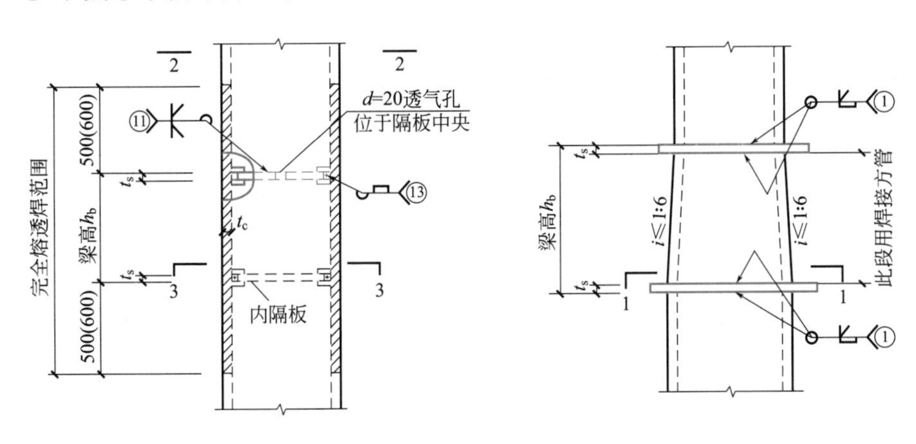

① 箱形截面柱的工厂拼接(设置内隔板)　② 箱形截面柱的工厂拼接(设置贯通式隔板)

图 6-16　箱形截面柱的工厂拼接

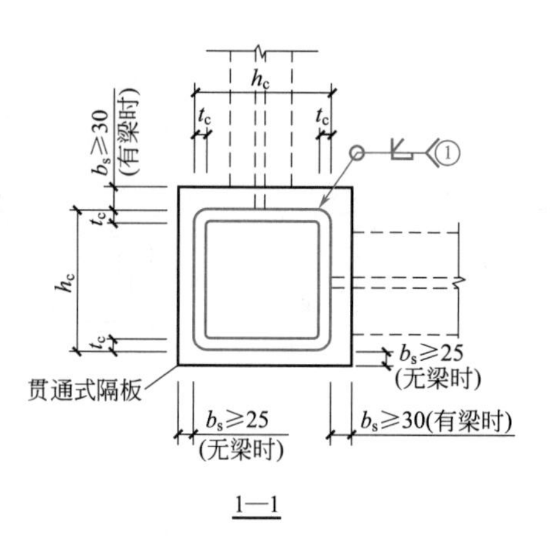

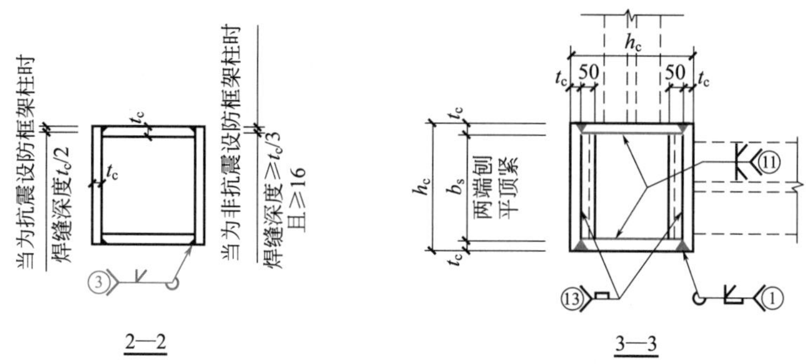

图 6-17 箱形截面柱的工厂拼接剖面详图

6.4.6 箱形截面柱及圆钢管柱的工厂拼接

① 图 6-18 中的 2—2、3—3 剖面详图见图 6-17 中的剖面 2—2、3—3 详图。

② 在节点①～④中，对应于框架梁翼缘所在位置应设置水平加劲隔板，其厚度 t_s 和宽厚比 b_s/t_s 同 6.4.5 小节中的②内容。

③ 在节点⑤中对应于框架梁翼缘所在位置设置的贯通式隔板，其板厚应等于梁翼缘板中的最厚者+2mm，且不小于柱壁板的厚度。

④ 节点①～④中括号内尺寸适用于柱宽大于 600mm 的情况。

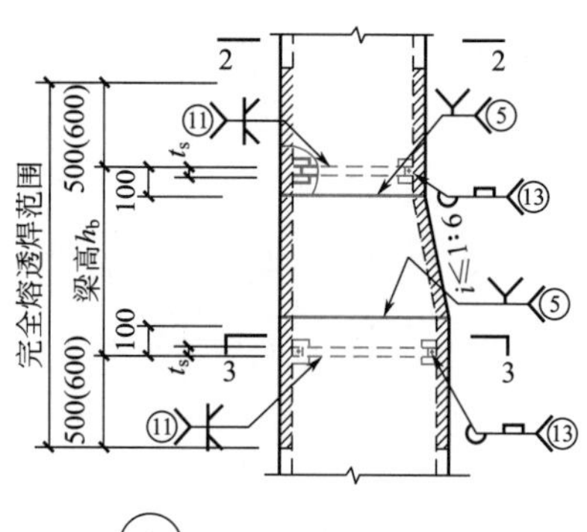

1 变截面箱形边柱的工厂拼接
(设置内隔板，变截面处拼接)

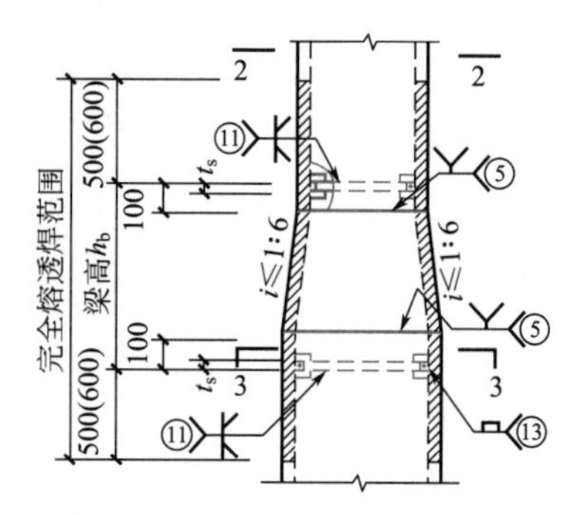

3 变截面箱形边柱的工厂拼接
(设置内隔板，变截面处拼接)

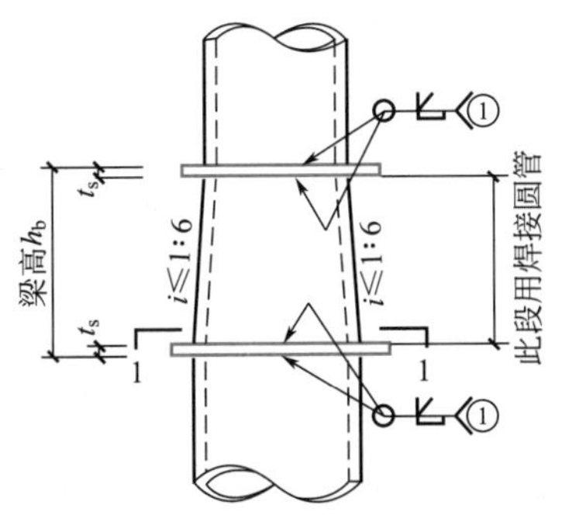

⑤ 圆管柱的工厂拼接(设置贯通式隔板)

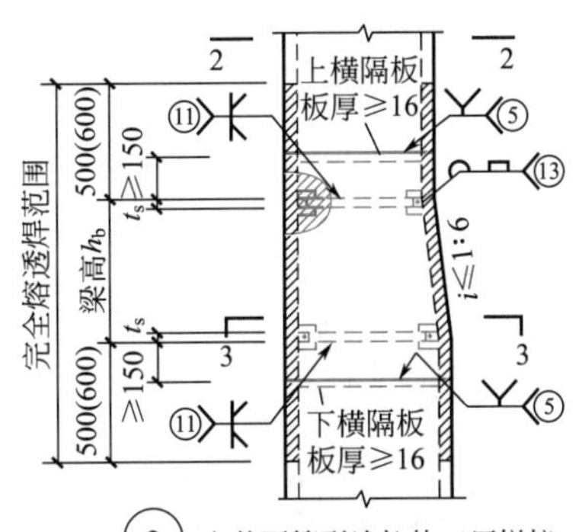

② 变截面箱形边柱的工厂拼接(设置内隔板，非变截面处拼接)

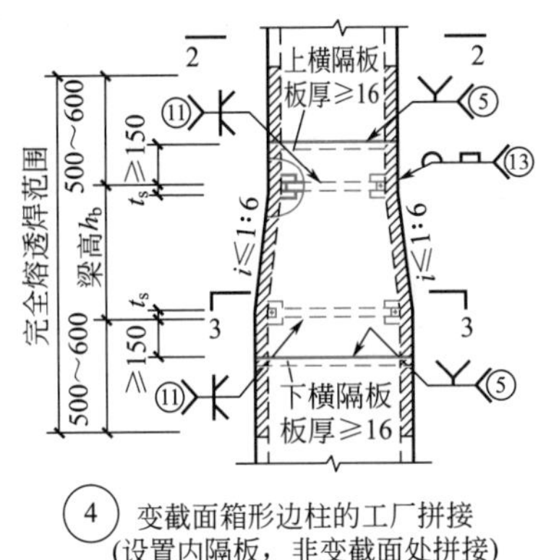

④ 变截面箱形边柱的工厂拼接(设置内隔板，非变截面处拼接)

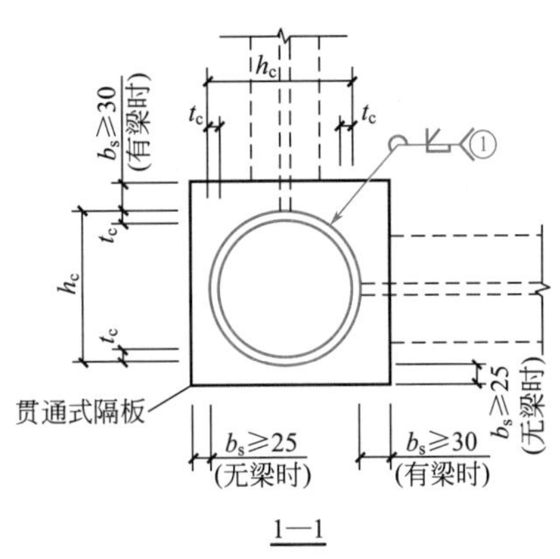

1—1

图 6-18　箱形截面柱及圆钢管柱的工厂拼接

6.4.7 箱形截面柱与十字形截面柱的拼接

① 在箱形截面柱中对应于框架梁翼缘所在位置设置的水平加劲隔板，其厚度要求同6.4.5小节的②内容。

② 箱形截面柱与十字形截面柱的工厂拼接如图6-19所示，图中括号内尺寸适用于柱宽大于600mm的情况。

③ 图6-19中3—3的坡口焊缝衬垫未示出。

6.4.8 箱形截面柱与H形截面柱的工厂拼接

① 在箱形截面柱中对应于梁纵筋所在位置设置的水平加劲隔板，其截面积不得小于一侧梁纵筋面积之和。梁纵筋与型钢柱的连接方式见《型钢混凝土结构施工钢筋排布规则与构造详图》(12SG904-1)。

② 箱形截面柱与H形截面柱的工厂拼接如图6-20所示，图中括号内尺寸适用于柱宽大于600mm的情况。

6.4.9 圆钢管柱与型钢混凝土柱连接节点

在圆柱中对应于梁纵筋所在位置设置的水平加劲隔板，其截面积不得小于一侧梁纵筋

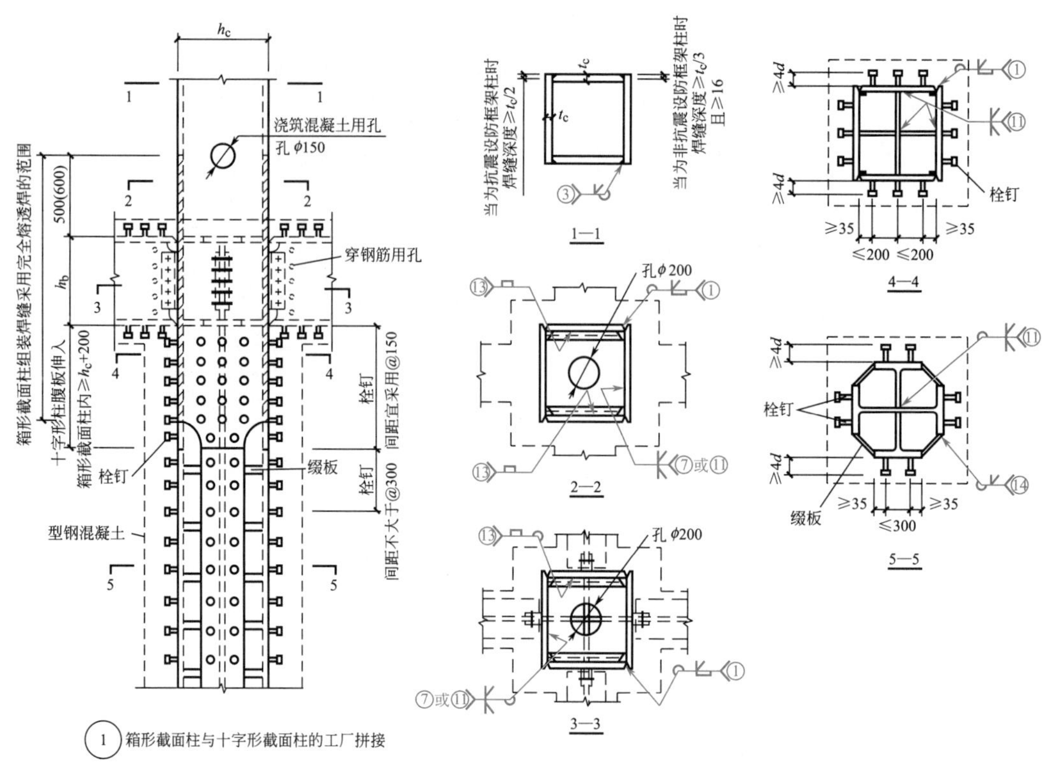

图 6-19 箱形截面柱与十字形截面柱的工厂拼接

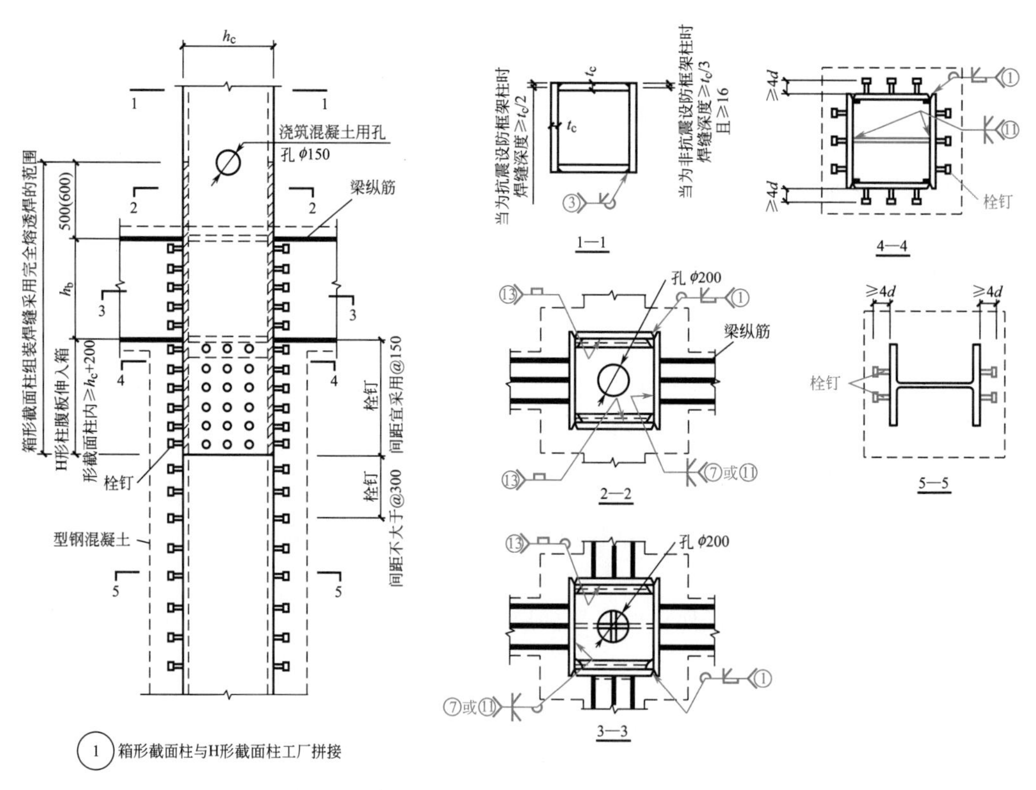

图 6-20 箱形截面柱与 H 形截面柱的工厂拼接

面积之和。梁纵筋与钢骨柱的连接方式见《型钢混凝土结构施工钢筋排布规则与构造详图》(12SG904-1)。圆钢管柱与型钢混凝土柱连接节点如图 6-21 所示，1—1、2—2、3—3 截面剖面图如图 6-22 所示。

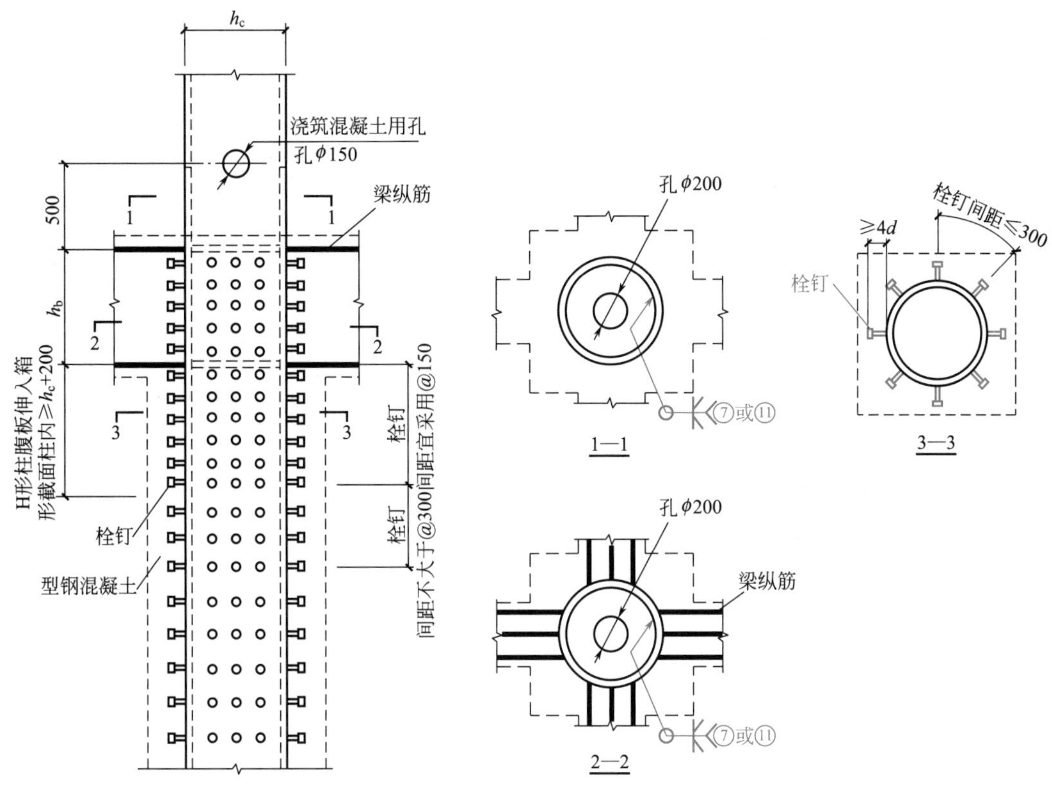

图 6-21 圆钢管柱与型钢混凝土柱连接节点

图 6-22 1—1、2—2、3—3 截面剖面图

6.5 梁柱连接

6.5.1 柱两侧梁高不等时柱内水平加劲肋的设置

当柱两侧的梁底高差≥150mm 且不小于水平加劲肋外伸宽度时的做法如图 6-23 所示，当柱两侧的梁底高差＜150mm 时的做法如图 6-24 所示，当柱的两个互相垂直的方向的梁底高差≥150mm 且不小于水平加劲肋外伸宽度时的做法如图 6-25 所示。

① 图 6-23～图 6-25 中所有水平加劲肋的宽度、厚度及焊缝形式要求，与 6.4.3 小节中的规定相同。

② b_s 为横向加劲肋的外伸宽度。

6.5.2 H 形柱腹板在节点域厚度不足时的补强措施

将柱腹板在节点域局部加厚为 t_{wl}，并与邻近的柱腹板 t_w 进行工厂拼接，焊接 H 形柱腹板在节点域的补强措施如图 6-26 所示。

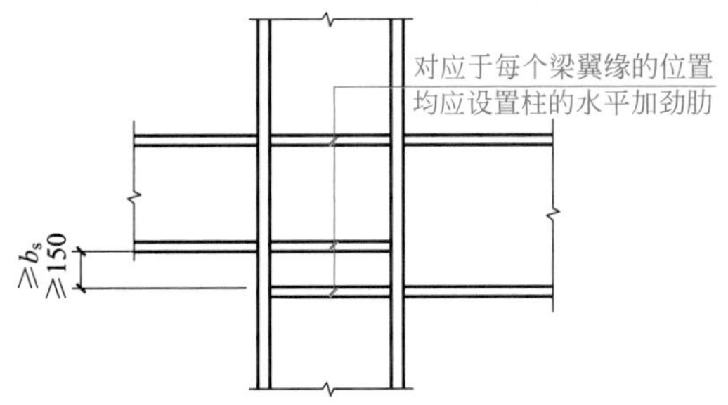

图 6-23 不等高梁与柱的刚性连接构造（一）

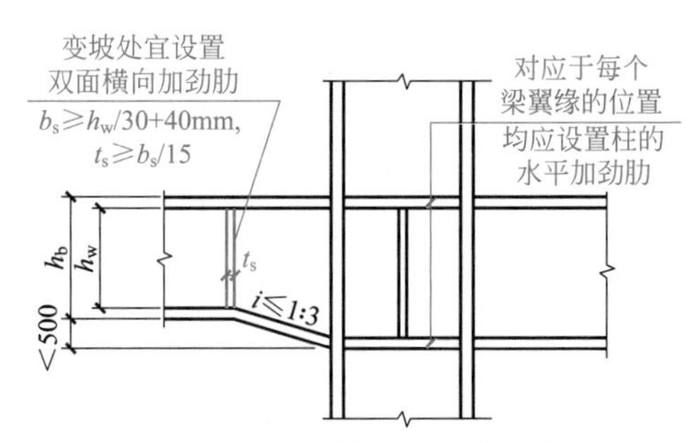

图 6-24 不等高梁与柱的刚性连接构造（二）

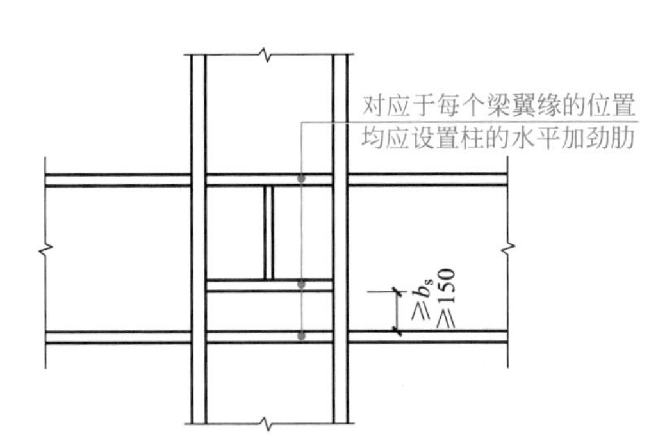

图 6-25 不等高梁与柱的刚性连接构造（三）

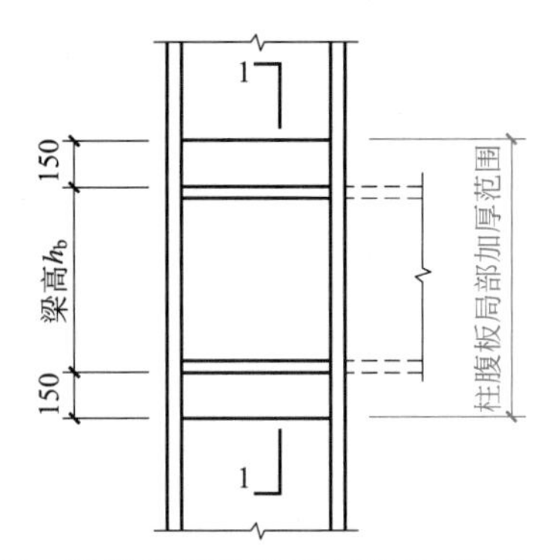

图 6-26 焊接 H 形柱腹板在节点域的补强措施

当节点域厚度不足部分小于腹板厚度时，用单面补强；若大于腹板厚度时则用双面补强。补强时，将补强板伸过水平加劲肋，与柱翼缘采用填充对接焊，与腹板采用角焊缝连接，在板域范围内采用塞焊连接。H 型钢柱腹板在节点域的补强措施如图 6-27(a) 所示。补强板限制在节点域范围内，补强板与柱翼缘和水平加劲肋均采用填充对接焊，在板域范围内用塞焊连接，如图 6-27(b) 所示。

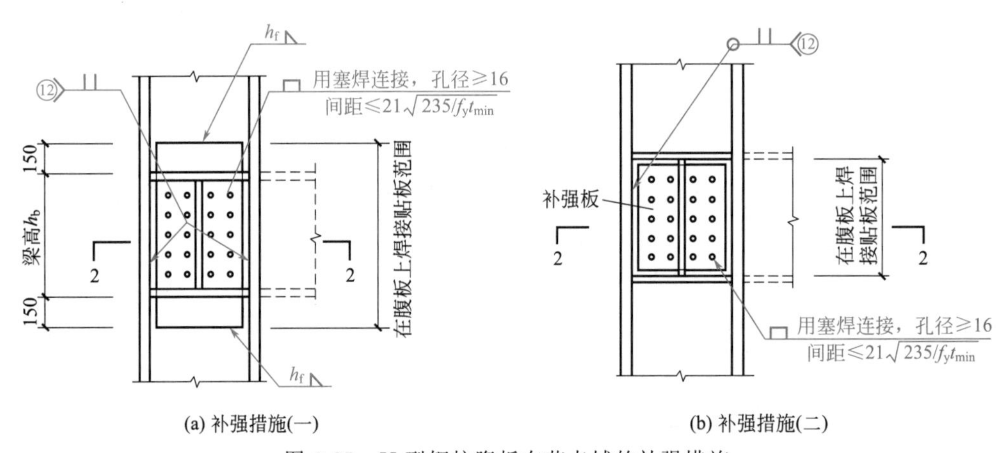

图 6-27 H 型钢柱腹板在节点域的补强措施

在抗震设防的结构中，若 H 形截面柱和箱形截面柱的腹板在节点域范围的稳定性不满足下式要求时，则应按规范要求计算并按图 6-27 所示的几种方法进行加固。

$$t_{wc} \geqslant \frac{h_{ob}+h_{oc}}{90} \tag{6-13}$$

式中　t_{wc}——柱在节点域的腹板厚度，当为箱形柱时，仍取一块腹板的厚度；

h_{ob}，h_{oe}——梁腹板和柱腹板的高度。

6.5.3　梁与柱的加强型连接

① 按照常规等截面梁与柱栓焊连接的多、高层钢结构，在遭受预估罕遇地震后的实地调查发现，造成破坏者，其破坏部位多在框架梁的下翼缘与柱的工地焊接连接处，致使钢结构所具有的良好延性并没有发挥出来。采用“强节点弱杆件”连接，可使在大震作用下，塑性铰出现在梁上，消耗地震能量，实现遭受预估的罕遇地震后不倒的抗震设计目标。

② 梁腹板或节点板与柱的连接焊缝，当板厚小于 16mm 时，可采用双面角焊缝；当板厚不小于 16mm 时采用 K 形坡口焊缝。地震设防烈度在 7 度（0.15g）以上时应进行围焊。

③ 图 6-28、图 6-29 应与 6.4.3 小节中图 6-14 至 6.4.6 小节中图 6-18 中的节点（6.4.4 小节中图 6-15 的节点②、6.4.5 小节中图 6-16 的节点②、6.4.6 小节中图 6-18 的节点⑤除外）配合使用。

④ 平面图上的坡口焊缝衬板未示出。

a. 图 6-30 的相关说明见本小节①、②相关部分。

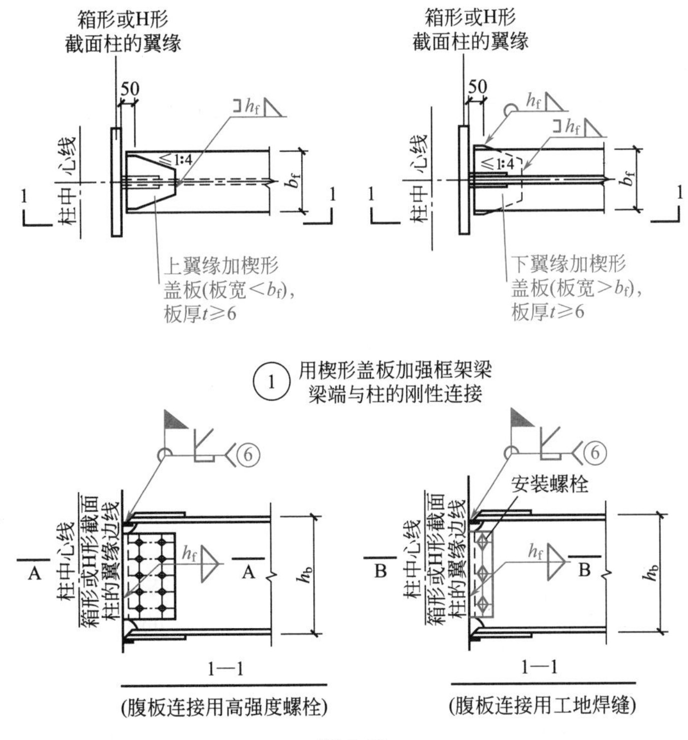

图 6-28

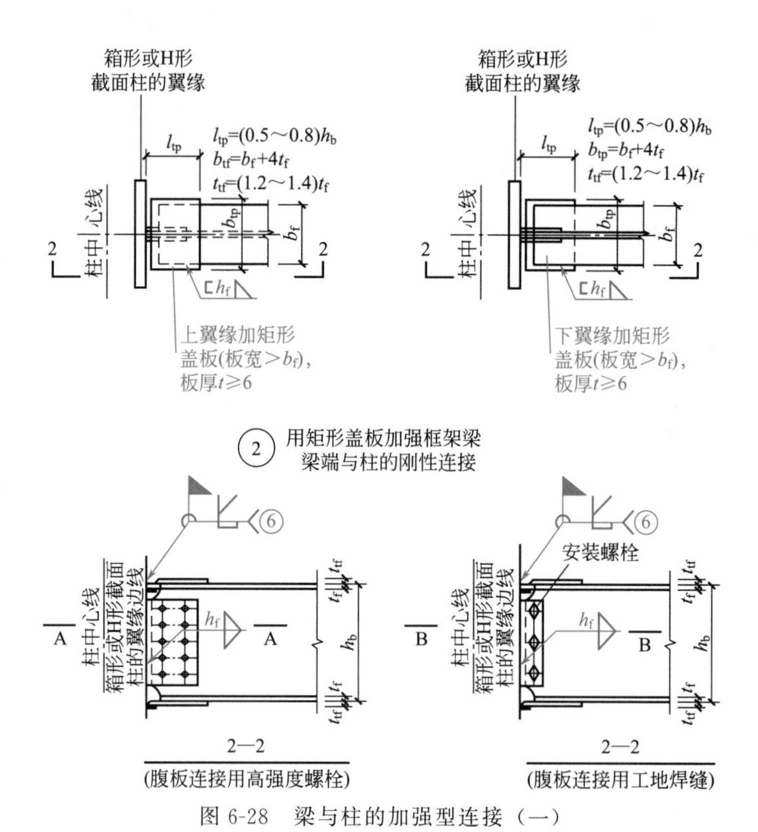

图 6-28 梁与柱的加强型连接（一）

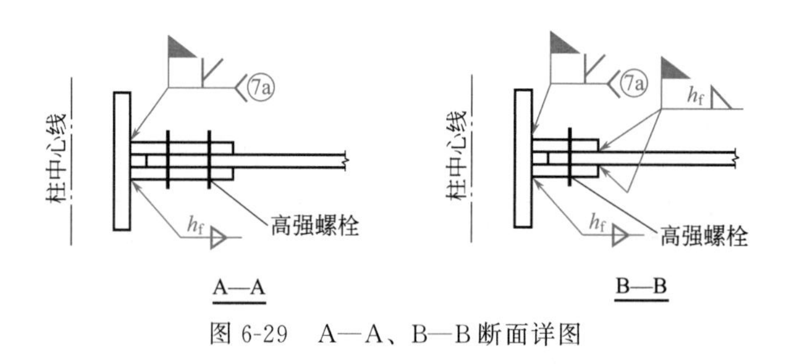

图 6-29 A—A、B—B 断面详图

b. 图 6-30 应与 6.4.3 小节中图 6-14 至 6.4.6 小节中图 6-18 的节点配合使用。

c. 平面图上的坡口焊缝衬板未示出。

l_a=(0.50～0.75)b_f
l_b=(0.30～0.45)h_b
b_{wf}=(0.15～0.25)b_f
$R=(l_a^2+l_{wf}^2)2b_{wf}$

箱形或H形
截面柱的翼缘

柱中心线

① 用梁端翼缘扩展加强框架梁
梁端与柱的刚性连接

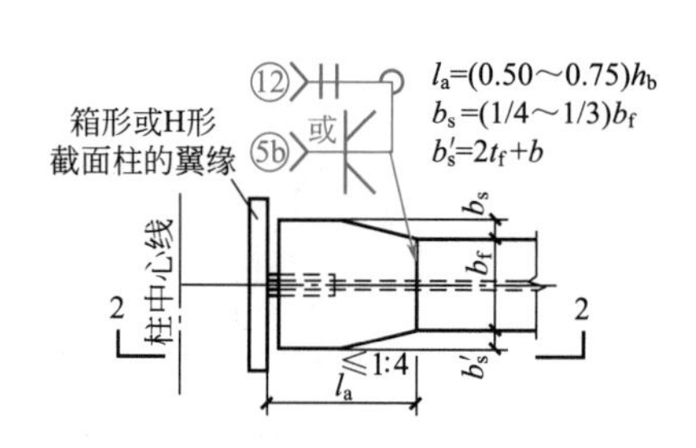

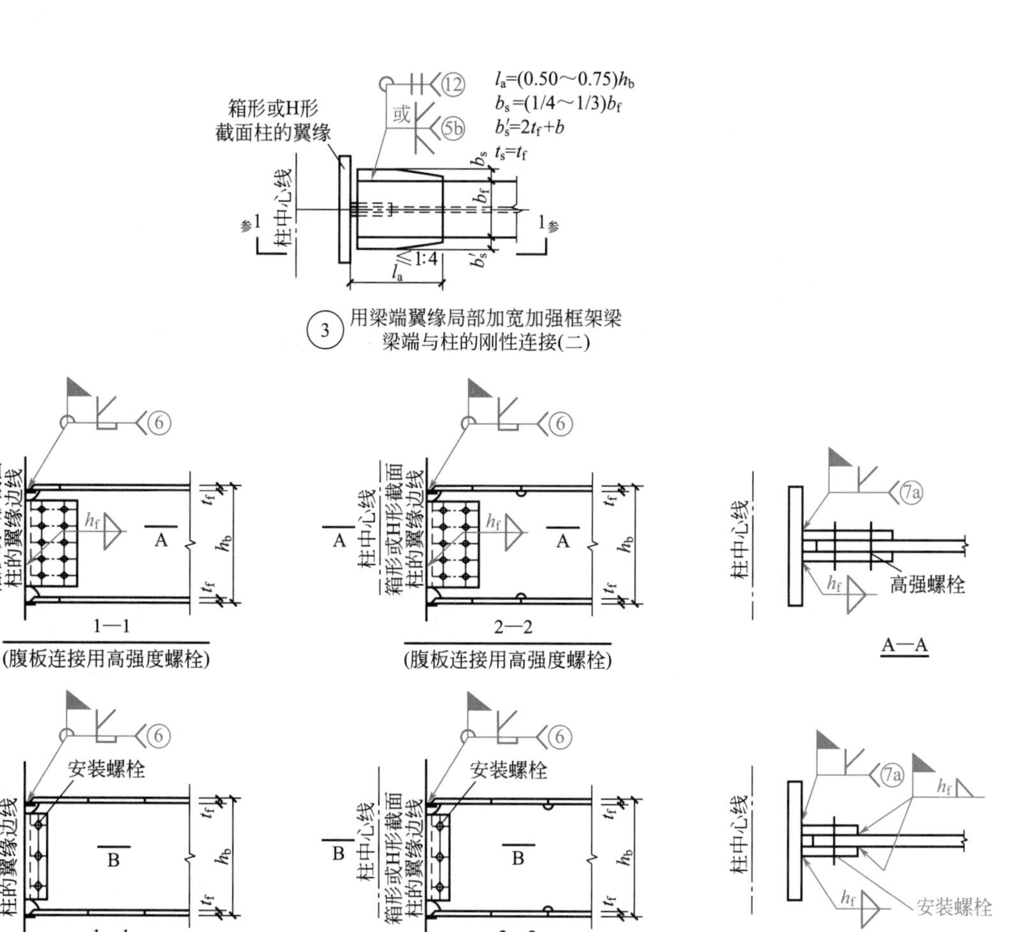

图 6-30 梁与柱的加强型连接（二）

a. 图 6-31 的相关说明同本小节的①、②内容。

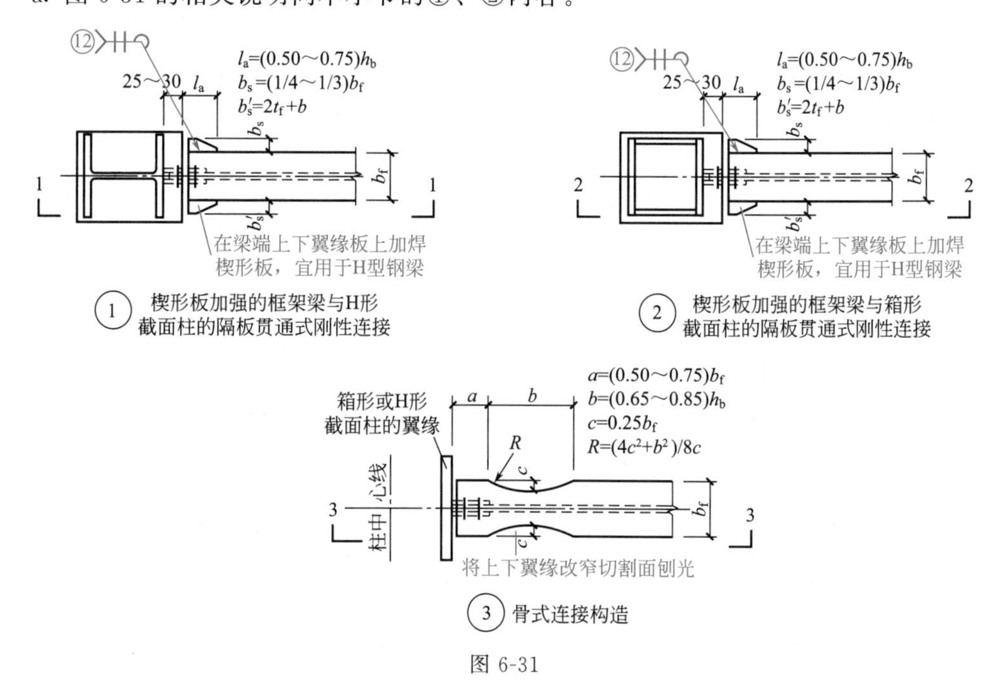

图 6-31

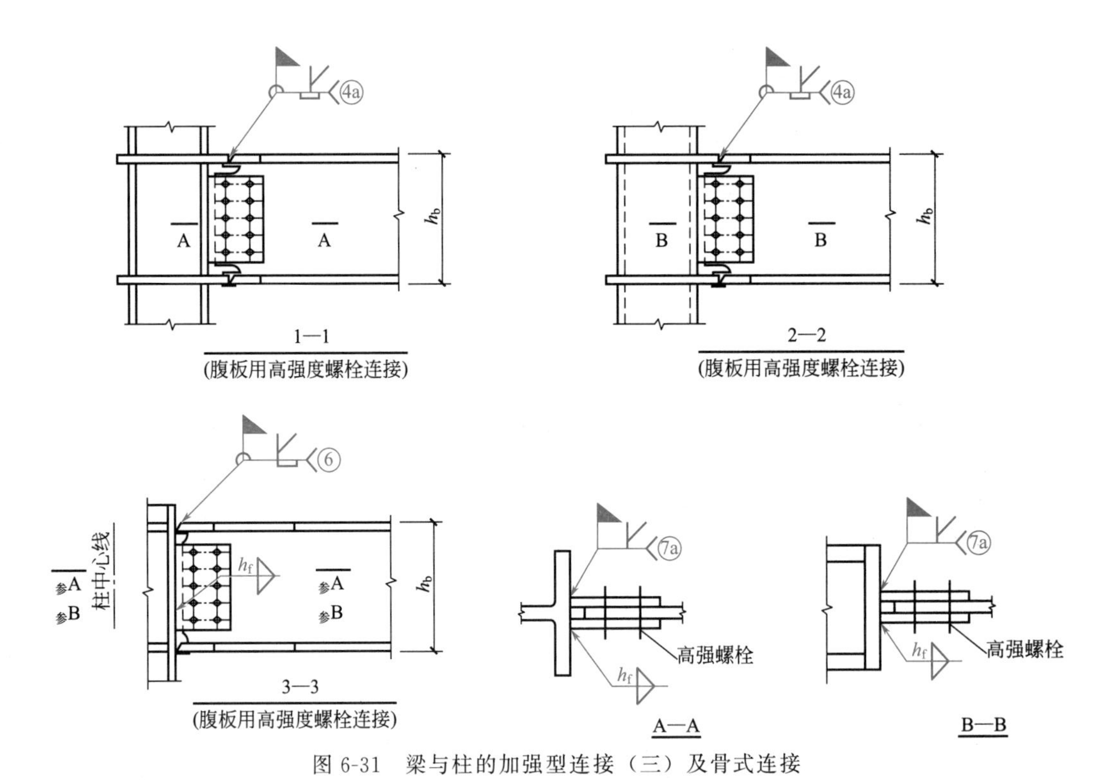

图 6-31　梁与柱的加强型连接（三）及骨式连接

b. 图 6-31 应与 6.4.3 小节中图 6-14 至 6.4.6 小节中图 6-18 的节点配合使用。

c. 腹板与柱的连接亦可采用焊接，参考本小节中的图 6-28～图 6-30。

d. 平面图上的坡口焊缝衬板未示出。

6.5.4　梁与框架柱的刚性连接构造

① 图 6-32 应分别与 6.4.3 小节中图 6-14 的节点①～④，6.4.4 小节中图 6-15 的节点①、②，6.4.5 小节中图 6-16 中的节点①，6.4.6 小节中图 6-18 的节点①～④配合使用。

② 在抗震设防结构中，宜采用 6.5.3 小节中图 6-28～图 6-31 所示的加强梁端与柱的连接或削弱梁翼缘的骨式连接。

③ 图 6-32 中Ⓐ节点中的剖面 A—A、B—B 详图参见 6.5.3 小节中图 6-29 的 A—A、B—B。

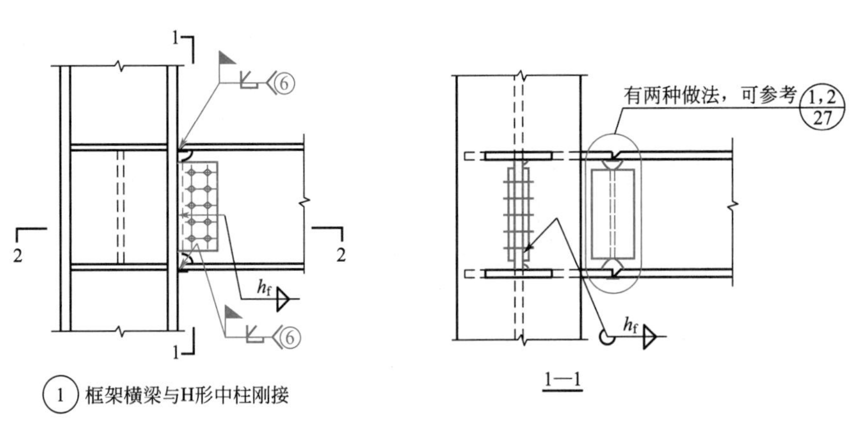

① 框架横梁与H形中柱刚接

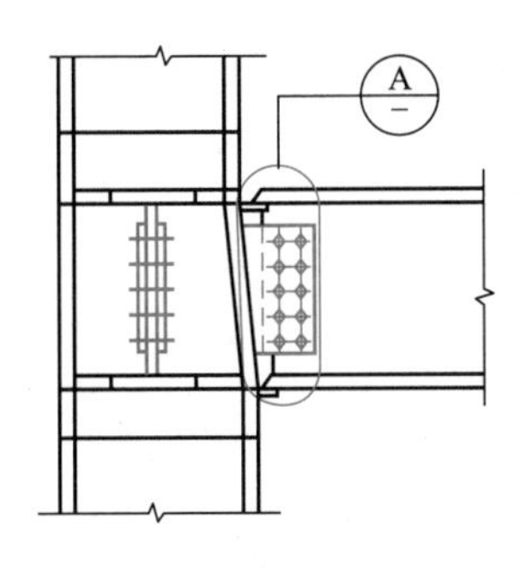

② 梁与边列变截面工字形(或箱形)柱的栓焊刚性连接

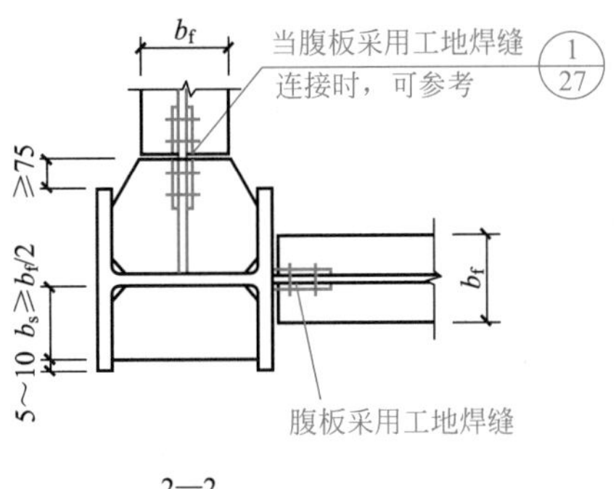

2—2

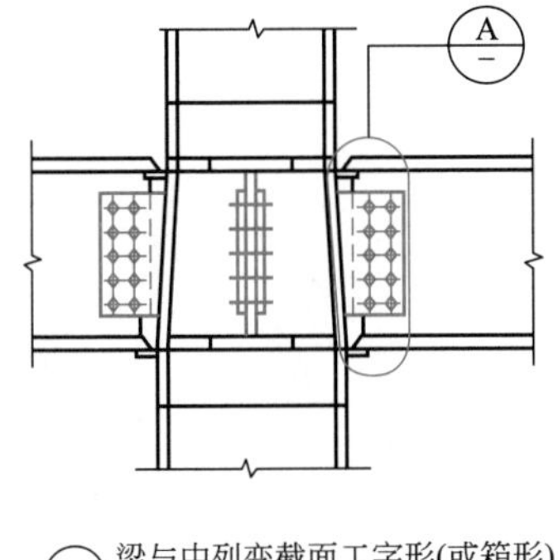

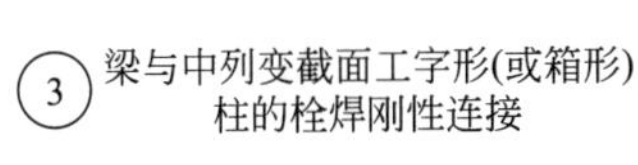

③ 梁与中列变截面工字形(或箱形)柱的栓焊刚性连接

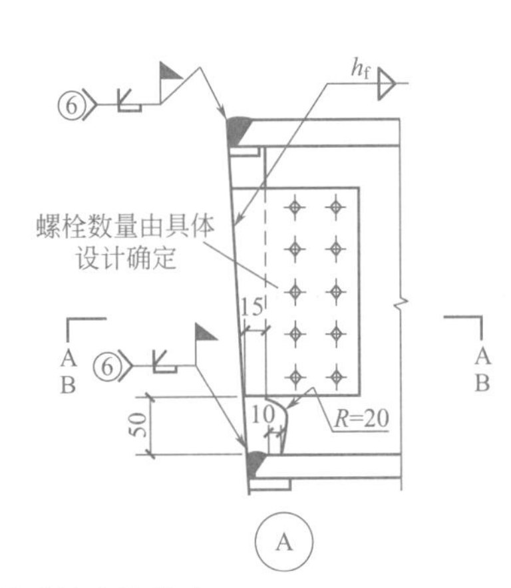

图 6-32 梁与框架柱的刚性连接构造（一）

① 图 6-33 中节点①应与 6.4.5 小节中图 6-16 的节点②（$i=0$）配合使用；节点②应与 6.4.5 小节中图 6-16 的节点①（去掉横隔板后）配合使用。

② 在图 6-33 的节点①～③中对应于框架梁翼缘所在位置设置的外连式水平加劲板厚应等于梁翼缘中的最厚者＋2mm，且不小于柱壁板的厚度。

③ 图 6-33 中在外连式水平加劲肋和梁端加有虚线的部分，表示用于抗震设防时加强梁端翼缘的连接构造。

④ 在图 6-33 的节点③中，当梁端的腹板采用工地焊缝连接时，可参见 6.5.3 小节中图 6-29 的 B—B。

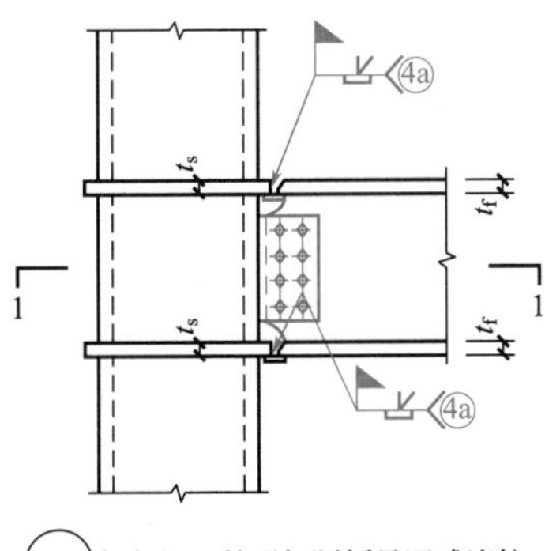

① 框架梁与箱形柱隔板贯通式连接

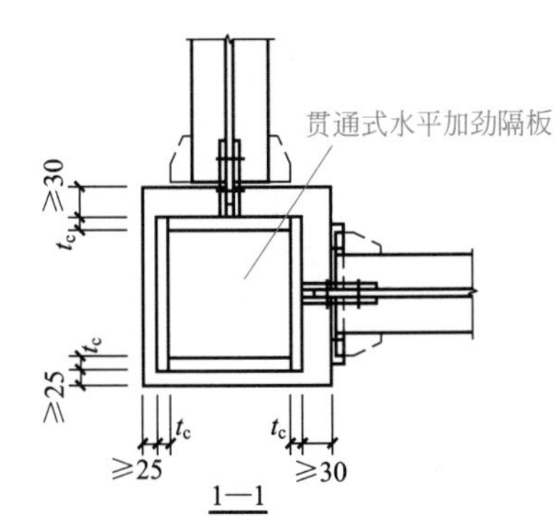

1—1

图 6-33

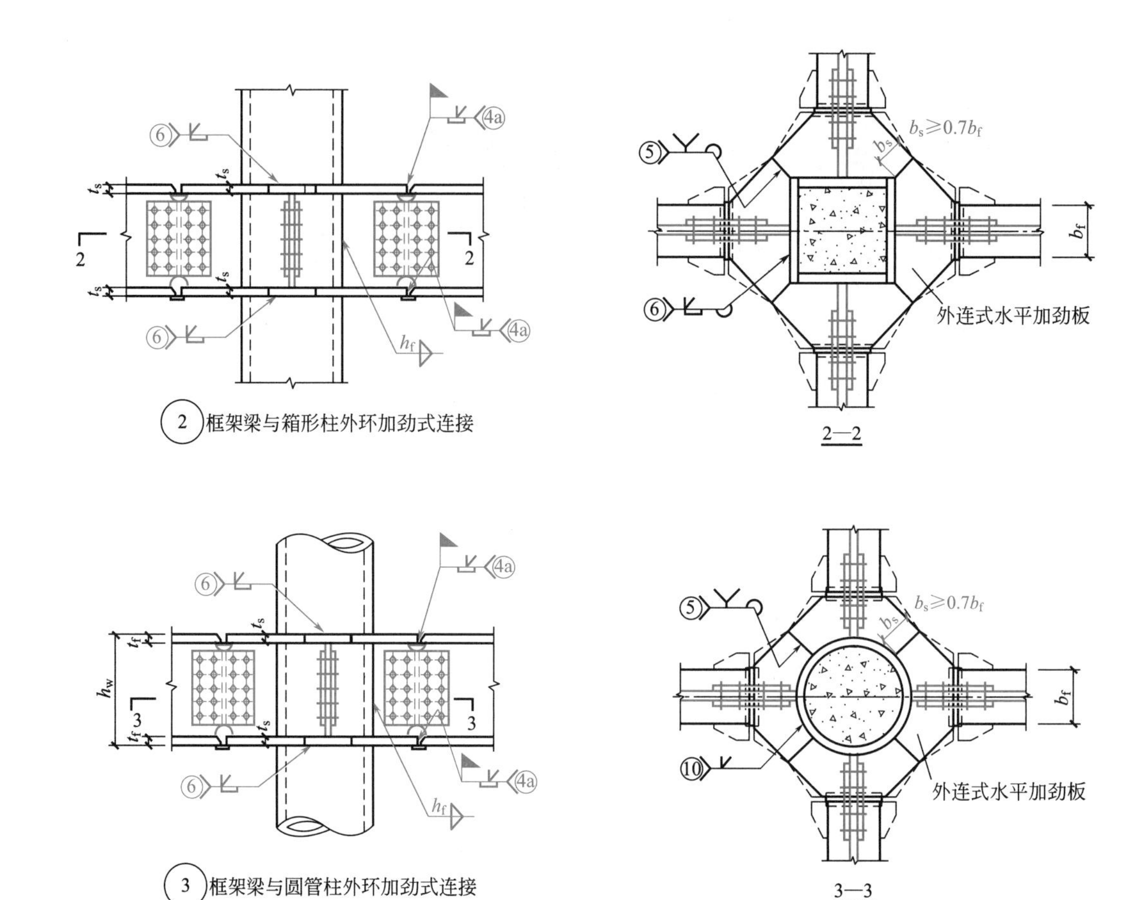

图 6-33　梁与框架柱的刚性连接构造（二）

① 图 6-34、图 6-35 中节点①的柱身应与 6.4.7 小节中图 6-19 的节点①配合使用；节点②的柱身应与 6.4.5 小节中图 6-16 的节点①配合使用。

② 图 6-34、图 6-35 中节点①只适用于型钢混凝土结构的柱中型钢和钢梁的连接。

③ 在图 6-34、图 6-35 的节点①中，当梁端的腹板采用工地焊缝连接时，可参见 6.5.3 小节中图 6-29 的 B—B。

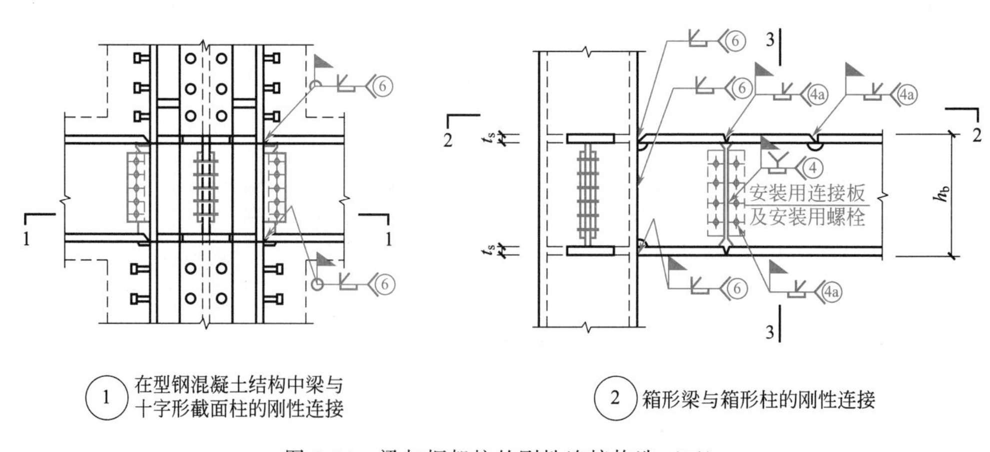

图 6-34　梁与框架柱的刚性连接构造（三）

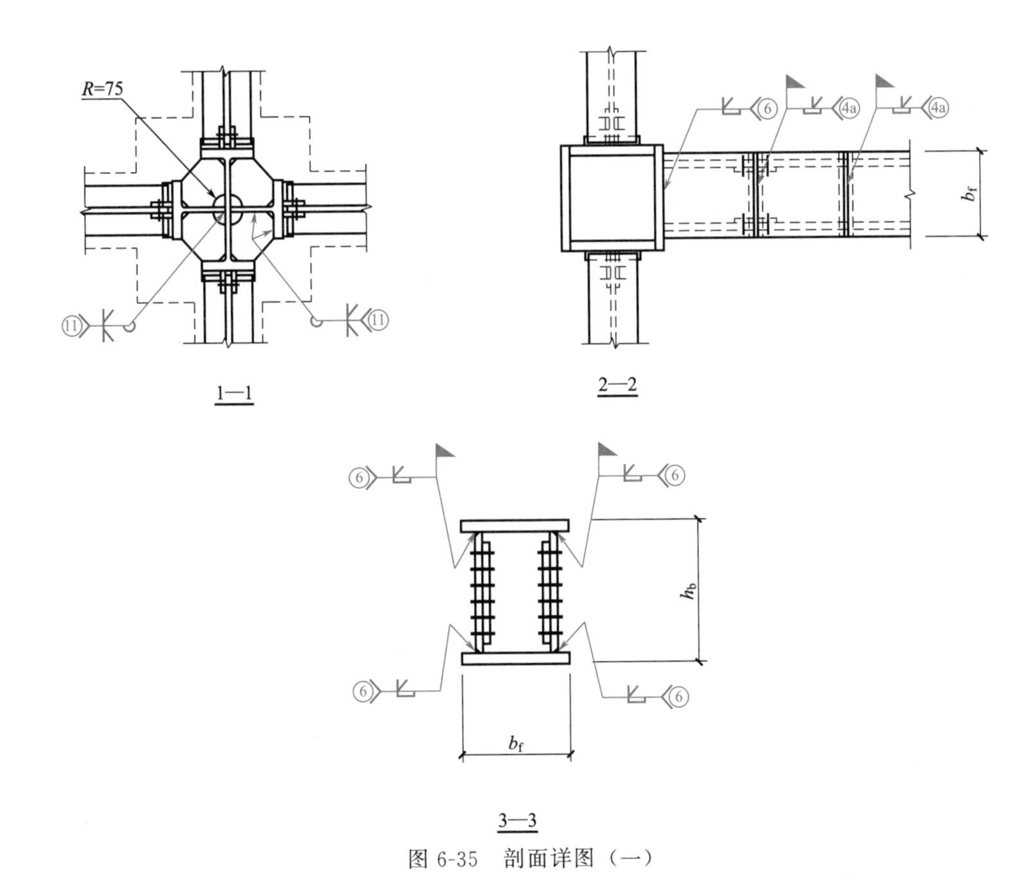

图 6-35 剖面详图（一）

① 图 6-36、图 6-37 中节点①的柱身应与 6.4.5 小节中图 6-16 的节点①配合使用；节点②的柱身应与 6.4.5 小节中图 6-16 的节点①和图 6-32 的节点①配合使用。

② 剖面详图如图 6-37 所示。在进行抗震设计时，宜采用 6.5.3 小节中图 6-28～图 6-31 所示的加强梁端与柱的连接或削弱梁翼缘的骨式连接。

③ 坡口焊接衬垫在平面图中未示出。

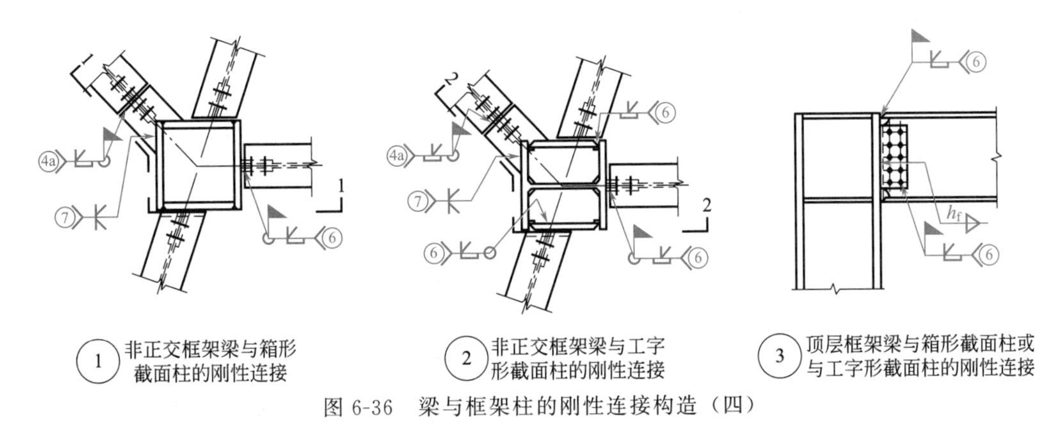

图 6-36 梁与框架柱的刚性连接构造（四）

6.5.5 悬臂梁段与柱的工厂焊接和与中间梁段的工地拼接构造

① 图 6-38 应与 6.4.3 小节中图 6-14 至 6.4.6 小节中图 6-18 的节点（6.4.4 小节中

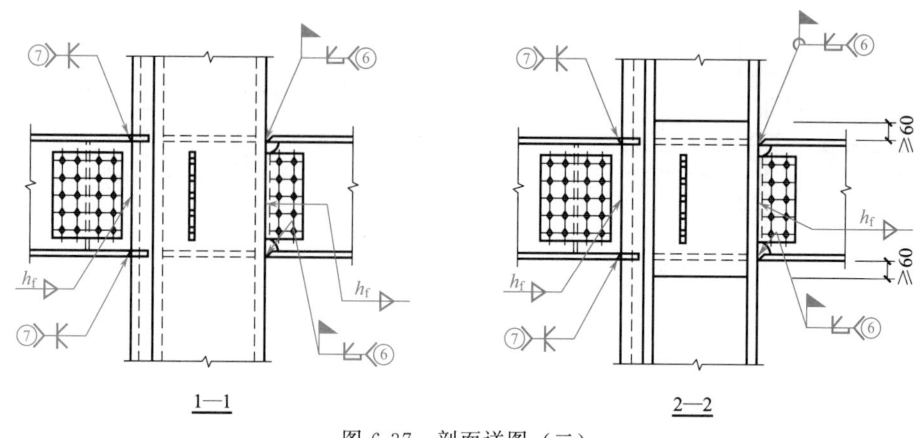

图 6-37　剖面详图（二）

图 6-15 的节点②、6.4.5 小节中图 6-16 的节点②、6.4.6 小节中图 6-18 的节点⑤除外）配合使用。

② 在梁的工地拼接中，其连接宜按 6.2 节中“（4）构件连接节点的设计与验算”中③的内容进行设计。

③ 在图 6-38 的①～③节点中，悬臂梁段与柱的工厂焊接构造同 6.4.3 小节中图 6-14 的 1—1 剖面图。

④ 在图 6-38 的④～⑥节点中，当用于抗震设防时，宜采用 6.5.3 小节中的梁与柱的加强型连接。

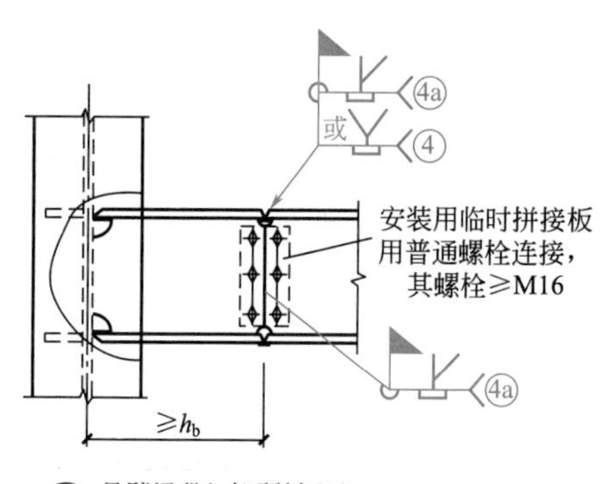

① 悬臂梁段与柱弱轴和与中间梁段均为全焊连接

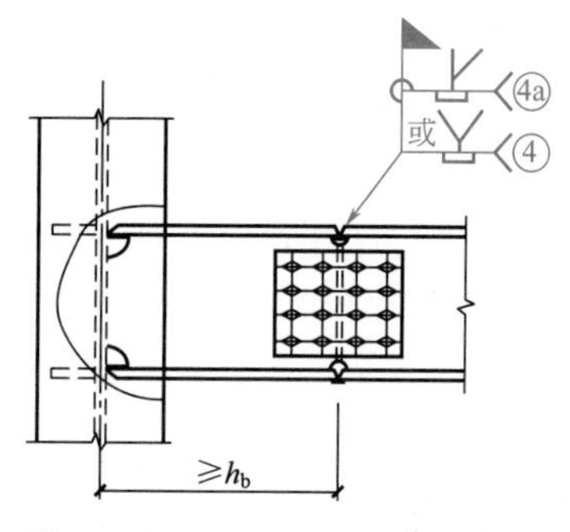

② 悬臂梁段与柱弱轴为全焊连接，与中间梁段为栓焊连接

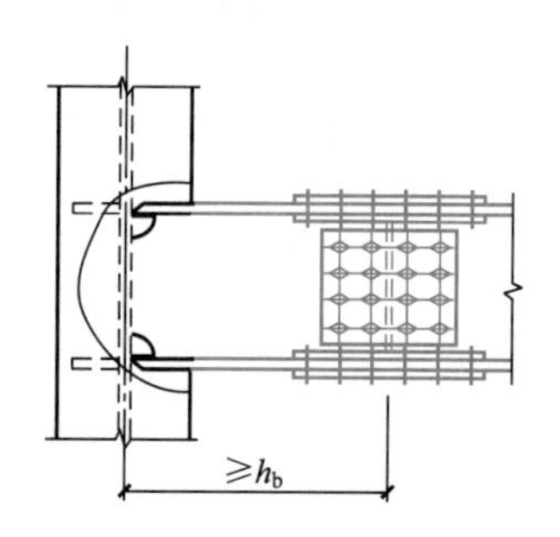

③ 悬臂梁段与柱弱轴为全焊连接，与中间梁段为全栓连接

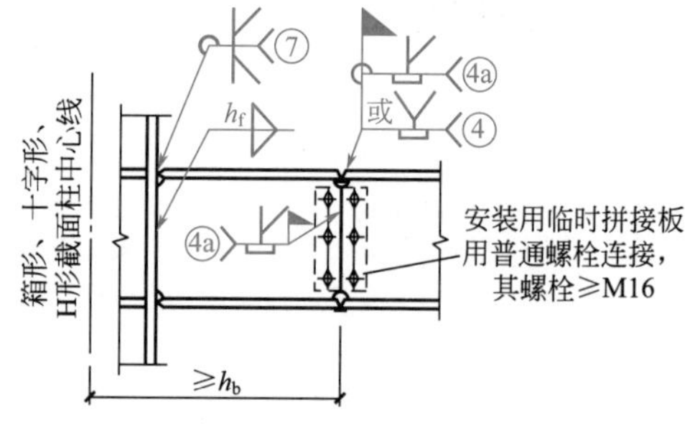

④ 悬臂梁段与柱强轴和与中间梁段均为全焊连接

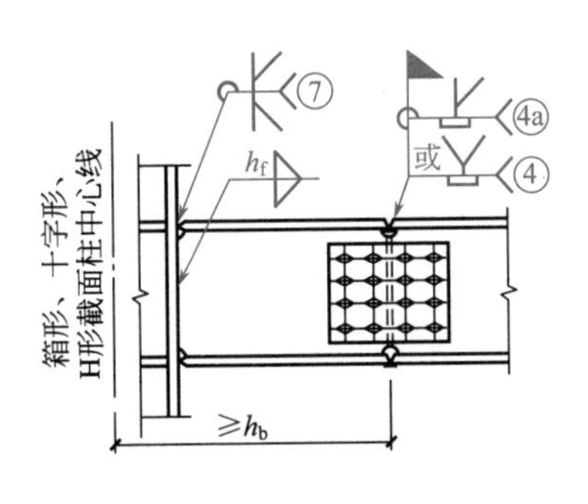

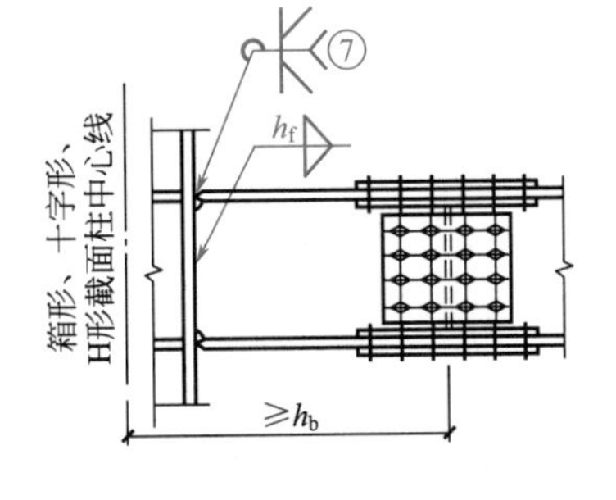

⑤ 悬臂梁段与柱强轴为全焊连接，与中间梁段为栓焊连接

⑥ 悬臂梁段与柱强轴为全焊连接，与中间梁段为全栓连接

图 6-38 悬臂梁段与柱的工厂焊接和与中间梁段的工地拼接构造示意

6.5.6 梁与柱的铰接连接构造

① 如图 6-39 所示为梁与柱的铰接节连接构造，允许在非框架柱和梁连接使用；若在框架柱和梁连接使用铰接（多层可用，高层不宜采用），在结构体系中应设置支撑等抗侧力构件。

② 轴心受压柱的板件宽厚比，应不大于表 6-5 规定的限值。

③ 轴心受压柱的长细比，应不大于表 6-7 规定的限值。

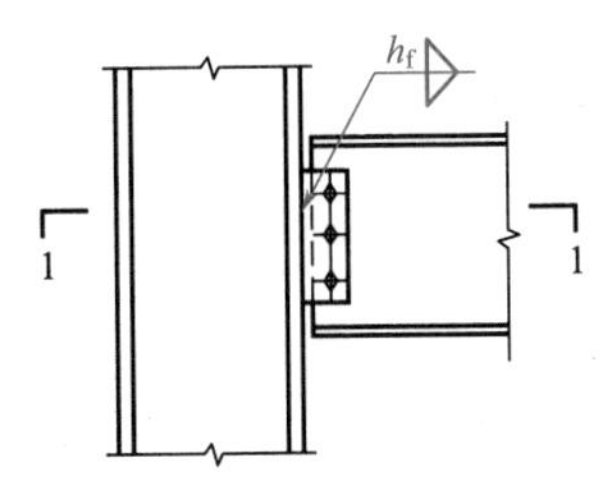

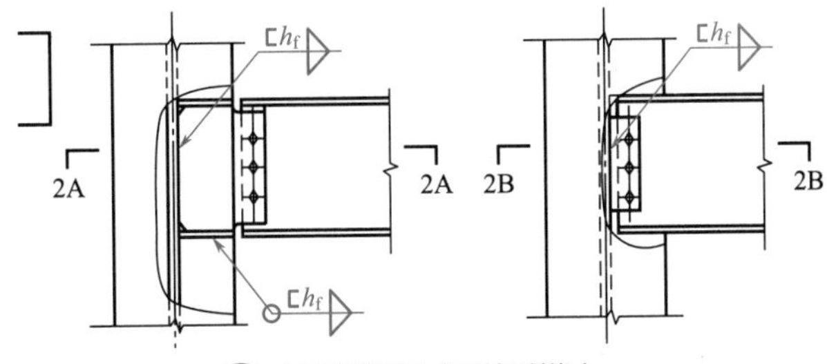

① 仅将梁腹板与焊于柱翼缘上的连接板用高强度螺栓相连

② 仅将梁腹板与焊于柱翼缘上的连接板用高强度螺栓相连

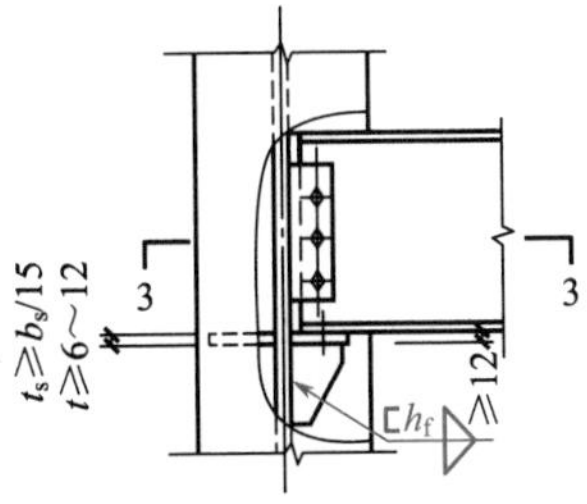

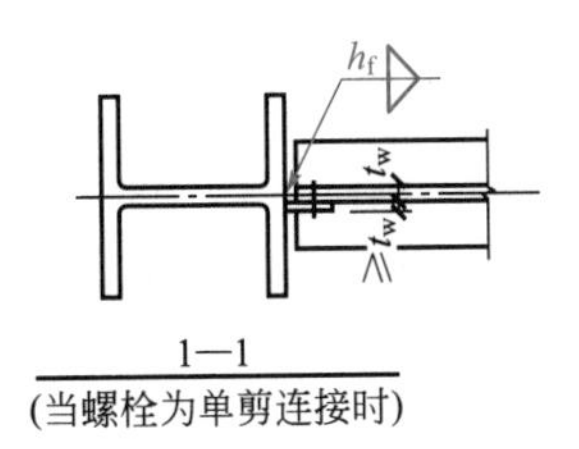

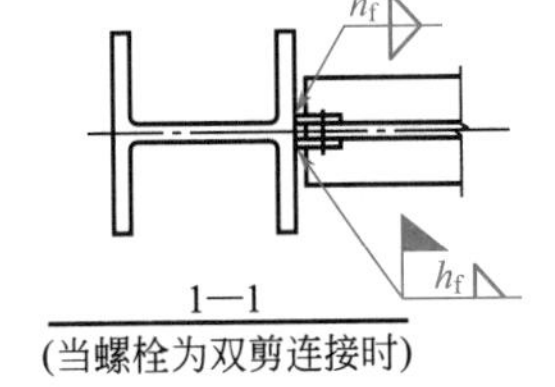

③ 将梁端的下翼缘用普通螺栓与柱腹板上的牛腿相连

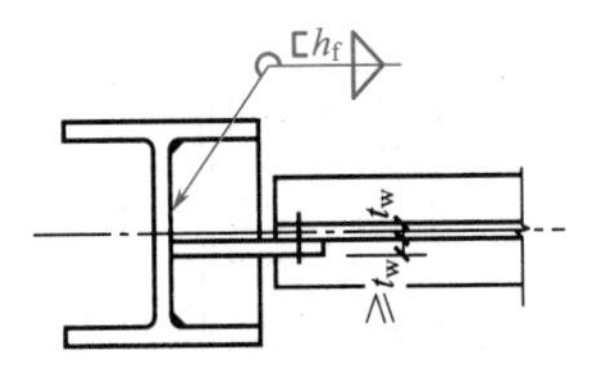

2A—2A(柱尺寸较小，焊接不便)
(双剪板时参1—1的双剪板连接)

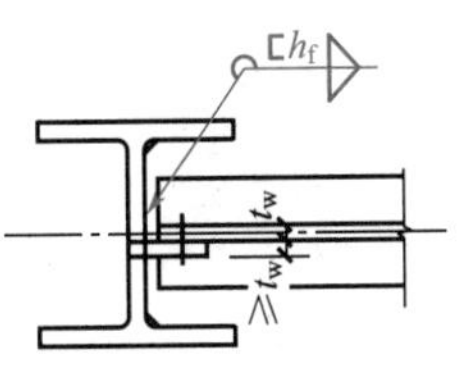

2B—2B(柱尺寸较大，可以焊接)
(双剪板时参1—1的双剪板连接)

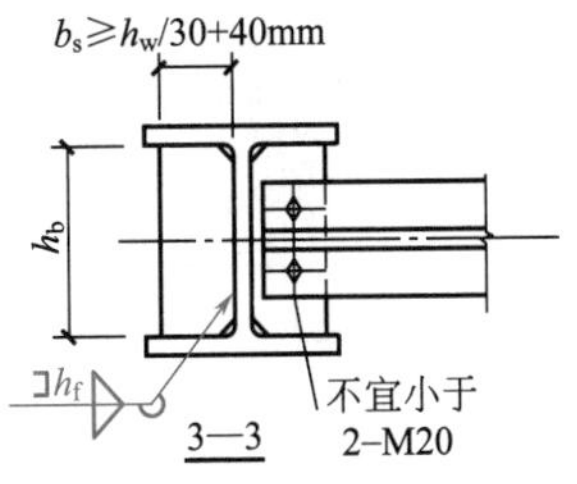

图 6-39 梁与柱的铰接连接构造

6.6 主次梁连接、梁腹板开洞、梁拼接

6.6.1 次梁和主梁的连接构造

次梁和主梁的连接构造如图 6-40～图 6-42 所示。

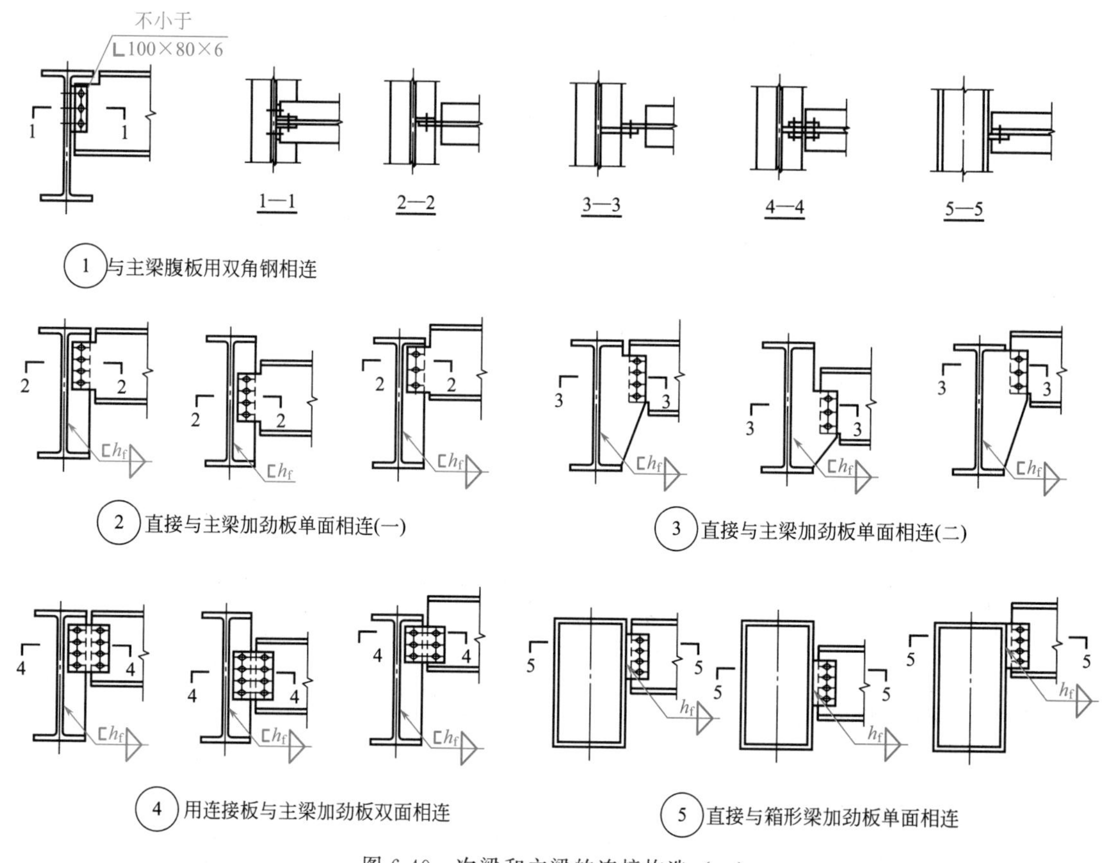

图 6-40 次梁和主梁的连接构造（一）

1. 次梁与主梁的连接，一般为次梁简支于主梁；

2. 连接时应采用摩擦型高强度螺栓，对于次要构件也可采用普通螺栓

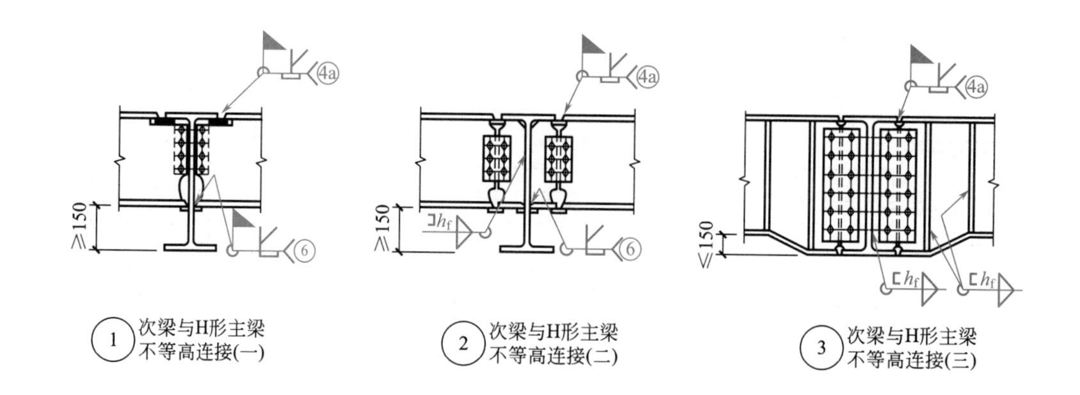

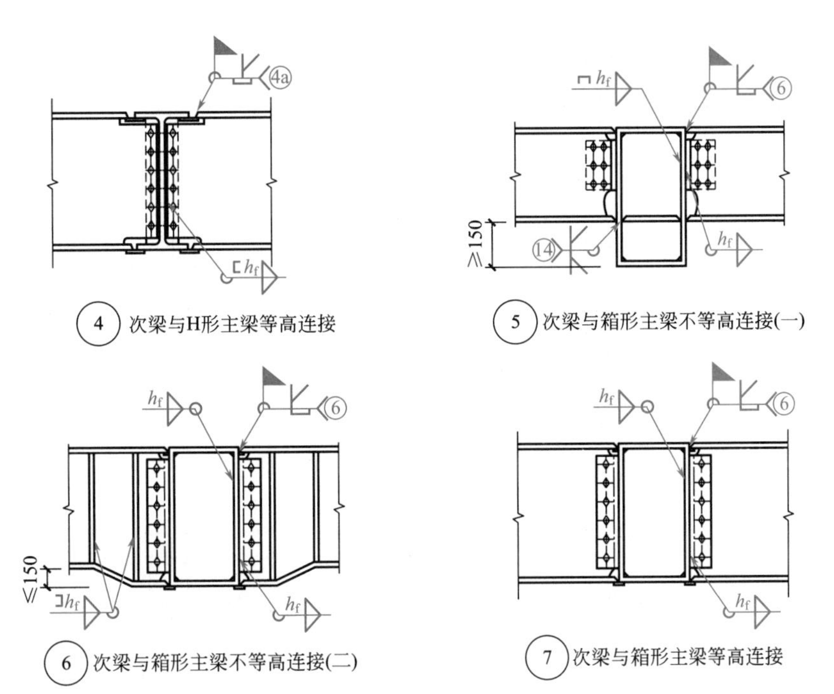

图 6-41 次梁和主梁的连接构造（二）

1. 次梁与主梁的连接，一般为次梁简支于主梁。必要时才采用刚性连接，例如结构中需要用井式梁、带有悬挑的次梁或为了减小大跨度梁的挠度等情况；2. H 形截面次梁受压翼缘悬伸部分的宽厚比不应大于 15 $\sqrt{235/f_y}$

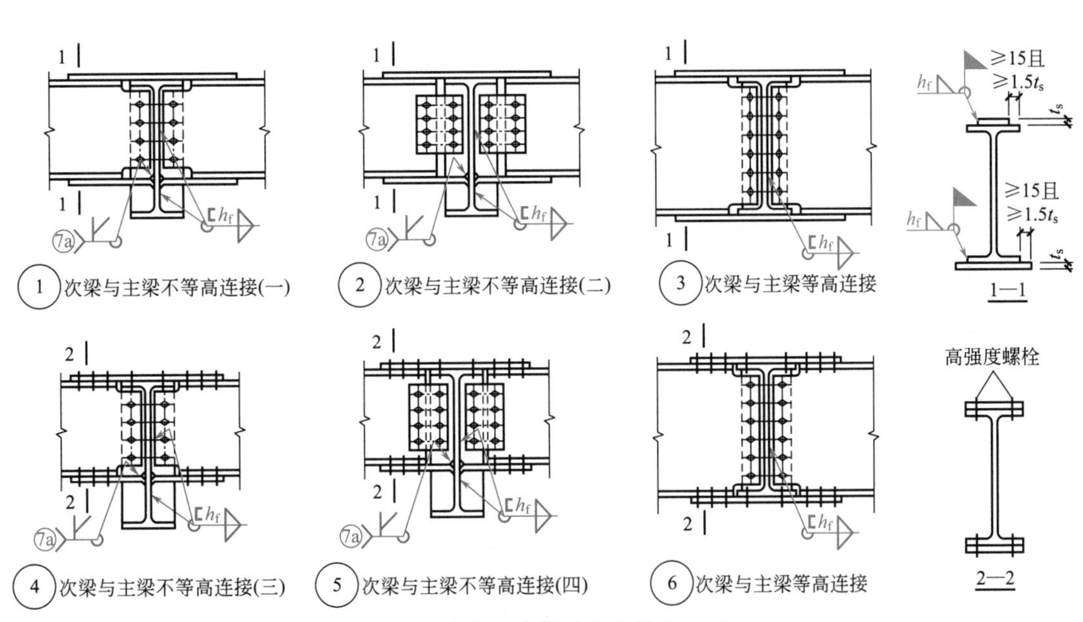

图 6-42 次梁和主梁的连接构造（三）

1. 次梁与主梁的连接，一般为次梁简支于主梁。必要时才采用刚性连接，例如结构中需要用井式梁、带有悬挑的次梁或为了减小大跨度梁的挠度等情况；2. H 形截面次梁受压翼缘悬伸部分的宽厚比不应大于 15 $\sqrt{235/f_y}$

6.6.2 梁腹板洞口的补强措施

① 在抗震设防的结构中，不应在隅撑范围内设孔。

② 当圆孔直径小于或等于 $h_b/3$ 时，孔边可不补强；当圆孔直径大于 $h/3$ 时，可视具

体情况选用图 6-43 的①～③中任何一种补强方法即可。

③ 补强板件应采用与母材强度等级相同的钢材。

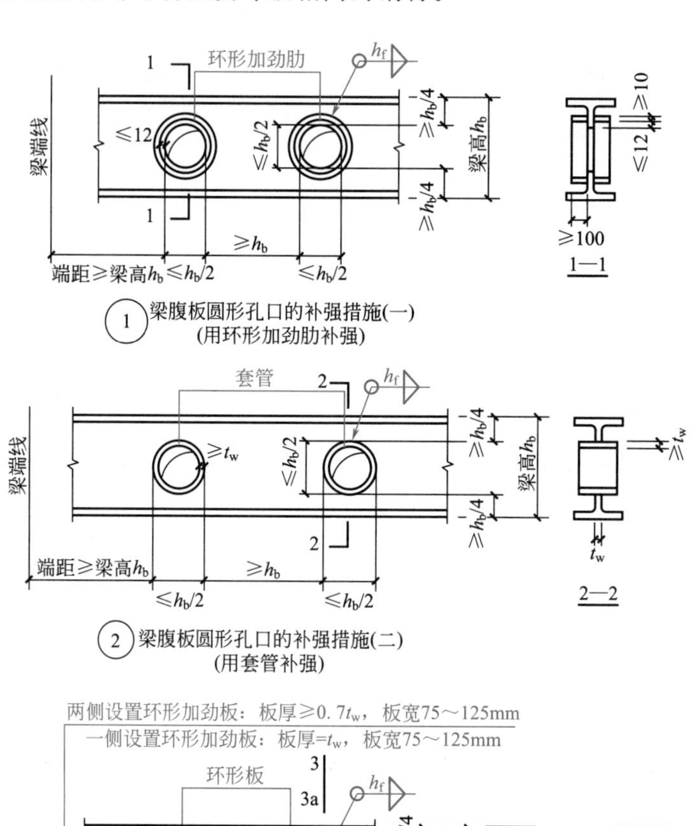

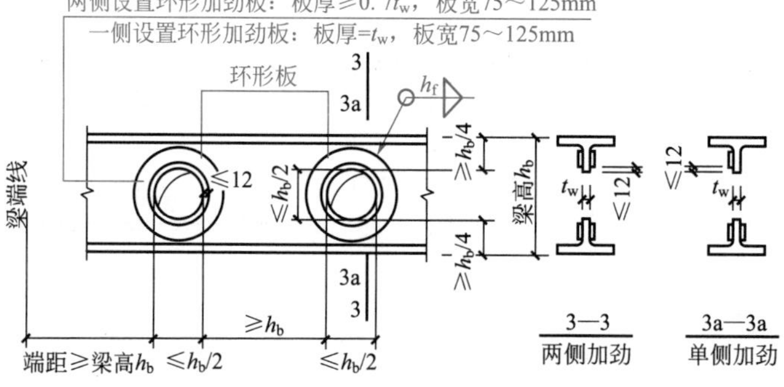

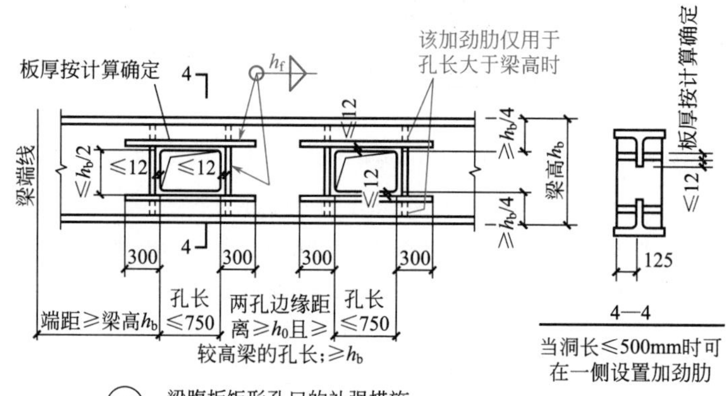

图 6-43　梁腹板洞口的补强措施

6.6.3 梁的工厂拼接构造

工厂拼接梁一般采用焊缝连接，高强螺栓连接也可采用。常见的梁的工厂拼接构造如图 6-44 所示。

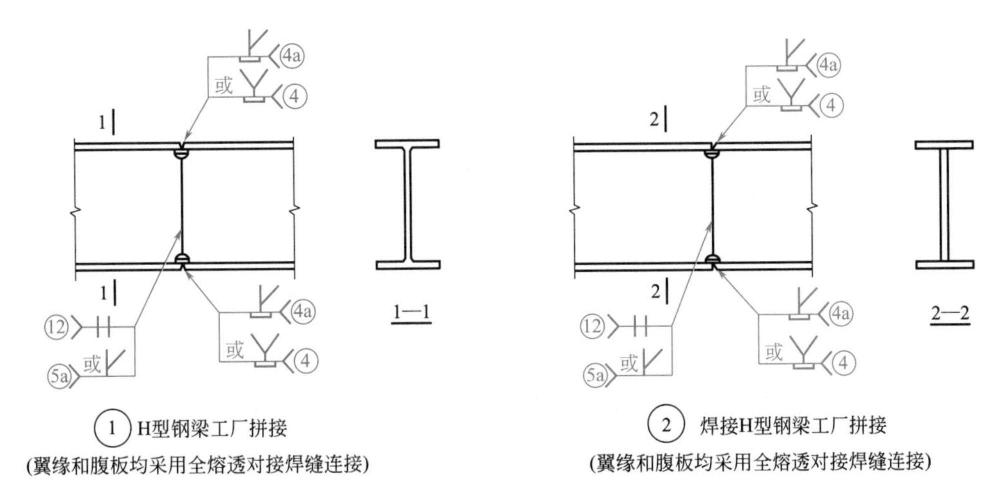

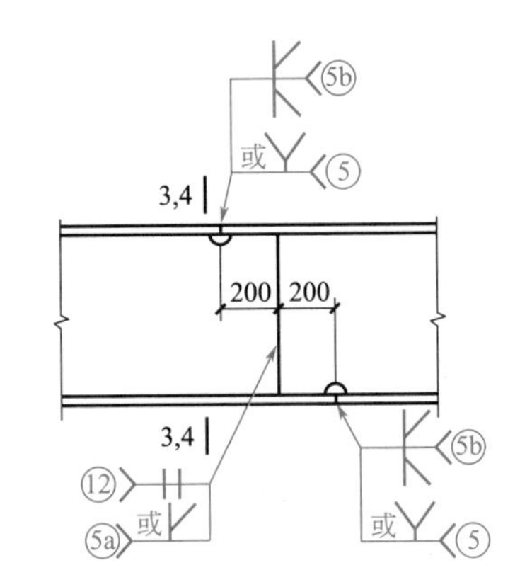

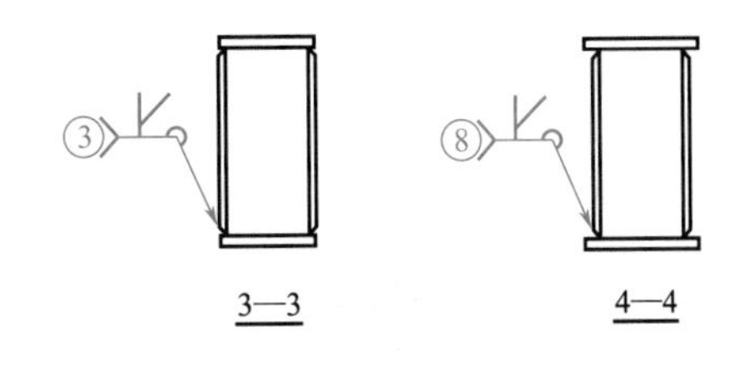

注：工厂拼接梁一般采用焊缝连接，高强螺栓连接也可采用。

图 6-44 常见的梁的工厂拼接构造

6.7 截面柱及刚性柱

6.7.1 外露式 H 形截面柱的铰接柱脚构造

① 如图 6-45 所示为外露式 H 形截面柱的铰接柱脚构造示意。

② 柱底端宜磨平顶紧，此时柱翼缘与底板可采用半熔透坡口对接焊缝连接。加劲板与底板间宜采用双面角焊缝连接。

③ 铰接柱脚的锚栓作为安装过程的固定及抗拔之用，其直径应根据计算确定，一般

取直径不小于 20mm。

④ 锚栓宜采用 Q345、Q390 钢材制作，也可采用 Q235 钢材制作。安装时应采用强度大的固定架定位。三级及以上抗震等级时，锚栓截面面积不宜小于钢柱下端截面积的 20%。

⑤ 柱脚底板上的锚栓，根据不同的锚栓直径采取不同的孔径，锚栓螺母下的垫板孔径取锚栓直径加 2mm，垫板厚度一般为 (0.4～0.5)d (d 为锚栓外径)，但不宜小于 20mm。

⑥ 高层民用建筑结构的钢柱应采用刚接柱脚。

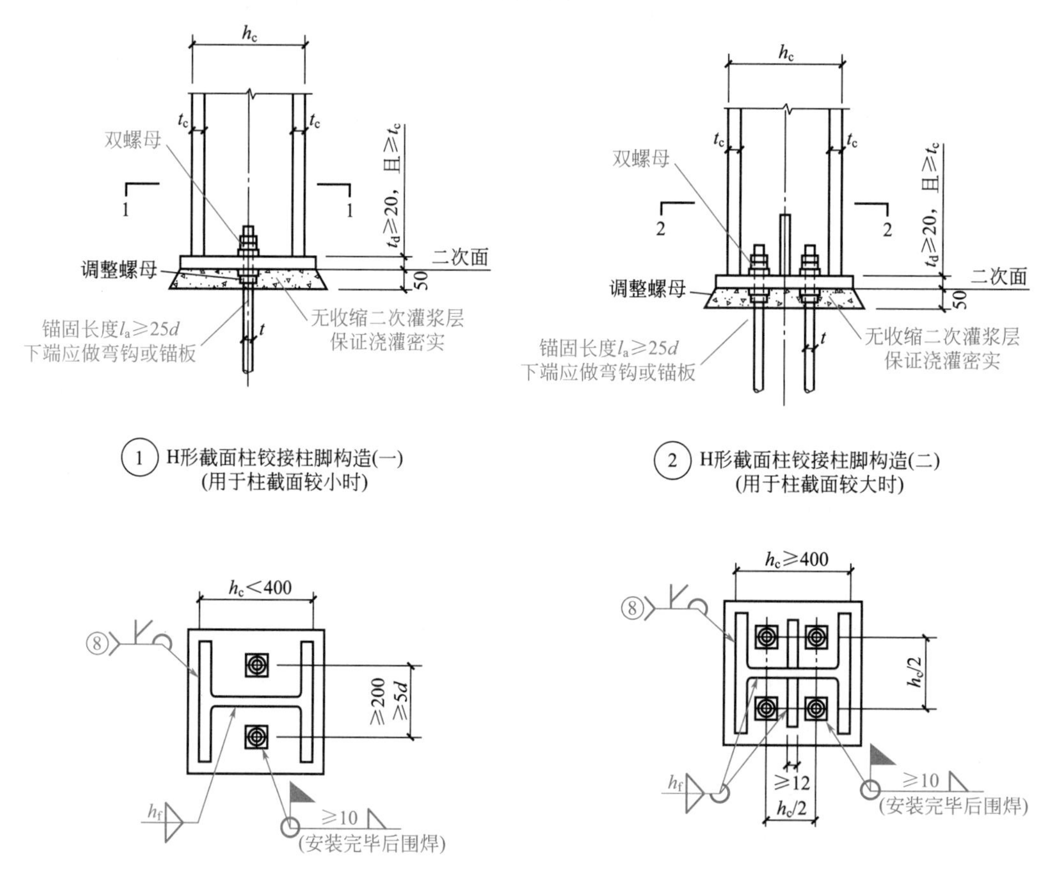

图 6-45 外露式 H 形截面柱的铰接柱脚构造示意

6.7.2 外露式圆形截面柱刚性柱脚构造

① 对于抗震设防的结构，柱底与底板宜采用完全熔透的坡口对接焊缝连接，加劲板与底板间采用双面角焊缝连接。对于非抗震设防结构，柱底采用半熔透的坡口对接，加劲板采用双面角焊缝连接。

② 刚性柱脚的锚栓在弯矩作用下承受拉力，同时也作为安装过程的固定之用。其锚栓直径由计算确定，一般多在 30～76mm 的范围内使用。柱脚底板和支撑托座上的锚栓孔径根据不同的锚栓直径采取不同的孔径。锚栓螺母下的垫板孔径取锚栓直径加 2mm，垫板厚度一般为 (0.4～0.5)d (d 为锚栓外径)，但不宜小于 20mm。

③ 锚栓的采用见 6.7.1 小节的⑤。

④ 锚栓数量根据计算确定，并应保证布置合理，不发生碰撞且施工方便。

外露式圆形截面柱刚性柱脚构造如图 6-46 所示。

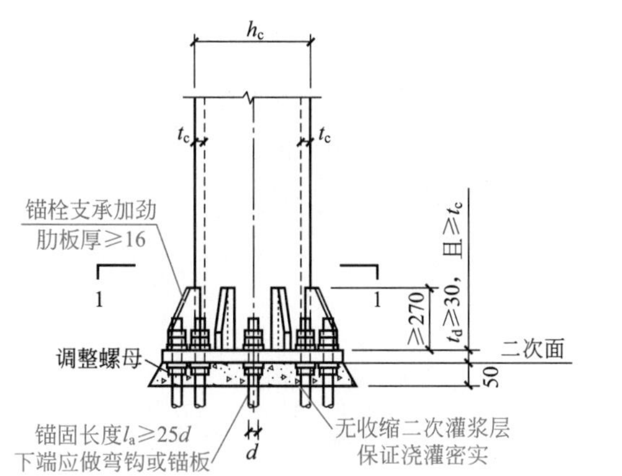

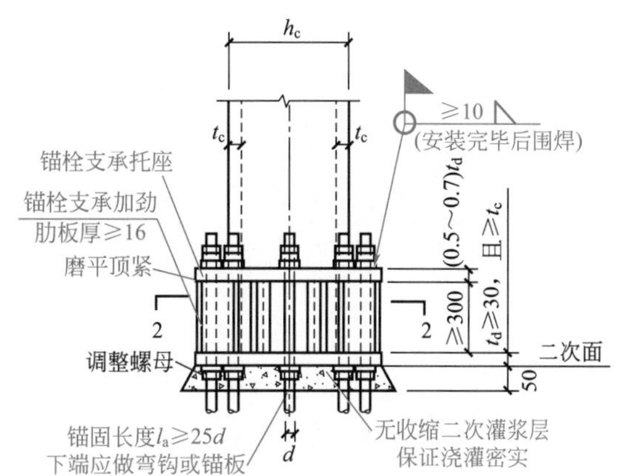

① 圆形截面柱刚性柱脚构造(一)
(用于柱底端在弯矩和轴力作用下锚栓出现较小拉力和不出现拉力时)

② 圆形截面柱刚性柱脚构造(二)
(用于柱底端在弯矩和轴力作用下锚栓出现较大拉力时)

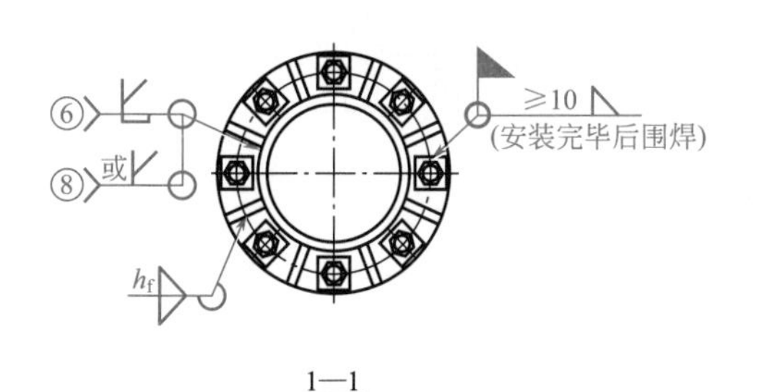

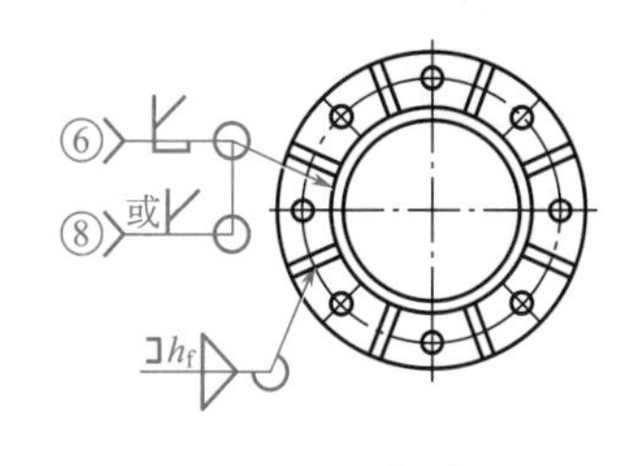

1—1

2—2

图 6-46 外露式圆形截面柱刚性柱脚构造

6.7.3 外露式箱形截面柱刚性柱脚构造

外露式箱形截面柱刚性柱脚构造相关说明同“6.7.2 外露式圆形截面柱刚性柱脚构造”，如图 6-47 所示。

6.7.4 外露式 H 形截面柱及十字形截面柱的刚接柱脚构造

外露式 H 形截面柱及十字形截面柱的刚接柱脚构造如图 6-48 所示。

① 对于抗震设防的结构，柱翼缘与底板间宜采用完全熔透的坡口对接焊缝连接，柱腹板及加劲板与底板间宜采用双面角焊缝连接。对于非抗震设防的结构，柱底宜磨平顶紧。柱翼缘与底板间可采用半熔透的坡口对接焊缝连接。柱腹板及加劲板仍采用双面角焊缝连接。

② 刚性柱脚的锚栓在弯矩作用下承受拉力，同时也作为安装过程的固定之用。其锚栓直径一般多在 30～76mm 的范围内使用。

③ 锚栓的采用见 6.7.1 小节的⑤。

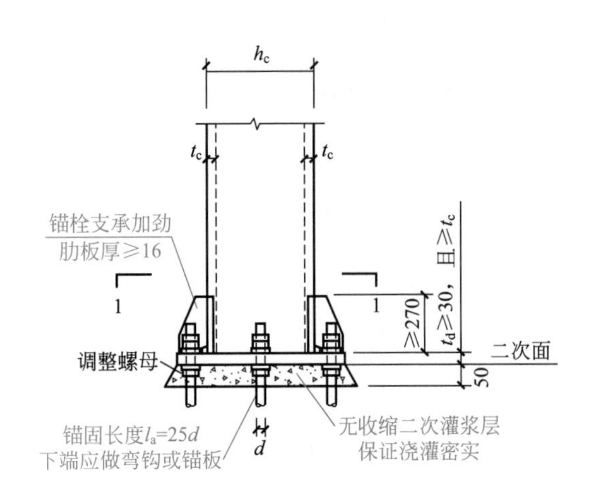

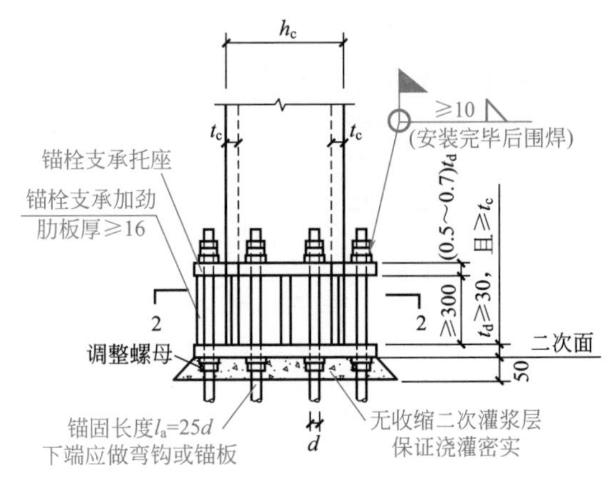

① 箱形截面柱刚性柱脚构造(一)
(用于柱底端在弯矩和轴力作用下锚栓出现较小拉力和不出现拉力时)

② 箱形截面柱刚性柱脚构造(二)
(用于柱底端在弯矩和轴力作用下锚栓出现较大拉力时)

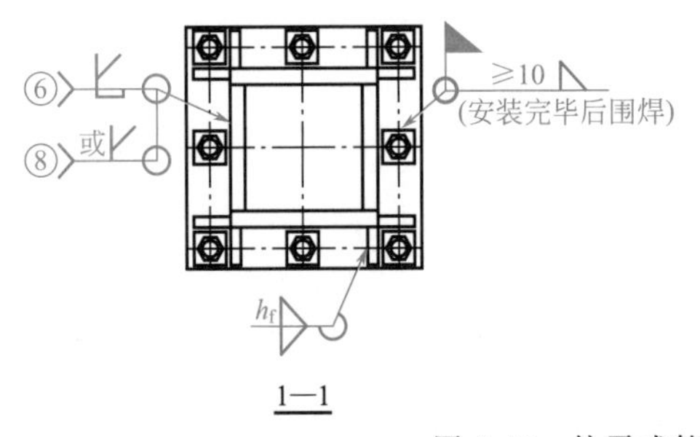

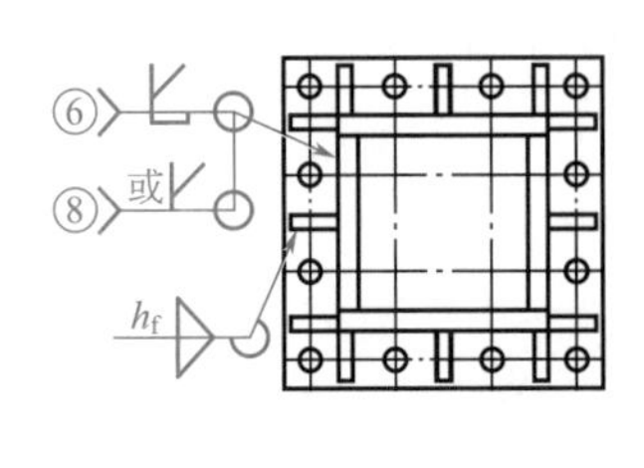

2—2

图 6-47 外露式箱形截面柱刚性柱脚构造示意

④ 柱脚底板和支承托座上的锚栓，根据不同的锚栓直径采取不同的孔径，锚栓螺母下的垫板孔径取锚栓直径加 2mm。厚度一般为（0.4～0.5）d（d 为锚栓外径），但不宜小于 20mm。

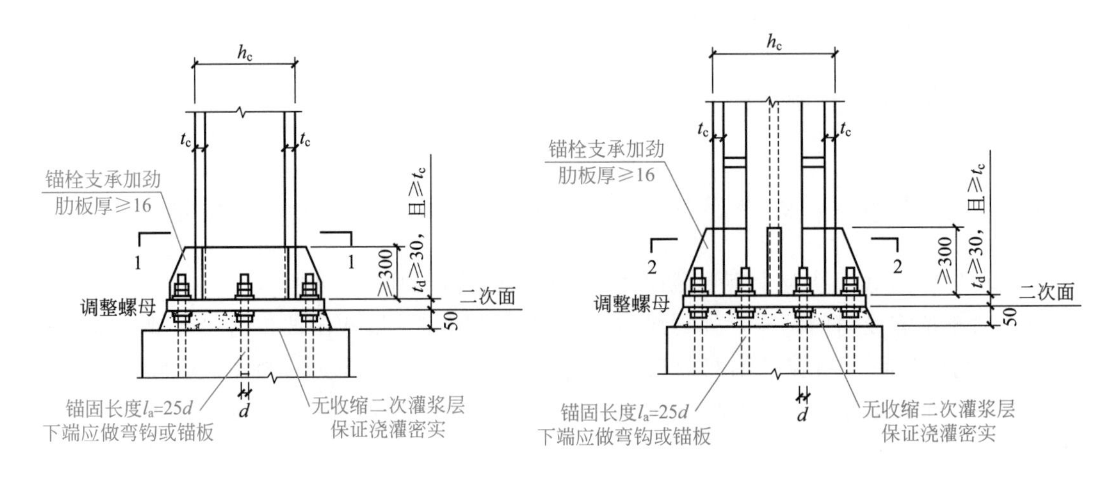

① H形截面柱的刚性柱脚构造
(用于柱底端在弯矩和轴力作用下锚栓出现较小拉力和不出现拉力时)

② 十字形截面柱的刚性柱脚构造
(十字形截面柱只适用于钢骨混凝土柱)

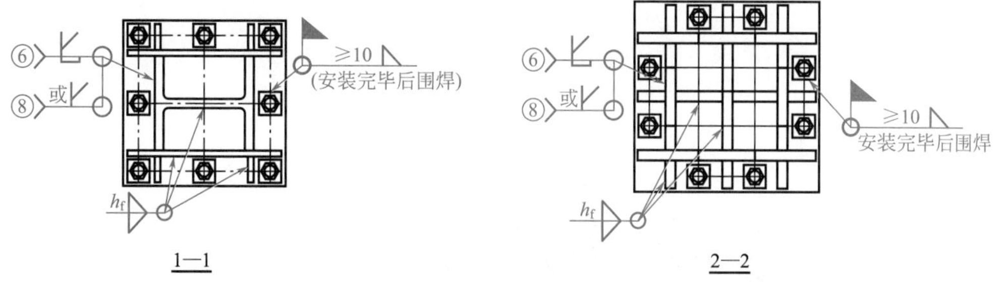

图 6-48　外露式 H 形截面柱及十字形截面柱的刚接柱脚构造

外露式柱脚抗剪键的设置及其柱脚的防护措施（图 6-49）如下。

① 外露式柱脚底部的剪力可由底板与混凝土之间的摩擦力传递，摩擦系数取 0.4。当剪力大于地板下的摩擦力时，应设置抗剪键，由抗剪键承受全部剪力；也可由锚栓抵抗全部剪力，此时底板上的锚栓直径不应大于锚栓直径加 5mm，且锚栓垫片下应设置盖板，盖板与柱底板焊接，并计算焊缝的抗剪强度。

② 基础顶面和柱脚底板之间需二次浇灌混凝土的要求同 6.7.1 小节中的③。

③ 设置抗剪键时，锚栓布置应考虑避免与抗剪键碰撞。

④ 无收缩二次灌浆层应保证浇灌密实。

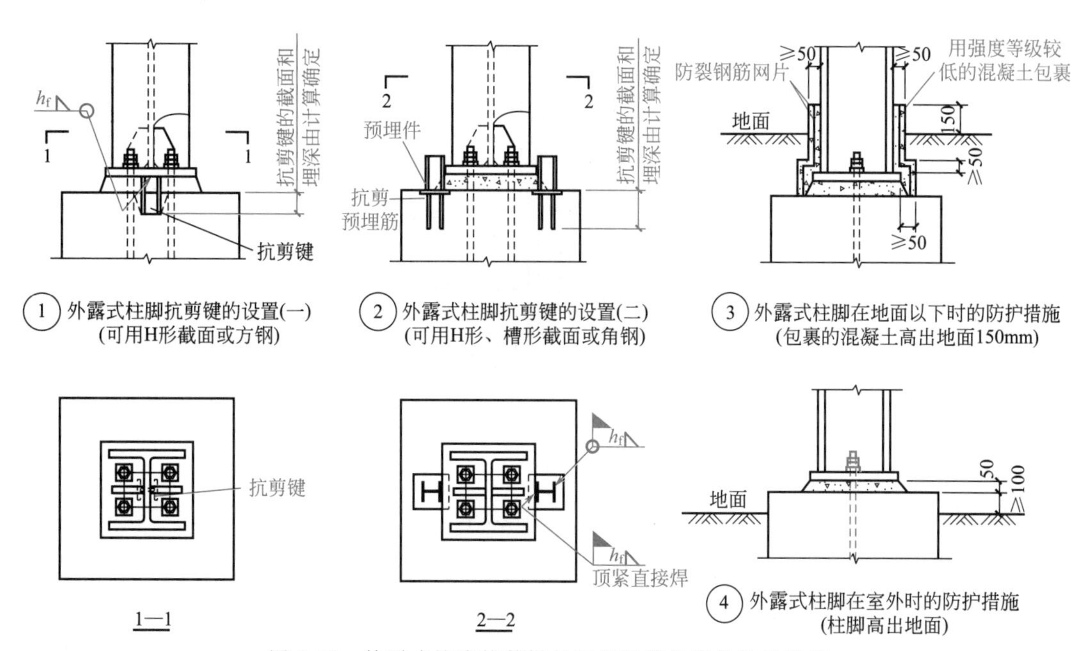

图 6-49　外露式柱脚抗剪键的设置及其柱脚的防护措施

6.7.5　外包式刚性柱脚构造

超 50m 的钢结构的刚性柱脚宜采用 6.7.6 小节所示的埋入式柱脚。外包式刚性柱脚构造如图 6-50 所示。当三级、四级抗震及非抗震时，也可采用如图 6-50 所示的外包式刚性柱脚。

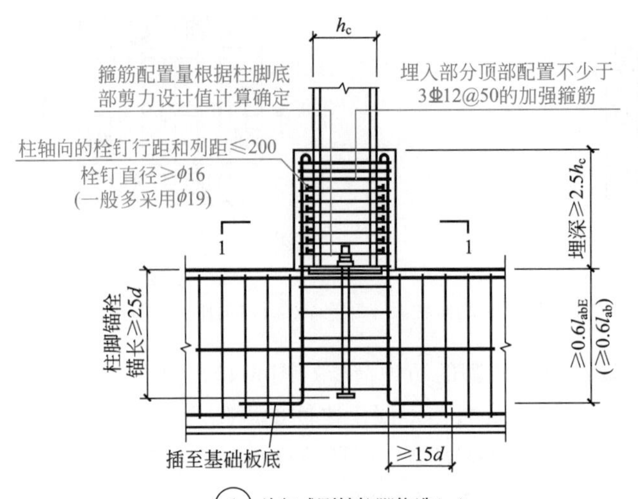

① 外包式刚性柱脚构造(一)
(H形截面)
[非四角主筋锚固长度≥l_{aE}(l_a)时，
可不插至基础板底，可不弯钩]

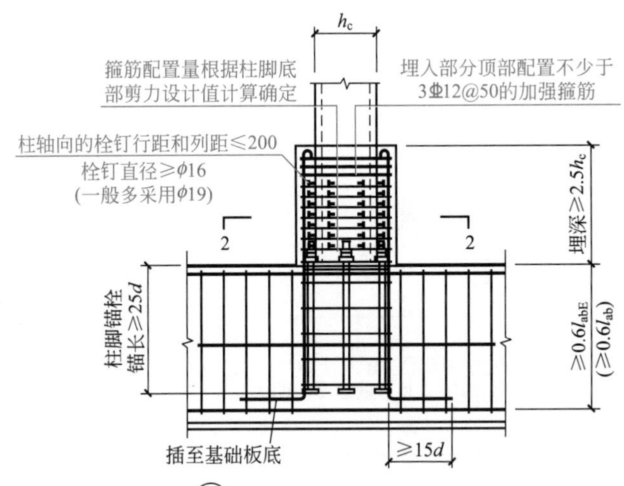

② 外包式刚性柱脚构造(二)
(圆形截面)
[非四角主筋锚固长度≥l_{aE}(l_a)时，
可不插至基础板底，可不弯钩]

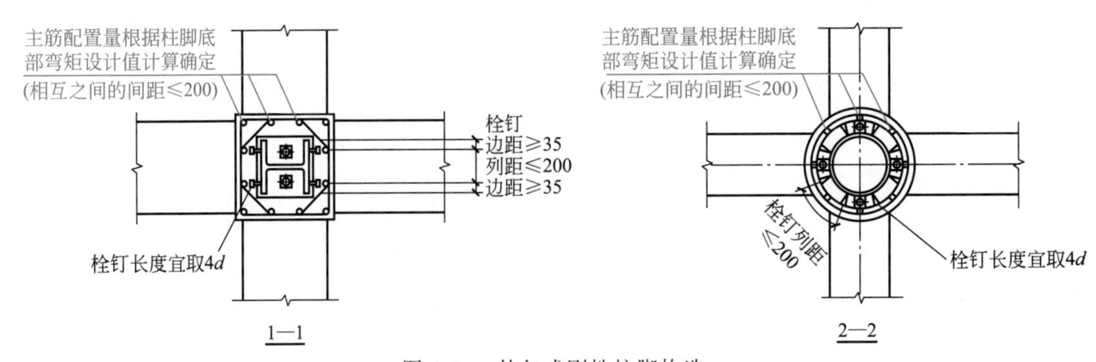

图 6-50　外包式刚性柱脚构造

6.7.6 埋入式刚性柱脚构造

① 图 6-51 所示的柱脚构造，同样适用于箱形截面柱、管形截面柱和十字形截面柱。

② 埋入部分顶部需设置水平加劲肋，其宽厚比应满足下列要求：对于 H 形截面柱，其水平加劲肋外伸宽度的宽厚比$\leqslant 9\sqrt{235/f_y}$；对于箱形截面柱，其横隔板的宽厚比$\leqslant 30\sqrt{235/f_y}$。

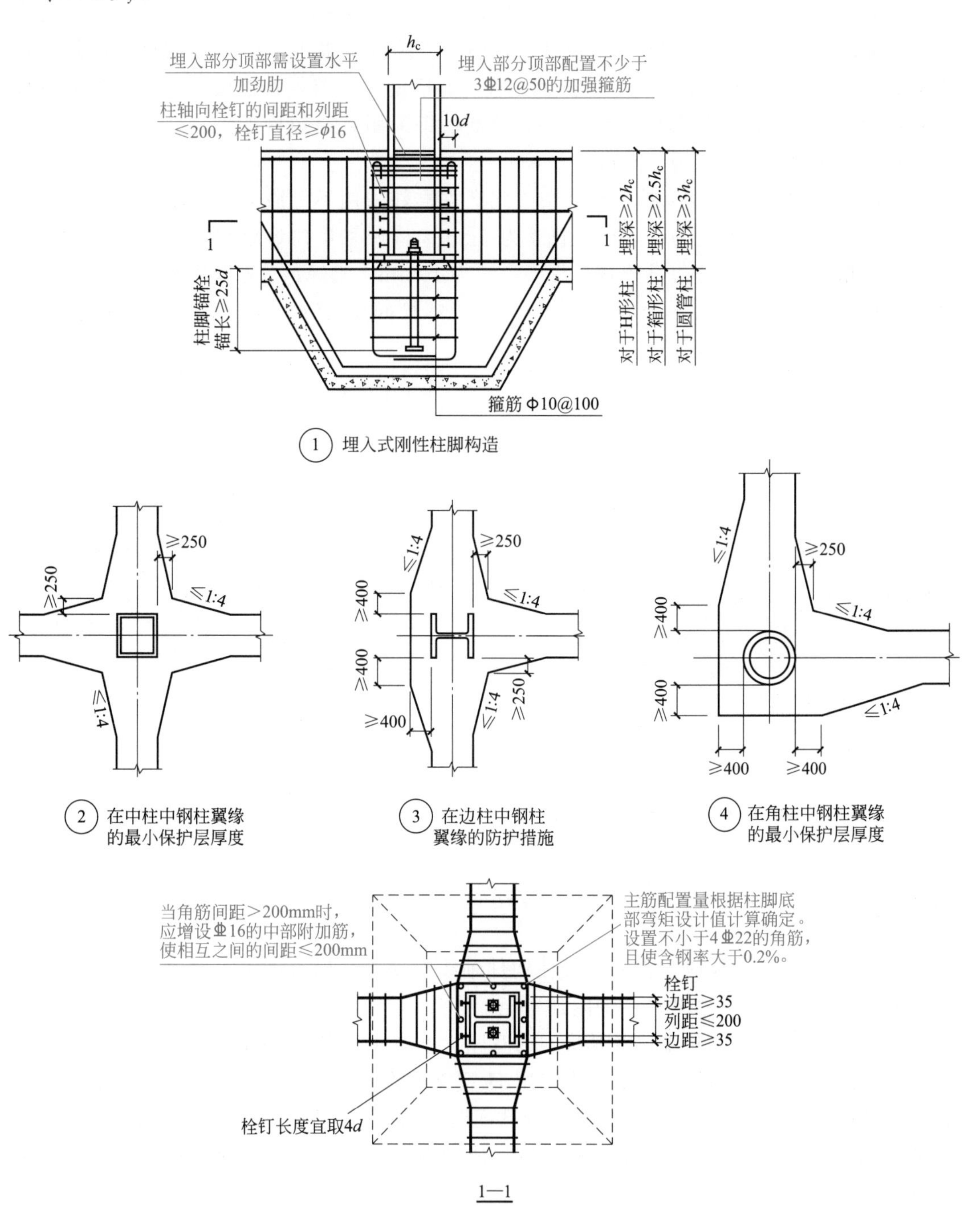

图 6-51 埋入式刚性柱脚构造

6.8 钢支撑识图与节点构造

6.8.1 钢支撑识图

钢结构建筑的支撑多采用型钢制作，支撑与构件、支撑与支撑的连接处称为支撑连接节点。如图 6-52 所示为槽钢支撑节点详图，图中支撑构件采用 2 根[20a 的槽钢，截面高度为 200mm，槽钢连接于 12mm 厚的节点板上，槽钢夹住节点板连接，贯通槽钢采用双面角焊缝连接，满焊，焊脚尺寸为 6mm；分断槽钢采用普通螺栓连接，每边采用 6 个螺栓，直径为 14mm，间距为 80mm。

如图 6-53 所示为角钢支撑节点详图。此支撑构件采用不等肢双角钢 2∟80×50×5，长肢宽为 80mm，短肢宽为 50mm，肢厚为 5mm。构件采用角焊缝和螺栓连接于节点板上，贯通角钢采用双面角焊缝连接，焊脚尺寸为 10mm，满焊；分断角钢采用普通螺栓加角焊缝连接，每边螺栓为 2 个，直径为 20mm，螺栓间距为 80mm。角焊缝为现场施焊，焊脚尺寸为 10mm，焊缝长度为 180mm。

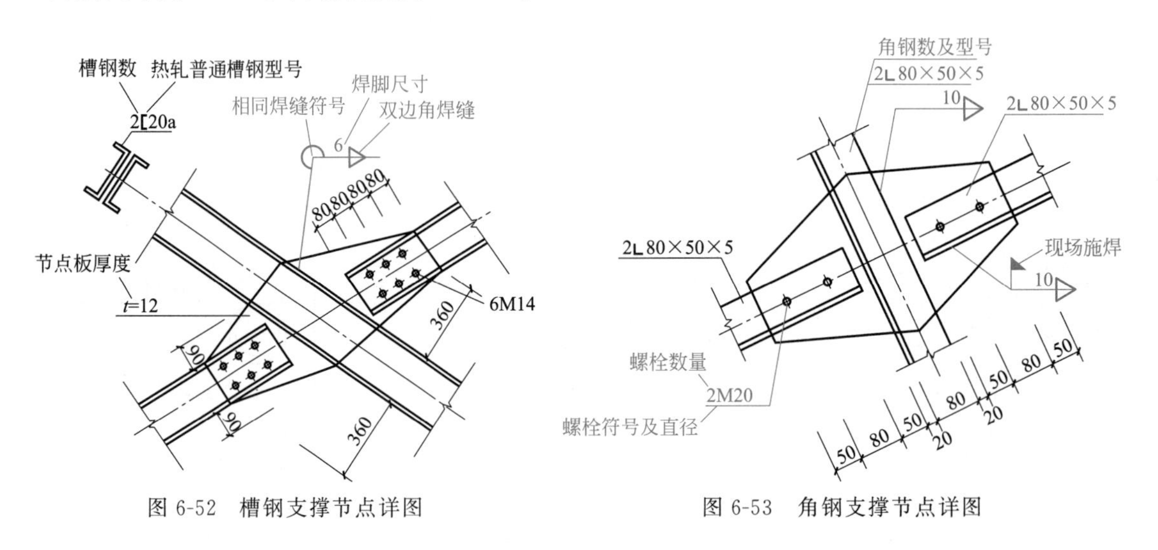

图 6-52 槽钢支撑节点详图

图 6-53 角钢支撑节点详图

6.8.2 中心支撑的类型及其构造要求

① 中心支撑的轴线应该交汇于梁柱构件轴线的交点。确有困难时偏离中心不得超过支撑杆件宽度，并计入由此产生的附加弯矩。

② 中心支撑杆件的长细比及其板间的宽厚比不应大于表 6-8 的限值。

③ 在抗震设防的结构中，支撑宜采用 H 型钢制作，在构造上两端应刚接。梁柱与支撑连接处应设置加劲肋。当采用焊接组合截面时，其翼缘与腹板应采用全熔透焊缝连接。H 形截面支撑与框架连接处，支撑杆端宜做成圆弧。H 形截面连接时，在柱壁板的相应位置应设置隔板。

④ 梁在其与 V 形支撑或人字形支撑相交处，应设置侧向支承。该支承点与梁端支承

点间的侧向长细比，不应该超过表 6-6 规定的限值。

表 6-8　中心支撑杆件的长细比及其板件的宽厚比限值

类别	项目	非抗震设防	抗震等级			
			四	三	二	一
长细比	按压杆设计	120	120	120	120	120
板件宽厚比	翼缘外伸部分	13	13	10	9	8
	H 型截面腹板	33	33	27	26	25
	箱形截面壁板	30	30	25	20	18
	圆管外径与壁厚比	42	42	40	40	38

注：1. 表列数值适用于 Q235 钢。当材料为其他牌号时应除以 $\sqrt{235/f_y}$，圈管应乘以 $235/f_y$。

2. 非抗震设计和四级抗震设计时，中心支撑斜杆可采用拉杆设计，其长细比不应大于 180。抗震等级为一级、二级、三级时不得采用拉杆设计。

⑤ 抗震等级在四级以上的结构，当支撑为梁板连接的双肢组合构件时，填板间的单肢杆件长细比对于支撑屈曲后会在填板的连接处产生剪力，不应大于组合支撑杆件控制长细比的 0.4 倍；对于支撑屈曲后不在填板连接处产生剪力时，不应大于组合支撑杆件的控制长细比的 0.75 倍。

⑥ 抗震设计时，支撑在框架连接处和拼接处的受拉承载力应满足下式要求。

$$N_{ubr}^{j} \geqslant \alpha A_{br} f_y \tag{6-14}$$

式中　N_{ubr}^{j}——支撑连接处的极限承载力，N；

α——连接系数；

A_{br}——支撑斜杆的截面面积，mm^2；

f_y——支撑斜杆钢材的屈服强度，MPa。

⑦ 当支撑翼缘朝向框架平面外且采用支托式连接时，其平面外计算长度可取轴线长度的 0.7 倍；当支撑腹板位于框架平面内时，其平面外计算长度可取轴线的 0.9 倍。

⑧ 当支撑杆件为填板连接的组合截面时，可采用节点板进行连接。支撑通过节点板连接时，节点板边缘与支撑轴线的夹角不应小于 30°。为保证支撑两端的节点板不发生平面失稳，在支撑端部与节点板约束点连线之间应留有 2 倍节点板厚度的间隙。节点板约束点连线应与支撑杆端平行，以免支撑受扭。

中心支撑的类型及节点构造详图索引如图 6-54 所示。

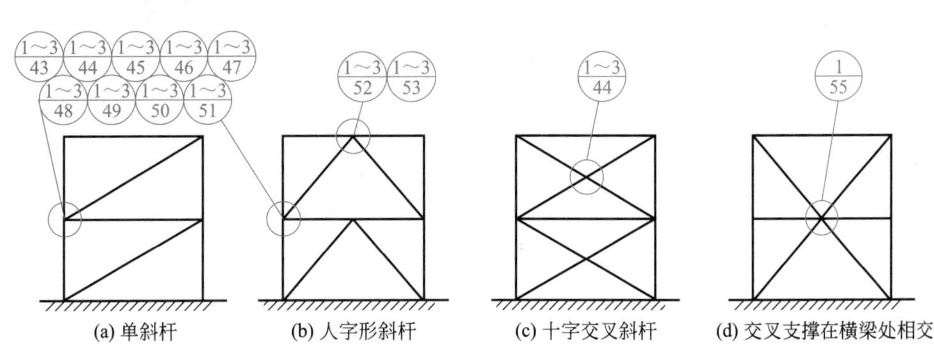

图 6-54

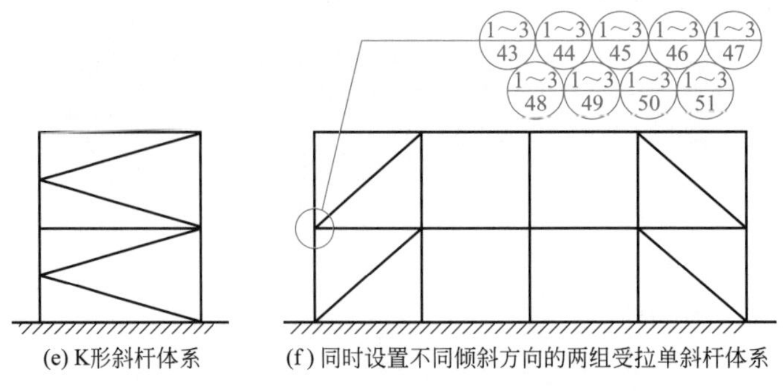

图 6-54　中心支撑的类型及节点构造详图索引

中心支撑宜采用图 6-54(a)～(f) 的形式，但抗震设防的结构不得采用图 6-54(e) 的形式。当采用图 6-54(a) 形式时在每层中不同倾斜方向单斜杆的截面面积在水平方向的投影面积之差不得大于 10%

6.8.3 十字形交叉支撑的中间连接节点

十字形交叉支撑的中间连接节点如图 6-55 所示。

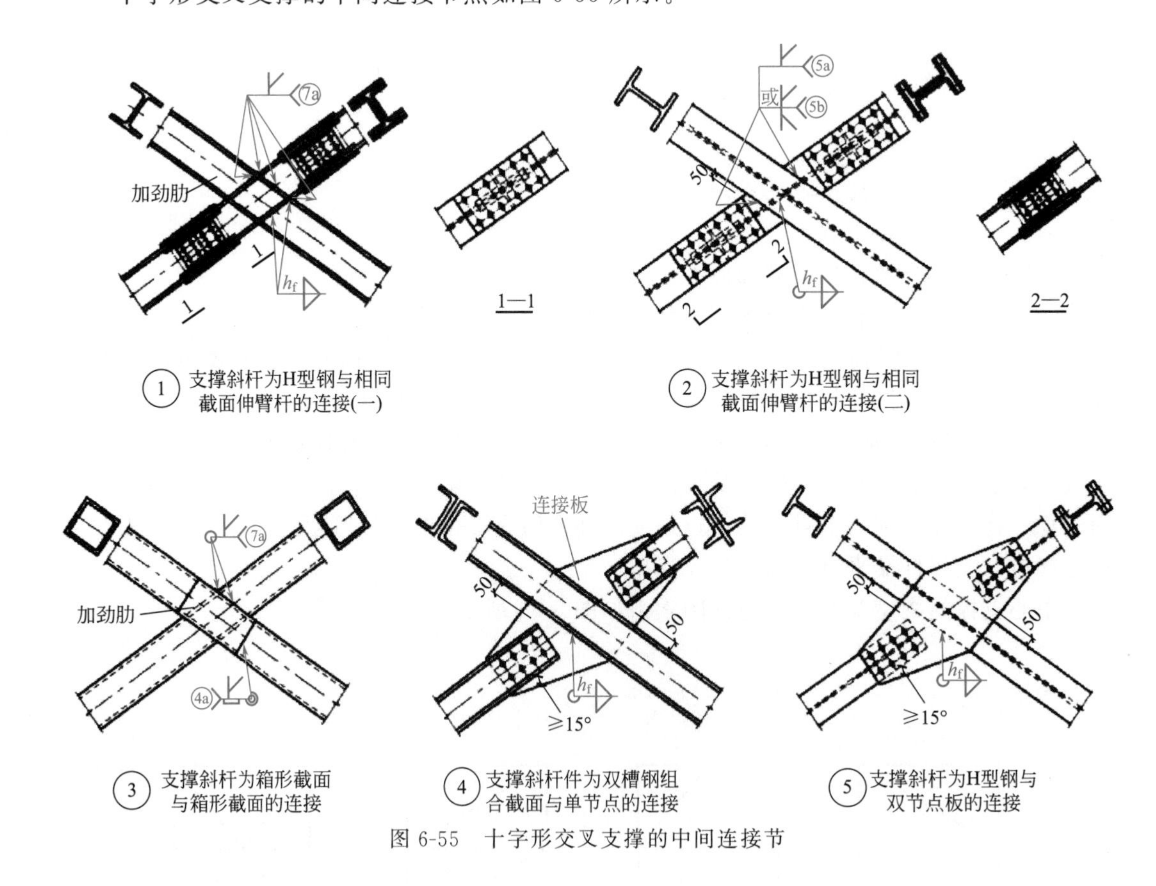

图 6-55　十字形交叉支撑的中间连接节

6.8.4 交叉支撑在横梁交叉点处的连接

交叉支撑在横梁交叉点处的连接如图 6-56 所示。

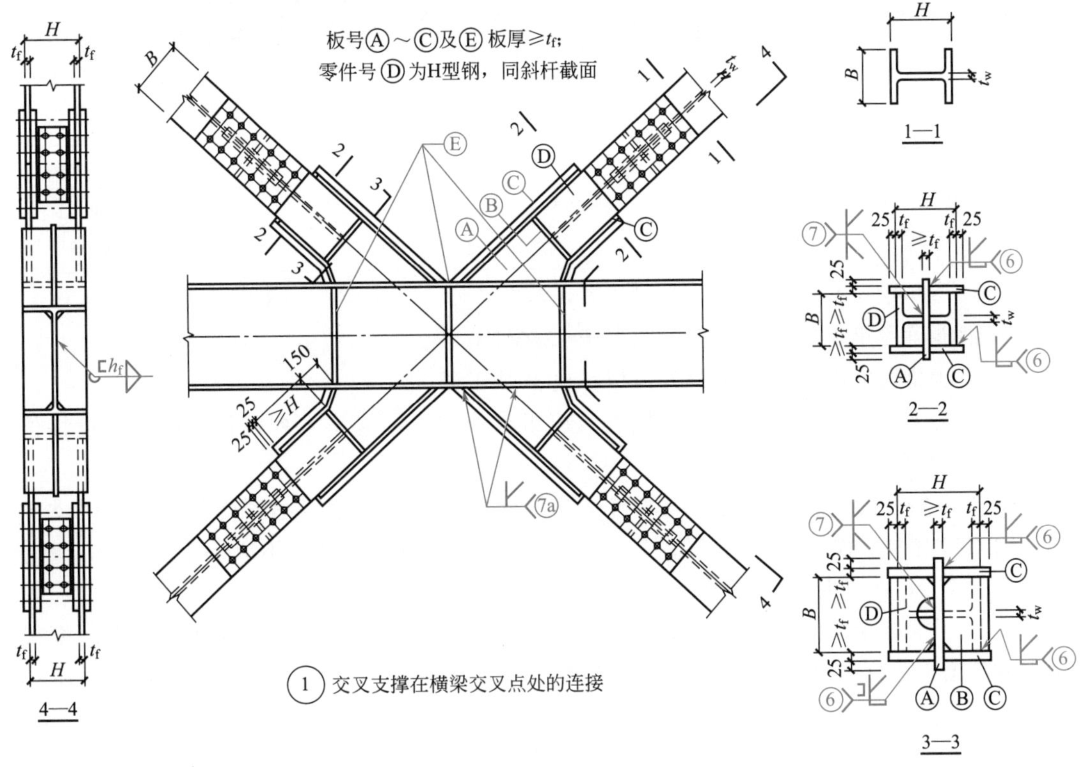

图 6-56 交叉支撑在横梁交叉点处的连接

6.8.5 偏心支撑的类型及其构造要求

(1) 偏心支撑类型

偏心支撑类型如图 6-57 所示。

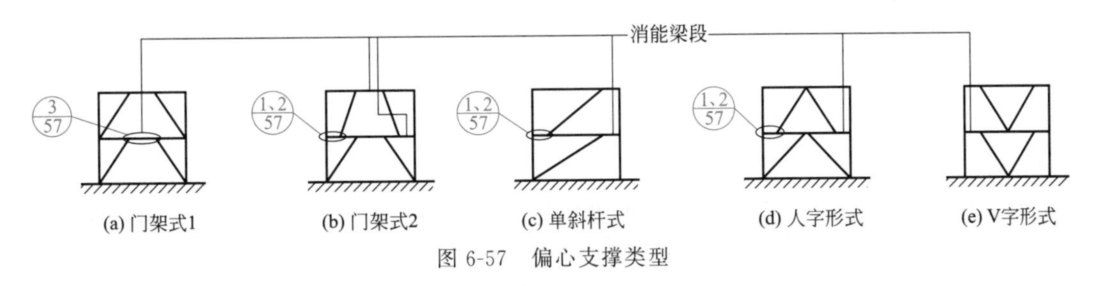

图 6-57 偏心支撑类型

(2) 偏心支撑的构造要求

① 抗震等级较高或房屋高度较高的钢结构房屋，可采用偏心支撑、延性墙板或其他消能支撑。抗震等级较低和房屋高度较低的钢结构房屋，可采用中心支撑，有条件时，也可采用偏心支撑、延性墙板等。超过 50m 的钢结构采用偏心支撑框架时，顶层可采用中心支撑。

② 偏心支撑杆件的长细比及消能梁段和与消能梁段同一跨的非消能梁段，其板件的宽厚比不应大于表 6-9 规定的限值。

表 6-9　偏心支撑斜杆的长细比及其支撑和框架梁板件的宽厚比限值

项目			抗震等级一级、二级、三级
支撑斜杆	长细比		120
	板件宽厚比		见表 6-3
框架梁的板件宽厚比	翼缘外伸部分		8
	各类腹板	$N/(Af)\leqslant 0.14$	$90[1-0.65N/(Af)]$
		$N/(Af)>0.14$	$33[2.3-N/(Af)]$

注：表列数值适用于 Q235 钢。当材料为其他牌号时应除以 $\sqrt{235/f_y}$。$N/(Af)$ 为梁的轴压比。

③ 消能梁段钢材的屈服强度不应大于 235MPa。

④ 消能梁段的腹板不得贴焊补强板，也不得开洞。

⑤ 偏心支撑的节点连接在多遇地震效应组合作用下，应将下列各杆件的内力设计值做如下调整后进行弹性设计。

a. 支撑斜杆的轴力设计值，应取与支撑斜杆相连的消能梁段达到受剪承载力时支撑斜杆轴力与增大系数的乘积。其值在一级时应不小于 1.4，二级时不应小于 1.3，三级时应不小于 1.2，四级时不应小于 1.0。

b. 位于消能梁段同一跨的框架梁弯矩设计值，应取消能梁段达到受剪承载力时框架梁内力与增大系数的乘积。其值在一级时应不小于 1.3，二级、三级、四级时不应小于 1.2。

c. 框架柱的弯矩、轴力设计值，应取消能梁段达到受剪承载力时柱内力与增大系数的乘积。其值在一级时应不小于 1.3，二级、三级、四级时不应小于 1.2。

⑥ 支撑斜杆与消能梁段连接的承载力不得小于支撑的承载力，若支撑需抵抗弯矩，支撑与梁的连接应按抗压弯连接设计。

⑦ 消能梁段与柱的连接应符合下列要求。

a. 消能梁段与柱连接时，其长度不得大于 $1.6M_{lp}/V_l$，且其抗剪承载力应满足规范要求（M_{lp} 为消能梁段的全塑性受弯承载力；$V_l=0.58A_wf_y$，A_w 为消能梁段腹板的截面面积）。

b. 消能梁段翼缘与柱翼缘之间应采用坡口全熔透对接焊缝连接。消能梁段腹板与柱之间应采用角焊缝连接。角焊缝的承载力不得小于消能梁段腹板的轴向承载力、受剪承载力和受弯承载力。

c. 消能梁段与柱腹板连接时，消能梁段翼缘与连接板间应采用坡口全熔透焊缝，消能梁段腹板与柱间应采用角焊缝。角焊缝的承载力不得小于消能梁段腹板的轴向承载力、受剪承载力和受弯承载力。

⑧ 消能梁段两端上下翼缘应设置侧向支撑，支撑的轴力设计值不得小于消能梁段翼缘轴向承载力设计值的 6%，即 $0.06Af$。

⑨ 偏心支撑框架梁的非消能梁段上下翼缘应设置侧向支撑，支撑的轴力设计值不得小于梁翼缘轴向承载力设计值的 2%，即 $0.02Af$。

6.8.6　偏心支撑的连接构造

偏心支撑的连接构造如图 6-58 所示。

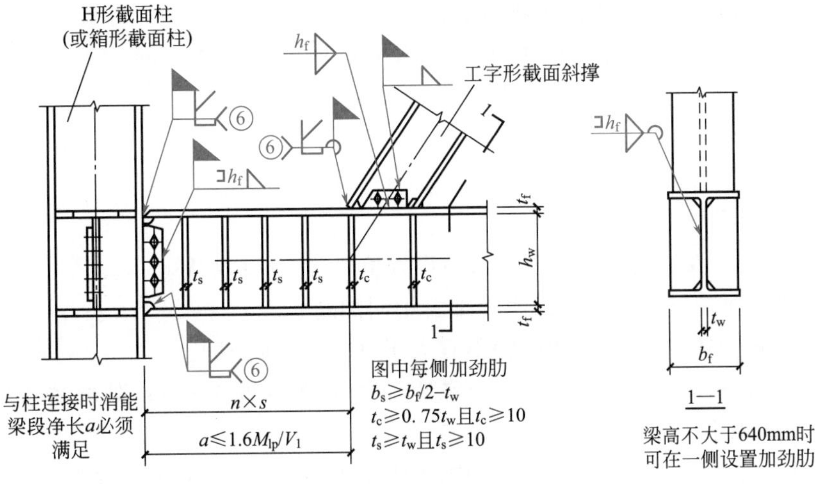

① 消能梁段与柱连接时的构造要求(一)
(应使加劲肋间距$s \leqslant 30t_w - h_w/5$)

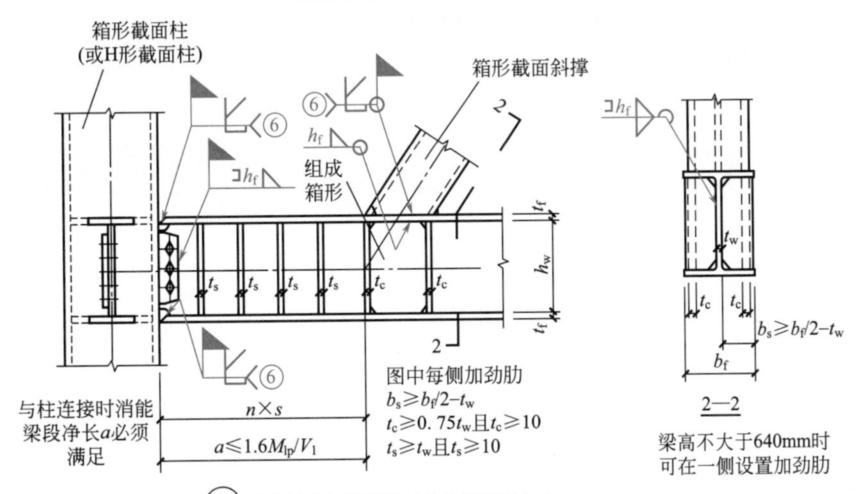

② 消能梁段与柱连接时的构造要求(二)
(应使加劲肋间距$s \leqslant 30t_w - h_w/5$)

(a) 消能梁段与柱连接时的构造要求

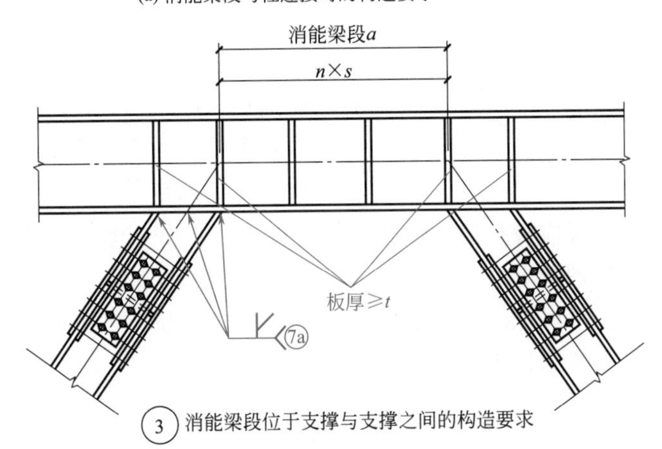

③ 消能梁段位于支撑与支撑之间的构造要求

(b) 消能梁段位于支撑与支撑之间的构造要求

图 6-58 偏心支撑的连接构造

注：消能梁段的构造应符合下列要求。

① 当 $N \leqslant 0.16Af$ 时，消能梁段的净长不应大于 $1.6M_{lp}/V_l$。

当 $N > 0.16Af$ 时，消能梁段的长度 a 应符合下列规定。

当 $\rho(A_w/A) < 0.3$ 时，$a \leqslant 1.6M_{lp}/V_l$。

当 $\rho(A_w/A) \geqslant 0.3$ 时，$a \leqslant [1.15-0.5\rho(A_w/A)]1.6M_{lp}/V_l$

式中 a——消能梁段的长度。

ρ——消能梁段轴向力设计值与剪力设计值之比，$\rho = N/V$。

② 消能梁段应按下列要求在腹板上配置中间加劲肋。

当 $a \leqslant 1.6M_{lp}/V_l$ 时，加劲肋间距不宜大于 $(30t_w - h_w/5)$。

当 $2.6M_{lp}/V_l < a < 5M_{lp}/V_l$ 时，应在距消能梁段端部各 $1.5b_f$ 处配置中间加劲肋，且中间加劲肋间距不应大于 $(52t_w - h_w/5)$。

当 $1.6M_{lp}/V_l < a < 2.6M_{lp}/V_l$ 时，中间加劲肋的间距宜在上述两者之间线性插入。

当 $a > 5M_{lp}/V_l$ 时，可不配置中间加劲肋。

式中 M_{lp}——消能梁段的塑性受弯承力载，$M_{lp} = W_p f_y$。

V_l——消能梁段的塑性受剪承载力，$V_l = 0.58 f_y h_w t_w$。

6.9 压型钢板识图与节点构造

6.9.1 压型钢板识图

压型钢板用 YX H-S-B 表示，YX 分别为压、型的汉语拼音的首个字母，其截面形状如图 6-59 所示。

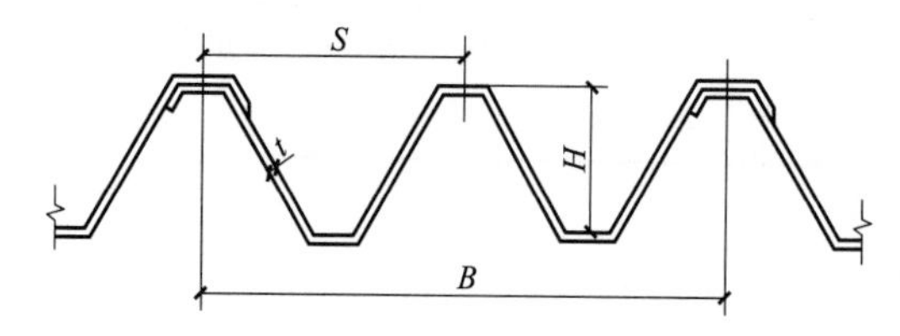

图 6-59 压型钢板截面形状

H—压型钢板的波高；S—压型钢板的波距；

B—压型钢板的有效覆盖宽度

6.9.2 压型钢板大样

压型钢板大样如图 6-60 所示。

① 当压型钢板仅作模板用时，可不做防火保护层，比当作组合楼板使用经济。但其钢板厚度不得小于 0.5mm，并应采用镀锌钢板。当压型钢板除用作混凝土楼板的永久性模板外，还充当板底受拉钢筋参与结构受力时，组合楼板应进行耐火验算与防火设计。当组合楼板不满足耐火要求时，应对组合楼板进行防火保护。

② 用压型钢板做模板的混凝土楼板，仅考虑单向受力，其肋板方向即为板跨方向。可按常规的钢筋混凝土密肋板进行设计。

③ 由于框架组合梁存在组合梁负弯矩，钢筋的锚固问题目前还没有得到较好解决，因此图 6-60 中不考虑框架梁与混凝土楼板的组合作用，只考虑次梁与混凝土楼板通过抗剪栓钉组合成整体和共同受力的组合梁。

④ 当不考虑次梁和框架梁为组合梁时，在楼板的端部（包括连续板的各跨端部），仍

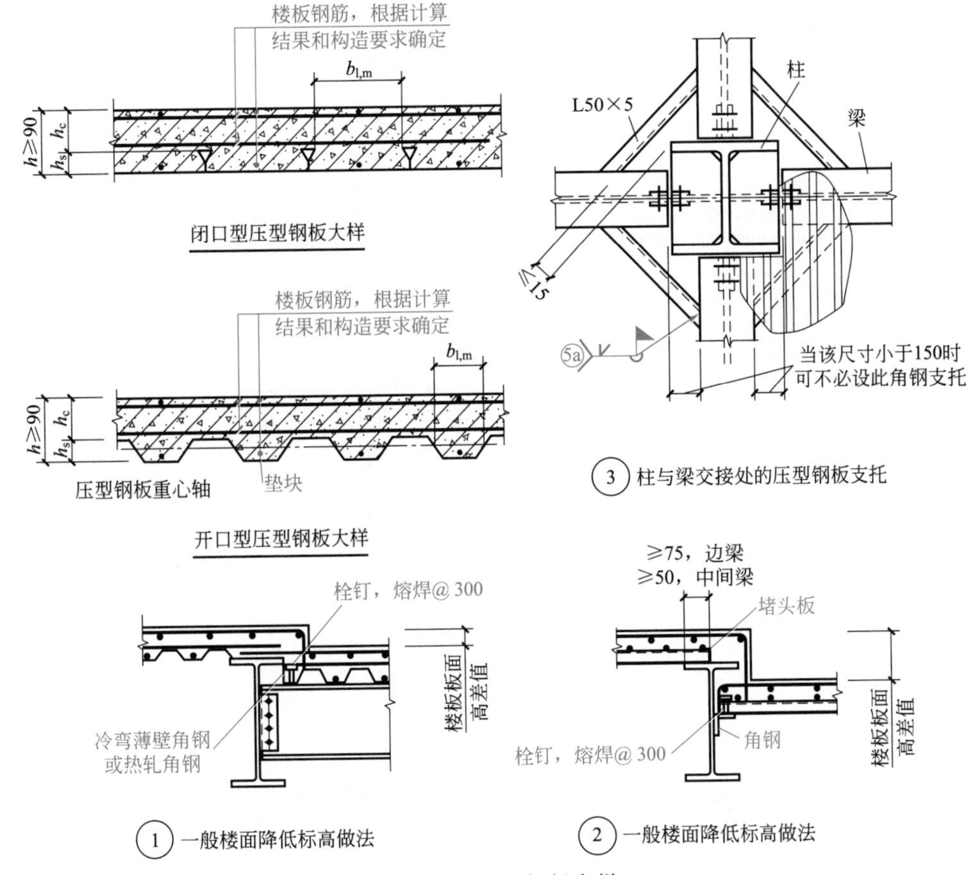

图 6-60 压型钢板大样

h—楼板总厚度；h_s—压型钢板总高（包括压痕）；h_c—压型钢板肋顶部以上混凝土厚度；

b_l—开口型压型钢板凹槽重心轴处宽度或闭口型压型钢板槽口最小浇筑宽度

应设置构造栓钉，其直径可根据板跨按表 6-10 选用，但其间距不宜大于 $8h_c$。

表 6-10 栓钉直径与板块关系

板跨/m	<3.0	3.0～6.0	>6.0
栓钉直径/mm	13～16	16～19	19

⑤ 压型钢板组合楼板其余构造措施详见标准图集《钢与混凝土组合楼（屋）盖结构构造》(05SG522)。

⑥ 工程设计时，宜优先选用闭口型压型钢板。

6.9.3 压型钢板的边缘节点

压型钢板的边缘节点如图 6-61 所示。

6.9.4 压型钢板及钢筋桁架楼承板开孔时的补强措施

压型钢板及钢筋桁架楼承板开孔时的补强措施如图 6-62 所示。

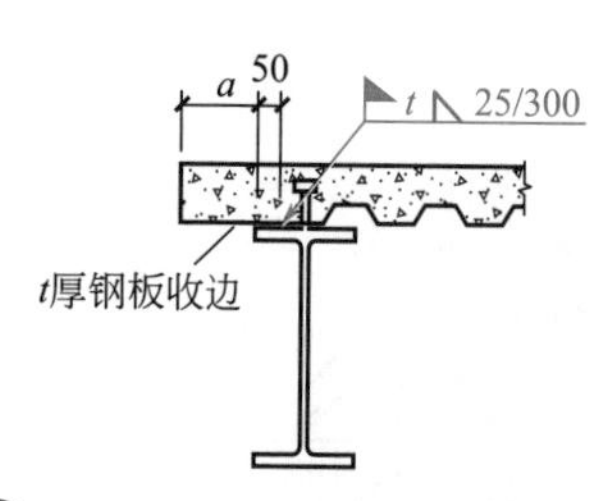

① 板肋与梁平行且悬挑较短时
(不同悬挑长度与板厚的要求详见右侧表)

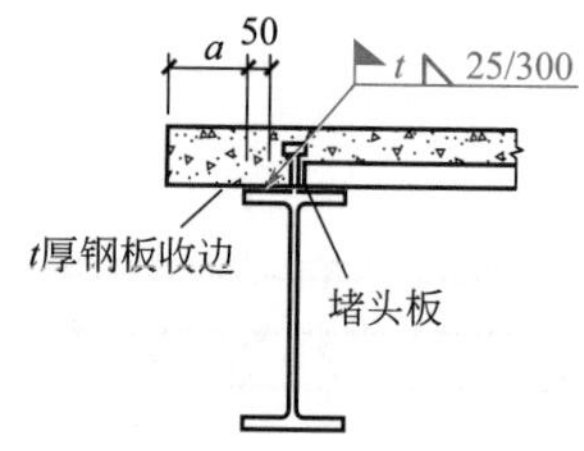

② 板肋与梁垂直且悬挑较短时
(不同悬挑长度与板厚的要求详见右侧表)

节点①、②

悬挑长度a /mm	收边板厚t /mm
0～80	1.2
80～120	1.5
120～180	2.0
180～250	2.6

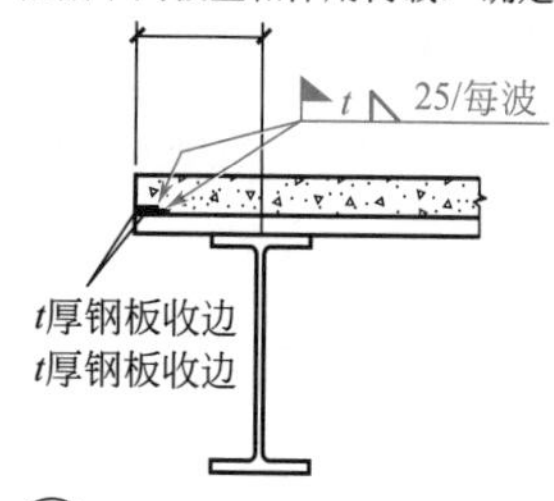

③ 板肋与梁垂直且悬挑较长时

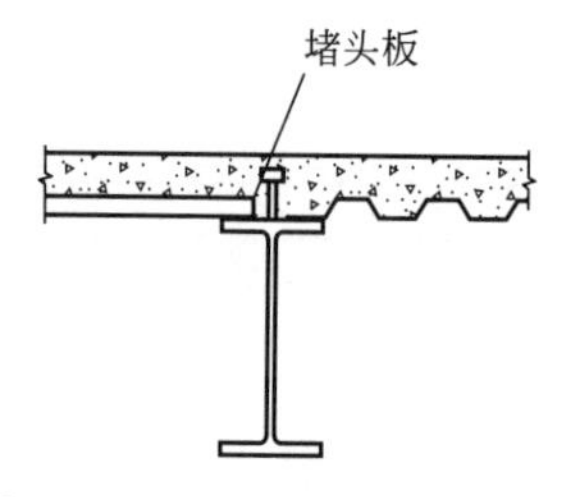

④ 在同一根梁上既有板肋与梁垂直又有板肋与梁平行时

图 6-61 压型钢板的边缘节点

图中未示出混凝土板中的配箱构造

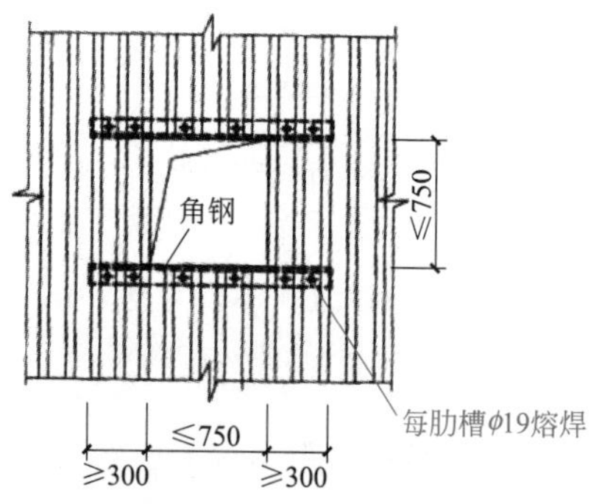

① 压型钢板开孔300～500时的加强措施
(压型钢板的波高不宜小于50，洞口小于300时可不加强)

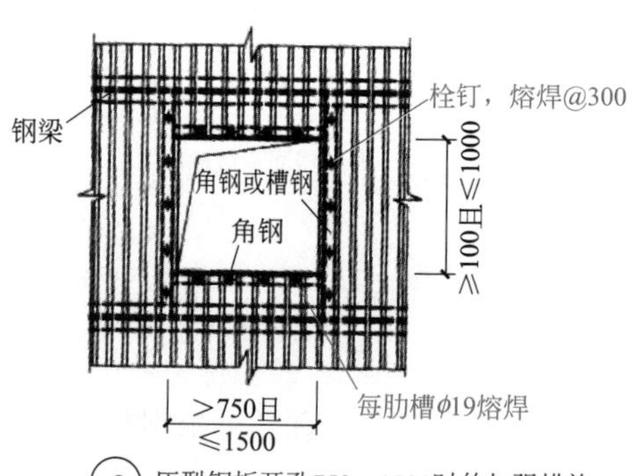

② 压型钢板开孔750～1500时的加强措施

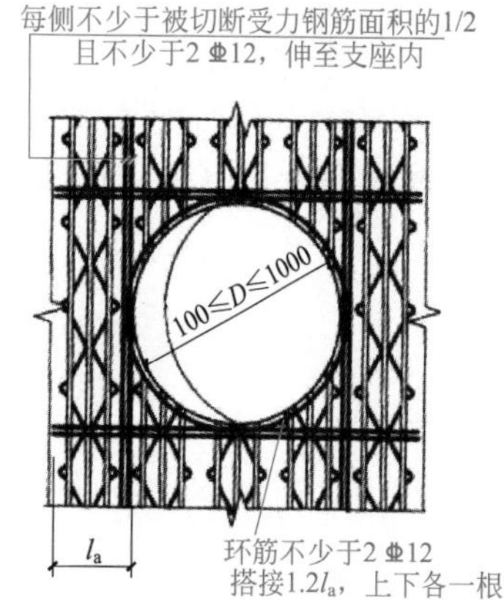

③ 钢筋桁架开圆孔100～1000时的加强措施

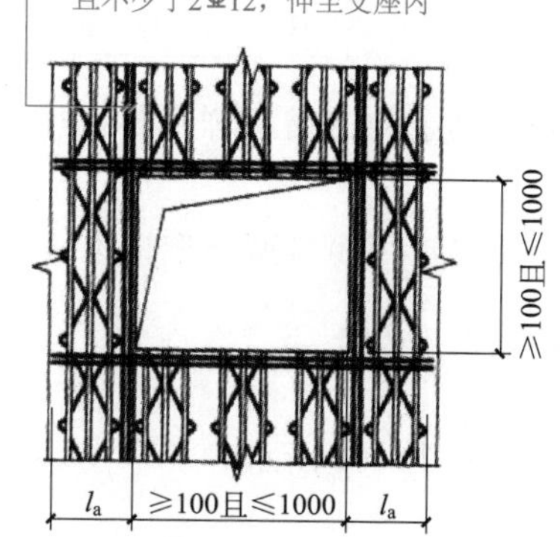

④ 钢筋桁架开矩形孔100～1000时的加强措施

混凝土剪力墙
栓钉
预埋受力钢筋
角钢
预埋件

⑤ 楼板与剪力墙连接

图 6-62 压型钢板及钢筋桁架楼承板开孔时的补强措施

当洞口尺寸超过图中所示限值时，需采取增设洞边次梁等其他有效措施

6.10 单层工业厂房围护构件识图与构造

6.10.1 厂房外墙识图与构造

装配式单层工业厂房的外墙属于围护构件，仅承受自重、风荷载以及设备的振动荷载。由于单层厂房的外墙高度与长度都比较大，要承受较大的风荷载，同时还要受到机器设备与运输工具振动的影响，因此墙身的刚度与稳定性应有可靠的保证。

单层厂房的外墙按其材料类别可分为砖墙、砌块墙、板材墙、轻型板材墙等；按其承重形式则可分为承重墙、承自重墙和填充墙等，如图 6-63 所示。当厂房跨度和高度不大，且没有设置或仅设有较小的起重运输设备时，一般可采用承重墙（图 6-63 中 *A* 轴上部的墙）直接承受屋盖与起重运输设备等荷载；当厂房跨度和高度较大，起重运输设备的起重量较大时，通常由钢筋混凝土排架柱来承受屋盖与起重运输等荷载，而外墙只承受自重，仅起围护作用，这种墙称为承自重墙（图 6-63 中 *D* 轴下部的墙）；某些高大厂房的上部墙体及厂房高低跨交接处的墙体，采用架空支承在与排架柱连接的墙梁（连系梁）上，这种墙称为填充墙（图 6-63 中 *B* 轴和 *D* 轴上部的墙）。承自重墙与填充墙是厂房外墙的主要形式。

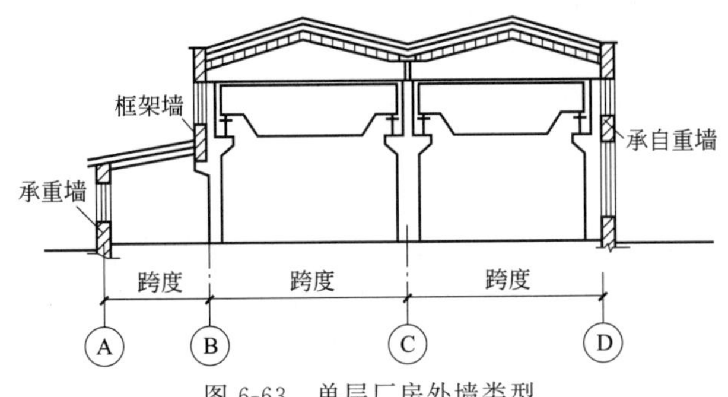

图 6-63　单层厂房外墙类型

(1) 砖墙及砌块墙

单层厂房通常为装配式钢筋混凝土排架结构，因此它的外墙在连系梁以下一般为承自重墙，在连系梁上部为填充墙。装配式钢筋混凝土排架结构的单层厂房纵墙构造剖面示例如图 6-64 所示。承自重墙、填充墙的墙体材料有普通黏土砖和各种预制砌块。

为防止单层厂房外墙受风力、地震或振动等的破坏，在构造上应使墙与柱子、山墙与抗风柱、墙与屋架（或屋面梁）之间有可靠连接，以保证墙体有足够的稳定性与刚度。

① 墙与柱子的连接　墙与柱子之间应有可靠的连接，通常的做法是在柱子高度方向每隔 500～600mm 预埋伸出两根Φ 6 钢筋，砌墙时把伸出的钢筋砌在墙缝里，如图 6-65 所示。

② 墙与屋架（或屋面梁）的连接　屋架端部竖杆预留 2Φ 6 钢筋，间距 500～600mm，砌入墙体内。

③ 纵向女儿墙的构造与屋面板的连接　在墙与屋面板之间常采用钢筋拉结措施，即在屋面板横向缝内放置一根Φ 12 钢筋（长度为板宽度加上纵墙厚度一半和两头弯钩），在

屋面板纵缝内及纵向外墙中各放置一根Φ12（长度为1000mm）钢筋相连接，如图6-66所示，形成工字形的钢筋，然后在缝内用C20细石混凝土捣实。

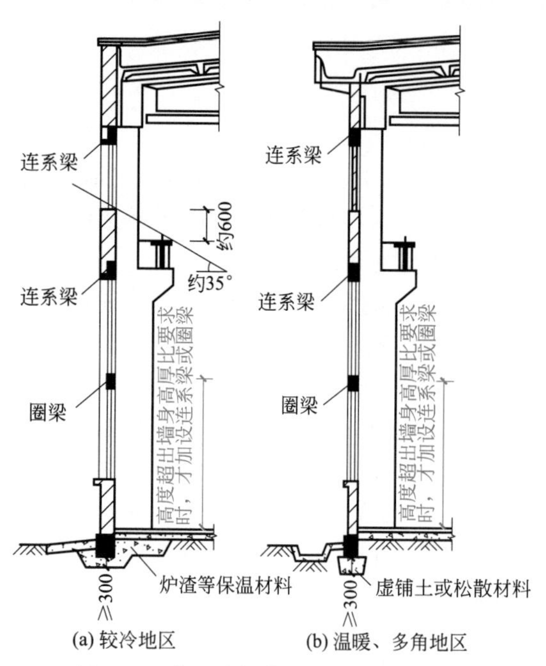

图6-64　装配式钢筋混凝土排架结构的单层厂房纵墙构造剖面

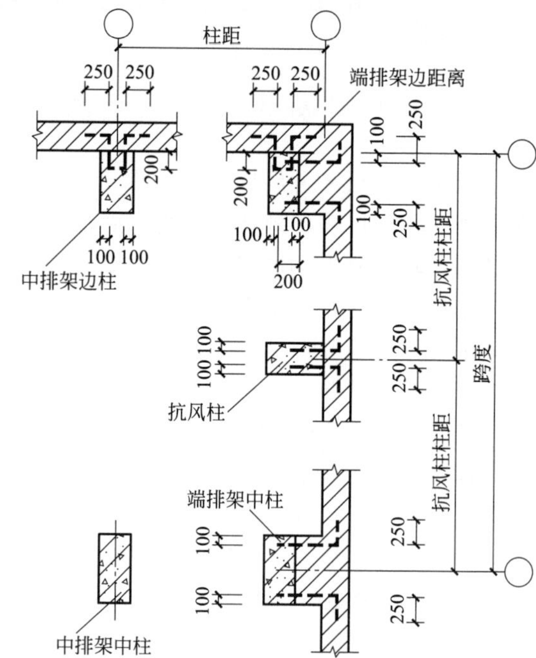

图6-65　墙与柱子的连接

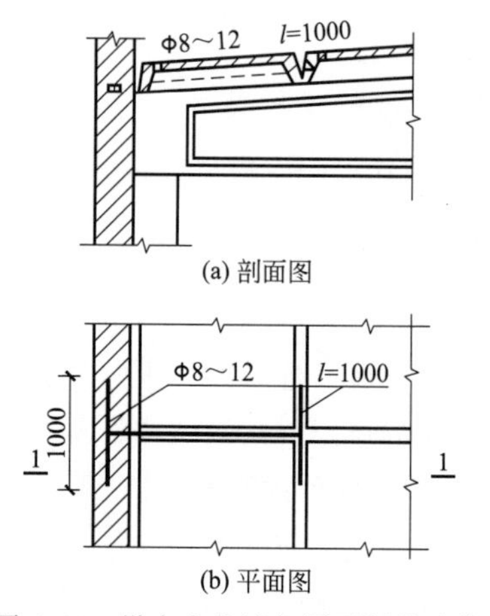

图6-66　纵向女儿墙与屋面板的连接

④ 山墙与屋面板的连接　单层厂房的山墙面积比较高大，为保证其稳定性和抗风要求，山墙与抗风柱及端柱除用钢筋拉结外，在非地震区，一般尚应在山墙上部沿屋面设置2根Φ8钢筋于墙中，并在屋面板的板缝中嵌入一根Φ12（长为1000mm）钢筋与山墙中钢筋拉结，如图6-67所示。

（2）板材墙

墙板的布置：墙板布置可分为横向布置、竖向布置和混合布置三种类型，各自的特点及适用情况也不相同，应根据工程的实际进行选用。

墙板与柱的连接：单层厂房的墙板与排架柱的连接一般分柔性连接和刚性连接两类。

① 柔性连接　柔性连接适用于地基不均匀、沉降较大或有较大振动影响的厂房，这种方法多用于承自重墙，是目前采用较多的方式。柔性连接是通过设置预埋铁件和其他辅助件使墙板和排架柱相连接。柱只承受由墙板传来的水平荷载，墙板的重量并不加给柱子而由基础梁或勒脚墙板承担。墙板的柔性连接构造形式很多，最简单的为螺栓连接（图6-68）和压条连接（图6-69）两种做法。

② 刚性连接　刚性连接是在柱子和墙板中先分别设置预埋铁件，安装时用角钢或Φ16的钢筋段把它们焊接连牢，如图6-70所示。优点是施工方便，构造简单，厂房的纵向刚

度好；缺点是对不均匀沉降及振动较敏感，墙板板面要求平整，预埋件要求准确。刚性连接宜用于地震设防烈度为 7 度或 7 度以下的地区。

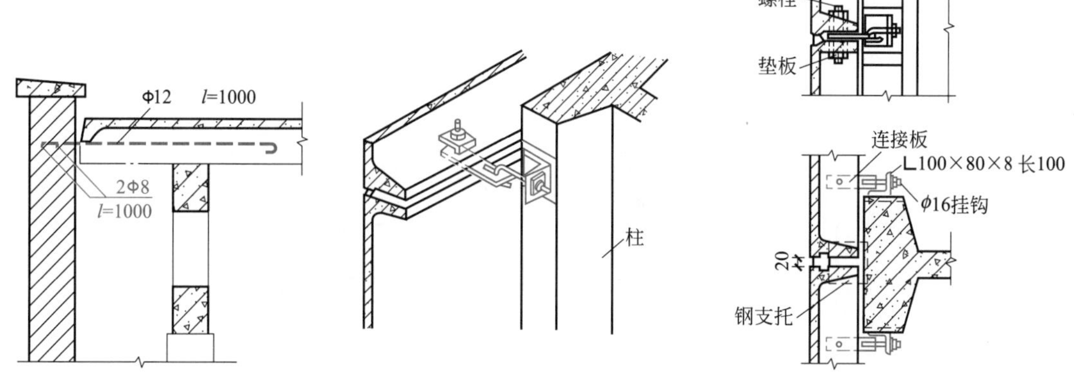

图 6-67 山墙与屋面板的连接

图 6-68 螺栓挂钩柔性连接构造示例

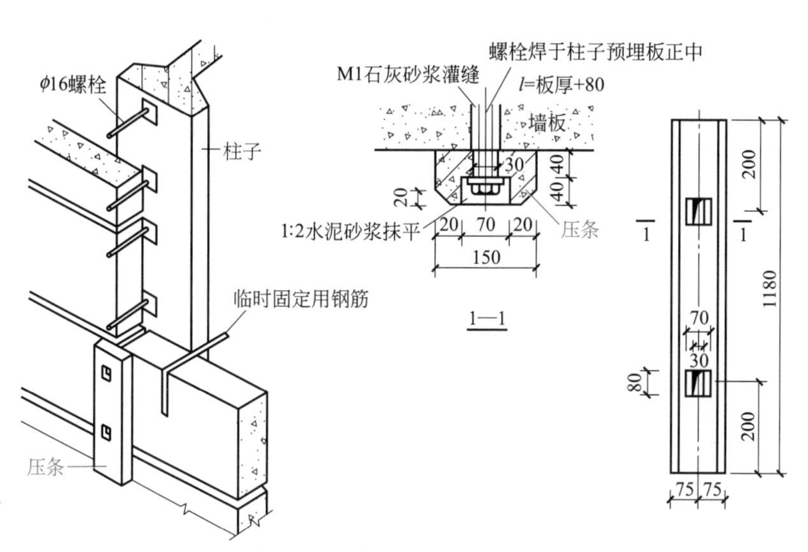

图 6-69 压条柔性连接构造示例

③ 墙板板缝的处理　为了使墙板能起到防风雨、保温、隔热作用，除了板材本身要满足这些要求之外，还必须做好板缝的处理。

根据不同情况，板缝可以做成各种形式。水平缝可做成平口缝、高低错口缝、企口缝等。后者的处理方式较好，但从制作、施工以及防止雨水的重力和风力渗透等因素综合考虑，错口缝是比较理想的，应多采用这种形式。

(3) 开敞式外墙

在我国南方地区，为了使厂房获得良好的自然通风和散热效果，一些热加

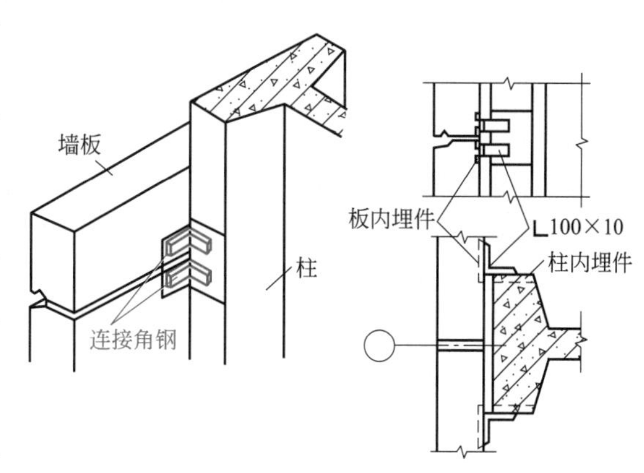

图 6-70 刚性连接构造示例

工车间常采用开敞式外墙。开敞式外墙通常是在下部设矮墙，上部的开敞口设置挡雨遮阳板。如图 6-71 所示为典型开敞式外墙的布置。

挡雨遮阳板每排之间距离与当地的飘雨角度、日照以及通风等因素有关，设计时应结合车间对防雨的要求来确定，一般飘雨角可按 45°设计，风雨较大地区可酌情减小角度。挡雨板有多种构造形式，通常有石棉水泥瓦挡雨板和钢筋混凝土挡雨板。

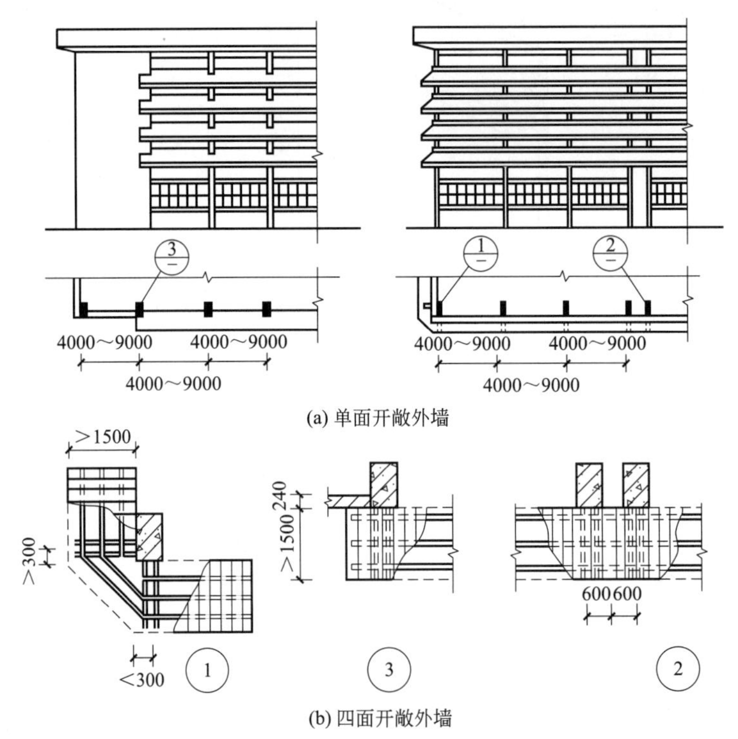

图 6-71　典型开敞式外墙的布置

6.10.2　侧窗、大门、天窗识图与构造

6.10.2.1　侧窗

单层厂房的侧窗不仅应满足采光和通风的要求，还要根据生产工艺的特点，满足一些特殊要求。例如有爆炸危险的车间，侧窗应有利于泄压；要求恒温恒湿的车间，侧窗应有足够的保温隔热性能；洁净车间要求侧窗防尘和密闭等。单层厂房的侧窗面积往往比较大，因此设计与构造上应在坚固耐久、开关方便的前提下，节省材料，降低造价。

单层厂房侧窗一般均为单层窗，但在寒冷地区的采暖车间，室内外计算温差大于 35℃时，距室内地面 3m 以内应设双层窗。若生产有特殊要求（如恒温恒湿、洁净车间等），则应全部采用双层窗。

单层厂房外墙侧窗布置形式一般有两种：一种是被窗间墙隔开的单独的窗口形式；另一种是厂房整个墙面或墙面大部分做成大片玻璃墙面或带状玻璃窗。

一般根据车间通风需要，厂房常将平开窗、中悬窗和固定窗组合在一起。为了便于安装开关器，侧窗组合时，在同一横向高度内，应采用相同的开启方式，如图 6-72 所示。

(a) 单层厂房侧窗实物

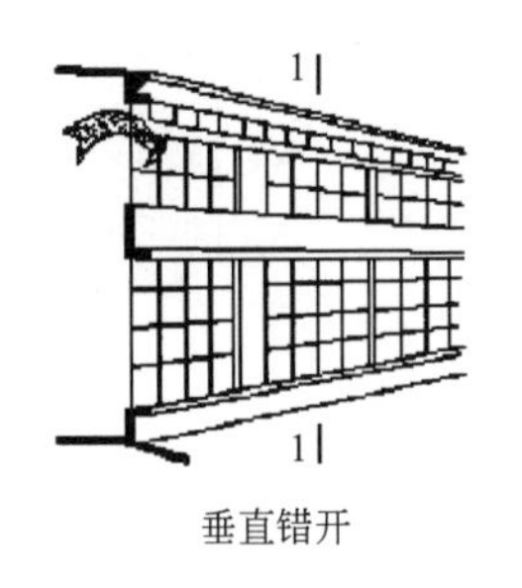

垂直错开

倾斜固定

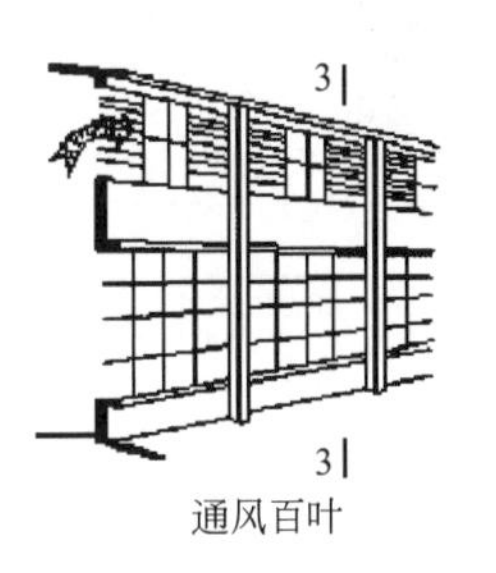

通风百叶

(b) 单层厂房侧窗剖面图

图 6-72 单层厂房侧窗示意

6.10.2.2 大门

厂房大门按用途可分为一般大门和特殊大门。特殊大门是根据特殊要求设计的，有保温门、防火门、冷藏门、射线防护门、防风沙门、隔声门、烘干室门等。

厂房大门按门窗材料可分为木门、钢板门、钢木门、空腹薄壁钢板门、铝合金门等。

厂房大门按开启方式可分为平开门、折叠门、推拉门、推拉门、上翻门、升降门、卷帘门、偏心门、光电控制门等，如图 6-73 所示。

6.10.2.3 天窗

大跨度或多跨的单层厂房中，为满足天然采光与自然通风的要求，在屋面上常设置各种形式的天窗。这些天窗按功能可分为采光天窗与通风天窗两大类型，但实际上只起采光或只起通风作用的天窗是较少的，大部分天窗都同时兼有采光和通风双重作用。

单层厂房采用的天窗类型较多，目前我国常见的天窗形式中，主要用作采光的有矩形天窗、锯齿形天窗、平天窗、三角形天窗、横向下沉式天窗等；主要用作通风的有矩形避风天窗、纵向或横向下沉式天窗、井式天窗、M 形天窗等，如图 6-74 所示。

(1) 矩形天窗识图与构造

矩形天窗沿厂房纵向布置，为了简化构造并留出屋面检修和消防通道，在厂房的两端和横向变形缝的第一个柱间通常不设天窗，如图 6-75(a) 所示，在每段天窗的端壁应设置上天窗屋面的消防梯（检修梯）。

矩形天窗主要由天窗架、天窗屋顶、天窗端壁、天窗侧板及天窗扇等构件组成，如图 6-75(b) 所示。

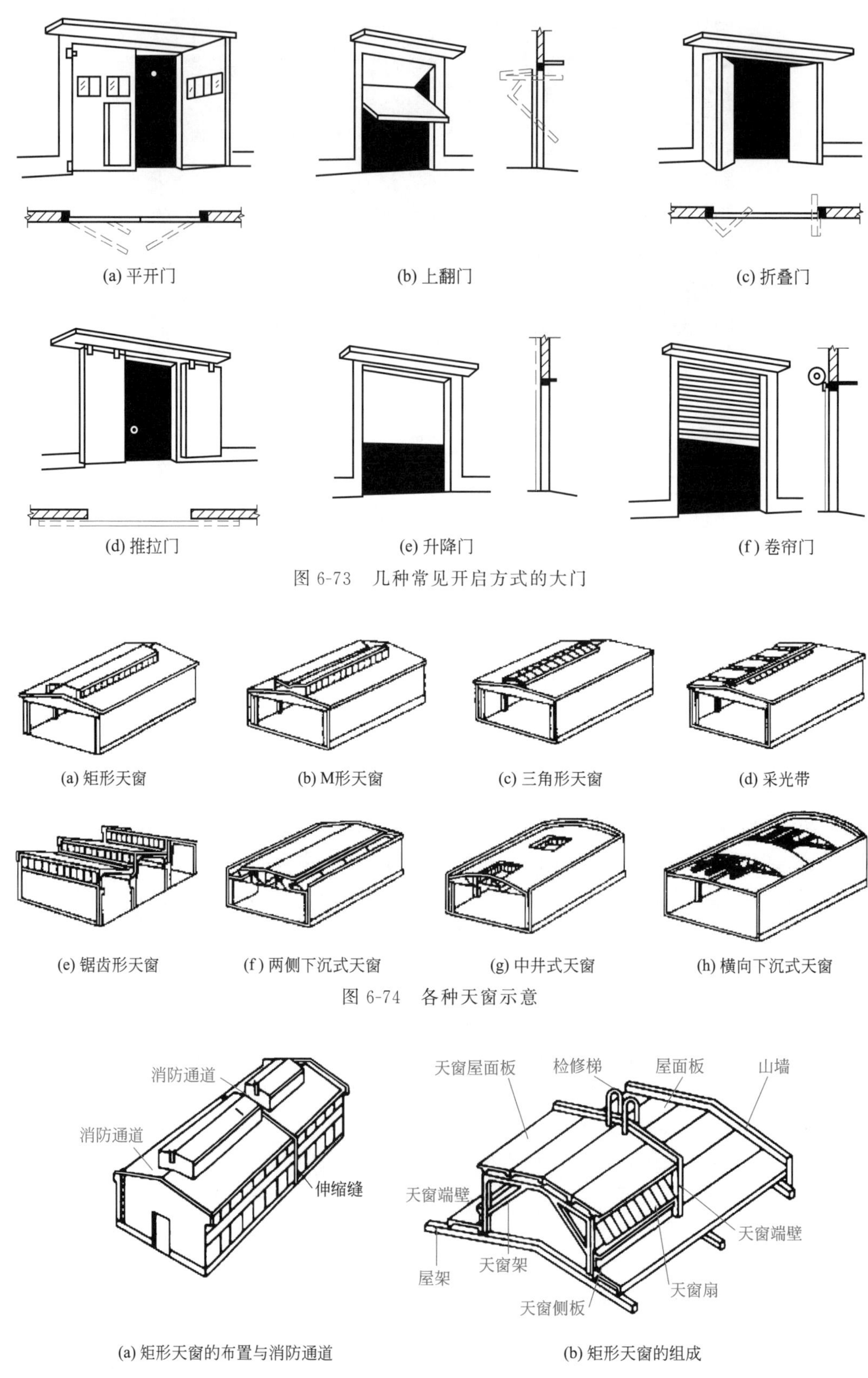

图 6-73 几种常见开启方式的大门

图 6-74 各种天窗示意

图 6-75 矩形天窗的布置与组成

① 天窗架　天窗架是天窗的承重构件，它支承在屋架或屋面梁上，有钢筋混凝土和型钢制作的两种。钢天窗架重量轻，制作、吊装方便，多用于钢屋架上，但也可用于钢筋混凝土屋架上。钢筋混凝土天窗架则要与钢筋混凝土屋架配合使用。

钢筋混凝土天窗架的形式一般有Π形和W形，也可做成Y形；钢天窗架有多压杆式和桁架式，如图6-76所示；天窗架的跨度采用扩大模数30M系列，目前有6m、9m、12m三种；天窗架的高度与根据采光通风要求选用的天窗扇的高度配套确定。

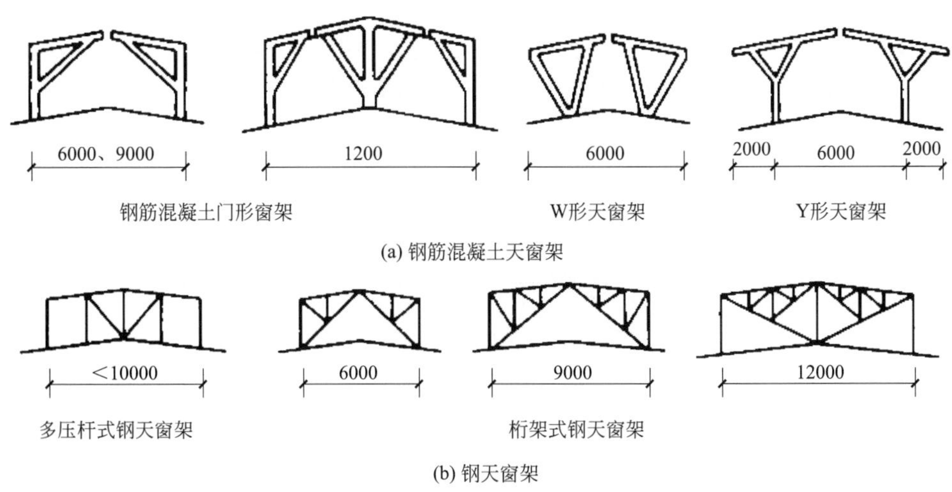

图6-76　天窗架形式

② 天窗屋顶　天窗屋顶的构造通常与厂房屋顶的构造相同。由于天窗宽度和高度一般均较小，故多采用自由落水。为防止雨水直接流淌到天窗扇上和飘入室内，天窗檐口一般采用带挑檐的屋面板，挑出长度为300～500mm。檐口下部的屋面上须铺设滴水板，以保护厂房屋面。

③ 天窗端壁　天窗两端的山墙称为天窗端壁。天窗端壁通常采用预制钢筋混凝土端壁和石棉水泥瓦端壁。

当采用钢筋混凝土天窗架时，天窗端部可用预制钢筋混凝土端壁板来代替天窗架。这种端壁板既可支承天窗屋面板，又可起到封闭尽端的作用，是承重与围护合一的构件。根据天窗宽度不同，端壁板由两块或三块拼装而成，如图6-77所示，它焊接固定在屋架上弦轴线的一侧，屋架上弦的另一侧搁置相邻的屋面板。

图6-77　钢筋混凝土端壁

④ 天窗侧板　天窗侧板是天窗下部的围护构件。它的主要作用是防止屋面的雨水溅入车间以及不被积雪挡住天窗扇的开启。屋面至侧板顶面的高度一般应大于300mm，多风雨或多雪地区应增高至400～600mm。

⑤ 天窗扇　天窗扇有钢制和木制两种，无论南北方一般均为单层。钢天窗扇具有耐

久、耐高温、挡光少、不易变形、关闭严密等优点，因此工业建筑中常用钢天窗扇。木天窗扇造价较低、易于制作，但耐久性、抗变形性、透光率和防火性较差，只适用于火灾危险不大、湿度较小的厂房。

钢天窗扇按开启方式不同分为上悬式钢天窗和中悬式钢天窗。上悬式钢天窗扇最大开启角仅为45°，因此防雨性能较好，但通风性能较差；中悬式钢天窗扇开启角为60°～80°，通风好，但防雨较差。木天窗扇一般只有中悬式，最大开启角为60°。

(2) 矩形避风天窗识图与构造

矩形避风天窗构造与矩形天窗相似，不同之处是根据自然通风原理在天窗两侧增设挡风板和不设窗扇，如图6-78所示为矩形避风天窗挡风板布置。

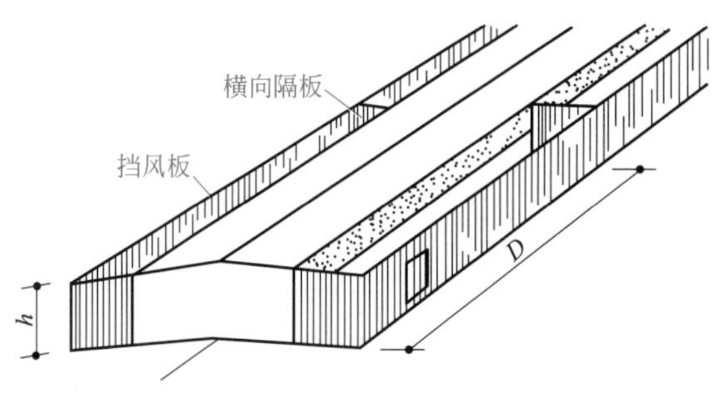

图6-78 矩形避风天窗挡风板布置

① 挡风板的作用 对于热压较高的车间可在天窗的两端设挡风板，使排气口始终处于负压区内，这样无论有无大风，排气口均能稳定地排除室内的热气流。

② 挡风板的形式与构造 挡风板有垂直式、外倾式、内倾式、折腰式和曲线式几种。一般较常见的为垂直式和外倾式。

挡风板是固定在挡风支架上的，支架按结构的受力方式可分为立柱式（包括直立柱与斜立柱）和悬挑式（包括直悬挑和斜悬挑）两类。立柱式支架是将型钢或钢筋混凝土立柱支承在屋架上弦的柱墩上，并用支撑与天窗架连接，因此结构受力合理，常用于大型屋面板类的屋盖。屋盖为搭盖式构件自防水时柱处的防水较为复杂。由于立柱应位于四块屋面板的连接处，所以挡风板与天窗之间的距离受屋面板排列的限制，不够灵活。

悬挑式支架是将角钢支架固定在天窗架上，与屋盖完全脱离。因此，挡风板与天窗之间的距离比较灵活，且屋面防水不受支柱的影响，适应性广，但支架杆件增多，荷载集中于天窗架上，受力较大，用料造价较高，对抗震不利。挡风板可采用中波石棉水泥瓦、瓦楞铁皮、钢丝网水泥波形瓦、预应力槽瓦等，安装时可用带螺栓的钢筋钩将瓦材固定在挡风板的骨架上。

③ 挡雨设施 为便于通风、减小局部阻力，除寒冷地区外，通风天窗多不设天窗扇，但必须安装挡雨设施，以防止雨水飘入车间内。天窗口的挡雨设施有大挑檐挡雨、水平口设挡雨片和垂直口设挡雨板三种构造形式。

(3) 平天窗识图与构造

平天窗是利用屋顶水平面进行采光的。它有采光板（图6-79）、采光罩（图6-80）和采光带（图6-81）三种类型。

① 平天窗防水构造 防水处理是平天窗构造的关键问题之一。防水处理包括孔壁泛水和玻璃固定处防水等环节。

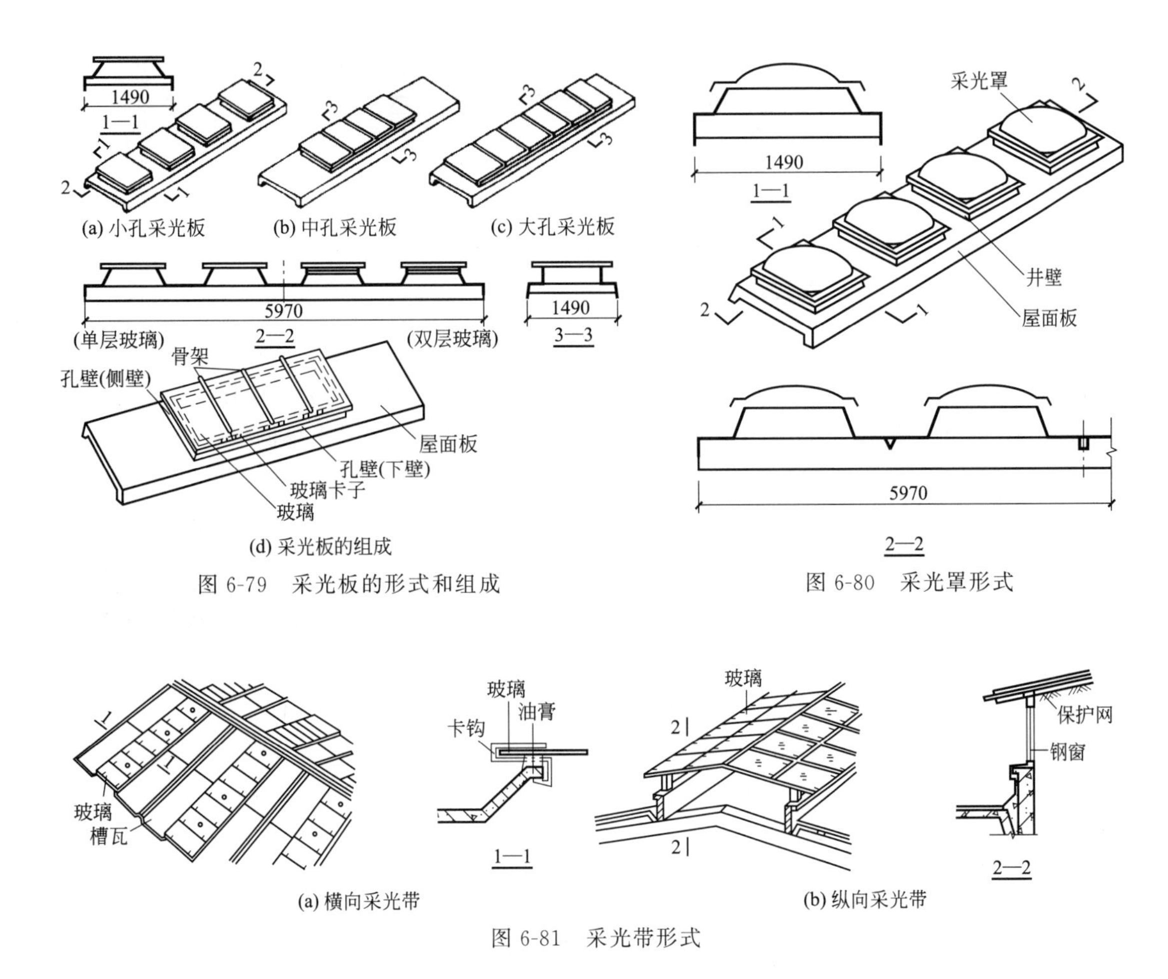

图 6-79　采光板的形式和组成

图 6-80　采光罩形式

图 6-81　采光带形式

a. 孔壁形式及泛水：孔壁是平天窗采光口的边框，为了防水和消除积雪对窗的影响，孔壁一般高出屋面 150mm 左右，有暴风雨的地区则可提高至 250mm 以上。孔壁的形式有垂直和倾斜的两种，后者可提高采光效率。孔壁常做成预制装配的，材料有钢筋混凝土、薄钢板、玻璃纤维塑料等，应注意处理好屋面板之间的缝隙，以防渗水；也可以做成现浇钢筋混凝土的形式。

b. 玻璃固定及防水处理：安装固定玻璃时，要特别注意做好防水处理，避免渗漏。小孔采光板及采光罩为整块透光材料，利用钢卡钩及木螺栓将玻璃或玻璃罩固定在孔壁的预埋木砖上即可，构造较为简单。

② 玻璃的安全防护　平天窗宜采用安全玻璃（如钢化玻璃、夹丝玻璃和玻璃钢罩等），但此类材料价格较高。当采用平板玻璃、磨砂玻璃、压花玻璃等非安全玻璃时，为防止玻璃破碎落下伤人，必须加设安全网。安全网一般设在玻璃下面，常采用镀锌铁丝网制作，挂在孔壁的挂钩上或横档上（图 6-82）。

6.10.3　厂房屋面排水及防水识图与构造

单层厂房的屋面与民用建筑的屋面相比，其宽度一般都大得多，这就使得厂房屋面在排除雨水方面比较不利，而且由于屋面板大多采用装配式，接缝多，且直接受厂房内部的振动、高温、腐蚀性气体、积灰等因素的影响，因此解决好屋面的排水和防水是厂房屋面

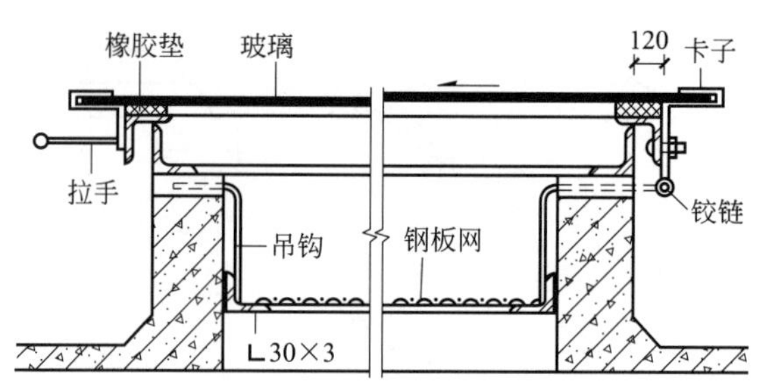

图 6-82 安全网构造示例

构造的主要问题。有些地区还要处理好屋面的保温、隔热问题；对于有爆炸危险的厂房，还必须考虑屋面的防爆、泄压问题；对于有腐蚀气体的厂房，还要考虑防腐蚀的问题。

6.10.3.1 屋面排水

扫码看视频

单层厂房排水防水构造

(1) 排水方式

厂房屋面排水方式基本分为无组织排水和有组织排水两种，选择排水方式，应结合所在地区降雨量、气温、车间生产特征、厂房高度和天窗宽度等因素综合考虑。

① 无组织排水 无组织排水构造简单、施工方便、造价便宜，条件允许时宜优先选用，尤其是某些对屋面有特殊要求的厂房，如屋面容易积灰的冶炼车间、屋面防水要求很高的铸工车间以及对内排水的铸铁管具有腐蚀作用的炼铜车间等均宜采用无组织排水。

② 有组织排水

a. 檐沟外排水：当厂房较高或地区降雨量较大，不宜做无组织排水时，可把屋面的雨、雪水组织在檐沟内，经雨水口和立管排下。这种方式构造简单、施工方便、管材省、造价低，且不妨碍车间内部工艺设备布置，尤其是在南方地区应用较广［图 6-83(a)］。

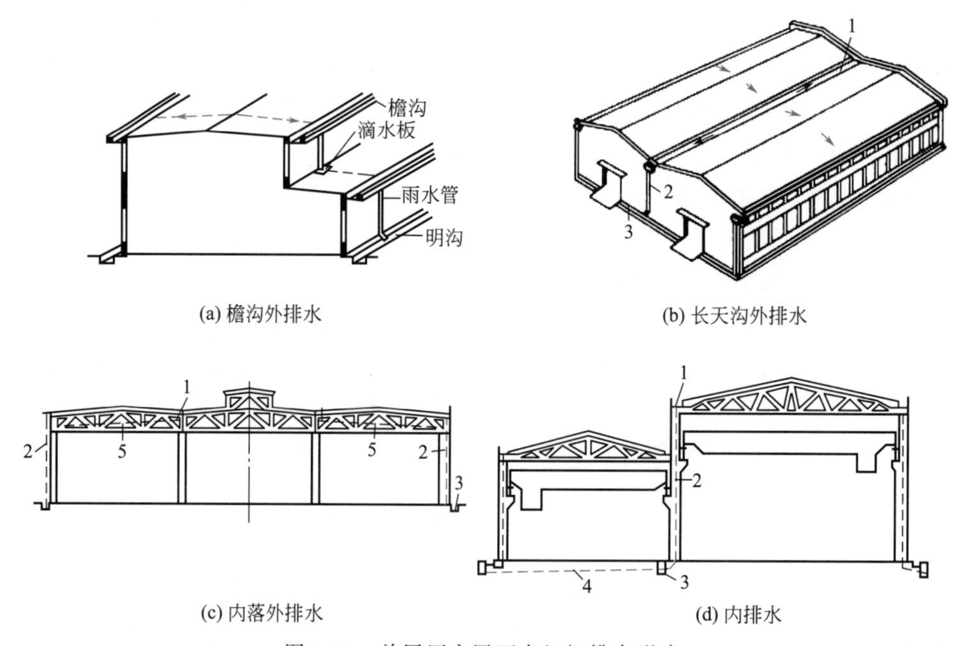

图 6-83 单层厂房屋面有组织排水形式

1—天沟；2—立管；3—明（暗）沟；4—地下雨水管；5—悬吊管

b. 长天沟外排水：当厂房内天沟长度不大时，可采用长天沟外排水方式。这种方式构造简单、施工方便、造价较低，但受地区降雨量、汇水面积、屋面材料、天沟断面和纵向坡度等因素的制约。即使在防水性能较好的卷材防水屋面中，其天沟每边的流水长度也不宜超过 48m（纺织印染厂房也有做到 70～80m 的，但天沟断面要适当增大）。天沟端部应设溢水口，防止暴雨时或排水口堵塞时造成的漫水现象［图 6-83(b)］。

c. 内落外排水：这种排水方式是将厂房中部的雨水管改为具有 0.5%～1%坡度的水平悬吊管，与靠墙的排水立管连通，下部导入明沟或排出墙外［图 6-83(c)］。这种方式可避免内排水与地下干管布置的矛盾。

d. 内排水：内排水不受厂房高度限制，屋面排水组织灵活，适用于多跨厂房［图 6-83(d)］，如在严寒多雪地区的采暖厂房和有生产余热的厂房。采用内排水可防止冬季雨、雪水流至檐口结成冰柱导致拉坏檐口或坠落伤人，防止外部雨水管冻结破坏。但内排水构造复杂、造价及维修费高，且与地下管道、设备基础、工艺管道等易发生矛盾。

(2) 屋面排水坡度

屋面排水坡度的选择，主要取决于屋面基层的类型、防水构造方式、材料性能、屋架形式以及当地气候条件等因素。各种屋面的坡度可参考表 6-11 选择。其构造做法与民用建筑基本相同。

表 6-11　屋面坡度选择

防水类型	卷材类型	非防水卷材			压型钢板
		嵌缝式	F 板	石棉瓦等	
常用坡度	(1∶5)～(1∶10)	(1∶5)～(1∶8)	(1∶5)～(1∶8)	(1∶2.5)～(1∶4)	1∶20

6.10.3.2 屋面防水

单层厂房的屋面防水主要有卷材防水屋面、钢筋混凝土构件自防水屋面和各种波形瓦（板）屋面等类型。应根据厂房的使用要求和防水、排水的有机关系，结合屋盖形式、屋面坡度、材料供应、地区气候条件及当地施工经验等因素来选择合适的防水形式。

(1) 卷材防水屋面

卷材防水屋面在单层工业厂房中应用较为广泛（尤其是北方地区需采暖的厂房和振动较大的厂房）。它分为保温和不保温两种，两者构造层次有很大不同。保温防水屋面的构造一般为基层（结构层）、找平层、隔汽层、保温层、防水层和保护层；不保温防水屋面的构造一般为基层、找平层、防水层和保护层。卷材防水屋面构造原则和做法与民用建筑基本相同，它的防水质量关键在于基层和防水层。由于厂房屋面荷载大、振动大，因此变形可能性大，一旦基层变形过大，则易引起卷材拉裂。另外，施工质量不高也会引起渗漏。

(2) 钢筋混凝土构件自防水屋面

钢筋混凝土构件自防水屋面是利用钢筋混凝土板本身的密实性，对板缝进行局部防水处理而形成防水的屋面。构件自防水屋面具有省工、省料、造价低和维修方便的优点。但也存在一些缺点，如混凝土易碳化、风化，板面后期易出现裂缝和渗漏，油膏和涂料易老化，接缝的搭盖处易产生飘雨。构件自防水屋面目前在我国南方和中部地区应用较广泛。

钢筋混凝土构件自防水屋面板有钢筋混凝土屋面板、钢筋混凝土 F 板。根据板的类型不同，其板缝的防水处理方法也不同。板缝的防水措施常见的有嵌缝式和贴缝式，其构造如图 6-84 所示。

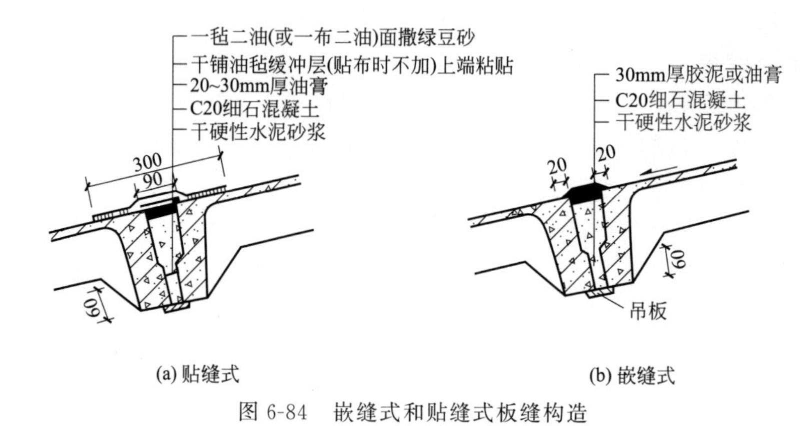

图 6-84　嵌缝式和贴缝式板缝构造

第7章 楼梯识图与节点构造

7.1 楼梯概要

楼梯是建筑物中重要的部分。它布置在楼梯间内，由楼梯段、楼梯平台、楼梯梯井和栏杆扶手所构成。常见的楼梯平面形式有单跑楼梯、双跑楼梯、多跑楼梯、交叉楼梯、剪刀楼梯等。单跑楼梯最为简单，适合层高较低的建筑；双跑楼梯最为常见，有双跑直上、双跑曲折、双跑对折（平行）等，适合一般民用建筑和工业建筑；三跑楼梯有三折式、丁字式、分合式等，多用于公共建筑；剪刀楼梯由一对方向相反的双跑平行梯组成，或由一对互相重叠而又不连通的单跑直上楼梯构成，剖面呈交叉的剪刀形，能同时通过较多的人流并节省空间；螺旋转梯是以扇形踏步支承在中立柱上，虽行走欠舒适，但节省空间，适用于人流较少、使用不频繁的场所；圆形、半圆形弧形楼梯，由曲梁或曲板支承，踏步略呈扇形，花式多样，造型活泼，富于装饰性，适用于公共建筑。

楼梯是建筑物中作为楼层间交通用的构件。在设电梯的高层建筑中也同样必须设置楼梯。楼梯分普通楼梯和特种楼梯两大类。普通楼梯包括钢筋混凝土楼梯、钢楼梯和木楼梯等，其中钢筋混凝土楼梯在结构刚度、耐火、造价、施工、造型等方面具有较多的优点，应用最为普遍。特种楼梯主要有安全梯、消防梯和自动梯三种。

7.2 楼梯的功能与设计要求

楼梯具有连接上下楼层的功能，楼梯在设计上需满足以下要求：楼梯造型要美观大方；要有足够的承重能力和强度，能满足防火、防烟、防滑的需求；有足够的通行能力，楼梯的长宽和坡度要合适，这样人在上下楼梯时才不会感到劳累。

作为主要楼梯，应与主要出入口邻近，且位置明显；但是对防火要求高的建筑物特别是高层建筑，楼梯间除允许直接对外开窗采光外，不得向室内任何房间开窗，而且必须满足防火要求。楼梯间四周墙壁必须为防火墙，同时还应避免垂直交通与水平交通在交接处拥挤，应设计成封闭式楼梯或防烟楼梯。

（1）安全性

在设计时，首要考虑的就是它的安全性，若安全性不够，楼梯则容易出现坍塌现象，会危及人身安全和财产安全。因此在设计楼梯时，一定要考虑它的承重性，在楼梯安装完成后，还要采取一些防滑措施，比如在玻璃踏板上贴上防滑条、对边角处做弧形处理等。

（2）舒适性

在设计中，一定要按照使用需求和房屋实际情况，计算出楼梯合适的长宽与坡度，这样人在上下行走时才不会感到费力。为保证行走安全，在楼梯的一侧需安装栏杆扶手，以免出现脚底踩空的现象。

（3）美观性

在设计一个楼梯时，首当其冲要考虑其美观性。

（4）环保性

为保证居住的健康性，在制作楼梯时最好选择环保材料，尤其是在制作木楼梯时，需要认真查看木板材料的质量是否合格、是否环保，涂刷的涂料是否有刺激性气味。

（5）要满足功能上的要求

楼梯的数量、位置、形式和楼梯的宽度、坡度以及实木楼梯扶手均应该符合上下通畅、疏散方便的原则。楼梯间必须直接采光，采光面积应不小于1/12楼梯间平面面积。设置在公共建筑中的主要楼梯，有的需要富丽堂皇，有的需要精巧简洁，应在楼梯形式、栏杆式样、材料选用方面做精心设计，一般建筑也应适当考虑美观问题。

（6）要满足结构和建筑构造方面的要求

在建筑构造方面要满足坚固与安全的要求，例如扶手、栏杆和踏步之间应有牢固的连接，选用栏杆式样也应注意花饰形式，插件与杆件的间距应考虑防止发生意外事故。

（7）要满足防火、安全方面的要求

楼梯的间距和距离应根据建筑物的耐火等级满足防火设计规范中民用建筑及工业辅助建筑安全出口所规定的要求。只有满足了上述基本要求，楼梯才有足够的通行和疏散能力。此外还应注意，楼梯间四周的墙厚至少为240mm，并且不准有凸出的砖柱、砖墙、散热片、消防栓等任何构件，防止人在紧急疏散通行时受阻而发生意外。在楼梯间内除必需的门以外不准另外设置门、窗，以防止火灾发生时火焰蹿出和烟雾蔓延，扩散到楼梯间而使楼梯失去通行疏散作用。

7.3 楼梯的构件与类型

7.3.1 楼梯的构件

扫码看视频

楼梯的组成

楼梯一般由楼梯段、楼梯平台、楼梯梯井、栏杆扶手四部分组成。楼梯的组成示意如图7-1所示。

（1）楼梯段

设有踏步供楼层间上下行走的通道构件称为楼梯段，踏步由踏面（供行走时踏脚的水平部分）和踢面组成（形成踏步高度的垂直部分）。楼梯段是楼梯的主要使用和承重部分，它由若干个踏步组成。为减少人们上下楼梯时的疲劳和适应人们行走的习惯，每一楼梯段的级数一般不应超过 18 级。同时，考虑人们行走的习惯性，楼梯段的级数也不应少于 3 级，若级数太少则不易被人们察觉，容易摔倒。楼梯段三维示意如图 7-2 所示。

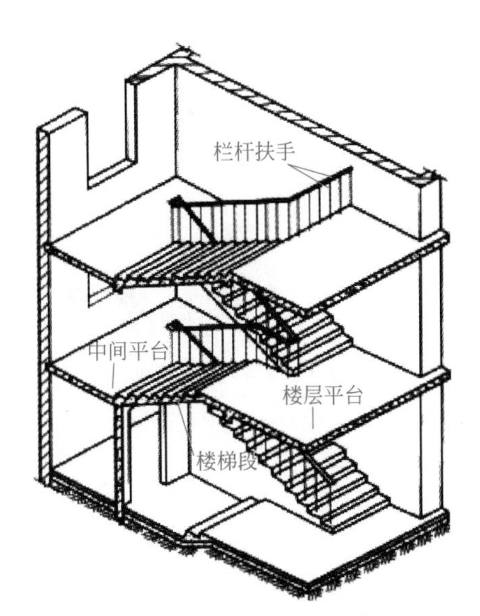

图 7-1　楼梯的组成示意

图 7-2　楼梯段三维示意

（2）楼梯平台

楼梯平台是两楼梯段之间的水平连接部分，主要用于缓解疲劳，使人们在上楼过程中得到暂时的休息。根据位置的不同，可分为中间平台和楼层平台。介于两个楼层中间供人们在连续上楼时稍加休息的平台称为中间平台，中间平台又称休息平台。在楼层上下楼梯的起始部位与楼层标高相一致的平台称为楼层平台。

楼梯平台平面示意如图 7-3 所示。楼梯平台三维示意如图 7-4 所示。

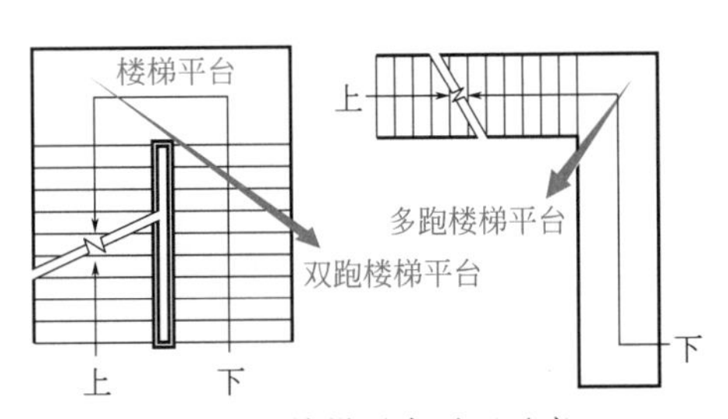

图 7-3　楼梯平台平面示意

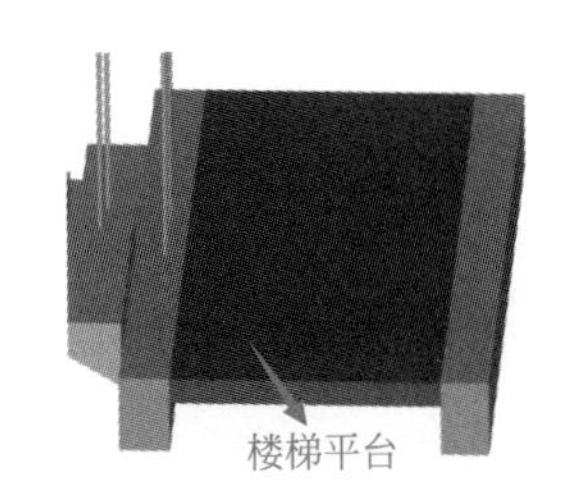

图 7-4　楼梯平台三维示意

（3）楼梯梯井

楼梯的两梯段或三梯段之间形成的竖向空隙称为梯井。在住宅建筑和公共建筑中，根据使用和空间效果不同而确定不同的取值。住宅建筑应尽量减小梯井宽度，以增大梯段净宽，一般取值为 100～200mm。公共建筑梯井宽度的取值一般不小于 160mm，并应满足消防要求。楼梯梯井三维示意如图 7-5 所示。

（4）栏杆扶手

栏杆是楼梯段的安全设施，为了确保人们的使用安全，一般设置在梯段的边缘和平台临空的一边，必须要坚固、可靠，并保证有足够的安全高度。扶手是在栏杆或栏板顶部供行人倚扶用的连续构件。栏杆（扶手）是设置在楼梯段和平台临空侧的围护构件，应有一定的强度和刚度，并应在上部设置供人们手扶持用的扶手。当梯段宽度不大时，可只在梯段临空面设置。当梯段宽度较大时，非临空面也应加设靠墙扶手。当梯段宽度很大时，则需在楼梯中间加设中间扶手。栏杆扶手三维示意如图 7-6 所示。

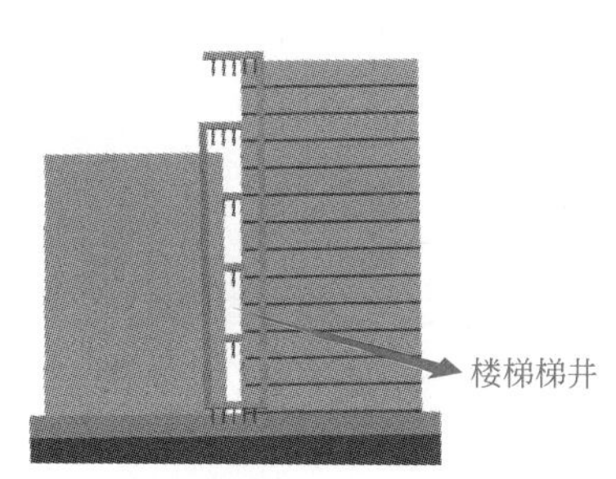

图 7-5　楼梯梯井三维示意

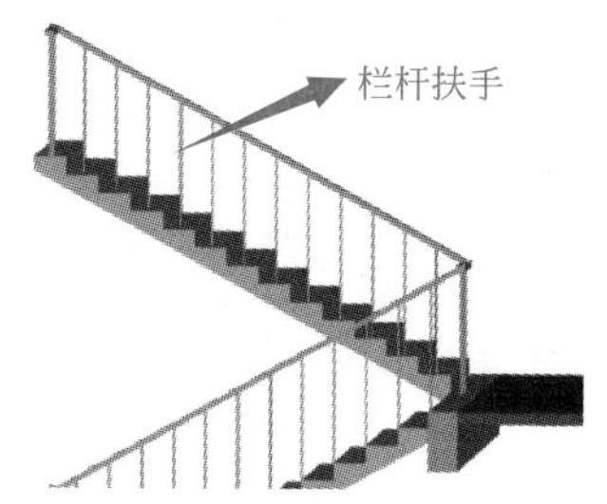

图 7-6　栏杆扶手三维示意

7.3.2　楼梯的分类

（1）按楼梯的材料分类

有木楼梯、钢筋混凝土楼梯、钢楼梯及组合材料楼梯。

① 木楼梯　木楼梯的防火性能较差，施工中需做防火处理，目前很少采用。

② 钢筋混凝土楼梯　钢筋混凝土楼梯有现浇和装配式两种，它的强度高，耐久和防火性能好，可塑性强，可满足各种建筑使用要求，目前被普遍采用。

③ 钢楼梯　钢楼梯的强度大，有独特的美感，但是防火性能差，上下楼梯时噪声较大。

④ 组合材料楼梯　组合材料楼梯由两种或多种材料组成，例如钢木楼梯等，它兼有各种楼梯的优点。

（2）按楼梯的位置分类

有室内楼梯和室外楼梯。

（3）按楼梯的使用性质分类

有主要楼梯、辅助楼梯、疏散楼梯及消防楼梯。

（4）按楼梯间的平面形式分类

有封闭楼梯间、开敞楼梯间、防烟楼梯间。楼梯间的形式如图 7-7 所示。

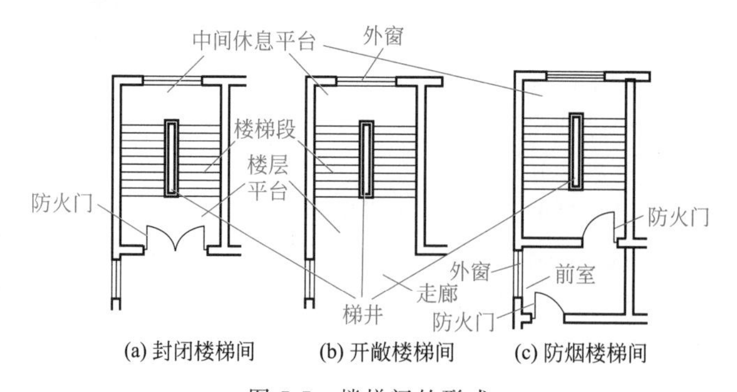

图 7-7　楼梯间的形式

(5) 按楼梯的平面形式分类

按楼梯的平面形式可分为直行单跑楼梯、直行双跑楼梯、平行双跑楼梯、平行双分式楼梯、平行双合式楼梯、折行双跑楼梯、折行三跑楼梯、交叉式楼梯、螺旋式楼梯、剪刀式楼梯、弧形楼梯等。楼梯的形式如图 7-8 所示。

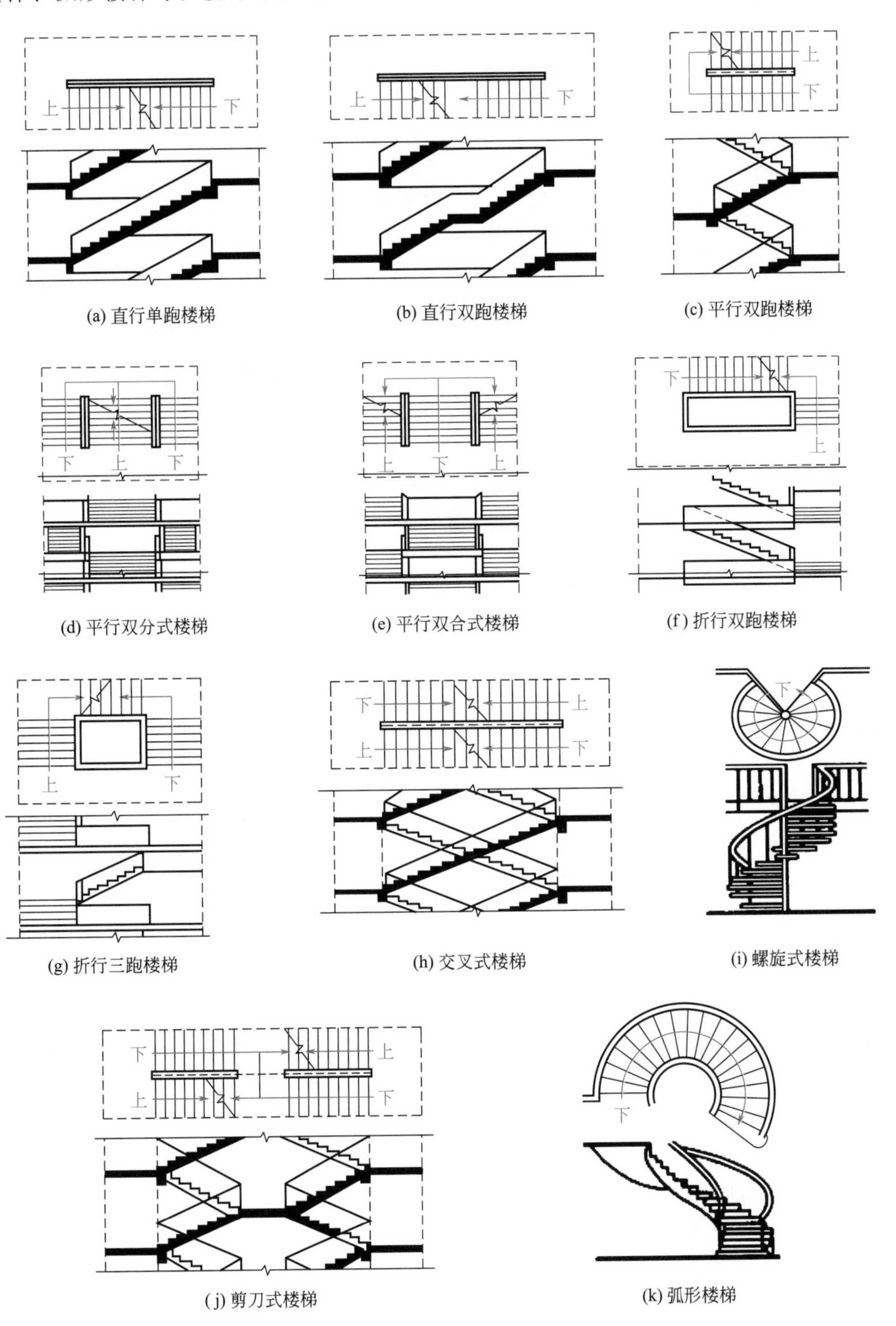

(a) 直行单跑楼梯　(b) 直行双跑楼梯　(c) 平行双跑楼梯
(d) 平行双分式楼梯　(e) 平行双合式楼梯　(f) 折行双跑楼梯
(g) 折行三跑楼梯　(h) 交叉式楼梯　(i) 螺旋式楼梯
(j) 剪刀式楼梯　(k) 弧形楼梯

图 7-8　楼梯的形式

7.4 楼梯的尺度与布局

7.4.1 楼梯的平面尺度

(1) 楼梯的坡度

楼梯的坡度一般为20°～45°，其中30°左右较为通用，当坡度小于20°时，采用坡道；当坡度大于45°时，由于较陡，需要借助扶手的助力扶持，此时则采用爬梯。常用的坡度为1∶2。坡度较小时行走较舒适，但占用建筑面积较大，坡度较大时则行走困难，但节省建筑空间。楼梯的坡度如图7-9所示。

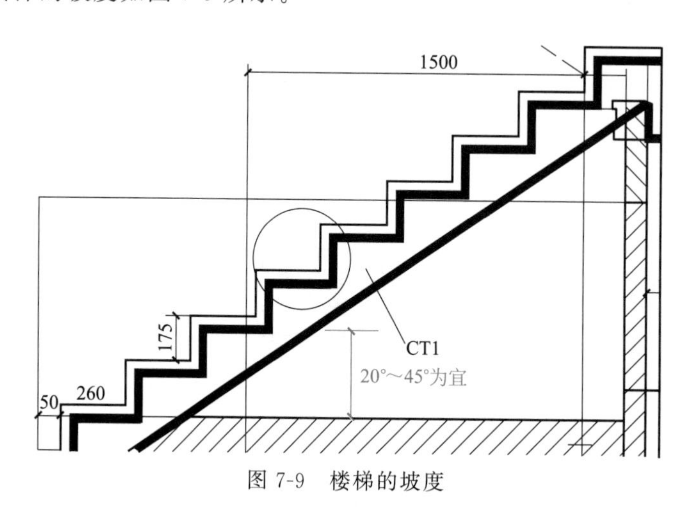

图7-9 楼梯的坡度

(2) 踏步尺度

① 踏步的高度，对于成人以150mm左右较适宜，不应高于175mm。

② 踏步的宽度（水平投影宽度），以300mm左右为宜，不应窄于260mm。

③ 踏步宽度过宽时，会导致梯段水平投影面积的增加；而踏步宽度过窄时，会使人流行走不安全。为了在踏步宽度一定的情况下增加行走舒适度，常将踏步出挑20～30mm，使踏步实际宽度大于其水平投影宽度。

④ 当楼梯间深度受到限制致使踏面尺寸较小时，可以采取加做踏口（或凸缘）或做踢面倾斜的方式加宽踏面。一般踏口（或凸缘）挑出尺寸为20～25mm，踏步的形式和尺寸如图7-10所示。

因此，楼梯的踏步经验计算公式为

$$2h+b=600\sim620\text{mm} \text{ 或 } h+b=450\text{mm} \tag{7-1}$$

式中 h——踏步的高度，mm；

b——踏步的宽度，mm。

(3) 梯段尺度

① 梯段分为梯段宽度 B 和梯段长度 L。

② 梯段的宽度 B 应根据紧急疏散时要求通过的人流股数多少确定。

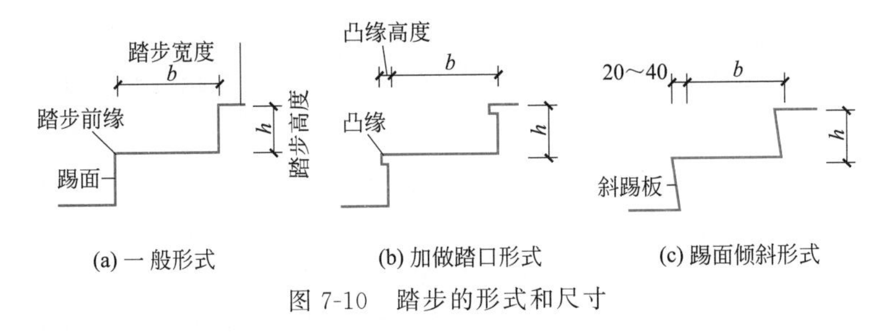

图 7-10　踏步的形式和尺寸

③ 计算依据：每股人流按宽度不小于 900mm 考虑；两股人流按宽度 1100～1400mm 考虑；三股人流按宽度 1650～2100m 考虑。梯段尺度如图 7-11 所示。

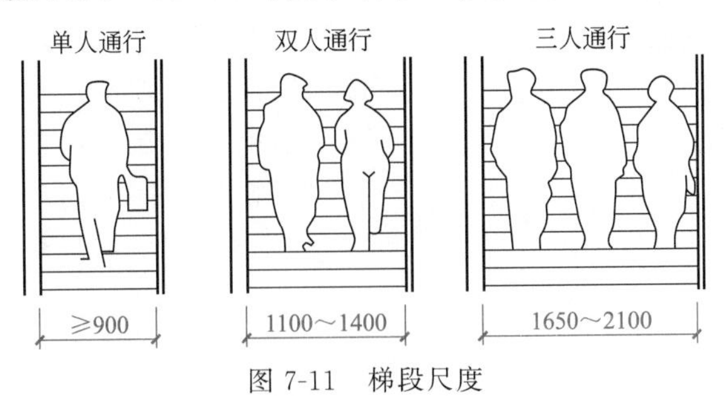

图 7-11　梯段尺度

④ 梯段长度 L 是每一梯段的水平投影长度，其值为

$$L=b(N-1) \tag{7-2}$$

式中　b——踏步水平投影宽度；

N——梯段踏步数。

(4) 平台宽度

① 平台宽度是墙面到转角扶手中心线之间的距离。平台宽度分为中间平台宽度和楼层平台宽度，楼梯段和平台尺寸的关系如图 7-12 所示。

② 多跑楼梯的中间平台宽度＞1200mm。

③ 平台宽度 D≥梯段宽度 L。

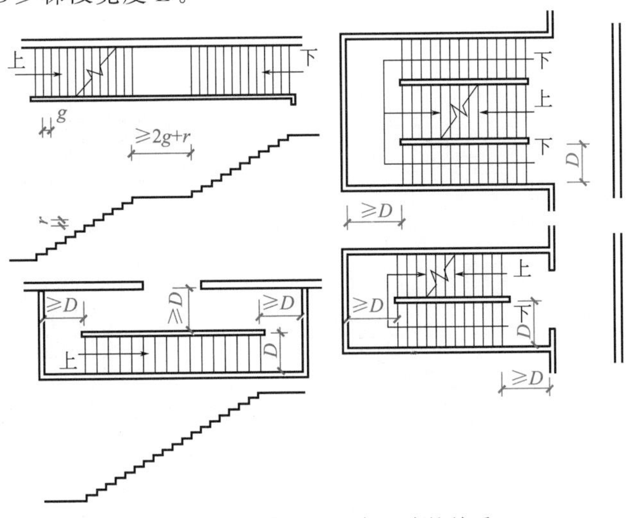

图 7-12　楼梯段和平台尺寸的关系

D—楼梯段净宽度；g—踏面尺寸；r—梯面尺寸

(5) 栏杆扶手尺度

栏杆的高度是指从踏步前缘到扶手表面的垂直距离，其高度一方面要便于上下楼梯时的扶持；另一方面要保证安全，防止跌落。室内楼梯的扶手高度不应小于 900mm（加上楼梯踏步的高度约为 1000mm），长于 500mm 的水平段的栏杆高度应不小于 1050mm。供儿童使用的楼梯应在 500～600mm 高度增设扶手。住宅、托幼、小学及儿童活动场所成人扶手的楼梯栏杆应采用不易攀登的构造，其杆件净距不应大于 110mm。至少一侧楼梯应设有扶手，梯段的净宽达到三股人流时，应两侧设有扶手。达四股人流（梯段宽度 2400mm 以上）时，宜加设中间扶手。楼梯扶手的高度如图 7-13 所示。

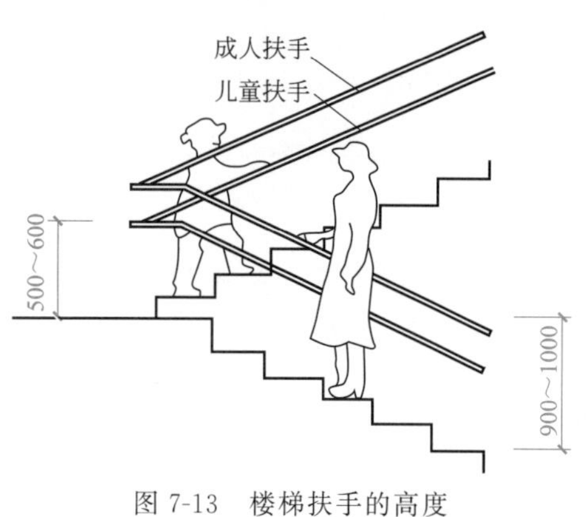

图 7-13 楼梯扶手的高度

(6) 梯井宽度

两段楼梯之间的空隙，称为楼梯井。楼梯井一般为楼梯施工方便和安置栏杆扶手而设置，其宽度一般在 100mm 左右。但公共建筑楼梯井的净宽一般不应小于 150mm。有儿童经常使用的楼梯，当楼梯井净宽大于 200mm 时，必须采取安全措施，防止儿童坠落。楼梯井从顶层到底层贯通，在平行多跑楼梯中，可不设置楼梯井。但为了楼梯段安装和平台转弯缓冲，也可设置楼梯井。为安全计，楼梯井宽度应小些。

7.4.2 楼梯的净空高度

楼梯的净空高度是指楼梯平台上部和下部过道处的净空高度，以及上下两层楼梯段间的净空高度。为保证人流通行和家具搬运，我国规定楼梯段之间的净空高度不应小于 2.2m，平台过道处的净空高度不应小于 2.0m，起止踏步前缘与顶部凸出物内边缘线的水平距离不应小于 0.3m，楼梯段及平台部位的净空高度如图 7-14 所示。通常，楼梯段之间的净空高度与房间的净高相差不大，一般均可满足不小于 2.2m 的要求。

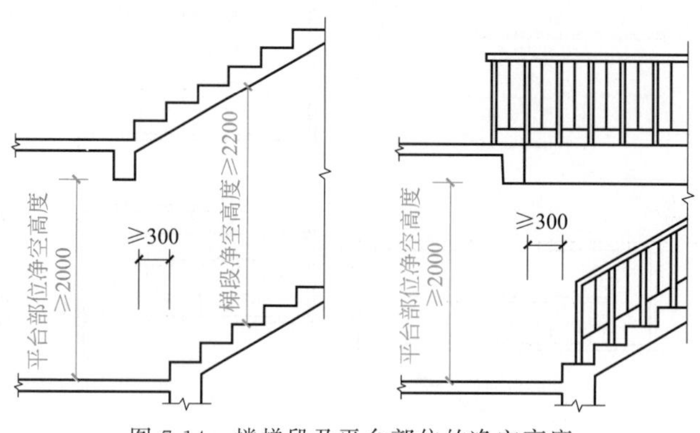

图 7-14 楼梯段及平台部位的净空高度

当在平行双跑楼梯底层中间平台下设置通道时，为保证平台下净空高度满足通行要求，一般可采用以下方式解决。

① 在底层变成长短跑梯段时，底层长短跑如图 7-15(a) 所示。

② 局部降低底层中间平台下地坪标高，使其低于底层室内地坪标高，以满足净空高度要求。局部降低地坪如图 7-15(b) 所示。

③ 综合上两种方式，底层长短跑并降低地坪如图 7-15(c) 所示。

④ 底层用直行单跑或直行双跑楼梯直接从室外上二层，底层直跑如图 7-15(d) 所示。

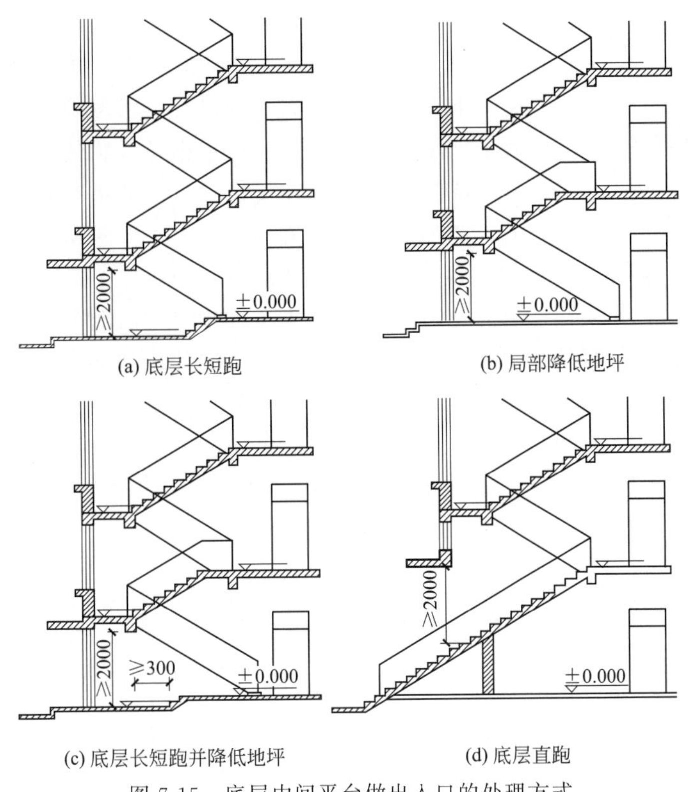

(a) 底层长短跑　(b) 局部降低地坪

(c) 底层长短跑并降低地坪　(d) 底层直跑

图 7-15　底层中间平台做出入口的处理方式

7.4.3　楼梯的尺寸计算

在进行楼体设计时，应对楼梯各部位尺寸进行详细的计算。楼梯尺寸的计算如图 7-16 所示。以常用的平行双跑楼梯为例，楼梯尺寸的计算步骤如下。

① 根据层高 H 和初选步高 h 定每层步数 N。

$$N=\frac{H}{h} \tag{7-3}$$

② 根据步数 N 确定踏步宽度 b 并确定梯段的水平投影长度 L。

$$L=(0.5N-1)b \tag{7-4}$$

③ 初步确定梯段的宽度及楼梯井宽。

④ 确定是否设梯井，供儿童使用的楼梯梯井宽不应大于 120mm，以利安全。

⑤ 根据楼梯间开间净宽 A 和梯井宽 C 确定梯段宽度 a。

$$a=\frac{A-C}{2} \tag{7-5}$$

⑥ 根据梯段的宽度确定休息平台宽度。

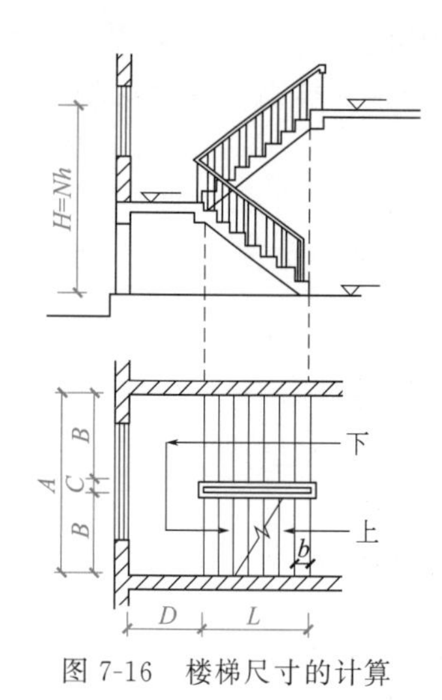

图 7-16 楼梯尺寸的计算

7.4.4 楼梯的平面布局

楼梯的主要作用是解决建筑物的垂直交通问题，在紧急状态下满足安全疏散的需求，因此，楼梯的布局要接近交通流线，方便疏散，满足各种设计规范的要求。

(1) 楼梯的宽度和数量

① 及时疏散原则 楼梯的宽度和数量需要根据交通流量，特别是紧急状态下的最大疏散要求来计算，以满足必要的疏散宽度要求。首先应根据建筑物的使用性质、楼层中人数最多层的人数和在规定的火灾疏散时间内的疏散能力（根据疏散的速度和人流的宽度，一般粗略估算为每 100 人的疏散宽度为 0.65～1.0m，高层建筑每层疏散楼梯总宽度应按其通过人数每 100 人不小于 1.0m 计算），计算出全部楼梯的总宽度，再根据楼梯梯段的宽度算出楼梯的数量并按照使用功能和疏散距离均匀排布。

② 双向疏散原则 公共建筑和通廊式居住建筑至少设有两个楼梯以保证双向疏散，在下述较为安全的情况下可以只设一个楼梯。

a. 2～3 层建筑（医院、疗养院、托儿所、幼儿园除外）符合表 7-1 的要求时，可设一个疏散楼梯。

表 7-1 2～3 层建筑的规定

耐火等级	层数	每层最大建筑面积/m^2	人数
一、二级	二、三层	500	第二层和第三层人数之和不超过 100 人
三级	二、三层	200	第二层和第三层人数之和不超过 50 人
四级	二层	200	第二层人数不超过 30 人

b. 设有不少于 2 个疏散楼梯的一、二级耐火等级的公共建筑顶层局部升高时，其高出部分的层数不超过两层、每层面积不超过 $200m^2$、人数之和不超过 50 人时，可设一个楼梯，但应另设一个直通平屋面的安全出口。

c. 9 层及 9 层以下、建筑面积不超过 $500m^2$ 的塔式住宅可设一个楼梯。9 层及 9 层以下的每层建筑面积不超过 $300m^2$ 且每层人数不超过 30 人的单元式宿舍，可设一个楼梯。

d. 18 层及 18 层以下、每层不超过 8 户、建筑面积不超过 $650m^2$ 且设有一座防烟楼梯间和消防电梯的塔式住宅。

e. 高层单元式住宅每个单元设有一座通向屋顶的疏散楼梯，且从第十层起每层相邻单元设有连通阳台或凹廊，可设一个楼梯。

(2) 楼梯的位置

为了便于疏散和节省空间，楼梯间在各层的位置不应改变，首层应有直通室外的出口。地下室或半地下室与地上层不应共用楼梯间，当必须共用楼梯间时，应在首层与地下或半地下层的出入口处设置耐火极限不低于 2.00h 的隔墙和乙级防火门，并应有明显的标志。

(3) 疏散楼梯的类型

① 敞开楼梯间 楼梯敞开在建筑物内，与走廊或大厅相通，在发生火灾时不能阻挡烟气进入，而且可能成为向其他楼层蔓延的主要通道。

② 封闭楼梯间　封闭楼梯间是指设有能阻挡烟气的双向弹簧门或乙级防火门的楼梯间。有墙和门与走道分隔，比敞开楼梯间安全。但只设有一道门，在火灾情况下人员进行疏散时难以保证不使烟气进入楼梯间。

③ 防烟楼梯间　设有两道乙级防火门和防烟设施，发生火灾时能作为安全疏散通道，是高层建筑中常用的楼梯间形式（安全性：防烟楼梯间＞封闭楼梯间＞敞开楼梯间）。

a. 带阳台或凹廊的防烟楼梯间。

b. 设置前室。

ⓐ 利用自然排烟的防烟楼梯间：前室开窗面积不应小于 $2m^2$。由走道进入前室和由前室进入楼梯间的门为常闭乙级防火门。

ⓑ 采用机械防烟的楼梯间，加压方式分为：仅给楼梯间加压；楼梯间、前室分别加压。

④ 室外楼梯　在建筑的外墙上设置全部敞开的室外楼梯，不易受烟火的威胁，防烟效果和经济性都较好。

⑤ 剪刀楼梯间　又名叠合楼梯或套梯，是在同一个楼梯间内设置一对相互交叉又相互隔绝的疏散楼梯。剪刀楼梯在每个楼层之间的梯段一般为单跑梯段。

7.5 钢筋混凝土楼梯识图与节点构造

7.5.1 钢筋混凝土楼梯识图

钢筋混凝土的分类如下。

① 依材料不同分为：钢筋混凝土楼梯、木楼梯和钢楼梯。

② 钢筋混凝土楼梯依施工方法的不同分为：现浇楼梯和预制楼梯。

钢筋混凝土楼梯识图的各种样式示意如图 7-17 所示。

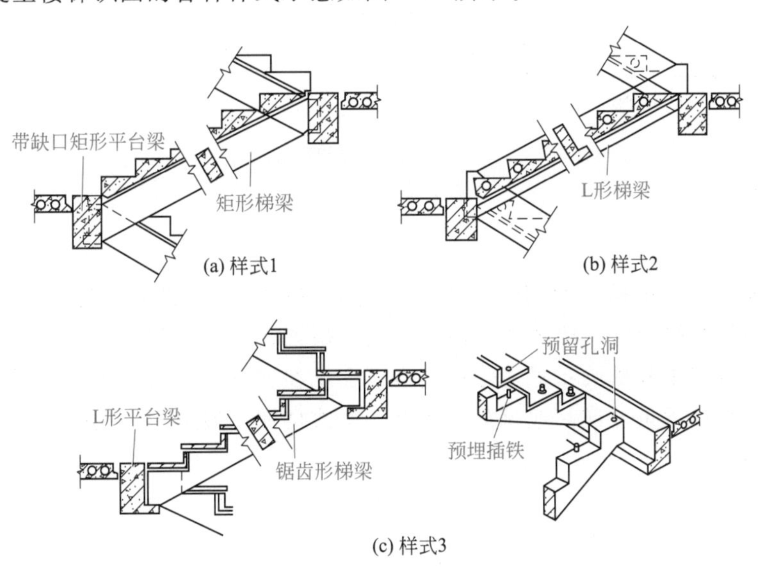

图 7-17　钢筋混凝土楼梯识图的各种样式示意

7.5.2 现浇钢筋混凝土楼梯构造

现浇钢筋混凝土楼梯又称为整体式钢筋混凝土楼梯，是在施工现场支模，绑扎钢筋并浇筑混凝土而成的。这种楼梯整体性好，刚度大，坚固耐久，抗震较为有利，但受外界环境因素影响较大，工人劳动强度大，模板较多，施工速度较慢，因而较适合比较小且抗震设防要求较高的建筑。

现浇钢筋混凝土楼梯按传力特点及结构形式的不同，可分为板式楼梯和梁式楼梯两种。

(1) 板式楼梯

板式楼梯外形简洁、板底平整、施工方便，但板厚较大，不宜在梯段跨度较大的建筑中使用。板式楼梯指的是一块斜置的板，其两端支承在平台梁上，平台梁支承在砖墙上。由于楼梯段与休息平台现浇为一个整体，也称为整体楼梯。钢筋混凝土板式楼梯是指整个楼梯段为一块斜放在上、下平台梁上的具有踏步的板。板式楼梯一般由梯段板、平台梁、平台板组成，板式楼梯如图 7-18 所示。

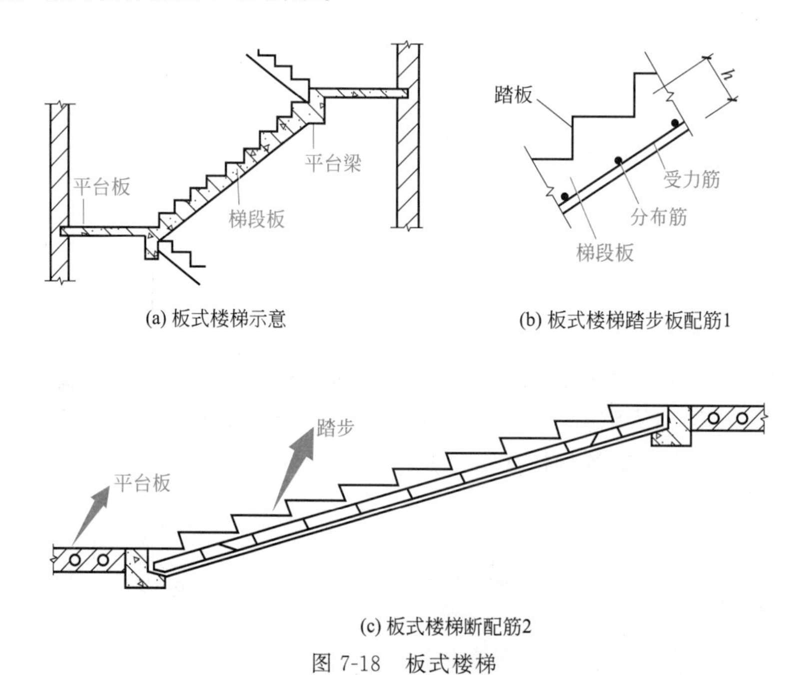

图 7-18 板式楼梯

(2) 梁式楼梯

梁式楼梯是指在楼梯段两侧设有斜梁，斜梁搭置在平台梁上。荷载由踏步板传给斜梁，再由斜梁传给平台梁。梁式楼梯由踏步板、斜梁、平台梁和平台板组成；梁板式梯段在结构布置上有双梁和单梁布置之分；踏步板支承在斜梁上；斜梁和平台板支承在平台梁上；平台梁支承在承重墙或其他承重结构上。梁式楼梯一般适用于大中型楼梯。梁式楼梯如图 7-19 所示。

7.5.3 预制钢筋混凝土楼梯构造

预制钢筋混凝土楼梯通常被认为是装配式建筑的起点。因为楼梯在主体结构构件中的

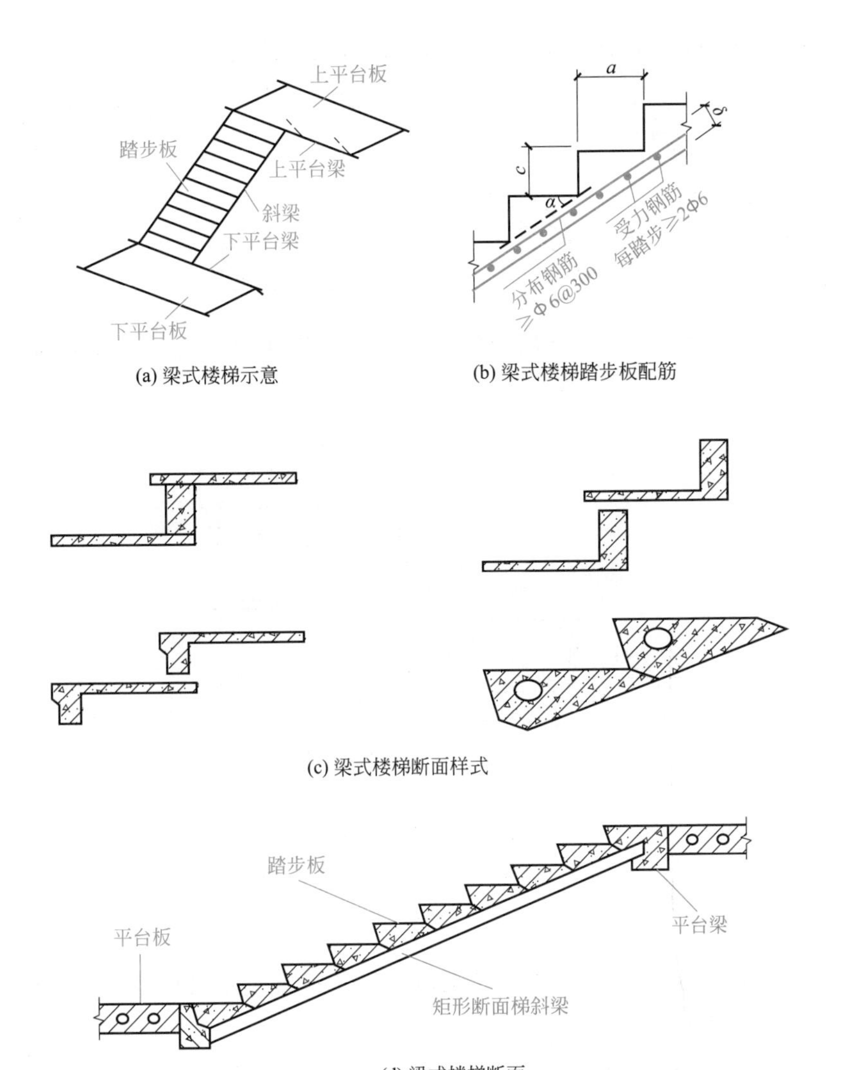

(a) 梁式楼梯示意

(b) 梁式楼梯踏步板配筋

(c) 梁式楼梯断面样式

(d) 梁式楼梯断面

图 7-19 梁式楼梯

独立性强和可标准化程度高，楼梯在装配式建筑设计中首选为预制钢筋混凝土构件。预制钢筋混凝土楼梯设计计算和支座构造相对简单成熟，楼梯预制构件加工及施工工艺成熟可靠，单个楼梯预制构件的可复制性和重复利用率较高，若在项目设计前期和设计阶段不统筹和规划好，上述预制钢筋混凝土楼梯构件的优势也会大打折扣，相应地采用预制方案的经济性也会很差。因此从项目前期预制楼梯的统筹规划，到施工图阶段的预制楼梯梯段的标准化，再到楼梯施工图表达及安装图的深度要求，均是装配式建筑项目全过程设计中预制楼梯设计管控的重点，只有加强过程中的设计管控，才能提高预制楼梯方案的合理性和经济性，才能减少预制楼梯施工图设计和深化设计的反复。预制装配式钢筋混凝土楼梯按其构造方式可分为梁承式、墙承式、悬挑式等类型。

(1) 梁承式

梁承式钢筋混凝土楼梯由斜梁和踏步板构成楼梯段，由平台梁和平台板构成平台。踏步搁置在斜梁上，斜梁搁置在平台梁上，平台梁搁置在楼梯间墙上，平台板搁置在平台梁和楼梯间纵墙上，平台板也可以搁置在楼梯间的横墙上。斜梁有矩形截面斜梁、L 形截面斜梁和锯齿形斜梁三种。梁承式钢筋混凝土楼体构造如图 7-20 所示。

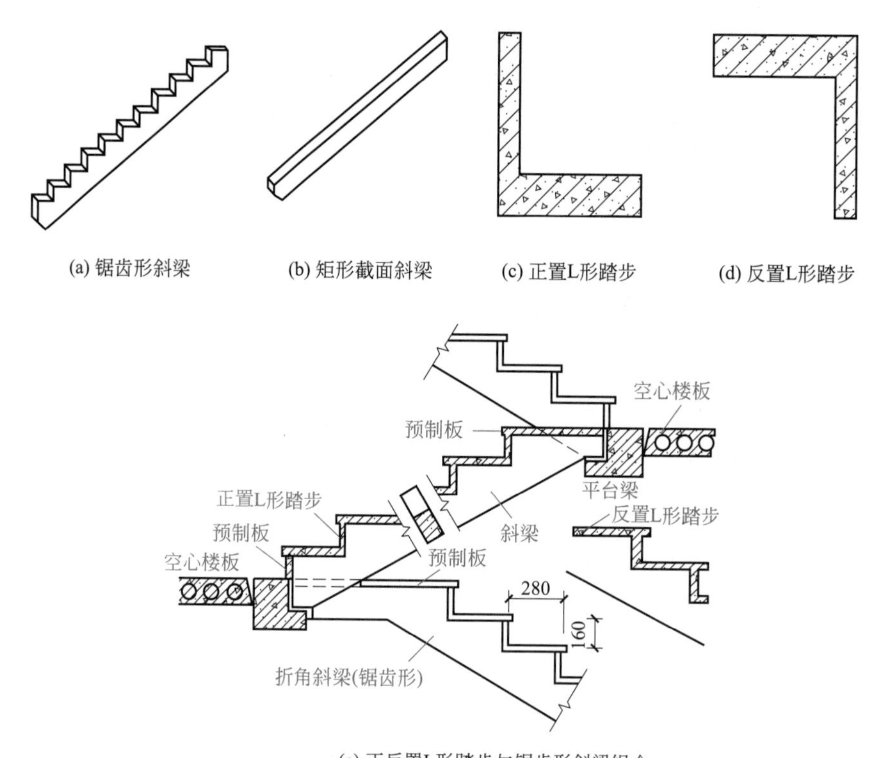

(e) 正反置L形踏步与锯齿形斜梁组合

图 7-20 梁承式钢筋混凝土楼体构造

（2）墙承式

墙承式钢筋混凝土楼梯是指预制钢筋混凝土踏步板直接搁置在墙上的一种楼梯形式。踏步板一般采用一字形和 L 形。

墙承式钢筋混凝土楼梯由于踏步是简支在墙上的，所以不需设平台梁和梯斜梁，也不必设栏杆，需要时设靠墙扶手，可节约钢材和混凝土。但由于每块踏步板直接安装在墙上，对墙体砌筑和施工速度影响较大。

这种楼梯由于在梯段之间有墙，阻挡视线，上下人流易相撞，通常在中间墙上开设观察口，以使墙两侧上下的人互相看见，避免相撞。另外，这道墙还会使人感到空间闭塞，且不便于搬运家具。墙承式钢筋混凝土楼梯如图 7-21 所示。

（3）悬臂式

悬臂式钢筋混凝土楼梯是指预制钢筋混凝土踏步板端嵌固于楼梯间侧墙上，另一端为凌空悬挑的楼梯形式，踏步板的截面一般采用 L 形，伸入墙内部分的截面为矩形。悬臂式钢筋混凝土楼梯如图 7-22 所示。

悬臂式钢筋混凝土楼梯无平台梁和梯斜梁，也无中间墙，楼梯间空间轻巧空透，结构占空间少。但其楼梯间整体刚度极差，不能用于有抗震设防要求的地区。由于需随墙体砌筑安装踏步板，并需设临时支撑，因此施工比较麻烦。

悬臂式钢筋混凝土楼梯用于嵌固踏步板的墙体厚度不应小于 240mm，踏步板悬挑长度一般不大于 1500mm，踏步板一般采用正置 L 形或反置 L 形带肋断面形式。

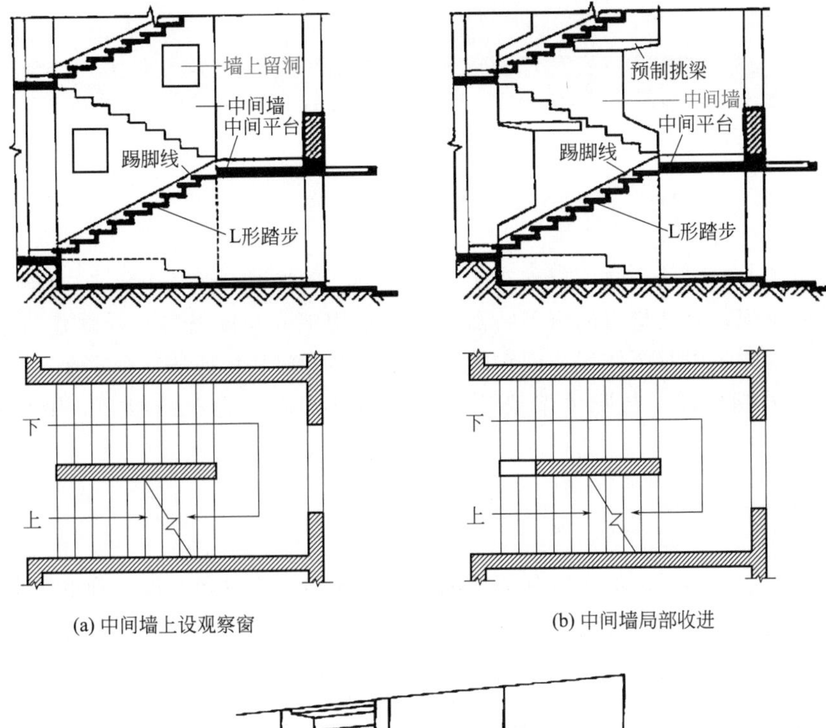

(a) 中间墙上设观察窗　　(b) 中间墙局部收进

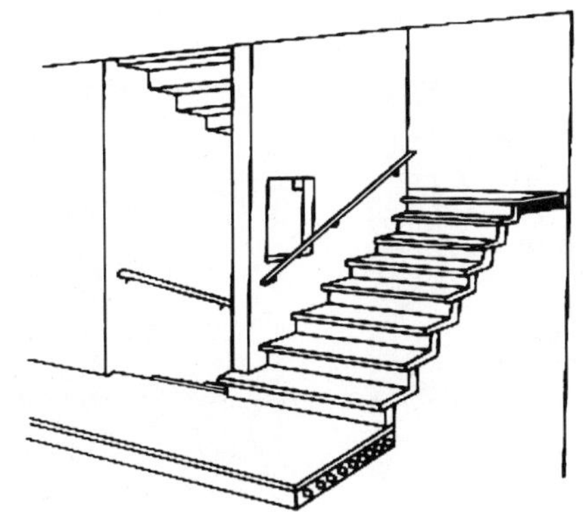

(c) 墙承式楼梯示意

图 7-21　墙承式钢筋混凝土楼梯

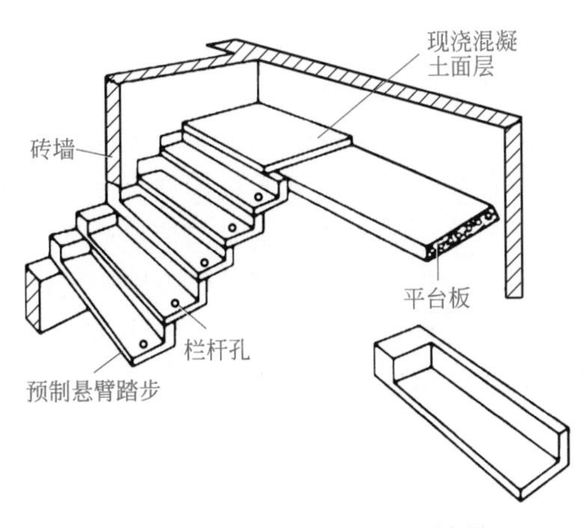

图 7-22　悬臂式钢筋混凝土楼梯

7.6 钢楼梯识图与节点构造

7.6.1 钢楼梯概述

钢楼梯是工业时代的产物，以前在工厂厂房中广泛应用。近几十年来，随着许多高技派风格建筑的出现，有其特有的审美特点：大量运用工业金属材料，暴露建筑结构构件。这些特征在很多建筑中有所体现，而钢楼梯更是能够表现其特征的一个重要元素。巴黎蓬皮杜中心的室外钢楼梯，与脚手架般的建筑立面形式形成完美的组合。钢楼梯示意如图 7-23 所示。

7.6.2 钢楼梯识图

钢楼梯形式多种多样，但多以其舒展的线条与周围环境空间获得一种形体上的韵律对比。钢楼梯的结构支承体系以楼梯钢斜梁为主要结构构件，楼梯梯段以踏步板为主，其栏杆形式一般采用与楼梯斜梁相平行的斜线形式。钢楼梯示意如图 7-24 所示。

图 7-23　钢楼梯示意 1

图 7-24　钢楼梯示意 2

7.6.3 钢楼梯构造

（1）钢楼梯的种类

钢楼梯可做得非常简单，Z 字形的钢板楼梯，以连续的 Z 字形钢板焊接在一起，折的部分与墙面固定，无其他多余的设计，可以说是构思创意与简洁构造的完美结合。钢楼梯运用较多的是圆形楼梯。在三维空间中，螺旋上升的楼梯通过踏步板及栏杆扶手的线条排所表现出的动感和飘逸感，可以说把钢楼梯空间骨架美感体现得淋漓尽致。

螺旋楼梯可以说与圆形楼梯异曲同工，但其结构支承方式是由中心的钢柱为支撑点，楼梯踏板作为悬臂梁从钢柱挑出，沿螺旋上升排列。

（2）钢楼梯的特点

① 做法　占地面积小。

② 造型美　钢楼梯有 U 字形转角、90°转直角形、S 形 360°螺旋式、180°螺旋式，造型多样、线条美观。

③ 实用性强　钢楼梯多采用铸钢材料制成，也有一些采用扁钢和钢管，这些材料不受自然环境的影响，且后期可以喷涂成不同的颜色，实用、美观性强。

④ 色彩亮　钢楼梯表面处理的工艺多样，可以是全自动静电粉末喷涂（即喷塑），也可以是全镀锌或全烤漆处理，外形美观，经久耐用。

⑤ 钢结构有各种特性　支撑点少，高负荷，造型多，技术含量高，不容易受立杆、楼板等构造危害，坚固耐用。钢楼梯适合客流量小、室内空间比较有限的地区，其特性是品质轻，工业生产，工程施工便捷，安装便捷，短工期，造型多种多样，美观，经久耐用，占有室内空间小。电焊焊接室内楼梯的原材料各种各样，方钢管、圆钢管、角钢、圆钢、工字钢均可，因而造型更为多样。

⑥ 钢结构楼梯易被侵蚀　必须按时维护保养，维护费高，不宜用于空气湿度很大而自然通风欠佳的工程建筑和工业厂房。工业厂房中的钢楼梯的坡度非常大，有45°、59°、73°和90°四种，90°的钢楼梯常用于工业生产与工业建筑的维修梯和消防梯。

7.7　台阶和坡道、车行坡道识图与节点构造

7.7.1　台阶和坡道、车行坡道识图

（1）台阶和坡道

台阶由踏步和平台组成，其形式有单面踏步式、三面踏步式等。台阶坡度较楼梯平缓，每级踏步高为100～150mm，踏面宽为300～400mm。当台阶高度超过1m时，宜有护栏设施。在台阶与建筑出入口大门之间，常设一个缓冲平台，作为室内外空间的过渡。平台深度一般不应小于1000mm，平台需做3%左右的排水坡度，以利于雨水排除。

我国对便于残疾人通行的坡道的坡度标准为不大于1/12，同时，还规定与之相匹配的每段坡道的最大高度为750mm，最大坡段水平长度为9000mm。为便于残疾人使用的轮椅顺利通过，室内坡道的最小宽度应不小于900mm，室外坡道的最小宽度应不小于1500mm。供残疾人使用的坡道，应采用直行形式。扶手栏杆应坚固耐用，且在两侧都应设有扶手。

坡道多为单面坡形式，极少为三面坡的，坡道坡度应以有利推车通行为佳，一般为(1/10)～(1/8)，也有1/30的。还有些大型公共建筑，为考虑汽车能在大门入口处通行，常采用台阶与坡道相结合的形式。台阶与坡道的形式如图7-25所示。

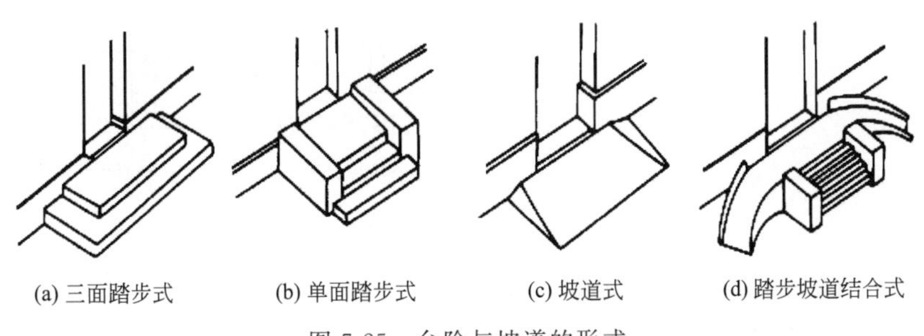

图7-25　台阶与坡道的形式

（2）车行坡道

车行坡道分为普通车行坡道与回车坡道两种。普通车行坡道的宽度应大于所能连通的门洞口宽度，每边至少宽出500mm以上，普通车行坡道布置在有车辆进出口的建筑入口处；回车坡道与台阶踏步组合在一起，可以减少使用者的行走距离。

车行坡道的坡度与建筑的室内外高差及坡道的面层处理方法有关。光滑材料面层坡道的坡度不大于1∶12；粗糙材料面层的坡道（包括设置防滑条的坡道）的坡度不大于1∶6；带防滑齿坡道的坡度不大于1∶4。回车坡道的宽度与坡道的半径及通行车辆的规格有关，一般坡道的坡度不大于1∶10。车行坡道示意如图7-26所示。

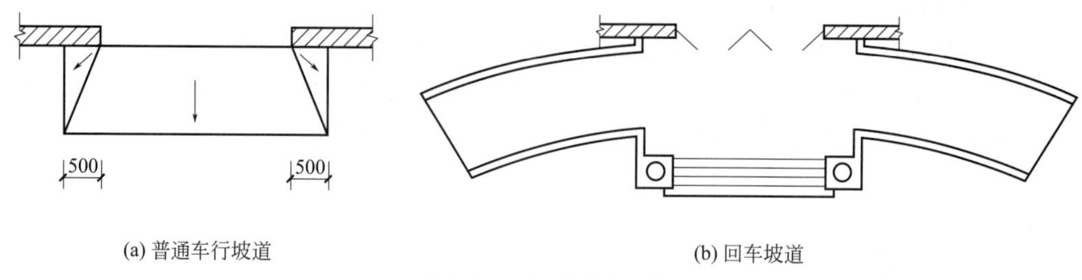

(a) 普通车行坡道

(b) 回车坡道

图7-26　车行坡道示意

车行坡道防滑示意如图7-27所示。

7.7.2　室外台阶构造

图7-27　车行坡道防滑示意

（1）台阶的尺度

室外台阶是建筑出入口处室内外高差之间的交通联系部件，是人接近和进入建筑的路径，主要包括踏步和平台两个部分。台阶踏步步数不应少于2级，当高差不足2级时，应按坡道设置。台阶尺度如图7-28所示。

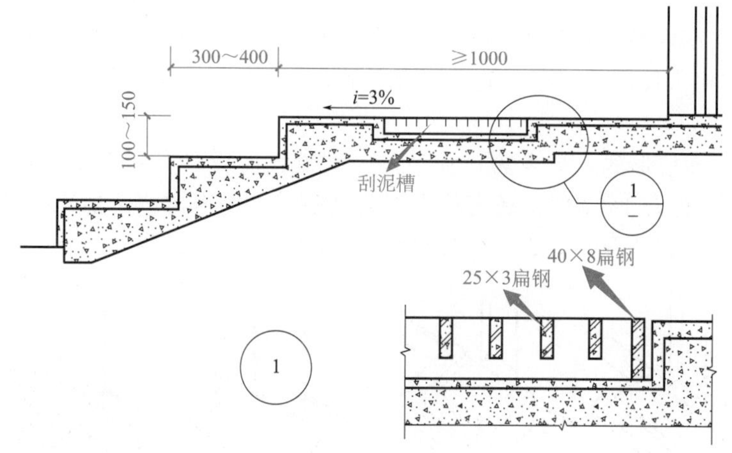

图7-28　台阶尺度

① 台阶处于室外时踏步宽度比楼梯大一些。

② 其踏步高一般为100～150mm，踏步宽一般为300～400mm。

③ 平台深度一般不应小于1000mm，平台需做3%左右的排水坡度，以利雨水排除。

台阶尺度三维示意如图 7-29 所示。

图 7-29 台阶尺度三维示意

（2）台阶的形式

台阶由踏步和平台两部分组成。台阶的平面形式种类较多，较常见的有单面踏步、两面踏步、三面踏步和单面踏步带花池（花台）等。台阶的平面图如图 7-30 所示。

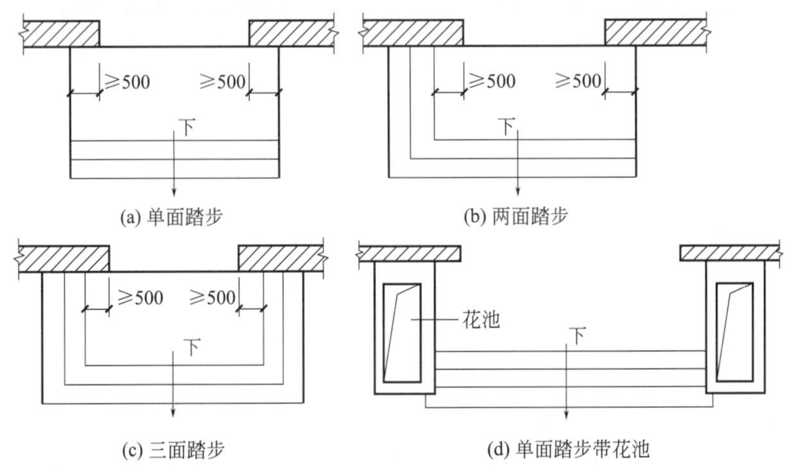

图 7-30 台阶的平面图

台阶三维示意如图 7-31 所示。

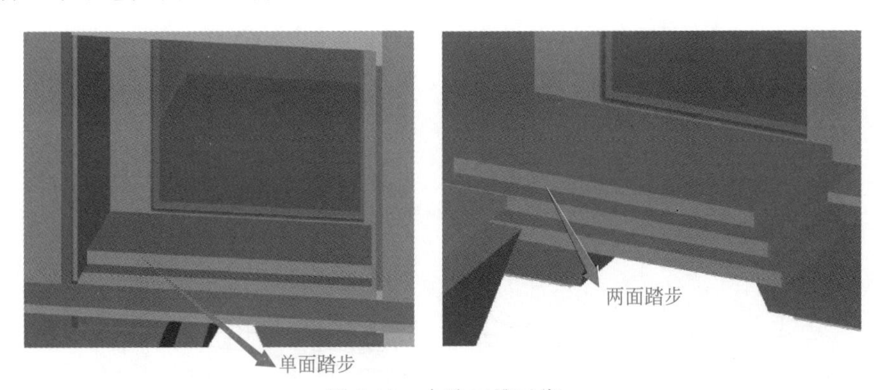

图 7-31 台阶三维示意

（3）台阶的构造

常用台阶的构造做法有：混凝土台阶、石砌台阶、钢筋混凝土架空台阶和换土地基台阶等。台阶构造的做法如图 7-32 所示。

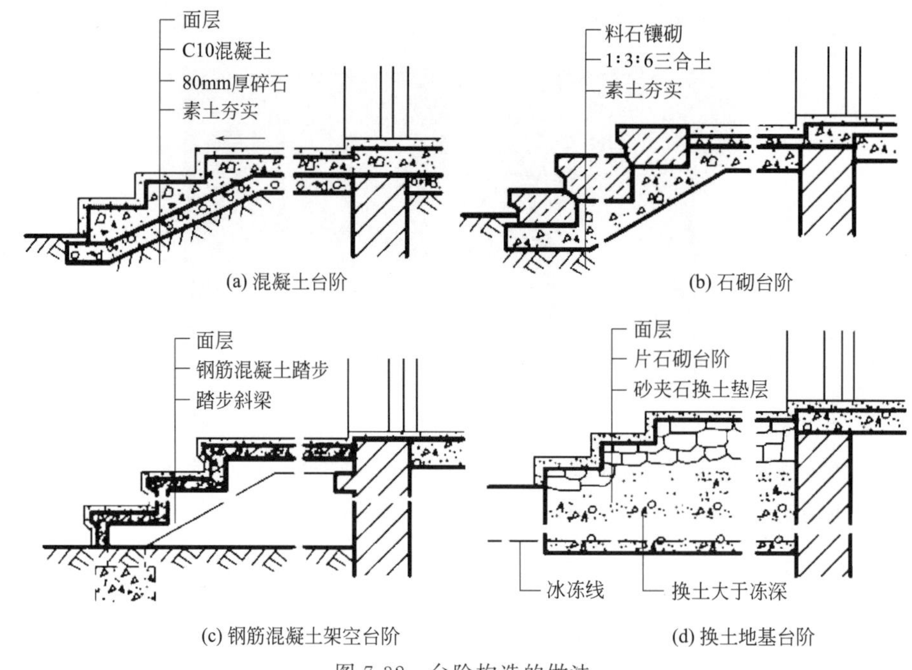

(a) 混凝土台阶　(b) 石砌台阶　(c) 钢筋混凝土架空台阶　(d) 换土地基台阶

图 7-32　台阶构造的做法

7.7.3　坡道构造

室内坡道坡度不宜大于 1∶8，室外坡道坡度不宜大于 1∶10；室内坡道水平投影长度超过 15m 时，宜设休息平台，平台宽度应根据使用功能或设备尺寸所需缓冲空间而定。供轮椅使用的坡道不应大于 1∶12，困难地段不应大于 1∶8；自行车推行坡道每段长度不宜超过 6m，坡度不宜大于 1∶5。坡道与构造台阶一样，应采用耐久、耐磨和抗冻性好的材料，一般多采用混凝土坡道，也可采用天然石坡道等。坡道对防滑要求较高，特别是坡度较大时。对于混凝土坡道，可在水泥砂浆面层上划格，以增加摩擦力，坡度较大时，可设防滑条，或做成锯齿形。对于天然石坡道，可对表面做粗糙处理。坡道构造如图 7-33 所示。

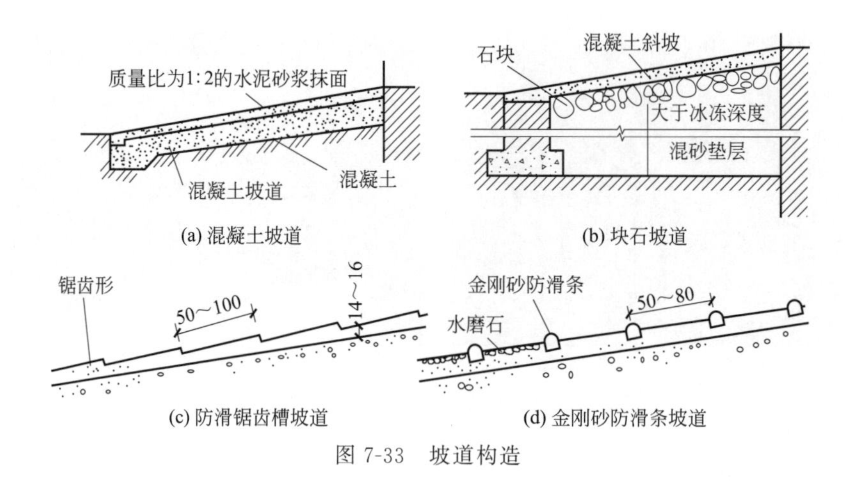

(a) 混凝土坡道　(b) 块石坡道　(c) 防滑锯齿槽坡道　(d) 金刚砂防滑条坡道

图 7-33　坡道构造

坡道平面示意如图 7-34 所示。

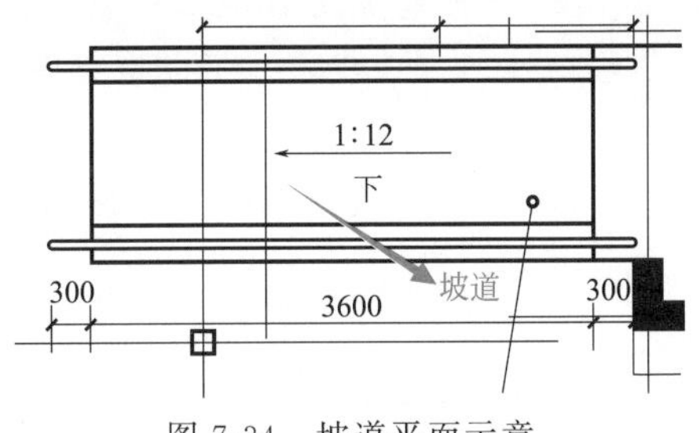

图 7-34　坡道平面示意

7.8 电梯和自动扶梯识图与节点构造

7.8.1 电梯概要

电梯是服务于规定楼层的固定式升降设备。它具有一个轿厢，运行在至少两列垂直的倾角小于15°的刚性导轨之间。轿厢尺寸与结构的形式应便于乘客的出入或装卸货物。它适用于装置在两层以上的建筑内，是输送人员或货物的垂直提升设备的交通工具。电梯是附着在建筑物或工件上，通过一定的井道运输人或货物而使用的设施。

7.8.2 电梯的类型

(1) 按用途分类

① 乘客电梯　为运送乘客设计的电梯，要求有完善的安全设施以及一定的轿内装饰。

② 载货电梯　主要为运送货物而设计，通常有人伴随的电梯。

③ 医用电梯　为运送病床、担架、医用车而设计的电梯，轿厢具有长而窄的特点。

④ 杂物电梯　供图书馆、办公楼、饭店运送图书、文件、食品等设计的电梯。

⑤ 观光电梯　轿厢壁透明，供乘客观光用的电梯。

⑥ 车辆电梯　用作装运车辆的电梯。

⑦ 船舶电梯　船舶上使用的电梯。

⑧ 建筑施工电梯　建筑施工与维修用的电梯。

⑨ 其他类型的电梯　除上述常用电梯外，还有一些特殊用途的电梯，如冷库电梯、防爆电梯、矿井电梯、电站电梯、消防员用电梯等。

(2) 按驱动方式分类

① 交流电梯　用交流感应电机作为驱动力的电梯。根据拖动方式又可分为交流单速、交流双速、交流调压调速、交流变压变频调速等。

② 直流电梯　用直流电机作为驱动力的电梯。这类电梯的额定速度一般在2.00m/s以上。

③ 液压电梯　一般利用电动泵驱动液体流动，由柱塞使轿厢升降的电梯。

④ 齿轮齿条电梯　将导轨加工成齿条，轿厢装上与齿条啮合的齿轮，电机带动齿轮旋转使轿厢升降的电梯。

⑤ 螺杆式电梯　将直顶式电梯的柱塞加工成矩形螺纹，再将带有推力轴承的大螺母安装于油缸顶，然后通过电机经减速机（或皮带）带动螺母旋转，从而使螺杆顶升轿厢上升或下降的电梯。

⑥ 直线电机驱动的电梯　其动力源是直线电机。电梯问世初期，曾用蒸汽机、内燃机作为动力直接驱动电梯，现已基本绝迹。

(3) 按速度分类

① 低速梯　常指速度低于1.00m/s的电梯。

② 中速梯　常指速度为1.00～2.00m/s的电梯。

③ 高速梯　常指速度大于2.00m/s的电梯。

④ 超高速　速度超过5.00m/s的电梯。

(4) 按电梯有无司机分类

① 有司机电梯　电梯的运行方式由专职司机操作来完成。

② 无司机电梯　乘客进入电梯轿厢，按下操作盘上所需要去的楼层按钮，电梯自动运行到达目的楼层，这类电梯一般具有集选功能。

③ 有/无司机电梯　这类电梯可变换控制电路，平时由乘客操作，如遇客流量大或必要时改由司机操作。

(5) 按操作控制方式分类

① 手柄开关操作　电梯司机在轿厢内控制操作盘手柄开关，实现电梯的启动、上升、下降、平层、停止的运行状态。

② 按钮控制电梯　这是一种简单的自动控制电梯，具有自动平层功能，常见有轿外按钮控制和轿内按钮控制两种控制方式。

③ 信号控制电梯　这是一种自动控制程度较高的有司机电梯。除具有自动平层、自动开门功能外，还具有轿厢命令登记、层站召唤登记、自动停层、顺向截停和自动换向等功能。

④ 集选控制电梯　这是一种在信号控制基础上发展起来的全自动控制的电梯，与信号控制的主要区别在于能实现无司机操作。

⑤ 并联控制电梯　2～3台电梯的控制线路并联起来进行逻辑控制，共用层站外召唤按钮，电梯本身都具有集选功能。

⑥ 群控电梯　这是用微机控制和统一调度多台集中并列的电梯。群控有梯群的程序控制、梯群的智能控制等形式。

(6) 其他分类方式

① 按机房位置分类　则有机房在井道顶部的（上机房）电梯、机房在井道底部旁侧的（下机房）电梯以及机房在井道内部的（无机房）电梯。

② 按轿厢尺寸分类　则经常使用“小型”“超大型”等抽象词汇表示。此外，还有双层轿厢电梯等。

(7) 特殊电梯

① 斜行电梯　轿厢在倾斜的井道中沿着倾斜的导轨运行，是集观光和运输于一体的输送设备。特别是由于土地紧张而将住宅移至山区后，斜行电梯发展迅速。

② 立体停车场用电梯　根据不同的停车场可选配不同类型的电梯。

③ 建筑施工电梯　这是一种采用齿轮齿条啮合方式（包括销齿传动与链传动，或采

用钢丝绳提升），使吊笼进行垂直或者倾斜运动的机械，用以输送人员或者物料，主要应用于建筑的施工与维修。它还可以作为仓库、码头、船坞、高塔、高烟囱的长期使用的垂直运输机械的设备。

7.8.3 电梯与自动扶梯识图

(1) 电梯

电梯内部结构由轿厢、平衡块、导轨及撑架等组成。电梯示意如图 7-35 所示。

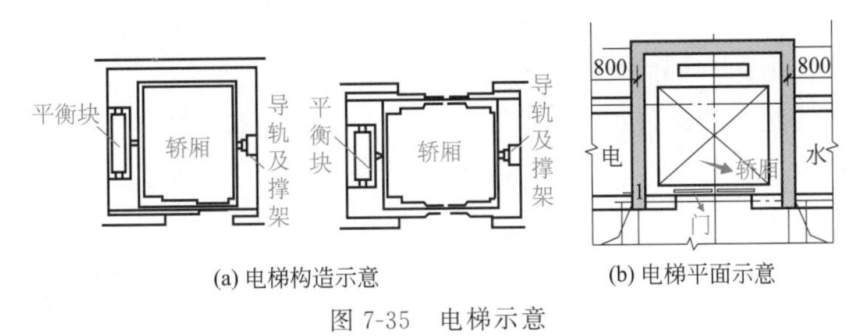

(a) 电梯构造示意　(b) 电梯平面示意

图 7-35　电梯示意

(2) 自动扶梯

自动扶梯是建筑层间连续运输效率最高的载客设备，多用于有大量连续人流的建筑物，例如机场、车站、大型商场、展览馆等。一般自动扶梯均可正、逆向运行，停机不运转时，可作为临时楼梯使用。自动扶梯的竖向布置形式有平行排列、交叉排列、连续排列等方式。平面中可单台布置或双台并列布置，自动扶梯由电动机械牵引，机房悬挂在楼板的下方，踏步与扶手同步，可以正向、逆向运行，在机械停止运转时，自动扶梯可作为普通楼梯使用。自动扶梯如图 7-36 所示。

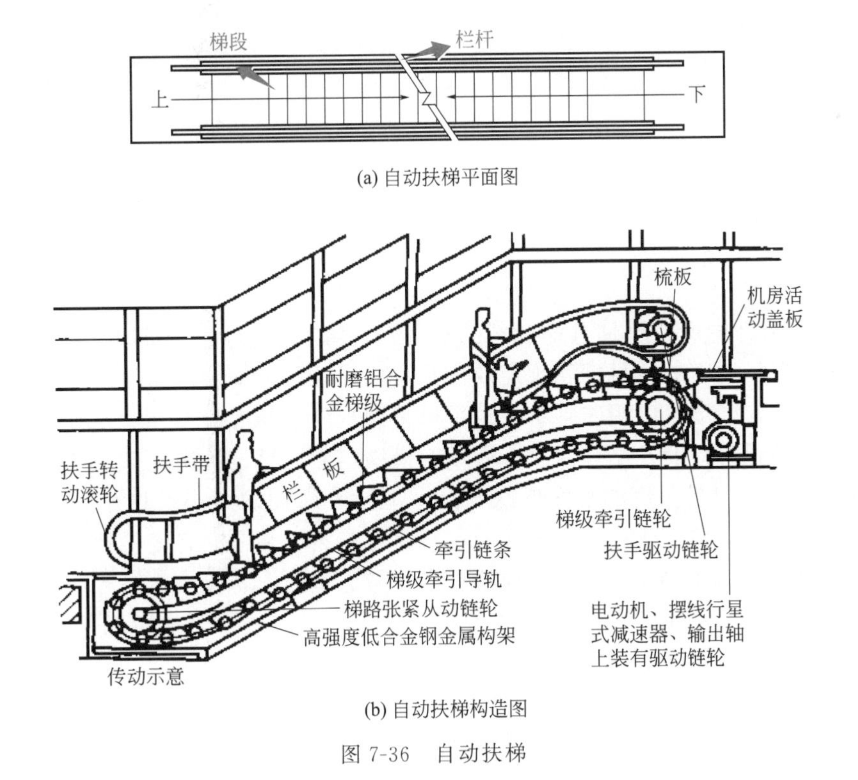

(a) 自动扶梯平面图

(b) 自动扶梯构造图

图 7-36　自动扶梯

7.8.4 电梯的组成和构造

(1) 电梯的组成

电梯是大楼内垂直运行的交通运输设备，为保证电梯正常运行，其设置应与建筑设施相配合，即包括机房、井道、地坑等。电梯并非独立的整体设备，而是由相关的部件和组合件安装设置在机房、井道、地坑内，构成垂直运行的交通工具。

① 电梯通常由电梯井道、电梯轿厢和运载设备三部分组成。

② 电梯井道内安装导轨、撑架和平衡重，轿厢沿导轨滑行，由金属块叠合而成的平衡重用吊索与轿厢相连保持轿厢平衡。

③ 电梯轿厢供载人或载货用，要求经久耐用，造型美观。

④ 运载设备包括动力、传动和控制系统三部分。电梯的构造如图 7-37 所示。

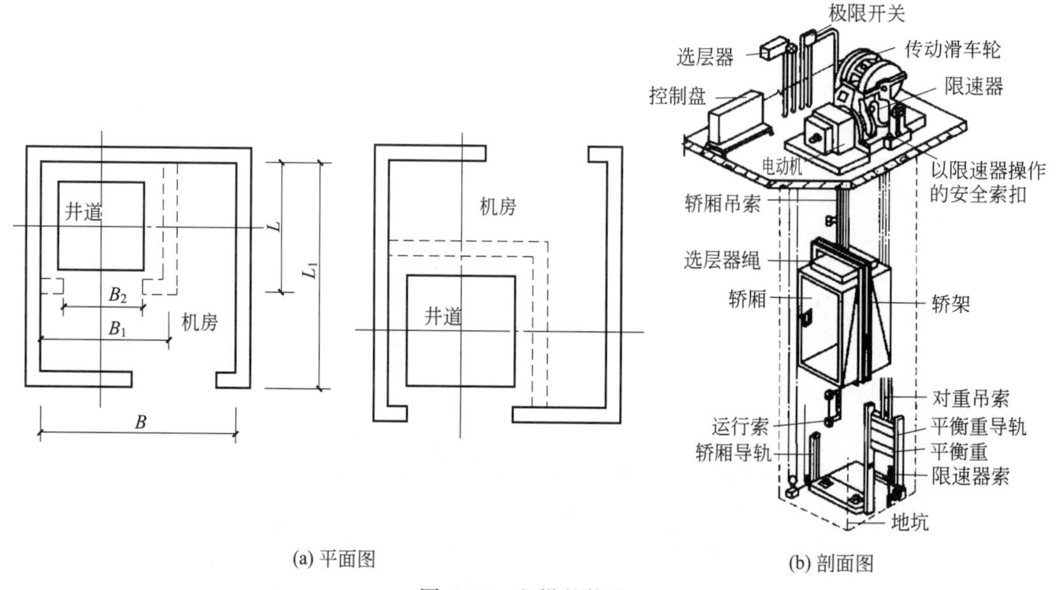

(a) 平面图　　(b) 剖面图

图 7-37　电梯的构造

B—机房净宽；B_1—井道净宽；B_2—门洞宽；L—井道进深；L_1—机房进深

(2) 电梯的构造

① 电梯井道　电梯井道是电梯运行的通道，内部安装轿厢、导轨、平衡重、限速器等，井道必须保证所需的垂直度和规定的内径，以保证设备安装及运行不受妨碍，并设有电梯出入口。电梯井道可以用砖砌筑，也可以采用现浇钢筋混凝土井道。砖砌井道在竖向上一般每隔一段距离应设置钢筋混凝土圈梁，供固定导轨等设备用。

a. 井道尺寸。电梯井道的平面形状和尺寸取决于轿厢的大小及设备安装、检修所需尺寸，也与电梯的类型、载重量及电梯的运行速度有关。井道的高度包括电梯的提升高度（底层地面至顶层楼面的距离）、井道顶层高度（考虑轿厢的安装、检修和缓冲要求，一般不小于 4500mm）和井道底坑深度；地坑内设置缓冲器，减缓电梯轿厢停靠时产生的冲力，地坑深度一般不小于 1400mm。

b. 井道的防火与通风井道。电梯井道在多层、高层建筑的竖向贯穿各层，井道的防火与通风井道穿通建筑各层的垂直通道，其围护构件应根据有关防火规定设计，较多采用钢筋混凝土墙。高层建筑的电梯井道内，超过两部电梯时应用墙隔开。为防止火灾事故时火焰和烟气蔓延，井道的四壁必须具有足够的防火能力，一般多采用钢筋混凝土井壁。为使井道内空气流通和发生火警时迅速排除烟气，应在井道的顶部和中部适当位置以及底坑处设置不小于 300mm×600mm 的通风口。

c. 井道的隔声。为了减轻机器运行时对建筑物产生的振动和噪声，机房的楼板应采取适当的隔振及隔声措施。一般情况下，只在机房机座设置弹性垫层来达到隔振和隔声的目的。电梯运行速度超过 1.5m/s 者，除设弹性垫层外，还应在机房与井道间设隔声层，高度为 1500～1800mm，对于住宅建筑，电梯井道外侧应避免布置卧室，否则应注意加强隔声措施。

d. 井道排风。电梯井道应设排烟通风口，考虑到电梯运行中井道内空气的流向，运行速度在 2m/s 以上的乘客电梯，应在井道的顶部和底坑设有不小于 300mm×600mm 的通风孔，上部可以和排烟孔相结合：层数较高的建筑，井道中间可酌情增加通风孔。

e. 井道预留空间。为便于井道内安装、检修和缓冲，井道的上下均需留有必要的空间，井道底坑壁及坑底均需考虑防水处理。

f. 井道坑。消防电梯的井道底坑还应设有排水设施。为便于检修，须考虑坑壁设置爬梯和检修灯槽，坑底位于地下室时，宜从侧面开一个供检查用的小门，坑内预埋件按电梯厂家要求确定。

此外，电梯井道应只供电梯使用，不允许布置无关的管线。速度超过 2m/s 的载客电梯，应在井道顶部和底部设置不小于 600mm×600mm、带百叶窗的通风孔。

② 电梯门套　电梯井道出入口的门套应当进行装修，根据建筑装修标准的不同，可选用不同的材料，如水泥砂浆抹灰、水磨石或木板装修。高级的井道套可采用大理石或金属装修。门套的构造如图 7-38 所示。

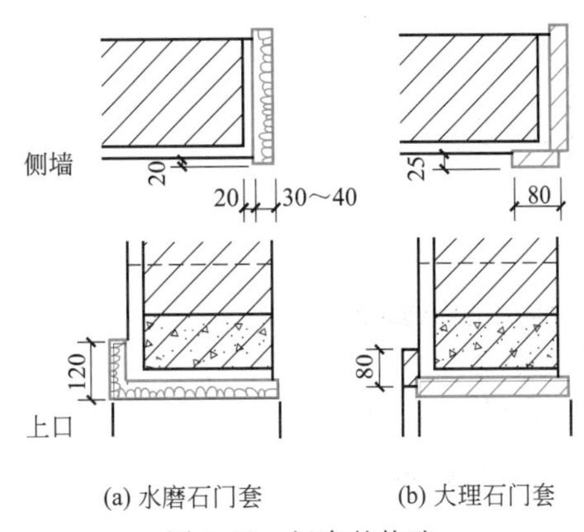

(a) 水磨石门套　　(b) 大理石门套

图 7-38　门套的构造

③ 厅门牛腿　厅门牛腿位于电梯门洞下缘，即人们进入轿厢的踏板处。牛腿一般采用钢筋混凝土现浇或预制构件，挑出长度通常由电梯厂家提供的数据确定。电梯厅地面的牛腿如图 7-39 所示。

④ 电梯机房　一般设置在电梯井道的顶部，也有少数设在底层井道旁边。机房平面尺寸须根据机械设备尺寸的安排及管理、维修等需要确定，一般至少有两个面每边扩出 600mm 以上的宽度，高度多为 2.7～3.0m。通往机房的通道、楼梯和门的宽度应不小于 1.20m。机房的围护构件的防火要求应与井道一样。为了便于安装和修理，机房的楼板应按机器设备要求的部位预留孔洞。电梯机房平面示例如图 7-40 所示。

7.8.5　电梯的设计

电梯是高层建筑的主要交通工具，也是垂直交通与水平交通的转换枢纽。电梯的选用及电梯厅的设计对高层建筑的人群疏散起着重要的作用，特别是在防火、安全方面尤为重要。为了保证建筑物的通达性，除了所有高层建筑以外，均可根据使用需求要在下列情况中设置电梯：七层以上的住宅，六层以上的办公建筑，四层以上的医疗建筑、图书馆，三层以上的一、二级旅馆建筑，四层以上的三级旅馆，以及其他人行和货运需要的建筑物。

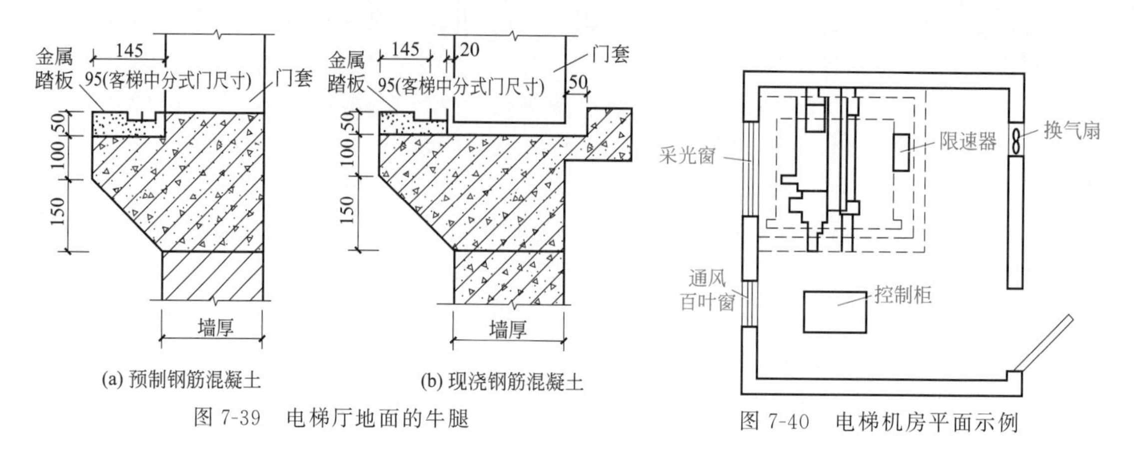

图 7-39　电梯厅地面的牛腿

图 7-40　电梯机房平面示例

（1）电梯的布置

① 电梯及电梯厅应适当集中，其位置应考虑使各层及层间服务半径均等。每个服务区单侧排列的电梯不宜超过 4 台，双侧排列的电梯不宜超过 2×4 台。

② 在设计时可按电梯的运行速度，分层分区设置。在超高层建筑中，应将电梯分为高、中、低层运行组进行布置。

③ 电梯厅与走廊应避免流线干扰，可将电梯厅设在凹处，但不应贴邻转角处布置。

④ 根据《民用建筑设计统一标准》（GB 50352—2019）的有关规定，住宅电梯候梯厅的深度应大于等于轿厢深度，公共建筑电梯、医院病床电梯的候梯厅深度应大于等于 1.5 倍的轿厢深度，并不得小于 1.50m。

⑤ 乘客电梯应在主入口明显易找的位置设置，并在附近设有楼梯配套，以方便就近而不乘电梯上下楼，也便于火灾时的紧急疏散（疏散时不能使用电梯，只能使用楼梯）。以电梯为主要垂直交通工具的建筑物，乘客电梯不宜少于 2 台，以备高峰客流或轮流检修的需要。多部电梯宜成组并列或对列布置，但单侧并列成排的电梯不应超过 4 台。电梯厅尺度应适宜，以便于迅速搭乘和进出的便捷。

（2）电梯的数量

① 客梯　对于办公楼，应根据总建筑面积估算，每 3000～5000m^2 设 1 台电梯。对于旅馆，每 100 间客房设 1 台电梯。对于住宅楼，7～11 层每栋楼设置电梯不应少于 1 台；12 层及以上，每栋楼设置电梯不应少于 2 台，一般每台电梯服务 60～90 户。

② 消防梯　当每层建筑面积≤1500m^2 时，应设 1 台电梯；当建筑面积大于 1500m^2 但≤4500m^2 时，应设 2 台电梯；当建筑面积大于 4500m^2 时，应设 3 台电梯。消防电梯可与客梯或工作电梯兼用，但应符合消防电梯的要求。

7.8.6　自动扶梯

自动扶梯也被称为滚梯，是循环运行的梯级踏步，具有连续工作、运输量大的特点，是垂直交通工具中效率最高的设备，广泛运用于人流集中的地铁、车站、机场、商店等公共建筑中。

电动扶梯一般是斜置的。行人在扶梯的一端站上自动行走的梯级，便会自动被带到扶梯的另一端，途中梯级会一路保持水平。扶梯在两旁设有与梯级同步移动的扶手，供使用者扶握。电动扶梯可以是永远向一个方向行走，但多数都可以根据时间、人流等需要，由管理人员控制行走方向。另一种和电动扶梯十分类似的行人运输工具是自动人行道。两者的区别主要是自动人行道是没有梯级的；多数只会在平地上行走，或是稍微倾斜。

(1) 自动扶梯的尺寸

自动扶梯的电动机械装置设置在楼板下面，需占用较大的空间；底层应设置地坑，以供安放机械装置用，并做防水处理。自动扶梯在楼板上应预留足够的安装洞，自动扶梯的基本尺寸如图 7-41 所示，具体尺寸应查阅电梯生产厂家的产品说明书。不同的生产厂家，自动扶梯的规格尺寸也不相同。

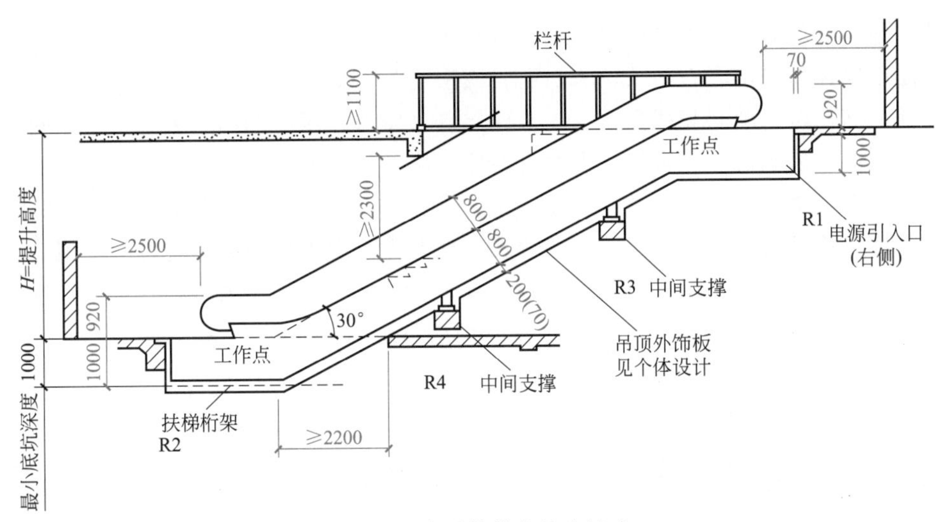

图 7-41 自动扶梯的基本尺寸

(2) 自动扶梯的技术参数

自动扶梯按输送能力的大小分为单人及双人两种，自动扶梯的主要技术参数见表 7-2，具体工程设计时应以供货厂家土建技术条件为准。

表 7-2 自动扶梯的主要技术参数

梯形	梯段宽度/mm	提升高度/m	倾斜角/(°)	额定速度/(m/s)	理论运送能力/(人/h)	电源
单人梯	600、800	3～10	27.3、30、35	0.5、0.6	4500、6750	三相交流 380V、50Hz 功率 3.7～15kW
双人梯	1000、1200	3～8.5			9000	

(3) 自动扶梯的设计要求

① 自动扶梯的布置应在合理的流线上。

② 自动扶梯和自动人行道不得算作安全出口。

③ 为保障乘客安全，出入口需设置畅通区。出入口畅通区的宽度不应小于 2.5m，一些公共建筑如商场等常有密集人流穿过畅通区，应增加人流通过的宽度。

④ 自动扶梯扶手带顶面距自动扶梯前缘、自动人行道踏板面或胶带面的垂直高度不

应小于0.90m；扶手带外边至任何障碍物不应小于0.50m，否则应采取措施，以防止障碍物造成人员伤害。

⑤ 两梯之间扶手带中心线的水平距离不宜小于0.50m，否则应采取措施。

⑥ 自动扶梯的梯级、自动人行道的踏板或胶带上空，垂直净高不应小于2.30m。

7.9 楼梯的细部构造

7.9.1 踏步的面层、防滑、防污构造

(1) 踏步的面层

踏步面层应耐磨并且光滑，以便于行走和清扫，其做法与楼地面面层基本相同，常用的有水泥砂浆抹面、水磨石面层、天然石材面层、防滑地砖面层、地毯面层等。

楼梯的踏步是由踏面和踢面构成的。面层装修做法与楼层的面层装修做法相同，同时应耐磨、防滑、易于清洁，常见的做法有整体面层、块材面层、铺贴面层等，按材料的不同可分为水泥砂浆面层、地砖面层、石材面层等。踏步的踢面一般采用与踏面相同的材质，便于施工并可与踏面形成整体的韵律感，也有为了突出梯段的通透性而采用镂空、格栅的做法，或在踢面仅保留素面结构（钢、混凝土等）而在踏面做条状铺装，强调踏面的漂浮感。楼梯平面示意如图7-42所示。踏步面层三维示意如图7-43所示。

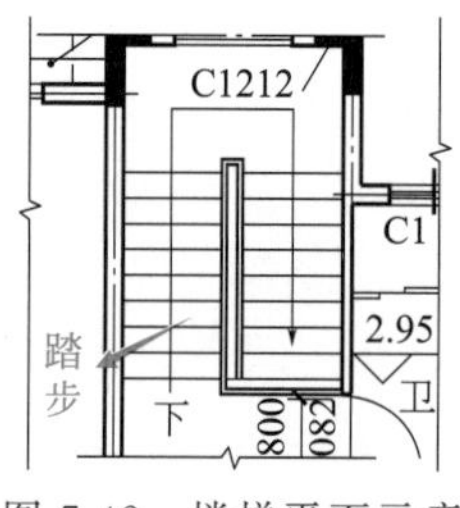

图7-42 楼梯平面示意

图7-43 踏步面层三维示意

(2) 防滑

由于踏步面层比较光滑，行人容易跌倒，因此要在踏步上设置防滑条。这样不仅可以避免行人滑倒，而且起到保护踏步阳角的作用。常用的防滑条材料有水泥铁屑、金刚砂、金属条（铸铁条、铝条、铜条）、马赛克及带防滑条缸砖等。防滑条应凸出踏步面2～3mm，但不能太高，实际工程中做得太高，反而使行走不便。踏步的防滑措施如图7-44所示。

(3) 防污构造

为了防止清扫和日常使用时踢踏的污染，在楼梯的踏步两侧若有竖墙则应做踢脚板处理，可以采用与室内墙面相同的踢脚板做法，但同时应注意与踏步材料协调的做法。

室外楼梯要注意排水设计，一般在平台处设有1%～3%的向内的排水坡度以防雨水自由溅落，踏步板的一端应设有排水槽，以保证踏步面的雨水迅速排走，以避免湿滑。

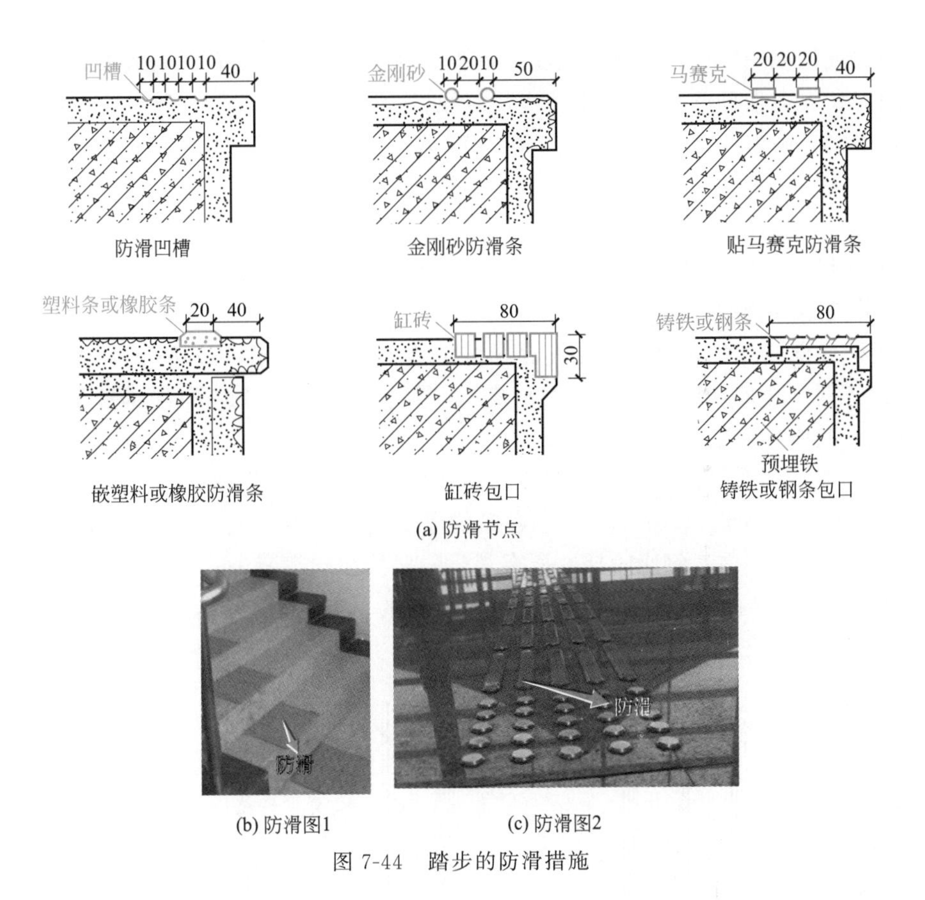

(a) 防滑节点

(b) 防滑图1　　(c) 防滑图2

图 7-44　踏步的防滑措施

室外楼梯梯段的侧墙应采用光洁耐污的材料贴面或贴踢脚板，也可以采用凹入、深色涂料等简便方式，以便于墙面的保洁。防污排水构造如图 7-45 所示。

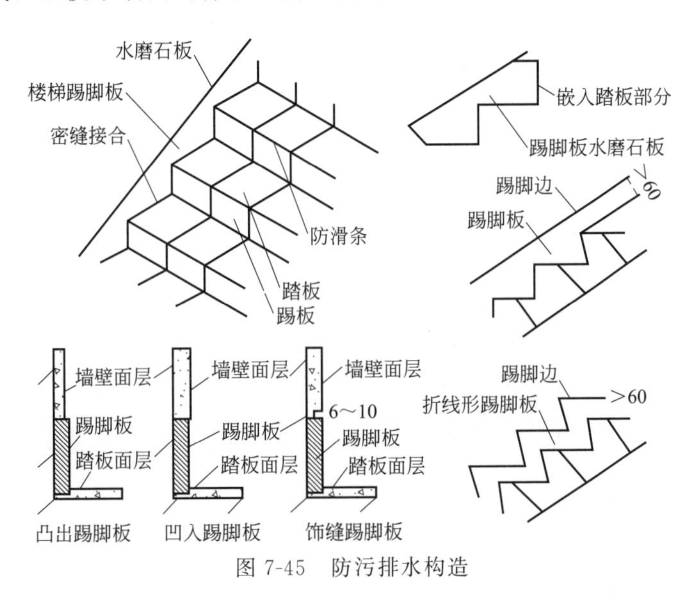

图 7-45　防污排水构造

7.9.2　无障碍楼梯和台阶构造

在解决连通不同高差的问题时，虽然可以采用楼梯、台阶、坡道等设施，但这些设施在给某些残疾人使用时，仍然会造成很多不便，特别是下肢障碍的人和视觉障碍的人，下肢障碍的人往往会借助拐杖和轮椅代步，而视觉障碍的人则往往会借助导盲棍来帮助行走。无障碍设计中有一部分就是能帮助上述两类残疾人顺利通过高差的设计。下面介绍无障碍设计中一些有关楼梯、台阶等的特殊构造问题。

(1) 无障碍楼梯的设计要求

① 供拄拐杖及视力障碍者使用的楼梯，其美观必须首先服从安全性的原则，设计应充分注意并满足通行的特殊需要。

② 楼梯坡度应尽量采用平缓坡度，梯段坡度宜在35°以下，或按公式 $2h+b=600\sim620$mm 计算踏步宽度和高度，但其中 h 值不宜大于170mm，如有可能尽量其踢面高不大于150mm，其中养老建筑为140mm。

③ 楼梯梯段宜采用直行方式，不宜采用弧形梯段，或在中间平台上设置扇步。公共建筑梯段宽度不应小于1500mm，居住建筑梯段宽度不应小于1200mm。每段梯段的踏步数应在3～18级范围内。每座阶梯的所有踏步均保持相同高度。

④ 便于弱视人通行的楼梯，须考虑运用强烈的色彩反差，提高视觉效果，增加通行的安全度，减少事故率。无障碍楼梯示意如图7-46所示。

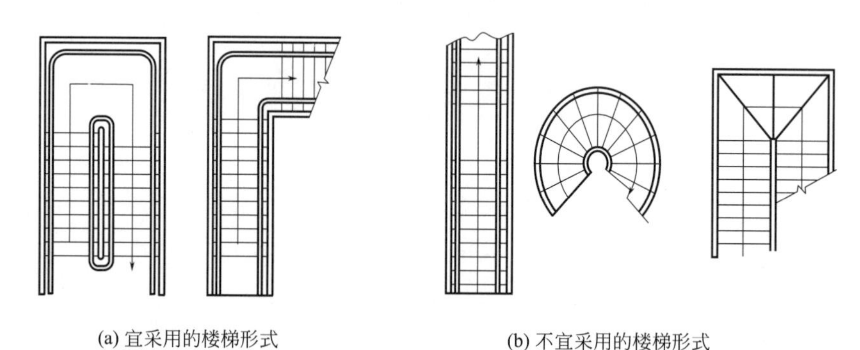

(a) 宜采用的楼梯形式　　(b) 不宜采用的楼梯形式

图7-46　无障碍楼梯示意

(2) 台阶的入口

① 公共建筑与高层、中高层居住建筑入口设台阶时，必须设轮椅坡道和扶手，建筑入口平台处应设雨篷。

② 台阶的踏面不应光滑，从三级台阶起两侧应设扶手，少于三级台阶的应在两侧设挡台。

③ 台阶不应采用无踢面或凸缘为直角形的踏步。

④ 供轮椅通行的坡道应设计成直线形、直角形或折返形，不宜设计成弧线或圆形。

⑤ 入口坡道两侧应设扶手，坡道与休息平台的扶手应保持连贯。台阶的入口示意如图7-47所示。

(3) 踏步设计注意事项

① 楼梯踏步应选用合理的构造形式及饰面材料，注意踏步形状应为无直角凸缘，以防发生勾绊行人或其助行工具的意外事故；踢面应完整、左右等宽。

② 踏步凌空一侧应有立缘、踢脚板或栏板。

③ 踏面表面不滑，不得积水。防滑条向上凸出踏面不得超过5mm。如在踏步上铺设地毯，应紧密附着于踏步表面。

④ 距踏步起点与终点 250～300mm 应设提示盲道。无障碍楼梯导盲块如图 7-48 所示。

图 7-47　台阶的入口示意

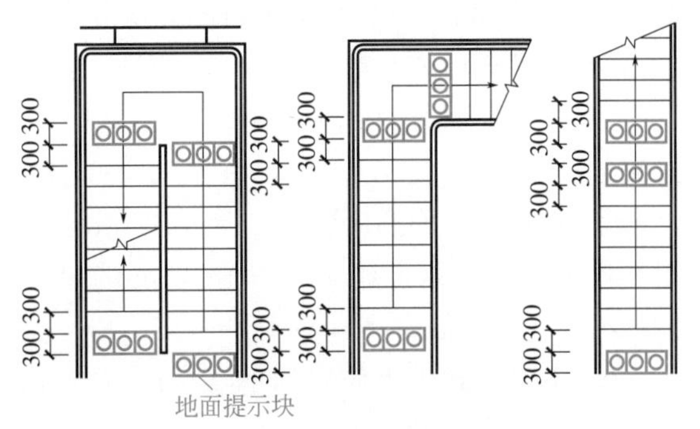

图 7-48　无障碍楼梯导盲块

(4) 无障碍楼梯坡道的坡度和宽度

无障碍楼梯坡道是适合残疾人的轮椅及拄拐杖和借助导盲棍通过高差的途径，其坡度必须较为平缓，还必须有一定的宽度，同时适合轮椅通行，因此有如下一些规定。室外无障碍坡道的平面尺寸如图 7-49 所示。

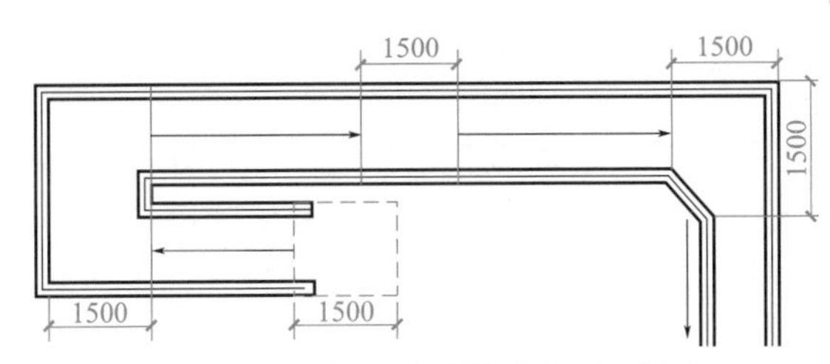

图 7-49　室外无障碍坡道的平面尺寸

① 坡道的坡度　便于残疾人通行的坡道坡度不大于 1∶12，与之相匹配的每段坡道的最大高度为 750mm，最大坡段水平长度为 9000mm。

② 坡道的宽度及平台宽度　为了便于残疾人使用的轮椅顺利通过，室内坡道的最小宽度应不小于 900mm，室外坡道拐弯的最小宽度应不小于 1500mm。

(5) 建筑入口的无障碍设计

① 无障碍入口　即不设台阶和坡道的入口。

a. 入口处室外的地面坡度不应大于 1∶50，以防止雨水倒流入室内。

b. 人行通道和建筑入口的雨水箅子不得高出地面，其孔洞不得大于 15mm×15mm。

② 台阶与坡道入口　公共建筑与高层、中高层居住建筑入口设台阶时，必须设轮椅坡道和扶手，建筑入口平台处应设雨篷。

③ 台阶的踏面不应光滑，从三级台阶起两侧应设扶手。少于三级台阶的应在两侧设挡台。

④ 台阶不应采用无踢面或凸缘为直角形的踏步。

⑤ 供轮椅通行的坡道应设计成直线形、直角形或折返形，不宜设计成弧线或圆形。

⑥ 坡道两侧应设扶手，坡道与休息平台的扶手应保持连贯。

(6) 建筑通道的无障碍设计

① 乘轮椅者通行的走道和通路的最小宽度规定：大型公共建筑走道大于 1800mm，

中小型公共建筑走道大于 1500mm；检票口、结算口轮椅通道大于 900mm；居住建筑走廊大于 1200mm；建筑基地人行通路大于 1500mm。

② 走道地面应平整、不光滑、不松动、不积水，在地面高差处设坡道和扶手。

③ 使用不同材料铺装的地面应相互取平，如有高差时不应大于 15mm，并应以斜面过渡。

④ 伸入走道的凸出物不应大于 100mm，距地面高度应小于 600mm；向走道开启的门扇和窗扇以及向走道墙面大于 100mm 的设施，应设凹室或防护措施，凹室面积不应小于 1300mm×900mm。

⑤ 主要供残疾人使用的走道与地面应符合下列规定：

a. 走道宽度不应小于 1800mm，走道两侧应设扶手，两侧墙面应设高 350mm 的护墙板；

b. 走道及室内地面应平整，并应选用遇水不滑的地面材料；

c. 走道转弯处的阳角应为弧墙面或切角墙面；

d. 走道内不得设置障碍物，光照度不应小于 120lx；

e. 在走道一侧或尽端与其他地坪有高差时，应设置栏杆或栏板等安全设施。

7.9.3 楼梯栏杆构造

为了保证楼梯的使用安全，应在楼梯段的临空一侧设置栏杆或栏板，并在其上部设置扶手。当楼梯的宽度较大时，还应在梯段的另一侧及中间增设扶手。栏杆是楼梯的安全防护措施。它既有安全防滑的作用，又有装饰的作用。栏杆的形式可分为空花式、栏板式、混合式等。楼梯栏杆的形式如图 7-50 所示。

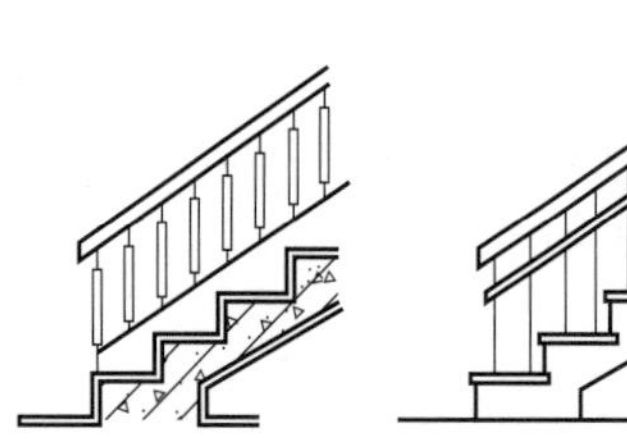

(a) 空花式栏杆　(b) 带幼儿扶手的空花式栏杆

(c) 钢筋混凝土栏板式栏杆

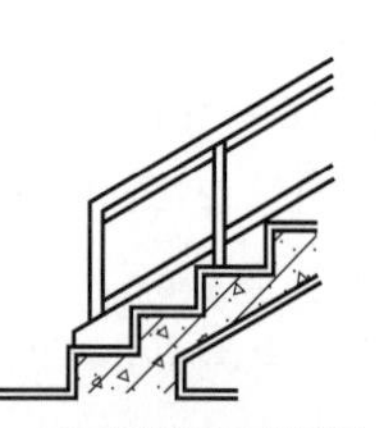

(d) 玻璃栏板式栏杆

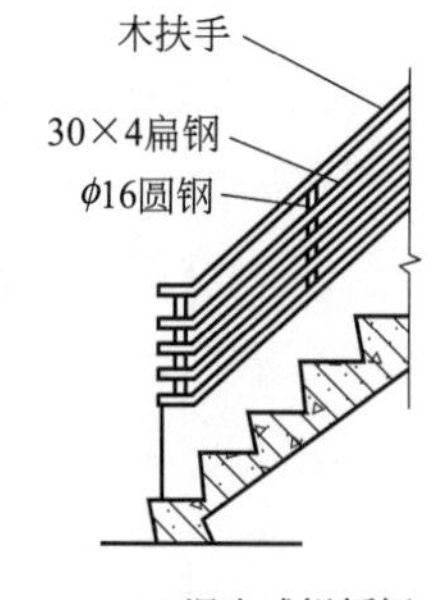

(e) 混合式栏板杆

图 7-50　楼梯栏杆的形式

① 空花式栏杆　它多采用扁钢、圆钢、方钢及钢管等金属型材焊接而成，其杆件形成的空花尺寸不宜过大，通常控制在 120～150mm，特别是供少年儿童使用的楼梯尤应注意。在住宅、幼儿园、小学等建筑中，不宜做易攀爬的横向栏杆。

② 栏板式栏杆　它取消了杆件，一般采用砖、钢丝网水泥、钢筋混凝土、有机玻璃或钢化玻璃等材料制作。当采用砖砌栏板时，宜采用高强度等级的水泥砂浆砌筑 1/2、1/4 砖样板，在适当部位加设拉筋，并在顶部浇筑钢筋混凝土，把它连成整体，以增加强度。

③ 混合式栏杆　它指空花式和栏板式两种栏杆的组合。混合式栏杆作为主要的抗侧力构件，常采用钢材或不锈钢等材料。栏板则作为防护和美观装饰构件，常采用轻质美观

的材料制作，如木板、塑料贴面、铝板、有机玻璃或钢化玻璃等。

7.9.4 楼梯扶手构造

(1) 楼梯扶手的类型

楼梯扶手是楼梯护栏的支撑杆。扶手的类型如图 7-51 所示。

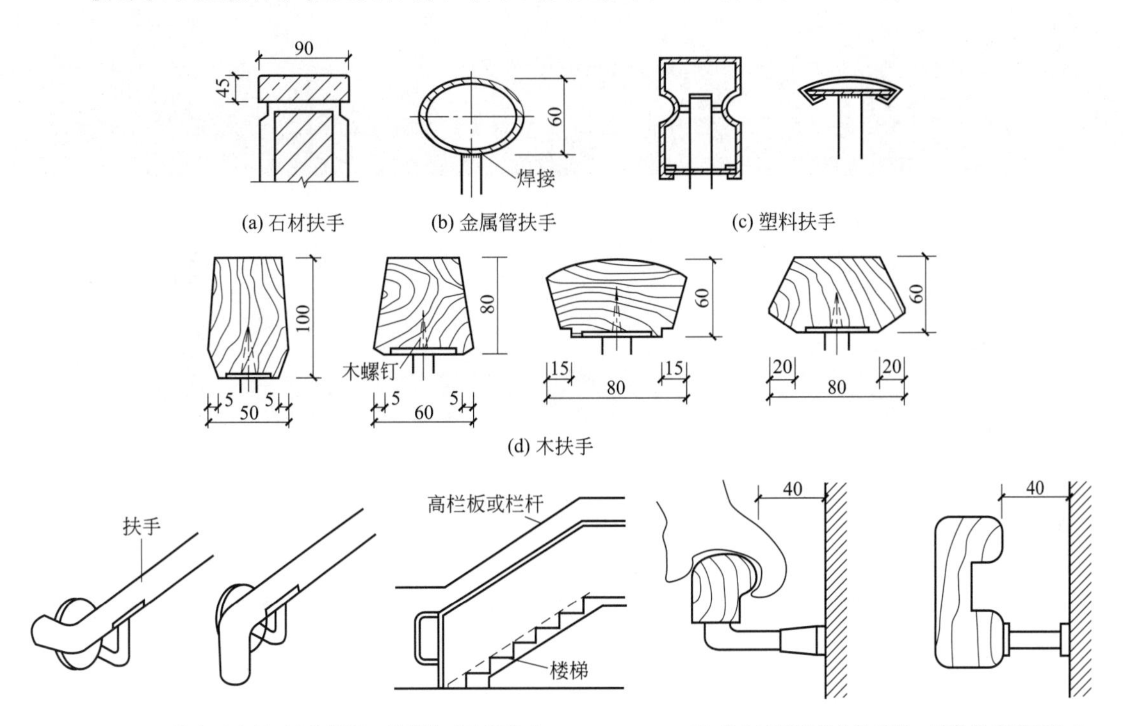

图 7-51 扶手的类型

(2) 常用材料

常用材料包括木材、塑料、金属管材（钢管、铝合金管、不锈钢管）和石材等。

(3) 特点

① 木扶手常用硬木制作。

② 塑料扶手便于加工制作，使用广，形式多，舒适。

③ 金属扶手可弯性好，常用于螺旋形、弧形楼梯，但断面形式单一，涂层易脱落，造价高。

(4) 楼梯扶手及栏杆或栏板的常用尺寸

① 楼梯扶手的高度一般为自踏步中心线以上 0.90m。

② 水平扶手的高度不应小于 1.05m。

③ 室外楼梯，特别是消防楼梯的扶手高度应不小于 1.10m。

④ 楼梯立杆间净距一般不应大于 110mm，涉及儿童的建筑楼梯扶手需要在 0.60mm 高度再设置一道扶手。

第8章 屋面识图与节点构造

8.1 屋面概要

屋面是建筑物的最上层起覆盖遮蔽作用、直接抵御雨雪日晒等自然作用的外围护构件，是建筑作为庇护所的原型和基础。屋面对于建筑性能的实现，最基本的就是防水和排水，此外还要满足保温隔热的性能要求，并能够满足承重（雨雪、绿化、行人、设备荷载）和耐候、耐污、耐久的要求。由于自然界的雨、雪、阳光等的剧烈作用以及资源和造价的限制，对屋面材料和构造的性能要求较高，还需要定期地更换以维持必要的遮蔽能力，屋面是建筑围护体系中相对薄弱的环节。

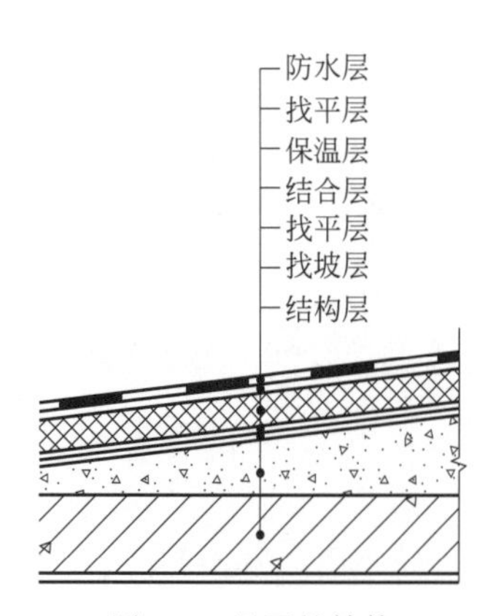

图 8-1　屋面的结构

建筑的屋面是建筑的制高点和城市天际线的焦点，也被称为建筑的“第五立面”，是建筑装饰和造型的重点，常常承担着决定建筑体形轮廓、建筑文化象征、城市塑形的重要作用。屋面的结构如图 8-1 所示。

8.2 屋面的功能与设计要求

（1）排水与防水

抵御风、霜、雨、雪的侵袭，特别是迅速防水和排水，防止雨水渗漏，这是屋面的基本功能要求。雨雪的淤积容易引起渗漏，淤积荷载逐渐累积会最终导致结构的破坏，因此在防水材料性能有限的条件下，加大排水坡度以便迅速排除雨水是屋顶构造的基础。常见的雨水排水系统以及屋面防水如图 8-2 所示。

我国目前根据建筑物的性质、重要程度、使用功能及防水耐久年限等，将屋面划为四个等级，各等级均有不同的防水要求。一般的建筑物都会通过一套完整的防水、汇水、排水（包括有组织排水的汇水、落水，无组织排水的泄水）系统将屋面的雨水有组织地排至

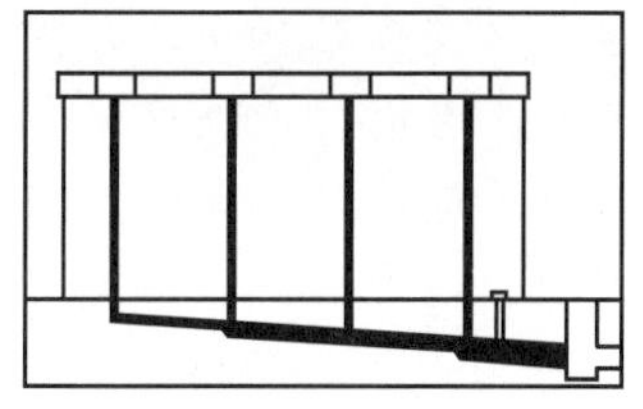

(a) 重力流雨水排水系统

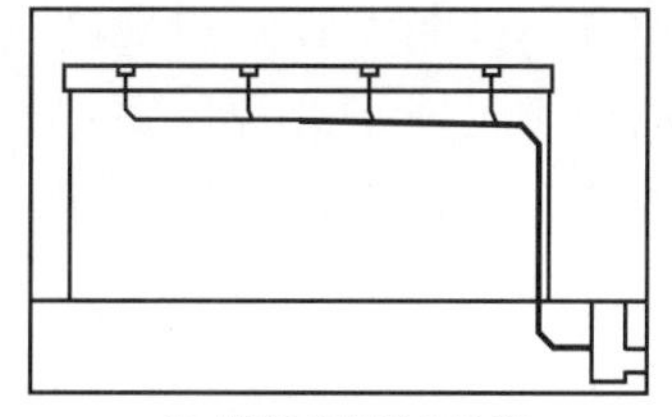

(b) 虹吸雨水排水系统

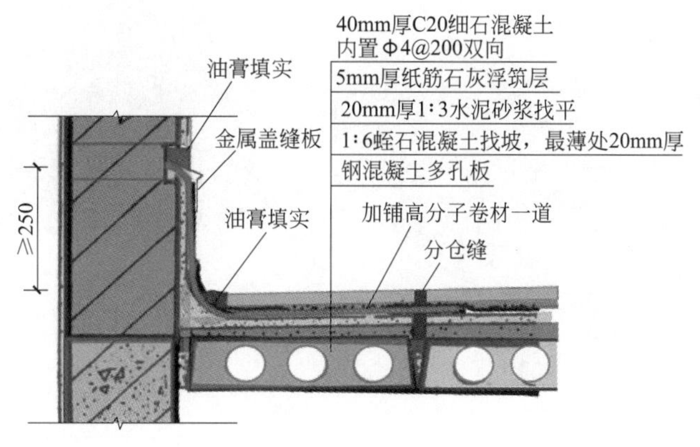

(c) 刚性防水屋面

图 8-2 常见的雨水排水以及屋面防水系统

地面。但即使是在目前的技术条件下，由于屋顶直接承受着酷烈的自然条件的作用，防水和排水还是建筑屋面的重要课题，一般建筑的屋面防水构造相对于建筑构造主体而言需要定期检修和更换构件。

(2) 保温、隔热

在北方寒冷地区的保温和在南方炎热地区的隔热都是建筑的重要性能要求，由于屋面面积大且大量接受太阳辐射，所以屋面的保温隔热对于建筑整体的节能效果非常明显。保温与隔热的主要原理都是增大屋面材料的热阻，以防止热交换的发生，即绝热。目前建筑屋面采用的绝热方式主要是使用绝热材料在屋面形成绝热层，防止热向室内及室外传导。提高建筑屋面的绝热性能是提高建筑整体节能性能的有效手段。也可以采用屋面绿化等方式，提高屋面的绝热性能，使之成为节约能源、美化和改善城市环境、减弱城市“热岛效应”的重要方式。

(3) 结构支撑

屋面的作用不仅仅是防止自然界雨、雪和风沙的侵袭及太阳辐射的影响，还要承受屋面上部的荷载，包括风雪荷载、屋面自重及可能出现的构件和人群的重量，并把它传给墙体。因此，对屋面的要求是坚固耐久，自重要轻，并且具有防火、防水、保温及隔热的性能。

8.3 屋面的类型

8.3.1 彩钢板屋面

目前彩钢板屋面多为坡屋面，常见的坡度为10%和5%。屋面板为压型钢板或压型夹芯板，下部为檩条，檩条搭设在门式刚架等主要支撑结构上。在国内，此种类型的屋面安装在光伏电站上。对于此种屋面，光伏组件可沿屋面坡度平行铺设，也可以设计成一定倾角的方式布置。上部支架可通过不同的连接件、紧固件与屋面承重结构连接。常见彩钢板屋面的主要形式有：直立锁边型、角弛型、明钉型等。常见的彩钢板屋面如图 8-3 所示。

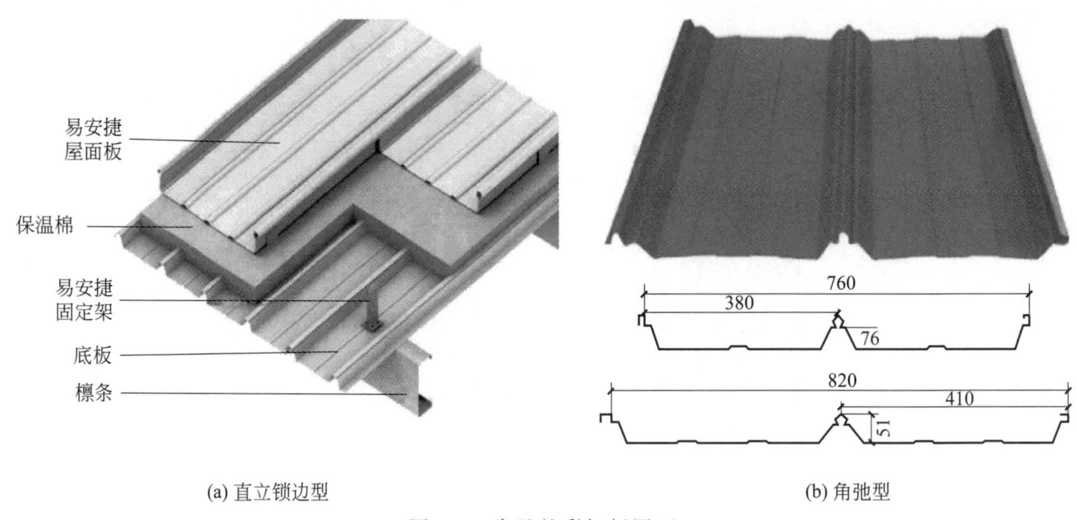

图 8-3　常见的彩钢板屋面

8.3.2　坡屋面

坡屋面通常是指屋面坡度大于 10%的屋面。坡屋面有利于雨水的迅速排除，防止淤积、渗漏，以排水为主解决防水问题，可以使用防水性能一般、经济性好的材料。由于坡屋面的排水迅速，便于瓦、石片等的搭接，防水构造相对简单，便于施工和修补，还可保证屋面的透气和防止室内水蒸气的凝结，是从远古时代开始在多雨地区的各地民居中常见的屋面形式。常见的坡屋面如图 8-4 所示。

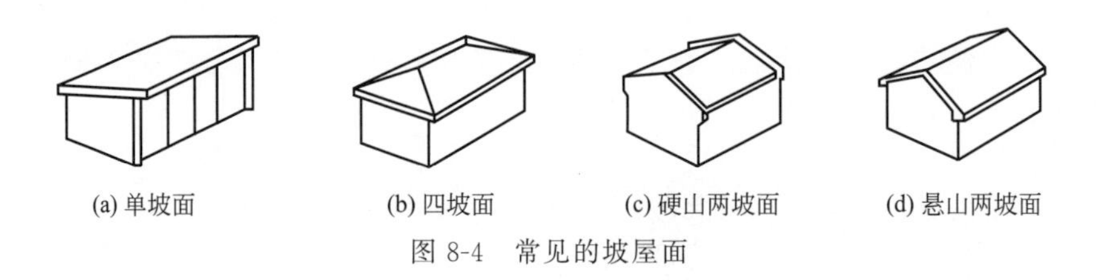

图 8-4　常见的坡屋面

8.3.3　平屋面

平屋面通常是指排水坡度小于 5%的屋面，常用的排水坡度为 2%～3%。因此，平屋面排水缓慢，雨雪容易淤积，发生渗漏，传统建筑中的平屋面只建造于雨雪极少的干旱地区。由于防水材料的进步、建筑空间经济性的要求，在现代混合结构和钢筋混凝土建筑中，平屋面逐步成为主要形式。平屋面施工简便，占用建筑高度较小，屋面可以综合利用（露台、晒台、屋面绿化等），提高屋面上下空间的经济性。常见的平屋面如图 8-5 所示。

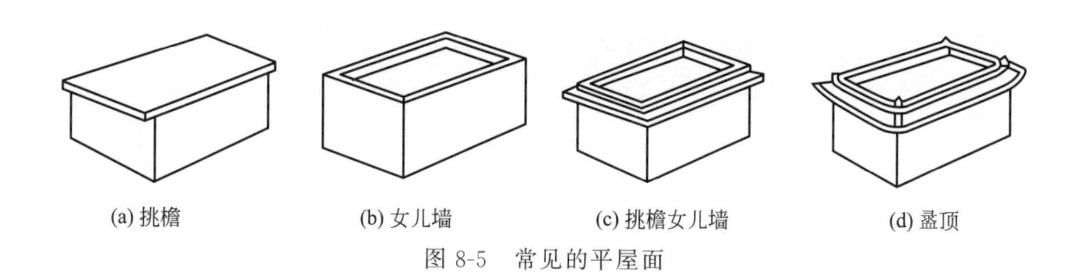

图 8-5　常见的平屋面

8.3.4　檐

房屋建筑顶层屋面出外墙面部分叫屋檐。檐高是指设计室外地坪到屋檐底的高度，如果屋檐有檐沟的话就是到檐口底的高度。在建筑概预算中一般取檐高来计算建筑物的立面墙的费用。

具体计算方法如下。

（1）建筑物檐高

建筑物檐高是指设计室外地坪至建筑物檐口底的高度。外挑檐沟的，按檐沟底标高到室外地坪为准；有多个外檐沟的，按不同高度区别；同一位置有多层檐沟的，按高的为准；没有外檐沟只有内檐沟的，按内檐沟底到室外地坪为准；没有檐沟的，按屋面滴水部位为准（如伸出外墙的平、斜挑檐）。刚性屋面檐口的形式如图 8-6 所示。

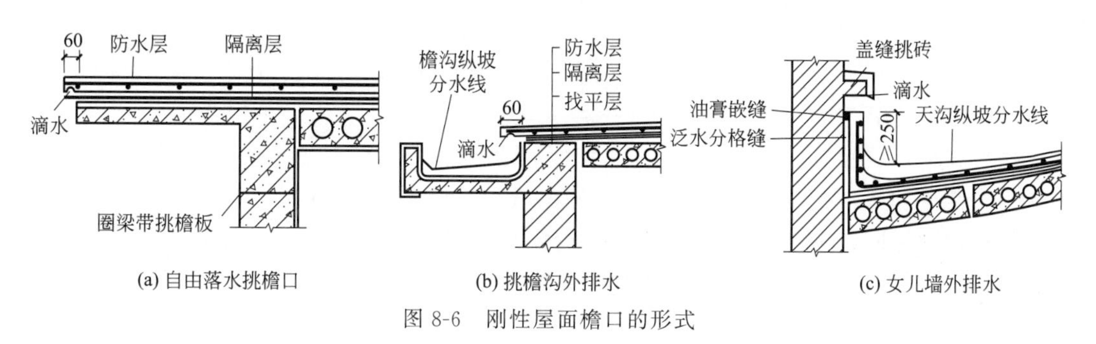

图 8-6　刚性屋面檐口的形式

（2）檐高

檐高是指室外设计地坪至檐口的高度。建筑物檐高以室外设计地坪标高作为计算起点。

① 平屋面带挑檐　算至挑檐板下皮标高。

② 平屋面带女儿墙　算至屋面结构板上皮标高。

③ 坡屋面或其他曲面屋面　算至墙的中心线与屋面板交点的高度。

④ 阶梯式建筑物　按高层的建筑物计算檐高。

⑤ 凸出屋面的水箱间、电梯间、亭台楼阁等　不计算檐高。

8.4　屋面坡度的形成

8.4.1　屋面坡度的设定

屋面坡度主要是为屋面排水而设定的，坡度的大小与屋面选用的材料、当地降雨量大小、屋面结构形式、建筑造型等因素有关。屋面坡度太小容易渗漏，太大又浪费材料。要综合考虑各方面因素，合理确定屋面排水坡度。

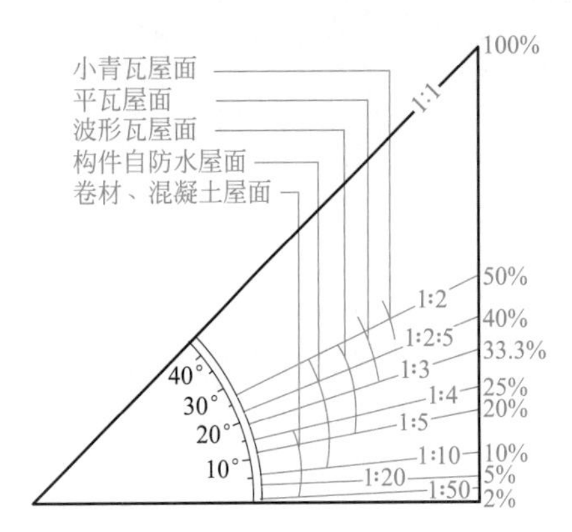

图 8-7　屋面防水材料与坡度的关系

传统坡屋面多采用在木屋架或钢木屋架、木檩条、木望板上加铺各种瓦屋面等传统做法，而现代坡屋面则多改为钢筋混凝土屋面桁架（或屋面梁）及屋面板，再加防水屋面等做法。坡屋面一般坡度都较大，如高跨比为（1/6）～（1/4），无论是双坡还是四坡，排水都较通畅，下设吊顶，保温隔热效果都较好。

一般情况下，屋面的防水材料抗渗性好，单块面积大，接缝少，排水坡度则可小些；反之，排水坡度应大些。不同的屋面防水材料有不同的排水坡度范围，如图 8-7 所示。

屋面的排水坡度一般采用单位高度与排水坡长度的比值表示，例如 1∶2、1∶3 等；当坡度较大时也可用角度表示，例如 30°、45°等；较平坦的坡度常用比例（%）表示，例如 2%、3%等。

8.4.2　屋面坡度的形成方法

屋面坡度的形成方法主要有材料找坡和结构找坡两种。

（1）材料找坡

材料找坡又称垫置坡度或填坡，是指屋面坡度由轻质材料在水平放置的屋面板上铺垫形成的。常用的垫坡材料有水泥炉渣、石灰炉渣等，找坡层的厚度薄处不小于 20mm，屋面上铺设保温层时，常把轻质的保温材料铺垫形成一定坡度，这样在保证屋面具有保温隔热性能的同时形成了排水坡度。材料找坡不能用于坡度较大的屋顶，一般坡度宜为 2%左右。

（2）结构找坡

结构找坡又称搁置坡度或撑坡，是将屋面板搁置在下部形成倾斜角度的支撑结构上形成的。这种做法不需另设找坡层，屋面荷载小，构造简单，但是顶棚倾斜，顶层的室内空间不够规整，结构找坡宜用于单坡跨度大于 9m 的屋面，坡度不应小于 3%。屋面坡度的形成方法如图 8-8 所示。

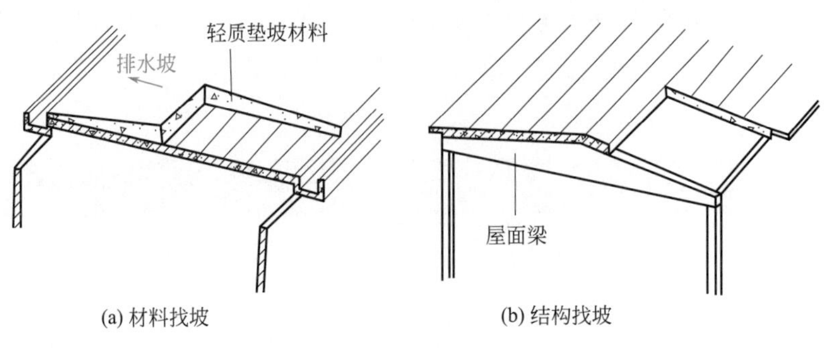

图 8-8　屋面坡度的形成方法

8.5 平屋面识图与节点构造

8.5.1 平屋面识图

如图 8-9 所示，该图为平屋面的平面图，图中 i 为屋面放坡的一个坡度系数，箭头方向表示的是放坡的方向，图中（板顶）加数字的为该屋顶的楼顶标高。

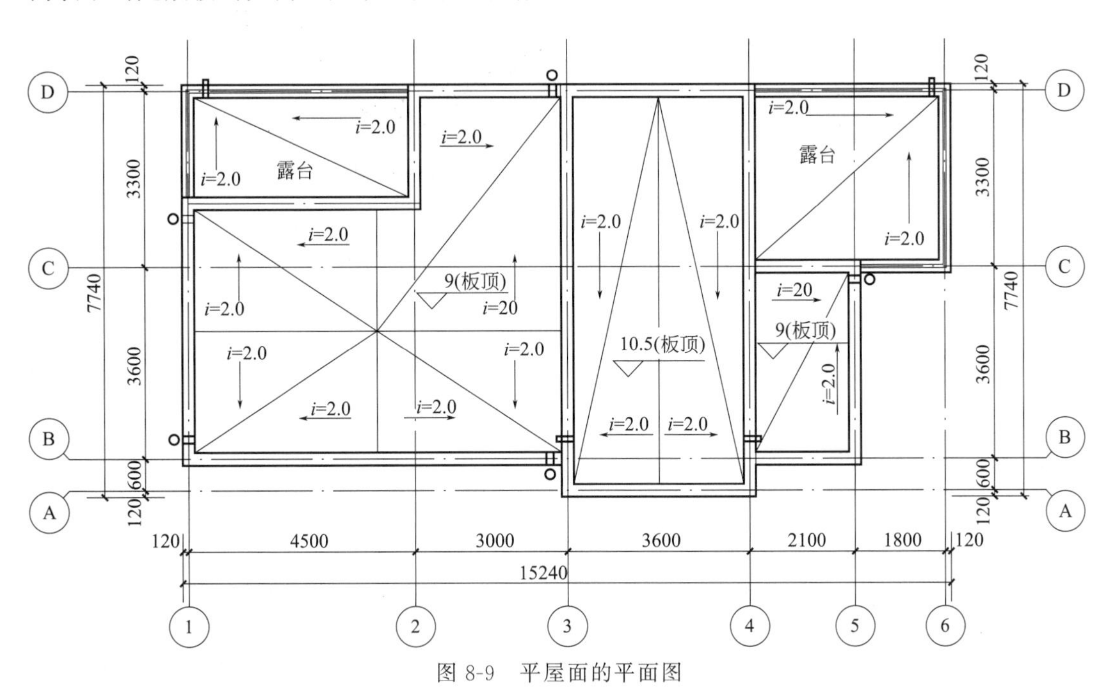

图 8-9　平屋面的平面图

平屋面的节点详图如图 8-10 所示。

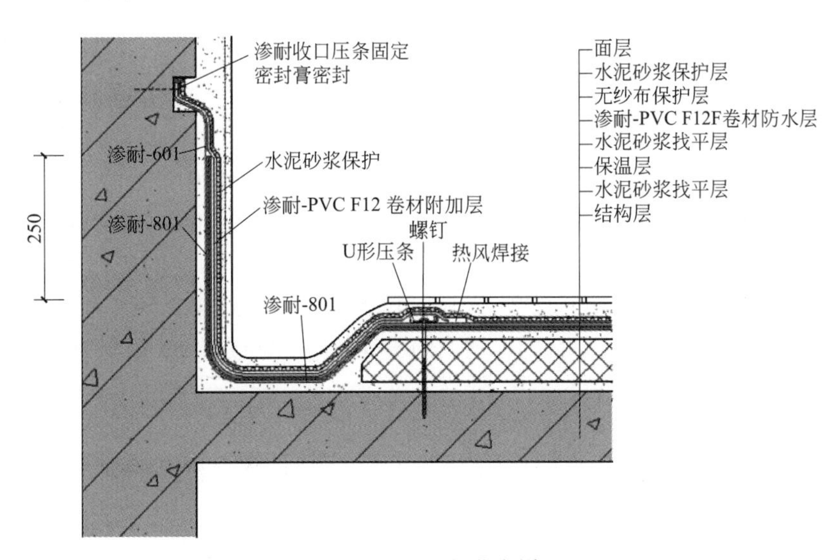

图 8-10　平屋面的节点详图

8.5.2 平屋面的构造层次

平屋面是目前应用最为广泛的屋面形式，根据屋面的性能要求，其构造一般有结构层、找平层、隔汽层、找坡层、保温隔热（绝热）层、防水层（防水层在固定时需要有找平层和结合层）、隔离层、保护层等构造层次。基本的平屋面构造层次如图 8-11 所示。

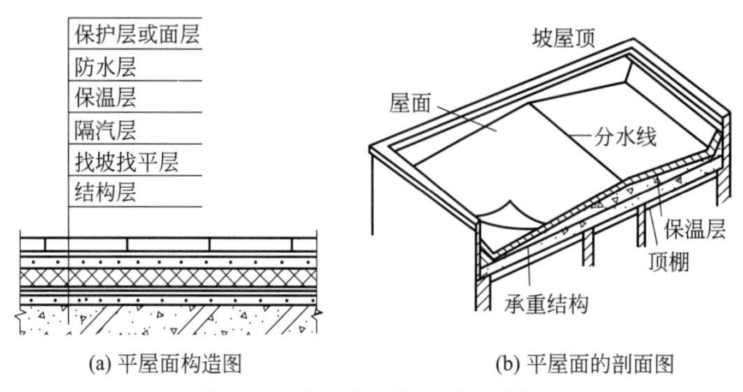

(a) 平屋面构造图　(b) 平屋面的剖面图

图 8-11　基本的平屋面构造层次

（1）结构层（承重层）

屋面既是围护构件又是承重构件，平屋面的承重层是主要起结构作用的层次，其结构与楼板相同，目前一般采用各类钢筋混凝土屋面板，分为预制和现浇两种施工方式。结构层完成后，一般根据下一步施工的需要在其上设置一道水泥砂浆找平层。

（2）找平层

找平层一般采用 1∶3 水泥砂浆或 1∶8 沥青砂浆，为防止找平层变形开裂而波及卷材防水层，宜在找平层中留设分格缝。分格缝的宽度一般为 20mm，纵横间距不大于 6m。分格缝上面应覆盖一层 200～300mm 宽的附加卷材，用胶黏剂单边点粘以利于释放变形应力，也可采用与隔离层相同的低强度等级水泥砂浆（如 1∶5 水泥增稠粉砂浆）以防止结构层的预应力传递。

（3）隔汽层

空气中含有的一定量的水蒸气会因气温降低而导致空气相对湿度上升，降低到一定的温度（露点温度）时，空气的相对湿度达到 100%，使得水蒸气凝结成水而析出。因此，在相对湿度较大的情况下，需要在温度较高一侧设置隔汽层，以防止温度较高一侧的空气接触到低温物体而产生结露现象。如冬季采暖建筑的室内温度远高于室外，因此在屋面等围护体的保温层内侧设置隔汽层，防止热空气渗出在层内结露而影响保温效果。隔汽层可采用气密性好的单层卷材或防水涂料，密贴在找平层之上，以抵御水蒸气的渗透，如 1.5mm 厚聚合物水泥基复合防水涂料，2mm 厚 SBS 改性沥青防水涂料，1.2mm 厚聚氯乙烯防水卷材等。在使用吸水率低的保温材料或采用防水层在保温层下的倒置式屋面时，则可不单独设置隔汽层。

（4）找坡层

平屋面或其他需要进行排水找坡的构造中，找坡的材料一般是轻质多孔的硬质材料，如 1∶1∶6（体积比）的水泥、砂子、焦渣混合物，1∶0.2∶3.5（质量比）的水泥、粉煤灰、页岩陶粒的混合物等，有时也可用保温层兼作找坡层。由于材料质地疏松多孔，因此在与其他构造层次结合时常需要找平层作为下一道构造做法的基层。找坡层与保温层的关系可以上下调整，一般将找坡层（含找坡层和找平层）直接设在防水层下以提高防水、排水效能。

(5) 保温隔热层

由于屋面直接暴露在自然条件下，其保温隔热作用在建筑物整体中占有重要位置。保温层有多种构造方式。

① 绝热垫层　可以采用热阻大的绝热材料铺设屋面保温隔热层，有效地降低室内外热能的交换，对于保温和隔热均有较好的作用。隔热层可以利用多孔疏松材料中的空气层阻隔热的传导，也可以使用热阻高的致密微孔的高分子材料。保温层常用的材料有松散材料、板（块）状材料和现场浇筑材料三种。

② 通风夹层　可以在屋面上设置架空的空气间层，并保证通风，以降低屋面受太阳辐射的热向室内的传导，有利于夏季室外辐射热的隔绝。这种方法只对太阳辐射的隔热有作用，且增加屋面荷载，构造复杂，结构稳定性差，现在平屋面中已经很少采用。也可以在屋面下的室内设顶棚空气层，特别是坡屋面的坡面下空间，可以作为空气夹层，有利于保持室内空间的完整，在坡屋面建筑中较多采用。

③ 遮蔽覆盖隔热　利用遮阳板等屋面构件遮蔽太阳的直接照射，可以与太阳能的综合利用设施，如太阳发电装置和太阳发热装置等结合进行综合利用，或者利用自然植被、水面等。

(6) 防水层

防水是屋面的基本性能要求，屋面防水主要采用卷材防水（柔性防水）、涂膜防水、刚性防水、使用自防水材料等几种方式。

平屋面中常用的卷材防水方式的代表性产品是合成高分子卷材、高聚物改性沥青防水卷材、沥青防水卷材等。由于卷材防水层通常是由多层卷材相互叠加、衔接、粘接在屋面上形成的，因此屋面的粘接基层一般有找平层，不会出现硬折角，以保证粘接牢固平整以防破裂和脱落。为使防水层与基层结合牢固并阻塞基层的毛细孔，在找坡层与防水层之间应涂刷胶黏材料，称为结合层。结合层的作用是使卷材与基层黏结牢固。沥青类卷材通常用冷底子油做结合层，高分子卷材则多用配套基层处理剂。

(7) 隔离层

隔离层主要起到在两个构造层次之间隔绝受力传递、减少附着力的作用，主要设置在保温层、防水层等致密防护层与结构层、保护层面层之间，以防止结构应力或温度应力的传递。

(8) 保护层

卷材屋面应有保护层，以减少雨水、冰雹冲刷或其他外力造成的卷材机械性损伤，并可折射阳光，降低温度，减缓卷材老化，从而增加防水层的寿命。

常用的有保护涂料（用于高分子和高聚物改性沥青）、铺撒砂石（细砂、云母、蛭石等，适用于沥青基卷材）、板（块）状刚性保护层（混凝土板、地砖等，可与上人屋面的面层结合，需设置隔离层以防止其移动和变形对防水层的破坏）。

8.5.3 平屋面的保温隔热构造

屋面保温隔热的基本原理：减少直接作用于屋面表面的太阳辐射的热，或利用空气对流带走屋面热量。主要包括反射隔热降温屋面、通风间层、遮蔽覆盖层等。

(1) 反射隔热降温屋面

利用表面材料的颜色和光洁度对热辐射的反射作用，对平屋面的隔热降温有一定的效果，如图 8-12(a) 所示为不同材料对热辐射的反射程度。如屋面采用淡色砾石铺面或用石灰水刷白对反射降温都有一定的效果。如果在通风屋面中的基层加一层铝箔，则可利用其第二次反射作用，对屋面的隔热效果将有进一步的改善，如图 8-12(b) 所示为铝箔的反射作用。

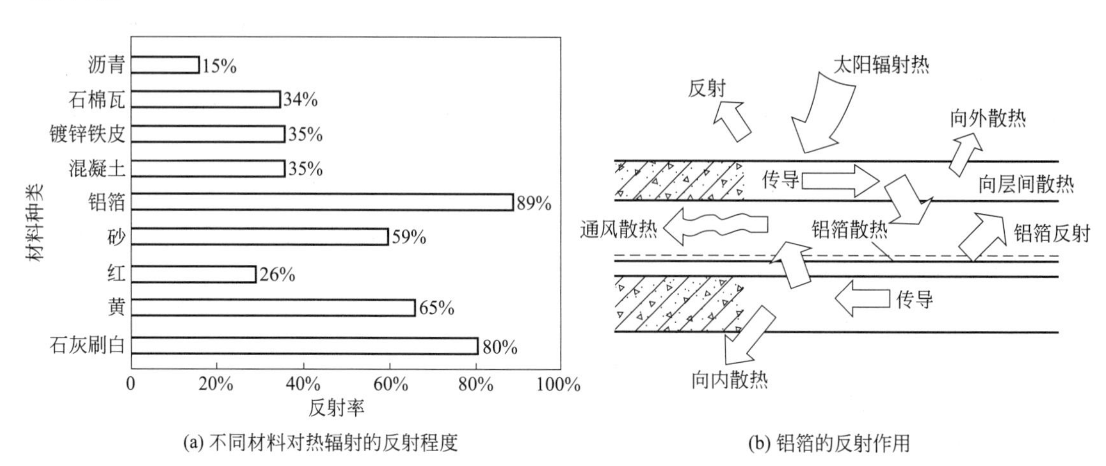

(a) 不同材料对热辐射的反射程度　　(b) 铝箔的反射作用

图 8-12　反射隔热降温屋面

(2) 通风间层

通风隔热是指在建筑屋面的上部或下部设置一个通风的间层，使其上层表面遮挡阳光辐射，同时利用风压和热压作用将间层中的热空气不断带走，使通过屋面传入室内的热量大为减少，以达到隔热降温的目的。常用的方法有以下两种。

① 屋顶架空通风隔热间层　架空隔热层设置于屋面防水层上，架空层净高 180～300mm，架空层通常用砖、混凝土等材料制成，间层内的空气可以自由流动，并可通过通风孔、通风桥等方式改善通风效果。屋面架空通风隔热构造如图 8-13 所示。

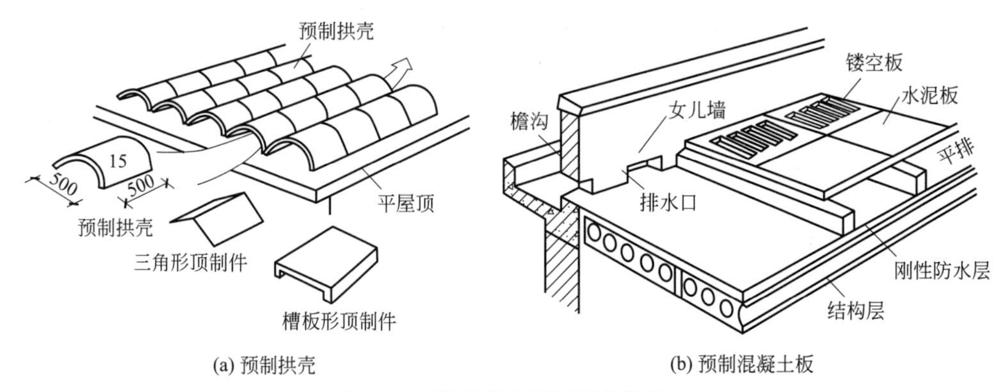

(a) 预制拱壳　　(b) 预制混凝土板

图 8-13　屋面架空通风隔热构造

② 顶棚通风隔热间层　利用顶棚与屋顶的空气夹层也可进行通风隔热，除了与上述架空隔热间层有相同的设计要求外，还应做好顶棚的隔热处理和空气对流导向，防止屋面下夹层内的热空气不易排出而向顶棚下的室内空间辐射或对流。

(3) 遮蔽覆盖层

① 种植屋面　指在建筑屋面和地下工程顶板的防水层上铺以种植土并种植植物，以起到保温、隔热、环保作用的屋面。种植屋面的原理是利用植物和栽培（种植）介质的高热阻性能，扩大、加厚保温隔热层。除了栽培介质的保温隔热作用外，植物也具有吸收阳光进行光合作用和遮挡阳光的双重功效。同时，植物化的屋面有利于雨水渗透和保湿，减少城市排水排洪系统的压力，减少硬质屋面的热反射和热辐射，有利于城市的防灾和城市热环境的改善，并可美化环境，提供休憩空间。种植屋面的构造层次如图 8-14 所示。

② 蓄水隔热屋面　在平屋顶上设置一个储水层，通过水的蒸发吸热，将热量散发到空气中，减少屋顶吸收的热量，如同皮肤排汗散热的原理。蓄水屋面也可加种一些水生植物或与种植结合（蓄水种植屋面），加强隔热效果，同时有利于保护屋面混凝土层，减少防水层的开裂，延长其使用寿命。其主要结构如图 8-15 所示。

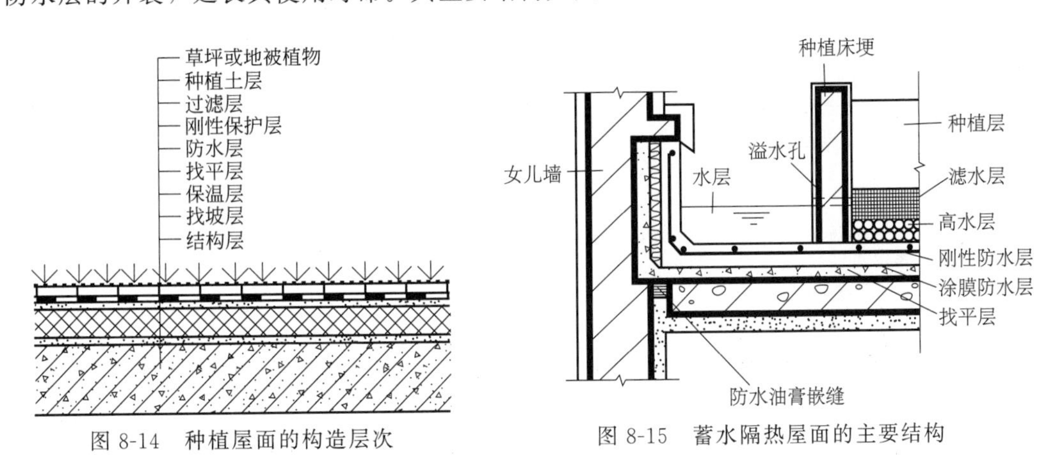

图 8-14　种植屋面的构造层次　　图 8-15　蓄水隔热屋面的主要结构

蓄水隔热屋面只适用于夏热冬暖的非地震地区，且自重大，构造复杂，防水要求高，在隔热保温效果上不如加入轻质高效保温材料的屋面，目前单独使用较少，一般结合种植屋面的水景使用，或与透明采光顶结合营造特殊的光影效果。

③ 蓄水屋面的构造特点　水层深度一般以 150～200mm 为宜，最小为 50mm，防止晒热和晒干。为保证蓄水均匀，屋面坡度应小于 0.5%。

为便于检修和避免水层产生过大的波浪，蓄水屋面一般分为边长不大于 10m 的蓄水区，蓄水区的挡墙（又称仓壁）同女儿墙，同样做泛水处理，同时注意保证泛水高于水面 100～150mm。

蓄水区各区之间应设过水孔，以保证蓄水均匀。为便于检修和清洁，应在挡墙上均匀设置泄水孔。为防止暴雨时水层过厚，每个蓄水区还应在挡墙一定高度上设置溢水孔。泄水孔和溢水孔需与排水檐沟或水落管连通，便于排水。同时为了保证水源的稳定和清洗，蓄水屋面还应设置给水管。

8.5.4　平屋面的防水构造

平屋面按屋面防水层的不同有刚性防水、卷材防水、涂料防水及粉剂防水等多种做法。常用的是卷材防水，其代表性的产品有合成高分子卷材、高聚物改性沥青防水卷材、沥青防水卷材等；涂膜防水常用的防水涂料有氯丁胶乳、沥青防水、聚氨酯防水涂料等；

刚性防水一般是在普通砂浆或混凝土中调整配比或添加防水剂制成的致密的刚性防水层。自防水材料主要有玻璃、金属板、水泥瓦或陶瓦等。屋面防水等级和设防要求详见表 8-1。

表 8-1 屋面防水等级和设防要求

项目	屋面防水等级			
	Ⅰ	Ⅱ	Ⅲ	Ⅳ
建筑物类别	特别重要或对防水有特殊要求的建筑	重要的建筑和高层建筑	一般的建筑	非永久性的建筑
防水层使用年限/年	25	15	10	5
防水层选用材料	宜选用合成高分子防水卷材、高聚物改性沥青防水卷材、金属板材、合成高分子防水涂料、细石混凝土等材料	宜选用高聚物改性沥青防水卷材、合成高分子防水卷材、金属板材、合成高分子防水涂料、细石混凝土、平瓦、油毡瓦等材料	宜选用三毡四油沥青防水卷材、高聚物改性沥青防水卷材、合成高分子防水卷材、金属板材、高聚物改性沥青防水涂料、合成高分子防水涂料、细石混凝土、平瓦、油毡瓦等材料	可选用二毡三油沥青防水卷材、高聚物改性沥青防水涂料、沥青基防水涂料、波形瓦等材料
设防要求	三道或三道以上防水设防	两道防水设防	一道防水设防	一道防水设防

(1) 刚性防水屋面

刚性防水屋面是指以刚性材料作为防水层的屋面，如防水砂浆、细石混凝土、配筋细石混凝土防水屋面等。这种屋面具有构造简单、施工方便、造价低廉的优点，但对温度变化和结构变形较敏感，容易产生裂缝而渗水，故多用于我国南方地区的建筑。

刚性防水屋面一般由结构层、找平层、隔离层和防水层组成。

① 结构层　刚性防水屋面的结构层要求具有足够的强度和刚度，一般应采用现浇或预制装配的钢筋混凝土屋面板，并在结构层现浇或铺板时形成屋面的排水坡度。

② 找平层　为保证防水层厚薄均匀，通常应在结构层上用 20mm 厚 1∶3 水泥砂浆找平。若采用现浇钢筋混凝土屋面板或设有纸筋灰等材料时，也可不设找平层。

③ 隔离层　为减少结构层变形及温度变化对防水层的不利影响，宜在防水层下设置隔离层。隔离层可采用纸筋灰、低强度等级砂浆或薄砂层干铺一层油毡等。当防水层中加有膨胀剂类材料时，抗裂性有所改善，可不做隔离层。

④ 防水层　常用配筋细石混凝土防水屋面的混凝土强度等级应不低于 C20，其厚度不宜小于 40mm，双向配置Φ4～Φ6.5 钢筋，间距为 100～200mm 的双向钢筋网片。为提高防水层的抗渗性能，可在细石混凝土内掺入适量外加剂（如膨胀剂、减水剂、防水剂等）以提高其密实性能。

刚性防水屋面的细部构造主要包括防水层的分隔缝、泛水、檐口、雨水口等部位的构造处理。其中，屋面分隔缝实质上是屋面防水层上面设置的变形缝。屋面分隔缝应设置在温度变形允许的范围内和结构变形敏感的部位。结构变形敏感的部位主要是指装配式屋面板的支承端、屋面转折处、现浇屋面板与预制屋面板的交接处、刚性防水层与竖直墙的交接处。分隔缝的纵横间距不宜大于 6m，在横墙承重的民用建筑中，进深在 10m 以下者可在屋脊设分隔缝，进深大于 10m 者，最好在坡中某一板缝上再设一条纵向分隔缝，如

图 8-16 所示。

每个开间设一道横向分隔缝，并与装配式屋面板的板缝对齐，沿女儿墙四周的刚性防水层与女儿墙之间也应设分隔缝，其他凸出屋面的结构物四周都应设置分隔缝。

刚性防水屋面的泛水高度一般不小于 250mm，泛水使用防水卷材，应嵌入立墙上的凹槽内并用压条及水泥钉固定。刚性防水层与屋面凸出物（女儿墙、烟囱等）间须留分隔缝，分隔缝内用油膏嵌缝，缝外用附加卷材铺贴至泛水所需高度并做好压缝收头处理，以免雨水渗进缝内。泛水的构造如图 8-17 所示。

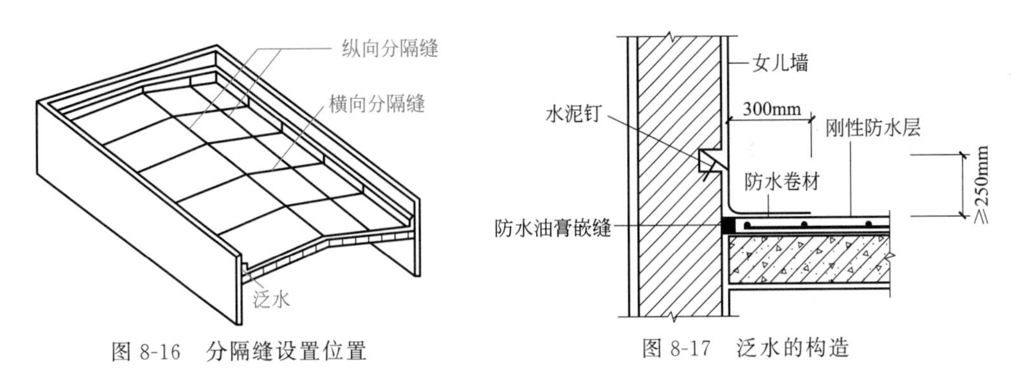

图 8-16 分隔缝设置位置　　图 8-17 泛水的构造

(2) 卷材防水屋面

卷材防水屋面是利用防水卷材与胶黏剂结合，形成连续致密的构造层来防水的屋面。由于其防水层具有一定的延伸性和适应变形的能力，又被称作柔性防水屋面。卷材防水屋面通过结构材料与防水材料的复合来达到防水的目的，由于卷材有一定的弹性，能够适应温度、振动、不均匀沉降等因素的作用，整体性好，不易渗漏，适用于各种级别的屋面防水，是目前应用非常广泛的建筑屋面防水方式之一。

常用卷材的类型：沥青类防水卷材、高聚物改性沥青类防水卷材和合成高分子类防水卷材。

① 沥青类防水卷材　传统上用得最多的是纸胎石油沥青油毡。沥青油毡防水屋面的防水层适应温度变化的范围窄，容易产生起鼓、沥青流淌、油毡开裂等问题，从而导致防水质量下降和使用寿命缩短，近年来在实际工程中已逐步被其他卷材取代。

② 高聚物改性沥青类防水卷材　高聚物改性沥青类防水卷材是以高分子聚合物改性沥青为覆盖层，纤维织物或纤维毡为胎体（常用的为玻璃纤维或聚酯胎体），粉状、粒状、片状或薄膜材料（如聚乙烯膜、金属铝箔等）为覆面材料制成的可卷曲片状高聚物弹性防水材料，如 SBS 改性沥青防水卷材、APP 改性沥青防水卷材（适用于炎热地区）等。

高聚物改性沥青防水卷材的性能稳定，造价低廉，施工方便，广泛应用于各种建筑结构的屋面、墙体、浴间、地下室、冷库、桥梁、水池、地下通道等工程的防水、防渗、防潮、隔汽等。

③ 合成高分子类防水卷材　凡以各种合成橡胶、合成树脂或两者的混合物为主要原料，加入适量化学助剂和填充料加工制成的弹性或弹塑性卷材，均称为合成高分子类防水卷材，如三元乙丙橡胶防水卷材。

合成高分子类防水卷材具有重量轻、耐候性好、拉伸强度高、延伸率大（可大于45%）等优点，但造价也较贵。

（3）卷材防水屋面的基本构造

基本构造层次按其作用分别为结构层、找坡层、找平层、结合层、防水层和保护层等，如图 8-18 所示。

涂料或粒料保护层
SBS防水层
1:3水泥砂浆找平层
保温隔热层2～3mm
找坡层(最薄处30mm)
隔汽层
1:3水泥砂浆找平层 (最薄处20mm)
结构层(钢筋混凝土屋面板)

图 8-18　卷材防水屋面的基本构造

① 结构层　结构层最好采用整体现浇自防水混凝土板，当屋面板板缝大于 40mm 或上窄下宽时，板缝内应设置构造钢筋，当开间或跨度比较大时还应该在屋面板上加做配筋整浇层，以提高整体性。

② 找坡层　为了防止雨水在屋面上的滞留时间过长，可设置屋面坡度，其中当采用材料找坡时，适当采用重量轻、吸水率低的有一定强度的材料，坡度宜为 2%。混凝土结构层宜采用结构找坡，坡度不应小于 3%。

③ 找平层　找平层的排水坡度和平整度对卷材防水屋面是至关重要的。排水坡度应符合设计要求。当采用满铺法施工时，要求找平层不得有疏松、起砂、起皮现象。找平层必须具有足够的强度。找平层的厚度和技术要求见表 8-2。

表 8-2　找平层的厚度和技术要求

找平层分类	适用的基层	厚度/mm	技术要求
水泥砂浆	整体现浇混凝土板	15～20	1∶25 水泥砂浆
	整体材料保温层	20～25	
细石混凝土	装配式混凝土板	30～35	C20 混凝土宜加钢筋网片
	板块材料保温板		C20 混凝土

为了减少找平层的开裂，屋面找平层宜留设分隔缝，分隔缝应留设在板端缝处，其纵横缝的最大间距为 6m。找平层分隔缝构造如图 8-19 所示。

④ 结合层　结合层的作用是使卷材防水层与基层黏结牢固。

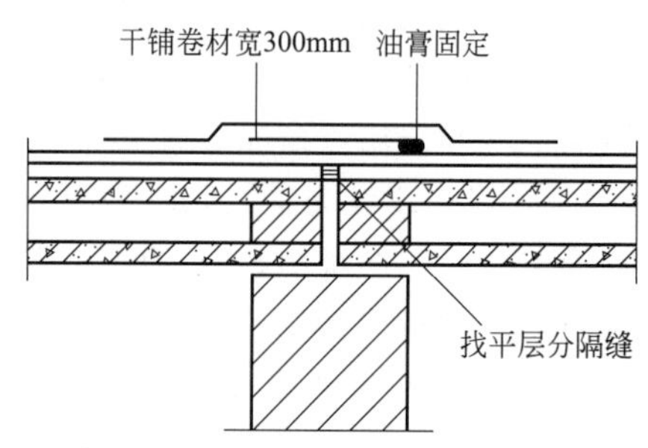

图 8-19　找平层分隔缝构造

⑤ 防水层　高聚物改性沥青防水卷材采用热熔法施工，即用火焰加热器将卷材均匀加热至表面光亮发黑，然后立即滚铺卷材使之平展并辊压牢实。合成高分子防水卷材采用冷粘法施工。铺贴防水卷材前，基层必须干净、干燥。干燥程度的简易检验方法是，将 $1m^2$ 卷材平坦地干铺在找平层上，静置 3～4h 后掀开检查，找平层覆盖部位与卷材上未见水印即可铺设。大面积铺贴防水卷材前，要在女儿墙、水落口、管根、檐口、阴阳角等部位铺贴卷材附加层。

⑥ 保护层　卷材防水屋面所设保护层，其保护层可采用与卷材性相容、黏结力强和耐风化的浅色涂料涂刷（如合成高分子卷材），或粘铁铝箔等。保护层使卷材不致因光照和气候等的作用而迅速老化，防止沥青类卷材的沥青过热流淌或暴雨的冲刷。

8.5.5 平屋面的排水构造

由于屋面是建筑的主要受水面，为了保证室内空间的正常使用，屋面的防水排水是建筑的基本性能要求。屋面的防水排水是建筑构造中的一项综合性技术，是由排水措施、防水（不透水）措施和合理的构造共同构成的，需要结合材料手段和构造手段，防排结合，综合解决。平屋面的排水构造如图 8-20 所示。

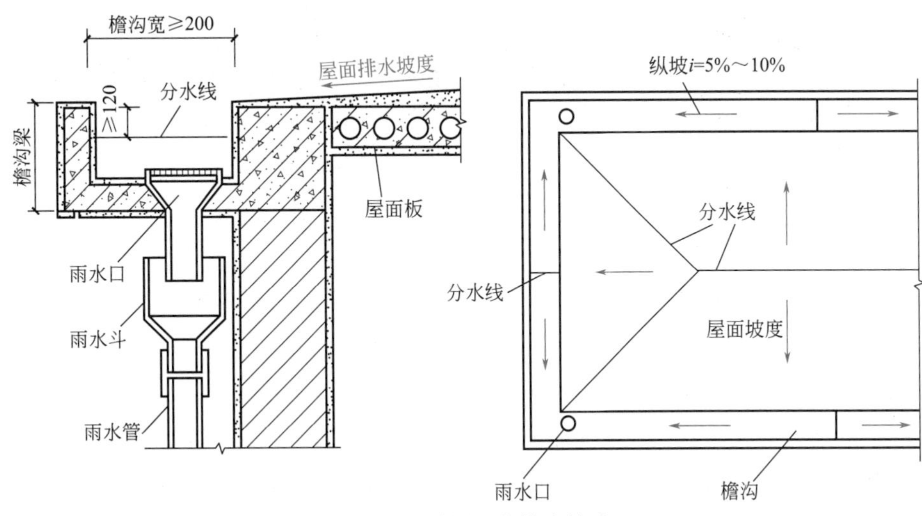

图 8-20 平屋面的排水构造

屋面排水方式分为无组织排水和有组织排水两大类。

(1) 无组织排水

无组织排水是指屋面的雨水由檐口自由滴落到室外地面，因不用天沟、雨水管导流，又称自由落水。无组织排水方式要求屋檐必须挑出外墙面，以防屋面雨水顺外墙面漫流而浇湿和污染墙体。无组织排水用于檐高小于 10m 的中小型建筑或少雨地区的建筑。当建筑物较高时，不宜采取自由落水方式。无组织排水挑檐自由落水如图 8-21 所示。

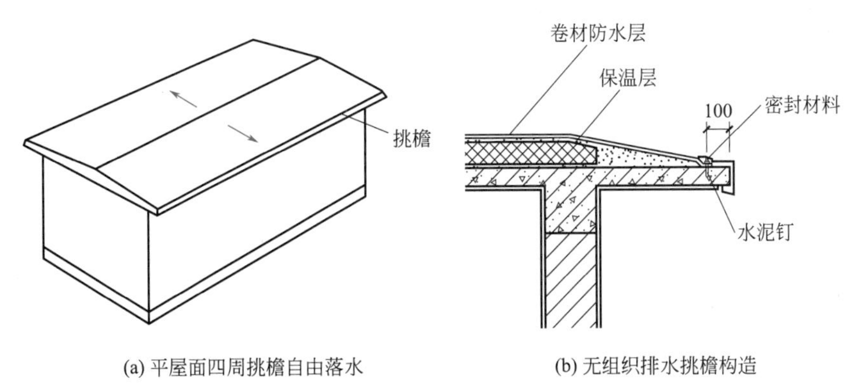

(a) 平屋面四周挑檐自由落水　(b) 无组织排水挑檐构造

图 8-21 无组织排水挑檐自由落水

(2) 有组织排水

当房屋较高或年降雨量较大时，应采用有组织排水。有组织排水是设置与屋面排水方向垂直的纵向天沟，雨水经过雨水口和雨水管有组织地排到地面或排入下水系统。有组织排水可分为外排水和内排水。有组织排水的屋面结构复杂，造价高，但避免了雨水自由下落对墙面和地面的冲刷及污染。

① 内排水　内排水是屋面雨水由屋面天沟汇集，经雨水口和室内雨水管排入下水系统。这种排水方式构造复杂，造价及维修费用高，而且落水管占用空间，一般适合大跨度建筑、高层建筑以及对建筑立面有特殊要求的建筑。平屋面的内排水如图 8-22 所示。

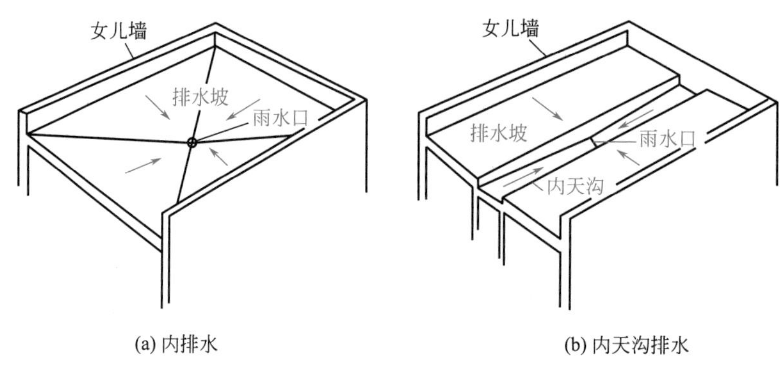

图 8-22　平屋面的内排水

② 外排水　外排水是屋面雨水由室外落水管排到室外的排水方式。常用外排水方式有挑檐沟外排水、女儿墙外排水、女儿墙外檐沟外排水三种。一般情况下应尽量采用外排水方案，因为有组织排水构造较复杂，极易造成渗漏，而且这种方式构造简单，造价也比较低。常见的平屋面外排水如图 8-23 所示。

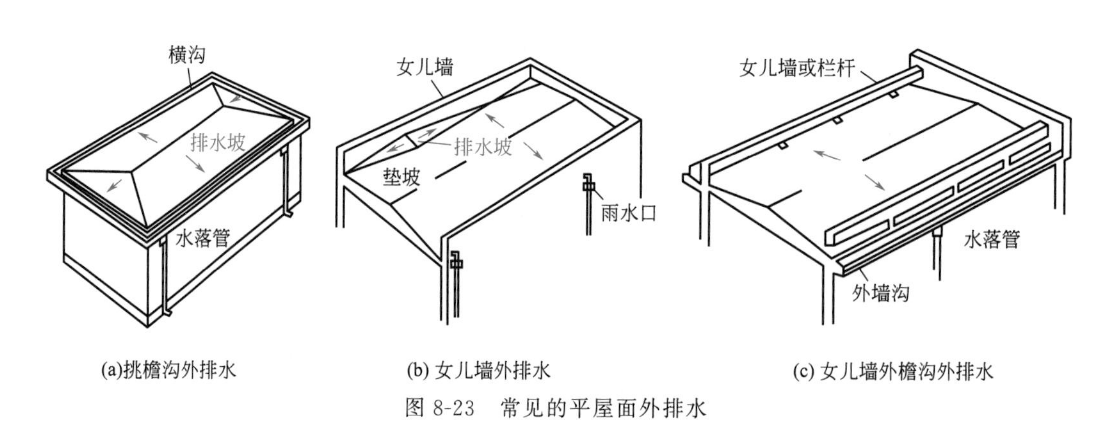

图 8-23　常见的平屋面外排水

8.6 坡屋面识图与节点构造

8.6.1 坡屋面识图

坡屋面的识图如图 8-24 所示。图 8-24(a) 中详图符号 ①对应详图，如图 8-24(b) 所示。

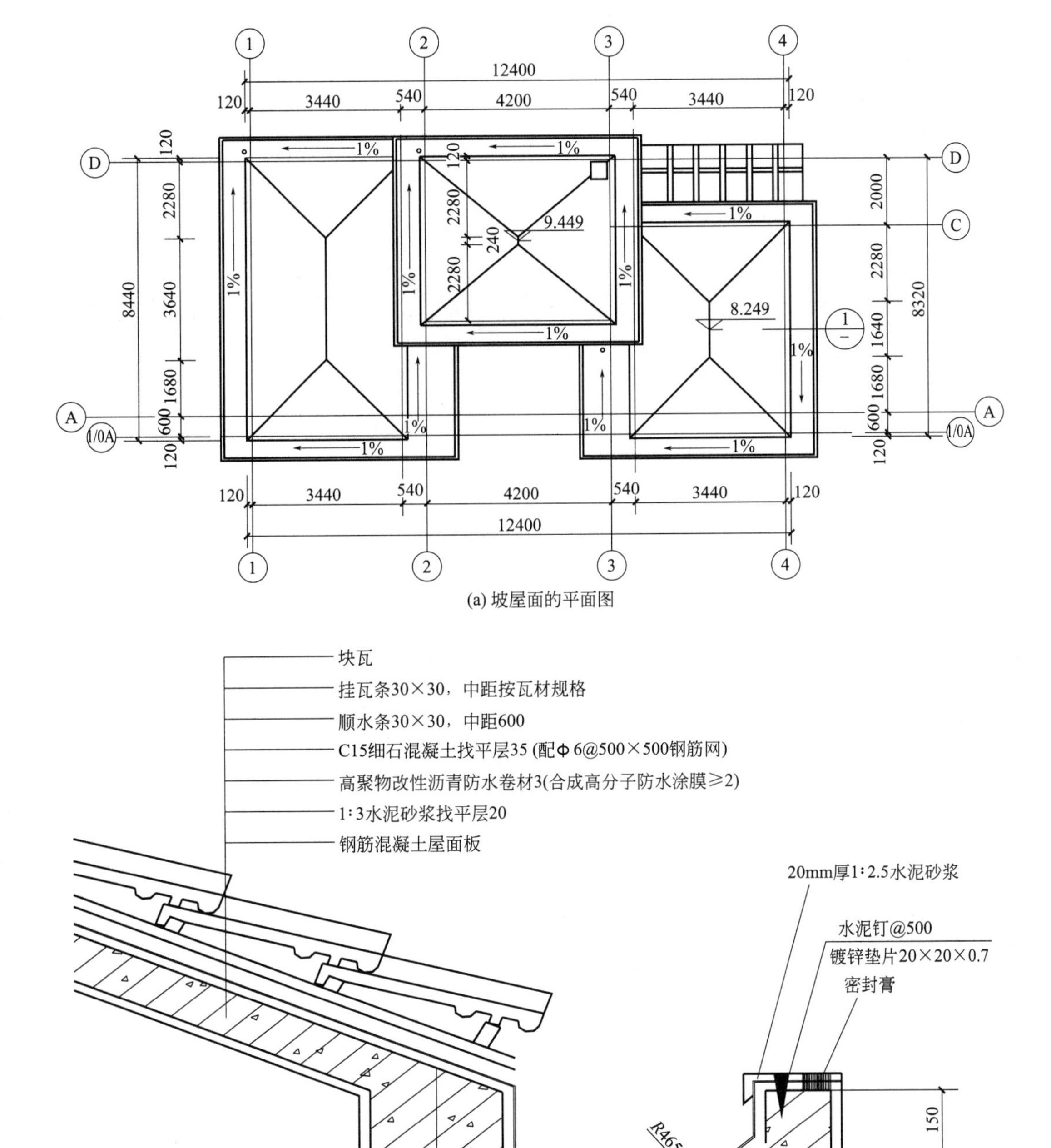

(a) 坡屋面的平面图

(b) 坡屋面的节点详图

图 8-24 坡屋面的识图

8.6.2 坡屋面的承重结构

坡屋面中常用的承重方式一般可分为山墙承重、屋架承重、梁架承重等几种。开间较大而横墙较少时一般采用屋架承重方式。在开间较小的建筑中，可将横墙和山墙砌筑至屋面以代替屋架承重，即所谓的山墙承重。中国传统建筑中采用由木柱、木梁等构成的梁架体系承重，即屋架是由抬梁或穿斗形式组成的木构架体系来支撑的梁架承重。三种承重结构的类型如图 8-25 所示。

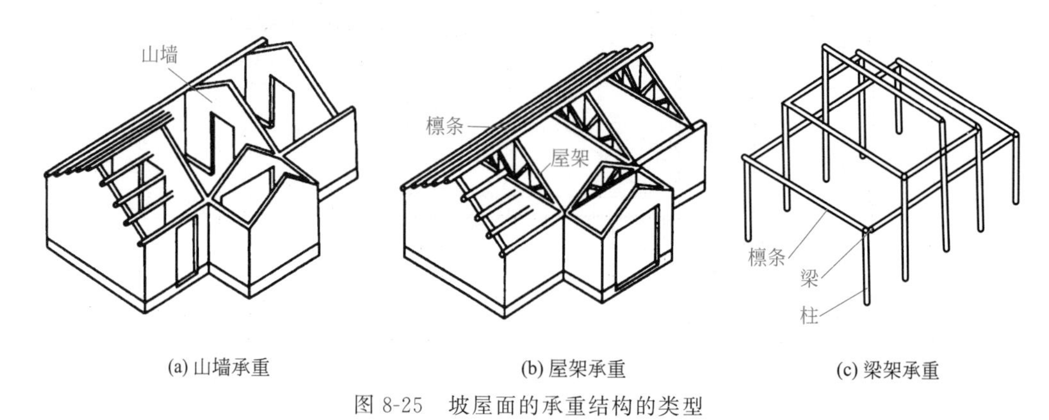

图 8-25　坡屋面的承重结构的类型

（1）山墙承重

山墙是指房屋两边的横墙，利用山墙砌成尖顶形状直接搁置檩条以承受屋面的重量，这种结构形式为山墙承重。其优点是做法简单、经济，适用于办公室、宿舍等多数相同开间并列的房屋。

（2）屋架承重

房间开间较大、不能用山墙承重的建筑，须设置屋架以支承檩条。屋架由杆件组成，为平面结构，可用木材、钢筋混凝土、预应力混凝土或钢材制作，也可用两种以上材料组合制作。屋架有三角形、拱形、多边形等，以三角形为多。屋架的间距一般与房屋开间尺寸相同，通常为 3～4.5m。为了防止屋架倾斜并加强其稳定性，应在屋架之间设立剪刀撑，如图 8-26 所示。

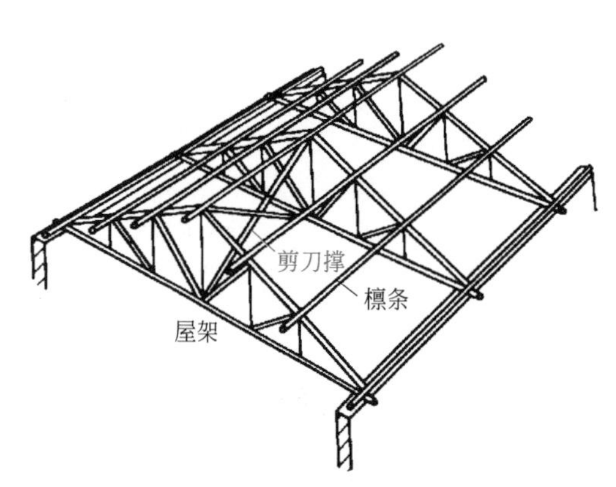

图 8-26　屋架之间的剪刀撑

坡屋面的承重构件分为屋架和檩条，其中屋架常为三角形，它由上弦、下弦及腹杆组成，根据使用的材料不同又可分为木屋架、钢屋架及钢筋混凝土屋架等，如图 8-27 所示。

檩条一般用圆木或方木，为了节约木材，也可以采用钢筋混凝土或轻钢檩条，檩条材料的选用一般与屋架所用材料相同，使两者的耐久性接近。檩条的形式如图 8-28 所示。

屋架承重与横墙承重相比，可以省去横墙，使房屋内部有较大的空间，增加了内部空间划分的灵活性。

（3）梁架承重

以柱和梁形成梁架来支承檩条，每隔 2～3 根檩条设立 1 根柱子。梁、柱、檩条把整个房屋形成一个整体骨架，墙只能起到围护和分隔作用，不承重。

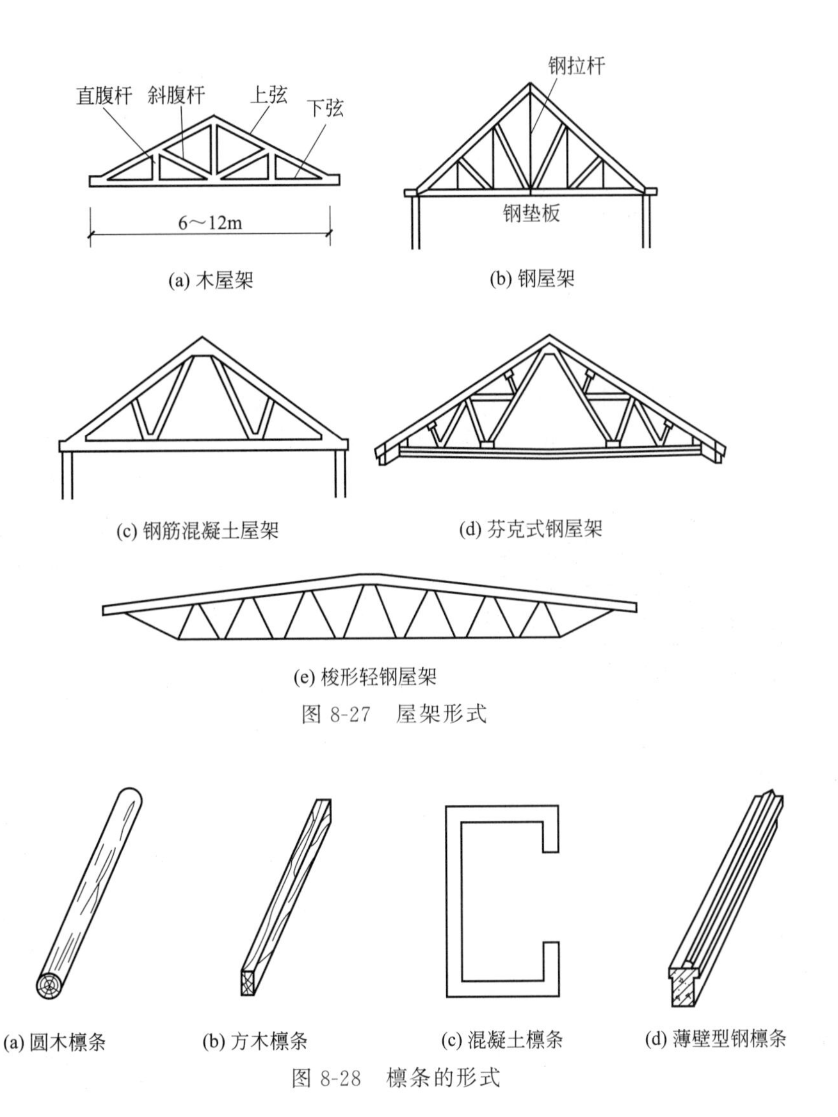

(a) 木屋架　(b) 钢屋架

(c) 钢筋混凝土屋架　(d) 芬克式钢屋架

(e) 梭形轻钢屋架

图 8-27　屋架形式

(a) 圆木檩条　(b) 方木檩条　(c) 混凝土檩条　(d) 薄壁型钢檩条

图 8-28　檩条的形式

8.6.3　坡屋面构造

坡屋面是在承重结构上设置保温、防水等构造层，一般是利用各种瓦材，根据坡屋面面层防水材料的种类不同，可将坡屋面划分为平瓦屋面、波形瓦屋面、小青瓦屋面和彩色压型钢板屋面。

(1) 平瓦屋面

平瓦外形是根据排水要求设计的，分为白色水泥瓦和青色黏土瓦两种，瓦面上有顺水凹槽，瓦底后部设挂瓦条或者装有挂钩，防止下滑。铺设平瓦前应在瓦下设置防水层，以防渗漏，屋脊部位需专用的脊瓦盖缝，如图 8-29 所示。

平瓦屋面的常见做法根据基层的不同可以分为木望板瓦屋面、钢筋混凝土挂瓦板平板屋面和钢筋混凝土板瓦屋面三种。

① 木望板瓦屋面　木望板瓦屋面也称屋面板平瓦屋面，一般先在檩条上铺钉厚 15～20mm 的木望板，木望板可采用密铺法（不留缝）或稀铺法（木望板间留 20mm 左右宽

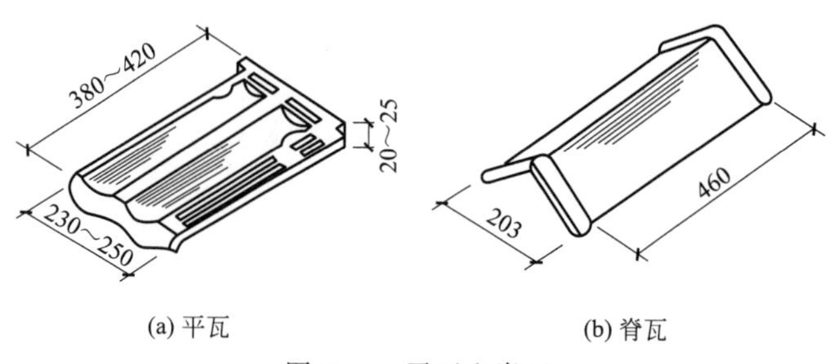

图 8-29　平瓦和脊瓦

的缝)，然后在木望板上满铺一层油毡，作为辅助防水层。油毡可平行屋脊方向铺设，从檐口铺到屋脊，搭接不小于 80mm，并用板条（又称顺水条）钉牢，板条方向与檐口垂直，然后在顺水条上面平行于屋脊方向钉挂瓦条并挂瓦。这种屋面构造层次多，屋顶的防水、保温效果好，应用最为广泛。但是耗用木材多、造价高，多用于质量较高的建筑中。木望板瓦屋面如图 8-30 所示。

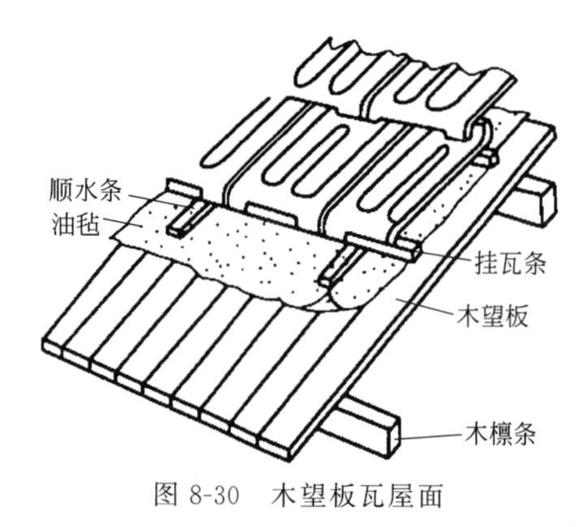

图 8-30　木望板瓦屋面

② 钢筋混凝土挂瓦板平瓦屋面　挂瓦板为预应力或非预应力混凝土构件，是将檩条、木望板以及挂瓦条三个构件结合为一体的钢筋混凝土预制构件，其断面形式有双 T 形（双肋板）、单 T 形（单肋板）和 F 形（F 形板）三种。挂瓦板直接搁置在横墙或屋架之上，板上直接挂瓦。这种屋顶构造简单，施工方便，造价经济，但易渗水，多用于等级较低的建筑。钢筋混凝土挂瓦板平瓦屋面的构造形式如图 8-31 所示。

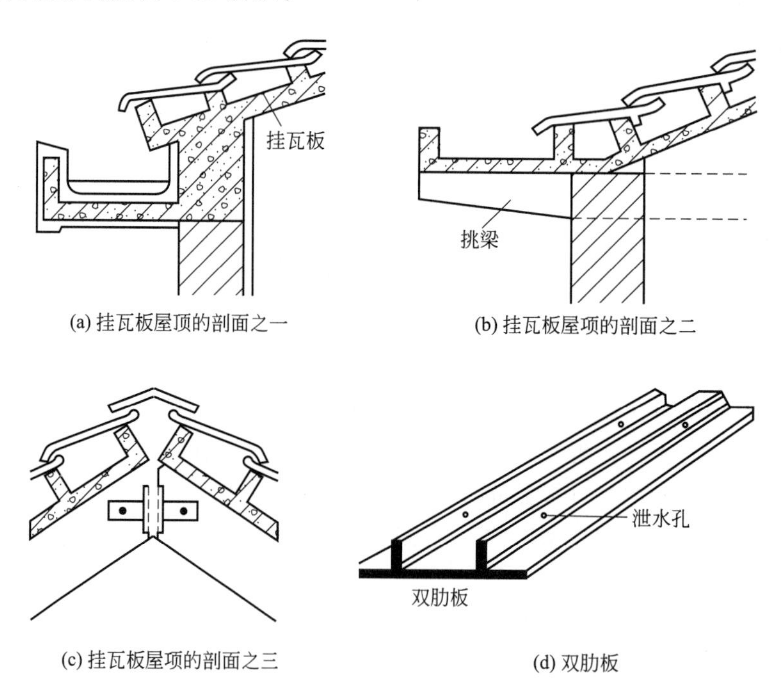

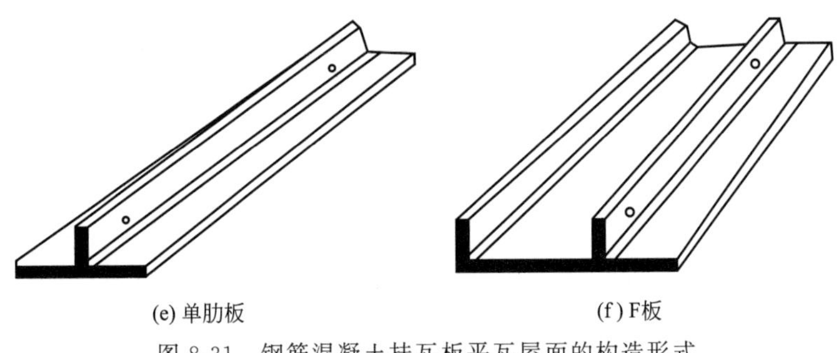

图 8-31 钢筋混凝土挂瓦板平瓦屋面的构造形式

③ 钢筋混凝土板瓦屋面 如采用现浇钢筋混凝土屋面板作为屋顶的结构层，屋面上应固定挂瓦条挂瓦，或用水泥砂浆等材料固定平瓦。瓦屋面由于保温、防水或造型等的需要，可将钢筋混凝土板作为瓦屋面的基层盖瓦。钢筋混凝土板瓦屋面如图 8-32 所示。

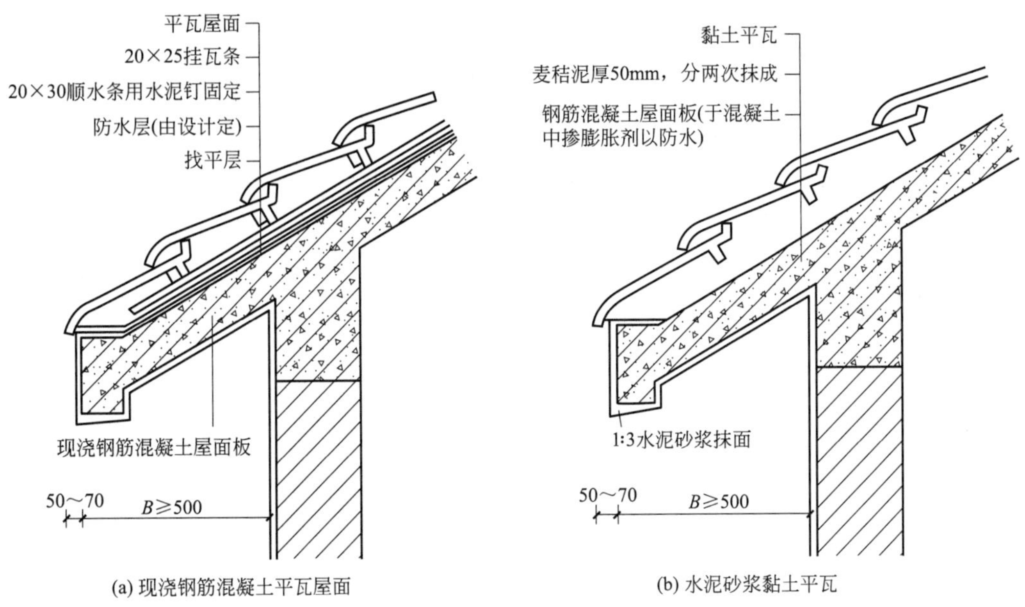

图 8-32 钢筋混凝土板瓦屋面

平瓦屋面是坡屋面中应用最多的一种形式，其细部构造主要包括檐口、天沟、屋脊等，此外，烟囱出屋面处的处理除要满足防水要求外，还要满足防火规范的要求。

檐口根据所在位置不同，分为纵墙檐口和山墙檐口。

① 纵墙檐口 纵墙檐口根据造型要求分挑檐和封檐两种形式。当坡屋面采用无组织排水时，应将屋面伸出外纵墙形成挑檐。挑檐有砖挑檐、屋面板挑檐、挑檐木挑檐、挑檩檐口和挑椽檐口等形式，如图 8-33 所示。

当坡屋面采用有组织排水时，一般多采用外排水，应将檐墙砌出屋面，形成女儿墙包檐檐口构造。此时，在屋面与女儿墙处必须设天沟，最好采用预制天沟板，沟内铺油毡防水层，并将油毡一直铺到女儿墙上形成泛水。包檐檐口构造如图 8-34 所示。

② 山墙檐口 山墙檐口可分为山墙挑檐（悬山）和山墙封檐（硬山）两种做法。悬山屋面的檐口构造是一般用檩条出挑，在檩条端部钉木封檐板（又称博风板），沿山墙挑檐的一行瓦，应用 1∶2.5 的水泥砂浆做出披水线，将瓦封固，如图 8-35 所示。

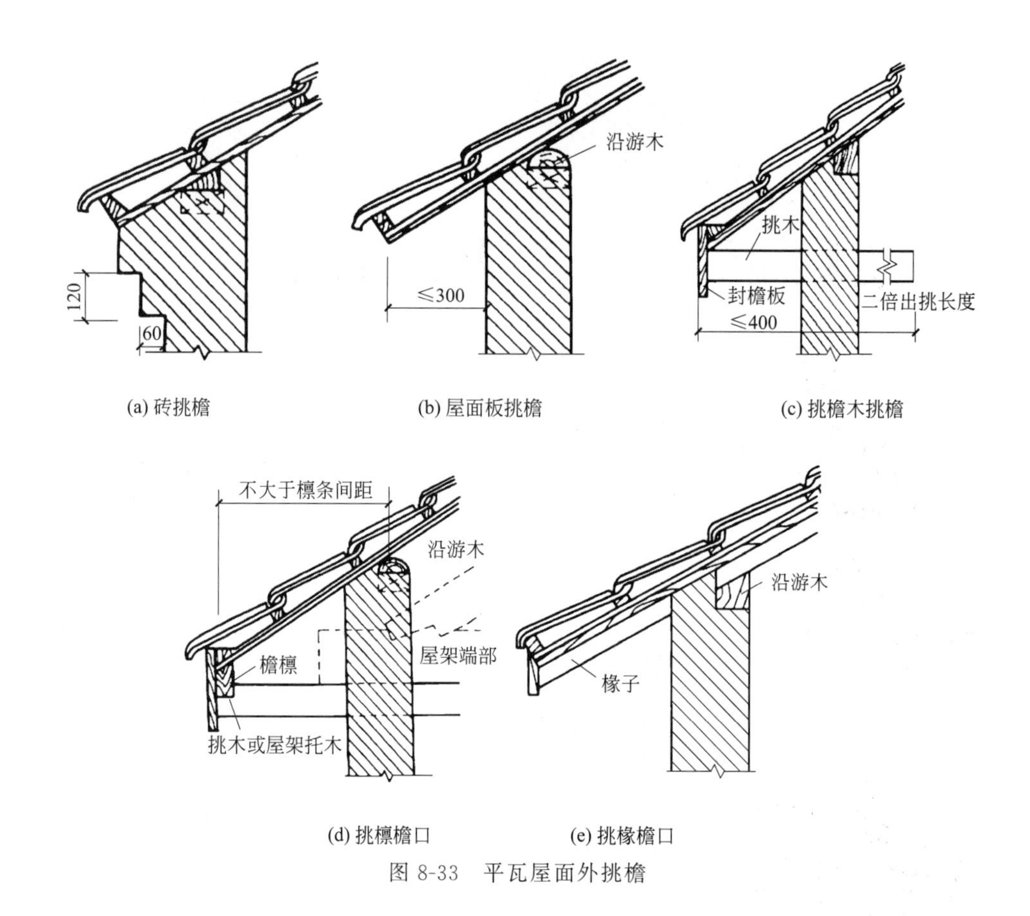

(a) 砖挑檐　(b) 屋面板挑檐　(c) 挑檐木挑檐

(d) 挑檩檐口　(e) 挑椽檐口

图 8-33　平瓦屋面外挑檐

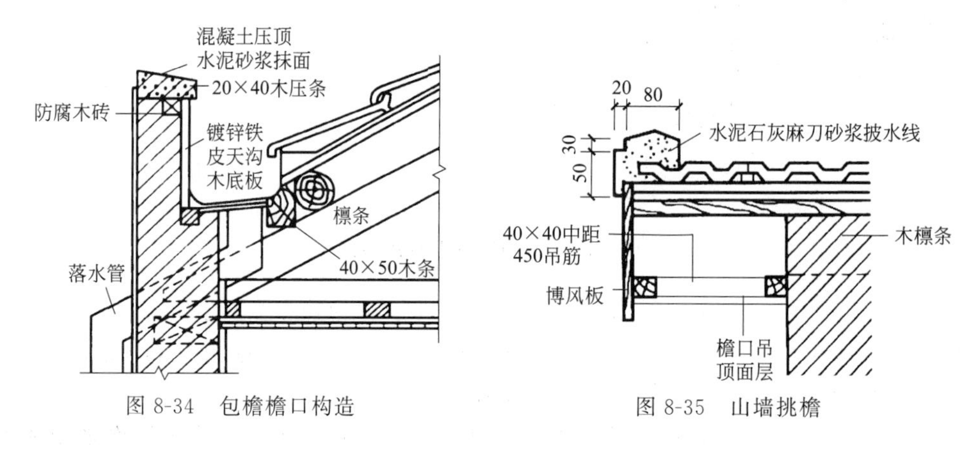

图 8-34　包檐檐口构造　图 8-35　山墙挑檐

若是钢筋混凝土屋面板，应先将板伸出山墙挑出，上部用水泥砂浆抹出披水线，然后进行封固。

山墙封檐的结构有山墙与屋面等高和山墙高出屋面形成山墙女儿墙两种。等高做法是山墙与屋面平齐，或挑出一二皮砖，用水泥砂浆抹压边瓦出线。当山墙高出屋面时，女儿墙与屋面交接处应进行泛水处理。一般用砂浆黏结小青瓦或抹水泥石灰麻刀砂浆做泛水，山墙封檐的形式构造如图 8-36 所示。

在等高跨和高低跨相交处，常出现天沟，而两个相互垂直的屋面相交处则形成斜沟。

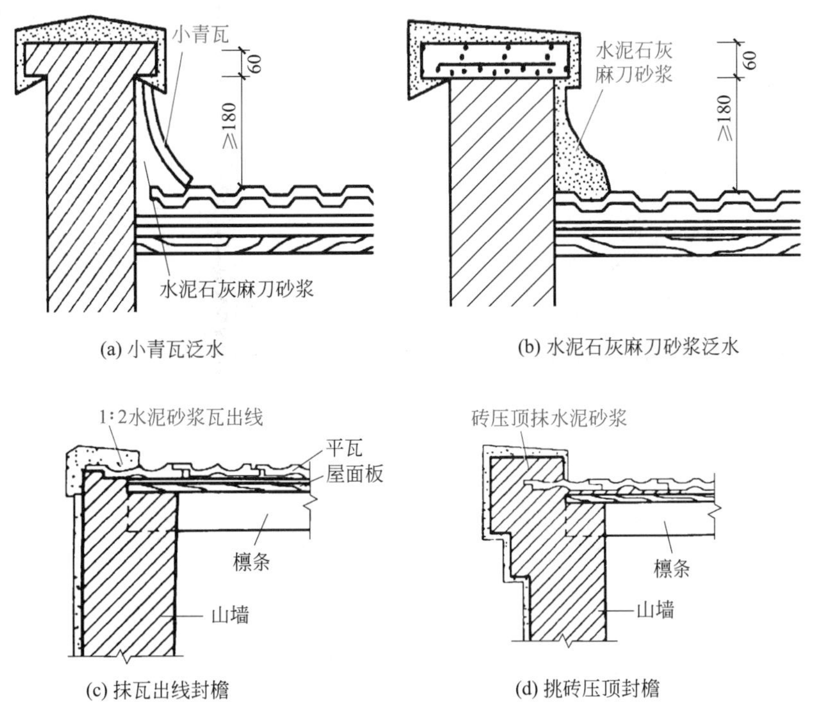

(a) 小青瓦泛水　　(b) 水泥石灰麻刀砂浆泛水

(c) 抹瓦出线封檐　　(d) 挑砖压顶封檐

图 8-36　山墙封檐的形式构造

斜沟和天沟应有足够的断面，上口宽度不宜小于 300～500mm，沟底应用整体性好的材料做防水层，并压入屋面瓦材或油毡下面。一般用镀锌铁皮铺于木基层上，镀锌铁皮伸入瓦片下面至少 150mm。高低跨和包檐天沟若采用镀锌铁皮防水层，应从天沟内延伸到立墙（女儿墙）上形成泛水，如图 8-37 所示。

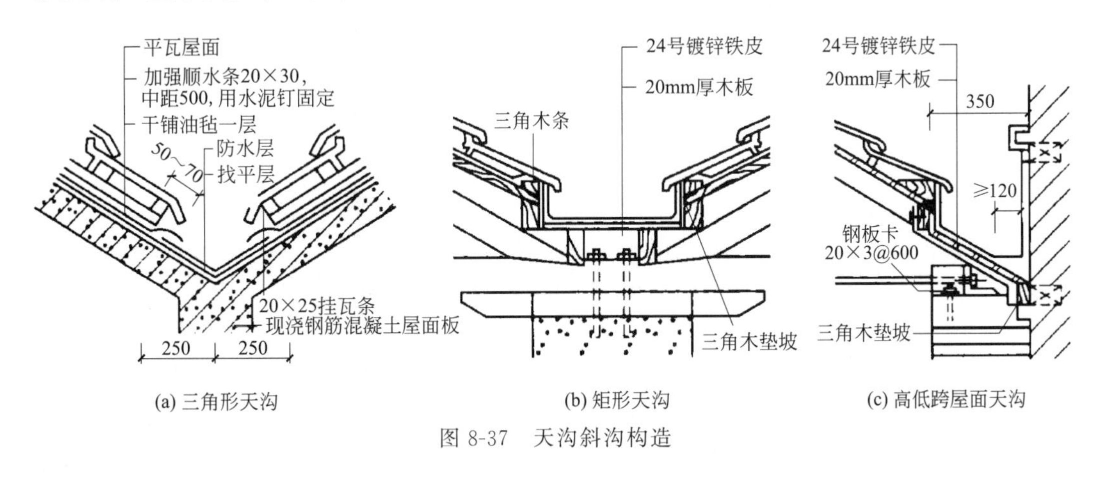

(a) 三角形天沟　　(b) 矩形天沟　　(c) 高低跨屋面天沟

图 8-37　天沟斜沟构造

（2）波形瓦屋面

波形瓦可用石棉水泥、塑料、玻璃钢和金属等材料制成，其中，以石棉水泥波形瓦应用最多。石棉水泥波形瓦屋面具有重量轻、构造简单、施工方便、造价低廉等优点，但易脆裂，保温隔热性能较差，多用于室内要求不高的建筑中。石棉水泥波形瓦分为大波瓦、中波瓦和小波瓦三种规格。石棉水泥波形瓦尺寸较大，且具有一定的刚度，可直接铺钉在檩条上，檩条的间距要保证每张瓦至少有三个支承点。瓦的上下搭接长度不小于 100mm，左右方向也应满足一定的搭接要求，并应在适当部位去角，以保证搭接处瓦的层数不致过多，如图 8-38 所示。

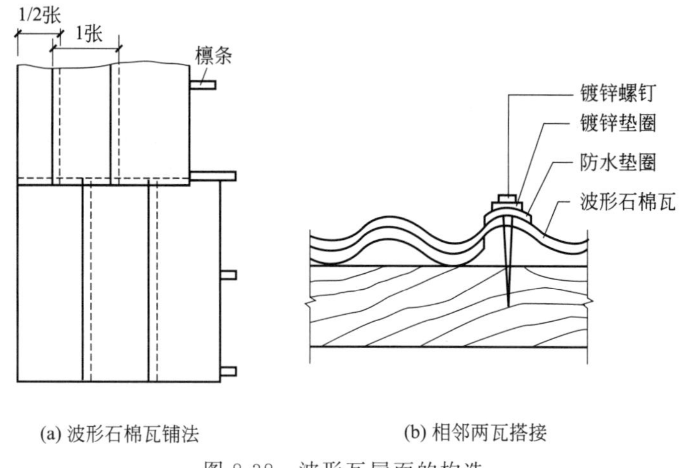

图 8-38　波形瓦屋面的构造

(3) 小青瓦屋面

小青瓦屋面是我国传统民居中常用的一种屋面形式，小青瓦断面呈圆弧形，平面形状为一头较宽，另外一头较窄，尺寸规格各地不一。一般采用木望板、苇箔等做基层，上铺灰泥，灰泥上再铺瓦。采用小青瓦铺设时，在少雨地区搭接长度为搭六露四，在多雨地区为搭七露三。如图 8-39 所示是常见的小青瓦屋面构造。

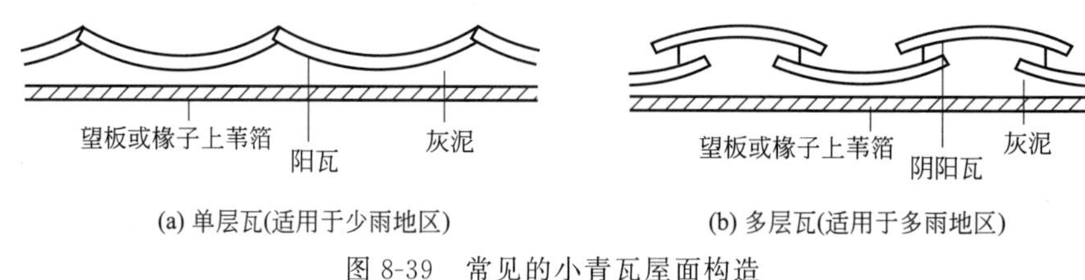

图 8-39　常见的小青瓦屋面构造

(4) 彩色压型钢板屋面

彩色压型钢板简称彩板，是将镀锌钢板轧制成型，表面涂刷防腐涂层或彩色烤漆而成的屋面材料，具有多种规格，有的中间填充了保温材料，成为夹芯板，可提高屋面的保温效果。彩板除了用于平直坡面的屋顶外，还可以根据结构形式的需要，用于曲面屋顶。压型钢板屋面一般与钢屋架相配合，可先在钢屋架上设置槽形檩条，然后在檩条上固定钢板支架。这种屋面具有自重轻、施工方便、装饰性与耐久性强的优点，一般用于对屋面的装饰性要求较高的建筑。彩色压型钢板的结构连接示意如图 8-40 所示。

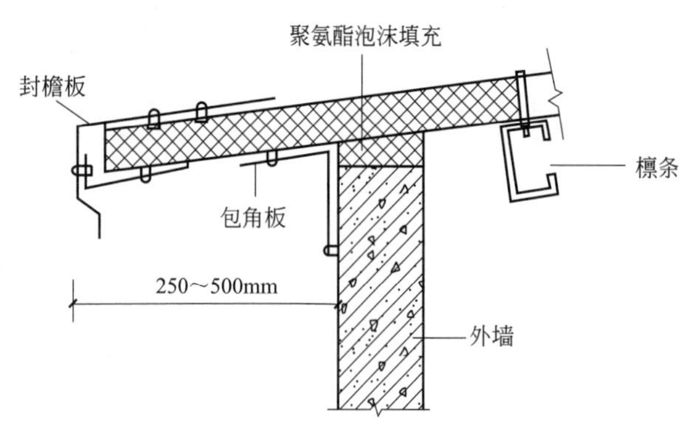

图 8-40　彩色压型钢板的结构连接示意

第9章 建筑接缝与变形缝

9.1 变形缝的设置

根据变形缝的作用，变形缝可分为伸缩缝、沉降缝、防震缝三种。

9.1.1 伸缩缝

（1）定义

伸缩缝是沿建筑物竖向设置，将基础以上部分全部断开的垂直缝，可以避免长度或宽度较大的建筑物，由于温度变化引起材料的热胀冷缩导致构件开裂，伸缩缝也称作温度缝。

（2）作用

伸缩缝的主要作用是避免由于温差和混凝土收缩而使房屋结构产生严重的变形和裂缝。通过将过长或过宽的建筑物分为几个长度较短的单元，以减少温度应力产生的破坏。

（3）伸缩缝设置原则

① 伸缩缝应设在因温度和收缩变形引起的应力集中或砌体产生裂缝可能性最大的地方。

② 伸缩缝的位置和间距与建筑物的材料、结构形式、使用情况、施工条件及当地温度变化情况有关，伸缩缝的间距可通过计算确定；亦可按《砌体结构设计规范》（GB 50003—2011）确定；结构设计规范对砖石墙体伸缩缝的最大间距有相应规定，一般为50～75mm。特别是与屋面和楼板的类型有关，整体式或装配式钢筋混凝土结构，因屋面和楼板本身没有自由伸缩的余地，当温度变化时，在结构内部产生的温度应力大，因而伸缩缝间距比其他结构形式小一些。大量民用建筑用的是装配式无檩体系钢筋混凝土结构，有保温和隔热层的屋面，相对来说其伸缩缝间距要大一些。

③ 伸缩缝要求把建筑物的墙体、楼板层、屋面等基础以上的部分全部断开，基础部分因受温度变化影响较小，不必断开。

④ 伸缩缝的宽度一般为20～40mm。

（4）伸缩缝的种类

墙体伸缩缝根据墙体材料、厚度和施工条件不同，可做成平缝、错口缝、凹凸缝等截面形式，砖墙伸缩缝的截面形式如图 9-1 所示。

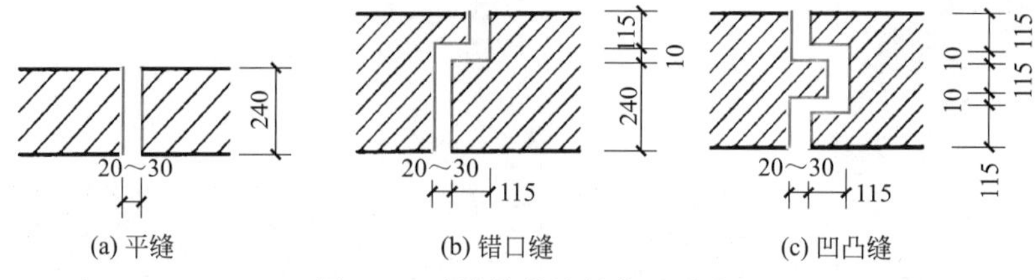

图 9-1　砖墙伸缩缝的截面形式

（5）外墙伸缩缝构造

外墙伸缩缝内应填塞具有防水、保温和防腐性能的弹性材料，如沥青麻丝、泡沫塑料条、橡胶条油膏等，外墙伸缩缝构造示意如图 9-2 所示。

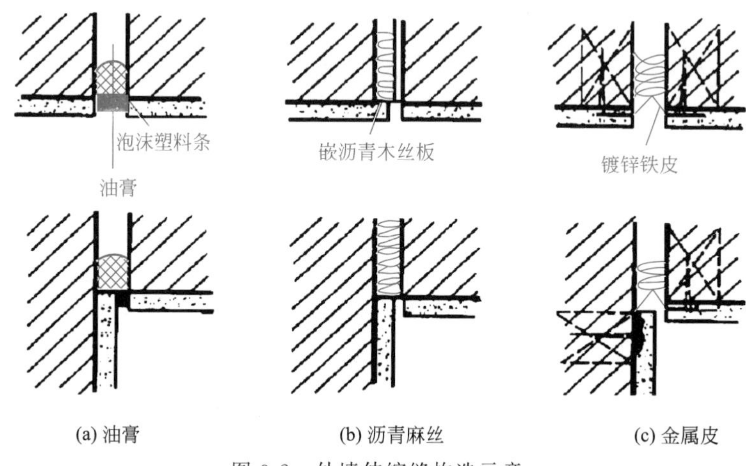

图 9-2　外墙伸缩缝构造示意

（6）内墙伸缩缝构造

内墙伸缩缝通常用具有一定装饰效果的木质盖缝条、金属片或塑料片遮盖。为保证盖缝材料在结构发生水平方向变形时不被破坏，通常仅一边固定在墙上。内墙伸缩缝构造示意如图 9-3 所示。

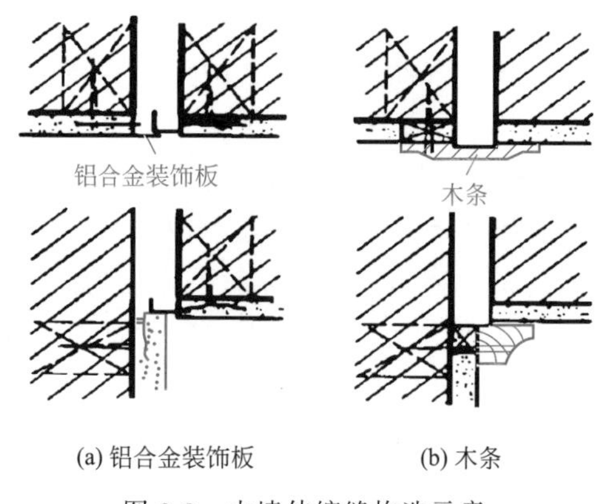

图 9-3　内墙伸缩缝构造示意

9.1.2 沉降缝

(1) 定义

为避免建筑物各部分由于不均匀沉降引起破坏而设置的缝，叫沉降缝。

(2) 作用

沉降缝的主要作用是控制剪切裂缝的产生和发展，通过设置沉降缝以消除因地基承载力不均而导致结构产生的附加内力，使结构变形能够自由释放，达到减小不均匀沉降对建筑物的不利影响的目的。

(3) 沉降缝的设置

沉降缝设置的位置示意如图 9-4 所示。为保证缝两侧单元的上下变形，沉降缝要从基础底部到屋面全部断开。在下列情况下，应考虑设置沉降缝。

① 当建筑物建造在不同承载力的地基上，且难以保证均匀沉降时。

② 建筑平面的转折部位。

③ 同一建筑物相邻部分的高度相差较大或荷载大小相差悬殊处（或平面形状复杂、高度变化较大、连接部位比较薄弱，同一建筑物相邻部分的层数相差两层以上或层高相差超过 10m）。

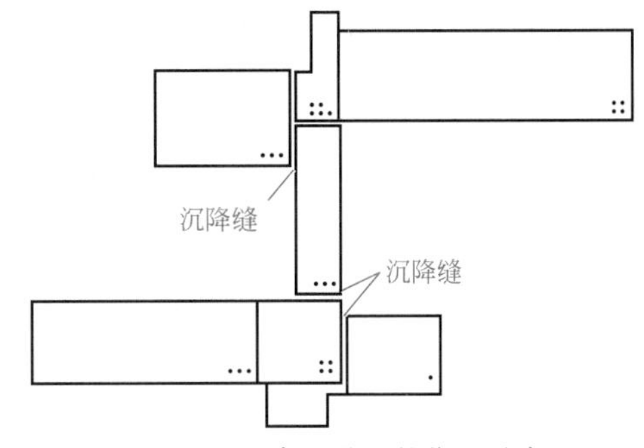

图 9-4　沉降缝设置的位置示意

④ 建筑结构或基础形式变化较大处。

⑤ 分期建造房屋的交接处。

⑥ 须设置沉降缝的其他情况。

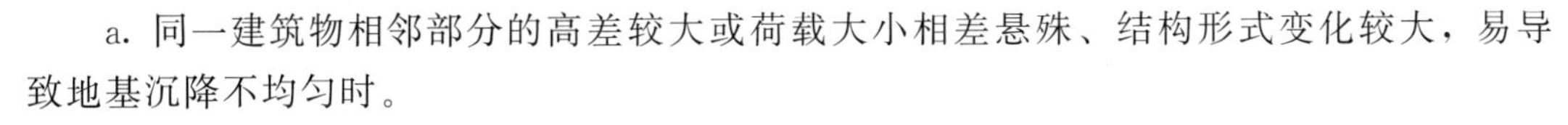

a. 同一建筑物相邻部分的高差较大或荷载大小相差悬殊、结构形式变化较大，易导致地基沉降不均匀时。

b. 建筑物体形比较复杂，连接部位又比较薄弱时。

c. 新建建筑物与原有建筑物毗邻时。

d. 当建筑物各部分相邻基础的形式、宽度及埋置深度相差较大，造成基础底部压力有较大差异，易形成不均匀沉降时。

e. 建筑物建造在不同地基上且难以保证均匀沉降时。沉降缝一般与伸缩缝合并设置，兼起伸缩缝的作用，但伸缩缝不可以代替沉降缝。

(4) 沉降缝的构造

由于沉降缝可能要兼起伸缩缝的作用，所以墙体的沉降缝盖缝条应满足水平伸缩和垂直沉降变形的要求，沉降缝的构造示意如图 9-5 所示。

(5) 沉降缝的宽度

沉降缝的宽度与地基的性质、建筑物的高度有关。地基越软弱，建筑物高度越大，沉陷的可能性越高，沉降后所产生的倾斜距离越大，沉降缝的宽度也就越大，这里的建筑物高度是指相邻低侧建筑的高度。

沉降缝在进行构造设计时，应满足伸缩和沉降的双重要求。

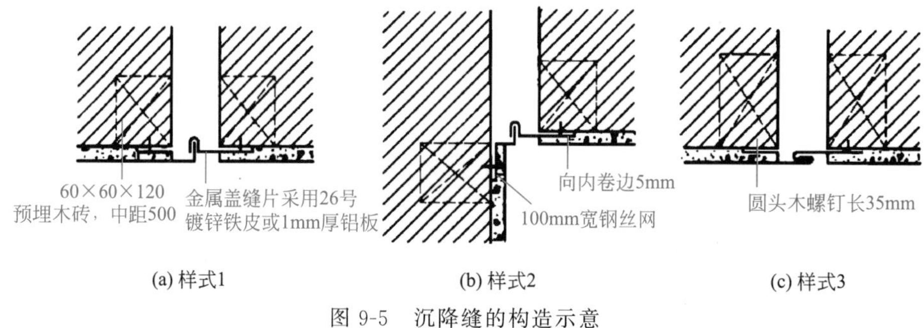

图 9-5　沉降缝的构造示意

9.1.3　防震缝

（1）概念

建造在抗震设防烈度为 6～9 度地区的房屋，为避免破坏，按抗震要求设置的垂直缝隙即防震缝。

（2）原则

依抗震设防烈度、房屋结构类型和高度不同而异。

（3）作用

保证复杂形体的建筑物或刚度相差较大的建筑物在受到地震荷载作用时，防止建筑物之间相互撞击而产生应力和应变，以达到减小地震荷载对建筑物影响的目的。

（4）防震缝的设置

在抗震地区按规定设置防震缝，把建筑物划分成若干个形体简单，质量、刚度均匀的独立单元，能避免地震作用引起的破坏。对多层砌体房屋，应优先采用横墙承重或纵横墙混合承重的结构体系，在 8 度和 9 度抗震设防地区，有下列情况之一时，宜设防震缝。

① 建筑有错层且错层楼板高差大于层高的 1/4。

② 建筑立面高差在 6m 以上。

③ 建筑物相邻各部分的结构刚度、质量截然不同，对多层和高层钢筋混凝土结构房屋，遇到下列情况宜设防震缝。

a. 建筑平面体型复杂且无加强措施。

b. 建筑物毗连部分结构的刚度或荷载相差悬殊且未采取有效措施时。

c. 建筑物有较大的错层时。

d. 在同时需要设置伸缩缝或沉降缝时，防震缝应与伸缩缝、沉降缝协调布置。

（5）防震缝的宽度

多层砌体房屋，防震缝的宽度可采用 70～100mm，缝两侧均需设置墙体，以加强防震缝两侧房屋刚度。

多层和高层钢筋混凝土房屋宜选用合理的建筑结构方案，尽量不设防震缝，当必须设置防震缝时，其最小宽度应符合下列规定。

① 当高度不超过 15m 时，不应小于 100mm。

② 当高度超过 15m 时，按不同设防烈度，在 70mm 的基础上增加缝宽，具体如下：

a. 6 度地区，建筑每增高 5m，缝宽增加 20mm；

b. 7 度地区，建筑每增高 4m，缝宽增加 20mm；

c. 8 度地区，建筑每增高 3m，缝宽增加 20mm；

d. 9 度地区，建筑每增高 2m，缝宽增加 20mm。

(6) 防震缝的构造

防震缝一般较宽，盖缝条应满足牢固、防风和防水等要求，同时还应具有一定的适应变形的能力。防震缝构造示意如图 9-6 所示。盖缝条两侧钻有长方形孔，加垫圈后打入钢钉，钢钉不能钉实，盖板和钢钉之间应留有上下少量活动的余地，以适应沉降要求。

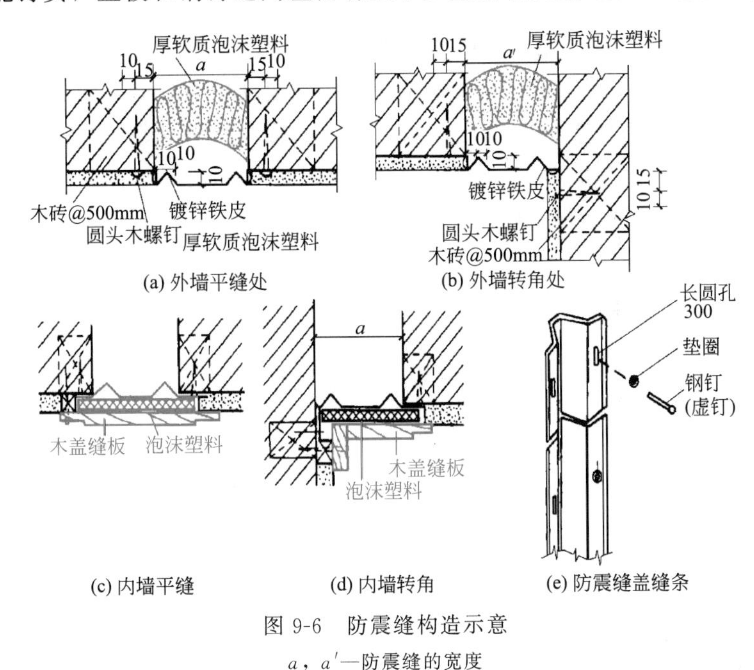

图 9-6　防震缝构造示意

a，a'—防震缝的宽度

9.2 变形缝识图

变形缝识图如图 9-7 所示。

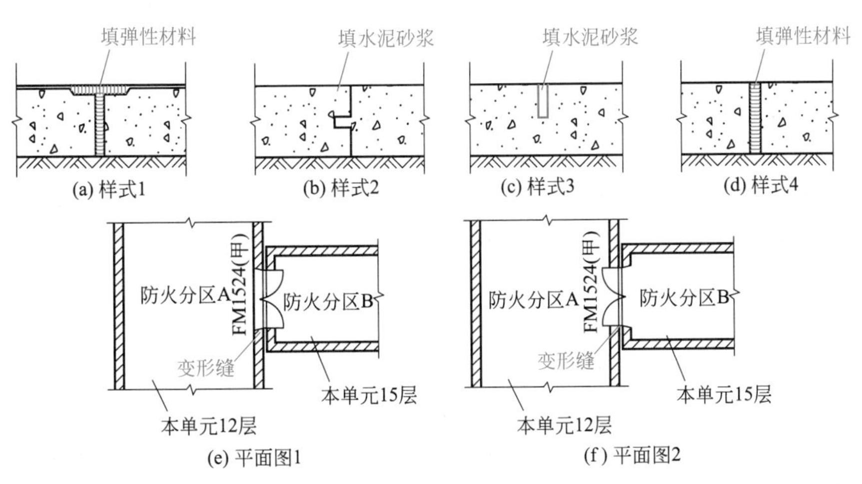

图 9-7　变形缝识图

9.3 变形缝构造

9.3.1 屋面变形缝

屋面变形缝的位置与缝宽也与墙体、楼地面的变形缝一致，一般设在同一标高屋顶或建筑物的高低错落处。不上人屋面一般可在变形缝处加砌矮墙并做好防水和泛水，盖缝处应能允许自由变形并不造成渗漏。上人屋面则采用油膏等密封材料嵌缝并做好泛水处理。

(1) 同层等高不上人屋面

不上人屋面变形缝，一般是在缝两侧各砌半砖厚矮墙，并做好屋面防水和泛水构造处理，矮墙顶部用镀锌薄钢板或钢筋混凝土盖板盖缝。同层等高不上人屋面示意如图 9-8 所示。

(2) 同层等高上人屋面

上人屋面为便于行走，缝两侧一般不砌小矮墙，此时应切实做好屋面防水，避免雨水渗漏。同层等高上人屋面示意如图 9-9 所示。

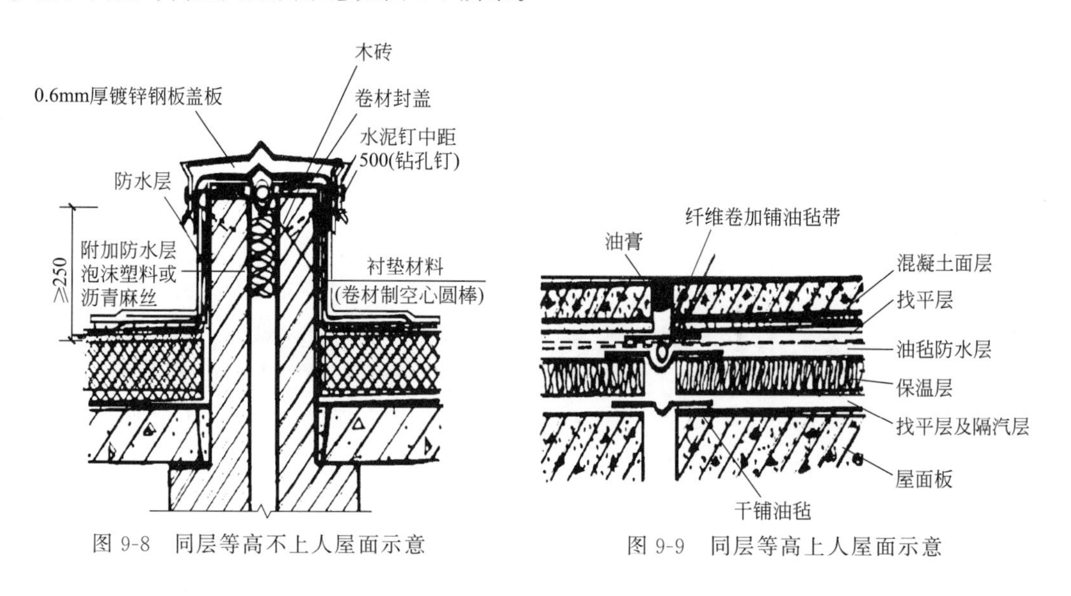

图 9-8 同层等高不上人屋面示意

图 9-9 同层等高上人屋面示意

(3) 高低屋面的变形缝

高低屋面交接处的变形缝，应在低侧屋面板上砌半砖矮墙，与高侧墙之间留出变形缝隙，并做好屋面防水和泛水处理。矮墙之上可用从高侧墙上悬挑的钢筋混凝土板或镀锌薄钢板盖缝。高低屋面的变形缝示意如图 9-10 所示。

(4) 构造处理原则

屋面变形缝的构造处理原则是，既不能影响屋面的变形，又要防止雨水从变形缝处渗入室内。因此，变形缝处的防水构造如同屋面泛水，同时利用防水卷材的和盖板的可移动性保证变形的需要。刚性防水屋面的变形缝设置要求同卷材防水屋面，并在变形缝的局部采用防水卷材加强防水。屋面防水构造示意如图 9-11 所示。

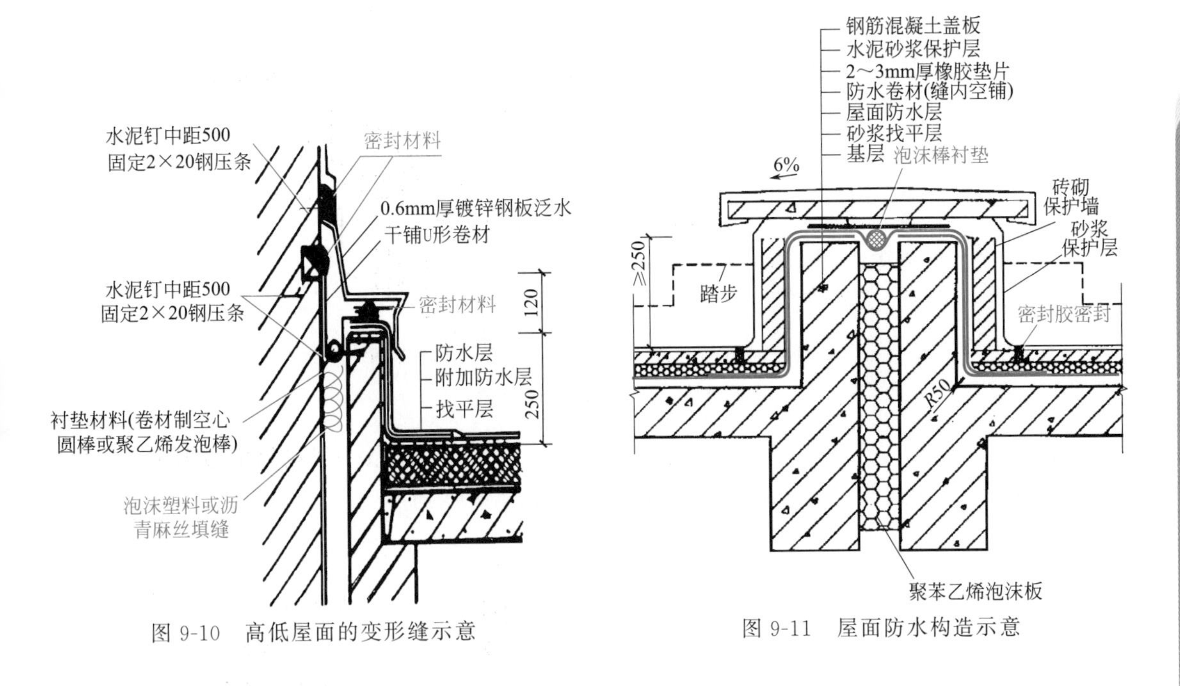

图 9-10　高低屋面的变形缝示意

图 9-11　屋面防水构造示意

9.3.2　墙身变形缝

墙身变形缝包括伸缩缝、沉降缝和防震缝。一般情况下，沉降缝与伸缩缝合并，防震缝的设置应结合伸缩缝、沉降缝的要求统一考虑。缝的设置位置和宽度依据相关规范和设计要求确定。其构造做法与屋面变形缝的做法相似，主要起到防水和遮蔽的作用，不用承受荷载。屋顶变形缝盖板构造示意如图 9-12 所示。墙面防震缝构造示意如图 9-13 所示。

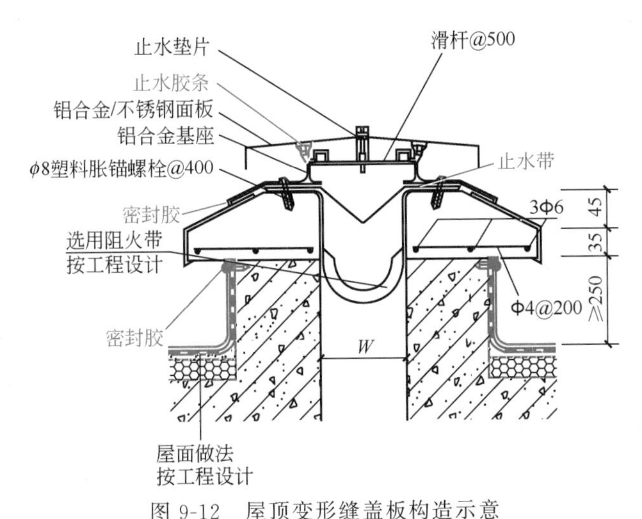

图 9-12　屋顶变形缝盖板构造示意

9.3.3　楼地面变形缝

楼地面变形缝的位置与缝宽大小应与墙身和屋顶变形缝一致，缝内常用可压缩变形的材料，如油膏沥青麻丝、橡胶、金属或塑料调节片等封缝，上铺活动盖板或橡塑地板，以

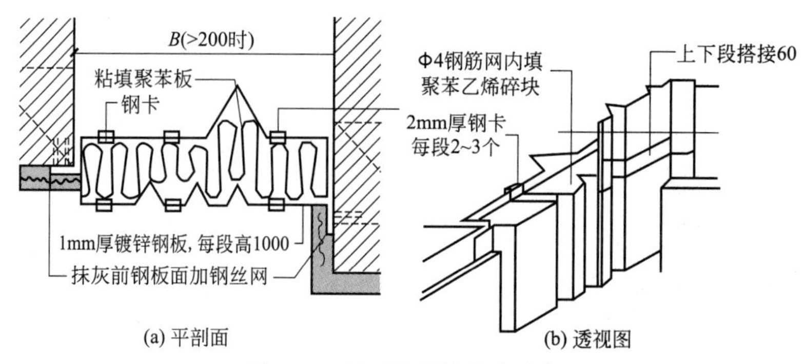

(a) 平剖面　　(b) 透视图

图 9-13　墙面防震缝构造示意

满足地面平整、光洁、防滑、防尘及防水等要求。顶棚的盖缝条一般也只单边固定，以保证构件两端能自由变形。楼地面变形缝构造示意如图 9-14 所示。

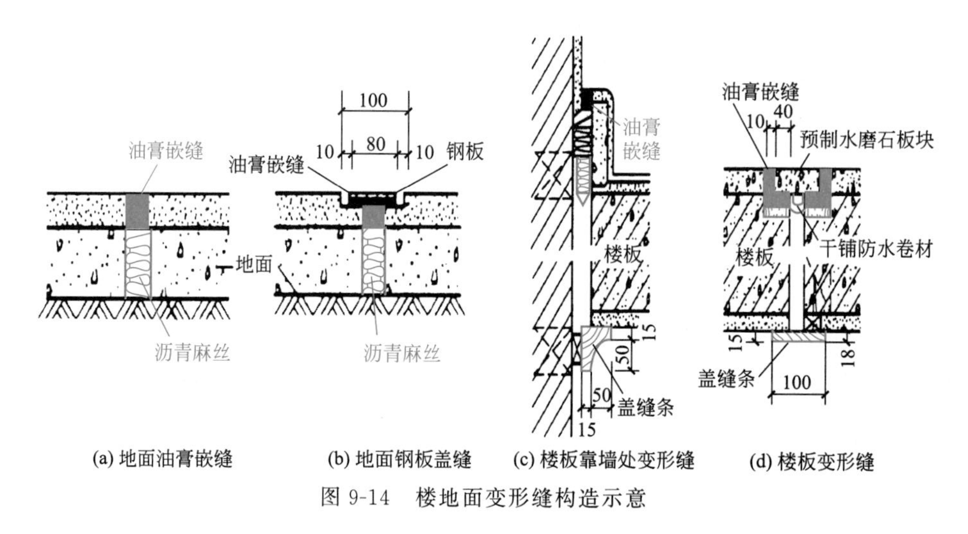

(a) 地面油膏嵌缝　(b) 地面钢板盖缝　(c) 楼板靠墙处变形缝　(d) 楼板变形缝

图 9-14　楼地面变形缝构造示意

9.3.4　地下室变形缝

变形缝是伸缩缝、沉降缝和防震缝的总称。建筑物在外界因素作用下常会产生变形，导致开裂甚至破坏。变形缝是针对这种情况而预留的构造缝。

地下室顶板通常需要开设变形缝，变形缝通常需要做防水设计。一般顶板变形缝的防水做法具体为：用聚苯乙烯泡沫板填充，用 100mm×20mm 聚苯乙烯泡沫板盖缝，然后用聚氨酯密封膏嵌缝，再用 100mm×20mm 聚苯乙烯泡沫板盖缝，在中央部位加钢板止水带。同时能在一定程度上防止变形缝渗水，但地下室顶板变形缝在施工过程中容易由于施工或其他原因，导致变形缝渗漏，影响地下室感观和使用，特别是对于防水要求较高的地下室来说目前的变形缝设计远远达不到防水效果。地下室节点变形缝示意如图 9-15 所示。

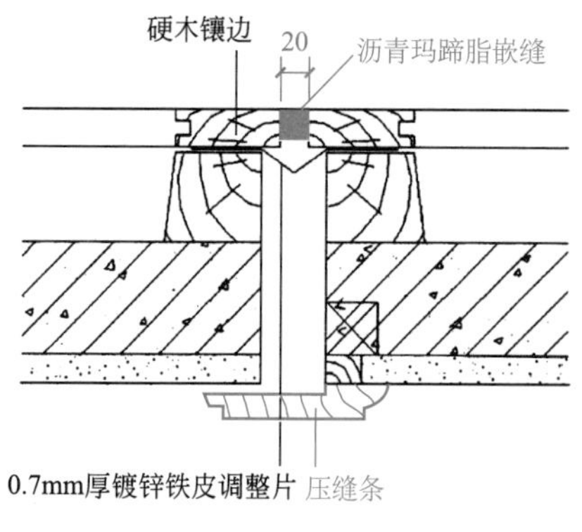

图 9-15　地下室节点变形缝示意

9.3.5 金属型变形缝的构造

金属型变形缝分为内墙变形缝——金属卡锁型（I-IL2）、地坪变形缝——金属盖板型（F-WTM）、外墙变形缝——金属盖板型（SEM）、地坪变形缝——金属盖板型（FOM）、地坪变形缝——金属盖板型（FM）、地坪变形缝——金属卡锁型（FL）。

（1）内墙变形缝——金属卡锁型（I-IL2）

由于温度变化，地基不均匀沉降和地震因素的影响，易使建筑发生变形或破坏，故在设计时应事先将房屋划分成若干个独立部分，使各部分能自由独立地变化。这种将建筑物垂直分开的预留缝称为变形缝。内墙变形缝——金属卡锁型（I-IL2）示意如图 9-16 所示。

承重型地坪变形缝（伸缩缝）装置有如下特点：

① 外观整洁，连接平顺；

② 坚固稳定，卡锁式固定；

③ 安装维修方便。

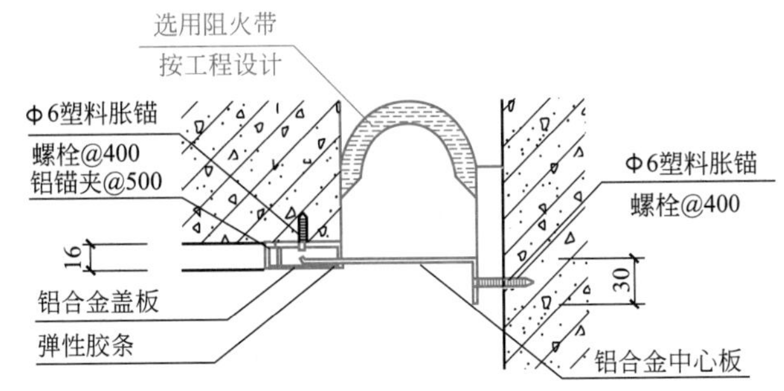

图 9-16 内墙变形缝——金属卡锁型（I-IL2）示意

（2）地坪变形缝——金属盖板型（F-WTM）

地坪变形缝——金属盖板型（F-WTM）示意如图 9-17 所示。

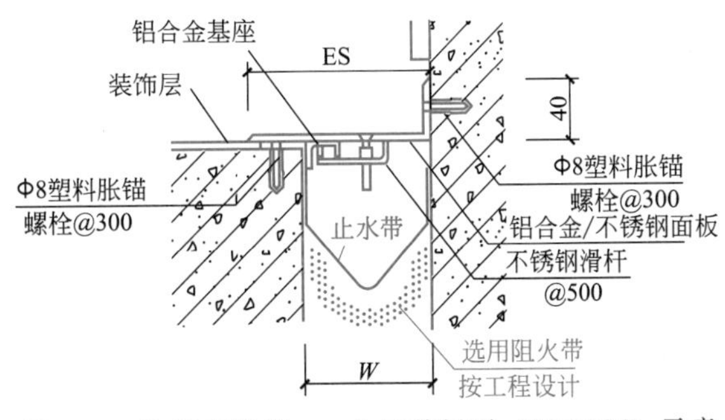

图 9-17 地坪变形缝——金属盖板型（F-WTM）示意

（3）外墙变形缝——金属盖板型（SEM）

外墙变形缝——金属盖板型（SEM）示意如图 9-18 所示。

（4）地坪变形缝——金属盖板型（FOM）、地坪变形缝——金属盖板型（FM）

地坪变形缝——金属盖板型（FOM）、地坪变形缝——金属盖板型（FM）示意如图 9-19 所示。

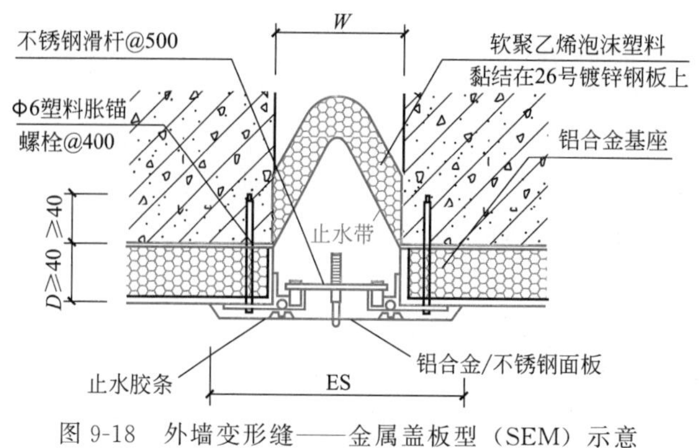

图 9-18　外墙变形缝——金属盖板型（SEM）示意

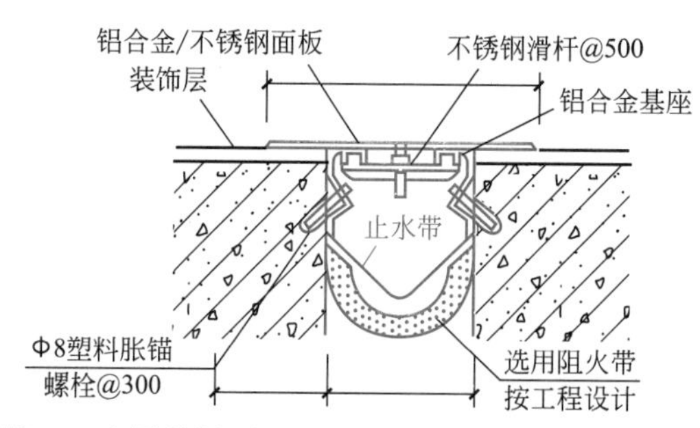

图 9-19　地坪变形缝——金属盖板型（FOM）、地坪变形缝——金属盖板型（FM）示意

(5) 地坪变形缝——金属卡锁型（FL）

地坪变形缝——金属卡锁型（FL）示意如图 9-20 所示。

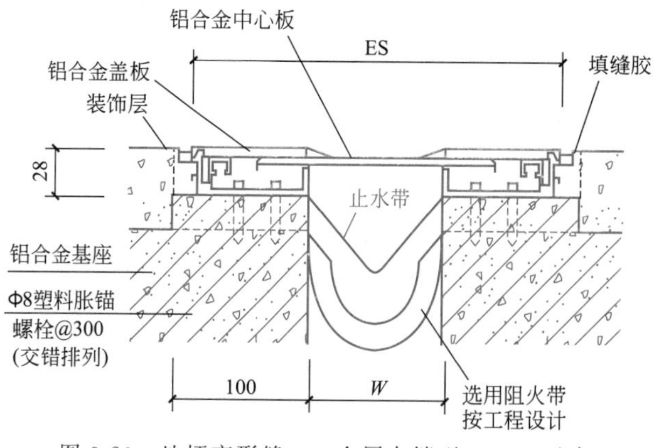

图 9-20　地坪变形缝——金属卡锁型（FL）示意

9.4 变形缝

9.4.1　变形缝的选用

变形缝的选用见表 9-1。

表 9-1 变形缝选用

名称	规格	长度/mm	备注
地面变形缝	88JZ3 12-②	8	所有变形缝宽均为110mm
	88JZ3 12-④	26	
墙面变形缝	88JZ3 11-④	27	
	88JZ3 11-④a	27	
吊顶变形缝	88JZ3 12-①	50	
	88JZ3 11-①a	15	
地面与墙面交接处变形缝	88JZ3 9-①a	54	
外墙变形缝	88JZ3 13-②a	68	
屋顶变形缝	88JZ3 15-①	15	

9.4.2 室外变形缝

室外变形缝，尤其以不均匀沉降为主的变形缝，当采用波纹铝合金板交叠盖缝时，两块板交叠中部用铆钉铆死，而不能做成圆形滑动孔，因为圆形滑动孔不能自由伸缩，容易造成该处因处理不当而将竖缝两侧墙体面层拉裂，形成质量隐患。

外墙伸缩缝或抗震缝采用圆弧形不锈钢板，但起拱弧度不足，不能满足墙体因温度变化或地震作用引起的伸缩要求，形成质量隐患。

混水墙面变形缝处装饰面层覆盖在盖缝铁皮外表面，造成这部分饰面灰黏结不牢，形成质量隐患。

盖缝铁皮固定不牢，用钢钉直接固定在砖砌体上。

(1) 外墙伸缩缝

由于室外伸缩缝样式多样，需详细审图，根据图纸设计要求选用图集，并仔细研究图集选用的适宜性，结合实际情况编制初步施工方案，明确各部位做法。伸缩缝示意如图 9-21 所示。

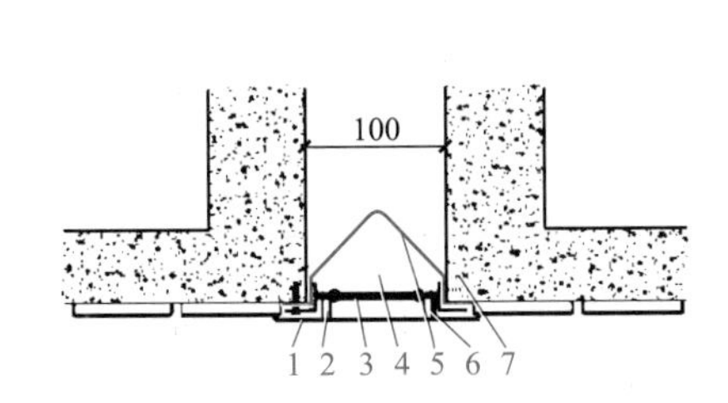

(a) 外墙伸缩缝平面内部示意
1—外层防水面板；2—热塑性橡胶条；3—滑杆@500；4—固定用螺杆；5—橡胶止水带；6—铝合金型材；7—固定型材用胀管螺栓

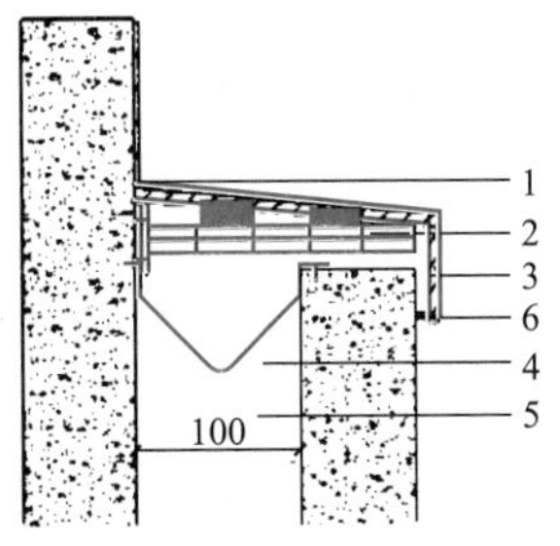

(b) 高低跨女儿墙伸缩缝断面示意
1—耐候胶缝；2—固定面板用型材骨架；3—外层防水面板；4—铝合金导水槽；5—橡胶止水带；6—胶缝内嵌泡沫棒

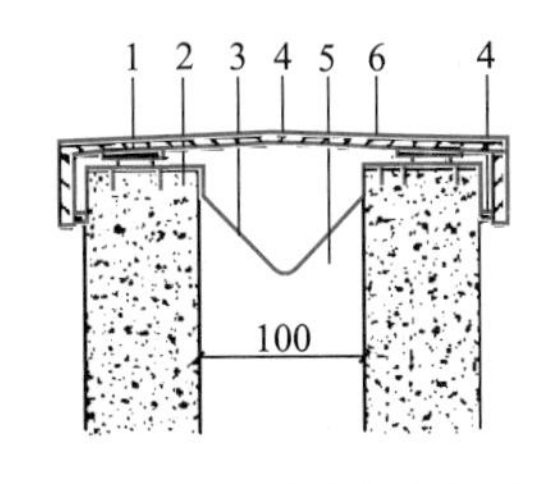

(c) 等高女儿墙伸缩缝断面示意
1—外层面板骨架；2—固定型材用胀管螺栓；3—铝合金导水槽；4—胶缝内嵌泡沫棒；5—橡胶止水带；6—外层防水面板

图 9-21 伸缩缝示意

(2) 防水设计

① 外墙立面不存在积水现象，因此采用两道防水，即内部粘贴防水布、外扣防水面

板的方式进行防水。

② 屋面伸缩缝是渗漏水的关键部位，做三道防水：底层粘贴防水布，中层做铝合金防水导水槽，面层做石材面板防水。

（3）抗变形设计

伸缩缝防水设计的同时还要进行抗变形设计，也就是设计如何抵抗由于主体不均匀沉降造成伸缩缝拉裂，从而出现渗漏水的施工措施。

① 底层防水布粘贴，由于其为柔性材料且有足够的伸缩性，故具备伸缩性能。

② 二道铝合金导水槽固定在女儿墙顶两侧，中间为折叠凹槽型，故存在伸缩量，具备伸缩变形能力。

③ 面层石材面板根据女儿墙不同分为等高型与高低跨型两种。

a. 等高型采用两块石材分别盖住女儿墙，两侧分水，中间留设 1cm 缝隙，用硅酮（聚硅氧烷）耐候胶密缝，起到伸缩的作用。

b. 高低跨型采用一块石材盖住低跨女儿墙及伸缩部位，一侧分水，石材面板与高跨部位墙体采用钢骨架刚性连接，同时石材面板压入高跨外墙面砖底部 2cm，阴角处用耐候胶密封，采用此种方法能够使石材面板与高跨墙体同时沉降而与低跨女儿墙无任何关系，不会由于沉降将石材拉裂，从而起到抗变形的作用。

（4）导水设计

伸缩缝设计防水与抗变形能力的同时，将屋面与外墙防水层连通，通过二道铝合金导水槽以及底部防水布作用将一旦流入屋面伸缩缝内的雨水导出屋面；顺着外墙防水层导出室外，进一步提高了室外伸缩缝防水效果。

9.4.3 室内变形缝

变形缝在室内位置一般有地面、墙面、天花三个部位，结合室内精装修的做法，在需要满足变形缝功能的情况下，进行美观处理。对于变形缝的装饰处理不能进行简单的留缝，因为建筑的变形缝变形很大，一般的留缝处理不能满足建筑的变形，从而造成装饰面层的变形破坏、起拱等。

（1）地面变形缝做法

使用缝宽为 100mm 以上的变形缝处，伸缩量大于 50mm，变形伸缩主要通过底部的移动滑杆进行调节。地面的饰面材料可以为石材，或者地板、地毯等其他材料，做法与石材基本一致。

地面变形缝处除饰面做法外，还要注意缝隙的处理，需要满足防火、防水的要求，缝隙内要填塞防火岩棉，达到设计要求的耐火时间，通常岩棉的厚度应不小于 100mm，用 1.5mm 厚的镀锌铁皮封修。该部位的处理可能会由总包单位进行施工，但有时也会归入精装单位。不管由谁施工，在精装地面施工前需要特别注意，否则隐蔽工程结束，返工会造成浪费。地面变形缝大样图如图 9-22 所示。

（2）墙面变形缝做法

墙面变形缝的处理，也可以采用与地面类似的铝合金变形缝装置，但是由于墙面的材料做法相对比较多，构造形式也不像地面那样简单。墙面变形缝大样图如图 9-23 所示。

（3）顶面变形缝

顶面通常采用石膏板吊顶，其原理与墙面相同。顶面变形缝做法示意如图 9-24 所示。

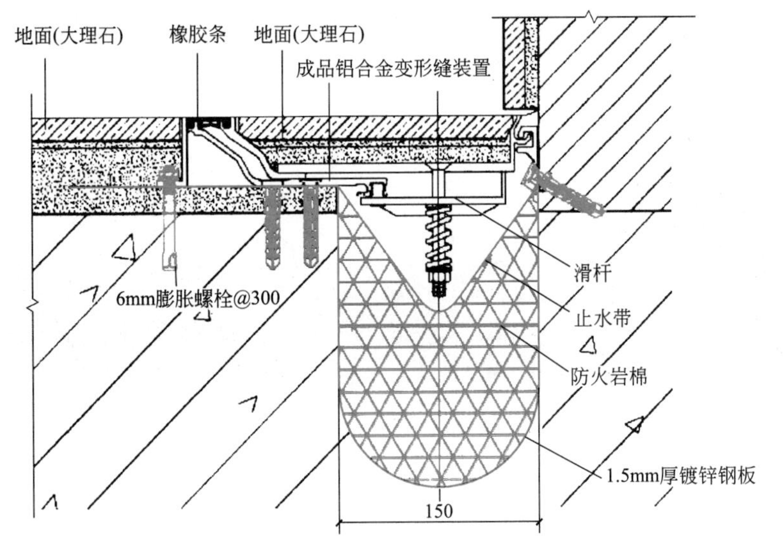

图 9-22　地面变形缝大样图

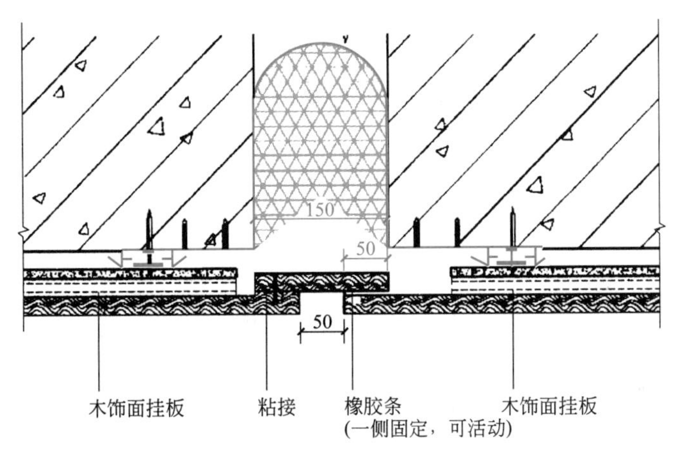

图 9-23　墙面变形缝大样图

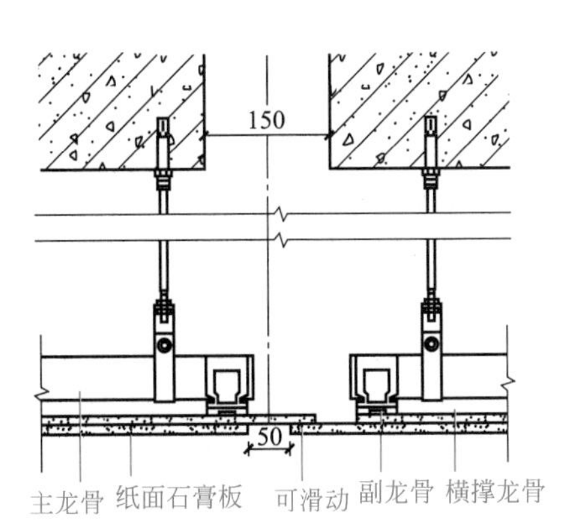

图 9-24　顶面变形缝做法示意

第10章 其他细部构造

10.1 地下室识图与节点构造

扫码看视频

地下室

10.1.1 地下室的组成与分类

（1）地下室的组成

地下室一般由墙体、底板、顶板、门窗和采光井五部分组成，如图 10-1 所示。

① 地下室墙体　地下室的墙不仅要承受上部的垂直荷载，还要承受土、地下水及土壤冻胀时产生的侧压力。因此，如果地下水位较低，采用砖墙时，其厚度一般不小于 490mm。荷载较大或地下水位较高时，最好采用混凝土或钢筋混凝土墙，其厚度应根据计算确定，外墙厚度不宜小于 250mm，内墙厚度不宜小于 200mm。

② 地下室顶板　地下室的顶板采用现浇或预制钢筋混凝土板。防空地下室的顶板，一般应用预制板时，往往需要在板上浇筑一层钢筋混凝土整体层，以保证顶板的整体性。

③ 地下室底板　底板的主要作用是承受地下室地坪的垂直荷载。它处于最高地下水位之上时，可按一般地面工程的做法，即垫层上现浇混凝土 60～80mm 厚，再做面层。当底板低于最高地下水位时，地下室底板不仅承受作用于其上面的垂直荷载，还必须承受地下水的浮力。因此，应采用具有足够强度、刚度和抗渗能力的钢筋混凝土底板。否则，即使采取外部防潮、防水措施，仍然易产生渗漏。

④ 地下室门和窗　地下室门和窗与地上部分相同。防空地下室的门应符合相应等级的防护和密闭要求，一般采用钢门或钢筋混凝土门，防空地下室一般不允许设窗，防空地下室的外门应按防空等级要求设置相应的防护构造。当为全地下室时，需在窗外设置采光井。

⑤ 采光井　当地下室的窗在地面以下时，为了使建筑内达到采光的目的，需设置采光井，一般来说每个窗设置一个，当设置的窗之间的距离比较近时，也可以将采光井连在一起。采光井由侧墙、遮雨设施、底板或铁箅子组成，采光井的底板一般由混凝土浇筑而成，侧墙一般为砖墙，如图 10-2 所示。

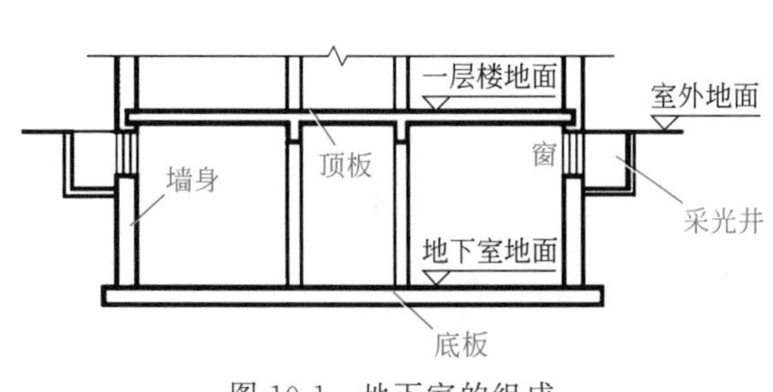

图 10-1　地下室的组成

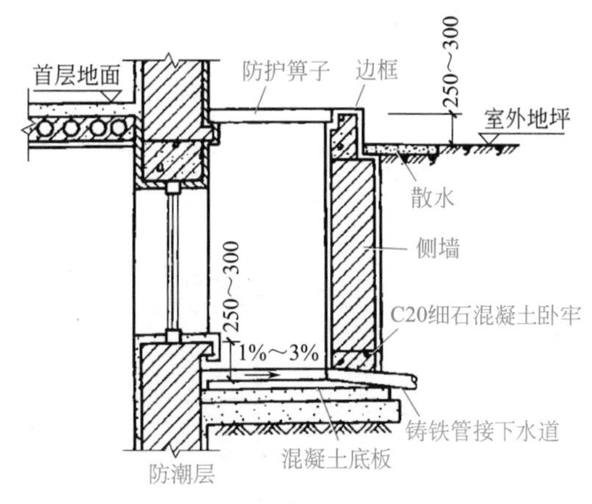

图 10-2　采光井的构造

采光井的深度应根据地下室窗台的高度来确定，一般采光井板顶面应比窗台低 250～300mm。采光井在进深方向（宽）为 1000mm 左右，在开间方向（长）应比窗宽大 1000mm。采光井侧墙顶面应比室外地坪标高高出 250～300mm，以防止地面水流入。

（2）地下室的分类

地下室是建筑物首层下面的房间。利用地下空间，可节约建设用地。地下室按使用功能分，有普通地下室和防空地下室。普通地下室是建筑空间向地下的延伸，一般用作高层建筑的地下车库、设备用房等。人防地下室用于妥善解决战时应急状态下进行人员的疏散，设计时应严格遵照人防工程的有关要求进行。按顶板标高分，有半地下室（埋深为 1/3～1/2 地下室净高）和全地下室（埋深为地下室净高的 1/2 以上）。按结构材料分，有砖混结构地下室和钢筋混凝土结构地下室。地下室的类型如图 10-3 所示。

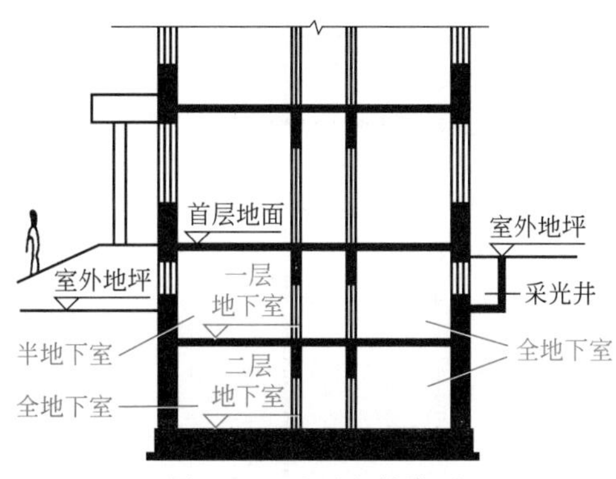

图 10-3　地下室的类型

10.1.2　地下室识图

地下室建筑构造的平面图以及三维图如图 10-4 所示。

10.1.3　地下室的防潮构造

当设计最高地下水位低于地下室地坪 300～500mm 时，且基地范围内的土壤及回填土无法形成上层滞水的可能，地下室的墙体和底板会受到土中潮气的影响，所以需做防潮处理，即在地下室的墙体和底板中采取防潮构造。

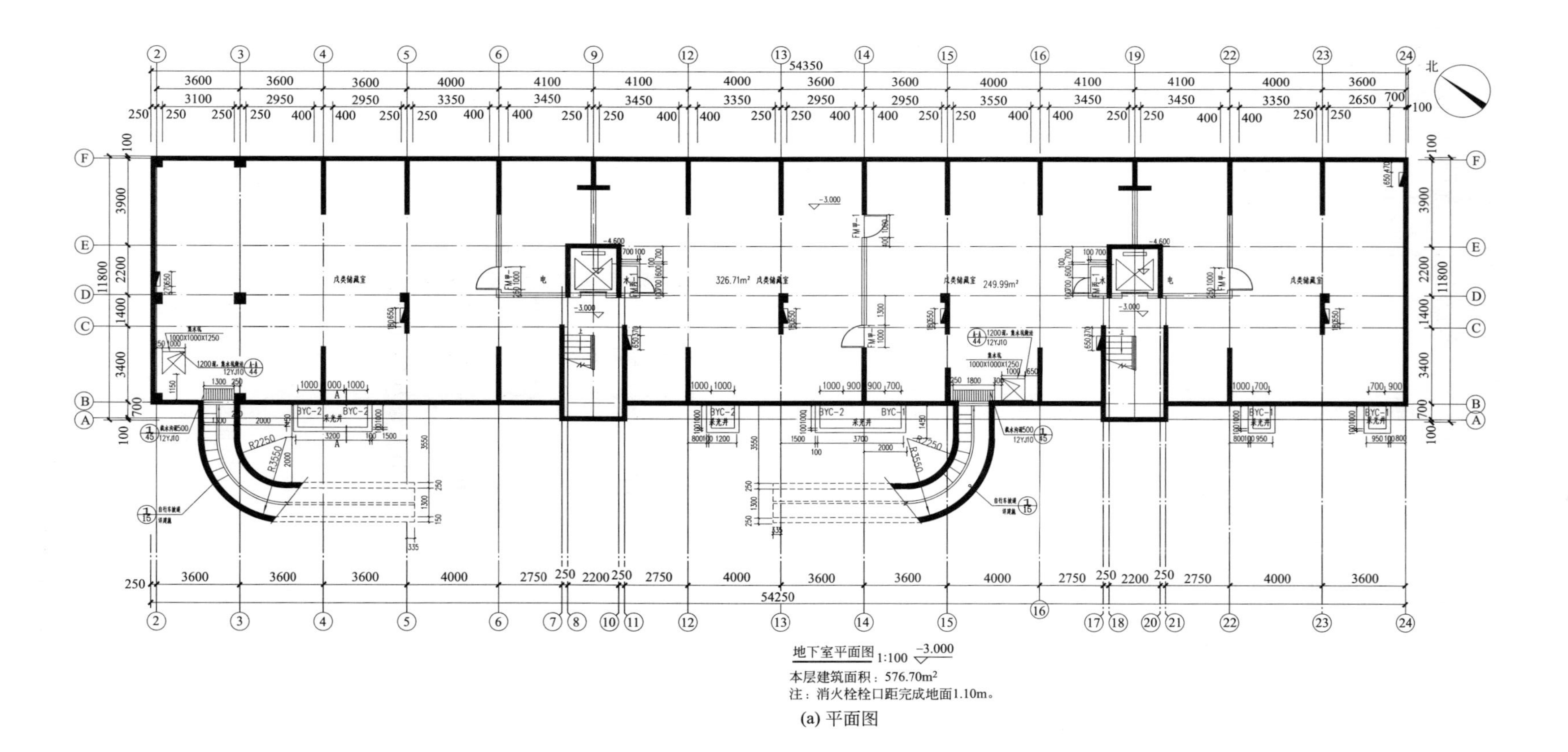

(a) 平面图

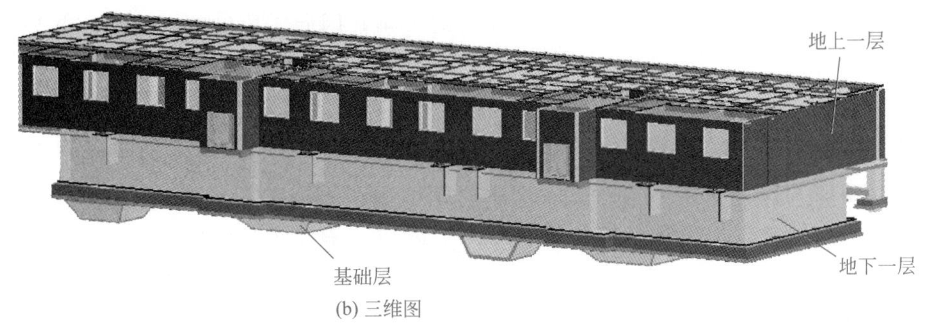

(b) 三维图

图 10-4　地下室建筑构造的平面图以及三维图

地下室防潮做法可以分为墙体防潮和地坪防潮。

(1) 墙体防潮

地下室外墙的防潮做法是在地下室顶板和底板中间的墙体中设置水平防潮层，在地下室外墙外侧先抹 20mm 厚 1∶2.5 的水泥砂浆找平层，并且高出散水 300mm 以上，找平层干燥后再刷冷底子油一道，热沥青两道（至散水底），最后在地下室外墙外侧回填低渗透性的土壤（黏土夯实或灰土夯实）并进行逐层夯实，宽度不小于 500mm。此外，地下室的所有墙体都应设两道水平防潮层，一道设在地下室地坪附近，另一道设在室外地坪以上 150～200mm 处，以防地潮沿地下墙身或勒脚处侵入室内。墙体防潮如图 10-5 所示。

(2) 地坪防潮

当地下室需防潮时，底板可采用非钢筋混凝土。对于底板防潮，一般的做法是在灰土或三合土垫层上浇筑 100mm 厚的 C10 混凝土，再用 1∶3 的水泥砂浆找平，然后做防潮层、地面面层。当最高地下水位距地下室地坪较近时，应假想地坪的防潮效果，一般是在地面面层与垫层间加设防水砂浆或油毡防潮层。地坪防潮如图 10-6 所示。

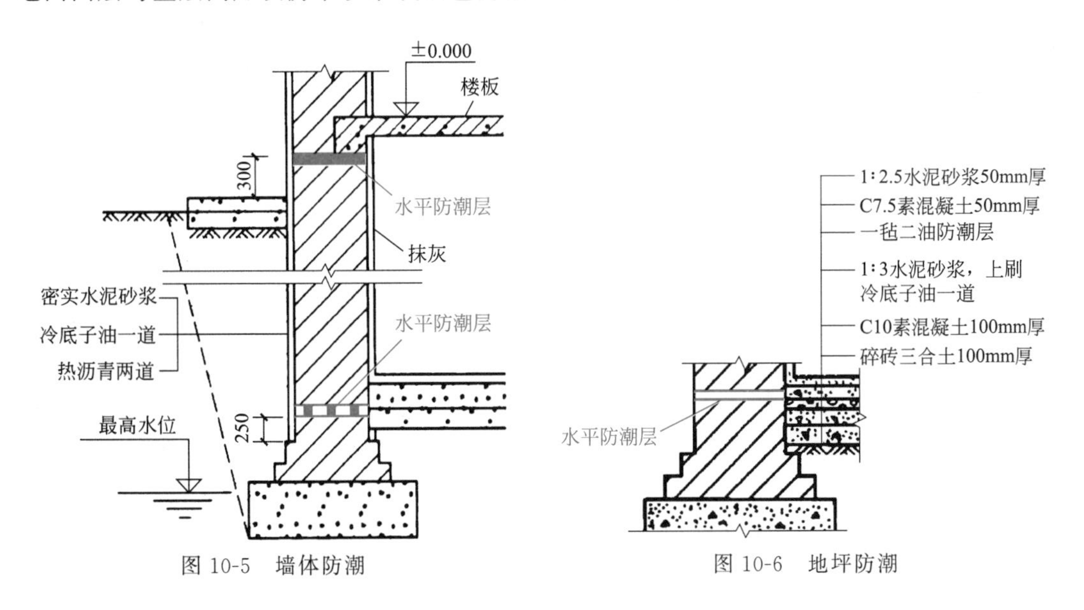

图 10-5　墙体防潮

图 10-6　地坪防潮

10.1.4　地下室的防水构造

当地下水最高水位高于地下室底板时，地下室底板和部分外墙将受到地下水的侵蚀。

此时外墙受到地下水的侧压力，地坪受到浮力的影响，因此需要做防水处理，并把防水层连贯起来。

目前，我国地下工程防水常用的措施包括卷材防水、混凝土构件自防水、涂料防水等。选用何种材料防水，应根据地下室的使用功能、结构形式、环境条件等因素合理确定。一般处于侵蚀性介质中的工程应采用耐腐蚀的防水混凝土、防水砂浆或卷材、涂料，结构刚度较差或受震动影响的工程应采用卷材、涂料等柔性防水材料。

（1）卷材防水

卷材防水是以高聚物改性沥青防水卷材或高分子防水卷材和相应的黏结剂分层粘贴，铺设在地下室底板垫层至墙体顶端的基面上，形成封闭防水层的做法。根据防水层铺设位置的不同可分为外防水和内防水。

① 外防水　外防水就是将卷材防水层满包在地下室墙体和底板外侧的迎水面。其构造要点是：先浇筑混凝土垫层，在垫层上做底板防水层，在防水层上抹 20～30mm 厚的水泥砂浆保护层，并在外墙外侧伸出接槎，将墙体垂直防水卷材搭接，并高出最高地下水位 500～1000mm，然后在墙体防水层外侧砌半砖保护墙。应注意在墙体防水层的上部设垂直防潮层与其连接。外防水防水效果好，但是维修困难。外防水的结构如图 10-7 所示。

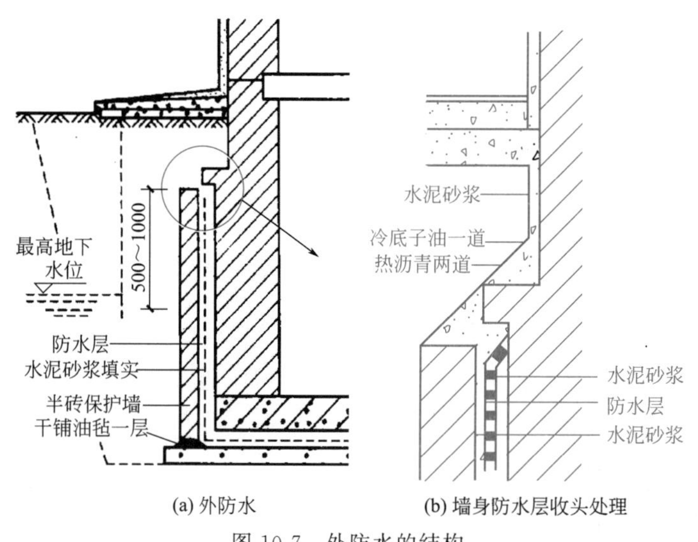

图 10-7　外防水的结构

外防水按其保护墙施工的先后顺序及卷材的铺设位置，可分为外防内贴法和外防外贴法两种，如图 10-8 所示。

② 内防水　将卷材防水层粘贴在地下墙体和地坪的结构层内表面时称为卷材内防水。内防水效果差，但施工简单，便于维修，常用于修缮工程。内防水的结构如图 10-9 所示。

（2）混凝土构件自防水

当地下室的墙体和地坪均为钢筋混凝土结构时，可通过增加混凝土的密实度或在混凝土中添加防水剂、加气剂等方法，改善混凝土的密实性，来提高混凝土的抗渗性能，使得地下室结构构件的承重、围护、防水功能三者合一。同时也要求混凝土的外墙、底板均不宜太薄，一般外墙厚度应在 200mm 以上，底板厚度应在 150mm 以上，否则会影响抗渗效果。为了防止地下水对钢筋混凝土结构的侵蚀，在墙的外侧应先用水泥砂浆找平，然后刷热沥青隔离。混凝土构件自防水的结构如图 10-10 所示。

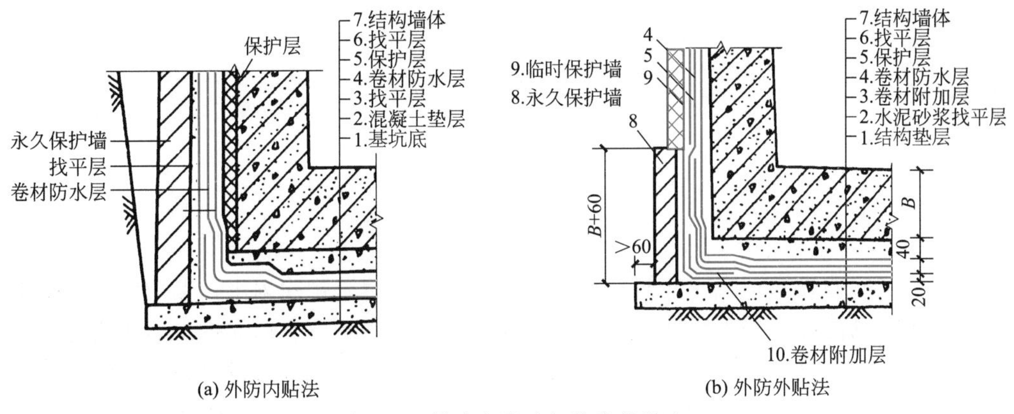

图 10-8　外防内贴法与外防外贴法

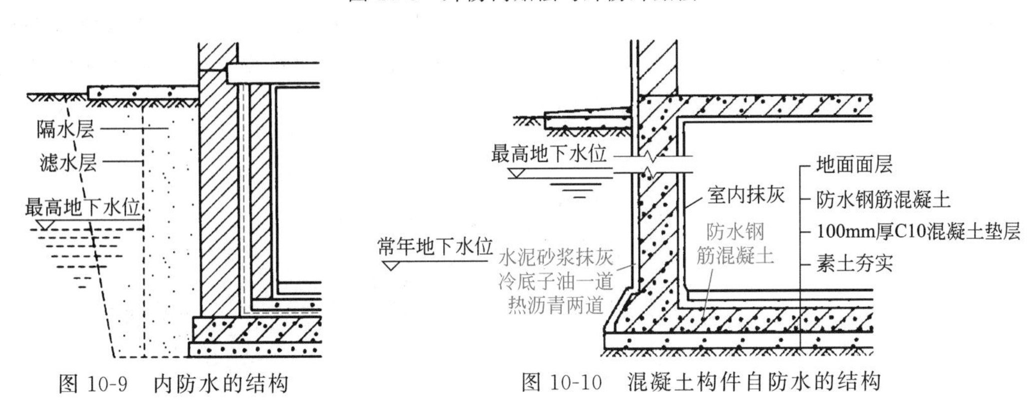

图 10-9　内防水的结构　　　　图 10-10　混凝土构件自防水的结构

防水混凝土主要分为普通防水混凝土和掺外加剂防水混凝土两种。对于普通防水混凝土，按照要求进行骨料级配，并提高混凝土中水泥砂浆的含量，用来堵塞骨料间因直接接触而出现的渗水通路，达到防水的目的。对于掺外加剂的防水混凝土，则在混凝土中掺入加气剂或密实剂来提高其抗渗性能。

（3）涂料防水

涂料防水层包括无机防水涂料和有机防水涂料，无机防水涂料可以选用掺加外加剂、掺和料的水泥机房涂料，水泥基渗透结晶性涂料。有机防水涂料可选用反应型、水乳型、聚合物水泥防水型等涂料。防水涂料的分类做法如图 10-11 所示。

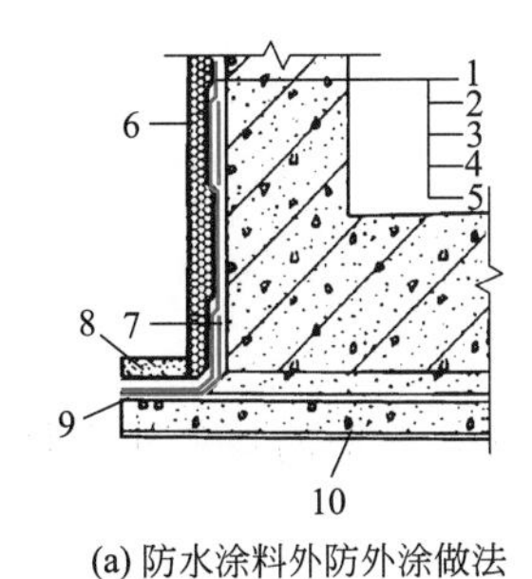

(a) 防水涂料外防外涂做法

1—保护墙；2—砂浆保护层；3—涂料防水层；4—砂浆找平层；5—结构墙体；6, 7—涂料防水层加强层；8—涂料防水层搭接部位保护层；9—涂料防水层搭接部位；10—混凝土垫层

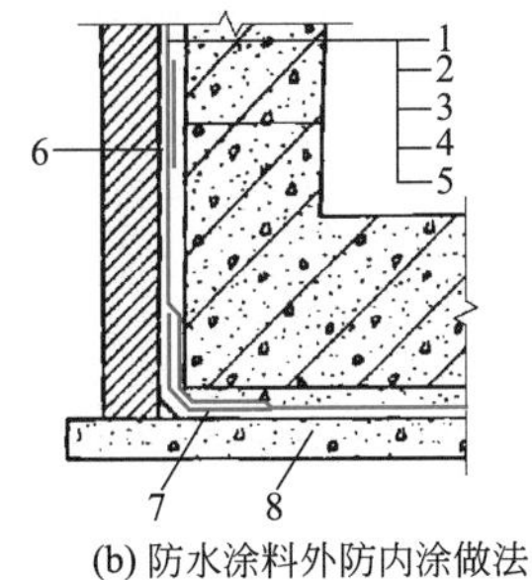

(b) 防水涂料外防内涂做法

1—保护墙；2—涂料保护层；3—涂料防水层；4—找平层；5—结构墙体；6, 7—涂料防水层加强层；8—混凝土垫层

图 10-11　防水涂料的分类做法

10.2 散水沟

10.2.1 散水沟识图

散水是与外墙勒脚垂直交接倾斜的室外地面部分，用以排除雨水，保护墙基免受雨水侵蚀。散水的宽度应根据土壤性质、气候条件、建筑物的高度和屋面排水形式确定，一般为600～1000mm。当屋面采用无组织排水时，散水宽度应大于檐口挑出长200～300mm。为保证排水顺畅，一般散水的坡度为3%～5%，散水外缘高出室外地坪30～50mm。散水常用材料为混凝土、水泥砂浆、卵石、块石等。而散水沟则是沿着建筑物散水设置的排水沟，使雨水通过散水沟流向河流等离建筑物远的地方，保护建筑物不受雨水的腐蚀从而发生不均匀沉降。散水及散水沟的构造如图10-12所示。

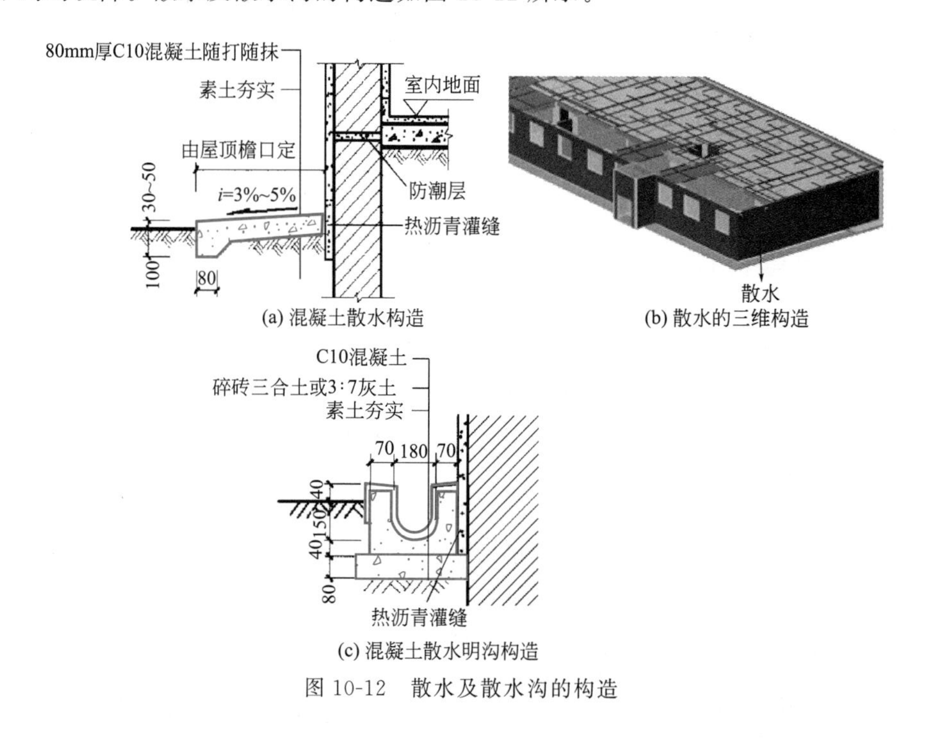

图10-12　散水及散水沟的构造

10.2.2 散水沟节点构造

(1) 暗沟

散水沟分为明沟和暗沟，暗沟指的是水不可以直接流入，盖板的材料通常是钢板或混凝土。

当地下水位较高，潜水层埋藏不深时，可采用排水沟或者暗沟截流地下水及降低地下水位的方式，沟底宜埋入不透水层。沟壁最下一排渗水孔宜高出沟底不小于0.2m，沟壁外侧应填以粗粒透水材料或土工合成材料作反滤层。暗沟顶面必须设置混凝土盖板，板顶覆土厚度大于50cm。散水暗沟构造详图如图10-13所示。

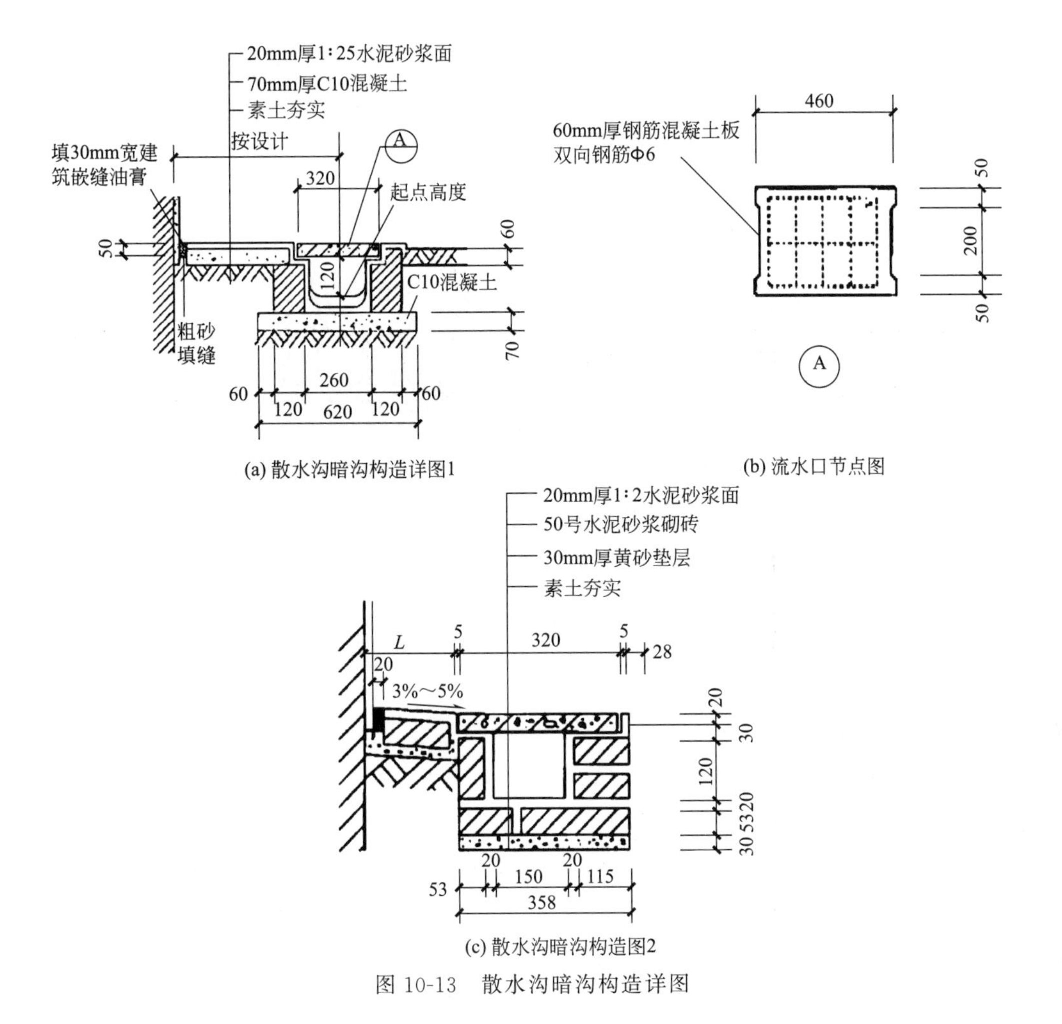

(a) 散水沟暗沟构造详图1

(b) 流水口节点图

(c) 散水沟暗沟构造图2

图 10-13 散水沟暗沟构造详图

(2) 明沟

明沟排水是指在排水区内用开挖的明槽沟道组成的，让明沟排除多余的地面水、地下水和土壤水的排水方式，一般用于室外工程的排水。明沟排水由集水井、进水口、横撑、竖撑板、排水沟组成。散水明沟构造详图如图 10-14 所示。

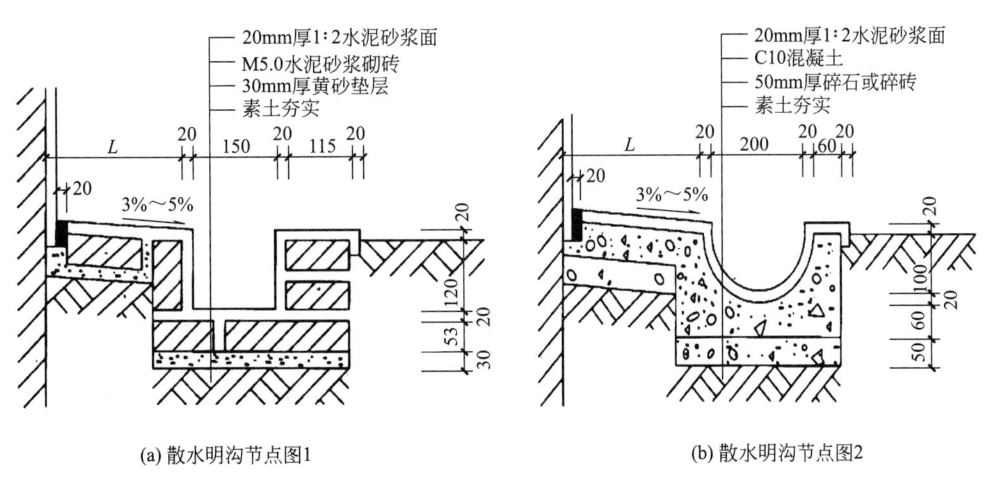

(a) 散水明沟节点图1

(b) 散水明沟节点图2

图 10-14

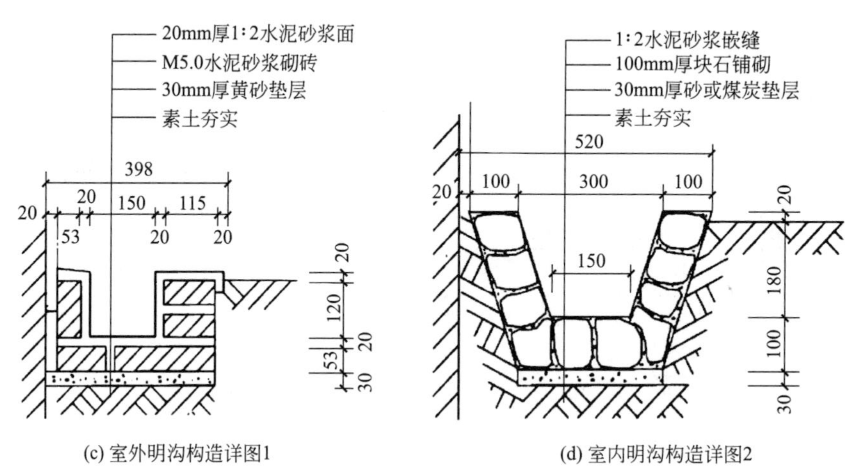

(c) 室外明沟构造详图1　　(d) 室内明沟构造详图2

图 10-14　散水明沟构造详图

10.3 雨篷、阳台、露台识图与节点构造

10.3.1 雨篷、阳台、露台识图

(1) 雨篷

雨篷位于建筑物出入口处的外门上部，主要作用是遮挡风雨和太阳照射，保护大门免受雨水侵害，使入口更显眼，丰富建筑立面等，其为水平构件。雨篷的识图如图 10-15 所示。

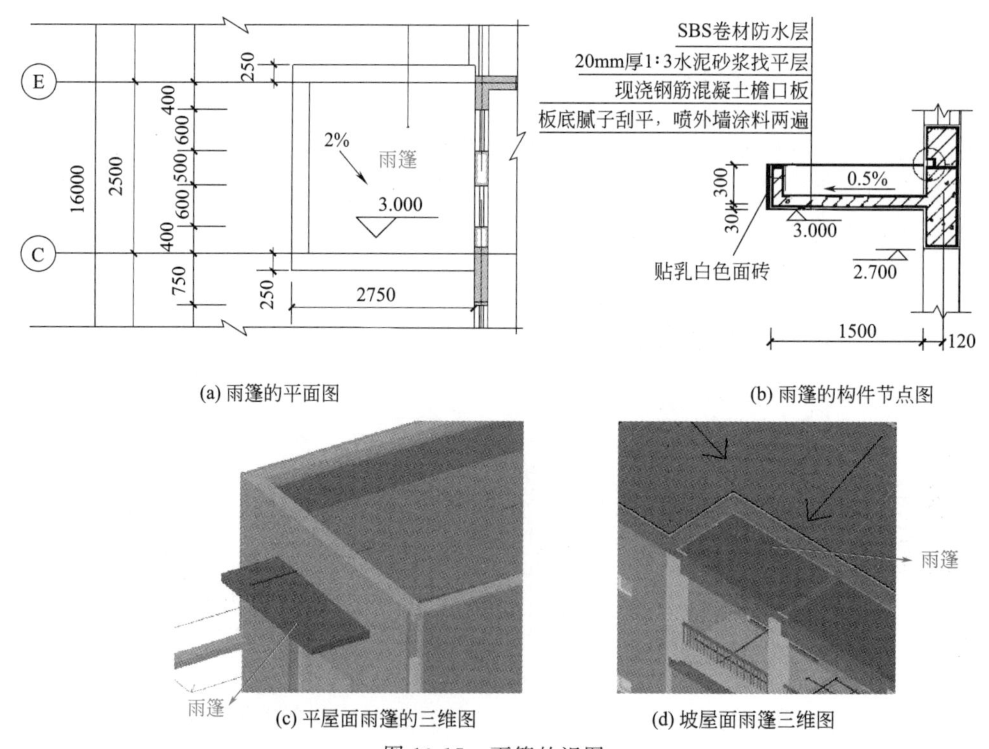

(a) 雨篷的平面图　　(b) 雨篷的构件节点图

(c) 平屋面雨篷的三维图　　(d) 坡屋面雨篷三维图

图 10-15　雨篷的识图

（2）阳台

阳台是悬挑于建筑物外墙上并连接室内的室外平台，是室内外的过渡空间，可以起到观景、纳凉、晒衣、养花等多种作用，是住宅和旅馆等建筑中不可缺少的一部分。阳台由阳台板和栏杆扶手组成，阳台板是阳台的承重结构，栏杆扶手是阳台的围护构件，设在阳台临空的一侧。阳台的节点图如图 10-16 所示。

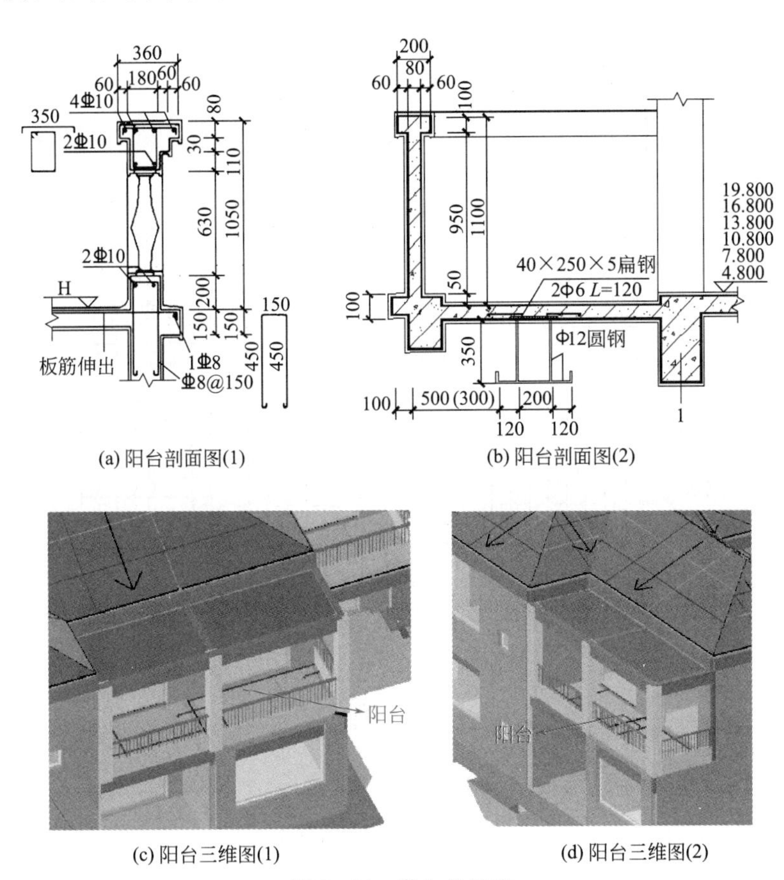

(a) 阳台剖面图(1)

(b) 阳台剖面图(2)

(c) 阳台三维图(1)

(d) 阳台三维图(2)

图 10-16　阳台的识图

（3）露台

露台一般是指住宅中的屋顶平台或由于建筑结构需求或改善室内外空间组合而在其他楼层中做出的大阳台。由于它的面积一般均较大，上边又没有屋顶，所以称作露台。露台的识图如图 10-17 所示。

10.3.2　雨篷节点构造

雨篷除具有保护大门不受侵害外，还具有一定的装饰作用。按结构形式的不同，雨篷有板式和梁板式两种，且多为现浇钢筋混凝土悬挑构件，其悬挑长度一般为 1～1.5m。雨篷所受的荷载较小，因此雨篷板的厚度较薄，一般做成变截面形式，根部厚度不小于 70mm，端部厚度不小于 50mm。板式雨篷一般与门洞口上的过梁整体现浇，要求上下表面相平。当雨篷挑出长度较小时，构造处理较简单，可采用无组织排水。在板底周边设滴水，雨篷顶面抹 15mm 厚 1∶2 水泥砂浆内掺 5%防水剂。雨篷的构造如图 10-18 所示。

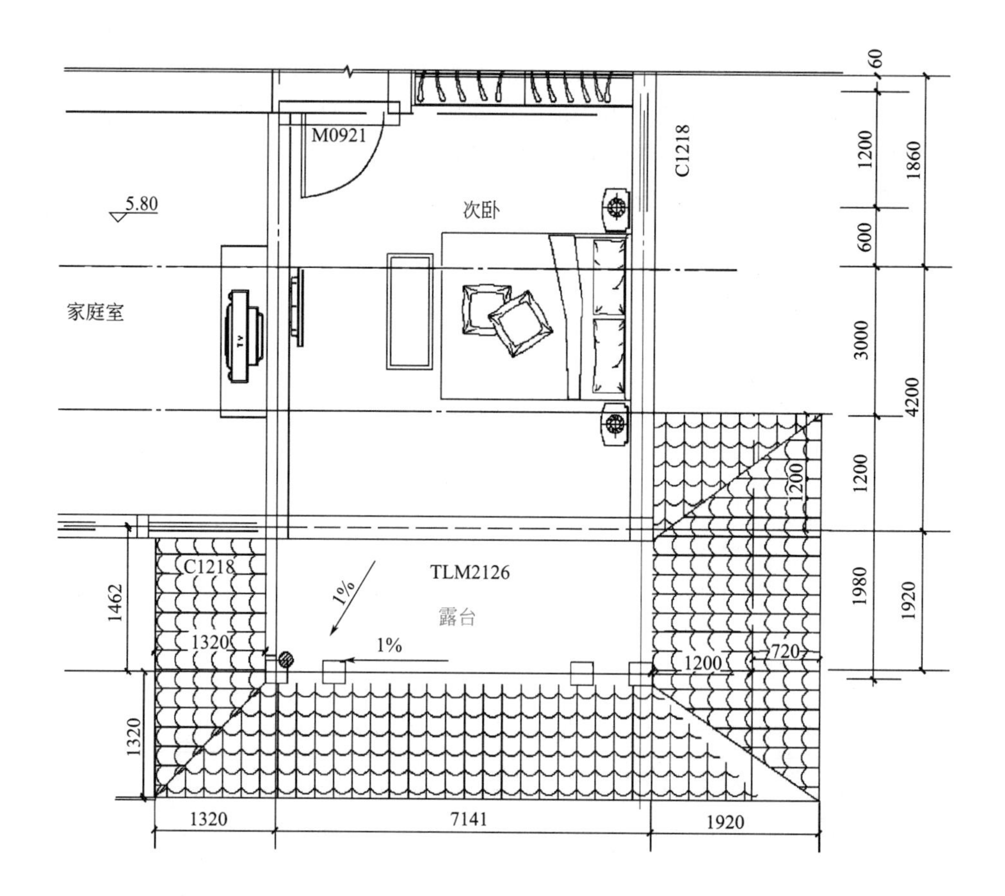

图 10-17　露台的识图

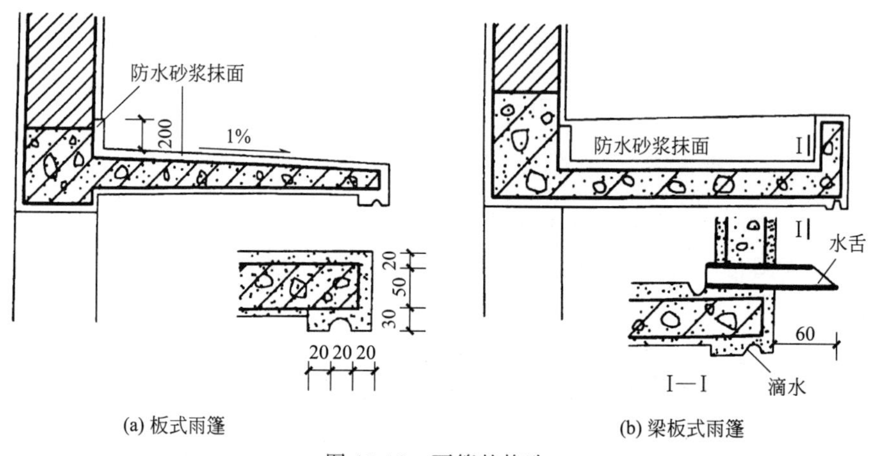

(a) 板式雨篷　　(b) 梁板式雨篷

图 10-18　雨篷的构造

当门洞口尺寸较大，雨篷挑出尺寸也较大时，雨篷应采用梁板式结构，即雨篷由梁和板组成。为使雨篷底面平整，通常将周边梁向上翻起成侧梁式（也称翻梁），一般是在雨篷外沿用砖或钢筋混凝土板制成一定高度的卷檐。当雨篷尺寸更大时，可在雨篷下面设柱支撑。

雨篷顶面应做好防水和排水处理，一般采用20mm厚的防水砂浆抹面进行防水处理。防水砂浆应沿墙面上升，高度不小于250mm，同时在板的下部边缘做滴水，防止雨水沿板底漫流。雨篷顶面需设置1%的排水坡，并在一侧或双侧设排水管将雨水排除。为了立面需要，可将雨水由落水管集中排除，这时雨篷外缘上部需做挡水边坎。雨篷的排水构造如图10-19所示。

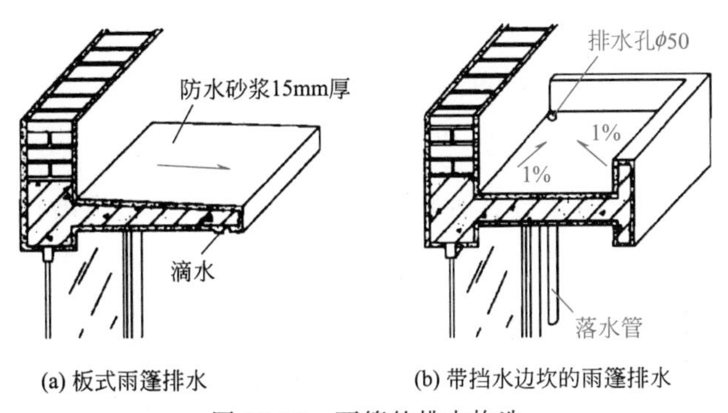

图10-19　雨篷的排水构造

10.3.3　阳台节点构造

(1) 阳台的类型

按阳台与外墙的相对位置不同，阳台可分为凸阳台、凹阳台、半凸半凹阳台及转角阳台（图10-20）。按施工方法不同，阳台可分为预制装配式阳台和现浇阳台。按悬臂结构的形式不同，阳台可分为板悬臂式阳台和梁悬臂式阳台等。

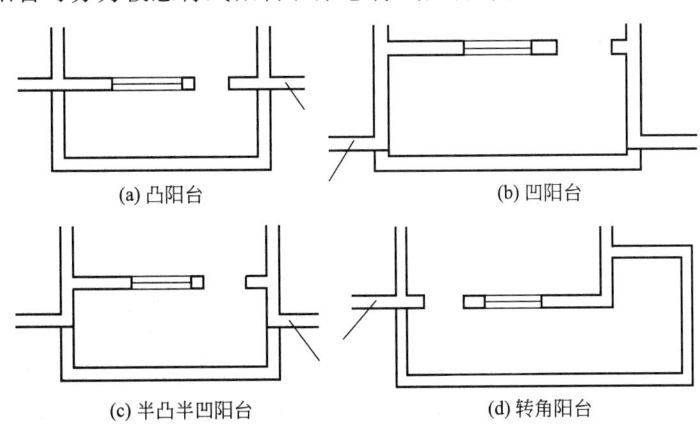

图10-20　阳台的类型

(2) 阳台的结构形式

① 挑梁式　从横墙内外伸挑梁，其上搁置预制楼板。这种结构布置简单、传力直接明确、阳台长度与房间开间一致。挑梁根部截面高度 h 为 $\frac{1}{6}\sim\frac{1}{5}l$，$l$ 为悬挑净长，截面宽度为 $\frac{1}{3}\sim\frac{1}{2}h$。挑梁式阳台如图10-21所示。

② 挑板式　当楼板为现浇楼板时，可选择挑板式，悬挑长度一般为1.2m左右。即将房间楼板直接向外悬挑形成阳台板。挑板式阳台板底平整美观，且阳台平面形状可做成

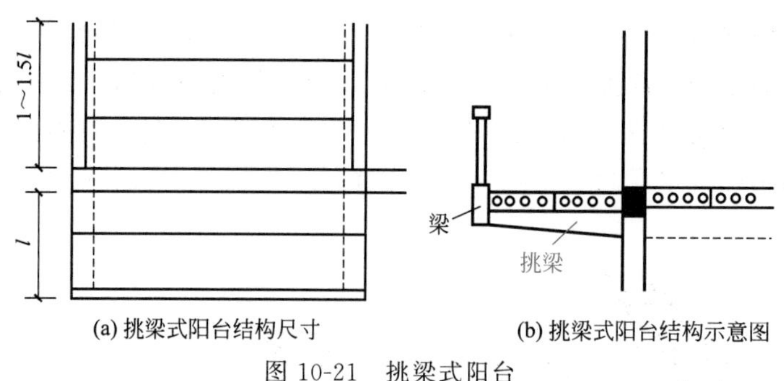

(a) 挑梁式阳台结构尺寸　　(b) 挑梁式阳台结构示意图

图 10-21　挑梁式阳台

半圆形、弧形、梯形、斜三角形等各种形状。挑板厚度不小于挑出长度的 1/12，挑板式阳台如图 10-22 所示。

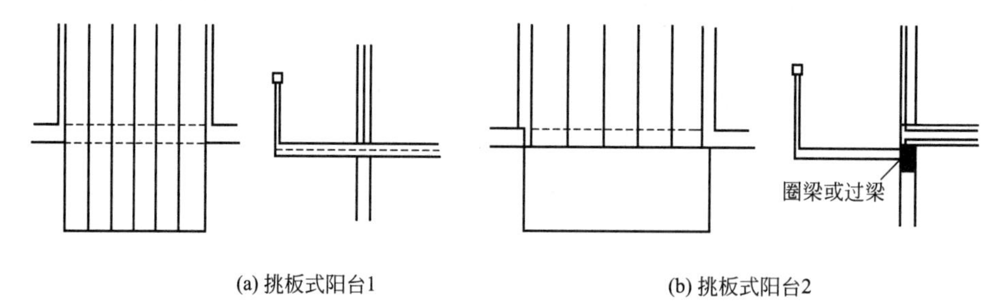

(a) 挑板式阳台1　　(b) 挑板式阳台2

图 10-22　挑板式阳台

③ 压梁式　阳台板与墙梁现浇在一起，墙梁可用加大的圈梁代替。阳台板依靠墙梁和梁上的墙体重量来抗倾覆，以保证墙梁的稳定。由于墙梁受扭，所以阳台悬挑不宜过长，一般为 1200mm 左右，并在墙梁两端设拖梁压入墙内，来增加抗倾覆力矩。压梁式阳台如图 10-23 所示。

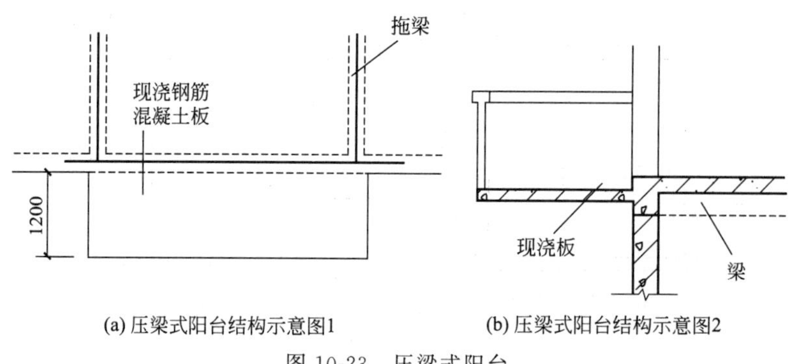

(a) 压梁式阳台结构示意图1　　(b) 压梁式阳台结构示意图2

图 10-23　压梁式阳台

(3) 阳台的细部构造

阳台栏杆是阳台外围设置的垂直构件，主要承担人们倚扶的侧向推力，以保障人身安全，还可以对整个建筑物起装饰作用。栏杆的形式有空花式、混合式和实体式，如图 10-24 所示。

按照材质不同又可分为砖砌栏杆、钢筋混凝土栏杆、金属栏杆等，如图 10-25 所示。

栏杆扶手的材质有金属和钢筋混凝土两种。金属扶手一般为钢管，钢筋混凝土扶手有不带花台的和带花台的。带花台的栏杆扶手，在外侧设保护栏杆，一般高 180～200mm，花台净宽为 250mm；不带花台的栏杆扶手直接用作栏杆压顶，宽度有 80mm、120mm、160mm 等。阳台的扶手构造如图 10-26 所示。

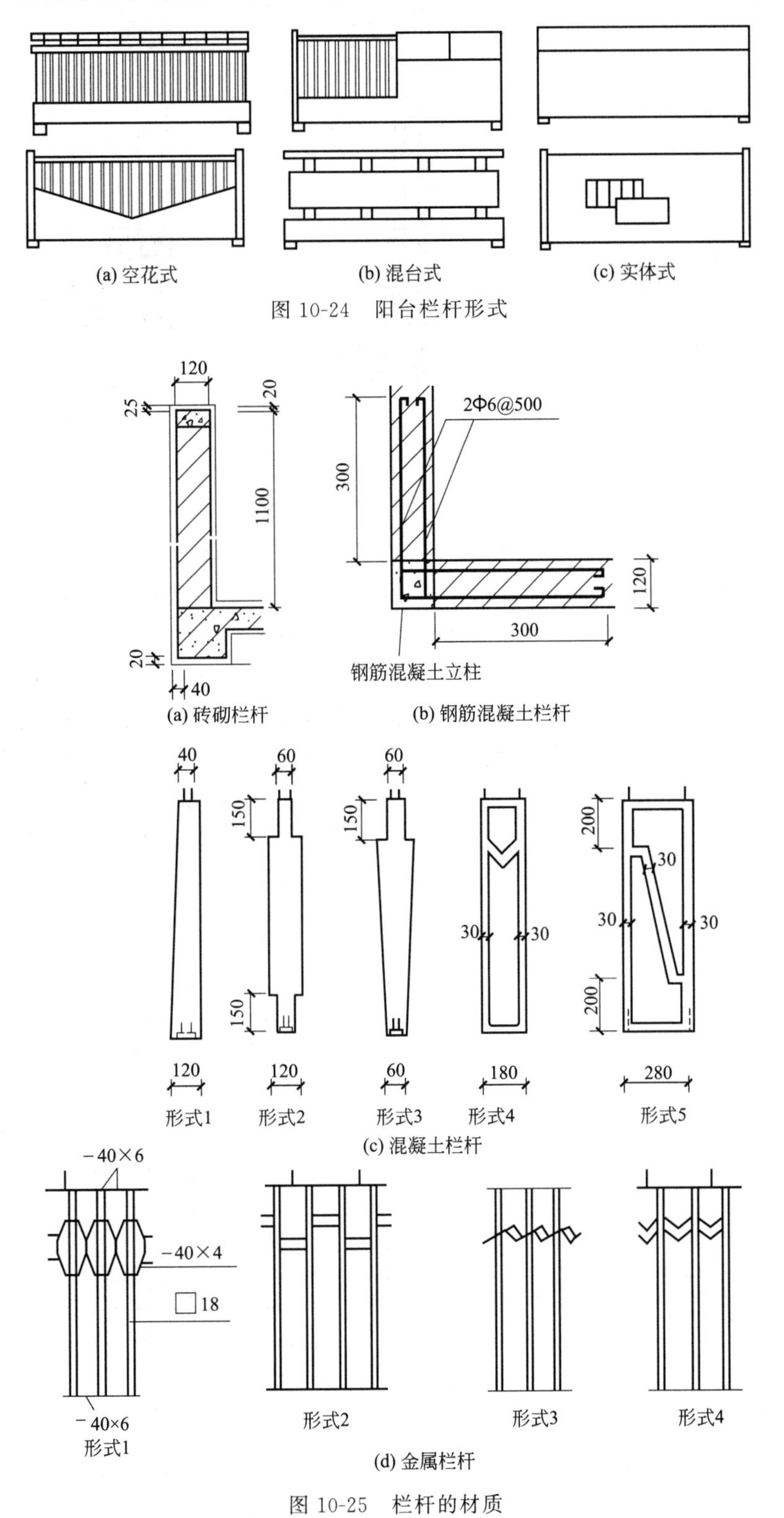

图 10-24 阳台栏杆形式

图 10-25 栏杆的材质

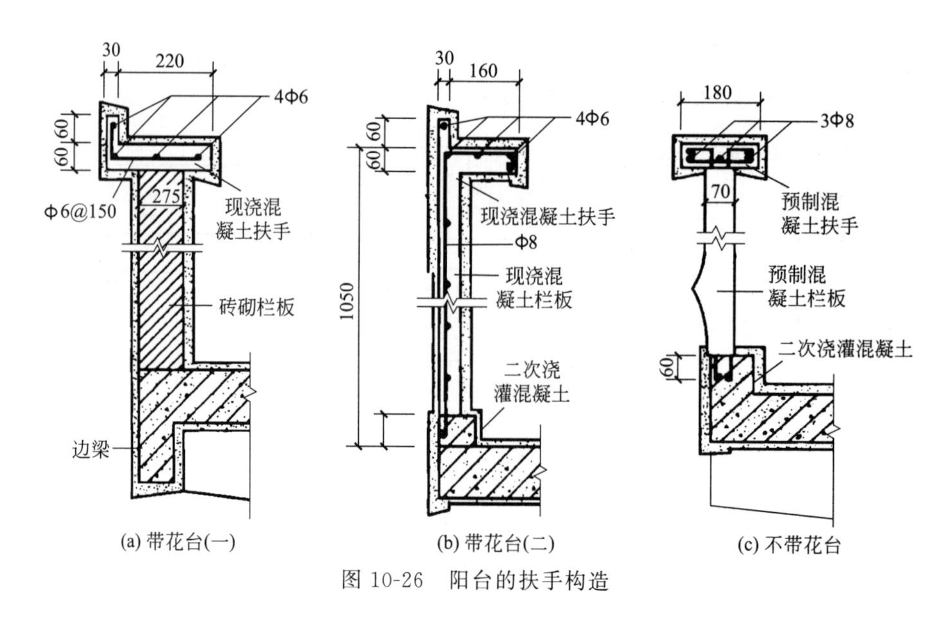

(a) 带花台(一)　(b) 带花台(二)　(c) 不带花台

图 10-26　阳台的扶手构造

(4) 阳台的排水处理

阳台作为建筑的水平构件，同屋面和雨篷一样会受到雨水侵袭，必然会带来防水和排水问题。由于阳台下部也是室外空间，因此可以认为阳台不需做防水处理，但在较高档次的设计中，阳台板表面一般采用一层涂膜进行防水处理。

为了防止雨水进入室内，要求阳台地面低于室内地面 50mm 以上，同时设定一定的坡度和布置排水设施，阳台排水有外排水和内排水两种。内排水适用于高层建筑和高标准建筑，即在阳台内侧设置排水管和地漏，将雨水经水管直接排入地下管网；外排水适用于低层和多层建筑，即在阳台外侧设置泄水管将水排出。泄水管可采用直径 40～50mm 的镀锌铁管和塑料管，外挑长度不少于 80mm，以防雨水溅到下层阳台，在雨量充沛的地区，阳台的地面宜低于室内地面 120mm 以上。阳台的排水构造如图 10-27 所示。

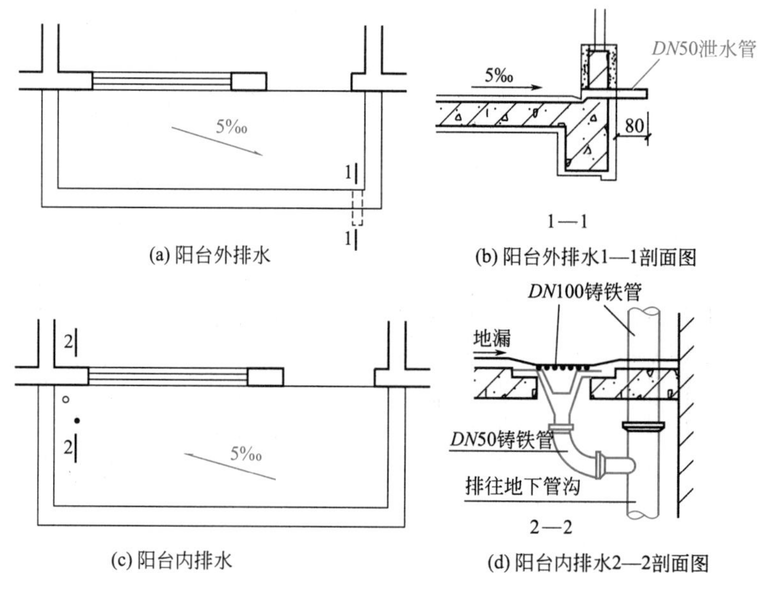

(a) 阳台外排水　(b) 阳台外排水1—1剖面图

(c) 阳台内排水　(d) 阳台内排水2—2剖面图

图 10-27　阳台的排水构造

10.3.4 露台节点构造

露台作为没有顶板的大阳台，其主要的防护就是防水。在露台表面设置流水坡度以便于露台积水的处理，防水结构的做法和阳台的差不多，如图 10-28 所示。

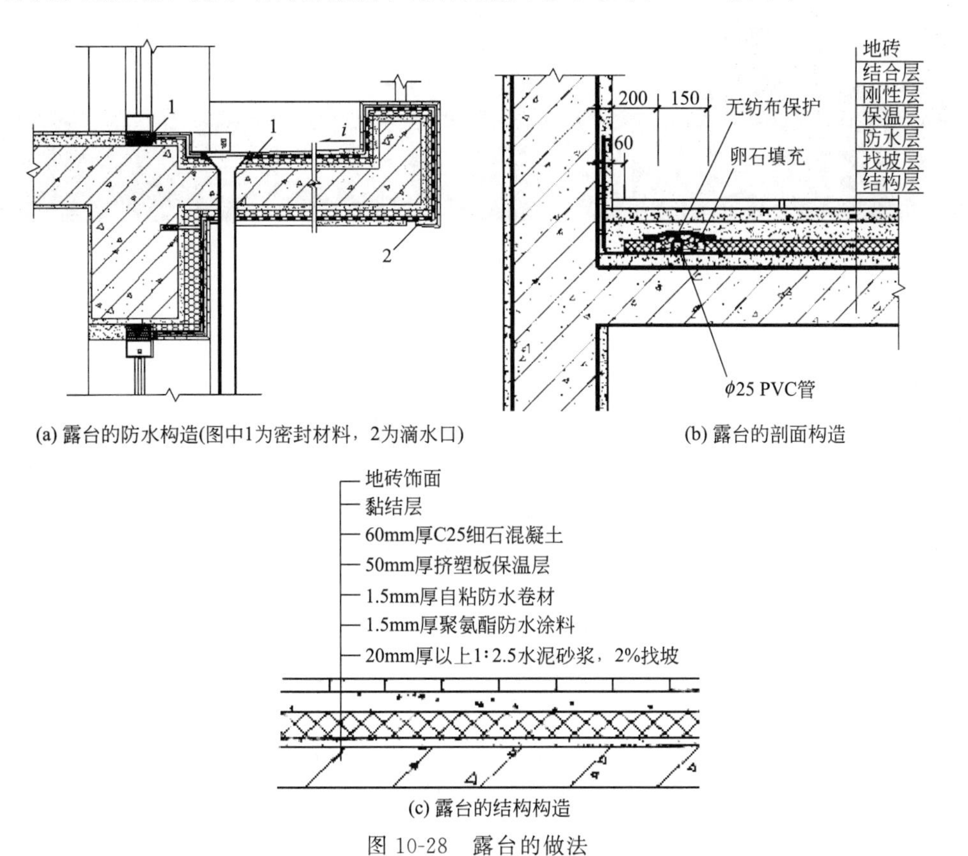

(a) 露台的防水构造(图中1为密封材料，2为滴水口)

(b) 露台的剖面构造

(c) 露台的结构构造

图 10-28 露台的做法

第11章 建筑抗震识图与节点构造

11.1 地震概述

地震是一种自然灾害。地球上每天都在发生地震，一年约有500万次。其中约5万次人们可以感觉到，能造成破坏的约有1000次；7级以上的大地震平均一年有十几次。地震时强烈的地面运动会造成建筑物倒塌或损坏，并可能引发火灾、水灾、山崩、滑坡及海啸等一系列灾害，对人类造成极大的威胁。

（1）地震的类型

地震按其成因主要分为火山地震、陷落地震和构造地震。火山爆发而引起的地震叫火山地震；由于地表或地下岩层突然大规模陷落和崩塌而造成的地震叫陷落地震；构造地震是由于地球构造运动产生的，这种地震占发震数的90%以上。

构造地震是由于地应力在某一地区逐渐增加，岩石变形也不断增加，当地应力超过岩石的极限强度时，在岩石的薄弱处突然发生断裂和错动，部分应变能突然释放，引起震动，其中一部分能量以波的形式传到地面，就产生了地震。构造地震发生断裂错动的地方，所形成的断层叫发震断层。对于地震的成因，产生了许多关于地震成因的学说，其中比较公认的是板块构造说和断层说。地震波记录如图11-1所示。

（2）地震的成因

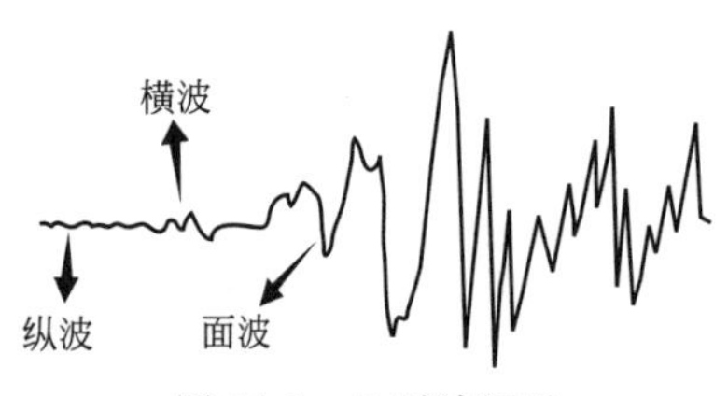

图11-1　地震波记录

① 板块构造说　板块构造说认为，地球表面的岩石层不是一块整体，而是由六大板块和若干小板块组成的，这六大板块即欧亚板块、美洲板块、非洲板块、太平洋板块、澳洲板块和南极板块，它们又可分为若干小板块。各板块之间因岩石层下面的地幔软流层的对流运动而产生相互运动。由于它们的边界是相互制约的，因而板块之间处于拉张、挤压和剪切状态，从而产生了地应力。当应力产生的变形过大时致使其边缘附近岩石层脆性破裂而产生地震。地球上的主要地震带就位于这些大板块的交界地区。

② 断层说　地下岩石受到长期的构造作用积累的应变能，当能量超过一定的限度时，容易造成地壳岩层不停地连续变动，不断地发生变形，产生地应力。当地应力产生的应变超过某处岩层的极限应变时，岩层就会发生突然断裂和错动。而承受应变的岩层在其自身的弹性应力作用下发生回弹，迅速弹回到新的平衡位置。这样，岩层中原先构造变动过程中积累起来的应变能在回弹过程中释放，并以弹性波的形式传至地面，从而引起震动，形成地震，如图 11-2 所示。

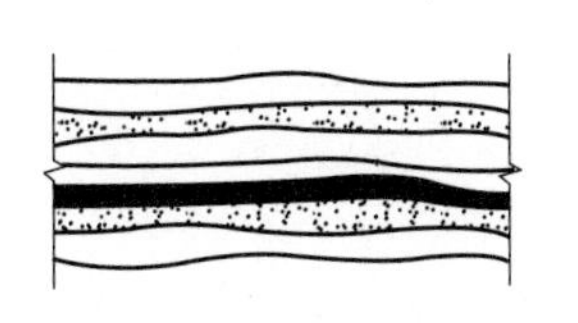

(a) 岩层的原始状态

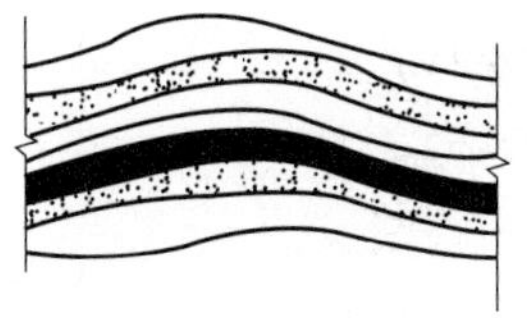

(b) 受力后发生褶皱变形

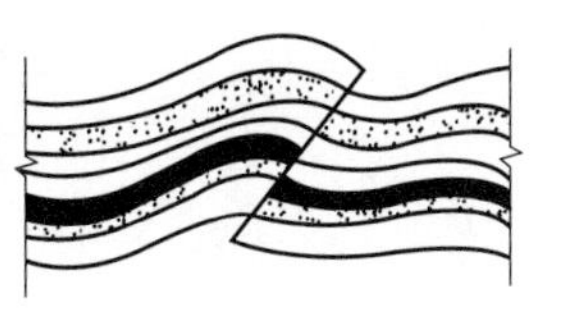

(c) 岩层断裂，发生震动

图 11-2　断层说构造地震的形成

11. 1. 1　震级与烈度

（1）震级

震级是指地震的大小，是表示地震强弱的量度，是以地震仪测定的每次地震活动释放的能量多少来确定的。我国使用的震级标准是国际通用的震级标准，叫“里氏震级”，美国地震学家里希特最先提出的震级概念。地震震级的计算公式如下。

$$M = \lg A \tag{11-1}$$

式中　M——地震震级，通常称为里氏震级；

A——标准地震仪记录地震曲线上得到的最大幅度，是标准地震仪（周期为 0.8s，阻尼系数为 0.8，放大倍数 2800 的地震仪）在距离震中 100km 处记录的以微米（$1\mu m = 10^{-6}m$）为单位的最大水平地面的地动位移。

根据地震震级的大小，地震可分为七类，如表 11-1 所示。

表 11-1　地震的震级分类

类型	震级
超微震	震级<1
弱震和微震	1≤震级<3
有感地震	3≤震级<4.5
中强地震	4.5≤震级<6
强烈地震	6≤震级<7
大地震	震级≥7
巨大地震	震级≥8

（2）地震烈度

地震烈度是指地震时对在一定地点上各地面的破坏程度。对于所发生的一次地震，震级只有一个，但是由于它对不同地点的影响不一样，所以地震烈度是可以有多个的，距离震中的距离远近，地震烈度也会有所差别。离震中越近，地震烈度越高，影响越大；反之，离震中越远，影响越小，地震烈度越低。其中震中烈度 I、震级 M 以及震中距 R 的经验关系式如下式所示。

$$I=0.92+1.63M-3.49\lg R \tag{11-2}$$

对于大量的震源深度在10～30km的地震，其震中烈度 I 与震级 M 的对应关系表见表11-2。

表11-2 震中烈度与震级的对应关系

震级 M	2	3	4	5	6	7	8	>8
震中烈度 I	1～2	3	4～5	6～7	7～8	9～10	11	12

11.1.2 设计近震与设计远震

(1) 近震

震中是指震源在地表的投影点。震中距是指地面上任何一点到震中的直线距离。同样大小的地震，在震中距越小的地方，影响或破坏越严重。随着震中距的增加，地震造成的破坏逐渐减轻。近震是指震中距大于100km并小于1000km的地震。近震来时的感觉为先上下颠簸，然后左右摇晃。地震台记录到近震的初至波一般是通过地幔上层界面的绕射波、反射波和面波。

(2) 远震

震中距在1000km以上的地震称为远震。地震台记录到的远震地震波含有通过地幔以下传播的核面反射波、地核穿透波以及地壳表层的面波等。远震来时的感觉是先左右摇晃，然后上下颠簸。

11.1.3 设防烈度

抗震设防烈度：按国家规定的权限批准作为一个地区抗震设防依据的地震烈度。一般情况下，取50年内超越概率10%的地震烈度。对于不同的建筑物，地震破坏所造成的损害也是不相同的，因此有必要对不同用途的建筑物采取不同的抗震标准，从而达到基本的建筑设防要求。根据建筑物使用功能的重要性，按地震破坏产生的后果，《建筑工程抗震设防分类标准》(GB 50223—2008) 将建筑物按其用途的重要性分为四类。

(1) 抗震设防的分类

① 甲类建筑　指使用特殊设备的涉及国家公共安全的重大建筑和地震时可能发生严重次生灾害的建筑。这类建筑的破坏会导致严重后果，需要进行特殊设防的建筑，须经国家规定的批准权限批准。

② 乙类建筑　指地震时使用功能不能中断或需尽快恢复的生命线相关建筑，以及地震时可能导致大量人员伤亡等重大灾害后果，需要提高设防标准的建筑。

③ 丙类建筑　指一般建筑，包括除甲、乙、丁类建筑以外的按标准要求进行设防的一般工业与民用建筑。

④ 丁类建筑　指次要的，允许在一定条件下适度降低要求的建筑，包括一般的仓库、人员较少的辅助建筑物等。

国家标准《建筑工程抗震设防分类标准》(GB 50223—2008) 规定，各抗震设防类别建筑的设防标准，应符合表11-3的要求。

抗震设防烈度为6度时，除规范有具体规定外，对乙、丙、丁类建筑可不进行地震作用的计算。

表 11-3　抗震设防要求

建筑的抗震设防类别	抗震措施
甲类	当抗震设防烈度为6～8度时应按比本地区设防烈度提高1度的要求考虑；当为9度时，应按比9度抗震设防更高的要求考虑
乙类	一般情况下，抗震设防烈度为6～8度时，应比本地区抗震设防烈度提高1度考虑；当为9度时，应按比9度抗震设防更高的要求考虑
丙类	按本地区抗震设防烈度的要求考虑
丁类	允许按本地区抗震设防烈度的要求降低，但最低降到6度

(2) 地震烈度的概率分布

根据我国多个城镇地震分析的大数据表明，我国地震烈度的概率分布属于Ⅲ型。当设计基准期为50年时，50年内超越概率（众值烈度ε以右的空白面积与总面积之比）约为63.2%，即50年内发生超过多遇地震烈度的地震大约有63.2%，这就是第一水准的烈度。50年内超越概率约10%的烈度大体相当于现行地震区划图规定的基本烈度，将它定义为第二水准的烈度。对于罕遇地震烈度，其50年内相应的超越概率为2%～3%，作为第三水准的烈度。地震烈度的概率分布如图11-3所示。

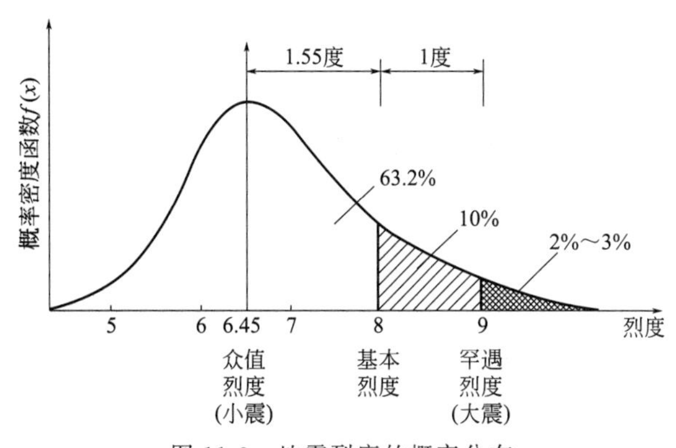

图 11-3　地震烈度的概率分布

11.1.4　荷载与地震作用

(1) 荷载

荷载分为高层建筑结构上作用的恒载、楼屋面活荷载、屋面活荷载雪荷载和风荷载。能使结构产生内力、位移、变形、开裂、破坏，影响其耐久性的因素，统称为结构上的作用。高层建筑结构在设计使用年限内的作用包括直接与间接两种。荷载的分类如图11-4所示。

① 恒载　恒载包括结构构件重量和非结构构件重量，这些重量的大小、方向、作用点不随时间而改变，又称为永久荷载。恒荷载标准值等于构件的体积乘以材料的自重标注值。常见的钢筋混凝土材料自重标准值为25kN/m^3。

② 楼面活荷载　民用建筑楼面活荷载一般取值为2kN/m^3。考虑到作用于楼面上的

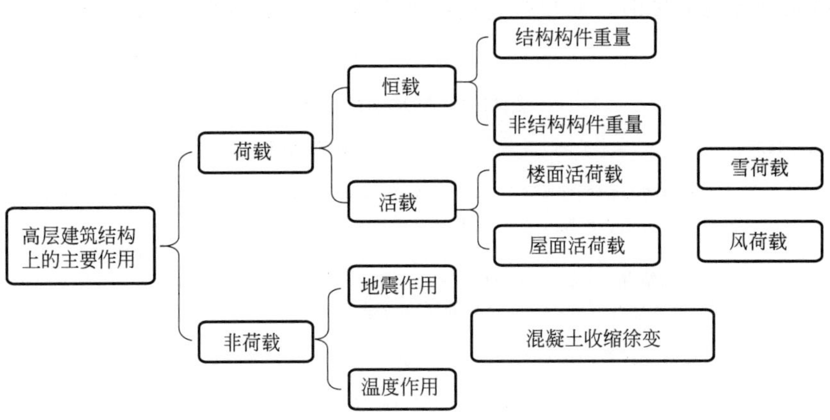

图 11-4 荷载的分类

活荷载不可能以标准值的大小同时布满所有的楼面，在设计梁、墙、柱及基础时，还要考虑实际荷载沿楼面分布的变异情况。在确定梁、墙、柱及基础的荷载标准值时，还应按楼面活荷载标准值乘以折减系数，具体的折减系数见表 11-4。

表 11-4 活荷载按楼层的折减系数

墙、柱、基础计算截面以上的层数	1	2～3	4～5	6～8	9～20	＞20
计算截面以上各楼层活荷载总和的折减系数	1.00 (0.90)	0.85	0.70	0.65	0.60	0.55

注：当楼面梁的从属面积超过 $25m^2$ 时，应采用括号内的系数。

③ 屋面活荷载 屋面均布活荷载：不上人屋面为 $0.5kN/m^2$，上人屋面为 $2.0kN/m^2$。对于不上人屋面，当施工或维修荷载较大时，应按照实际情况采用。对不同结构应按照有关设计规范的规定，将标准值做 $0.2kN/m^2$ 的增减。上人的屋面，当兼作其他用途时，应按照相应的楼面活荷载采用。对于因屋面排水不畅等引起的积水荷载，应采取构造措施加以防止。

④ 雪荷载 屋面水平投影面上雪荷载标准值计算公式如下。

$$S_k = \mu_r S_0 \tag{11-3}$$

式中 S_k——雪荷载标准值，kN/m^2；

μ_r——屋面积雪分布系数；

S_0——基本雪压，kN/m^2。

屋面形式如图 11-5 所示。

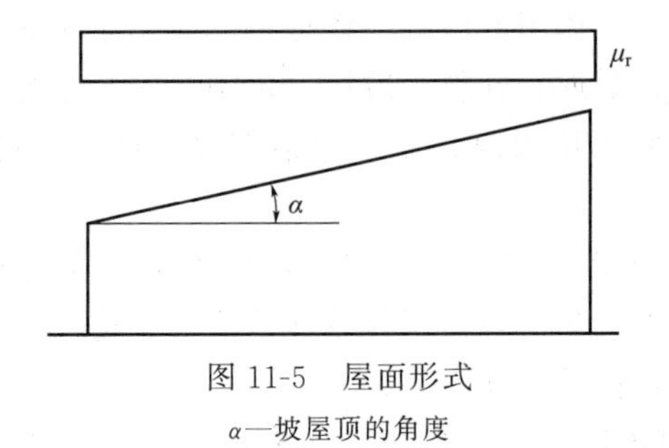

图 11-5 屋面形式

α—坡屋顶的角度

屋面积雪分布系数见表 11-5。

表 11-5 屋面积雪分布系数

$\alpha/(°)$	≤25	30	35	40	45	≥50
μ_r	1.0	0.8	0.6	0.4	0.2	0

⑤ 风荷载　高层建筑和高耸结构的水平力主要考虑地震作用及风荷载，有时考虑风荷载的荷载组合起控制作用。根据大量风的实测资料可以看出，作用于高层建筑上的风力是不规则的，风压随风速和风向的紊乱变化而不断改变。

风荷载的特点：

a. 风力作用与建筑物外形有直接关系，圆形与正方形受到的风力较合理；

b. 风力受到建筑物周围环境影响较大，处于高层建筑群中的高层建筑，有时会出现受力更为不利的情况；

c. 风力作用具有静力和动力两重性质；

d. 风力在建筑物表面的分布很不均匀，在角区和建筑物内收的局部区域，会产生较大的风力；

e. 与地震作用相比，风力作用持续时间较长，其作用更接近于静力，但建筑物的使用期限出现较大风力的次数较多。

由于建筑物表面以及地面不光滑，平均风荷载不仅与风速有关，还与物体表面的粗糙度有着很大的关系，当气流绕过该建筑物时会产生分离及汇合等现象，引起建筑物表面压力分布不均匀。为了反映建筑结构上平均风压受多种因素的影响情况，我国荷载规范采用下式计算结构上的平均风压。

$$\omega=\mu_s\mu_z\omega_0 \tag{11-4}$$

式中　μ_s——风荷载体型系数；

μ_z——风压高度变化系数；

ω_0——基本风压。

(2) 地震作用

地震作用指由地运动引起的结构动态作用，分水平地震作用和竖向地震作用。设计时根据其超越率，可视为可变作用或偶然作用。地震作用与一般荷载不同，它取决于地震烈度大小和建筑结构的动力特性，而一般的荷载与结构的动力特性无关，可以单独确定。地震作用又可分为单质点体系和多质点体系。

① 单质点体系　单质点体系是指可以将结构中参与振动的全部重量集中在一个点上，用无重量的弹性直杆支承于地面上的体系，如图 11-6 所示。

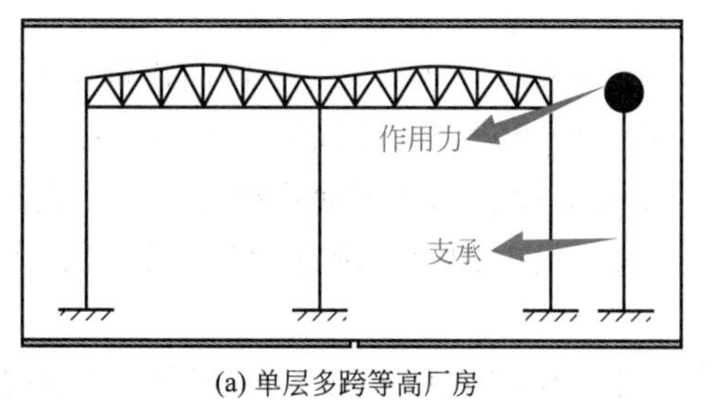

(a) 单层多跨等高厂房　(b) 水塔

图 11-6　单质点体系

② 多质点体系　一般来讲是指将每一层楼面或楼盖及上下各一半层高范围内的全部重量（由重力荷载代表值确定）集中到楼盖或屋盖标高处作为一个质点，并假定由无重量的弹性直杆支承于地面。固端位置一般根据结构实际情况取至基础顶面（地下室顶面）或室外地面下 0.5m 处。一般情况下，n 层房屋可简化成 n 个质点的多自由度弹性体系，如果只考虑质点水平方向振动，则体系有多少个质点就有多少个自由度。多质点体系如图 11-7 所示。

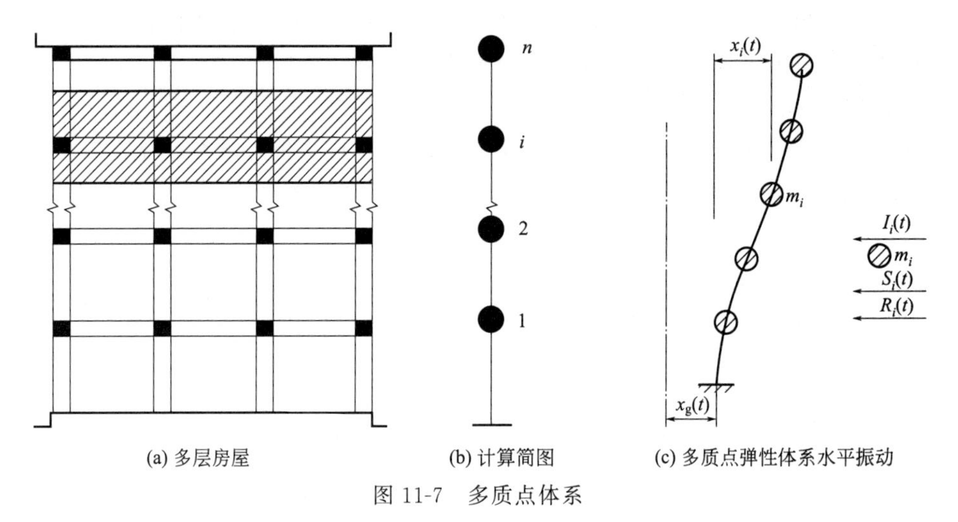

图 11-7　多质点体系

11.2 多层砌体建筑的抗震设计规定与构造措施

11.2.1 地震对砌体建筑的破坏形态

① 墙角的破坏　砌体建筑四角墙面上开裂以致局部倒塌的现象。

② 楼梯间的破坏　楼梯间两侧承重墙出现严重的斜裂缝。

③ 内外墙连接的破坏　内外墙连接处出现裂缝，严重时纵横墙拉脱。造成纵墙外闪倒塌，房屋丧失整体性。

④ 墙体的破坏　墙体出现水平裂缝以及斜裂缝，严重的会出现歪斜以致出现房倒屋塌现象。方向平行的墙体，在水平地震作用下，墙体首先出现斜裂缝，如果墙体高宽比接近 1，则墙体出现 X 形交叉裂缝；如果墙体的高宽比较小，则在墙体中间部位出现水平裂缝。

⑤ 凸出屋面的屋顶间等附属结构的破坏　地震时，平面凸出部位出现局部破坏现象。相邻部位的刚度差异较大时尤为严重。凸出屋面的屋顶间、烟囱、女儿墙等附属结构会受主体结构损坏而造成影响，而且凸出部分面积和房屋面积相差越大，震害越严重。

⑥ 楼板的损坏　砌体建筑楼板缺乏足够的拉结或楼板搁置长度过小，在地震时会造成楼板的坠落。

⑦ 地基基础的破坏　房屋建筑物所在的地基土质、下卧岩层的结构与深度、基础的类型和深度以及地表地形特征，都对房屋建筑物的地震破坏有影响。当加速度较小时或地

质坚实时，地表层或下垫层可能会先达到屈服点，岩石、土层将产生塑性变形，导致地基承载力下降甚至地基失效，造成的破坏和强烈地震引起的震动导致基底土质液化而引起房屋建筑物的下沉、倾斜和滑坡造成的破坏，在历次地震灾害中并不少见。

⑧ 纵波（竖向地震力）导致的破坏　纵波使房屋建筑物上下颠簸，若房屋建筑物的竖向稳定性不是太好，而地震力较大时，会使底层柱子和墙体瞬间增加很大的动荷载，叠加上部的自重，当超出底层柱子和墙体的承载能力时，底层墙柱会垮塌从而导致破坏。

⑨ 横波（横向地震力）造成的破坏　横波使房屋建筑物水平摇摆，它相当于给房屋建筑物施加水平方向来回反复的作用力，大小和引起的变形超出底部墙体和柱子的极限时就会使整幢房屋建筑物倾斜或倾倒从而导致破坏。

⑩ 旋转地震力导致的破坏　旋转地震力导致房屋建筑物围绕水平轴和竖向轴扭转，这种扭转对砌体结构的房屋损坏极大，因为砌体结构的房屋抗扭能力极差，很容易损坏。

11.2.2　多层砌体建筑抗震设计的规定

(1) 多层房屋的层数和高度的规定

① 房屋层数和总高度　一般情况下房屋的层数和总高度不应超过表 11-6 的规定。

表 11-6　房屋层数和总高度的限值

房屋类型		最小抗震墙厚度/mm	烈度和设计基本地震加速度											
			6 度		7 度				8 度				9 度	
			0.05g		0.10g		0.15g		0.20g		0.30g		0.40g	
			高度/m	层数	高度/m	层数	高度/m	层数	高度/m	层数	高度/m	层数	高度/m	层数
多层砌体房屋	普通砖	240	21	7	21	7	21	7	18	6	15	5	12	4
	多孔砖	240	21	7	21	7	18	6	18	6	15	5	9	3
	多孔砖	190	21	7	18	6	15	5	15	5	12	4	—	—
	小砌块	190	21	7	21	7	18	6	18	6	15	5	9	3
底部框架-抗震墙砌体房屋	普通砖 多孔砖	240	22	7	22	7	19	6	16	5	—	—	—	—
	多孔砖	190	22	7	19	6	16	5	13	4	—	—	—	—
	小砌块	190	22	7	22	7	19	6	16	5	—	—	—	—

注：1. 建筑房屋的总高度指的是室外地面到屋面板顶或檐口的高度，半地下室从地下室内地面算起，全地下室和嵌固条件好的半地下室应允许从室外地面算起。带阁楼的坡屋面应算至山尖墙的 1/2 高度处，如图 11-8 所示。

2. 乙类的多层砌体房屋仍按照本地区设防烈度表查询，其层数应减少一层且总高度应降低 3m；不应采用底部框架抗震墙砌体房屋。

3. 室内外高差大于 0.6m 时，房屋总高度应允许比表中数据适当增加，但增加量应小于 1.0m。

4. 本表所列的小砌块砌体房屋不包括配筋混凝土小型空心砌块砌体房屋。

② 医院、教学楼等　医院、教学楼等横墙较少的多层砌体房屋，总高度比表 11-6 中规定的要求降低 3m，层数相应减少一层；各层横墙很少的多层砌体房屋，还应根据具体情况适当降低总高度和减少层数。

③ 横墙较少的多层砌体住宅楼　当按规定采取加强措施并满足抗震承载力要求时，横墙较少的多层砌体住宅楼的高度和层数允许按表 11-6 中的规定采用（横墙较少指的是

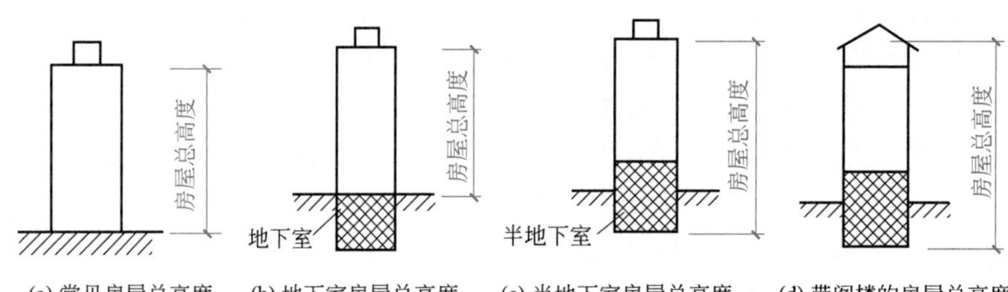

(a) 常见房屋总高度　(b) 地下室房屋总高度　(c) 半地下室房屋总高度　(d) 带阁楼的房屋总高度

图 11-8　房屋总高度

同一楼层内，开向大于 4.2m 的房间占该层总面积的 40%以上；各层的横墙很少)。

④ 设防烈度 6 度和 7 度　设防烈度为 6 度和 7 度时，横墙较少的丙类多层砌体房屋，当按规定采取加强措施并满足抗震承载力要求时，高度和层数仍按照表 11-6 的规定采用。

⑤ 蒸压灰砂砖和蒸压粉煤灰砖　采用蒸压灰砂砖和蒸压粉煤灰砖的砌体房屋，当砌体的抗剪强度达到普通黏土砖砌体的取值时，房屋层数和总高度的要求同普通砖房屋。当砌体的抗剪强度仅达到普通黏土砖砌体的 70%时，房屋的层数应比普通砖房减少一层，总高度应减少 3m。

(2) 多层砌体房屋的结构规定

应优先采用横墙或纵横墙共同承受的结构体系，不应采用砌体墙和混凝土墙混合承重的结构体系。并且，多层砌体房屋的结构布置宜符合以下要求。

① 平面布置　在平面布置时，纵横墙宜均匀对称，沿竖向应上下连续，同时应避免墙体的高度不一致而造成错层。

② 纵横向砌体抗震墙的布置

a. 在平面布置时，纵横墙宜均匀对称，沿竖向应上下连续，同时应避免墙体的高度不一致而造成错层。

b. 楼板局部大洞口的尺寸不宜超过楼板宽度的 30%，且不宜在墙体两侧同时开洞。

c. 平面轮廓凹凸尺寸，不应超过典型尺寸的 50%，当超过典型尺寸的 25%时，房屋转角处应采取加强措施。

d. 房屋错层的楼板高差超过 500mm 时，应按两层计算；错层部位的墙体应采取加强措施。

e. 同一轴线上的窗间墙宽度宜均匀；墙面洞口的面积，地震烈度为 6、7 度时不宜大于墙面总面积的 55%，地震烈度为 8、9 度时不宜大于 50%。

f. 在房屋宽度方向的中部应设置内纵墙，其累计长度不宜少于房屋总长度的 60%(高宽比大于 4 的墙段不计入)。

③ 特殊情况　房屋有下列情况之一时宜设置防震缝，缝两侧均应设置墙体，缝宽应根据烈度和房屋高度确定，可采用 70～100mm。

a. 房屋立面高差在 6m 以上。

b. 房屋有错层，且楼板高差大于层高的 1/4。

c. 各部分结构刚度、质量截然不同。

d. 楼梯间不宜设置在房屋的尽端或转角处。

e. 不应在房屋转角处设置转角窗。

f. 横墙较少、跨度较大的房屋，宜采用现浇钢筋混凝土楼、屋盖。

(3) 多层砌体房屋高宽比限值

当房屋的高宽比较大时，容易发生整体弯曲破坏。为了保证房屋的整体稳定性和抗弯能力，防止多层砌体的房屋整体弯曲损坏，多层砌体房屋的高宽比值应符合表 11-7 的规定。

表 11-7 多层砌体房屋的房屋最大高宽比

烈度/度	6	7	8	9
最大宽高比	2.5	2.5	2.0	1.5

注：建筑平面接近正方形时，其高宽比宜适当减小。

(4) 抗震横墙的最大间距

多层砌体房的横向主要是由横墙来承担其横向水平作用力，抗震横墙的间距小，结构空间就大，抗震性能就越好。横墙的间距大，空间刚度小，不能满足楼盖传递水平地震作用所需的水平刚度要求。所以砌体房屋的横墙间距不应该超过表 11-8 的要求。

表 11-8 砌体房屋抗震横墙的最大间距 单位：m

房屋类别	地震烈度/度			
	6	7	8	9
现浇或装配整体式钢筋混凝土楼、屋盖，装配式钢筋混凝土楼、屋盖木模板	15	15	11	7
	11	11	9	4
	9	9	4	—

注：1. 多层砌体房屋的顶层，除木屋盖外，最大横墙间距应允许适当放宽，但应采取相应加强措施。
2. 多孔砖抗震横墙厚度为 190mm 时，最大横墙间距应比表中数值减少 3m。

(5) 房屋局部尺寸的限制

发生地震时，砌体房屋的倒塌往往是从墙体破坏开始的，墙体是多层房屋的最基本的承重构件和抗侧力构件。为了防止由于墙体的薄弱部位抗震承载力的不足而发生的破坏导致整个房屋的损坏，在开始时应保证房屋的各个墙体能同时发挥它们的最大抗剪承载力。房屋局部尺寸限值见表 11-9。

表 11-9 房屋局部尺寸限值 单位：m

部位	地震烈度/度			
	6	7	8	9
承重窗间墙的最小宽度	1.0	1.0	1.2	1.5
承重外墙尽端至门窗洞边的最小距离	1.0	1.0	1.2	1.5
非承重外墙尽端至门窗洞边的最小距离	1.0	1.0	1.0	1.0
内墙阳角至门窗洞边的最小距离	1.0	1.0	1.5	2.0
无锚固女儿墙(非出入口处)的最大高度	0.5	0.5	0.5	0.0

注：1. 局部尺寸不足时应采取局部加强措施弥补。
2. 出入口处的女儿墙应有锚固。

11.2.3 多层砌体建筑抗震识图

多层砌体建筑构造柱结构示意如图 11-9 所示。

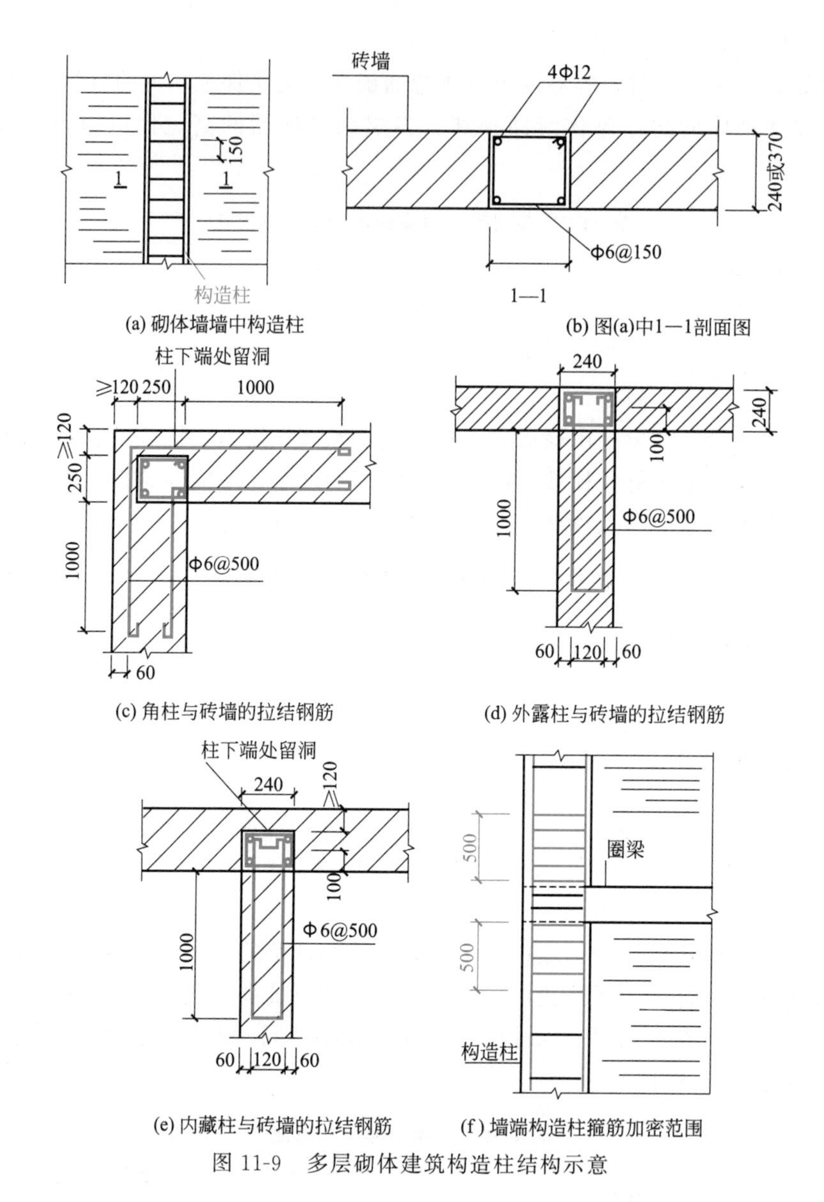

(a) 砌体墙墙中构造柱　　(b) 图(a)中1—1剖面图

(c) 角柱与砖墙的拉结钢筋　　(d) 外露柱与砖墙的拉结钢筋

(e) 内藏柱与砖墙的拉结钢筋　　(f) 墙端构造柱箍筋加密范围

图 11-9　多层砌体建筑构造柱结构示意

多层砌体建筑圈梁的构造如图 11-10 所示。

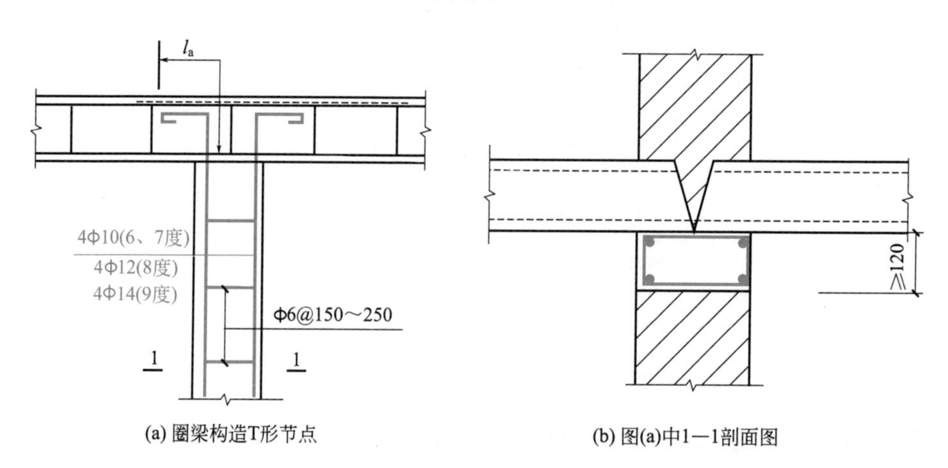

(a) 圈梁构造T形节点　　(b) 图(a)中1—1剖面图

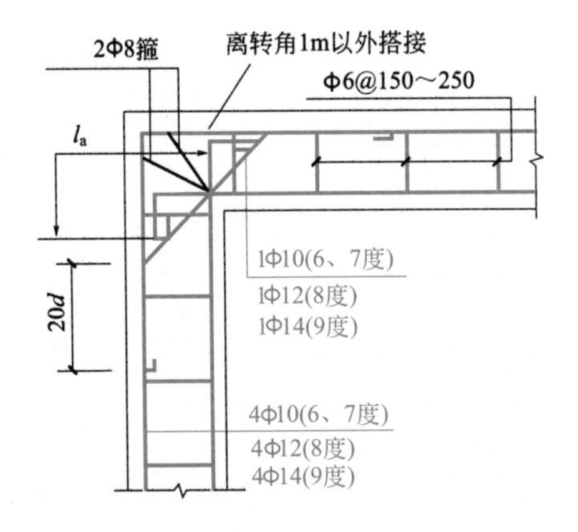

(c) 圈梁构造L形节点

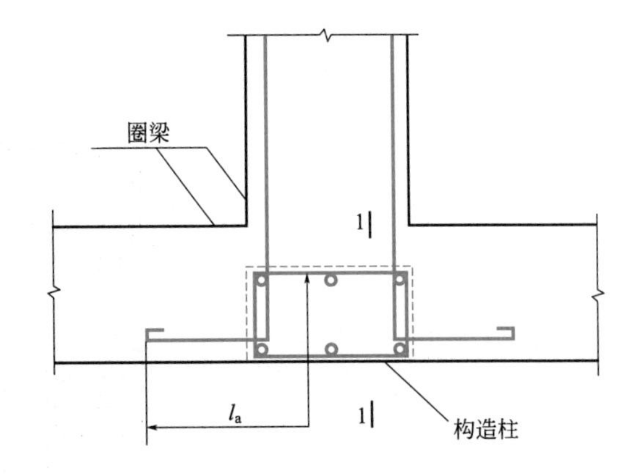

(d) 圈梁与柱边的拉结

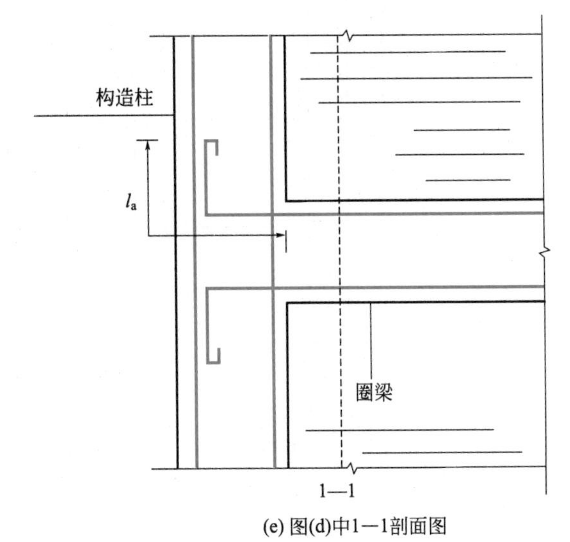

(e) 图(d)中1—1剖面图

图 11-10 多层砌体建筑圈梁的构造

多层砌体房屋构造如图 11-11 所示。

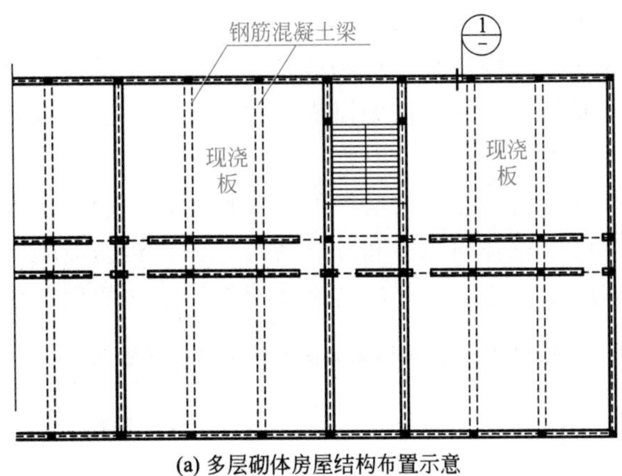

(a) 多层砌体房屋结构布置示意

图 11-11

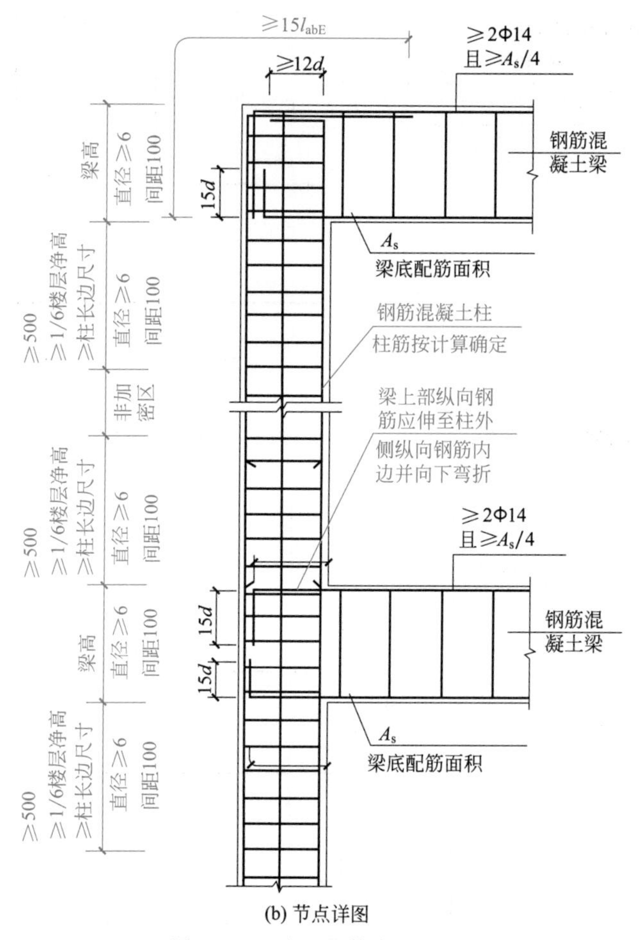

(b) 节点详图

图 11-11　多层砌体房屋构造

11.2.4　多层砌体建筑的抗震构造措施

在多层砌体结构房屋的震害中，有相当大的部分是因为构造不合理或不符合抗震要求而造成的，震害表明，未经合理抗震设计的多层砌体结构房屋，抗震性能较差，在历次地震中破坏率都较高。因此，防倒塌是多层砌体结构房屋抗震设计的重要问题。多层砌体结构房屋的抗倒塌，主要通过抗震构造措施以提高房屋的变形能力来保证。

(1) 构造柱

构造柱可以明显改善多层砌体结构房屋的抗震性能，还能提高建筑物的抗剪强度，提升的幅度与墙体的宽高比以及竖向压力和开洞情况有关；钢筋混凝土构造柱的主要功能是约束墙体，使之有较高的变形能力。多层砖砌体房屋构造柱的设置部位见表 11-10。

表 11-10　多层砖砌体房屋构造柱的设置部位

房屋层数				设置部位	
6 度	7 度	8 度	9 度		
4、5	3、4	2、3		楼、电梯间四角；楼梯斜梯段上下端对应的墙体处；	隔 12m 或单元横墙与外纵墙交接处；楼梯间对应的另一侧内横墙与外纵墙交接处

续表

<table>
<tr><th colspan="4">房屋层数</th><th colspan="2" rowspan="2">设置部位</th></tr>
<tr><th>6度</th><th>7度</th><th>8度</th><th>9度</th></tr>
<tr><td>6</td><td>5</td><td>4</td><td>2</td><td rowspan="2">外墙四角和对应转角；错层部位横墙与外纵墙交接处；大房间内外墙交接处；较大洞口两侧</td><td>隔开间横墙（轴线）与外墙交接处；山墙与内纵墙交接处</td></tr>
<tr><td>7</td><td>≥6</td><td>≥5</td><td>≥3</td><td>内墙（轴线）与外墙交接处；内墙的局部较小墙垛处；内纵墙与横墙（轴线）交接处</td></tr>
</table>

注：较大洞口，对于内墙指不小于2.1m的洞口；对于外墙，在内外墙交接处已设置构造柱时条件应允许适当放宽，但洞侧墙体应加强。

① 一般情况　一般情况下应符合表11-10的要求。

② 外廊式和单面走廊式　外廊式和单面走廊式的多层房屋，应根据房屋增加一层后的层数，按表11-10的要求设置构造柱，且单面走廊两侧的纵墙均应按外墙处理。

③ 教学楼、医院等横墙较少的房屋　教学楼、医院等横墙较少的房屋应根据房屋增加一层后的层数，按表11-10的要求设置构造柱；当横墙较少的房屋为外廊式和单面走廊时，应按②的要求设置构造柱，但地震烈度为6度不超过4层、地震烈度为7度不超过3层和地震烈度为8度不超过2层时，应按增加2层后的层数对待。

④ 各层横墙很少的房屋　应按增加2层后的层数设置构造柱。

⑤ 采用蒸压灰砂砖和蒸压粉煤灰砖的砌体房屋　当砌体的抗剪强度仅达到普通黏土砖砌体的70%时，应根据增加1层的层数按①～④的要求设置构造柱；但地震烈度为6度不超过4层、地震烈度为7度不超过3层和地震烈度为8度不超过2层时，应按增加2层后的层数对待。

多层砌体建筑构造柱的构造要求如下。

① 截面与配筋　构造柱最小截面可采用240mm×180mm，纵向钢筋宜采用4Φ12，箍筋间距不宜大于250mm，且在柱上下端适当加密；地震烈度为6～7度时超过6层、地震烈度为8度时超过5层和地震烈度为9度时，构造柱纵向钢筋宜采用4Φ14，箍筋间距不应大于200mm；房屋四角的构造柱可适当加大截面及配筋。

② 构造柱与墙体的连接　构造柱与墙体连接处应砌成马牙槎，并应沿墙高每隔500mm设2Φ6拉结钢筋，每边伸入墙内不宜小于1m，如图11-12所示。

③ 构造柱与圈梁的连接　构造柱与圈梁连接处，构造柱的纵筋应穿过圈梁，保证构造柱纵筋上下贯通。

④ 构造柱的基础　构造柱可不单独设置基础，但应伸入地下室以下500mm，或与埋深小于500mm的基础圈梁相连。构造柱与构件的连接如图11-13所示。

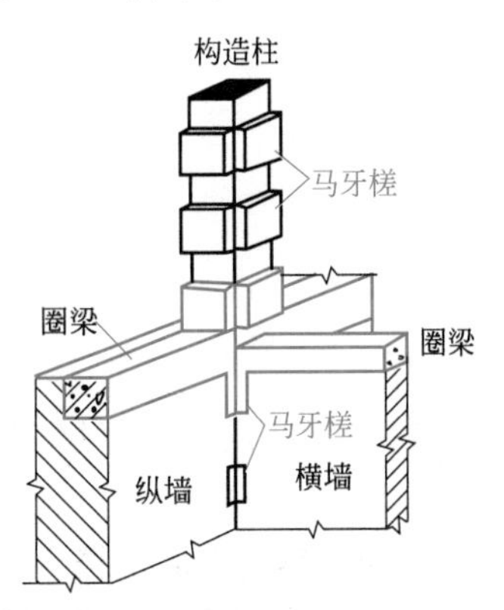

图11-12　构造柱与砖墙的马牙槎结合

(2) 圈梁

多次震害调查表明，圈梁对房屋抗震有重要作用，是多层砌体结构的房屋的一种经济有效的抗震措施，可减轻震害。钢筋混凝土圈梁的主要功能有增加纵横墙体的连接，加强整个房屋的整体性；圈梁可箍住楼盖，增强其整体刚度；减小墙体的自由长度，增强墙体的稳定性；可提高房屋的抗剪强度，约束墙体裂缝的开展；抵抗地基不均匀沉降，减小构造柱计算长度。

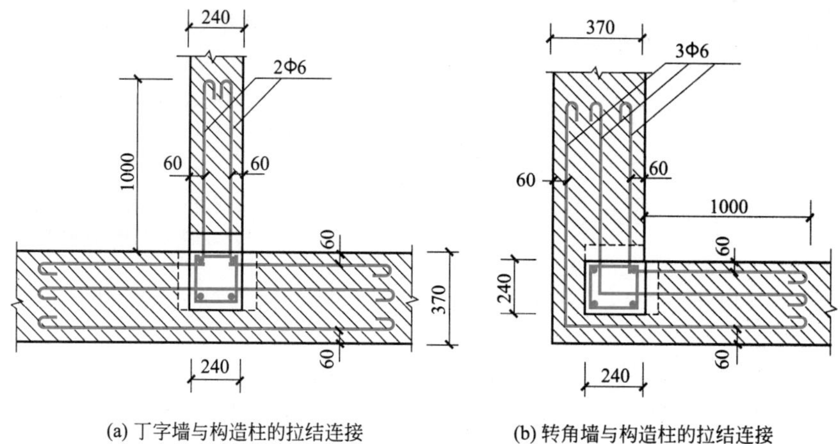

(a) 丁字墙与构造柱的拉结连接　　(b) 转角墙与构造柱的拉结连接

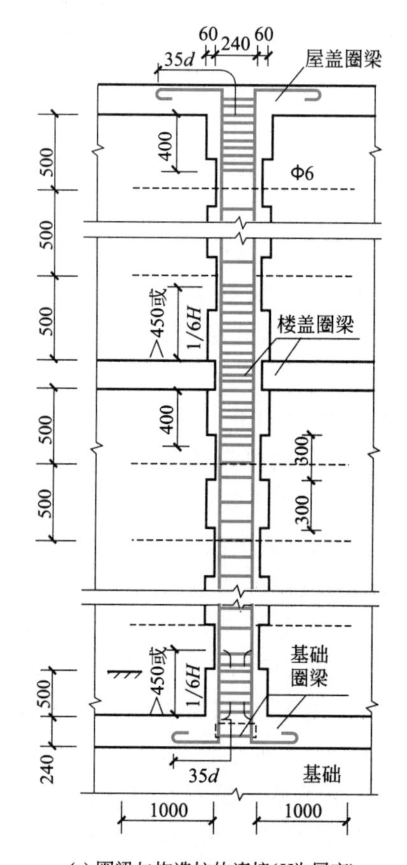

(c) 圈梁与构造柱的连接(H为层高)

图 11-13　构造柱与构件的连接

① 圈梁的设置　多层普通砖、多孔砖房屋的现浇钢筋混凝土圈梁设置应符合下列要求。

装配式钢筋混凝土楼、屋盖或木楼、屋盖的砖房，横墙承重时应按表 11-11 的要求设置圈梁；纵墙承重时每层均应设置圈梁，且抗震墙上的圈梁间距应比表 11-11 内的要求适当加密。

表 11-11　多层砖砌体房屋现浇钢筋混凝土圈梁设置要求

墙类	地震烈度/度		
	6、7	8	9
外墙和内纵墙	屋盖处及每层楼盖处	屋盖处及每层楼盖处	屋盖处及每层楼盖处
内横墙	屋盖处及每层楼盖处；屋盖处间距不应大于 4.5m；楼盖处间距不应大于 7.2m；构造柱对应部位	屋盖处及每层楼盖处；各层所有横墙，且间距不应大于 4.5m；构造柱对应部位	屋盖处及每层楼盖处；各层所有横墙

现浇或装配式钢筋混凝土楼、屋盖与墙体有可靠连接的房屋，应允许不另设圈梁，但楼板沿墙体周边应加强配筋并应与相应的构造柱钢筋可靠连接。

② 圈梁的构造要求　圈梁应闭合，遇有洞口时圈梁应上下搭接。圈梁宜与预制板设在同一标高处或紧靠板底；圈梁在表 11-11 中要求的间距内无横墙时，应利用梁或板缝中配筋替代圈梁；圈梁的截面高度不应小于 120mm，配筋应符合表 11-12 的要求。

表 11-12　多层砖砌体房屋圈梁配筋要求

配筋	地震烈度/度		
	6、7	8	9
最小纵筋	4Φ10	4Φ12	4Φ14
箍筋最大间距/mm	250	200	150

当地基为软弱黏性土、液化土、新近填土或严重不均匀土时，为加强基础整体性而增设的基础梁，截面高度不应小于 180mm，配筋不应少于 4Φ12。砖拱楼、屋盖房屋的圈梁应按照计算规定，但配筋不应小于 4Φ10。

11.3 多层和高层钢筋混凝土建筑的抗震设计规定与构造措施

11.3.1 混凝土结构的特点和受力特性

多层和高层钢筋混凝土房屋是我国工业与民用建筑中最常用的结构形式，根据建筑功能要求不同，其常用的结构体系有框架结构、抗震墙结构、框架-抗震墙结构和筒体结构等形式。与砌体结构相比，钢筋混凝土结构一般具有较好的承载力，经过合理设计，可获得较好的抗震性能。但如果设计不合理或施工质量不良等原因，在地震中也会表现出不同形式和不同程度的震害特点。

(1) 各混凝土结构体系的特点

① 框架结构　由梁、柱构件组成的结构称为框架。框架结构的特点是建筑平面布置灵活，可以做成有较大空间的会议室、营业室、教室等。需要时，可用隔断分隔成小房间，因而使用灵活。

框架结构的构件震害一般是梁轻柱重，柱顶重于柱底，尤其是角柱和边柱更易发生破坏。除剪跨比小的短柱（如楼梯间平台柱等）易发生柱剪切破坏外，一般柱是柱端的弯曲破坏，轻者发生水平或斜向裂缝，重者混凝土压酥剥落，箍筋外鼓崩断，柱筋弯曲。当节点核心区无箍筋约束时，节点与柱端破坏加重。当柱侧有强度高的砌体填充墙紧密嵌砌时，柱顶剪切破坏加重，破坏部位还可能转移到窗（门）洞上下处，甚至出现短柱的剪切破坏。当建筑物的水平力不足时容易造成柱牛腿外侧混凝土压碎，预埋件拔出，柱边混凝土拉裂。

框架结构中的框架梁震害一般发生在梁端部位，地震中的竖向荷载容易使梁端出现垂直裂缝和交叉斜裂缝。当抗剪钢筋配置不足时容易发生建筑物的剪切破坏，当抗弯钢筋不足时容易发生弯曲破坏，当梁主筋在节点内锚固不足时容易发生锚固破坏。

② 抗震墙结构　利用建筑物墙体作为承受竖向荷载、抵抗水平荷载的结构，称为抗震墙结构。

③ 框架-抗震墙结构　在框架结构中设置部分抗震墙，使框架和抗震墙两者结合起来，取长补短，共同抵抗水平荷载，就组成了框架-抗震墙结构体系。如果把抗震墙布置成筒体，又可称为框架-筒体结构体系。

抗震墙以及框架抗震墙结构的震害主要体现在连梁的破坏和墙肢底部的破坏。

连梁的破坏：在强震作用下，抗震墙的震害主要表现为墙肢之间连梁的剪切破坏。这主要是由于连梁跨度较小、高度大而形成深梁，在反复荷载作用下形成 X 形剪切裂缝，这种破坏为剪切型脆性破坏，尤其是在房屋 1/3 高度处的连梁破坏更为明显。洞口处宜配置补强钢筋，如图 11-14 所示，被洞口削弱的截面应进行抗剪承载力计算。洞口上下的有效高度不宜小于梁高 H 的 1/3，并不宜小于 200mm。

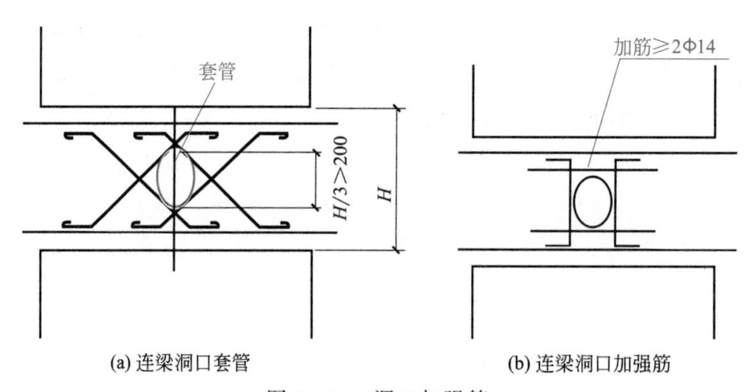

图 11-14　洞口加强筋

墙肢底部的破坏：剪力墙底部墙肢的内力最大，容易在墙肢底部出现裂缝及破坏。在水平荷载下受拉的墙肢往往轴压力较小，在强震的作用下还会出现拉力，故容易出现水平裂缝。对于层高小而高度较大的墙肢，也容易出现剪切斜裂缝。当剪跨比较大，并采取措施加强墙肢的抗剪能力时，则出现墙肢弯曲破坏。

(2) 受力特性

① 水平荷载　在低层结构中，水平荷载产生的内力和位移很小，通常可以忽略；在多层结构中，水平荷载的效应（内力和位移）逐渐增大；而到高层建筑中，水平荷载和地震作用将为控制因素。对于高层结构，可将其简化为下端固定的悬臂构件。

② 竖向刚度　结构刚度沿竖向分布突然变化时，在刚度突变处形成地震中的薄弱部

位，产生较大的应力集中或塑性变形集中。如果不对可能出现的薄弱部位采取相应的措施，就会产生严重的震害。

③ 场地和地基　场地和地基的受力特性分为两类：一是地基失效导致的房屋的不均匀沉降甚至倒塌；二是场地土质条件影响地震波的传播特性，使建筑物产生不同的地震反应，当房屋的自振周期与场地地基土的卓越周期相近时，有可能发生类共振而加重房屋的震害，有时即使地震烈度不高，但结构物的破坏比预计的严重很多。

11.3.2　多层和高层钢筋混凝土建筑的抗震设计规定

(1) 房屋的最大适用高度

多层和高层钢筋混凝土房屋抗震设计的一般规定，是指导这类房屋抗震设计的大原则，在进行抗震设计时首先要满足这些规定，然后才能做进一步的抗震计算。这些规定包括各种结构体系的最大适用高度、抗震等级、防震缝的设置、对基础的要求等。如果由于种种原因而不能满足这些规定，就要采取有效的加强措施，甚至需要经过审批。不同的结构体系其抗震性能不同，技术经济指标随着房屋的高度而变化。《建筑抗震设计规范》(GB 50011—2016) 根据各种结构体系的特点，从安全和经济等多方面综合考虑，规定了现浇钢筋混凝土房屋的最大适用高度，见表 11-13。

表 11-13　现浇钢筋混凝土房屋的最大适用高度　　单位：m

结构类型		地震烈度/度				
		6	7	8(0.2g)	8(0.3g)	9
框架		60	50	40	35	24
框架-抗震墙		130	120	100	80	50
抗震墙		140	120	100	80	60
部分框支抗震墙		120	100	80	50	不应采用
筒体	框架-核心筒	150	130	100	90	70
	筒中筒	180	150	120	100	80
板柱-抗震墙		80	70	55	40	不应采用

注：1. 房屋高度指室外地面到主要屋面板板顶的高度（不包括局部凸出屋顶部分）。
2. 框架-核心筒结构指周边稀柱框架与核心筒组成的结构。
3. 部分框支抗震墙结构指首层或底部两层为框支层的结构，不包括仅个别框支墙的情况。
4. 表中框架，不包括异形柱框架。
5. 板柱-抗震墙结构指板柱、框架和抗震墙组成抗侧力体系的结构。
6. 乙类建筑可按本地区抗震设防烈度确定其适用的最大高度。

(2) 房屋的抗震等级

抗震等级用于确定房屋的抗震措施，钢筋混凝土房屋的抗震措施包括抗震的构造措施和内力调整。可根据设防烈度、房屋高度、建筑类别、结构类型及构件在结构中的重要程度来确定。抗震等级的划分考虑了技术要求和经济条件，随着设计方法的改进和经济水平的提高，抗震等级亦将相应调整。为了体现不同情况下的抗震设计要求的差异，达到合理的目的，《建筑抗震设计规范》(GB 5011—2016) 把抗震等级共分为四级，它体现了不同的抗震要求，其中一级抗震要求最高。对丙类建筑的抗震等级应按照表 11-14 的要求确定。

表 11-14　现浇钢筋混凝土房屋的抗震等级

结构类型		设防烈度/度									
		6		7			8			9	
框架结构	高度/m	≤24	>24	≤24		>24	≤24		>24	≤24	
	框架/级	四	三	三		二	二		一	一	
	大跨度框架/级	三		二			一			一	
框架-抗震墙结构	高度/m	≤60	>60	≤24	25～60	>60	≤24	25～60	>60	≤24	25～50
	框架/级	四	三	四	三	二	三	二	一	二	一
	抗震墙/级	三		三	二		二	一		一	
抗震墙结构	高度/m	≤80	>80	≤24	25～80	>80	≤24	25～80	>80	≤24	25～60
	抗震墙/级	四	三	四	三	二	三	二	一	二	一
部分框支抗震墙结构	高度/m	≤80	>80	≤24	25～80	>80	≤24	25～80			
	抗震墙/级 一般部位	四	三	四	三	二	三	二			
	抗震墙/级 加强部位	三	二	三	二	一	二	一			
	框支层框架/级	二	二	一	一	一					
框架-核心筒	框架/级	三		二			一			一	
	核心筒/级	二		二			一			一	
筒中筒结构	外筒/级	三		二			一			一	
	内筒/级	三		二			一			一	
板柱-抗震墙结构	高度/m	≤35	>35	≤35		>35	≤35		>35		
	框架、板柱的柱/级	三	二	二		一	二		一		
	抗震墙/级	二	二	二		一	二		一		

注：1. 建筑场地为Ⅰ类时，除 6 度外应允许按表内降低 1 度所对应的抗震等级采取抗震构造措施，但相应的计算要求不应降低。

2. 接近或等于高度分界时，应允许结合房屋不规则程度及场地、地基条件确定抗震等级。

3. 大跨度框架指跨度不小于 18m 的框架。

4. 高度不超过 60m 的框架-核心筒结构按框架-抗震墙的要求设计时，应按表中框架-抗震墙结构的规定确定其抗震等级。

抗震设防类别为甲、乙、丁类的建筑，应按照抗震设防标准来确定各自的设防烈度，然后再根据表 11-14 确定各自的抗震等级。当甲、乙类建筑按规定提高 1 度确定其抗震等级而房屋的高度超过表 11-14 相应规定的上界时，应采取比一级更有效的抗震构造措施。钢筋混凝土房屋抗震等级的确定，还应符合下列要求。

① 抗震墙的框架结构　设置少量抗震墙的框架结构，在规定的水平力作用下，若底层框架部分承受的地震倾覆力矩大于结构总地震倾覆力矩的 50%时，其框架部分的抗震等级应按框架结构确定，抗震墙的抗震等级可与其框架的抗震等级相同，其中底层是指计算嵌固端所在层。

② 裙房与主楼　裙房与主楼相连，除应按裙房本身确定外，不应低于主楼的抗震等级；主楼结构在裙房顶层及相邻上下各一层应适当加强抗震构造措施。裙房与主楼分离时，应按裙房本身确定抗震等级。

③ 地下室顶板　当地下室顶板作为上部结构的嵌固部位时，地下一层的抗震等级应与上部结构相同，地下一层以下抗震构造措施的抗震等级可逐层降低一级，但不应低于四级。地下室中无上部结构的部分，抗震构造措施的抗震等级可根据具体情况采用三级或四级。

11.3.3 多层和高层钢筋混凝土建筑的抗震识图

多层钢筋混凝土框架梁各级抗震箍筋加密区如图 11-15 所示。

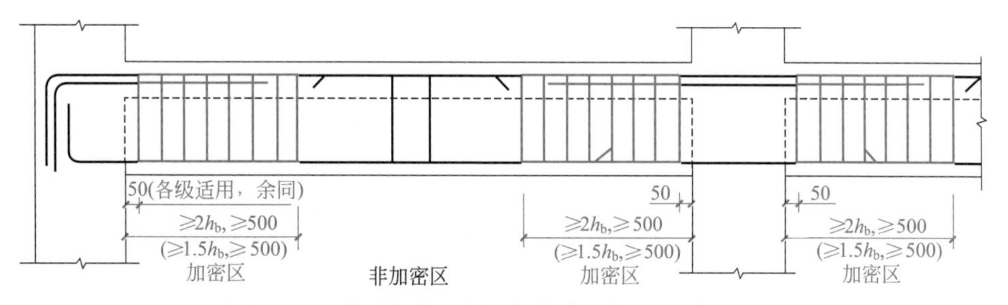

图 11-15 多层钢筋混凝土框架各级抗震箍筋加密区

括号内数值用于一级抗震等级情况，其余适用于二至四级抗震等级情况

多层钢筋混凝土框架柱纵向钢筋连接构造如图 11-16 所示。

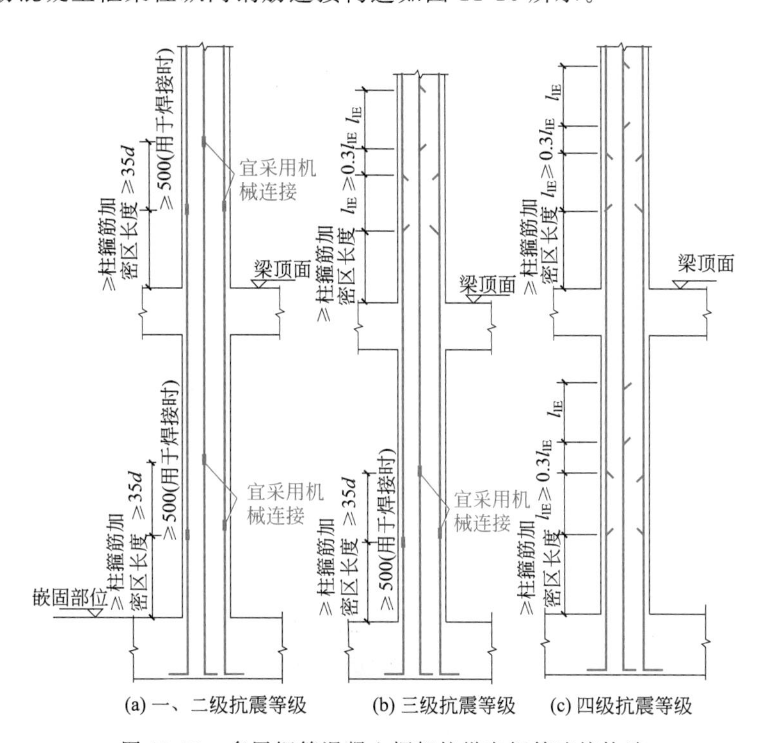

图 11-16 多层钢筋混凝土框架柱纵向钢筋连接构造

1. 一、二级抗震等级及三级抗震等级的底层，采用机械连接，或者采用绑扎搭接或焊接连接；三级抗震等级的其他部位和四级抗震等级，可采用绑扎搭接或焊接连接

2. 柱纵向钢筋连接接头的位置应相互交错，不能在同一截面上，同一连接区段内的受拉钢筋接头不宜超过全截面钢筋总面积 50%

3. 轴心受拉柱及小偏心受拉柱不得采用绑扎搭接接头

4. 柱纵向受力钢筋搭接长度范围内箍筋直径不应小于搭接钢筋较大直径的 1/4。当钢筋受拉时，箍筋间距不应大于搭接钢筋较小直径的 5 倍，且不应大于 100mm；当钢筋受压时，箍筋间距不应大于搭接钢筋较小直径的 10 倍，且不应大于 200mm；当受压钢筋直径 d>25mm 时，应在搭接接头两个端面外 100mm 范围内各设置两道箍筋，以保证钢筋整体的受力

多层钢筋混凝土抗震墙中竖向及水平分布筋的连接如图 11-17 所示。

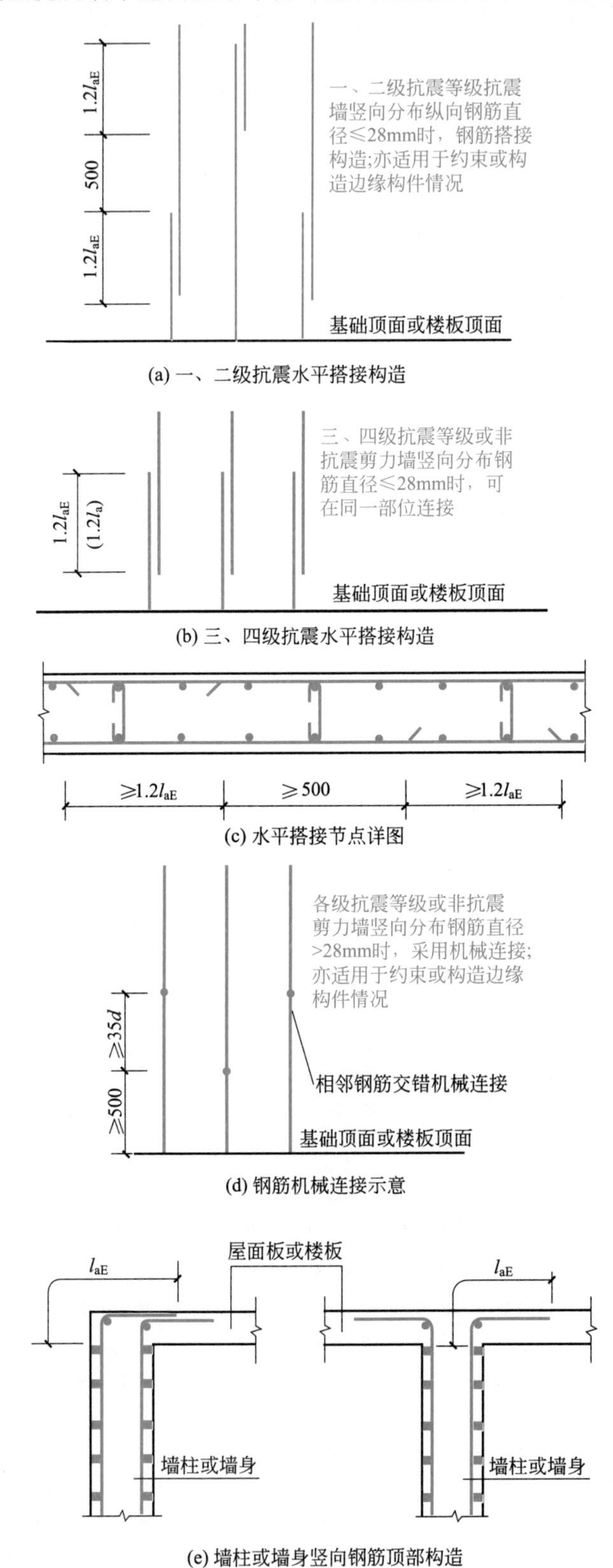

图 11-17　多层钢筋混凝土抗震墙中竖向及水平分布筋的连接

11.3.4 多层和高层钢筋混凝土建筑的抗震构造措施

(1) 框架结构的抗震构造措施

① 框架柱的抗震构造措施　控制柱子截面尺寸，截面的高度和宽度，四级或不超过2层时不宜小于300mm，一至三级且超过2层时不宜小于400mm；圆柱的直径，四级或不超过2层时不宜小于350mm，一至三级且超过2层时不宜小于450mm；截面长边与短边的边长比不宜大于3。

轴压比的限值：柱的轴压比指柱的组合轴压力设计值与柱的全截面面积和混凝土轴心抗压强度设计值乘积之比，即 $N/(bhf_c)$，式中，N 为柱组合的轴压力设计值；b、h 为柱子的短边；f_c 为混凝土抗压强度的设计值。

轴压比是影响柱的延性的重要因素之一。轴压比较小时，柱子为大偏心受压破坏，延性较好。轴压比较大时，柱子为小偏心受压，较脆。尤其在高轴压比条件下，箍筋对柱的变形能力的影响很小。因此，在框架抗震设计中，必须限制轴压比，以保证柱具有一定的延性。柱轴压比不宜超过表11-15的规定。建造于Ⅳ类场地且较高的建筑，轴压比限值应适当减小。

表 11-15　轴压比限值

结构类型	抗震等级/级			
	一	二	三	四
框架结构	0.65	0.75	0.85	0.90
框架-抗震墙结构 板柱-抗震墙及筒体结构	0.75	0.85	0.90	0.95
部分框支抗震墙结构	0.6	0.7	—	

注：1. 轴压比指柱组合的轴压力设计值与柱的全截面面积和混凝土轴心抗压强度设计值乘积的比值；对于规范规定可不进行地震作用计算的结构，可取无地震作用组合的轴力设计值。

2. 表内限值适用于剪跨比大于2、混凝土强度等级不高于C60的柱；剪跨比不大于2的柱轴压比限值应降低0.05；剪跨比小于1.5的柱，轴压比限值应专门研究并采取特殊构造措施。

3. 沿柱全高采用井字复合箍且箍筋肢距不大于200mm，间距不大于100mm、直径不小于12mm；或沿柱全高采用复合螺旋箍、螺旋间距不大于100mm、箍筋肢距不大于200mm，直径不小于12mm；或沿柱全高采用连续复合矩形螺旋箍螺旋净距不大于80mm、箍筋肢距不大于200mm、直径不小于10mm，轴压比限值均可增加0.10。上述三种箍筋的配箍特征值均应按增大的轴压比由本表确定。

4. 在柱的截面中部附加芯柱，其中另加的纵向钢筋的总面积不少于柱截面面积的0.8%，轴压比限值可增加0.05；此项措施与注3的措施共同采用时，轴压比限值可增加0.15，但箍筋的配箍特征值仍可按轴压比增加0.10的要求确定。

5. 轴压比不应大于1.05。

柱子的纵向钢筋配置：柱子的纵向钢筋宜对称配置，其绑扎接头应避开柱端的箍筋加密区。柱子的总配筋率应按照柱截面中全部纵向钢筋的面积与截面面积之比去计算。柱子的总配筋率不应大于5%，每侧纵向钢筋率不应小于0.2%且不宜大于1.2%。柱子纵向受力钢筋的最小总配筋率应按表11-16规定采用。对建造于Ⅳ类场地且较高的建筑，最小总配筋率应增加0.1%。

表 11-16　柱截面纵向钢筋的最小总配筋率

类别	抗震等级/级			
	一	二	三	四
中柱和边柱	0.9(1.0)	0.7(0.8)	0.6(0.7)	0.5(0.6)
角柱、框支柱	1.1	0.9	0.8	0.7

注：1. 表中括号内数值用于框架结构的柱。
2. 钢筋强度标准值小于 400MPa 时，表中数值应增加 0.1；钢筋强度标准值为 400MPa 时，表中数值应增加 0.05。
3. 混凝土强度等级高于 C60 时，上述数值应相应增加 0.1。

柱子的箍筋配置：根据多次的震害调查，框架柱的损坏主要集中在柱端 1.0～1.5 倍柱截面高度范围内。在柱子中加密柱箍筋可以达到以下三种效果：

a. 承担柱子的剪力；

b. 为纵向钢筋提供侧向支撑，防止纵筋压曲；

c. 约束混凝土，提高混凝土的抗压强度，还可以提高混凝土的变形能力。

常见的箍筋示意如图 11-18 所示。

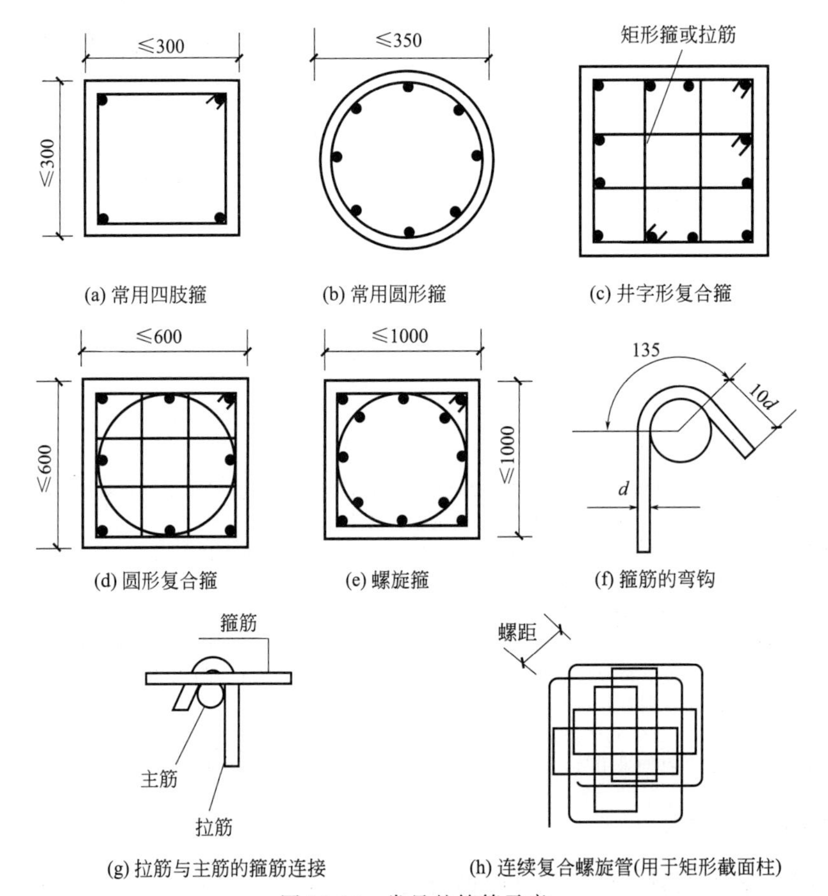

图 11-18　常见的箍筋示意

柱子箍筋的加密区范围：柱端应取截面高度（圆柱直径）、柱净高的 1/6 和 500mm 三者的最大值。底层柱的下端不小于柱净高的 1/3；当有刚性地面时，除柱端外尚应取刚性地面上下各 500mm；剪跨比不大于 2 的柱、因设置填充墙等形式的柱、净高与柱截面高度之比不大于 4 的柱、框支柱、一级和二级框架的角柱，取全高。

柱箍筋加密区内的箍筋间距和直径要求：一般情况下，箍筋的最大间距和最小直径，应按照表 11-17 所示的数据采用。

表 11-17 柱箍筋加密区的箍筋最大间距和最小直径 单位：mm

抗震等级	箍筋最大间距(采用较小值)	箍筋最小直径
一	$6d$,100	10
二	$8d$,100	8
三	$8d$,150(柱根 100)	8
四	$8d$,150(柱根 100)	6(柱根 8)

注：1. d 为柱纵筋最小直径。
2. 柱根指底层柱下端箍筋加密区。

一级框架柱的箍筋直径大于 12mm 且箍筋肢距不大于 150mm，二级框架柱的箍筋直径不小于 10mm 且箍筋肢距不大于 200mm 时，除底层柱下端外，柱根外最大间距应允许采用 150mm；三级框架柱的截面尺寸不大于 400mm 时，箍筋最小直径允许采用 6mm；四级框架柱剪跨比不大于 2 时，箍筋直径不应小于 8mm。框支柱和剪跨比不大于 2 的柱，箍筋间距不应大于 100mm。至少每隔一根纵向钢筋宜在两个方向有箍筋或拉筋约束；采用拉筋复合箍时，拉筋宜紧靠纵向钢筋并钩住箍筋。

② 框架梁的构造措施　梁的截面尺寸宜符合下列各项要求：截面宽度不宜小于 200mm，强震作用下，梁宽度过小不利于梁对节点核心区的约束，容易使截面损失较大；截面高宽比不宜大于 4，若梁高宽比过大，梁截面抗剪能力会下降，侧向稳定性不宜保证，应防止在梁刚度降低后引起侧向失稳；净跨与截面高度之比不宜小于 4，梁净跨与截面高度之比过小则属于短梁，在反复的弯曲下易产生脆性的剪切破坏，降低梁的延性，造成建筑结构的损坏。

采用梁宽大于柱宽的扁梁时，为了避免或减小扭转的不利影响，应采用整体现浇楼盖，梁中线宜与柱中线重合，扁梁应双向布置，且不宜用于一级框架结构。扁梁的截面尺寸应符合式(11-5) 的要求，并应满足现行有关规范对挠度和裂缝宽度的规定。

$$b_b \leqslant 2b_c \tag{11-5a}$$

$$b_b \leqslant b_c + h_b \tag{11-5b}$$

$$h_b \leqslant 16d \tag{11-5c}$$

式中　b_c——柱截面宽度，圆形截面取柱直径的 0.8 倍；

b_b，h_b——梁截面的宽度和高度；

d——柱纵筋直径。

梁的钢筋配置：梁端纵向受拉钢筋的配筋率不应大于 2.5%，且计入受压钢筋的梁端混凝土受压区高度和有效高度之比，一级不应大于 0.25，二级、三级不应大于 0.35。梁端截面的底面和顶面纵向钢筋配筋量的比值，除按计算确定外，一级不应小于 0.5，二级、三级不应小于 0.3。梁端箍筋加密区的长度、箍筋最大间距和最小直径应按表 11-18 采用，当梁端纵向受拉钢筋配筋率大于 2% 时，表 11-18 中箍筋最小直径数值应增大 2mm。

表 11-18　梁端箍筋加密区的长度、箍筋的最大间距和最小直径　　单位：mm

抗震等级	加密区长度(采用最大值)	箍筋最大间距(采用最小值)	箍筋最小直径
一	$2h_b$	$h_b/4,6d,100$	10
二	$1.5h_b,500$	$h_b/4,8d,100$	8
三	$1.5h_b,500$	$h_b/4,8d,150$	8
四	$1.5h_b,500$	$h_b/4,8d,1580$	6

注：1. d 为纵向钢筋直径；h_b 为梁截面高度。

2. 第一个箍筋设置在距构件节点边缘不大于 50mm 处。

由于地震作用的不确定性，梁内反弯点位置可能变化，因此梁端纵向受拉钢筋的配筋率不宜大于 2.5%，沿梁全长顶面和底面的配筋，一级、二级不应少于 2Φ14，且分别不应少于梁两端顶面和底面纵向配筋中较大截面面积的 1/4，三级、四级不应少于 2Φ12，一至三级框架梁内贯通中柱的每根纵向钢筋直径，对框架结构矩形截面柱，不宜大于柱在该方向截面尺寸的 1/20；对圆形截面柱，不宜大于纵向钢筋所在位置圆形柱截面弦长的 1/20。

梁端加密区的箍筋肢距，一级不宜大于 200mm 和 20 倍箍筋直径两者中的较大值，二级、三级不宜大于 250mm 和 20 倍箍筋直径两者中的较大值，四级不宜大于 300mm。

③ 框架节点区抗震构造　节点区的混凝土强度等级要求，由于节点区的混凝土所受的剪力比较大，所以要保证节点区的混凝土有较高的强度。一级框架柱、梁、节点均不宜低于 C30，其他各类构件不应低于 C20。

框架节点核心区箍筋的最大间距和最小直径宜按柱箍筋加密的要求采用。一至三级框架节点核心区配箍特征值分别不宜小于 0.12、0.10 和 0.08，且体积配箍率分别不宜小于 0.6%、0.5%和 0.4%。柱剪跨比不大于 2 的框架节点核心区体积配箍率不宜小于核心区上、下柱端的较大体积配箍率。

梁、柱纵筋在节点区的锚固：在反复荷载作用下，钢筋与混凝土的黏结强度将发生退化，引起纵筋的锚固破坏。梁纵筋锚固破坏是脆性破坏，将大大降低梁截面后期抗弯承载力及节点刚度。因此，必须保证梁、柱纵筋的可靠锚固来提高梁、柱整体的抗震性能。纵筋的锚固方式一般有两种：直线锚固和弯折锚固，梁纵筋在中节点常用直线锚固，在边节点采用弯折锚固。

对于框架中间层中间节点、中间层端节点、顶层中间节点以及顶层端节点，梁、柱纵向钢筋在节点部位的锚固和搭接，应符合图 11-19 的构造规定。

(2) 钢筋混凝土抗震墙结构抗震构造措施

① 抗震墙厚度　抗震墙的厚度，一级、二级不应小于 160mm 且不应小于层高的 1/20，三级、四级不应小于 140mm 且不应小于层高的 1/25；底部加强部位的墙厚，一级、二级不应小于 200mm 且不宜小于层高或无支长度的 1/16，三级、四级不应小于 160mm 且不宜小于层高或无支长度的 1/20；无端柱或翼墙时，一级、二级不宜小于层高或无支长度的 1/12，三级、四级不宜小于层高或无支长度的 1/16。抗震墙的混凝土强度等级不应低于 C20。

② 轴压比限值　轴压比是影响抗震墙延性的主要因素，为了保证抗震墙具有足够的延性，防止地震时发生脆性破坏，应对抗震墙的轴压比加以限制。当轴压比较小时，即使在墙端部不设置约束边缘构件，抗震墙也具有比较好的延性和耗能能力；而当轴压比超过

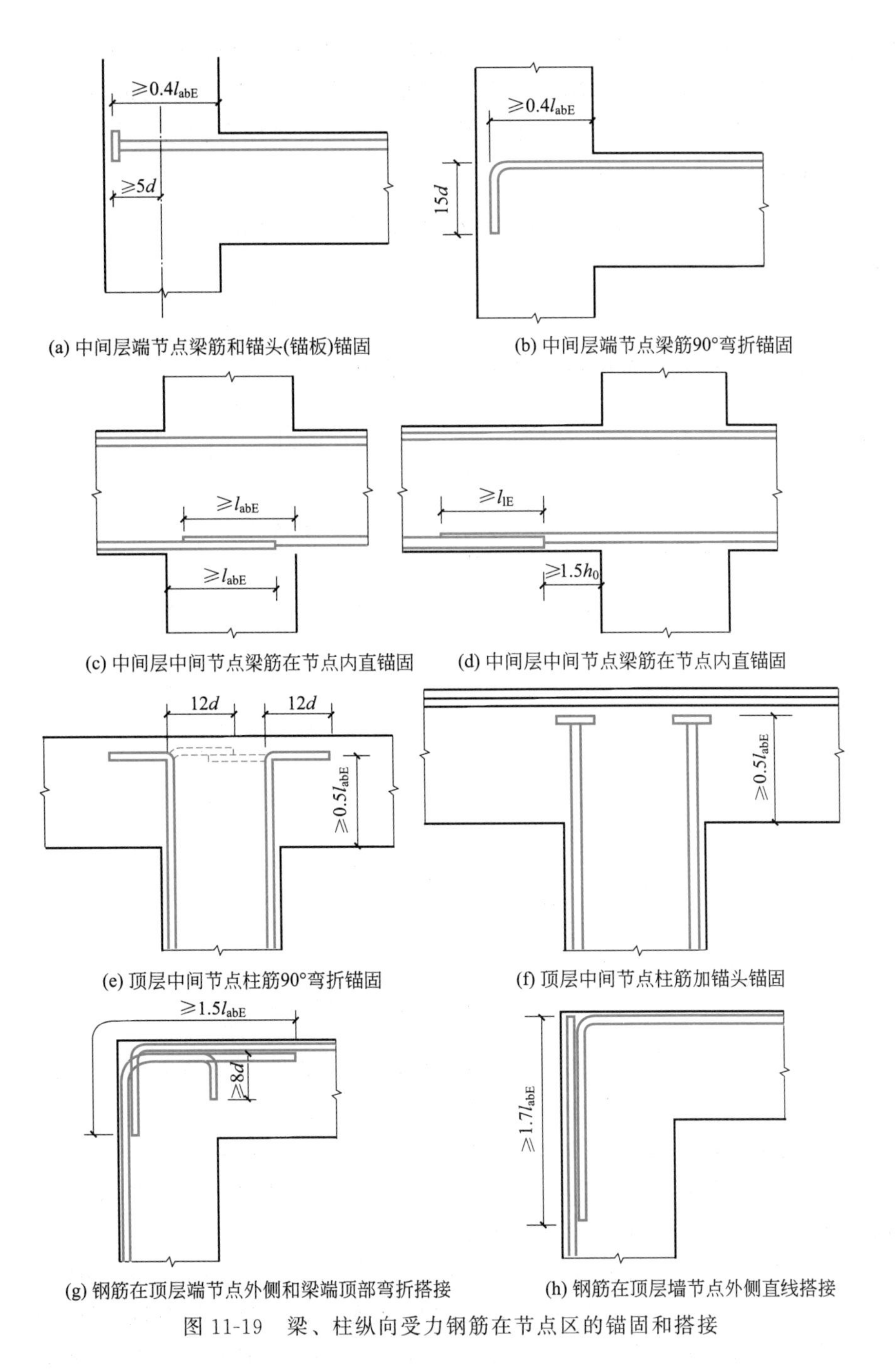

(a) 中间层端节点梁筋和锚头(锚板)锚固　(b) 中间层端节点梁筋90°弯折锚固

(c) 中间层中间节点梁筋在节点内直锚固　(d) 中间层中间节点梁筋在节点内直锚固

(e) 顶层中间节点柱筋90°弯折锚固　(f) 顶层中间节点柱筋加锚头锚固

(g) 钢筋在顶层端节点外侧和梁端顶部弯折搭接　(h) 钢筋在顶层墙节点外侧直线搭接

图 11-19　梁、柱纵向受力钢筋在节点区的锚固和搭接

一定值时，不设约束边缘构件的抗震墙，其延性和耗能能力降低。设置边缘构件主要是为了提高抗震墙的塑性变形能力和抗地震倒塌能力。墙肢轴压比限值见表 11-19。

表 11-19　墙肢轴压比限值

抗震等级(抗震设防烈度)	一级(9 度)	一级(8 度)	二级
轴压比限值	0.4	0.5	0.6

抗震墙两端和洞口两侧应设置边缘构件，边缘构件包括暗柱、端柱和翼墙，还可以区

分为构造边缘构件和约束边缘构件。抗震墙两端及洞口两侧应设置边缘构件，并符合下列要求：一至四级抗震墙，当底层墙肢底截面的轴压比大于表 11-20 中的值时，底部加强部位及其以上一层墙肢应按规定设置约束边缘构件；当墙肢底截面轴压比小于表 11-20 中的值时，宜按规定设置构造边缘构件。

表 11-20　抗震墙设构造边缘构件的轴压比

抗震等级(抗震设防烈度)	一级(9 度)	一级(7、8 度)	二级、三级
轴压比	0.1	0.2	0.3

抗震墙的构造边缘构件范围可按照图 11-20 采用。

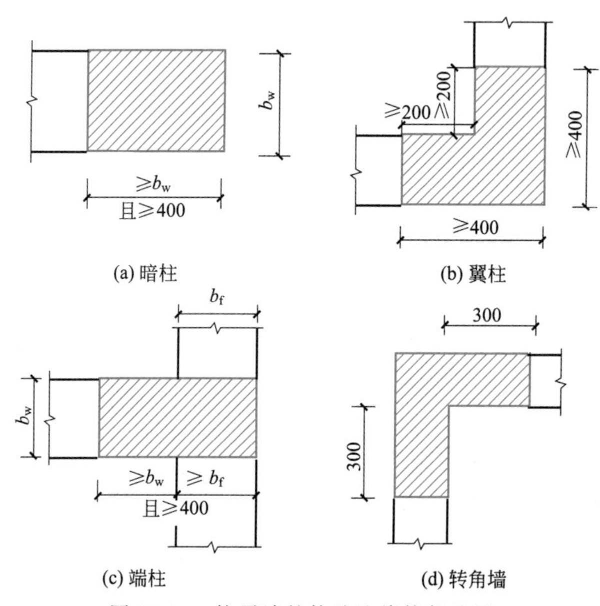

图 11-20　抗震墙的构造边缘构件范围

③ 抗震墙墙身分布钢筋的构造要求　作为结构体系的主要抗侧立构件，承受力很大的剪力，因此对墙体的竖向、横向分布筋应满足最小配筋率的要求。

一至三级抗震墙的竖向和横向分布钢筋最小配筋率均不应小于 0.25%；四级抗震墙分布钢筋最小配筋率不应小于 0.20%。高度小于 24m 且剪压比很小的四级抗震墙，其竖向分布筋的最小配筋率应允许按 0.15%采用。

部分框支抗震墙结构的落地抗震墙底部加强部位，竖向和横向分布钢筋配筋率均不应小于 0.3%，钢筋间距不应大于 200mm，部分框支抗震墙结构的落地抗震墙底部加强部位，竖向和横向分布钢筋配筋率均不宜小于 0.3%，钢筋的间距不宜大于 200mm；抗震墙的竖向和横向分布钢筋的间距不宜大于 300mm，抗震墙竖向和横向分布钢筋的直径，均不宜大于墙厚的 1/10 且不应小于 8mm；竖向钢筋直径不宜小于 10mm。

抗震墙厚度大于 140mm 时，其竖向和横向分布钢筋应双排布置，双排分布钢筋间拉筋的间距不宜大于 600mm，直径不应小于 6mm，边缘构件以外的拉筋间距应适当加密，抗震墙端部水平分布钢筋构造如图 11-21 所示。

④ 小墙肢与连梁的构造要求　实验表明，在反复荷载作用下，小墙肢开裂和破坏远早于大墙肢，即使加强配筋，也难以防止其早期破坏。因此抗震设计时，应通过调整洞口

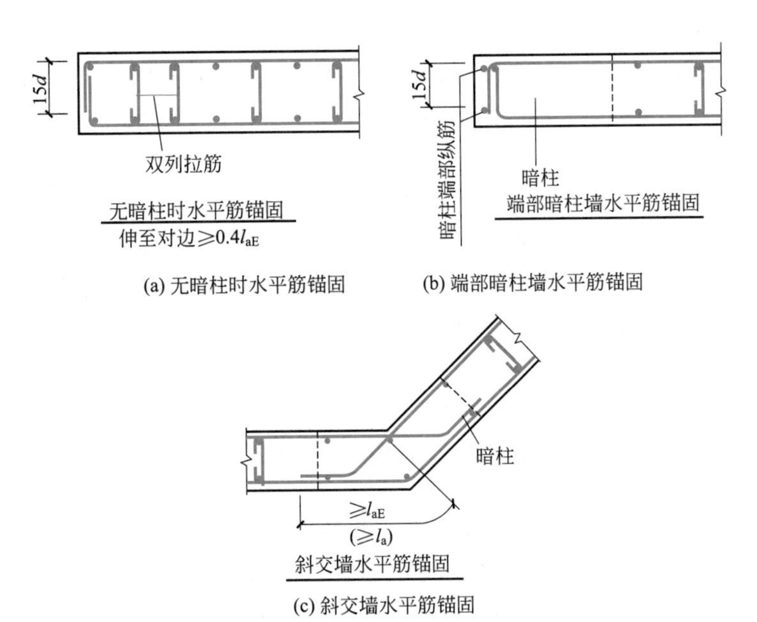

(a) 无暗柱时水平筋锚固　(b) 端部暗柱墙水平筋锚固

(c) 斜交墙水平筋锚固

图 11-21　抗震墙端部水平分布钢筋构造

位置来避免出现小墙肢。若不能满足小墙肢截面高度时，可将小墙肢按不受力墙肢设计。抗震墙的墙肢长度不大于墙厚的 3 倍时，应按柱的有关要求进行设计；矩形墙肢的厚度不大于 300mm 时，尚宜全高加密箍筋。顶层连梁的纵向钢筋伸入墙体的锚固长度范围内，应设置间距不小于 150mm 的构造箍筋。

(3) 钢筋混凝土框架-抗震墙的抗震构造措施

框架-抗震墙结构的抗震构造措施除采用框架结构和抗震墙结构的有关构造措施外，还应满足下列要求。

① 截面尺寸　抗震墙的厚度不应小于 160mm 且不宜小于层高或无支长度的 1/20，底部加强部位的抗震墙厚度不应小于 200mm 且不宜小于层高或无支长度的 1/16。在墙周边设置梁（暗梁）和端柱，暗梁的截面高度不宜小于墙厚和 400mm 的较大值；端柱截面宜与同层框架柱相同，并应满足对框架柱的要求。抗震墙底部加强部位的端柱和紧靠抗震墙洞口的端柱宜按柱箍筋加密区的要求沿全高加箍筋，当抗震墙在门洞边形成独立端柱时，端柱全高的箍筋宜符合框架柱箍筋加密区的构造要求。

② 抗震墙的分布钢筋　抗震墙墙板中的竖向和横向分布钢筋，配筋率均不应小于 0.25%，钢筋直径不宜小于 10mm，间距不宜大于 300mm，并应双排布置，双排分布钢筋间应设置拉筋。

11.4 非结构构件和楼梯间的抗震构造措施

11.4.1 非结构构件的抗震构造措施

非结构构件是指受力较小，局部受损后一般不直接造成严重后果的构件。

(1) 非抗震结构构件分类

第一类是指建筑物中除承重骨架体系以外的固定构件和部件，主要包括非承重墙体，附属于楼面和屋面上的构件、装饰构件和部件，固定于楼面上的大型储物架等，通常把这类非结构构件称为建筑非结构构件。

第二类是指与建筑使用功能有关的附属机械、电气构件部件和系统，主要包括电梯、照明和应急电源，通信设备，管道系统，空气调节系统，烟火监测和消防系统，公共天线等，通常把这类非结构构件称为建筑附属机电设备非结构构件。建筑非结构构件一般有女儿墙、高低跨封墙、雨篷、贴面、顶棚、围护墙和隔墙。

(2) 建筑非结构构件的基本抗震措施

① 非承重墙体　非承重墙体的材料、选型和布置，应根据设防烈度、房屋高度、建筑体形，结构层间变形、墙体抗侧力性能的利用等因素，经综合分析后确定。应优先采用轻质墙体材料。采用砌体墙时，应采取措施减少对主体结构的不利影响，并应设置拉结筋、水平系梁、圈梁、构造柱等与主体结构可靠拉结。

② 刚性非承重墙体　刚性非承重墙体的布置，应避免使结构形成刚度和强度分布上的突变；当围护墙非对称均匀布置时，应考虑质量和刚度的差异对主体结构抗震不利的影响。

③ 墙体与主体结构　墙体与主体结构应有可靠的拉结，应能适应主体结构不同方向的层间位移；抗震设防烈度为 8 度和 9 度时应具有满足层间变位的变形能力，与悬挑构件相连接时，尚应具有满足节点转动引起的竖向变形的能力。

11.4.2　楼梯间的抗震构造措施

发生强烈地震时，楼梯间是重要的紧急逃生竖向通道，楼梯间（包括楼梯板）的破坏会延误人员撤离及救援工作，从而造成严重伤亡。对于框架结构，楼梯构件与主体结构整浇时，梯板起到支撑的作用，对结构刚度、承载力、规则性的影响比较大，应参与抗震计算；对于楼梯间设置刚度足够大的抗震墙的结构，楼梯构件对结构刚度的影响较小，也可不参与整体抗震计算。在结构设计的过程中，楼梯间的抗震构造设计是十分重要的，它的质量直接影响到建筑工程自身的设计质量和水平。

(1) 楼梯间的抗震构造措施

楼梯间宜采用现浇钢筋混凝土楼梯，楼梯间的出入口必须采用钢筋混凝土过梁。对于框架结构，楼梯间的布置不应导致结构平面特别不规则；楼梯构件与主体结构整浇时，应计入楼梯构件对地震作用及其效应的影响，应进行楼梯构件的抗震承载力验算；宜采取构造措施，减少楼梯构件对主体结构刚度的影响。楼梯间两侧填充墙与柱之间应加强拉结。

(2) 楼梯间应符合的要求

抗震设防烈度为 8 度和 9 度时，顶层楼梯间横墙和外墙应沿墙高每隔 500mm 设 2Φ6 通长钢筋，如图 11-22(a) 所示。抗震设防裂度为 9 度时，其他各层楼梯间墙体应在休息平台或楼层半高处设置 60mm 厚钢筋混凝土砖带或配筋带，其砂浆强度不应低于 M7.5，纵向钢筋不应少于 2Φ10，如图 11-22(b) 所示。

抗震设防烈度为 8 度和 9 度时，楼梯间及门厅内墙阳角处的大梁支承长度不应小于 500mm，并应与圈梁连接，如图 11-22(c) 所示。装配式楼梯段应与平台板的梁可靠连接，如图 11-22(d) 和 (e) 所示。不应采用墙中悬挑式踏步或踏步竖肋插入墙体的楼梯，

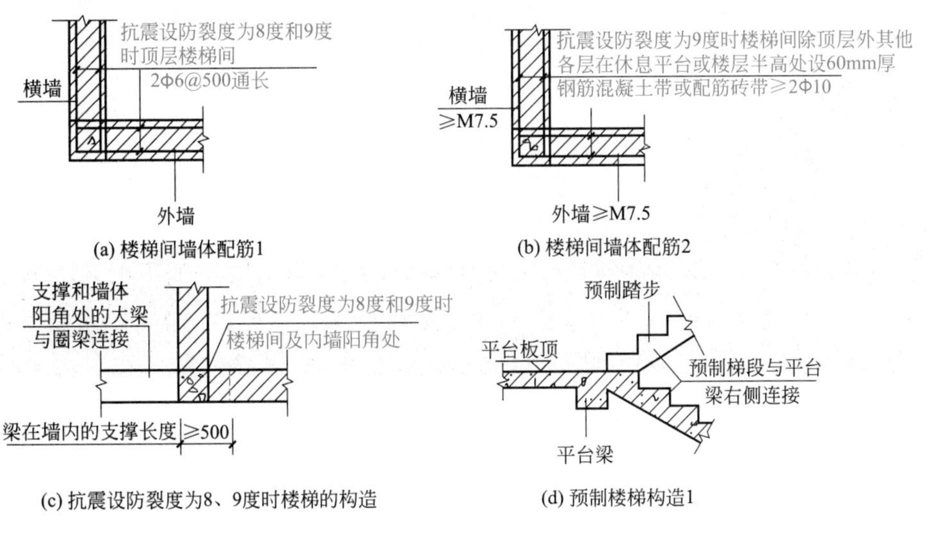

(a) 楼梯间墙体配筋1

(b) 楼梯间墙体配筋2

(c) 抗震设防裂度为8、9度时楼梯的构造

(d) 预制楼梯构造1

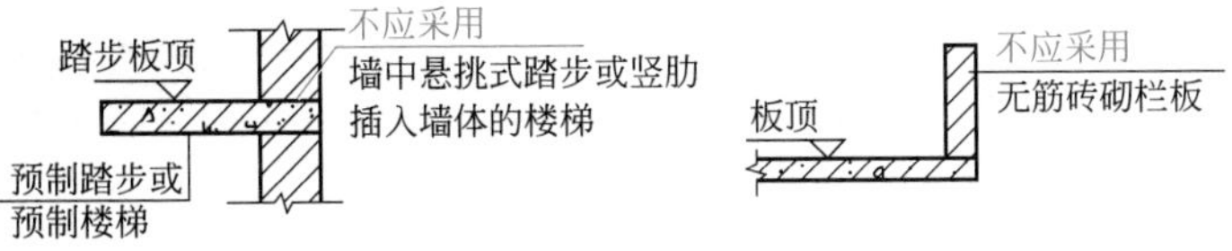

(e) 预制楼梯构造2

(f) 楼梯构造

凸出屋顶的楼、电梯间

2Φ6@500

≥1000

构造柱应
伸至顶部
并与顶部
圈梁连接

≥1000

(g) 凸出的屋顶、楼梯间的做法

图 11-22 楼梯、楼梯间的构造

不应采用无筋砖砌栏板，如图 11-22(f) 所示。凸出屋顶的楼、楼梯间，构造柱伸到顶部，并与顶部圈梁连接，内外墙交接处应沿墙高每隔 500mm 设 2Φ6 拉结钢筋，且每边伸入墙内不应小于 1m，如图 11-22(g) 所示。

第12章 建筑防火识图与节点构造

12.1 建筑防火的重要性及其对策

12.1.1 建筑防火的重要性

建筑防火，是建筑的防火措施。在建筑设计中应采取防火措施，以防火灾发生和减少火灾对生命财产的危害。建筑防火包括火灾前的预防和火灾时的措施两个方面，前者主要为确定耐火等级和耐火构造，控制可燃物数量及分隔易起火部位等；后者主要为进行防火分区，设置疏散设施及排烟、灭火设备等。中国古代主要以易燃的木材作建筑材料，对建筑防火积累了许多经验。

扫码看视频

建筑物的耐火等级

12.1.2 建筑物的耐火等级

(1) 耐火等级的概念

建筑物的耐火等级，是由组成建筑物的建筑构件燃烧性能和构件的最低耐火极限决定的，是衡量建筑物耐火程度的分级标准。目前我国建筑物按耐火等级分为四个级别：一级耐火等级建筑、二级耐火等级建筑、三级耐火等级建筑和四级耐火等级建筑。

(2) 划分目的、方法

① 目的　在于根据建筑物不同用途提出不同的耐火等级要求，做到既有利于安全，又节约基本建设投资。

② 方法　一般是以楼板为基准，然后按构件在结构安全上所处的地位，分级选定适宜的耐火极限。

(3) 划分建筑物耐火等级的基准

在建筑物的各种建筑构件中，楼板直接承载着人和物品的重量，其耐火极限高低与人员和财产的安全有着极大关系。因此，划分建筑物耐火等级是以楼板为基准构件的。

一般规定一级的房屋构件都应是非燃烧体；二级的房屋构件除顶棚为难燃烧体外，

其他都是非燃烧体；三级的房屋构件除屋顶、隔墙用难燃烧体外，其余也都用非燃烧体；四级的房屋构件除防火墙为非燃烧体外，其余构件按其部位不同有难燃烧体，也有燃烧体。

建筑物分为四个耐火等级：一级耐火建筑为钢筋混凝土楼板、屋顶、砌体墙组成的钢筋混凝土混合结构；二级耐火建筑与一级基本相似，但所用材料的耐火极限可降低；三级耐火建筑为木屋顶、钢筋混凝土楼板和砖墙组成的砖木结构；四级耐火建筑为木屋顶、难燃体楼板和墙组成的可燃结构。耐火等级时间见表 12-1。

表 12-1　耐火等级时间

构件名称	耐火等级			
	一级	二级	三级	四级
楼板	不燃烧体 1.5h	不燃烧体 1.0h	不燃烧体 0.5h	难燃烧体
梁	不燃烧体 2.0h	不燃烧体 1.5h	不燃烧体 1.0h	难燃烧体 0.5h
柱	不燃烧体 3.0h	不燃烧体 2.5h	不燃烧体 2.0h	难燃烧体 0.5h

12.1.3　建筑防火对策

根据对建筑火灾成因及建筑火灾发展规律的分析，目前世界各国普遍采用的建筑消防基本对策主要有两种：一是积极防火对策，即防止建筑起火，以及在起火后积极控制、消灭火灾的措施；二是消极防火对策，即控制建筑火灾损失的措施。

（1）积极防火对策

积极防火对策是指在建筑设计与使用过程中，最大限度地破坏火灾构成条件，阻止火灾发生。一旦发生火灾，积极采取主动有效措施发现火灾、消灭火灾，确保人员安全和财产安全。以积极防火对策进行防火，可以减少火灾的发生次数，但却不能从根本上杜绝火灾的发生。

积极防火对策在建筑设计过程中表现为要严格按照《建筑设计防火规范》（GB 50016—2014）进行科学、合理的设计，排除建筑先天性火灾隐患，最大限度地降低火灾发生的概率；积极防火对策在建筑使用过程中主要表现为对“人与物”的管理，积极排除人的不安全因素和物的不安全因素，尽可能破坏火灾构成条件。

① 加强管理，预防人为因素引发火灾　加强人员培训，宣传教育，提高员工安全意识，教育人员遵守安全规定和操作规程。

② 严格执行设备、设施的设计要求　消除各种设备、设施的安全隐患，预防火灾发生，严格执行国家各项设计规程和要求，提高设备、设施的安全系数，降低各项设备、设施系统发生火灾的概率，加强对新工艺、新设备安全方面的研究，特别是用火、用电的易燃、易爆设备的安全问题。

③ 科学设计安全疏散系统　人为安全是消防安全工作的重中之重。科学合理地设计疏散通道、疏散设施、安全出口及防排烟设施，可为受灾区域人员的安全逃生创造条件。同时要加强安全疏散系统的管理，确保发生火灾时完整好用。

④ 合理设置火灾自动报警系统　在火灾的初起阶段，往往会有不少特殊现象或征兆，如发热、发光及散发出烟雾等，这些早期特征是物质燃烧过程中物质转换和能量转换的结

果。这就为发现火灾苗头、进行火灾探测提供了信息和依据。火灾自动报警系统是早期发现火灾、控制火灾的重要技术手段，其往往与自动灭火系统联动，达到阻止火势扩大的目的，同时有利于人员疏散。

⑤ 合理设置自动灭火系统和消火栓系统　自动灭火系统是建筑火灾早期扑救的主要力量，是全天候的“消防员”，它的诞生使建筑火灾的控制得到质的飞跃。随着我国经济的发展，它得到了广泛的使用，有力地保障了建筑的安全。据统计，对于80%的火灾，一般开启1～4个喷头就能得到有效的控制。

⑥ 合理设置防排烟系统　烟气是导致建筑火灾中人员伤亡的最主要原因。如何有效地控制发生火灾时烟气的流动，对于保证安全疏散以及火灾救援行动的开展起着重要的作用。

(2) 消极防火对策

消极防火对策是指针对可预见的建筑火灾而采取的设法及时控制火灾与消灭火灾的一系列措施。从定义可以看出，消极防火对策主要体现在“控”字上。“控”就是要控制火灾的燃烧范围，防止火灾扩大蔓延而增大火灾损失。

① 合理设定建筑的耐火等级，确保建筑具有良好合理的抗火能力。建筑的耐火等级主要涉及建筑结构构件的耐火性能。建筑结构负载着整个建筑荷载，也包含了人员的生命，一旦结构在火中出现垮塌，那么人员生命也将受到威胁。所以建筑结构的抗火能力就成了保护建筑安全和人员生命安全的最后一道屏障（防线），因此要根据不同建筑的特点，包括结构特点、使用特点及火灾危险性，正确选择建筑的耐火等级，确保建筑和人员生命的安全。

② 合理确定建筑防火分区，有效控制火灾蔓延。在建筑物内实行防火分区和防火分隔，可有效地控制火势的蔓延，有利于人员疏散和火灾扑救，达到减小火灾损失的目的。

③ 合理确定建筑的防火间距，防止火灾在建筑之间蔓延。建筑物发生火灾后，往往会因热辐射等作用而使火灾在相邻建筑间蔓延，造成大面积燃烧。因此，要根据相邻建筑物的具体情况合理确定防火间距。

消极防火措施是一种被动的保护措施，是建筑安全的最后一道屏障。单独使用一种措施往往都不会太理想，既无法保障人员安全，经济上也不合算，只有综合使用积极的防火对策和消极的防火对策才能取得最佳效果。

12.2 建筑防火设计的要求

12.2.1 建筑分类与总平面布置

12.2.1.1 建筑的分类

(1) 按建筑物的建筑高度或层数分类

① 住宅建筑　高层民用建筑分为一类和二类。

一类是指建筑高度大于54m的住宅建筑（包括设置商业服务网点的住宅建筑）。

二类是指建筑高度大于27m，但不大于54m的住宅建筑（包括设置商业服务网点的住宅建筑）。

单、多层民用建筑是指 9 层及 9 层以下的居住建筑、建筑高度不超过 24m（或已超过 24m 但为单层）的公共建筑和工业建筑。

② 公共建筑　高层公共建筑分为一类和二类。

一类是指：

① 建筑高度大于 50m 的公共建筑；

② 建筑高度在 24m 以上部分任一楼层建筑面积大于 $1000m^2$ 的商店、展览、电信、邮政、财贸金融建筑和其他多种功能组合的建筑；

③ 医疗建筑、重要公共建筑、独立建造的老年人照料设施；

④ 省级及以上的广播电视和防灾指挥调度建筑、网局级和省级电力调度建筑；

⑤ 藏书超过 100 万册的图书馆、书库。

二类是指除一类高层公共建筑外的其他高层公共建筑。

单、多层民用建筑是指：

① 建筑高度大于 24m 的单层公共建筑；

② 建筑高度不大于 24m 的其他公共建筑。

（2）按建筑物的用途分类

① 民用建筑　民用建筑是指供人们工作、学习、生活、居住用的建筑物，包括居住建筑（住宅、宿舍、建筑防火公寓等）。

② 公共建筑　包括办公楼、教学楼、医院、图书馆、电影院、体育馆、展览馆、宾馆、商场、电视台、银行、航空港、公园、纪念馆等。

12.2.1.2　建筑的总平面布置

① 在总平面布局中，应合理确定建筑的位置、防火间距、消防车道和消防水源等，不宜将民用建筑布置在甲、乙类厂（库）房，甲、乙、丙类液体储罐，可燃气体储罐和可燃材料堆场的附近，总平面布局如图 12-1 所示。

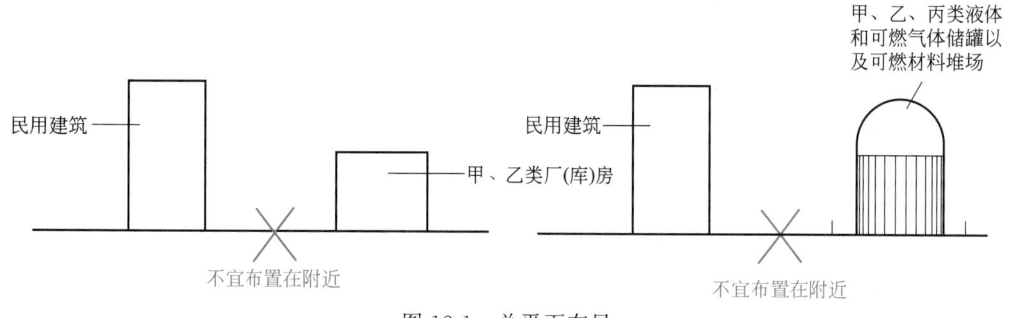

图 12-1　总平面布局

② 民用建筑之间的防火间距不应小于表 12-2 所示的规定。

表 12-2　民用建筑之间的防火间距　　单位：m

建筑类别		高层民用建筑	裙房和其他民用建筑		
		一级、二级	一级、二级	三级	四级
高层民用建筑	一级、二级	13	9	11	14

续表

建筑类别		高层民用建筑	裙房和其他民用建筑		
		一级、二级	一级、二级	三级	四级
裙房和其他民用建筑	一级、二级	9	6	7	9
	三级	11	7	8	10
	四级	14	9	10	12

注：1. 相邻两座单、多层建筑，当相邻外墙为不燃性墙体且无外露的可燃性屋檐，每面外墙上无防火保护的门、窗、洞口不正对开设且该门、窗、洞口的面积之和不大于外墙面积的5%时，其防火间距可按本表的规定减少25%。

2. 两座建筑相邻较高一面外墙为防火墙，或高出相邻较低一座一级、二级耐火等级建筑的屋面15m及以下范围内的外墙为防火墙时，其防火间距不限。

3. 相邻两座高度相同的一级、二级耐火等级建筑中相邻任一侧外墙为防火墙，屋顶的耐火极限不低于1.00h，其防火间距不限。

4. 相邻两座建筑中较低一座建筑的耐火等级不低于二级。相邻较低一面外墙为防火墙且屋顶无天窗，屋面板的耐火极限不低于1.00h时，其防火间距不应小于3.5m，对于高层建筑，不应小于4m。

5. 相邻两座建筑中较低一座建筑的耐火等级不低于二级且屋顶无天窗，相邻较高一面外墙高出较低一座建筑的屋面15m及以下范围内的开口部位设置甲级防火门、窗，或设置符合现行国家标准《自动喷水灭火系统设计规范》(GB 50084—2017) 规定的防火分隔水幕，其防火间距不应小于3.5m，对于高层建筑，不应小于4m。

6. 相邻建筑通过连廊、天桥或底部的建筑物等连接时，其间距不应小于本表的规定。

7. 耐火等级低于四级的既有建筑，其耐火等级可按四级确定。

12.2.2 建筑物防火分区、安全疏散与平面布置

12.2.2.1 建筑物防火分区

(1) 建筑物防火分区的类型

① 水平防火分区

a. 各层水平方向分隔的防火区。

b. 分隔构件：有一定耐火极限的防水墙、防火卷帘等。

c. 防火区面积：执行规范。

② 竖向防火分区（层间防火分区）

a. 以每个楼层为防火单元，防火势垂直蔓延。

b. 分隔构件：楼板、防烟楼梯间等。

③ 特殊部位　重要房间的防火墙。

(2) 单层、多层建筑防火分区设计

① 影响防火分区面积的因素。

② 建筑使用性质重要性、火灾危险性、高度。

③ 单、多层民用建筑分类如表12-3所示。

表12-3　单、多层民用建筑分类

耐火等级	最多允许层数/层	防火分区的最大允许建筑面积/m^2
一、二级	不限	2500
三级	5	1200
四级	2	600
地下、半地下建筑(室)		500

(3) 防火分区之间应采用防火墙分隔

确有困难时，可采用防火卷帘等防火分隔设施分隔。采用防火卷帘分隔时，防火墙分隔示意如图 12-2 所示。

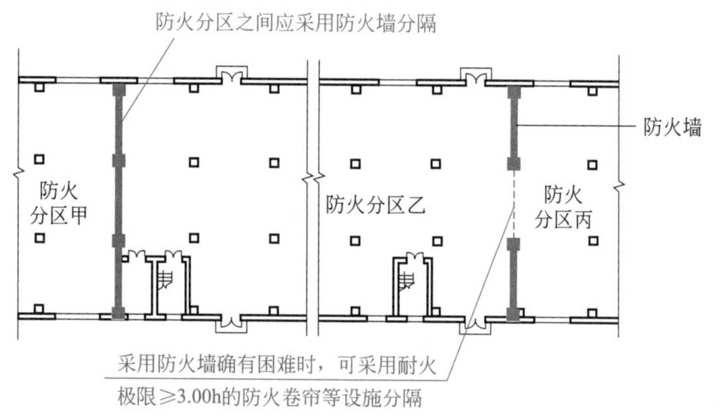

图 12-2 防火墙分隔示意

(4) 耐火等级

一级、二级耐火等级建筑内的商业营业厅、展览厅，当设置自动灭火系统和火灾自动报警系统并采用不燃或难燃装修材料时，其每个防火分区的最大允许建筑面积应符合下列规定：

① 设置在高层建筑内时，不应大于 $4000m^2$；

② 设置在单层建筑或仅设置在多层建筑的首层内时，不应大于 $10000m^2$；

③ 设置在地下或半地下时，不应大于 $200m^2$。

12.2.2.2 建筑物的安全疏散

(1) 安全出口和房间疏散门（民用建筑）

① 安全出口 供人员安全疏散用的楼梯间、室外楼梯的出入口或直通室内外安全区域的出口。

② 房间疏散门 房间（包括大空间）用于疏散出房间的门。

(2) 安全出口（疏散门）的数量

① 防火分区 每个防火分区、一个防火分区内的每个楼层，其安全出口的数量应经计算确定，且不应少于 2 个。

② 当符合下列条件之一时可设一个安全出口或疏散楼梯

a. 除托儿所、幼儿园外，建筑面积小于等于 $200m^2$ 且人数不超过 50 人的单层公共建筑。

b. 除医院、疗养院、老年人建筑及托儿所、幼儿园的儿童用房和儿童游乐厅等儿童活动场所等外，公共建筑可设置 1 个疏散楼梯的条件见表 12-4。

表 12-4 公共建筑可设置 1 个疏散楼梯的条件

耐火等级	最多层数/层	每层最大建筑面积/m^2	人数
一级、二级	3	500	第二层和第三层人数之和不超过 100 人
三级	3	200	第二层和第三层人数之和不超过 50 人
四级	2	200	第二层人数之和不超过 30 人

③ 单、多层公共建筑和通廊式非住宅类居住建筑中各房间疏散门的数量　应经计算确定且不应少于 2 个，该房间相邻 2 个疏散最近边缘之间的水平距离不应小于 5m。当符合下列条件之一时，可设置 1 个。

a. 房间位于 2 个安全出口之间，且建筑面积小于等于 $120m^2$，疏散门的净宽度不小于 0.9m。

b. 除托儿所、幼儿园、老年人建筑外，房间位于走道尽端，且由房间内任一点到疏散门的直线距离小于等于 15m，其疏散门的净宽度不小于 14m。

c. 歌舞、娱乐、放映、游艺场所内建筑面积小于等于 $50m^2$ 的房间。

d. 高层公共建筑位于两个安全出口之间的房间，当其建筑面积不超过 $60m^2$ 时，可设置一个门，门的净宽不应小于 0.90m；位于走道尽端的房间，当其建筑面积不超过 $75m^2$ 时可设置一个门，门的净宽不应小于 1.40m。

④ 剧院、电影院、礼堂　观众厅安全出口平均疏散人数不应超过 250 人。容纳人数超过 2000 人时，其超过 2000 人部分，每个安全出口的平均疏散人数不宜超过 400 人。体育馆观众厅每个安全出口的平均疏散人数不宜超过 400～700 人。

⑤ 地下室、半地下室　当有两个或两个以上防火分区，且相邻防火分区之间的防火墙上设有防火门时，每个防火分区可分别设 1 个直通室外的安全出口。

⑥ 单层、多层的居住建筑　单元任一层建筑面积不大于 $650m^2$ 或任一住户的户门至安全出口的距离不大于 15m 时每层可只设 1 个安全出口。

⑦ 十八层及十八层以下　每层不超过 8 户、建筑面积不超过 $650m^2$ 且设有一座防烟楼梯间和消防电梯的塔式住宅每层可只设 1 个安全出口。

⑧ 十八层及十八层以上　每个单元设有一座通向屋顶的疏散楼梯，单元之间的楼梯通过屋顶连通，单元与单元之间设有防火墙，户门为甲级防火门，窗间墙宽度、窗槛墙高度大于 1.2m 且为不燃烧体墙的单元式住宅每层可只设 1 个安全出口。

(3) 安全出口（疏散门）的规定

① 安全出口应分散布置，每个防火分区、1 个防火分区的每个楼层，其相邻 2 个安全出口最近边缘之间的水平距离不应小于 5m。房间相邻 2 个疏散门最近边缘之间的水平距离不应小于 5m。人员密集的公共场所、观众厅的疏散门不应设置门槛，且紧靠门口内外各 1.4m 范围内不应设置踏步。

② 民用建筑和厂房的疏散用门应向疏散方向开启，除甲、乙类生产房间外，人数不超过 60 人的房间且每樘门的平均疏散人数不超过 30 人时，其门的开启方向不限。

③ 民用建筑及厂房的疏散用门应采用平开门，不应采用推拉门、卷帘门、吊门、转门。

④ 仓库的疏散用门应为向疏散方向开启的平开门，首层靠墙的外侧可设推拉门或卷帘门，但甲、乙类仓库不应采用推拉门或卷帘门。

⑤ 人员密集场所，平时需要控制人员随意出入的疏散用门或设有门禁系统的居住建筑外门，应保证发生火灾时不需使用钥匙等任何工具即能从内部易于打开，并应在显著位置设置标识和使用提示。

(4) 安全疏散的距离

单、多层民用建筑的安全疏散距离见表 12-5。

表 12-5 单、多层民用建筑的安全疏散距离 单位：m

名称	位于两个安全出口之间的疏散门			位于袋形走道两侧或尽端疏散门		
	耐火等级			耐火等级		
	一级、二级	三级	四级	一级、二级	三级	四级
托儿所、幼儿园	25.0	20.0	—	20.0	15.0	—
医院、疗养院	35.0	30.0	—	20.0	15.0	—
学校	35.0	30.0	—	22.0	20.0	—
其他民用建筑	40.0	35.0	25.0	22.0	20.0	15.0

注：1. 一级、二级耐火等级的建筑物内的观众厅、展览厅、多功能厅、餐厅、营业厅和阅览室等，其室内任何一点至最近安全出口的直线距离不宜大于 30m。

2. 敞开式外廊建筑的房间疏散门至安全出口的最大距离可按本表增加 5m。

3. 建筑物内全部设置自动喷水灭火系统时，其安全疏散距离可按本表的规定增加 25%。

4. 房间内任一点到该房间直接通向疏散走道的疏散门的距离不应大于本表中规定的袋形走道两侧或尽端的疏散门至安全出口的最大距离。

5. 直接通向疏散走道的房间疏散门至最近非封闭楼梯间的距离，当房间位于两个楼梯间之间时，应按本表的规定减少 5.0m；当房间位于袋形走道两侧或尽端时，应按本表的规定减少 2.0m。

6. 楼梯间的首层应设置直通室外的安全出口或在首层采用扩大封闭楼梯间。当层数不超过 4 层时，可将直通室外的安全出口设置在离楼梯间小于等于 15m 处。

12.2.2.3 建筑的平面布置

建筑的平面布置主要是用平面的方式表示建筑物内各个空间的布置和安排。建筑的平面布置应结合使用功能和安全疏散要求等合理布置。为了保障相关场所人员安全，防止火灾对其他区域构成威胁，我国规范主要从以下几方面对其进行了要求：一是场所的空间位置，包括垂直位置（即所在楼层数或高度）、水平位置（即是否靠外墙布置）及与其他使用性质场所的位置关系（即是否贴邻布置）；二是场所是否有独立的安全出口和疏散楼梯，以及出口或疏散方向的数量；三是场所与其他部位的防火分隔；四是场所的规模；五是场所内是否安装自动灭火系统和自动报警系统；六是场所内物品火灾危险性和储量。

(1) 民用建筑平面布置的一般要求

对于民用建筑平面布置的要求主要分为以下五类情况。

第一类：空间大、人员密度大的场所，如商场营业厅、展览厅、电影院、剧院、会议厅等。这类场所，人员密集且疏散距离较长，因此，疏散困难、疏散时间较长。

第二类：人员缺乏独立疏散能力的场所，即老弱病残等特殊人群使用的场所，如托儿所、幼儿园的儿童用房、儿童游乐厅、老年人活动场所、医院、疗养院等。这类场所，人员缺乏独立疏散的能力，往往需要他人帮助才能疏散。

第三类：火灾危险性大且人员密度大的场所，如歌舞、娱乐、放映、游艺场所。这类场所，一方面灯光、音响等用电设备多，抽烟人群多，容易引发火灾，同时家具软包、沙发等可燃物多，火灾荷载大；另一方面，人员密度大，疏散路线上光线较差，疏散困难。

第四类：消防设施用房，如消防水泵房、消防控制室等。这类场所用于控制或维持消防设施的正常运行，发生火灾时必须保证其安全，并方便救援人员进出。

第五类：火灾危险性大的场所，如燃油或燃气锅炉、油浸变压器、充有可燃油的高压电容器和多油开关、柴油发电机、燃料储存等建筑功能用房。这类场所，容易引起火灾且火灾荷载大。

(2) 工业建筑平面布置

工业建筑平面布置可从两大方面考虑。一是火灾危险性较大的场所，如甲、乙类厂房或库房，其自身的火灾危险性较大，一旦发生火灾对相邻区域威胁较大；厂房内的库房或储罐，其火灾荷载很大；变配电房、铁路线等功能用房或设施，其容易引发火灾。二是有人员活动的场所，如员工宿舍、办公室、休息室等。工业建筑一旦发生火灾，这类场所中的人员安全则会受到很大威胁。因此，相关规范对于工业建筑的平面布置要求非常严格。

① 甲、乙类生产场所（仓库）不应设置在地下或半地下。

② 厂房内的员工宿舍、办公室、休息室的布置要求如下。

a. 员工宿舍严禁设置在厂房内。

b. 办公室、休息室等不应设置在甲、乙类厂房内，必须贴邻该厂房时，其耐火等级不应低于二级，并应采用耐火极限不低于3.00h的防爆墙与厂房分隔和设置独立的安全出口。

c. 办公室、休息室设置在丙类厂房内时，应采用耐火极限不低于2.50h的防火隔墙和不低于1.00h的楼板与其他部位分隔，并应至少设置1个独立的安全出口。隔墙上需开设相互连通的门时，应采用乙级防火门。

③ 厂房内设置仓库或储罐。

a. 厂房内设置甲、乙类中间仓库时，其储量不宜超过1昼夜的需要量。中间仓库应靠外墙布置，并应采用防火墙和耐火极限不低于1.50h的不燃性楼板与其他部位分隔。

b. 厂房内设置丙类仓库时，必须采用防火墙和耐火极限不低于1.50h的楼板与其他部位分隔；设置丁、戊类仓库时，应采用耐火极限不低于2.00h的防火隔墙和不低于1.00h的楼板与其他部位分隔。仓库的耐火等级和面积应符合《建筑设计防火规范》(GB 50016—2014) 相关规定。

c. 厂房内的丙类液体中间储罐应设置在单独房间内，其容量不应大于5m^3。设置该中间储罐的房间，应采用耐火极限不低于3.00h的防火隔墙和不低于1.50h的楼板与其他部位分隔，房间门应采用甲级防火门。

④ 变、配电站和铁路线。

a. 变、配电站不应设置在甲、乙类厂房内或贴邻，且不应设置在爆炸性气体、粉尘环境的危险区域内。供甲、乙类厂房专用的10kV及以下的变、配电站，当采用无门、无窗、有洞口的防火墙分隔时，可一面贴邻，并应符合现行国家标准《爆炸危险环境电力装置设计规范》(GB 50058—2014) 等标准的规定。乙类厂房的配电站必须在防火墙上开窗时，应采用甲级防火窗。

b. 甲、乙类厂房（仓库）内不应设置铁路线。需要出入蒸汽机车和内燃机车的丙、丁、戊类厂房（仓库），其屋顶应采用不燃材料或采取其他防火措施。

12.2.3 灭火救援设施

(1) 防火门

防火门设置在防火分区隔墙上、疏散楼梯间、垂直竖井等处。防火门示意如图12-3所示。

(2) 灭火器

灭火器包括手提式灭火器、推车式灭火器等。手提式灭火器示意如图12-4所示。

图 12-3　防火门示意

图 12-4　手提式灭火器示意

(3) 火灾自动报警系统

火灾自动报警系统包括烟感、报警按钮、警铃、广播、报警模块、电话等。火灾自动报警系统示意如图 12-5 所示。

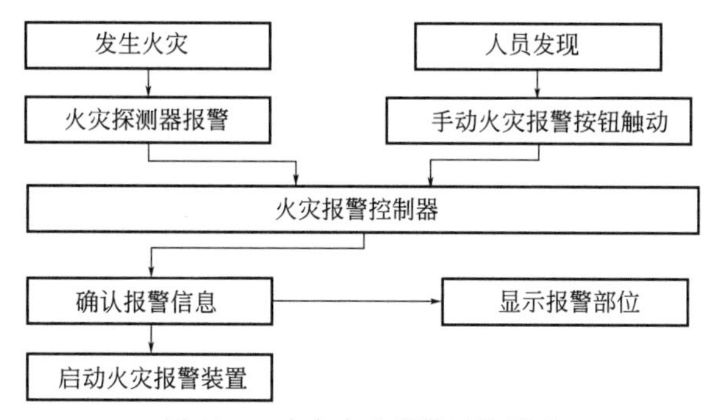

图 12-5　火灾自动报警系统示意

(4) 消防水灭火系统

消防水灭火系统包括喷淋、消火栓、湿式报警阀、干式报警阀等。消防水灭火系统示意如图 12-6 所示。

(5) 消防水枪

用消防水枪与水带连接可喷射出密集而充实的水流。消防水枪示意如图 12-7 所示。

(6) 室内消火栓

室内消火栓是固定消防工具，可控制可燃物、隔绝助燃物、消除着火源。室内消火栓示意如图 12-8 所示。

图 12-6　消防水灭火系统示意

图 12-7　消防水枪示意

图 12-8　室内消火栓示意

12.2.4 消防设施的设定

消防设施是指建筑物内的火灾自动报警系统、室内消火栓、室外消火栓等固定设施。自动消防设施分为电系统自动设施和水系统自动设施。

电气消防安全检测是根据电气设施在运行过程中热辐射、声发射、电磁发射等现代物理学现象，采用国际先进的高新技术仪器、设备，结合传统的检查方法对电气设施进行全方位的量化监测。从而更加全面、科学、准确地反映电气火灾隐患的存在、危险程度及其准确位置，并及时提出相应整改措施，从而消除隐患，避免电气火灾事故的发生。

(1) 消防设施的分类

消防设施可分为建筑防火及疏散设施；消防及给水设施；防烟及排烟设施；电气与通信设施；自动喷水与灭火系统；火灾自动报警系统；气体自动灭火系统；水喷雾自动灭火系统；低倍数泡沫灭火系统；高、中倍数泡沫灭火系统；蒸汽灭火系统；移动式灭火器材；其他灭火系统。

(2) 自动设施

自动设施是在发生火灾事故时能自动报警的设备，这些设备通过在各处安装探头，然后所有探头接入一台主机。当探头探测到有火灾的迹象，如烟、温度较高等就会把信息传递给主机，主机通过发出报警响声和显示报警原因来提醒工作人员。水系统设施则是在人流量和货物较多的场所通过水管引水，在较大水压的状态下，在消防水的出水处用喷淋头堵上。喷淋头上的玻璃管在温度较高的情况下会自动爆破，然后喷淋头就能均匀洒水，以达到灭火的目的。

(3) 建筑消防设施

建筑消防设施指建（构）筑物内设置的火灾自动报警系统、自动喷水灭火系统、消火栓系统等用于防范和扑救建（构）筑物火灾的设备设施的总称。常用的有火灾自动报警系统、自动喷水灭火系统、消火栓系统、气体灭火系统、泡沫灭火系统、干粉灭火系统、防烟排烟系统、安全疏散系统等。它是保证建筑物消防安全和人员疏散安全的重要设施，是现代建筑的重要组成部分。对保护建筑起到了重要的作用，有效地保护了公民的生命安全和国家财产的安全。

(4) 自动喷洒系统

自动喷洒系统是我国当前最常用的自动灭火设施，在公众集聚场所的建筑中设置数量很多，自动喷洒系统对在无人情况下初期火灾的扑救非常有效，极大地提升了建筑物的安全性能。保证自动喷洒系统的完好有效，意义重大。

12.3 建筑防火识图与构造措施

12.3.1 防火分隔物构造

防火分隔物就是防火分区的边界构件，是具有阻止火势蔓延，能把整个建筑划分成若干个较小防火空间的建筑构件。防火分区之间主要用防火墙、防火门、防火窗及防火卷帘等防火分隔物进行分隔。

（1）防火墙

由不燃烧材料构成，为减少或避免建筑物、结构、设备遭受热辐射危害和防止火灾蔓延，设置的竖向分隔体（如砖墙、钢筋混凝土墙等），其耐火极限不低于4.0h（单层及多层建筑）、3.0h（高层建筑、地下建筑），防火墙是防火分区的主要建筑构件。防火墙构造示意如图12-9所示。

（2）防火门

① 防火门的作用　在一定的时间内，能耐火、隔热的门称为防火门。这种门通常用在防火分隔墙、楼梯间、管道井等部位，阻止火势蔓延和烟气扩散。可分为钢质防火门、木质防火门和复合材料防火门。按照耐火极限等级可分为甲级防火门（1.2h）、乙级防火门（0.9h）、丙级防火门（0.6h）。

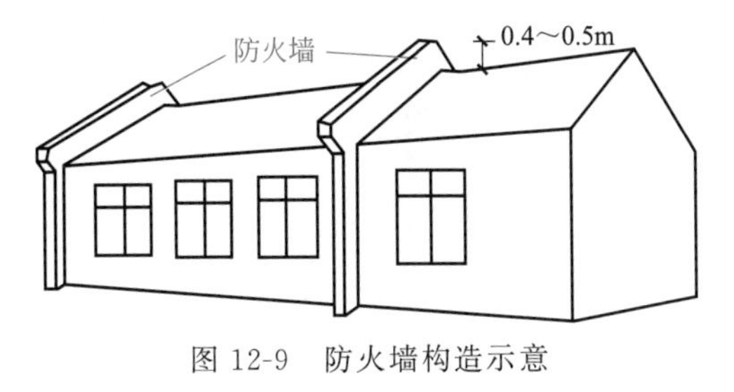

图12-9　防火墙构造示意

② 防火门的组成结构　防火门一般设在以下部位。

a. 封闭疏散楼梯，通向走道；封闭电梯间，通向前室及前室通向走道的门。

b. 电缆井、管道井、排烟道、垃圾道等竖向管道井的检查。

c. 划分防火分区，控制分区建筑面积所设防火墙和防火隔墙上的门。当建筑物设置防火墙或防火门有困难时，要用防火卷帘门代替，同时须用水幕保护。

d.《建筑设计防火规范》（GB 50016—2014）中规定或设计特别要求防火、防烟的隔墙分户门。

例如：附设在高层民用建筑内的固定灭火装置的设备室（钢瓶室、泡沫站等），通风、空气调节机房等的隔墙门，应采用甲级防火门；经常有人停留或可燃物较多的地下室房间隔墙上的门，应采用甲级防火门；因受条件限制，必须在高层建筑内布置燃油、燃气的锅炉，可燃油油浸电力变压器，充有可燃油的高压电容器和开关等，专用房间隔墙上的门，都应采用甲级防火门。设计有特殊要求的需防火的分户门，如消防监控指挥中心、档案资料室、贵重物品仓库等的分户门，通常选用甲级或乙级防火门。高层高级住宅楼的分户门，常采用防火防盗门。

防火门是消防设备中的重要组成部分，是社会防火中的重要一环，在防火门上应安装防火门闭门器或设置让常开防火门在火灾发生时能自动关闭门扇的闭门装置（特殊部位使用除外，如管道井门等）。也就是说除了一些特殊的部位，如管道井门这些不需要安装闭门器外，其他的部位都是需要安装防火门闭门器的。防火门构造示意如图12-10所示。

（3）防火窗

指在一定时间内，连同窗框架能满足耐火稳定性和耐火完整性要求的窗。一般设在防火墙或防火间距不足的建筑物的外墙上或其他必要部位，其作用主要有：一是隔离和阻止火势蔓延，此种窗多为固定窗；二是平时采光，发生火灾时可阻止火势蔓延。

防火窗分为钢质、木质两大系列以及平开单扇、平开双扇、单扇带玻璃、双扇带玻璃等多种规格。根据要求不同，防火窗也可分为固定窗扇防火窗和活动窗扇防火窗。按耐火极限可分为耐火极限不低于1.50h的甲级防火窗、耐火极限不低于1.00h的乙级防火窗及耐火极限不低于0.50h的丙级防火窗。防火窗示意如图12-11所示。

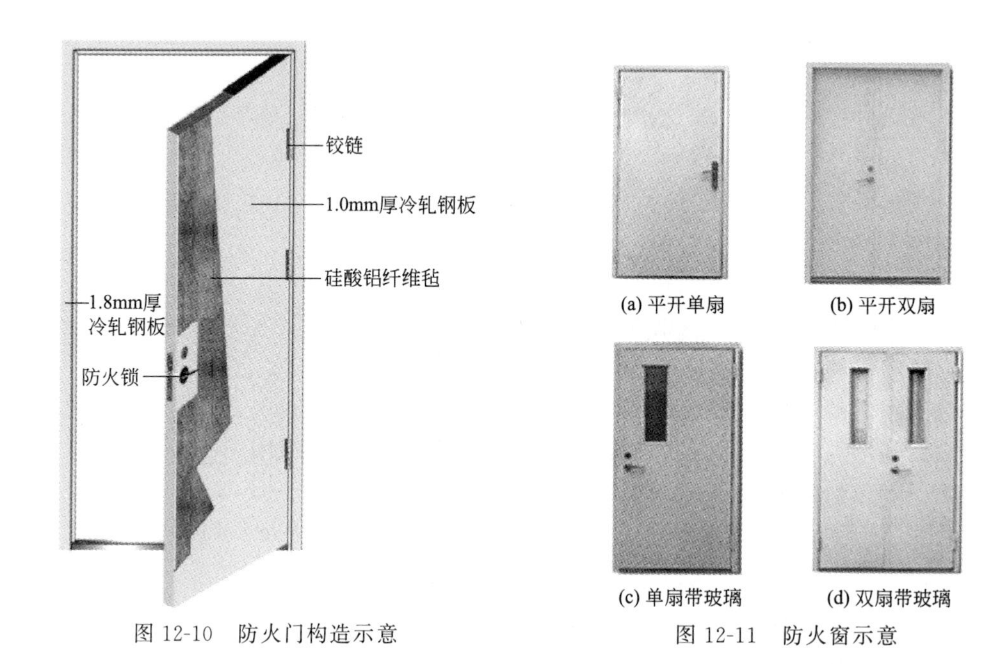

图 12-10　防火门构造示意

图 12-11　防火窗示意

（4）防火卷帘

防火卷帘也是一种防火分隔物，由帘面、手动索链、导轨、卷门机、箱体、框架及卷轴等组成。帘面一般是将钢板等金属板材或非金属复合防火材料，采用扣环或铰接方法组成可卷绕的链状平面而成的。防火分区采用防火卷布分隔时，防火卷帘的耐火极限不应低于 3.00h，同时防火卷帘应具有防烟性能，与楼板、梁和墙及柱之间的空隙应采用防火材料封堵。

防火分区间采用防火卷布分隔时，应符合下列规定。

① 除中庭外，当防火分隔部位的宽度不大于 30m 时，防火卷帘的宽度不应大于 10m；当防火分隔部位的宽度大于 30m 时，防火卷帘的宽度不应大于该防火分隔部位宽度的 1/3，且地下建筑不应大于 20m。

② 防火卷帘的耐火极限不应低于对所设置部位的耐火极限要求。

a. 当防火卷帘的耐火极限符合《门和卷帘的耐火试验方法》（GB/T 7633—2008）有关背火面温升的判定标准时，可不设置自动喷水灭火系统保护。

b. 当防火卷帘的耐火极限不符合《门和卷帘的耐火试验方法》（GB/T 7633—2008）有关背火面辐射热的判定标准时，应设置自动喷水灭火系统保护。自动喷水灭火系统的设计应符合《自动喷水灭火系统设计规范》（GB 50084—2017）的有关规定，但其火灾延续时间不应小于所设置部位对防火卷帘的耐火极限要求。

③ 防火卷帘应具有防烟性能，与楼板、梁和墙、柱之间的空隙应采用防火封堵材料封堵。

④ 需在火灾时自动降落的防火卷帘，应具有信号反馈的功能。防火卷帘构造示意如图 12-12 所示。

（5）防火阀

防火阀安装在通风、空调系统的送、回风管上，处于开启状态，若发生火灾，当管道内气体温度达到 70℃时关闭，在一定时间内能满足耐火稳定性和耐火完整性要求，起隔

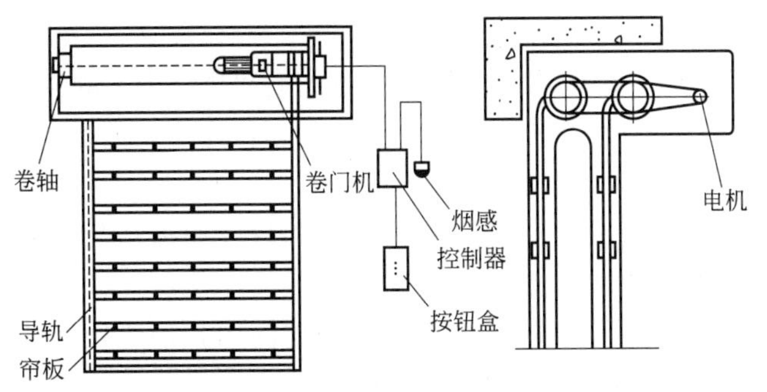

图 12-12　防火卷帘构造示意

烟阻火作用的阀门，一般采用易熔金属控制，发生火灾时易熔金属熔断，阀片关闭。在设有火灾自动报警系统时，电动防火阀与火灾自动报警联动，防火阀关闭后应有反馈信号发送至消防控制室。防火阀构造示意如图 12-13 所示。

(6) 排烟防火阀

排烟防火阀安装在排烟风机入口总干管上和排烟分区的支管上，平时处于开启状态；分别安装在排烟分区支管上的排烟口处的排烟阀，平时处于关闭状态。发生火灾时感烟探测器动作，打开排烟口，启动排烟风机，当排烟温度达到 280℃时，排烟防火阀（排烟阀）自动关闭，当总干管排烟防火阀动作关闭的时候，联动停止排烟风机。排烟防火阀示意如图 12-14 所示。

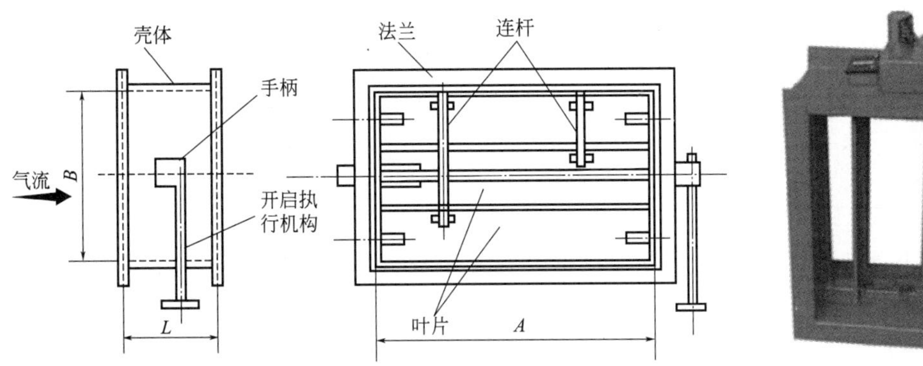

图 12-13　防火阀构造示意
B，L，A—构件两跨的尺寸

图 12-14　排烟防火阀示意

12.3.2　疏散楼梯构造

作为竖向疏散通道的室内、外楼梯，是建筑中的主要垂直交通空间，是安全疏散的重要通道。楼梯间防火和疏散能力的大小，直接影响着人员的生命安全与消防人员的救灾工作。因此，建筑防火设计时，应根据建筑物的使用性质、高度及层数，正确运用规范，选择符合防火要求的疏散楼梯，为安全疏散创造有利条件。根据防火要求，可将楼梯间分为敞开楼梯间、封闭楼梯间、防烟楼梯间、室外疏散楼梯和剪刀式楼梯五种形式。

(1) 敞开楼梯间

敞开楼梯间是指建筑物内由墙体等围护构件构成的无封闭防烟功能，且与其他使用空间相通的楼梯间，敞开楼梯间示意如图 12-15 所示。

(2) 封闭楼梯间

封闭楼梯间是指用耐火建筑构件分隔，能防止烟和热气进入的楼梯间。高层民用建筑和高层工业建筑中的封闭楼梯间应采用向疏散方向开启的乙级防火门，封闭楼梯间示意如图 12-16 所示，封闭楼梯间的设置要求还应符合以下条件：

① 楼梯间应靠外墙，并应直接进行天然采光和自然通风，当不能进行天然采光和自然通风时，应按防烟楼梯间的要求设置；

② 楼梯间的首层可将走道和门厅等包括在楼梯间内，形成扩大的封闭楼梯间，但应采用乙级防火门等措施与其他走道和房间隔开；

③ 除楼梯间的门之外，楼梯间的内墙上不应开设其他门窗洞口；

④ 高层民用建筑、高层厂房（仓库）、人员密集的公共建筑、人员密集的多层丙类厂房设置封闭楼梯间时，通向楼梯间的门应采用乙级防火门，并应向疏散方向开启；

⑤ 其他建筑封闭楼梯间可采用双向弹簧门。

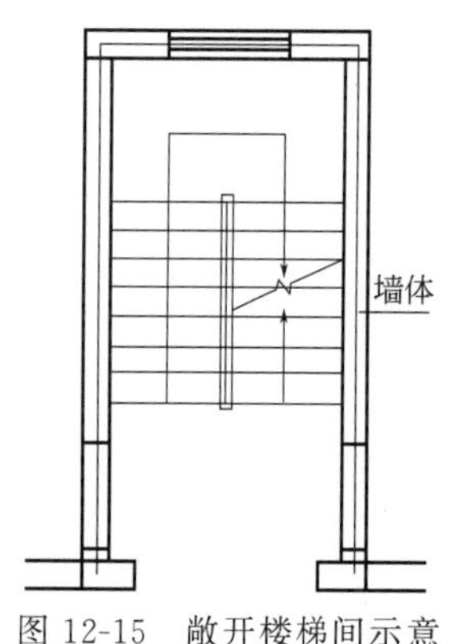

图 12-15　敞开楼梯间示意

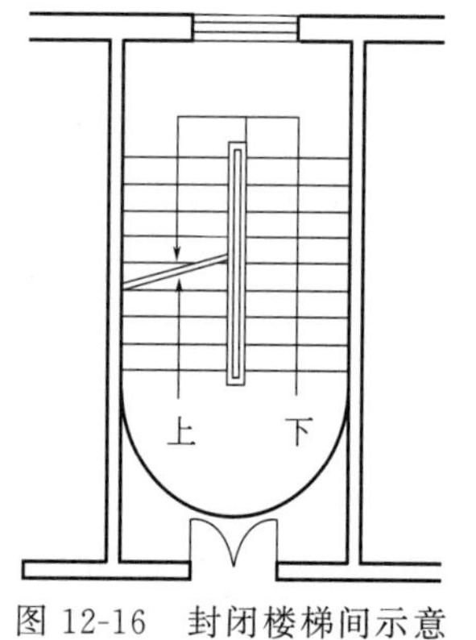

图 12-16　封闭楼梯间示意

(3) 防烟楼梯间

防烟楼梯间是指具有防烟前室和防排烟设施并与建筑物内使用空间分隔的楼梯间。其形式一般有带封闭前室或合用前室的防烟楼梯间，用阳台作前室的防烟楼梯间，用凹廊作前室的防烟楼梯间等。防烟楼梯间示意如图 12-17 所示，防烟楼梯间的设置要求还应符合以下条件。

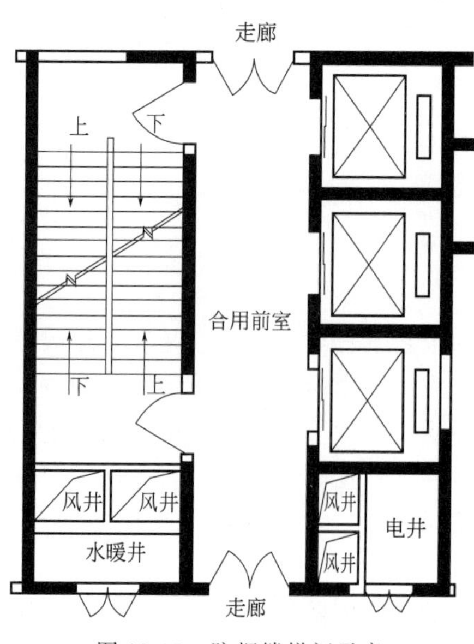

图 12-17　防烟楼梯间示意

① 楼梯间入口处应设前室、阳台或凹廊。

② 前室的面积，对公共建筑不应小于 $6m^2$，与消防电梯合用的前室不应小于 $10m^2$；对于居住建筑不应小于 $4.5m^2$，与消防电梯合用前室的面积不应小于 $6m^2$；对于人防工程不应小于 $10m^2$。

③ 前室和楼梯间均应为乙级防火门，并应向疏散方向开启。

④ 如无开窗，须设管道井正压送风。但是一类高层必须有管道正压送风。

（4）室外疏散楼梯

室外疏散楼梯是指用耐火结构与建筑物分隔，设在墙外的楼梯。室外疏散楼梯主要用于应急疏散，可作为辅助防烟楼梯使用。室外疏散楼梯示意如图 12-18 所示。室外疏散楼梯的设置要求还应符合以下条件。

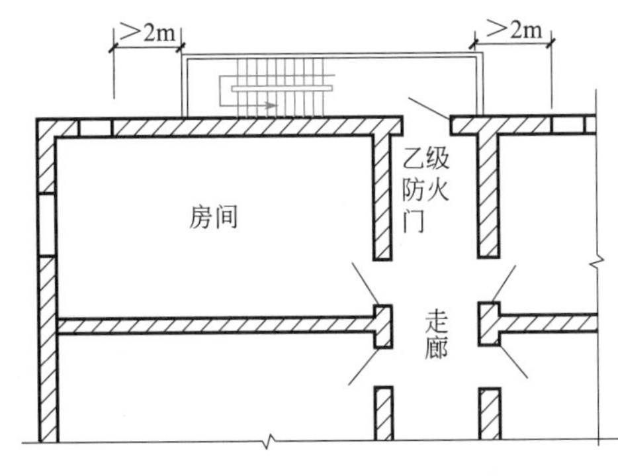

图 12-18　室外疏散楼梯示意

① 楼梯及每层出口平台应用不燃材料制作。平台的耐火极限不应低于 1h，楼梯段的耐火极限不应低于 0.25h。

② 在楼梯周围 2m 范围内的墙上，除疏散门外，不应开设其他门窗洞口。疏散门应采用 2 级防火门，且不应正对梯段。

③ 楼梯的最小净宽不应小于 0.9m，倾斜角一般不宜大于 45°，栏杆扶手高度不应小于 1.1m。

④ 除疏散门外，楼梯周围 2m 内的墙面上不应设置门、窗、洞口。疏散门不应正对梯段。

（5）剪刀式楼梯

剪刀式楼梯是一种每层有两个出入口，实现可上又可下的消防楼梯，属于特种楼梯，其好处是输出量倍增，保证意外逃生输出量。剪刀式楼梯示意如图 12-19 所示。剪刀式楼梯的设置要求还应符合以下条件。

① 剪刀式楼梯应具有良好的防火、防烟能力，为此，剪刀式楼梯宜设在防烟楼梯间内，其具体要求与普通疏散楼梯及防烟楼梯间相同。

② 为确保剪刀式楼梯的使用安全，其梯段之间应设置耐火极限不低于 1.00h 的非燃烧实体墙进行分隔。

③ 高层民用建筑的剪刀式楼梯应位于防烟楼梯间，在楼梯间入口处分别设置前室。对于高层塔式住宅，应分别设置前室；在面积的使用上确有困难时，可设一个前室，但两部楼梯应分别设置加压送风系统，以确保前室的楼梯间是无烟区。

④ 为便于疏散，消防电梯不宜与剪刀式楼梯共用一个前室。

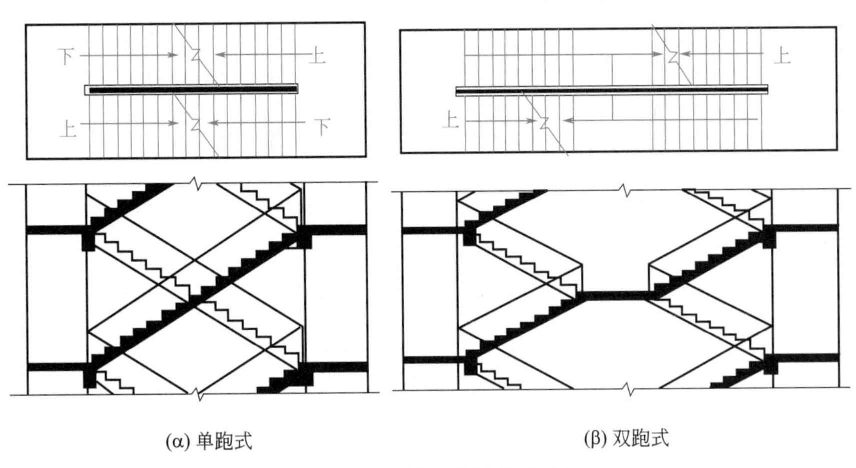

(α) 单跑式　　(β) 双跑式

图 12-19　剪刀式楼梯示意

12.3.3 建筑外墙外保温和外墙装饰构造

外墙外保温系统包括薄抹灰系统和复合保温砂浆系统。薄抹灰系统由黏结层、保温层、抹面层和饰面层构成；复合保温砂浆由黏结层、保温层、保温砂浆层、抹面层和饰面层组成。

除设置人员密集场所的建筑外，与基层墙体、装饰层之间有空腔的建筑外墙外保温系统，其保温材料应符合下列规定：

① 建筑高度大于24m时，保温材料的燃烧性能应为A级；

② 建筑高度不大于24m时，保温材料的燃烧性能不应低于B_1级。

注：燃烧性能等级为A级的材料属于不燃材料；燃烧性能等级为B_1级的材料属于难燃材料；燃烧性能等级为B_2级的材料属于可燃材料；燃烧性能等级为B_3级的材料属于易燃材料。

建筑高度与基层墙体、装饰层之间有空腔的建筑外墙保温系统的技术要求见表12-6。

表12-6 建筑高度与基层墙体、装饰层之间有空腔的建筑外墙保温系统的技术要求

场所	建筑高度(h)/m	A级保温材料	B_1级保温材料
人员密集场所	—	应采用	不允许
非人员密集场所	$h>24$	应采用	不允许
	$h\leqslant24$	应采用	可采用，每层设置防火隔离带

(1) 基本构造

当建筑的外墙外保温系统采用燃烧性能为B_1、B_2级的保温材料时，应符合下列规定。

① 除采用B_1级保温材料且建筑高度不大于24m的公共建筑或采用B_1级保温材料且建筑高度不大于27m的住宅建筑外，建筑外墙上门、窗的耐火完整性不应低于0.50h。外墙立面示意如图12-20所示。

② 应在保温系统中每层设置水平防火隔离带。防火隔离带应采用燃烧性能为A级的材料，防火隔离带的高度不应小于300mm。水平防火隔离带剖面图如图12-21所示。

③ 建筑的外墙外保温系统应采用不燃材料，在其表面设置防护层，防护层应将保温材料完全包覆。当按规定采用B_1、B_2级保温材料时，防护层厚度首层不应小于15mm，其他层不应小于5mm。设置防护层如图12-22所示。

④ 建筑外墙外保温系统与基层墙体、装饰层之间的空腔，应在每层楼板处采用防火封堵材料封堵。空腔封堵示意如图12-23所示。

⑤ 对于建筑的屋面外保温系统，当屋面板的耐火极限不低于1.00h时，保温材料的燃烧性能不应低于B_2级；当屋面板的耐火极限低于1.00h时，不应低于B_1级。采用B_1、B_2级保温材料的外保温系统应采用不燃材料做防护层，防护层的厚度不应小于10mm。

当建筑的屋面和外墙外保温系统均采用B_1、B_2级保温材料时，屋面与外墙之间应采用宽度不小于500mm的不燃材料设置防火隔离带进行分隔。

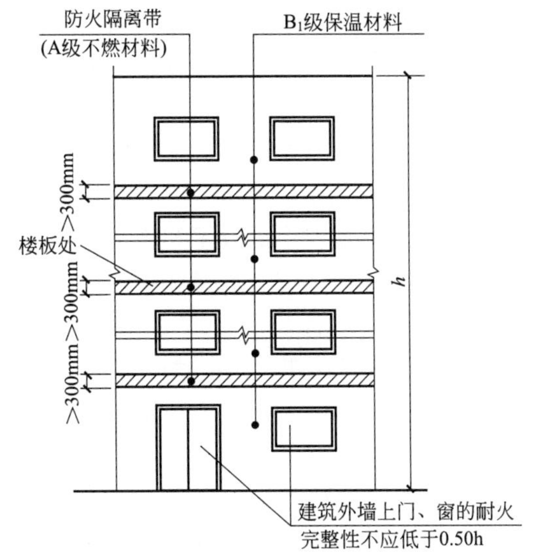

图 12-20　外墙立面示意

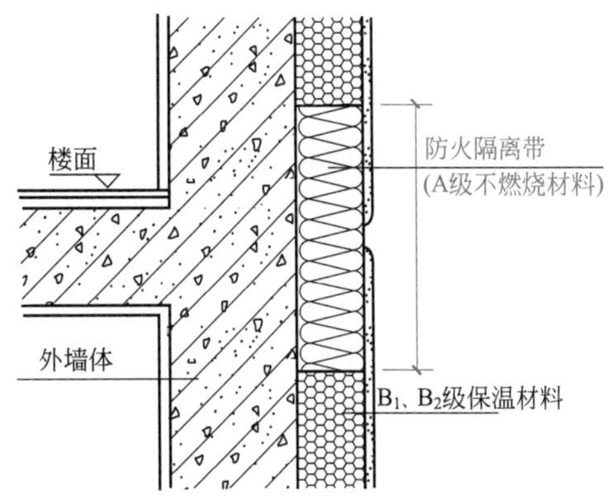

图 12-21　水平防火隔离带剖面图

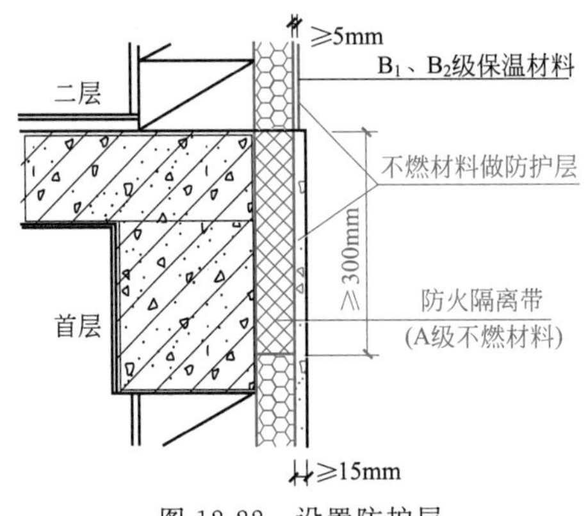

图 12-22　设置防护层

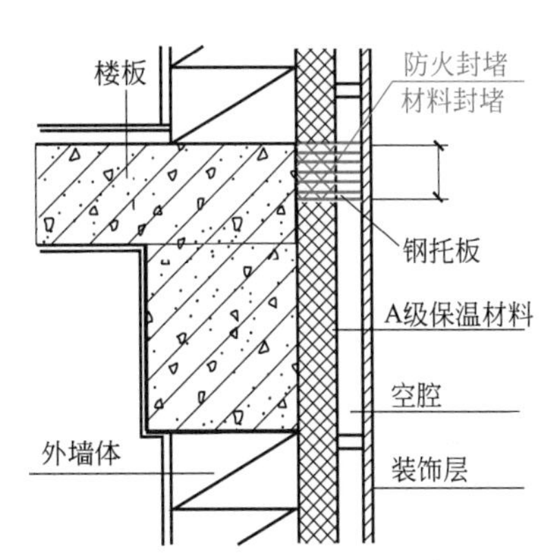

图 12-23　空腔封堵示意

⑥ 电气线路不应穿越或敷设在燃烧性能为 B_1、B_2 级的保温材料中，确需穿越或敷设时，应采取穿金属管并在金属管周围采用不燃隔热材料进行防火隔热等防火保护措施。设置开关、插座等电气配件的部位周围应采取不燃隔热材料进行防火隔热等防火保护措施。

⑦ 建筑外墙的装饰层应采用燃烧性能为 A 级的材料，但建筑高度不大于 50m 时，可采用 B_1 级材料。

(2) 施工准备

① 施工前应根据外保温工程和保温材料特点编制施工方案，方案中应有具体的防火安全技术措施和施工现场火灾事故应急预案。

② 外保温工程施工前，空调、窗护栏、雨水管等附着物应拆除，并妥善保管；墙面上雨水管卡、预埋铁件、空调支架、设备穿墙管道、伸出外墙面的各种雨水管、进户管线等应重新安装完毕，并预留出保温层的厚度。附着在外墙的线路应拆移，改装完成。

③ 外墙外保温宜采用与墙面分离的双排脚手架，若采用吊篮应复检其安全性。

(3) 注意事项

① 外墙保温的每个分格单元必须一次性施工完成。禁止在一个分格内出现接槎。接

近分格条边缘施工时，要加细处理。新抹砂浆不要抹到邻近板块，打磨时避免对已完板块进行二次打磨。水平分格缝位置距离每步脚手架高度不小于 0.3m。施工墙面应采取遮阳和防风措施。施工完成后 24h 内避免雨水冲刷。

② 目前我国外墙保温技术发展很快，是节能工作的重点。虽然外保温产品技术与施工质量尚需提高，但是推广实施建筑物外墙外保温技术既有利于国家可持续发展，延长建筑物使用寿命，又有利于家家户户节省日常开支。外墙外保温对产品技术和施工质量要求比较高，对施工队伍提出更高的要求。因此，要提高外墙保温的施工质量必须从材料和施工两方面严格把关。

③ 外墙外保温做法中容易被忽视的是那些线性出挑部位，如阳台、雨罩、靠外墙阳台栏板、空调室外机搁板、附壁柱、凸窗、装饰线、靠外墙阳台分户隔墙、檐沟、女儿墙内外侧及压顶、水沟、屋顶装饰造型的“博士帽”等。

④ 对于那些没做保温的部位，其受温度影响而发生形变的状况与做完外保温的墙体是不同的，热胀冷缩不一致，抹灰层易空鼓。经过几年后，温差交接处容易产生破坏，会造成这些未做保温的部位与做了外保温的墙体交接处产生破坏裂缝。红外线测试显示，这些被忽视的部位是明显的热桥。与被保温的部位相比其温度受环境影响十分明显，由此而产生的温差应力易引起该部位与主体部位相接处产生裂缝。

第13章 人防工程识图与节点构造

扫码看视频
人防工程的分类

13.1 人防工程的分类及特点

13.1.1 人防工程的分类

人防工程是人民防空工程的简称，是战时保障人民群众生命安全，保存战争潜力的重要场所，是实施人民防空最重要的物质基础。它也是国防工程的一部分，是重要的军事设施。人防工程主要是按照工程的构造方式及其使用功能进行分类。

(1) 按工程构筑方式分类

① 明挖工程　上部自然防护层在施工中被扰动的工程，它适合在抗力不太大或不宜暗挖的条件下使用。明挖工程是在施工时先开挖基坑，而后在基坑内修建工程，主体建好后再按要求进行土方回填，亦称掘开式工程。明挖工程按上部有无地面建筑可分为单建式人防工程和附建式人防工程。

a. 单建式人防工程：是指人防工程独立建造在地下土层中，工程结构上部除必要的口部设施外不附着其他建筑物的工程。

b. 附建式人防工程：也称结建人防工程，是指按国家规定结合民用建筑修建的防空地下室。附建式人防工程是上部地面建筑的组成部分，一般与上部建筑同时修建，不需要单独占用城市用地，可以利用上部建筑起到一定的防护作用，同时对上部建筑起到抗震加固作用。

② 暗挖工程　暗挖工程是指上部自然防护层在施工中未被扰动的工程。施工中受地面建筑及地下管线的影响小，工程的抗力随防护层厚度的增加有不同程度的提高。暗挖式人防工程按其所处地特征的不同分为坑道式人防工程和地道式人防工程。

a. 坑道式人防工程：是指在山丘地段用暗挖的方法修建的人防工程。该工程有较厚的自然防护层，因而具有较强的防护能力，适宜修建抗力较强的工程。但由于坑道工程的作业面少，一般建设工期较长。

b. 地道式人防工程：是指在平地采用暗挖方法修建的工程，这种工程具有一定的自然防护土层，能有效地减弱冲击波及炸弹杀伤破坏；但地道工程由于受地质条件影响较大，工程透风、防水和排水都比较困难。

(2) 按防护特性分类

按防护特性分类分为甲类人防工程和乙类人防工程。

a. 甲类人防工程：战时能抵御预定的核武器、常规武器、生化武器袭击的工程。

b. 乙类人防工程：战时能抵御预定的常规武器、生化武器袭击的工程，不考虑防核武器。

(3) 按战时使用功能分类

人防工程按战时使用功能可分为指挥通信工程、医疗救护工程、防空专业队工程、人员掩蔽工程和其他配套工程五大类。

① 指挥通信工程　即各级人防指挥所。人防指挥所是保障人防指挥机关战时能够不间断工作的人防工程。人民防空战时指挥体制贯彻条块结合、以块为主、以市级为重点的原则，实行省（自治区、直辖市）、市、区（县）、街道四级指挥体制，并修建相应等级的指挥工程。

② 医疗救护工程　医疗救护工程是战时为抢救伤员而修建的医疗救护设施。医疗救护工程根据作用不同分为三等：一等为中心医院，二等为急救医疗，三等为救护站。

③ 防空专业队工程　防空专业队工程是战时保障各类专业队掩蔽和执行勤务而修建的人防工程。防空专业队是按专业组成担负防空勤务的组织。他们在战时担负减少或消除空袭后果的任务。由于担负的战时任务不同，防空专业队由抢险抢修、医疗救护、消防、防化、通信、运输和治安七种专业队组成。

④ 人员掩蔽工程　战时供人员掩蔽使用的人防工程。根据使用对象不同，人员掩蔽工程分为两等：一等人员掩蔽工程是为战时留城的地级及以上党政机关和重要部门用于集中办公的人员掩蔽工程；二等人员掩蔽工程是为战时留城的普通居民修建的掩蔽的工程。

⑤ 其他配套工程　战时用于协调防空作业的保障性工程。此类建筑主要有：区域电站、供水站、生产车间、疏散干（通）道、警报站、核生化监测中心等。

13.1.2　人防工程的等级

(1) 抗力等级

人防工程的抗力等级主要用以反映人防工程能够抵御敌人核、生、化和常规武器袭击能力的强弱，是一种国家设防能力的体现。我国的抗力等级按防核爆炸冲击波地面超压的大小和不同口径常规武器的破坏作用划分。人防工程的抗力等级与其建筑类型之间有着一定的关系，但没有直接关系。即人防工程的使用功能与其抗力等级之间虽有某种联系，但它们之间并没有一一对应的关系。如人员掩蔽工程核武器抗力等级可以是 5 级、6 级，也可以是 6B 级。目前最常见的面广量大的防空地下室一般为防常规武器抗力等级为 5 级和 6 级；防核武器抗力等级为 4 级、4B 级、5 级、6 级和 6B 级。

(2) 防化等级

防化等级是以人防工程对化学武器的不同防护标准和防护要求划分的等级，防化等级也反映了对生物武器和放射性沾染等相应武器（或杀伤破坏因素）的防护。防化等级是依据人防工程的使用功能确定的，防化等级与其抗力等级没有直接关系。

现行《人民防空地下室设计规范》(GB 50038—2005) 包括了乙级、丙级和丁级的各防化等级及其有关防护标准和防护要求。

13.1.3 人防工程的特点

① 建筑的使用功能与实用功能　将使用功能和实用功能结合到一起来用是目前地下人防工程结构设计的主要特点之一。而这种结合也就是说既在平时使用人防工程，也在战争时期使用人防工程。在平时，可以把人防工程稍微进行改造，使其变成一个停车场或者储物间。而一旦有战争发生时，它又将被作为人防工程来使用。

② 受武器和作战方针影响大　人防工程的主要功能是抵御各类预定武器杀伤破坏作用，对工程在防护方面提出的技术指标称为防护指标或要求，按防护指标设计和建造的工程便具有预定的防护功能。根据工程性质、功能与重要性的不同，其防护指标也不相同。防护指标和要求受多种因素制约，各国的差异也较大，它既影响着整个城市防灾抗空袭的方式，又影响着具体工程的防护指标与要求的确定。

③ 具有较好的防护能力　按标准建设的人防工程被视为人员理想的防护安全设施。因为它能在一定程度上抵御冲击波、光热辐射、核辐射、毒剂、放射性和生物战剂污染空气及常规爆炸碎片等各种杀伤因素的危害。

④ 受外界气候环境的影响小　包围着地下建筑的岩石和土壤具有良好的热稳定性和密闭性。因此地下建筑可以少受或不受严寒、酷暑和风沙等恶劣气象的影响，也便于形成恒温、恒湿、超净或防震的内部环境。有特殊要求的生产车间、冷库、粮库等建在地下，可以提高产品质量，同时可以降低能源损耗。

地下建筑的这一特点也有不利的一面，主要包括自然采光与通风难以实现，工程防水、防潮要求高，当其内部发生灾害时人员疏散和扑救困难等。工程规模越大，上述因素的影响也越大。大型地下建筑特别是地下公共建筑虽然通过各种技术措施和设施可以解决通风、采光及防水除湿问题，但需要大量的通风机械、空调机组以及人工照明等设备，使设备费用和能源损耗极大增加。

⑤ 施工复杂、造价较高　由于地下工程施工一般较地面建筑复杂，因而投资也较多，而当其他条件相同时，由于考虑到人防工程的工程防护问题，投资要明显高于非防护的地下工程。预定抵御的武器种类越多，防护标准越高，投资也就越大。

13.2 人防工程防护识图与构造

13.2.1 人防工程防护识图

人防工程防护埋深示意如图 13-1 所示。

13.2.2 人防工程出入口的类型及构造

(1) 出入口的分类

① 按设置位置分类　防空地下室出入口按设置位置可分为：室内出入口、室外出入口和连通口三类。

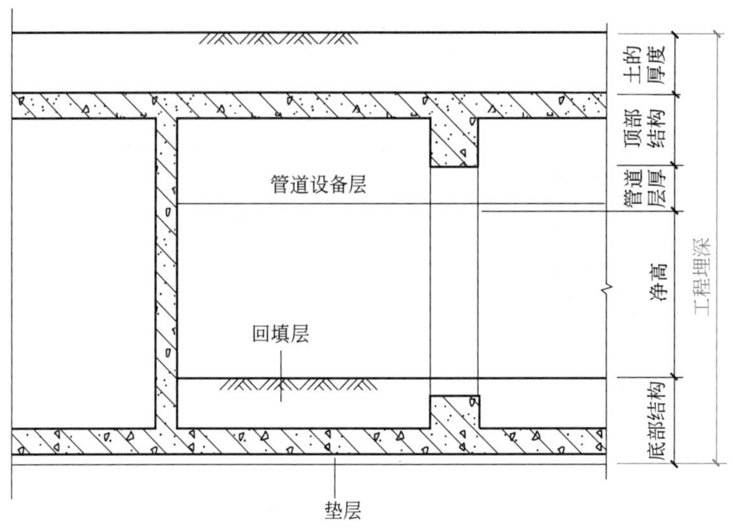

图 13-1　人防工程防护埋深示意

a. 室内出入口通常是指防空地下室上部建筑的楼梯间或上部建筑投影范围内的其他出入口（即无防护顶盖段）。由于上部建筑物的倒塌，室内出入口容易被堵塞，因此室内出入口战时只能作为工程次要出入口。

b. 室外出入口是指通道的出地面段位于防空地下室上部建筑投影范围以外的出入口。由于其出地面段位于上部建筑范围以外，空袭后遭倒塌物堵塞的可能性较小，所以一般用作工程战时主要出入口。当上部建筑倒塌时，极易被堵塞。如果敞开段在上部建筑倒塌范围以内，则需要设置防倒塌棚架。

c. 连通口是指人防工程（包括防空地下室）之间在地下相互连通的出入口，防空地下室中防护单元之间的连通口又称为单元连通口。

② 按战时使用功能分　可分为主要出入口、次要出入口、备用出入口和设备安装口等。

a. 主要出入口。战时空袭前后能保证人员或车辆不间断地进出，且使用较为方便的出入口。战时应不易被破坏、堵塞，并应设置必要的防护设施，以便在各种条件下保障人员、车辆方便地进出，因此主要出入口应选用室外出入口。主要出入口不一定是最宽敞的出入口，应以满足战时使用要求和防护要求为前提。

b. 次要出入口。主要供平时或战时空袭前使用，当空袭使地面建筑遭破坏后可以不再使用的出入口。对于次要出入口，可不考虑防堵塞措施，因而室内出入口（如楼梯间）即可作为次要出入口。一个防空地下室或一个防护单元可根据需要设一个或者多个次要出入口。

c. 备用出入口。平时一般不使用，战时在必要时（如其他出入口被破坏或被堵塞时）才被使用的出入口。备用出入口应在空袭条件下不易被破坏、堵塞。备用出入口一般采用竖井式，因而往往与通风竖井结合设置。

d. 设备安装口。与地面建筑的设备安装口相似，是大型设备（如大型通风机、柴油发电机组等）无法由正常通过出入口进出时而设置的专用孔口，设备安装完毕，此口即可进行封堵。

（2）出入口的形式及特点

按平面形状不同，出入口可分为直通式出入口、单向式出入口和穿廊式出入口。按纵坡度不同，出入口可分为水平式出入口、倾斜式出入口和垂直式出入口。

① 直通式出入口　防护密闭门外的通道在水平方向无转折的出入口称为直通式出入口，如图 13-2 所示。

直通式出入口形式简单，出入方便，造价较低，但对防炸弹射入和防早期核辐射及热辐射不利，遭核袭击后容易堵塞，影响防护门（防护密闭门）开启。现行规范规定，乙类防空地下室和核 5 级、核 6 级以及核 6B 级的甲类防空地下室，其室外出入口不宜采用直通式；核 4 级、核 4B 级的甲类防空地下室，其室外出入口不得采用直通式。

② 单向式（亦称拐弯式）出入口　防护密闭门外的通道在水平方向上有 90°左右转折，而从一侧通至地面的出入口称为单向式出入口。单向式出入口结构形式简单，人员进出较方便，同时可以避免直通式出入口的缺点，但大型设备进出不便，其造价也略高于直通式。防空地下室经常采用此种出入口形式。单向式出入口如图 13-3 所示。

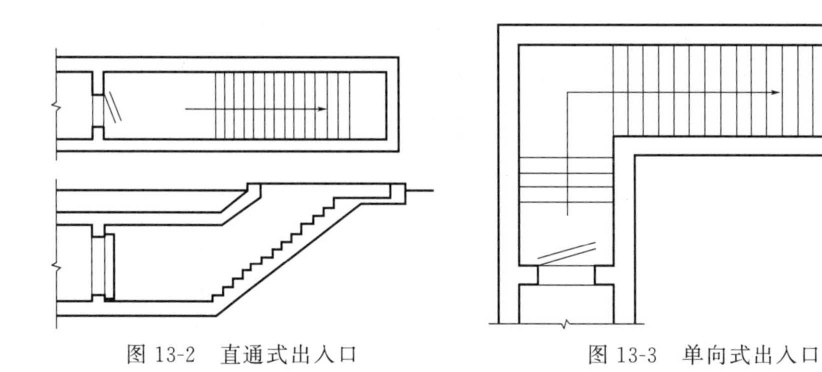

图 13-2　直通式出入口　　图 13-3　单向式出入口

③ 穿廊式出入口　防护门（防护密闭门）外的通道在水平方向上有 90°左右转弯，而从两侧通至地面的出入口称为穿廊式出入口。穿廊式出入口进出较方便，且不易被堵塞，并对防早期核辐射和热辐射均有利。由于核武器冲击波从穿廊平行而过可避免反射的作用，因此设置在穿廊式出入口通道内的防护门（防护密闭门）上的冲击波压力较小；同时位于地面的敞开段在形式上是两个独立的出入口，因此防常规武器造成的堵塞能力较强。其缺点是占地面积较大，结构形式复杂，造价较高，一般用在抗力较高的人防工程中。穿廊式出入口如图 13-4 所示。

④ 垂直式出入口　防护密闭门外的通道出入端从竖井通至地面的出入口称为垂直式出入口。小型垂直式出入口是指结合通风竖井设置的应急出入口。竖井式出入口占地面积小、造价低，防护密闭门上受到的荷载小，防早期核辐射、防热辐射性能好，但进出十分不便。战时当作应急出入口的竖井平面净尺寸不宜小于 1.0m×1.0m，并应设置爬梯。垂直式出入口如图 13-5 所示。

13.2.3　人防工程通风口竖井构造

竖井设置在防护区外，自身不具备防护能力，设置竖井的目的就是确保工程内部的通风需要。人防工程中，竖井分为两种：一种是排风管道井；另一种则是泄冲击波竖井。竖井通风口的构造如图 13-6 所示。

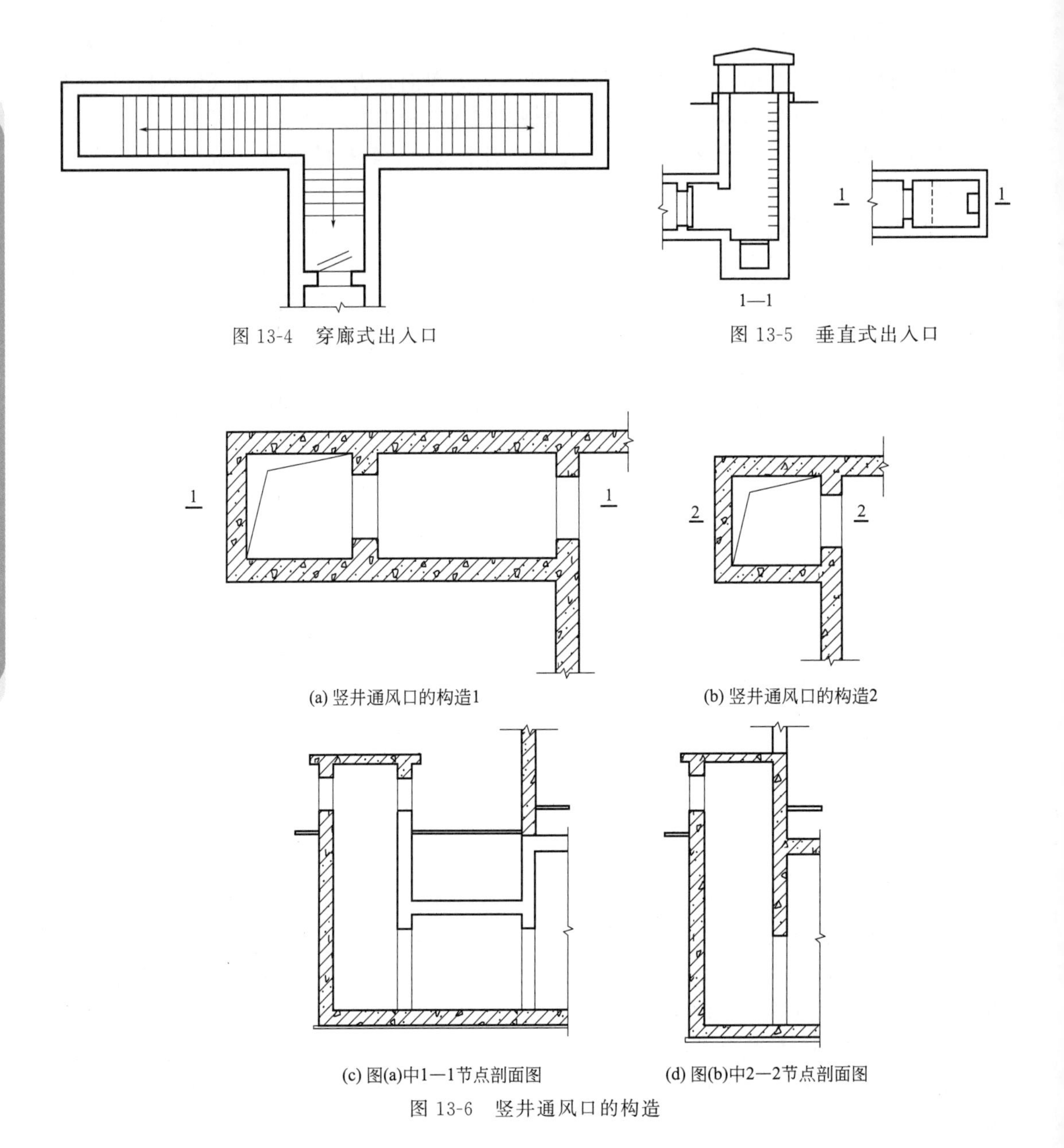

图 13-4　穿廊式出入口

图 13-5　垂直式出入口

(a) 竖井通风口的构造1

(b) 竖井通风口的构造2

(c) 图(a)中1—1节点剖面图

(d) 图(b)中2—2节点剖面图

图 13-6　竖井通风口的构造

13.3 洞库式人防工程防水识图与构造

13.3.1 洞库式人防工程防水识图

洞库式人防工程的大样图如图 13-7 所示。

洞库式人防工程的防护工程由于防水出现问题会影响工程的正常使用，甚至导致武器不能使用而不得不废弃。防护工程的介质环境不同于地面建筑，地面建筑的防水主要在屋面、地面和用水设备的房间，而防护工程的周围界面都需要防水，且与介质中的水长时间接触，防水的要求很高，构造也相对复杂。

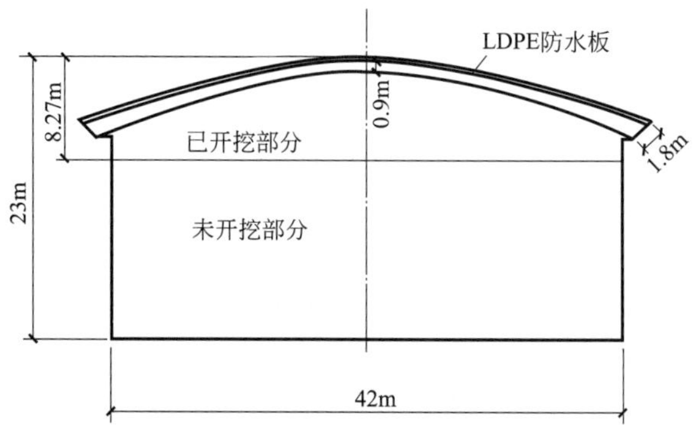

图 13-7　洞库式人防工程的大样图

洞库式人防工程的防水构造如图 13-8 所示。

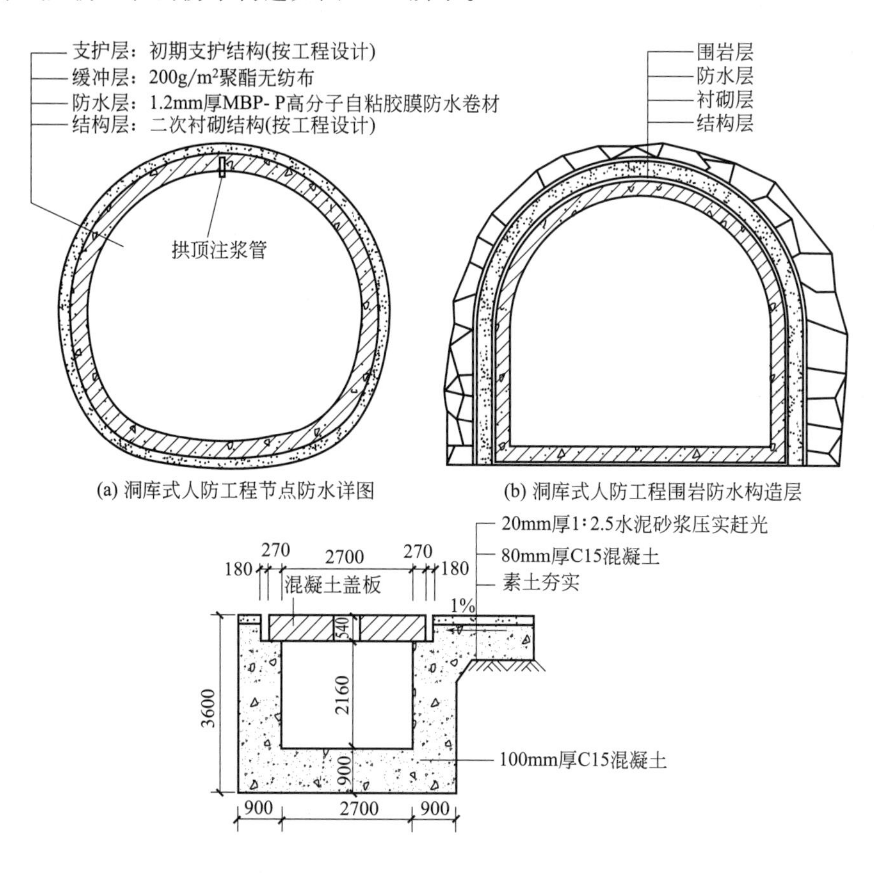

图 13-8　洞库式人防工程防水构造

13.3.2　防水构造设计原理

人防工程的防水构造原理是“堵与导”加固处理，使混凝土致密不开裂或把裂缝控制在一定范围内。堵是指采用注浆、嵌填、抹面等方法将工程周围的土（岩）体或结构本身的缝隙封堵，使地下水不能渗入工程内部。导是指工程有自流排水条件或可采用机械排水时，利用排水系统将地下水排至工程外，这种方法在工程施工时可为防水施工创造有利的条件，工程使用时可大大减轻地下水对工程的危害。

洞库建筑的立壁和顶部弧形部分在混凝土被覆施工时可以设置导水管沟，将山体岩石中的水有组织地导出洞外，加之洞壁的防水措施，山体岩石中的水很难进入洞内，故不至于影响到建筑内部的使用。而对于掘开式地下建筑，土壤中的水一旦渗透到建筑内部就必然影响建筑的使用，掘开式地下建筑无法主动排水，只能被动防护，所以防水的难度要大得多。

优先考虑结构自防水。混凝土具有良好的防水性，防水混凝土的防水性更好，利用结构的自防水是一项经济而可靠的防水措施。

防护工程的防水构造按不同的部位可以分为侧墙、拱顶、地面三个部分。侧墙和拱顶的防水比地面复杂。洞库的成型不可能有非常光滑的表面，岩体中的水系分布也没有规律，防水材料（卷材、防水涂料等）无法直接以岩体为基面，必须经过打磨处理后才能实施防水施工。

13.3.3 洞库式人防工程内部防水构造

洞库式人防工程的防水在于细部节点防水的设计与施工。洞库式人防工程细部防水构造如图 13-9 所示。

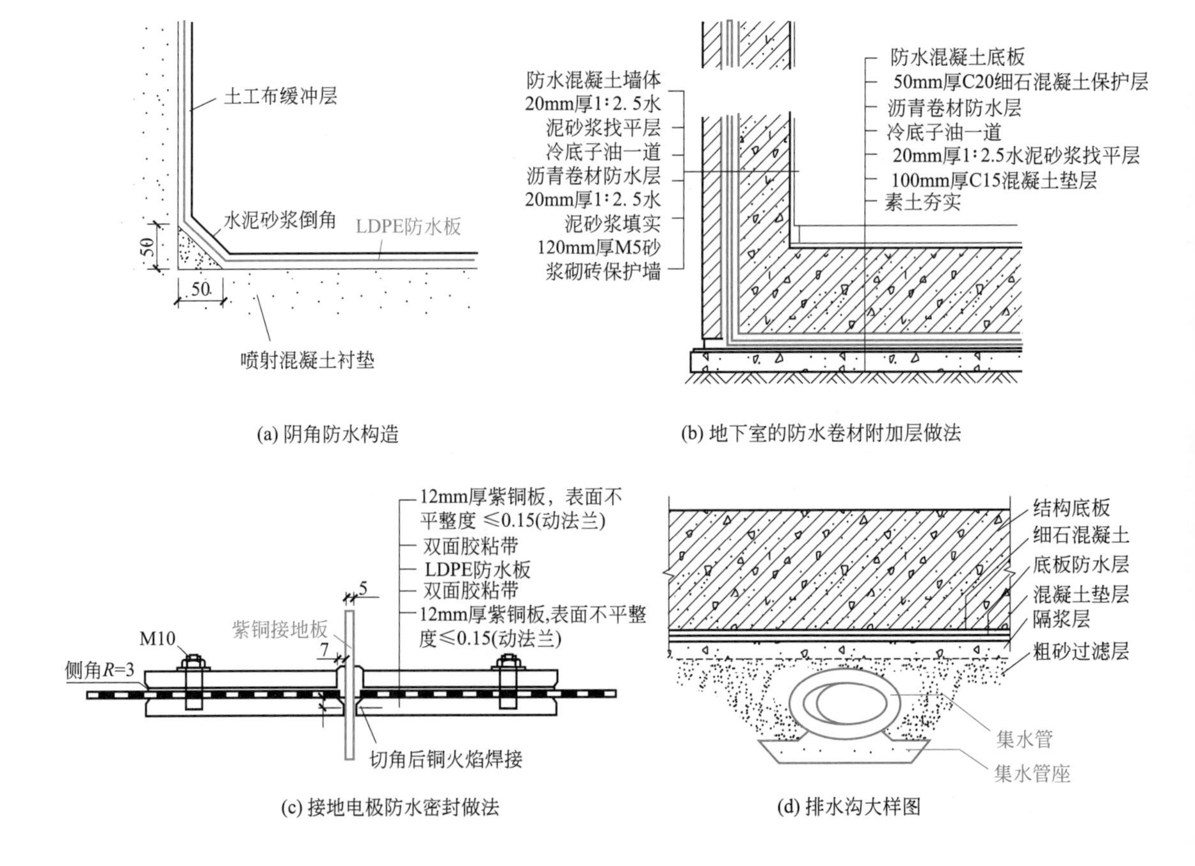

(a) 阴角防水构造

(b) 地下室的防水卷材附加层做法

(c) 接地电极防水密封做法

(d) 排水沟大样图

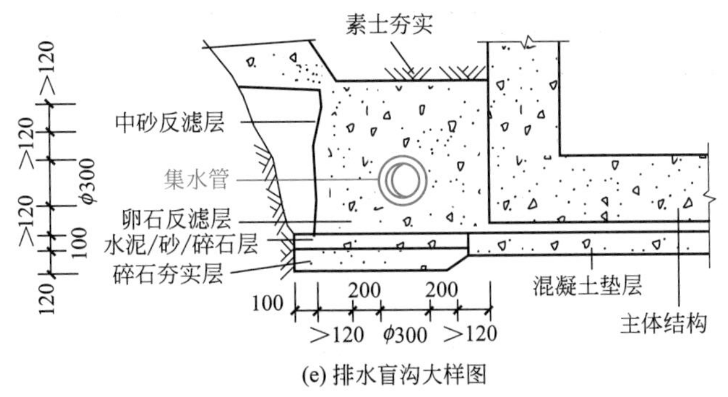

(e) 排水盲沟大样图

图 13-9 洞库式人防工程细部防水构造

13.4 明挖人防工程的防水识图与构造

13.4.1 明挖人防工程防水识图

明挖人防工程阴阳角部位处理如图 13-10 所示。

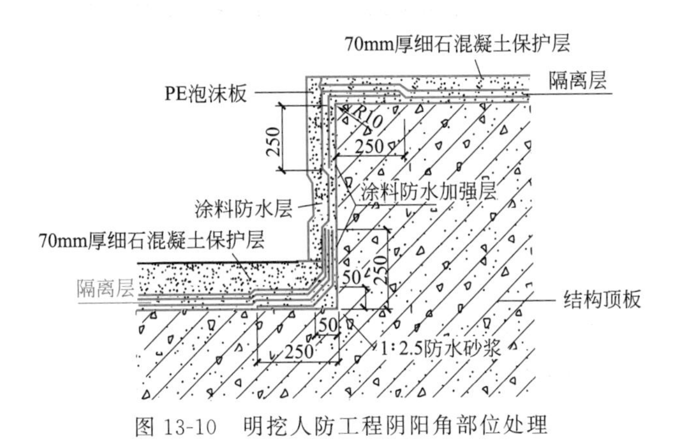

图 13-10 明挖人防工程阴阳角部位处理

13.4.2 顶板防水构造

顶板防水层采用水泥基防水涂料，2.5mm 厚，设置一层 PE 泡沫塑料板隔离层，并采用 70mm 厚细石混凝土保护。先做好混凝土结构层，然后做防水层，防水层上面用细石混凝土按 1%找坡，如图 13-11 所示。

后浇带采用微膨胀混凝土，其强度比结构混凝土提高一级。水膨胀止水胶断面为 (15～20)mm×(8～12)mm。后浇带具体做法如图 13-12 所示。

顶板施工缝的防水构造如图 13-13 所示。

13.4.3 底板防水构造

底板为现浇整体钢筋混凝土结构，为防止因荷载不均匀沉降而产生裂缝，需设置人为的裂缝——变形缝（或称沉降缝），底板变形缝防水构造如图 13-14 所示。

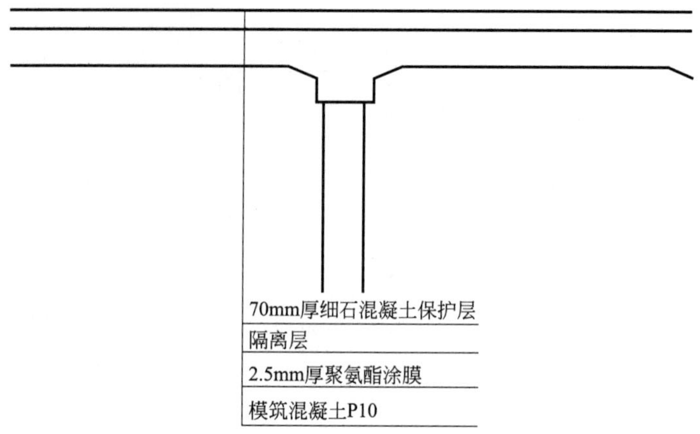

图 13-11　顶板的防水构造

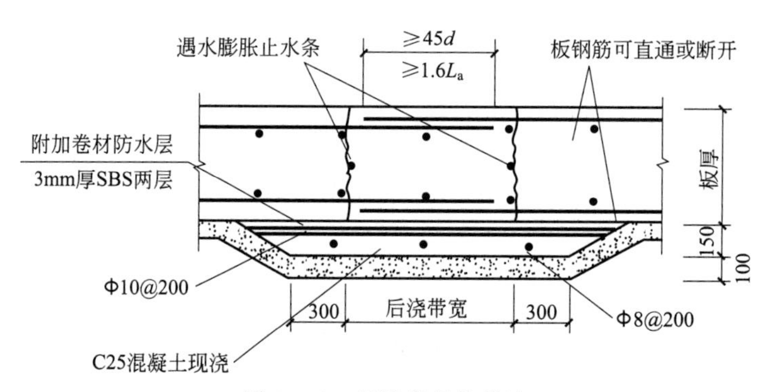

图 13-12　后浇带具体做法

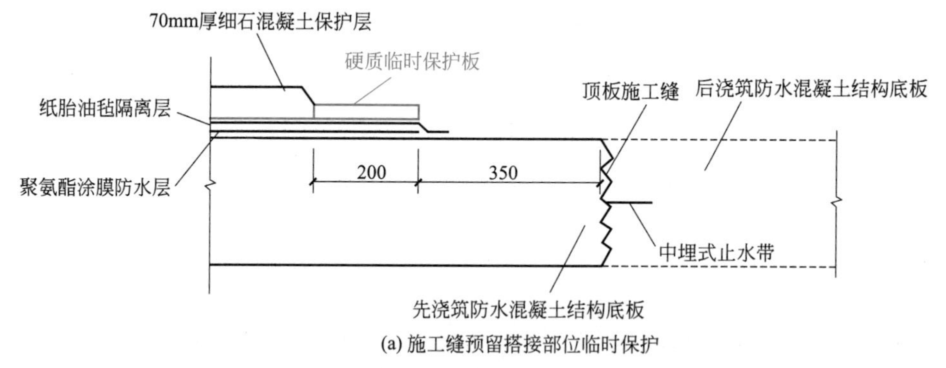

(a) 施工缝预留搭接部位临时保护

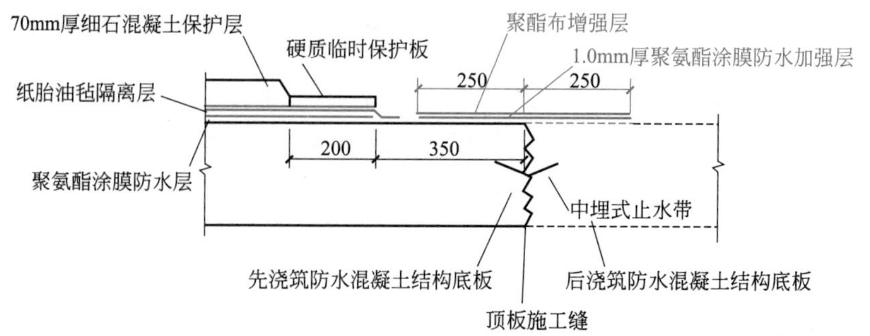

(b) 施工缝的防水加强层和聚氨酯布加强层

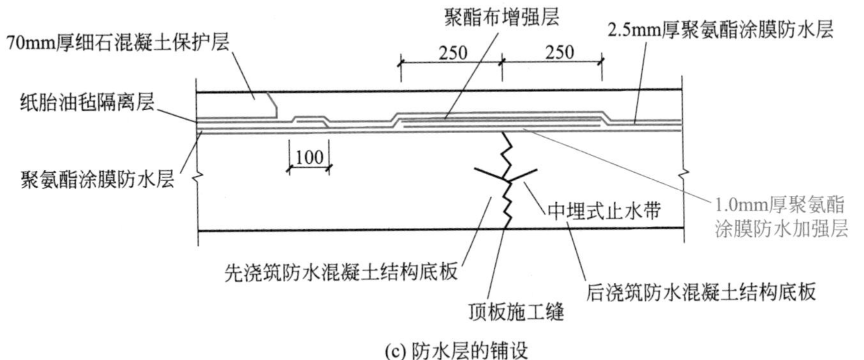

(c) 防水层的铺设

图 13-13　顶板施工缝的防水构造

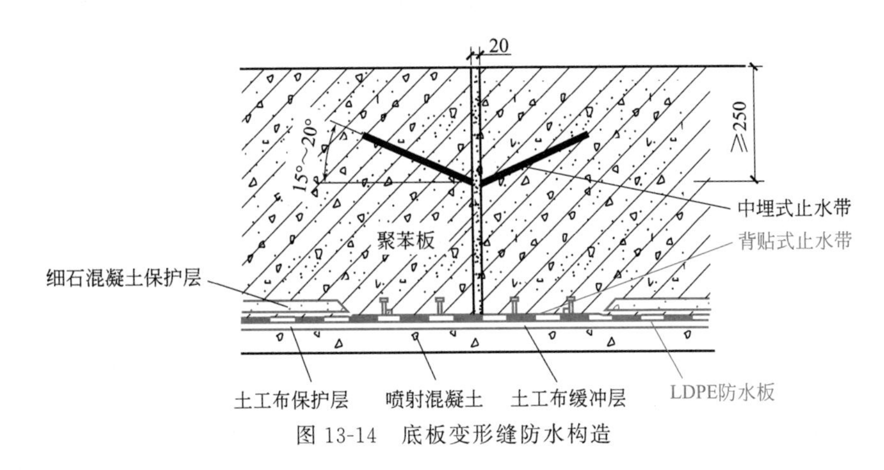

图 13-14　底板变形缝防水构造

底板变形缝的宽度宜为 20～30mm，缝内可用沥青浸渍的毛毡、麻丝填塞严密，为便于施工，也可采用聚苯乙烯泡沫、纤维板、塑料或浸泡过沥青的木丝板填塞；底板表面的找平层用补偿收缩水泥砂浆抹平压光。附加卷材的宽度为 300～500mm，卷材防水层可采用合成高分子防水卷材或高聚物改性沥青防水卷材，如高聚物改性沥青防水卷材的厚度小于 4mm，则应采用双层或多层铺贴，且应用冷粘法施工，不宜用热熔法施工，附加层与防水层之间应用满粘法进行黏结；橡胶型或塑料型止水带的埋入位置应准确，圆环中心线应在变形缝的中心线上，止水带应固定牢固，防止振捣混凝土时偏离位置和出现局部卷边现象。

地下工程采用刚柔复合防水较为理想，钢筋混凝土底板为刚性防水层，卷材为柔性防水层，变形缝为刚性防水层的间断开裂处，故用密封材料将刚性防水层的间断处连接起来，使刚性防水成为一个整体防水层，止水带的作用与密封材料相同。细石混凝土保护层的厚度为 40～50mm，卷材防水层的表面应覆盖一层纸胎油毡加以保护。

13.4.4　侧墙防水构造

侧墙变形缝的宽度不宜小于 30mm，其防水构造如图 13-15 所示。

墙体变形缝的填缝应根据墙的施工进度逐段进行，每增加 300～500mm 高度应填缝一次。

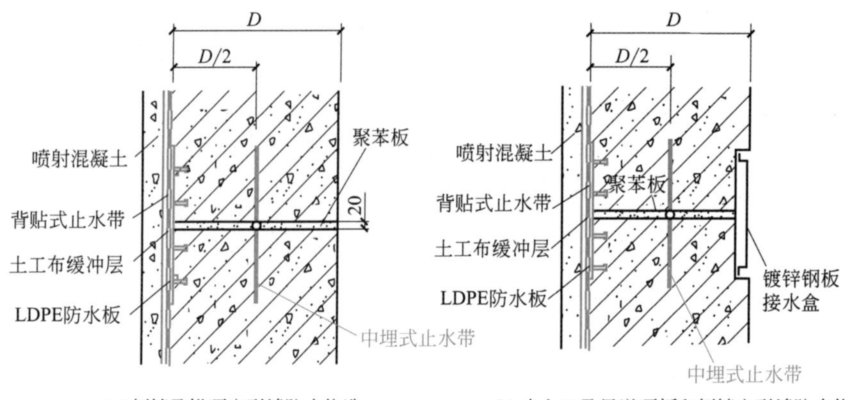

图 13-15　侧墙的防水构造

D—侧墙的墙体厚度

13.4.5　明挖人防工程内部防水构造

内部防水涂料的做法如图 13-16 所示。

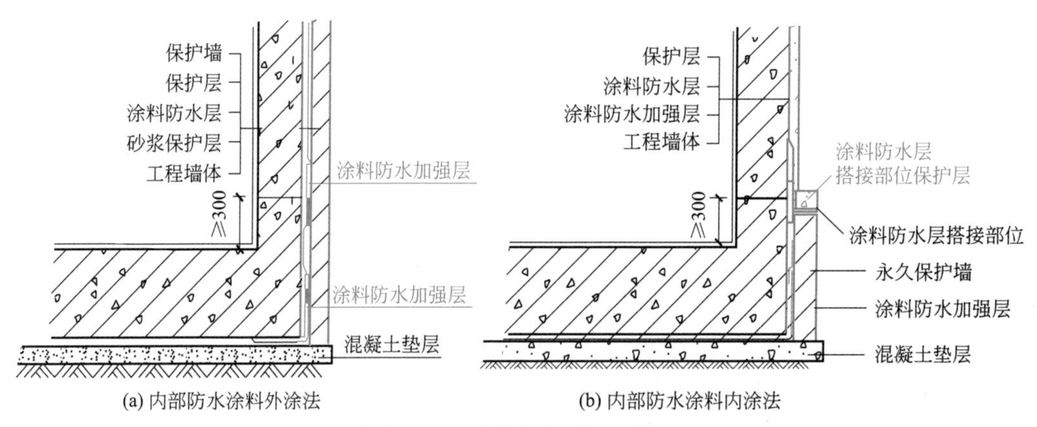

图 13-16　内部防水材料的做法

当建筑内部有积水需要进行排出时，最常用的方法就是利用集水坑收集排出的内部积水，集水坑内壁则需要使用防水砂浆进行粉刷。集水坑的结构大样图如图 13-17 所示。

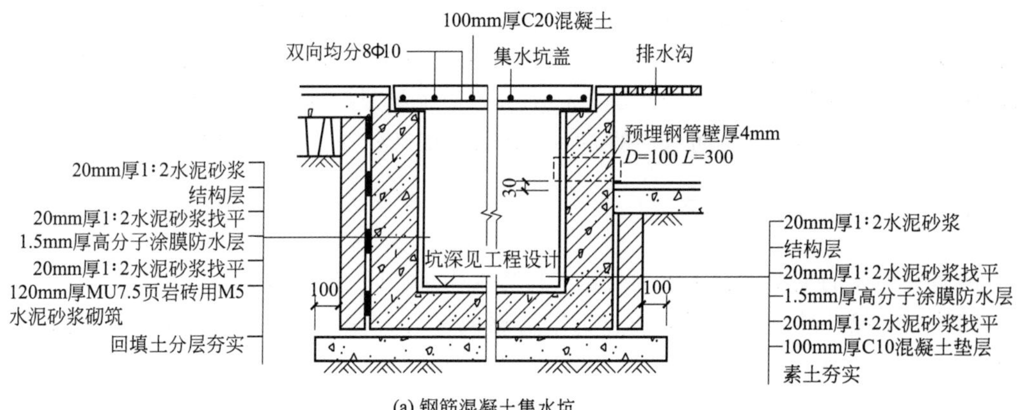

(a) 钢筋混凝土集水坑

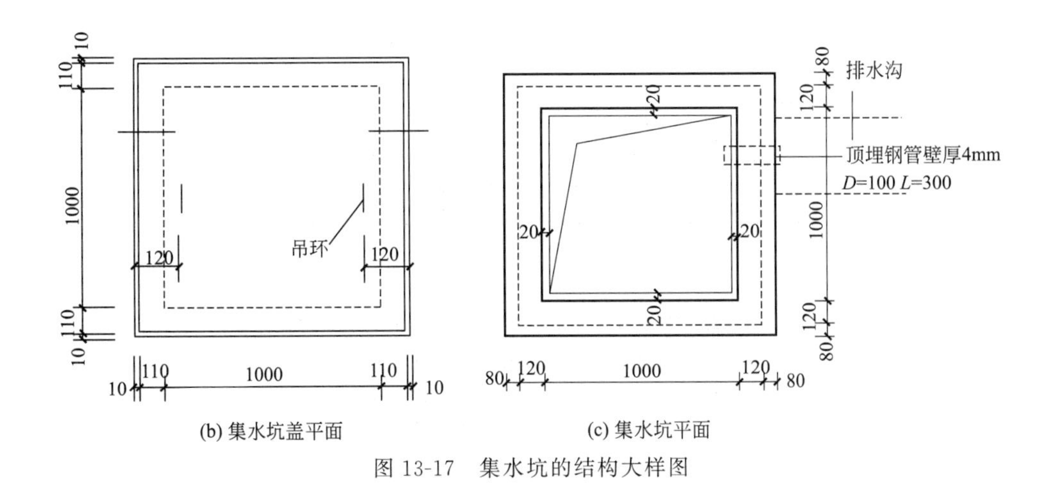

(b) 集水坑盖平面　　(c) 集水坑平面

图 13-17　集水坑的结构大样图

13.5 人防工程构造节点

13.5.1 穿过防护墙的各种管道的构造

(1) 给排水管道

管道穿过防空地下室的外墙时会穿破工程的防水层，所以应对该薄弱部位进行妥善处理，使其满足人防工程防水及防护等多方面的要求。为保证穿墙管防水技术措施的实施，穿墙管与内墙角、凹凸部位的距离应大于 250mm。当结构变形或管道伸缩量较小时，穿墙管可采用主管直接埋入混凝土内的固定式防水法，并应预留凹槽，槽内用嵌缝材料嵌填密实。固定式穿墙管道防水构造如图 13-18 所示。

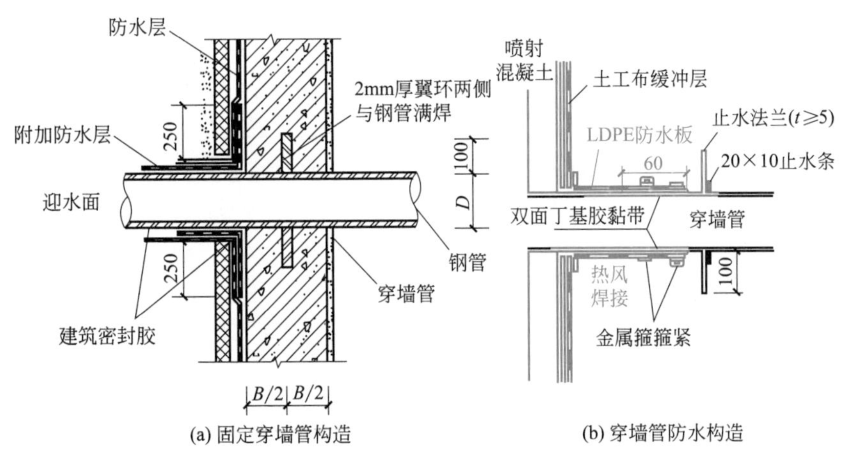

(a) 固定穿墙管构造　　(b) 穿墙管防水构造

图 13-18　固定式穿墙管防水构造

D—钢套管外径；B—墙厚

当结构变形或管道伸缩量较大或有更换要求时，应采用套管式防水法，套管应加焊止水环，套管式穿墙管防水构造如图 13-19 所示。

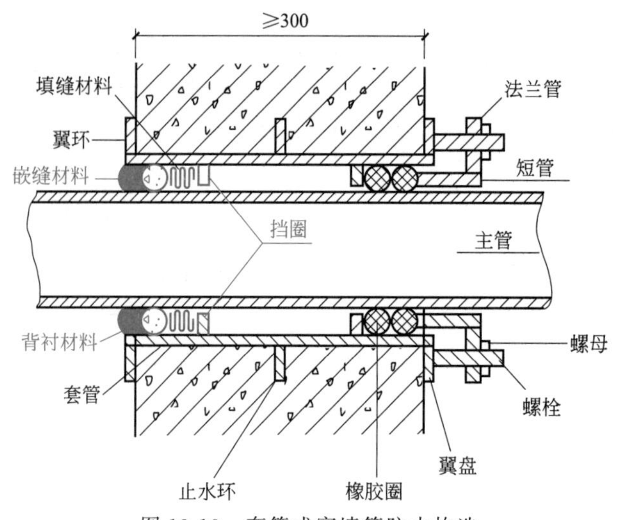

图 13-19　套管式穿墙管防水构造

如果该工程穿墙管线较多，则适合采用穿墙盒的方法，将管线相对集中起来。穿墙盒的封口处应与墙上的预埋角钢焊严，并从钢板上所预留的浇筑孔注入改性沥青柔性密封材料或细石混凝土处理，如图 13-20 所示。

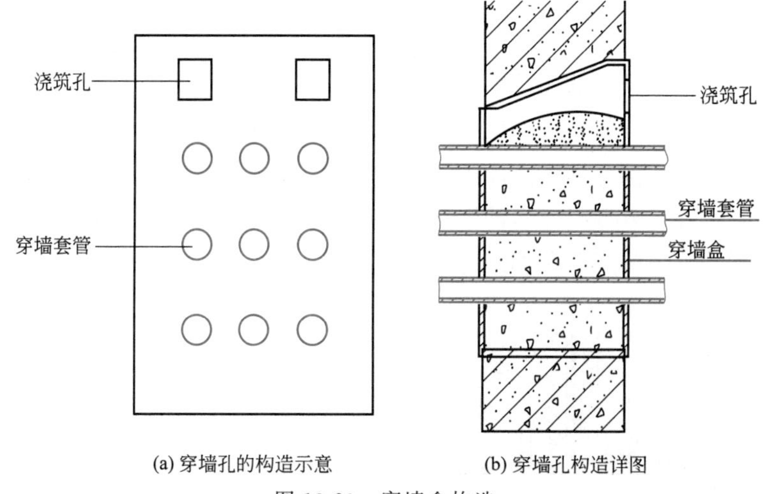

图 13-20　穿墙盒构造

(2) 电气电线管的预埋

电气电线管预埋的构造如图 13-21 所示。

13.5.2　防护设施构造

人防设施主要包括以下几种。

① 钢筋混凝土防护设备　门扇材质为钢筋混凝土的单扇门、双扇门、活门槛防护门、防护密闭门。

a. 活门槛防护密闭门的构造如图 13-22 所示。

b. 防护门的节点大样图如图 13-23 所示。

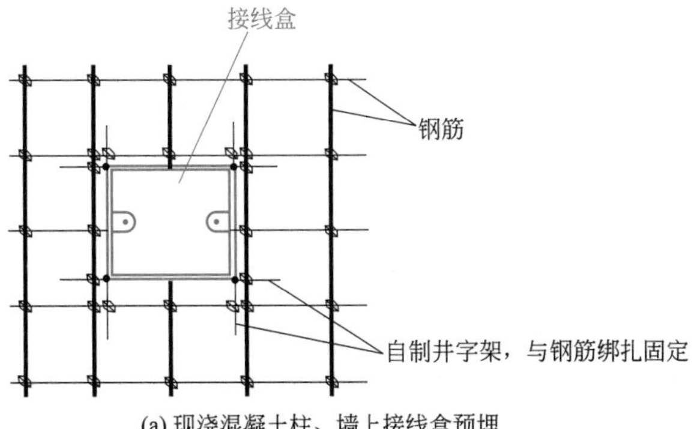

(a) 现浇混凝土柱、墙上接线盒预埋

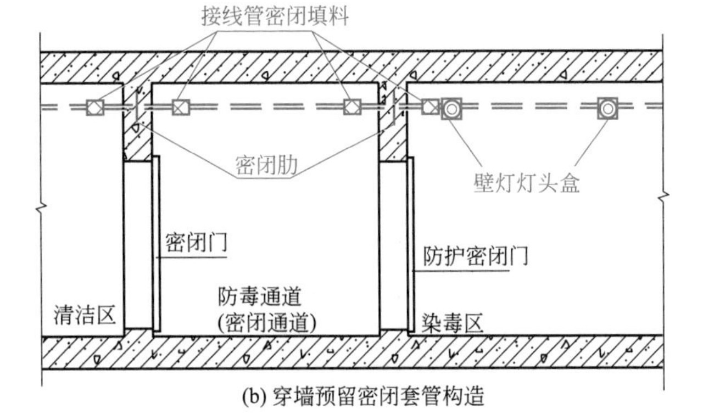

(b) 穿墙预留密闭套管构造

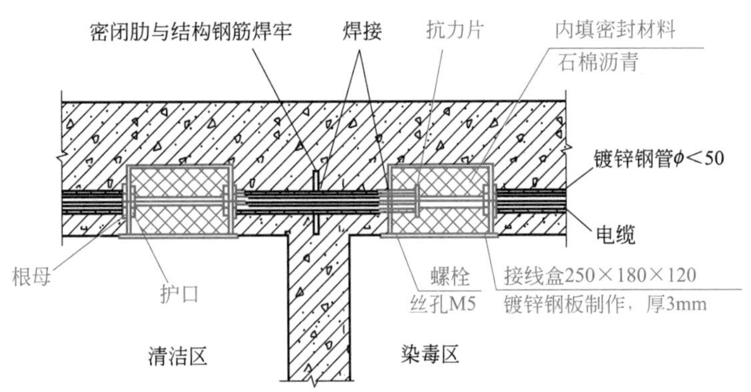

(c) 墙内暗管铺设接线盒详图

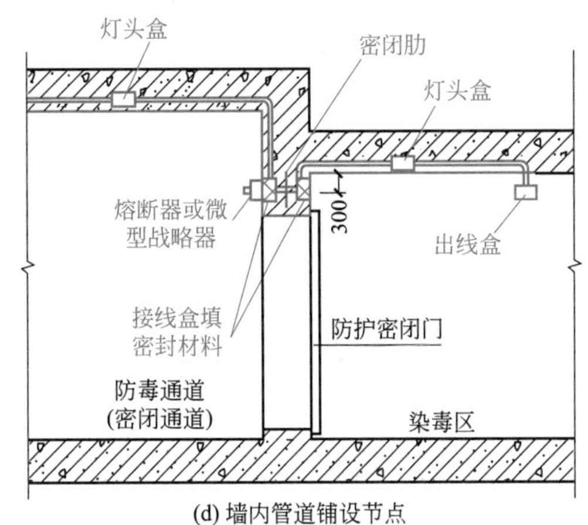

(d) 墙内管道铺设节点

图 13-21

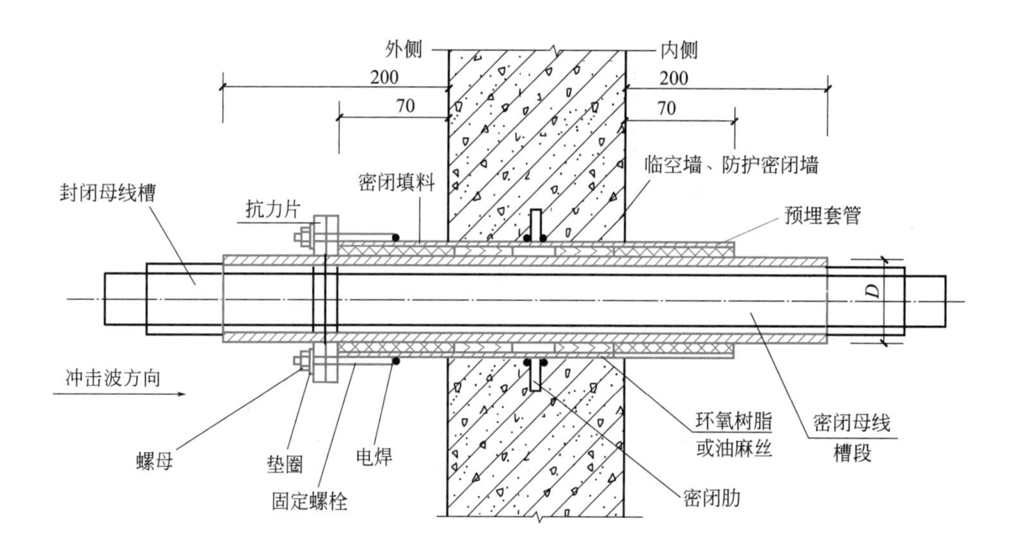

(e) 密闭母线槽穿墙示意

图 13-21　电气电线管预埋的构造

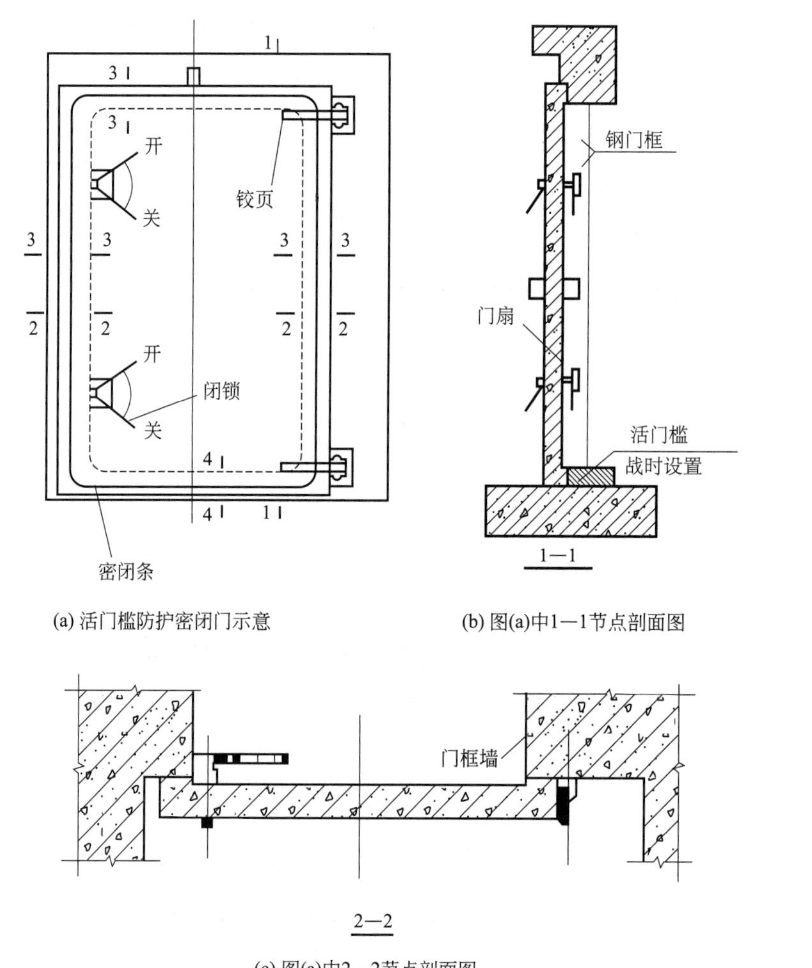

(a) 活门槛防护密闭门示意

(b) 图(a)中1—1节点剖面图

(c) 图(a)中2—2节点剖面图

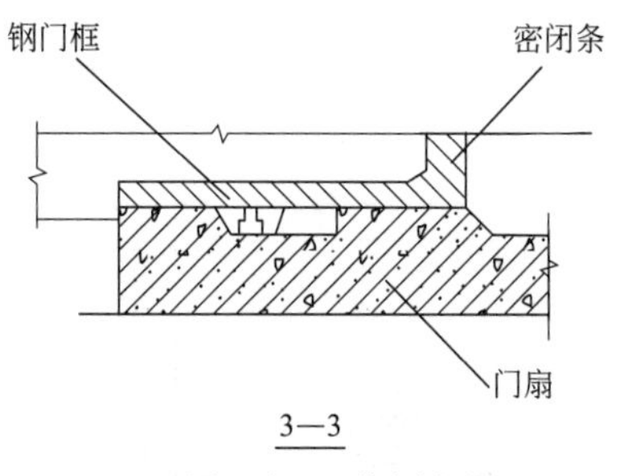

(d) 图(a)中3—3节点剖面图

图 13-22 活门槛防护密闭门的构造

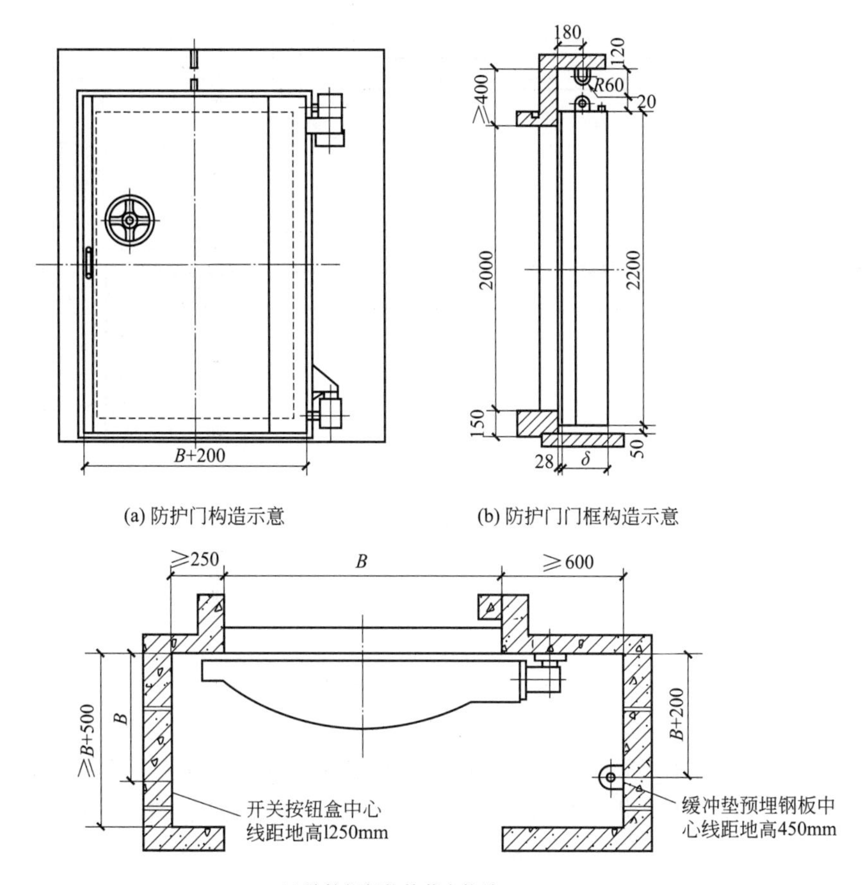

(a) 防护门构造示意

(b) 防护门门框构造示意

(c) 防护门部位的节点构造

图 13-23 防护门的节点大样图

c. 防护密闭门的节点大样图如图 13-24 所示。

② 钢结构手动防护设备 材质为钢、启闭方式为手动的防护门、防护密闭门、密闭门、活门、密闭观察窗、封堵板。

③ 阀门 各种型号密闭阀门、防爆地漏、防爆波闸阀。

④ 控门 各种型号电控防护密闭门。

⑤ 防电磁脉冲门 分为三级：一级是敏感设备工作不被干扰；二级是敏感设备不被损坏；三级是次敏感设备不被损伤。

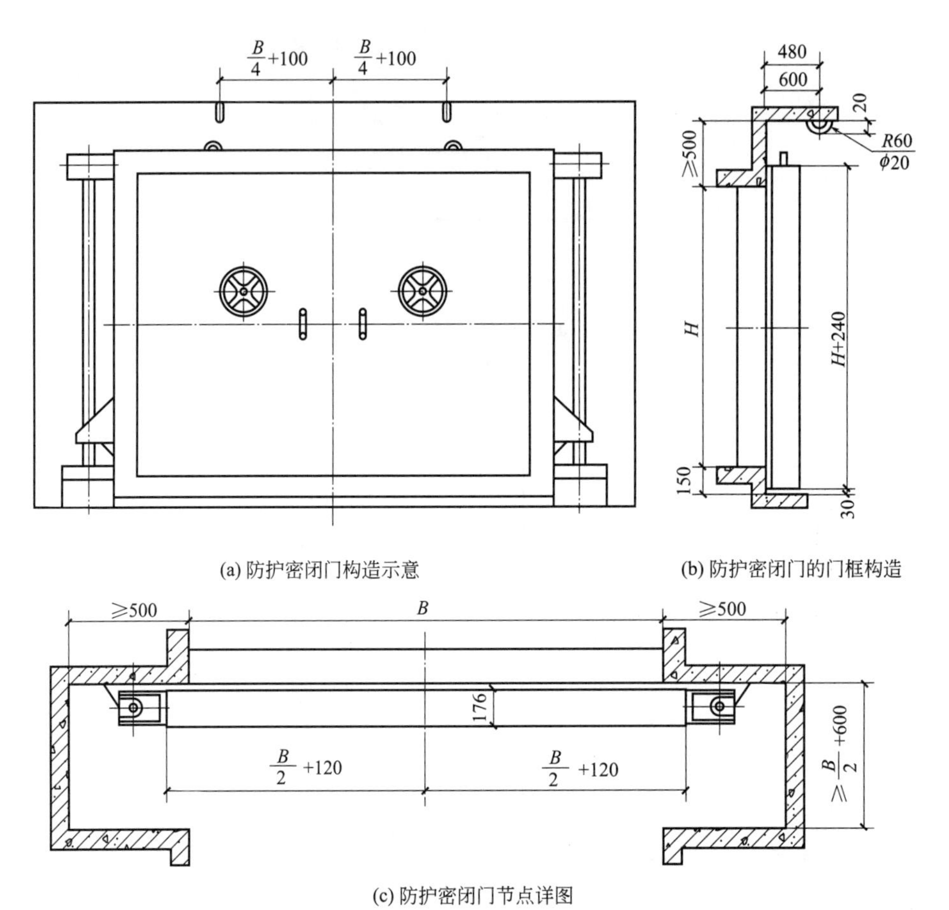

(a) 防护密闭门构造示意

(b) 防护密闭门的门框构造

(c) 防护密闭门节点详图

图 13-24　防护密闭门的节点大样图

13.5.3　通风井构造

建筑在地下的人防设施，由于地层中散发出的水蒸气，其他有害的、易爆气体蒸气，以及其他有害的、易爆气体、内燃机工作时排放的废气、工作人员呼吸时排出的水蒸气和二氧化碳会大量积聚起来，形成不安全的因素。为了保证安全，在工程设计中，根据需要设置通风和排气通道。通风井就是排气设施中的一种。一般通风井是垂直向上的通道结构，就像井一般，所以称为通风井。通风井的一端连接地下建筑的空间，另外一端开放于地面空间。

地下工程通向地面的各种孔口应设置防地面水倒灌措施，出入口应高出地面不小于300mm，并应采取防雨措施。

(1) 分离式窗井构造

当窗井的底部在最高地下水位以上时，窗井的底板和墙宜与主体断开，窗井内的底板，必须比窗下缘低200～300mm。窗井墙高出地面不得小于300mm。窗井外地面宜做散水。对于分离式窗井构造，虽然窗井的底部在最高地下水位之上，在干旱地区，窗井底板和墙可不做防水层，但在多雨地区，仍需做防水层，且一直做至散水板之处，收头处用密封材料嵌填严密。

(2) 整体式窗井构造

当窗井或窗井的一部分在最高地下水位以下时，窗井应与主体结构连成整体，防水层应连成整体，将底板的防水层一直铺贴至窗井墙外侧的散水板之处，阴阳角部位均应铺贴附加防水层，收头处应做密封处理。

通风口应与窗井进行同样处理，竖井窗下缘离室外地面高度不得小于500mm。

(3) 通风井的通风方式

防护工程通风口主要包括进风口、排风口以及工程内部电站的排烟口。根据通风设备的工作状态，其通风方式可分为三种。

① 清洁式通风　工程外无毒剂等沾染时的通风称为清洁式通风。

② 滤毒式通风　在工程外部存在污染的条件下仍需要进行通风的工程，在进风系统上需安装滤毒设施，以使毒剂等不通过进风系统进入工程内部，此种通风方式称为滤毒式通风。滤毒式通风只能采用机械通风。

③ 隔绝防护　在工程外存在污染毒时，应将人防工程里面所有的孔和出入口关闭，人员依靠工程内部空间储存的空气维持工作和生活，这样的方式称为隔绝防护。

通风口风管的构造如图13-25所示。

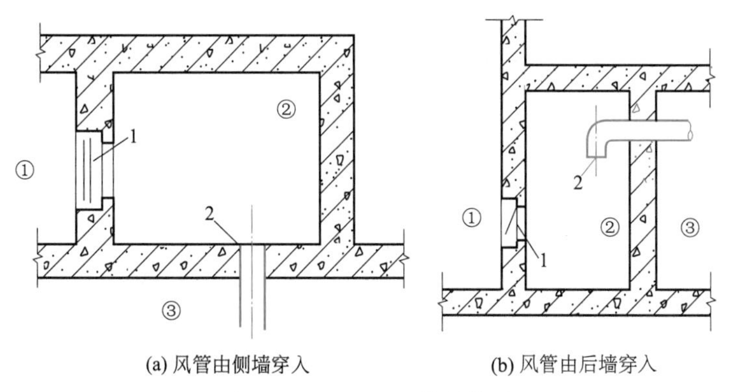

(a) 风管由侧墙穿入　(b) 风管由后墙穿入

图13-25　通风口风管的构造

1—悬板活门；2—通风管；①—通风竖井；②—扩散室；③—室内

第14章 楼地面识图与节点构造

扫码看视频

楼地面

14.1 楼地面概要

在建筑技术进步的条件下，特别是跨度材料和结构的发展使得建筑物的垂直叠加成为可能，也就有了支撑上部荷载、分割上下空间的楼板。

楼板与地板的区分在于其承受的荷载是否直接传递到下部的地基，楼板下部有使用空间，因此，楼板要将荷载收集、转向并传递到梁、柱、墙，其本身是承受荷载的受力构件；地板以下为地基，因此，荷载直接向下传递，地板只起到围护作用而不承载。有地下室或地基无法填实的底层地面，由于需要承载，所以要将所受的荷载传递到墙柱上而非直接传递到地基上，从结构意义的角度看，这种地板实际上是一种典型的楼板。

楼地面的性能及其细部的设计，应在满足房间使用功能和装饰要求的基础上，满足人们在建筑艺术方面的需求。楼地面是空间体验的基础和路径，是建筑室内的重要组成部分和肢体接触的部分，因此楼地面应有视觉的作用，也应有触觉的感染力，利用面层的质感、硬度、坡度的变化，强调空间的形态和建筑体验的速度，从而形成完整的建筑印象。

楼地面是对楼层地面和底层地面的总称，楼面层一般由面层、结构层、附加层和顶棚层等基本层次组成，如图 14-1(a) 所示。地面一般由面层、垫层、按平层、素混凝土层、碎石层、基层等组成，如图 14-1(b) 所示。

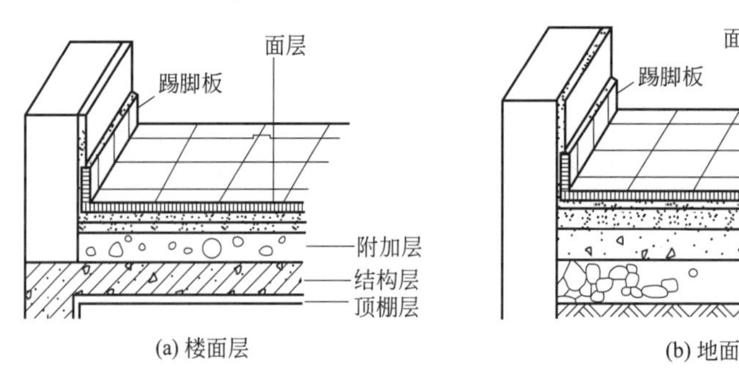

图 14-1 楼地面的组成

14.2 楼地面的功能与设计要求

（1）围护要求

楼地面是上下叠加的使用空间的支撑和分隔，因此需要采用必要的材料和构造手段来防止上下空间的干扰，特别是震动（噪声）的干扰，需要根据噪声的特性，保证空气传声和固体传声两个方面的隔声效果。

楼地面作为建筑的围护构件，还应满足一定的热工性能要求。一般建筑的楼地面是由混凝土材料制成的，热传导快，需要有良好的保温措施以防止暴露在墙体中的梁板成为“热（冷）桥”，这样不仅会消耗室内的采暖能耗，而且易产生冷凝水，影响卫生和构件的耐久性。对于建筑物内不同温、湿度要求的房间，常在楼地面中设置保温层，使楼地面的温度与室内温度一致，减少通过楼板的冷热损失。

在严寒和寒冷地区，建筑底层室内如果采用实铺地面构造，对于直接接触土壤的周边地区，也就是从外墙内侧算起向外 2.0m 的范围之内，应当做保温处理。如果底层地面之下还有不采暖的地下室，则地下室以上的底层地面应该全部做保温处理。保温层除了放在底层地面的结构面板与地面的饰面层之间之外，还可以考虑放在底层地面的结构面板，即地下室的顶板之下。

对于用水较多的房间，如盥洗室、浴室、厨房等，楼地面应设置防水层以满足防水的要求，同时要做排水坡、排水沟和地漏，以便迅速排水。楼地面的最下层——地坪层（有地下室时则为地下室的底板）与地面直接接触，需要采取防潮措施防止土壤中的水分渗入返潮或渗水，影响室内卫生和使用。

楼地面作为建筑物的承重构件和分隔上下空间的围护构件，应根据建筑物的等级、防火要求进行设计，以满足防火规范对建筑楼板的耐火极限和燃烧性能的要求，如钢筋混凝土是理想的耐火材料，但钢板、钢梁等在发生火灾时会丧失强度，因此表面需有外包混凝土、刷防火涂料等防火措施。管道穿过楼板形成的缝隙、楼板与玻璃幕墙之间的缝隙应用不燃材料将缝隙填塞密实。

（2）设备支撑与技术经济性

公共建筑，特别是面积加大的办公空间中常常利用楼地面或其表面垫层进行管线的铺设，也可利用楼地面设置采暖空调系统（冷热辐射系统），住宅建筑中也常在地面铺设地板采暖系统，在用水房间的地面设置地漏等排水设备也必须设在楼地板中。

楼地面在建筑中占有较大比重，一般情况下，多层建筑楼地面的造价占土建总造价的20%～30%，因此，应注意满足建筑经济性的要求，结合建筑物的质量标准、使用要求和施工技术条件，选择经济合理的结构形式和构造方案，尽量减少材料的消耗和楼地面自重，并为工业化生产创造条件，以降低造价。

楼地面也是整个建筑施工过程中的工作平台，因此，楼地面的施工进度也决定了整个建筑物的施工进度。

（3）承载要求

楼地面是承重结构，应有足够的强度和刚度，以保证房屋的结构安全。建筑的水平承载构件梁和板与垂直承载构件柱和墙等组成了复合的承载和传力体系。楼地板是建筑物中最主要的承载体系，由于使用空间的需求，产生了板和梁的空间跨度以及作用在其上的荷载。荷载包括材料自重等静荷载，人、家具、设备等使用荷载（活荷载），风力、地震力、破坏冲击波等瞬间荷载，楼地面要直接承受上述荷载中的垂直荷载并连接墙、柱等以承受水平荷载，增强建筑的刚度和整体性，保证在各种条件下能够受力、传力而不被损坏。同时，楼地面需要有足够的刚度，在荷载的作用下保证构件的变形小于容许挠度，一般为 $l/300 \sim l/200$（l 为梁、板的跨度），保证在各种荷载条件下都不发生明显的变形和震动，满足使用的要求和心理要求，防止刚性材料开裂而影响耐久性。

（4）功能性要求

楼地面应满足防火、防水、隔声、保温、隔热等基本使用功能的要求。

（5）隔声要求

楼地面的隔声包括隔绝空气传声和固体传声两个方面，主要以隔绝固体传声为主。楼地面的隔声量一般为 40～50dB。

空气传声的隔绝可以采用空心构件、多层构件、铺垫焦渣等材料来达到；隔绝固体传声可以通过减少对楼地面的撞击，如在地面上铺设橡胶、地毯等弹性材料，也可以采用空心构件、多层构件等，达到较满意的隔声效果。

（6）热工和防火要求

一般楼层和地层应具有一定的蓄热性，即楼面、地面应有舒适的感觉。防火要求应符合防火规范的规定。

（7）提供铺设管线的空间

在楼层和地层中铺设各种管线，既可以隐藏管线使室内美观，又可以节约空间和经济。

（8）提高工业化程度

尽量为工业化施工创造条件，提高建筑质量，加快施工速度。

14.3 楼地面的类型

楼地面是楼板层的结构层，根据使用材料的不同，楼地面分为木楼板、钢筋混凝土楼板、砖（石）拱（穹）楼板等。

（1）木楼板

木楼板是由在墙或梁支撑的木格栅（龙骨）上铺钉的木板组成的。木楼板利用天然木材的特性，具有自重轻、跨度大、就地取材、施工简便、保温性能好、舒适、弹性等优点，但是隔声差、易燃、耐久性差。为了节省木材，现在已很少使用。木楼板的结构如图 14-2 所示。

（2）钢筋混凝土楼板

钢筋混凝土楼板具有坚固、耐久、强度高、防火性能好、施工方便等优点，是应用最广泛的一种楼板。缺点是自重大、施工时间长、作业受天气影响大。在工业化生产中，钢筋混凝土在工厂预制成相应的形态，能加快施工进度。现浇钢筋混凝土楼板按其受力和传力情况可分为板式楼板、梁板式楼板、无梁式楼板、钢衬板组合楼板等几种。

① 板式楼板　楼板下不设置梁，将板直接搁置在墙上的，称为板式楼板。板式楼板根据作用力的受力特点分为单向板和双向板两种，如图 14-3 所示。

图 14-3 中 l_1 为短边尺寸，l_2 为长边尺寸。当板的长边与短边之比大于 2 时，板基本上沿短边单方向传递荷载，这种板称为单向板。

当板的长边与短边之比小于或等于 2 时，作用于板上的荷载沿双向传递，在两个方向产生弯曲，称为双向板。

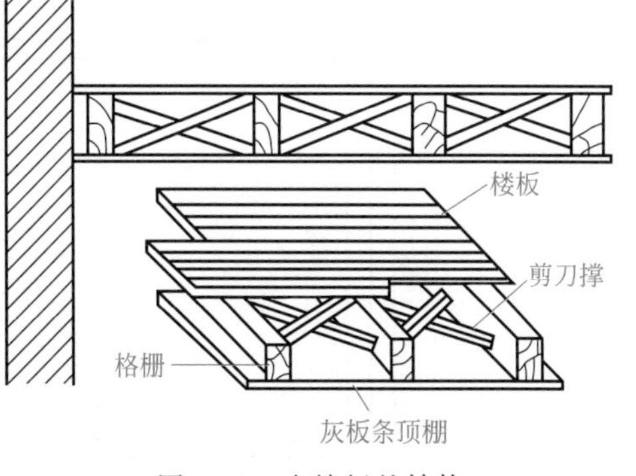

图 14-2　木楼板的结构

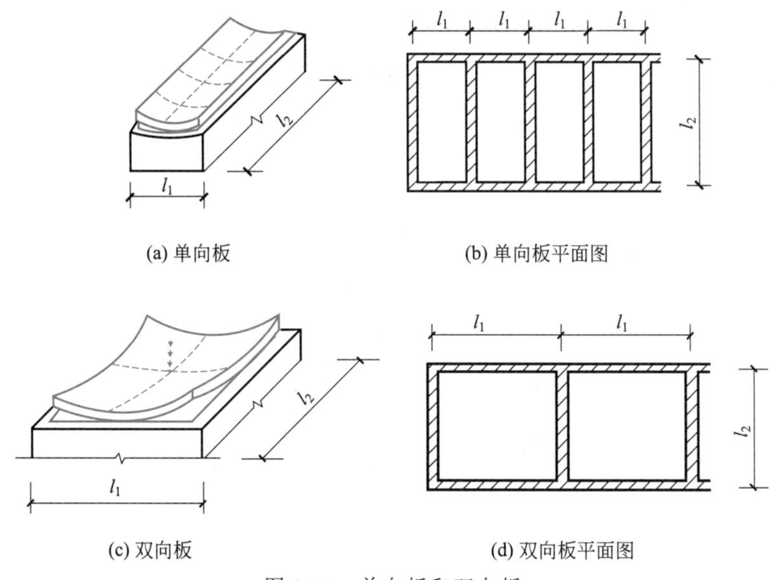

图 14-3　单向板和双向板

② 梁板式楼板　当房间的尺寸较大时，为了避免楼板的跨度过大，在楼板下设置梁来增加板的支点，从而减少板跨，确保构件受力的合理性。梁板式楼板分为单梁式楼板、复梁式楼板和井字梁式楼板三种。

a. 单梁式楼板：当房间有一个方向的平面尺寸相对较小时，可以只沿一个方向设梁，梁直接支承在墙上，这种梁板式楼板属于单梁式楼板。单梁式楼板的结构较简单，仅适用于教学楼、办公楼等建筑。单梁式楼板如图 14-4 所示。

b. 复梁式楼板：当房间两个方向的平面尺寸都较大时，在纵、横两个方向都设置梁，有主、次梁的楼板称为复梁式楼板。复梁式楼板如图 14-5 所示。

c. 井字梁式楼板：当房间的形状为方形且跨度在 10m 或 10m 以上时，可沿两个方向等间距布置等截面的梁，形成井格形梁板结构，这种楼板称为井式楼板或井字梁式楼板。井式楼板可与墙体正交放置或斜交放置，如图 14-6 所示。井式楼板底部的井格整齐划一，很有规律，具有较好的装饰效果，可以用于较大的无柱空间，例如门厅、大厅、会议室、餐厅、小型礼堂舞厅等。

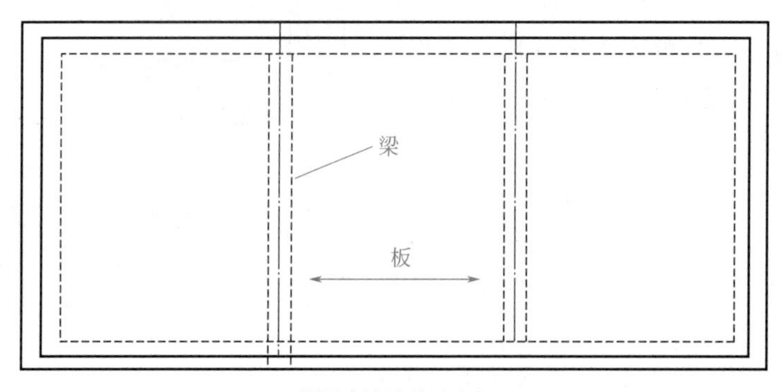

(a) 单梁式楼面平面示意

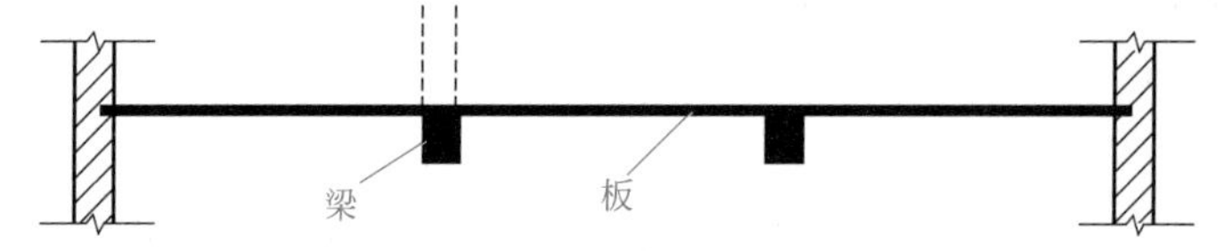

(b) 单梁式楼板构造

图 14-4 单梁式楼板

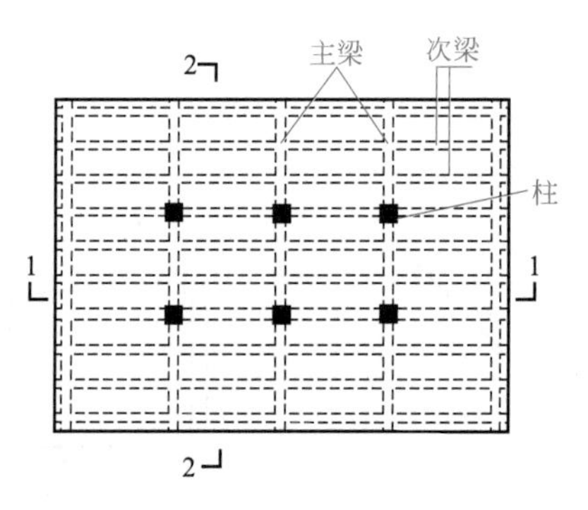

(a) 梁板式楼板平面图

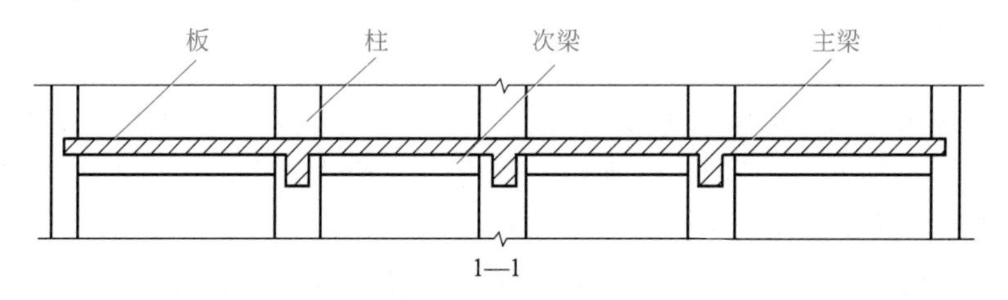

(b) 图(a)中1—1剖面图

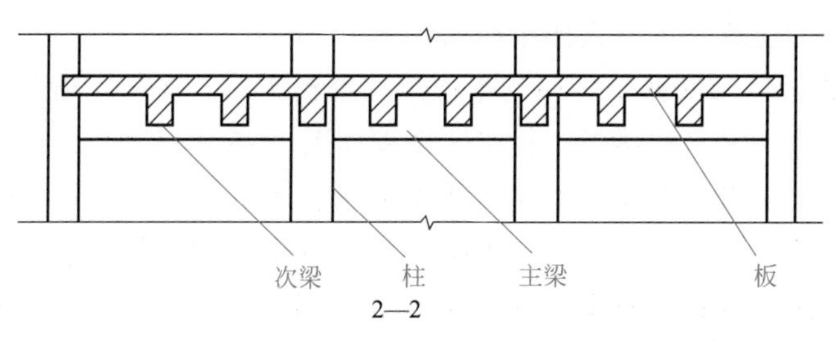

(c) 图(a)中2—2剖面图

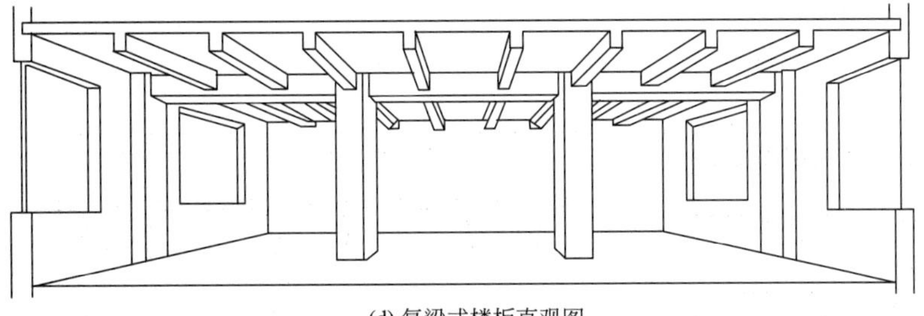

(d) 复梁式楼板直观图

图 14-5　复梁式楼板

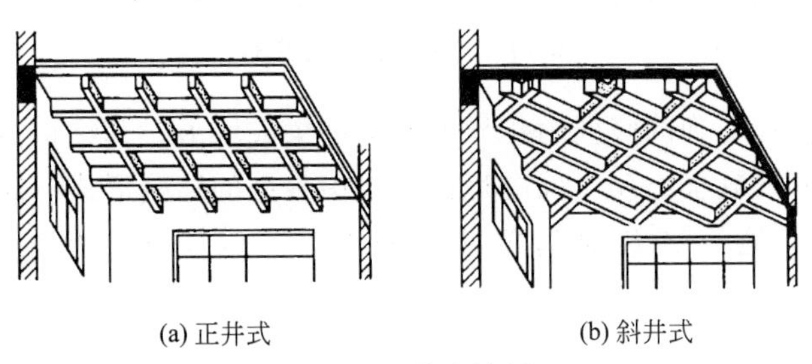

(a) 正井式　　(b) 斜井式

图 14-6　井式楼板

③ 无梁式楼板　当楼面荷载较小时，可采用无柱帽式的无梁楼板；当荷载较大时，为提高楼板的承载能力及其刚度，增加柱对板的支托面积并减小板跨，一般在柱顶加设柱帽或托板。无梁式楼板是在楼板跨中设置柱子来减少板跨而不设梁的楼板，如图 14-7 所示。

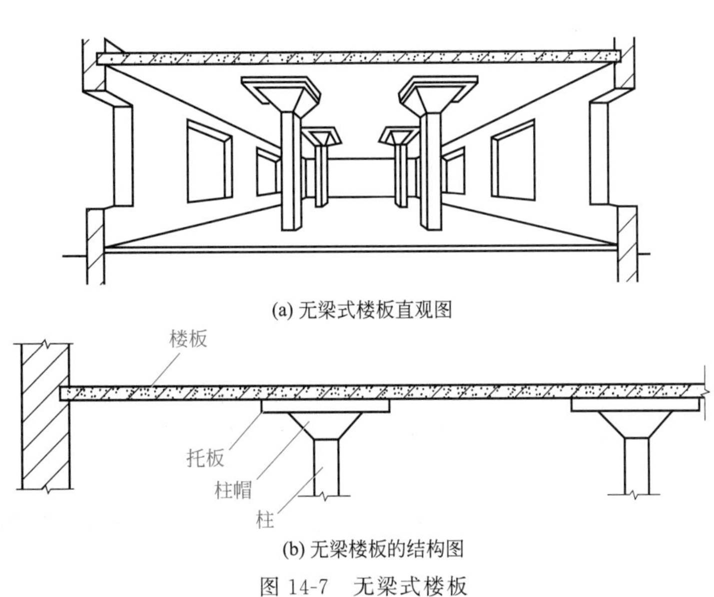

(a) 无梁式楼板直观图

(b) 无梁楼板的结构图

图 14-7　无梁式楼板

④ 钢衬板组合楼板　钢衬板组合楼板由楼面层、组合板和钢梁三部分组成。主要用于大空间的高层民用建筑或大跨度工业建筑，如图 14-8 所示。

(3) 砖（石）拱（穹）楼板

砖（石）拱（穹）楼板是在墙或梁上支承的砖拱或石拱楼板，是利用砖、石等砌体材

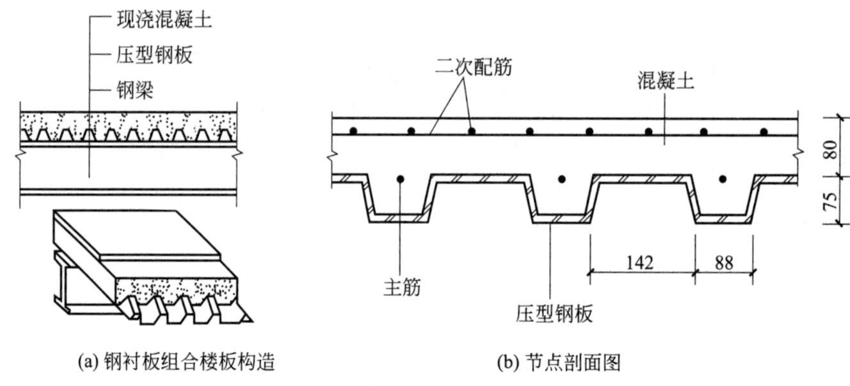

(a) 钢衬板组合楼板构造　　(b) 节点剖面图

图 14-8　钢衬板组合楼板

料的相互挤压，将楼板受到的竖向力传导至两边的梁或墙上，其结构简单且造价低廉，是砖石结构建筑和钢筋混凝土出现之前的近代建筑中常用的结构形式。缺点是耗费工时，占用空间大，不宜用于地震区及地基条件差的地方。砖（石）拱（穹）楼板的构造如图 14-9 所示。

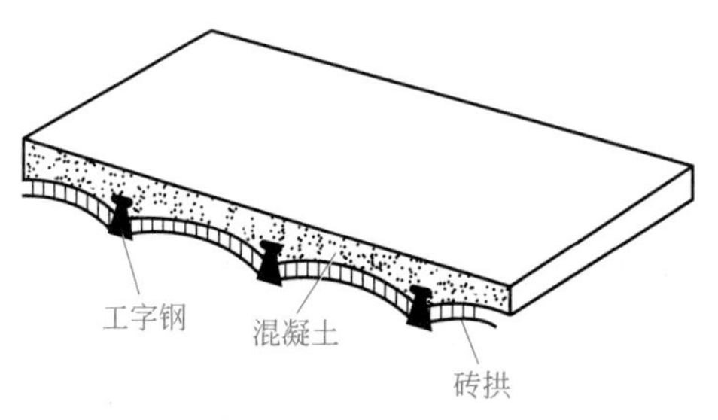

图 14-9　砖（石）拱（穹）楼板的构造

14.4　楼地面识图与节点构造

14.4.1　楼地面识图

地面的名称是依据面层所用的材料来命名的。根据面层所用的材料及施工方法的不同，常用地面可分为三大类型，即整体地面、块材地面和卷材地面。

(1) 整体地面

用现场浇筑的方法做成整片的地面称为整体地面。常用的有水泥砂浆地面、细石混凝土地面和水磨石地面等。

① 水泥砂浆地面　水泥砂浆地面是一般建筑中采用较多的一种地面。水泥砂浆地面的优点为构造简单、坚固、能防潮防水且造价较低，但其表面易起灰，不易清洁。

水泥砂浆地面有单层和双层构造之分。单层做法是先刷素水泥砂浆结合层一道，再用15～20mm 厚 1∶2 水泥砂浆压实抹光；双层做法是先以 15～20mm 厚 1∶3 水泥砂浆打底、找平，再用 5～10mm 厚 1∶2 或 1∶2.5 水泥砂浆抹面、压光。表面可做抹光面层，也可做成有纹理的防滑水泥砂浆地面，如图 14-10 所示。

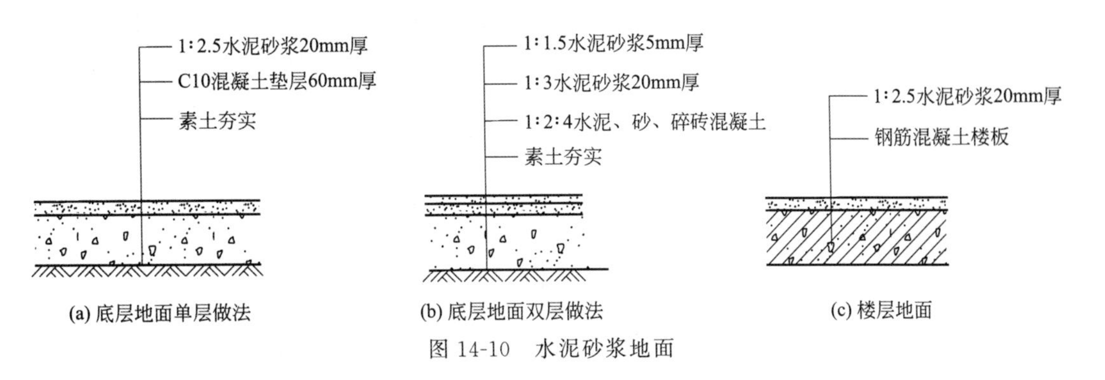

(a) 底层地面单层做法　(b) 底层地面双层做法　(c) 楼层地面

图 14-10　水泥砂浆地面

② 细石混凝土地面　为了增强楼板层的整体性，防止楼面产生裂缝和起灰尘，采用 30～40mm 厚 C20 细石混凝土层，在初凝时用铁滚滚压出浆水，抹平后，待其终凝前再用铁板压光。作为地面，其主要优点是经济、施工简单、不易起尘。

③ 水磨石地面　水磨石地面表面平整光滑、耐磨、易清洁、不起灰、耐腐蚀且造价不高。缺点是地面容易产生泛湿现象，弹性差，有水时容易打滑，施工较复杂，适用于较高要求的地面。现浇水磨石地面做法是先用 10～15mm 厚 1∶3 水泥砂浆在钢筋混凝土楼板或混凝土垫层上做找平层，然后在其上用 1∶1 水泥砂浆固定，再用 10～15mm 厚 (1∶1.5)～(1∶2.5) 水泥石子砂浆铺入压实，经浇水养护后磨光、打蜡，如图 14-11 所示。

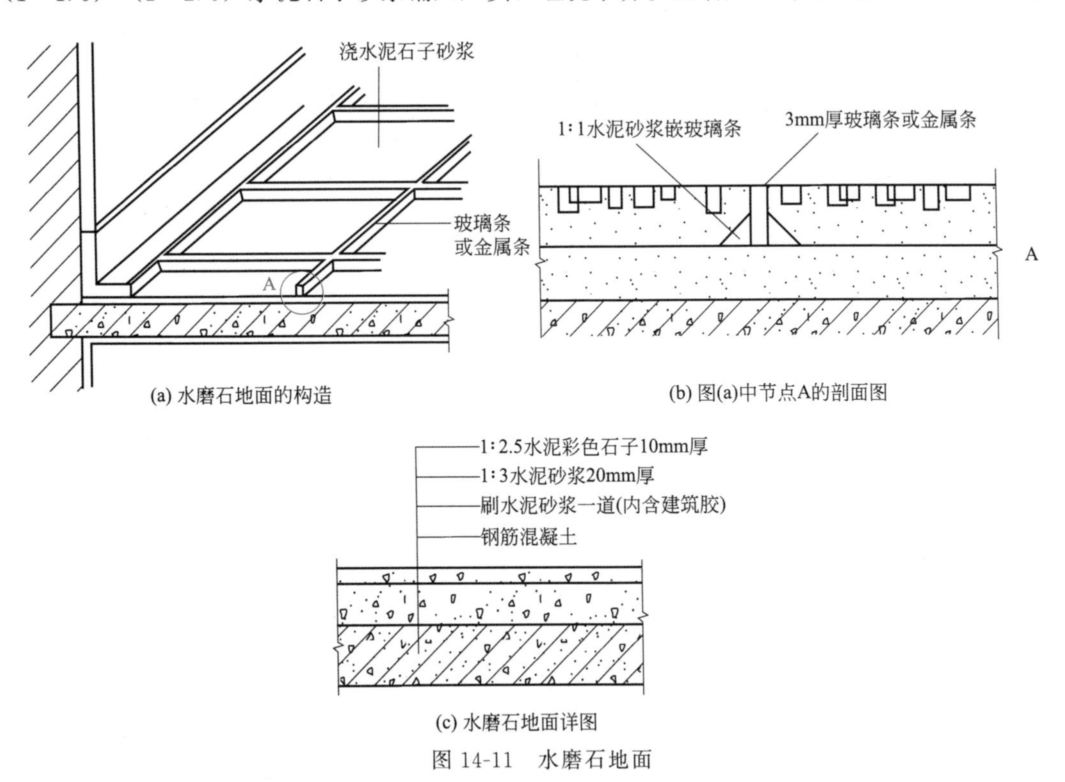

(a) 水磨石地面的构造　(b) 图(a)中节点A的剖面图

(c) 水磨石地面详图

图 14-11　水磨石地面

(2) 块材地面

块材地面是以各种预制板块和板材通过铺设而形成面层的楼地面。其特点是花色品种多样，经久耐用，防火性能好，易于清洁且施工速度快。但此类属于刚性地面，弹性、保湿等性能较差，造价较高。按面层材料不同可分为陶瓷板块地面、石板地面和木地面等。

① 陶瓷板块地面　用于室内的地砖种类很多，目前常用的地砖材料有陶瓷锦砖、陶瓷地砖、缸砖等，规格大小也不尽相同。这类地砖具有表面致密、质地坚硬、耐磨、耐腐蚀、吸水率低、色彩多样、不变色等优点，但造价偏高。陶瓷板块地面构造如图 14-12 所示。

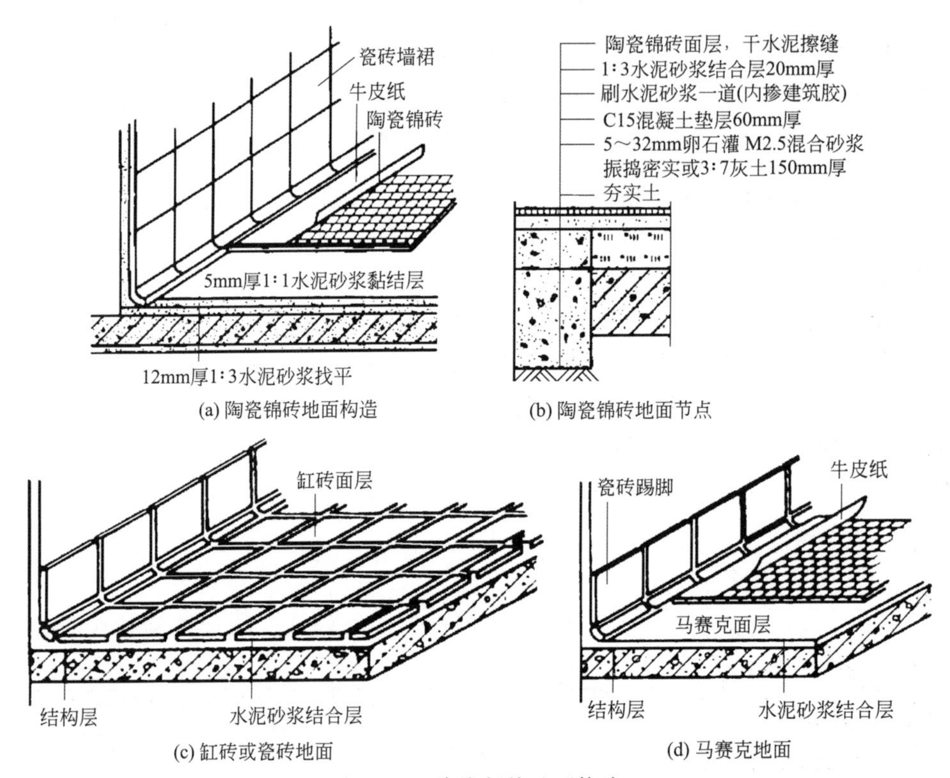

图 14-12　陶瓷板块地面构造

② 石板地面　石板地面包括天然石地面和人造石地面。石板尺寸较大，一般为 500mm×500mm 以上，铺设时需预先试铺，合适后再正式粘贴。粘贴表面的平整度要求高，其构造做法是在混凝土垫层上先用 20～30mm 厚（1∶3）～（1∶4）干硬性水泥砂浆找平，再用 5～10mm 厚 1∶1 水泥砂浆铺贴石板，缝中灌稀水泥浆擦缝，石板地面类型如图 14-13 所示。

（3）卷材地面

① 塑料地毡　塑料类地毡有油地毡、橡胶地毡、聚氯乙烯地毡等。聚氯乙烯地毡系列是塑料地面中最广泛使用的材料，优点是重量轻、强度高、耐腐蚀、吸水率小、表面光滑、易清洁、耐磨，有不导电和较高的弹塑性能。缺点是受温度影响大，须经常打蜡维护。聚氯乙烯地毡分为玻璃纤维垫层、聚氯乙烯发泡层、印刷层和聚氯乙烯透明层等。在地板上涂上水泥砂浆底层，等充分干燥后，再用黏结剂将装修材料加以粘贴。

② 地毯　地毯可分为天然纤维地毯和合成纤维地毯两类。天然纤维地毯是指羊毛地毯，特点是柔软、温暖舒适、豪华、富有弹性，但是价格昂贵，耐久性又比合成纤维地毯差。合成纤维地毯包括丙烯酸地毯、聚丙烯腈纶纤维地毯、聚酯纤维地毯、烯族烃纤维和

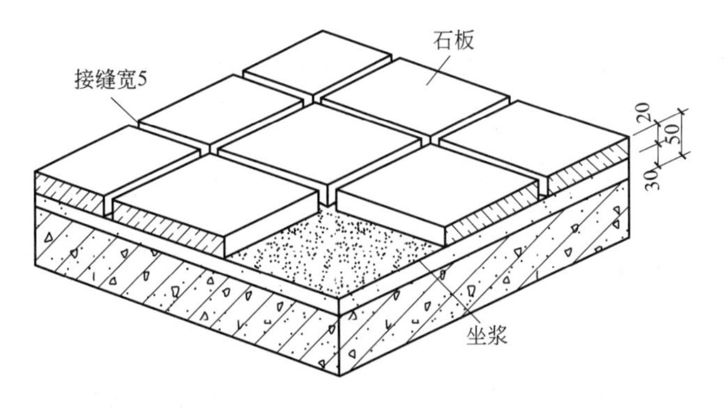

(a) 花岗岩地面构造

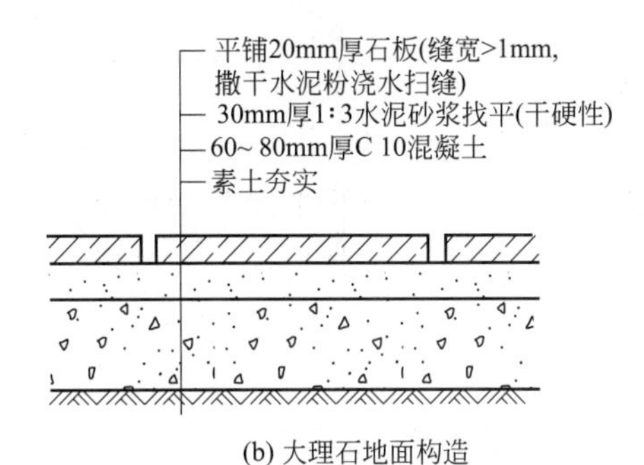

(b) 大理石地面构造

图 14-13　石板地面的类型

聚丙烯地毯、尼龙地毯等，按面层织物的织法不同分为栽绒地毯、针扎地毯、机织地毯、编结地毯、黏结地毯、静电植绒地毯等。

地毯铺设方法分为固定与不固定两种，铺设分为满铺和局部铺设。不固定式是将地毯裁边粘接拼缝成一整片，直接摊铺于地上。固定式则是将地毯四周与房间地面加以固定。固定方法包括以下两种：

a. 用施工胶黏剂将地毯的四周与地面粘贴；

b. 在房间周边地面上安装木质或金属倒刺板，将地毯背面固定在倒刺板上。

14.4.2　楼地面构造层次

楼地面是建筑物中用来分隔建筑空间的水平承重构件，它不仅承受自重和其上面所承受的荷载，还具有一定程度的隔声、防火、防水功能；同时，建筑物中的各种水平设备管线，也可在楼板层内进行安装。楼地面的构造如图 14-14 所示。

楼地面主要由装修面层、楼面层、附加层或顶棚层组成，也可在楼板的结构层上下各增加一个结合层和功能附加层，形成面层、结构层、附加层（隔声、绝热、防潮及设备管线敷设）、顶棚层四部分，如图 14-14(c) 和图 14-14(d) 所示。

面层：又称楼面，是使用空间和室内环境的下部重要构件，面层与人、家具设备等直接接触，起着保护楼板、承受并传递荷载的作用，使结构层免受破坏，同时也起到装饰室内的作用。

楼板（结构层）：它是楼板层的结构层，位于面层和顶棚层之间，一般包括梁和楼板。主要作用是承受面层传递来的全部荷载并将荷载传递给墙或柱子，同时还对楼板层的隔声、防火等起到主要作用。

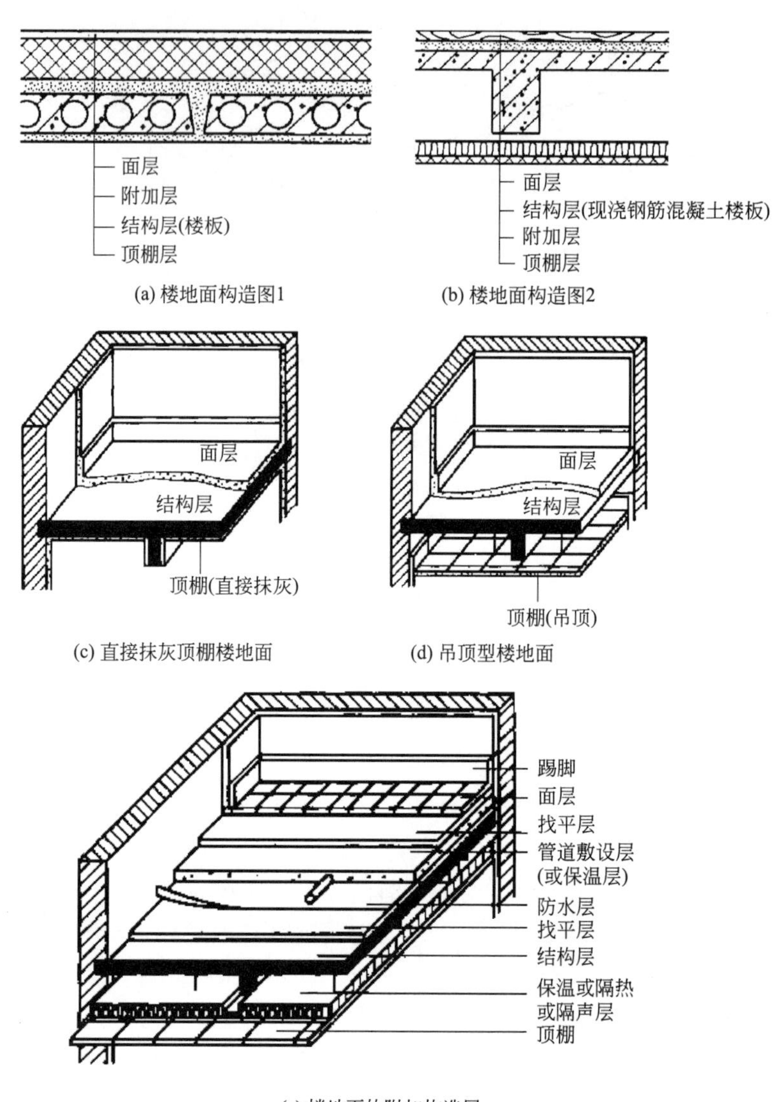

(a) 楼地面构造图1　(b) 楼地面构造图2

(c) 直接抹灰顶棚楼地面　(d) 吊顶型楼地面

(e) 楼地面的附加构造层

图 14-14　楼地面的构造

顶棚：它是楼板结构层以下、下部使用空间以上的构造组成部分。一般有涂抹类（抹灰）、粘贴类和垂吊类（吊顶）三种主要的构造方式，顶棚主要起到保温、隔声、装饰室内空间的作用。

附加层：根据建筑的性能需要，在结构楼板的上部或下部，即结构层与面层、结构层与顶棚之间，最常被用作建筑性能实现和设备管线敷设的附加层，根据需要主要有隔声层、保温隔热层、防水防潮层、防静电层、管线敷设层等，楼地面的附加构造层如图 14-14(e) 所示。

14. 4. 3　地坪层的构造层次

地坪层主要由面层、垫层和基层三部分组成。根据使用要求和构造做法的不同，楼地面的面层和垫层之间还需设置找平层、结合层、防水层、隔声层、隔热层等附加构造层，如图 14-15 所示。

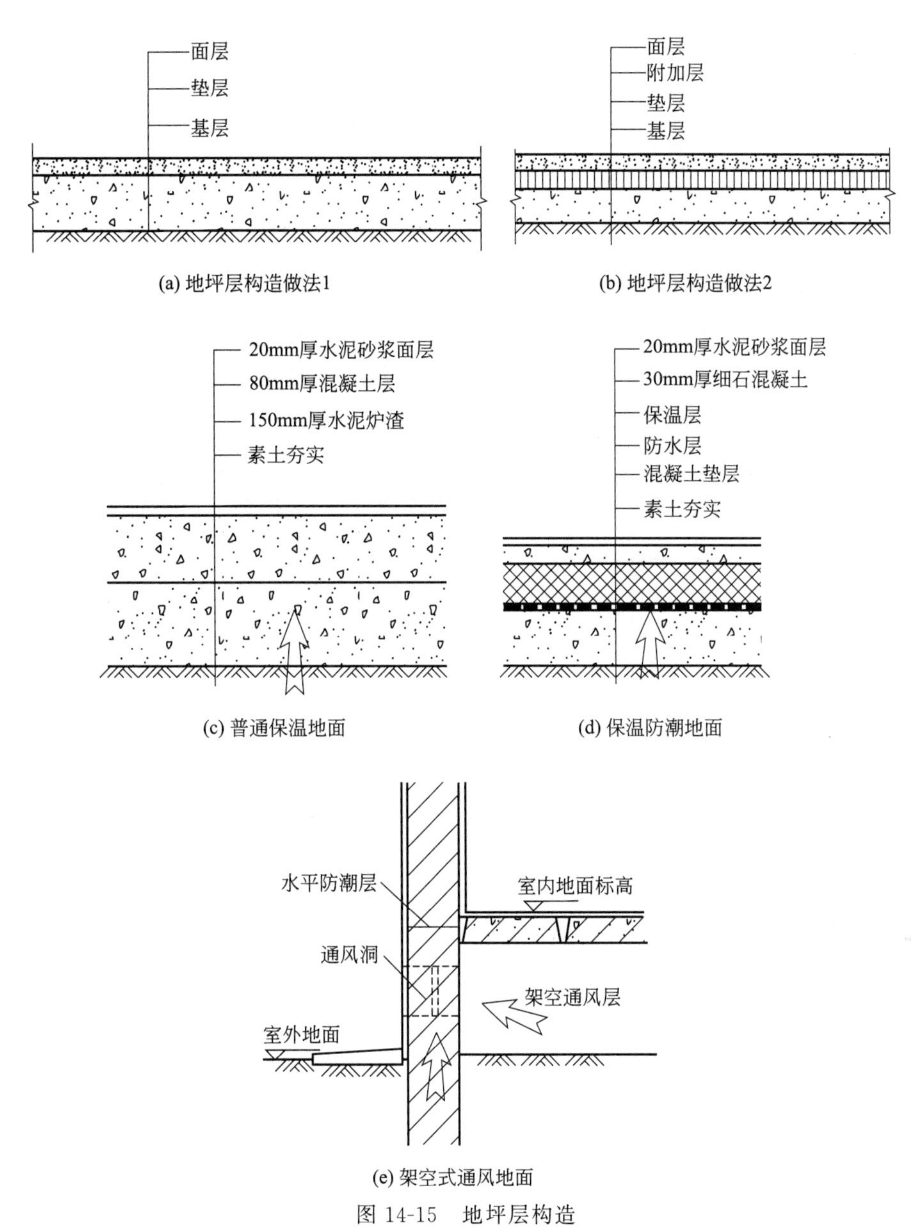

(a) 地坪层构造做法1　(b) 地坪层构造做法2

(c) 普通保温地面　(d) 保温防潮地面

(e) 架空式通风地面

图 14-15　地坪层构造

（1）面层

面层又称地面，构造做法与楼板面的做法相同。根据使用和装修要求的不同，有各种不同的做法。

（2）垫层

垫层是承受并传递荷载给地基的结构层，主要作用是承受和传递上部荷载，一般采用 C10 混凝土制成，厚度为 60～100mm。

（3）基层

基层是位于最下面的承重土壤。当地坪上部的荷载较小时，一般采用素土夯实；当地坪上部的荷载较大时，则需要对基层进行加固处理，例如灰土夯实、夯入碎石等。基层是结构层与土壤之间的找平层或填充层。承受着垫层传下来的地面荷载，厚度一般为100～200mm。

(4) 附加层

附加层主要是为了满足某些特殊使用要求而设置的构造层次，如防潮层、防水层、保温层、隔声层或管道敷设层等。

14.4.4 隔声构造——楼板、墙面

① 楼板隔声　噪声的传播途径有空气传声和固体传声两种。楼板隔声包括对撞击声和空气声的隔绝性能。隔绝空气传声可采取使楼板密实、无裂缝等构造措施来达到。所以楼板隔声主要是隔绝固体的传声，隔绝固体传声的方法有三种。

a. 在楼板面铺设弹性面层，如图14-16所示。

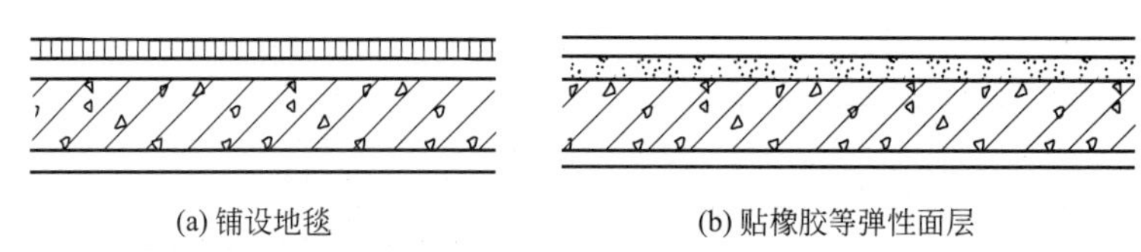

(a) 铺设地毯　(b) 贴橡胶等弹性面层

图14-16　在楼板面铺设弹性面层

b. 在楼板下设置吊顶层，如图14-17所示。

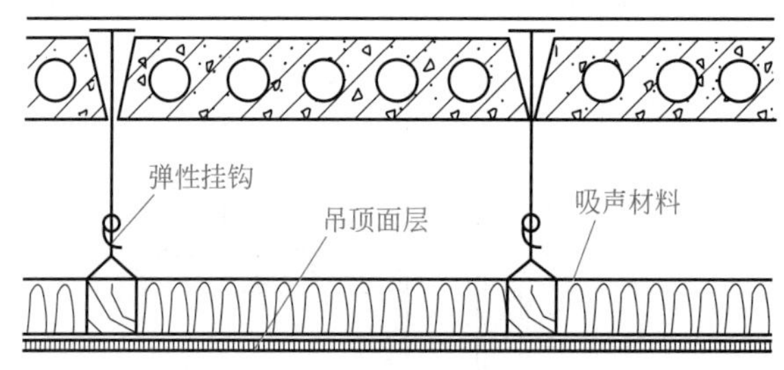

图14-17　在楼板下设置吊顶层

c. 设置弹性垫层，如图14-18所示。

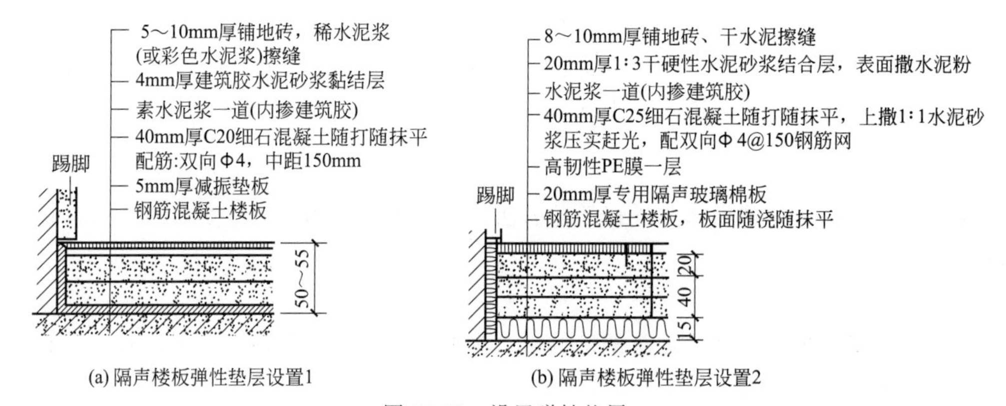

(a) 隔声楼板弹性垫层设置1　(b) 隔声楼板弹性垫层设置2

图14-18　设置弹性垫层

围护结构（隔墙和楼板）的空气隔声标准见表14-1。

表 14-1　围护结构（隔墙和楼板）的空气隔声标准　单位：dB

建筑类别	部位	特级	一级	二级	三级
住宅	分户墙与楼板	—	≥50	≥45	≥40
学校	隔墙、楼板	—	≥50	≥45	≥40
医院	病房与病房之间	—	≥45	≥40	≥35
	病房与产生噪声的房间之间	—	≥50	≥50	≥45
	病房与手术室之间	—	≥50	≥45	≥40
	手术室与产生噪声的房间之间	—	≥50	≥50	≥45
	听力测听室围护结构	—	≥50	≥50	≥50
旅馆	客房与客房之间的隔墙	≥50	≥45	≥40	≥40
	客房与走廊之间的隔墙(含门)	≥40	≥40	≥35	≥30
	客户的外墙(含窗)	≥40	≥35	≥25	≥20

② 墙面隔声　墙面的隔声构造主要是解决隔空气声的问题，墙面隔声构造的做法有以下三点。

a. 适当增加墙体的厚度或选择单位面积大的墙体材料。

b. 采用带空气层的双层墙体。

c. 采用多层组合墙体。

14.5 楼地层面层（楼面装修）构造

① 设置防潮层　对于防潮要求较高的房间，其防潮层的具体做法是在混凝土垫层上、刚性整体面层下先刷一道冷底子油，然后刷热沥青的防水层。对于平常无特殊防潮要求的房间，一般采用 C10 混凝土垫层 60mm 厚即可，如图 14-19 所示。

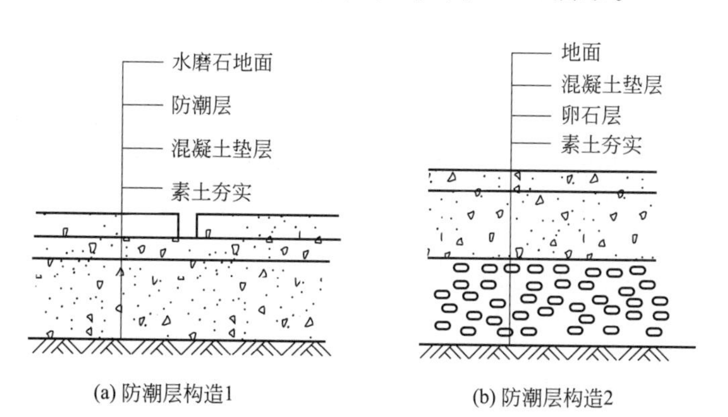

图 14-19　防潮层构造（不带保温层）

② 设置保温层　地层地下水位较低，土壤干燥时，可在垫层下面铺一层 1∶3 水泥炉渣或其他工业废料来做保温层。在地下水位较高的地区，可在面层与混凝土垫层之间设置保温层，并在保温层下做防水层，如图 14-20 所示。

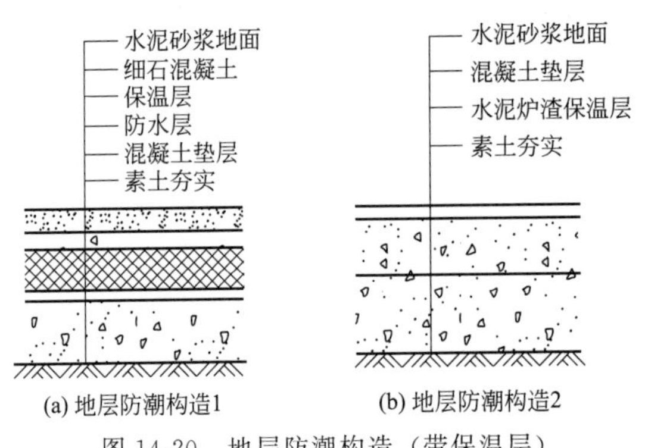

图 14-20　地层防潮构造（带保温层）

14.5.1　石材工程细部构造

常用装饰工程的石材，主要是天然大理石荒料、天然花岗石荒料、大理石板材、花岗石板材；其他天然石材（料石、毛石、河卵石）；人造石材。除石材之外，还有与施工有密切关系的胶结材料、装饰用颜料、化工材料和特种砂浆用料等。楼地面石材结构如图 14-21 所示。

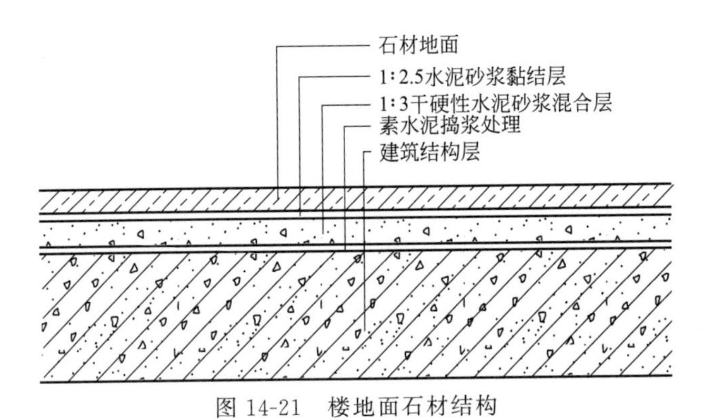

图 14-21　楼地面石材结构

石材在地面上的铺设主要有块状和板状两种：块状在道路、台阶、基础等承重部位使用较多；板状则是将石板平铺，充分利用石材的质感和硬度，获得平整、光洁的效果，多用在台阶、室内外地面等荷载不大的部位，如图 14-22 所示。

14.5.2　铺地毯工程细部构造

地毯是一种高级的地面装饰材料，具有良好的弹性和保温性；极佳的吸声、隔声性能；而且色彩多样、图案丰富、施工简便，深受人们的喜爱。地毯的铺设方法一般有固定式与不固定式两种。固定式铺设有两种固定方法：一种是卡条式固定，使用倒刺板拉住地毯；另一种是黏结法固定，使用胶黏剂把地毯粘贴在地板上。活动式铺设是指将地毯明摆浮搁在基层上，不需要将地毯与基层固定。

14.5.3　木地板细部构造

木地板的构造做法分为空铺式、实铺式和粘贴式三种。

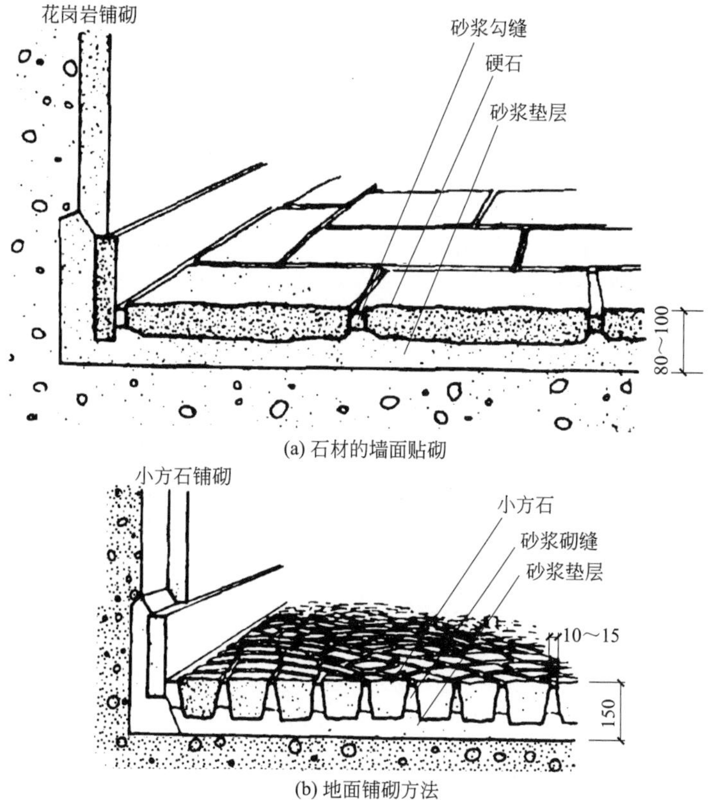

图 14-22　石材的铺砌方式

空铺式做法是在垫层上砌筑地垄墙到预定标高，地垄墙顶部用 20mm 厚 1∶3 水泥砂浆找平，并设压沿木，钉木龙骨和横撑，其上铺木地板，如图 14-23 所示。

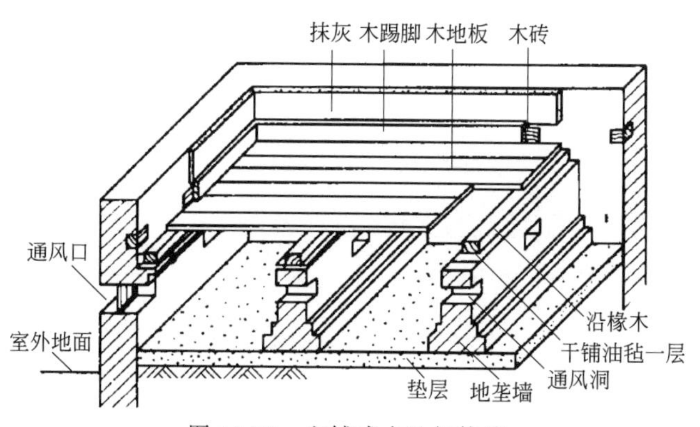

图 14-23　空铺式木地板构造

实铺式木地板有单层和双层做法。单层做法是将木地板直接钉在结构基层的木格栅上，而木格栅绑扎在预埋于钢筋混凝土楼板内或混凝土垫层内的 10 号镀锌铁丝上。木格栅尺寸为 50mm×70mm。木格栅之间设置 50mm×50mm 横撑，横撑间距为 800mm。双层做法是在单层做法的基础上，加设 45°斜铺木板于木格栅上，再钉长条木板。为了防腐，可在基层上刷冷底子油一道，热沥青玛蹄脂两道，木龙骨及横撑等均满涂氟化钠防腐剂。另外，还应在踢脚板处设置通风口，使地板下的空气流通，以保持干燥。实铺式木地板构造如图 14-24 所示。

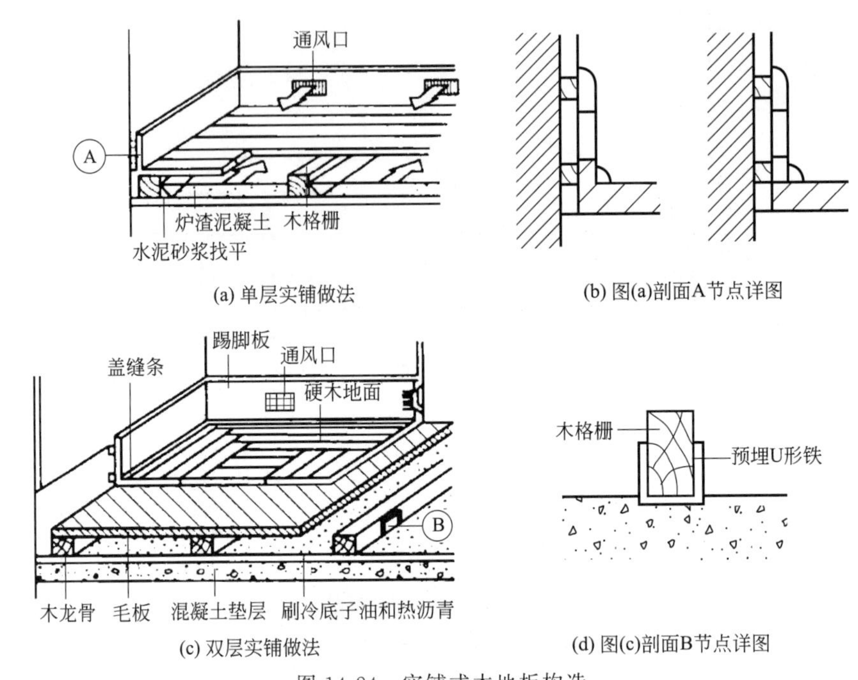

图 14-24 实铺式木地板构造

粘贴式木地板是在钢筋混凝土楼板或混凝土垫层上做找平层。其做法是先在钢筋混凝土基层上用 20mm 厚 1∶2.5 水泥砂浆找平，然后刷冷底子油和热沥青各一道作为防潮层，再用胶黏剂随涂随铺 20mm 厚硬长条地板，要求基层平整。粘贴式木地板具有耐磨、防水、防火等特点，如图 14-25 所示。

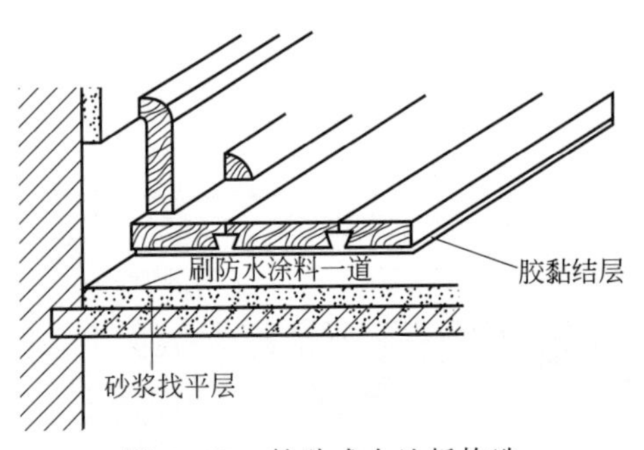

图 14-25 粘贴式木地板构造

14.5.4 地胶板细部构造

地胶板就是采用聚氯乙烯材料生产的塑胶地板。具体就是以聚氯乙烯及其共聚树脂为主要原料，加入填料、增塑剂、稳定剂、着色剂等辅料，在基材上，经涂覆工艺或经压延、挤出或挤压工艺生产而成。

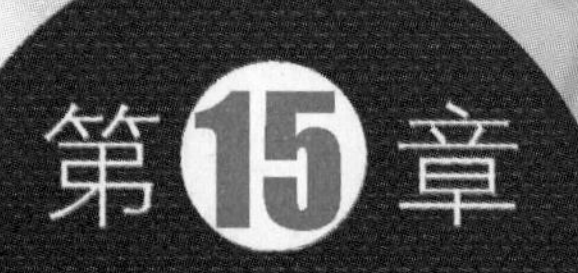

第15章 墙柱面识图与节点构造

15.1 抹灰类饰面构造

扫码看视频

抹灰

15.1.1 抹灰类饰面类型

抹灰类饰面是用各种加色的、不加色的水泥砂浆，或者石灰砂浆、混合砂浆等做成的各种饰面抹灰层。

（1）抹灰类饰面类型

根据施工部位的不同，墙面抹灰可分为内墙抹灰和外墙抹灰。内墙抹灰一般是指内墙墙面、墙裙和柱体处的抹灰；外墙抹灰一般是指外墙面、屋檐、窗台、窗楣和腰线等处的抹灰。

根据使用要求的不同，墙面抹灰可分为一般抹灰和装饰抹灰两种。

一般抹灰饰面是指采用石灰砂浆、混合砂浆、水泥砂浆、聚合物水泥砂浆、麻刀灰、纸筋灰等对建筑物墙面进行的面层抹灰。

装饰抹灰是指利用材料特点和工艺处理使抹灰面具有不同质感、纹理、色泽效果的抹灰类型。装饰抹灰除了具有与一般抹灰相同的功能外，还具有强烈的装饰效果。

（2）抹灰类饰面的主要特点

墙面抹灰的优点是材料来源丰富，便于就地取材，施工简单，价格便宜；通过适当工艺，可获得多种装饰效果，如拉毛、喷毛、仿面砖等；具有保护墙体、改善墙体物理性能的功能，如保温隔热等。

墙面抹灰的缺点是抹灰构造多为手工操作，施工现场湿作业量大；砂浆强度较差，易开裂、年久易龟裂脱落，若颜料选用不当，会导致掉色、褪色等现象；表面粗糙，易挂灰，吸水率高，易形成不均匀污染等。

抹灰类饰面应用于外墙面时，要慎选材料，并采取相应的改进措施，如掺加疏水剂，可降低吸水性；掺加聚合物，可提高黏结性等。

15.1.2 抹灰类饰面构造层次

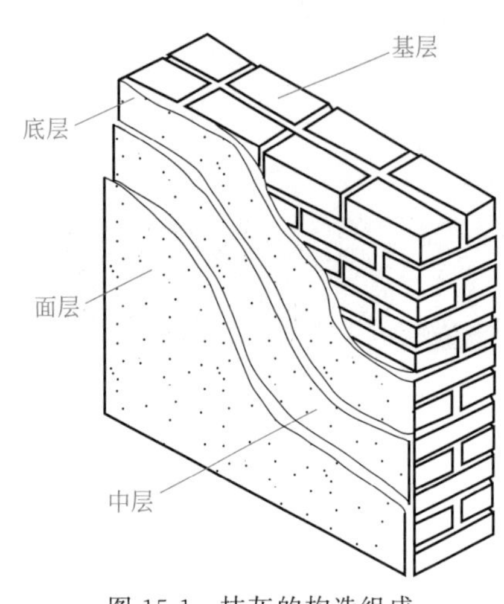

图 15-1 抹灰的构造组成

抹灰类饰面为了避免出现裂缝，保证抹灰层牢固和表面平整，施工时须分层操作。无论采用何种方法抹灰，其构造层都是基本相同的，一般由底层抹灰、中层抹灰和面层抹灰 3 部分组成，如图 15-1 所示。

① 底层抹灰　主要是对墙体基层的表面处理，其作用是保证饰面层与基层黏结牢固和初步找平。底层抹灰厚度一般为 5～10mm。

② 中层抹灰　主要作用是找平与黏结，还可以弥补底层砂浆抹面的干缩裂缝。一般用料与底层抹面相同，厚度 5～10mm，根据墙体平整度与饰面质量的要求，可一次抹成，也可分多次抹成。

③ 面层抹灰　又称“罩面”，其主要作用是满足装饰和其他使用功能，要求表面平整、色彩均匀、无裂缝，可以做成光滑或粗糙等不同质感的表面。

15.1.3 抹灰类饰面的细部构造处理

(1) 护角

为了防止内墙阳角、门洞转角、柱子四角等部位的抹灰被碰撞损坏，应该对这些部位采取保护措施。通常用强度较高的 1∶2 水泥砂浆抹制护角或预埋钢护角，护角高度应高出楼地面部分且不应小于 2m，每侧宽度不小于 50mm，如图 15-2 所示。

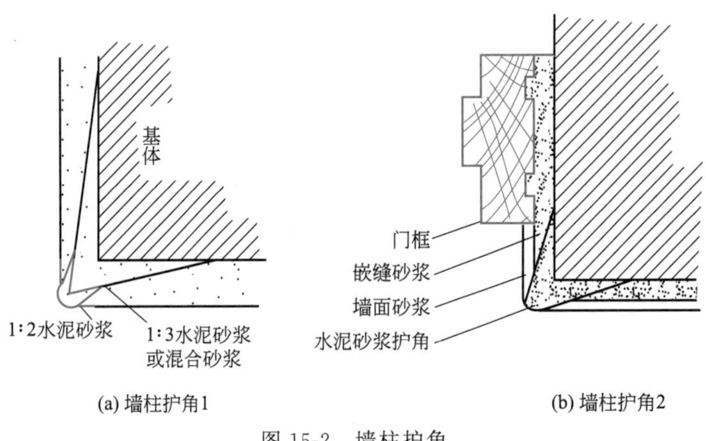

(a) 墙柱护角1　(b) 墙柱护角2

图 15-2 墙柱护角

(2) 分块与设缝

外墙面抹面一般面积较大，由于材料干缩和温度变化，容易产生裂缝，为了达到操作方便、保证质量、利于日后维修、丰富建筑立面等目的，通常将抹灰层进行分块。

通常分块大小应与建筑立面处理相结合，分格缝（又称引条线）做法是在底层抹灰完成之后粘贴分格条，再抹中间层、面层砂浆，与分格条抹齐平后大面刮平、搓实、压光，面层抹灰完毕后及时取下分格条，再用水泥砂浆勾缝，以提高抗渗能力，如图 15-3 所示。分格缝一般缝宽为 20mm，有凸线、凹线和嵌线 3 种形式，最常见的是凹线形式，通常采用嵌缝木条进行分格，抹灰嵌缝木条分格构造如图 15-4 所示。

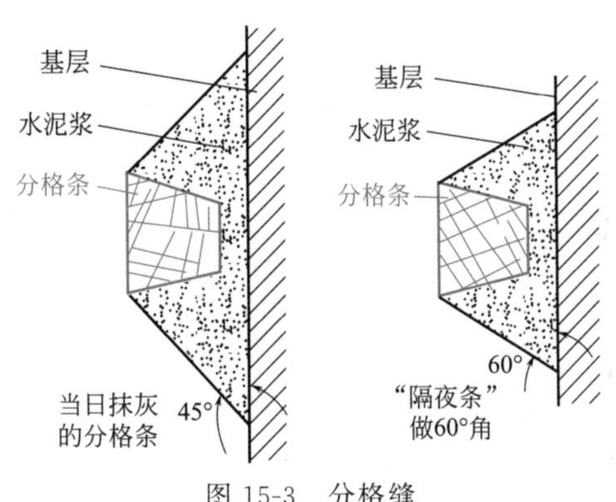

图 15-3　分格缝

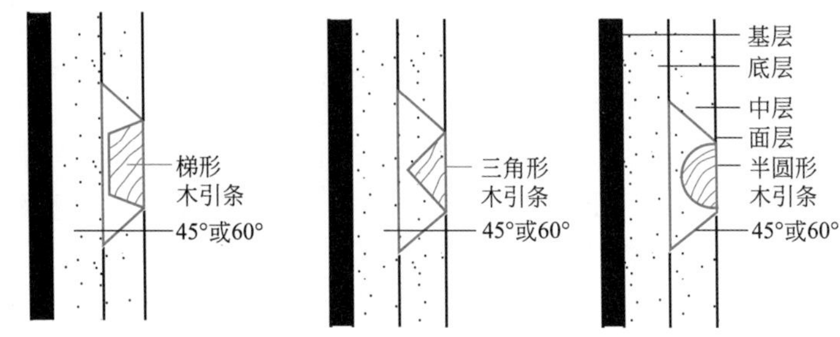

图 15-4　抹灰嵌缝木条分格构造

15.2 饰面砖（板）类饰面构造

15.2.1 饰面砖类饰面构造

饰面砖墙柱面是指将大小不同的饰面砖粘贴于墙、柱体基层上的装饰方法。

饰面砖按其规格和装饰效果不同，可分为釉面砖、马赛克、通体砖及玻化砖。釉面砖按基体的材质不同，可分为陶质釉面砖、瓷质釉面砖；按釉面的装饰效果不同，又可分为亮光釉面砖和亚光釉面砖。马赛克按其材质不同，可分为陶瓷马赛克、玻璃马赛克。通体砖的材质为瓷质，因其通体为同种材质和花纹、色彩而得名。通体砖表面经抛光和处理后，即为玻化砖。墙砖一般多为釉面砖，但有时玻化砖也可以作为墙砖，而且颇具大理石的装饰效果。饰面砖分类如图 15-5 所示。

（1）饰面砖类墙柱面构造

无论粘贴釉面砖、通体砖、玻化砖还是马赛克，其构造都可以采用相同水泥砂浆粘贴法。即先在墙柱面基层上抹 15mm 厚 1∶3 水泥砂浆找平层；粘贴砂浆一般用 1∶2.5 水泥

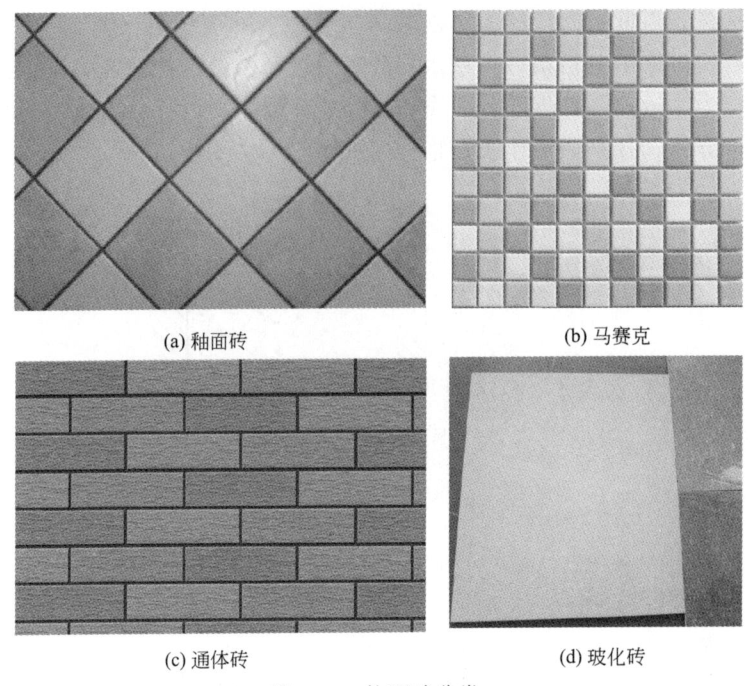

(a) 釉面砖　(b) 马赛克　(c) 通体砖　(d) 玻化砖

图 15-5　饰面砖分类

砂浆或 1∶0.2∶2 水泥石灰砂浆，其厚度一般为 6～10mm。若采用掺入 3%～5% 108 胶的 1∶2 水泥砂浆或素水泥浆粘贴时效果更好。当饰面砖为尺寸较小、重量较轻的釉面砖时（一般为 200mm×300mm），其粘贴层也可以用专用胶黏剂，但不是满刮而是局部涂抹在饰面砖背面的四角和中央。最后用 1∶1 水泥砂浆（或白水泥掺色）填缝。饰面砖构造如图 15-6 所示。

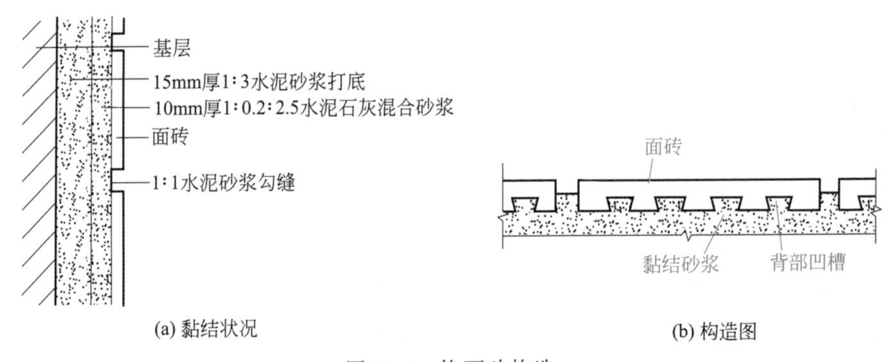

(a) 黏结状况　(b) 构造图

图 15-6　饰面砖构造

(2) 外墙饰面砖的细部构造处理

在铺贴外墙饰面砖时，在窗台、阴角、阳角等处应充分考虑主饰面的方位，合理切割和搭接砖缝，以获得最佳效果。窗台饰面如图 15-7 所示，外墙饰面砖阴阳角构造如图 15-8 和图 15-9 所示。

15.2.2　石材饰面识图与细部构造

饰面板类墙柱面主要有天然板材和人造板材两类。用于墙柱面的天然板材主要有大理

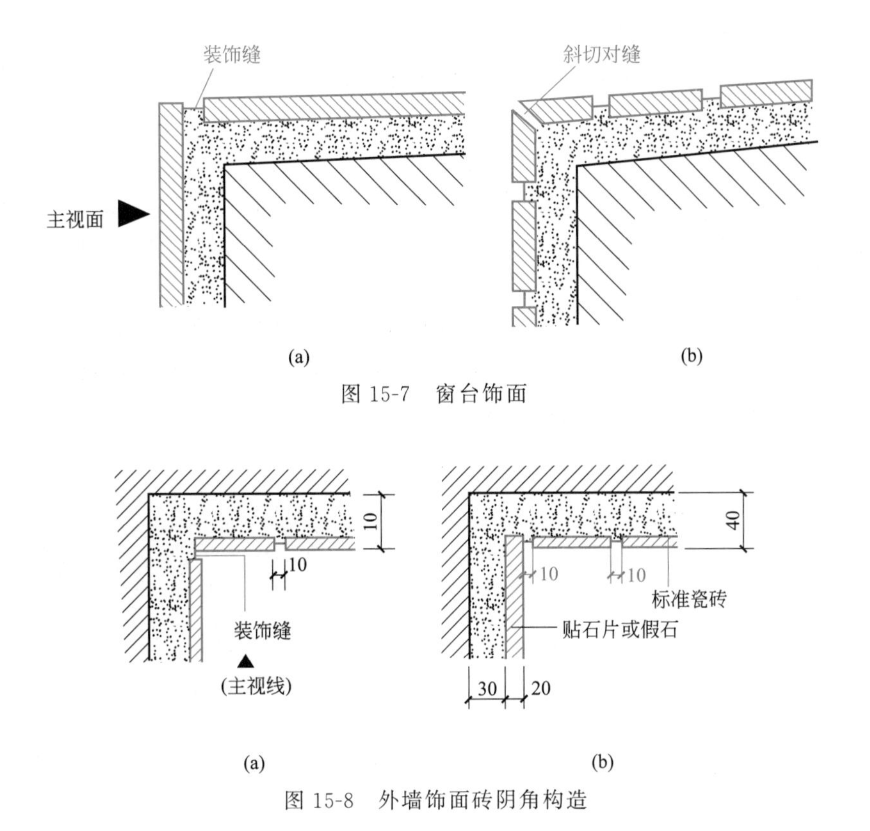

图 15-7　窗台饰面

图 15-8　外墙饰面砖阴角构造

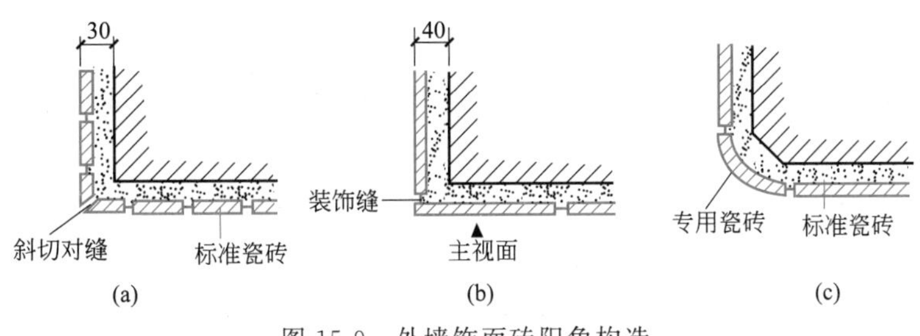

图 15-9　外墙饰面砖阳角构造

石、花岗岩等，人造板材主要有人造大理石饰面板、玻化砖、预制水磨石饰面板等。在用饰面板材进行墙柱面装饰时，因板材规格、尺寸的不同，镶贴方法也不同。最常用的板材类饰面主要是石材（大理石、花岗岩），按尺寸大小可分为小规格石材（边长尺寸小于等于 400mm×400mm，厚度小于 20mm）和大规格石材（边长尺寸大于 400mm×400mm，厚度大于 20mm）两种。

15.2.2.1　石材饰面类型

(1) 天然花岗石

花岗石构造致密、强度高、密度大、吸水率极低、质地坚硬、耐磨，为酸性石材，因此其耐酸、耐久性好，使用年限长。所含石英在高温下会发生晶变，体积膨胀而开裂、剥落，所以不耐火，但因此而适宜制作火烧板。花岗石板材主要应用于大型公共建筑或装饰等级要求较高的室内外装饰工程。天然花岗石如图 15-10 所示。

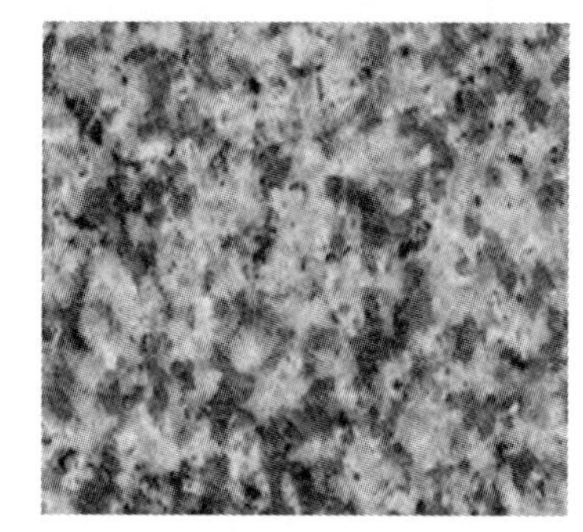

图 15-10　天然花岗石

(2) 天然大理石

大理石质地较密实、抗压强度较高、吸水率低、质地较软，属中硬石材。天然大理石易加工，开光性好，常被制成抛光板材，其色调丰富、材质细腻、极富装饰性。由于大理石耐酸腐蚀能力较差，除个别品种外，一般只适用于室内。天然大理石如图 15-11 所示。

(3) 人造饰面石材

聚酯型人造石材和微晶玻璃型人造石材是目前应用较多的人造饰面石材品种。人造饰面石材适用于室内外装饰工程。人造饰面石材如图 15-12 所示。

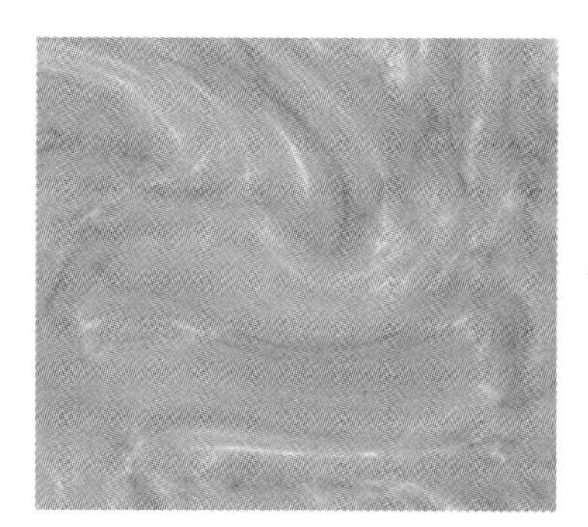

图 15-11　天然大理石

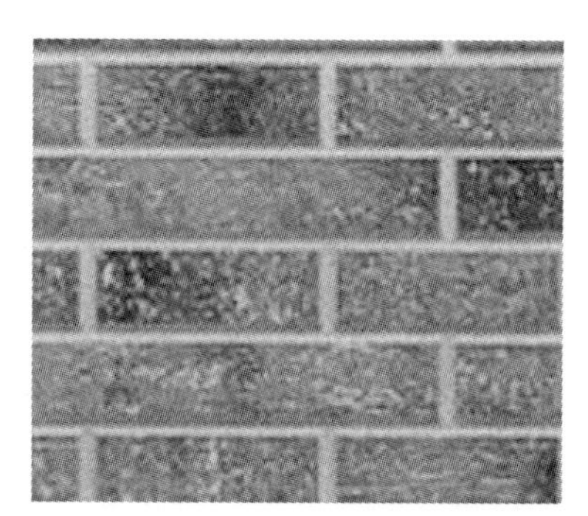

图 15-12　人造饰面石材

15.2.2.2　天然石材饰面的基本构造

大理石和花岗岩饰面板材的构造方法一般有：钢筋网固定挂贴法、金属件锚固挂贴法、干挂法、聚酯砂浆固定法、树脂胶黏结法等几种。

钢筋网固定挂贴法和金属件锚固挂贴法，其基本构造层次分为：基层、浇注层、饰面层，在饰面层和基层之间用挂件连接固定饰面板材。这种“双保险”的构造法，能够保证当饰面板（块）材尺寸大、重量大、铺贴高度高时饰面材料与基层连接牢固。

(1) 钢筋网固定挂贴法

首先剔凿出在结构中预留的钢筋头或预埋铁环钩，绑扎或焊接直径 6mm 或者 8mm 的钢筋网，如果无预留的钢筋头或预埋铁环钩，也可用后置的金属膨胀螺栓连接固定钢筋网。钢筋网中的横筋间距必须与饰面板材的连接孔位置间距一致，钢筋网必须与基层预埋件或者后置的金属膨胀螺栓焊牢，如图 15-13 所示，按施工要求在板材侧面打孔洞，以便不锈钢挂钩或穿绑铜丝，与墙面预埋钢筋骨架进行固定；然后，将加工成型的石材绑扎在钢筋网上，或用不锈钢挂钩与基层的钢筋网套紧，石材与墙面之间的距离一般为 30～50mm，墙面与石材之间灌注 1∶2.5 的水泥砂浆，每次灌注砂浆的高度不宜超过 200mm 及板材高度的 1/3，

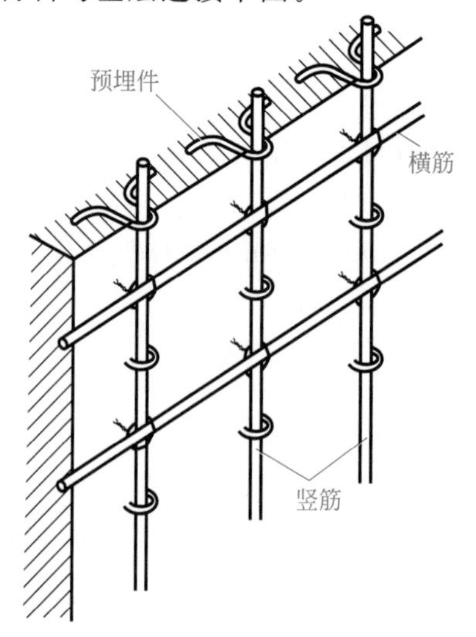

图 15-13　钢筋网固定

待初凝后再灌第二层至板材高度的 1/2，第三层灌浆至板材上口 80～100mm，所留余量为上排板材灌浆的结合层，以使上下排连成整体。石材墙面钢筋网固定挂贴法构造如图 15-14 所示。

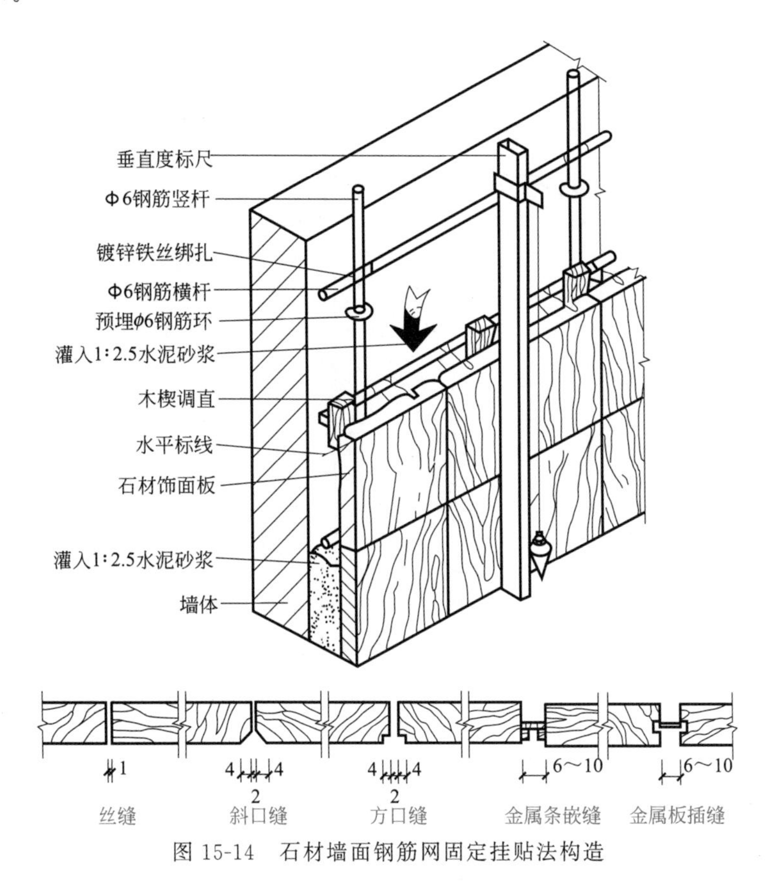

图 15-14 石材墙面钢筋网固定挂贴法构造

(2) 金属件锚固挂贴法

金属件锚固挂贴法又称木楔固定法，与钢筋网固定挂贴法的区别是墙面上不安钢筋网，将金属件一端用木楔固定于墙身，另一端勾住石材。

其主要构造做法是：首先对石板钻孔和剔槽，对应板块上孔的位置对基体进行钻孔；板材安装定位后将 U 形钉的一端勾进石板直孔，并随即用硬木楔楔紧，U 形钉另一端勾入基体上的斜孔内，调整定位后用木楔塞紧基体斜孔内的 U 形钉部分，接着用大木楔塞紧于石板与基体之间；最后分层浇注水泥砂浆，其做法与钢筋网固定挂贴法相同。金属件挂贴法构造如图 15-15 所示。

(3) 干挂法

直接用不锈钢型材或金属连接件（金属干挂件）将石板材支托并锚固在墙体基面上，而不采用灌浆湿作业的方法称为干挂法。干挂法的优点是，石板背面与墙基体之间形成空气层，可避免由于墙体析出的水分、盐分等对饰面石板面层的影响，同时由于属于干作业，施工速度快，但不如灌浆法牢固、密实。

干挂法的构造要点是，首先按照设计要求在墙体基面上用电锤或者冲击钻进行打孔，固定不锈钢膨胀螺栓；将不锈钢干挂件安装固定在膨胀螺栓上；在板材背面干挂件对应的位置上剔槽；安装石板，将板材钩挂在干挂件上并调整固定，在干挂件与板材结合处用云

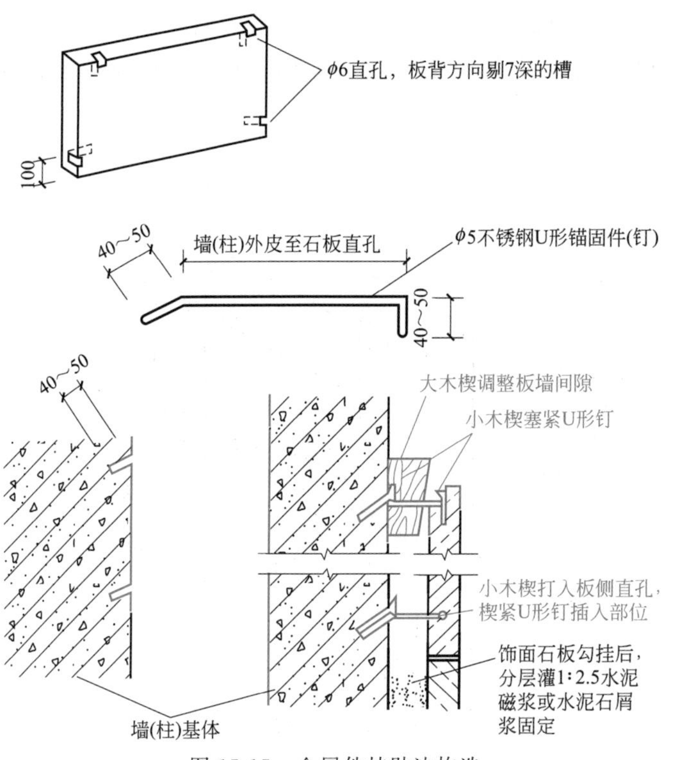

图 15-15　金属件挂贴法构造

石胶进行固定。其基本构造如图 15-16 所示，实物图如 15-17 所示。目前干挂法的流行构造是板销式做法，如图 15-18 所示。

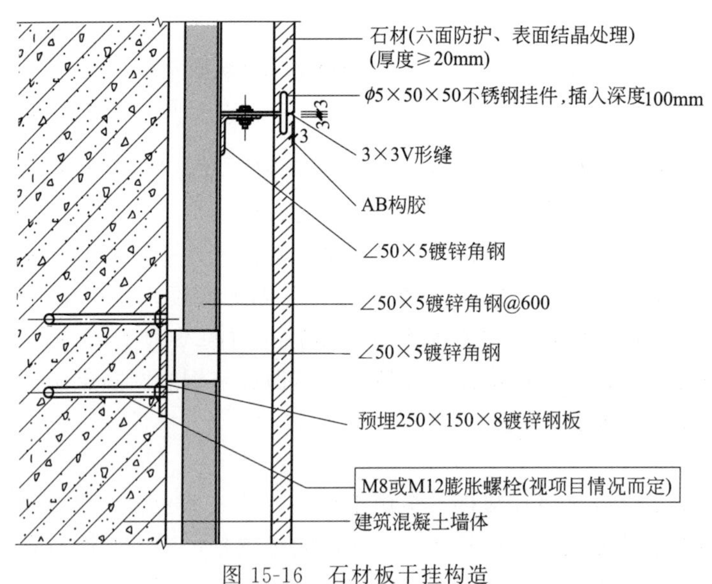

图 15-16　石材板干挂构造

当然，也可采用背栓固定法干挂石材板材。石材板材固定完毕后，板材正面间的缝隙应用密封胶进行密封处理。

(4) 聚酯砂浆固定法

用聚酯砂浆固定饰面石材的具体做法是：在灌浆前先用胶砂比为 1∶(4.5～5) 的聚

酯砂浆固定板材四角并填满板材之间的缝隙，待聚酯砂浆固化并能起到固定拉紧作用以后，再进行分层灌浆操作。分层灌浆的高度每层不能超过 150mm，初凝后方能进行第二次灌浆。

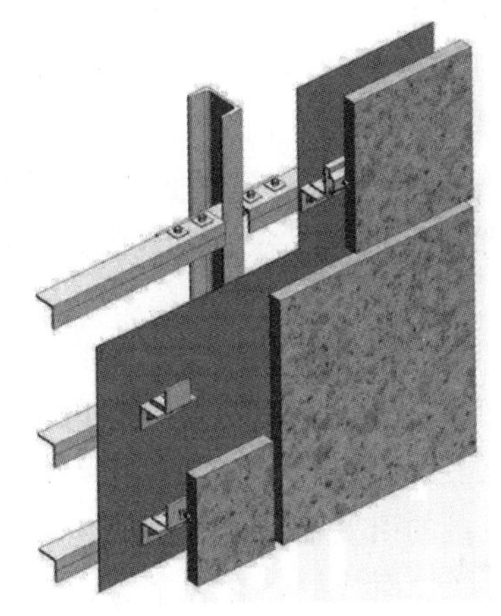

图 15-17　石材板干挂实物图

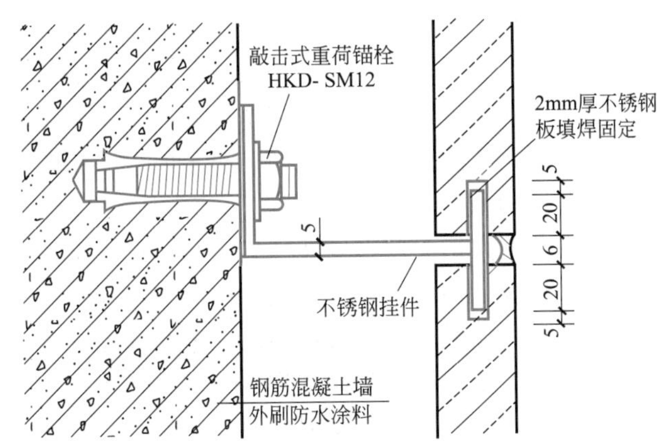

图 15-18　石材板干挂法板销式构造

无论灌浆次数及高度如何，每层板上口都应留 50mm 余量作为上、下层板材灌浆的结合层。聚酯砂浆固定饰面石材构造如图 15-19 所示。

(5) 树脂胶黏结法

树脂胶黏结法具体构造做法是：在清理好的基层上，先将胶黏剂涂在板背面相应的位置，尤其是悬空板材胶量必须饱满，然后将带胶黏剂的板材就位，挤紧找平、校正、扶直后，立刻用固定支架进行挤、卡固定。挤出缝外的胶黏剂，随即清除干净。待胶黏剂固化致使饰面石材完全牢固贴于基层后，方可拆除固定支架。对一些小面积的大理石饰面板镶贴部位或与木结构相结合的部位，可采用树脂胶黏结。

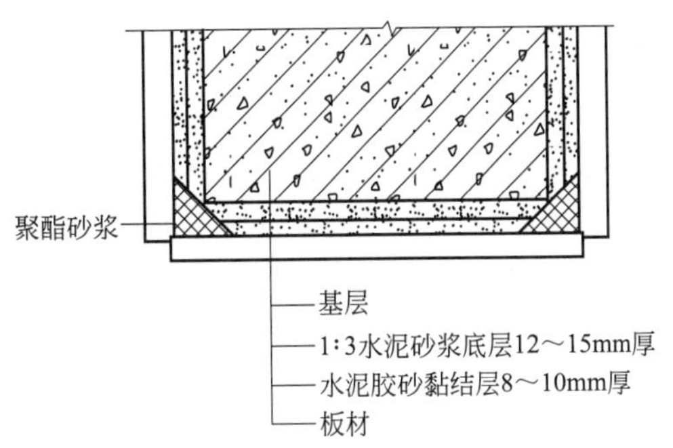

图 15-19　聚酯砂浆固定饰面石材构造

15.2.2.3　人造石材饰面

预制人造石材饰面板亦称预制饰面板，大多都在工厂预制，然后在施工现场进行安装。其主要类型有：人造大理石饰面板、人造花岗岩饰面板、预制水磨石饰面板、预制斩假石饰面板、预制水刷石饰面板以及预制陶瓷砖饰面板等。根据材料的厚度不同，又分为厚型和薄型两种，厚度为 30～40mm 以下的称为板材，厚度为 40～130mm 的称为块材。人造石材饰面具有以下优点。

① 工艺可以更合理，并能充分利用机械加工。

② 能够保证质量。现制水刷石、斩假石等墙面在耐久性方面的一个最大的弱点是饰面层比较厚，刚性大，墙体基层与面层在大气温度、湿度变化影响下胀缩不一致，易开裂。即便面层做了分格处理，因底灰一般不分格，仍不能避免日久开裂。预制板面积为 $1m^2$ 左右，板本身有配筋，与墙体连接的灌浆处也有配件与挂钩进行连接，可防止饰面

脱落与本身开裂。

③ 方便施工。现场安装预制板要比现制饰面速度快，有利于改善劳动条件。

(1) 人造大理石或花岗岩饰面板饰面

人造大理石或花岗岩饰面板是仿天然大理石或花岗岩的纹理预制生产的一种墙面装饰材料。根据所用材料和生产工艺不同可分为聚酯型人造大理石或花岗岩、无机胶结型人造大理石或花岗岩、复合型人造大理石或花岗岩和烧结型人造大理石或花岗岩四类，这四类人造大理石或花岗岩饰面板在物理学性能、与水有关的性能、黏附性能等方面各不相同，对它们采用的构造固定方式也不同，有水泥砂浆粘贴法、聚酯砂浆粘贴法、有机胶黏剂粘贴法、挂贴法和干挂法五种方法。

对于聚酯型人造大理石或花岗岩产品，可以采用水泥砂浆和聚酯砂浆粘贴，最理想的胶黏剂是有机胶黏剂，如环氧树脂，但成本较高。为了降低成本并保证装饰效果，也可采用与人造大理石或花岗岩成分相同的不饱和聚酯树脂作为胶黏剂，并在树脂中掺用一定量的中砂。一般树脂与中砂的比例为 1：(4.5～5)，并掺入适量的引发剂和促进剂。

烧结型人造大理石或花岗岩是在 1000℃左右的高温下焙烧而成的，在各个方面基本接近陶瓷制品，其黏结构造为：用 12～15mm 厚的 1：3 的水泥砂浆打底；黏结层采用 2～3mm 厚的 1：2 的细水泥砂浆。为了提高黏结强度，可在水泥砂浆中掺入为水泥重量 5%的 108 胶。

无机胶结材型人造大理石或花岗岩饰面板和复合型人造大理石或花岗岩饰面板的构造，主要应根据其板厚来确定。目前，国内生产这两种人造饰面板的厚度主要有两种：一种板厚为 8～12mm，板材重为 17～25kg/m^2；另一种厚度通常为 4～6mm，板材重为 8.5～12.5kg/m^2。

对于厚板，其粘贴宜采用聚酯砂浆粘贴的方法。聚酯砂浆的胶砂比一般为 1：(4.5～5.0)，固化剂的掺用量视使用要求而定。但一般 1m^2 粘贴面积的聚酯砂浆耗用量为 4～6kg，费用相对较高。目前多采用聚酯砂浆固定与水泥胶砂浆粘贴相结合的方法，以达到粘贴牢固、成本较低的目的。其构造方法是先用胶砂比为 1：(4.5～5) 的聚酯砂浆固定板材四角和填满板材之间的缝隙，待聚酯砂浆固化并能起到固定拉紧作用以后，再进行灌浆操作。人造石材饰面板安装构造如图 15-20 所示。

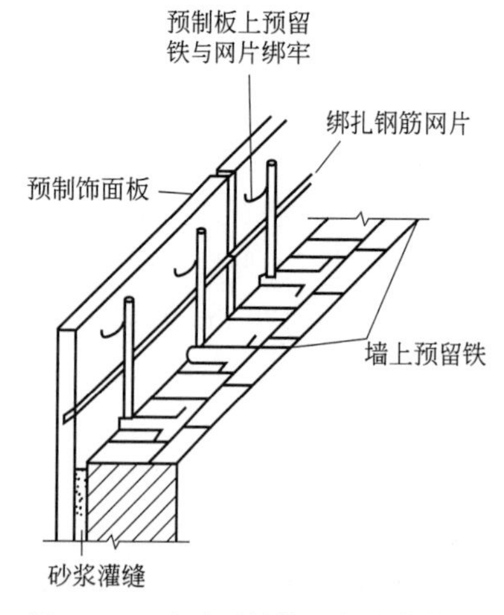

图 15-20 人造石材饰面板安装构造

对于薄板，其构造方法比较简单：用 1：3 的水泥砂浆打底；黏结层以 1：0.3：2 的水泥石灰混合砂浆或水泥：108 胶：水＝10：0.5：2.6 的 108 胶水泥浆打底，然后镶贴板材。

对于人造大理石或花岗岩饰面板的挂贴施工法和干挂构造完全同天然大理石或花岗岩饰面板的相应构造操作，在此不再赘述，具体构造和要求参见前面讲述的天然大理石或花岗岩饰面板的相应施工方法及构造要求。

(2) 预制水磨石饰面板饰面

预制水磨石饰面板的色泽品种较多、表面光滑、美观耐用，可分为普通水磨石饰面板和彩色水磨石饰面板两类。普通水磨石饰面板是采用普通硅酸盐水泥，加白色石料后，经成型磨光制成；彩色水磨石饰面板是用白水泥或彩色水泥，加入彩色石料后，经成型磨光制成。

预制水磨石饰面板饰面构造方法是：先在墙体内预埋铁件或甩出钢筋，绑扎直径为6～8mm、间距为400mm的钢筋网片骨架后，通过预埋在预制板上的铁件与钢筋网固定牢固，然后分层灌注1∶2.5的水泥砂浆，每次灌浆高度为200～300mm，灌浆接缝应留在预制板的水平接缝以下50～100mm处。第一次灌完浆，将上口临时固定石膏剔掉，清洗干净后再安装第二行预制饰面板。

无论是哪种类型的人造石材饰面板，当板材厚度较大、尺寸规格较大、粘贴高度较高时，都应考虑采用挂贴法或者干挂法，以保证饰面层固定更为牢固可靠。

15.2.2.4 细部构造

板材类饰面的构造，除了应解决饰面板与墙体之间的固定技术外，还应处理好窗台、窗过梁底、门窗侧边、出檐、勒脚以及各种凹凸面的交接和拐角等处的细部构造。

(1) 转折交接处的细部构造

① 墙面饰面阴阳角的细部构造处理方式　如图15-21所示。

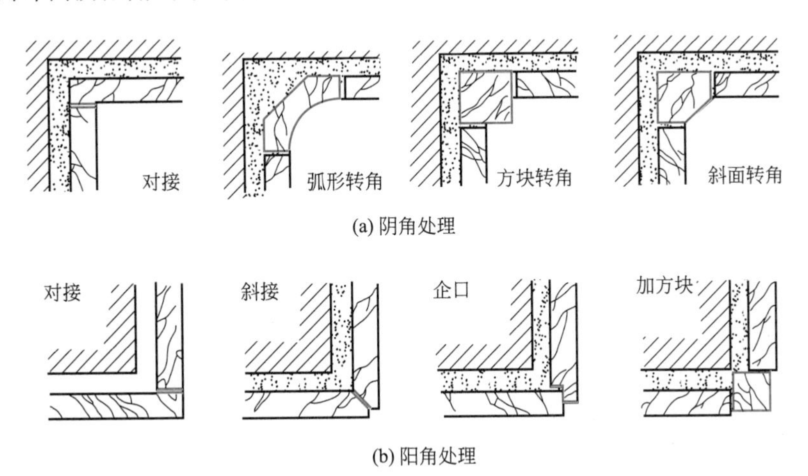

图15-21　墙面饰面阴阳角的细部构造处理方式

② 饰面板墙面与踢脚板交接处的细部处理构造　饰面板墙面与踢脚板交接处的处理方法：一种是墙面凸出踢脚板；另一种是踢脚板凸出墙面。后者踢脚板顶部需要磨光、磨边，且容易积灰尘。设计与施工过程中可根据具体情况采用相应的处理方法，如图15-22所示。

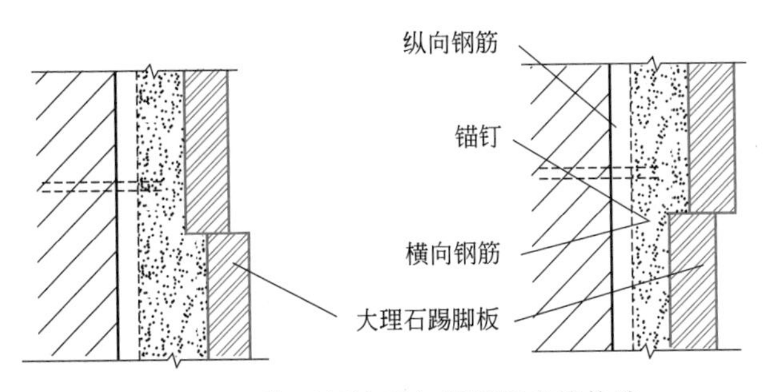

图15-22　饰面板墙面与踢脚板交接构造

③ 饰面板墙面与楼地面交接处的细部处理构造　大理石、花岗岩墙面或柱面与楼地面的交接处，宜采用踢脚板修饰或将墙面饰面板直接落在楼地面饰面层上的方法，使接缝比较隐蔽，若略有间隙可用相同色彩的水泥浆封闭，其构造如图 15-23 所示。

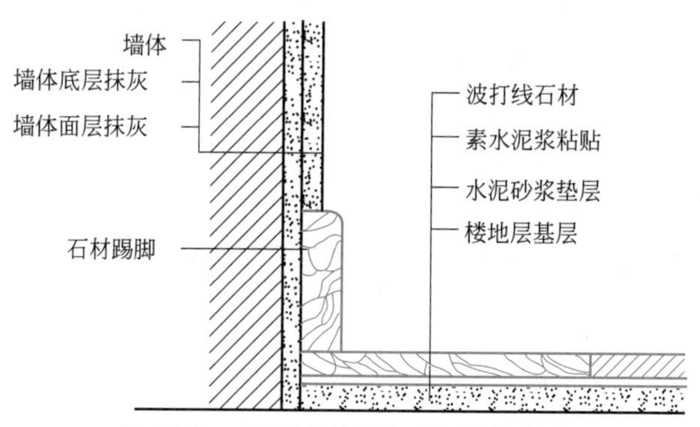

图 15-23　饰面板墙面与地面交接构造

④ 石材腰线及顶棚衔接构造　有时为使石材墙面有层次感、不呆板，会在墙面适宜部位加设装饰线（俗称腰线），其构造如图 15-24 所示。石材墙面与吊顶的衔接构造如图 15-25 所示。

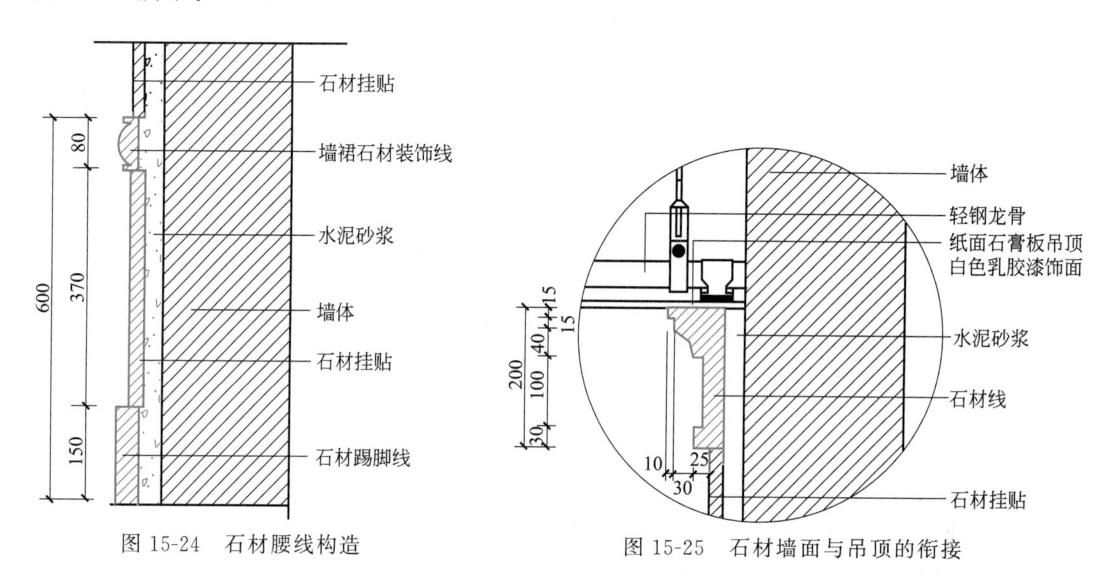

图 15-24　石材腰线构造

图 15-25　石材墙面与吊顶的衔接

（2）不同基层和材料的构造处理

根据墙体基层材料、饰面板的厚度及种类的不同，饰面板材的安装构造有所不同。

在砖墙等预制块材墙体的基层上安装天然石材板材时，采用在墙体内预埋 U 形铁件，然后铺设钢筋网的方法，如图 15-26(a) 所示；而对于混凝土墙体等现浇墙体，则可采用在墙体内预设金属导轨等铁件的方法，还可采用铺设钢筋网的方法，如图 15-26(b) 所示。

在饰面材料方面，对于板材，通常采用打孔或在板上预埋 U 形铁件，然后用不锈钢丝或者铜丝绑扎固定的方法；而对于块材，一般采用开接榫口或埋置 U 形铁件，然后通过系挂于固定在墙体上的钢筋网片或者预埋件的方法来固定连接。

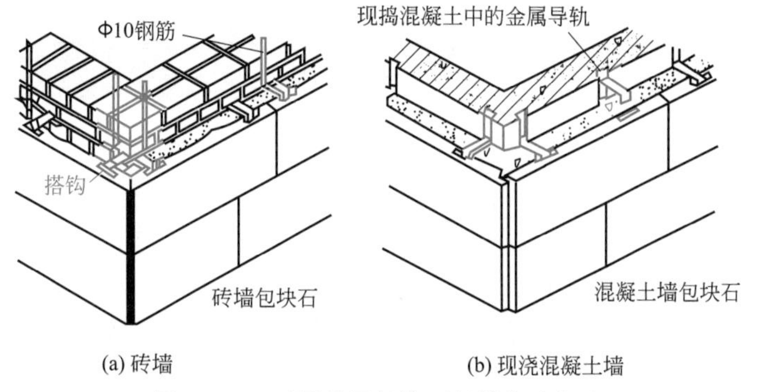

图 15-26　不同基层的饰面板材构造方法

(3) 小规格板材饰面构造

小规格饰面板是指用于踢脚板、勒脚、窗台板等部位的各种尺寸较小的天然或人造板材，以及加工大理石、花岗石时所产生的各种不规则的边角碎料。

小规格饰面板通常直接用水泥浆、水泥砂浆等进行粘贴，必要时可辅以铜丝绑扎加以连接固定，如图 15-27 所示。

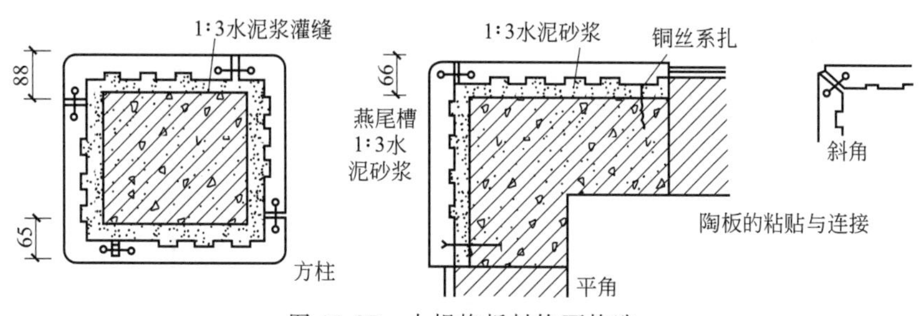

图 15-27　小规格板材饰面构造

(4) 饰面板材的接缝构造

饰面板材的拼缝对装饰装修效果影响很大，常见的拼缝方式有平接、对接、搭接、L 形错搭接和 45°斜口对接等，如图 15-28 所示。

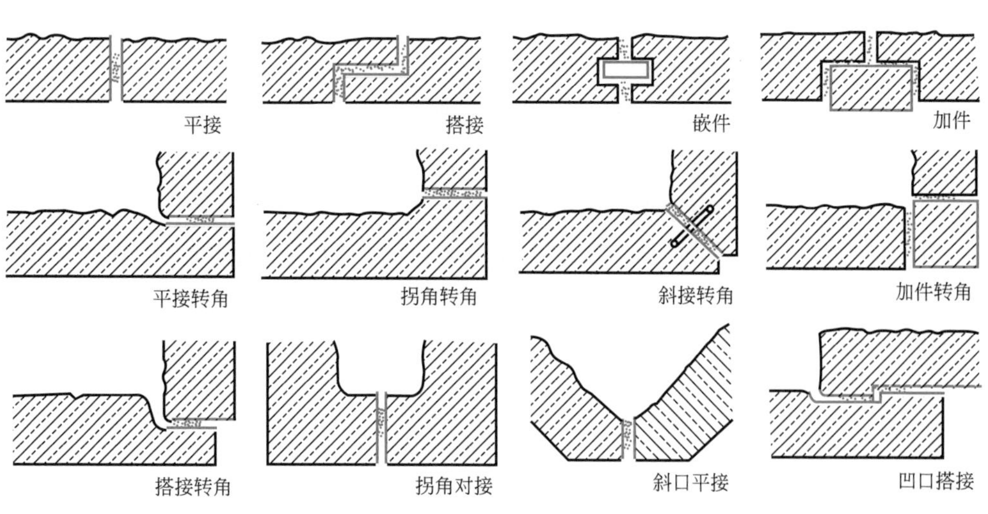

图 15-28　饰面板石材的拼接方式

15.3 罩面板类饰面识图与构造

15.3.1 罩面板类饰面的基本构造

罩面板类饰面一般由龙骨和装饰面板（有的情况由龙骨、安装底板和装饰面板）组成。具体构造应视饰面板的材料特点及装饰设计要求而定。首先在基层上固定龙骨，然后在骨架上固定安装底板形成饰面板的结构层，利用粘贴、紧固件连接、嵌条定位等方法将饰面板固定在骨架上。

15.3.2 木（竹）质类饰面

木（竹）质罩面板是内墙装饰中最常用的一种类型。木（竹）质罩面板分局部（木墙裙）和全高两种。面板的类型有饰面板、实木板、实木线、竹条及刨花板等。

(1) 木质饰面板类构造

木质饰面板具有纹理和色泽丰富、接触感好的装饰效果，有薄实木板和人造板材两种。

具体做法是首先在墙体内预埋木砖，再钉立木骨架，最后将罩面板用镶贴、钉、上螺钉等方法固定在骨架上，如图 15-29 所示。

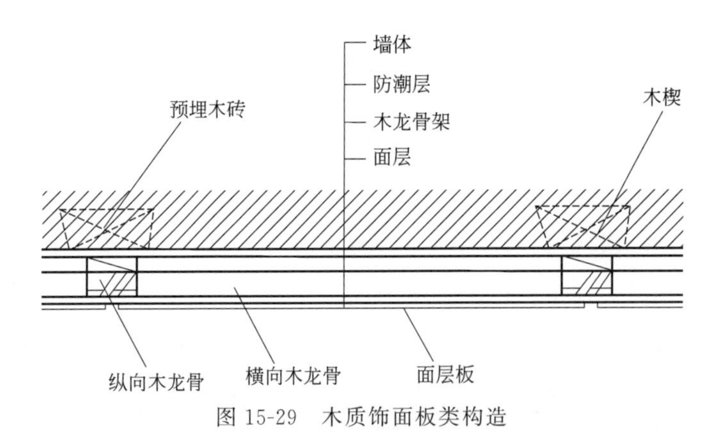

图 15-29 木质饰面板类构造

木骨架由竖筋和横筋组成，断面尺寸一般为（20～45）mm×（20～45）mm，竖筋间距为 400～600mm，横筋间距可稍大一些，一般为 600mm 左右，主要按板的规格来定。面层一般选用木质致密、花纹美丽的水曲柳、柳安、柚木、桃花芯木、桦木、紫檀木、樱桃和黑胡桃等木材贴面，还可采用沙比利、美国白影、日本白影、尼斯木和珍珠木等。

(2) 木（竹）条饰面的基本构造

实木线饰面是将光洁、坚硬的硬木加工成造型各异的线条，安装于墙、柱表面，做成木护壁，凸凹有致，给人高贵、典雅之感，常用于较高档次的室内装饰，其构造如图 15-30 所示。

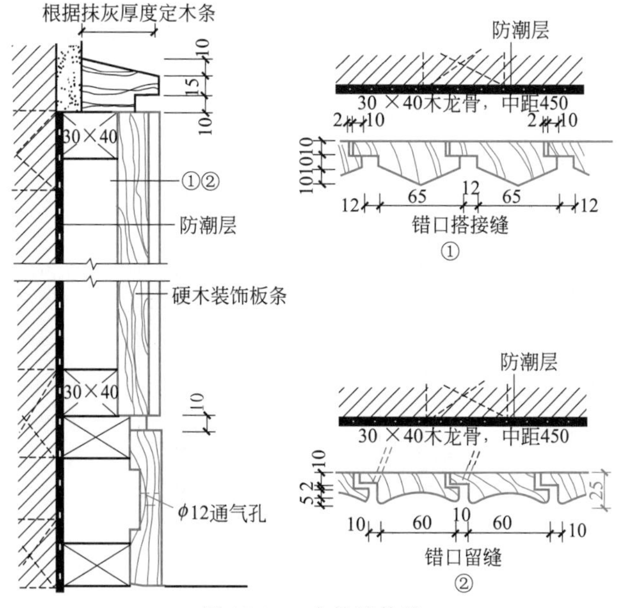

图 15-30 木护壁构造

装饰基层板是为了加固面层，使其具有一定的耐碰撞、耐冲击的能力，一般选用胶合板、细木工板、刨花板、中密度板、纸面石膏板等，可用气动直钉或气动码钉将其固定于木质骨架上，应该注意的是装饰基层板的端部必须由木质骨架支撑，严禁处于悬挑状态。

当饰面板采用木质装饰胶合板时，木质装饰胶合板固定前应先涂刷一遍封底底漆，漆干后用气动直钉或气动蚊钉将其固定于装饰基层板上或者直接固定于木质骨架上，而后对板面进行处理（用漆腻子涂抹钉子眼或者对板面进行润色处理，并用细砂纸对板面进行打磨），按设计要求或者其他有关规定涂刷面漆。

竹材表面光洁、细密，其抗拉、抗压性能均优于普通木材，富有韧性和弹性，具有浓郁的地方风格；一般应选用直径均匀的竹材，使用约 $\phi 20$ 的整圆或半圆，较大直径的竹材可剖切成竹片拼花使用。将竹材钉、粘在衬板上，形成护壁，风格自然、质朴，如图 15-31 所示。

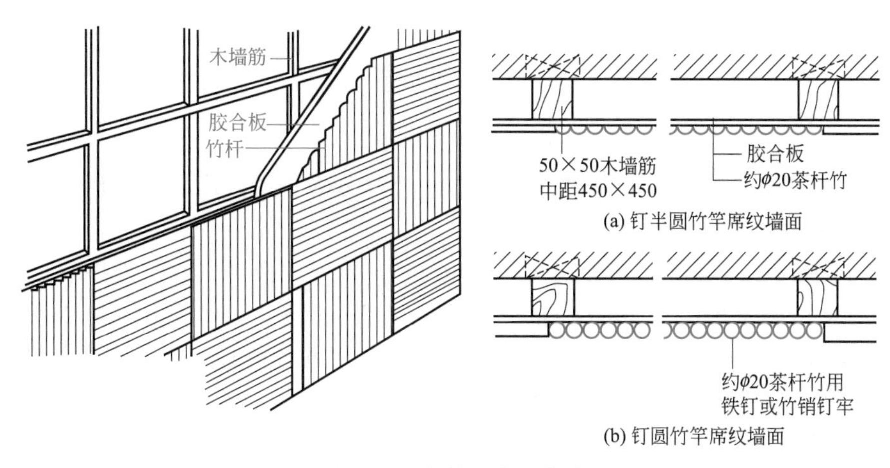

图 15-31 竹饰面护壁构造

(3) 吸声、消声、扩声墙面的基本构造

对胶合板、硬质纤维板和装饰吸声板等进行打洞，使之成为多孔板，可以装饰成吸声墙面，孔的部位与数量应根据声学要求确定。在板的背后、木筋之间要求补填玻璃棉、矿棉、石棉或泡沫塑料块等吸声材料，松散材料应先用玻璃丝布、石棉布等进行包裹。其构造与木护壁板相同，如图 15-32 所示。

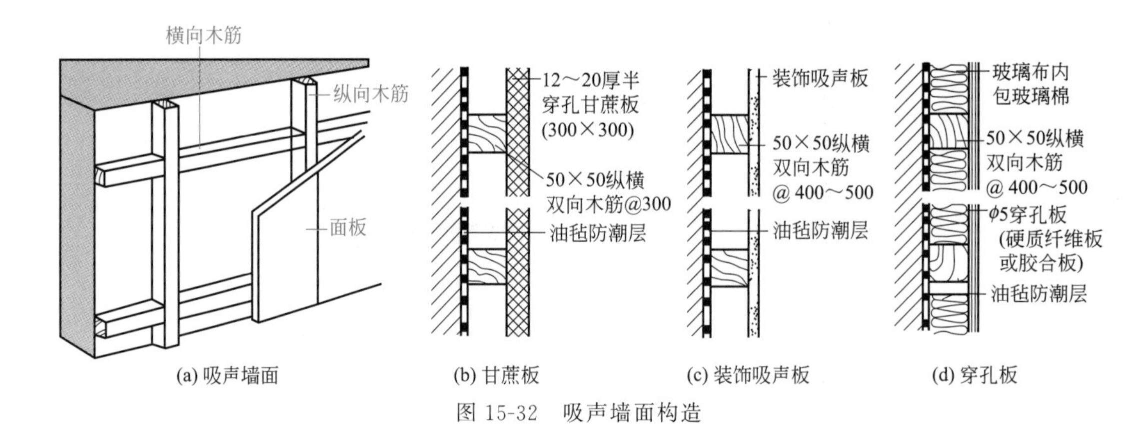

图 15-32　吸声墙面构造

用胶合板做成半圆柱的凸出墙面作为扩声墙面，可用于要求反射声音的墙面，如录音室、播音室等。扩声墙面构造如图 15-33 所示。

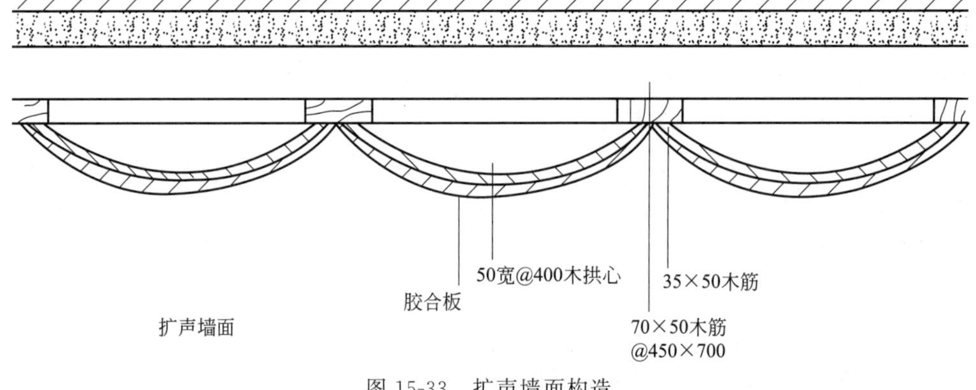

图 15-33　扩声墙面构造

(4) 竹、木质类饰面板墙面饰面细部构造处理

① 板与板的拼接构造　按拼缝的处理方法，可分为平缝、高低缝、压条、密缝、离缝等方式，如图 15-34 所示。

② 踢脚板构造　踢脚板的处理主要有外凸式与内凹式两种方式。当护墙板与墙之间距离较大时，一般宜采用内凹式处理，踢脚板与地面之间宜平接，如图 15-35 所示。

③ 护墙板与顶棚交接处构造　护墙板与顶棚交接处的收口以及木墙裙的上端收好，一般宜做木质压顶或用木质压条进行收口处理，构造如图 15-36 所示。

④ 拐角构造　阴角和阳角的拐角可采用对接、斜口对接、企口对接、填块等方法，具体构造形式如图 15-37 所示。

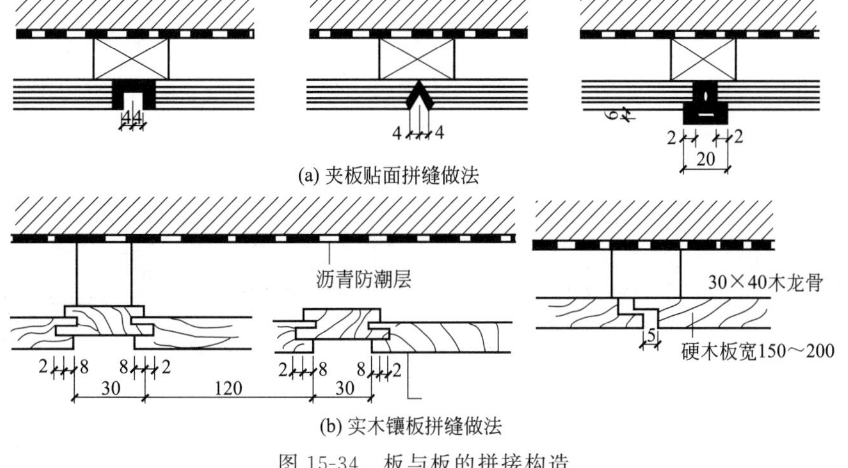

图 15-34　板与板的拼接构造

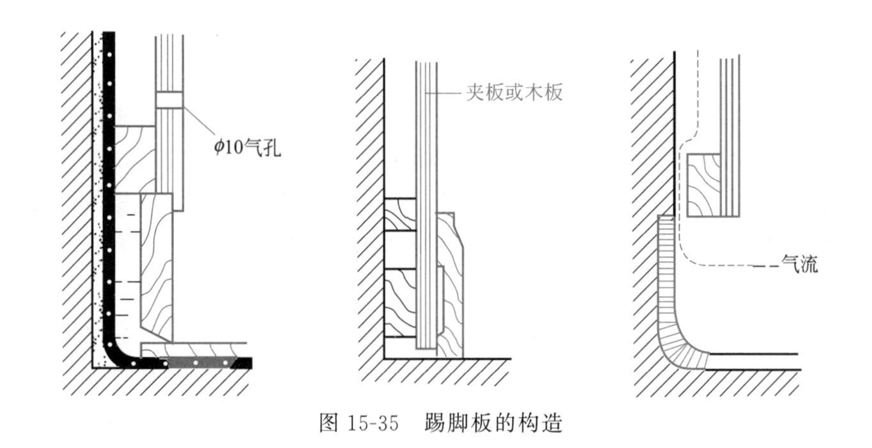

图 15-35　踢脚板的构造

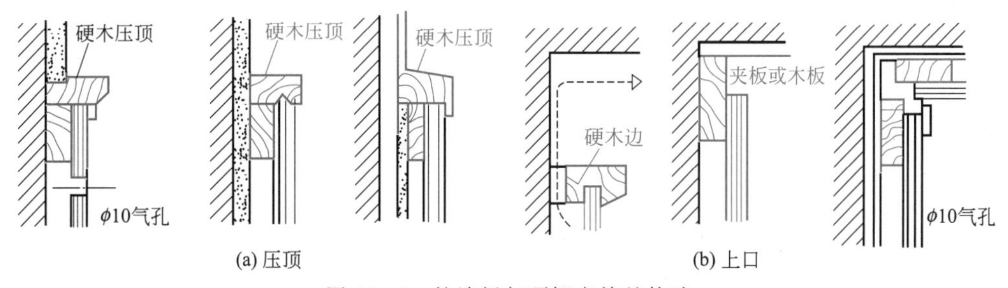

图 15-36　护墙板与顶棚交接处构造

15.3.3　金属薄板墙面饰面

金属薄板饰面板是利用一些轻金属，如铝、铜、铝合金、不锈钢、钢板等，经加工制成的各类压型薄板，或者在这些薄板上进行搪瓷、烤漆、喷漆、镀锌、电化覆盖塑料等处理后，用来作室内外墙面装饰饰面的材料。工程中应用较多的有单层铝合金饰面板、铝塑板、拉丝不锈钢板、镜面不锈钢板、钛金板、彩色搪瓷钢板、铜合金板等。

金属薄板饰面板具有多种性能和装饰效果，自重轻，连接牢固，经久耐用，在室内外

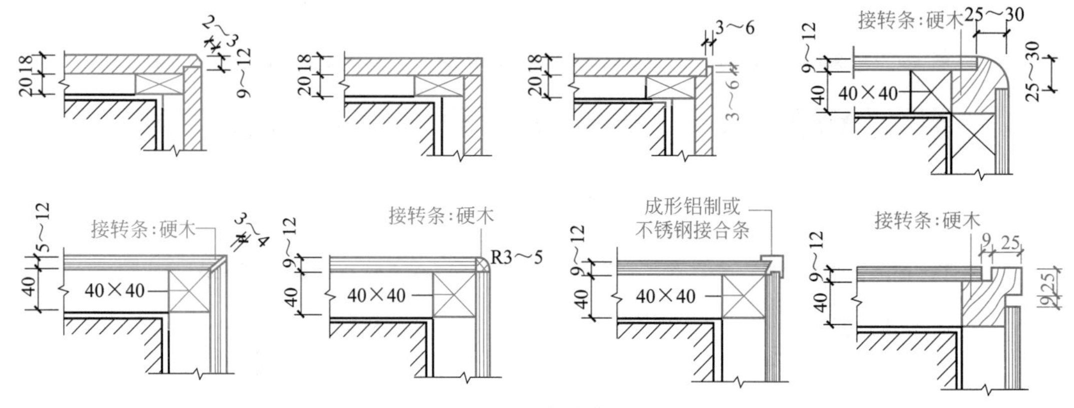

图 15-37　拐角构造

墙面的装饰装修中均可采用，但这类饰面板材价格较贵，宜用于重点装饰装修的部位。金属板墙面饰面的构造层次与竹、木质类饰面板墙面饰面基本相同，但在具体连接固定和用料上又有区别。

(1) 铝合金饰面板墙面饰面

铝合金饰面板根据表面处理的不同，可分为阳极氧化处理和漆膜处理两种；根据几何尺寸的不同，可分为条形扣板和方形板。条形扣板的板条宽度在 150mm 以下，长度可视使用要求确定。方形板包括正方形板、矩形板、异形板。有时为了加强板的刚度，可压出肋条加劲；有时为保暖、隔声，还可将其断面加工成空腔蜂窝状板材，并在空腔内内衬保温、吸声材料。

铝合金饰面板一般安装在型钢或铝合金型材所构成的骨架上，由于型钢强度高、焊接方便、价格便宜、操作简便，所以用型钢做骨架的较多。骨架通过连接件与主体结构固定连接，连接件可与结构物上的预埋铁件进行焊接固定或通过金属膨胀螺栓进行固定。

铝合金饰面板构造连接方式通常有两种：一是直接固定，将铝合金板块用螺钉直接固定在型钢上，因其耐久性好，常用于外墙饰面工程；二是利用铝合金板材易压延、拉伸、冲压、成形的特点，做成各种形状，然后将其压卡在特制的龙骨上，这种连接方式适应于内墙的饰面装饰。

铝合金扣板饰面构造如图 15-38 所示，铝合金外墙板饰面构造如图 15-39 所示。

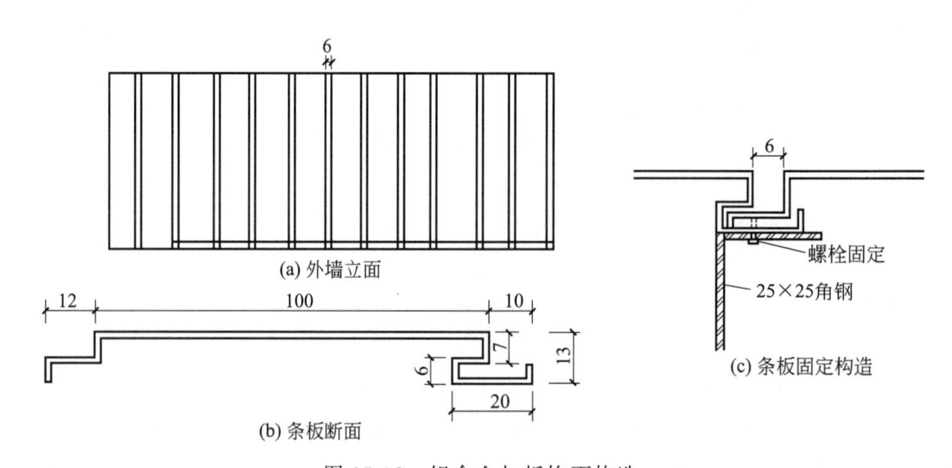

图 15-38　铝合金扣板饰面构造

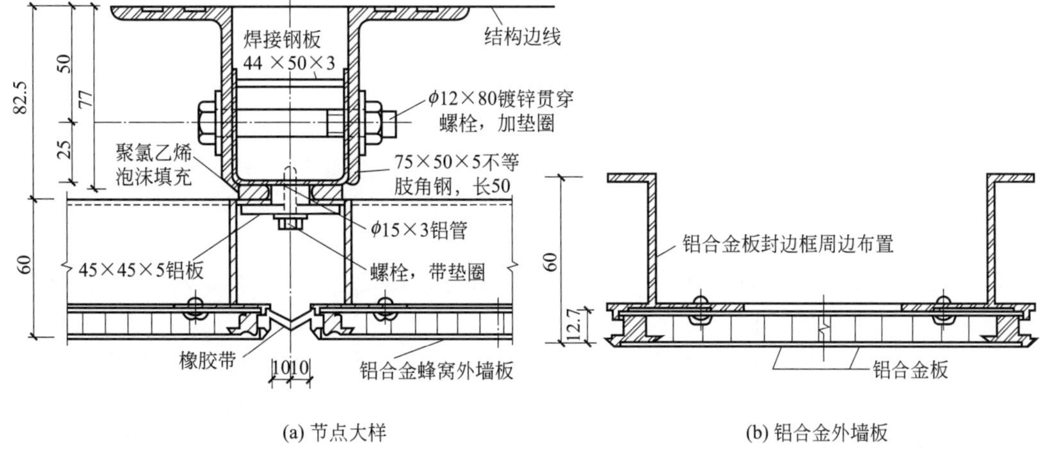

图 15-39　铝合金外墙板饰面构造

（2）铝塑板饰面

铝塑板是两面均很薄的铝板，中间层为塑料的复合板材。铝塑板的墙柱面构造，与以各种饰面板构造极为相似，都是在木或金属骨架上以多层胶合板或密度板作衬板找平，然后在衬板上固定铝塑板。在室内，一般是将按设计尺寸裁切好的铝塑板块，直接用万能胶黏结于衬板表面，板缝以玻璃胶勾嵌；在室外，为保证铝塑板安装牢固，在按照设计的分格尺寸裁切铝塑板时，一般只将其面层铝皮及塑料夹层切断，而不断开底层铝皮，安装时，先用万能胶将铝塑板粘在衬板上，再用拉铆钉在未完全切断的板缝内，将铝塑板的底层铝皮钉固在衬板上，最后用玻璃胶勾嵌板缝。

注意，以铝塑板装饰墙、柱面时，接缝一般不留设在墙、柱面阳角处。

（3）不锈钢板墙面饰面

不锈钢板按其表面处理方式不同分为镜面不锈钢板、压光不锈钢板、彩色不锈钢板、拉丝不锈钢板和不锈钢浮雕板。彩色不锈钢板能耐 200℃ 的温度，耐腐蚀性优于一般不锈钢板，彩色层经久而不褪色，适用于高级建筑装饰装修中的内外墙面装饰饰面。

不锈钢板的构造固定与铝合金饰面板构造相似，通常将骨架（钢制骨架或者木制骨架）与墙体固定，用木板或木质胶合板固定在龙骨架上作为结合基层，将不锈钢饰面板镶嵌或粘贴在结合基层上，如图 15-40 所示。也可以采用直接贴墙法，即不需要龙骨，将不锈钢饰面板直接粘贴在墙体表面上，这种做法要求墙体表面找平层坚固且平整，否则难以

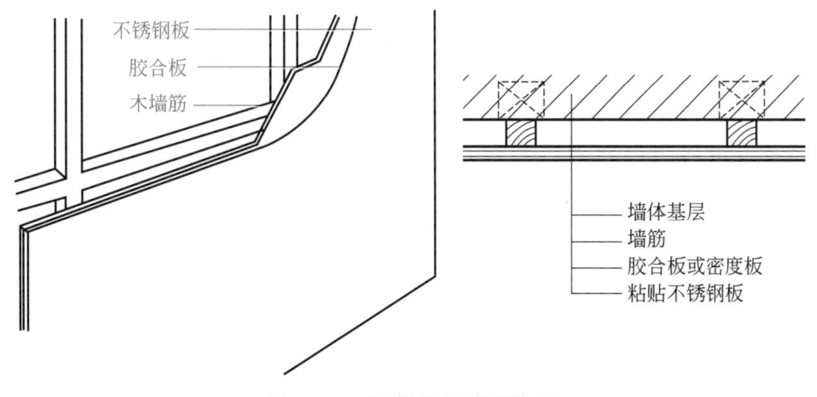

图 15-40　不锈钢板墙面饰面

保证质量。不锈钢饰面板应事先按需要在加工厂中加工成成品或者半成品，而后在施工现场进行安装，安装时由玻璃胶进行嵌固固定。以铝塑板装饰墙、柱面时，注意接缝一般不留设在墙、柱面阳角处。

15.4 涂饰类饰面构造

涂饰类饰面是指在墙面基层上，经批刮腻子处理，使墙面平整，然后将所选定的建筑涂料刷于其上所形成的一种饰面。

涂饰类饰面是各种饰面做法中最为简便、经济的一种。与其他种类的饰面相比，涂饰类饰面具有工期短、工效高、材料用量少、自重轻及造价低等优点。涂饰类饰面的耐久性略差，但维修、更新方便，且简单易行，因而应用十分广泛。涂饰类饰面根据涂刷材料的不同，分为涂料饰面、刷浆饰面和油漆饰面 3 大类。本节重点介绍涂料饰面的材料及构造做法。

15.4.1 建筑涂料的分类和组成

(1) 建筑涂料的分类

① 按涂料状态分类　可分为溶剂型涂料、乳液型涂料、水溶性涂料和粉末涂料。

② 按涂料的装饰质感分类　可分为薄质涂料、厚质涂料和复层涂料。

③ 按建筑物涂刷部位分类　可分为外墙涂料、顶棚涂料、内墙涂料、屋面顶涂料和地面涂料。

④ 按涂料的功能分类　可分为防火涂料、防结露涂料、防水涂料、防虫涂料、防霉涂料、防静电涂料和弹性涂料。

(2) 建筑涂料的组成

建筑涂料由主要成膜物质、次要成膜物质和辅助成膜物质 3 部分组成。

① 主要成膜物质　也称胶黏剂或固着剂，其主要作用是将其他成分黏结成一个整体，并能牢固地附着在基层表面，形成连续、均匀且坚韧的保护膜，对涂膜的坚韧性、耐磨性、耐候性及化学稳定性起着决定性作用。涂料的主要成膜物质大多是有机高分子化合物，我国建筑涂料所用的成膜物质主要以合成树脂为主。

② 次要成膜物质　是指涂料中的颜料和填料，是构成涂膜的组成部分，但不能单独成膜。它们以微细粉状均匀散于涂料的介质中，赋予涂料以色彩和质感，使涂膜具有一定的遮盖力，减少收缩，还能增加膜层的机械强度，防止紫外线的穿透作用，提高膜层的抗老化和耐候性。

③ 辅助成膜物质　是指溶剂和辅助材料。溶剂是一种挥发性液体，能溶解油料、树脂，使树脂成膜，并影响涂膜干燥的快慢速度，可增加涂料的渗透力，改善涂料与基层的黏结力，节约涂料用量。常用的辅助材料有增塑剂、催干剂、固化剂和抗氧剂等，起着改善涂料性能的作用。

15.4.2 涂饰类饰面的构造

(1) 涂饰类饰面层

涂饰类饰面的涂层构造，一般可分为 3 层，即底涂层、中间涂层和面涂层。

① 底涂层　俗称刷底漆，主要作用是增加涂层与基层之间的黏附力，进一步清理基层表面的灰尘，使一部分悬浮的灰尘颗粒固定于基层。底涂层还具有基层封闭剂（封底）的作用，可以防止树脂、水泥砂浆抹灰层中的可溶性盐等物质渗出表面，造成对涂饰饰面的破坏。

② 中间涂层　即中间层，也称主层涂料，是整个涂层构造中的成形层。其目的是通过适当的工艺，形成具有一定厚度、匀实饱满的涂层，既能保护基层，又能通过这一涂层形成所需的装饰效果。中间层的质量好，不仅可以保证涂层的耐久性、耐水性和强度，在某些情况下对基层尚可起到补强的作用。主层涂料主要采用以合成树脂为基料的厚质涂料。

③ 面涂层　即罩面层，其作用是体现涂层的色彩和光感，提高饰面层的耐久性和耐污染能力。为了保证色彩均匀，并满足耐久性、耐磨性等方面的要求，面层最低限度应涂饰两遍。一般来说，油性涂料、溶剂型涂料的光泽度普遍要高一些。采用适当的涂料生产工艺、施工工艺，水性涂料和无机涂料的光泽度可以赶上或超过油性涂料、溶剂型涂料的光泽度。

(2) 内墙涂料饰面的构造做法

根据我国颁布的建筑内墙涂料国家标准，内墙涂料基本有下列 4 类。

① 合成树脂乳液内墙涂料，俗称合成树脂乳胶漆。

② 合成树脂乳液砂壁状建筑涂料，俗称彩砂涂料、砂胶涂料或彩砂乳胶漆。

③ 复层建筑涂料，俗称凹凸复层涂料或复层浮雕花纹涂料。

④ 水溶性内墙涂料。

内墙涂料饰面的构造做法，因涂料类型、墙体基层的不同而各不相同。如图 15-41 所示为合成树脂乳液内墙涂料在砖墙基层上的构造做法，如图 15-42 所示为复层建筑内墙涂料在纸面石膏板基层上的构造做法。

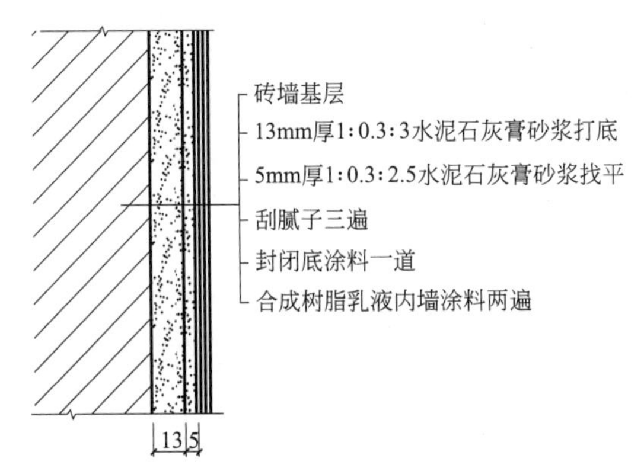

图 15-41　合成树脂乳液内墙涂料在砖墙基层上的构造做法

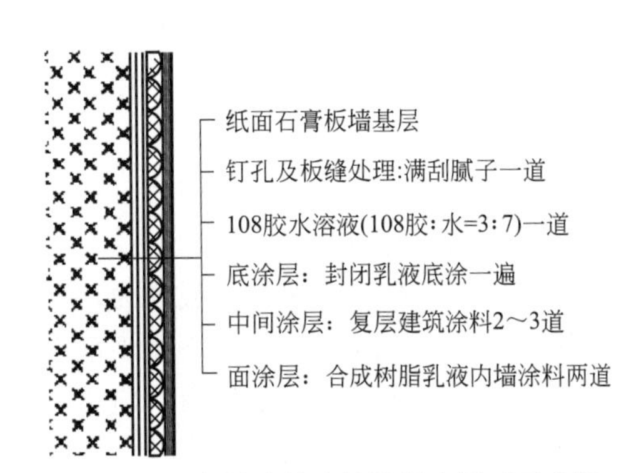

图 15-42　复层建筑内墙涂料在纸面石膏板基层上的构造做法

(3) 外墙涂料饰面的构造做法

根据我国颁布的建筑装饰涂料国家标准，外墙建筑涂料基本有下列 3 类。

① 合成树脂乳液外墙涂料，俗称乳胶漆。

② 合成树脂乳液砂壁状建筑涂料，俗称彩砂涂料。

③ 复层建筑涂料，俗称凹凸复层涂料或复层浮雕花纹涂料。

外墙涂料饰面的构造做法因涂料类型及墙体基层的不同而各不相同。如图 15-43 所示为合成树脂乳液砂壁状建筑涂料在混凝土基层上的构造做法，如图 15-44 所示为复层建筑涂料在加气混凝土墙基层上的构造做法。

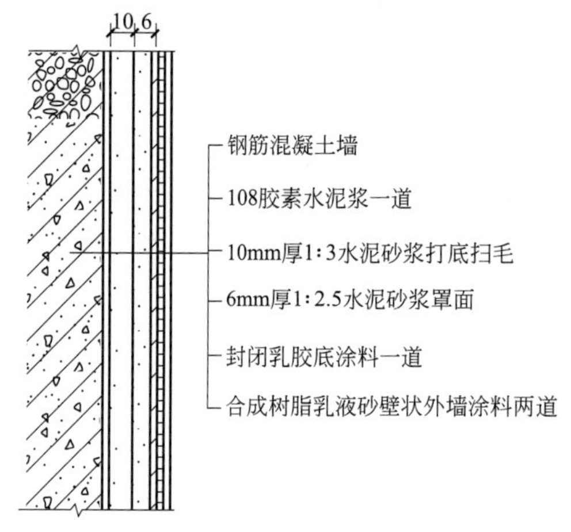

图 15-43　合成树脂乳液砂壁状建筑涂料在混凝土基层上的构造做法

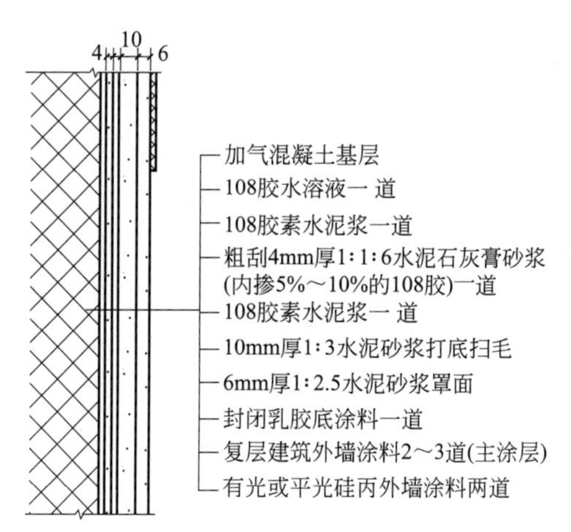

图 15-44　复层建筑涂料在加气混凝土墙基层上的构造做法

15.4.3　油漆类饰面

油漆是指涂刷在材料表面，能够干结成膜的有机涂料，用此种涂料做成的饰面即称为油漆饰面。

油漆的类型很多，按使用效果分为清漆、色漆等；按使用方法分为喷漆、烘漆等；按漆膜外观分为有光漆、亚光漆、皱纹漆等；按成膜物进行分类，有油基漆、含油合成树脂漆、不含油合成树脂漆、纤维衍生物漆、橡胶衍生物漆等。

油漆墙面可以做成各种色彩，用它可做成平涂漆，也可做成各种图案、纹理和拉毛。用油漆做墙面装饰时，要求基层平整，充分干燥，且无任何细小裂缝。油漆墙面的一般构造做法是，先在墙面上用水泥砂浆打底，再用混合砂浆粉面两层，总厚度为 20mm 左右，最后涂刷一底两度油漆。

建筑墙面装饰用的油漆一般均为调和漆。所谓调和漆，就是将基料、填料、颜料及其他辅料经调和而制成的漆。油漆用于室内有较好的装饰效果，易保持清洁，但涂层的耐光性差，有时对墙面基层要求较高，施工工序繁多，工期长。随着涂料化学工业的发展，油漆将被更合理的墙面装饰材料代替。

15.5　柱面饰面构造

15.5.1　柱面饰面基本构造

(1) 骨架成型

首先应制作包柱骨架，然后拼装成所需形状。骨架结构材料一般为木和钢两种。木结构骨架一般采用 40mm×40mm 方木，通过用木螺钉或榫槽连接成框体，如图 15-45 所示；铁骨架通常采用∠50×50 的角钢，通过焊接或螺栓连接而成，如图 15-46 所示。

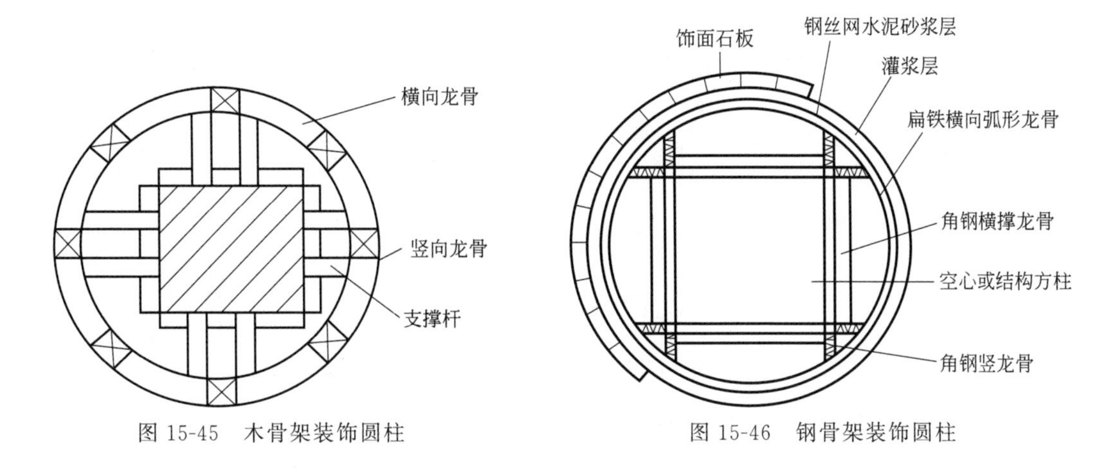

图 15-45 木骨架装饰圆柱

图 15-46 钢骨架装饰圆柱

(2) 基层板固定

基层板主要作用是便于粘贴面层，以增加柱体骨架的刚度。基层板一般采用胶合板，直接用铁钉或螺钉固定在骨架上，围贴在木骨架上时应先在木骨架上刷胶液，再钉牢。

(3) 饰面板安装

造型柱常用的饰面材料有石材饰面、金属饰面、木质饰面板饰面、防火板饰面及复合铝塑板饰面等。

15.5.2 石材柱面

室内柱子无论原来是何种形状，石材柱面都是利用花岗石或大理石等石材饰面板来装饰的。其饰面的构造做法主要有钢筋网系挂法、骨架式干挂法、粘贴法 3 种方式。一般先用龙骨将柱子进行造型再做饰面。龙骨的材料有角钢制作的龙骨和方木龙骨，如图 15-47～图 15-49 所示。

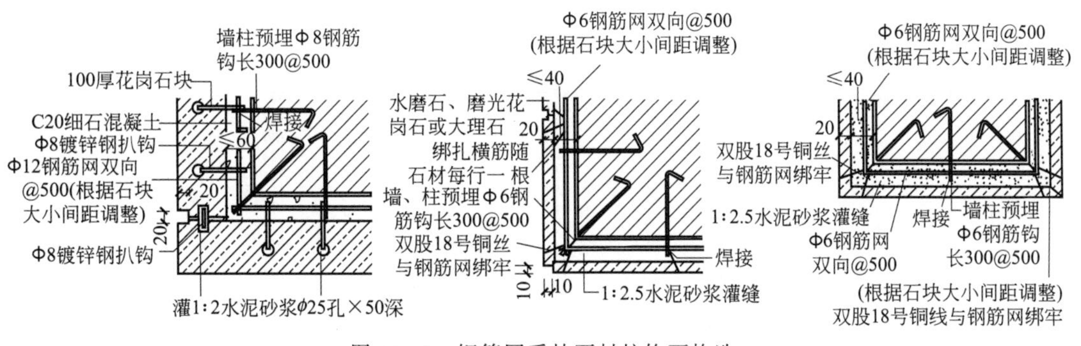

图 15-47 钢筋网系挂石材柱饰面构造

15.5.3 金属饰面板包柱构造

金属饰面板包柱是采用不锈钢、铝合金、铜合金及钛合金等金属做包柱的饰面材料，构造做法有柱面板直接粘贴法、钢骨架贴板法及木龙骨贴板法。

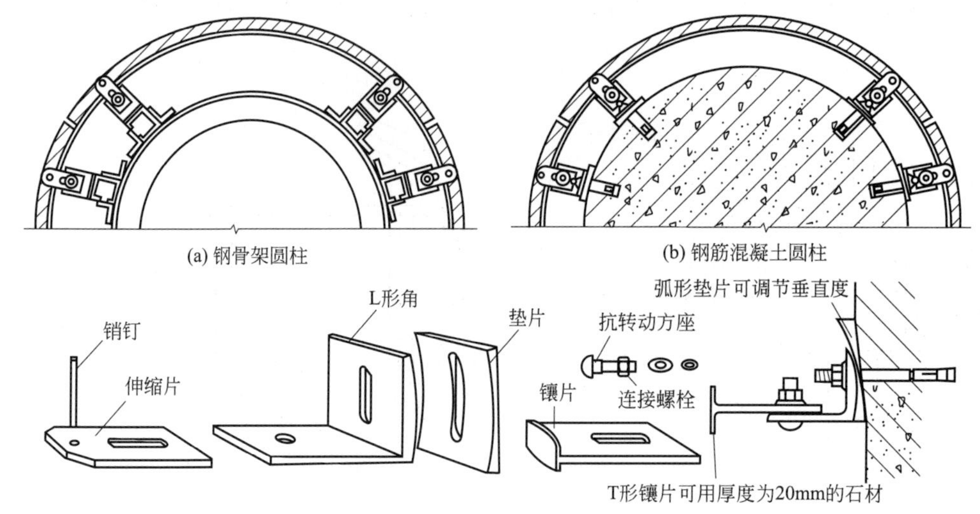

图 15-48　骨架式干挂石材柱饰面构造

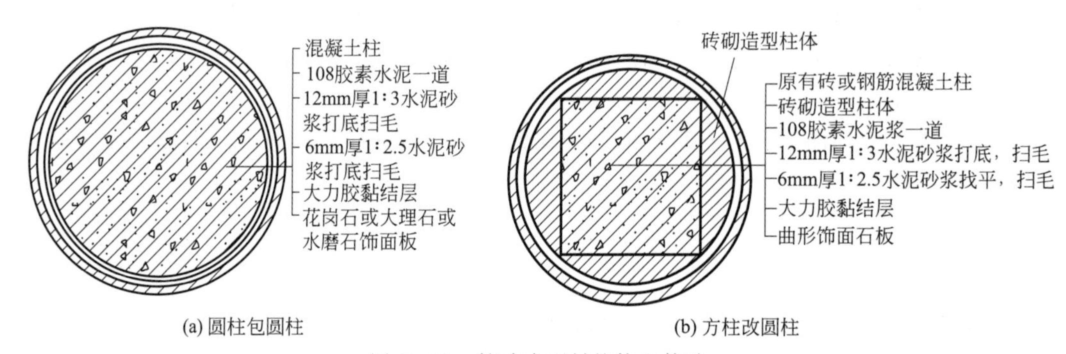

图 15-49　粘贴式石材柱饰面构造

(1) 金属饰面板直接粘贴包柱

本做法适用于原有柱（方形或圆柱）直接装饰装修为金属柱，其基本构造如图 15-50 所示。

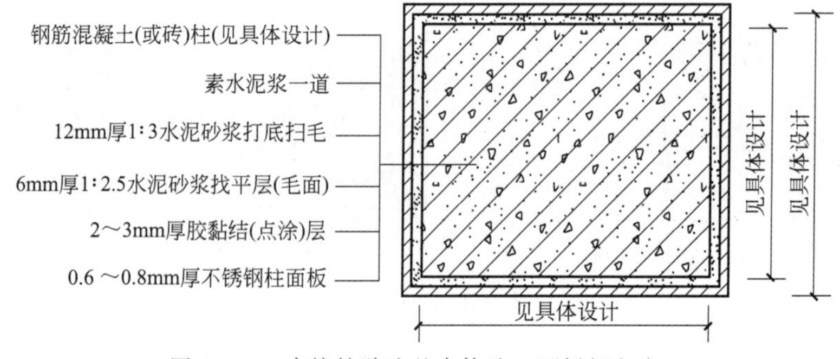

图 15-50　直接粘贴法基本构造（不锈钢包方）

(2) 钢架贴金属饰面板包柱

本做法适用于原有柱（方柱或圆柱）加大或方柱改圆柱的装饰装修。钢架用轻钢、角钢焊接或螺栓连接而成，其基本构造如图 15-51 所示。

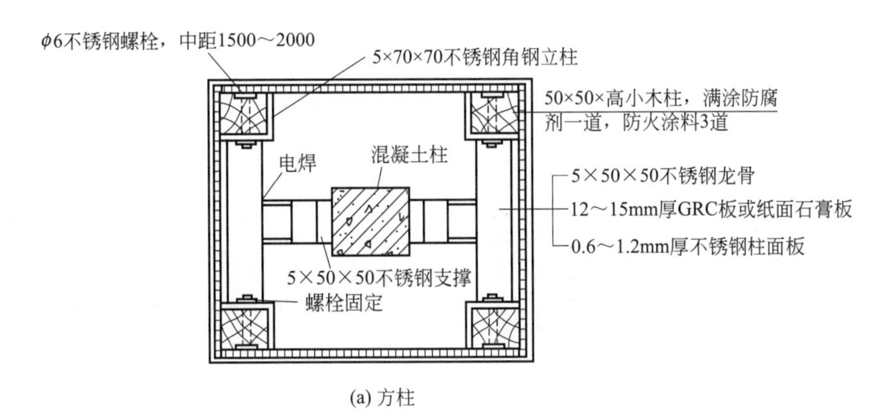

(a) 方柱

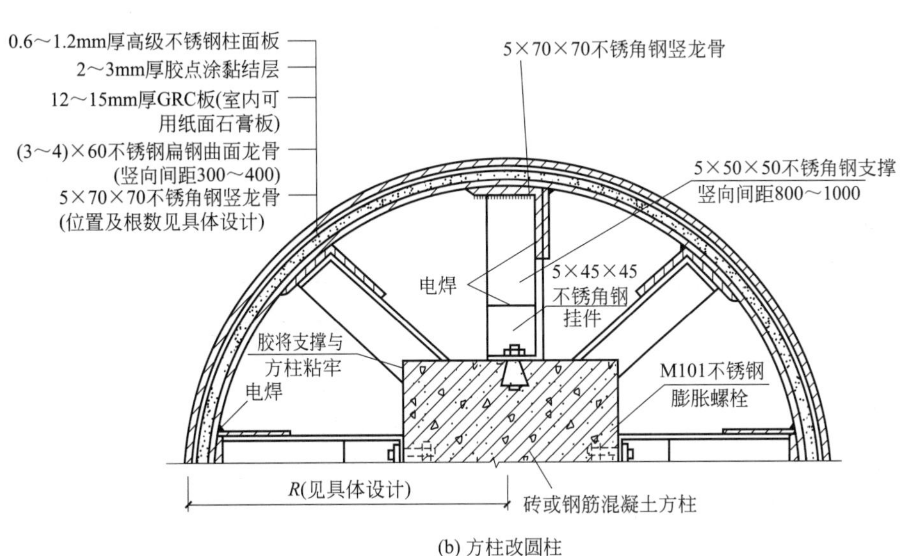

(b) 方柱改圆柱

图 15-51　钢架贴金属饰面板包柱基本构造

(3) 木龙骨骨架贴金属饰面板包柱

本做法适用于将原有柱（方柱或圆柱）加大或方柱改圆柱。木龙骨用方木制成，金属饰面板用不锈钢板、铝合金板及铜合金板等，其基本构造如图 15-52 所示。

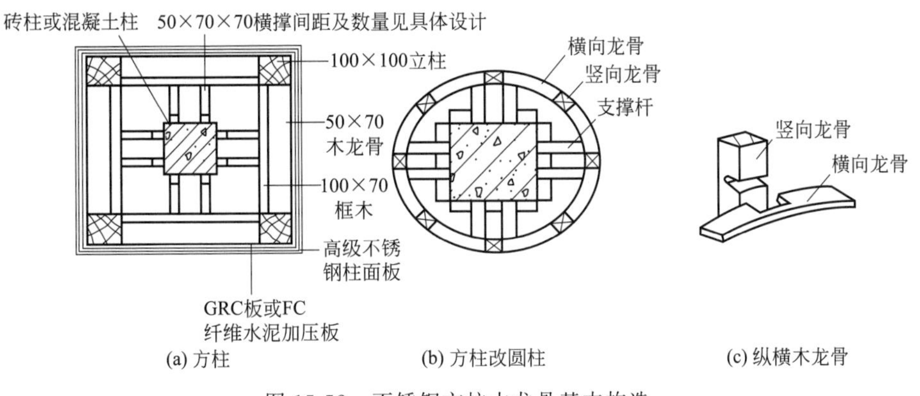

(a) 方柱　(b) 方柱改圆柱　(c) 纵横木龙骨

图 15-52　不锈钢方柱木龙骨基本构造

(4) 金属饰面板安装收口处理

采用胶粘方式安装时有直接卡口式和嵌槽压口式两种对口处理方法，其构造如图 15-53 所示。方柱胶粘转角收口构造如图 15-54 所示。

采用钉接方式，应将金属板两端的折边通过螺钉与骨架连接，如图 15-55 所示。

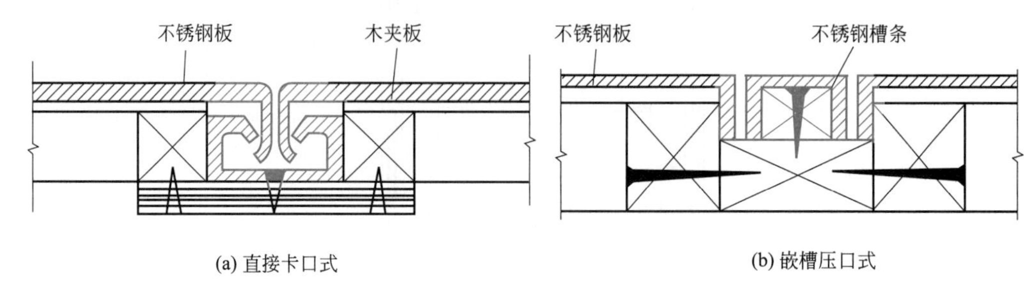

图 15-53 圆柱胶粘方式收口构造

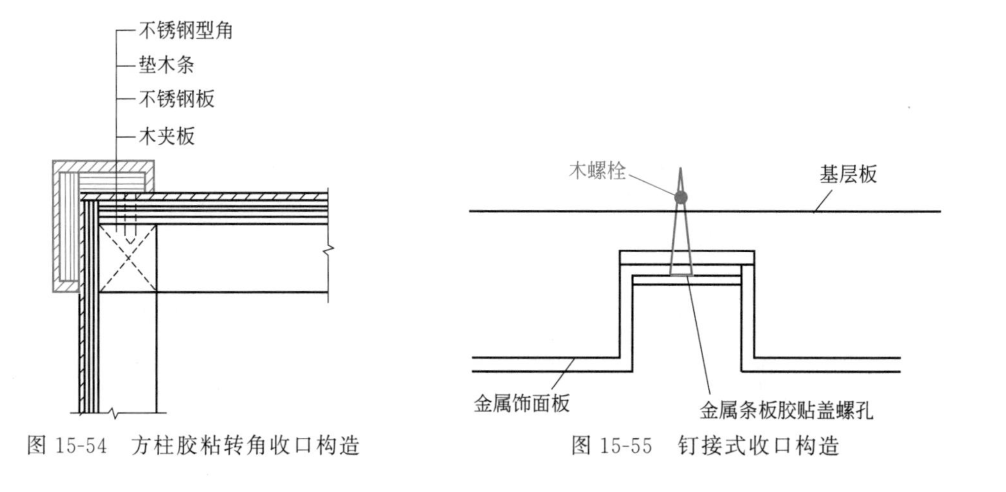

图 15-54 方柱胶粘转角收口构造

图 15-55 钉接式收口构造

第16章 顶棚识图与节点构造

16.1 顶棚识图

用一个假想的水平剖切平面，沿需装饰房间的门窗洞口处做水平全剖切，移去下面部分，对剩余的上面部分所做的镜像投影就是顶棚平面图，如图 16-1 所示。顶棚平面图用于反映顶棚范围内的装饰造型及尺寸；反映顶棚所用的材料规格、灯具灯饰、空调风口和消防报警等装饰内容及设备的位置等。某房间顶棚装饰平面图如图 16-2 所示，顶棚吊顶示意如图 16-3 所示。

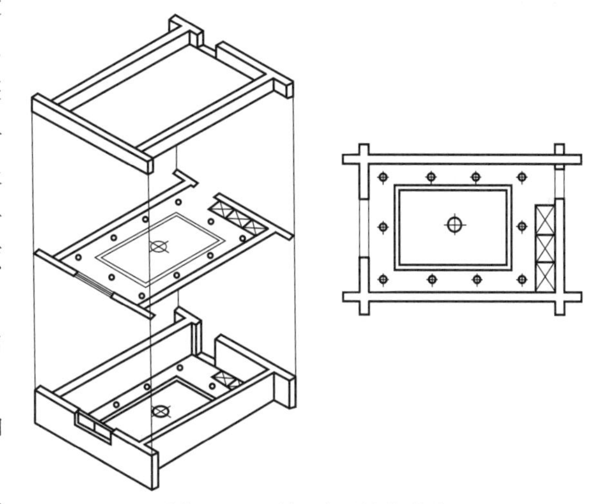

图 16-1 顶棚平面图的形成

顶棚装饰平面图所表示的基本内容如下。

① 标明顶棚装饰造型平面形式和尺寸。

② 说明顶棚装饰所用材料的种类及规格。

③ 标明灯具的种类、规格及布置的形式和安装位置。

④ 标明空调送风口、消防自动报警系统和与吊顶有关的音响等设施的布置形式与安装位置。

⑤ 对于需要另设剖视图或构造详图的顶棚平面图，应标明剖切位置和剖切面编号。

顶棚平面图的识读与上述装饰施工平面图一样，需掌握面积和装饰造型尺寸、饰面特点以及吊顶上的各种设施的位置等关系尺寸，熟悉顶棚的构造方式方法，同时应对现场进行勘察。

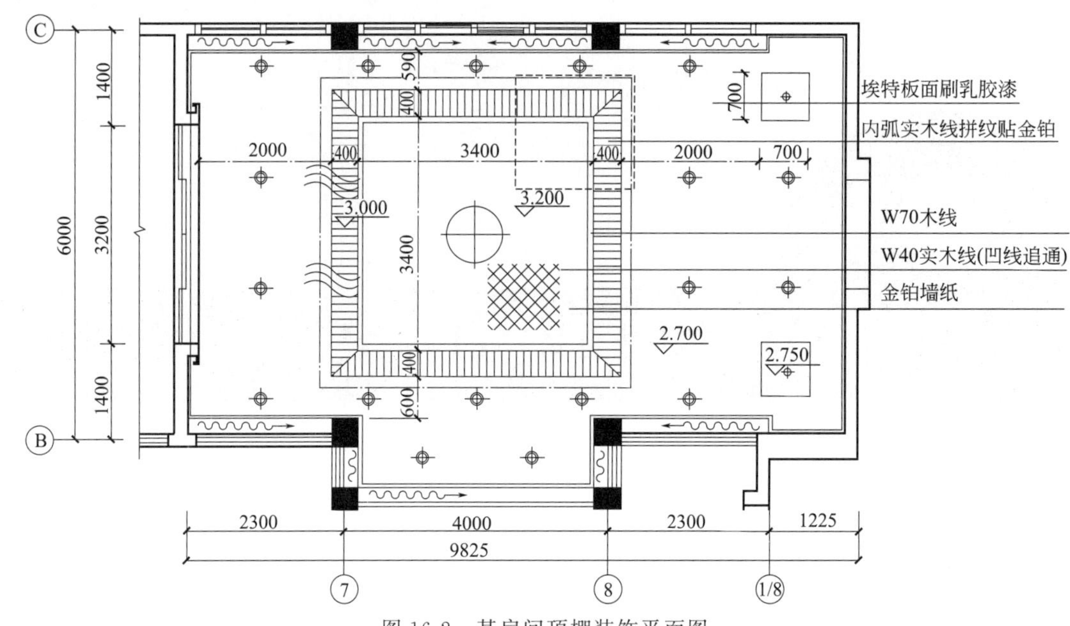

图 16-2　某房间顶棚装饰平面图

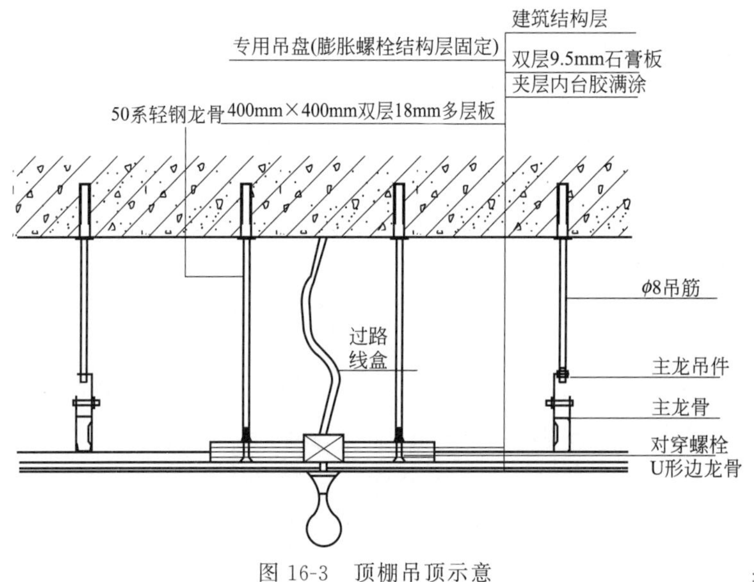

图 16-3　顶棚吊顶示意

扫码看视频

顶棚

16.2 顶棚构造

顶棚是位于楼板层和屋顶最下面的装修层，用于满足室内的使用和美观要求。按照顶棚的构造形式不同，顶棚可分为直接式顶棚和悬吊式顶棚。

16.2.1 直接式顶棚

直接式顶棚是直接在楼板层和屋顶的结构层下面喷涂、抹灰或贴面形成装修面层。直接式顶棚的做法一般和室内墙面的做法相同，与上部结构层之间不留空隙，具有取材容易、构造简单、施工方便、造价较低的优点，因此得到广泛应用。

(1) 喷涂顶棚

喷涂顶棚是在楼板或屋面板的底面填缝刮平后，直接喷涂大白浆、石灰浆等涂料形成顶棚，如图 16-4(a) 所示。喷涂顶棚的厚度较薄，装饰效果一般，适用于对观瞻要求不高的建筑。

(2) 抹灰顶棚

抹灰顶棚是在楼板或屋面板的底面勾缝或刷素水泥浆后，进行表面抹灰，有的还在抹灰层的上面再刮仿瓷涂料或喷涂乳胶漆等涂料形成顶棚，如图 16-4(b) 所示，其装饰效果优于喷涂顶棚，适用于室内装饰要求一般的建筑。

(3) 贴面顶棚

贴面顶棚是在楼板或屋面板的底面用砂浆找平后，用胶黏剂粘贴墙纸泡沫塑料板或装饰吸声板等形成顶棚，如图 16-4(c) 所示。贴面顶棚的材料丰富，能满足室内不同的使用要求，例如保温、隔热、吸声等。

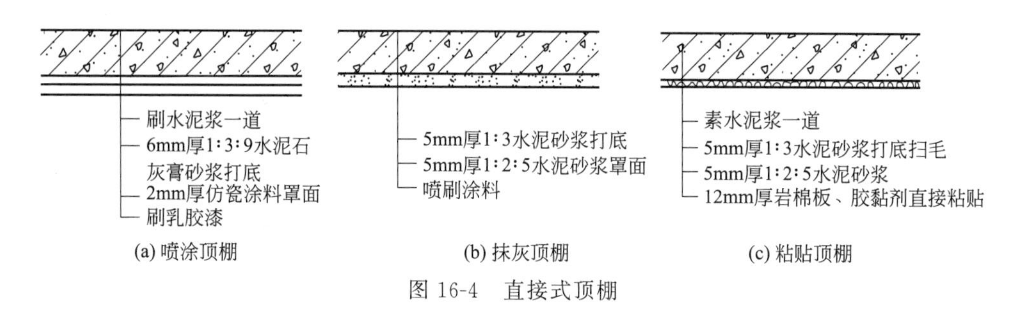

(a) 喷涂顶棚　(b) 抹灰顶棚　(c) 粘贴顶棚

图 16-4　直接式顶棚

16.2.2 悬吊式顶棚

悬吊式顶棚悬吊在楼板层和屋顶的结构层下面，与结构层之间留有一定的空间，以满足遮挡不平整的结构底面、敷设管线、通风、隔声以及特殊的使用要求。同时悬吊式顶棚的面层可做成高低错落、虚实对比、曲直组合等各种艺术形式，具有很强的装饰效果。但悬吊式顶棚构造复杂、施工繁杂、造价较高，适用于装修质量要求较高的建筑。

悬吊式顶棚一般由吊筋、骨架和面层组成。

(1) 吊筋

吊筋又称吊杆，是连接楼板层和屋顶结构层与顶棚骨架的杆件，其形式和材料的选用与顶棚的重量、骨架的类型有关，一般有Φ6～Φ8 的钢筋、8 号钢丝或螺栓。吊筋与楼板和屋面板的连接方式及楼板和屋面板的类型有关，如图 16-5 所示。

(2) 骨架

骨架由主龙骨和次龙骨组成，其作用是承受顶棚荷载并将荷载由吊筋传给楼板或屋面板。骨架按材料不同分为木骨架和金属骨架两类。木骨架制作工效低，不耐火，现已较少采用。金属骨架多用的是轻钢龙骨和铝合金龙骨，一般是定型产品，装配化程度高，现已被广泛采用。

(3) 面层

面层的作用是装饰室内，并满足室内的吸声、反射等特殊要求。其材料和构造形式应与骨架相匹配，一般有抹灰类、板材类和格栅类等。

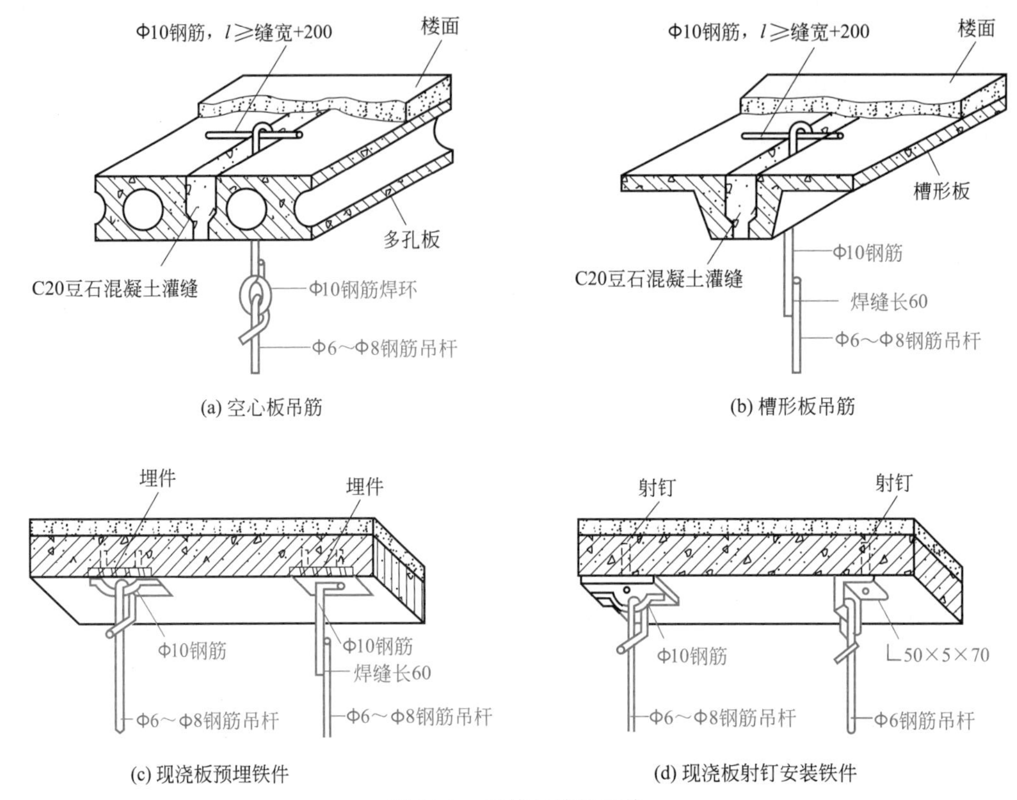

图 16-5　吊筋与楼板连接

16.3 吊顶

16.3.1 空调风口安装

空调风口有预制铝合金圆形出风口和方形出风口两种，构造做法是将风口安装于悬吊式顶棚饰面板上，同时用橡胶垫做减噪处理。安装风口时最好不切断悬吊式顶棚龙骨，必要时只能切断中小龙骨。

空调出风口示意如图 16-6 所示，空调风口安装如图 16-7 所示。

图 16-6　空调出风口示意

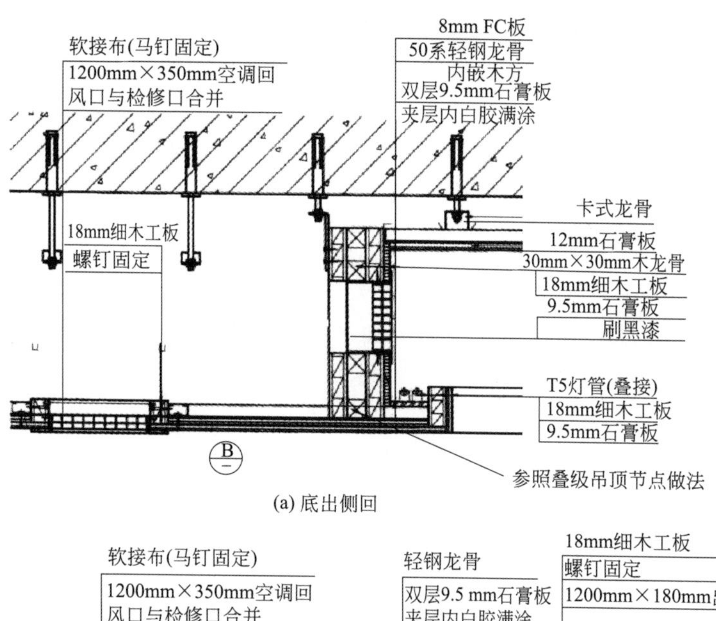

(a) 底出侧回

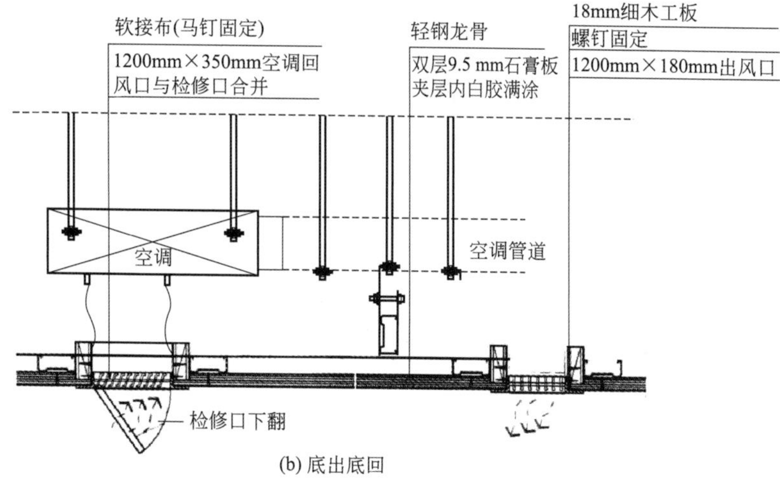

(b) 底出底回

图 16-7 空调风口安装

16.3.2 吊顶伸缩缝施工

吊顶伸缩缝施工示意如图 16-8 所示，安装注意事项如下。

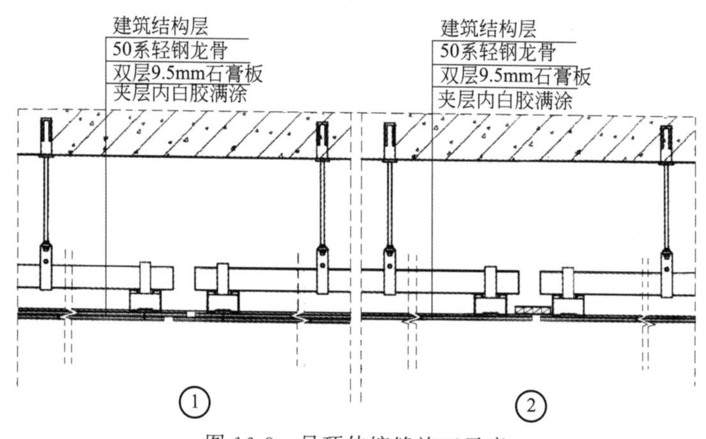

图 16-8 吊顶伸缩缝施工示意

① 吊顶单边长度超过 12m 时应设置伸缩缝。

② 双层石膏板吊顶需留 10～20mm 缝，交接长度为 30～50mm，伸缩缝边沿至吊筋间距不大于 300mm。

③ 单层石膏板吊顶上衬细木工板（防火处理）与边龙骨连接，下口留 10～20mm 缝。

16.3.3 吊顶木饰面构造与施工

（1）吊顶木饰面构造图

木饰面挂件布置图如图 16-9 所示，木饰面吊顶剖面图如图 16-10 所示，不锈钢插挂件示意如图 16-11 所示，插挂件平面图如图 16-12 所示。

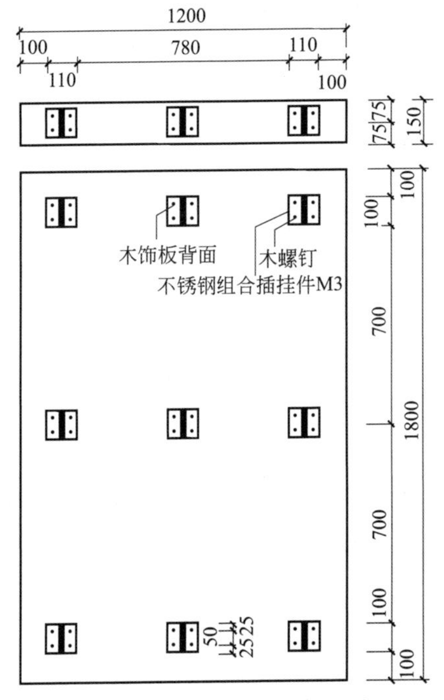

图 16-9 木饰面挂件布置图

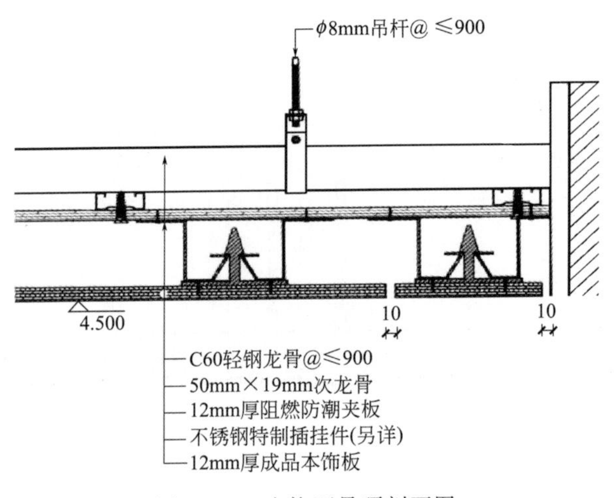

图 16-10 木饰面吊顶剖面图

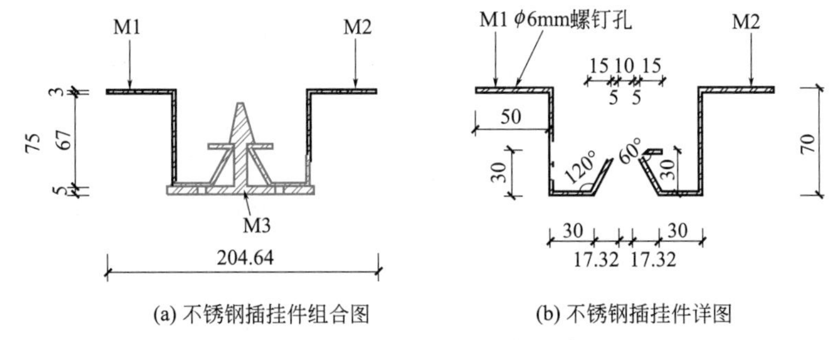

(a) 不锈钢插挂件组合图　　(b) 不锈钢插挂件详图

图 16-11　不锈钢插挂件示意

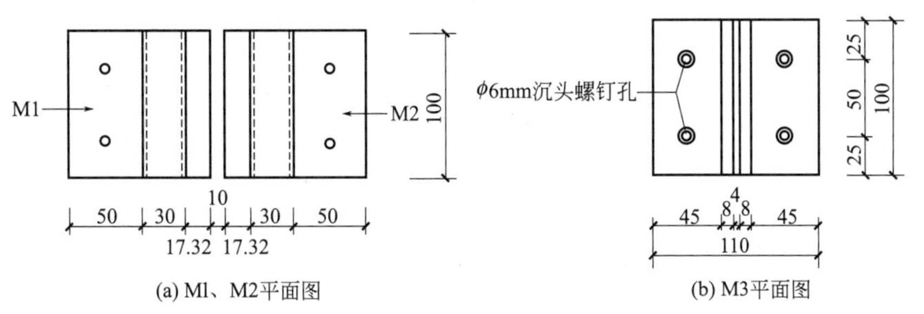

(a) Ml、M2平面图　　(b) M3平面图

图 16-12　插挂件平面图

(2) 吊顶木饰面施工

① 施工工序　测量放线→管线敷设→轻钢龙骨的安装→隐蔽验收→基层板的安装→专业洞口（含灯具、风口、检修口等）的留设→木饰板插挂件控制线的设置→不锈钢插挂件的安装→隐蔽验收→木饰板的安装→木饰板上专业末端设施的安装→保护膜的清理。

② 重点说明　吊顶木饰面的平整，主要依赖于其上基层板表面的平整、不锈钢插挂件的加工精度及成品木饰面板的加工质量；板缝的顺直、大小，主要取决于木饰板块规格的标准程度、不锈钢插挂件安装在其上基层板下表面及木饰面板上表面相应位置的准确程度。因此，该吊顶系统必须严格控制基层板表面的平整度、不锈钢插挂件的加工精度、成品木饰面板的加工质量及不锈钢插挂件安装位置的准确。基层板依据其功能（固定不锈钢插挂件的强度、刚度、防火、防潮等），可采用 12mm 厚的硅酸钙板以及防火、防潮的木质人造板等。木饰面板上表面安装不锈钢插挂件时，应采用不锈钢插 $\phi6$ 沉头切口螺钉，长度小于木饰板厚 5mm。

16.3.4　吊顶石材安装

吊顶石材安装示意如图 16-13 所示。

安装注意事项如下。

① 吊顶系统板缝的顺直、大小、板面的平整，主要依赖于龙骨的顺直、平整、规矩及 187mm×60mm×5mm Z 形不锈钢吊挂件、1.5mm 厚不锈钢卡簧的规格尺寸的标准化程度和 Z 形不锈钢吊挂件与石材板的安装精度。因此，该吊顶的主龙骨采用铝合金龙骨，并严格控制 187mm×60mm×5mm Z 形不锈钢吊挂件、1.5mm 厚不锈钢卡簧的加工精度和 Z 形不锈钢吊挂件与石材板的安装精度。

② 在同一龙骨上吊挂的两块板的相邻两边的 187mm×60mm×5mm Z 形不锈钢吊挂件应错开布置。

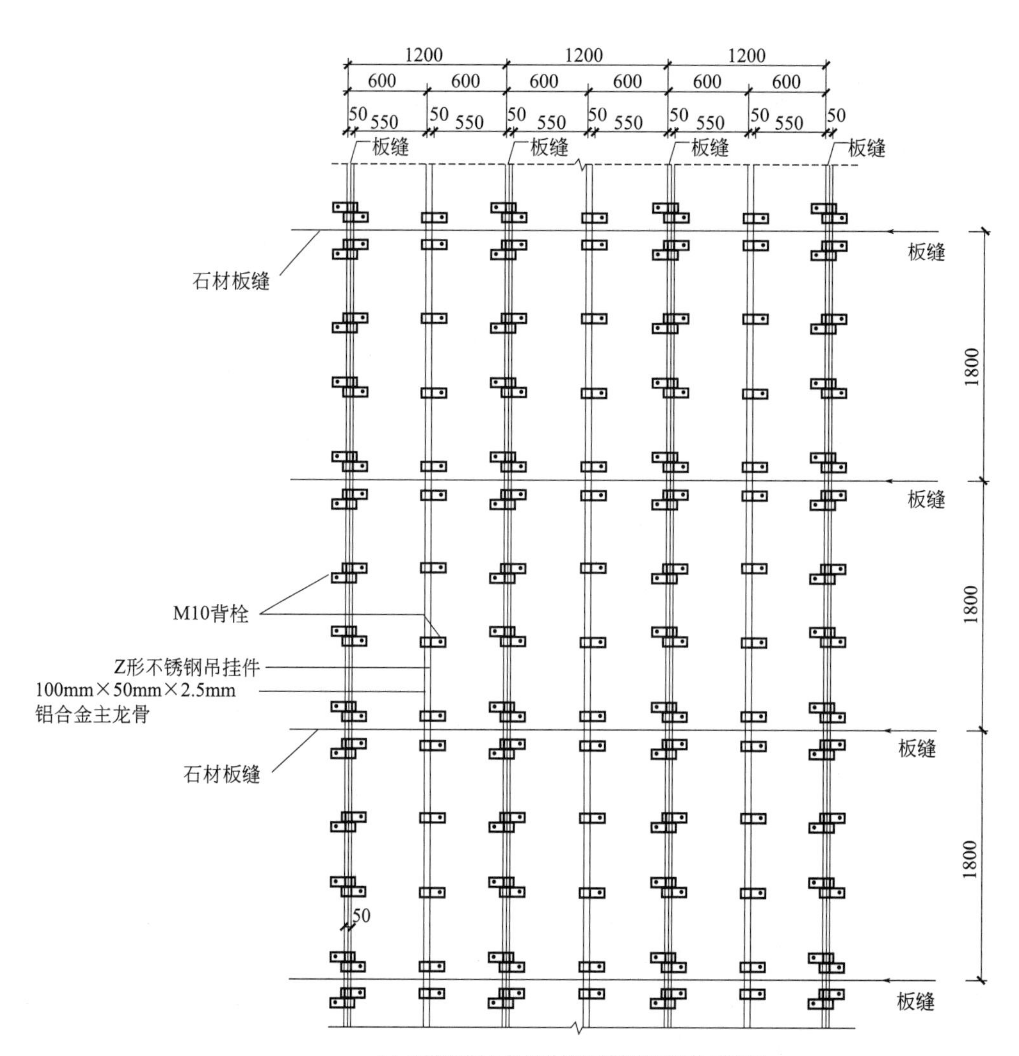

(a) 干挂石板主龙骨及Z形不锈钢吊杆件平面图

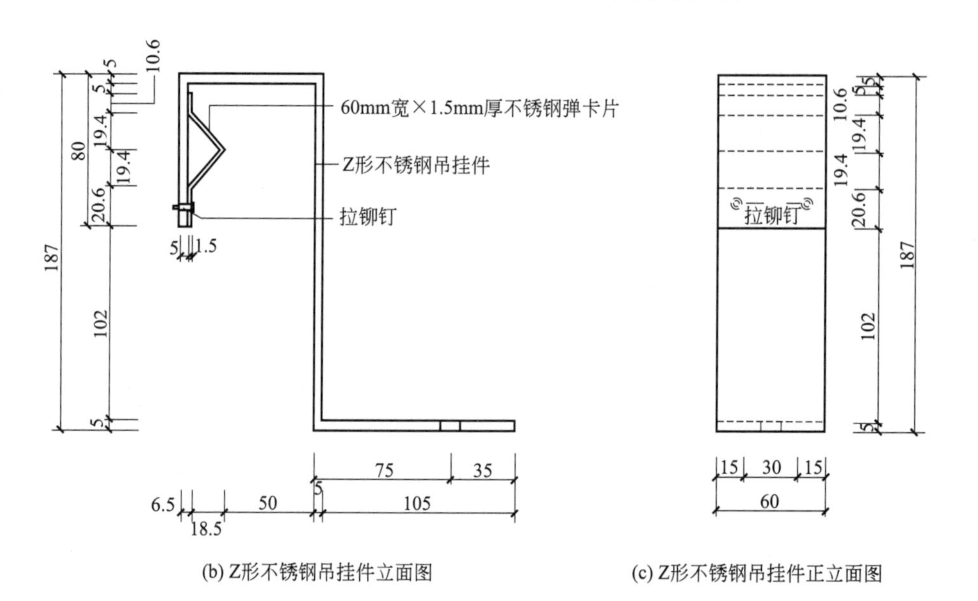

(b) Z形不锈钢吊挂件立面图

(c) Z形不锈钢吊挂件正立面图

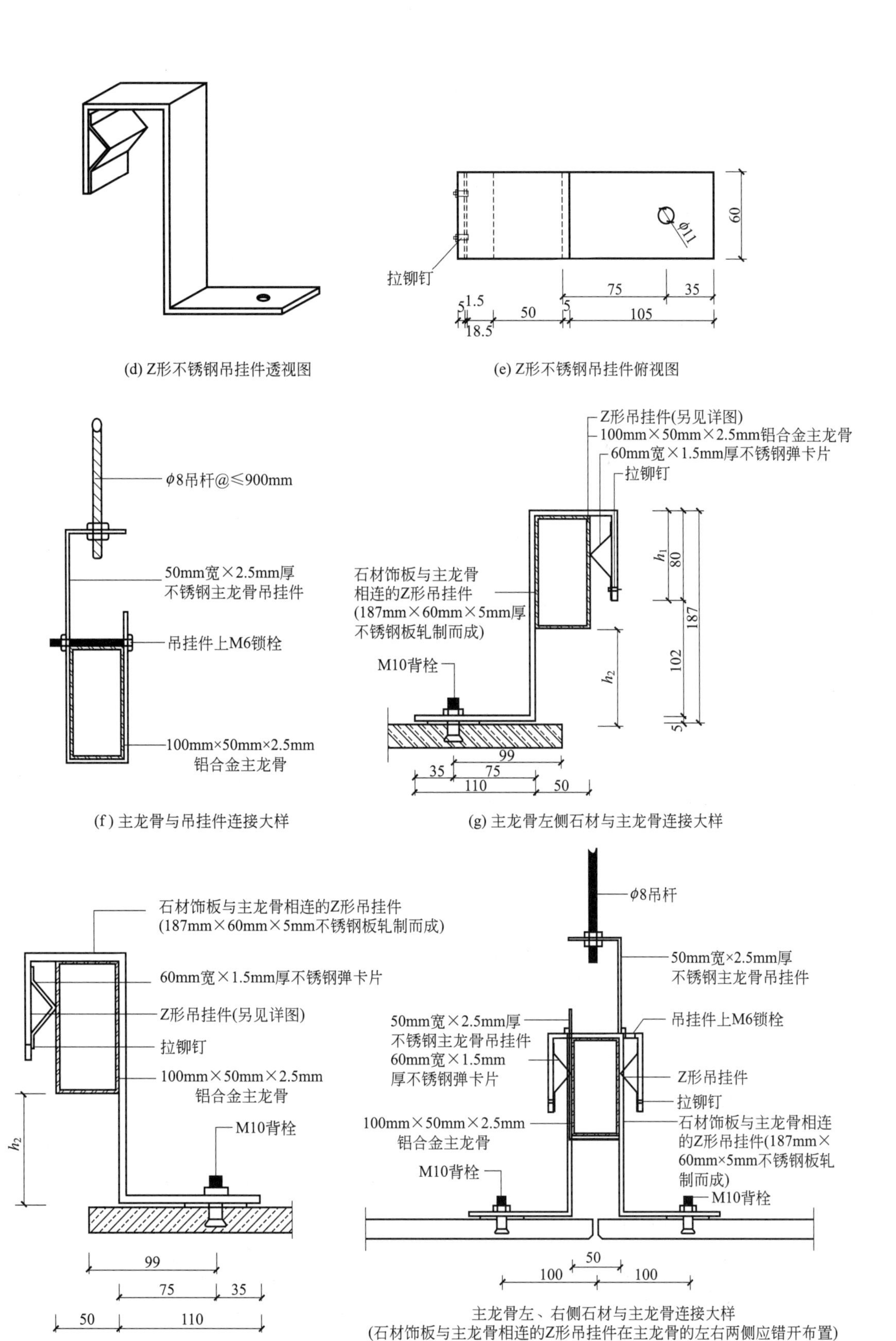

(d) Z形不锈钢吊挂件透视图

(e) Z形不锈钢吊挂件俯视图

(f) 主龙骨与吊挂件连接大样

(g) 主龙骨左侧石材与主龙骨连接大样

(h) 主龙骨左侧石材与主龙骨连接大样

(i) 主龙骨左右侧石材与主龙骨连接大样

图 16-13　吊顶石材安装示意

③ 187mm×60mm×5mm Z形不锈钢吊挂件与石材吊顶板采用M10×35mm背栓连接。

④ 1.5mm厚不锈钢卡簧与187mm×60mm×5mm Z形不锈钢吊挂件的连接采用两个拉铆钉固定，并严格控制1.5mm厚不锈钢卡簧的上口与不锈钢吊挂件的距离，勿与其顶死，否则板在吊挂时很困难。

⑤ 应注意187mm×60mm×5mm Z形不锈钢吊挂件上口卡簧处“勾”的高度（h_1）须小于龙骨下皮到石材吊顶板上表面的距离（h_2），如图16-13(g)所示，否则，石材吊顶板无法挂在铝合金龙骨上（进不去）。

16.3.5 矿棉板节点

(1) 明架立体凹槽龙骨吊顶

明架立体凹槽龙骨矿棉板吊顶节点构造如图16-14所示。

(2) 暗架

暗架开启矿棉板吊顶节点构造如图16-15所示。

(3) 明暗架

明暗架条形矿棉板吊顶节点构造如图16-16所示。

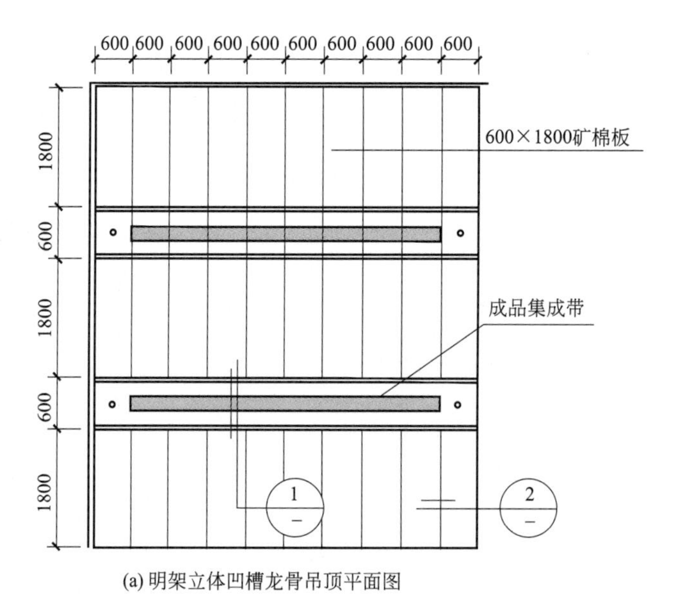

(a) 明架立体凹槽龙骨吊顶平面图

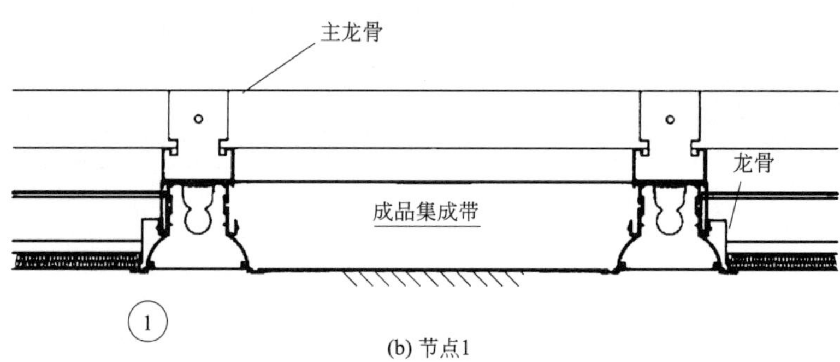

(b) 节点1

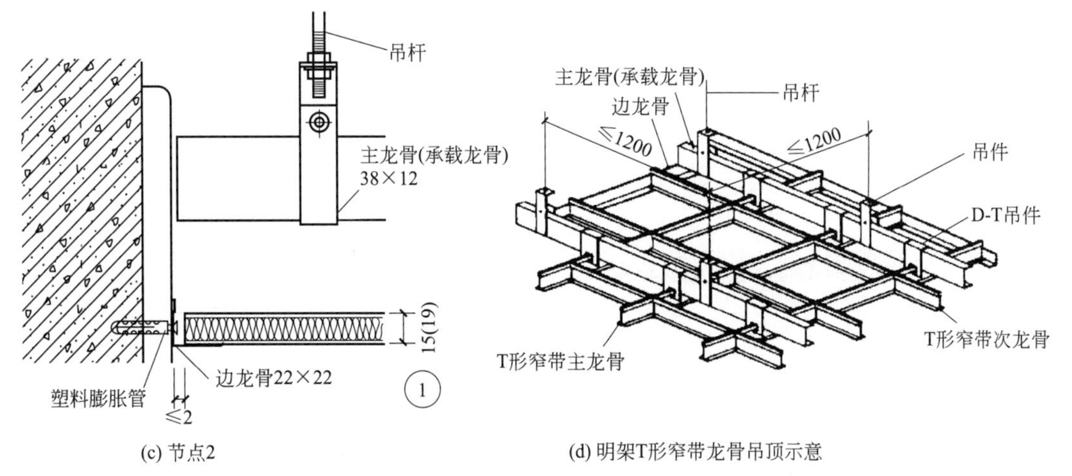

(c) 节点2

(d) 明架T形窄带龙骨吊顶示意

图 16-14 明架立体凹槽龙骨矿棉板吊顶节点构造

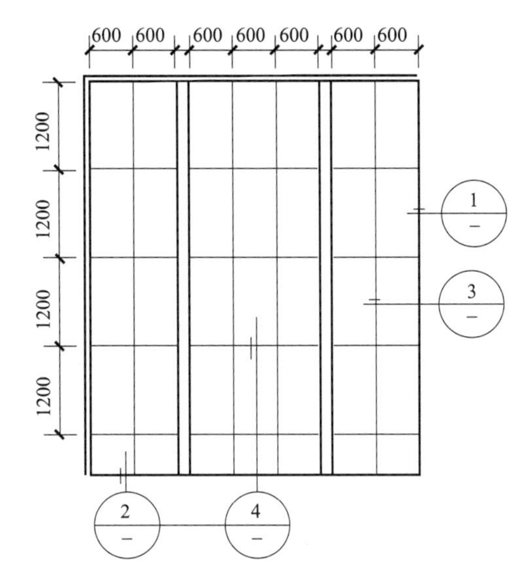

(a) 暗架开启吊顶平面图

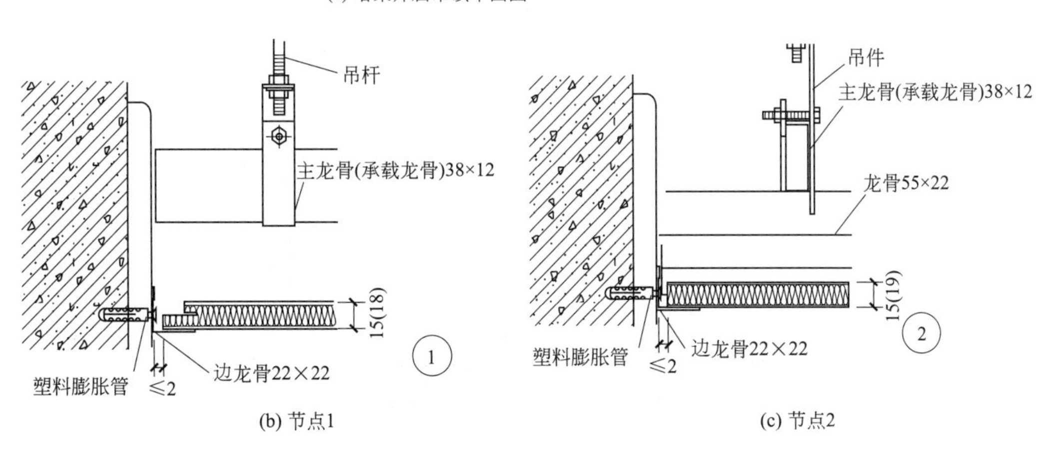

(b) 节点1

(c) 节点2

图 16-15

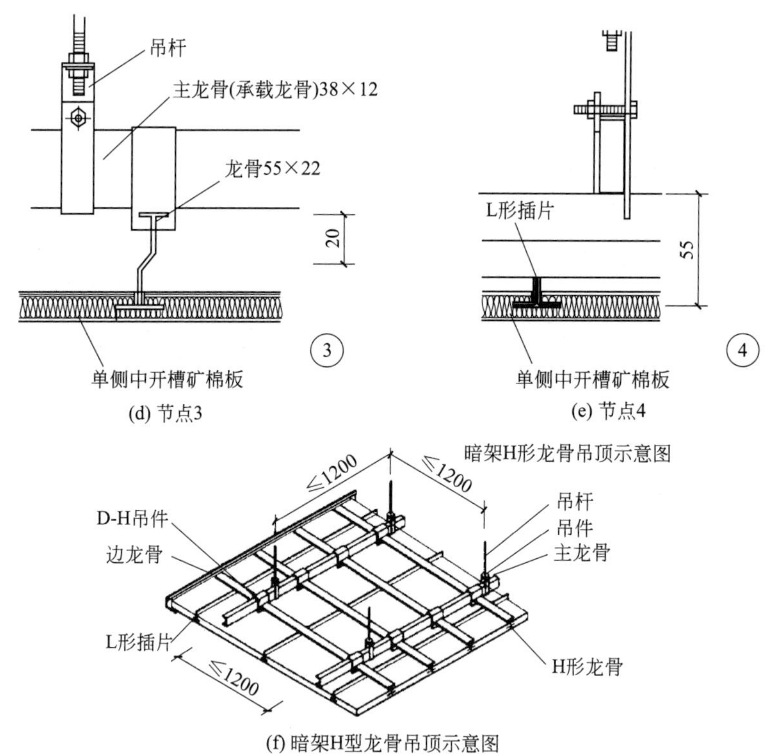

(f) 暗架H型龙骨吊顶示意图

图 16-15 暗架开启矿棉板吊顶节点构造

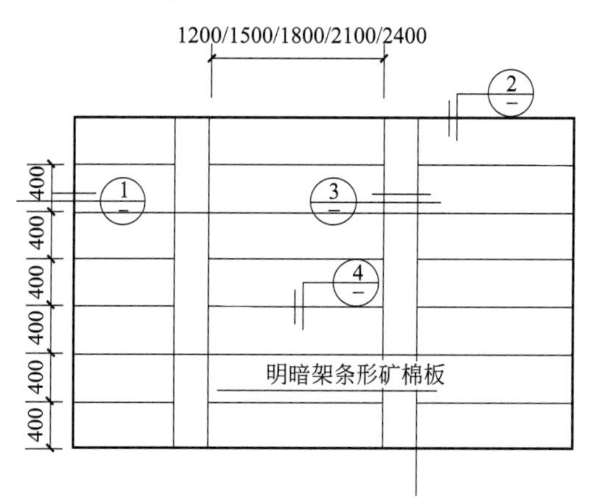

(a) 明暗架开启龙骨吊顶平面图

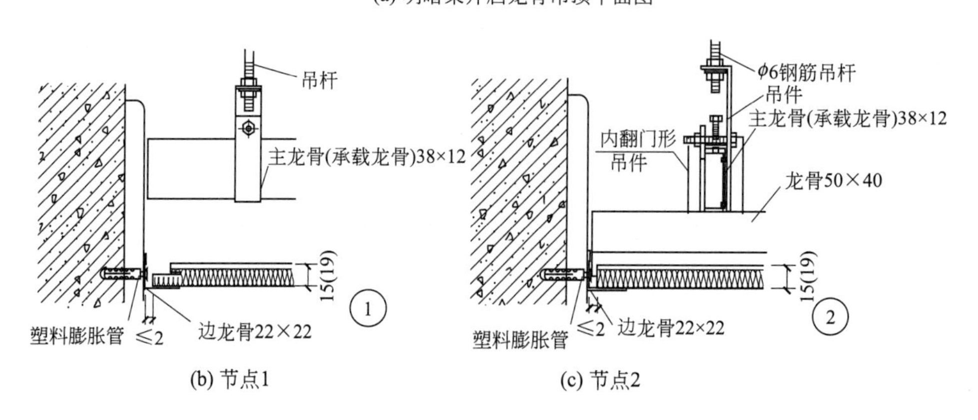

(b) 节点1

(c) 节点2

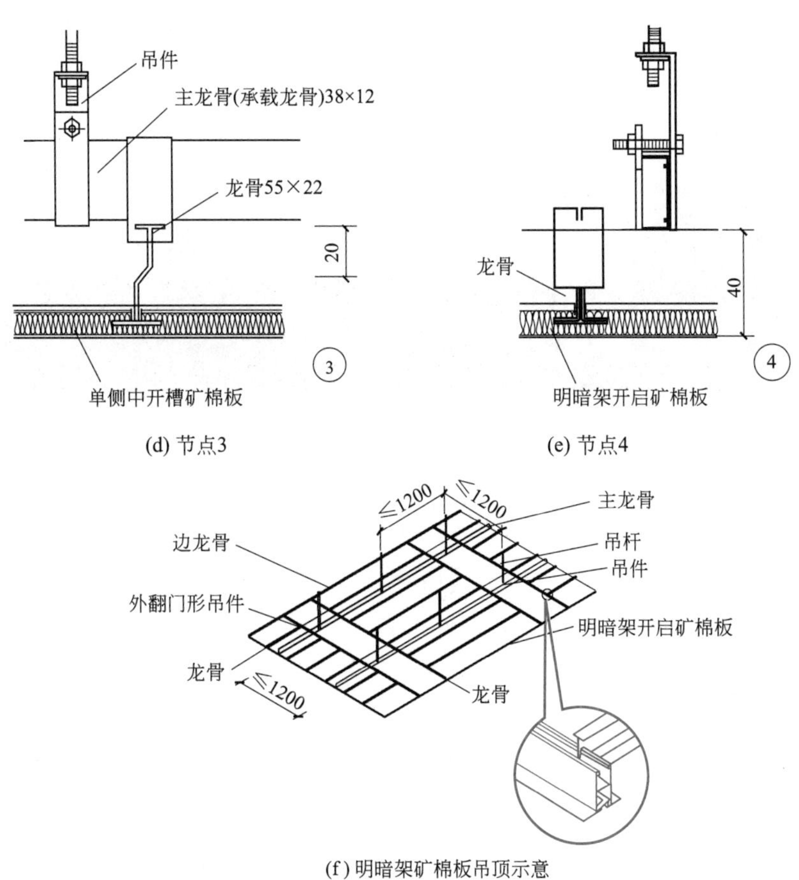

(d) 节点3

(e) 节点4

(f) 明暗架矿棉板吊顶示意

图 16-16 明暗架条形矿棉板吊顶节点构造

第17章 凸窗及空调外机置放

(1) 凸窗的特点

凸出建筑外墙面的窗户称为凸窗。“凸窗”又称“飘窗”或“港湾窗”，因为这种窗户在平面形式上向室外凸出（或飘出），因此得名。目前流行的凸窗在平面形式上主要有梯形、矩形、圆弧形三种，而在窗台形态上，则分为带低窗台凸窗和落地凸窗两种。

落地窗是普通窗的一种，不属于凸窗，有些人按窗台的高低来区分凸窗和落地窗，还有些人认为飘窗就是落地窗，都是错误的。凸（飘）窗必须是凸出外墙面的窗户，在设计和使用时就有别于地板（楼板）的延伸，也就是说不能把地板延伸出去而仍称为凸窗。凸窗的窗台只是墙面的一部分，且距地面应有一定的高度，而落地窗则不凸出外墙，通常下设 300mm 宽、150mm 高的挡水台，有的落地窗直接位于地（楼）板面之上。凸（飘）窗属建筑构件，不算面积，而落地窗算全面积。规范要求严寒和寒冷地区不宜采用对节能不利的凸（飘）窗，对落地窗无要求；凸（飘）窗顶板和底板按要求需做保温。凸窗实物图如图 17-1 所示。

(a) 凸窗实物图1

(b) 凸窗实物图2

(c) 凸窗实物图3

(d) 凸窗实物图4

图 17-1　凸窗实物图

（2）凸窗的特点

① 扩大视野，有利于观景　事实上，凸窗最早是为了用于观景，这也是凸窗能够诞生的重要原因，它最早出现在西方古典主义的普通建筑中。但因为它具有普通窗户所不具有的特点，即凸出于外墙，有三面玻璃，从而有效地扩大了视野的范围。也正是由于这个原因，众多楼盘的介绍中将凸窗夸赞为住户拓宽视野的最佳选择。可以想象站在一面巨大的凸窗面前，或是被180°的弧形玻璃所环绕，将是怎样一种畅快淋漓的感觉。再加上，凸窗朝向的景色若十分优美，使优良的视野与室内外良好的空间感完美结合，无疑将充分满足住户心灵与感官双重的享受，对艺术的感触亦会加深。

② 丰富立面形式　凸窗的出现极大地丰富了建筑立面造型。窗户用板挑出，长度或长或短，外形或直或弧。同时，立面在其出挑产生的阴影的影响下得到了丰富，无疑，现代建筑的简洁性原则也在穿插的体块中得到了体现。凸窗的建造成本并不因其外形、建筑材料、开启方式或颜色的不同而相差悬殊，因为它们都是经由专业厂商统一定做的。而另一个现代建筑的原则——虚实对比性同样在凸窗玻璃的薄而透明与挑板的厚而结实的对比中体现得淋漓尽致。事实上，建筑师们只需考虑到凸窗的立面形式是否美观，无论是什么朝向，只要是有窗户，均可以将其设计成凸窗。建筑的立面形式，在功能与形式的对立统一中逐渐得到了丰富。

③ 室内环境的美化　室内的建筑面积是固定的，但是凸窗却能增加窗口的空间延展度，住户自然可以获得凸出部分的空间，并切实感觉到室内空间的扩大。低窗台凸窗甚至可以突破一些传统方盒形的空间，带来异型的空间感，丰富了内部空间，也开阔了视野。新增加的空间若是得到很好的利用，比如，摆放一些花卉或装饰物，室内环境将更加得到美化。同时，住户在凸窗及室内带来的额外空间下，扩大了对室内环境的实际空间感受，并使室内空间环境得到极大的改善。

④ 增加了使用功能

a. 休闲娱乐：我国的凸窗大多被设计成50～60cm的低窗台。而住户在窗台上铺上羊毛皮或是摆放几个靠垫，便可以临窗观景。再在窗台上摆上一张小桌，可与家人、朋友喝茶聊天，或是下棋、读书，充分发挥其休闲娱乐的功能。

b. 便于晾晒：目前国内的很多城市粉尘大，空气质量不达标，因此，室外晾晒并不卫生，若改在凸窗处晾晒，情况将得到极大的改善。

⑤ 空调室外机摆放问题得到解决　目前，建筑立面的使用效果常常因为楼盘没有使用集中空调设计而受到负面影响。而凸窗的出现，则使这一难题有了解决方法。上下层凸窗的出挑部位，能够完美地组成一个适合空调室外机摆放的空间，外侧则用一些可拆卸的百叶遮挡，令形式和功能再次得到完美的结合。这样，便能省去外部的空调隔板，节省空间和资源，使立面效果不再受到室外机摆放的影响。

（3）凸窗的影响

① 太阳辐射的透射　采用凸窗，由于窗面积增大，透射进室内的太阳辐射增加，冬季白天对南向房间室内空气温度起到有益作用；夜晚，室内物体储存的太阳热能对室内热环境还有一定的作用，但由于室内采用木质及织物装修，特别是浅色粉刷，使室内物品及构件表面对太阳能的吸收系数与蓄热系数均较小，转化和储存的太阳能有限。因此夜晚对室内温度的提升影响不大，而夏季白天，大面积的窗户使室内空气温度过高，不利于降温。

② 外窗内表面的辐射温度　环境辐射温度也是影响室内热环境的一个因素，由于窗的传热系数较大，冬季窗户内表面温度过低，产生较强的冷辐射，而夏季外窗内表面温度过高，产生较强的热辐射，且易形成眩光。凸窗增加了窗面积，从环境辐射温度方面考虑，对严寒地区居住建筑室内热环境是不利的。

③ 凸窗的传热　相对于普通窗，凸窗的传热量增加，南向凸出墙面 300mm 的凸窗在冬季通过传热产生的能耗是普通平窗的 3 倍以上，室内的热损失增大，与相同位置无凸窗房间相比较室内气温会略有降低。

(4) 凸窗的缺陷

① 安全问题　现代的房屋建设中，越来越多的人为了增加采光面积而采用凸窗。不少住房中都采用低平宽敞的低窗台凸窗。这种凸窗结构在使用中具有外在和视线上的美观效果，在一定程度上提高了日照条件。但是随着高层住房的逐年增多，各类阳台、门窗和楼底缺乏相应的装置和保护措施，各种坠落事故日益增多，严重影响着人们生命安全。一方面，儿童极其容易爬上这个 500mm 高的窗台玩耍嬉戏造成坠落；另一方面，即便是成年人，如果在这个窗台上靠一靠，躺一躺，或者爬上窗台擦玻璃，也是非常危险的。因此，对低窗台凸窗应采取严格的防护措施。

低窗台的防护高度应遵守以下规定。

a. 低窗台高度低于 0.5m 时，护栏或固定扇的高度均自窗台面起算。

b. 低窗台高度高于 0.5m 时，护栏或固定扇的高度可自地面起算，但护栏下部高度范围内不得设置水平栏栅或任何其他可踏部位，如有可踏部位则其高度应从可踏部位起算。

c. 当室内外高差小于或等于 0.5m 时，首层的低窗台可不加防护措施。

凸窗（飘窗）的低窗防护高度应遵守以下规定。

a. 凡凸窗范围内设有宽窗台可供人坐或放置花盆等时，护栏或固定窗的防护高度一律从窗台面起算。

b. 当凸窗范围内无宽窗台，且护栏紧贴凸窗内墙面设置时，可按低窗台的规定执行。

② 渗漏　凸窗的渗漏往往发生在窗框与窗台板的连接部位，有人戏称“十凸九漏”，不一定确切，但可以很生动地说明凸窗渗漏的概率明显大于传统窗。凸窗的形式必然带来窗体面积以及窗框与建筑墙体间连接长度的增加，这为凸窗部位的渗漏发生无疑增加了更多的机会。而凸窗窗体的固定，主要以上两端固定为主，在强风压及窗体自身热胀冷缩作用下，凸窗的变形较传统四端围合固定的形式明显增大许多，几经强风或寒暑考验，渗漏概率逐步增加。

③ 使用问题　由于窗户悬在墙体外面，在日常的使用中，窗户的开关与清洁往往会成为一个难题。窗户外悬会带来心理恐慌方面。有时，为了窗户立面好看或完整，凸窗设计中较少设置开启扇或开启扇设置不合理也会造成窗户难用难洗。

(5) 凸窗的节能设计

从节能的观点出发，飘窗（凸窗）为居住建筑节能不宜设置的项目。目前居住建筑设计的外窗面积越来越大，凸窗、弧形窗及转角窗越来越多，凸窗的使用增加了窗户传热面积，从热工节能设计上看是不利的。而且凸窗的挑板或两侧壁板，即其不透明的顶部、底部、侧面的节能处理因气候分区不同，节能成本也相差很大。凸窗的设计既要体现建筑立面的美学要求，又要实现节能目标，所以采用凸窗设计时应注意以下问题。

① 注意凸窗的面积　凸窗的设计增加建筑围护结构的传热量，所以在严寒地区居住建筑宜减少凸窗的设计数量。东西向和北向房间室内热环境较差，不应设计凸窗；南向由于窗玻璃可透射太阳辐射，被动地利用太阳能，使窗具有一定的得热功能。当窗整体的传热系数小于 2.0W/(m^2·K）时，窗的得热功能弥补了部分热损失，因此可以适当采用一些凸窗，但不宜过多。

② 注意凸窗凸出墙面的长度　凸出墙面越长，则凸窗上下不透明部分面积越大，同时侧向的玻璃面积也相应增大，增加了冬季传热量，浪费能源。凸出墙面 200～500mm 的凸窗与平窗相比，冬季能耗增加 2.6～5.3 倍。所以，凸出墙面的长度最好在 300mm 左右为宜，这样既能丰富建筑的立面又能减少能耗。

③ 凸窗的位置　设计凸窗时，要考虑房间的使用性质和位置。对于居住建筑来说，通常起居室白天使用较多，夜晚使用较少，卧室白天使用较少，夜晚使用较多，因此，南向起居室设计凸窗，在冬季白天可以起到升温作用，卧室尽量不要采用凸窗，防止冬季夜晚使用时热损失过大，降低室内温度。同时，在热环境较差的位置，如山墙房间、顶层房间，应减少凸窗的数量。采用凸窗设计时，凸出墙面的长度应尽量小，不宜超过 300mm。

④ 上下不透明部分的保温设计　首先，凸窗上下不透明部分的能耗占整个凸窗能耗的 12%～21%，虽然所占比例不大，但考虑到其对室内热环境的影响，也应加强保温。现行的标准多是参照外墙的传热系数限值进行设计的，可以考虑参照屋面的传热系数限值进行设计。其次，在严寒地区凸窗上下不透明部分的保温层厚度较大，使凸窗上下不透明部分整体较厚，失去凸窗本身应有的轻盈、飘逸的特征，显得笨重。在设计中可以采用一些檐线或挑檐的方式来处理，达到理想的立面效果。

(6) 凸窗设计的注意事项

① 注意台面的选择，一定要选择环保无毒的材料。

② 出于安全的考虑，建议不要把飘窗开在儿童房，低矮的窗台，儿童很容易攀爬上去而产生危险。

③ 不要将飘窗处设计成梳妆台，飘窗处光线强，一是不太适合梳妆，二是很多化妆品并不适宜暴晒，否则容易变质。

④ 设置飘窗时，飘窗的保温性能必须保证，否则不仅造成能源浪费，而且容易出现结露、淌水、长霉等问题，影响房间的正常使用。

⑤ 如果要放计算机，因为光线强烈，所以要配厚点的窗帘。

17.1 凸窗编号及选用

凸窗主要有一般凸窗、凸墙凸窗、落地式凸窗三种。

一般凸窗，窗上下墙体不凸出，窗台距地 900mm，窗高 1400mm（2800mm 层高时为 1500mm），这种系列凸窗不需加设护栏。

凸墙凸窗，即窗下墙体也凸出，窗高 1800mm，窗台距地 500mm（600mm），此系列凸墙凸窗护栏扶手距地 900mm 即可。

落地式凸窗，即落地窗，窗高 2400mm，配有护栏做法。

除了这三个系列凸窗外还有凸出墙面 200mm 的两侧实板矩形凸窗，两侧为预制（或现浇）混凝土窗套，正面为一般玻璃窗。

选用方法：工程选用时可直接在凸窗旁注明凸窗编号，前四位数字代表墙体窗洞宽高尺寸，例如2418即代表墙洞口宽2400mm，墙洞口高1800mm。后面的字母代表窗开启方式，NC代表内开窗，TC代表推拉窗（QNC、QTC代表用于凸墙凸窗的内开窗、推拉窗，DNC、DTC代表用于落地凸窗的内开窗、推拉窗）。最后的代号代表凸窗的平面形式，例如60即代表两侧60°斜凸窗。60°斜凸窗平面图如图17-2所示。

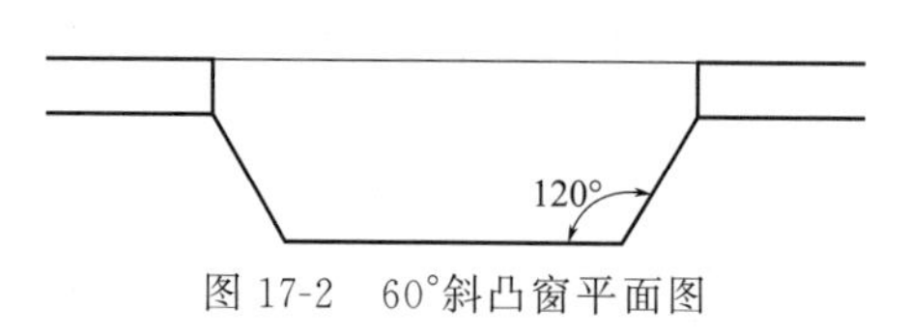

图17-2　60°斜凸窗平面图

凸窗代号有45、60、90、U、△、L等。

45——两侧45°斜凸窗。

60——两侧60°斜凸窗。

90——矩形凸窗。

U——弧形凸窗。

△——三角形凸窗。

L——角凸窗。

如2118NC-45为墙体窗洞2100mm×1800mm的内开两侧45°凸窗。

1818QNC-60为墙体窗洞1800mm×1800mm的内开两侧60°凸墙凸窗。

2124DNC-90为墙体窗洞2100mm×2400mm的内开落地凸窗。

1524DNC-0为墙体窗洞1500mm×2400mm的内开落地平窗。

弧形凸窗、三角形凸窗、角凸窗平面示意如图17-3所示。

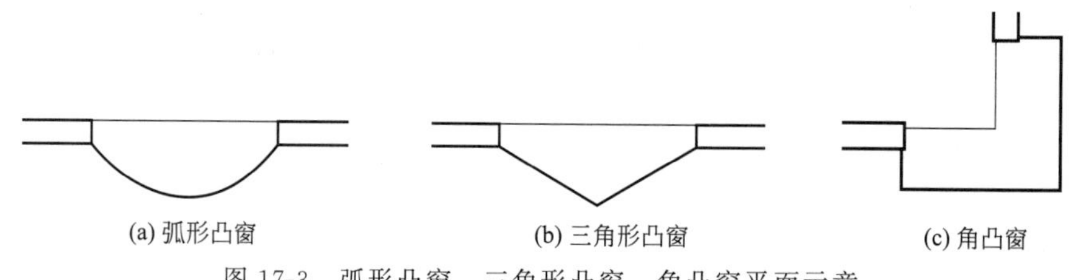

图17-3　弧形凸窗、三角形凸窗、角凸窗平面示意

为了安全防护，凡窗台低于900mm的凸窗均应设置护栏。一般凸窗做矮窗台时，建议优先选用护栏沿外墙里皮设置的做法。如果护栏沿凸窗布置，则护栏应从窗台面起向上900mm。也可在凸窗上设不低于900mm高的固定下亮子，配安全玻璃，并在安全玻璃上漆上安全玻璃字样。

17.2 凸窗详图

凸窗详图以矩形凸窗为例，矩形凸窗详图如图17-4所示。

图17-4所示凸窗可不设护栏，以外保温外墙为例，如外墙采用内保温则取消附框。选用图17-4时可按窗洞宽注凸窗号，例如墙体洞宽为1500mm、窗洞高1400mm时，注凸窗号1514NC-90。

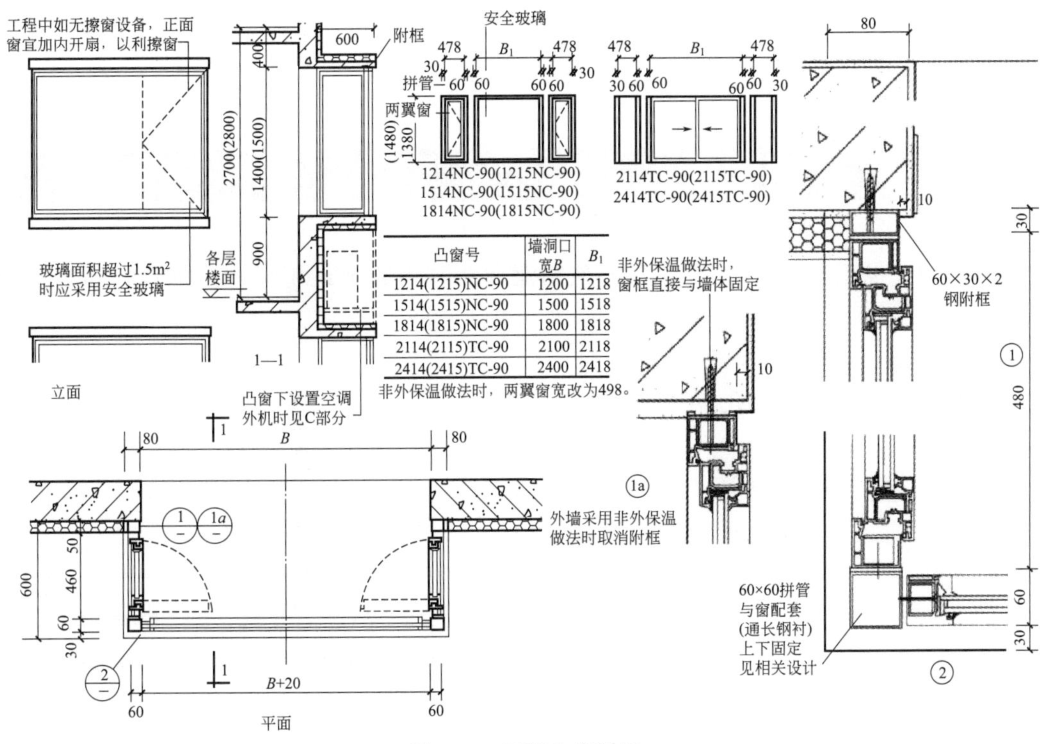

凸窗号	墙洞口宽B	B_1
1214(1215)NC-90	1200	1218
1514(1515)NC-90	1500	1518
1814(1815)NC-90	1800	1818
2114(2115)TC-90	2100	2118
2414(2415)TC-90	2400	2418

图 17-4 矩形凸窗详图

凸窗做法详图如图 17-5 所示。

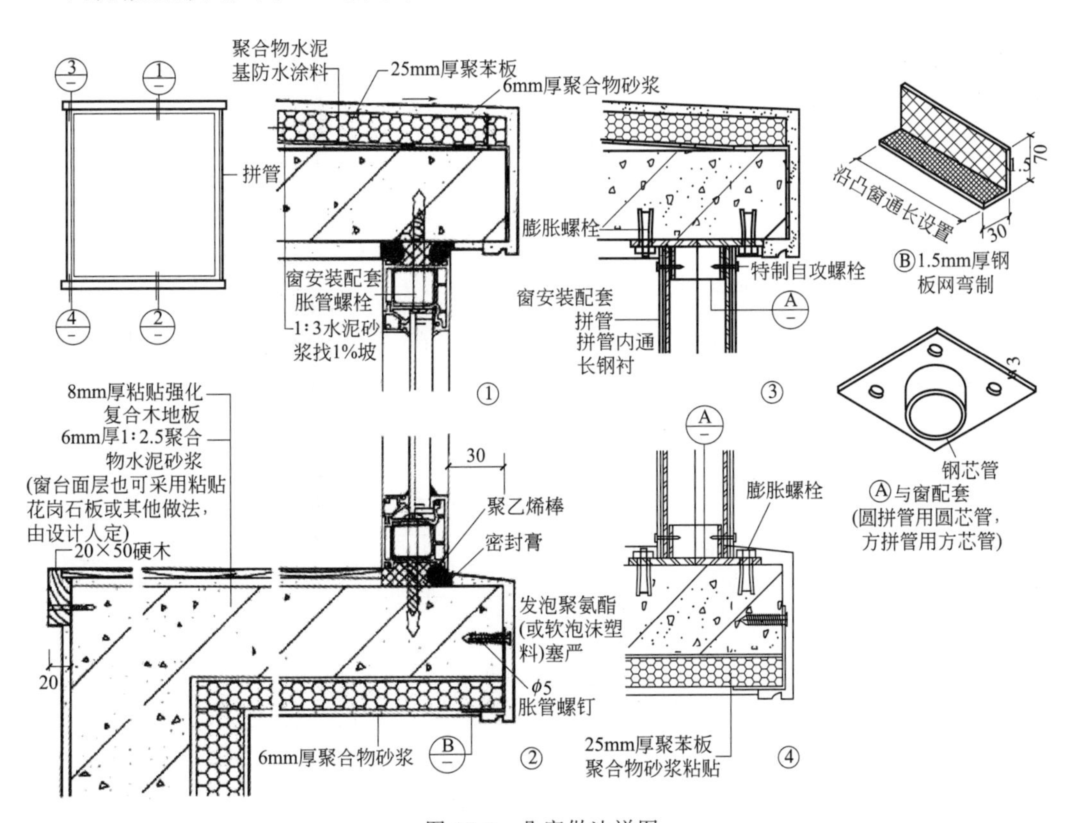

图 17-5 凸窗做法详图

拼管为凸窗转向处连接组合支柱，如选用塑料管应有通长钢衬，并与上下混凝土板固定牢固。以内开窗为例，采用推拉窗时可参照。

17.3 遮阳板

遮阳板主要有以下几种：混凝土预制遮阳板、铝合金遮阳板、花饰遮阳板、遮阳篷等。

(1) 混凝土预制遮阳板

混凝土预制遮阳板如图 17-6 所示。

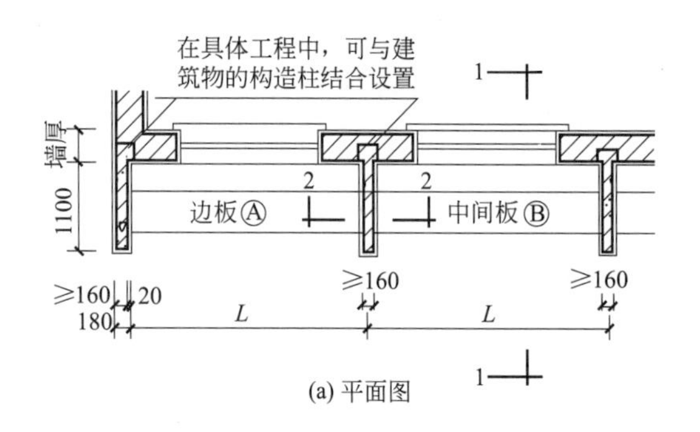

(a) 平面图

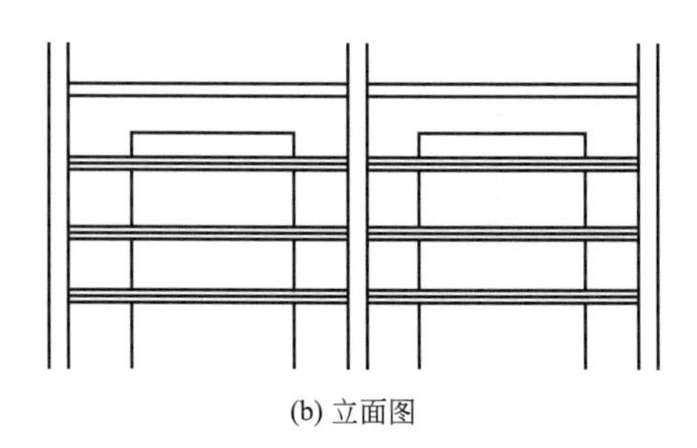
(b) 立面图

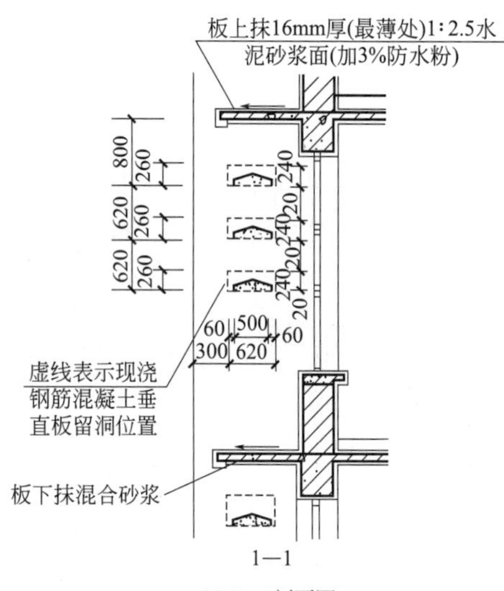

(c) 1—1剖面图

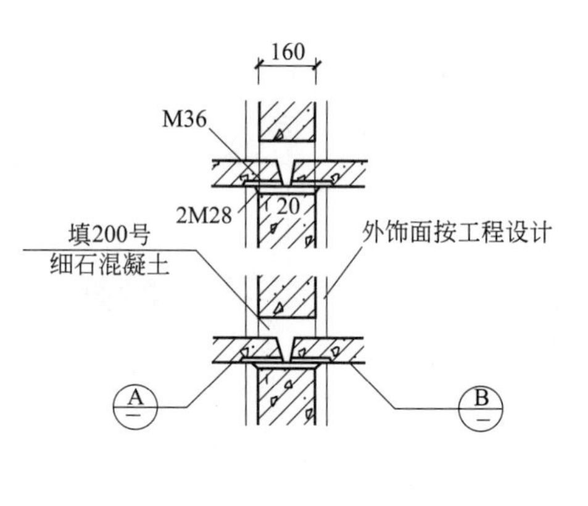

(d) 2—2剖面图

遮阳板型号	L	b	
		边板Ⓐ	中间板Ⓑ
1	2700	2860	2680
2	3000	3160	2980
3	3300	3460	3280
4	3600	3760	3580

(e) 遮阳板型号图

图 17-6　混凝土预制遮阳板

L—建筑物开间尺寸；b—遮阳板全长

图 17-6 所示为三层水平遮阳板，适用于六层以下建筑物。根据日照条件及窗高，也可做两层遮阳板。具体情况按工程设计。

垂直板与建筑物的梁、板均为现浇混凝土。配筋按具体工程设计。A、B 板使用 C20 细石混凝土，HPB300 级钢筋预制，钢模一次成形。刷涂料、外檐粉刷品种，颜色由设计人定。

（2）铝合金遮阳板

铝合金遮阳板详图如图 17-7 所示。

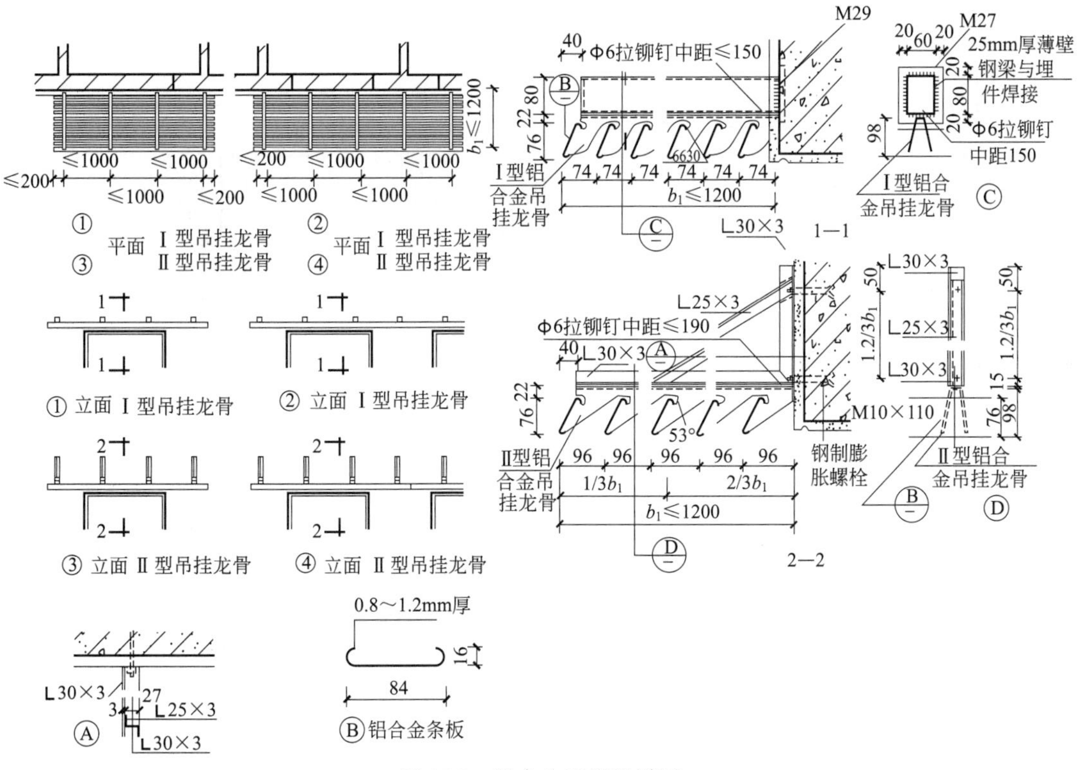

图 17-7 铝合金遮阳板详图

图 17-7 所示为铝合金条形板固定百叶式水平遮阳，b_1 表示遮阳板支架挑出长度，按工程设计。铝合金吊挂龙骨分为Ⅰ、Ⅱ型两种规格（均为成品），可根据不同地区的日照和朝向选择使用。

薄壁钢梁或角钢支架，均需按当地温、湿度、风荷载、材料等具体情况经验算后使用。

做法：露明铁件需除锈、打磨焊缝，刷防锈漆一道，调和漆两道。铝合金条形板表面处理可用氧化、电泳、电解着色、喷涂（粉末喷涂、静电喷涂）、拉丝处理等工艺技术，品种及颜色由设计人定。

（3）花饰遮阳板

花饰遮阳板详图如图 17-8 所示。

图 17-8 中Ⓐ、Ⓑ、Ⓒ花饰用 C20 细石混凝土，HPB300 级钢筋，钢模预制，一次成形。刷涂料，饰面材料及颜色由设计人定。横或竖向可增加花饰块，但当 $b \geqslant 4000$mm、$h \geqslant 3600$mm 时需增设横向或竖向钢筋混凝土梁、柱分隔，以保证牢固。

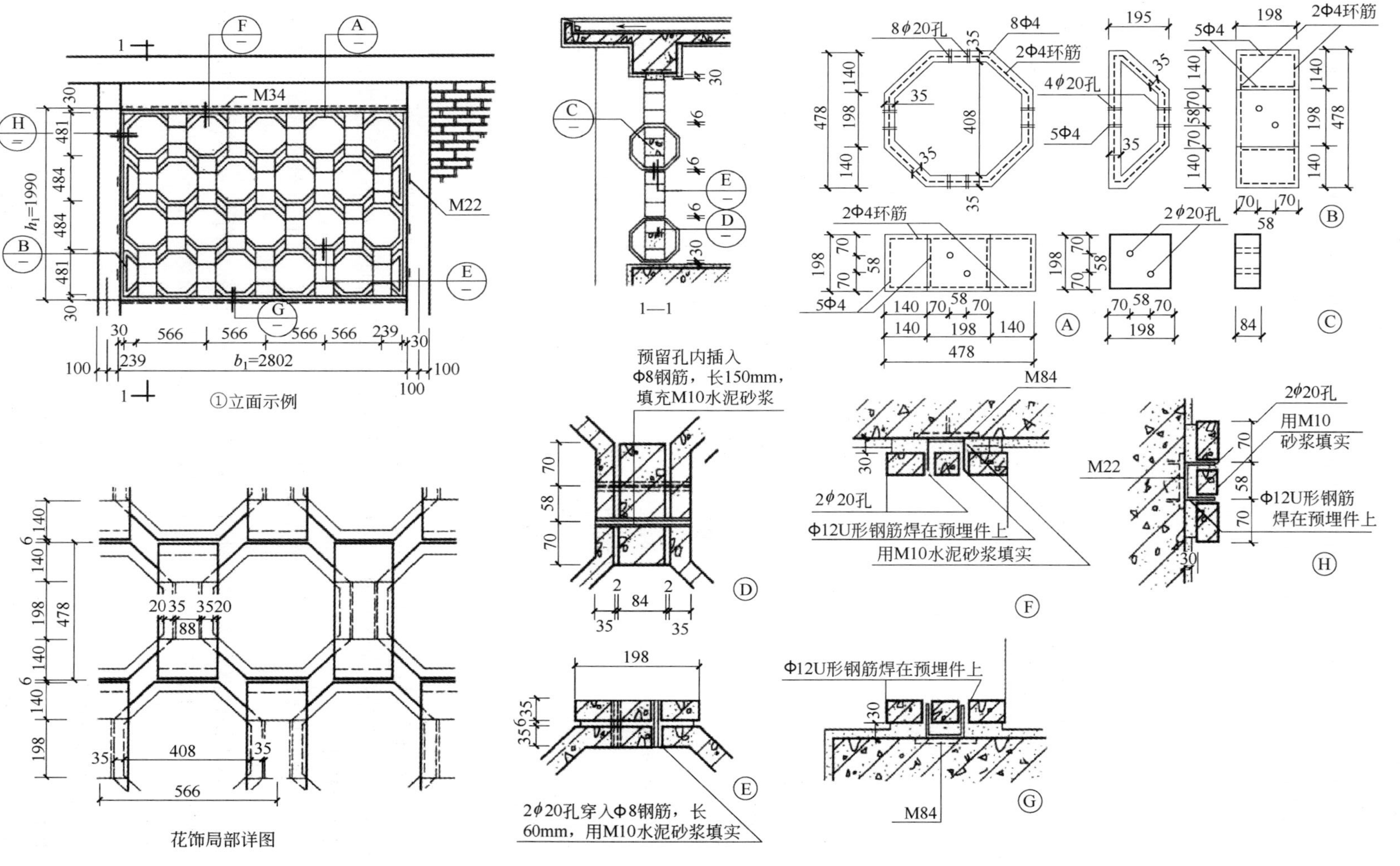

图 17-8　花饰遮阳板详图

(4) 遮阳篷

遮阳篷详图如图 17-9 所示。

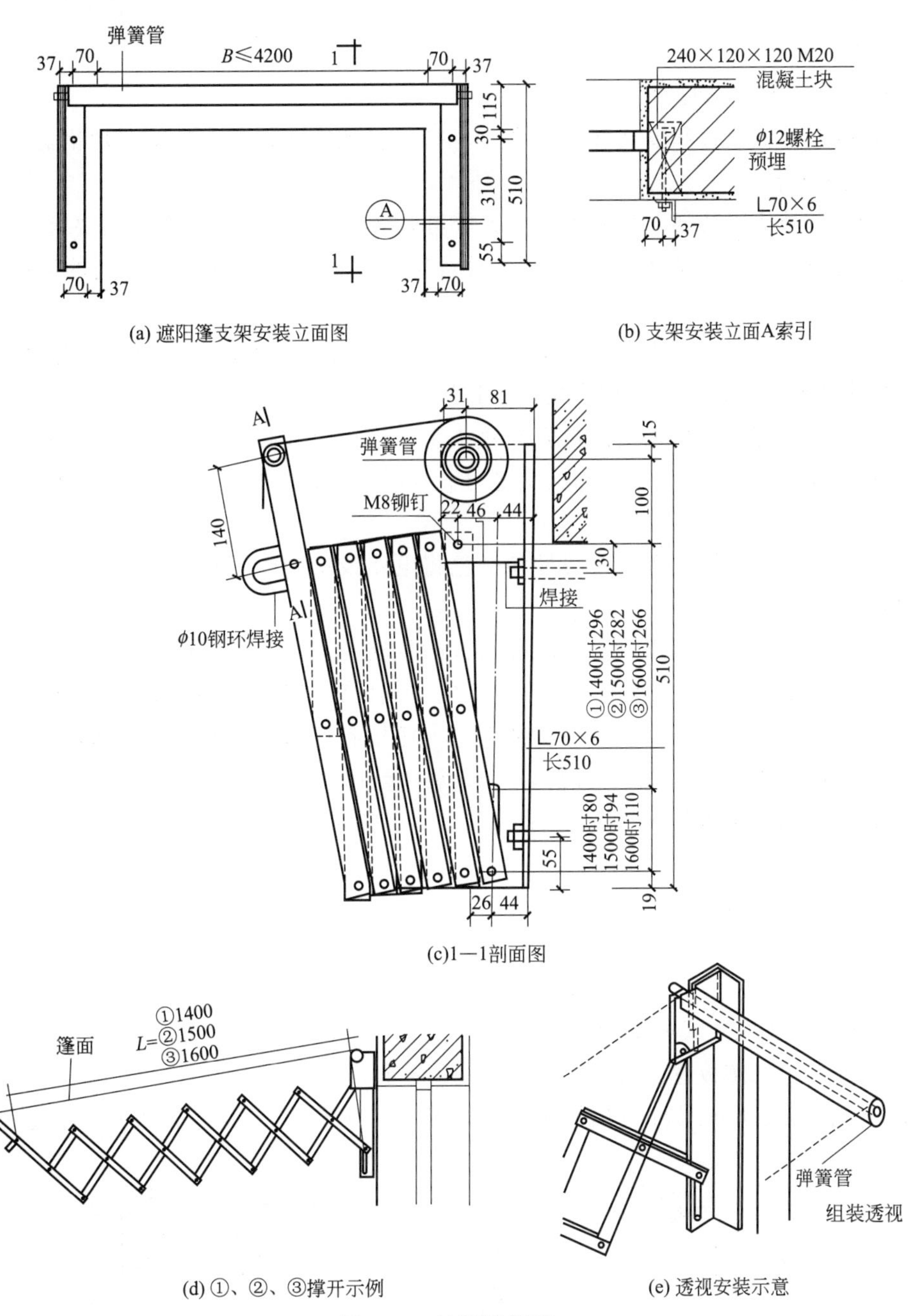

图 17-9 遮阳篷详图

B—洞口宽度；*L*—拉开长度

做法及要求：要求制作精良，安装准确，撑开时篷面平直，回弹时顺利卷回；全部外露连接件刷防锈漆一道，安装后做面层油漆，品种、颜色由设计人定；篷布材料有帆布和化纤布，由设计人定；拉篷须备有两根拉篷杆，同时拉送。

17.4 空调室外机安装说明

空调室外机安装说明如下所示。

① 根据室外机位置和安装架上的孔位，打膨胀螺栓孔，孔的数量与规格必须符合安装说明书的要求。

② 固定室外机安装架，膨胀螺栓的数量与规格必须符合安装说明书的要求。

③ 室外机就位并穿入螺栓，校水平后将螺栓紧固，室外机每米长度的高差不能超过5mm。

④ 拧下室外机阀门上的接口帽，将制冷剂连接管连接上，连接时务必用两个扳手，用活动扳手使阀门固定不动，用力矩扳手拧接头螺母。

⑤ 将制冷剂连接管接在室内机管路接头上，连接时务必用两个扳手，用活动扳手使接头螺栓固定不动，用力矩扳手拧接头螺母。如凝结水排水管不够长，则接上机内附带的接管。

⑥ 卸下室外机控制盒盖，按编号和颜色将电缆线接到端子板对应各端子上，再上好控制盒盖。

⑦ 拧下回气阀上的多用口盖，向开阀方向旋转一圈，按多用口中的气门芯，用制冷剂顶出连接管与室内机中充入的氮气和进入的空气，放气时间按安装说明书的要求而定。

⑧ 用电子卤素检漏仪检漏或用洗洁精均匀涂于各接口处检漏。如有泄漏则需关闭阀门，松开接头，割下喇叭口后重新扩口，重新连接并放空气，直至无泄漏。

⑨ 完全旋开液体阀和回气阀。

17.5 空调外挂机安装方式

空调外挂机安装方式如下所示。

① 空调外挂机座板置于窗下，如图17-10所示。

② 空调外挂机座板置于外墙转角处，如图17-11所示，适用于转角并靠近窗旁。

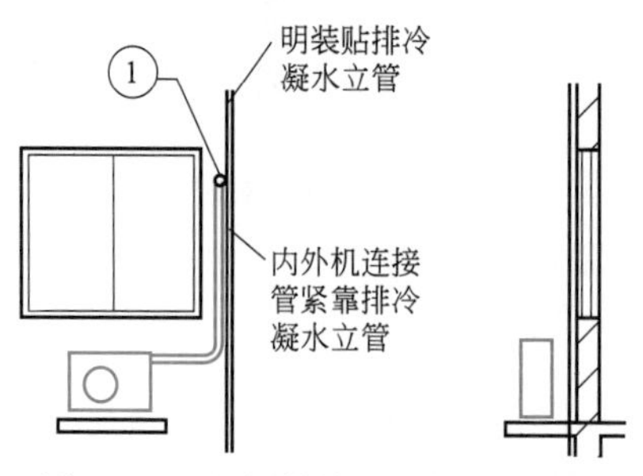

图17-10 空调外挂机座板置于窗下

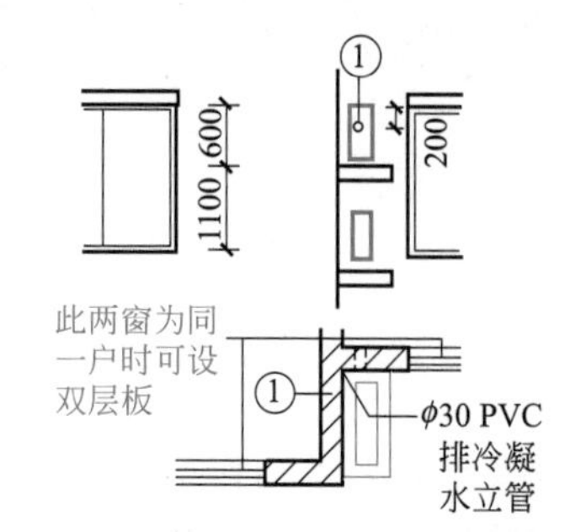

图17-11 空调外挂机座板置于外墙转角处

③ 空调外挂机座板置于窗台下，内外机连接管暗装，适用于任何窗，墙内允许预埋

暗管，如图 17-12 所示。

④ 空调外挂机与内机连接，管明装加装饰盖板，需结合立面，如图 17-13 所示。

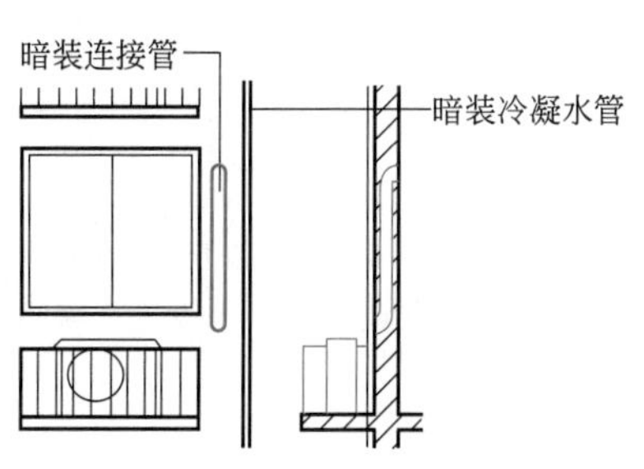

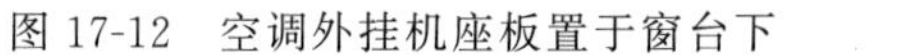
图 17-12　空调外挂机座板置于窗台下

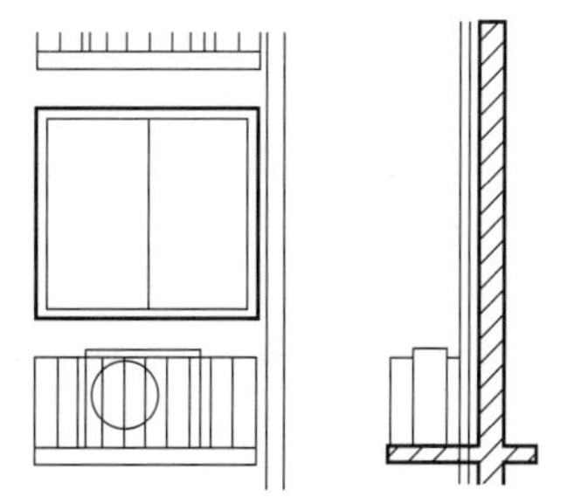
图 17-13　空调外挂机与内机连接

⑤ 空调外挂机座板置于两个矩形凸窗间，如图 17-14 所示。

⑥ 空调外挂机座板置于凸窗旁，如图 17-15 所示。

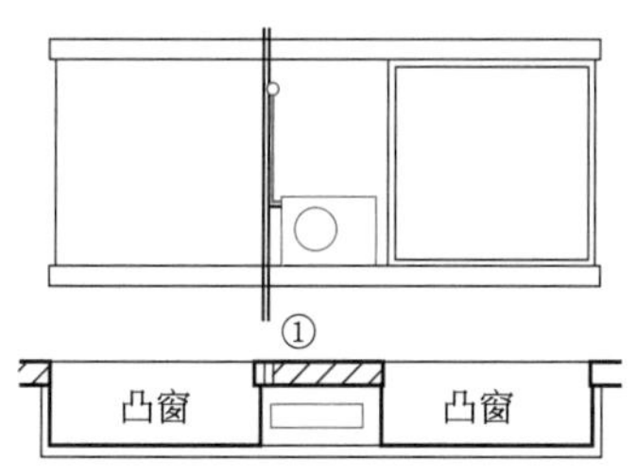

图 17-14　空调外挂机座板置于两个矩形凸窗间

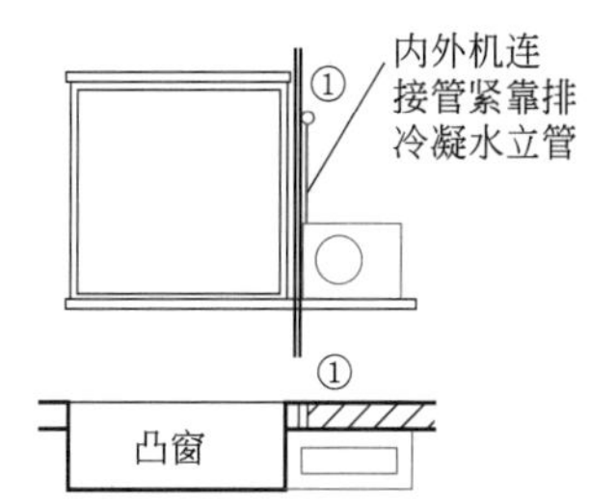

图 17-15　空调外挂机座板置于凸窗旁

⑦ 空调外挂机座板置于矩形凸窗下，如图 17-16 所示。

⑧ 空调外挂机与内机连接管暗装于窗套，如图 17-17 所示。

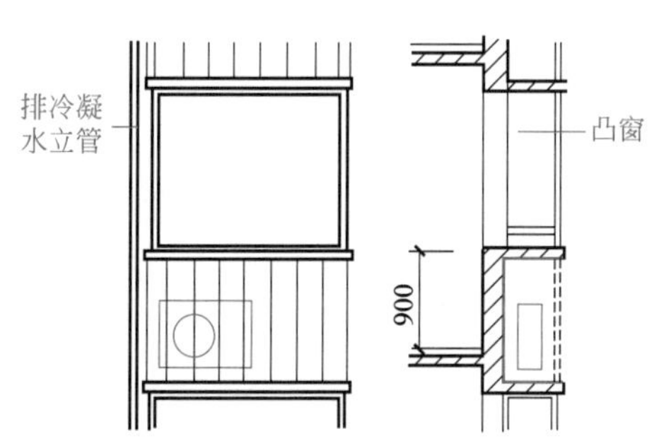

图 17-16　空调外挂机座板置于矩形凸窗下

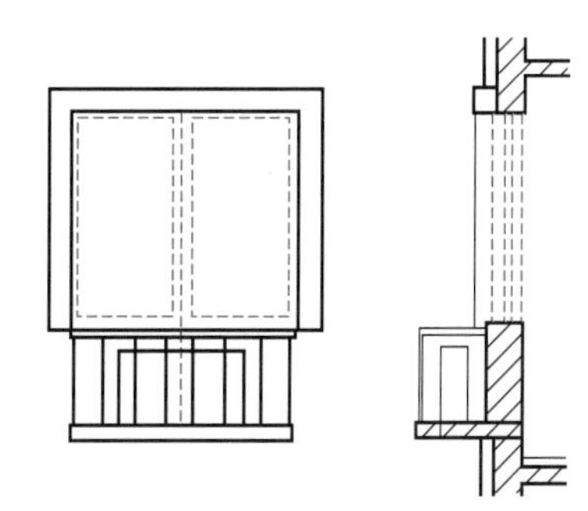
图 17-17　空调外挂机与内机连接管暗装于窗套

⑨ 空调外挂机座板置于阳台旁墙侧面，如图 17-18 所示。

⑩ 空调外挂机座板置于窗间墙上部，如图 17-19 所示。不宜用于外开窗旁，适用于凹面侧墙等不影响立面的部位。

⑪ 空调外挂机座板置于阳台旁转角墙上，如图 17-20 所示。

17.5 节图中①为墙上预埋 $\phi90$ 塑料管，用于穿内外机连接管。各座板上部设置护栏与否按工程设计。

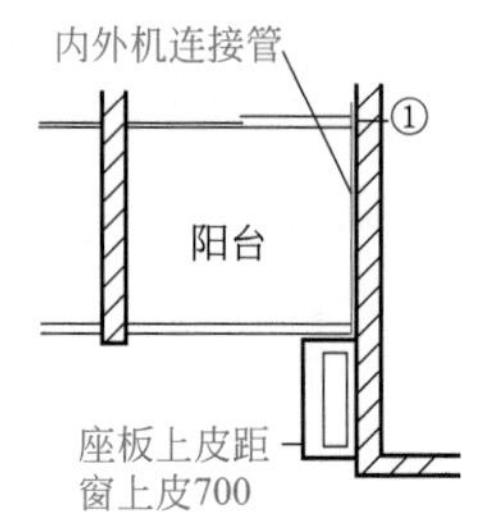

图 17-18　空调外挂机座板置于阳台旁墙侧面

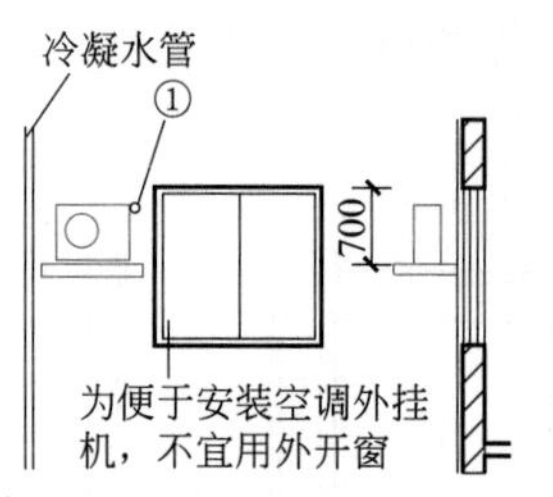

图 17-19　空调外挂机座板置于窗间墙上部

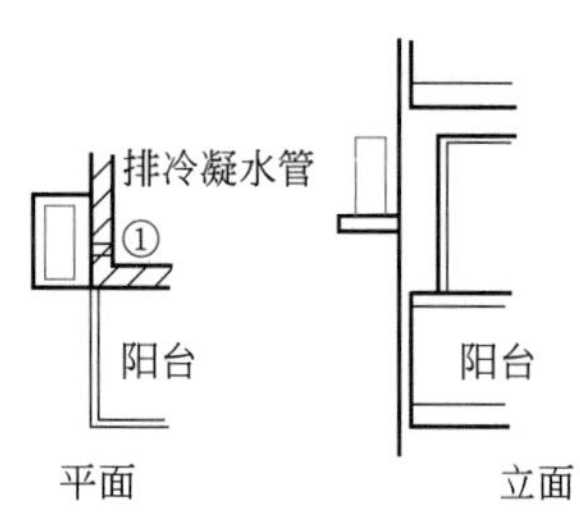

图 17-20　空调外挂机座板置于阳台旁转角墙上

第18章 室外墙面装修识图与节点构造

18.1 室外墙面装修识图

18.1.1 墙面

(1) 外墙勒脚

外墙勒脚装饰构造如图 18-1 所示。

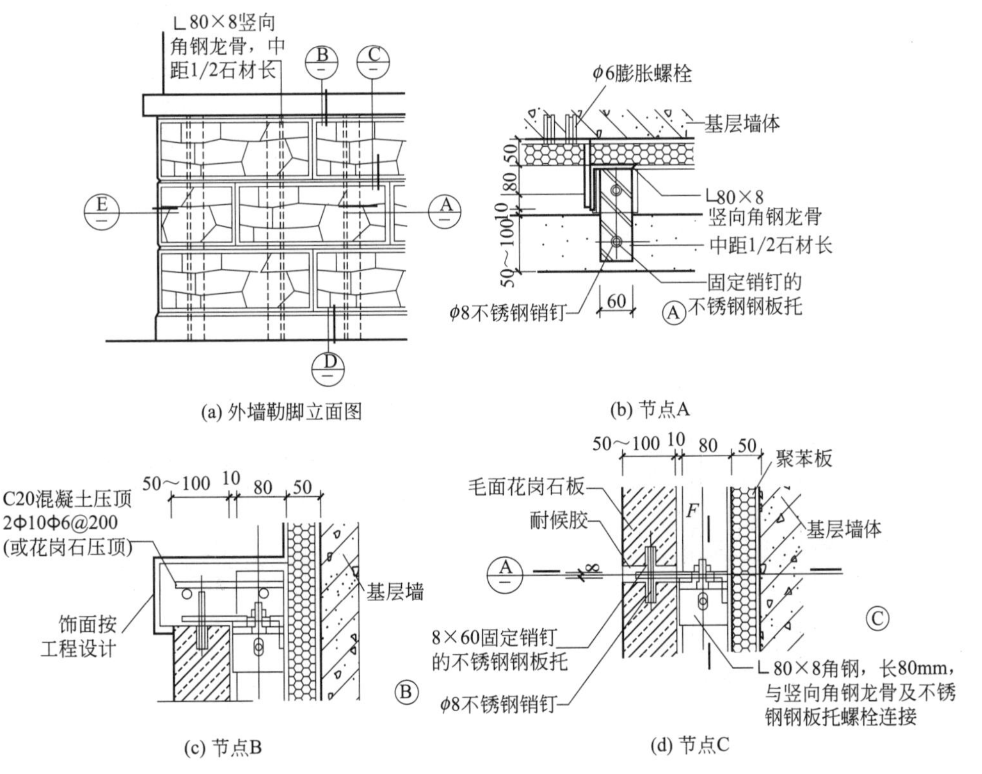

(a) 外墙勒脚立面图

(b) 节点A

(c) 节点B

(d) 节点C

图 18-1

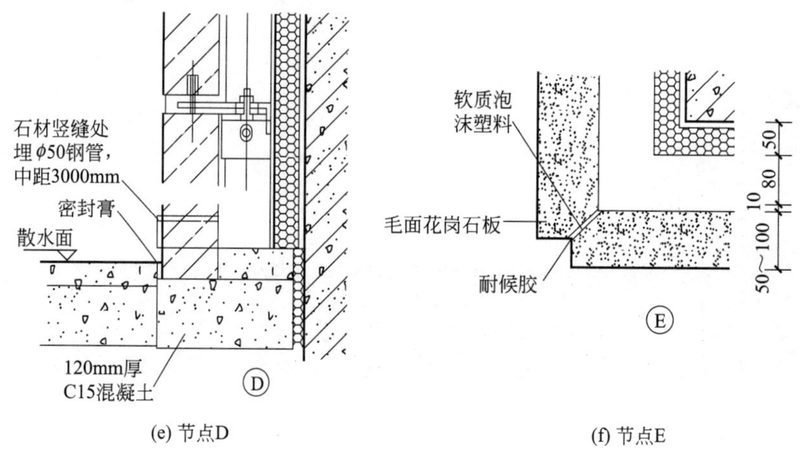

(e) 节点D

(f) 节点E

图 18-1 外墙勒脚装饰构造

(2) 干挂石材外墙

干挂石材外墙构造如图 18-2 所示。

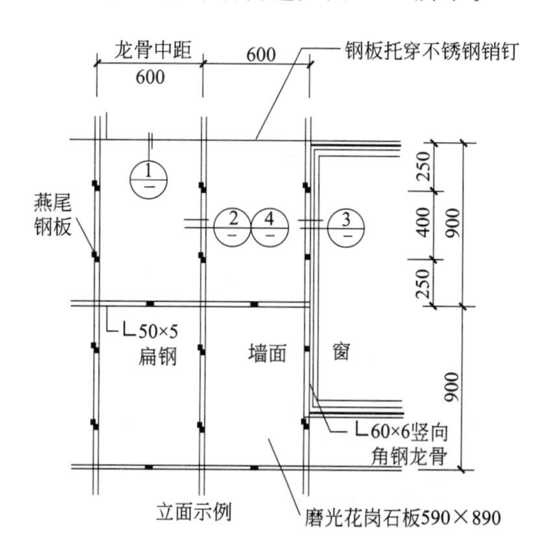

(a) 立面图

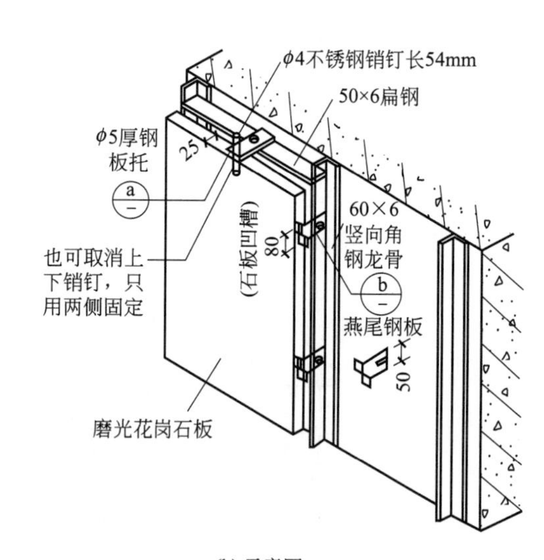

(b) 示意图

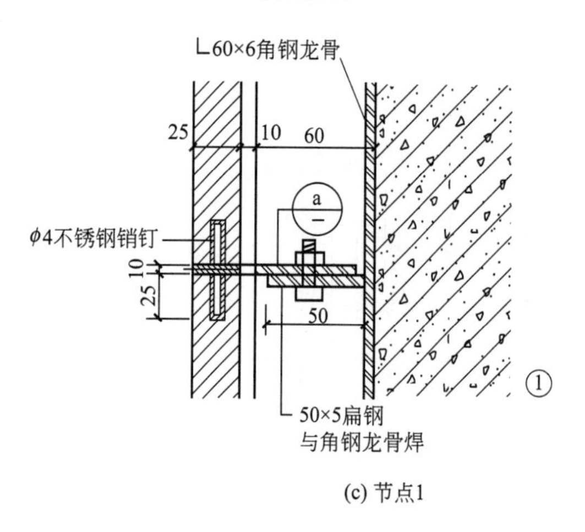

(c) 节点1

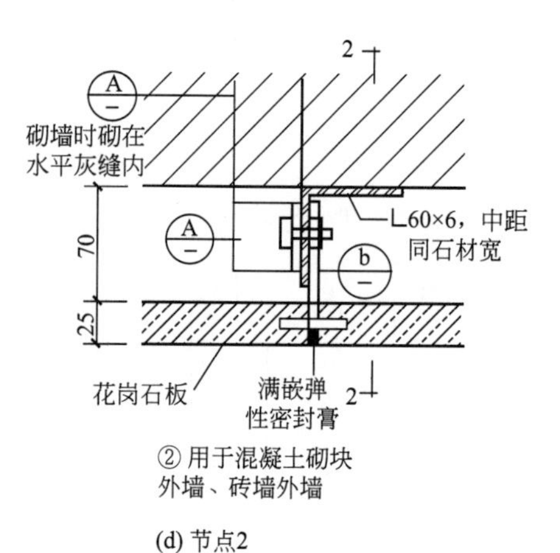

(d) 节点2

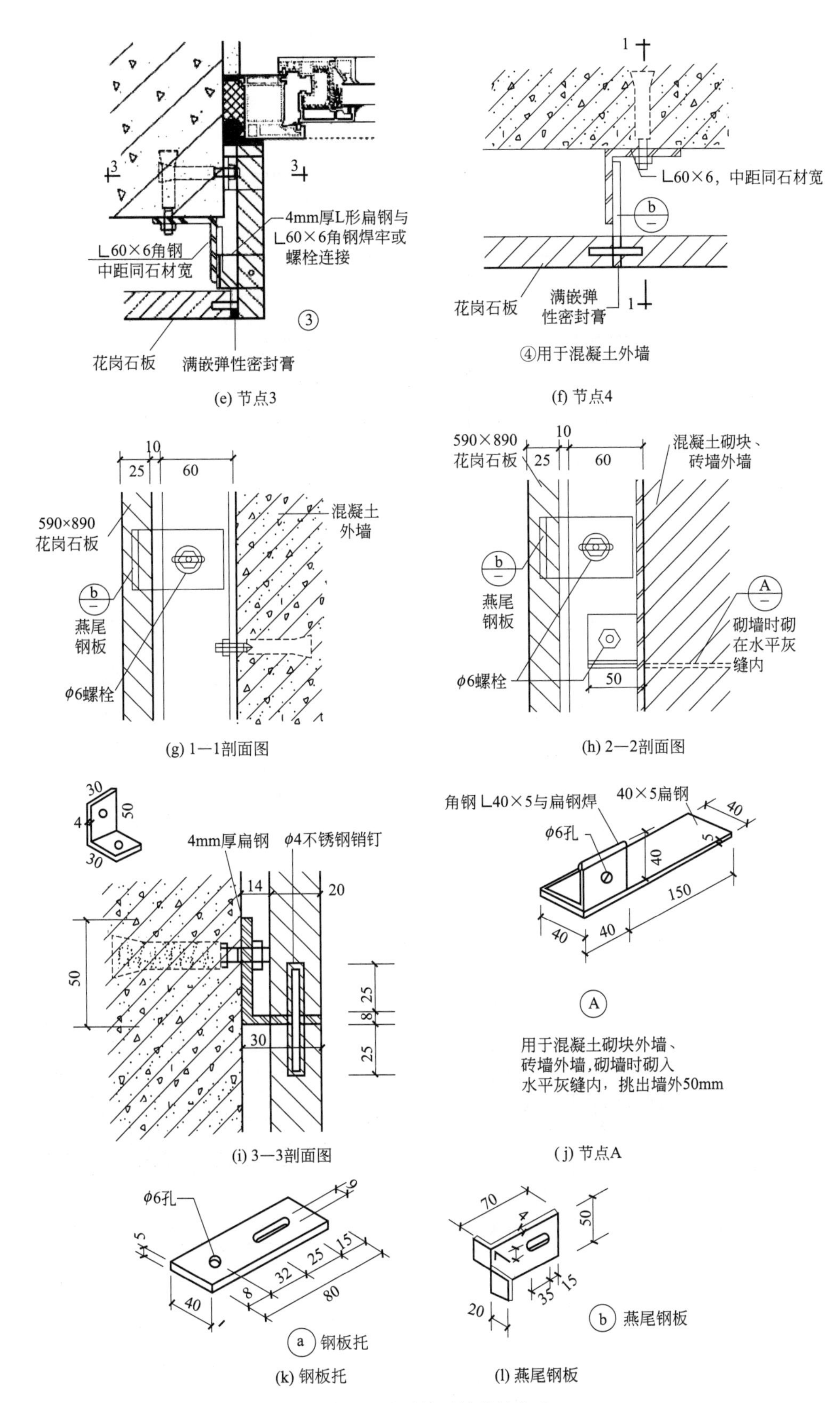

图 18-2　干挂石材外墙构造

(3) 千思板外墙

千思板外墙构造如图18-3所示。

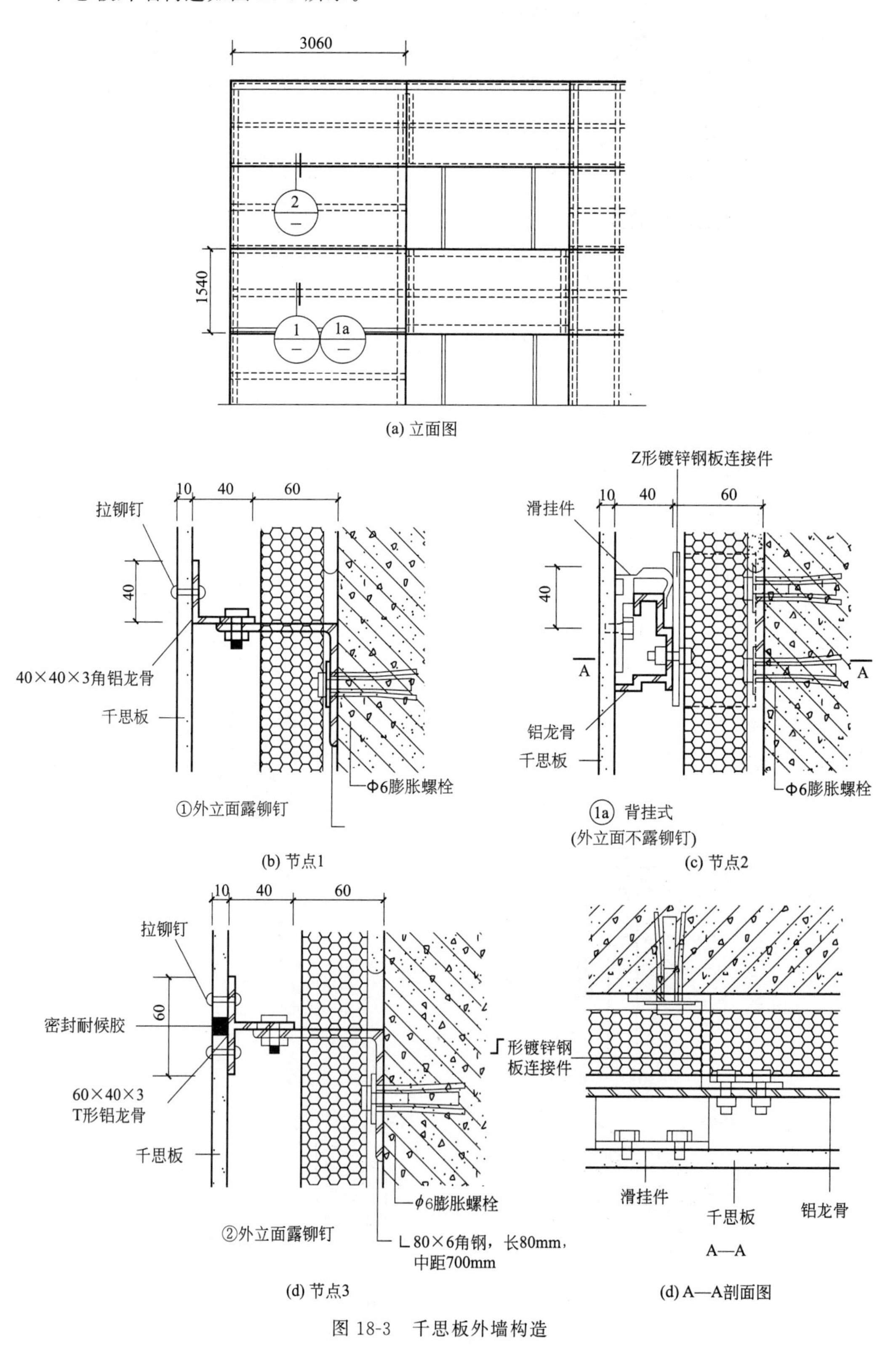

图18-3 千思板外墙构造

18.1.2 窗（套）

（1）窗（套）识图

窗（套）节点如图 18-4 所示，实物图如图 18-5 所示。

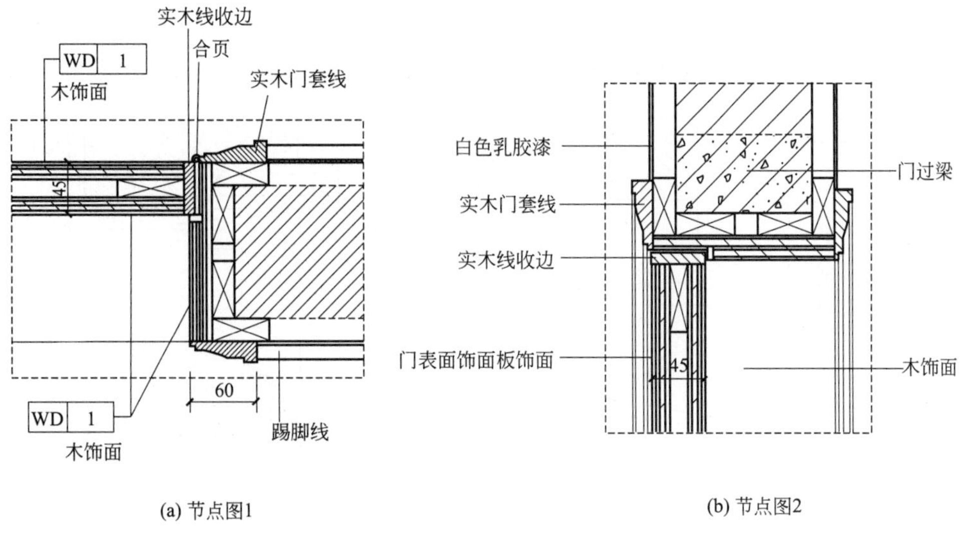

图 18-4 窗套节点

（2）窗的装饰构件

① 压缝条 压缝条是 10～15mm 见方的小木条，用于填补窗安装于墙中产生的缝隙，以保证室内的正常温度，如图 18-6 所示。

图 18-5 窗套实物图

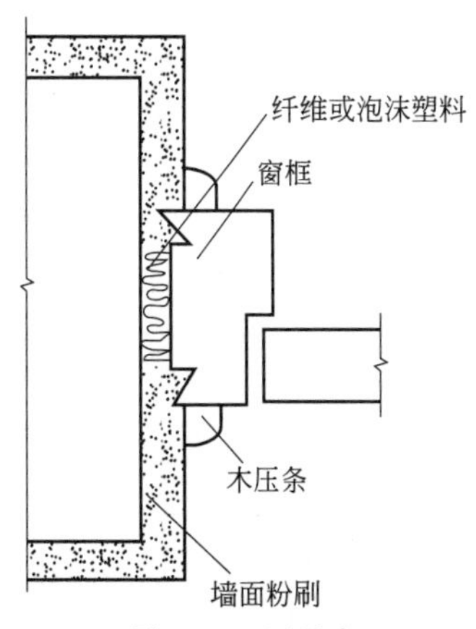

图 18-6 压缝条

② 贴脸板 用来遮挡靠墙里皮安装窗扇产生的缝隙，如图 18-7 所示。

③ 披水条 披水条又称挡水条或披水板，其作用是防止雨水流入室内。内开窗一般设置在窗下口，而外开窗则设置在窗上口。披水条如图 18-8 所示。

④ 筒子板 在门窗洞口的外侧墙面，用木板包钉镶嵌，称为筒子板，如图 18-9 所示。

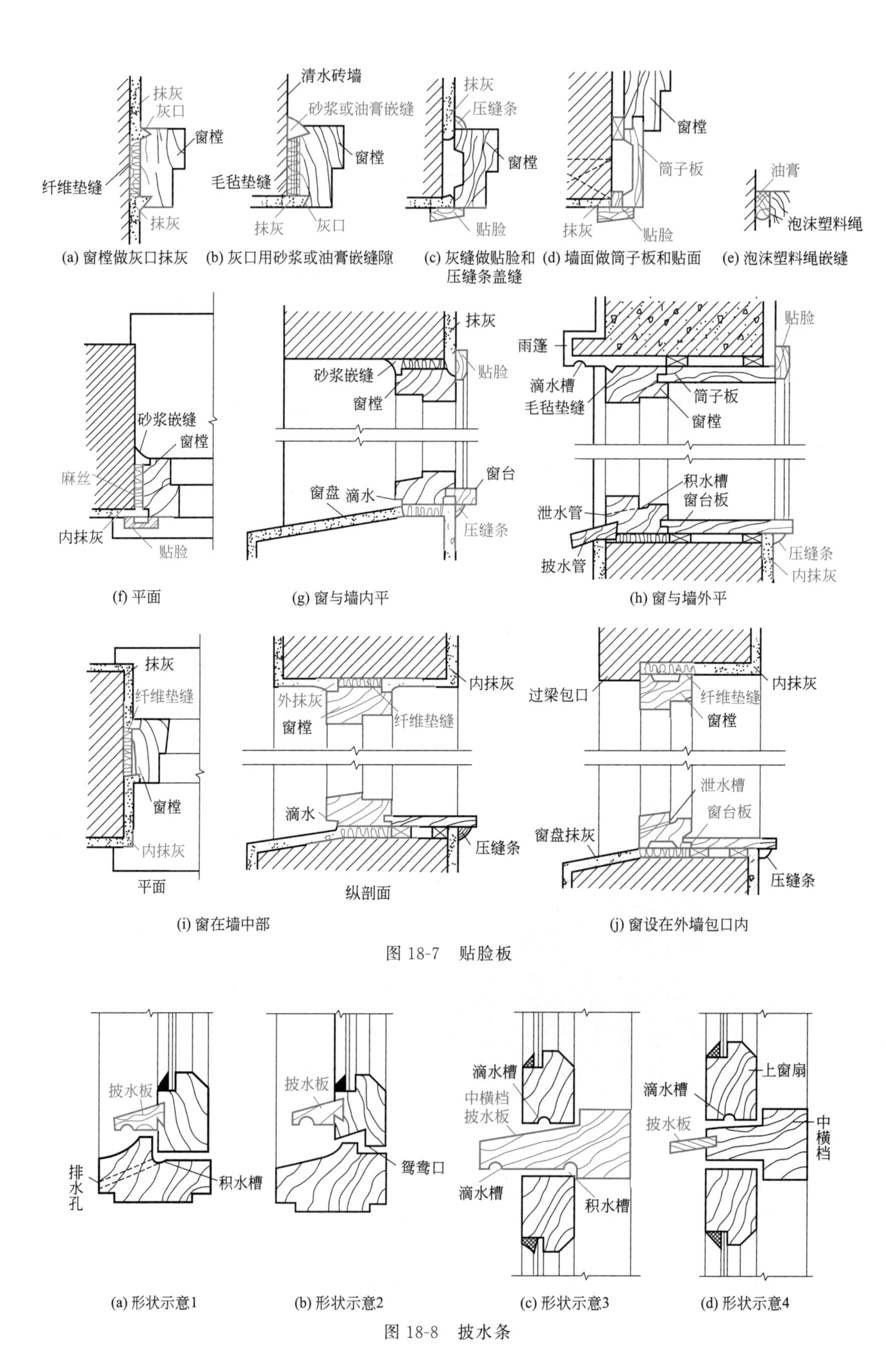

图 18-7　贴脸板

图 18-8　披水条

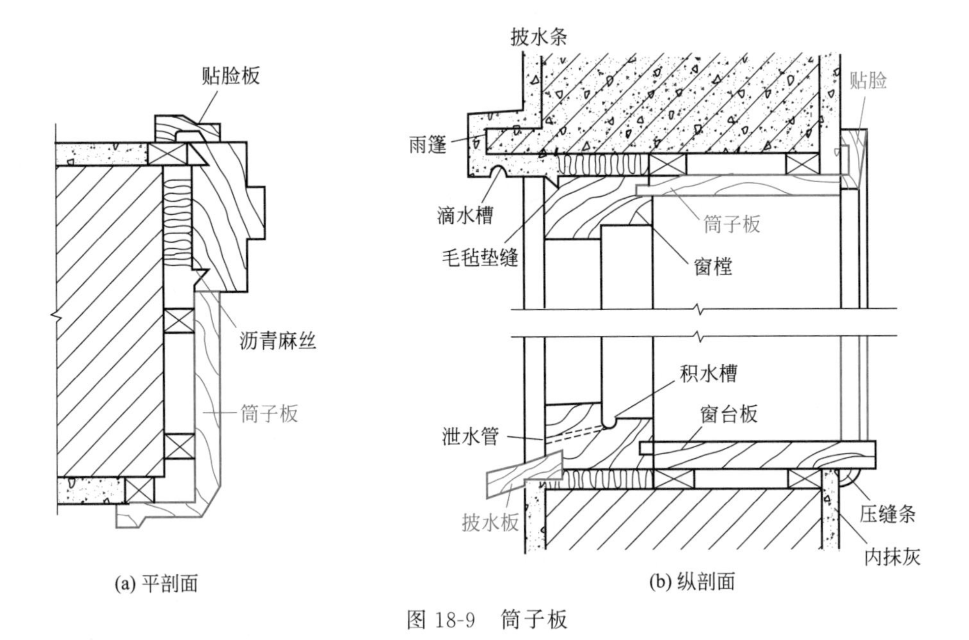

(a) 平剖面　　(b) 纵剖面

图 18-9　筒子板

⑤ 窗台板　在窗下槛内侧设窗台板，窗台板板厚一般为 30～40mm，挑出墙面一般为 30～40mm。窗台板可以采用木板、水磨石板、大理石板或其他装饰板等，如图 18-10 所示。

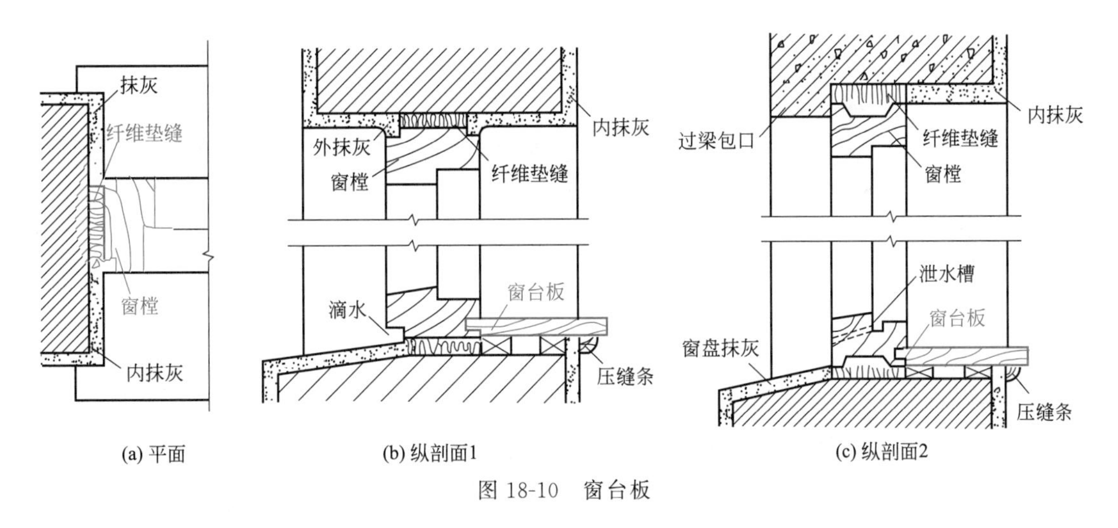

(a) 平面　　(b) 纵剖面1　　(c) 纵剖面2

图 18-10　窗台板

⑥ 窗帘盒　悬挂窗帘时，为掩蔽窗帘棍和窗帘上部的栓环而设。窗帘盒三面均用 25mm×(100～150) mm 木板镶成。窗帘棍有木、铜、铁等材料。一般用角钢或钢板伸入墙内。窗帘盒如图 18-11 所示。

18.1.3 角饰、柱饰、腰线

18.1.3.1 角饰

(1) 阳角

阳角造型如图 18-12 所示。

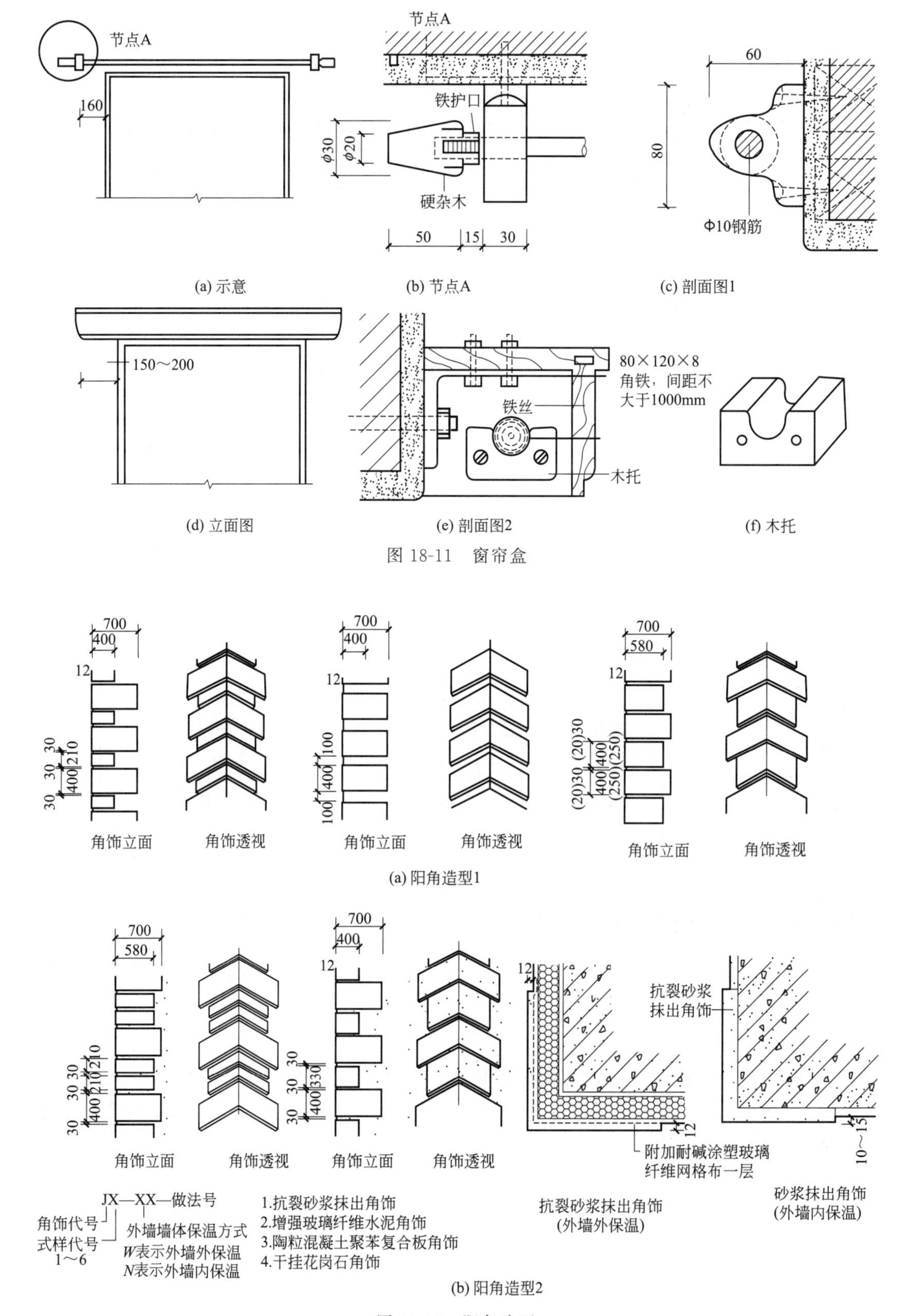

图 18-11　窗帘盒

图 18-12　阳角造型

① 石材阳角　墙面石材阳角收口均需45°拼接对角处理；待墙面石材全部铺贴完成后，须调制与石材同色的云石胶做勾缝处理，勾缝必须严密；墙面石材阳角按设计要求加工（背倒角），如图18-13所示。

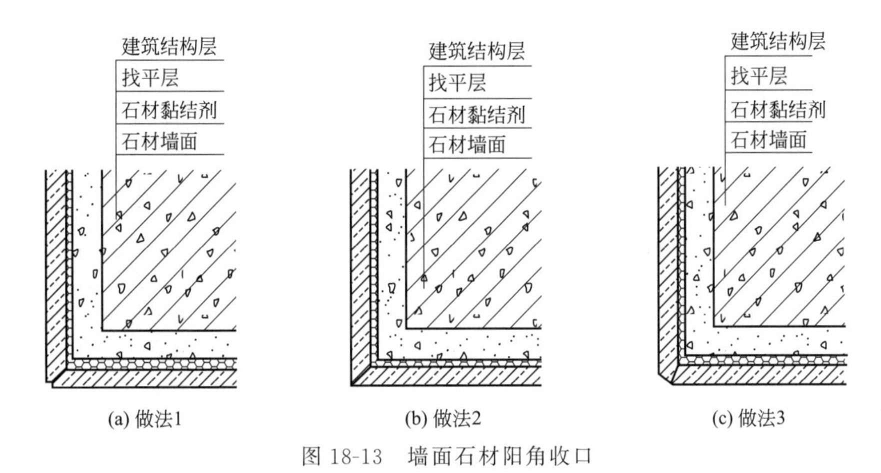

(a) 做法1　(b) 做法2　(c) 做法3

图18-13　墙面石材阳角收口

② 聚苯板阳角　聚苯板阳角按照外墙保温方式可分以下两种构造，如图18-14所示。

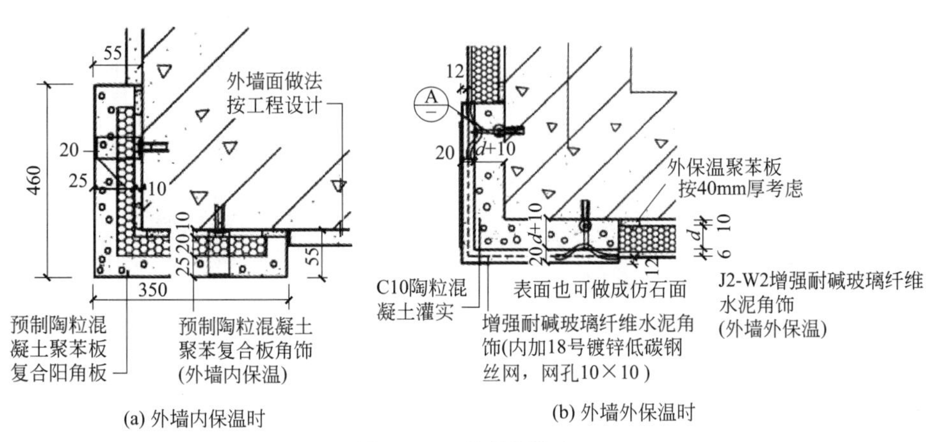

(a) 外墙内保温时　(b) 外墙外保温时

图18-14　聚苯板阳角

（2）阴角

石材墙面有横缝时（如V字缝、凹槽）时，阴角收口均需45°（角度稍小于45°，以利于拼接）拼接对角处理，应在工厂内加工完成（正倒角），如图18-15所示。

18.1.3.2　柱饰

柱饰构造如图18-16所示。

18.1.3.3　腰线

腰线构造如图18-17所示。

18.1.4　檐口

（1）琉璃瓦檐口

琉璃瓦檐口构造如图18-18所示。

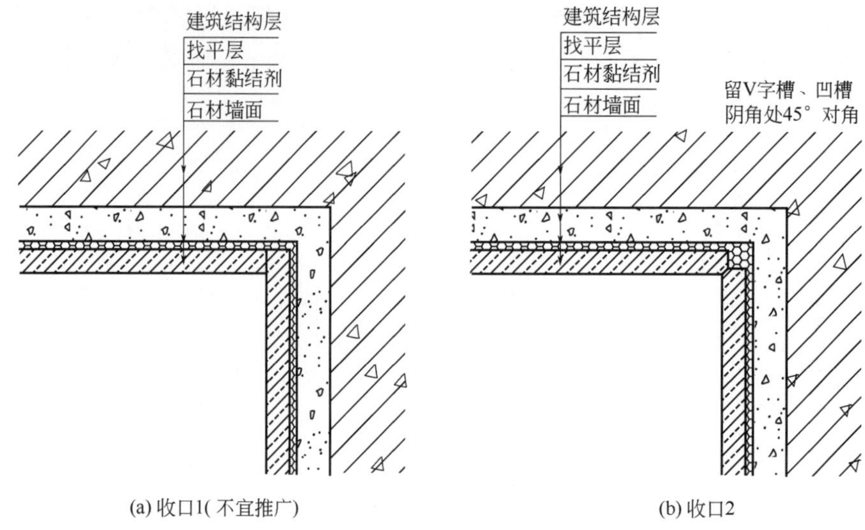

(a) 收口1(不宜推广)　　(b) 收口2

图 18-15　墙面石材阴角收口

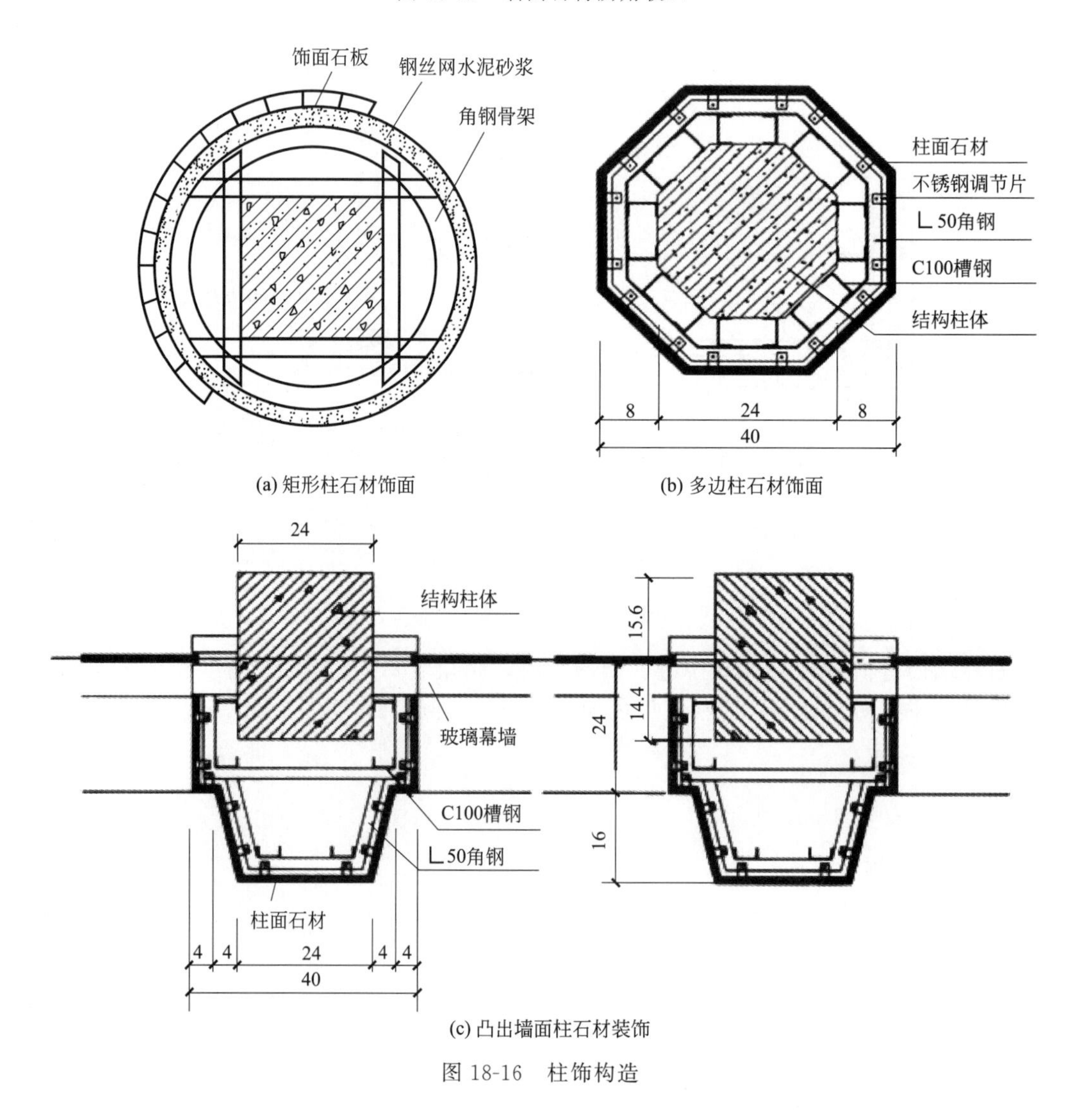

(a) 矩形柱石材饰面　　(b) 多边柱石材饰面

(c) 凸出墙面柱石材装饰

图 18-16　柱饰构造

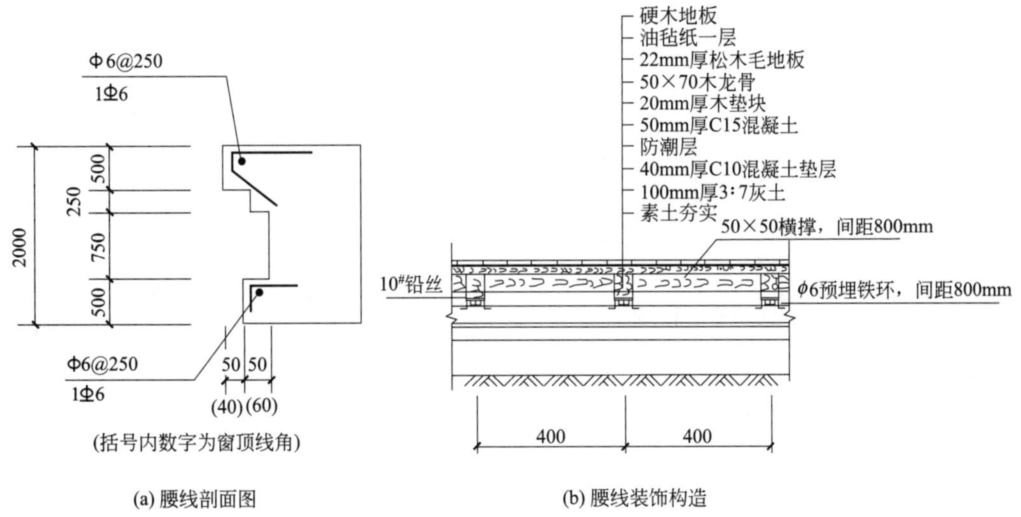

(a) 腰线剖面图

(b) 腰线装饰构造

图 18-17 腰线构造

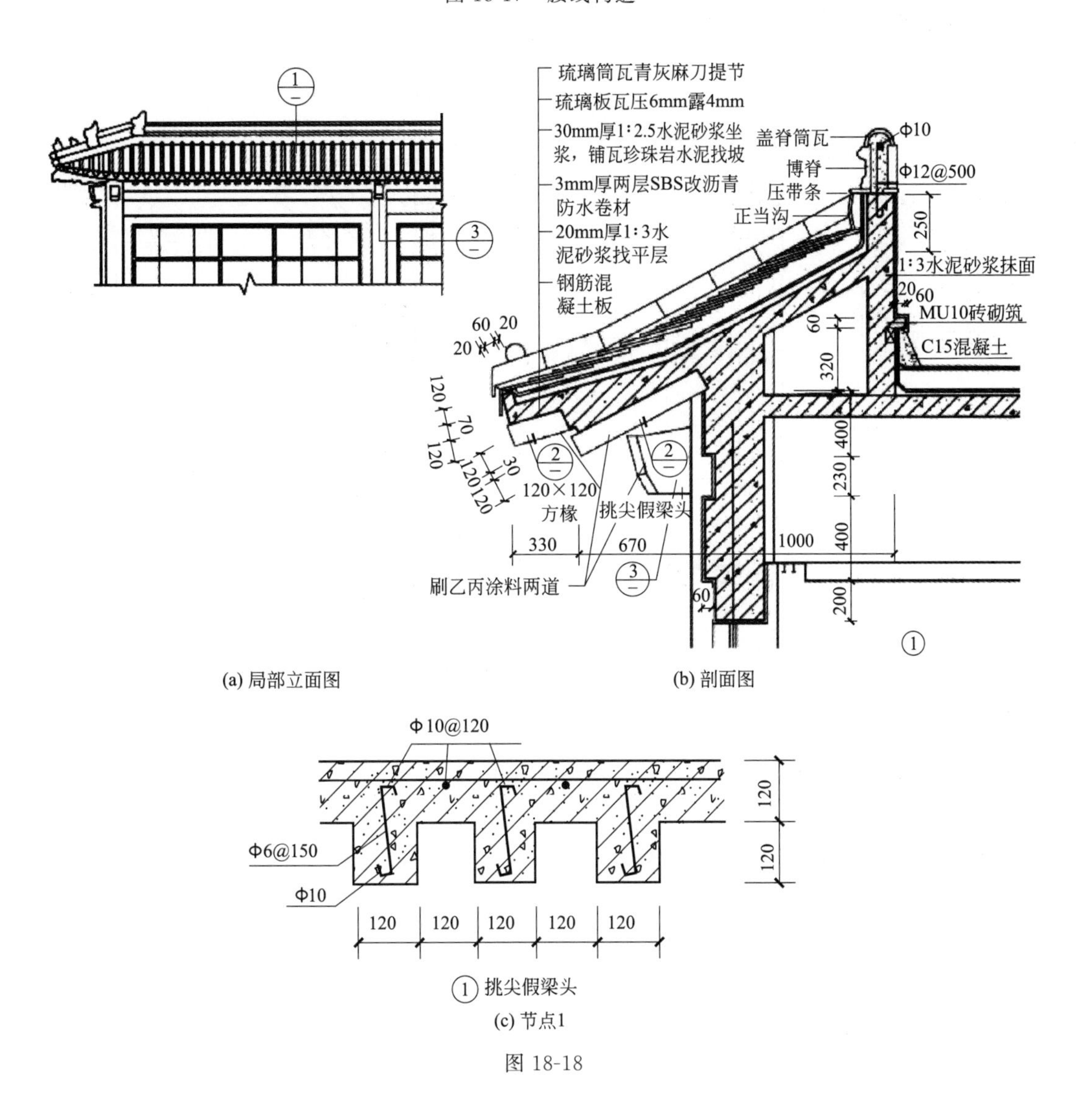

(a) 局部立面图

(b) 剖面图

① 挑尖假梁头

(c) 节点1

图 18-18

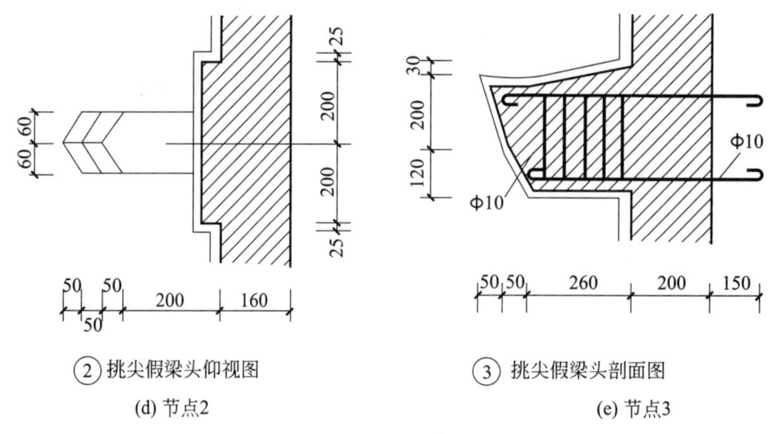

(d) 节点2　　(e) 节点3

图 18-18　琉璃瓦檐口构造

(2) 花岗岩檐口

花岗岩檐口构造如图 18-19 所示。

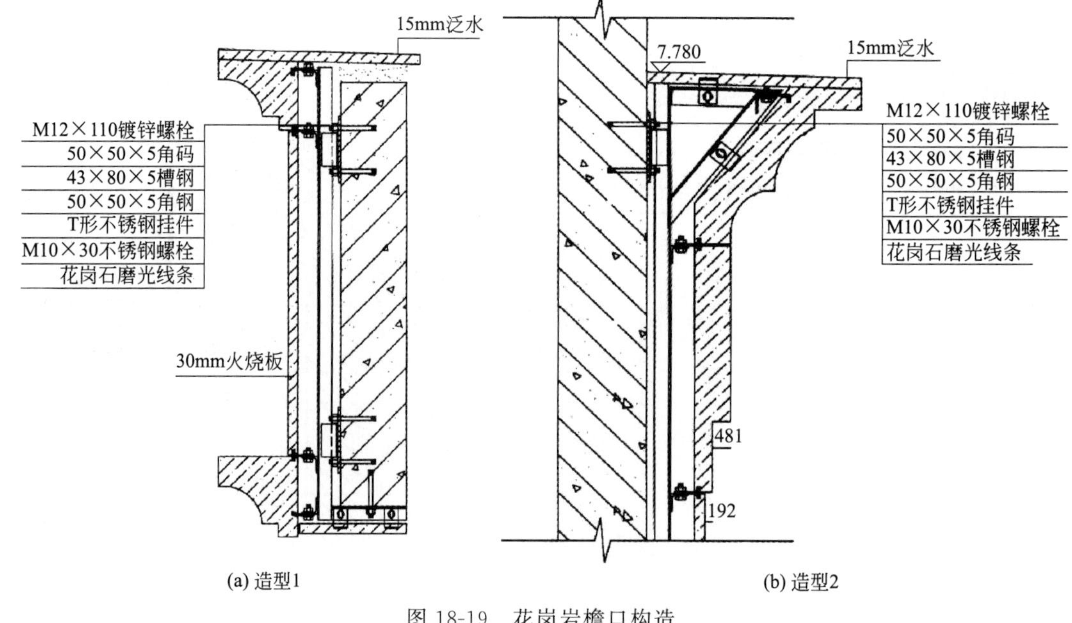

(a) 造型1　　(b) 造型2

图 18-19　花岗岩檐口构造

(3) 三曲瓦檐口

三曲瓦檐口构造如图 18-20 所示。

(4) 聚苯板檐口

聚苯板檐口构造如图 18-21 所示。

18.1.5　板（砖）饰面

(1) 板材饰面

琉璃板外墙面构造如图 18-22 所示。

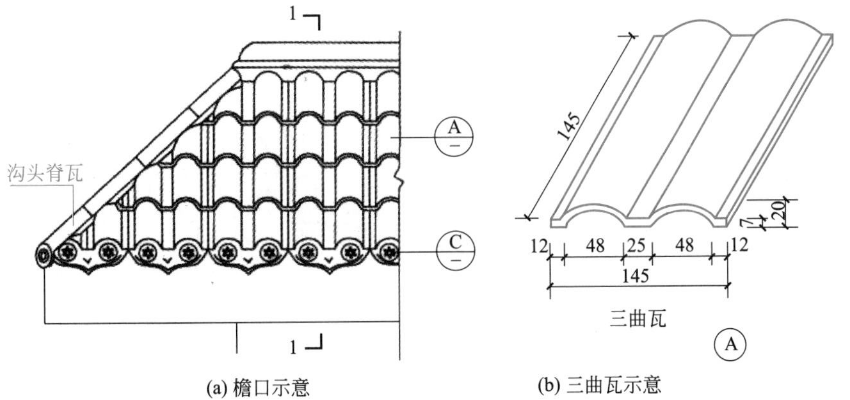

(a) 檐口示意 (b) 三曲瓦示意

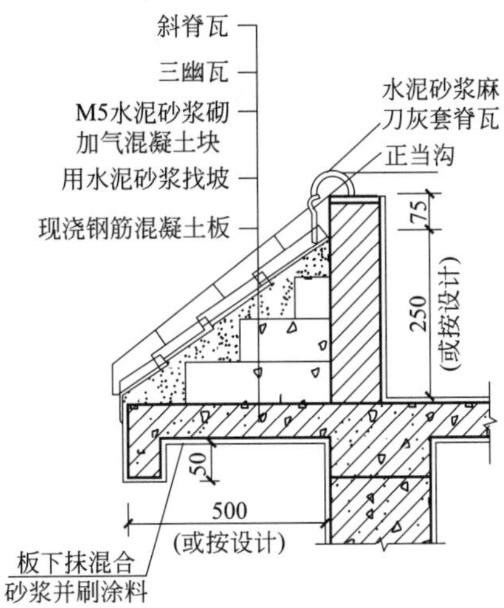

(c) 1—1剖面图

图 18-20 三曲瓦檐口构造

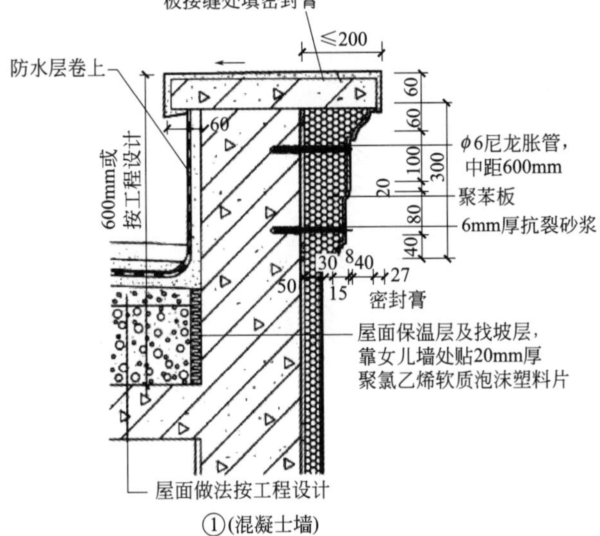

①(混凝土墙)

图 18-21 聚苯板檐口构造

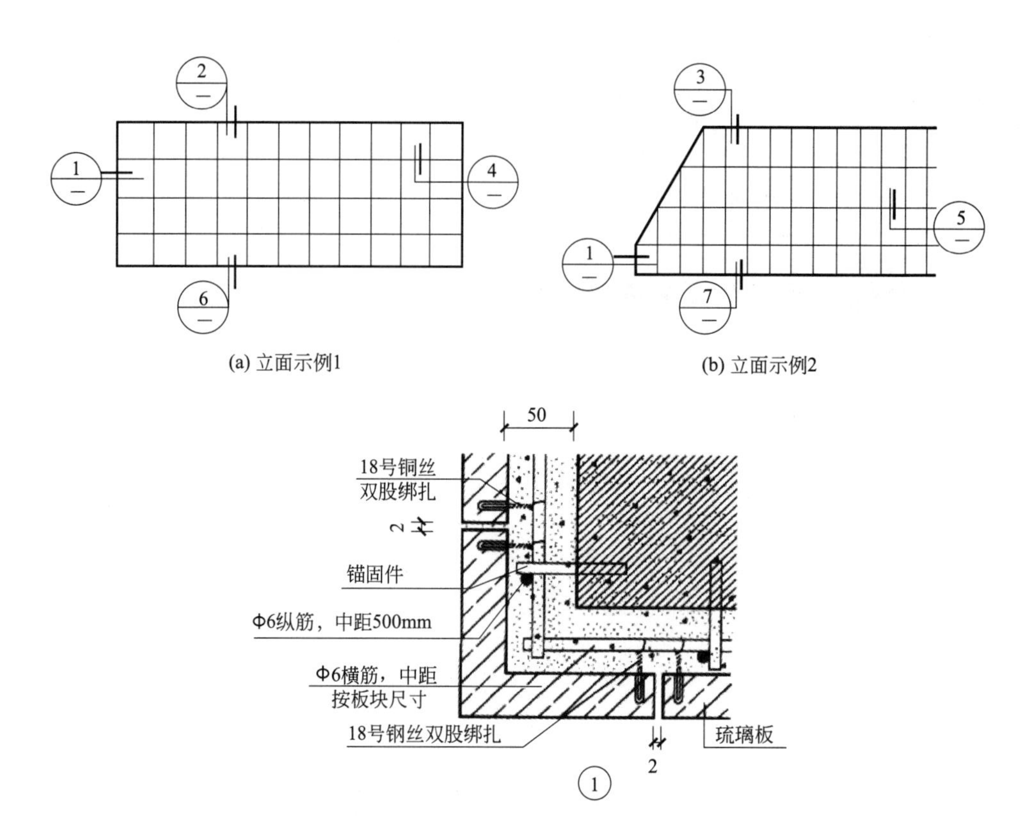

(a) 立面示例1

(b) 立面示例2

(c) 节点1

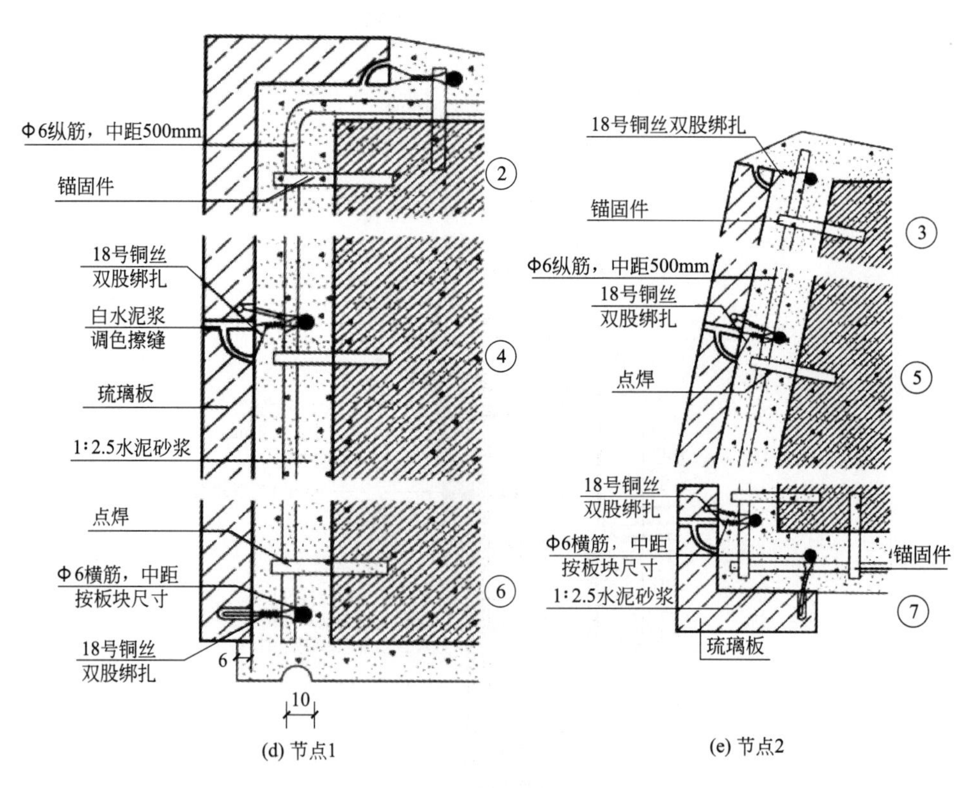

(d) 节点1

(e) 节点2

图 18-22　琉璃板外墙面构造

铝塑板墙面构造如图 18-23 所示。

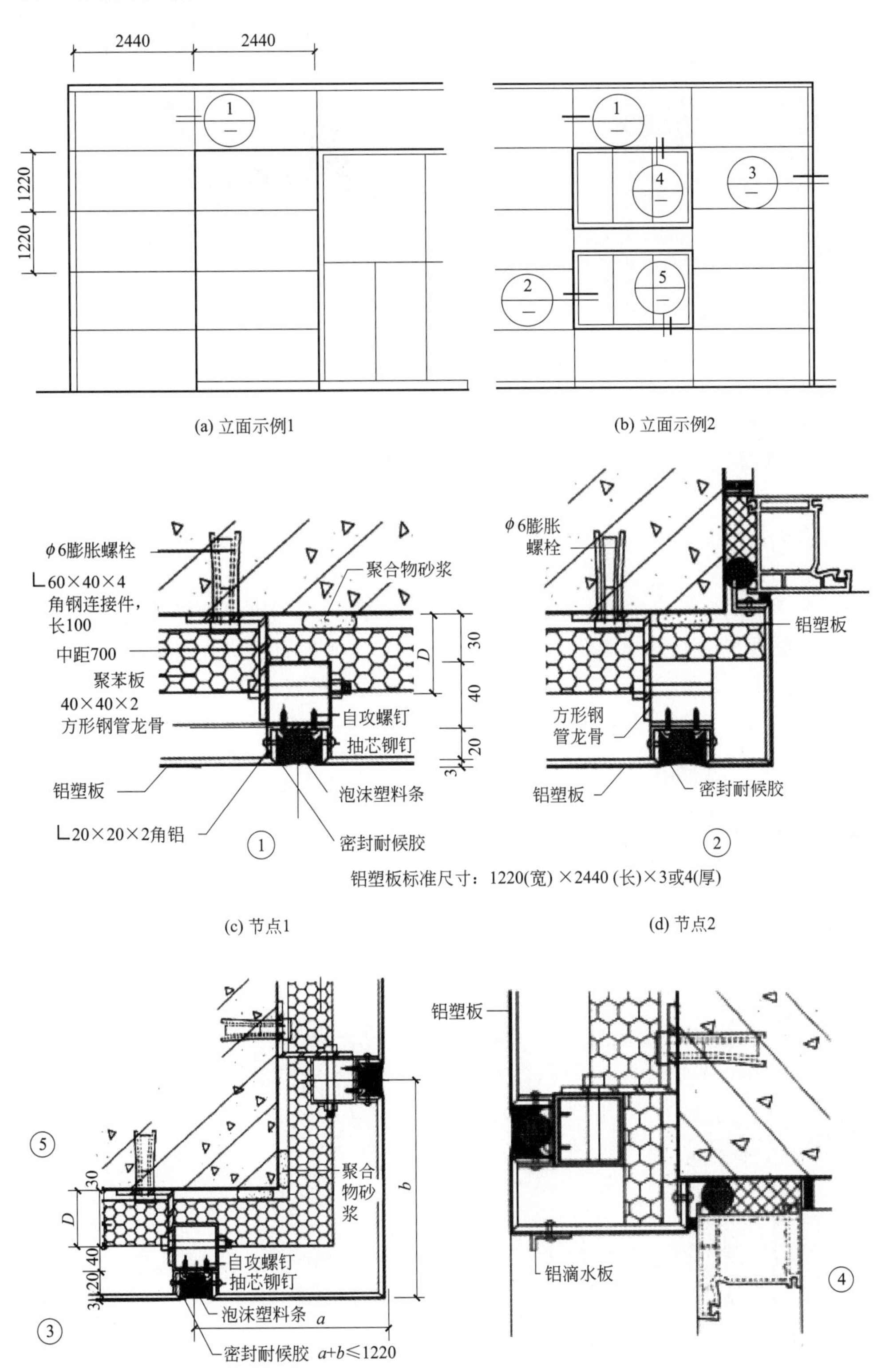

图 18-23

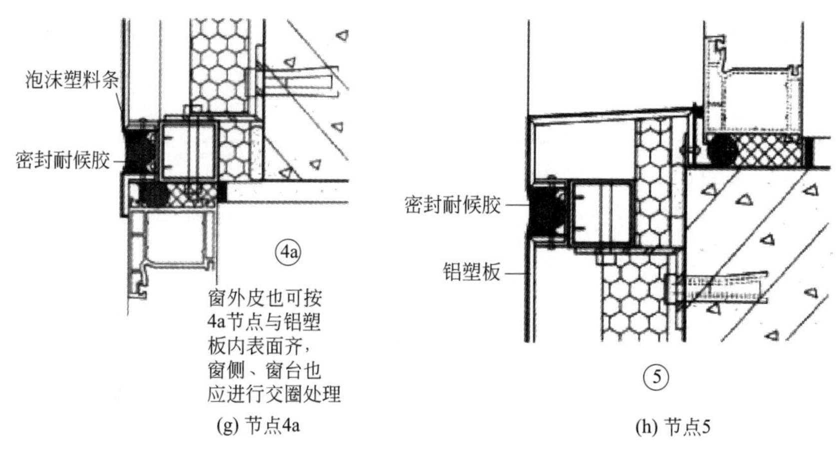

(g) 节点4a　(h) 节点5

图 18-23　铝塑板墙面构造

（2）砖饰面

① 面砖饰面　面砖多数是以陶土为原料，压制成型后经 1100℃左右的温度烧制而成的。面砖类型很多，按其特征有上釉和不上釉两种，釉面砖又分为有光釉和无光釉两种。砖的表面有平滑的和带一定纹理质感的，面砖背部质地粗糙且带有凹槽，以增强面砖和砂浆之间的黏结力。

面砖饰面的构造做法是：先在基层上抹 15mm 厚 1∶3 的水泥砂浆做底灰，分两层抹平即可，粘贴砂浆用 1∶2.5 水泥砂浆或 1∶0.2∶2.5 水泥石灰混合砂浆，其厚度不小于 10mm，若采用掺 108 胶的 1∶2.5 水泥砂浆粘贴效果更好；然后在其上贴面砖，再用 1∶1 白色水泥砂浆填缝，并清理面砖表面。面砖饰面构造如图 18-24 所示。

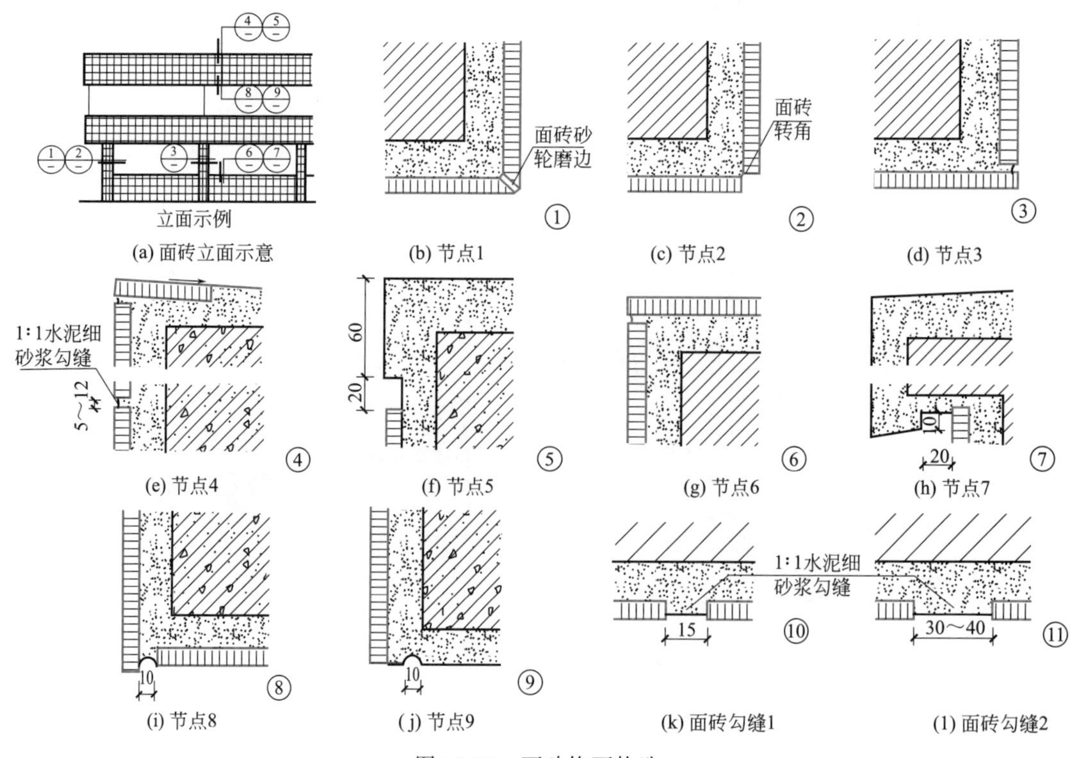

(a) 面砖立面示意　(b) 节点1　(c) 节点2　(d) 节点3
(e) 节点4　(f) 节点5　(g) 节点6　(h) 节点7
(i) 节点8　(j) 节点9　(k) 面砖勾缝1　(l) 面砖勾缝2

图 18-24　面砖饰面构造

② 玻璃锦砖饰面　玻璃锦砖饰面又称“玻璃马赛克”，由各种颜色玻璃掺入其他原料经高温熔炼发泡后压制而成。玻璃马赛克是乳浊状半透明的玻璃质饰面材料，色彩鲜明，并具有透明光亮的特征，且表面光滑、不易污染，装饰效果的耐久性好。玻璃锦砖饰面构造如图 18-25 所示。

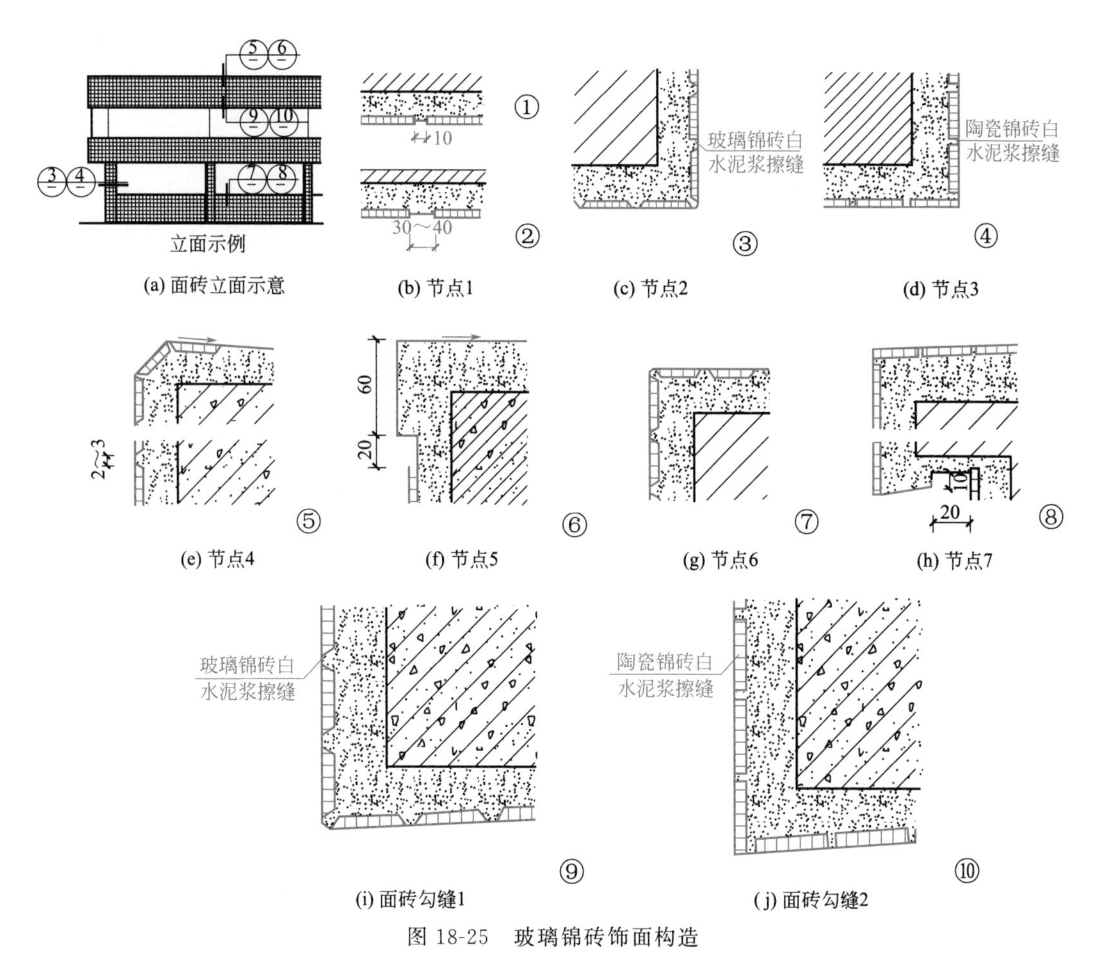

(a) 面砖立面示意　(b) 节点1　(c) 节点2　(d) 节点3

(e) 节点4　(f) 节点5　(g) 节点6　(h) 节点7

(i) 面砖勾缝1　(j) 面砖勾缝2

图 18-25　玻璃锦砖饰面构造

③ 玻璃马赛克饰面　玻璃马赛克饰面的构造做法是：在清理好基层的基础上，用 15mm 厚 1∶3 水泥砂浆做底层并刮糙，分层抹平，两遍即可，若为混凝土墙板基层，在抹水泥砂浆前，应先刷一道素水泥浆（掺水泥重 5%的 108 胶）；最后抹 3mm 厚 1∶(1～1.5) 水泥砂浆黏结层，在黏结层水泥砂浆凝固前，适时粘贴玻璃马赛克。

粘贴玻璃马赛克时，在其麻面上抹一层约 2mm 厚的白水泥砂浆，纸面朝外，把玻璃马赛克镶贴在黏结层上。为了使面层黏结牢固，应在白水泥素浆中掺水泥重量 4%～5%的白胶及掺适量的与面层颜色相同的矿物颜料，最后用同种水泥砂浆擦缝。玻璃马赛克饰面构造如图 18-26 所示。

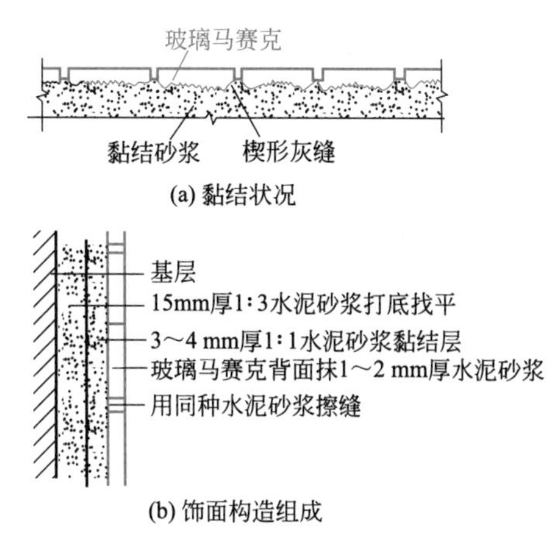

(a) 黏结状况

(b) 饰面构造组成

图 18-26　玻璃马赛克饰面构造

18.2 室外墙面装修节点构造

(1) 石材外墙节点

① 干作业法　直接用不锈钢型材或金属连接件将石板材支托并锚固在墙体基面上，而不采用灌浆湿作业的方法称为干作业法。

干作业法的优点是，石板背面与墙基体之间形成空气层，可避免墙体析出的水分、盐分等对石材饰面板的影响。干作业法构造要点是，按照设计在墙体基面上电钻打孔，固定不锈钢膨胀螺栓；将不锈钢挂件安装在膨胀螺栓上；安装石板，并调整固定。干作业法石材节点如图 18-27 所示。

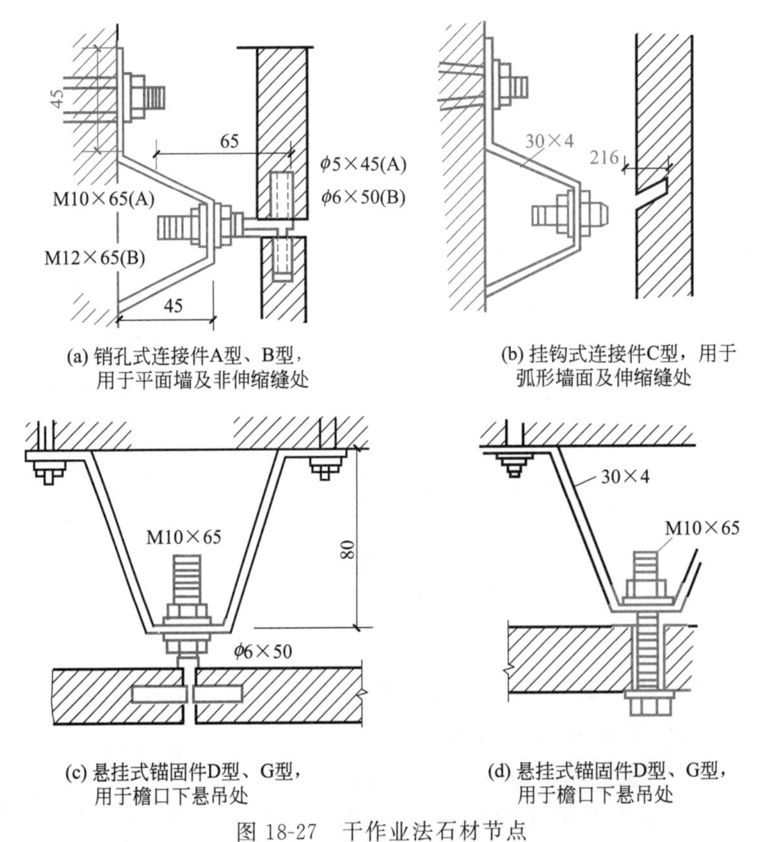

图 18-27　干作业法石材节点

② 湿作业法　湿作业法是指把板材的位置固定好（一般是在墙上钉钉子，钉子上拴上铜丝，铜丝另一端固定在石头上，一块板子一般钉两个钉子），然后向板材与墙之间的缝里灌水泥。

湿作业法石材节点如图 18-28 所示。

(2) 外墙与门窗节点

门窗洞口上部镶贴石材饰面板时不易灌浆，故采用粘贴方法，且应将横向石材板落在立面石材板上，如图 18-29 所示。

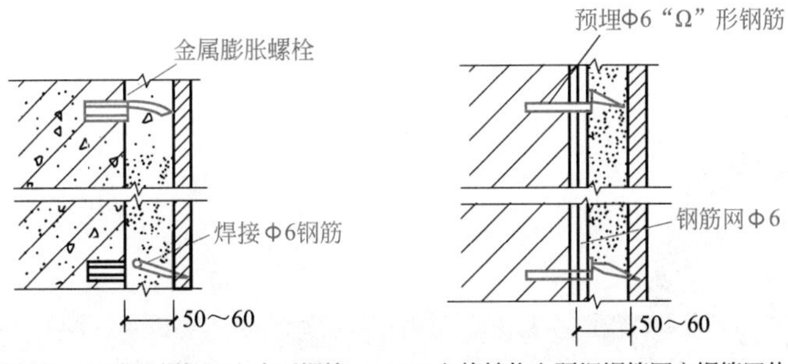

(a) 主体结构上用膨胀螺栓固定水平钢筋　(b) 主体结构上预埋钢筋固定钢筋网片

图 18-28　湿作业法石材节点

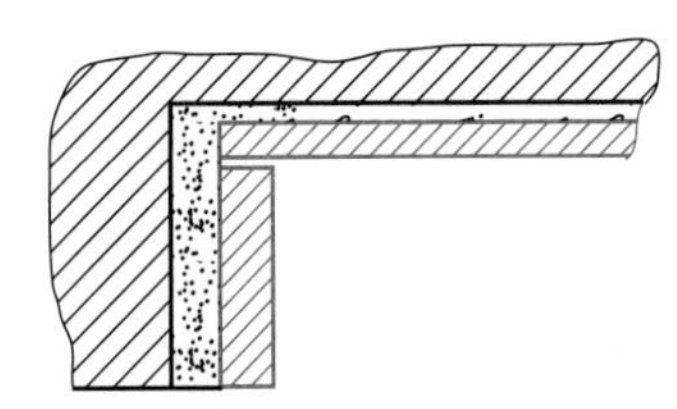

图 18-29　门窗洞口上部镶贴石材节点

(3) 锚固件节点

锚固件节点如图 18-30 所示。

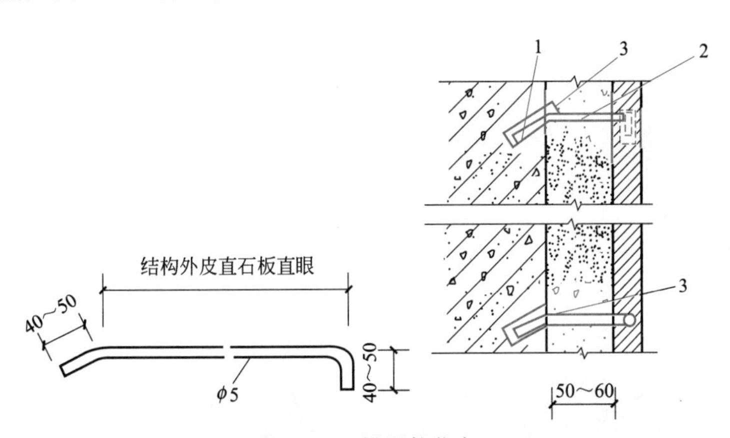

图 18-30　锚固件节点

1—主体结构上钻 45°斜孔；2—“凵”形不锈钢钉；3—硬小木楔（防腐）

第19章 室外构配件识图与节点构造

19.1 室外构配件识图

室外构配件包含建筑物周边许许多多的小的配件，下面列举的几种室外构配件的三维图如图 19-1 所示。

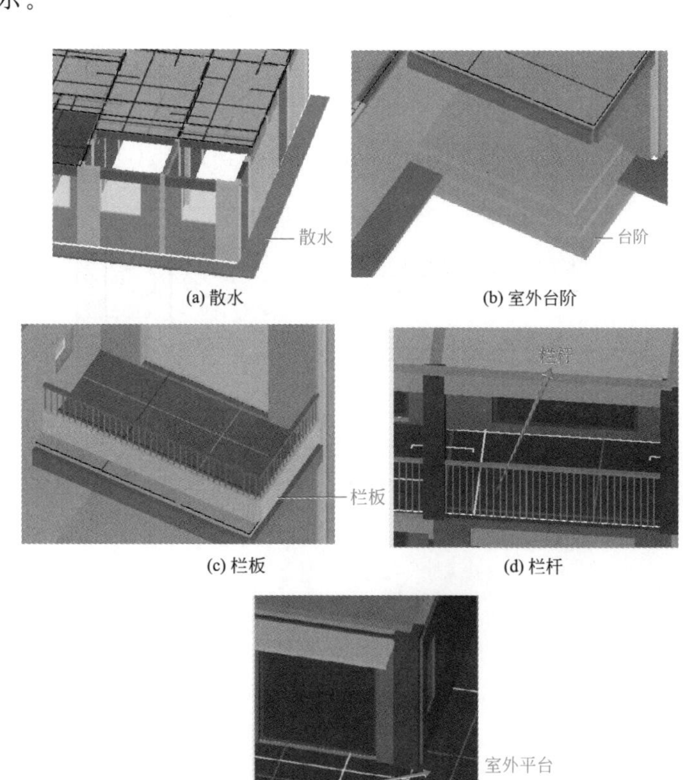

(a) 散水 (b) 室外台阶 (c) 栏板 (d) 栏杆 (e) 室外平台

图 19-1 室外构配件的三维图举例

19.2 室外构配件节点构造

19.2.1 勒脚

勒脚是建筑物外墙的墙脚，即建筑物的外墙与室外地面或散水部分的接触墙体部位的加厚部分。勒脚的高度不低于 500mm，常用 600～800mm。勒脚部位外抹水泥砂浆或外贴石材等防水耐久的材料，应与散水、墙身水平防潮层形成闭合的防潮系统。其作用是防止地面水、屋檐滴下的雨水的侵蚀，从而保护墙面，保证室内干燥，提高建筑物的耐久性，也能使建筑的外观更加美观。勒脚做法构造如图 19-2 所示。

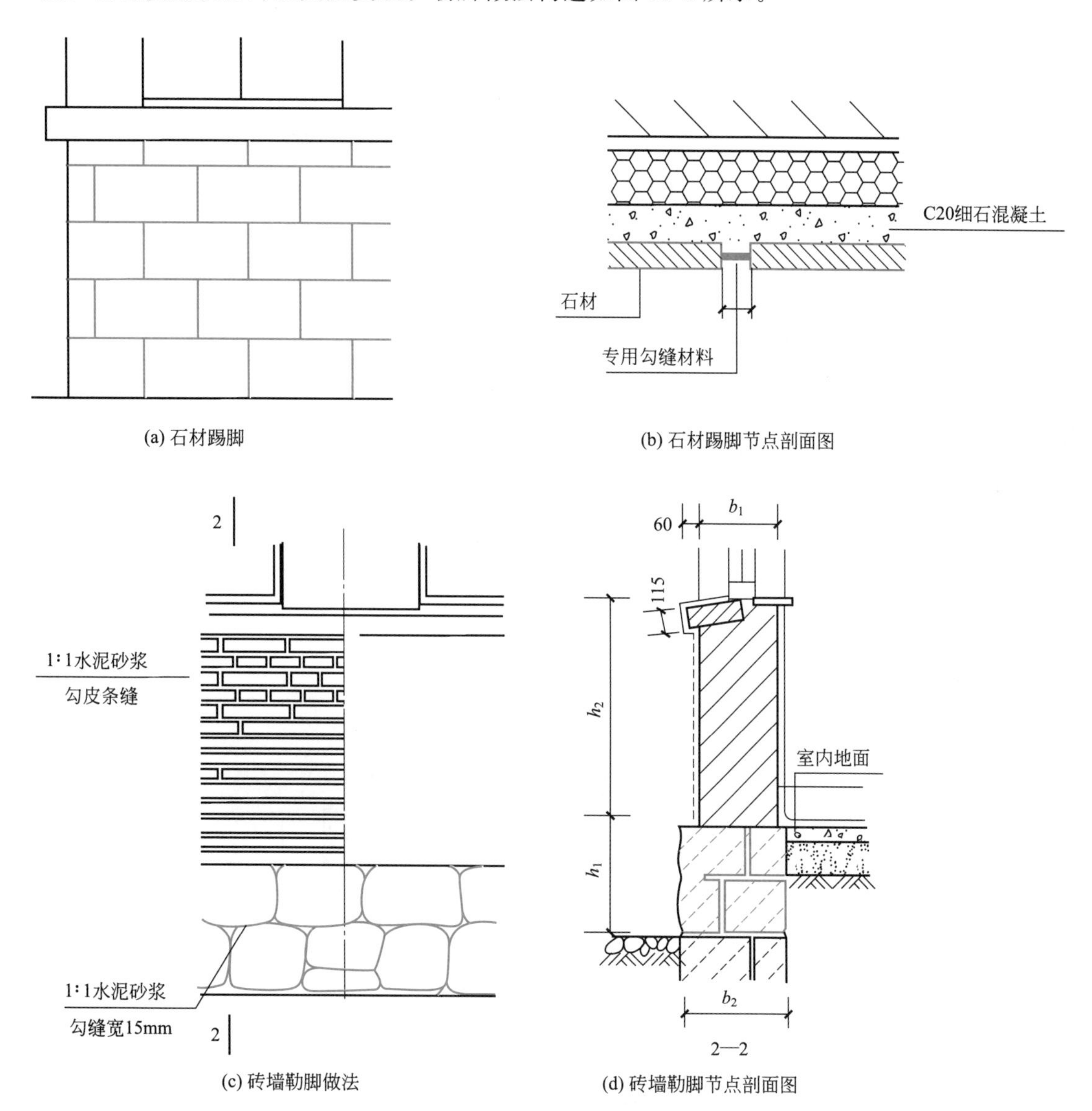

(a) 石材踢脚

(b) 石材踢脚节点剖面图

(c) 砖墙勒脚做法

(d) 砖墙勒脚节点剖面图

图 19-2

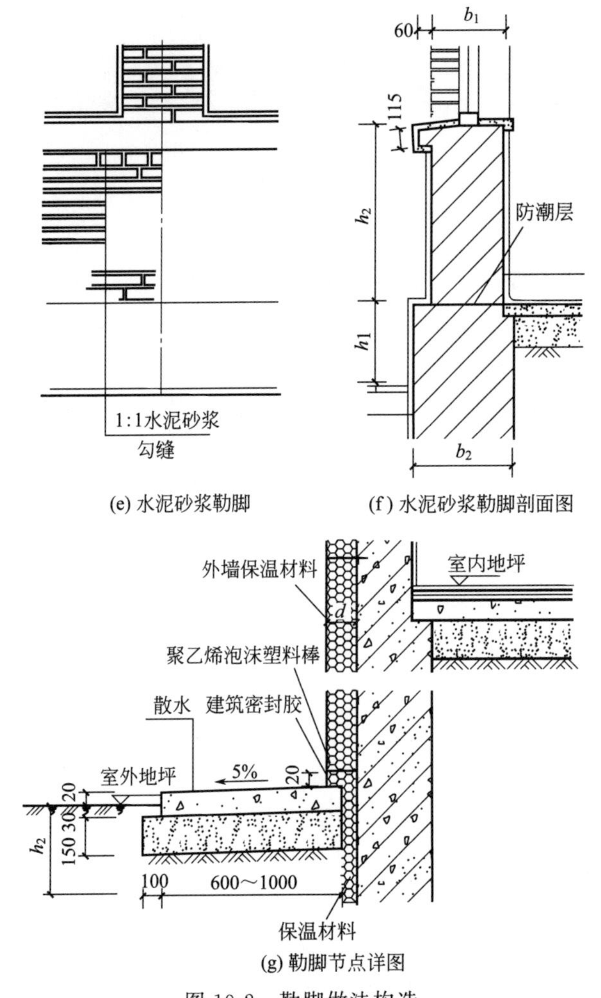

(e) 水泥砂浆勒脚　　(f) 水泥砂浆勒脚剖面图

(g) 勒脚节点详图

图 19-2　勒脚做法构造

b_1，b_2—勒脚各部分的厚度；h_1、h_2—勒脚分段高度，均按工程设计

19.2.2　雨廊

雨廊其实就是廊棚。雨廊的结构如图 19-3 所示。

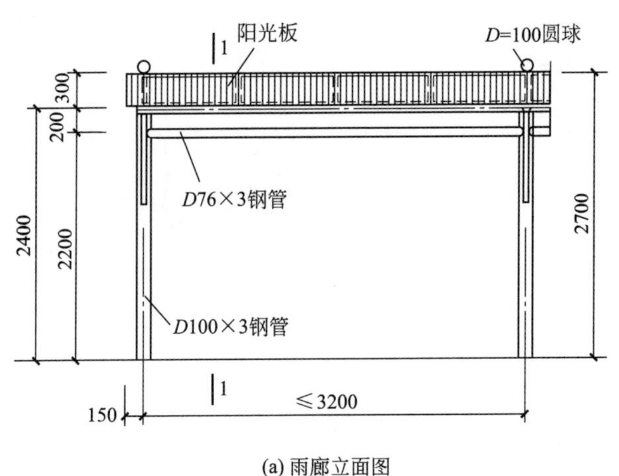

(a) 雨廊立面图

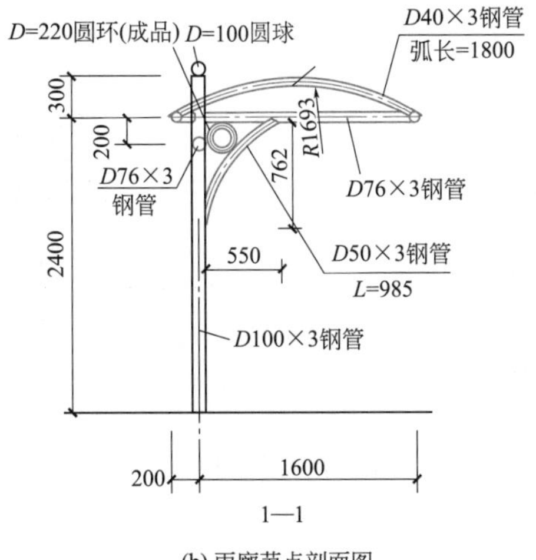

(b) 雨廊节点剖面图

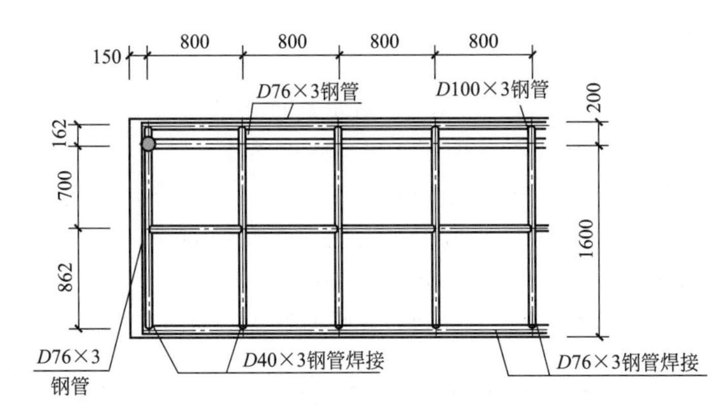

(c) 雨廊屋面结构

图 19-3　雨廊的结构

对阳光有要求的雨廊需要在其上面设置一块采光板来满足平常采光的需要。采光板雨廊的构造如图 19-4 所示。

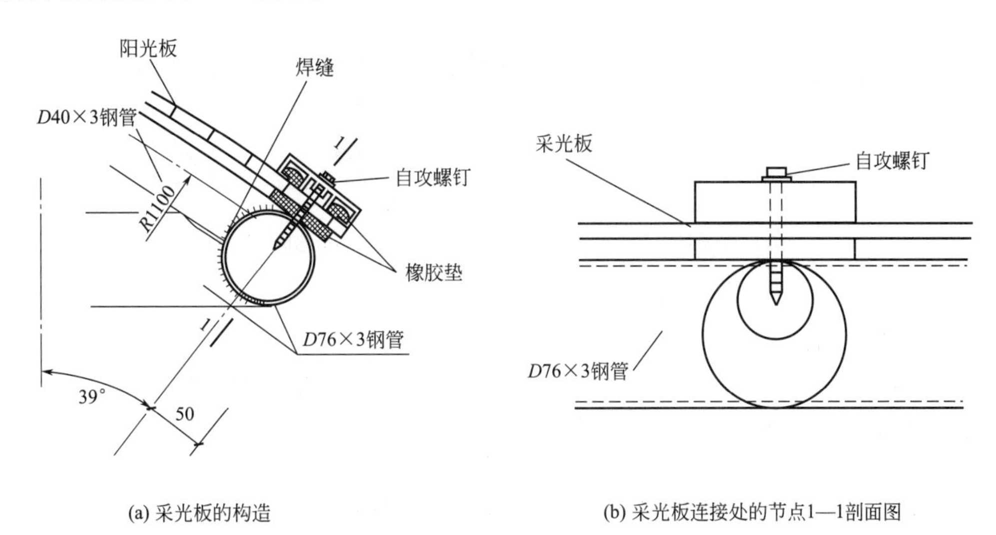

(a) 采光板的构造　　(b) 采光板连接处的节点1—1剖面图

图 19-4

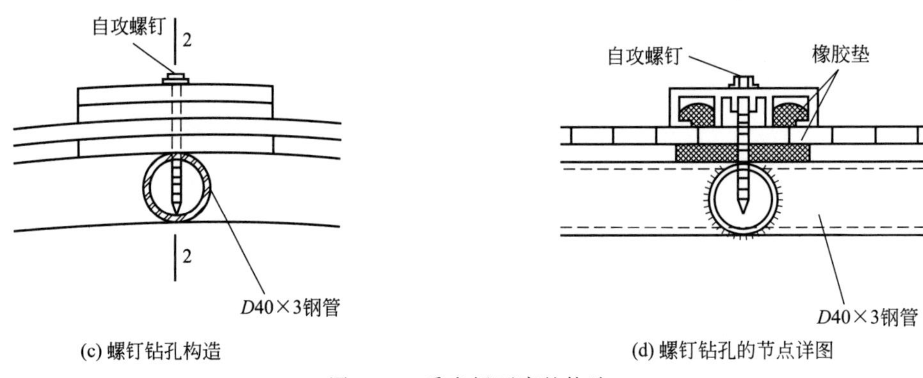

图 19-4 采光板雨廊的构造

19.2.3 台阶、平台、回车道

(1) 台阶和平台

室外台阶踏步宽度不宜小于 300mm，踏步高度不宜大于 150mm，并不宜小于 100mm，踏步级数不宜少于 2 级。常用踏步尺寸 $b \times h$（符号意义同前述楼梯踏步）为：(300～400mm)×(100～150mm)，高宽比不宜大于 1∶2.5。在台阶与建筑的出入口之间，常设缓冲平台，其宽度一般不应小于 1000mm，长度一般比出入洞口每边至少宽出 300mm。

台阶有一面台阶、两面台阶、三面台阶等平面形式，如图 19-5 所示。

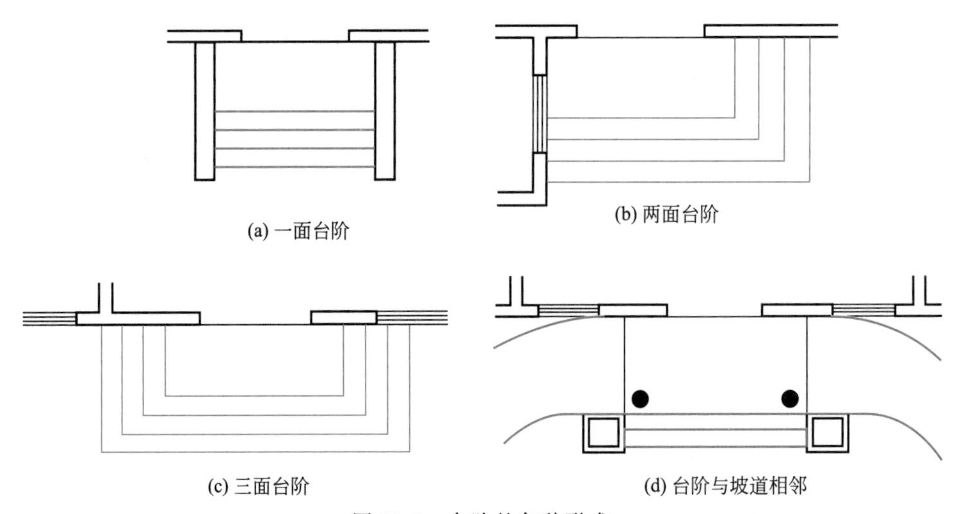

图 19-5 台阶的各种形式

常见的台阶构造形式如图 19-6 所示。

图 19-6 中 a 表示 20mm 厚 1∶2.5 水泥砂浆；b 表示本色水泥斩假石面层；c 表示彩色水磨石面层。B 为踏步宽，H 为台阶踏步高度，$B \geqslant 300$mm，$H \leqslant 150$mm。

(2) 坡道

在车辆经常出入或不宜做台阶的出入口处（如在公共场所为残疾人设置的无障碍坡道、车库出入口、货物出入口以及人流集中的建筑出入口），可用坡道解决室内外高差问题。在人员和车辆同时出入的地方，可将台阶与坡道相邻设置。

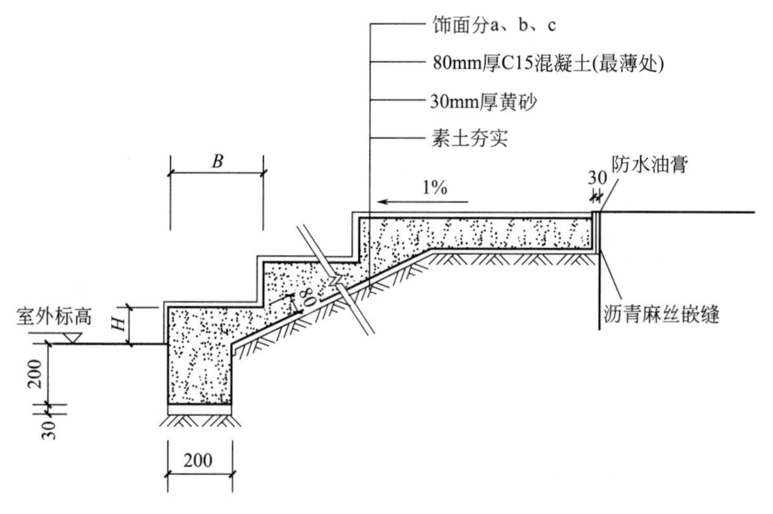

(a) 混凝土台阶

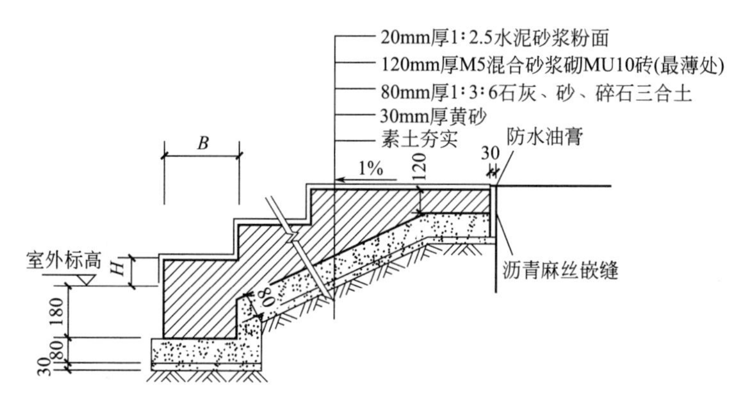

(b) 砌体台阶

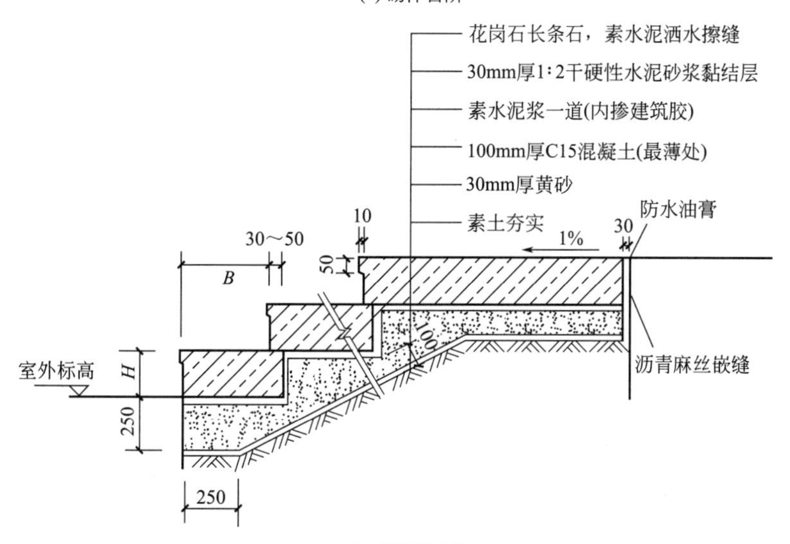

(c) 花岗岩台阶

图 19-6　常见的台阶构造形式

一般室内坡道的坡度不宜大于 1∶8，室外坡道的坡度不宜大于 1∶10，无障碍坡道的坡度不应大于 1∶12。常见坡道的构造做法有：混凝土坡道、片石斜坡和防滑条坡道等，如图 19-7 所示。

(3) 回车道

回车道指的是在路线的终端或路侧，供车辆回转方向使用的回车坪或环形道路。回车道的结构示意如图 19-8 所示。

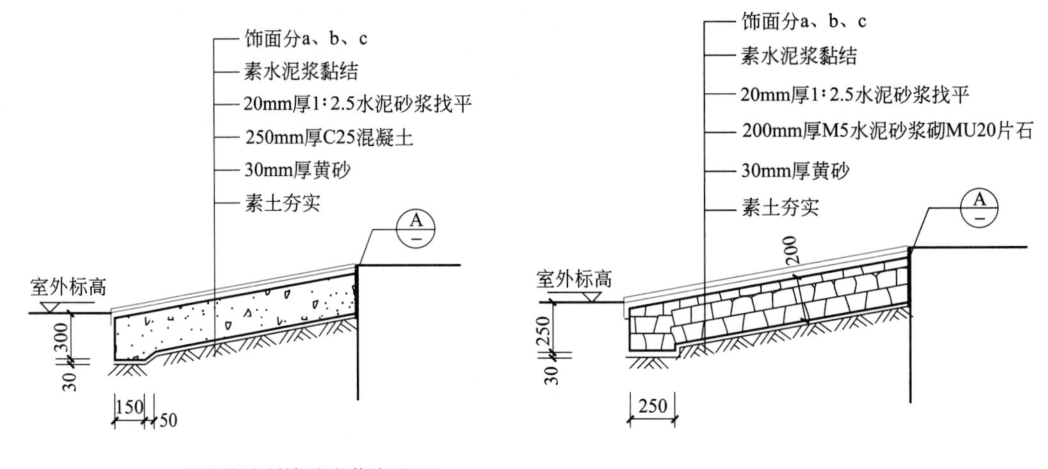

(a) 混凝土斜坡(汽车荷载≤10t)

(b) 片石斜坡构造

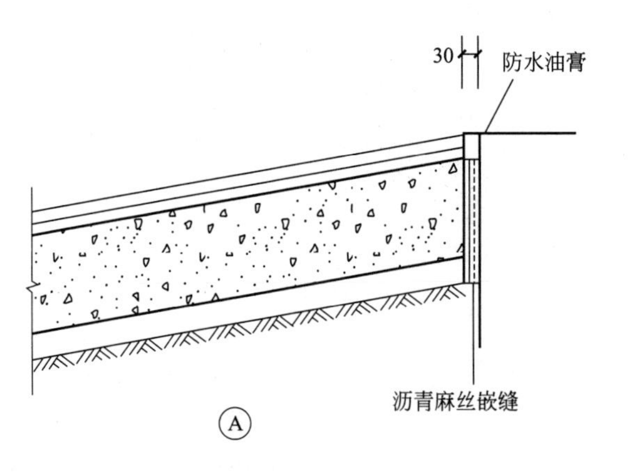

(c) 斜坡剖面图A的节点构造详图

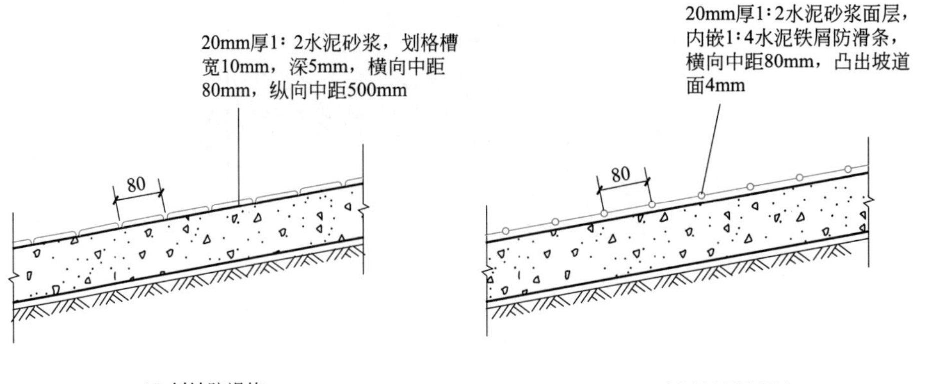

(d) 斜坡防滑格

(e) 斜坡铁屑防滑条

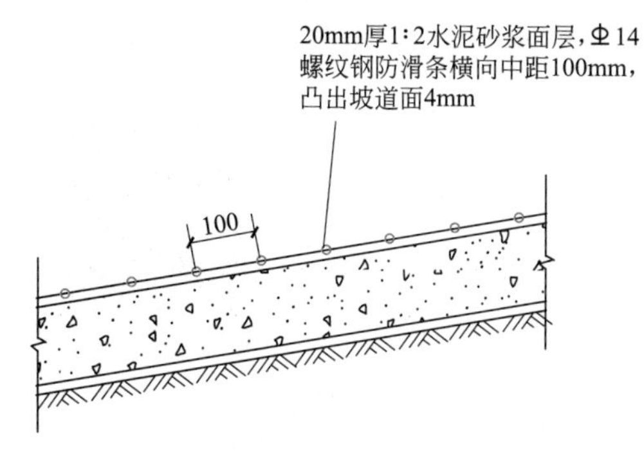

(f) 斜坡螺纹钢防滑条

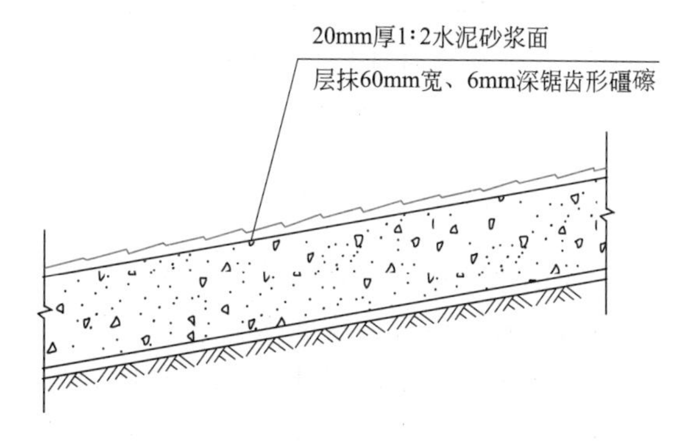

(g) 斜坡锯齿形防滑礓礤

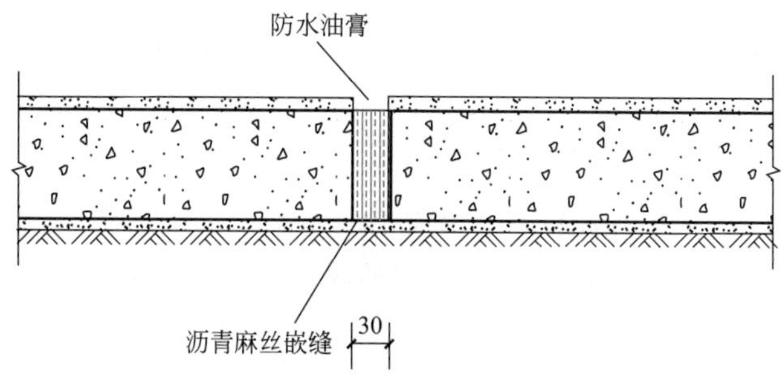

(h) 斜坡的伸缩缝节点详图

图 19-7 常见坡道的构造做法

a—本色水泥斩假石面层；b—防滑地板砖面层；c—花岗石面层

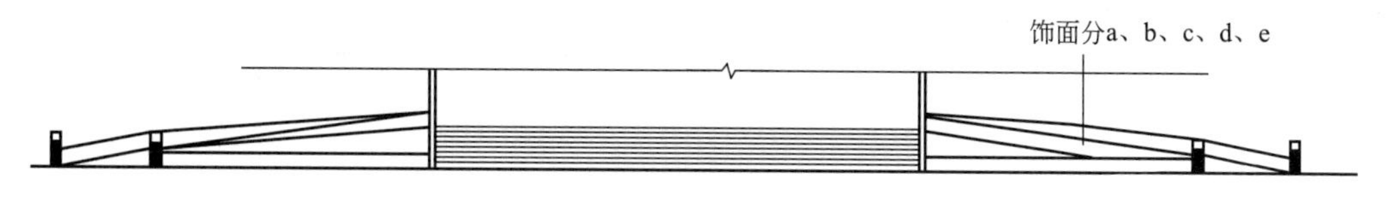

(a) 回车道立面示意

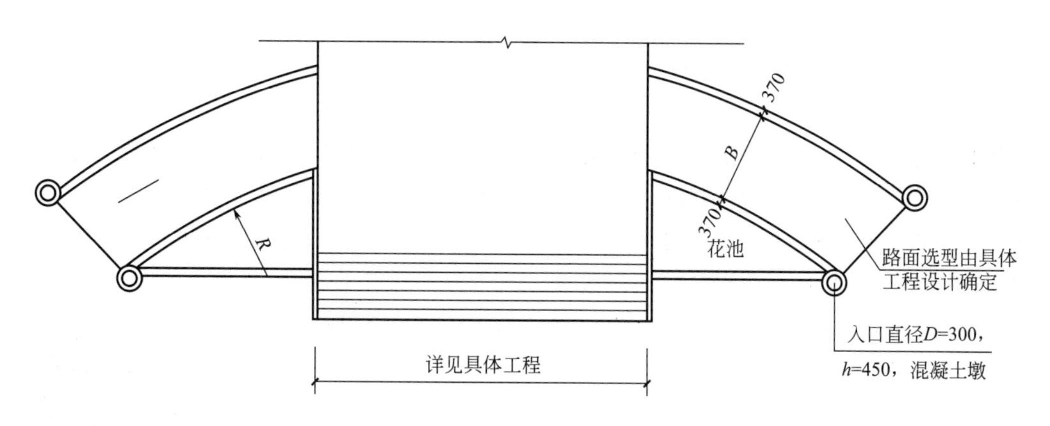

(b) 回车道平面示意

图 19-8 回车道的结构示意

图 19-8 中 a 为 20mm 厚 1∶2.5 水泥砂浆粉面；b 为本色水泥斩假石面层；c 为釉面砖面层；d 为水刷石面层；e 为蘑菇石面层（火烧板、抛光板）；b、c、d、e 均用 20mm 厚 1∶3 水泥砂浆找平后用水泥浆黏结。

扫码看视频

踏步、栏杆、栏板

19.2.4 踏步、栏杆、栏板

踏步的水平面称为踏面，其宽度为踏步宽。踏步的垂直面称为踢面，其数量称为级数，高度称为踏步高。为了消除或减轻疲劳，每一楼梯段的级数一般不应超过 18 级。同时，考虑人们行走的习惯性，楼梯段的级数也不应少于 3 级。这是因为，级数太少不易为人们察觉，容易摔倒。

踏步由踏面和踢面组成，两者投影长度之比决定了楼梯的坡度。一般认为，踏面的宽度应大于成年男子脚的长度，使人们在上、下楼梯时脚可以全部落在踏面上，以保证行走时的舒适。踢面的高度取决于踏面的宽度，成人以 150mm 左右较适宜，不应高于 175mm。

踏步的尺寸应根据表 19-1 所示的规定去设计。

表 19-1　踏步的常用尺寸　　单位：mm

项目	住宅	学校、办公楼	剧院、食堂	医院（病人用）	幼儿园
踏步高	156～175	140～160	120～150	150	120～150
踏步宽	250～300	280～340	300～350	300	260～300

踏步的示意如图 19-9 所示。

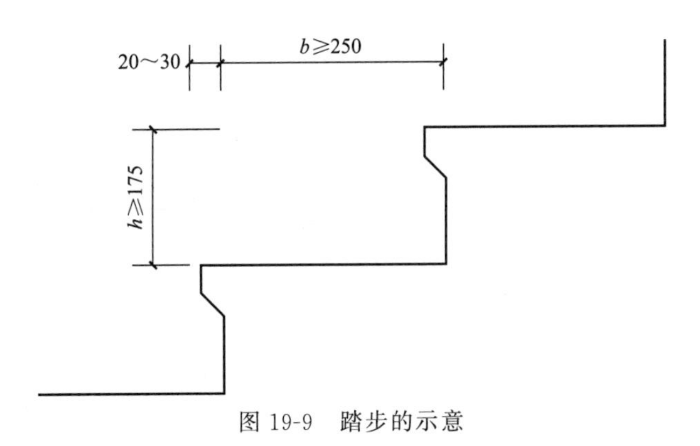

图 19-9　踏步的示意

栏板是建筑物中起到围护作用的一种构件，供人在正常使用建筑物时防止坠落的防护措施，是一种板状护栏设施，封闭连续，一般用在阳台、屋面女儿墙和楼梯部位，高度一般在 1m 左右。栏板根据材料不同又可分为砌体栏板、钢筋混凝土栏板和砌体钢管栏板，如图 19-10 所示，图中 B 为砌体栏杆的宽度，h 为砌体栏杆的高度。

栏杆是楼梯的安全防护措施。它既有安全防滑的作用，又有装饰的作用。栏杆的形式如图 19-11 所示。

扫码看视频

散水

19.2.5 散水、明沟、暗沟

散水是指房屋外墙四周的勒脚处（室外地坪上）用片石砌筑或用混

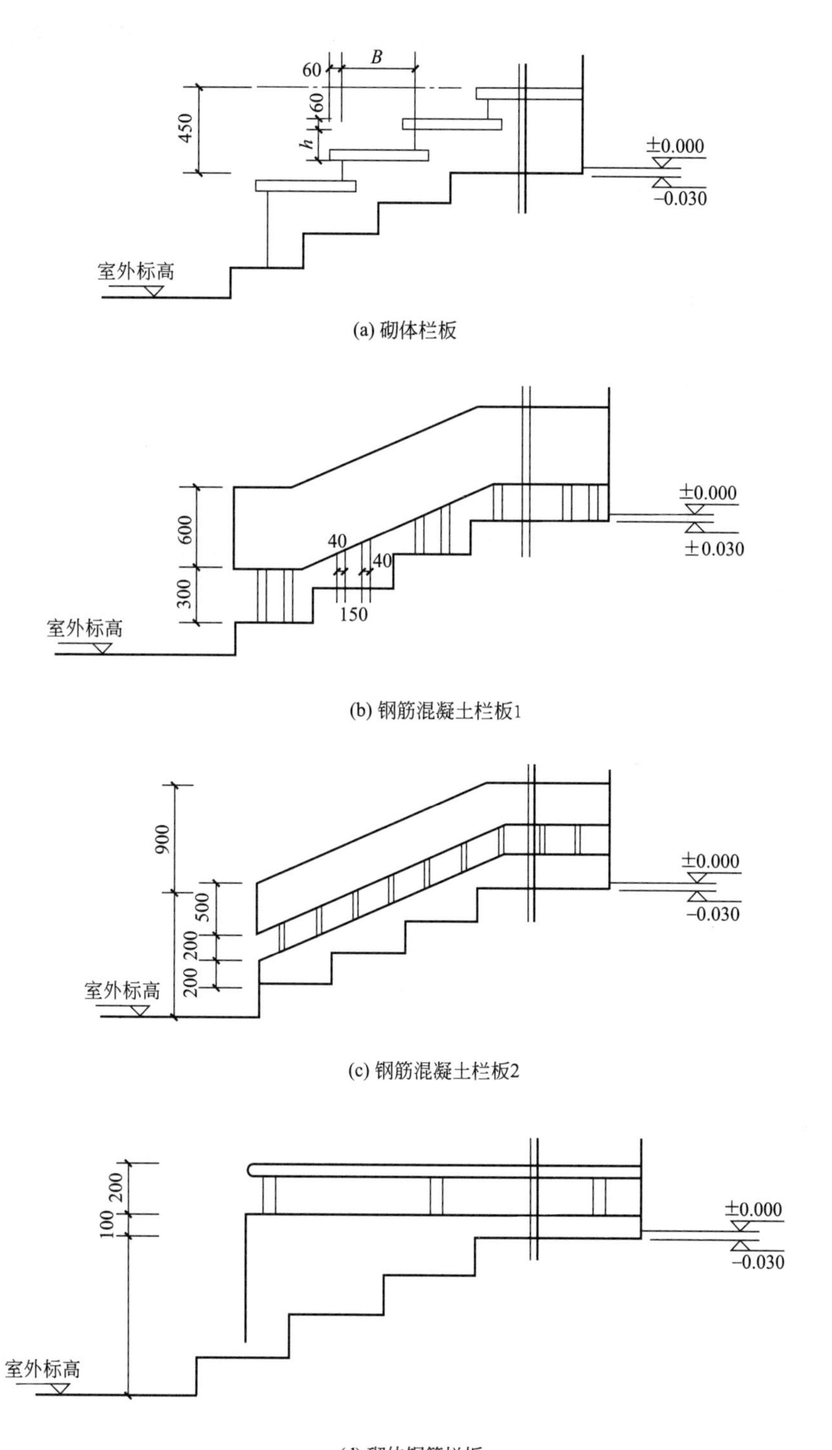

(a) 砌体栏板

(b) 钢筋混凝土栏板1

(c) 钢筋混凝土栏板2

(d) 砌体钢管栏板

图 19-10　栏板构造

凝土浇筑的有一定坡度的散水坡。散水的作用是迅速排走勒脚附近的雨水，避免雨水冲刷或渗透到地基，防止基础下沉，以保证房屋的巩固耐久。

散水宽度宜为 600～1000mm，当屋檐较大时，散水宽度要随之增大，以便屋檐上的雨水都能落在散水上迅速排散。散水的坡度一般为 5%，外缘应高出地坪 30～50mm，以

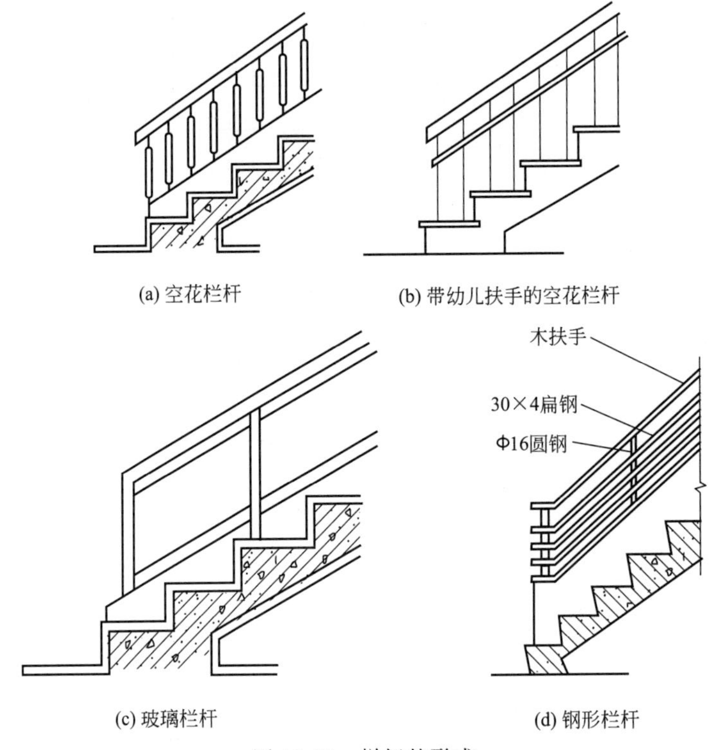

(a) 空花栏杆　(b) 带幼儿扶手的空花栏杆　(c) 玻璃栏杆　(d) 钢形栏杆

图 19-11　栏杆的形式

便雨水排出，流向明沟或地面他处散水，与勒脚接触处应用沥青砂浆灌缝，以防止墙面雨水渗入缝内。散水结构示意如图 19-12 所示。

图 19-12 中散水宽度 B 由具体工程设计确定，一般应大于 600mm，且应大于屋顶挑檐 200mm。散水纵向每隔 20m 设置一道伸缩缝。

在年降雨量较大的地区可采用明沟排水。明沟是将雨水导入城市地下排水管网的排水设施。一般在年降雨量为 900mm 以上的地区采用明沟排除建筑物周边的雨水。明沟宽一般为 200mm 左右，材料为混凝土、砖等。明沟和暗沟的结构形式如图 19-13 所示。

明沟和暗沟的沟底纵向坡度均采用 C20 细石混凝土找坡（3%～5%）。

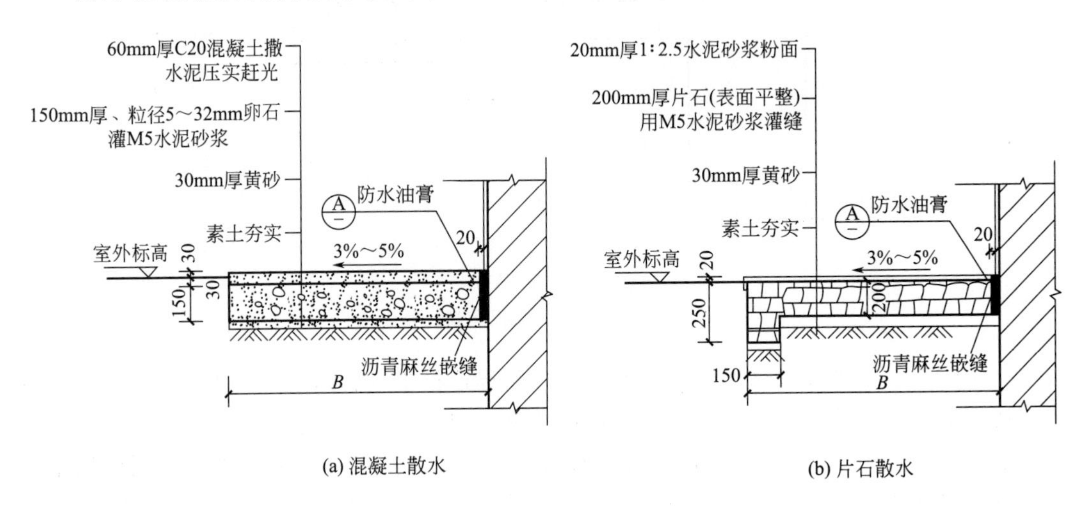

(a) 混凝土散水　(b) 片石散水

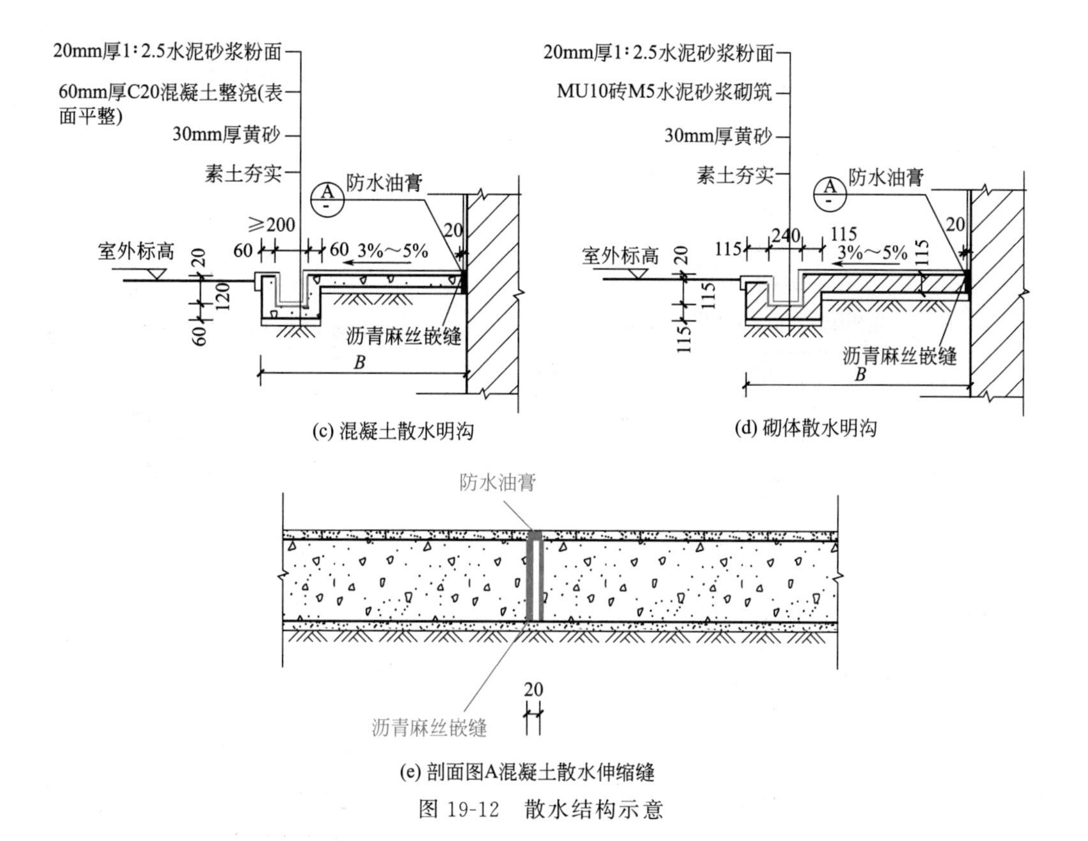

(c) 混凝土散水明沟　(d) 砌体散水明沟

(e) 剖面图A混凝土散水伸缩缝

图 19-12　散水结构示意

19.2.6　花池、花台、花架廊

(1) 花池

花池是种植花卉或灌木的用砖砌体或混凝土结构围合的小型构造物。池内填种植土，设排水孔，其高度一般不超过 600mm。花池紧靠建筑物外墙时必须设置防潮层，做法为外墙抹 20mm 厚 1∶2 水泥砂浆内掺入 3%防水剂，再附加一层防水卷材至室内地坪下 60～100mm。花池的结构如图 19-14 所示。

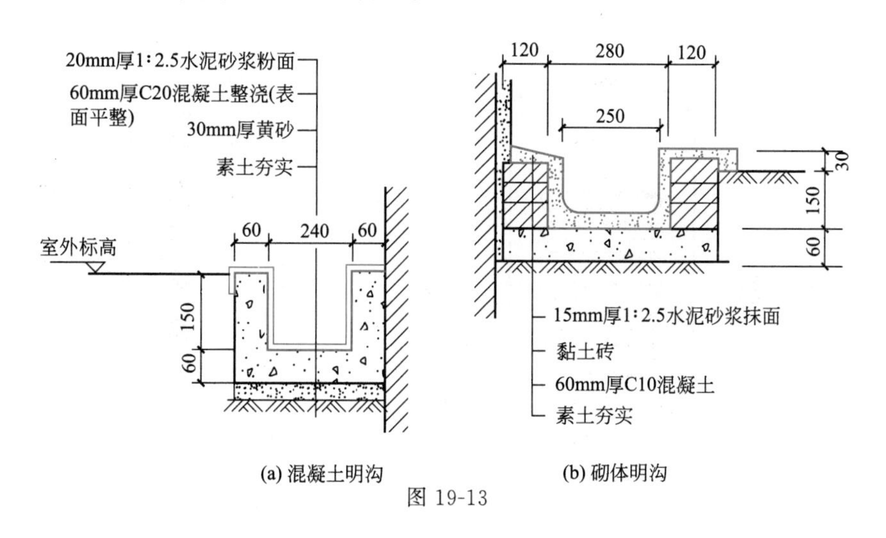

(a) 混凝土明沟　(b) 砌体明沟

图 19-13

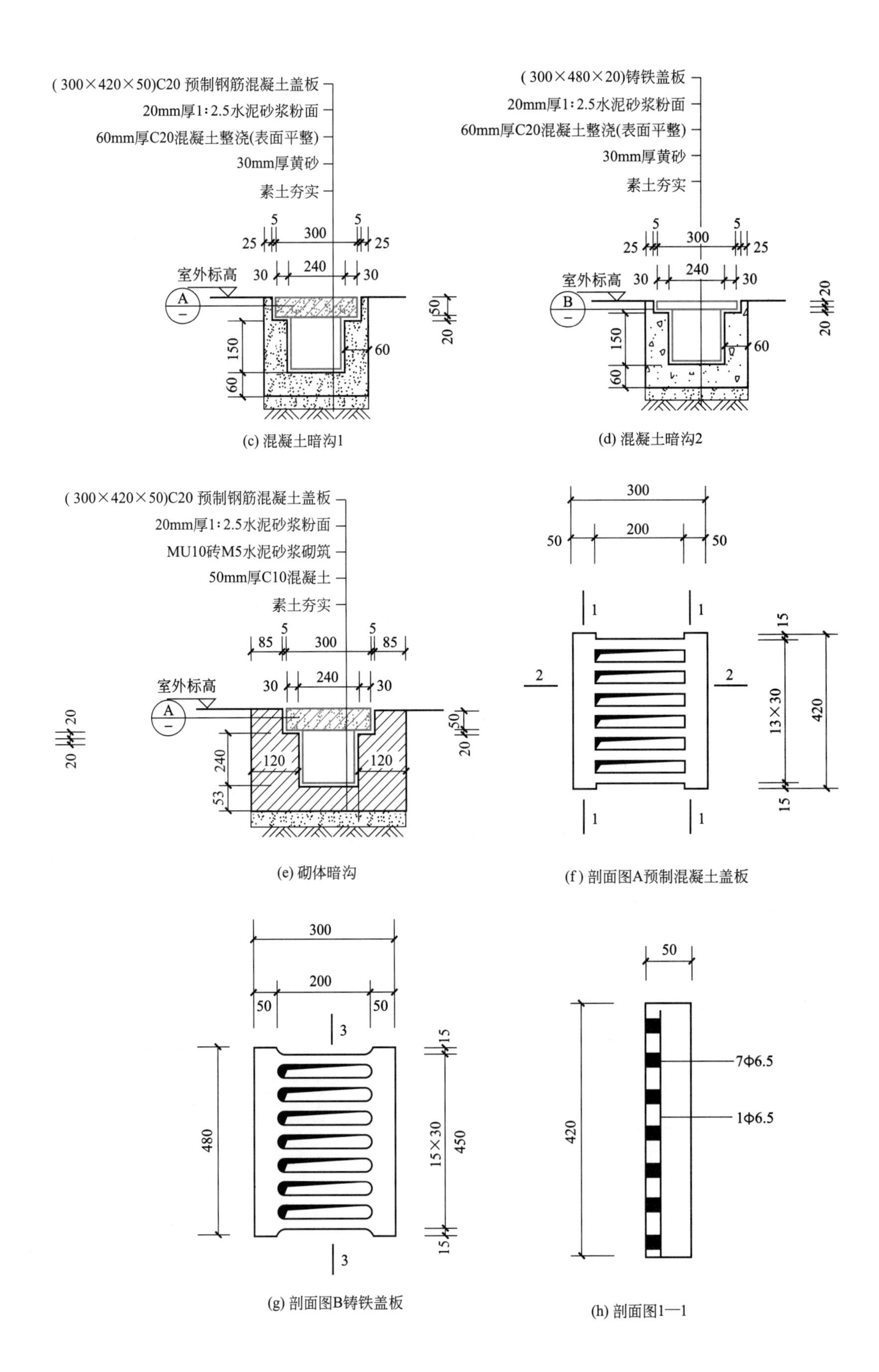

(c) 混凝土暗沟1

(d) 混凝土暗沟2

(e) 砌体暗沟

(f) 剖面图A预制混凝土盖板

(g) 剖面图B铸铁盖板

(h) 剖面图1—1

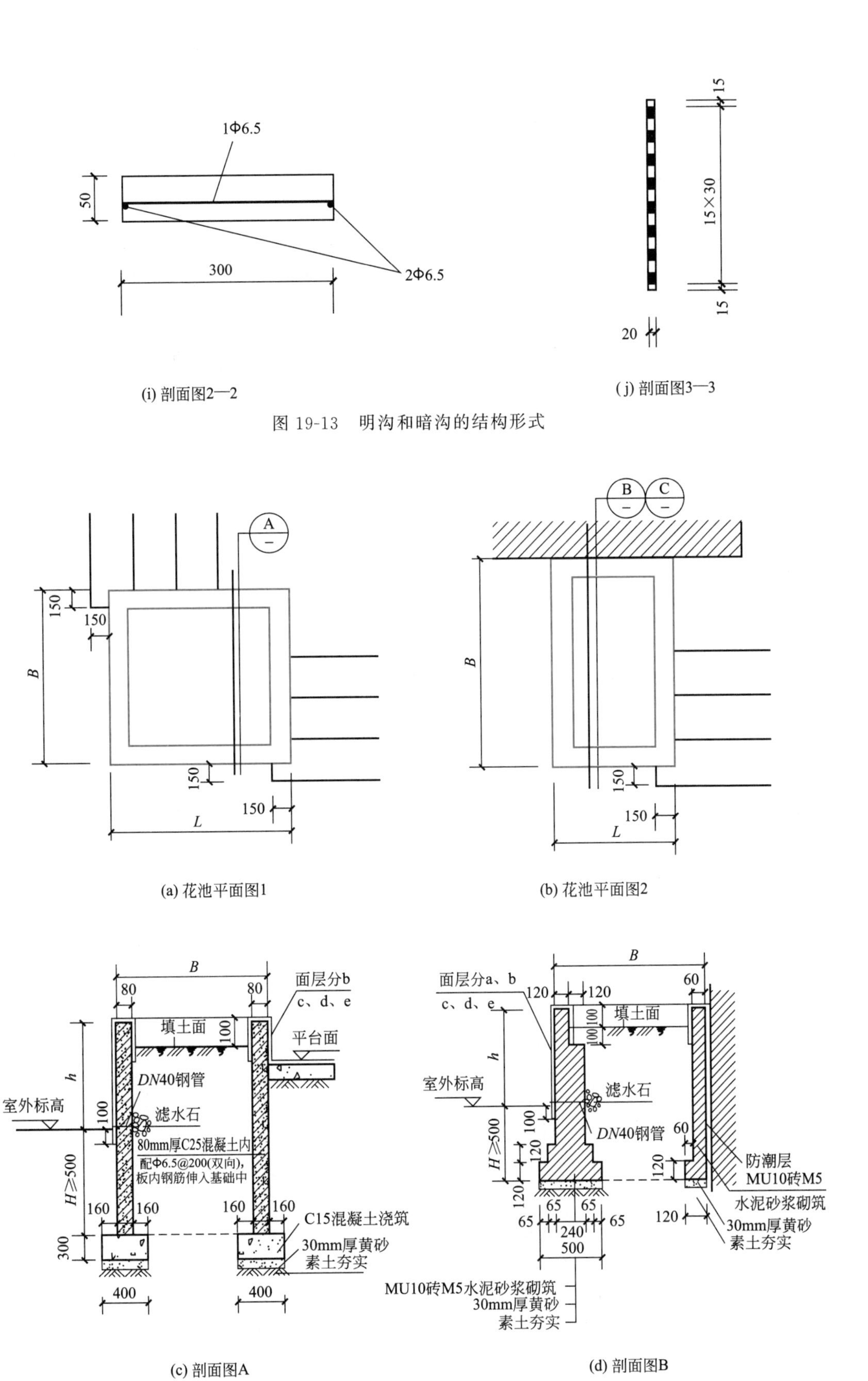

(i) 剖面图2—2

(j) 剖面图3—3

图 19-13 明沟和暗沟的结构形式

(a) 花池平面图1

(b) 花池平面图2

(c) 剖面图A

(d) 剖面图B

图 19-14

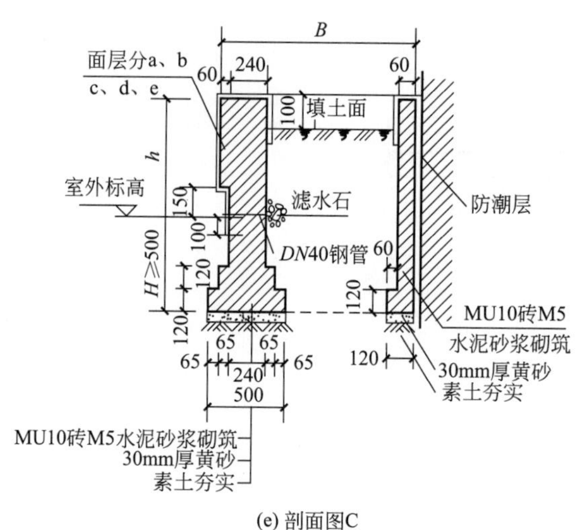

(e) 剖面图C

图 19-14 花池的结构

图 19-14 中 a 为 20mm 厚 1∶2.5 水泥砂浆粉面；b 为本色水泥斩假石面层；c 为釉面砖面层；d 为石材饰面；e 为蘑菇石面层（火烧板、抛光板）；b、c、d、e 均用 20mm 厚 1∶3 水泥砂浆找平后用水泥浆黏结。花池的长 L、宽 B、高 h 及埋深 H 由具体工程设计确定。花池内种植土高度宜低于池边 100mm。

（2）花台

四周用砖石砌的高出地面的用来栽植灌木类花木的台子称为花台。花台或依墙而筑，或正位建中，常在庭前、廊前或栏杆前布置。花台紧靠建筑物外墙时必须设防潮层，做法为外墙抹 20mm 厚 1∶2 水泥砂浆，内掺入 3%防水剂，再附加一层防水卷材至室内地下 60～100mm。花台上还可点缀以山石，配置花草。花台参数包含 4 个部分：柱宽直径、柱高、柱头宽、底座宽。花台的构造如图 19-15 所示。

图 19-15 中 a 为 20mm 厚 1∶2.5 水泥砂浆粉面；b 为本色水泥斩假石面层；c 为釉面砖面层；d 为石材饰面；e 为蘑菇石面层（火烧板、抛光板）；b、c、d、e 均用 20mm 厚 1∶3 水泥砂浆找平后用水泥浆黏结。花池的长 L、宽 B、高 h 及埋深 H 由具体工程设计规定。

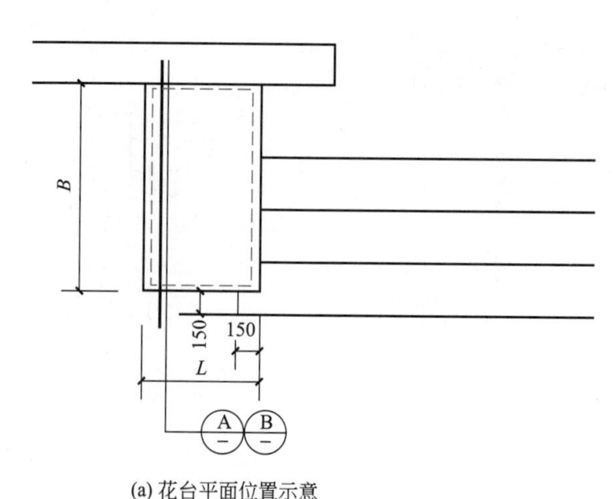

(a) 花台平面位置示意

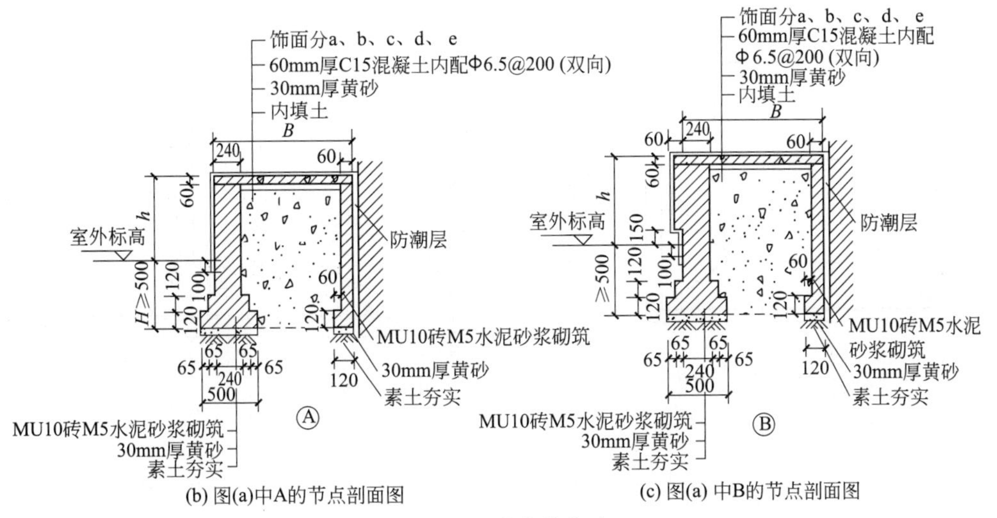

(b) 图(a)中A的节点剖面图　　(c) 图(a) 中B的节点剖面图

图 19-15　花台的构造

(3) 花架廊

花架在造园林设计中往往有亭、廊的作用，做长线的布置时，就像游廊一样能发挥建筑空间的脉络作用，也可以用来划分空间，增加风景的深度。做点状布置时，就像亭子一般。

① 预制钢筋混凝土单柱花架梁　预制钢筋混凝土单柱花架梁结构及节点详图如图 19-16 所示。

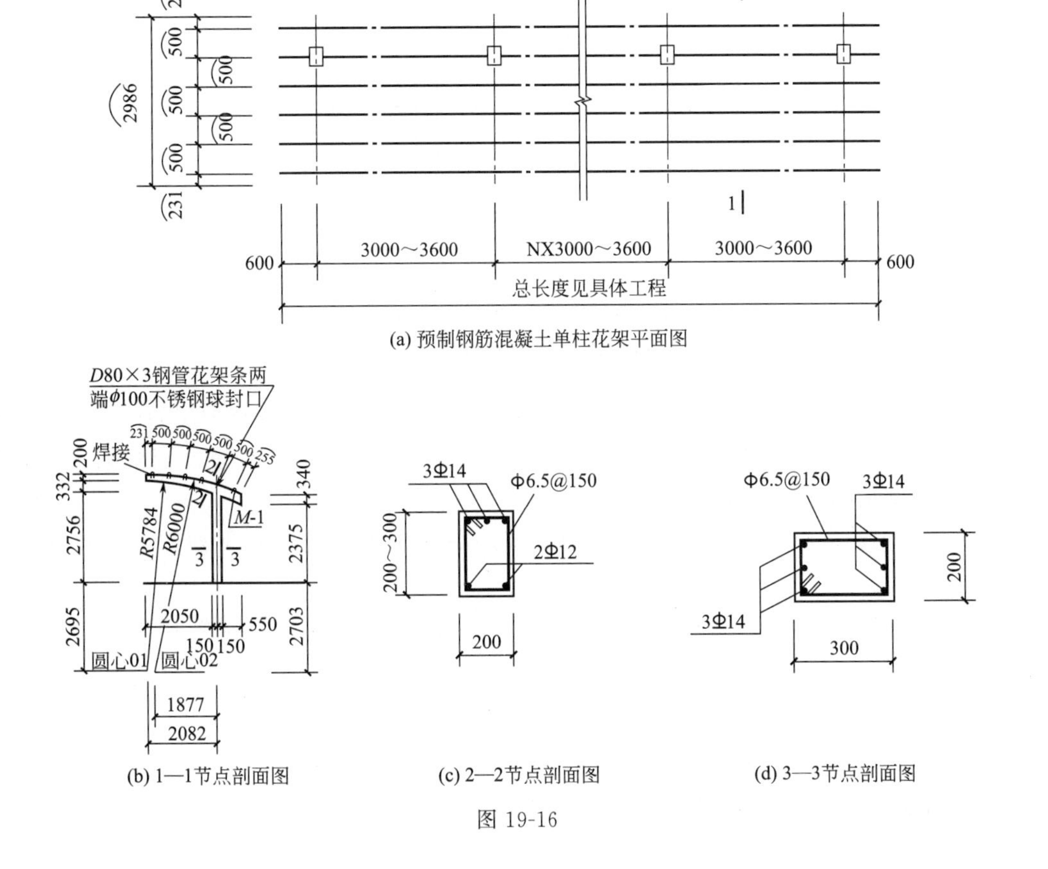

(a) 预制钢筋混凝土单柱花架平面图

(b) 1—1节点剖面图　　(c) 2—2节点剖面图　　(d) 3—3节点剖面图

图 19-16

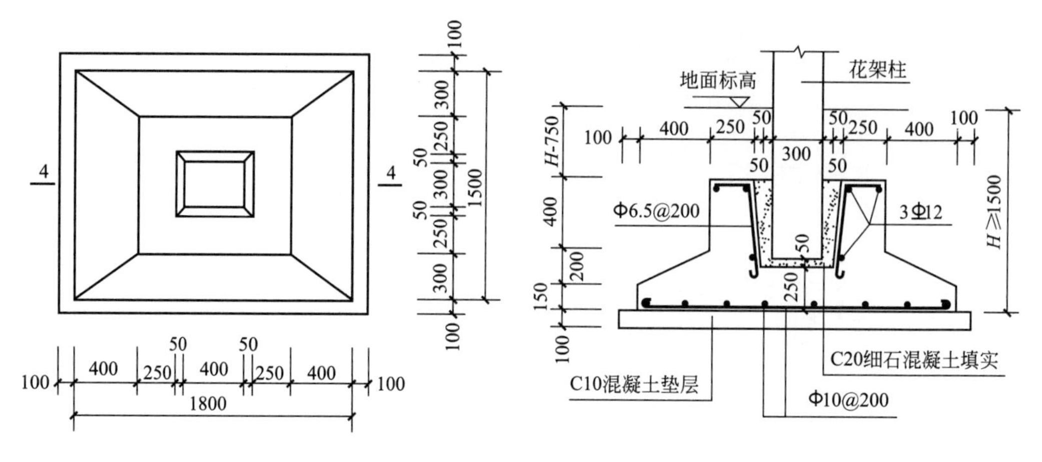

(e) 预制钢筋混凝土单柱花架基础平面图

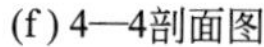
(f) 4—4剖面图

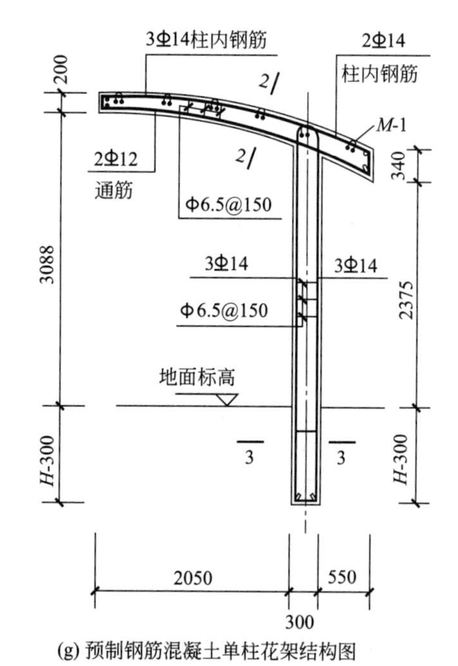

(g) 预制钢筋混凝土单柱花架结构图

图 19-16　预制钢筋混凝土单柱花架结构及节点详图

图 19-16 中花架采用 C20 混凝土，基础采用 C15 混凝土。设计持力层为稳定土层，地耐力≥120kPa，当设计地耐力＜120kPa 时，由具体工程设计另行处理。当基础材料的设计强度≥70％时方可吊装上部构件。

② 现浇钢筋混凝土单柱花架廊　现浇钢筋混凝土单柱花架廊平面图及节点详图如图 19-17 所示。

③ 现浇混凝土双柱花架廊　现浇混凝土双柱花架廊的结构示意如图 19-18 所示。

19.2.7　展示窗

① 钢结构展示窗　钢结构展示窗的节点构造如图 19-19 所示。

② 铝合金展示窗　铝合金展示窗的节点构造如图 19-20 所示。

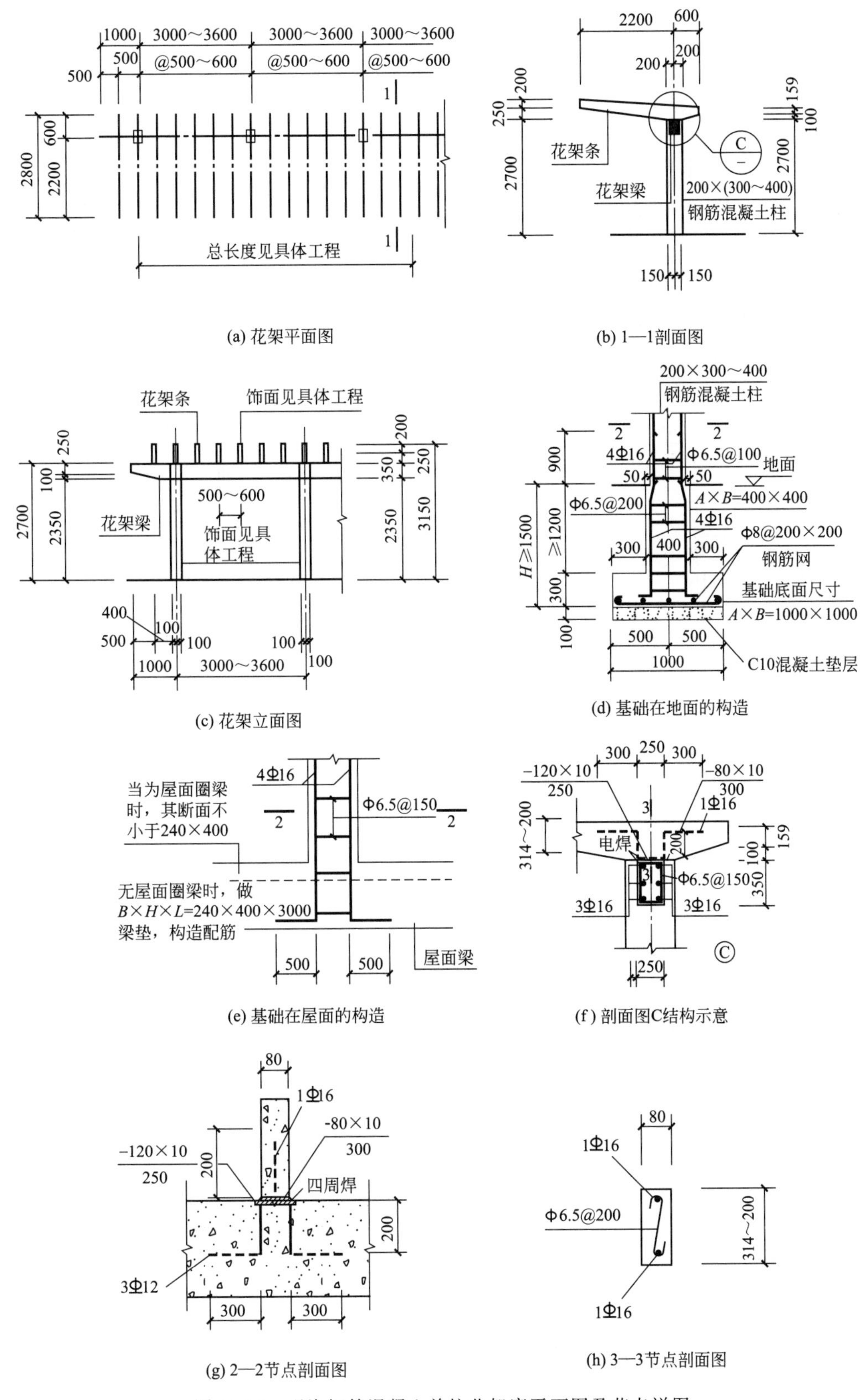

图 19-17 现浇钢筋混凝土单柱花架廊平面图及节点详图

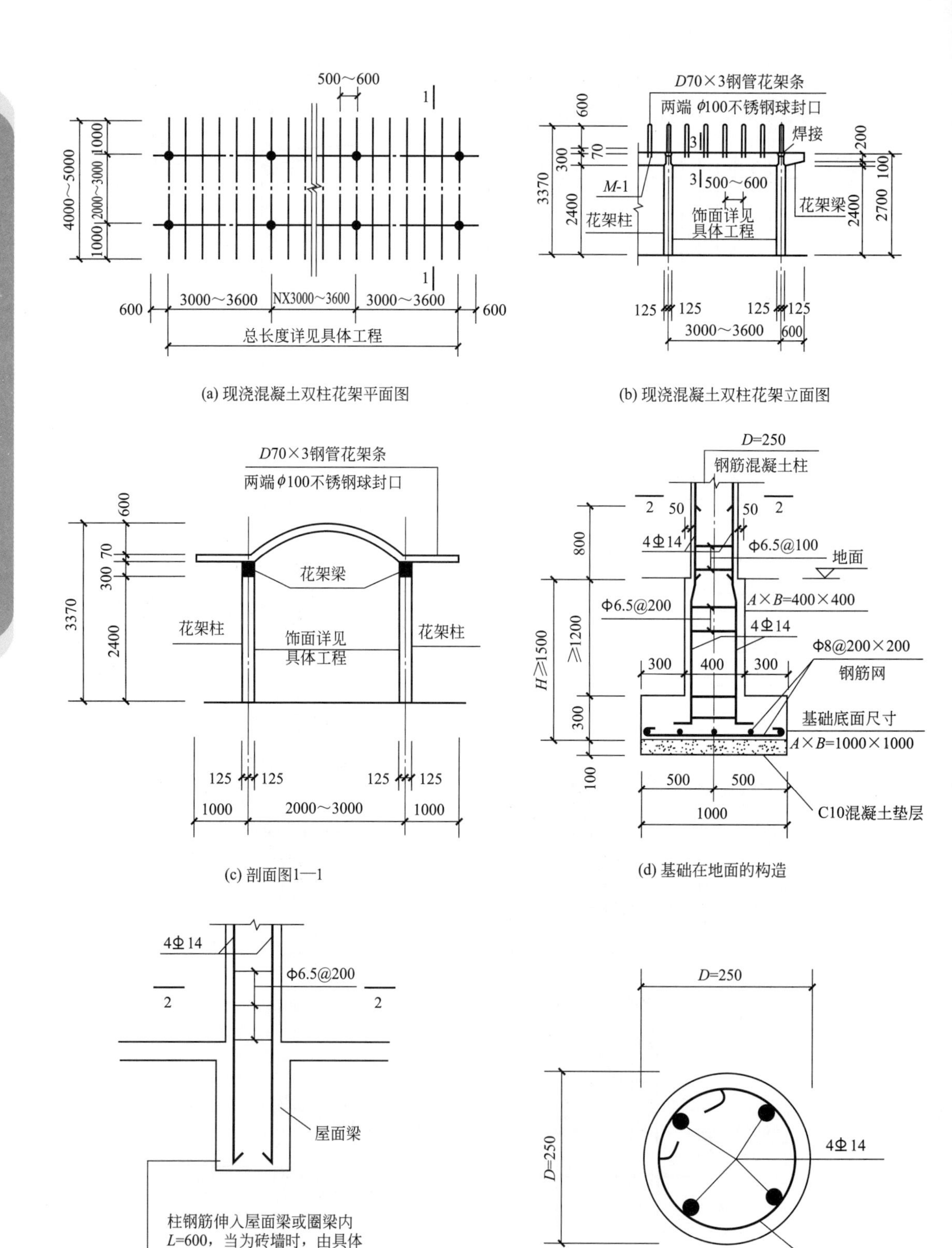

图 19-18　现浇混凝土双柱花架廊结构示意

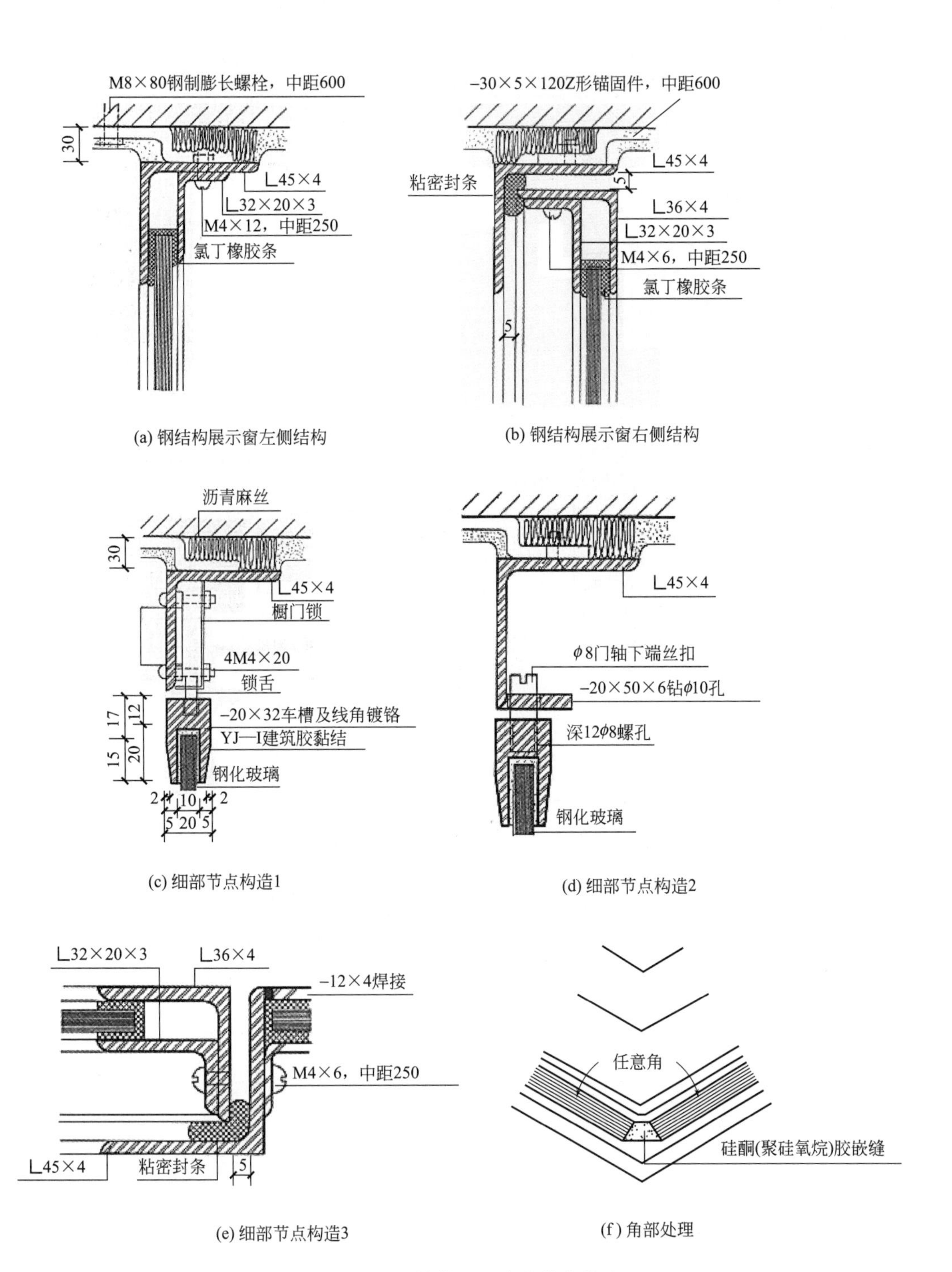

(a) 钢结构展示窗左侧结构

(b) 钢结构展示窗右侧结构

(c) 细部节点构造1

(d) 细部节点构造2

(e) 细部节点构造3

(f) 角部处理

图 19-19　钢结构展示窗的节点构造

③ 钢筋混凝土宣传窗　钢筋混凝土宣传窗的结构如图 19-21 所示。

④ 橱窗　橱窗的平面尺寸及橱高按照工程设计去做，橱窗的结构形式有三种：开敞式橱窗（没有后背，直接与卖场的空间相通，人们可以透过玻璃将店内情况尽收眼底），封闭式橱窗（后背装有壁板，与卖场完全隔开，形成单独空间），半封闭式橱窗（后背与卖场采用半通透形式的橱窗，通过半透明物件或部分墙面与卖场相隔）。橱窗的结构示意如图 19-22 所示。

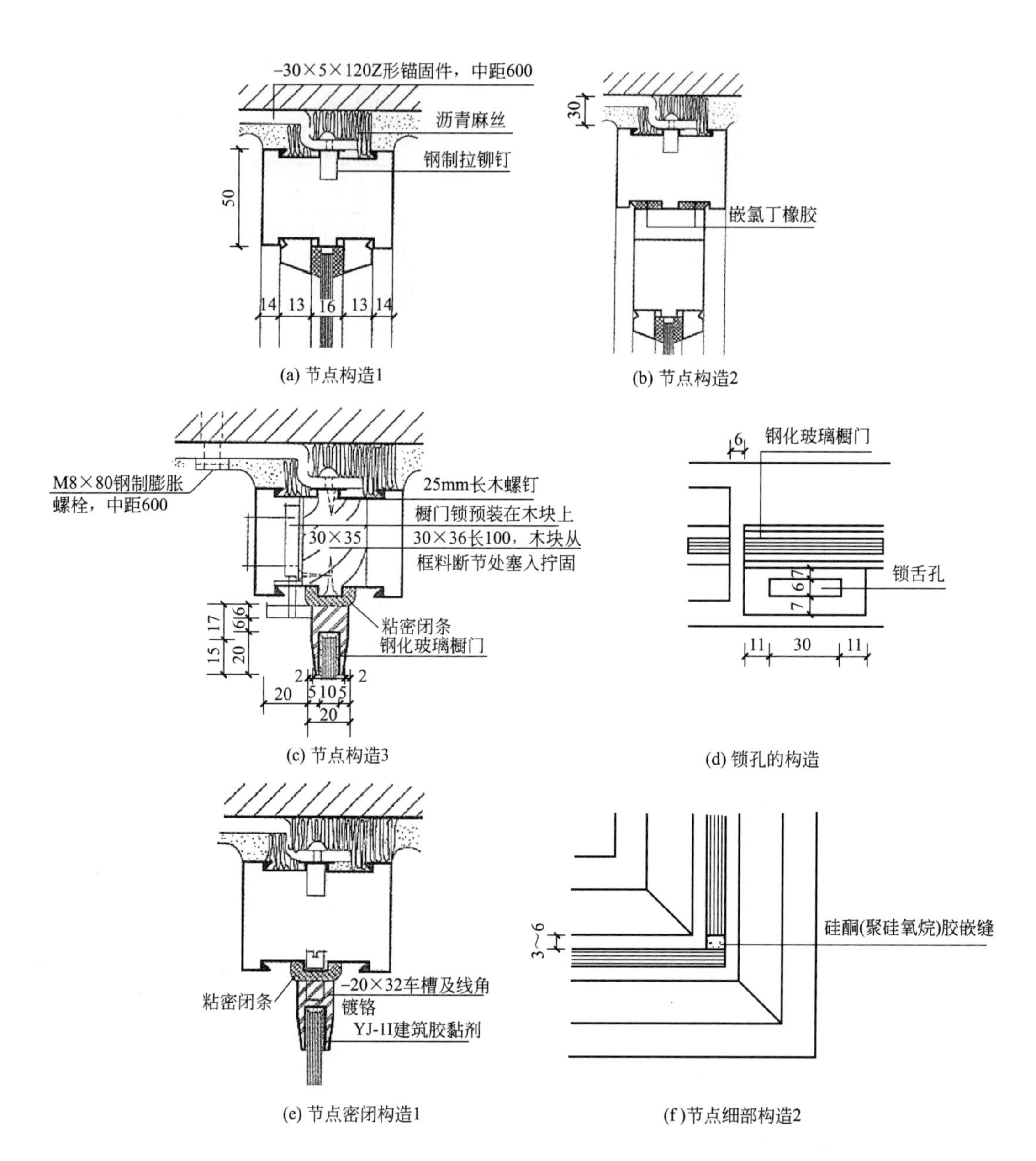

(a) 节点构造1

(b) 节点构造2

(c) 节点构造3

(d) 锁孔的构造

(e) 节点密闭构造1

(f)节点细部构造2

图 19-20　铝合金展示窗的节点构造

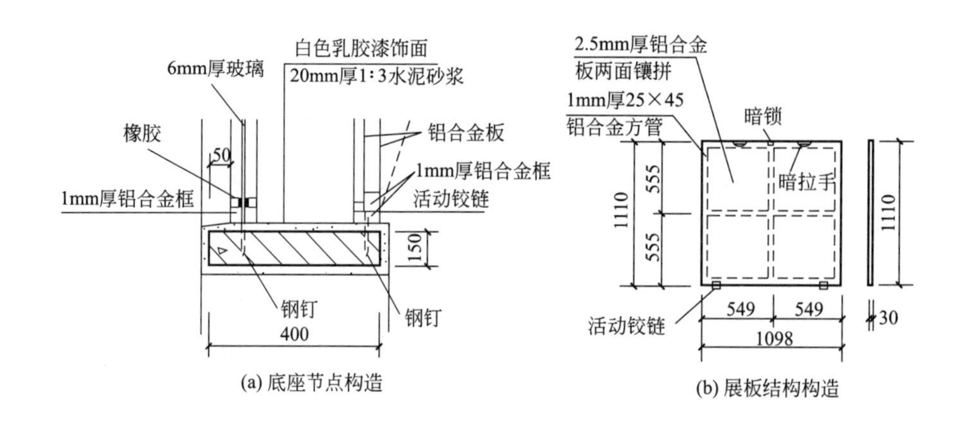

(a) 底座节点构造

(b) 展板结构构造

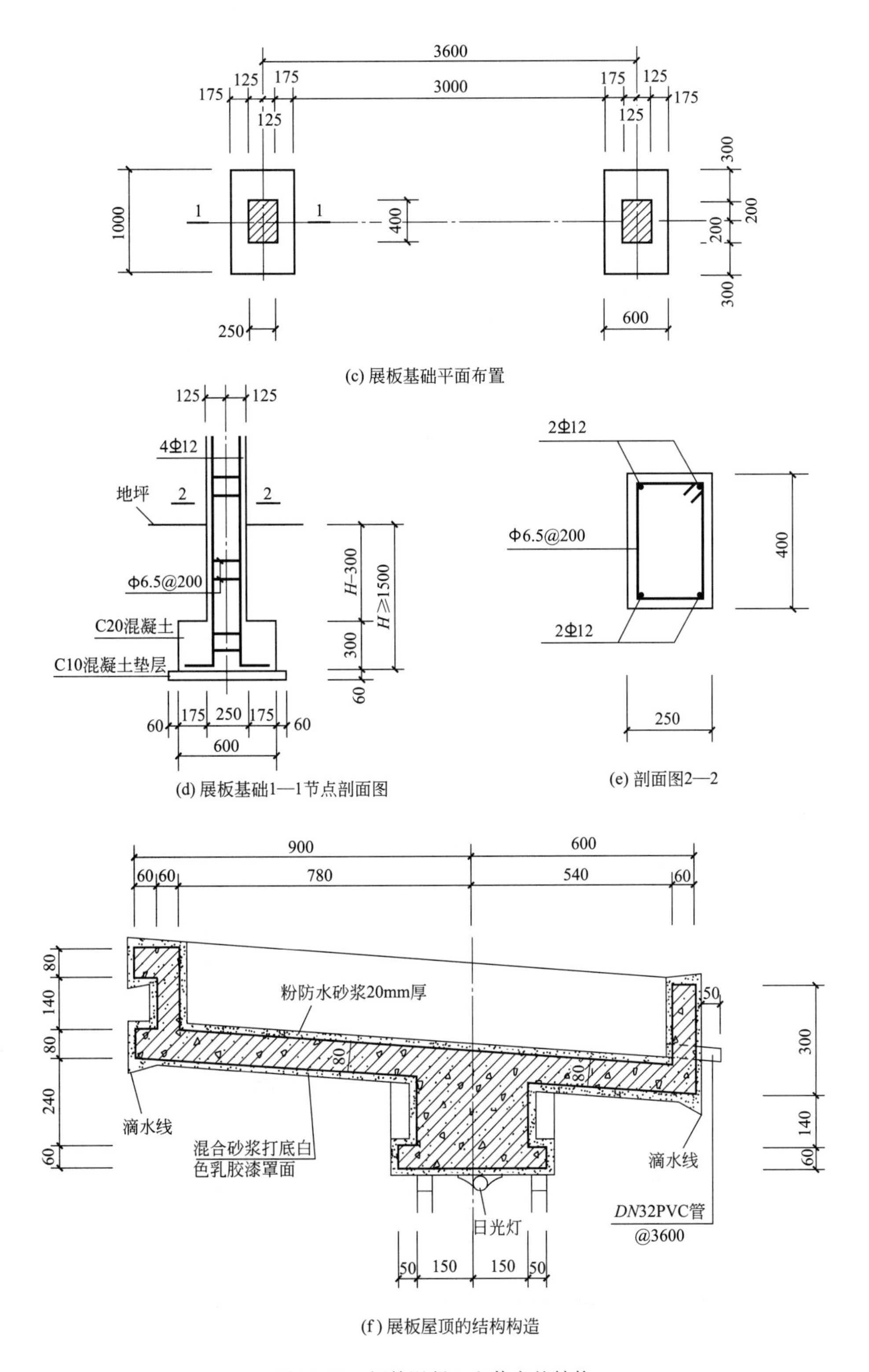

(c) 展板基础平面布置

(d) 展板基础1—1节点剖面图

(e) 剖面图2—2

(f) 展板屋顶的结构构造

图 19-21　钢筋混凝土宣传窗的结构

⑤ 钢宣传窗　钢宣传窗的钢架均采用优质热轧无缝钢管制作。钢宣传窗的构造如图 19-23 所示。

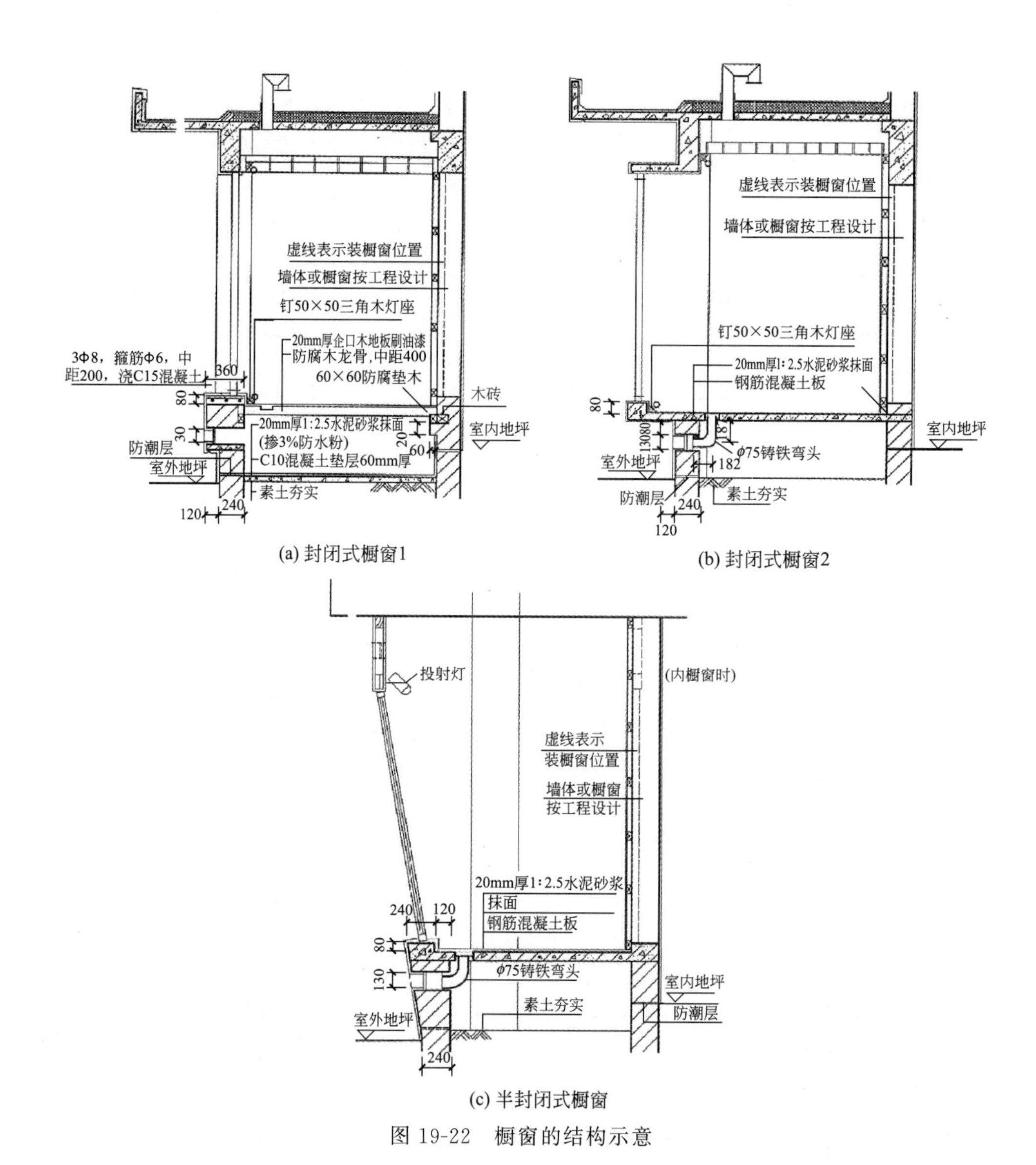

(a) 封闭式橱窗1

(b) 封闭式橱窗2

(c) 半封闭式橱窗

图 19-22　橱窗的结构示意

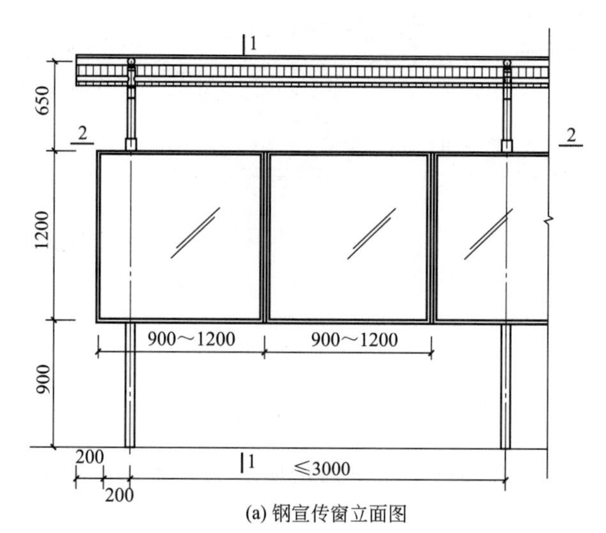

(a) 钢宣传窗立面图

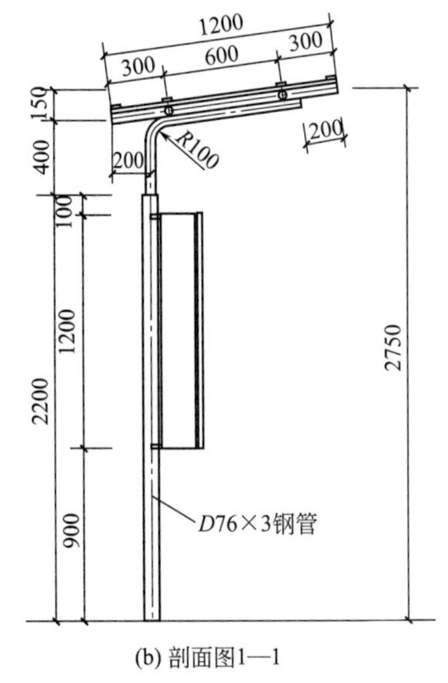

(b) 剖面图1—1

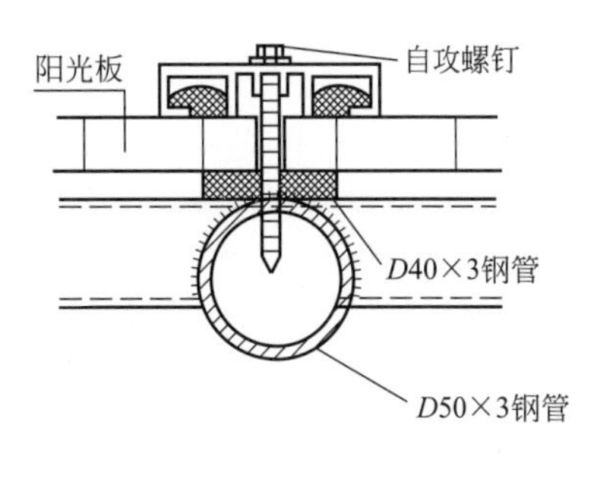

(c) 铝合金板封边节点详图

图 19-23 钢宣传窗的构造

钢宣传窗的底部构造做法如图 19-24 所示。

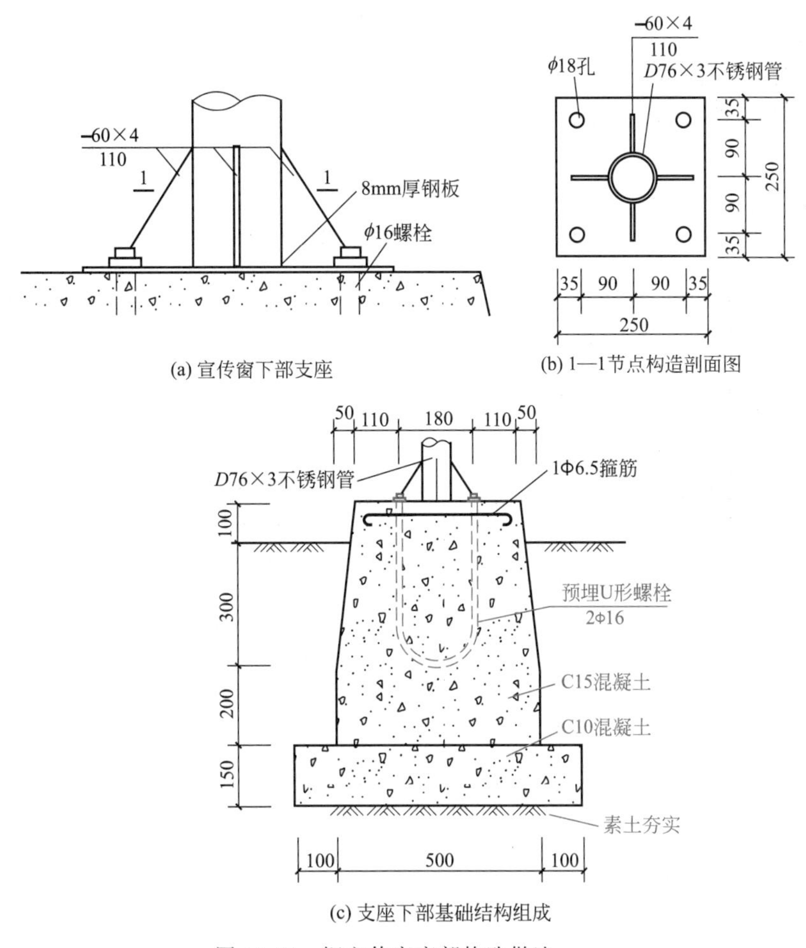

(c) 支座下部基础结构组成

图 19-24 钢宣传窗底部构造做法

19.2.8 护栏

① 铁窗护栏 铁窗护栏的构造如图 19-25 所示。

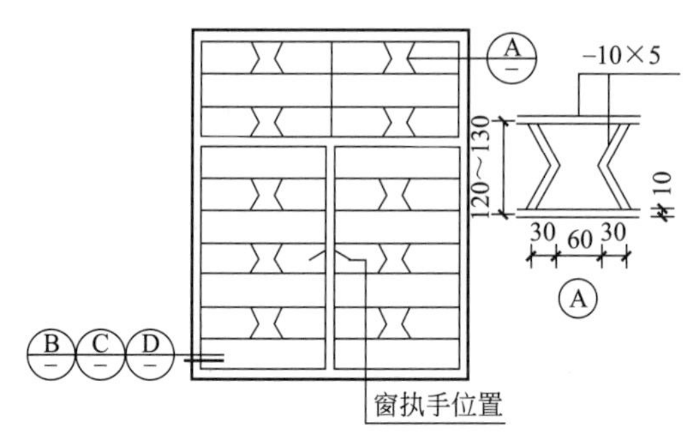

(a) 铁窗护栏的基本构造1

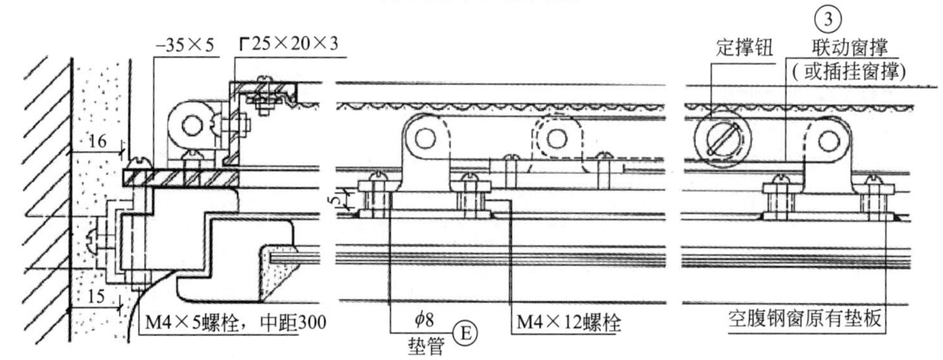

(b) 剖面图B的节点详图

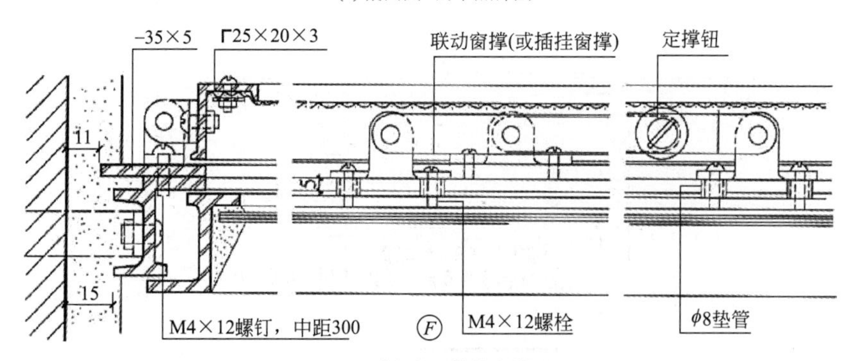

(c) 剖面图C的节点详图

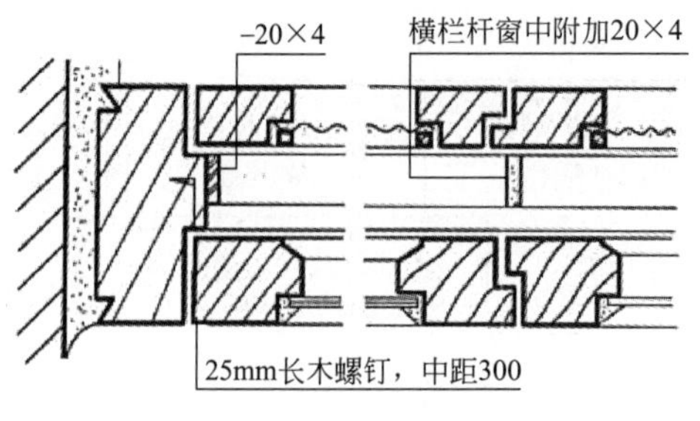

(d) 剖面图D的节点详图

图 19-25 铁窗护栏的构造

② 窗外护栏　窗外护栏的构造如图 19-26 所示。

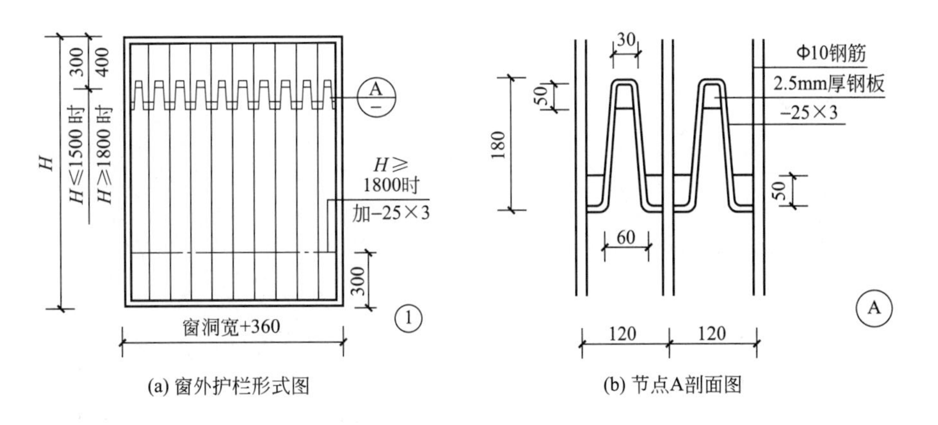

(a) 窗外护栏形式图　(b) 节点A剖面图

图 19-26　窗外护栏的构造

③ 铁栅栏杆　铁栅栏杆的构造详图如图 19-27 所示。

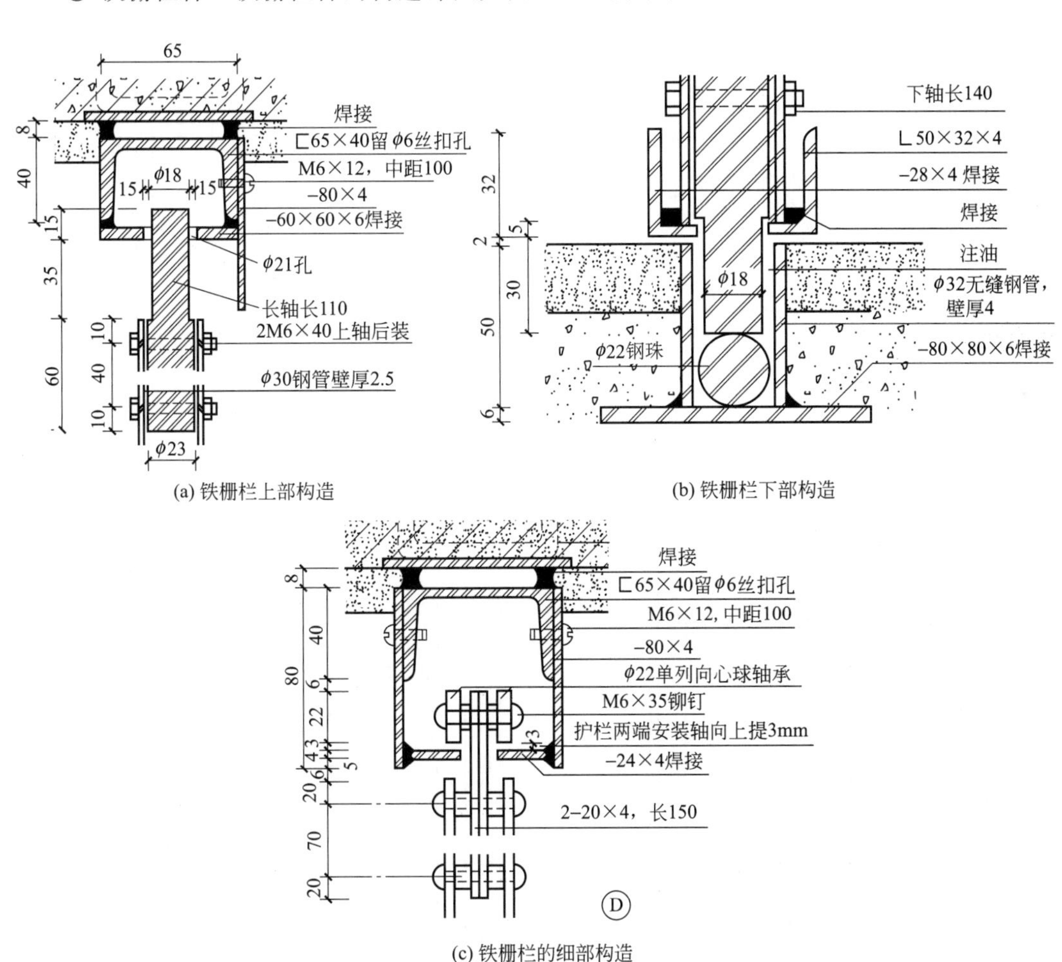

(a) 铁栅栏上部构造　(b) 铁栅栏下部构造

(c) 铁栅栏的细部构造

图 19-27　铁栅栏杆的构造详图

④ 铝合金窗的护栏结构　铝合金窗护栏安装方便，窗框更加牢固，不另外占用空间，起到良好的安全防护、防盗作用。结构合理，与窗框一次成形，降低了制造成本。铝合金

窗护栏的结构如图 19-28 所示。

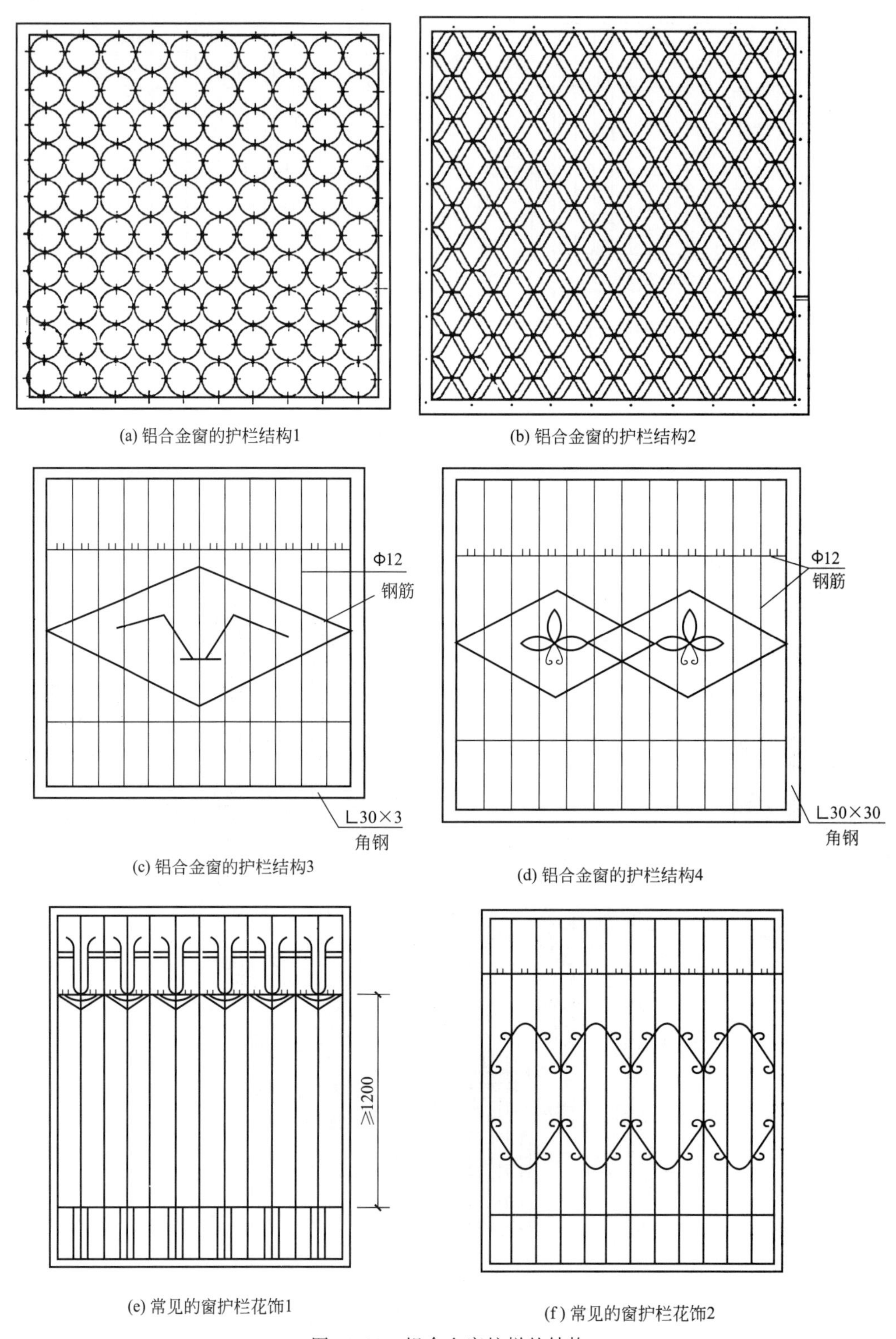

(a) 铝合金窗的护栏结构1

(b) 铝合金窗的护栏结构2

(c) 铝合金窗的护栏结构3

(d) 铝合金窗的护栏结构4

(e) 常见的窗护栏花饰1

(f) 常见的窗护栏花饰2

图 19-28　铝合金窗护栏的结构

19.2.9 卷帘护板

卷帘护板分为电动卷帘护板和手动卷帘护板。

① 电动卷帘护板　电动卷帘护板的构造如图 19-29 所示。

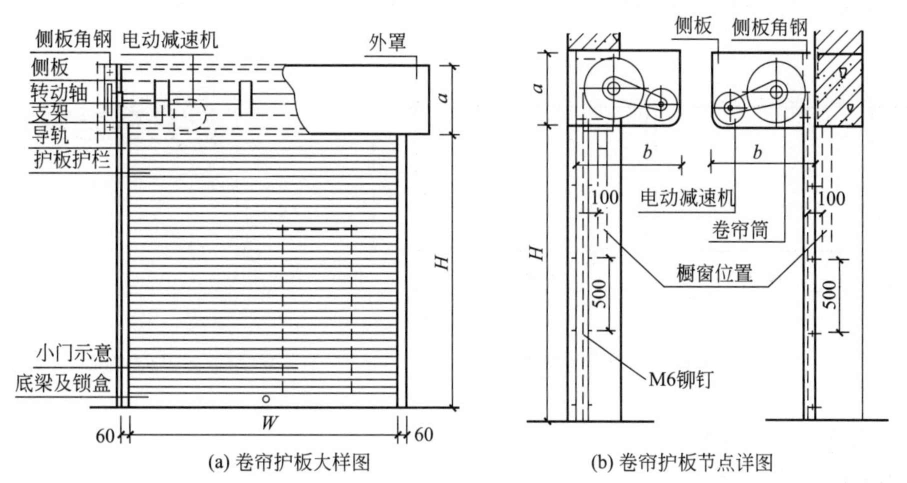

(a) 卷帘护板大样图　　(b) 卷帘护板节点详图

图 19-29　电动卷帘护板的构造

a—侧板高度；b—侧板宽度；H—洞口高度；W—洞口净度

② 手动卷帘护板　手动卷帘护板的构造如图 19-30 所示。

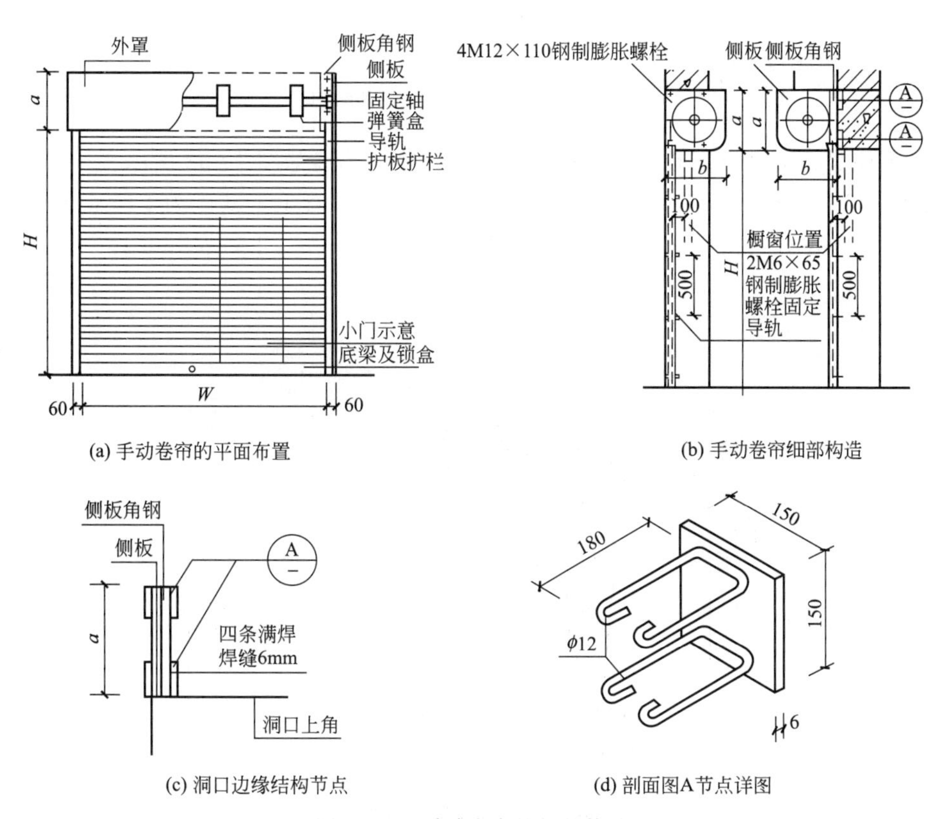

(a) 手动卷帘的平面布置　　(b) 手动卷帘细部构造

(c) 洞口边缘结构节点　　(d) 剖面图A节点详图

图 19-30　手动卷帘护板的构造

19.2.10 自行车棚

自行车棚根据建造的材料不同可以分为砖墙悬挑自行车棚、钢筋混凝土自行车棚和钢架自行车棚。

① 砖墙悬挑自行车棚　砖墙悬挑自行车棚的构造如图 19-31 所示。

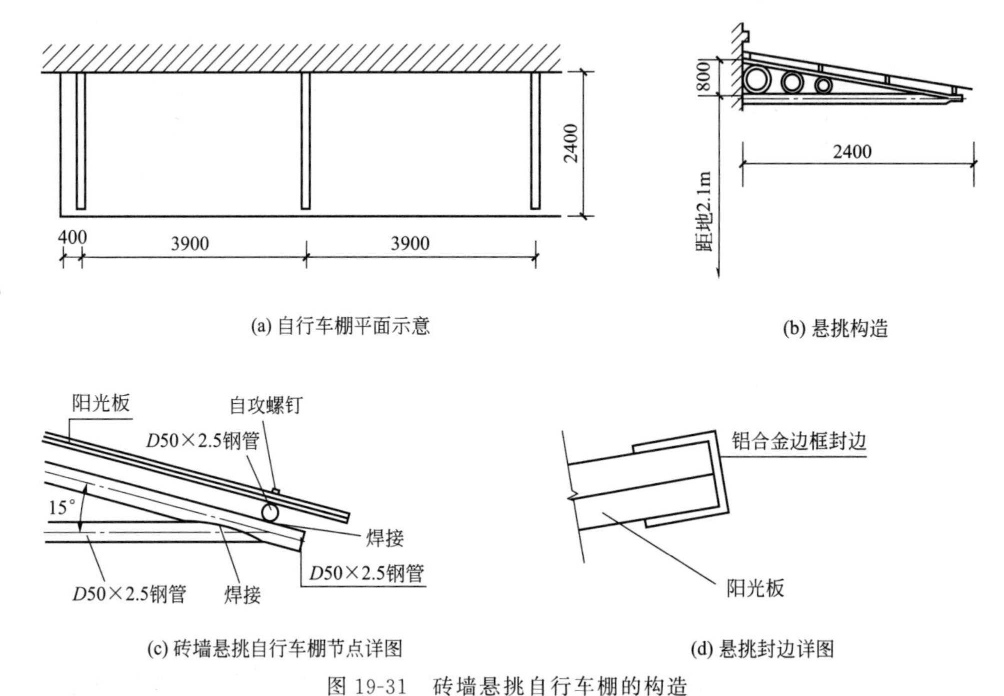

图 19-31　砖墙悬挑自行车棚的构造

② 钢筋混凝土自行车棚　钢筋混凝土自行车棚的构造如图 19-32 所示。

图 19-32 中车棚开间≤3600mm，预制构件为 C20 混凝土，基础为 C15 混凝土，埋深 H 见具体工程设计，但 $H \geqslant 1500$mm。基础为现浇 C15 混凝土，安装灌缝为 C20 细石混凝土。

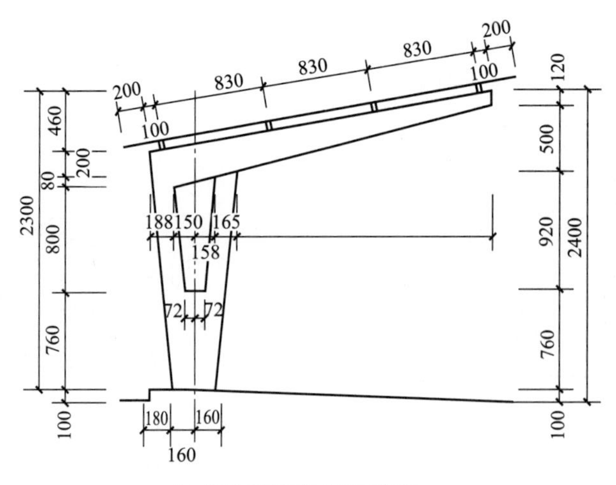

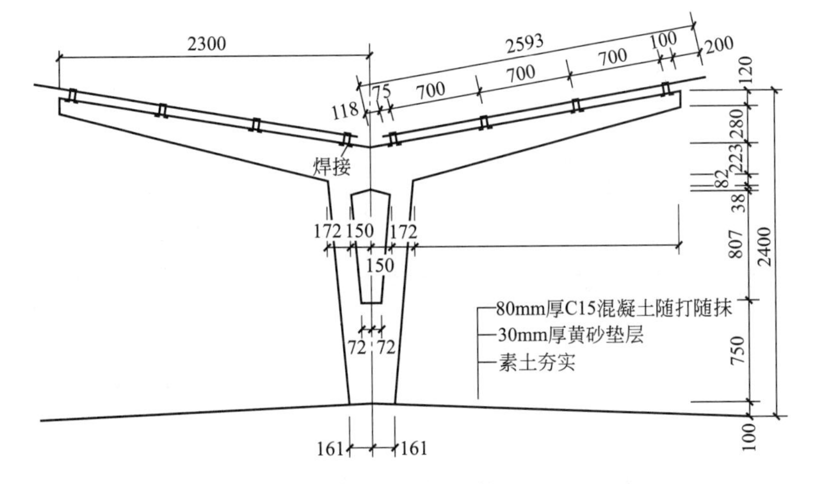

(b) 双坡钢筋混凝土自行车棚

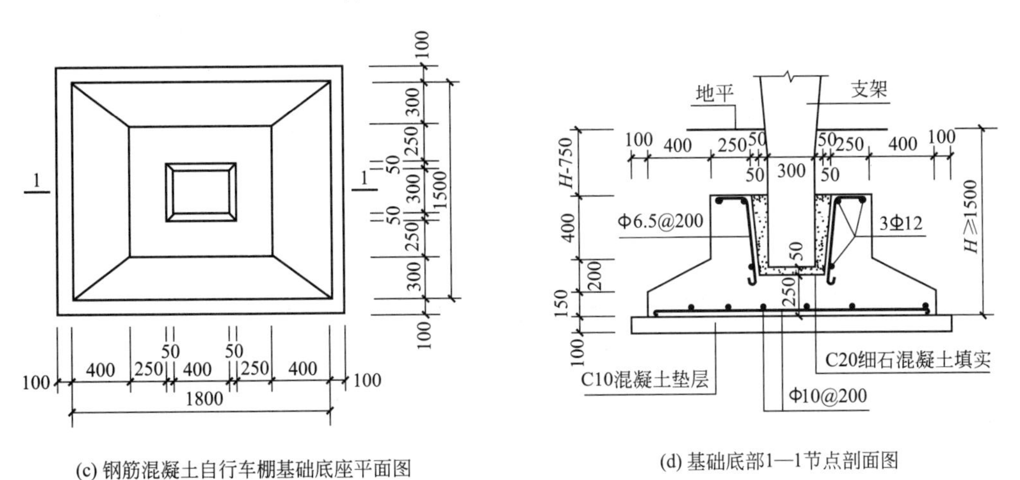

(c) 钢筋混凝土自行车棚基础底座平面图

(d) 基础底部1—1节点剖面图

图 19-32 钢筋混凝土自行车棚的构造

③ 钢架自行车棚 钢架自行车棚的构造如图 19-33 所示。

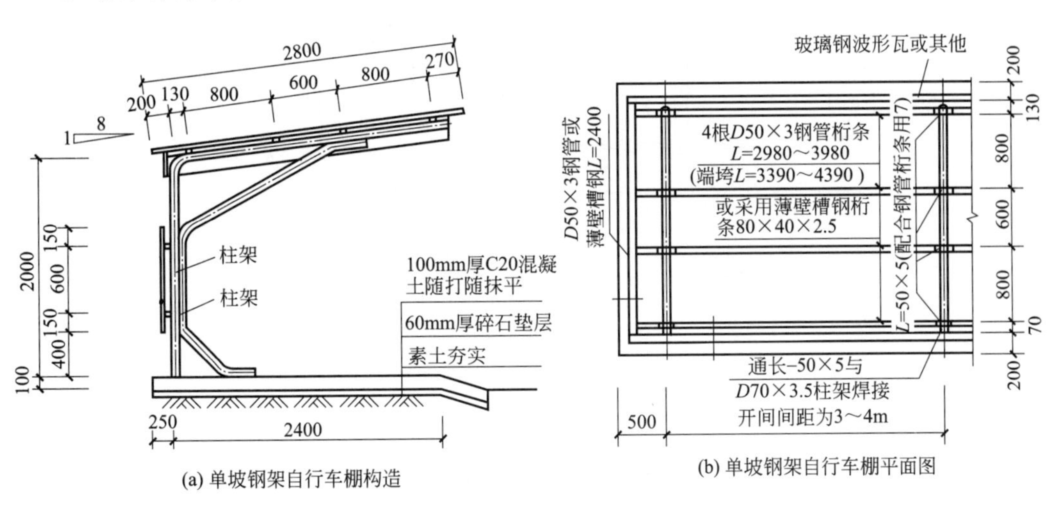

(a) 单坡钢架自行车棚构造

(b) 单坡钢架自行车棚平面图

图 19-33

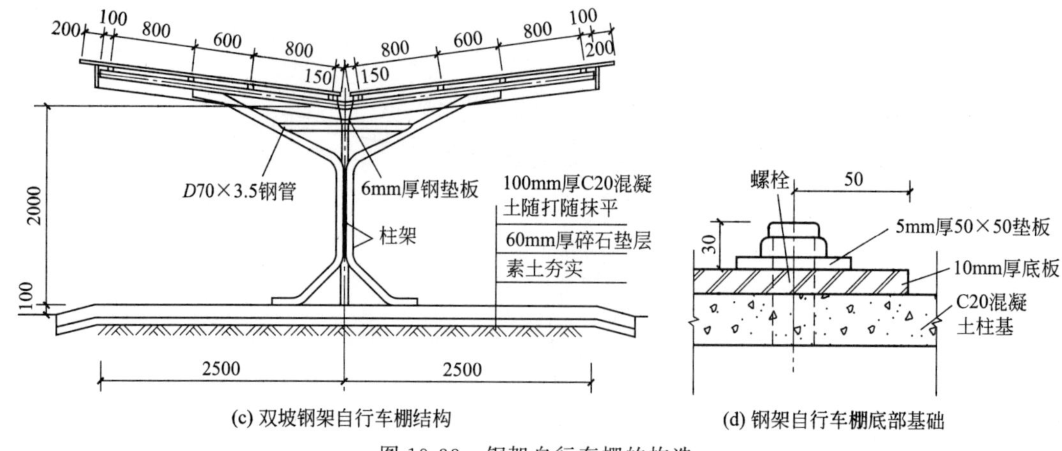

(c) 双坡钢架自行车棚结构

(d) 钢架自行车棚底部基础

图 19-33　钢架自行车棚的构造

④ 自行车存放架　自行车存放架也叫自行车的停放架、锁车架，是一种以停放自行车为主的金属架子，国内常见的有插槽式自行车存放架和双层自行车存放架等。主要用于停放自行车或者是简易电动车，存车处的地面做法按照具体的工程要求去做。自行车存放架的构造如图 19-34 所示。

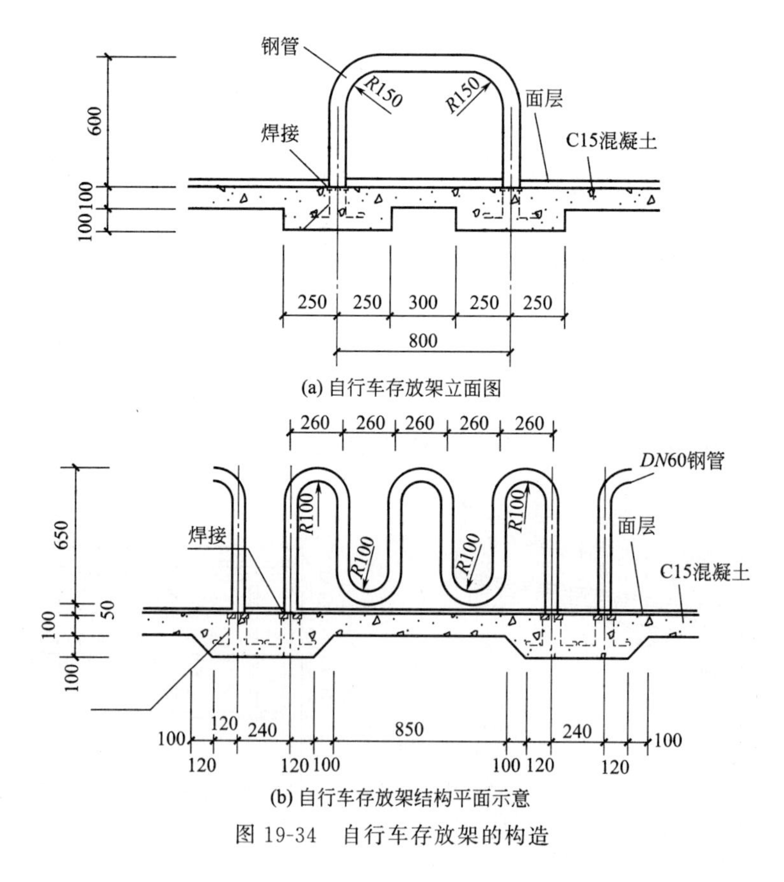

(a) 自行车存放架立面图

(b) 自行车存放架结构平面示意

图 19-34　自行车存放架的构造

19.2.11　汽车洗车排水池

汽车洗车排水池用 MU10 砖和 M5 水泥砂浆砌筑，四壁及底面抹 1∶2 水泥砂浆加有机硅防水剂或 5%防水粉，20mm 厚。钢筋混凝土盖板两边用 1∶2 的水泥砂浆抹平（光滑）。汽车洗车排水池的构造如图 19-35 所示。

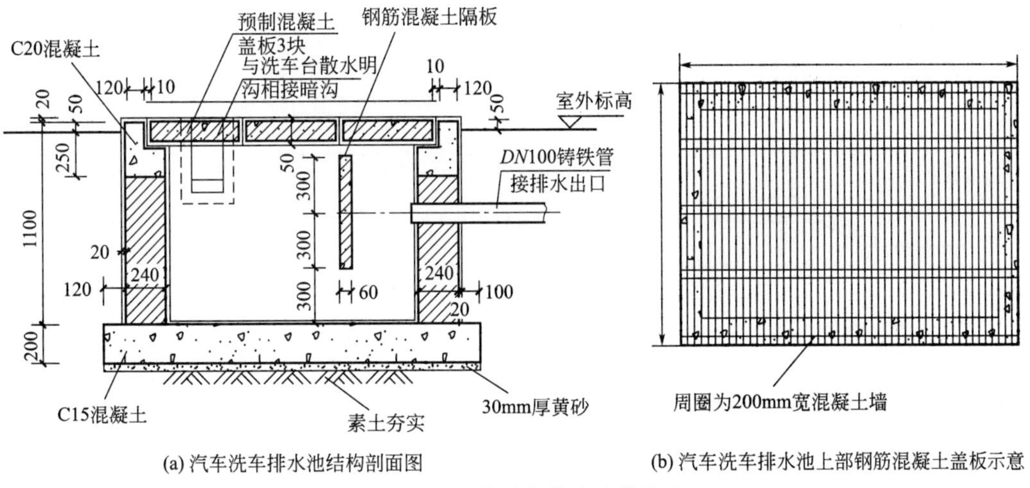

(a) 汽车洗车排水池结构剖面图　(b) 汽车洗车排水池上部钢筋混凝土盖板示意

图 19-35　汽车洗车排水池的构造

19.2.12　门头

普通房屋的建筑门头构造如图 19-36 所示。

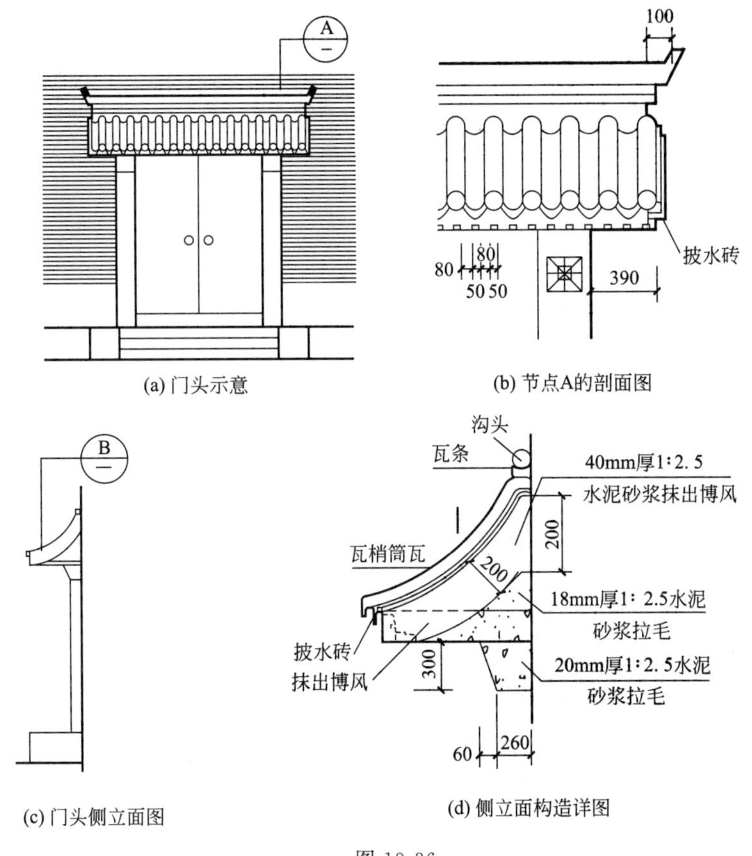

(a) 门头示意　(b) 节点A的剖面图

(c) 门头侧立面图　(d) 侧立面构造详图

图 19-36

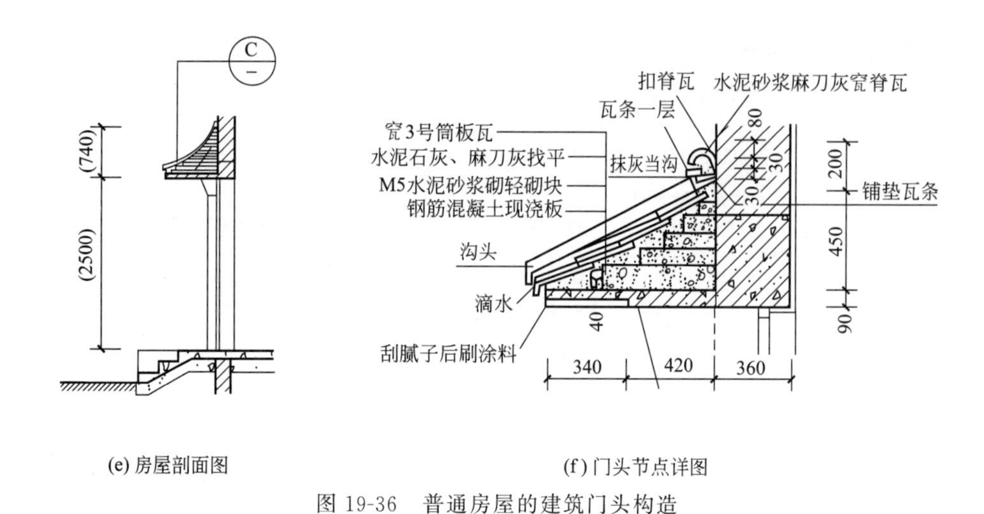

(e) 房屋剖面图

(f) 门头节点详图

图 19-36 普通房屋的建筑门头构造

门头连接处的构造如图 19-37 所示。

19.2.13 变形缝配件

由于温度变化、地基不均匀沉降和地震因素的影响，易使建筑发生变形或破坏，故在设计时应事先将房屋划分成若干个独立部分，使各部分能自由独立地变化。这种将建筑物垂直分开的预留缝称为变形缝，而变形缝配件则是用来遮盖和装饰建筑物的变形缝的。变形缝配件的构造如图 19-38 所示。

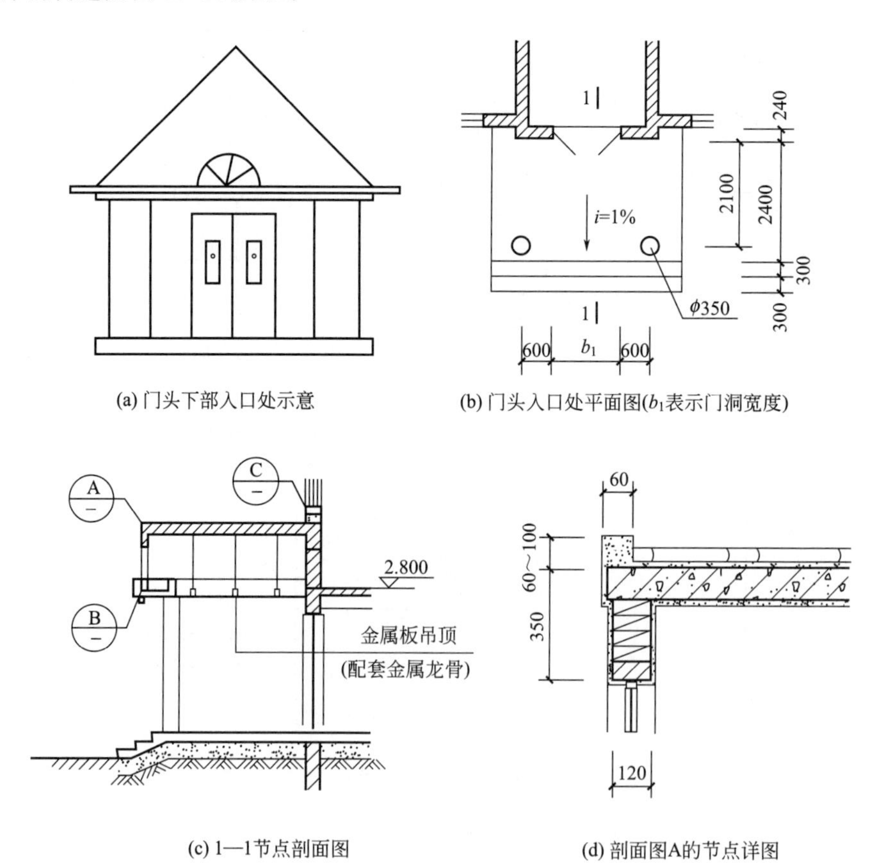

(a) 门头下部入口处示意

(b) 门头入口处平面图(b_1表示门洞宽度)

(c) 1—1节点剖面图

(d) 剖面图A的节点详图

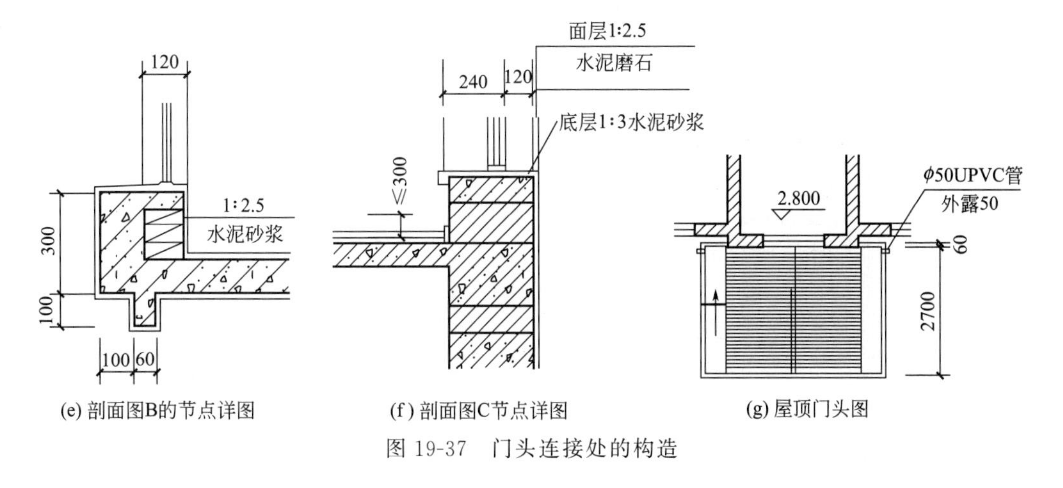

(e) 剖面图B的节点详图　(f) 剖面图C节点详图　(g) 屋顶门头图

图 19-37　门头连接处的构造

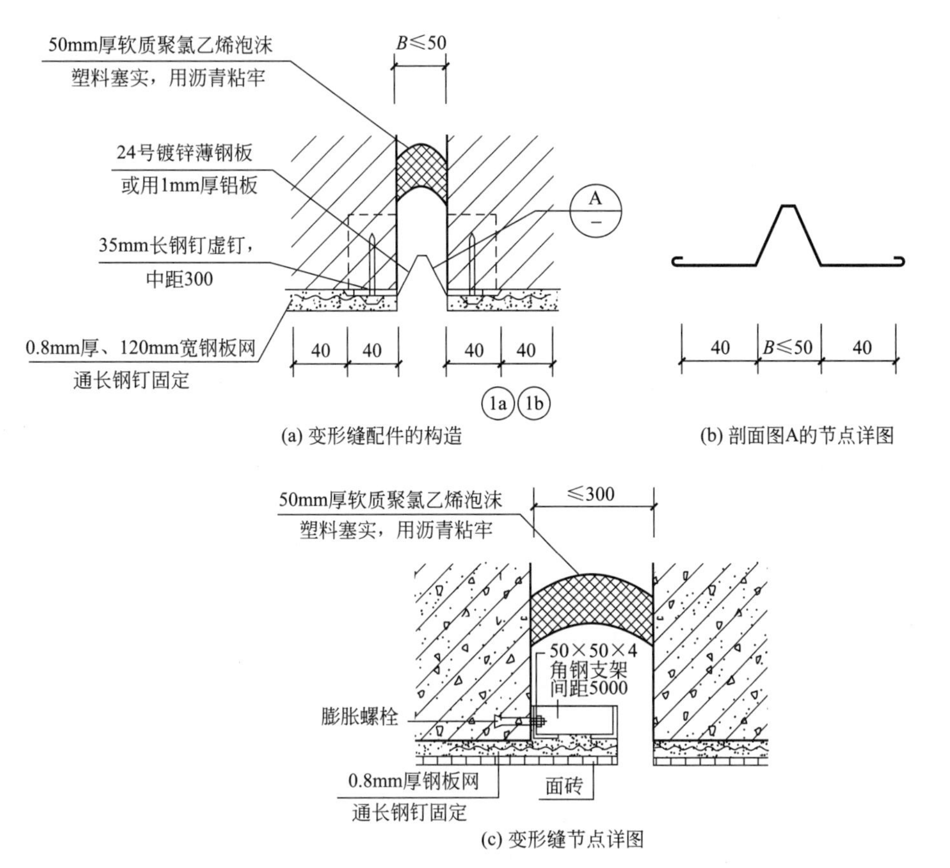

(a) 变形缝配件的构造　(b) 剖面图A的节点详图

(c) 变形缝节点详图

图 19-38　变形缝配件的构造

图 19-38 中镀锌薄钢板两面刷防锈漆各一道，外露面刷无光调和漆两道，颜色同墙面颜色。1a 为 24 号镀锌薄钢板，1b 为 1mm 厚铝板。

19.2.14　排风扇安装要求

排风扇是由电动机带动风叶旋转驱动气流，使室内外空气进行交换的一类空气调节电器，又称通风扇。排风扇的平面安装如图 19-39 所示。

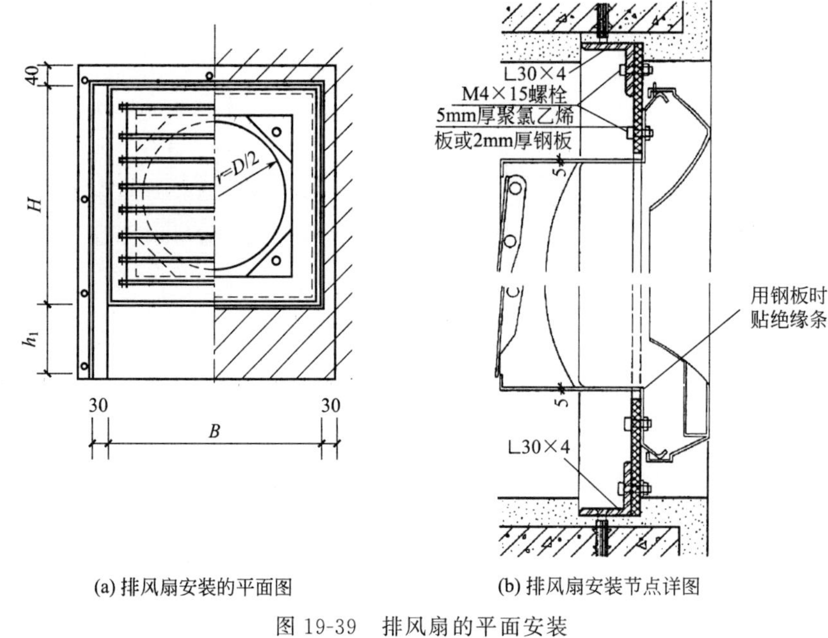

(a) 排风扇安装的平面图　(b) 排风扇安装节点详图

图 19-39　排风扇的平面安装

B—洞口宽度；H—洞口高度；D—风机直径；h_1—遮光风口高度、宽度

当风机直径 $D=300$mm 时 $h_1=140$mm，$D=400$mm 时 $h_1=200$mm，$D=500$mm 时 $h_1=250$mm，$D=600$mm 时 $h_1=300$mm。

安装排风扇时应注意风机的水平位置，调整到风机与地基平面水平稳固，安装后电机不可有倾斜现象。安装风机时应使电机的调节螺栓处于方便操作的位置，以方便使用时调节皮带松紧。安装风机支架时，一定要让支架与地基平面水平稳固，必要时在风机旁安装角铁进行再加固。风机安装完后，用绝缘条对其周围密封性进行检查。

19.3 花饰

19.3.1 金属花饰

金属花格采用薄壁矩形钢管组合焊接而成，金属花饰的结构组成示意如图 19-40 所示。

图 19-40 中 h_1 为组合花饰上下两端的高度，h_2、h_3 为花饰 D 的分段高度，均按工程设计，h_2 应≤3000mm。边柱、梁板等结构按工程设计要求去做。钢管花饰两端加木堵头或用 2mm 厚钢板焊平。

19.3.2 混凝土花饰

常见的混凝土花饰构造如图 19-41 所示。

花饰用 C20 细石混凝土预制，一级钢，木模刨光，要求表面光洁，棱角整齐。组合体不宜超过 3000mm×3000mm，超过 3000mm 应增加拉接措施，如下所示。

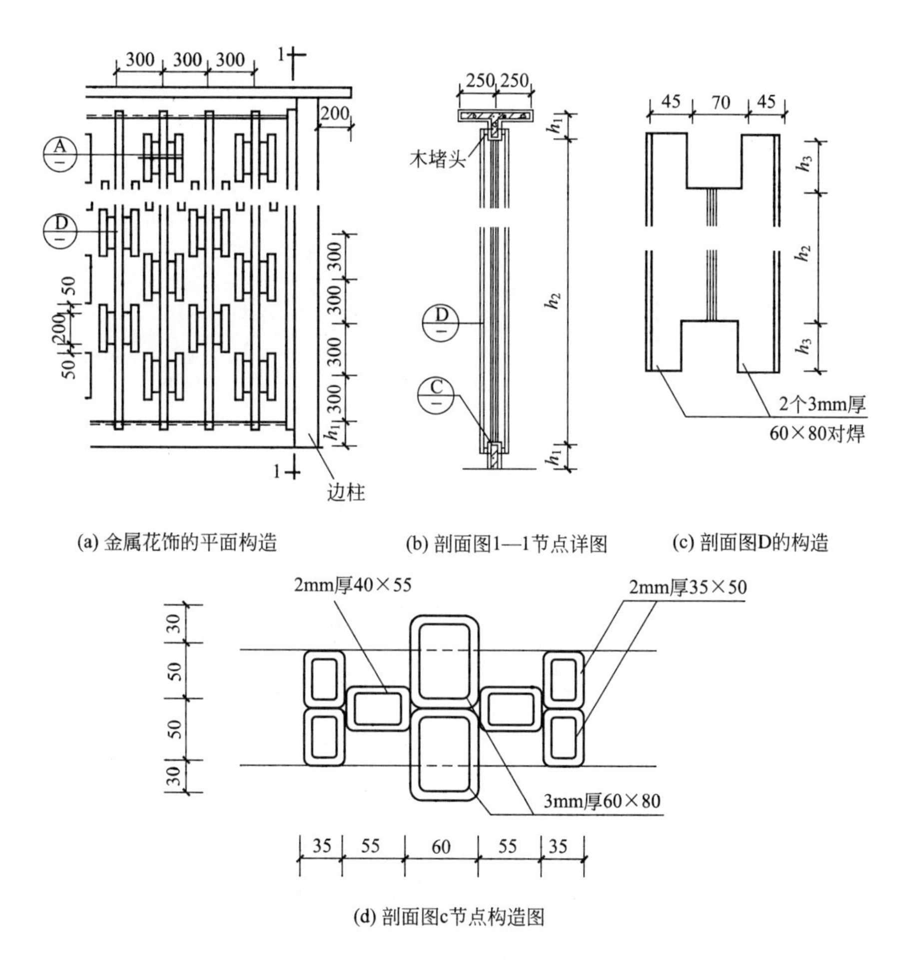

(a) 金属花饰的平面构造　(b) 剖面图1—1节点详图　(c) 剖面图D的构造

(d) 剖面图c节点构造图

图 19-40　金属花饰的结构组成示意

① 贯通接缝的，每隔 2000mm 在缝内加Φ 8 水平钢筋，与两端墙身锚结。

② 间断接缝的，在缝内加Φ 8 锚筋与花饰后墙锚结。

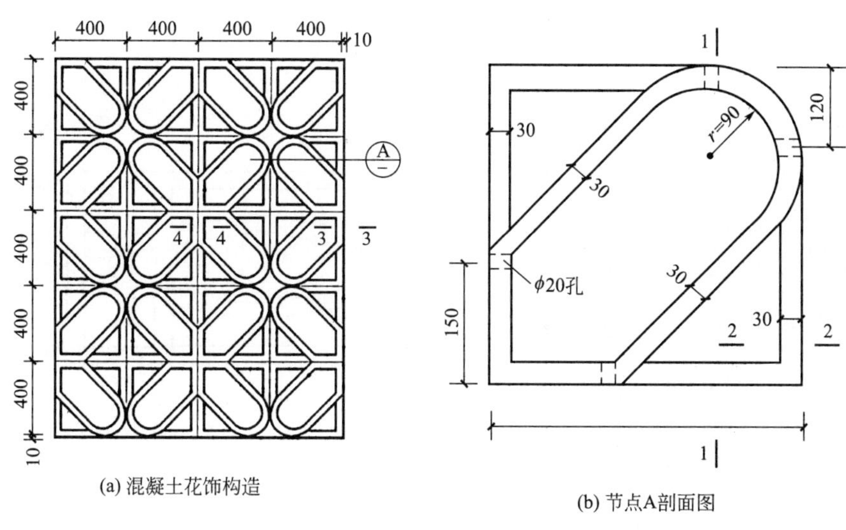

(a) 混凝土花饰构造　(b) 节点A剖面图

图 19-41

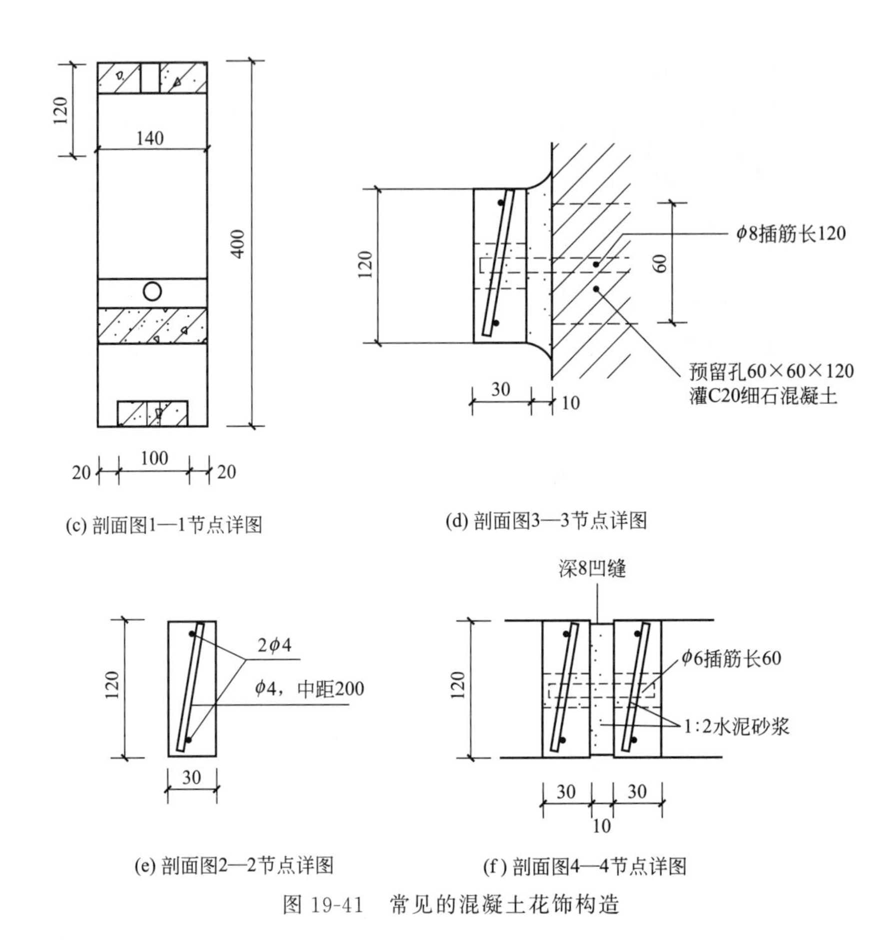

(c) 剖面图1—1节点详图

(d) 剖面图3—3节点详图

(e) 剖面图2—2节点详图

(f) 剖面图4—4节点详图

图 19-41　常见的混凝土花饰构造

19.3.3　混凝土花格

混凝土花格采用 C20 细石混凝土，预制钢板模板或木模抛光，表面用 1∶1 水泥砂浆刷光。花格内的配筋使用一级钢，主筋为Φ 6，插筋为Φ 8，厚度为 80mm、120mm 的配 2 根，厚度为 180mm 的配 3 根，构造筋为Φ 4，间距不大于 150mm，沿花格图形配置。混凝土花格的构造如图 19-42 所示。

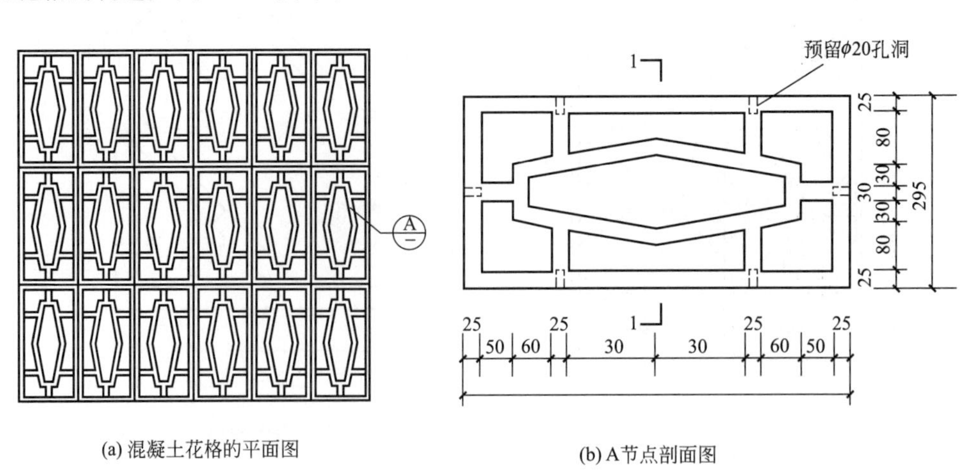

(a) 混凝土花格的平面图

(b) A节点剖面图

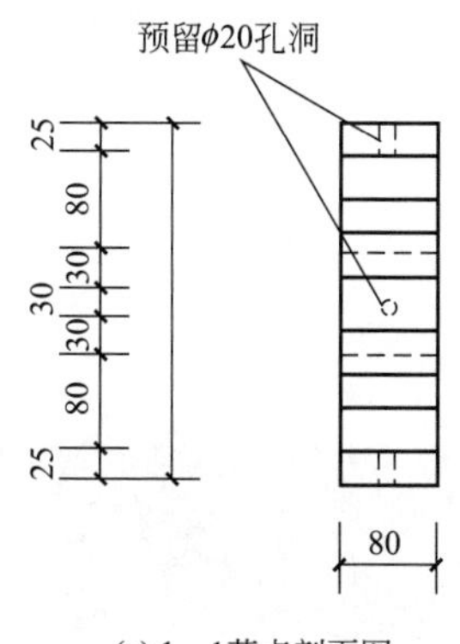

(c) 1—1节点剖面图

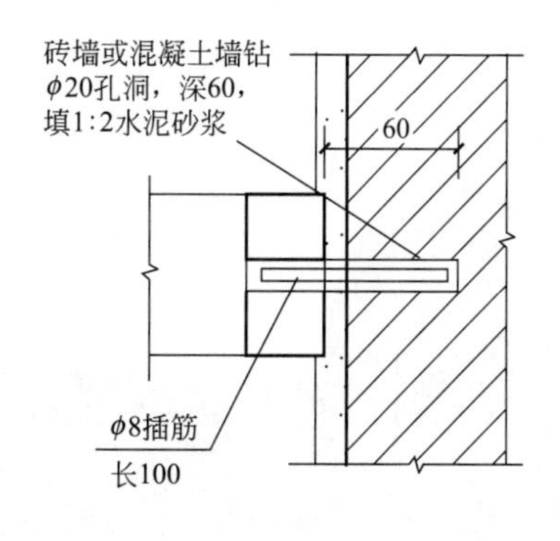

(d) 混凝土花格的连接构造

图 19-42 混凝土花格的构造

花格任意方向的组合块数多至 5 块时，花格之间应采取以下措施进行连接：在花格四周边中心预留一个直径为 20mm 的通孔，拼装时插入 1Φ8 钢筋，并填入 1∶2 水泥砂浆，少于 5 块时，可用 1∶2 水泥砂浆砌筑。花格的连接处如图 19-42(d) 所示。

第20章 外装修做法

20.1 外墙面

(1) 抹灰做法

① 混合砂浆抹灰　用于外墙时，先用 12mm 厚 1∶1∶6 水泥石灰砂浆打底，再用 8mm 厚 1∶1∶6 水泥石灰砂浆抹面。

② 水泥砂浆抹灰　外墙抹灰时，先用 12mm 厚 1∶3 水泥砂浆打底，再用 8mm 厚 1∶2.5 水泥砂浆抹面。

③ 纸筋灰墙抹面　外墙为混凝土墙时，先在基底上刷素水泥浆一道，然后用 7mm 厚 1∶3∶9 水泥石灰砂浆打底，再用 7mm 厚 1∶3 水泥石灰膏砂浆和 2mm 厚纸筋石灰抹面，然后刷或喷涂料。若为砌块墙时，先用 10mm 厚 1∶3∶9 水泥石灰砂浆打底，再用 6mm 厚 1∶3 石灰砂浆和 2mm 厚纸筋灰抹面，然后刷或喷涂料。

(2) 贴面类做法

① 面砖　先将表面清洗干净，然后将面砖放入水中浸泡，铺贴前取出晾干或擦干。先用 1∶3 水泥砂浆打底并刮毛，再用 1∶0.3∶3 水泥石灰砂浆或掺 108 胶的 1∶2.5 水泥砂浆满刮于面砖背面，其厚度不小于 10mm，贴于墙上后，轻轻敲实，使其与底灰粘牢。面砖若被污染，可用含量为 10%的盐酸洗刷，并用清水洗净。

② 陶瓷面砖　在外墙面时，其构造多采用 10～15mm 厚的 1∶3 水泥砂浆打底找平，用 8～10mm 厚的 1∶1 水泥细砂浆粘贴各种装饰材料。粘贴面砖时，常留 13mm 左右的缝隙，以增加材料的透气性，并用 1∶1 水泥细砂浆勾缝。

(3) 涂料类做法

建筑涂料的施涂方法一般分涂刷、滚涂和喷涂。施涂溶剂型涂料时，后一遍涂料必须在前一遍涂料干燥后进行，否则易发生皱皮、开裂等质量问题。施涂水溶性涂料时，要求与做法同上。每遍涂料均应施涂均匀，各层结合牢固。当采用双组分和多组分的涂料时，施涂前应严格按产品说明书的规定配合比，根据使用情况可分批混合，并在规定的时间内用完。

在湿度较大，特别是遇明水部位的外墙和厨房、厕所、浴室等房间内施涂涂料时，为确保涂层质量，应选用耐洗刷性较好的涂料和耐水性能好的腻子材料（如聚乙酸乙烯乳液水泥腻子等）。涂料工程使用的腻子应坚实牢固，不得粉化、起皮和裂纹，待腻子干燥后，还应打磨平整光滑，并清理干净。

用于外墙的涂料，考虑到长期直接暴露于自然界中经受日晒雨淋的侵蚀，因此要求外墙涂料涂层除应具有良好的耐水性、耐碱性外，还应具有良好的耐洗刷性、耐冻融循环性、耐久性和耐沾污性。当外墙施涂涂料面积过大时，可以外墙的分格缝、墙的阴角处或落水管等处为分界线。在同一墙面应用同一批号的涂料，每遍涂料不宜施涂过厚，涂料要均匀，颜色应一致。

20.2 墙裙

墙裙亦称“台度”。室内墙面或柱身的下部外加的表面层，常用水泥砂浆、水磨石、瓷砖、大理石、木材或涂料等材料做成，借以保护墙面、柱身，清洁方便，并起装饰作用。从卫生角度看，墙裙高度应为 1.5m，相当于人们坐着时的视高，在此高度上变换墙面色彩，容易产生不安的感觉，因此，墙裙的高度宜为 1.2m 左右。在层高较低的卧室、起居室内不宜设墙裙，因为它容易把墙面沿高度方向划分为高度尺寸相近的两个条带，会使房间显得低矮。

20.2.1 构造做法

（1）水泥砂浆面层

① 在砖墙面上的构造层次是 15～20mm 厚 1∶3 水泥砂浆；5mm 厚 1∶2.5 水泥砂浆。

② 水泥砂浆面层在混凝土墙面上的构造层次是素水泥浆（内掺水重 3%～5%的 107 胶）；13～18mm 厚 1∶3 水泥砂浆；5mm 厚 1∶2.5 水泥砂浆。

③ 水泥砂浆面层在加气混凝土砌块墙面上的构造层次是 107 胶水溶液（107 胶∶水＝1∶4）；5mm 厚 2∶1∶8 水泥石灰砂浆；8mm 厚 1∶1∶6 水泥石灰砂浆；5mm 厚 1∶2.5 水泥砂浆。

（2）涂料面层

① 在砖墙面上的构造层次是 13～18mm 厚 1∶3 水泥砂浆；5mm 厚∶2.5 水泥砂浆；刷无光油漆或乳胶漆。

② 涂料面层在混凝土墙面上的构造层次是素水泥浆（内掺水重 3%～5%的 107 胶）；11～16mm 厚 1∶3 水泥砂浆；5mm 厚 1∶2.5 水泥砂浆；刷无光油漆或乳胶漆。

③ 涂料面层在加气混凝土砌块墙面上的构造层次是 107 胶水溶液（107 胶∶水＝1∶4）；5mm 厚 2∶1∶8 水泥石灰砂浆；6mm 厚 1∶1∶6 水泥石灰砂浆；5mm 厚 1∶2.5 水泥砂浆；刷无光油漆或乳胶漆。

（3）水磨石面层

① 在砖墙面上的构造层次是 12～18mm 厚 1∶3 水泥砂浆；素水泥浆（内掺水重 3%～5%的 107 胶）；8mm 厚 1∶1∶25 水泥石子浆。水泥石子浆干硬后打磨光平。

② 水磨石面层在混凝土墙面上的构造层次是素水泥浆（内掺水重 3%～5% 的 107 胶）；10～15mm 厚 1∶3 水泥砂浆；素水泥浆（内掺水重 3%～5% 的 107 胶）；8mm 厚 1∶1.25 水泥石子浆。水泥石子浆干硬后打磨光平。

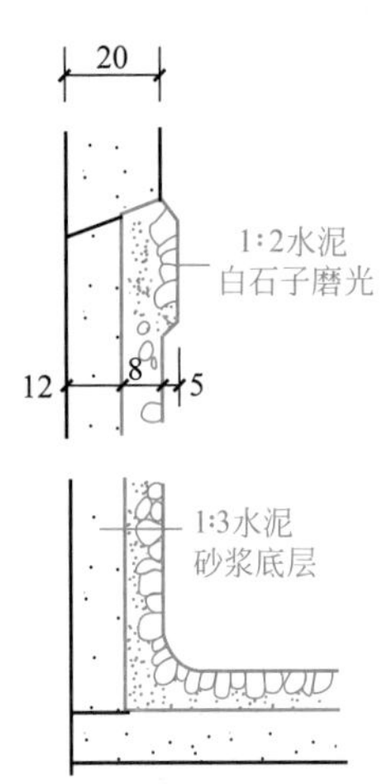

图 20-1　水磨石墙裙示意

③ 水磨石面层在加气混凝土砌块墙面上的构造层次是 107 胶水溶液（107 胶∶水＝1∶4）；7mm 厚 2∶1.8 水泥石灰砂浆；7mm 厚 1∶1.6 水泥石灰砂浆；素水泥浆（内掺水重 3%～5% 的 107 胶）；8mm 厚 1∶1.25 水泥石子浆。水泥石子浆干硬后打磨光平。水磨石墙裙示意如图 20-1 所示。

(4) 釉面砖面层（瓷砖）

① 在砖墙面上的构造层次是 8～12mm 厚 1∶3 水泥砂浆；8mm 厚 1∶0.1∶2.5 水泥石灰砂浆；贴 5mm 厚釉面砖；白水泥擦缝。

② 釉面砖面层在混凝土墙面上的构造层次是素水泥浆（内掺水重 3%～5% 的 107 胶）；6～10mm 厚 1∶3 水泥砂浆；8mm 厚 1∶0.1∶2.5 水泥石灰砂浆；贴 5mm 厚釉面砖；白水泥擦缝。

③ 釉面砖面层在加气混凝土砌块墙面上的构造层次是 107 胶水溶液（107 胶∶水＝1∶4）；8mm 厚 2∶1∶8 水泥石灰砂浆；8mm 厚 1∶0.1∶2.5 水泥石灰砂浆；贴 5mm 厚釉面砖；白水泥擦缝。

(5) 夹板面层

① 在墙内应预埋 120mm×120mm×60mm 的木砖。用 24mm×30mm 的木龙骨钉牢于木砖上，沿水平方向的龙骨为主龙骨。根据夹板规格：在主龙骨之间的垂直方向钉设次龙骨，次龙骨间距一般为 450～600mm。在龙骨面上钉五层胶合板或塑料贴面板。为了防潮，应在墙面上刷热沥青一道，干铺卷材一层。对于混凝土墙，木龙骨可用射钉固定于墙上，亦可钻孔下木榫，木龙骨钉于木榫上。

② 墙裙下面可设木踢脚板，亦可不设踢脚。木踢脚板上应留 ϕ12 通气孔。中距 25mm，3 个 1 组，每组中距 900mm。无踢脚时，应在墙裙板上留 ϕ6 通气孔。水平方向的木龙骨也应留 ϕ10 通气孔，中距 900mm。

20.2.2　分类

为了保护房屋内外墙面，建筑物一般都会设置墙裙。墙裙有内外之别，在室外的叫作外墙裙，在室内的称为内墙裙。外墙裙的作用是防止地下泥水直接侵袭外墙；内墙裙的作用是防止生产时的机械油污以及清扫卫生时污染室内洁白墙面。

(1) 外墙裙

外墙墙身下部与室外地坪接近的部位，凸出墙身加厚的部分，叫勒脚（外墙裙）。操作方法如下。

① 较方便的办法是在勒脚部位，用水泥粉刷墙面做勒脚，其高度为 300～500mm（但不得低于室内地面），或与窗台线平齐。

② 为了立面造型美观，使建筑有稳重、庄严感，可在墙脚下部加厚，凸出外墙面 60～120mm。其高度可由窗台下直到 1～2 层楼面（用于高层建筑）。主要以整个立面造

型而定。

(2) 内墙裙

室内墙面和顶棚，一般粉刷成洁白明快的色彩，为了防止清扫地面时污染，或人脚、工具器械等碰撞墙面，常在室内下部四周的地面与墙脚相交处，设置防污耐磨设施，称为内墙裙，内墙裙以其高矮来说，又分为踢脚线和台度两种。

① 踢脚线（又叫踢脚板） 在普通房间或车间内，保护墙面清洁的墙裙，高度可做成150mm左右（在120～180mm之间），这种低墙裙称为踢脚线，其厚度应凸出内墙粉刷面5～10mm。踢脚线的材料，一般与所用的地面材料相同。

② 台度 台度是踢脚线的加高，作用与踢脚线相同，其高度为900～1800mm，一般与窗台平齐，厚度也是凸出内墙粉刷面5～10mm。台度设置在经常用水的房间（如厕所、盥洗室、浴室、厨房、洗麦车间），要清洁或者防污的车间（磨粉间、制米间、拉丝间、油脂工厂的各车间），以及有装饰性的地方（如门厅、会议室）等处。

内墙裙（踢脚线与台度）的材料和做法一般与它们所交接的楼、地面的面层材料相同，只不过楼、地面是水平方向，而踢脚线与台度是垂直方向。其所用的材料，有木板、涂料、水泥砂浆、水磨石，以及瓷砖、大理石、塑料贴面等。

20.3 台阶

① 台阶处于室外，踏步宽度应比楼梯大一些，使坡度平缓，以提高行走舒适度。其踏步高一般为100～150mm，踏步宽为300～400mm。相邻两个台阶高差小于10mm，齿角整齐，防滑条顺直、牢固，抹灰面良好，步数根据室内外高差确定。在台阶与建筑出入口大门之间，常设一个缓冲平台，作为室内外空间的过渡。平台深度一般不应小于1000mm，平台需有3%左右的排水坡度，以利雨水排除。

② 由于台阶位于易受雨水腐蚀的环境之中，因此需慎重考虑防滑和抗风化问题。其面层材料应选择防滑和耐久的材料，如水泥石屑、斩假石（剁斧石）、天然石材、防滑地面砖等。对于人流量大的建筑台阶，还宜在平台处设刮泥槽。需注意刮泥槽的刮齿应垂直于人流方向。

③ 步数较少的台阶，其垫层做法与地面垫层做法类似，一般采用素土夯实后按台阶形状尺寸做C15混凝土垫层或砖、石垫层。标准较高的或地基土质较差的还可在垫层下加一层碎砖或碎石层。

④ 对于步数较多或地基土质太差的台阶，可根据情况架空成钢筋混凝土台阶，以避免过多填土或产生不均匀沉降。

⑤ 严寒地区的台阶还得考虑地基土冻胀因素，可用含水率低的砂石垫层换土至冰冻线以下。

⑥ 台阶与坡道的坡度一般较为平缓。坡道为(1/12)～(1/6)；台阶，特别是公共建筑主要出入口处的台阶，每级一般不超过150mm高，踏面宽度最好选择350～400mm，也可以更宽。一些医院及运输港的台阶常选择100mm左右的步高和400mm左右的步宽，以方便病人及负重的旅客行走。

⑦ 砖台阶施工时，基土夯成斜面，回土则夯成踏步形，然后在灰土层上砌砖，每个

踏步先砌一层平砖，再砌一层侧砖，台阶阳角处则平砌一砖见方。砖间缝隙要挤满砂浆。采用立砖铺砌时，错开半砖，留工字缝，调整灰缝，合理排砖，保证图案统一，灰缝平顺、整齐。

⑧ 台阶与坡道因为在雨天也一样使用，所以面层材料必须防滑，坡道表面常做成锯齿形或带防滑条；建筑物外墙或地面与台阶、坡道结构不同时，应留变形缝，其做法应符合设计要求。台阶做法示意如图 20-2 所示。

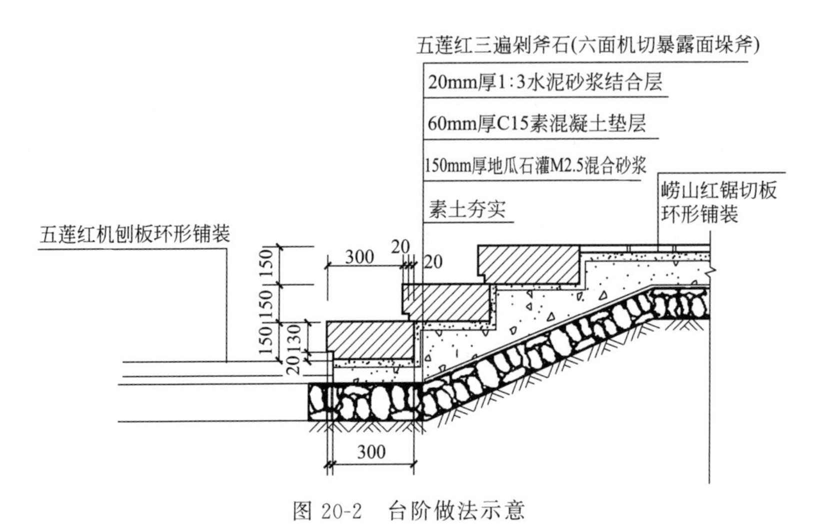

图 20-2　台阶做法示意

20.4 坡道

坡道下方的基土及垫层等均按要求的斜度做层斜面，基土、垫层厚度及压实度符合设计要求，坡道斜度较小时，可做成光面，也可相隔 30mm 左右设置一道防滑条。斜道斜度大于 10%时，斜坡面层应做成齿槽形（礓磋），礓磋可以用水泥砂浆抹成，也可用砖砌。用水泥砂浆抹平的礓磋，施工时用两个靠尺平行地放在地面面层上，靠尺断面为 80mm×6mm，相距 80mm。用水泥砂浆在两个靠尺间抹面，上口与上靠尺顶边齐平，下口与下靠尺底边相平，这样从上到下抹出即成齿槽；用砖砌的礓磋坡道，施工时在礓磋的上边及下边各砌一行立砖，斜段部分用普通黏土砖侧砌，用砂做垫层并扫缝。

坡道要做到坡度一致，收头整齐；礓磋坡道要做到齿槽均匀、平行，齿角整齐、色泽一致；圆弧形礓磋坡道弧形要一致，齿槽间距要统一。

(1) 水泥砂浆面层防滑坡道

① 将防滑坡道水泥砂浆面层按设计要求找坡抹平。

② 在刚刚初凝的面层上按 100～120mm 间距弹线（弹平行直线或平行斜线，把防滑坡道划分成条状或菱形块状）。

③ 用事先准备好的 1.5～2.0m 长的Φ16（或Φ18）螺纹钢筋（或普通圆钢筋），每端一个人，从坡道一侧开始把钢筋准确地放在已弹好的线上，用铁锤敲打钢筋，直至把钢筋打入砂浆面层内 1/2 直径为止，再慢慢取出钢筋。然后按此做法依次做第二个、第三个等。

④ 取出钢筋即形成 8～9mm 深半圆形槽，用铁抹子把槽边线修整好并把坡道平面抹

平压光。

⑤ 用草帘子或塑料布（气温低时用草垫子和塑料布）盖好并适当浇水，养护 7 天以上。

(2) 橡胶条防滑坡道

① 基本做法

a. 采用混凝土地面硬化剂来提高坡道面层的耐磨性。

b. 采用防滑槽橡胶圈定位模板来放置橡胶圈，因而施工效率与防滑槽位置的准确性均有较大的提高。

② 工艺操作要点

a. 清理基层。

b. 弹线。先弹出混凝土道牙标高控制线，然后用 C30 混凝土铺砌道牙，道牙与道牙之间缝隙控制在 15mm 左右，用 1∶2 水泥砂浆填实。道牙铺设完毕且坐浆用混凝土达到一定强度后，再在道牙上弹出坡道面层混凝土标高控制线和防滑圈位置线。

c. 绑扎钢筋坡道面层。混凝土内配置<Φ 8@200mm 双层双向钢筋，下层钢筋设砂浆垫块并绑扎牢固，两层钢筋之间设<16mm 的马凳筋，间距 600～900mm，呈梅花形布置。

d. 施工缝留设。坡道面层混凝土分段浇筑，每 20m 留设 1 道施工缝。

e. 混凝土浇筑。面层混凝土强度等级为 C30，石子粒径为 5～20mm，坍落度控制在 10～14cm。混凝土浇筑时使用振捣器振实，并用长刮尺找平，用木抹子搓平提浆。

f. 第 1 次撒布硬化剂。混凝土搓平提浆后和初凝之前开始撒布，用量为总量的 2/3，撒布要力求均匀，不均匀处用扫帚扫匀。

g. 防滑槽橡胶圈放置。先将防滑槽橡胶圈定位模板按道牙上的弹线位置予以固定，再把防滑槽橡胶圈通过模板上的预留孔依次压入混凝土内，待一块模板的预留孔压满橡胶圈后，取出模板，移至下一段使用。

h. 第 2 次撒布硬化剂。撒布用量为总量的 2/3，硬化剂完全吸水后用木抹子搓平压实，然后用铁抹子分 3 遍压光提浆，最后用塑料扫帚将混凝土表面扫毛。

i. 橡胶圈在混凝土终凝前取出，以混凝土不塌边、不掉角为度。

j. 混凝土固化 12h 后，在其表面涂刷养护剂，养护时间不少于 7 天，坡道示意如图 20-3 所示。

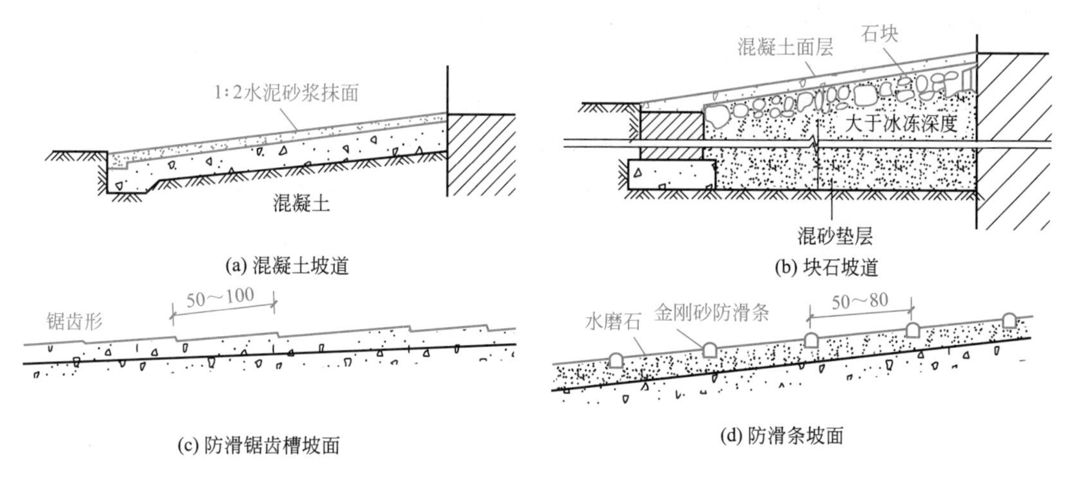

图 20-3　坡道示意

20.5 散水

(1) 散水的概念

为了保护墙基不受雨水侵蚀，常在外墙四周将地面做成向外倾斜的坡面，以便将屋面的雨水排至远处，称为散水，这是保护房屋基础的有效措施之一。散水构造示意如图 20-4 所示。

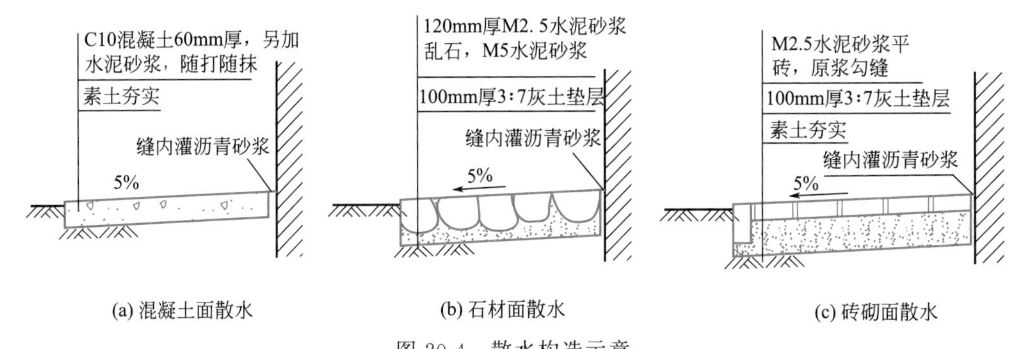

图 20-4　散水构造示意

(2) 散水的宽度

散水的宽度应比房檐挑出的宽度大 100～200mm，并要做出约 5%的坡度，散水外侧应比室外地面高出 50mm，散水坡度一般为 2%～5%，目的是为了防止混凝土吸水发胀引起开裂，缝内用沥青砂浆填充。散水的构造：宽度为 600～100mm；坡度为 4%～5%；材料为素土夯实，上铺三合土或混凝土。端部稍高于自然土壤面层；根部设分隔缝，内填弹性防水材料。

(3) 散水的做法

散水通常用现浇混凝土做成，每隔 12m 左右留 20mm 宽的缝一道，灌以沥青玛蹄脂。简易的散水做法，也可用卵石或砖铺砌。明沟最好用混凝土做成。简易明沟也可用砖砌成，外面抹水泥砂浆。明沟的沟底应做纵向坡度，以便排水。湿陷性黄土地区，不宜沿墙设置明沟，若必须设置明沟，必须确保不积水并排水通畅。散水有如下几种做法。

① 混凝土散水（C8）：混凝土厚 60～80mm，基层为素土夯实。

② 砖铺散水：平铺砖，砂浆勾缝，砂垫层，基层夯实。

③ 块石散水：片石平铺，1∶3 水泥砂浆勾缝，基层为素土夯实。

④ 三合土散水：石灰∶砂∶碎石＝1∶3∶6，厚 80～100mm，拍打锤平。

第21章 给水排水工程识图与节点构造

21.1 给水排水工程构造识图

21.1.1 给水排水工程常用绘图比例

① 给水排水工程常用的制图比例，应符合表21-1的规定。

表21-1 给水排水工程常用的制图比例

名称	比例	备注
区域规划图 区域位置图	1∶50000、1∶25000、1∶10000 1∶5000、1∶2000	宜与总图专业一致
总平面图	1∶1000、1∶500、1∶300	宜与总图专业一致
管道纵断面图	纵向:1∶200、1∶100、1∶50 横向:1∶1000、1∶500、1∶300	
水处理厂(站)平面图	1∶500、1∶200、1∶100	
水处理构筑物、设备间、卫生间、泵房平、剖面图	1∶100、1∶50、1∶40、1∶30	
建筑给水排水平面图	1∶200、1∶150、1∶100	宜与建筑专业一致
建筑给水排水轴测图	1∶150、1∶100、1∶50	宜与相应图纸一致
详图	1∶50、1∶30、1∶20、1∶10、 1∶5、1∶2、1∶1、2∶1	

② 在管道纵断面图中，竖向与纵向可采用不同的组合比例。

③ 在建筑给水排水轴测系统图中，如局部表达有困难，该处可不按比例绘制。

④ 水处理工艺流程断面图和建筑给水排水管道展开系统图可不按比例绘制。

21.1.2 给水排水工程管道代号

给水排水工程管道代号是以汉语拼音首个字母表示的，见表21-2。

表 21-2 给水排水工程管道代号

序号	名称	代号
1	生活给水管	J
2	热水给水管	RJ
3	热水回水管	RH
4	中水给水管	ZJ
5	循环给水管	XJ
6	循环回水管	XH
7	热媒给水管	RM
8	热媒回水管	RMH
9	蒸汽管	Z
10	凝结水管	N
11	废水管	F
12	压力废水管	YF
13	通气管	T
14	污水管	W
15	压力污水管	YW
16	雨水管	Y
17	压力污水管	YY
18	膨胀管	PZ

21.1.3 管道拐弯

管道拐弯（或称转向）的方式采用弯折管的方式去设置，弯折管的节点示意如图 21-1 所示。

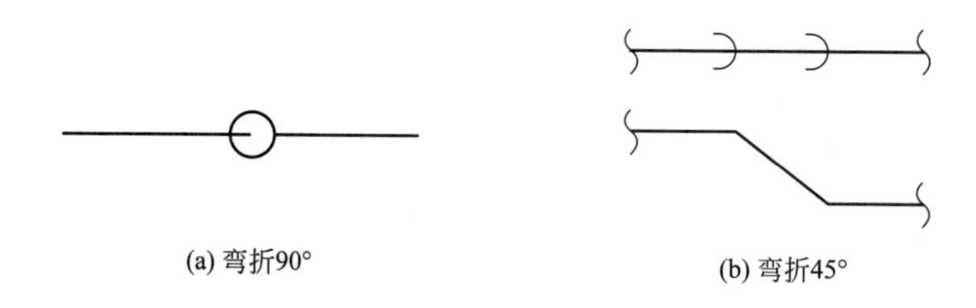

图 21-1 弯折管的节点示意

弯折管中的○表示管道向后及向下弯折 90°。

21.1.4 管道连接

管道连接处的连接方式有多种，如法兰连接、承插连接、三通连接和四通连接。

① 法兰连接　法兰连接就是把两个管道、管件或器材，先各自固定在一个法兰盘上，然后在两个法兰盘之间加上法兰垫，再用螺栓将两个法兰盘拉紧使其紧密结合起来的一种可拆卸的接头。其主要特点是拆卸方便、强度高、密封性能好。法兰连接的构造如

图 21-2 所示。

② 承插连接　承插连接是用管道的插口插入管道的承口内，对位后先用嵌缝材料嵌缝，然后用密封材料密封，对于刚性连接可采用石棉水泥或膨胀性填料密封，重要场合可用铅密封，使之成为一个牢固的封闭整体。承插连接的构造如图 21-3 所示。

图 21-2　法兰连接的构造　　图 21-3　承插连接的构造

③ 三通连接和四通连接　三通连接主要是用一个三通接头来改变流体方向的，用在主管道分支管处，将需连接的管道连接起来。四通管道的原理和三通管道的原理一样，其构造形式如图 21-4 所示。

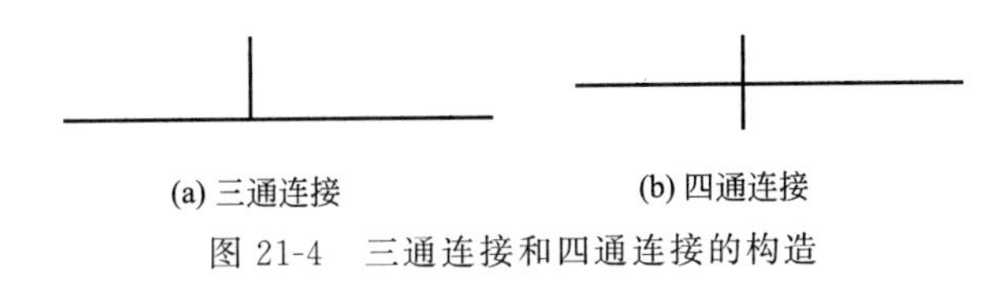

(a) 三通连接　　(b) 四通连接

图 21-4　三通连接和四通连接的构造

21. 1. 5　管道交叉但不连接

(1) 平面图上管道交叉但不连接的画法

由于在平面图上管道交叉但不连接的位置是“高低关系”，所以绘制方法是断（开）低不断高。如图 21-5 所示，如果图上 1～4 号管道没有标高的话，也可根据平面图断（开）低不断高的绘制方法判断，四根管道从高到低的排列顺序是：3→1→4→2。

(2) 立面图上或剖面图上管道交叉但不连接的画法

由于在立面图上或剖面图上管道交叉但不连接的位置关系是“前后关系”，所以绘制方法是断（开）后不断前，如图 21-6 所示，根据立面图或剖面图断（开）后不断前的绘制方法判断，四根管道从前到后的排列顺序是：3→1→4→2。

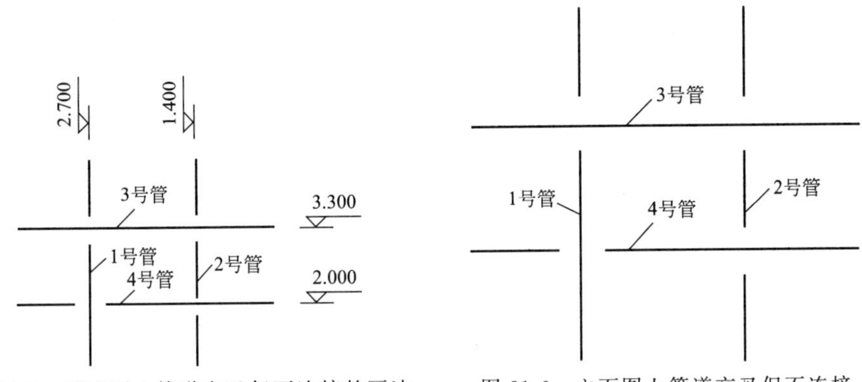

图 21-5　平面图上管道交叉但不连接的画法　　图 21-6　立面图上管道交叉但不连接

21. 1. 6　管道重叠

在空间某断面上管道重叠的情况很多。如果管道在某个方向上重叠太多的话，只能用立面图或剖面图来表示多根管道的上下位置关系。如果重叠的管道在四根以内，而又不想画立面图或剖面图的时候，就可以用加断裂线的方式表示出管道的高低关系（或前后关系）。但管道间的间隔距离反映不出来，只能说明几根管道间的高低（或前后）位置关系。总的绘制原则是：断（断裂线）高不断低，断（断裂线）前不断后。

(1) 平面图上管道重叠的画法

平面图上重叠的管道位置也是“高低关系”，所以，绘制方法是断（断裂线）高不断低。具体绘制方法有以下三种。

① 四根管道在平面上的直线重叠，可以用图 21-7 所示的绘制方法，图上四根管道从高到低的顺序是：1→2→3→4。

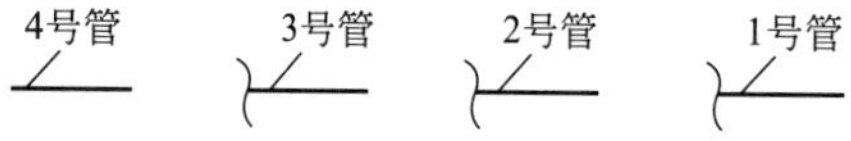

4号管
3号管
2号管
1号管
图 21-7 四根管道在平面上的直线重叠

② 两根管道在平面上的直线重叠。如果两根管道在平面图上直线重叠，就可以用图 21-8 所示的绘制方法，图上两根管道从高到低的顺序是：1→2。

③ 在平面图上管道拐弯重叠。平面图上管道拐弯重叠，可以用图 21-9 的绘制方法，图上两根管道从高到低的顺序是：1→2。

1号管
2号管
1号管
图 21-8 两根管道在平面图上的直线重叠

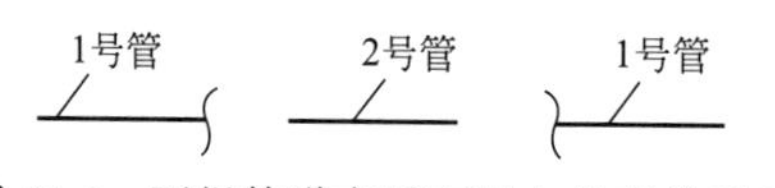

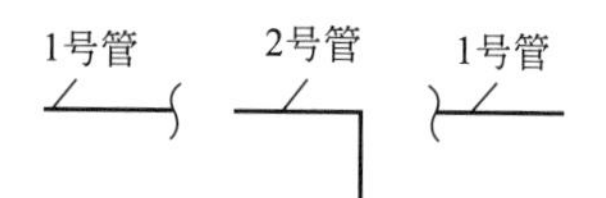

1号管
2号管
1号管
图 21-9 在平面图上管道拐弯重叠

(2) 立面图上管道重叠的画法

立面图上重叠的管道位置关系是“前后关系”，所以，绘制方法是断（断裂线）前不断后，具体画法有三种，和在平面图上管道重叠的画法一样。

21.1.7 管子管径的表示方法

各管段的直径可直接标注在该管段旁边或引出线上。管径尺寸应以“mm”为单位。给水管和排水管均需标注“公称直径”，在管径数字前应加以代号“*DN*”，如 *DN*50 表示公称直径为 50mm。

无缝钢管、焊接钢管、铜管和不锈钢管等管材，管径宜以外径 *D*×壁厚表示。钢筋混凝土管、陶土管等管材，管径以内径 *d* 表示，如 *d*230 等。

管径的标注方法应符合下列规定。

① 单根管道时，管径标注应按图 21-10 所示。

② 多根管道时，管径标注应按图 21-11 所示。

DN20
图 21-10 单管管径表示法

DN150
D108×4
DN150
D108×4
DN150
DN150
图 21-11 多管管径表示法

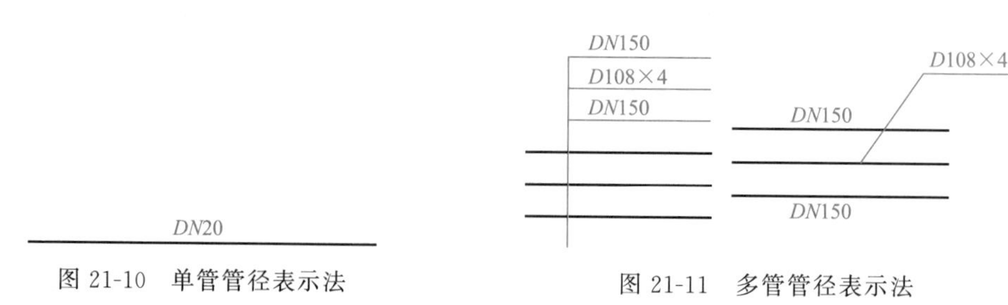

21.1.8 管道及设备安装标高与管道坡度坡向

(1) 标高

① 标高符号 标高符号应按照现行国家标准《房屋建筑制图统一标准》(GB/T 50001—2017) 中所规定的要求去做。

② 室内工程 室内工程应标注相对标高；室外工程宜标注绝对标高，当无绝对标高资料时，可标注相对标高，但应与总图专业一致。

③ 压力管道 压力管道应标注管中心标高；重力流管道和沟渠宜标注管（沟）内底标高。

④ 各种部位标高 图中标高标注的部位有以下五点。

a. 重力流管道和沟渠的起点、转角点、变径（尺寸）点、穿墙处和变坡点应设置标高。

b. 管道外穿墙、剪力墙和构筑物的壁及底板等处。

c. 压力流管道中的标高控制点。

d. 水位线不一样高度的位置。

e. 建筑物中土建部分的相对标高。

⑤ 管道和沟渠 管道和沟渠标高的标注方法应符合以下图示的规定。

a. 在平面图中，管道的标高应该按照图 21-12 的方式去标注。

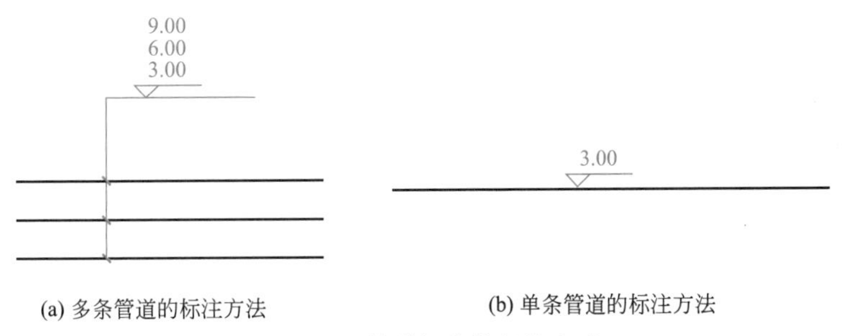

图 21-12 管道标高的标注方式

b. 平面图中沟渠的标高标注方式如图 21-13 所示。

c. 剖面图中的管道及水位的标高应按照图 21-14 的标注方式标注。

d. 在轴测图中，管道的标高应按照图 21-15 的方式去标注。

⑥ 建筑物内管道 建筑物内管道的标高按照本层建筑地面的标高去标注，标注的方法为 h + 相对高度，h 表示本层建筑地面标高（如 $h+0.25$）。

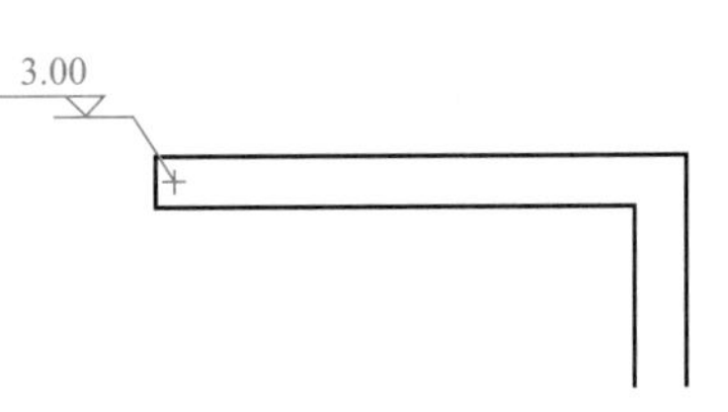

图 21-13 平面图中沟渠的标高标注方式

(2) 管道的坡度

管道两端高差与两端之间长度的比值称为坡度，坡度的符号以字母 i 表示。坡度的坡向符号用箭头来表示，坡向箭头指向为由高向低的方向。管道坡度示意如图 21-16 所示。

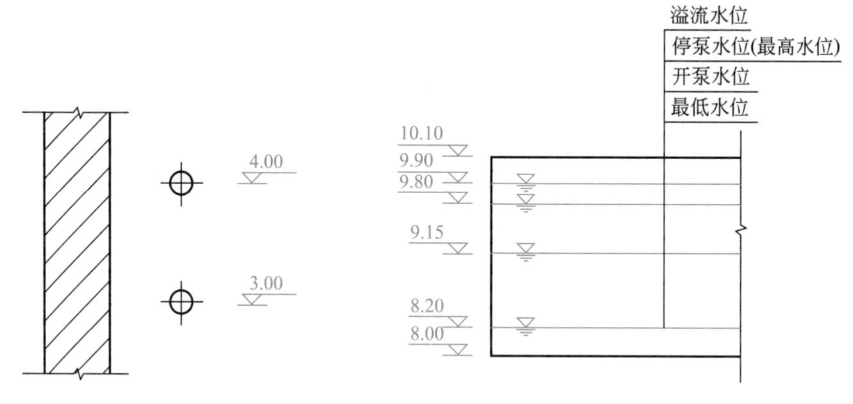

(a) 管道标高的标注方式　　(b) 水位标高的标注方式

图 21-14　剖面图中的管道及水位的标高

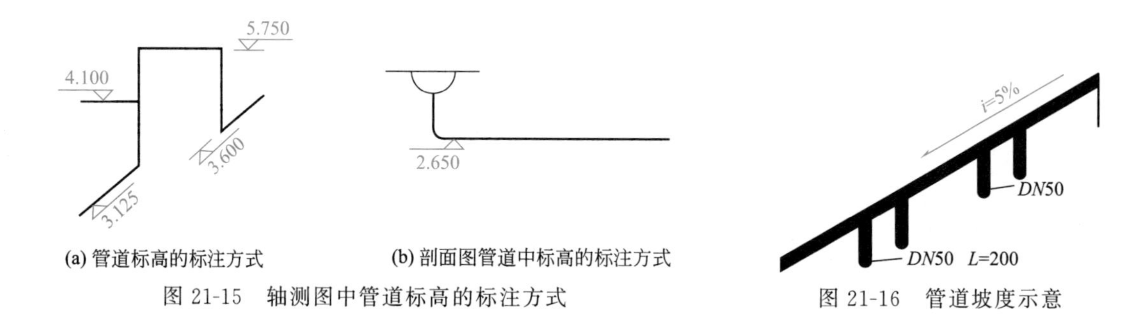

(a) 管道标高的标注方式　　(b) 剖面图管道中标高的标注方式

图 21-15　轴测图中管道标高的标注方式

图 21-16　管道坡度示意

21.1.9　建筑给水排水平面图的识读

建筑给排水平面图如图 21-17 所示。

21.1.10　建筑给水排水系统图的识读

建筑给水排水系统图的画图步骤详见表 21-3。

表 21-3　建筑给排水系统图的画图步骤

项目	内容
步骤一	为使各层给水排水平面图和给水排水系统图容易对照和联系，在布置图幅时，将各管路系统中的立管穿越相应楼层的楼地面线，如有可能尽量画在同一水平线上
步骤二	先画各系统的立管，定出各层的楼地面线、屋面线，再画给水引入管及屋面水箱的管路；排水管系中接画排出横管、立管上的检查口和通气帽等
步骤三	从立管上引出各横向的连接管段
步骤四	在横向管段上画出给水管系的截止阀、放水龙头、连接支管、冲洗水箱等，在排水管系中可接画承接支管、存水弯等
步骤五	标注公称直径、坡度、标高、冲洗水箱的容积等数据

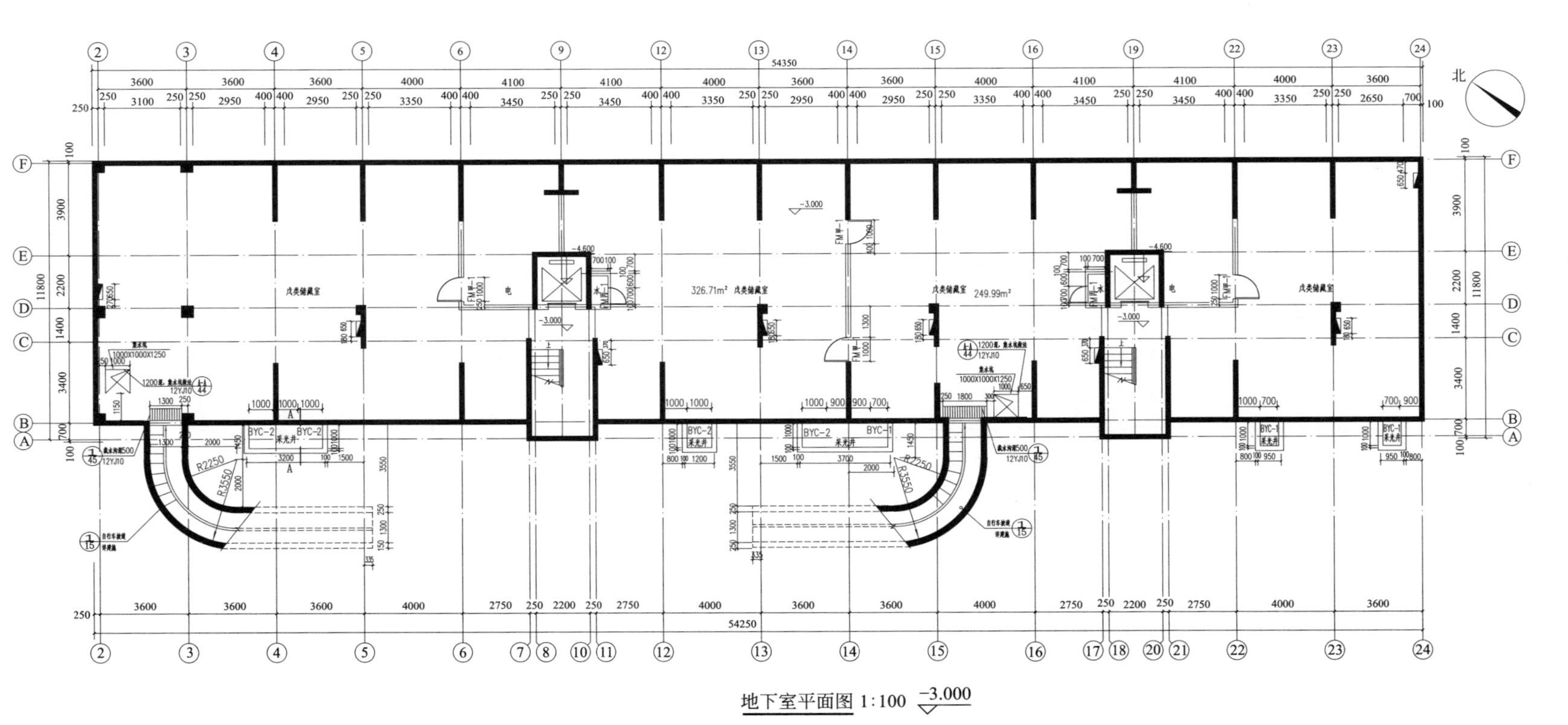

地下室平面图 1:100 -3.000

(a) 地下室给排水结构平面图

图 21-17

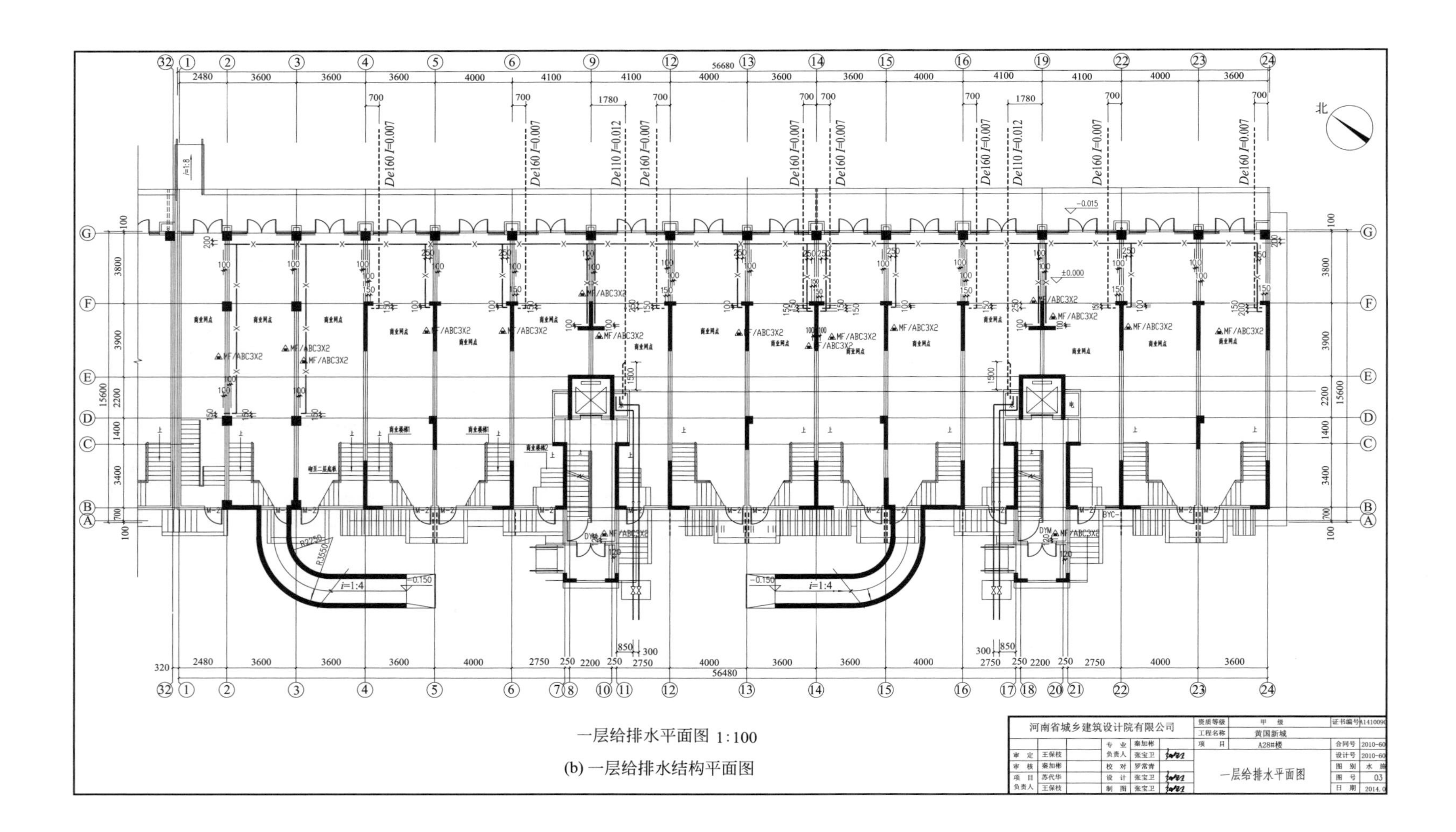

一层给排水平面图 1:100

(b) 一层给排水结构平面图

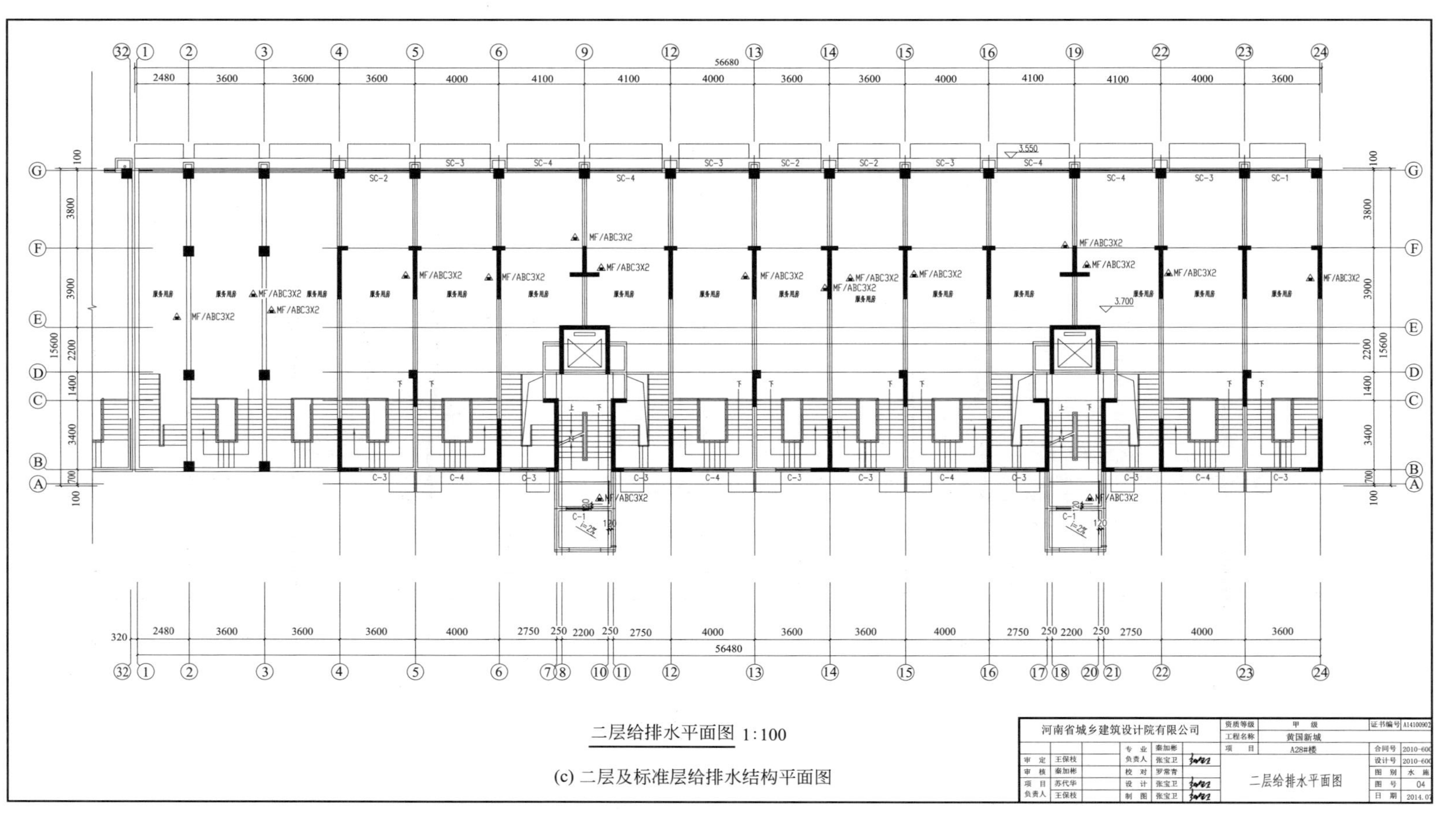

(c) 二层及标准层给排水结构平面图

图 21-17

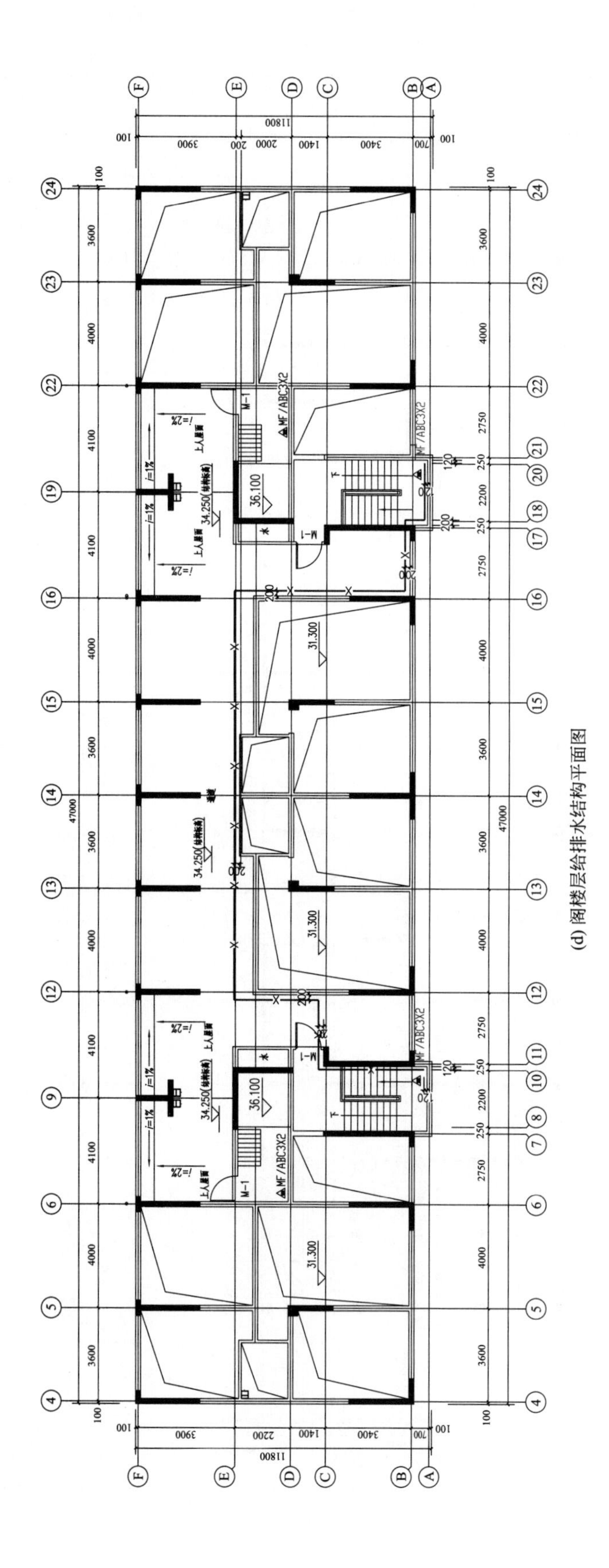

(d) 阁楼层给排水结构平面图

序号	名称	图例
1	座式大便器	
2	蹲式大便器	
3	洗脸盆	
4	淋浴器	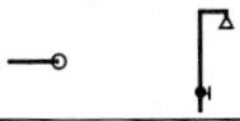
5	双格洗菜池	
6	水表	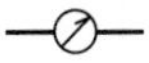
7	阀门	
8	蝶阀	
9	止回阀	
10	防臭地漏	 De50
11	洗衣机专用地漏	 De50
12	检查口	
13	消火栓(单栓)	
14	消火栓(双栓)	
15	灭火器	MF/ABC3×2
16	水泵接合器	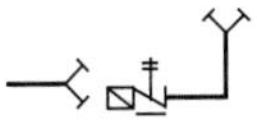
17	排污泵	50WQ10-10-1

(e) 图上所示给排水所用符号

图 21-17　建筑给排水平面图

给水排水系统图如图 21-18 所示。

21.1.11　建筑给水排水工程施工详图的识读

建筑给水排水工程施工详图（大样图）如图 21-19 所示。

21.1.12　某建筑物建筑给水排水工程施工图识读实例

如图 21-20 所示，该图为学生教学楼给水排水管道施工图识图实例。

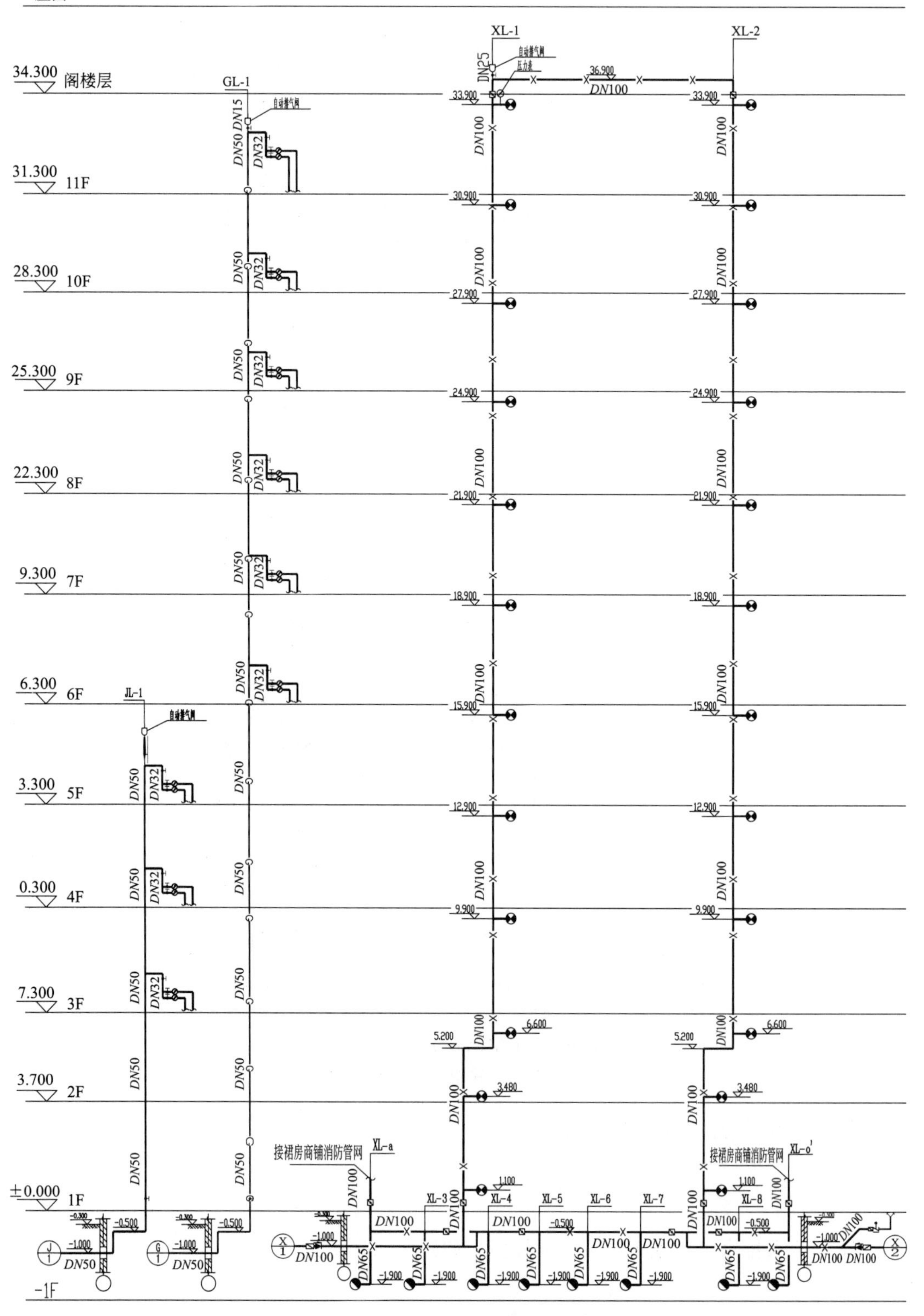

(a) 给水立管和消火栓管道原理图

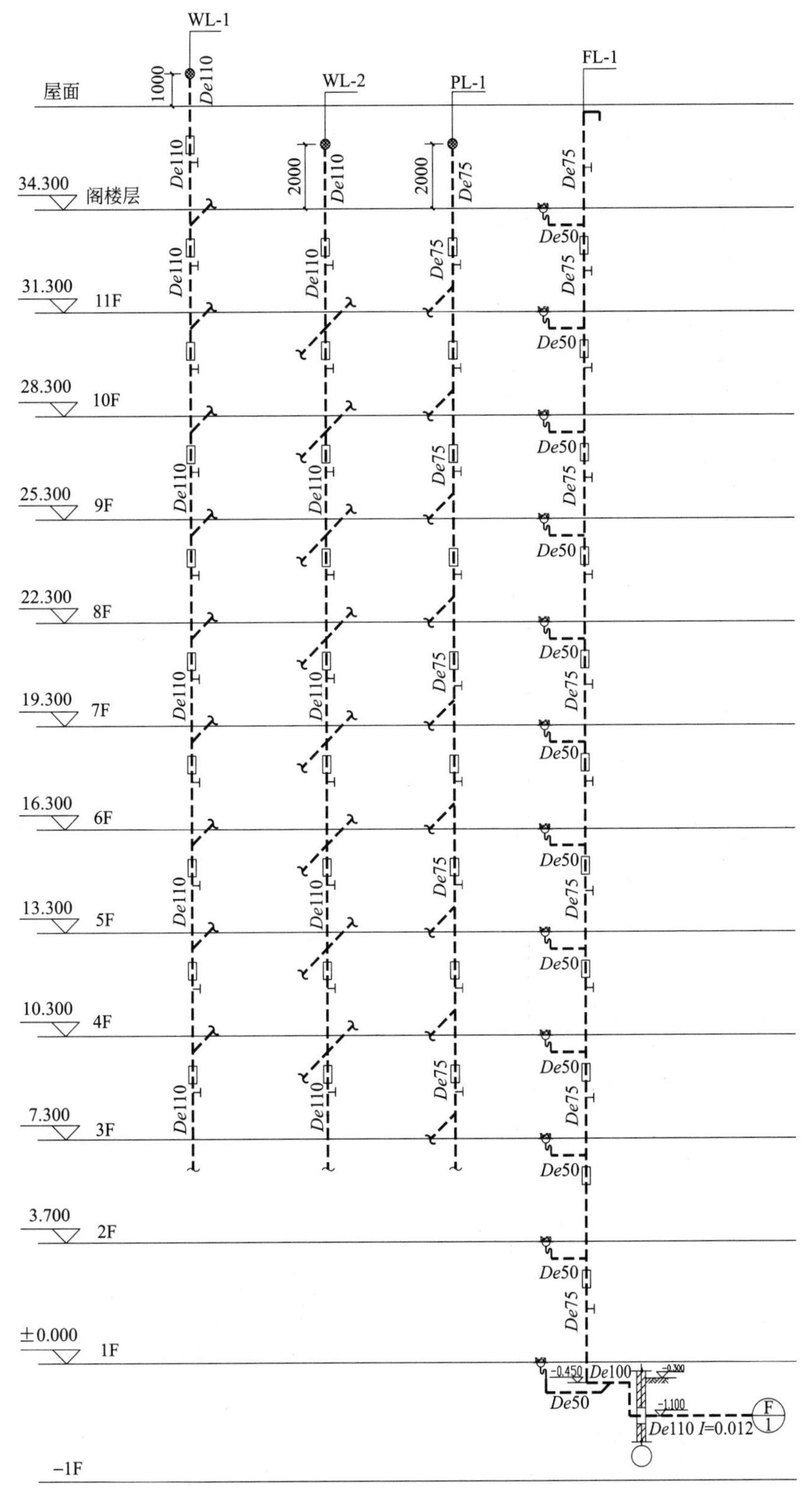

(b) 排水立管原理图

图 21-18

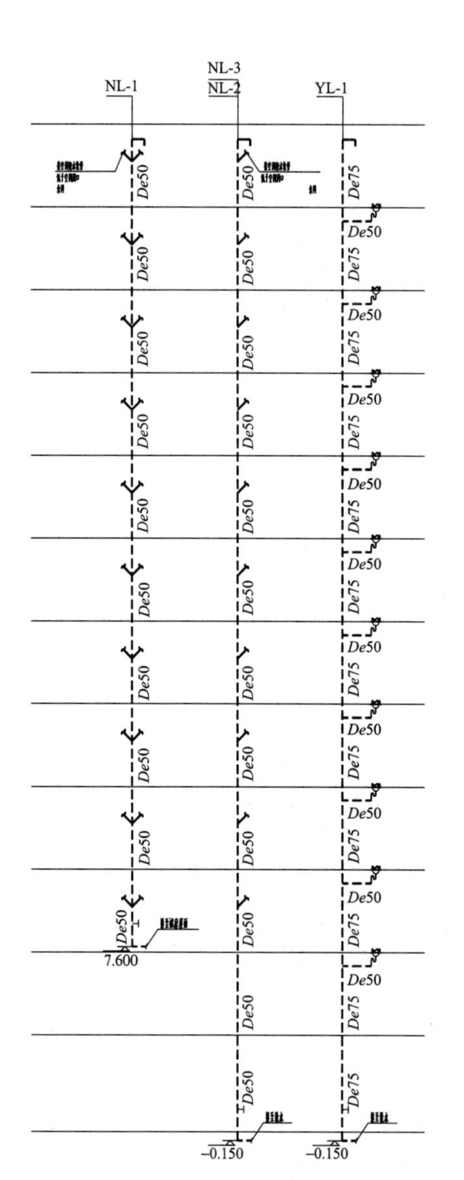

(c) 阳台排水及冷凝水立管原理图

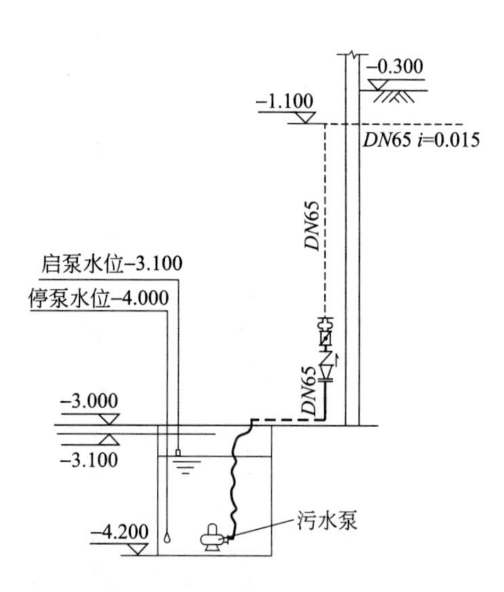

(d) 外部集水坑排水系统图

图 21-18　给水排水系统图

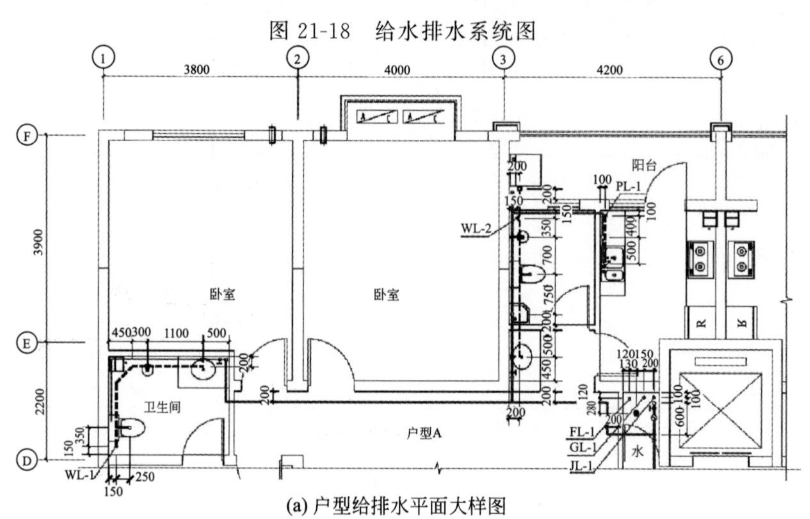

(a) 户型给排水平面大样图

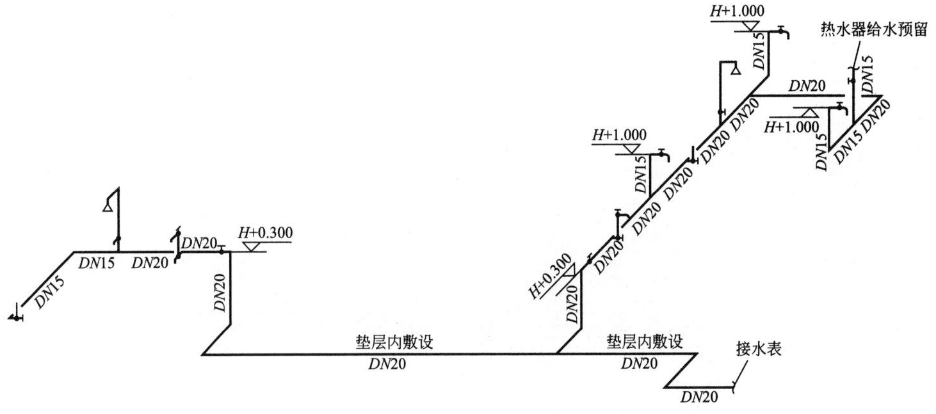

(b) 图(a)中给水管道安装大样图

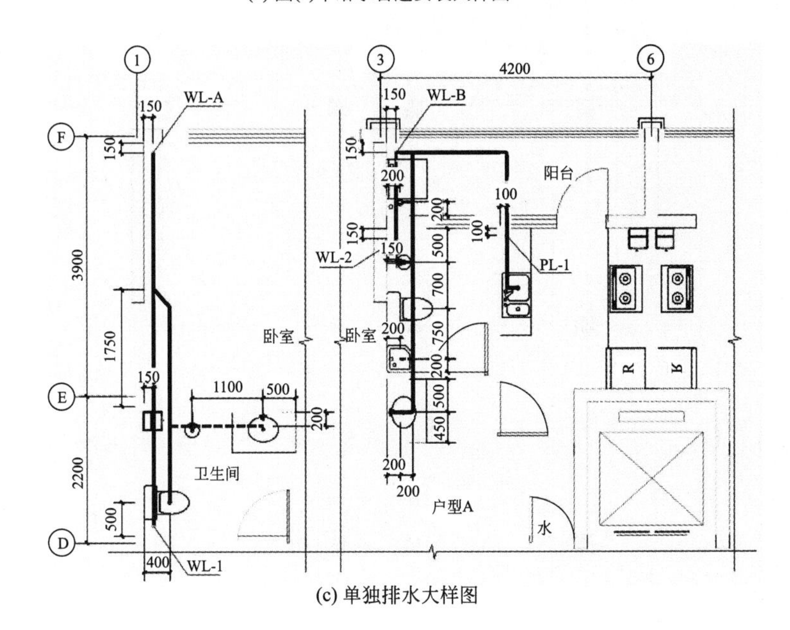

(c) 单独排水大样图

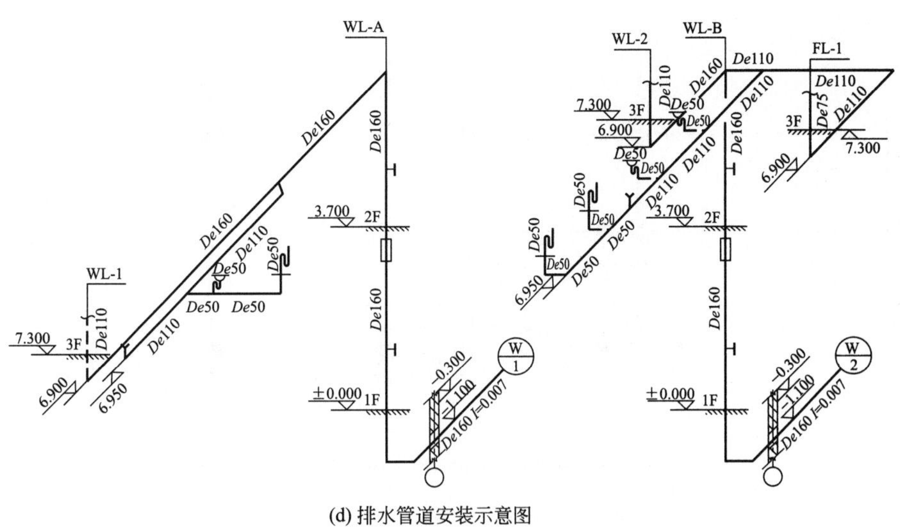

(d) 排水管道安装示意图

图 21-19　建筑给水排水工程施工详图

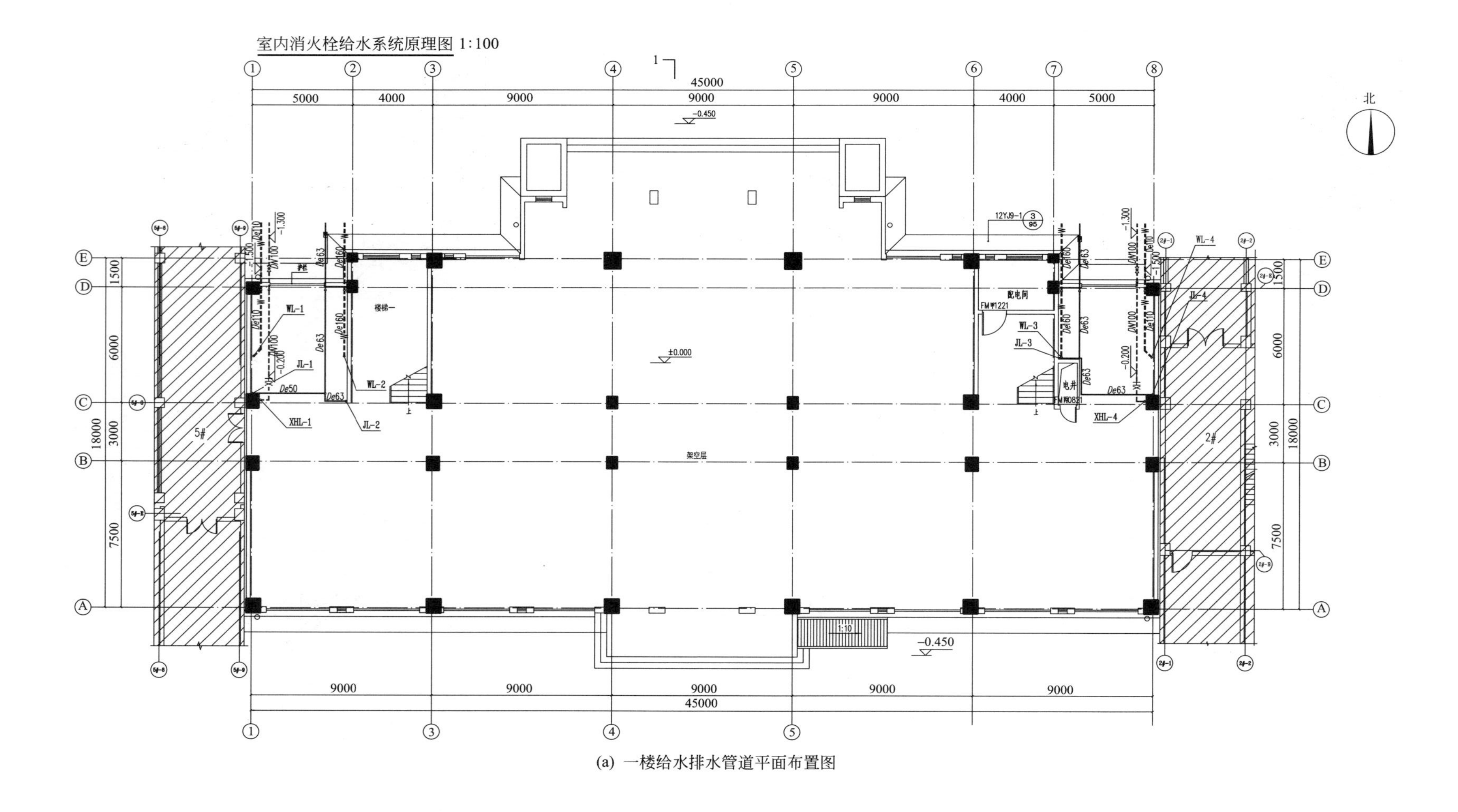

(a) 一楼给水排水管道平面布置图

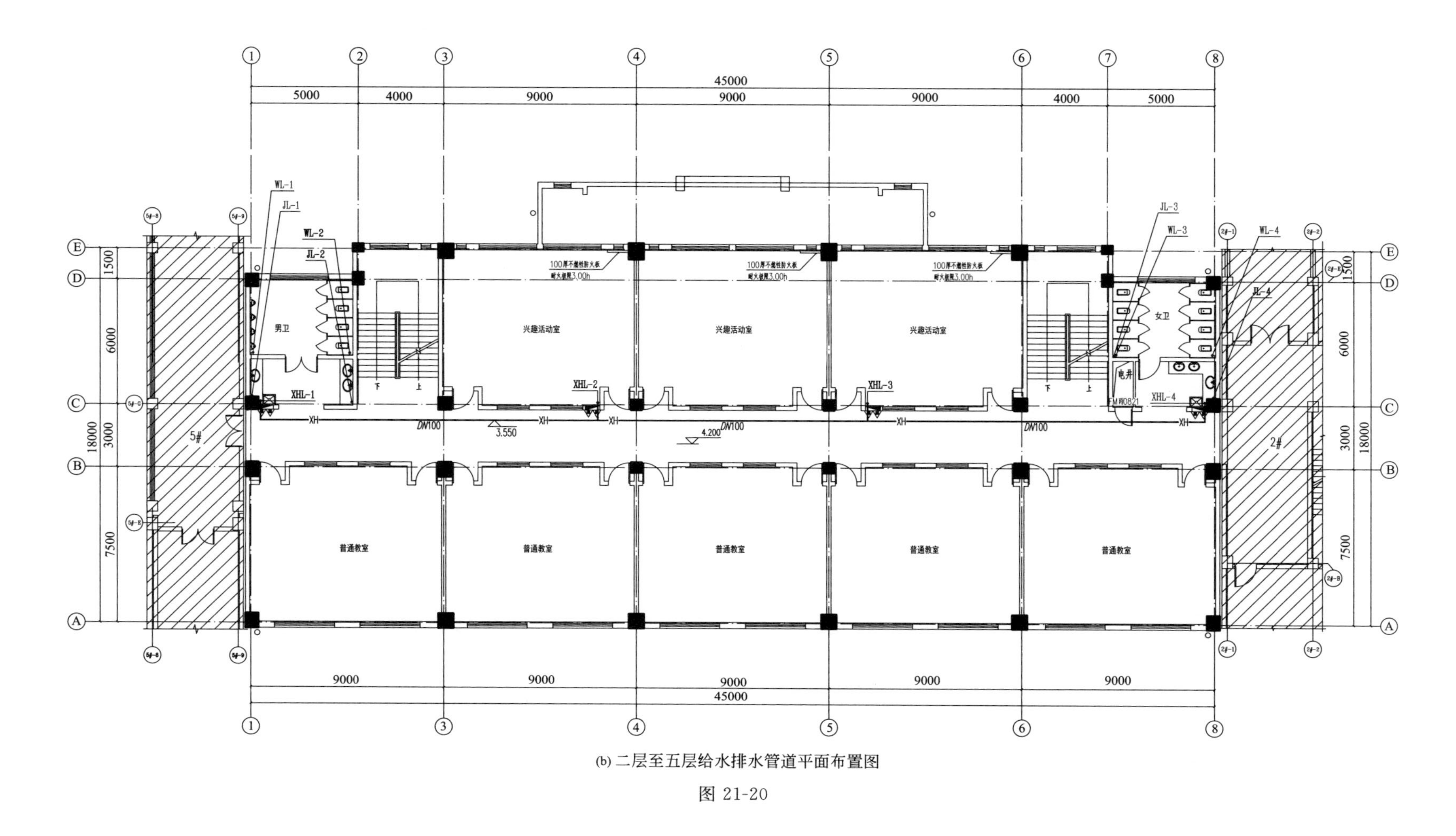

(b) 二层至五层给水排水管道平面布置图

图 21-20

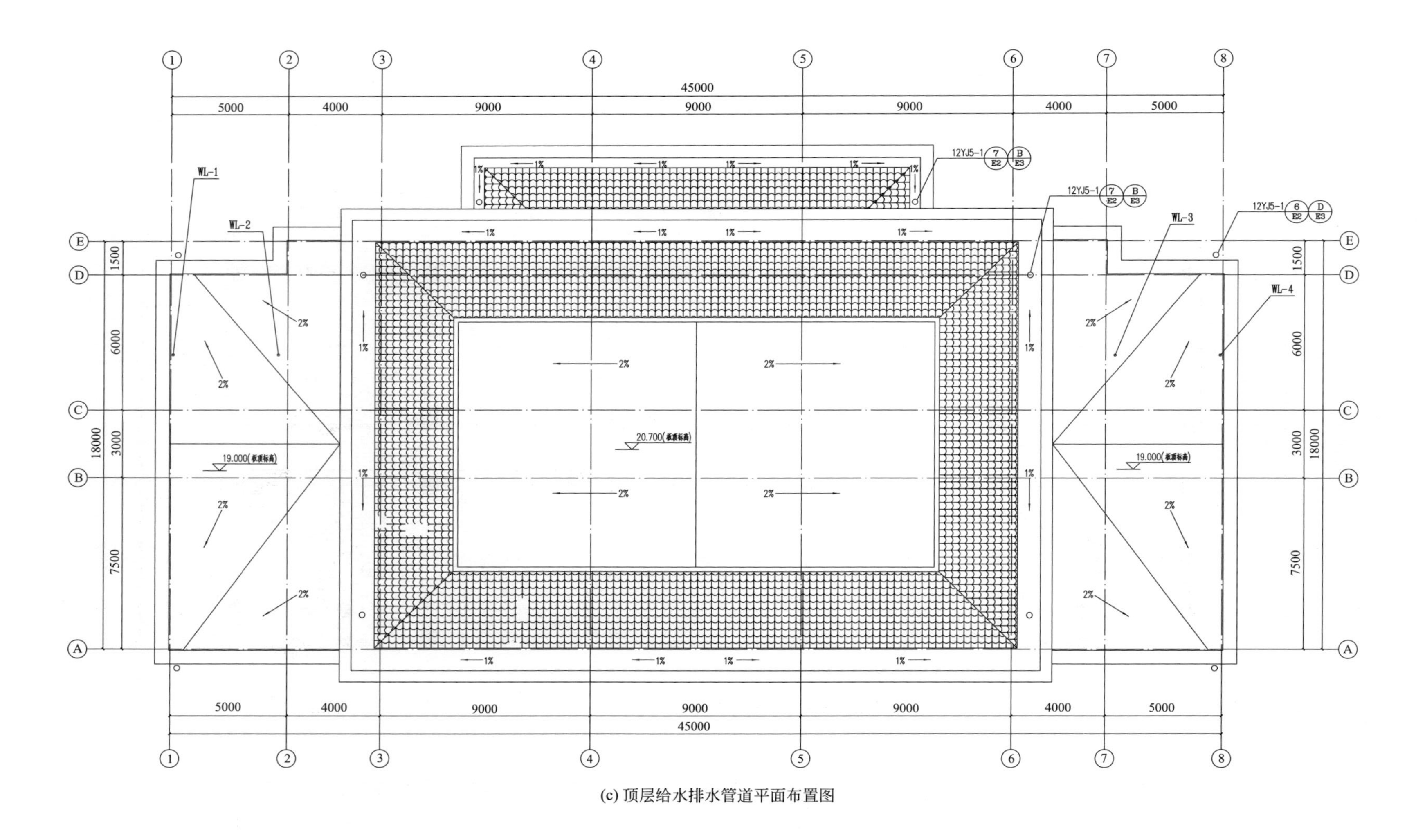

(c) 顶层给水排水管道平面布置图

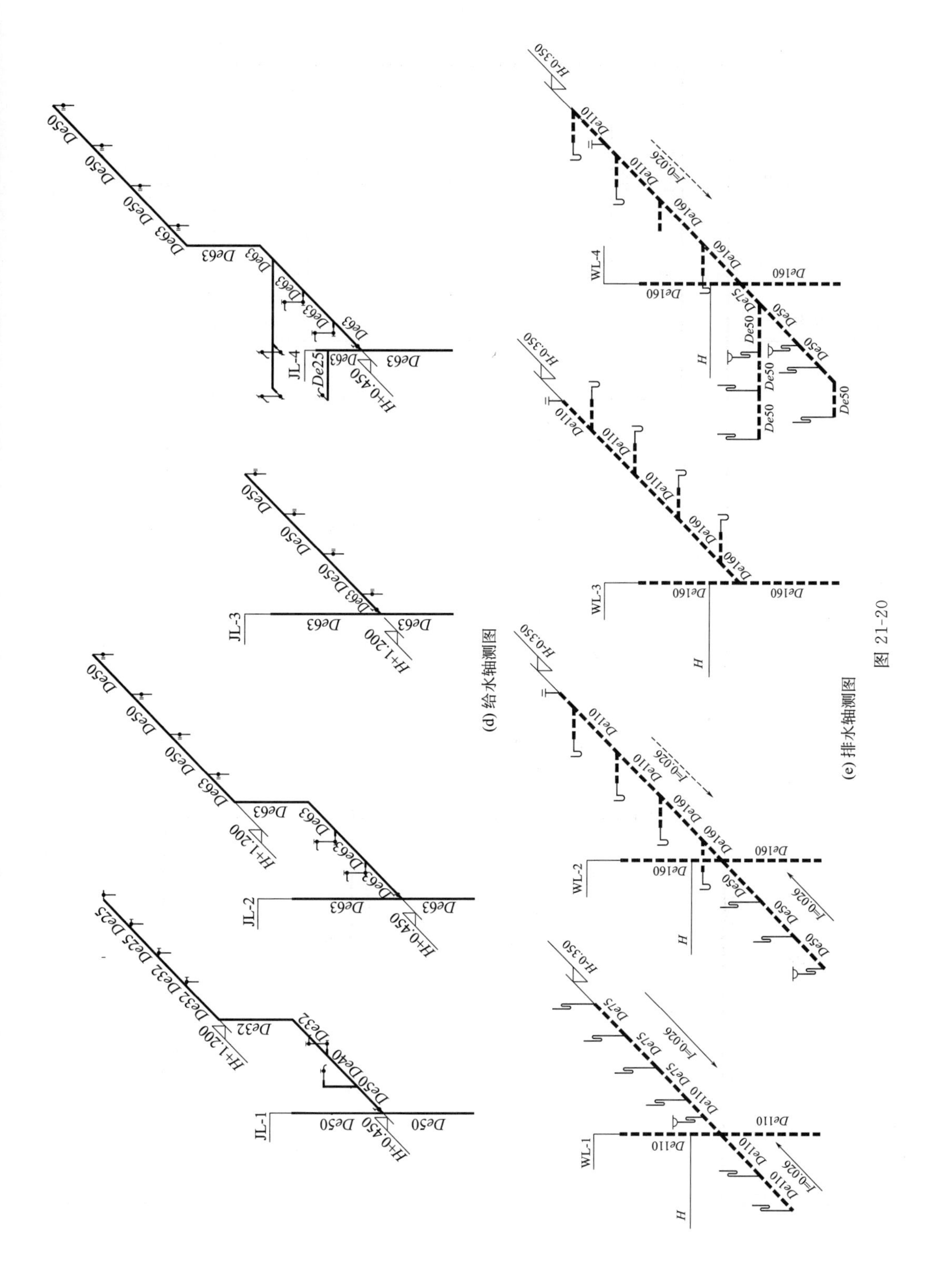

(d) 给水轴测图

(e) 排水轴测图

图 21-20

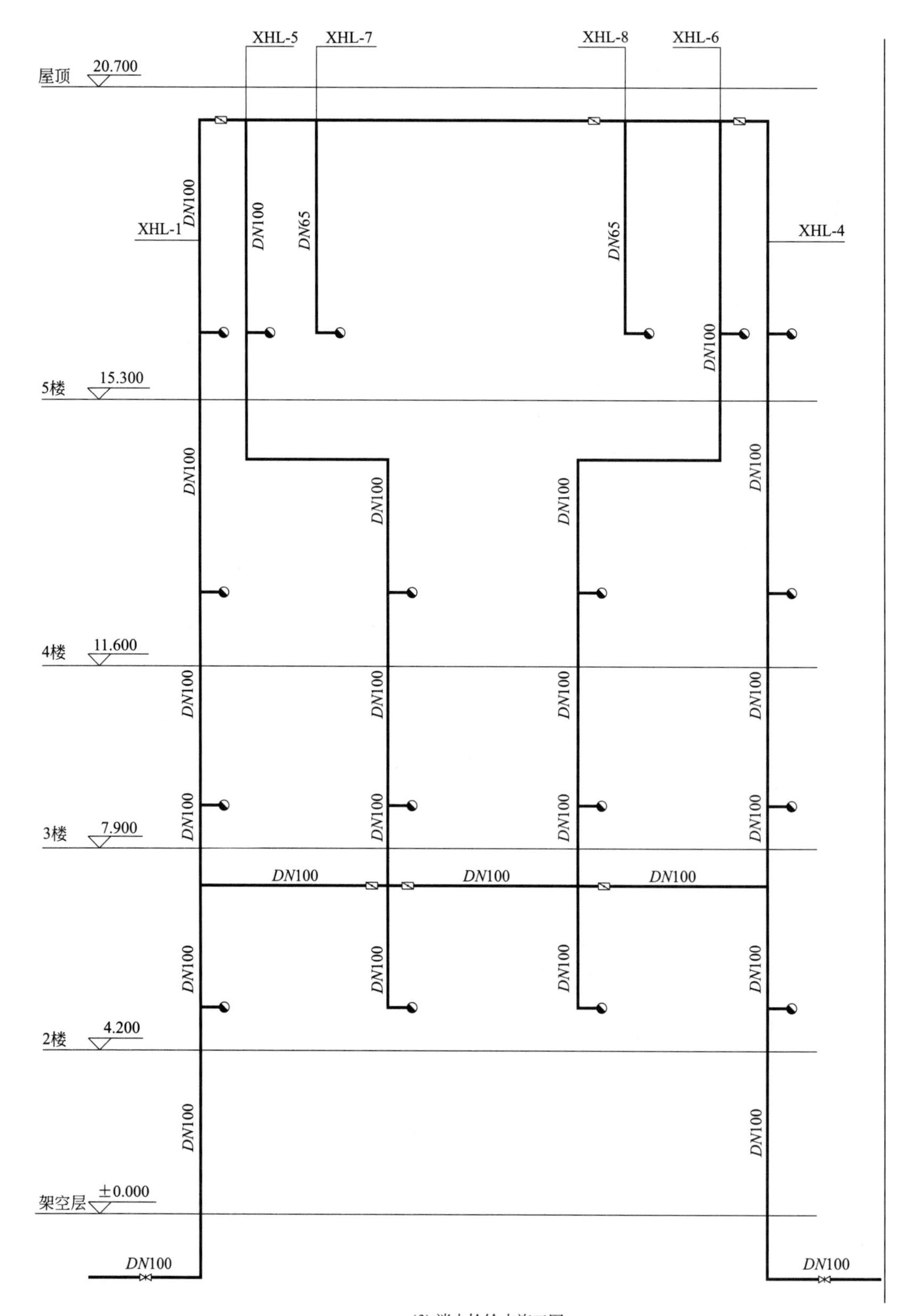
XHL-5
XHL-7
XHL-8
XHL-6
屋顶
20.700
XHL-1
XHL-4
DN100
DN65
5楼
15.300
4楼
11.600
3楼
7.900
2楼
4.200
架空层
±0.000
DN100

(f) 消火栓给水施工图

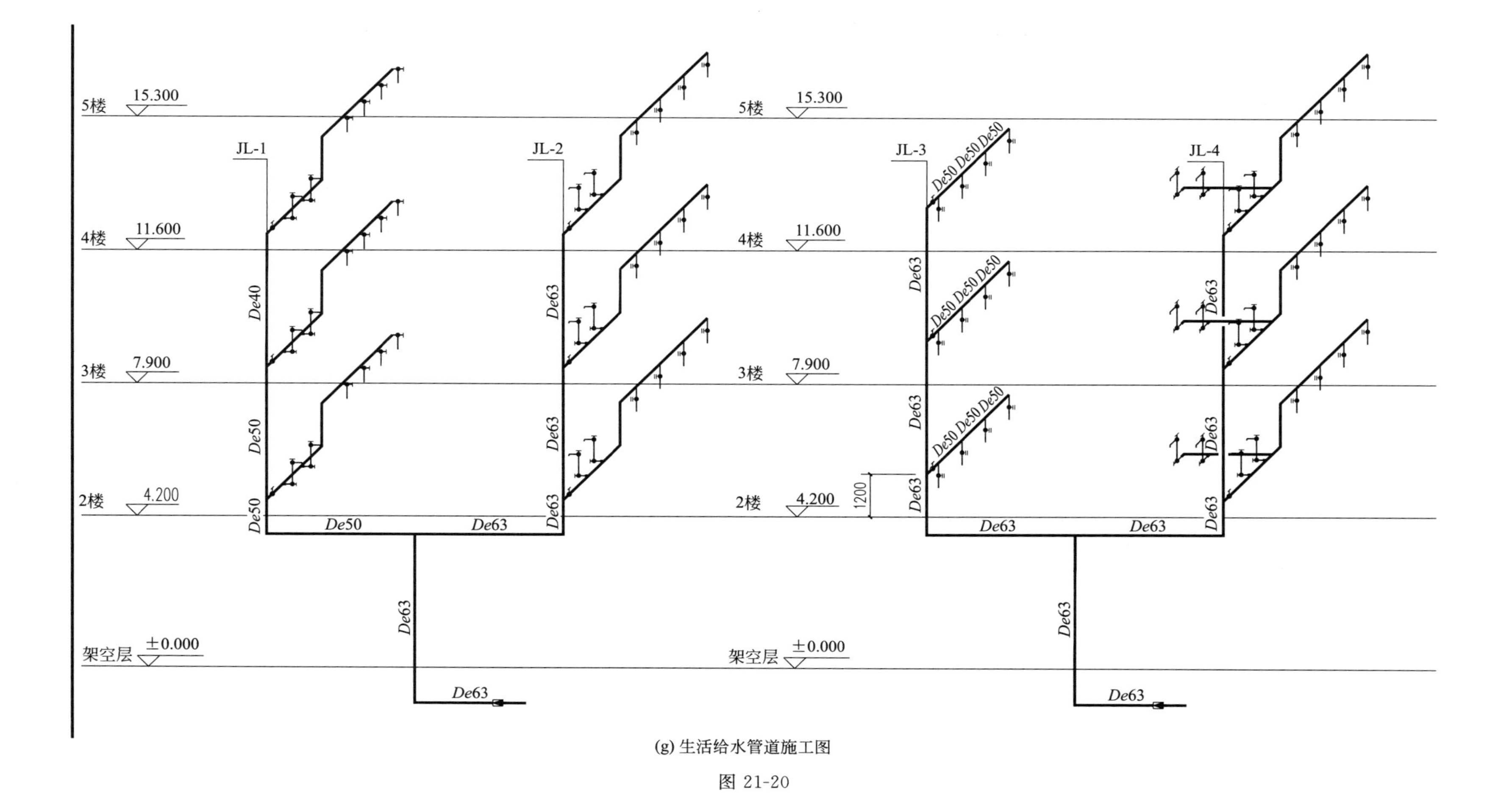

(g) 生活给水管道施工图

图 21-20

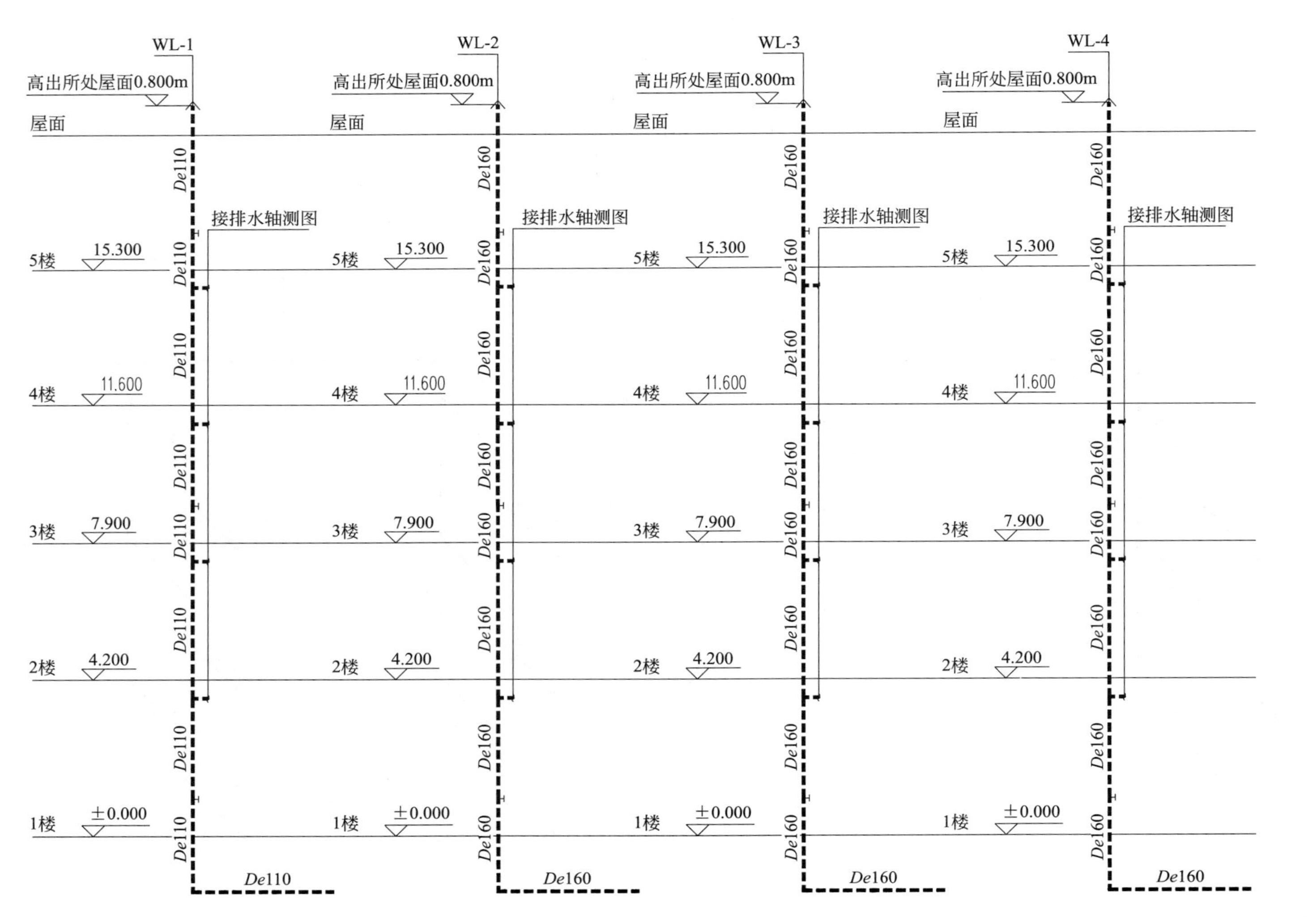
WL-1
高出所处屋面0.800m
屋面
De110
接排水轴测图
5楼
15.300
4楼
11.600
3楼
7.900
2楼
4.200
1楼
±0.000
WL-2
WL-3
WL-4
De160

(h) 排水管道施工图

1	——J——	生活给水管
2	——XH——	室内消火栓系统给水管
3	--- W ---	污水排水管
4	--- F ---	废水排水管
5		手提式灭火器
6		止回阀
7		水力液位控制阀
8		蝶阀
9		闸阀
10		单出口消火栓
11		压力表
12		截止阀
13		低位水箱大便器进水阀
14		单出口系统消火栓
15		圆地漏
16		地漏
17		坐便器排水
18		大便器自闭式冲洗阀
19		存水弯(位于楼板上)
20		存水弯(位于楼板下)
21		小便器冲洗阀
22		普通龙头
23		检查口
24		水龙头
25		洗面器龙头
26		蹲便器存水弯
27		通气帽

(i) 该工程给水排水构造图示

图 21-20 学生教学楼给水排水管道施工图

21.2 常用管材及管件构造

21.2.1 常用管道及管件图例

常用管道及管件图例如表 21-4 所示。

表 21-4 常用管道及管件图例

序号	名称	图例	备注
1	生活给水管	———— J ————	
2	热水给水管	———— RJ ————	
3	热水回水管	———— RH ————	
4	中水给水管	———— ZJ ————	
5	废水管	———— F ————	可与中水水管合用
6	通气管	———— T ————	
7	污水管	———— W ————	
8	雨水管	———— Y ————	

续表

序号	名称	图例	备注
9	管道立管	XL-1 平面 XL-1 系统	X为管道类别， L为立管，1为编号
10	排水明沟	坡向	
11	排水暗沟	坡向	
12	立管检查口		
13	清扫口	平面 系统	
14	通气帽	成品 蘑菇形	
15	雨水斗	YD 平面 YD 系统	
16	圆形地漏	平面 系统	通用，如无水封， 地漏应加存水弯
17	方形地漏	平面 系统	
18	S形存水弯		
19	P形存水弯		
20	闸阀		
21	截止阀		
22	水嘴	平面 系统	
23	室外消火栓		

续表

序号	名称	图例	备注
24	室内消火栓(单口)	平面　系统	白色为开启面
25	室内消火栓(双口)	平面　系统	

21.2.2 常用的钢管

钢管有无缝钢管、焊接钢管和普通钢管三种。钢管强度高，承受流体的压力大、抗震性能好、长度大、重量比铸铁管轻、接头少、加工安装方便，但造价较铸铁管高、抗腐蚀性差。采用钢管的目的是防锈、防腐、不使水质变坏，延长使用年限。生活用水管采用镀锌钢管（$DN<150$mm），自动喷水灭火系统的消防给水管采用镀锌钢管或镀锌无缝钢管，并且要求采用热浸镀锌工艺生产的产品。

室内给水钢管规格见表 21-5。

表 21-5　室内给水钢管规格

公称直径/mm	公称直径/in①	钢管外径/mm	普通钢管壁厚/mm	普通钢管质量/(kg/m)	加厚钢管壁厚/mm	加厚钢管质量/(kg/m)
15	1/2	21.25	2.75	1.25	3.25	1.44
20	3/4	26.75	2.75	1.63	3.50	2.01
25	1	33.50	3.25	2.42	4.00	2.91
32	11/4	42.25	3.25	3.13	4.00	3.77
40	11/2	48.00	3.50	3.84	4.25	4.53
50	2	60.00	3.50	4.88	4.50	6.16
70	21/2	75.50	3.75	6.64	4.50	7.88
80	3	88.50	4.00	8.34	4.75	9.81
100	4	114.00	4.00	10.85	5.00	13.44
125	5	140.00	4.50	15.04	5.50	18.24
150	6	165.00	4.50	17.81	5.50	21.68

① 1in＝2.54cm。

注：无缝钢管根据制造方法的不同分为热轧和冷轧，其精度分为普通和高级两种。镀锌钢管约比非镀锌钢管重3%～6%。普通钢管工作压力为 1.0MPa，加厚钢管工作压力为 1.5MPa。

钢管接口处的连接形式有焊接、法兰连接以及螺纹连接等。

① 焊接连接　焊接连接的方法有两种，分别为电弧焊和气焊，一般管道管径 $DN>$ 32mm 采用电弧焊连接；管径 $DN\leqslant32$mm 采用气焊连接。焊接的优点主要在于施工比较快，接头处比较严密，不易漏水，缺点是焊接的钢管不能拆卸，焊接只能用于非镀锌钢管，镀锌钢管焊接时锌层易被破坏，会加速钢管的腐蚀。

② 法兰连接　较大管道（管径为 50mm 以上）常用法兰盘焊接或用螺纹连接在管端，再以螺栓连接它。法兰连接一般用在连接闸阀、止回阀、水泵、水表等处，以及需要经常拆卸、检修的管段，法兰连接示意如图 21-21 所示。

③ 螺纹连接　螺纹连接是利用配件连接，配件用可锻铸铁制成，其抗蚀性及机械强度均较大，也分为镀锌和非镀锌两种，钢制配件较少。室内生活给水管道应用镀锌配件，镀锌钢管须用螺纹连接，多用于明装管道。

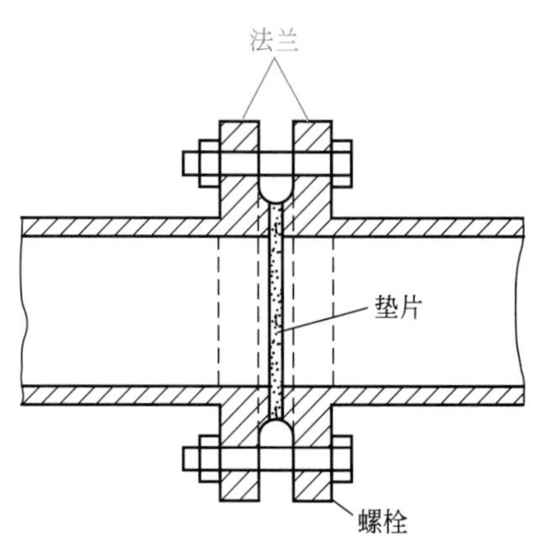

图 21-21　法兰连接示意

21.2.3　给水铸铁管

给水铸铁管是用铸铁浇铸成形的管子，是给水管道中最常用的管材，其抗腐蚀性较好，经久耐用，价格比钢管低。但其较脆，不耐振动和弯折，重量也较大，工作压力较钢管低。

铸铁管接口形式有承插式和法兰式两种，室外直埋管线通常采用承插式接口，构造物内部管线则较多采用法兰接口，给水铸铁管的连接形式如图 21-22 所示。

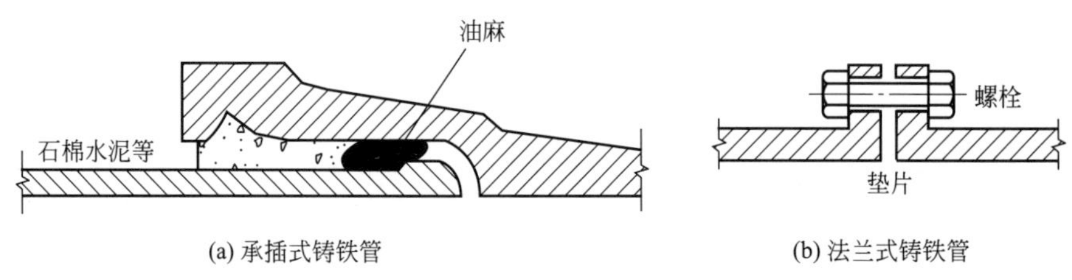

图 21-22　给水铸铁管的连接形式

承插式接口安装时将插口接入承口内，两口之间的环形空隙用接头材料填实，接口时施工麻烦，劳动强度大。接口材料一般可用橡胶圈或石棉水泥，在特殊情况下也可以采用青铅接口。若采用橡胶圈接口，安装时无须敲打接口，可直接安装橡胶圈，减轻工作难度，加快施工进度。

法兰接口的优点是接头严密，检修方便，常用于连接泵站内或水塔的进、出水管。在法兰盘之间安装 3～5mm 厚的橡胶片从而加强了接口的密封性。

21.2.4　排水铸铁管

排水铸铁管一般适用于排水管穿越铁路、高速公路以及邻近给水管道或房屋基础时。其特点是经久耐用，有较强的耐腐蚀性，缺点是质地较脆，不耐震动和弯折，重量较大。连接方式有承插式和法兰式两种。

排水铸铁管又可分为普通排水铸铁管和柔性接口排水铸铁管。

① 普通排水铸铁管　普通排水铸铁管是建筑物内部排水系统所用的主要管道材料，有排水铸铁承插口直管、排水铸铁双承直管。其管件有曲管、管箍、弯头、三通、四通、存水弯、瓶口大小头（锥形大小头）、检查口等。因管径种类和管件齐全，故使用较广。普通排水铸铁管管件示例如图 21-23 所示。

② 柔性接口排水铸铁管　柔性接口排水铸铁管适用于高层建筑以及地震区，使其在水压下面能够有良好的伸缩性，防止管道裂缝、折断。柔性接口排水铸铁管如图 21-24 所示。

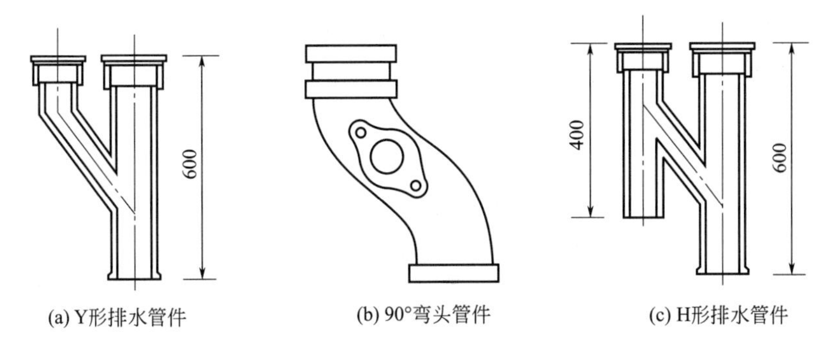

(a) Y形排水管件　(b) 90°弯头管件　(c) H形排水管件

图 21-23　普通排水铸铁管管件示例

21.2.5　塑料排水管

塑料排水管具有良好的耐腐蚀性及一定的机械强度，加工成型与安装方便，输水能力强，材质轻，运输方便，价格便宜等优点。其缺点是强度较低、刚性差、热胀冷缩大，在日光下老化速度加快，易于断裂，因此多用于小口径。排水系统中主要采用高密度聚乙烯双壁波纹管、硬聚氯乙烯环形肋管、高密度聚乙烯缠绕结构壁管等。硬聚氯乙烯环形肋管的结构如图 21-25 所示。

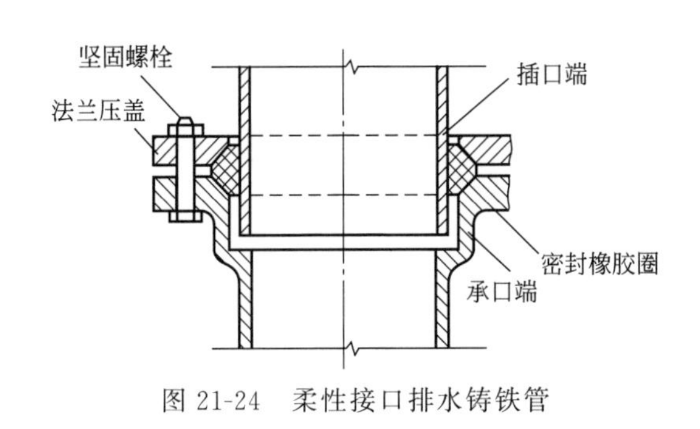

图 21-24　柔性接口排水铸铁管

图 21-25　硬聚氯乙烯环形肋管的结构

21.2.6　常用的给水排水管件

我国常用的管件分为以下两大类。

① *DN*50 以下的管件　此类管件多为可铸造铁制造，也有少量钢制，按不同需要选用，铁制的管件两端都有加厚的边以增加强度，而钢制者则没有，可依此区别。常用的管件形式有：等径管箍、异径管箍、等径三通、异径三通、等径弯头、异径弯头等，如图 21-26 所示。

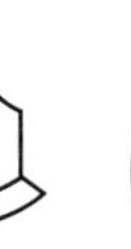
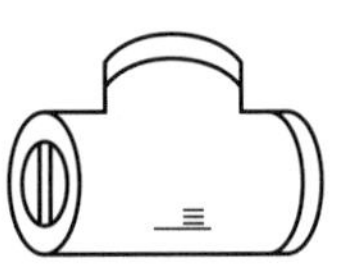
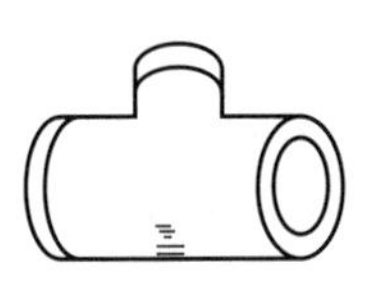

(a) 等径管箍　(b) 异径管箍　(c) 等径三通　(d) 异径三通　(e) 等径弯头　(f) 异径弯头

图 21-26　常见小管径管件形式

② $DN75$ 以上管件　一般为铸铁制品或钢制，常见的品种有三通、四通、弯头、卡箍等，接口的主要形式为承插连接和法兰连接。常见的大口径管件如图 21-27 所示。

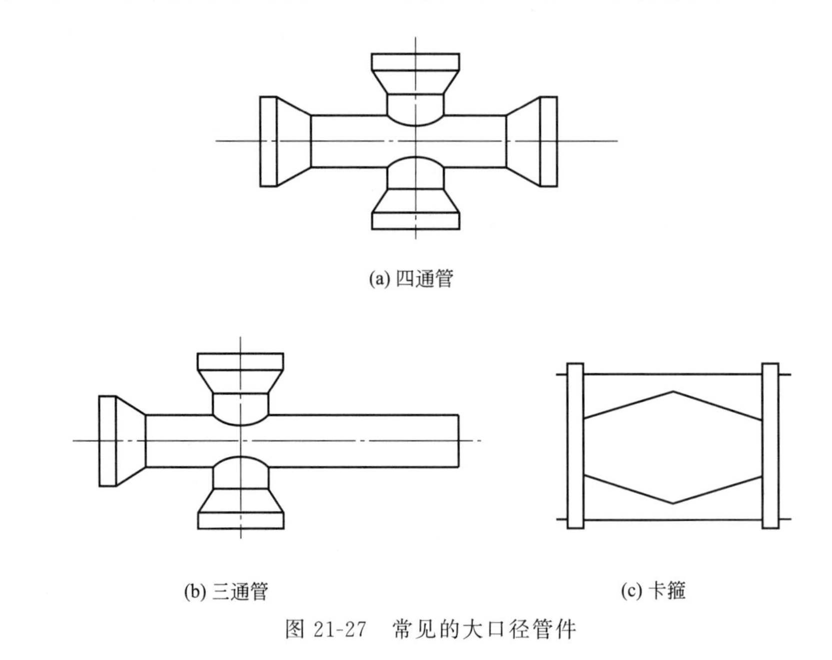
(a) 四通管

(b) 三通管　　(c) 卡箍

图 21-27　常见的大口径管件

21.3 管道工程常用法兰、螺栓及垫片

(1) 常用法兰

管道工程用的法兰分为钢管道法兰和通风管法兰两种。

① 钢管道法兰　钢管道法兰种类较多，最常用的是平焊钢法兰。按其接触面可分为光滑式和凹凸式密封面两种。材质与相应钢管材质相同，采用普通碳素钢、优质碳素钢或低合金钢钢板加工而成。其规格表示通常选用标准法兰和平焊钢法兰的规格，一般以公称直径 DN 和工程压力 PN 表示。

② 通风管法兰　通风管法兰按其形状不同可分为圆形法兰和矩形法兰两种，法兰的材质通常根据风管的材质选用，薄钢板风管采用角钢或扁钢加工制作法兰，硬聚氯乙烯塑料风管，采用较厚的硬聚氯乙烯塑料板加工制作法兰。圆形法兰以风管的外径 D 表示，矩形法兰以矩形风管的边宽×边宽表示。

(2) 螺栓

螺栓的种类比较多，在管道工程中，法兰连接时常用的螺栓有两种：一种是粗制六角头螺栓（一端带有部分螺纹），与其相配的螺母为普厚粗制六角螺母；另一种是双头精致螺栓（两端均有螺纹），与其相配的螺母为精致六角螺母，其中最常用的是粗制六角头螺栓及其螺母。六角头螺母示意如图 21-28 所示。

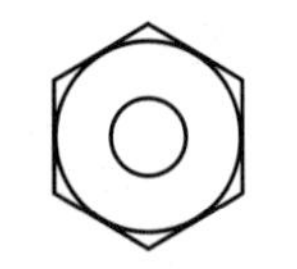
图 21-28　六角头螺母示意

螺栓通常采用普通碳素钢、优质碳素钢或低合金钢加工而成，其表示方式如 M20×80，表示螺栓的直径为 20mm，螺杆长 80mm，与其相配的螺母为 M20。

(3) 垫片

管道工程中，法兰垫片的材质依据管内输送介质的性质、工作压力和温度选用，垫片的厚度为1.5～3mm。给排水系统垫片厚度为3～5mm。钢管道法兰常用的垫片材质、种类和应用场合见表21-6所示。

表21-6 钢管道法兰常用的垫片材质、种类和应用场合

材质名称	最高工作压力/MPa	最高工作温度/℃	适用介质
普通橡胶板	0.6	60	水、空气
耐热橡胶板	0.6	120	热水、蒸汽
耐油橡胶板	0.6	60	各种常用油料
耐酸碱橡胶板	0.6	60	浓度≤20%酸碱溶液
低压石棉橡胶板	1.6	200	蒸汽、水、燃气
中压石棉橡胶板	4.0	350	蒸汽、水、燃气
高压石棉橡胶板	10.0	450	蒸汽、空气
耐油石棉橡胶板	4.0	350	各种常用油料
软聚氯乙烯板	0.6	50	酸碱稀溶液、水
聚四氟乙烯板	0.6	50	酸碱稀溶液、水
石棉绳		600	烟气
耐酸石棉板	0.6	300	酸、碱、盐溶液
铜、铝金属薄板	20.0	600	高温、高压蒸汽

通风管道法兰常用垫片厚度一般为3～5mm，其种类及材质见表21-7。

表21-7 通风管道常用垫片的种类及材料

风管输送的介质种类	垫片材质
空气温度低于70℃	橡胶板、闭孔海绵橡胶板
空气温度高于70℃	石棉绳、石棉橡胶板
含湿空气	橡胶板、闭孔海绵橡胶板
含腐蚀性介质的气体	耐酸橡胶、软聚氯乙烯板
除尘系统	橡胶板
洁净系统	泡沫氯丁橡胶垫

21.4 给水排水管道阀门

21.4.1 截止阀

截止阀，也叫截门，是使用最广泛的阀门之一。它之所以广受欢迎，是由于开闭过程中密封面之间摩擦力小，比较耐用，开启高度不大，制造容易，维修方便，不仅适用于中低压，而且适用于高压。但其流向一律采用自上而下，安装时有方向性。截止阀的结构长度大于闸阀，同时流体阻力大，长期运行时，密封可靠性不强。连接方式有法兰连接、丝

扣连接和焊接连接。截止阀的构造示意如图 21-29 所示。

21.4.2 闸阀

闸阀是供水管道中的重要组成设备，主要功能是可迅速隔断管道中的水流，此外还可以根据需要改变管网中的水流方向。闸阀是用闸板作启闭件并沿阀座轴线垂直方向移动，以实现启闭动作的阀门。

根据密封元件的形式，常常把闸阀分成几种不同的类型，如楔式闸板式闸阀、平行闸板式闸阀、明杆闸阀和暗杆闸阀等。闸阀的主要优点是流体阻力小，启闭扭矩小；主要缺点为重量较大，启闭时间长，表面易擦伤。所以其通常适用于不需要经常启闭且需保持闸板全开或全闭的工况。闸阀的结构如图 21-30 所示。

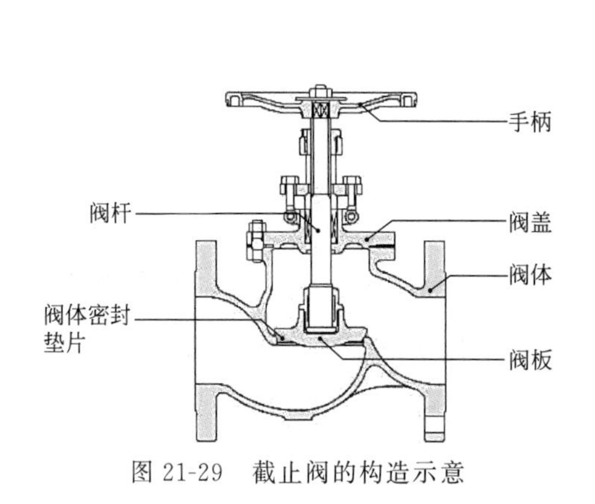

图 21-29　截止阀的构造示意

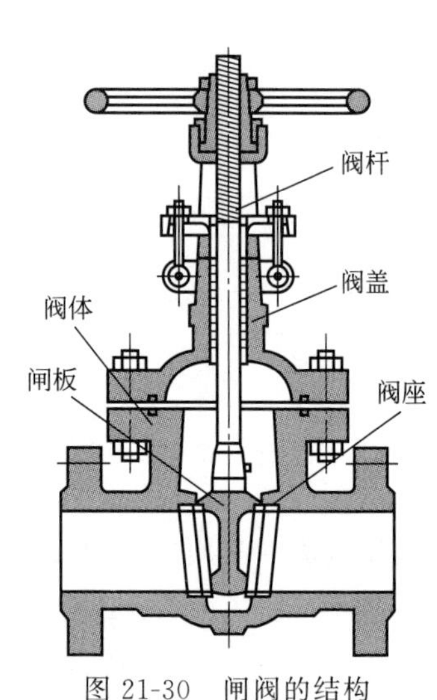

图 21-30　闸阀的结构

21.4.3 蝶阀

蝶阀是指蝶板绕固定轴旋转的阀门，包括对夹式、偏心式、中线式等类型。蝶阀的作用和一般阀门相同。但结构简单，开启方便，旋转 90°就可全开或全关。蝶阀的结构简单、体积小、重量轻、操作简单、阻力小，但开启的角度不宜小于 15°，否则容易产生震动，且蝶板占据一定的过水断面，易增大水头损失，容易挂杂物和纤维。蝶阀的结构如图 21-31 所示。

21.4.4 球阀

球阀是启闭件（球体）由阀杆带动，并绕球阀轴线做旋转运动的阀门。亦可用于流体的调节与控制，其中硬密封 V 形球阀其 V 形球芯与堆焊硬质合金的金属阀座之间具有很强的剪切力，特别适用于含纤维、微小固体颗粒等的介质。而多通球阀在管道上不仅可灵活控制介质的合流、分流及流向的切换，同时也可关闭任一通道而使另外两个通道相连。本类阀门在管道中一般应当水平安装。球阀按照驱动方式分为气动球阀、电动球阀、手动球阀。球阀的结构如图 21-32 所示。

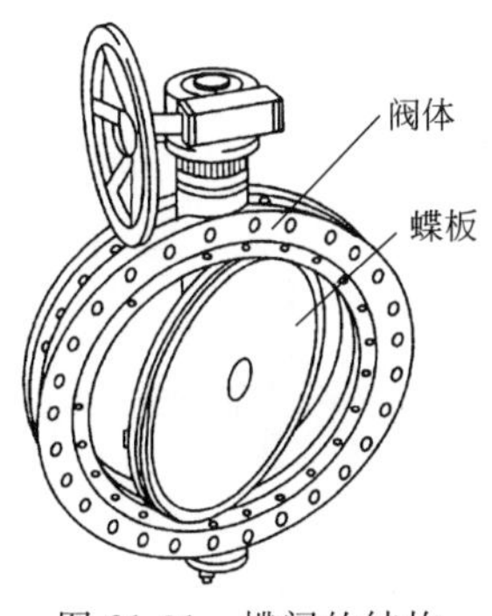

图 21-31 蝶阀的结构

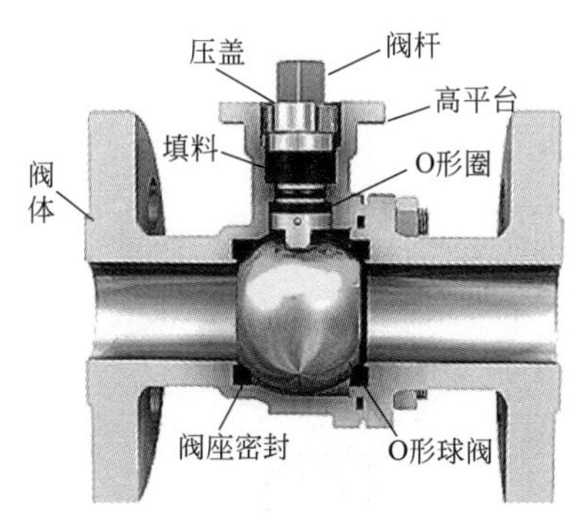

图 21-32 球阀的结构

21.4.5 止回阀

止回阀又称单向阀，只允许水流朝一个方向流动。一般安装在水泵出水管、用户接水管和水塔进水管处，为了防止水的倒流。止回阀一般是自动工作的，靠水流的压力达到自行关闭或开启的目的。止回阀分为升降式、旋启式和蝶式三种类型，如图 21-33 所示。

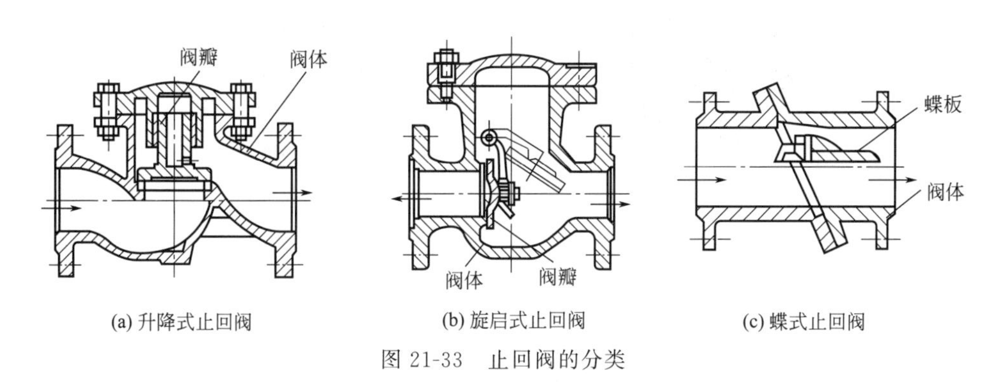

(a) 升降式止回阀　(b) 旋启式止回阀　(c) 蝶式止回阀

图 21-33 止回阀的分类

安装止回阀时要使阀体上标注的箭头与水流方向一致，不可装错或装反，止回阀可以防止管网中的水因停泵而倒流，对于自设加压泵的用户，当给水系统内压力高于市政管网水压时可防止自备水源的水进入管网。大口径水管应采用多瓣止回阀或缓闭止回阀，使各瓣的关闭时间错开或缓慢关闭，以减轻水锤的破坏作用。

21.4.6 减压阀

减压阀是通过调节，将进口压力减至某一需要的出口压力，并依靠介质本身的能量，使出口压力自动保持稳定的阀门。从流体力学的观点看，减压阀是一个局部阻力可以变化的节流元件，即通过改变节流面积，使流速及流体的动能改变，造成不同的压力损失，从而达到减压的目的。然后依靠控制与调节系统的调节，使阀后压力的波动与弹簧力相平衡，使阀后压力在一定的误差范围内保持恒定。减压阀安装在需要减小流体压力的管道上。在工程施工图上，减压阀的图例如图 21-34 所示，减压阀的内部构造及实物外观如图 21-35 所示。

图 21-34 减压阀图例

注意减压阀的高压端与低压端的区别。图 21-35 中图例的左侧是高压端，右侧是低压端。减压阀是双向导通的，常态下是常开的，开口随着高压的升高减小，以稳定输出端低压的压力。反向可以导通但不会减压，而且有一定的液阻。

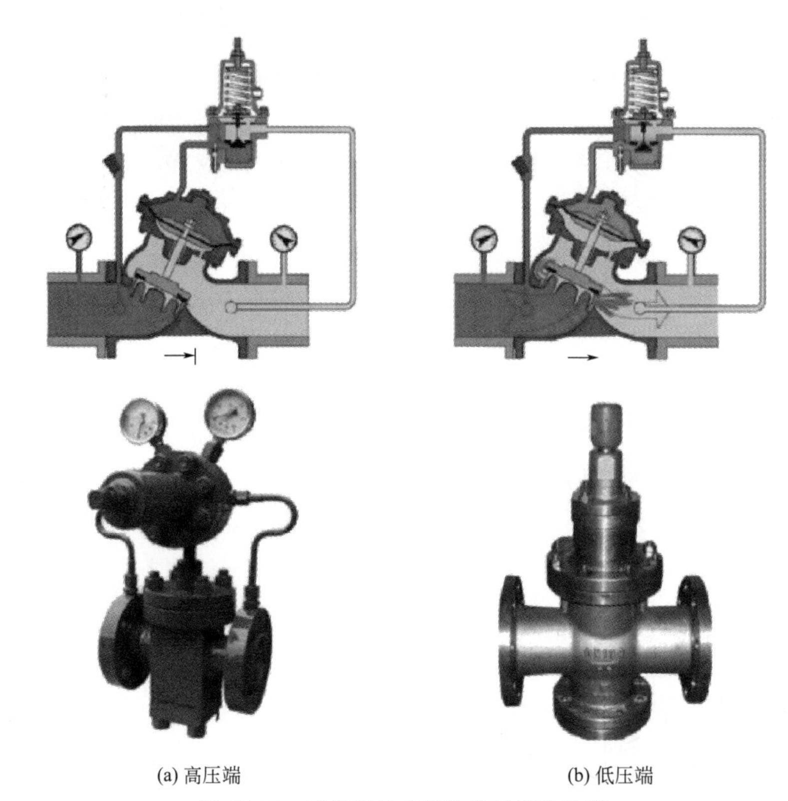

(a) 高压端　　(b) 低压端

图 21-35　减压阀的内部构造及实物外观

21. 4. 7　安全阀

安全阀是一种保护设施不受破坏的阀门，它常用于承压容器和管路系统中，为了防止压力大于正常额度值，而使设施遭受破坏，在压力大于正常额度值时，安全阀会将超出的介质传到低压系统或者大气中去，从而将压力降到正常值。

安全阀的作用是压力系统在工作时，若压力过高可自启动或者关闭，常安装在封闭的系统设备和管路上用来保护系统安全。当安装安全阀的设备或管道里面的压力大于安全阀预设的压力时，它会自启动泄压，以使设施和管道里面的介质压力保持在预设压力之下，这样便确保了设施和管道的正常运作，预防意外的发生。

安全阀可以分为封闭式安全阀和不封闭式安全阀。封闭式即排出的介质不外泄，全部沿着规定的出口排出，一般用于有毒和有腐蚀性的介质。不封闭式一般用于无毒或无腐蚀性的介质。安全阀的结构如图 21-36 所示。

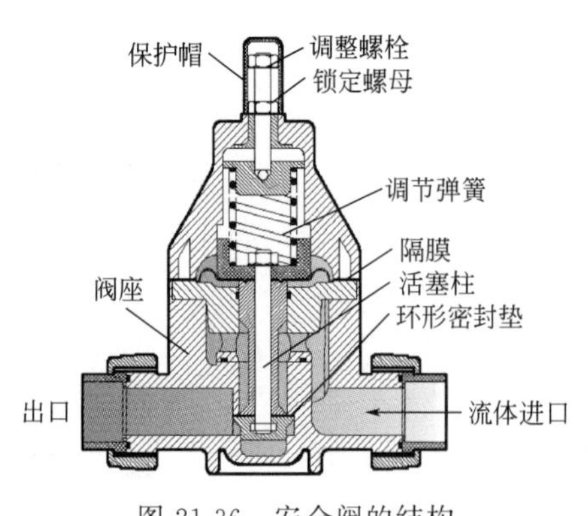

图 21-36　安全阀的结构

21.4.8 浮球阀

浮球阀球体无支撑轴，球体被两阀座夹持其中呈“浮动”状态，它在管道上主要用于切断、分配和改变介质流动方向。浮球阀主要有阀座密封设计、可靠的倒密封阀封杆、防火防静电功能、自动泄压和锁定装置等结构特点。

浮球阀是通过控制液位来调节供液量的。满液式蒸发器要求液面保持一定高度，一般适合采用浮球膨胀阀。浮球阀的工作原理是依靠浮球室中的浮球受液面作用的降低和升高，去控制一个阀门的开启或关闭。浮球室置于满液式蒸发器一侧，上下用平衡管与蒸发器相通，所以两者的液面高度一致。当蒸发器中液面下降时，浮球室液面也下降，于是浮球下降，依靠杠杆作用使阀门开启度增大，加大供液量；反之亦然。

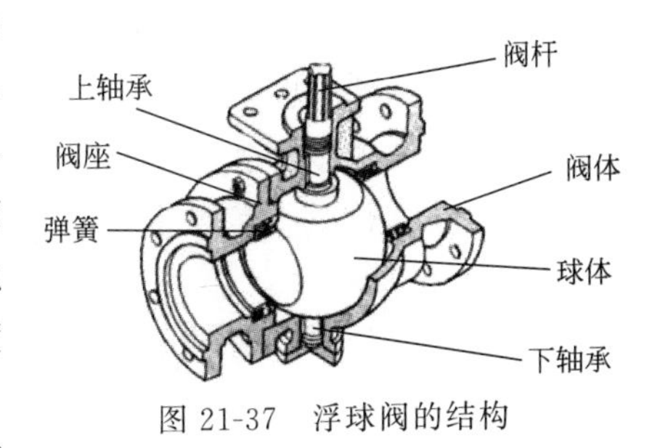

图 21-37　浮球阀的结构

浮球阀具有保养简单，灵活耐用，液位控制准确度高，水位不受水压干扰且开闭紧密、不漏水等优点。浮球阀的结构如图 21-37 所示。

21.4.9 自动排气阀

由于地形变化，管道呈高低起伏状态，管网高处存有空气阻挡水流，使过水断面减小，需随时将空气自动排出，即在间接性使用的给水管网的末端和最高点应设置自动排气阀。自动排气阀的形式如图 21-38 所示。

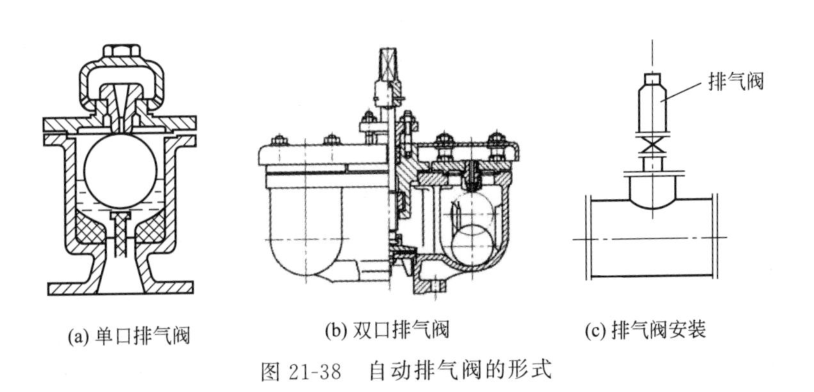

图 21-38　自动排气阀的形式

单口排气阀用在直径小于 300mm 的水管上，口径为水管直径的（1/5）～（1/2）。双口排气阀的口径可按水管直径的（1/10）～（1/8）选用，装在直径 400mm 以上的水管上。排气阀放在单独的阀门井内，也可和其他配件合用一个阀门井。

21.4.10 可曲挠橡胶软接头

可曲挠橡胶软接头又叫橡胶接头、橡胶柔性接头、软接头、减振器、管道减振器、避振喉等，是一种高弹性、高气密性，耐介质性和耐气候性的柔性管道接头。它一般由内胶层、织物增强层（帘布）、中胶层、外胶层、端部加固用织物、钢丝绳圈或金属矩形钢环复合而成的橡胶件与法兰、平形活接头、金属喉箍组成。

可曲挠橡胶软接头按照使用性能分为普通接头和特种接口，按结构形式可分为单球体、双球体、三球体、四球体、水泵内吸式球体和弯头体六种，按连接形式分为法兰连接、螺纹连接和喉箍套管式连接，按法兰密封面形式分为突面法兰密封和全平面法兰密封。可曲挠橡胶软接头的结构如图 21-39 所示。

21.4.11 波纹补偿器

波纹补偿器是一种补偿元件，又称膨胀节或伸缩节。由构成其工作主体的波纹管（一种弹性元件）和端管、支架、法兰、导管等附件组成。主要用在各种管道中，它能够补偿管道的热位移和机械变形，吸收各种机械振动，起到降低管道变形应力和提高管道使用寿命的作用。波纹补偿器连接方式分为法兰连接和焊接两种。直埋管道补偿器一般采用焊接方式（地沟安装除外）。

波纹补偿器是用以利用弹性元件的有效伸缩变形来吸收管线、导管或容器由热胀冷缩等原因而产生的尺寸变化的一种补偿装置，可对轴向、横向和角向位移进行吸收。波纹补偿器的结构如图 21-40 所示。

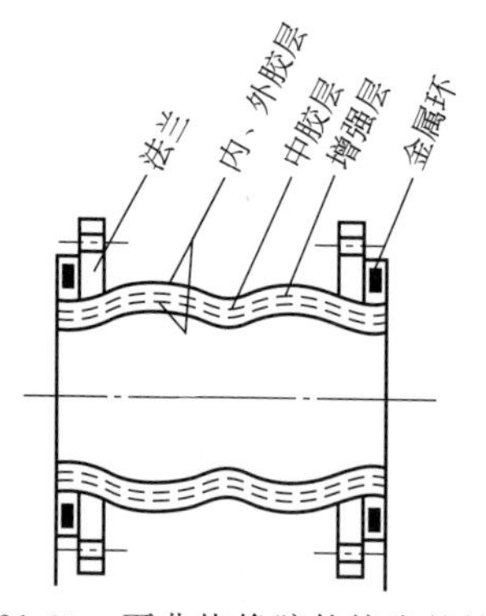

图 21-39 可曲挠橡胶软接头的结构

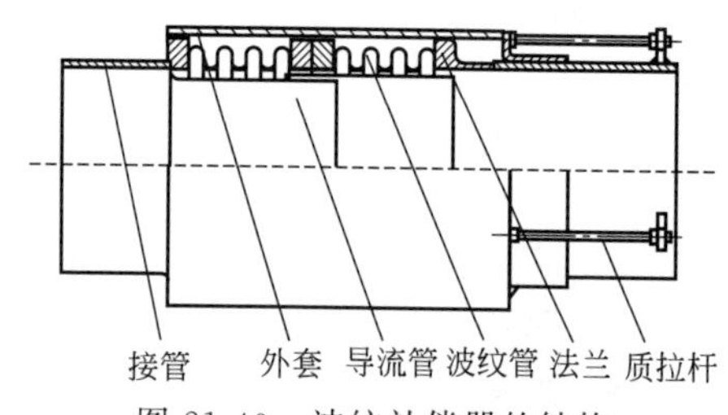

图 21-40 波纹补偿器的结构

21.4.12 水表

水表是一种计量用户累计用水量的仪表。水表分为容积式水表和流速式水表两类。

流速式水表按翼轮构造不同分为旋翼式和螺翼式。旋翼式的翼轮转轴与水流方向垂直，其阻力较大，多为小口径水表，宜用于测量小的流量；螺翼式的翼轮转轴与水流方向平行，其阻力较小，多为大口径水表，宜用于测量较大的流量。复式水表是旋翼式和螺翼式的组合形式，在流量变化很大时采用。

在建筑内部给水系统中广泛采用流速式水表，安装在封闭管道中，由一个运动元件组成，并由水流运动速度直接使其获得动力。它主要由外壳、翼轮和传动指示机构等部分组成，流速式水表的结构示意如图 21-41 所示。

容积式水表是安装在管道中，由一些被逐次充满和排放流体的已知容积的容室及凭借流体驱动的机构组成的水表，或简称定量排放式水表，容积式水表一般采用活塞式结构。

为了使水流平稳流经水表，保证水表计量准确，水表前后直线管段的长度，应符合产品标准规定的要求，一般螺翼式水表的上游侧长度应为 8～10 倍水表接管直径，其他类型

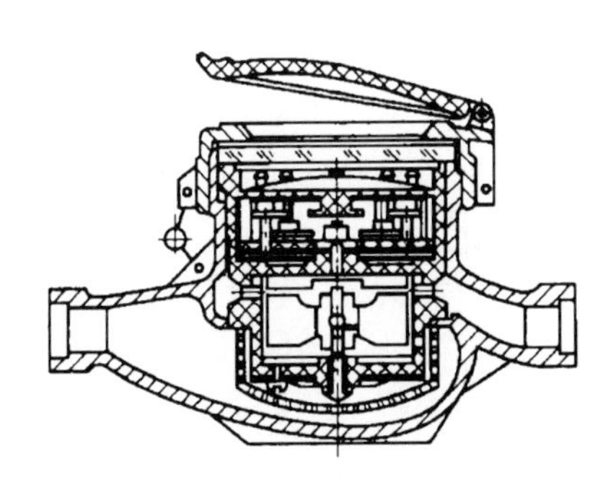
(a) 旋翼式水表

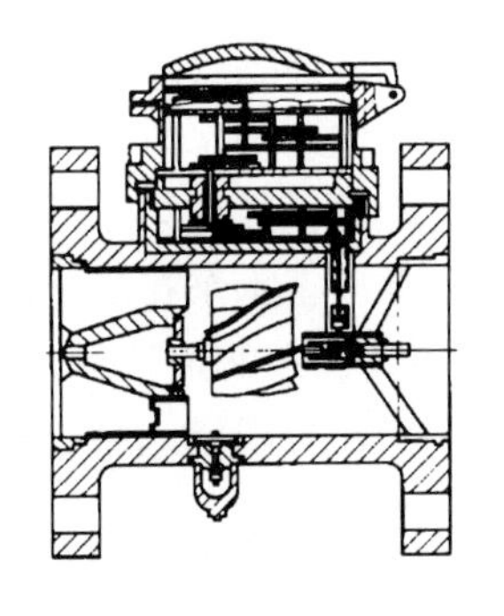
(b) 螺翼式水表

图 21-41　流速式水表的结构示意

水表的前后侧应有不小于 300mm 的直线管段。水表应尽可能在主管附近安装，使进水管长度缩短，方便平常检查，且不受暴晒，不受冻结、污染。

21.4.13　自动冲洗水箱

自动冲洗水箱安装在公共卫生间冲洗水系统上，其作用是定时冲洗公共卫生间内的大小便。自动冲洗水箱实物如图 21-42 所示。

21.4.14　Y 形除污器

Y 形除污器又称 Y 形过滤器，Y 形过滤器是输送介质的管道系统不可缺少的一种过滤装置，通常安装在减压阀、泄压阀、定水位阀或其他设备的进口端，用来清除介质中的杂质，以保护阀门及设备的正常使用，具有制作简单、安装清洗方便、纳污量大等优点。

Y 形过滤器作为净化设备工程中不可缺少的一款高效过滤设备，在生活废水、污水以及工业污水的处理中都发挥了很大的功效；在各个行业的运用中有效处理了大量生活及工业污水，使宝贵的水资源得到了有效的重复利用。连接方式主要有法兰连接、螺纹连接、丝扣连接和对焊连接等。Y 形除污器的结构示意如图 21-43 所示。

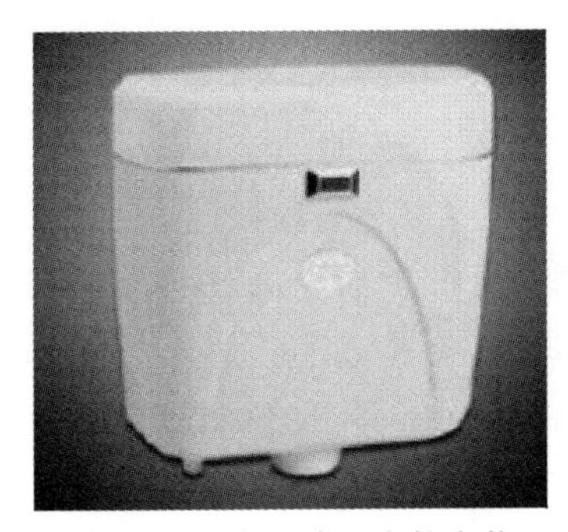
图 21-42　自动冲洗水箱实物

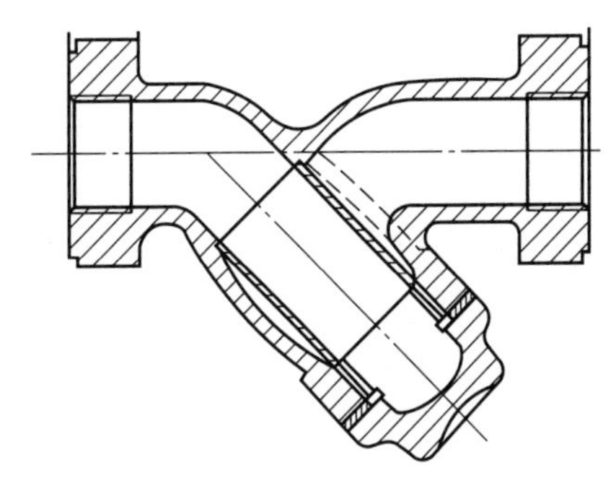
图 21-43　Y 形除污器的结构示意

21.4.15　水泵

水泵是输送液体或使液体增压的机械。它将原动机的机械能或其他外部能量传送给液体，使液体能量增加，主要用来输送的液体包括水、油、酸碱液、乳化液、悬乳液和液态金属等，也可输送液体、气体混合物以及含悬浮固体物的液体。

根据不同的工作原理水泵可分为容积水泵、叶片泵等类型。容积泵是利用其工作室容积的变化来传递能量；叶片泵是利用回转叶片与水的相互作用来传递能量，有离心泵、轴流泵和混流泵等类型。水泵在安装时的注意事项有以下三点。

① 在地理环境许可的条件下，水泵应尽量靠近水源，以减少吸水管的长度。水泵安装处的地基应牢固，对固定式泵站应修专门的基础。

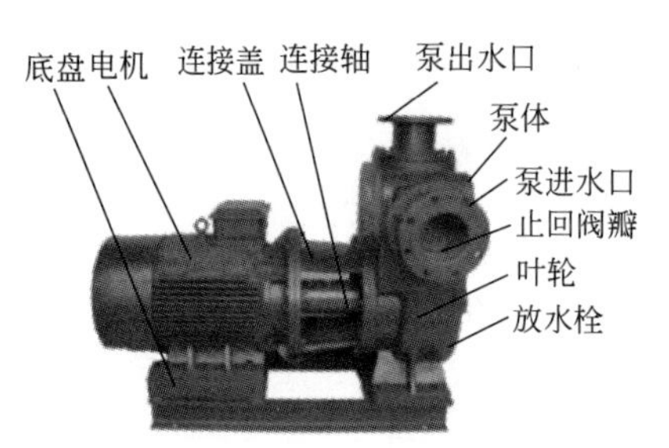

图 21-44　水泵的结构

② 进水管路应密封可靠，必须有专用支撑，不可吊在水泵上。装有底阀的进水管，应尽量使底阀轴线与水平面垂直安装，其轴线与水平面的夹角不得小于45°。水源为渠道时，底阀应高于水底0.50m以上，且加网防止杂物进入泵内。

③ 水泵吸水管必须密封良好，且尽量减少弯头和闸阀，加注引水时应排尽空气，运行时管内不应积聚空气，要求吸水管微呈上斜与水泵进水口连接，进水口应有一定的淹没深度。

水泵的结构如图 21-44 所示。

21.4.16　压力表与自动记录压力表

压力表是指以弹性元件为敏感元件，测量并指示高于环境压力的仪表，应用极为普遍。压力表通过表内的敏感元件（波登管、膜盒、波纹管）的弹性形变，再由表内机芯的转换机构将压力形变传导至指针，引起指针转动来显示压力。

压力表的组成主要有溢流孔（若发生波登管爆裂的紧急情况，内部压力将通过溢流孔向外界释放，防止玻璃面板的爆裂，为了保持溢流孔的正常性能，需在表后面留出至少10mm的空间，不能改造或塞住溢流孔）、指针和玻璃面板。自动记录压力表的安装位置及作用同压力表，这种水表具有自动记录功能，一般用于自动化程度较高的管道系统。

压力表的结构示意如图 21-45(a) 所示，自动记录压力表的图例及实物 21-45(b) 所示。

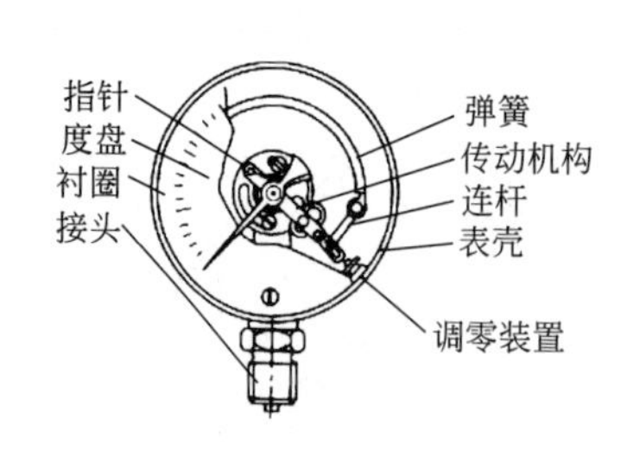

(a) 压力表的结构示意

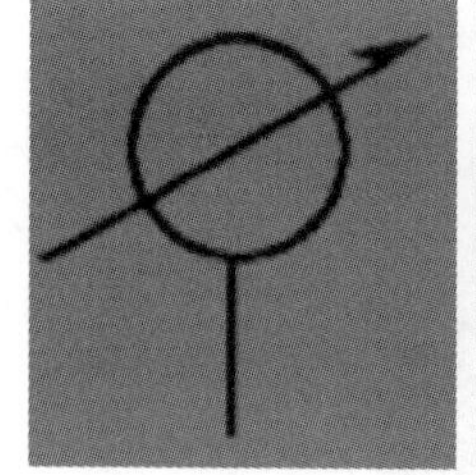

(b) 自动记录压力表的图例及实物

图 21-45　压力表

21.4.17　真空表

真空表（图 21-46）是以大气压力为基准，用于测量小于大气压力的仪表。用于测量对钢、铜及铜合金无腐蚀作用，无爆炸危险，不结晶、不凝固的液体、气体或蒸气介质的压力或负压。真空表在使用时需要按照以下要求来做。

① 仪表使用环境温度为－40～70℃，相对湿度不大于80%，如偏离正常使用温度20℃时，须计入温度附加误差。

② 仪表必须垂直安装，力求与测定点保持同一水平，如相差过高应计入液柱所引起的附加误差，测量气体时可不必考虑。安装时将表壳后部防爆口阻塞，以免影响防爆性能。

③ 仪表应避免震动和碰撞，以免损坏。

④ 仪表正常使用的测量范围：在静压下不超过测量上限的3/4，在波动下不应超过测量上限的2/3。

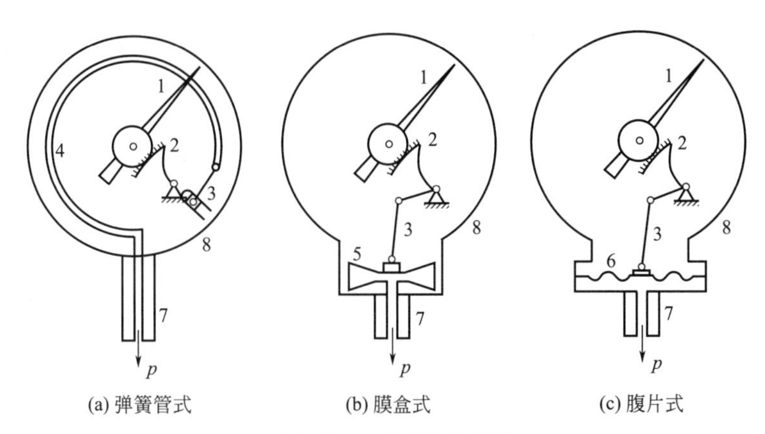

图 21-46 真空表示意图

1—指针；2—齿轮传动机构；3—连杆；4—弹簧管；5—膜盒；6—膜片；7—螺纹接头；8—外壳

21.4.18 带金属保护套温度计

带金属保护套温度计，俗称为金属套温度计，由玻璃内标式温度计外安装一个金属防护套组装而成，它通过下端的螺纹直接安装固定在配套的机械设备上。安装后金属套起到固定保护的作用，使内部的温度计能够安全稳定地工作。

根据感温液的类型不同，金属套温度计分为水银温度计和有机液体温度计。水银温度计可测－30～600℃的温度，有机液体温度计可测－100～200℃的温度。

从材质上可以将其分为：铁套温度计、铜套温度计、不锈钢套温度计。

21.5 排水管道附件构造

21.5.1 立管检查口

检查口是带有可开启检查盖的配件，一般装于立管，供立管与横支管连接处有异物堵塞时清掏用。铸铁排水立管上检查口间距不大于10m，塑料排水立管宜每六层设置一个检查口。但在最底层和设有卫生器具的两层以上建筑物的最高层必须设置检查口，平顶建筑可用通气口代替检查口。另外，立管如装有乙字管，则应在乙字管上部设检查口。当排水横支管管段超过规定长度时，也应设置检查口。

在水流偏转角大于45°的排水横管上，应设检查口或清扫口。立管上设置检查口应在地（楼）面以上1.0m，并应高于该层卫生器具上边缘0.15m。

21.5.2 清扫口

清扫口一般装于横管，尤其是各层横支管连接卫生器具较多时，横支管起点均应装置清扫口（有时可用地漏代替）。清扫口安装须与地面平齐，排水横管起点设置的清扫口一般与墙面保持不得小于0.20m的距离。当采用堵头代替清扫口时，距离不得小于0.4m。当连接两个及以上大便器或三个及以上卫生器具的铸铁横支管，连接四个及四个以上的大便器的塑料横支管上均宜设置清扫口。清扫口的结构如图21-47所示。

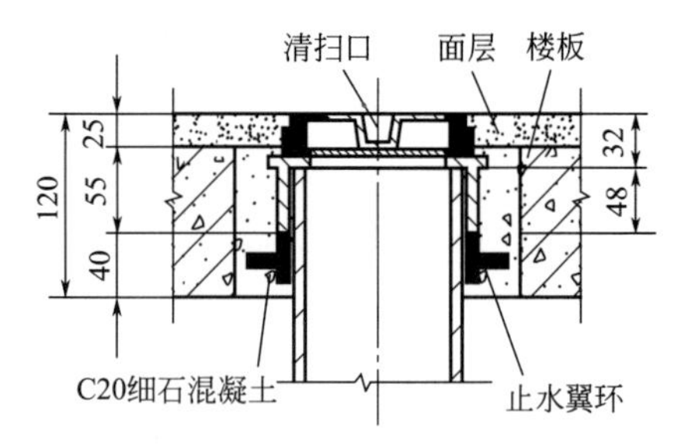

图21-47　清扫口的结构

21.5.3 通气帽

给排水中的通气帽是用来阻止氢气火焰向外蔓延的安全装置。它由一种能够通过气体的、具有许多细小通道或缝隙的固体材料（阻火元件）所组成。要求阻火元件的缝隙或通道尽量小，因而当火焰进入阻火器后，被阻火元件分成许多细小的火焰流，由于传热作用（气体被冷却）和器壁效应，火焰流可猝灭，防止外部火焰窜入存有易燃易爆气体的设备、管道内，或阻止火焰在设备、管道间蔓延。阻火器是应用火焰通过热导体的狭小孔隙时，由于热量损失而熄灭的原理设计制造。

(1) 透气作用

① 向室内排水系统补充空气，以平衡系统内的气压，避免设置在室内排水系统上的水封遭到破坏。

② 排除室内排水系统产生的有害气体（臭气）。

(2) 防止杂物跌落到室内排水管道内

通气帽的图例也有两种：成品PVC塑料通气帽的图例及实物图如图21-48所示，蘑菇形通气帽的图例及实物图如图21-49所示。

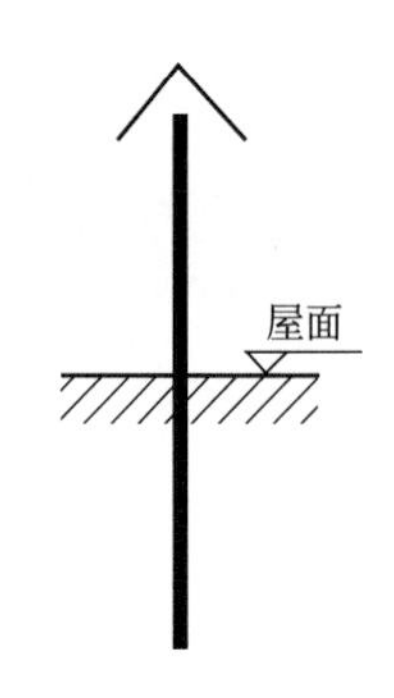

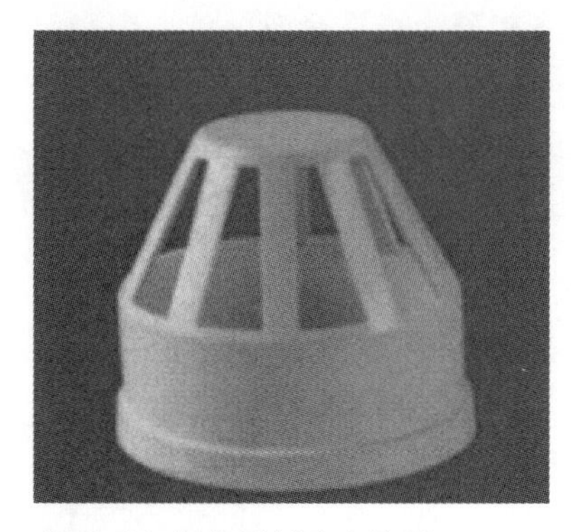

图21-48　PVC塑料通气帽的图例及实物图

图 21-49　蘑菇形通气帽的图例及实物图

21.5.4　雨水斗

雨水斗属于金属落水系统分支，雨水斗设在屋面雨水由天沟进入雨水管道的入口处。雨水斗有整流格栅装置，能迅速排除屋面雨水。格栅具有整流作用，避免形成过大的漩涡，稳定斗前水位，减少掺气，迅速排除屋面雨水、雪水，并能有效阻挡较大杂物。雨水斗与天沟、落水管组建成的金属落水系统，起到装饰性和实用性。

雨水斗主要分为虹吸式雨水斗和堰流式雨水斗，雨水斗是建筑屋面排水管的一个常用配件。雨水斗的结构如图 21-50 所示。

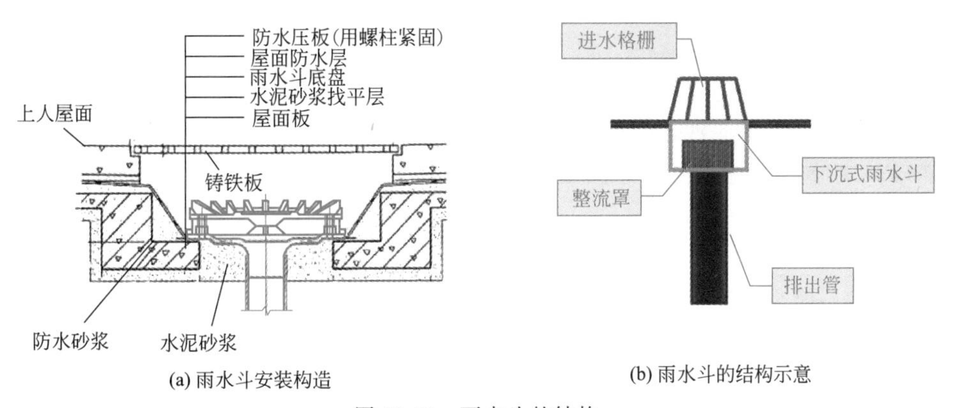

图 21-50　雨水斗的结构

21.5.5　地漏

地漏是连接排水管道系统与室内地面的重要接口，是建筑排水系统的重要部件，其作用是可以有效地排除地面上的水渍、固体物、毛发和沉积物等，而且还可防臭气，防堵塞，排水速度也相对于较快。地漏的主要材质有铸铁、PVC、锌合金、陶瓷、铸铝、不锈钢、黄铜、铜合金等。

地漏主要分为以下七大类。

① 传统水封地漏　传统水封地漏便宜，主要用于毛坯房建筑自带产品，但其自清能力差，容易堵塞而且排水速度慢。

② 偏心块式下翻板地漏　偏心块式下翻板地漏有一个密封垫片，一边用销子固定，

加一个铅块，利用重力偏心原理来密封。这种结构刚开始是横式的，后来又演化出立式的、立式带水封的。排水时，垫片在水压作用下打开，排水结束后，垫片在铅块重力作用下闭合。这种地漏的优点在于便宜且容易生产。缺点是垫片是机械结构，封闭不严，销钉容易损坏。

③ 弹簧式地漏 弹簧式地漏用弹簧拉伸密封芯下端的密封垫来密封。地漏内无水或水少时，密封垫被弹簧向上拉伸，封闭管道，当地漏内的水达到一定高度，水的重力超过弹簧弹力时，弹簧被水向下压迫，密封垫打开，自动排水。

这种地漏的优点在于在弹簧没有失效前防臭效果还不错。缺点是弹簧由硼铁制成，长期接触污水极易锈蚀，导致弹性减弱、失效，寿命不长，而且弹簧容易缠绕毛发，影响垫片回弹。垫片也需要长时间清洗和更换，否则起不到防臭作用。

④ 吸铁石式地漏 这种地漏的结构类似弹簧式，用两块吸铁石的磁力吸合密封垫来密封。当水压大于磁力时，密封垫向下打开排水，排水结束，水压减小；小于磁力时，吸铁石吸合，将密封垫向上拉升。

吸铁石式地漏的优点在于塑料材质芯可加工不同类型。缺点是由于地面污水水质很差，如洗刷物品、刷地等各种原因，会含有一些铁质杂质吸附在吸铁石上，一段时间后，杂质层就会导致密封垫无法闭合，起不到防臭作用；而且磁力会逐渐减弱、消失，影响密封垫的上下开启闭合，容易失灵。

⑤ 重力式地漏 重力式地漏不需水封，不使用弹簧、吸铁石等外力，利用水流自身重力和地漏内部浮球的平衡关系，自动开闭密封盖板。这种模式和弹簧式类似，只是把弹力转换成浮力带动机械拉力。

这种地漏的过滤网为一体式，不容易丢。但是地漏芯内部有螺旋式机械件，长期在污水中工作会锈蚀或淤积泥沙，阻碍浮力球上下移动，影响排水、防臭、防菌。

⑥ 硅胶式地漏 硅胶式地漏是用两片较薄的硅胶或底部开口的硅胶袋来密封。排水时硅胶底部被水冲开，排水结束后，硅胶底部因自身弹力作用及开口因残留水分自动贴合，实现防臭效果。

硅胶式地漏防臭性能良好，排水也快但不耐用。

⑦ 新式水封式地漏 新式水封式地漏是利用储水腔体里的装置或套管装置，形成“N”形或“U”形储水弯道，依靠水封来隔绝排水管道内的臭气和病菌，实现防臭效果的地漏。该地漏防臭效果较长久，但其不锈钢材质芯成本较高。

地漏的结构如图 21-51 所示。

21.5.6 存水弯

存水弯是在卫生器具排水管上或卫生器具内部设置一定高度的水柱，防止排水管道系统中的气体窜入室内的附件，存水弯内一定高度的水柱称为水封。

存水弯是建筑内排水管道的主要附件之一，有的卫生器具自带存水弯，有的构造中不具备。与工业废水受水器和生活污水管道或其他可能产生有害气体的排水管道连接时，必须在排水口以下设存水弯。

存水弯使用面较广，一般有 S 形存水弯（用于与排水横管垂直连接的场所）、P 形存水弯（用于与排水横管或排水立管水平直角连接的场所）和瓶式存水弯（一般明设在洗脸盆或洗涤盆等卫生器具排出管上，形式较美观）。

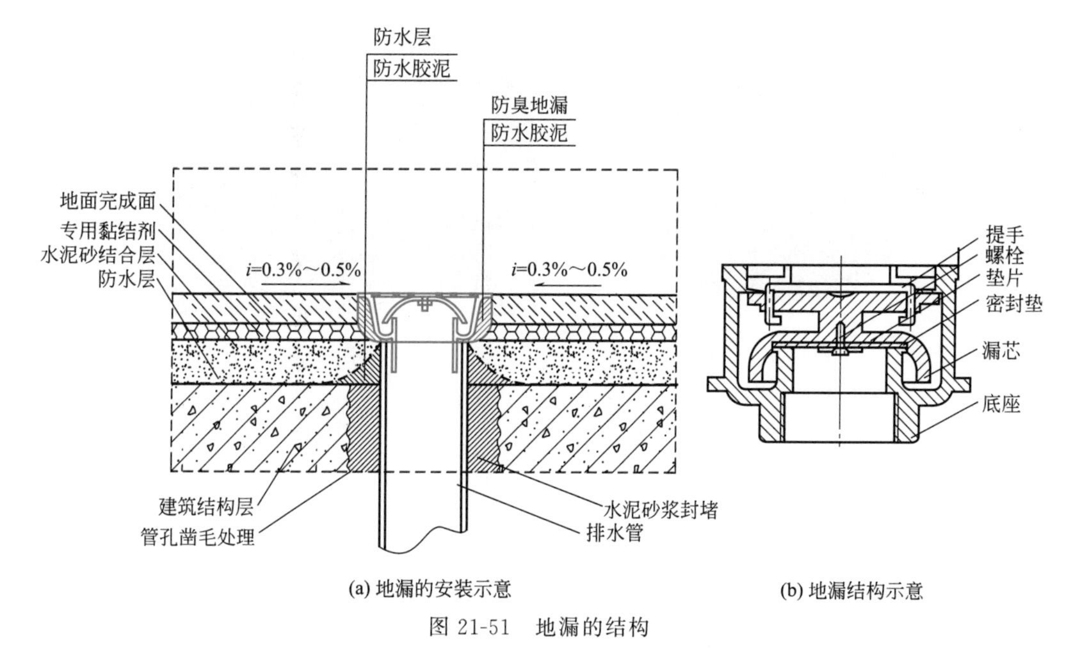

(a) 地漏的安装示意　　(b) 地漏结构示意

图 21-51　地漏的结构

存水弯的构造原理如图 21-52 所示。

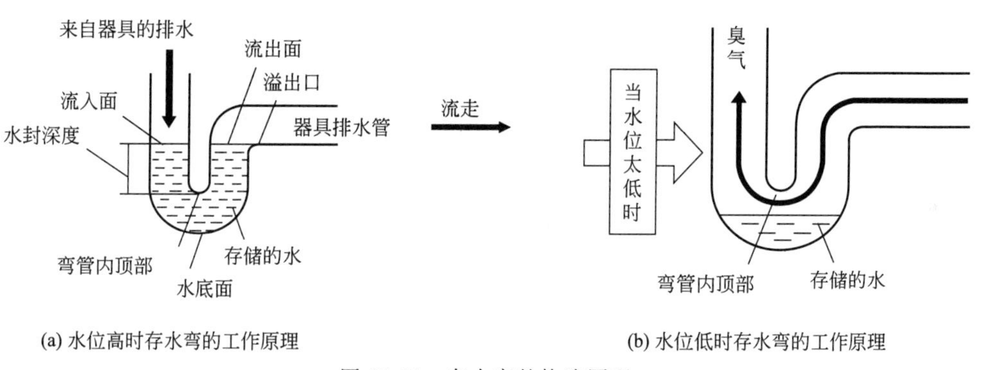

(a) 水位高时存水弯的工作原理　　(b) 水位低时存水弯的工作原理

图 21-52　存水弯的构造原理

21.5.7　套管

套管通常用在建筑地下室，用来保护管道或者方便管道安装的铁圈。套管分为刚性套管和柔性防水套管两类。

穿地基基础、穿屋面、穿水池等需要防水的地方应该用防水套管。防水套管可分为刚性防水套管和柔性防水套管两种。安装完毕后允许有变形量的套管称为柔性防水套管；不允许有变形量的套管称为刚性防水套管。刚性防水套管是钢管外加翼环（钢板做的环形套在钢管上），安装于墙、楼板内，有利于防水。刚性防水套管一般用在地下室等需要穿管道的位置（诸如地下室的挡土墙穿管道的位置）。柔性防水套管除外部翼环外，内部还有挡圈之类的法兰内丝，有成套卖的，也可自己加工，用于有减振需要的管路，如和水泵连接的管道穿墙时。也就是说，如果考虑墙体两面的防水性能，就要选用柔性防水套管。套管如图 21-53 所示。

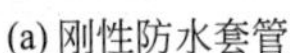

(a) 刚性防水套管

(b) 柔性防水套管

图 21-53　套管

21.5.8　止水环与阻火圈

(1) 止水环

止水环与止水圈一样是针对穿过结构物施工缝和裂缝的钢筋、管道等更容易受到锈蚀铁件而专门研制的制式遇水膨胀止水新产品，是钢板焊于套管上用来防止渗漏的环板。穿墙的套管一般不用止水环，通常用在地下室外墙和人防工程的密闭室里。其原理就是增加数倍的延长水渗浸的路径，大大增加了渗浸阻力来达到抗渗目的。止水环的节点示意如图 21-54 所示。

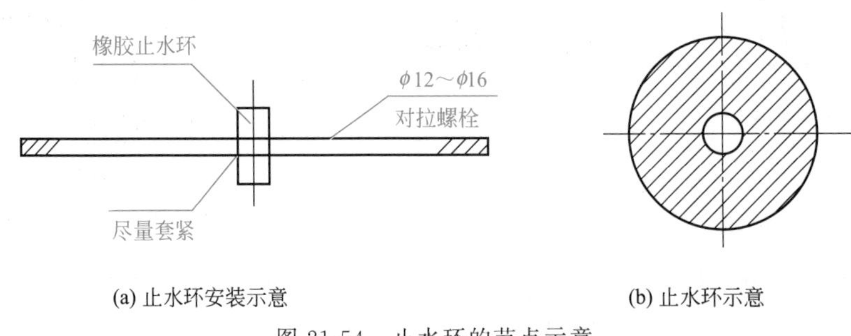

(a) 止水环安装示意　　(b) 止水环示意

图 21-54　止水环的节点示意

(2) 阻火圈

阻火圈的外壳由金属材料制作，内填充阻燃膨胀芯材，套在硬聚氯乙烯管道外壁，固定在楼板或墙体部位，火灾发生时芯材受热迅速膨胀，挤压管道，在较短时间内封堵管道穿洞口，阻止火势沿洞口蔓延。

建筑中需要设置阻火圈的部位如下。

① 明敷管道的立管管径大于等于 110mm 的，在楼板贯穿部位应设置阻火圈。

② 明敷管道的横支管与暗设立管相连接的贯穿墙体部位应设置阻火圈。

③ 横管穿越防火分区隔墙时，管道穿越墙体两侧均应设置阻火圈。

④ 排水管、通气管穿越上人屋面或火灾时作为疏散人员的屋面，在屋面板底部设置阻火圈。

阻火圈的安装示意如图 21-55 所示。

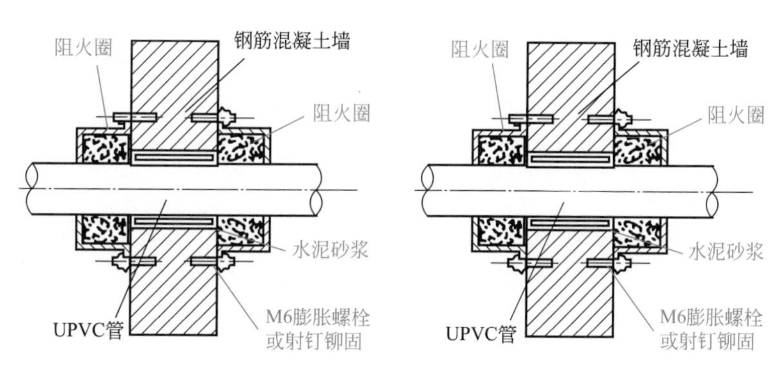

图 21-55　阻火圈的安装示意

扫码看视频

雨水排水系统构造

21.6 雨水排水系统构造

建筑雨水排水系统是建筑物给水排水系统的重要组成部分，它的任务是及时排除降落在建筑物屋面上的雨水和雪水，避免形成屋顶积水而对屋顶造成威胁，或造成雨水溢流、屋顶漏水等水患事故，以保证人们正常生活和生产活动。

屋面雨水排水系统按照管道的设置位置不同可分为外排水系统和内排水系统。

（1）外排水系统

外排水是指屋面不设雨水斗，建筑物内部没有雨水管道的雨水排放方式。按照屋面有无天沟可以分为以下两种：天沟外排水和檐沟外排水。

① 天沟外排水　天沟是指屋面在构造上形成的排水沟，接收屋面的雨雪水。雨雪水沿天沟流向建筑物的两端，经墙外的立管排到地面或排到雨水道。一般用于排除大型屋面的雨雪水（如多跨度的厂房）。天沟外排水的结构示意如图 21-56 所示。

② 檐沟外排水　一般用于居住建筑，屋面面积比较小的公共建筑和单跨工业建筑，屋面雨水汇集到屋顶的檐沟里，然后流入雨落管，沿雨落管排泄到地下管沟或排到地面。檐沟外排水的结构示意如图 21-57 所示。

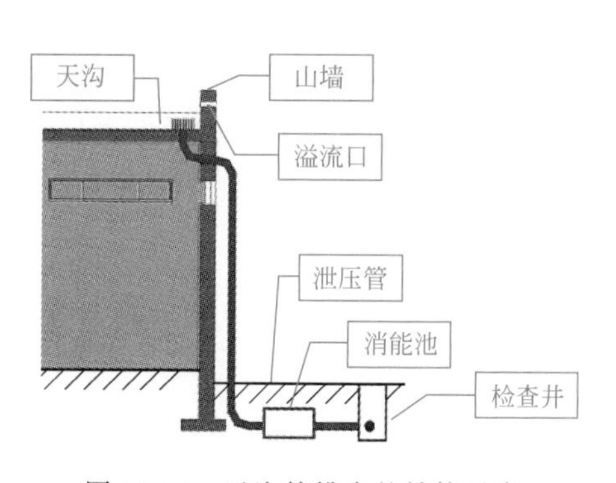

图 21-56　天沟外排水的结构示意

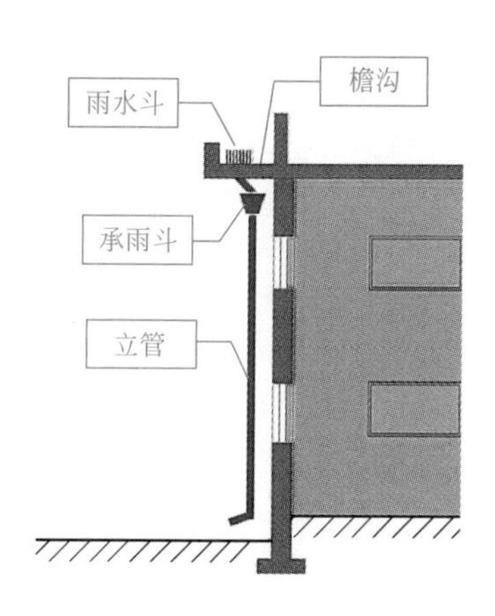

图 21-57　檐沟外排水的结构示意

(2) 内排水系统

内排水是指屋面设雨水斗，雨水管道设置在建筑内部的雨水排水系统。雨水内排水系统适用于屋面跨度大、屋面曲折（壳形、锯齿形）、屋面有天窗等设置天沟有困难的情况，以及高层建筑、建筑立面要求比较高的建筑、大屋顶建筑、寒冷地区的建筑等不宜在室外设置雨水立管的情况。

内排水系统由雨水斗、悬吊管、立管、埋地横管、检查井及清通设备等组成。

第22章 消防工程识图与节点构造

22.1 消防系统的分类

22.1.1 建筑消火栓系统

建筑消火栓系统分为室外消火栓系统和室内消火栓系统。

(1) 室外消火栓系统

室外消火栓系统是在建筑物外部进行灭火并向室内消防灭火系统供水的消防灭火系统，主要由消防水源、消防水泵、室外消防给水管网、室外消火栓等组成。

① 消防水源　消防水源指储存消防用水的供水设施。要求能够供给足够的消防用水量，并有可靠的保证措施。

消防水源大致分三类。一是城镇的市政管网。市政管网是城市消防水源的主体，利用其上的消火栓为消防部门提供消防用水，或者通过进户管为建筑物提供消防用水。二是天然水源。比如消防用水量较大的企业，可以利用丰富的天然水源作为消防水源，这样做可以大大节省投资。三是消防水池。这是人工建造的储存消防用水的设施，是对市政管网的补充。

② 消防水泵　设置消防水泵的目的是对消防水源提供的用水加压，使其满足灭火时对水压和水量的要求。可以设置固定式消防水泵或移动式消防水泵。其中消防车水泵是最常用的移动式消防水泵。

③ 室外消防给水管网　室外消防给水管网担负着输送消防用水的任务，在给水系统中，只有管网埋在地下。

④ 室外消火栓　室外消火栓是供灭火设备从消防管网上取水的设施，如市政消火栓。根据我国消防法规定，未经公安消防部门批准，任何部门和个人都不得擅自打开市政消火栓，以确保城市消防用水的供应。

(2) 室内消火栓系统

室内消火栓系统在建筑物内使用广泛，用于扑灭初期火灾。在建筑高度超过消防车供水能力时，室内消火栓系统除扑救初期火灾外，还要扑救较大火灾。室内消火栓系统由水枪、水带、消火栓、消防管道和水源等组成。当室外给水管网的水压不能满足室内消防要求时，还要设置消防水泵和水箱。

消火栓应分布在建筑物的各层之中，布置在明显的、经常有人出入、使用方便的地方。一般布置在耐火的楼梯间、走廊内、大厅及车间的出入口等处。消火栓阀门中心装置高度距地板面 1.2m。消火栓及消防立管在一般建筑物中均匀明装，在对建筑物要求较高及地面狭窄、因明装凸出影响通行的情况下，则采用暗装方式。消防立管的底部设置球形阀，阀门经常开启，并应有明显的启闭标志。设置在消防箱内的水龙带平时要放置整齐，以便灭火时迅速展开使用。

22.1.2 建筑自动喷水灭火系统

自动喷水灭火系统的两个最基本的功能是在火灾发生后自动地进行喷水灭火和在喷水灭火的同时发出警报，提醒人们采取灭火措施。

自动喷水灭火系统根据系统中所使用的喷头开口形式的不同，分为开式自动喷水灭火系统和闭式自动喷水灭火系统两大类。自动喷水灭火系统的具体分类如图 22-1 所示。

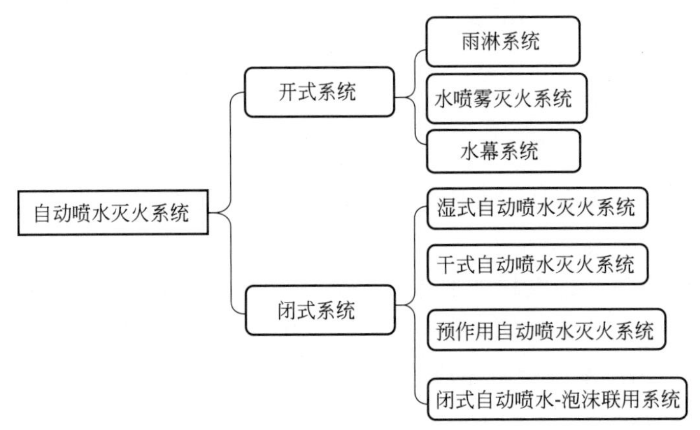

图 22-1 自动喷水灭火系统的具体分类

(1) 开式自动喷水灭火系统

开式自动喷水灭火系统采用的是开式喷头，开式喷头不带感温闭锁装置，处于常开状态。发生火灾时，火灾所处的系统保护区域内的所有开式喷头一起出水灭火。

① 雨淋系统　雨淋系统为开式自动喷头的灭火系统，建筑发生火灾时，则自动控制装置打开集中控制的阀门，使整个保护区域所有喷头一起喷水灭火。适用于火灾蔓延速度快、危害性大的建筑。雨淋系统组成示意如图 22-2 所示。雨淋系统的工作原理如图 22-3 所示。

雨淋系统通常分为立式雨水阀系统、湿式报警阀和雨淋阀组成的雨淋系统、带闭式喷头的传动管系统和电动控制雨淋系统。

a. 立式雨淋阀系统，平时喷水管网为干管状态，属于空管雨淋系统，该系统结构较简单，但在水源压力不稳定时，易发生失误。

b. 湿式报警阀和雨淋阀组成的雨淋系统，平时喷水管网为干管状态，属于空管雨淋系统，该系统的报警阀组由湿式报警阀和雨淋阀组成，能有效地防止水源压力不稳定而造成系统的误动作，系统工作比较稳定。

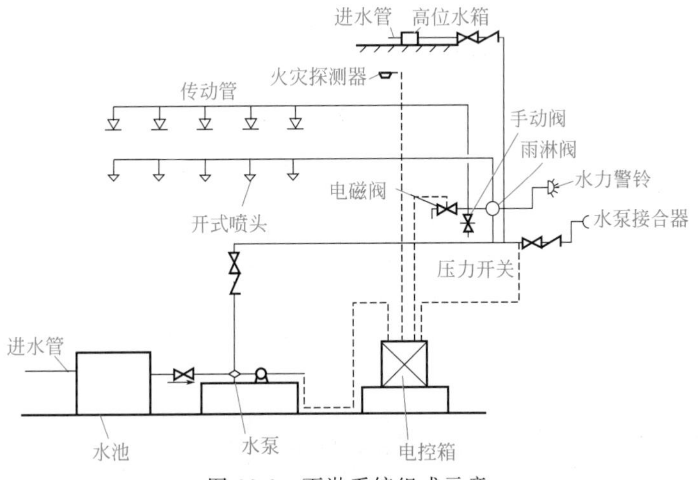

图 22-2 雨淋系统组成示意

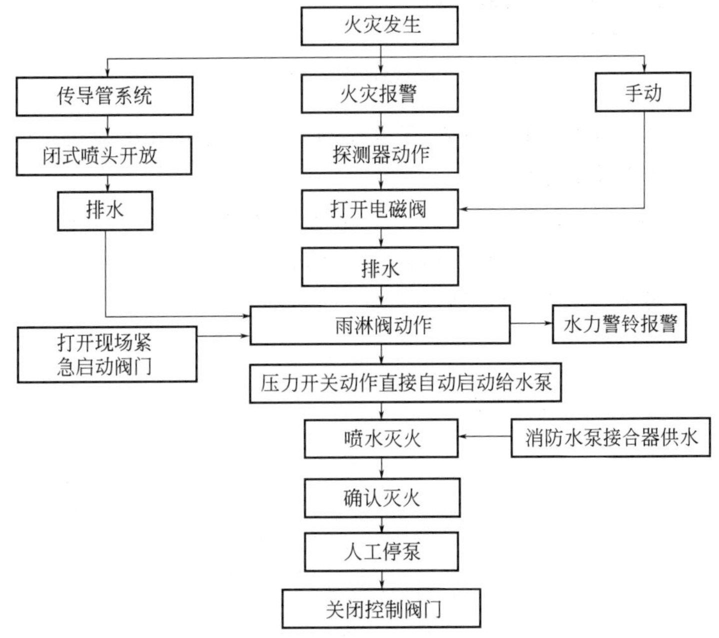

图 22-3 雨淋系统的工作原理

c. 带闭式喷头的传动管系统的工作原理：闭式喷头作为感温元件探测火灾，任一个喷头开启，传动管内水压降低，即可开启雨淋阀，传动管应高于雨淋阀，为防止静水压对雨淋阀缓开的影响，静水压不应超过雨淋阀前水压的 1/4。

d. 电动控制雨淋系统的工作原理：火灾发生时，由火灾探测器报警信号直接开启雨淋阀的电磁排水阀排水，使雨淋阀自动开启，电动控制雨淋系统的原理如图 22-4 所示。

② 水喷雾灭火系统　水喷雾灭火特性属于开式自动喷水灭火系统的一种。水喷雾是将水在喷头内直接经历冲撞、回转和搅拌后再喷射出来的微细水滴而形成的。在灭火时，它不像柱状喷水那样有巨大的冲击力而具有破坏性，而是具有良好的冷却、窒息与电绝缘效果，水幕系统的作用方式、工作原理和启动方式与雨淋系统相同，用水雾喷头取代雨淋喷水灭火系统中的开式洒水喷头。

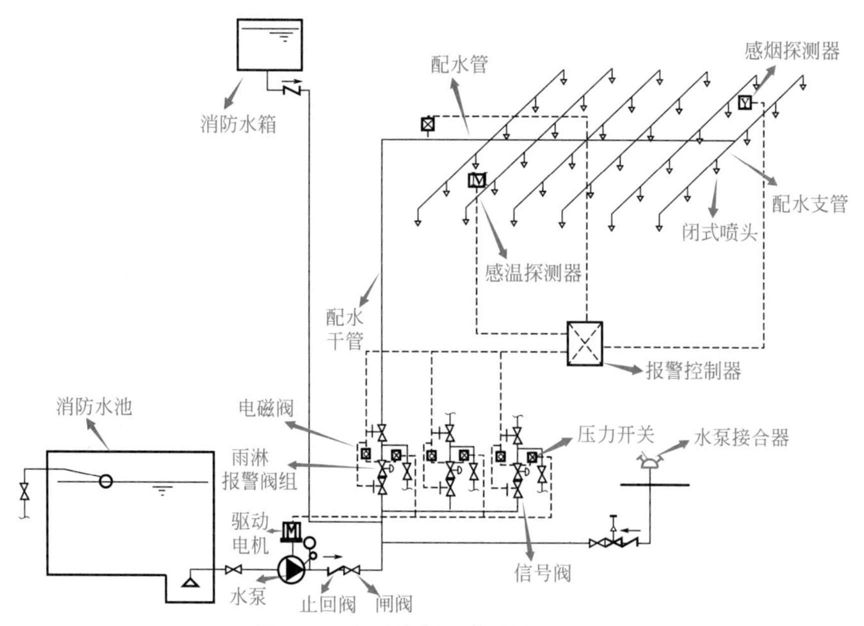

图 22-4 电动控制雨淋系统的原理

水喷雾灭火系统的分类是根据水喷雾喷头的进口最低压力及水滴粒径为标准划分的，可以分为中速或高速水喷雾系统。

a. 喷头的进口压力为 0.15～0.50MPa，水滴粒径为 0.4～0.8mm。

b. 喷头的进口压力为 0.25～0.80MPa，水滴粒径为 0.3～0.4mm。

水喷雾灭火系统示意如图 22-5 所示。

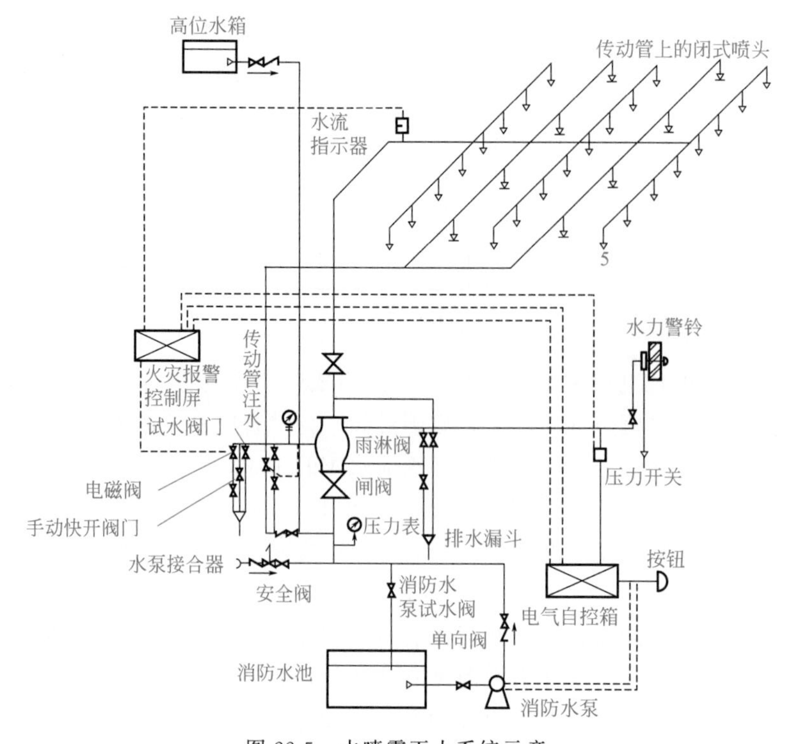

图 22-5 水喷雾灭火系统示意

③ 水幕系统　水幕系统的喷头沿线状布置，发生火灾时主要起阻火、冷却、隔离的作用。水幕系统的开启装置可以分为自动或手动两种方式，如果采取自动装置则还需要在其旁设手动装置。水幕系统的示意如图 22-6 所示。

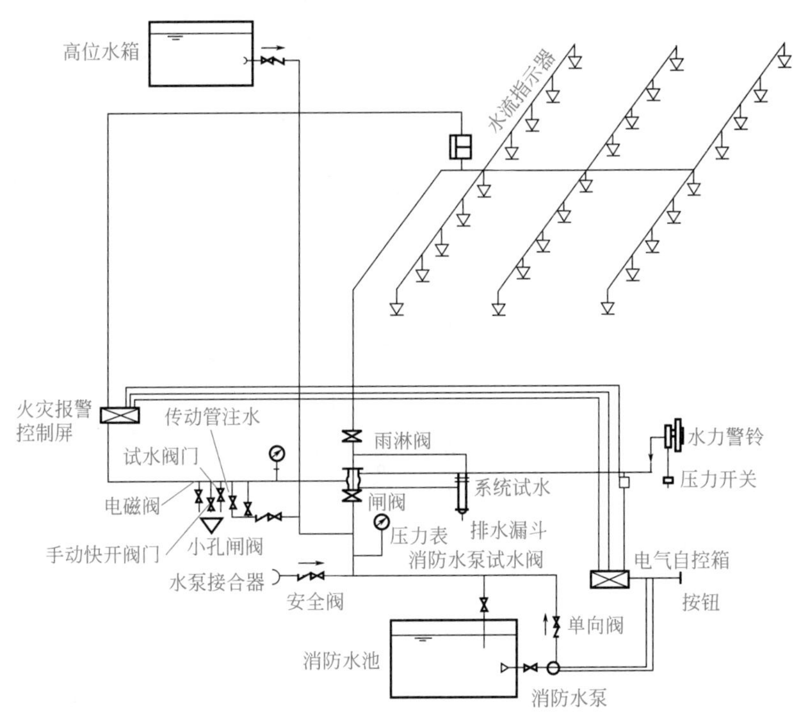

图 22-6　水幕系统的示意

(2) 闭式自动喷水灭火系统

① 湿式自动喷水灭火系统　湿式自动喷水灭火系统安装场所的环境温度应不低于 4℃且不高于 70℃。湿式自动喷水灭火系统运行原理如图 22-7 所示。

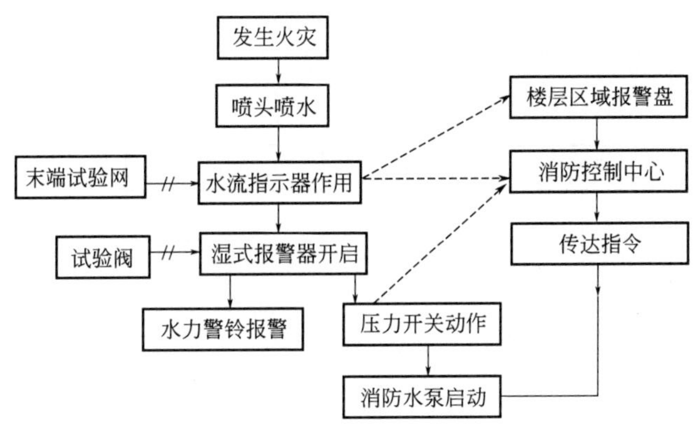

图 22-7　湿式自动喷水灭火系统运行原理

→—动作线；---→—信息传达线；-//→—试验动作

湿式系统组成示意如图 22-8 所示。

湿式自动喷水灭火系统主要的特点有结构简单，使用可靠，系统施工简单，灵活方便，灭火速度快，控火效率高，系统投资省，比较经济，适用范围广等。

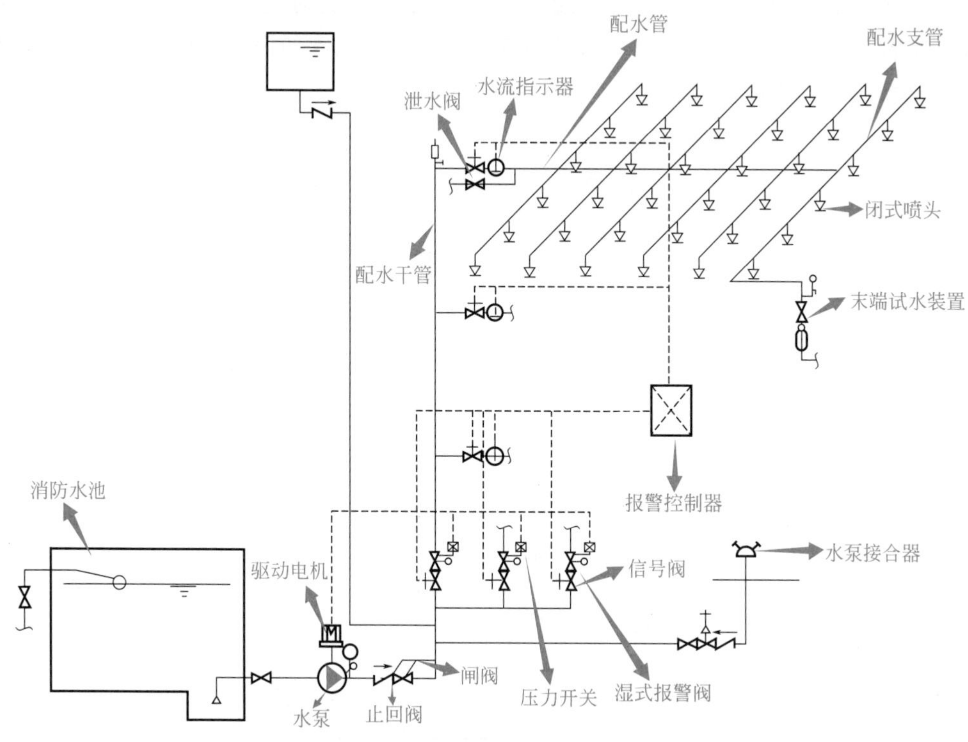

图 22-8　湿式系统组成示意

② 干式自动喷水灭火系统　干式自动喷水灭火系统主要由闭式喷头、管网、干式报警阀、充气设备、报警装置、供水设备等组成。干式自动喷水灭火系统适用于不适宜采用湿式系统的场所，其灭火效率低于湿式系统，造价也高于湿式系统，管网内平常不充水。

干式自动喷水灭火系统的工作原理和构造如图 22-9 所示。

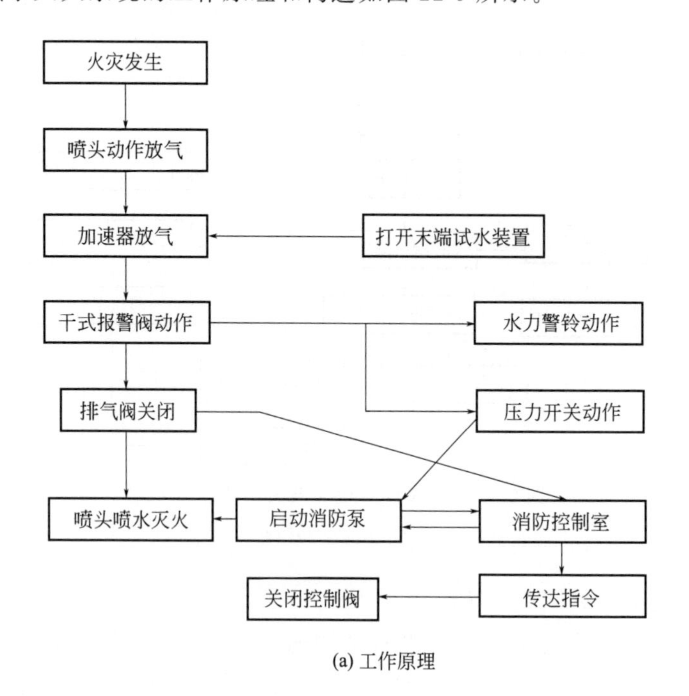

(a) 工作原理

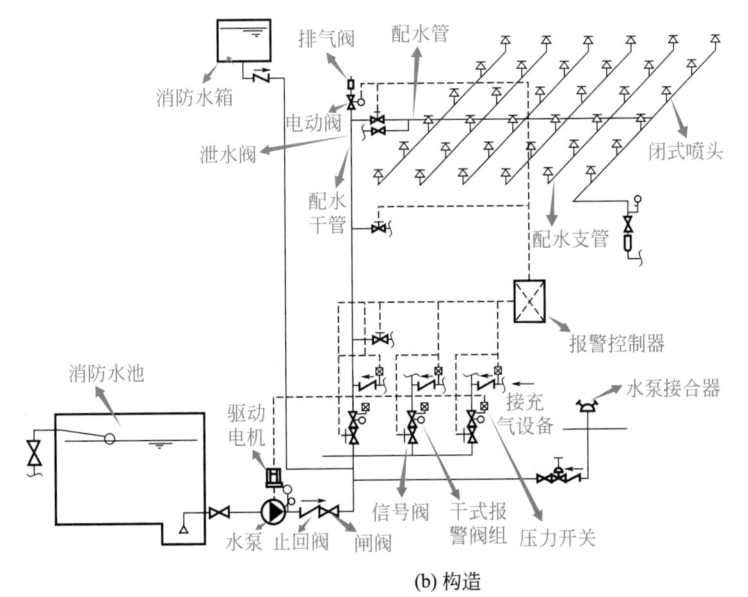

(b) 构造

图 22-9 干式自动喷水灭火系统的工作原理和构造

③ 预作用自动喷水灭火系统　预作用自动喷水灭火系统为喷头常闭的灭火系统，管网中平时不允许有水（无压），发生火灾时，火灾报警器报警后，自动控制系统控制阀门排气、充水，由干式系统变为湿式系统。适用于对装修要求高，灭火需要及时的建筑。

预作用自动喷水灭火系统与其他灭火系统相比有以下几个特点。

a. 将行之有效的湿式喷水灭火系统与电子报警技术和自动化技术紧密地结合起来，克服了干式系统喷水迟缓和湿式系统由于误动作而造成水渍的缺点。

b. 与湿式系统比较，由于本系统有早期报警装置，能在火灾发生之前及时报警，随时发现系统中的渗漏和损坏情况，从而提高系统的安全可靠度。

c. 预作用系统也适用于干式系统适用的场所，而且克服了干式系统动作滞后的缺点。

预作用自动喷水灭火系统的工作原理如图 22-10 所示。预作用自动喷水灭火系统示意如图 22-11 所示。

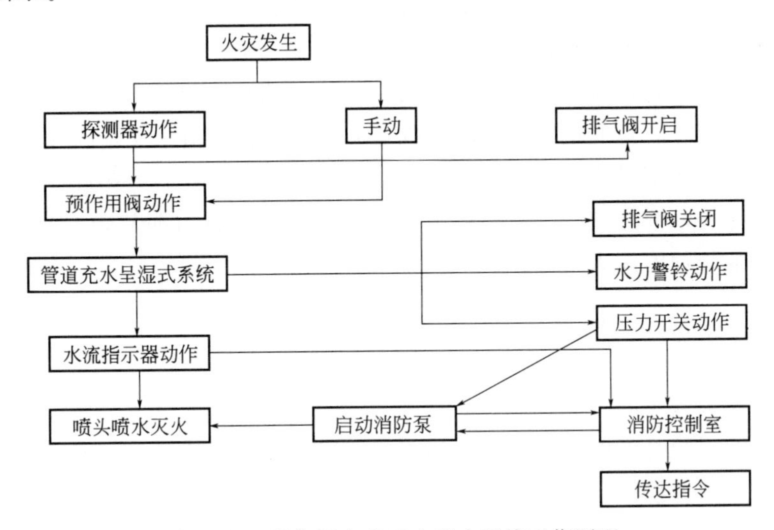

图 22-10 预作用自动喷水灭火系统工作原理

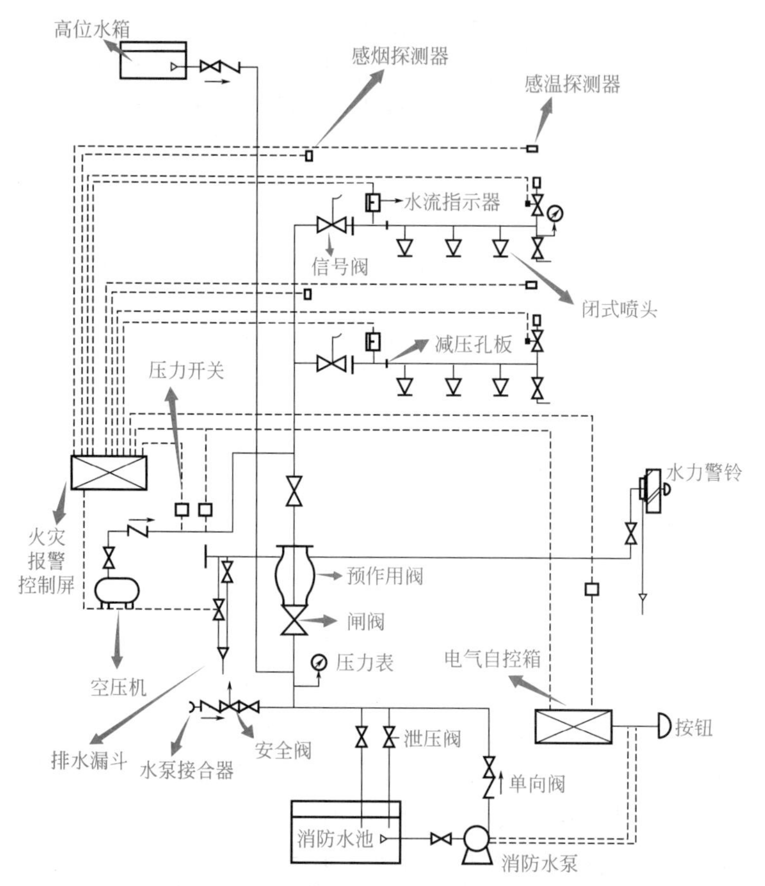

图 22-11　预作用自动喷水灭火系统示意

④ 闭式自动喷水-泡沫联用系统　闭式自动喷水-泡沫联用系统是将低倍数比例混合装置（有隔膜）与自动喷水灭火系统进行有机的结合，并选用泡沫和水喷淋两用喷头的一种新型的高效灭火系统。它主要由消防泵组、供液装置、压力式比例混合器、雨淋阀装置、压力信号发生器、水流指示器、泡沫和水两用喷头、各种阀、管道及附件组成。

其工作原理为当闭式喷头的玻璃球因火灾而爆破后，系统侧管网内的水向爆破的喷头流动（湿式报警阀同时被打开，从报警口流出的水经延时后驱动水力警铃报警），安装于支管上的水流指示器将水流信号传输到灭火控制器，延时器计时，延时期满后，控制器向电磁阀发出开启指令，打开电气阀，两用控制阀打开，释放泡沫储罐内处于受压状态的泡沫灭火剂，泡沫灭火剂经管道流向比例混合器，形成一定比例的泡沫混合液流向喷头，并通过已爆破的喷头（或开式喷头）实施灭火。系统配有应急启动球阀，当电磁阀失效时，可通过应急开启释放泡沫灭火剂。

22.1.3　消防炮灭火系统

（1）消防炮灭火系统分类

消防炮灭火系统是指由固定消防炮和相应配置的系统组件组成的固定灭火系统。消防炮灭火系统按喷射介质可分为水炮系统、泡沫炮系统和干粉炮系统。

水炮系统是指喷射水灭火剂的固定消防炮系统，主要由水源、消防泵组、管道、阀门、水炮、动力源和控制装置等。

泡沫炮系统是指喷射泡沫灭火剂的固定消防炮系统，主要由水源、泡沫液罐、消防泵组、泡沫比例混合装置、管道、阀门、泡沫炮、动力源和控制装置等组成。

干粉炮系统是指喷射干粉灭火剂的固定消防炮系统，主要由干粉罐、氮气瓶组、管道、阀门、干粉炮、动力源和控制装置等组成。

消防炮联动控制系统如图 22-12 所示。

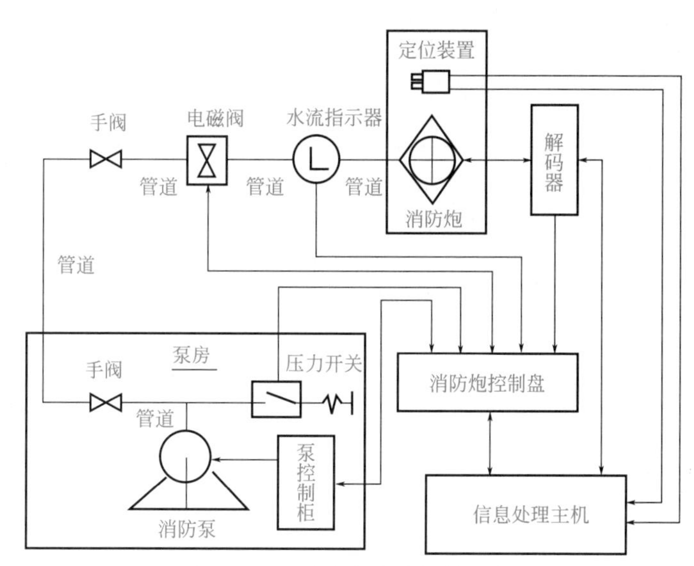

图 22-12　消防炮联动控制系统

(2) 消防炮灭火系统组成

消防炮由前端探测、火焰定位、信息处理、终端显示、记录报警、联动扑救六部分组成。

① 前端探测　前端探测是根据火灾在燃烧的过程中所产生的光谱、色度、纹理、运动及频谱特性，通过控制中心对其传送来的信号进行智能化火灾判断，可以准确识别火灾并报警。

② 火焰定位　一旦火灾探测仪接收到报警信息并经过系统确认后，便通过解码器的远程通信模块将信息发送给功率驱动模块。同时，水炮上的水平电位器和俯仰电位器将消防水炮和火焰定位器的角度信息传递给解码器的数据采集模块，在对火灾进一步确认和火焰空间精确定位后，功率驱动模块自动打开消防水泵和管道电磁阀对着火点实行灭火。

③ 信息处理　信息处理是消防水炮的集中控制中心，首先将火灾探测器所传输的信号进行核实，核实正确后传输至信息处理主机，主机通过安全监控软件再对所传输的数据进行确认，对确认后的火灾信号进行记录。

④ 终端显示　正常情况下显示器对各个设防点进行监视，一旦有火灾发生显示器将自动切换至报警画面（其中包括火灾发生的实际位置）。

⑤ 记录报警　当有火灾发生时，立即切换现场图像至监视器，并对整个过程进行记录，调用图形查询模块，表明火灾位置并同时给出处理方法，然后进行人工处理。

⑥ 联动扑救　联动扑救是通过联动模块完成的，联动模块负责灭火设备与主机之间的协同工作，对主机的各种命令做出及时响应。

消防炮的系统原理如图 22-13 所示。

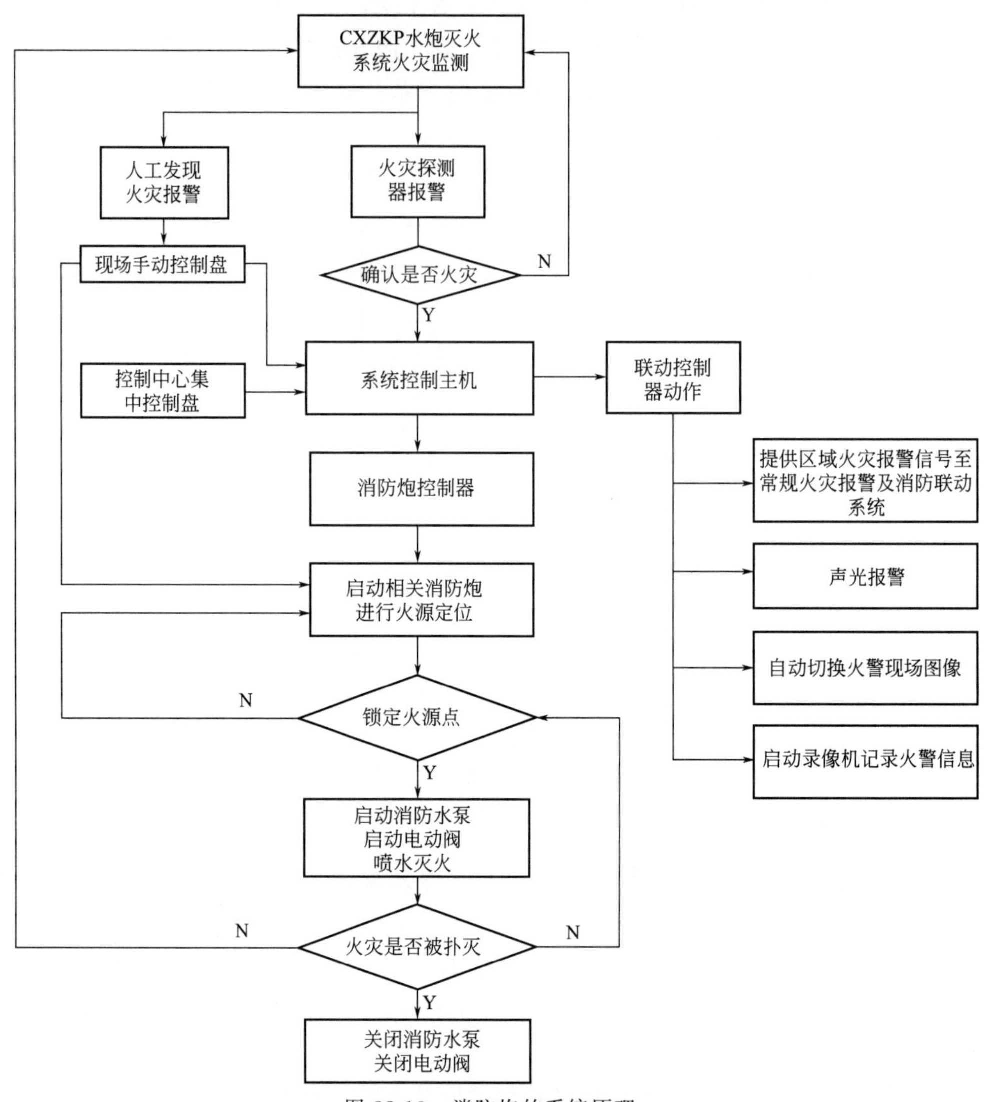

图 22-13　消防炮的系统原理

22.2 消防工程识图

22.2.1 某建筑消防平面图

（1）消防平面图内容

平面图是表示消防给水工程管道支管平面走向布置及与消火栓设备连接情况等的平面布置图，是进行消防给水工程管道安装的主要依据。消防给水平面图也是以建筑平面图为依据，在图上详细绘出消防给水管道的平面走向、立管、消火栓设备、灭火器等的相对安装位置，并且详细表示出管道的型号、规格等。某建筑消防平面图如图 22-14 所示。

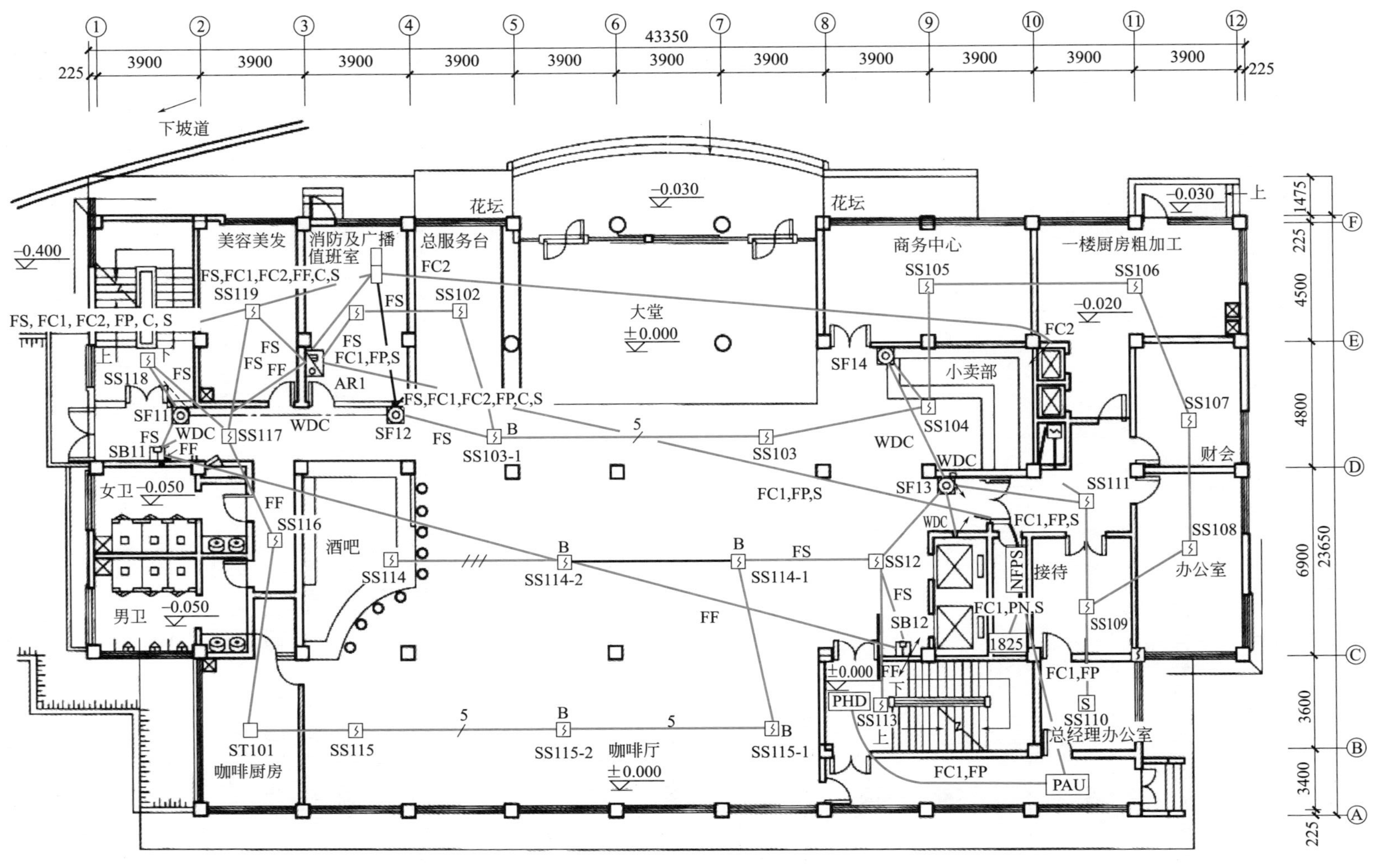

图 22-14 某建筑消防平面图

一般而言，消防给水平面图不单独成图，而是与给水排水平面图共用一份图样，根据给水排水工程的施工图要求，绘制于对应的一张或多张图样上。

在识读消防给水系统施工图时，需结合说明性文件、消防给水平面图、消防给水系统图一起识读，结合消防给水系统的施工图例，了解消防给水管道的布置方式、管道的规格和型号、消火栓设备、灭火器的布置方式，以及消防给水管道布设与建筑工程的施工协调。

消防水系统施工图常用图例见表 22-1。

表 22-1　消防水系统施工图常用图例

图例	图名	图例	图名
——×——	消防给水管	XL-n	消防给水立管
	手提式灭火器		室内单栓消火栓
	推车式灭火器	M	水表
	闸阀		蝶阀
	信号阀	L	水流指示器
	倒流防止器		末端试水装置
平面　系统	闭式喷头	平面　系统	湿式报警阀
	消防水泵接合器		潜水排污泵

（2）消防平面图识图方法

消防报警及联动系统工程图的阅读从安装施工角度来说，并不是太困难，也并不复杂。阅读的一般方法有以下几种。

① 应按阅读建筑电气工程图的一般顺序进行阅读。首先应阅读系统图。

② 阅读施工说明。施工说明表达图中不易表示但又与施工有关的问题。了解这些内容对进一步读图是十分必要的。

③ 了解建筑物的基本情况，房间分布与功能等。管线的敷设及设备安装与房屋的结构直接有关。

④ 熟悉火灾探测器、手动报警按钮、消防电话、消防广播、报警控制器及消防联动设备等在建筑物内的分布及安装位置，同时要了解它们的型号、规格、性能、特点和对安装技术的要求。

⑤ 了解线路的走向及连接情况。在了解了设备的分布后，则要进一步明确线路的走向，从而弄清它们之间的连接关系，这是最重要的。一般从进线开始，一条一条地阅读。

⑥ 平面图是施工单位用来指导施工的依据，也是施工单位用来编制施工方案和编制

工程预算的依据。而设备的具体安装图却很少给出，所以阅读平面图和阅读安装大样图应相互结合起来。

⑦ 平面图只表示设备和线路的平面位置而很少反映空间高度。但是在阅读平面图时，必须建立起空间概念。这对预算技术人员特别重要，可以防止在编制工程预算时，造成垂直敷设管线的漏算。

⑧ 相互对照、综合看图。为了避免消防报警和联动系统设备及其线路与其他建筑设备和管路在安装时发生位置冲突，在阅读消防报警和联动系统平面图时要对照阅读其他建筑设备安装工程施工图，同时还要了解规范的要求。

22.2.2 某建筑消防施工图识读实例

某建筑楼首层消防平面图如图 22-15 所示。

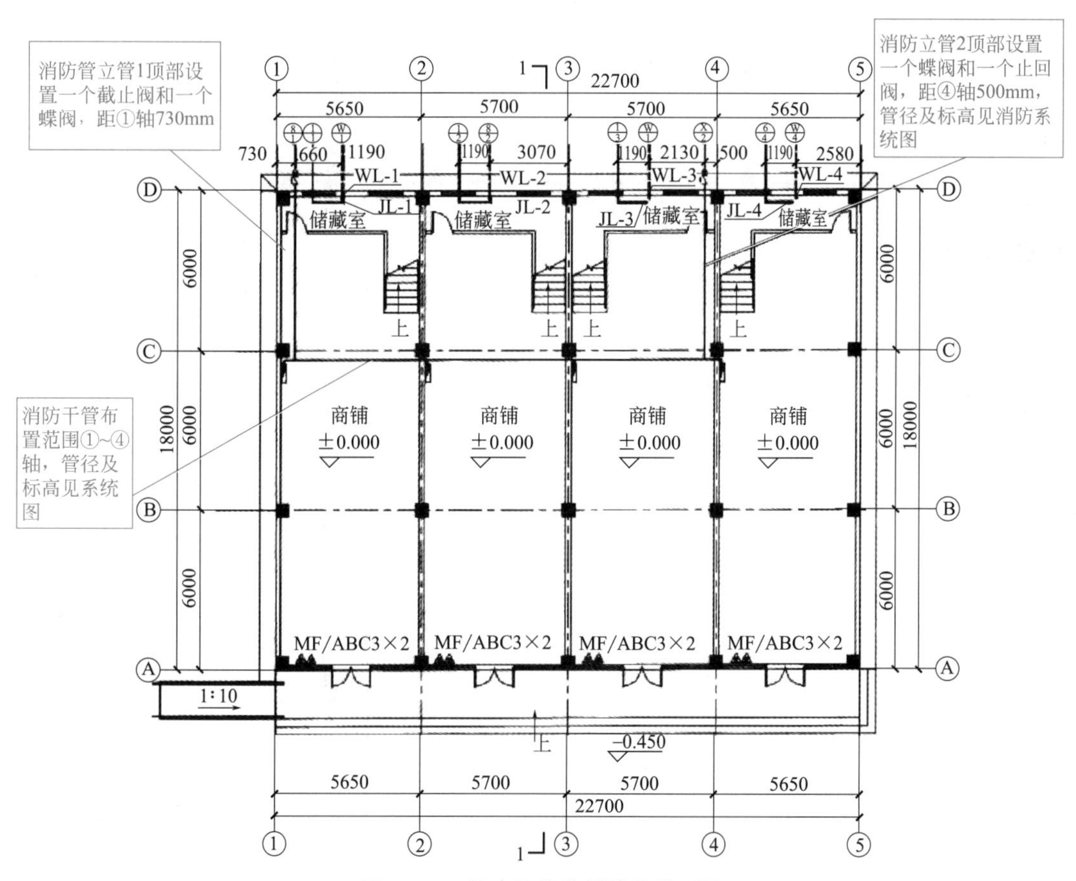

图 22-15 某建筑楼首层消防平面图

在识读消防平面图的过程中要清楚地了解消防管道的位置及走向、灭火器和消火栓设置的位置，管道和附件的具体标高及尺寸要与系统图对照查看方可得知。

某建筑楼二层消防平面图如图 22-16 所示。

该建筑消防系统图如图 22-17 所示。

识图内容如下。

① 消火栓系统主管管径为 $DN100$，接消火栓栓口的支管管径为 $DN100$。

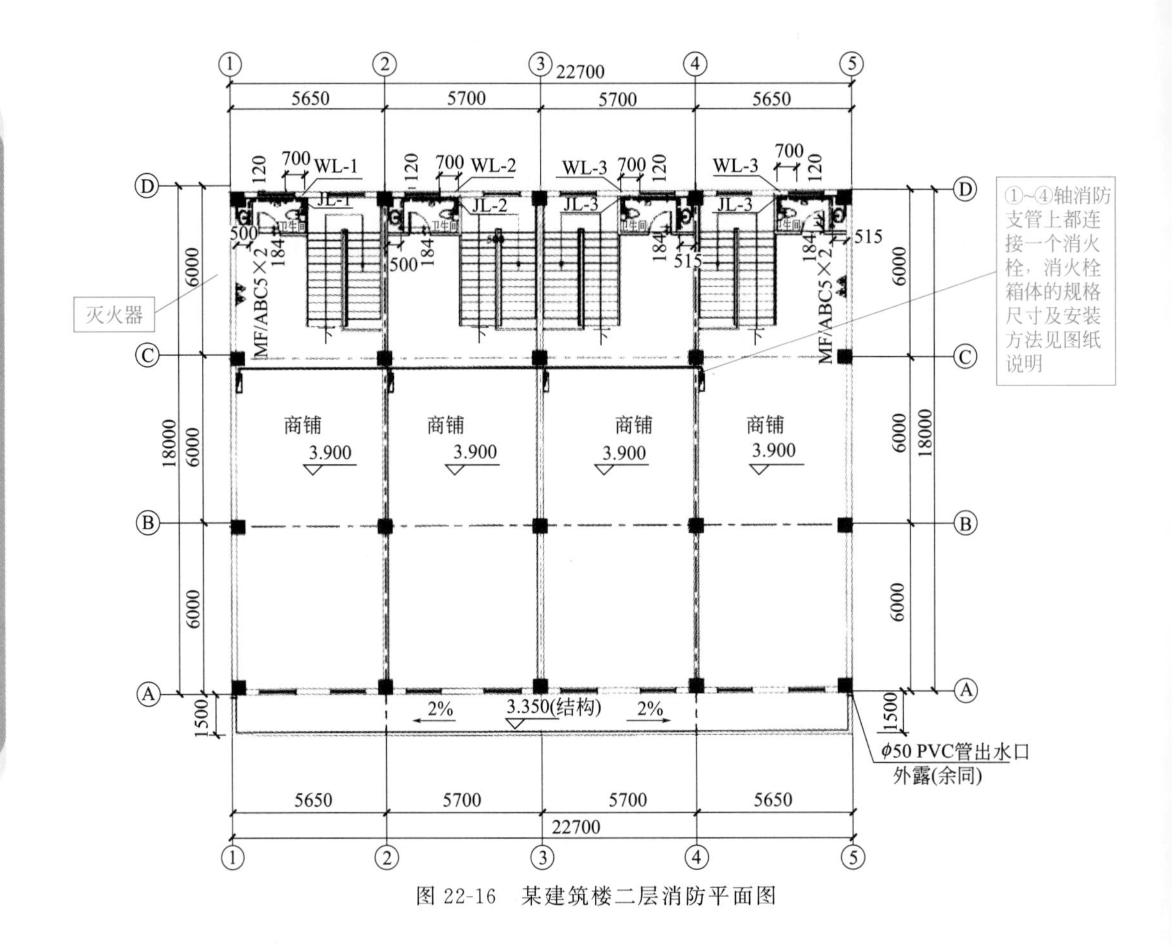

图 22-16　某建筑楼二层消防平面图

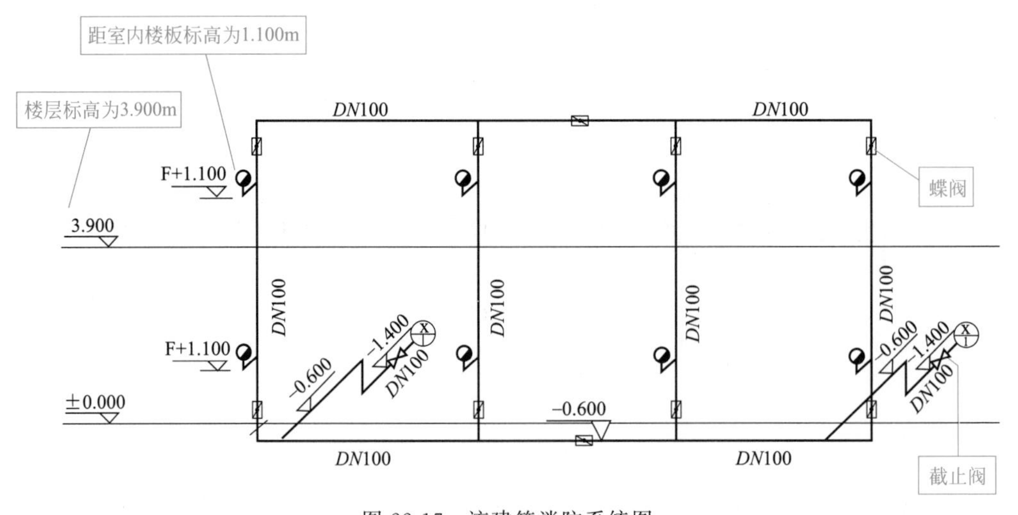

图 22-17　该建筑消防系统图

② 消火栓立管的上、下两端均设截止阀进行控制，各立管之间在上部和下部用水平干管连接起来，确保供水的可靠性；水平干管上也用截止阀分成若干段，保证管网维修时总有一部分消火栓处于准工作状态。

③ 消火栓的标高应设置在比楼层底标高高出 1.100m 处。

消防管 1 的识读内容如图 22-18 所示。

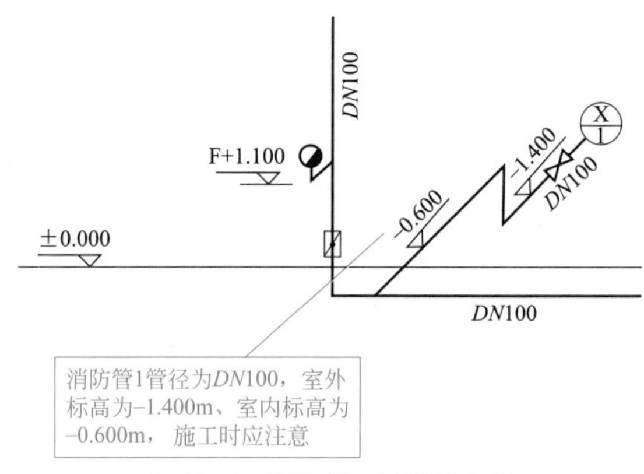

图 22-18　消防管 1 的识读内容

扫码看视频

消火栓消防给水系统及设备

22.3 消火栓系统设备的图形与构造

22.3.1 消火栓消防给水系统及设备

消火栓设备由水枪、水龙带和消火栓组成，均安装于消火栓箱内，如图 22-19 所示。

(1) 水枪

水枪是一种增加水流速度、射程和改变水流形状及射水的灭火工具，室内一般采用直流式水枪。水枪的喷嘴直径分别为 13mm、16mm、19mm，水龙带接口口径有 50mm 和 65mm 两种。

(2) 水龙带

水龙带是连接消火栓与水枪的输水管线，材料有棉织、麻织和化纤等，有衬胶与不衬胶之分，衬胶水龙带阻力较小。水龙带长度有 15m、20m、25m、30m 四种。

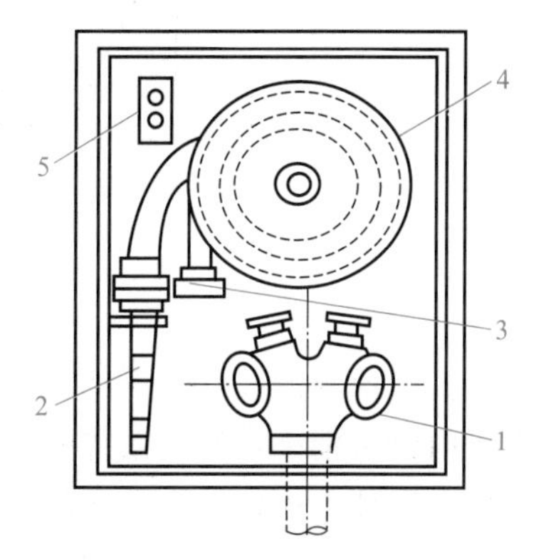

图 22-19　消火栓设备

1—双出口消火栓；2—水枪；3—水龙带接口；4—水龙带；5—按钮

(3) 消火栓

普通室内消火栓为内扣式接口的球形阀式龙头，有单出口和双出口之分，双出口消火栓直径为 65mm，单出口消火栓直径有 50mm 和 65mm 两种。当每支水枪最小流量小于 5L/s 时，选用直径 50mm 的消火栓；最小流量≥5L/s 时，选用 65mm 的消火栓。

消防卷盘，也称消防水喉，栓口直径 25mm，在高级宾馆、重要办公楼中供扑救初期火灾时用。该设备操作方便，便于非专职消防人员使用，对及时控制初期火灾有特殊作用。消防盘卷安装示意如图 22-20 所示。

消火栓箱有双开门和单开门之分，有明装、半明装和暗装三种安装形式，如图 22-21 所示，在同一建筑内，应采用同一规格的消火栓、水龙带和水枪，以便于维修、保养。

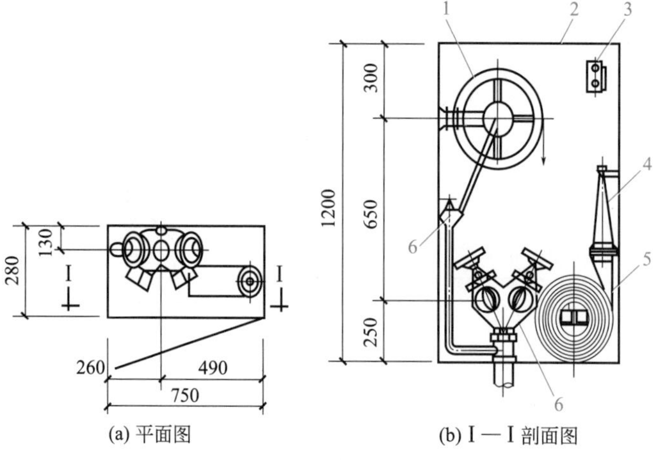

(a) 平面图　　(b) I—I 剖面图

图 22-20　消防盘卷安装示意

1—消防盘卷；2—消火栓箱；3—报警按钮；4—水枪；5—水龙带；6—消火栓

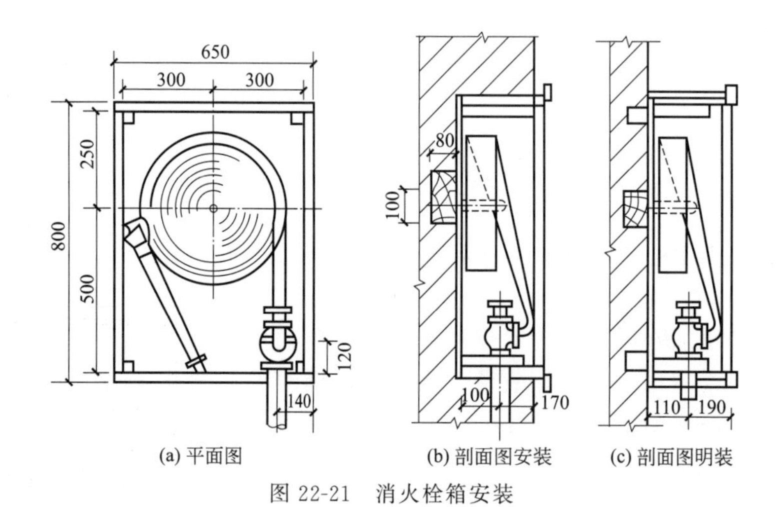

(a) 平面图　　(b) 剖面图安装　　(c) 剖面图明装

图 22-21　消火栓箱安装

为了检查消火栓给水系统上是否能正常运行及使本建筑物免受邻近建筑火灾的波及，在室内设有消火栓给水系统的建筑屋顶应设一个消火栓，如图 22-22 所示。在可能冻结的地区，屋顶消火栓应设在水箱间，或采取防冻措施。

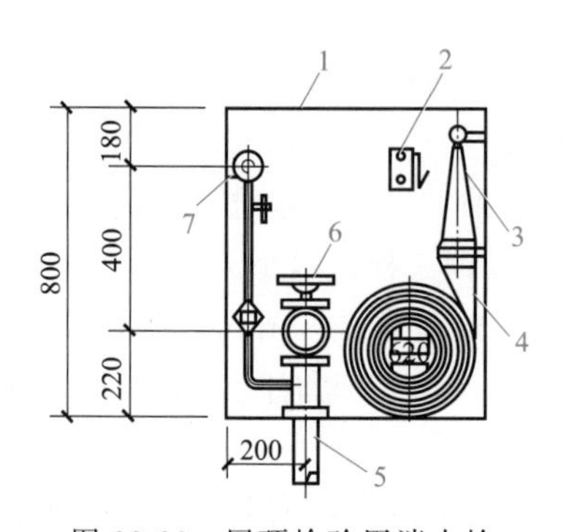

图 22-22　屋顶检验用消火栓

1—消火栓箱；2—报警按钮；3—水枪；4—水龙带；5—供水管道；6—消火栓；7—压力表

(4) 水泵接合器

水泵接合器是连接消防车向室内消防给水系统加压供水的装置，水泵接合器一端由室内消火栓给水管网底层引至室外，另一端可供消防车或移动水泵加压向室内管网供水。当室内消防泵发生故障或发生大火，室内消防水量不足时，室外消防车可通过水泵接合器向室内消防管网供水，所以消火栓给水系统和自动喷水灭火系统均应设水泵接合器。水泵接合器有地上式、地下式和墙壁式三种，可根据当地气温等条件选用。

设置数量应根据每个水泵接合器的出水量 10～15L/s 和全部室内消防用水量，由水泵接合器供给的原则计算确定。

水泵接合器的接口为双接口，每个接口直径分为 65mm 及 80mm 两种，它与室内管网的连接管直径不应小于 100mm，并应设有阀门、单向阀和安全阀。水泵接合器周围 15～40m 内应设室外消火栓、消防水池或有可靠的天然水源，并应设在室外消防车通行和使用的地方。

22.3.2 室内消火栓消防给水系统的给水方式

(1) 由室外给水管网直接供水的消火栓给水方式

当室外给水管网提供的水量和水压在任何时候均能满足室内消火栓给水系统所需的水量、水压要求时采用这种方式。

(2) 设水箱的消火栓给水方式

设水箱的消火栓给水方式如图 22-23 所示。

当外网压力变化较大时，由室外给水管网向水箱供水，箱内储存 10min 消防用水量，初期火灾由水箱向消火栓给水系统供水；火灾延续期间可由室外消防车通过水泵接合器向消火栓给水系统加压供水。

(3) 设水泵和水箱的消火栓给水方式

设水泵和水箱的消火栓给水方式如图 22-24 所示。

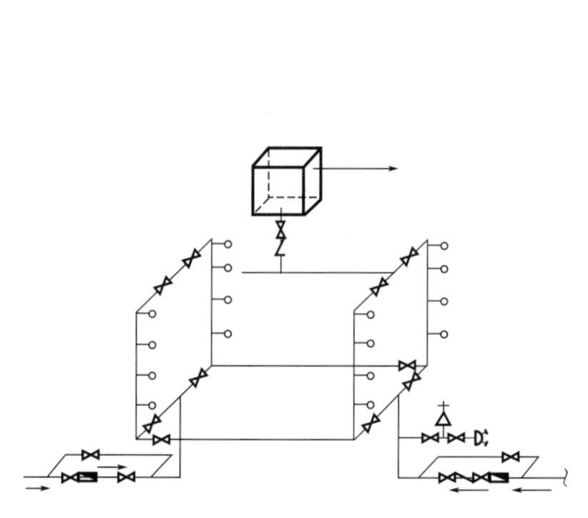

图 22-23 设水箱的消火栓给水方式

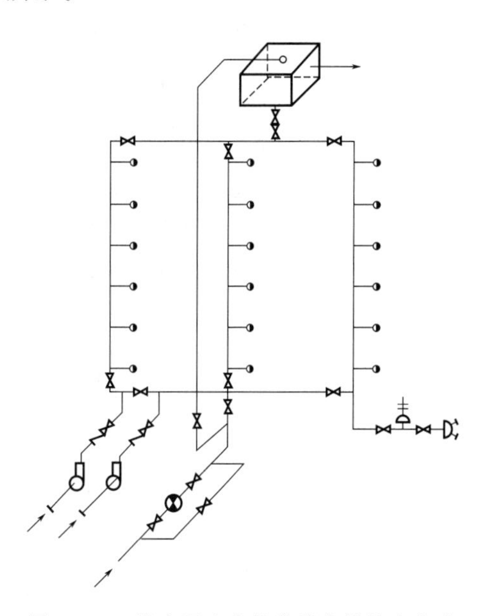

图 22-24 设水泵和水箱的消火栓给水方式

当外网经常不能满足建筑物消火栓系统的水压、水量要求，也不能确保向高位水箱供水时，可设置该系统，室外给水管网供水至储水池，由水泵从水池吸水送至水箱，箱内储存 10min 消防用水量。当室外给水管网为枝状或只有一条进水管时，消防给水系统中均需设置消防储水池，储备火灾延续时间内的消防用水量。

(4) 分区供水的消火栓给水方式

分区供水的消火栓给水方式如图 22-25 所示。

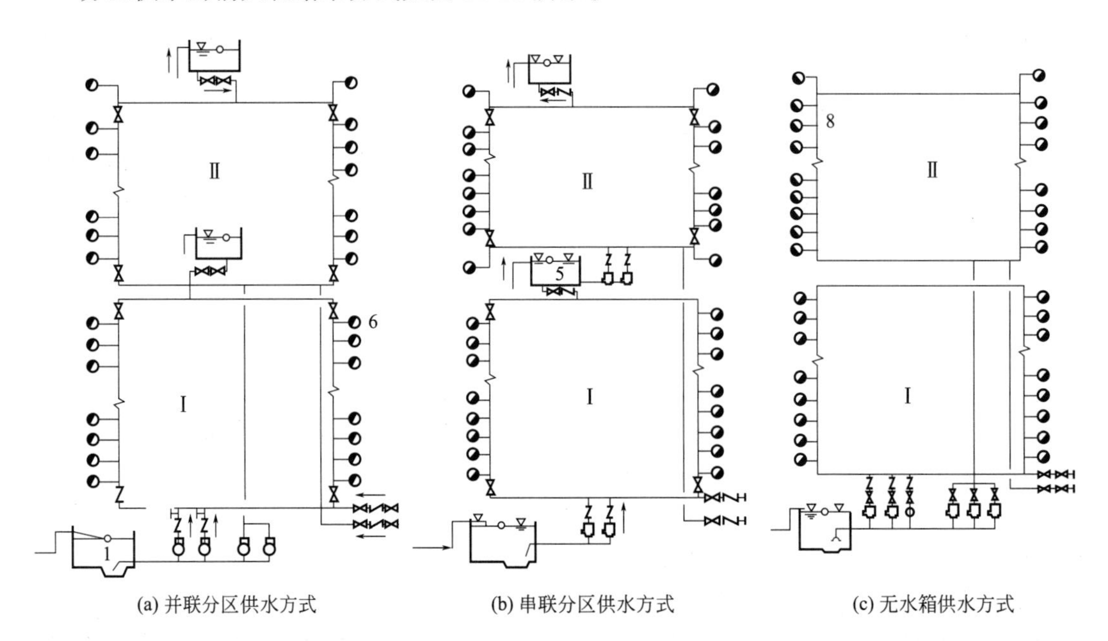

(a) 并联分区供水方式　　(b) 串联分区供水方式　　(c) 无水箱供水方式

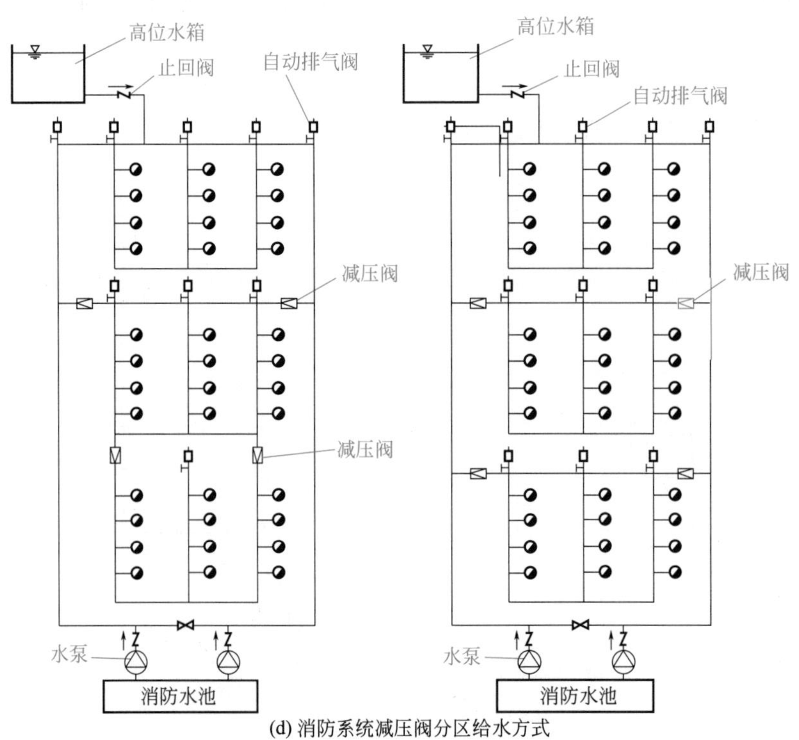

(d) 消防系统减压阀分区给水方式

图 22-25　分区供水的消火栓给水方式

当外网压力仅能满足低区建筑消火栓给水系统的水量、水压要求，不能满足高区灭火的水量、水压要求时，可设置该系统。室外给水管网向低区供水，水箱内储存10min消防水量。高区火灾初起时，由水箱向高区消火栓给水系统给水；当水泵启动后，由水泵向高区消火栓给水系统供水灭火，低区灭火的水量、水压由外网保证。

另外，高层建筑中由于楼高，消防管道上、下部的压差很大，当消火栓处最大压力超过0.8MPa时，必须分区供水。

22.4 自动喷淋系统部件图形与构件

自动喷淋系统组件有闭式喷头、喷淋泵、闸阀、止回阀、湿式报警阀、电磁阀、水流指示器等，如图22-26所示。

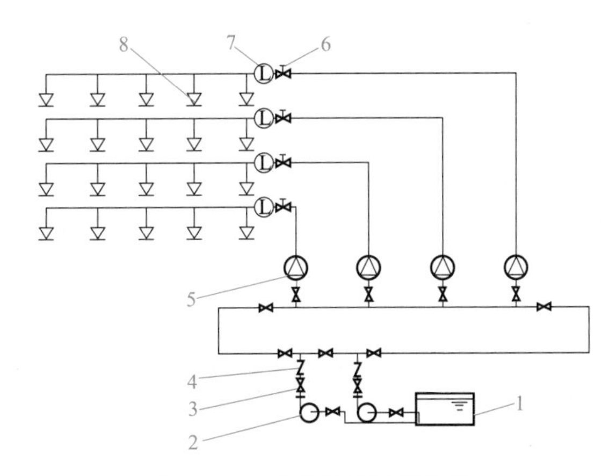

图22-26 自动喷淋系统组件

1—消防水池；2—喷淋泵；3—闸阀；4—止回阀；5—湿式报警阀；6—电磁阀；7—水流指示器；8—闭式喷头

(1) 喷头

喷头可分为闭式和开式两种。

① 闭式喷头 闭式喷头是一种直接喷水灭火的组件，是带热敏感元件及其密封组件的自动喷头。该热敏感元件可在预定温度范围下动作，使热敏感元件及其密封组件脱离喷头主体，并按规定的形状和水量在规定的保护面积内喷水灭火。

闭式喷头按热敏感元件分类，可分为玻璃球喷头和易熔元件喷头两种类型，如图22-27所示；按安装形式、布水形状分类，又分为直立型、下垂型、边墙型、吊顶型和干式下垂型等。

(a) 玻璃球喷头

(b) 易熔元件喷头

图22-27 闭式喷头

② 开式喷头 开式喷头根据用途分为开启式、水喷雾、水幕三种类型，通常应用于航天及兵工企业，如图22-28所示。

(2) 报警控制装置

水力报警器（即水力警铃）与报警阀配套使

(a) 水喷雾喷头

(b) 水幕喷头

(c) 开启式喷头

图 22-28　开式喷头

用。当某处发生火灾时，喷头开启喷水，管道中的水流动，在水流冲击下，发出报警铃声。水流通过管道时，水流指示器中桨片摆动接通电信号，可直接报知起火喷水的部位。

① 报警阀　报警阀的主要功能是开启后能够接通管中水流同时启动报警装置。不同类型的自动喷水灭火系统应安装不同结构的报警阀，报警阀分为湿式、干式等，如图 22-29 所示。

② 水流指示器　在设置闭式自动喷水灭火系统的建筑内，每个防火分区和楼层均应设置水流指示器，如图 22-30 所示。当水流指示器前端设置控制阀时，应采用信号阀。

(a) 湿式

(b) 干式

图 22-29　报警阀

图 22-30　水流指示器

22.5　消防洞口的封堵节点

(1) 封堵材料

① 有机防火堵料　有机防火堵料是以有机树脂为黏结剂，再添加防火剂、填料等原料经碾压而成。有机防火堵料除了具有优异的耐火性能外，还具有优异的理化性能，并且可塑性好，长久不固化，能够重复使用。在高温或火焰的作用下它能够迅速膨胀凝结为坚硬的固体，即使完全炭化后也能保持外形不变。由于有机防火堵料受热后会发生膨胀以有效地堵塞洞口，因此封堵时可以留有一定的缝隙而不必完全封堵得很严密，这样有利于电缆等贯穿物的散热。

有机防火堵料已经广泛应用于发电厂、变电所、供电隧道、冶金、石油、化工、民用建筑等各类建筑工程中的贯穿孔洞的防火封堵。但在多根电缆集束敷设和层状敷设的场合，这种堵料很难完全堵塞住电缆贯穿部分的孔隙，需与无机防火堵料配合使用。

② 无机防火堵料　无机防火堵料，又称速固型防火堵料或防火封灌料。通常以快干水泥为基料，再添加防火剂、耐火材料等原料经研磨、混合而制成，使用时在现场加水调制。该类堵料不仅能达到所需的耐火极限，而且具有相当高的机械强度，与楼层水泥板的硬度相差无几。无机防火堵料的防火效果显著，灌注方便，在常温下即可迅速固化，从而有效地填塞各种孔隙，而且使用寿命较长。它对管道或电线电缆的贯穿孔洞，尤其是较大的孔洞、楼层间孔洞的封堵效果较好，还特别适用于细小孔隙的防火封堵。

目前，无机防火堵料已广泛应用于电气、仪表、电子、通信、建筑等诸多领域中。

③ 阻火包　阻火包的外包装通常为玻璃纤维布或经过阻燃处理的织物，内部填充在受到高温或火焰作用时能够发生化学反应而迅速膨胀的复合粉状或粒状材料。包内的填充材料大多是以水性黏结剂（如聚乙烯醇改性丙烯酸乳液和苯乙烯-丙烯酸复合型乳液等）作为基料，并添加防火阻燃剂、耐火材料、膨胀轻质材料等各种原材料，经研磨、混合均匀而制成的。该产品安装施工方便，可重复拆卸使用，对环境及人体无毒无害，遇火膨胀后具有良好的阻火隔烟性能。

④ 阻火圈　阻火圈是由金属等材料制作的壳体和阻燃膨胀芯材组成的一种套圈。使用时将阻火圈套在相应规格的塑料管道外壁，并用螺钉固定在墙体或楼板面上，它主要适用于各类塑料管道穿过墙体和楼板时所形成的孔洞的防火封堵。在火灾发生时，阻火圈内的阻燃膨胀芯材受热后迅速膨胀，并挤压管道使之封堵，以阻止火势沿管道的蔓延。

(2) 防火封堵方法

① 水泥灌注法　对于竖井，早期人们曾用水泥灌注法进行封堵，但是固化后的封堵层在火灾发生后会产生爆裂现象，致使封堵失效。就封堵本身而言，在灌注时还容易擦伤电缆外皮，并且固化后要增减电缆是很难实现的。

② 岩棉封堵法　岩棉封堵法具有价格低廉、封堵简单、增加的建筑荷载小等优点，耐火性能也很好，但是无法对电缆束孔隙进行严密的封堵，纤维间的孔隙也无法封堵。其结果是火灾发生时，虽然具有明显的阻火作用，但由孔隙透过来的烟气仍足以使人窒息。此外，在施工过程中存在的短纤维对人体也是有害的。

③ 无机防火堵料封堵法　无机防火堵料封堵法与水泥灌注法基本上是一样的。但该堵料固化层不怕火烧，遇火不迸裂，因而能够有效地起到防火作用。其缺点是不易拆卸。

④ 有机防火堵料封堵法　有机防火堵料对于火和烟气都有较好的封堵效果，也便于拆换。但是由于有机防火堵料一般都较为柔软，仅在封堵面积较小的洞口时才适用，因此也有一定的局限性。所以单纯使用有机防火堵料时多是对小型的孔洞进行封堵。

⑤ 阻火包封堵技术　阻火包的耐火性能优异，便于封堵和拆卸，受到大火的作用时包内填充物能够迅速膨胀并封堵住烟道，有效地阻挡住浓烟和火焰的蔓延。唯一的缺点是在火灾初期堵不住浓烟的流窜，透过封堵层的有害浓烟会严重地威胁到室内人员的生命安全，引起他们的中毒、窒息甚至是伤亡，因此其应用也是有缺陷的。

⑥ 套装阻火圈封堵技术　这是专门针对塑料管材所实施的新型的防火封堵技术。有相应规格的阻火圈与塑料管相匹配，可适用于各类塑料管穿过墙壁和楼板时所形成的孔洞的防火封堵。

从实际应用情况来看，单一的封堵材料都或多或少地存在着弊病。因此，目前常将无机防火堵料、有机防火堵料、阻火包和阻火圈等各类防火封堵材料结合起来使用，以完成对建筑内孔洞的防火封堵。

(3) 防火封堵节点

防火封堵节点如图 22-31 所示。

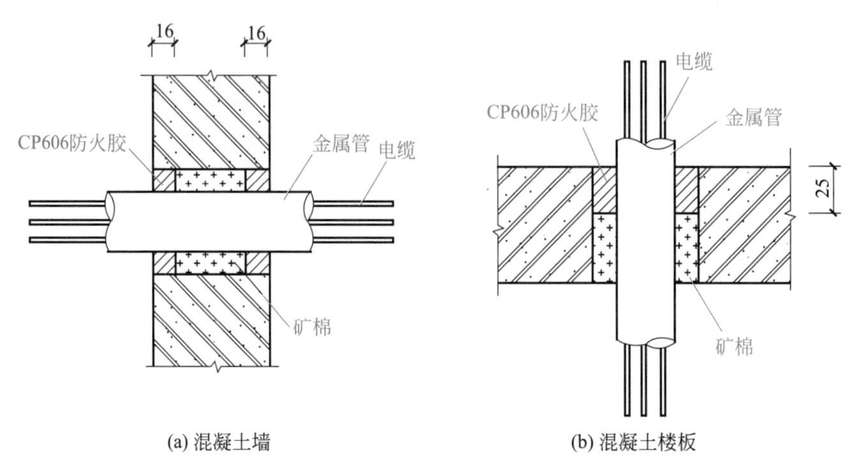

图 22-31 防火封堵节点

第23章 通风空调工程识图与节点构造

23.1 空调制冷循环系统简介

（1）单级制冷循环系统

制冷系统由蒸发器、单级压缩机、油分离器、冷凝器、储氨器、氨液分离器、节流阀及其他附属设备等组成，相互间通过管子连接成一个封闭系统。其中，蒸发器是输送冷量的设备，液态制冷剂蒸发后吸收被冷却物体的热量实现制冷；压缩机是系统的“心脏”，起着吸入、压缩、输送制冷剂蒸气的作用；油分离器用于沉降分离压缩后的制冷剂蒸气中的油；冷凝器将压缩机排出的高温制冷剂蒸气冷凝成为饱和液体；储氨器用来储存冷凝器里冷凝的制冷剂氨液，调节冷凝器和蒸发器之间制冷剂氨液的供需关系；氨液分离器是氨重力供液系统中的重要附属设备；节流阀对制冷剂起节流降压作用，同时控制和调节流入蒸发器中制冷剂液体的流量，并将系统分为高压侧和低压侧两部分。

（2）双级制冷循环系统

双级制冷循环是在单级制冷循环的基础上发展起来的，其压缩过程分两个阶段进行，来自蒸发器的制冷剂蒸气先进入低压级气缸压缩到中间压力，经过中间冷却后再进入高压级气缸，压缩到冷凝压力后进入冷凝器中。一般蒸发温度在－25～－50℃时，应采用双级压缩机进行制冷。其中，中间冷却器利用少量液态制冷工质在中间压力下气化吸热，使低压级排出的过热蒸气得到冷却，降低高压级的吸气温度，同时还使高压液态制冷工质得到冷却。

扫码看视频

中央空调系统常用设备

23.2 中央空调工程的循环系统

23.2.1 中央空调系统常用设备

（1）空调冷水机组

空调冷水机组按能源种类不同可分为电制冷和蒸气制冷两种类型。电制冷主要是指压缩式制冷、离心式制冷及螺杆式制冷。蒸气制冷即采用溴化锂吸收式，可分为蒸气吸收式冷水机组和自燃吸收式冷水机组两种类型。

① 活塞压缩式冷水机组　活塞压缩式冷水机组是指将活塞压缩式制冷成套设备组装在公共的底座上，用以制取空调或工艺用的0℃以上的冷水的整体装置。它包括活塞式压缩机、电动机、蒸发器、冷凝器、电气启动及冷水控制设备和其他机组保护附件等。活塞式冷水机组常用于中、小型空调系统。常用的有单机头冷水机组、多机头冷水机组及模块式冷水机组等。

② 螺杆式冷水机组　螺杆式冷水机组是新型的制冷设备，它以一对互相啮合的转子在转动过程中所产生的周期性的容积变化，实现吸气、压缩和排气过程。根据冷却方式不同可分为风冷式和水冷式两种类型。

螺杆式冷水机组属于容积式压缩机，由螺杆压缩机、油分离器、油冷却器、冷凝器、蒸发器、干燥过滤器、自控组件和仪表控制盘等组成。机组采用单片机或可编程控制器控制，除实现能量调节和安全保护功能外，还具有机组监视、故障诊断及远程通信功能。螺杆机组的优点是结构紧凑、冷量无级调节、节能和安装方便等。

③ 离心式冷水机组　离心式冷水机组根据结构形式不同，可分为开启式、半封闭式和全封闭式三种。开启式有增速装置外装式和主电机外装式两种结构形式；半封闭式有单级压缩、两级压缩和三级压缩三种方式；全封闭式是指整个制冷机组封闭在同一壳体内，一般用于小型离心式制冷机组。

机组主要由离心压缩机、增速装置、蒸发冷凝器、抽气回收装置、润滑油系统、冷媒净化装置及电控系统组成，结构紧凑，整装出厂。

（2）蒸发式制冷设备

蒸发式制冷设备主要有立式蒸发器、卧式蒸发器和蒸发式冷凝器。

① 立式蒸发器　立式蒸发器用于制冷系统中，使氨液蒸发形成低温。立式蒸发器以冷却水、盐水为介质。

②卧式蒸发器　卧式蒸发器主要用于制冷系统中，使液氨吸热蒸发形成低温以冷却水、盐水或其他介质。空调工程中常见的为卧式蒸发器。

③蒸发式冷凝器　蒸发式冷凝器在制冷系统中的作用是将被氨压缩机压缩的高压氨蒸气冷凝成为高压氨液，适用于用水困难的地区。

（3）水处理设备

在空调冷却水系统和冷冻水系统（或热水系统）中不使循环水生成水垢，进而降低冷水机和空气处理设备的制冷效率，必须对进入系统的超出水质标准的水进行处理。水处理的方法有化学处理法和物理处理法两种。对于敞开式循环冷却水系统，应选用包括缓蚀、阻垢和杀菌灭藻三个方面的综合处理；对于密闭式循环的冷冻水系统，应选用缓蚀、阻垢的方法处理。

水处理设备常采用化学处理法和物理处理法两种方式对水进行处理。如采用物理的方法对水进行磁性、高频超声波及静电等处理，从而达到不生水垢或去垢的目的。目前，国内外开发的物理水处理设备有全自动软水器和电子水处理器等。

① 全自动软水器　全自动软水器是指采用美国前沿技术，针对国内水质条件，融合国内外先进的工艺和技术开发的一种高效、节能、经济型全自动软化水设备，被广泛用于空调系统（热水和冷水）水质软化，有效防止系统水垢。

② 电子水处理器　水的高频电场处理是近年来国际上广泛采用的无污染防垢技术，具有投资少、占地面积小、管理简单和运行费用低等优点。电子水处理器在除垢、防垢、除锈、缓蚀和抑制微生物生长等功能上效果十分明显，被广泛用于空调冷冻水和冷却水系统。电子水处理器是一种环保、节能、节水的新技术产品。

(4) 冷却塔

冷却塔的工作原理是通过喷嘴、布水器或配水盘将被冷却的水分配到冷却塔内部的填料处，填料使水和空气的接触面积增大，空气通过风机、强制气流、自然风或喷射的诱导效应与水形成对流，使水在等压条件下吸热而被部分汽化，从而降低周围液态水的温度。

冷却塔基本可分为通风冷却塔和喷射式冷却塔两类，一般按通风方式、淋水方式及水和空气的流动方向等进行分类。

① 按通风方式可分为自然通风和机械通风两类。

② 按淋水装置或配水系统可分为点滴式、点滴薄膜式、薄膜式和喷水式四类。

③ 机械通风冷却塔按水和空气的流动方向可分为逆流式和横流式两类。

④ 喷射式冷却塔按工艺结构可分为喷雾填料型和喷雾通风型两种。

23.2.2 中央空调系统常用设备图例

中央空调系统常用设备图例见表 23-1。

表 23-1　中央空调系统常用设备图例

序号	名称	图例
1	空气过滤器	
2	加湿器	
3	电加热器	
4	消声器	
5	空气加热器	+
6	空气冷却器	−
7	风机盘管	±

续表

序号	名称	图例
8	窗式空调器	
9	空气幕	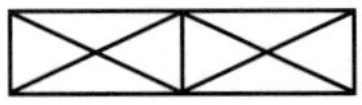
10	离心风机	
11	轴流风机	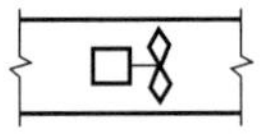
12	屋顶通风机	
13	电动机	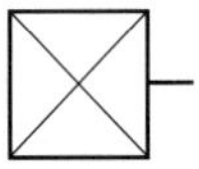
14	压缩机	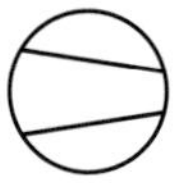
15	吸收式制冷机组	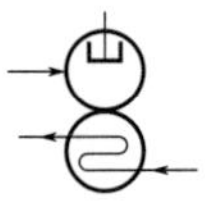
16	离心式制冷机组	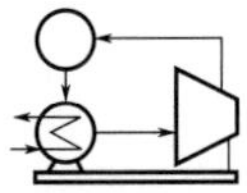
17	活塞式制冷机组	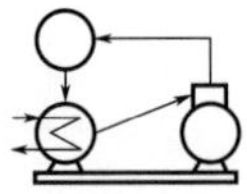
18	螺杆式制冷机组	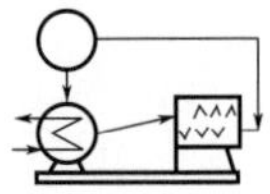
19	冷却塔	
20	容器(储罐)	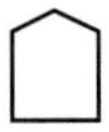
21	一般设备	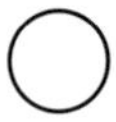

23.2.3 中央空调工程常用空调器设备

（1）分水器、集水器

分水器是将一路进水分散为几路输出的设备，而集水器则是将多路进水汇集起来由一路输出的设备。分水器、集水器一般由主管、分路支管、排污口、排气口、压力表、温度计等组成。直径较大的筒体上装有人孔或手孔。材质由碳钢板卷制，或无缝钢管制作而成，能承受一定压力，外表面做防腐或保温处理。集水器、分水器的筒体上根据需要连接多个进出水管，可将各路水汇集或将一路水分流。筒体上装有压力表或温度计，可方便观察筒体内水流状态。筒体的下端部装有排污口，用于清洗筒体时的污水流出。分水器、集水器如图 23-1 所示。

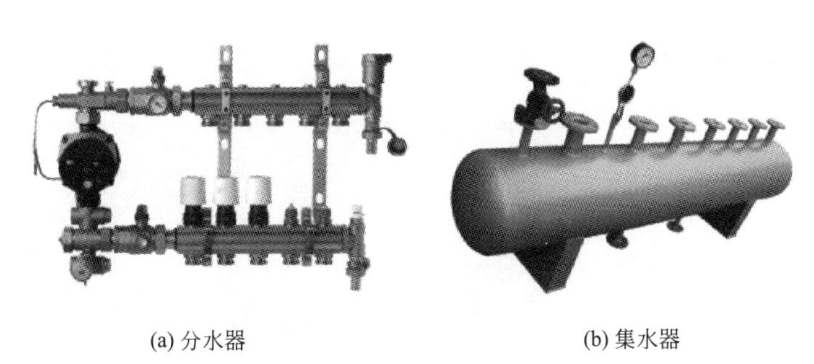

(a) 分水器　　(b) 集水器

图 23-1　分水器、集水器

（2）分段组合式空调器

分段组合式空调器是将各空气处理设备制造成断体的形式，设计技术人员可以根据设计需要进行选用，在施工现场可以分段安装。分段组合式空调器的段体包括混合段、过滤段、表冷段、加热段、风机段、消声段、排风段、中间段等。这种空调器的特点如下。

① 分段组合式空调器一般处理风量大，每小时处理空气量可以达到几十万立方米，出冷（热）量大，所以一般用于大型工艺性全空气中央空调工程。

② 体积大，要安装在专门的机房中，安装工作量大，安装需要空间高。

分段组合式空调器结构如图 23-2 所示，其外形如图 23-3 所示。

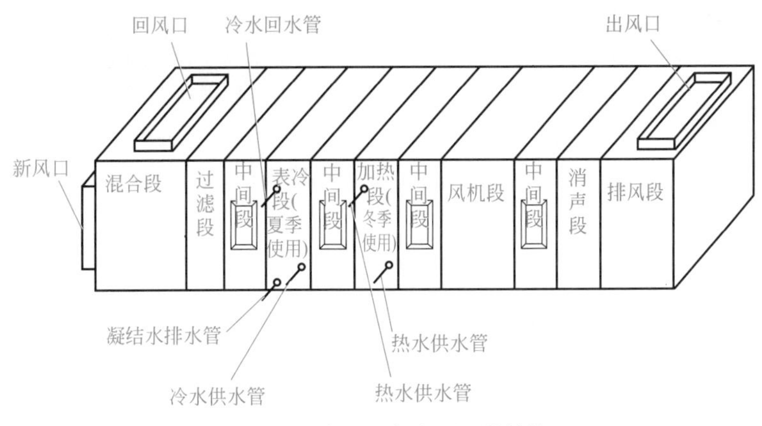

图 23-2　分段组合式空调器结构

图 23-3　分段组合式空调器外形

(3) 柜式（整体式）空调器

主要有立式空调器、卧式空调器、吊顶式空调器，如图 23-4 所示。

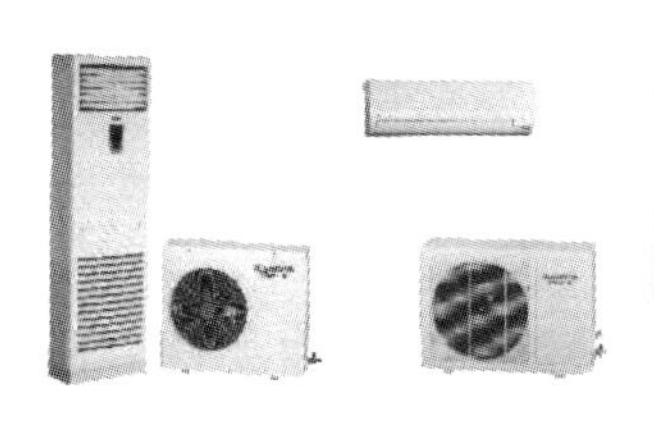

(a) 立式空调器

(b) 卧式空调器

(c) 吊顶式空调器

图 23-4　立式空调器、卧式空调器、吊顶式空调器实物

(4) 风机盘管空调器

风机盘管空调器由一个或多个风机盘管机组和冷热源供应系统组成。风机盘管机组由风机、盘管和过滤器组成。其作为空调系统的末端装置，分散地装设在各个空调房间内，可独立地对空气进行处理，而空气处理所需的冷热水则由空调机房集中制备，通过供水系统提供给各个风机盘管机组。风机盘管空调器是一种小型空调器，容量比较小。风机盘管空调器一般用于宾馆、办公楼、酒店的中央空调工程中。

风机盘管空调器式样如图 23-5 所示，风机盘管空调器与管道连接如图 23-6 所示。

图 23-5　风机盘管空调器式样

(5) 离心式冷水机组

离心式冷水机组是依靠离心式压缩机中高速旋转的叶轮产生的离心力来提高制冷剂蒸汽压力，以获得对蒸汽的压缩过程，然后经冷凝节流降压、蒸发等过程来实现制冷。离心式冷水机组如图 23-7 所示。

其适用范围：大中流量、中低压力的场合。

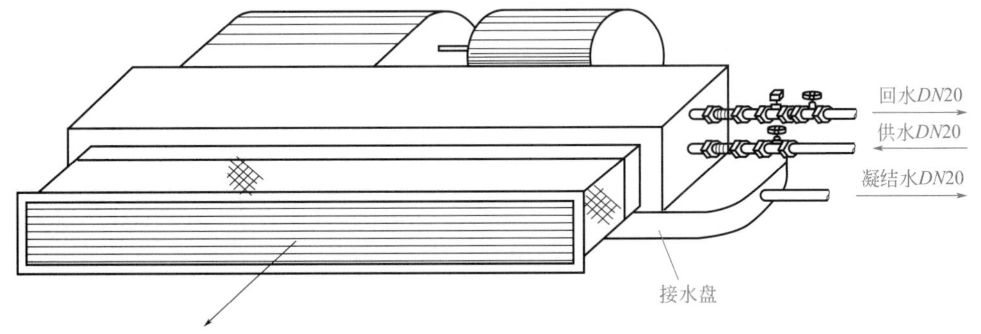

图 23-6　风机盘管空调器与管道连接

工作原理：由叶轮带动气体做高速旋转，使气体产生离心力，由于气体在叶轮里的扩压流动，从而使气体通过叶轮后的流速和压力得到提高，连续地生产出压缩空气。

(6) 螺杆式冷水机组

螺杆式冷水机组是利用螺杆式压缩机中主转子与副转子的相互啸合，在机壳内回转而完成吸气、压缩与排气过程。螺杆式冷水机组如图 23-8 所示。

图 23-7　离心式冷水机组

图 23-8　螺杆式冷水机组

适用范围：不适用于高压场合、小排气量场合，只能适用于中、低压范围。

工作原理：由蒸发器出来的气体冷媒，经压缩机绝热压缩以后，变成高温高压状态。被压缩后的气体冷媒，在冷凝器中，等压冷却冷凝，经冷凝后变化成液态冷媒，再经节流阀膨胀到低压，变成气液混合物。

(7) 膨胀水箱

膨胀水箱要安装在整个空调水系统的最高处，并且距离最高空调用户要有一定的高度。

23.3　通风管道识图与构造

23.3.1　通风管道图例

水、汽管代号见表 23-2。

表 23-2 水、汽管代号

序号	代号	管道名称	备注
1	R	热水管(供暖、生活、工艺用)	用粗实线、粗虚线区分供水、回水时可省略代号 可附加阿拉伯数字 1、2 区分供水、回水 可附加阿拉伯数字 1、2、3 表示一个代号、不同参数的多种管道
2	Z	蒸汽管	需要区分饱和、过热、自用蒸汽时，可在代号前分别附加 B、G、Z
3	N	凝结水管	
4	P	膨胀水管、排污管、排气管、旁通管	需要区分时，可在代号后附加一位小写拼音字母，即 Pz、Pw、Pq、Pt
5	G	补给水管	
6	X	泄水管	
7	XH	循环管、信号管	循环管为粗实线，信号管为细虚线。不致引起误解时，循环管也可为“X”
8	Y	溢排管	
9	L	空调冷水管	
10	LR	空调冷/热水管	
11	LQ	空调冷却水管	
12	n	空调冷凝水管	
13	RH	软化水管	
14	CY	除氧水管	
15	YS	盐液管	
16	FQ	氟气管	
17	FY	氟液管	

水、汽管道阀门和附件图例见表 23-3。

表 23-3 水、汽管道阀门和附件图例

序号	名称	图例
1	阀门(通用)、截止阀	
2	闸阀	
3	手动调节阀	
4	球阀、转心阀	
5	蝶阀	
6	角阀	或
7	平衡阀	
8	三通阀	或

续表

序号	名称	图例
9	四通阀	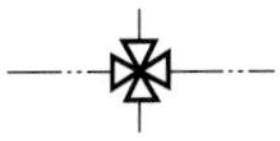
10	节流阀	
11	膨胀阀(也称隔膜阀)	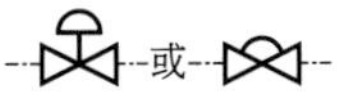 或
12	旋塞	
13	快放阀(也称快速排污阀)	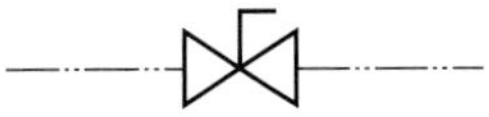
14	止回阀	
15	减压阀	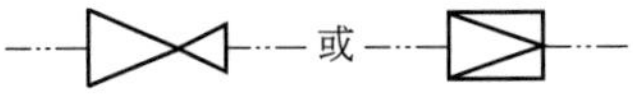 或
16	安全阀	
17	疏水阀	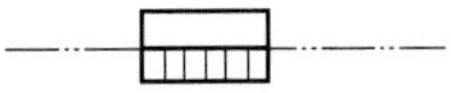
18	浮球阀	 或
19	集气罐、排气装置	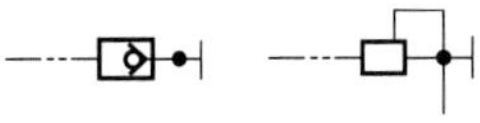
20	自动排气阀	
21	除污器(过滤器)	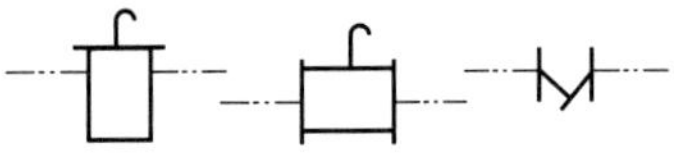
22	节流孔板、减压孔板	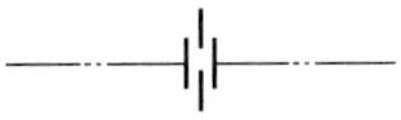
23	补偿器(通用,也称伸缩器)	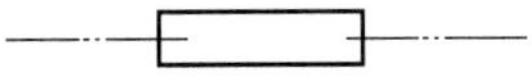
24	矩形补偿器	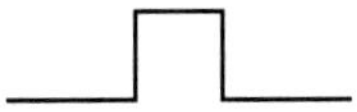
25	套管补偿器	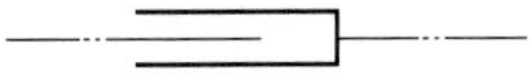
26	波纹管补偿器	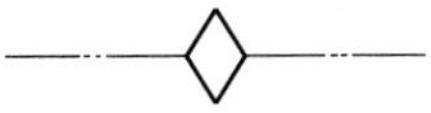
27	弧形补偿器	
28	球形补偿器	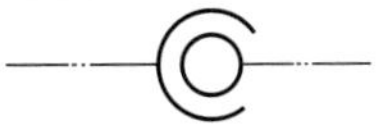
29	变径管异径管	
30	活接头	
31	法兰	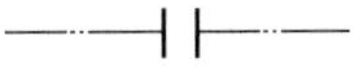
32	法兰盖	

续表

序号	名称	图例
33	丝堵	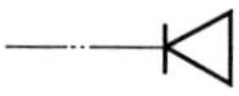
34	可屈挠橡胶软接头	
35	金属软管	
36	绝热管	
37	保护套管	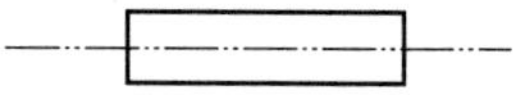
38	伴热管	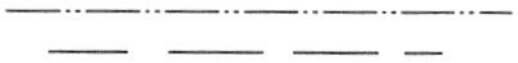
39	固定支架	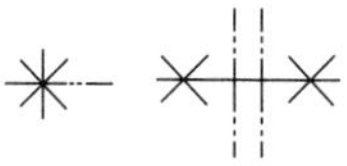
40	介质流向	 或
41	坡度及坡向	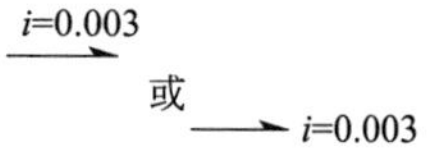 i=0.003 或 i=0.003

风道代号见表 23-4。

表 23-4　风道代号

序号	代号	管道名称
1	K	空调风管
2	H	回风管(一、二次回风可附加 1、2 区别)
3	S	送风管
4	P	排风管
5	X	新风管
6	PY	排烟管或排风、排烟共用管道

自定义风道代号应避免与表中相矛盾，并应在相应图面说明。

风道、阀门及附件图例见表 23-5。

表 23-5　风道、阀门及附件图例

序号	名称	图例
1	砌筑风、烟道	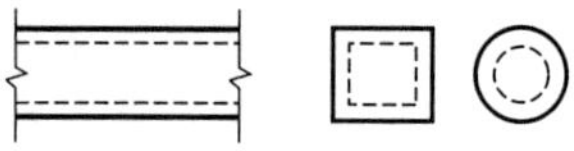
2	带导流片弯头	
3	消声器消声弯管	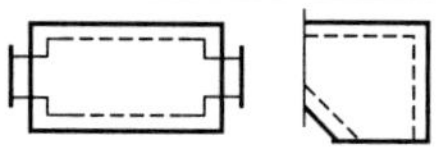

续表

序号	名称	图例
4	插板阀	
5	天圆地方	
6	蝶阀	
7	对开多叶调节阀	
8	风管止回阀	
9	三通调节阀	
10	防火阀	70℃
11	排烟阀	280℃　280℃
12	软接头	～
13	软管	或光滑曲线(中粗)
14	风口(通用)	或
15	气流方向	
16	百叶窗	

续表

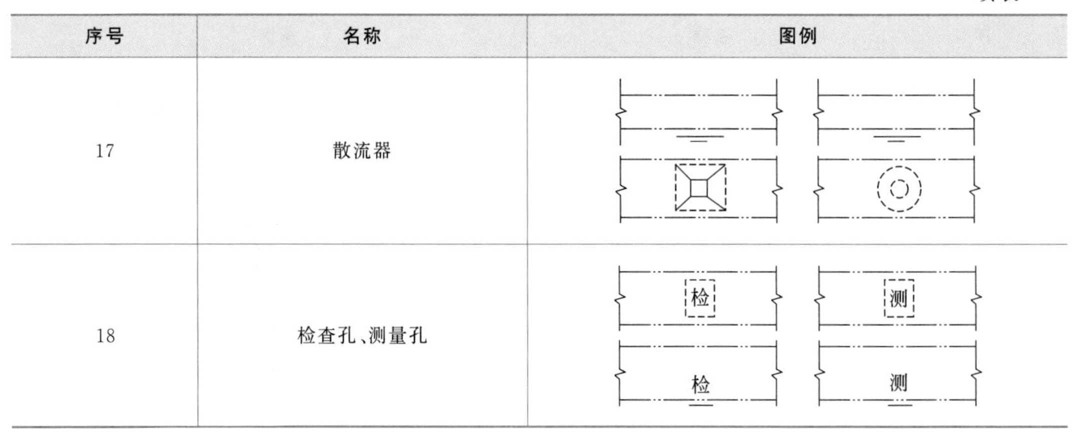

序号	名称	图例
17	散流器	
18	检查孔、测量孔	检 测 检 测

23.3.2 风管的规格表示方法

通风管道的规格，风管以外径或外边长为准，风道以内径或内边长为准。圆形风管应优先采用基本系列。非规则椭圆形风管参照矩形风管，并以长径平面边长及短径尺寸为准。

圆形风管规格见表 23-6。

表 23-6 圆形风管规格 单位：mm

风管直径 *D*		风管直径 *D*		风管直径 *D*	
基本系列	辅助系列	基本系列	辅助系列	基本系列	辅助系列
100	80	280	260	800	750
	90	320	300	900	850
120	110	360	340	1000	950
140	130	400	380	1120	1060
160	150	450	420	1250	1180
180	170	500	480	1400	1320
200	190	560	530	1600	1500
220	210	630	600	1800	1700
250	240	700	670	2000	1900

矩形风管规格见表 23-7。

表 23-7 矩形风管规格 单位：mm

风管长边尺寸 *b*				
120	320	800	2000	4000
160	400	1000	2500	—
200	500	1250	3000	—
250	630	1600	3500	—

矩形风管所注标高应表示管底标高；圆形风管所注标高应表示管中心标高。当不采用此方法时，应进行说明。矩形风管（风道）的截面定型尺寸应以“$a \times b$”表示。“a”应为该视图投影面的边长尺寸，“b”应为另一边尺寸。a、b 单位均应为 mm，如 2500mm×800mm、2000mm × 800mm、1600mm × 800mm、1600mm × 630mm、1250mm × 500mm 等。

DN 是指管道的公称直径，既不是外径也不是内径，而是外径与内径的平均值。水、煤气输送钢管（镀锌钢管或非镀锌钢管）、铸铁管、钢塑复合管和聚氯乙烯（PVC）管等管材，应标注公称直径“*DN*”，如 *DN*15、*DN*50。

De 主要是指管道外径，PPR 管、PE 管、聚丙烯管外径一般采用 *De* 标注的，均需要标注成外径×壁厚的形式，例如 *De*25×3。

D 一般指管道内径。

ϕ 表示普通圆的直径，也可表示管材的外径，但此时应在其后乘以壁厚。如 ϕ25×3，表示外径 25mm，壁厚为 3mm 的管材。对无缝钢管或有色金属管道，应标注外径×壁厚。例如 ϕ108×4，ϕ 可省略。

通风空调工程中使用的风管（断面）有矩形风管和圆形风管两种。无论是矩形风管还是圆形风管都采用双线条按比例绘制在施工图上，也有用粗单线条绘制的，但国内施工图上用单线绘制风管的情况较少。常见矩形风管与圆形风管如图 23-9 所示。

图 23-9　常见矩形风管与圆形风管

(1) 矩形风管断面尺寸的表示方法

矩形风管断面尺寸是用“边长×边长”来表示，但在不同图上的表示方法是不同的。平面图上的表示方法是：宽×高；立面图或剖面图上的表示方法是：高×宽。矩形风管断面尺寸的表示方法如图 23-10 所示。

矩形风管断面的标注方法如下：

① 直接标在横向或纵向风管上；

② 直接标在横向风管的上边缘（或竖向风管的左边缘）；

③ 用引线的方法标注。

(2) 圆形风管断面尺寸的表示方法

圆形风管断面直接用圆形风管直径表示，即 *D* 后面写直径数字；并且无论是平面图还是立、剖面图上看到的都是圆形风管断面的直径。圆形风管断面尺寸的表示方法如图 23-11 所示。

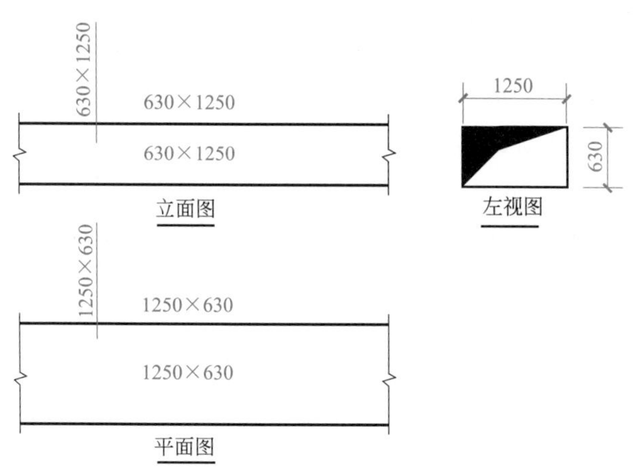

图 23-10 矩形风管断面尺寸的表示方法

图 23-11 圆形风管断面尺寸的表示方法

(3) 风管安装标高的标注位置及标注方法

风管安装标高的标注位置是水平风管的拐弯处或水平风管的末端处。风管安装标高的标注方法如图 23-12 所示。

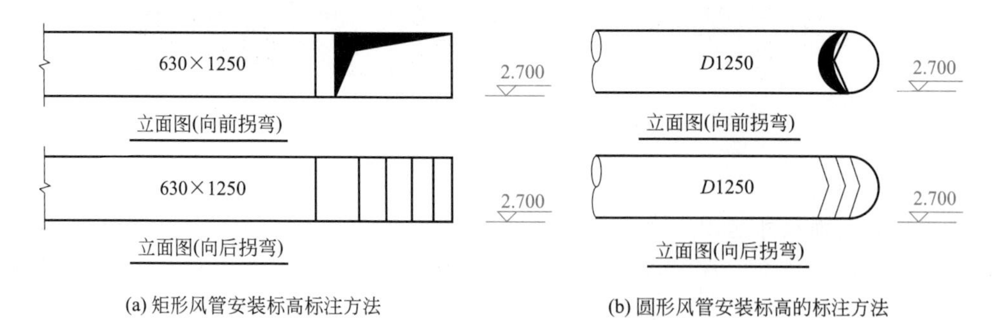

图 23-12 风管安装标高的标注方法

23.3.3 空调通风工程的风管常用板材

(1) 石棉绳

石棉绳由石棉纱线制成。按其形状和编制的方法，可分为石棉扭绳、石棉编绳、石棉方绳及石棉松绳四种类型。石棉绳，主要用在气体温度大于 70℃ 的通风与空调系统以及加热器做垫料。石棉绳弹性和严密性较差。

（2）石棉橡胶板

石棉橡胶板可分为普通石棉橡胶板和耐油石棉橡胶板，它们弹性好，能耐高温，应按使用对象的要求来选用。

（3）工业橡胶板

橡胶是具有高弹性的高分子化合物。它在－50～150℃温度范围内具有极为优越的弹性，还具有良好的扯断强度、定伸强度、撕裂强度、耐疲劳强度和不透水性、不透气性、耐酸碱和电绝缘性等。普通橡胶板一般厚3～5mm。

（4）闭孔海绵橡胶板

闭孔海绵橡胶板是由氯丁橡胶经发泡成型，构成闭孔泡沫的海绵体，海绵状孔直径小而稠密，其弹性介于一般橡胶板和乳胶海绵板之间，用于要求密封严格的部位，及用于空气洁净系统风管、设备等连接。

（5）软聚氯乙烯塑料板

软聚氯乙烯塑料板由聚氯乙烯树脂加入增塑剂、稳定剂、润滑剂、色料经塑化、压延、层压加工而成。在制造过程中由于加入增塑剂，其防腐能力比硬质塑料低一些。

软聚氯乙烯塑料板的外观应光滑、洁净、平直。四周边剪切整齐，表面应无裂痕斑点，颜色均匀一致。厚度一般为3～5mm，输送介质温度不超过60℃。

（6）密封黏胶带

它是以橡胶为基料并添加补强剂、增黏剂等填料，配制而成的浅黄色、白色黏性胶带。它能与金属和多种非金属材料均有良好的黏附能力，并具有密封可靠、使用方便、无毒无味等特点。

23.3.4 通风空调风管基本用量的统计

（1）风管制作安装工程量计算

各种不同材质风管制作安装工程量均按设计图示尺寸以展开面积平方米（m^2）计算，不扣除检查孔、测定孔、送风口、吸风口等所占面积。

（2）风管长度计算

风管长度一律以设计图示中心线长度为准（主管与支管以其中心线交点划分），包括弯头、三通、变径管、天圆地方等管件的长度，但不包括部件所占长度。计算风管长度应扣除各种部件所占的长度。

（3）柔性软风管工程量计算

柔性软风管工程量按设计图示中心线长度计算，包括弯头、三通、变径管、天圆地方等管件所占长度，但不包括部件所占的长度。

（4）通风与空调管道制作安装工程量清单需要注意的几个问题

① 风管展开面积不包括风管、风口重叠部分面积。风管直径和周长按设计图示尺寸为准展开。矩形钢板风管的几个主要尺寸如图23-13所示。矩形钢板风管的基本展开面积为$S=2(a+b)L(m^2)$。圆形钢板风管的几个主要尺寸如图23-14所示。圆形钢板风管的基本展开面积为$S=\pi DL(m^2)$。

② 渐缩圆形风管按平均直径计算，矩形按平均周长计算。

③ 净化风管使用的型钢材料如要求镀锌时，镀锌费用另列项计算。

④ 碳钢风管、净化风管、塑料风管、玻璃钢风管的工程内容中均列有法兰、加固框、支吊架制作安装工程内容。

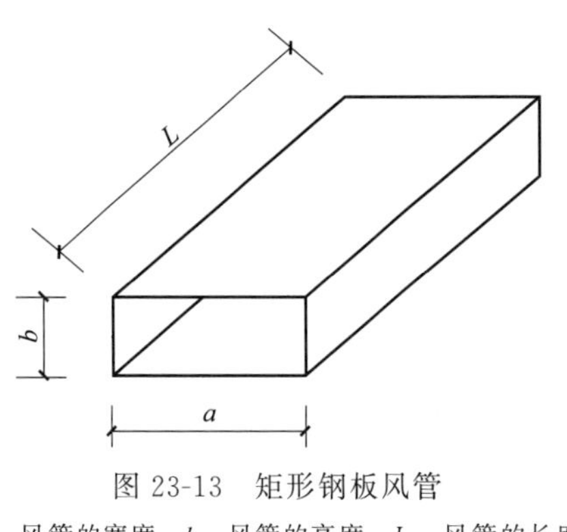

图 23-13 矩形钢板风管

a—风管的宽度；b—风管的高度；L—风管的长度

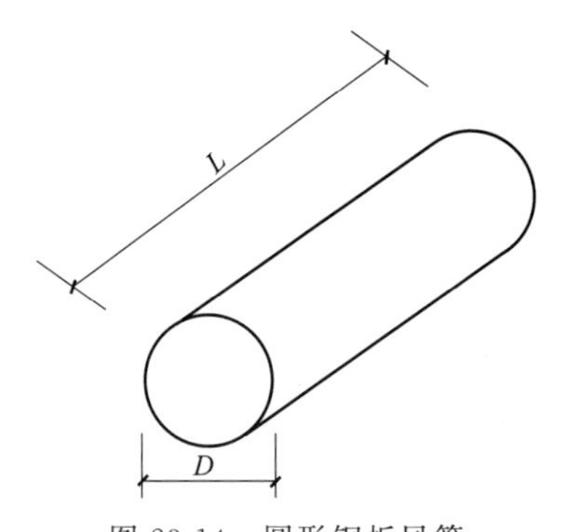

图 23-14 圆形钢板风管

D—风管的直径；L—风管的长度

23.3.5 通风空调安装工程施工图的识读

下面以某宾馆多功能厅的空调系统为例来说明通风空调施工图的识读。

(1) 空调系统施工图的识读

图 23-15～图 23-17 为某宾馆多功能厅空调系统的平面图、剖面图和风管系统图。

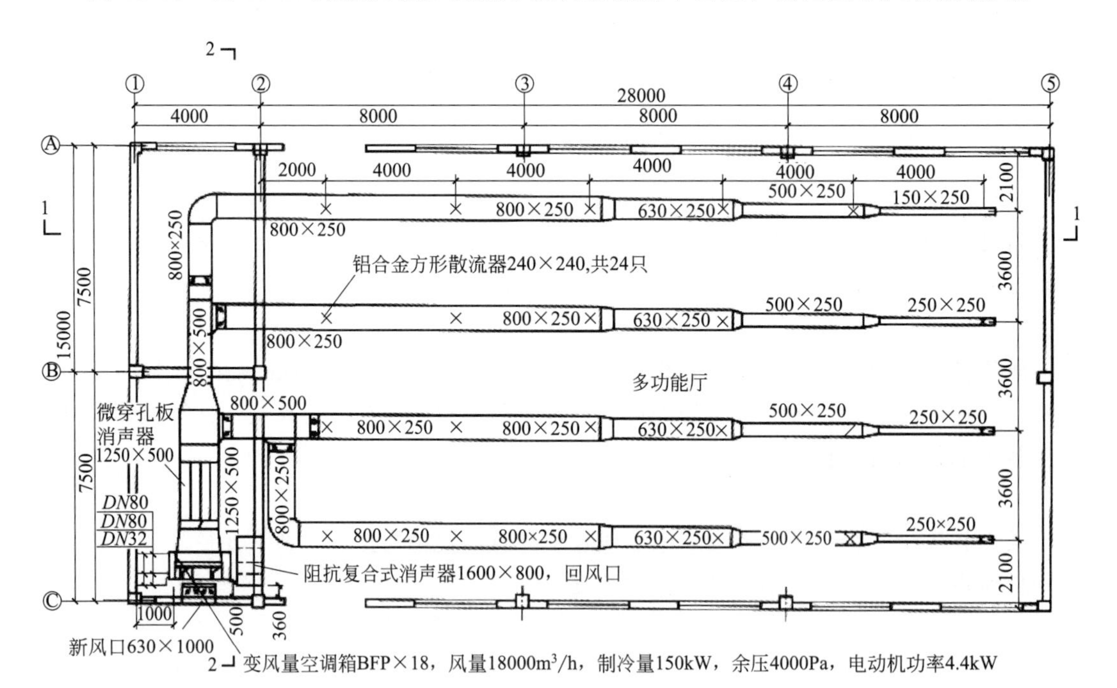

图 23-15 多功能厅空调系统平面图

从图 23-15 可以看出空调箱设在机房内，从空调机房开始识读风管系统。在空调机房 C 轴外墙上有一带调节阀的风管（新风管），截面尺寸为 630mm×100mm，空调系统的新风由此新风管从室外将新鲜空气吸入室内。在空调机房②轴线的内墙上有一微穿孔板消声

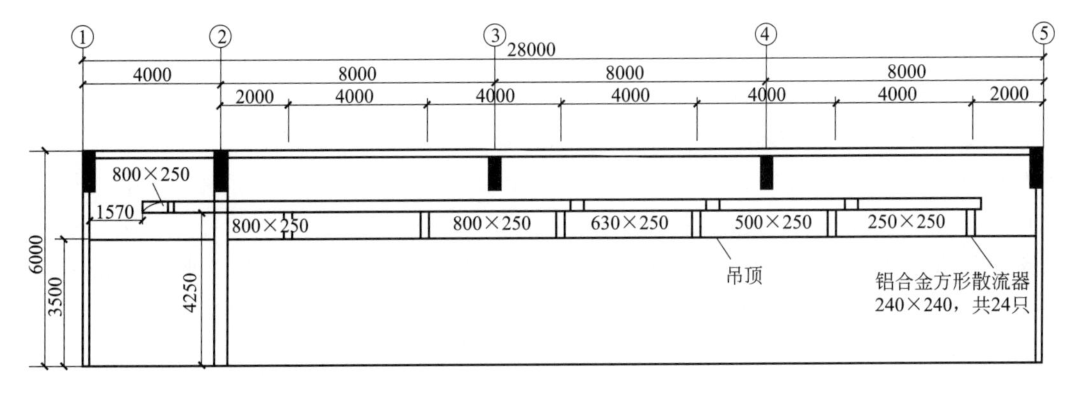

(a) 1—1剖面图

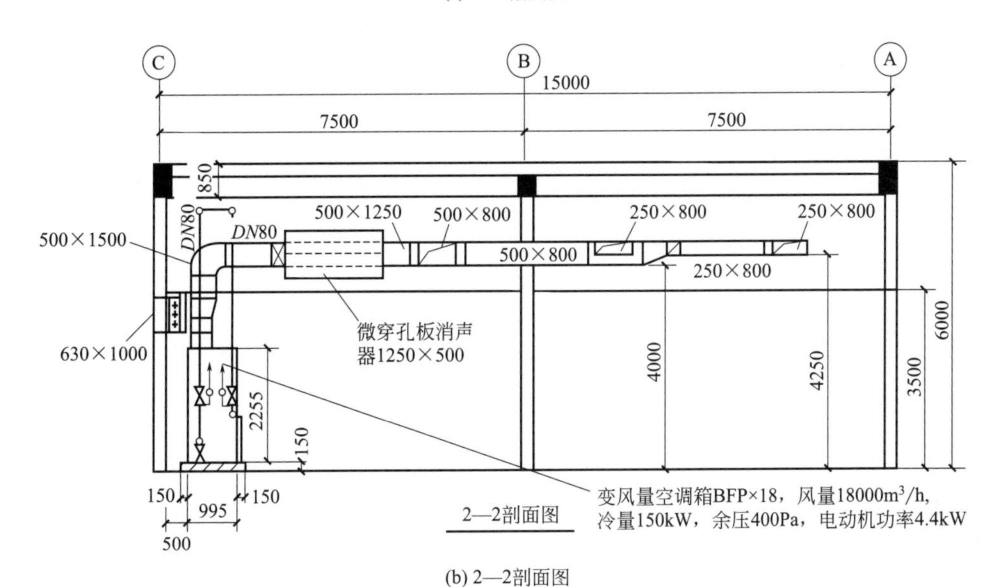

(b) 2—2剖面图

图 23-16 多功能厅空调系统剖面图

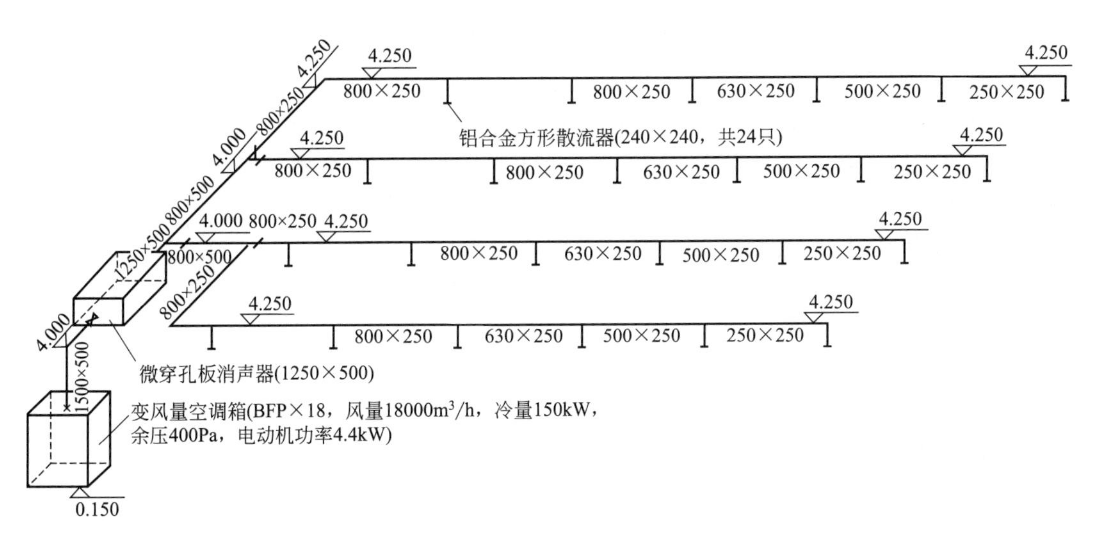

图 23-17 多功能厅空调系统风管图

器，这是回风管，室内大部分空气由此消声器吸入回到空调机房。空调机房有一变风量空调箱，从剖面图可看出在空调箱侧的下部有一接短管的进风口，新风与回风在空调房混合后被空调箱由此进风口吸入，经冷、热处理后由空调箱顶部的出风口送至送风干管。送风首先经过防火阀和微穿孔板消声器，流入管径为1250mm×500mm的送风管，在这里分出第一个管径为800mm×500mm的分支管；继续向前，管径变为800mm×500mm，又分出第二个管径为800mm×250mm的分支管；继续前行，流向管径为800mm×250mm的分支管，每个送风支管上都有铝合金方形散流器（送风口）6只，共24只，送风通过这些散流器送入多功能厅；然后大部分回风经阻抗复合式消声器回到空调机房，与新风混合被吸入变风量空调箱的进风口，完成一次循环。另一小部分室内空气经门窗缝隙渗到室外。

从1—1剖面图可看出房间高度为6m，吊顶距地面高度为3.5m，风管暗装在吊顶内，送风口直接开在吊顶面上，风管底标高分别为4.25m和4m。气流组织为上送下回式。

从2—2剖面图可看出，送风管通过软接头直接从空调箱上部接出，沿气流方向高度不断减小，从500mm变成了250mm。从剖面图上还可看到三个送风支管在总风管上的接口位置，支管尺寸分别为800mm×500mm、800mm×250mm与800mm×250mm。

空调系统图完整地表示了系统的构成、管道的空间走向、标高及设备的布置等情况。将上述平面图、剖面图和系统图识读完后，再将它们对照起来，就可清楚地看到这个带有新风和回风的空调系统的情况，首先是多功能厅的空气从地面附近通过阻抗复合式消声器被吸入到空调机房，同时新风也从室外被吸入到空调机房，新风与回风混合后从空调箱进风口吸入到空调箱内，经空调箱冷、热处理后经送风管道送至多功能厅送风方形散流器风口，空气便进入了多功能厅。这显然是一个一次回风的全空气系统，即新风与室内回风在空调箱内混合一次的风系统。

23.4 某建筑物通风空调工程施工图识读实例

(1) 施工设计说明

通风空调工程图的设计施工说明是整个通风空调施工中的指导性文件，通常阐述以下内容：通风空调室外气象参数、室内设计参数；空调系统的划分、冷热指标与运行工况；管道的材料及安装方式、管道及通风空调设备的保温、风量调节阀和防火阀的选用与安装；空调机组的安装要求；系统调试的要求；其他未说明的各项施工要求及应遵守相关规范的有关规定等。以××区生活垃圾分拣中心项目04食堂、宿舍及门卫为例，××区生活垃圾分拣中心项目04食堂、宿舍及门卫施工设计说明主要有以下内容。

① 工程概况　项目名称：××区生活垃圾分拣中心项目04食堂、宿舍及门卫。建筑规模及等级：食堂、宿舍约为532m^2，建筑高度（室外地面至女儿墙顶）为9.145m；人流大门门卫房约为24m^2，建筑高度（室外地面至女儿墙顶）为3.90m。

建筑类别：食堂、宿舍、多层公共建筑、人流大门门卫房、单层公共建筑。

② 设计依据

《民用建筑供暖通风与空气调节设计规范》(GB 50736—2012)。

《建筑设计防火规范》(GB 50016—2014，2018年版)。

《建筑防烟排烟系统技术标准》(GB 51251—2017)。

《全国民用建筑工程设计技术措施暖通空调·动力》(2009年版)。

《公共建筑节能设计标准》(GB 50189—2015)。

《建筑机电工程抗震设计规范》(GB 50981—2014)。

《通风与空调工程施工规范》(GB 50738—2011)。

《通风与空调工程施工质量验收规范》(GB 50243—2016)。

业主对本工程的有关意见及要求。

③ 设计范围 通风及防排烟设计。

④ 室外空气计算参数

a. 冬季:通风室外计算温度 0.1℃;室外平均风速 2.7m/s;大气压力 1013.3hPa;主导风向及频率 C22%、NW2%。

b. 夏季:通风室外计算温度 30.9℃;室外平均风速 2.2m/s;大气压力 992.3hPa;主导风向及频率 C21%、S11%。

⑤ 通风

a. 设备用房设机械排风,排风量按换气次数计算,换气次数取值如下:卫生间 10 次/h;储藏室 5 次/h。

b. 厨房设事故排风,排风量按换气次数 12 次/h 计算,排风与燃气浓度报警联动;排风设施分别在室内及靠近外门的外墙上设置电气开关。

c. 厨房预留排油烟井,通风系统由专业厂家二次深化设计。

⑥ 防排烟

a. 建筑内长度大于 20m 的内走道采用自然排烟;走道两侧均设置面积≥2.0m^2 的自然排烟窗,两侧自然排烟窗的距离不小于走道长度的 2/3。

b. 不便于直接开启的外窗或自然排烟窗,就近在距建筑地面或楼板 1.4m 高处设置手动开启装置。

⑦ 施工说明

a. 排风管道采用镀锌钢板风管,其厚度遵照《通风与空调工程施工质量验收规范》(GB 50243—2016)。

b. 图中风管安装高度如未经特殊标注,所有风管均顶贴梁底。

c. 风管必须设置必要的支架、吊架或托架,其构造形式由安装单位在保证牢固可靠的原则下,根据现场情况选定。

d. 不保温风管金属支吊架等,在表面除锈后,刷两遍防锈漆,再罩一遍面漆。

e. 在风管穿越防火墙或楼板时,应预埋管或防护套管,防护套管板厚不应小于 1.6mm,风管与防护套管之间需用玻璃棉毡等不燃柔性材料堵填实且严密不透风。

f. 风管穿过防火隔墙、楼板和防火墙时,穿越处风管上的防火阀、排烟防火阀两侧各 2.0m 范围内的风管应采用耐火风管或风管外壁应采取防火保护措施,且耐火极限不应低于该防火分隔体的耐火极限。

g. 凡以上未说明之处,如管道支吊架间距、管道穿楼板的防水做法、法兰配用等,均按《通风与空调工程施工规范》(GB 50738—2011)及《通风与空调工程施工质量验收规范》(GB 50243—2016)一般做法施工。

⑧ 节能设计

a. 选用高效低噪声节能型通风设备。

b. 机械通风系统控制风速保持在经济流速范围内，降低风机的运行能耗。机械通风系统风机的单位风量的耗功率计算值小于 0.27W/(m^3/h)，满足规范的有关规定。

c. 土建专业预留安装分体空调设施位置和条件，后期用户自理，分体式房间空调器选择应符合国家标准《房间空气调节器能效限定值及能效等级》(GB 12021.3—2019) 和《房间空气调节器能效限定值及能效等级》(GB 21455—2019) 规定能效等级为 2 级的节能型产品。

⑨ 环保设计

a. 厨房排油烟系统油烟过滤效率不低于 75%，油烟排放浓度不高于 2.0mg/m^3，满足《饮食业油烟排放标准》(GB 18483—2001) 相关要求。

b. 空调室外机应避免向行人通过区域排热与排风，应采取合理布局、隔离或处理措施，或采取高位排放等措施避免对行人产生不利影响。

c. 悬吊安装电动设备均采用减振弹簧支吊架；电动设备落地安装时，设置减振器或减振垫。

d. 对于噪声要求较高房间，选用超低噪声设备或采取消声器等降噪措施。

⑩ 抗震设计　根据《建筑机电工程抗震设计规范》(GB 50981—2014) 第 1.0.4、5.1.3 及 5.1.4 条等规定，下列管道需设置抗震支吊架：

a. 防排烟风道、事故通风风道及相关设备；

b. 圆形直径大于等于 0.7m 和矩形截面面积大于等于 0.38m^2 的风道；

c. 内径大于或等于 25mm 的燃气管道；

d. 大于或等于 *DN*65 的水平吊装或支托架固定的其他管道。

抗震支吊架设置原则：风管的侧向支撑最大间距 9m，纵向支撑最大间距 18m；为保证抗震系统的整体安全性，对长度低于 300mm 的吊杆，也建议进行适当的补强；抗震支吊架由专业公司深化设计，最终间距根据现场实际情况在深化设计阶段确定。

⑪ 施工安全专篇

a. 施工期间的环境保护与安全：严格执行国务院令第 393 号《建设工程安全生产管理条例》。施工噪声的管理：对于施工过程中产生的一些零星的敲打声、装卸车辆的撞击声等瞬间噪声，以及施工车辆的交通噪声、施工设备造成的机械噪声等应采取有效的控制措施，以在施工的各个阶段满足《建筑施工场界环境噪声排放标准》(GB 12523—2011) 中的规定；施工过程中产生的建筑垃圾和生活垃圾应根据相关规定进行收集、储存、运输、处置等，防止对周围环境的污染；施工、调试、试运行期间应加强对施工废水和生活废水的排放管理，严禁乱放、乱流，应采取减缓、收集和相应的处理措施，使其对水环境的影响减少到最小；为了确保施工人员的健康，施工场所应采取良好的通风措施；本工程厂房内各种管道、管线很多，又不是同时施工，因此在施工时，除本专业各种管道要相互配合外，还要密切与给水、排水、气体动力、电气等专业管道、管线等相互配合协调，避免不必要的返工。

施工过程中还应严格遵守以下规范：

《建筑施工场界环境噪声排放标准》(GB 12523—2011)；

《建设工程施工现场消防安全技术规范》(GB 50720—2011)；

《建筑施工安全技术统一规范》(GB 50870—2013)；

《建筑机械使用安全技术规程》(JGJ 33—2012)；

《建筑施工高处作业安全技术规范》(JGJ 80—2016)；

《建筑施工安全检查标准》(JGJ 59—2011)；

《施工现场临时用电安全技术规范》(JGJ 46—2005)；

《施工现场临时建筑物技术规范》(JGJ/T 188—2009)；

《建筑工程施工现场环境与卫生标准》(JGJ 146—2013)；

《建筑施工扣件式钢管脚手架安全技术规范》(JGJ 130—2011)；

《建筑施工碗扣式钢管脚手架安全技术规范》(JGJ 166—2016)；

《施工现场机械设备检查技术规范》(JGJ 160—2016)。

b. 施工单位对施工图中不理解的部分应向设计单位了解清楚后再施工。

(2) 平面图识读

① 如图 23-18 所示是一层通风系统平面图，由图 23-18 可以看出该空调系统为水式系统。图中标注“LR”的管道表示冷冻水供水管，标注“ LR_1 ”的管道表示冷冻水回水管，标注“ n”的管道表示冷凝水管。

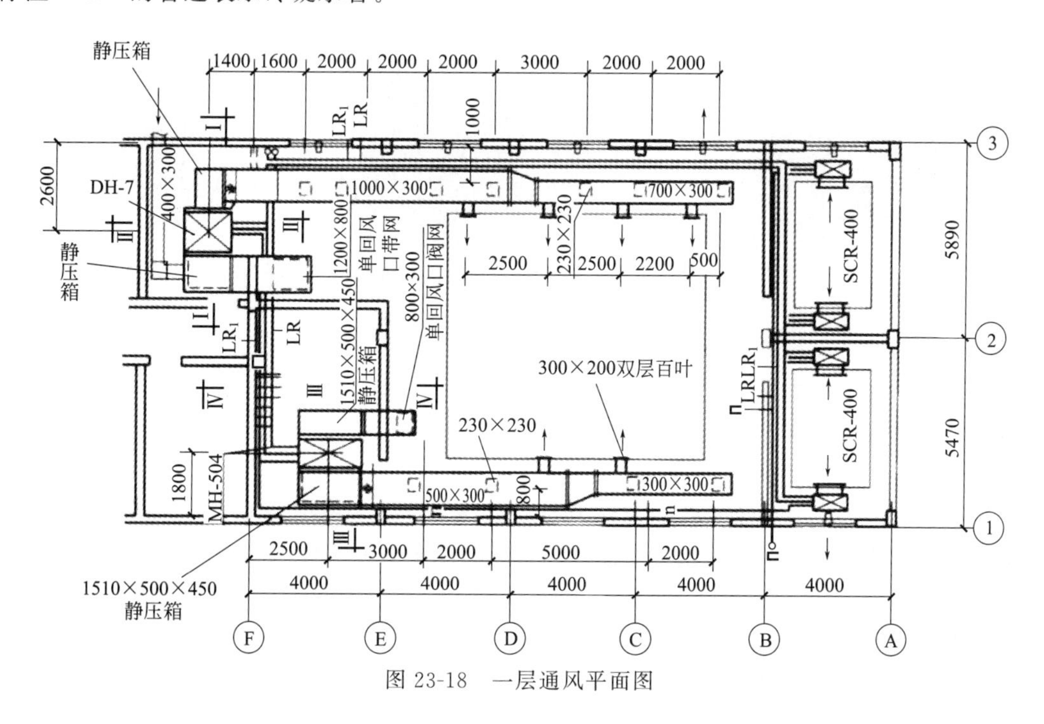

图 23-18 一层通风平面图

冷冻水供水、回水管沿墙布置，分别接入两个大盘管和四个小盘管。大盘管型号为 MH-504 和 DH-7，小盘管型号为 SCR-400。冷凝水管将六个盘管中的冷凝水收集起来，穿墙排至室外。

② 室外新风通过截面尺寸为 400mm×300mm 的新风管，进入净压箱与房间内的回风混合，经过型号为 DH-7 的大盘管处理后，再经过另一侧的静压箱进入送风管。送风管通过底部的 7 个尺寸为 700mm×300mm 的散流器及 4 个侧送风口将空气送入室内。送风管布置在距①墙 1000mm 处，风管截面尺寸为 1000mm×300mm 和 700mm×300mm 两种。回风口平面尺寸为 1200mm×800mm，回风管穿墙将回风送入静压箱。型号为 MH-504 的送风管截面尺寸为 500mm×300mm 和 300mm×300mm，回风管截面尺寸为 800mm×300mm。两个大盘管的平面定位尺寸图 23-18 中已标出。

23.5 风管阀门、附件图示与构造

(1) 消声器

消声器安装在风机或空调器进出风口的风管上，其作用是消除风机或空调器等设备产生的噪声。消声器外观如图 23-19 所示。

(2) 风管插板阀

风管插板阀安装在需要关断或调节风量的风管上，一般用于小断面尺寸的风管上。风管插板阀外观如图 23-20 所示。

(3) 风管蝶阀

风管蝶阀安装位置及作用同插板阀，一般也用于小断面尺寸的风管上。风管蝶阀外观如图 23-21 所示。

图 23-19 消声器外观

图 23-20 风管插板阀外观

图 23-21 风管蝶阀外观

(4) 对开多叶调节阀

对开多叶调节阀安装位置及作用同以上两种阀门，但一般用于大断面尺寸的风管上。对开多叶调节阀外观如图 23-22 所示。

(5) 风管止回阀

风管止回阀安装在不允许风（空气）倒流的风管上，其作用是防止空气反方向流动。风管止回阀外观如图 23-23 所示。要注意风管止回阀与对开多叶调节阀的区别。

(6) 三通调节阀

三通调节阀安装在风管分支三通的分支管上，作用是调节送往分支管上的风量。三通调节阀外观如图 23-24 所示。

图 23-22 对开多叶调节阀外观

图 23-23 风管止回阀外观

图 23-24 三通调节阀外观

(7) 70℃常开防火阀

70℃常开防火阀安装在风机或空调器进出口的风管上，以及穿越防火分区线的风管

上，其作用是当建筑发生火灾时（关闭）保护风机、空调器等设备，以及防止火焰通过风管窜到非火灾区。如图 23-25 所示为 70℃常开防火阀构造。

（8）**280℃**常闭防火阀（电信号控制）

280℃常闭防火阀安装在排烟风管的支管上，其作用是当建筑发生火灾时打开排烟支管进行排烟。280℃常闭防火阀外观如图 23-26 所示。

（9）送风口

送风口安装在需要送风的风管上，其作用是向需要送风的房间或区域送风，如图 23-27 所示。

图 23-25　70℃敞开防火阀构造

图 23-26　280℃常闭防火阀外观

图 23-27　送风口外观

23.6 通风管道洞口封堵节点

通风管道洞口封堵节点的要求与标准如下。

① 通风管道尺寸为 2000mm×400mm、2500mm×400mm、3000×400mm 等规格时，使用 16＃A 槽钢充当过梁，上部使用砖砌体进行砌筑。顶部进行实心砖斜砌，如图 23-28 所示。

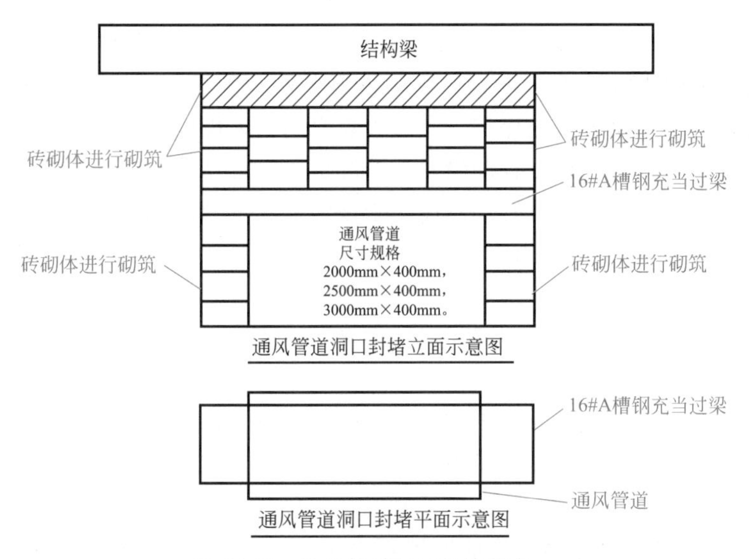

图 23-28　通风管道洞口封堵节点一

② 通风管道尺寸为 1000mm×400mm、1500mm×400mm、2000mm×400mm 等规格时，使用 2 根 4mm 厚 50 角铁充当过梁，上部使用砖砌体进行砌筑，顶部进行实心砖斜砌，如图 23-29 所示。

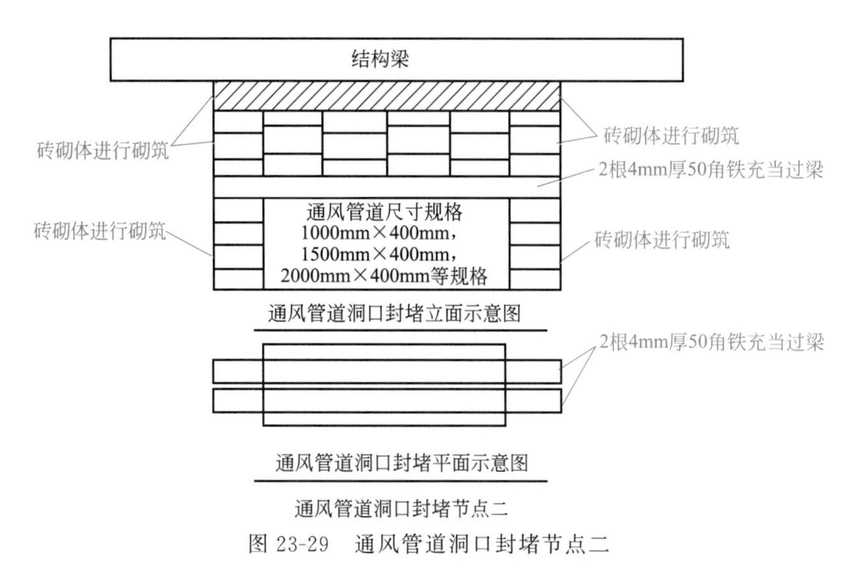

图 23-29　通风管道洞口封堵节点二

23.7 防火卷帘封堵节点

(1) 设置要求

① 除中庭外，当防火分隔部位的宽度不大于 30m 时，防火卷帘的宽度不应大于 10m；当防火分隔部位的宽度大于 30m 时，防火卷帘的宽度不应大于该部位宽度的 1/3，且不应大于 20m。

② 防火卷帘应具有灾时靠自重自动关闭功能。

③ 除另有规定外，防火卷帘的耐火极限不应低于对所设置部位墙体的耐火极限要求。

当防火卷帘的耐火极限符合现行国家标准有关耐火完整性和耐火隔热性的判定条件时，可不设置自动喷水灭火系统保护。当防火卷帘的耐火极限仅符合现行国家标准有关耐火完整性的判定条件时，应设置自动喷水灭系统保护。自动喷水灭火系统的设计应符合现行国家标准的规定，但火灾延续时间不应小于该防火卷帘的耐火极限。

④ 防火卷帘应具有防烟性能，与楼板、梁、墙、柱之间的空隙应采用防火封堵材料封堵。

⑤ 需在火灾时自动降落的防火卷帘，应具有信号反馈的功能。

(2) 设置部位

防火卷帘一般设置在电梯厅、自动扶梯周围，中庭与楼层走道、过厅相同的开口部位，生产车间中大面积工艺洞口以及设置防火墙有困难的部位等。

(3) 检查内容

① 宽度检查　当防火分隔部位的宽度不大于 30m 时，防火卷帘的宽度不大于 10m；当防火分隔部位的宽度大于 30m 时，防火卷帘的宽度不大于该部位宽度的 1/3，且不大于

20m。

② 设置类型检查　当防火卷帘的耐火极限符合耐火完整性和耐火隔热性的判定条件时，可不设置自动喷水灭火系统保护；当防火卷帘的耐火极限仅符合耐火完整性的判定条件时，应设置自动喷水灭火系统保护。

③ 外观检查　防火卷帘的帘面平整、光洁，金属零部件的表面无裂纹、压坑及明显的凹痕或机械损伤。每樘防火卷帘及配套的卷门机、控制器、手动按钮盒、温控释放装置均应在其明显部位设置永久性标牌，标明产品名称、型号、规格、耐火性能及商标、生产单位（制造商）名称、厂址、出厂日期、产品编码或生产批号、执行标准等，且内容清晰，设置牢靠。

④ 组件的安装质量检查

a. 防火卷帘的组件应齐全完好，安装符合设计和产品说明书的要求，紧固件无松动现象。

b. 门扇各接缝处、导轨、卷筒等缝隙，应有防火、防烟密封措施，防止烟火窜入。

c. 防火卷帘上部、周围的缝隙采用不低于防火卷帘耐火极限的不燃烧材料填充、封隔。

d. 防火卷帘的控制器和手动按钮盒应分别安装在防火卷帘内外两侧的墙壁便于识别的位置，底边距地面高度宜为1.3～1.5m，并标出上升、下降、停止等功能。

e. 若防火卷帘与火灾自动报警系统联动时，还需同时检查防火卷帘的两侧是否安装手动控制按钮、火灾探测器组及其警报装置。

设置在疏散通道上的防火卷帘联动控制方式，防火分区内任两个独立的感烟火灾探测器或任一个专门用于联动防火卷帘的感烟火灾探测器的报警信号应联动控制防火卷帘下降至距楼板面1.8m处；任一个专门用于联动防火卷帘的感温火灾探测器的报警信号应联动控制防火卷帘下降到楼板面；设置在非疏散通道上的防火卷帘联动控制方式，应由防火卷帘所在防火分区内任两个独立的火灾探测器的报警信号，作为防火卷帘下降的联动触发信号，并应联动控制防火卷帘直接下降到楼板面。

⑤ 系统功能检查　主要包括防火卷帘控制器的火灾报警功能、自动控制功能、手动控制功能、故障报警功能、控制速放功能、备用电源功能；防火卷帘用卷门机的手动操作功能、电动启闭功能、自重下降功能、自动限位功能；防火卷帘的运行平稳性、电动启闭运行速度、运行噪声等功能的检查。

(4) 检查方法

防火卷帘封堵节点的要求以及标准防火卷帘封堵，其实需要根据防火卷帘门的材质来定。当卷帘门不超过门体的时候，可以直接用与门帘相同材质的门板做出封堵；如果高出门体，就需要做防火墙处理。

① 可采用实心砖进行塞砌，保证砂浆饱满、灰缝顺直。抹灰采用1∶2.5水泥砂浆，平整度、垂直度满足4mm以内要求。

② 钢质防火卷帘门

a. 采用钢质复合帘片固定在墙的上面做成防火封堵。

b. 做防火墙处理：用20mm×20mm方管焊接成龙骨架，两面用1.5mm厚帘布封面即可达到防火防烟的功能；或采用钢质复合帘片固定在墙上面做成防火墙以达到防火的功能。

以石材饰面消防卷帘为例，石材饰面消防卷帘的三维构造示意如图 23-30 所示。

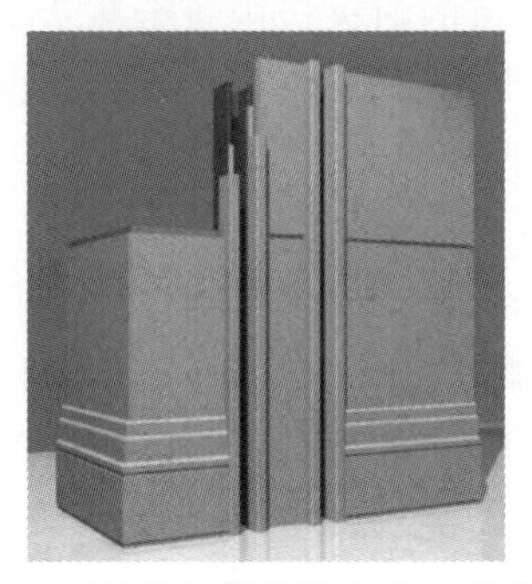

图 23-30　石材饰面消防卷帘的三维构造示意

石材饰面消防卷帘的节点如图 23-31 所示。

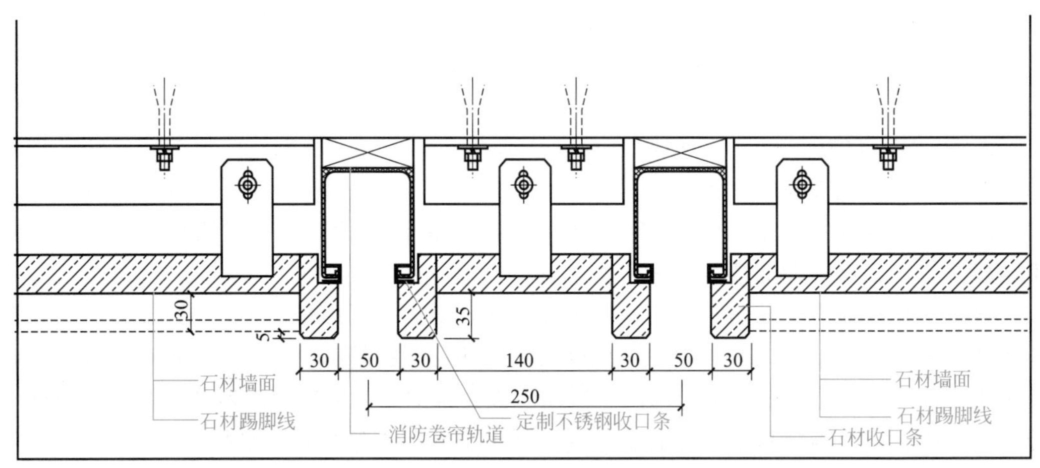

图 23-31　石材饰面消防卷帘的节点

第24章

电气工程识图与节点构造

24.1 建筑电气工程常见管线

24.1.1 电线与电缆

(1) 电线与电缆的区别

电线实物如图 24-1 所示，电缆实物如图 24-2 所示。

图 24-1 电线实物

图 24-2 电缆实物

电缆一般由几根或者几组导线制作而成，而电线则是由能承载电流的导电金属制作而成，它们的定义是截然不同的。除此之外它们还在尺寸、结构、用途等方面存在差异，因此在某些场景用电缆更好，而有些地方用电线就足够，具体区别如下。

① 电缆与电线主要由三个部分组成，分别是芯线、绝缘包皮和保护外皮。电线由导线外层包以轻软的护层制造而成；而电缆是由导线外面包金属或橡胶做覆盖层，主要用于传输电信号。

② 电线作为承载电流的导电类线材，按形式可分为绞合、实心、箔片编织等。按绝缘状况分为裸电和绝缘电。电缆由相互绝缘的导电线置于护套中构成。表面加保护覆盖层，主要用于传输、分配或传送电信号。外观最大的区别是电缆尺寸较大，结构较复杂

等，而电线的尺寸较小，结构较简单。

③ 电缆最大的优点是占地空间少，而且线间绝缘距离差别不大，若是放在地下敷设，不会占用地面以上的空间，不受周围环境污染所影响，送电非常可靠安全，不会对人身和周围环境造成干扰。因此，电缆经常用在人口密集和交通拥挤、繁忙的位置，对现代化建设起着非常重要的作用。

(2) 电缆与电线的用途

① BV 线简称塑铜线，一般用于单芯硬导体无护套电力电缆。BV 是 BTV 的缩写：B 代表类别，为布电线；T 代表导体，为铜导体；V 代表绝缘，为聚氯乙烯。适用于交流电压 450V/750V 及以下动力装置、日用电器、仪表及电信设备用的电缆电线，其中普通绝缘电线和家用电线是最常用的电线类型。具有抗酸碱、耐油、防潮、防霉等特性。

② BVR 线简称塑软线，适用于交流电压 450V/750V 及以下动力装置、日用电器、仪表及电信设备用的电缆电线，如配电箱等。

③ RV 线全称为铜芯聚氯乙烯绝缘连接软电线电缆，外形和 BVR 线类似，但是铜丝相对较细。用途：主要用于家用电器连接线。

④ SYV 线全称为实心聚氯乙烯护套射频线。用途：用于视频监控线路、会议视频等电子线路架设、工程装修信号传输、影音器材连接以及其他电子装置，传输射频信号。

⑤ RVB 俗称红黑线（扁形无护套平行软线）。用途：适用于家用电器（音响、广播等）、小型电动工具、仪器仪表及动力照明用，也用于电话线。

⑥ RVS 双绞线俗称花线、聚氯乙烯绝缘连接软电缆。用于野外线路、电器仪表、电信广播、防盗报警系统、楼层对讲系统、视频监控系统、电子设备及自动化装置等线路中。

(3) 电缆与电线的表示方法

① 由一个到两个字母组表示导线的类别、用途，如 A 表示安装线、B 表示布电线、C 表示船用电缆、K 表示控制电缆、N 表示农用电缆、R 表示软线、U 表示矿用电缆、Y 表示移动电缆、JK 表示绝缘架空电缆、M 表示煤矿用、ZR 表示阻燃型、NH 表示耐火型、ZA 表示 A 级阻燃、ZB 表示 B 级阻燃、ZC 表示 C 级阻燃、WD 表示低烟无卤型。

② 一个字母表示导体材料的材质，如 T 表示铜芯导线（大多数时候省略）、L 表示铝芯导线。

③ 一个字母表示绝缘层，如 V 表示 PVC 塑料、X 表示橡胶、Y 表示聚乙烯塑料、F 表示聚四氟乙烯。

④ 一个字母表示护套，如 V 表示 PVC 套、Y 表示聚乙烯塑料、N 表示尼龙护套、P 表示铜丝编织屏蔽、P2 表示铜带屏蔽、L 表示棉纱编织涂蜡克、Q 表示铅包。

⑤ 一个字母表示特征，如 B 表示扁平型、R 表示柔软、C 表示重型、Q 表示轻型、G 表示高压、H 表示电焊机用、S 表示双绞型。

⑥ 一个数字（下脚标）表示铠装层，如 2 表示双钢带、3 表示细圆钢丝、4 表示粗圆钢丝。

24.1.2 配线用管材

管材就是用于做管件的材料。不同的管件要用不同的管材，管材的好坏直接决定了管件的质量。

（1）金属管（电线保护管）

① 厚壁钢管（水煤气钢管）用作电线电缆的保护管，可以暗配于一些潮湿场所或只埋于地下，也可以沿建筑物、墙壁或支吊架敷设。明敷设一般在生产厂房中出现得较多。

② 薄壁钢管（电线管）多用于敷设在干燥场所的电线、电缆的保护管，可明敷或暗敷。普通碳素钢电线套管的规格见表 24-1。

表 24-1 普通碳素钢电线套管的规格

公称直径/mm	外径/mm	外径允许偏差/mm	壁厚/mm	理论质量(不计管接头)/(kg/m)
16	15.88	±0.20	1.60	0.581
19	19.05	±0.25	1.80	0.766
25	25.40	±0.25	1.80	1.045
35	31.75	±0.25	1.80	1.329
38	38.10	±0.25	1.80	1.611
51	50.80	±0.30	2.00	2.407
64	63.50	±0.30	2.25	3.760
76	76.20	±0.30	3.20	5.761

注：1. 经供需双方协议，可制造表中规定之外尺寸的钢管。
2. 交货时，每根钢管应附带一个管接头；在计算钢管理论质量时，应另外加管接头质量。

③ 金属波纹管也叫金属软管或蛇皮管，主要用于设备上的配线，如车床、铣床等。它是用 0.5mm 以上的双面镀锌薄钢带加工、压边、卷制而成的，轧缝处有的加石棉垫，有的不加，其规格尺寸与电线管相同。主要用于设备上的配线保护管。

④ 普利卡套管属于可挠性套管，搬运方便，施工容易，用于各种场所的明、暗敷设和现浇混凝土内的暗敷设。金属管（电线保护管）示意如图 24-3 所示。

（2）塑料管（电线管）

① 建筑电气工程中常用的塑料管有硬质塑料管、半硬质塑料管和软塑料管。

② 配线所用的电线保护管多为 PVC 塑料管，PVC 是聚氯乙烯的代号。

③ 特点是性能较稳定，有较高的绝缘性能，耐酸、耐腐蚀，可作为电缆和导管。塑料管（电线管）示意如图 24-4 所示。

图 24-3 金属管（电线保护管）示意

图 24-4 塑料管（电线管）示意

24.2 电气安装工程施工图的识读

24.2.1 电气安装工程施工图的基本知识

电气工程施工图纸的组成有：首页、电气系统图、平面布置图、安装接线图、大样图和标准图等。

① 施工首页图（简称首页） 主要包括目录、设计说明、图例、设备器材图表。

a. 设计说明包括的内容：设计依据、工程概况、负荷等级、保安方式、接地要求、负荷分配、线路敷设方式、设备安装高度、施工图未能表明的特殊要求、施工注意事项、测试参数及业主的要求和施工原则。

b. 图例即图形符号，通常只列出本套图纸中涉及的图形符号，在图例中可以标注装置与器具的安装方式和安装高度。

c. 设备器材表表明本套图纸中的电气设备、器具及材料明细。

② 电气系统图 指导组织订购，安装调试。

③ 平面布置图 指导施工与验收的依据。

④ 安装接线图 指导电气安装检查接线。

⑤ 标准图集 指导施工及验收依据。

扫码看视频

电气安装工程施工图的一般程序

24.2.2 阅读电气安装工程施工图的一般程序

阅读建筑电气工程图，除了应该了解建筑电气工程图的特点外，还应该按照一定阅读程序进行阅读，这样才能比较迅速、全面地读懂图纸，以完全实现读图的意图和目标。一套建筑电气工程图所包括的内容比较多，图纸往往有很多张，一般应按以下顺序依次阅读，有时还有必要进行相互对照阅读。

① 看图纸目录及标题栏 了解工程名称、工程内容、设计日期、工程全部图纸数量、图纸编号等。

② 看总设计说明 了解工程总体简况及设计依据，了解图纸中未能表达清楚的各有关事项。如供电电源的来源、电压等级、线路敷设方式，设备安装高度及安装方式，补充使用的非国标图形符号，施工时应注意的事项等。有些分项局部问题是在各分项工程地图纸上说明的，看分项工程图纸时，也要先看设计说明。

③ 看电气系统图 各分项工程的图纸中都包含系统图，如变配电工程的供电系统图、电力工程的电力系统图、电气照明工程的照明系统图以及电缆电视系统图等。看系统图的目的是了解系统的基本组成，主要电气设备、元件等连接关系及它们的规格、型号、参数等，掌握该系统的基本简况。

④ 看电路图和接线图 了解各系统中用电设备的电气自动控制原理，用来指导设备的安装和控制系统的调试工作，因电路图多是采用功能布局法绘制的，看图时应依据功能关系从上至下或从左至右一个回路、一个回路地阅读，若能熟悉电路中各电器的性能和特点，对读懂图纸将有很大的帮助，在进行控制系统的配线和调校工作中，还可配合阅读接

线图和端子图进行。

⑤ 看电气平面布置图　平面布置图是建筑电气工程图纸中的重要图纸之一，如变配电所设备安装平面图（还应有剖面图）、电力平面图、照明平面图、防雷与接地平面图等，它们都用来表示设备安装位置、线路敷设部位、敷设方法以及所用导线型号、规格、数量，管径大小是安装施工、编制工程预算的主要依据图纸。

⑥ 看安装大样图　安装大样图是按照机械制图方法绘制的用来详细表示设备安装方法的图纸，也是用来指导施工和编制工程材料计划的重要图纸。

24.2.3 电气照明施工图

作为实际电路安装的依据，必须是根据国家颁布的有关电气技术标准和统一符号绘制的施工图。照明施工图常用的有平面图和系统图两种，照明电气示意如图 24-5 所示。

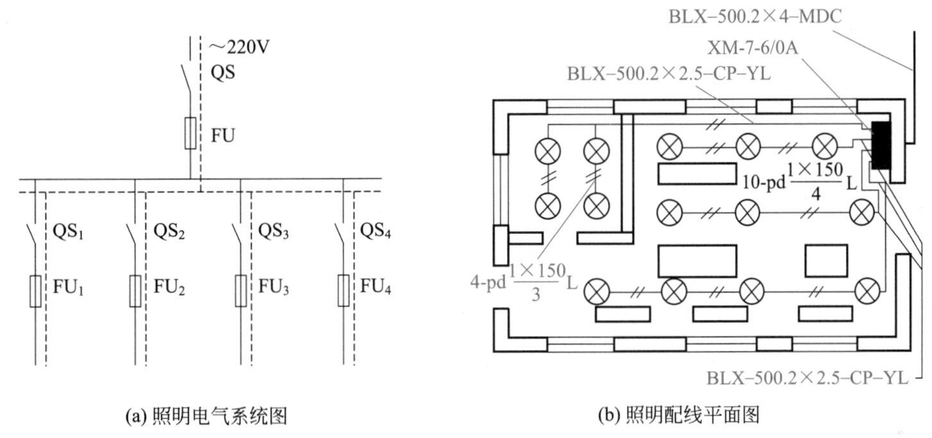

(a) 照明电气系统图　　(b) 照明配线平面图

图 24-5　照明电气示意

照明系统原理图表明电气系统各元件间的连接方式、电气系统的工作原理及其作用（不涉及电气元件的结构及安装情况），如图 24-5(a) 所示。另一种是安装接线图，它是安装工程施工的主要图纸，是根据电气元件的实际结构和安装情况绘制的。安装接线图只考虑原件的安装配线，而不明显地表示电气系统的动作原理，它往往与平面布置图画在一起，如图 24-5(b) 所示。

24.2.4 变配电工程施工图

通常对大型建筑或建筑小区，电源进线电压多采用 10kV，电能先经过高压配电所，再由高压配电所将电能分送给各终端变电所。经配电变压器将 10kV 高压降为一般用电设备所需的电压（220V/380V），然后由低压配电线路将电能分送给各用电设备使用。

(1) 电力系统简介

电力系统是一个发、输、变、配、用电的整体。建筑供配电系统中为降压变电所，即接受 10kV 的电压并转换成 220V/380V。电力系统示意如图 24-6 所示。

(2) 配电方式的分类

配电方式分为放射式、树干式、混合式，如图 24-7 所示。

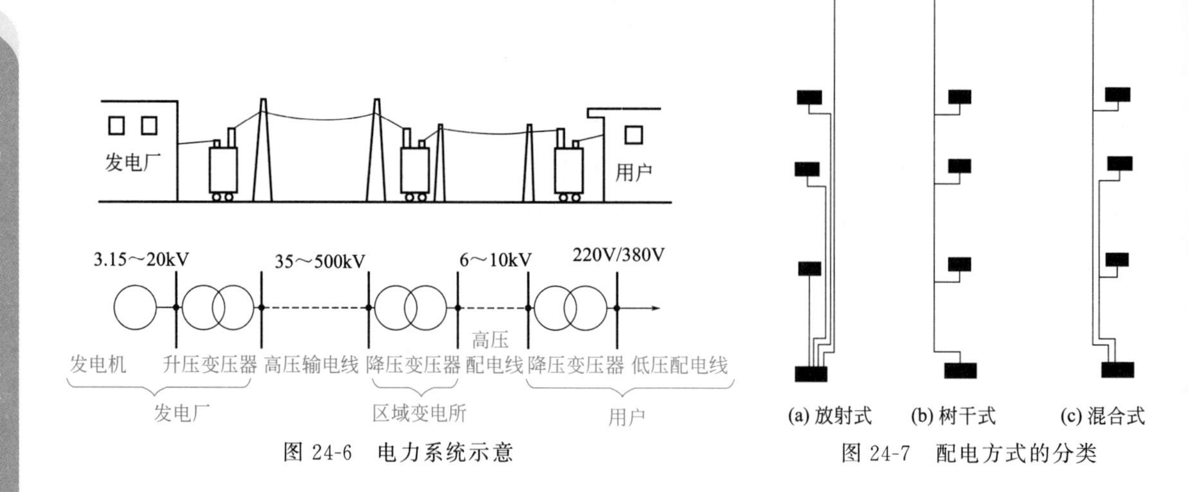

图 24-6　电力系统示意

图 24-7　配电方式的分类

24.2.5　动力工程施工图

① 首页　首页的主要内容包括设计说明和图例（表 24-2）。

表 24-2　图例

符号	名称	规格型号	单位	备注
	防水型工厂灯	100W,220V	盏	吊杆安装
	单极暗装板把开关	250V,10A	个	底距地 1.3m 暗装
	防水型双极暗装板把开关	250V,10A	个	底距地 1.3m 暗装
	防溅型单相三孔暗装插座	250V,10A	个	底距地 1.2m 暗装
	配电箱	见系统图	个	底距地 1.5m 明装
	控制箱	见系统图	个	底距地 1.2m 明装
	风机	见暖施	个	见暖施
	壁灯	40W,220V	盏	底距地 2.0m
	防水型三相插座	380V,16A	个	底距地 1.2m 暗装
	应急灯		个	底距地 2.5m

② 配电系统图　如图 24-8 所示为某换热站动力配电系统图，受入线为一根 VV_{22} 埋地电缆，进入配电箱 AP，然后分成照明、插座、风机、水泵、换热设备 5 路线，还有 1 路备用线。配电箱 AP01 控制 1 台风机，配电箱 AP02 控制 2 台潜水泵，每台设备的线路配有断路器、交流接触器和热继电器。

③ 配电平面图　如图 24-9 所示为某换热站照明平面图，由 AP 箱接出 3 路线，N2 为单相插座回路，N5 为三相插座回路，N1 为普通照明和应急照明回路。

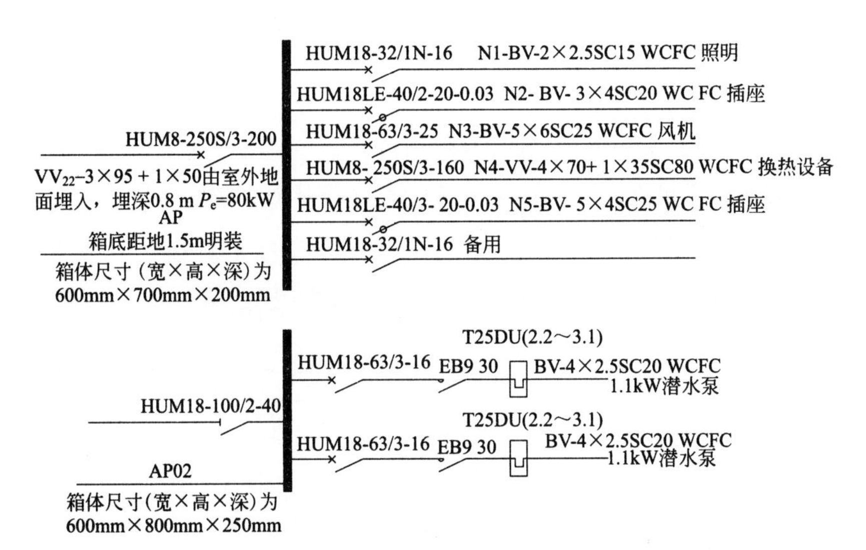

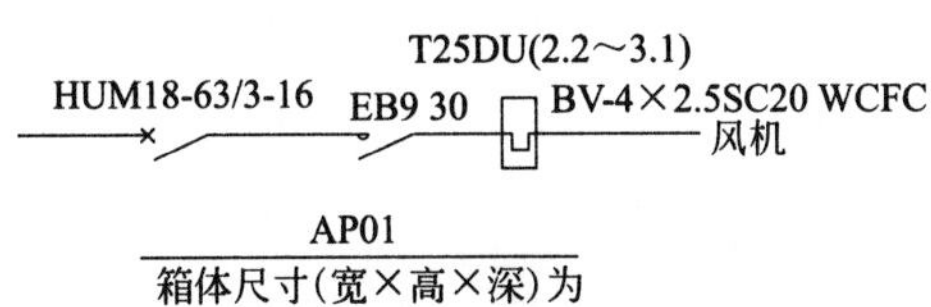

图 24-8 某换热动力配电系统图

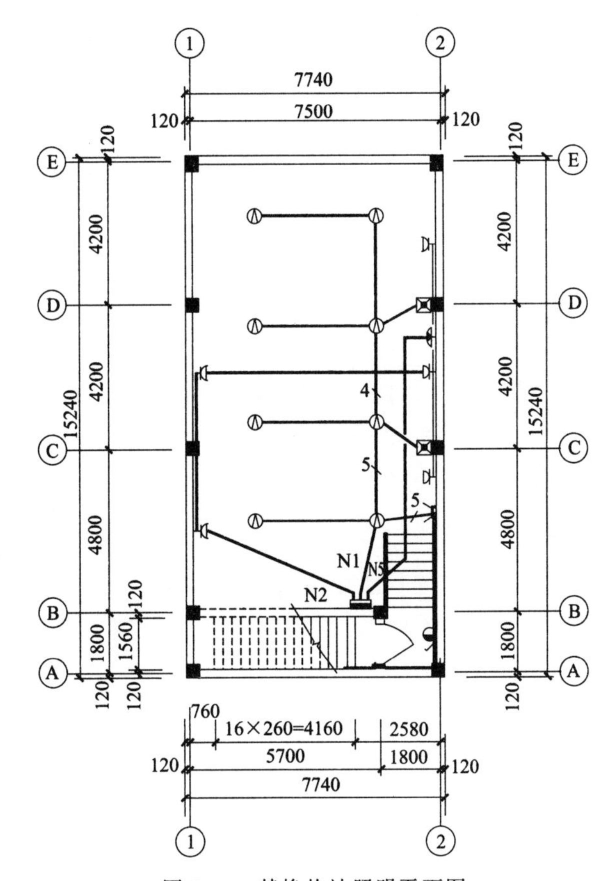

图 24-9 某换热站照明平面图

24.2.6 防雷与接地工程施工图

在通信局（站）中，通常有两种防雷接地形式。

① 一种是为保护建筑物或天线不受雷击而专设的避雷针防雷接地装置，这是由建筑部门设计安装的。防雷接地示意如图 24-10 所示。

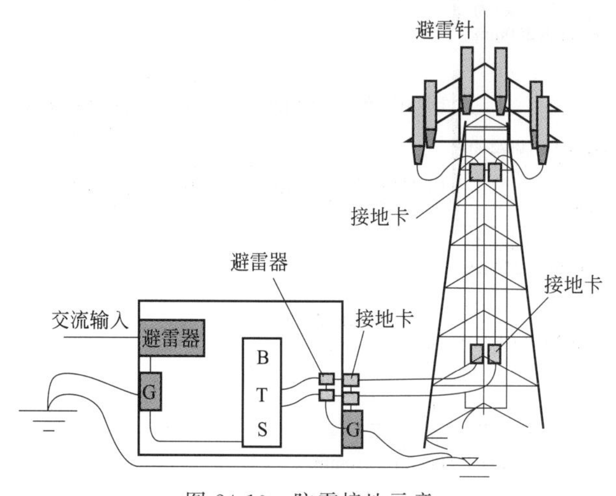

图 24-10 防雷接地示意

② 另一种是为了防止雷击过电压对通信设备或电源设备的破坏需安装避雷器而埋设的防雷接地装置。如高压避雷器的下接线端汇接后接到接地装置。移动基站系统如图 24-11 所示。

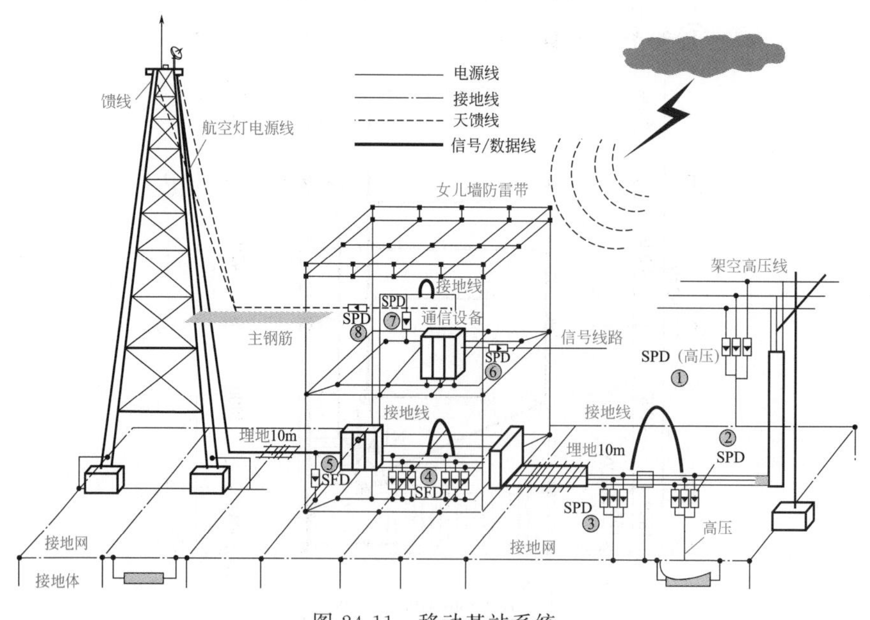

图 24-11 移动基站系统

24.2.7 某建筑物建筑电气施工图识读实例

某小区 36 号楼电气平面示意如图 24-12 所示。

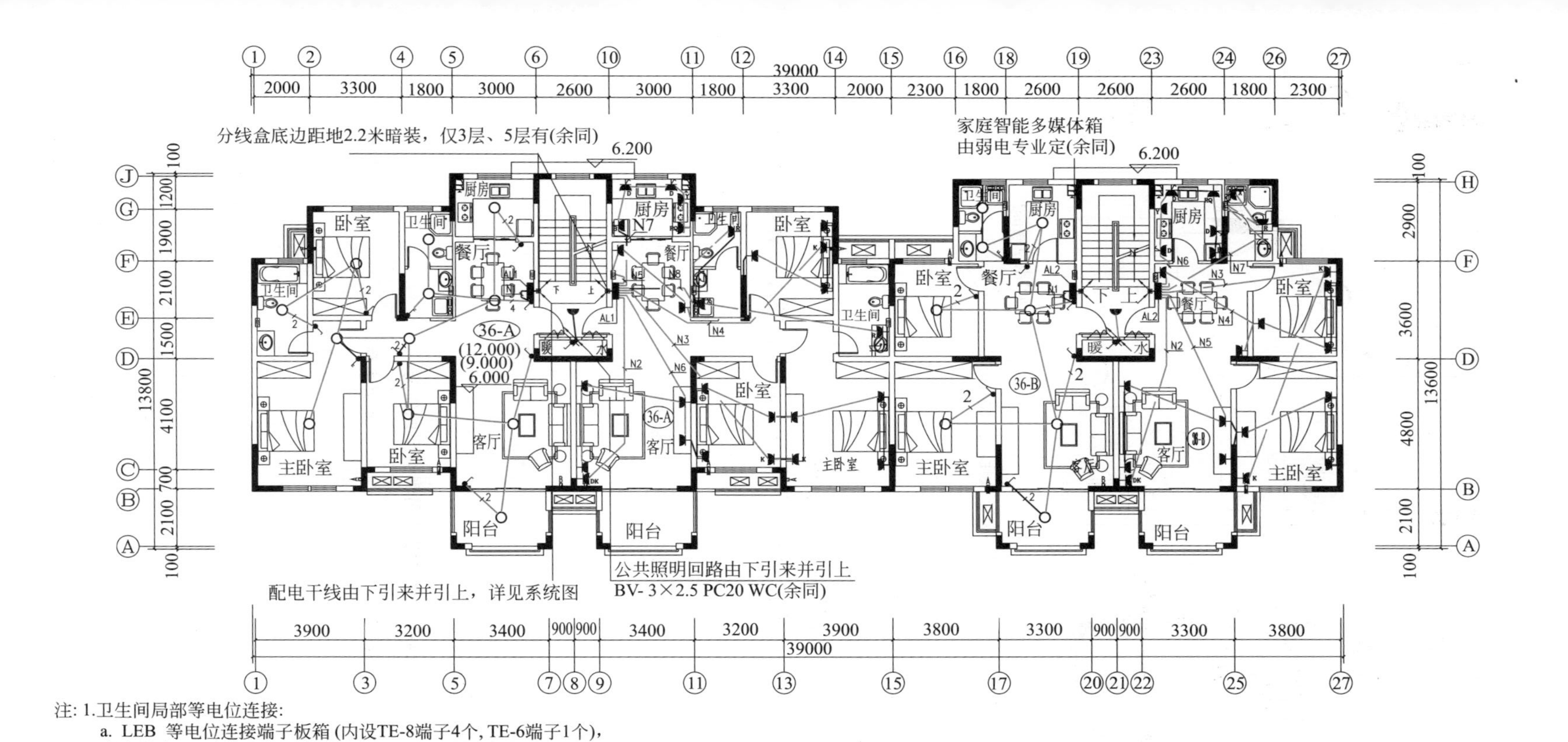

注: 1.卫生间局部等电位连接:

a. LEB 等电位连接端子板箱 (内设TE-8端子4个, TE-6端子1个)，底边距地0.5m嵌墙暗装,具体做法参见《等电位联结安装》 (02D501-2)，通过墙内暗敷镀锌扁钢25×4与地板及剪力墙钢筋网连接。

b.要求卫生间内所有金属构件及卫生间插座灯具PE线均应与等电位连接端子板连接,连接线采用BV-1×4铜线穿PC16管在地面或墙内暗敷，具体做法参见图集《等电位联结安装》(02D501-2)。

2. 除注明外，图中所有照明、插座回路均为三根线。

3.灯具均按I类灯具进行设计,均配有接地端子，均应接PE线，要求其灯具外露可导电部分均可靠接地。

4.本图中插座如与暖气片位置有冲突,施工时可做适当调整。

5.单元西户仅标示照明平面，单元东户仅标示插座平面，施工时互为镜像。

三至五层照明平面图 1:100

(a) 三至五层平面图

图 24-12

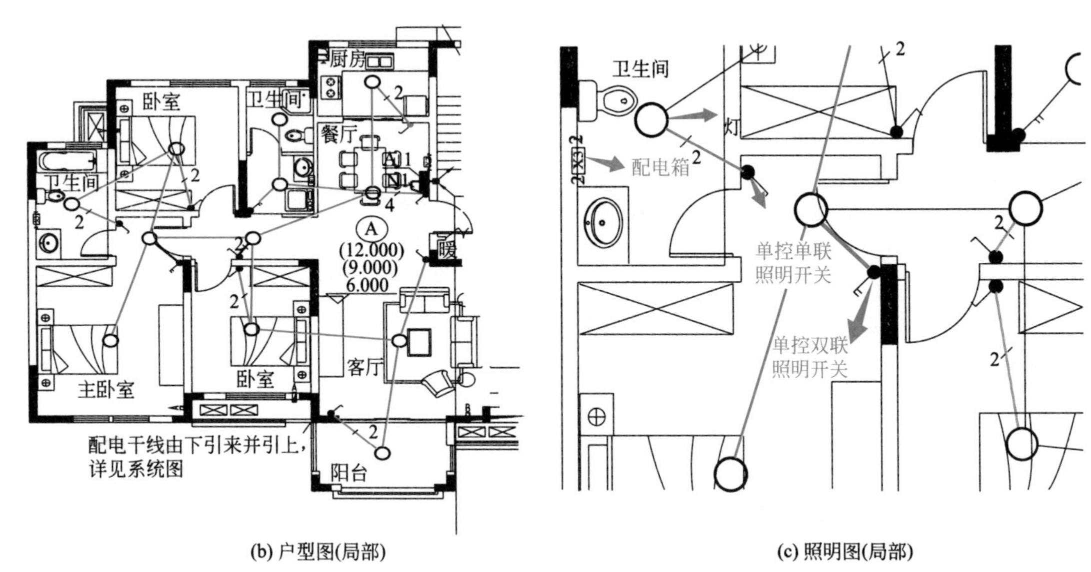

(b) 户型图(局部)
(c) 照明图(局部)

图 24-12　某小区 36 号楼电气平面示意

识图内容如下。

① 户型　这是一套三室两厅的房子。

② 照明灯具　房间共有 12 个灯。

③ 配电箱　卫生间内有一个局部等电位端子箱。

④ 开关　主卧室、卫生间采用单控双联照明开关，次卧、餐厅、客厅、厨房、阳台采用单控单联照明开关。

24.3　常见照明器具及安装方式

24.3.1　常见灯具图例符号及安装方式

常用灯具图例类型的符号见表 24-3。

表 24-3　常用灯具图例类型的符号

灯具名称	符号	灯具名称	符号
普通吊灯	P	工厂一般灯具	G
壁灯	B	荧光灯灯具	Y
吸顶灯	D	防爆灯	G 或专用代号
柱灯	Z	水晶底罩灯	J
卤钨探照灯	L	防水防尘灯	F
投光灯	T	搪瓷伞罩灯	S
花灯	H	无磨砂玻璃万能灯	WW

常用灯具安装方式的符号见表 24-4。

表 24-4　常用灯具安装方式的符号

安装方式	标注代号		安装方式	标注代号	
	英文符号	汉语拼音符号		英文符号	汉语拼音符号
线吊式	CP		嵌入式(嵌入不可进入的顶棚)	R	R
自在器线吊式	CP	X	嵌入式(嵌入可进入的顶棚)	CR	DR
固定线吊式	CP1	X1	墙壁内安装	WR	BR
防水线吊式	CP2	X2	台上安装	T	T
线吊器式	CP3	X3	支架上安装	SP	J
链吊式	Ch	L	壁装式	W	B
管吊式	P	G	柱上安装	CL	Z
吸顶式或直附式	S	D	座装	HM	ZH

24.3.2　普通照明灯具的安装

扫码看视频

普通照明灯具的安装

(1) 白炽灯

白炽灯由钨丝、支架、引线、玻璃泡和灯头等部分组成，如图 24-13 所示。

(2) 卤钨灯

卤钨灯也属于热辐射光源，工作原理基本上与普通白炽灯一样，但结构上有较大的差别，最突出的差别就是卤钨灯灯泡内所填充的气体含有部分卤族元素或卤化物。

卤钨灯由钨丝、充入卤素的玻璃和灯头等构成。卤钨灯有双端、单端和双泡壳之分。图 24-14 是常用卤钨灯的结构。

图 24-14(a) 所示为双端管状的典型结构，灯呈管状，功率为 100～2000W，灯管的直径 8～10mm、长 80～330mm，两端采用磁接头，需要时在磁管内还装有熔丝。这种灯主要用于室内外泛光照明。

图 24-14(b) 所示为单端引出的卤钨灯，这类灯的功率有 75W、100W、150W 和 250W 等多种规格，灯的泡壳有磨砂的和透明的两种，单端型灯头采用 E27。

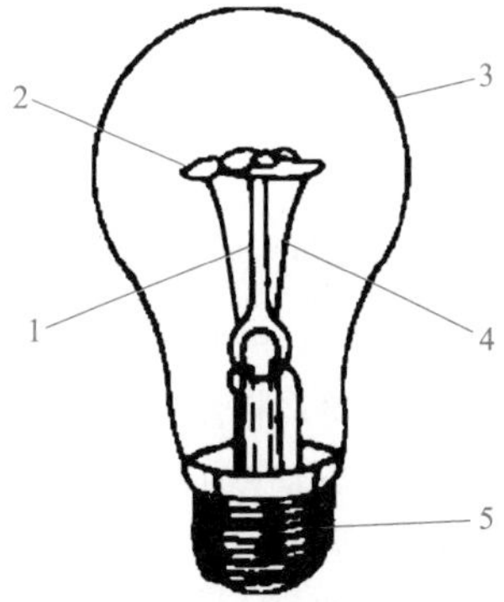

图 24-13　普通白炽灯的结构
1—支架；2—钨丝；3—玻璃泡；4—引线；5—灯头

500W 以上的大功率卤钨灯一般制成管状。为使生成的卤化物不附在管壁上，必须提高管壁的温度，所以卤钨灯的玻璃管一般用耐高温的石英玻璃或高硅氧玻璃制成。

目前，国内用的卤钨灯主要有两类：一类是灯内充入微量的碘化物，称为碘钨灯；另一类是灯内充入微量的溴化物，即为溴钨灯。

卤钨灯广泛应用于大面积照明及定向投影照明场所。例如，卤钨灯的显色性好，特别适用于电视播放照明、舞台照明以及摄影、绘图照明等；卤钨灯能够瞬时点燃，适用于要求调光的场所，如体育馆、观众厅等。

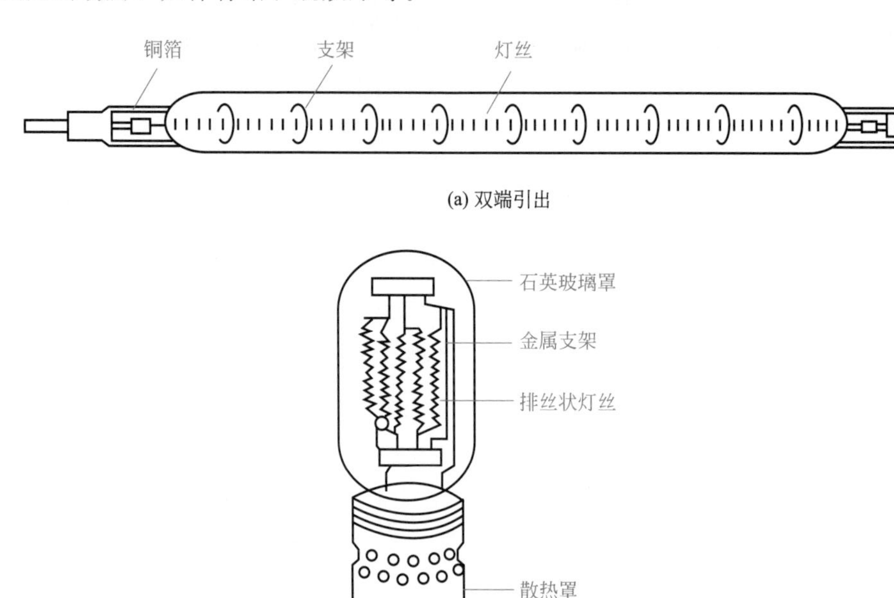

(a) 双端引出

(b) 单端引出

图 24-14　常用卤钨灯的结构

24.3.3　荧光灯的安装

荧光灯的安装可分为吊顶嵌入式、悬吊式和直接安装式。

对于嵌入式荧光灯，应预先提交有关位置及相关尺寸，交给有关人员开孔或已按嵌入式灯框做好；配管应到位，不应有外露导线，将吊顶内引出的电源线与灯具电源的接线端子可靠连接；将灯具推入安装孔固定；上好灯罩，调整灯具或边框，灯具应对称安装，其纵横向中心轴线应在同一条直线上，偏差不应大于 5mm。嵌入式荧光灯做法示意如图 24-15 所示。

① 灯具应安装在通风良好、少粉尘、周围无腐蚀性气体及可燃、易爆物品的室内外场所。电源电压允许在额定电压的－20％～＋20％范围内波动，超出范围会影响灯的技术参数，过高的电压可能烧毁电子镇流器。

② 不同型号的无极荧光灯灯泡只能与其相匹配的同功率电子镇流器配合使用。

③ 连接灯泡的电缆线不可随意加长。

④ 对于北方等冬季较寒冷的地区或在户外使用的场所，应当采用密封等级高的灯具，严禁将配用的灯具面盖拆卸使用。

⑤ 配套灯具实际系统功率偏差在±10％范围内均属于允许范围。

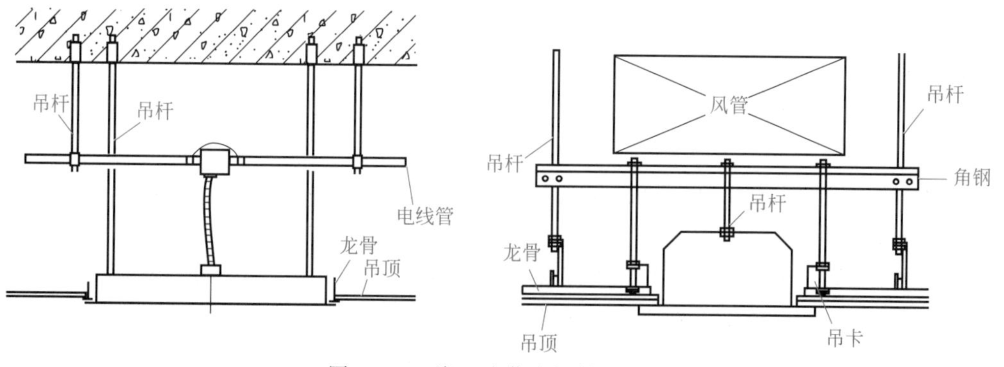

图 24-15　嵌入式荧光灯做法示意

⑥ 在安装荧光灯灯具时应首先认真阅读灯具使用说明书，了解灯具的安装固定方式，以便预先做好相应的配套安装措施。

⑦ 在安装灯具前，最好能先将灯具连接好，先通电确认灯具会亮后再将灯具安装上，以防安装后因运输或其他原因导致灯不亮后再检查所带来的麻烦。

⑧ 高挂灯具（GC 系列）灯罩所配用的钢圈上下两边的宽度不一样。

⑨ 安装时应将宽的一面紧扣住出光面罩一边，窄的一边扣住灯罩。

24.3.4　花灯安装

（1）组合式吸顶花灯的安装

① 选择适宜的场地，将灯具的包装箱、保护薄膜拆开铺好。

② 按照说明书及示意图把各个灯口装好。如有端子板或瓷接头，应按要求将导线接在端子上。

③ 灯内穿线的长度应适宜，多股软线头应搪锡。

④ 应注意统一配线颜色以区分相线与零线，对于螺口灯座中心簧片应接相线，不得混淆。

⑤ 理顺灯内线路，用线卡或尼龙扎带固定导线以避开灯泡发热区。

⑥ 组装完成后通临时电进行试验，确认合格后准备安装。

（2）吊顶花灯的安装

将灯具托起，并把预埋好的吊钩、吊杆挂入或插入灯具内，把吊挂销钉插入后将固定销钉的小销钉的尾部掰成燕尾状，并且将其压平。导线接好头，包扎严实。理顺后向上推起灯具上部的扣碗，将接头扣于其内，且将扣碗紧贴顶棚，拧紧固定螺钉。调整好各个灯口，上好灯泡，最后配上灯罩。

（3）各型花灯安装

根据预埋件或螺栓及灯头盒位置，在灯具的托板上用电钻开好安装孔和出线孔，安装时将托板托起，将电源线和从灯具甩出的导线连接并包扎严密。应尽可能地把导线塞入灯头盒内，然后把托板的安装孔对准预埋件或螺栓，使托板四周和顶棚贴紧，用螺钉或螺母将其拧紧，调整好位置和各个灯口，悬挂好灯具的各种装饰物，上好灯管或灯泡，并安装灯罩。

24.3.5　开关安装

① 首先把开关的外盖打开，把开关内部的螺钉松开至电线能够插入。

② 测量墙内哪根是火线，注意电笔的正确使用方法，电笔亮起说明是火线，另外一根则是控制线。

③ 接下来用电工钳进行修线，根据电工预留的线的长短进行修正，并把线皮去掉 0.5cm。

④ 单开开关火线接 L 口，控制线接 L1 口，如果是三个接线口，对于单开开关不用管 L2 口。

⑤ 同样道理，对于双开开关，火线接 L 口，第一个灯接 L1 口，第二个灯接 L2 口。

⑥ 对于三开开关则有些麻烦，首先要将火线串联，也就是 L、L1、L2 串联，然后三个灯分别接 L11、L21 和 L31 口。

⑦ 四开开关与三开开关一样，把火线串联至 4 个火线柱上，然后 4 个灯分别接入。

⑧ 线接好以后，用大螺丝刀将配好的螺栓插入开关的螺栓孔，安装入墙。

⑨ 最后固定好，盖上开关盖子，安装完毕。

(1) 单联单控开关

单联单控开关：单联，又称一位、一联、单开，表示一个开关面板上有一个开关按键。单控，又称单极，表示一个开关按键只能控制一个支路。单联单控开关接线原理图如图 24-16 所示。

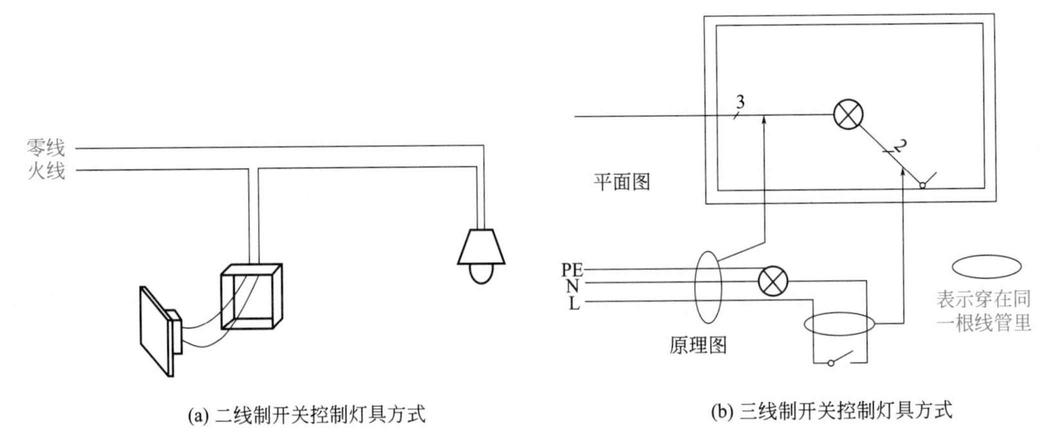

图 24-16　单联单控开关接线原理图

(2) 单联双控开关

单联双控开关又称双控单极开关，单联是指面板只有一个按钮，双控是指由两个单刀双掷开关串联起来后接入电路。每个单刀双掷开关有三个接线端，分别连接着两个触点和一个刀。

单联双控开关接线原理图如图 24-17 所示，控制分析图如图 24-18 所示，一般单联双控开关的面板背面有 3 个接线孔，分别是火线、L1、L2。单联双控开关与单联单控开关在外观上是没有差别的。

(3) 双联单控开关

双联单控开关是一个面板上有两个单控的按钮，而且这两个按钮都是单向控制灯具的开关，即只能在固定的一个地方控制灯具的开灭，不同于用于楼梯间处的双向控制开关，可以在下面开，到上面关。它一般用于一个房间里面有两组灯源的情况。双联单控开关接线示意图如图 24-19 所示。

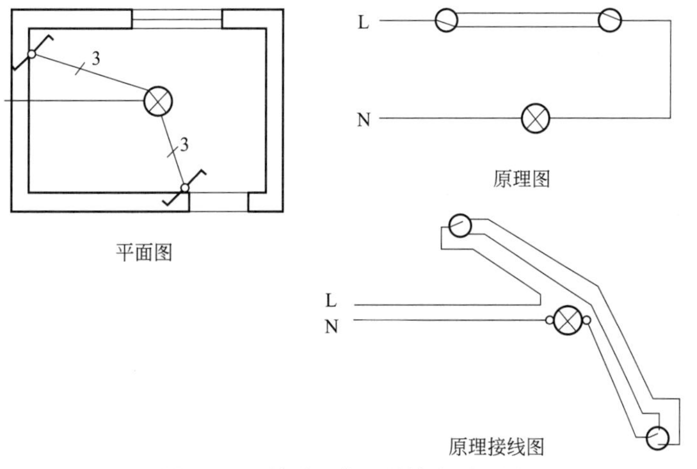

图 24-17 单联双控开关接线原理图

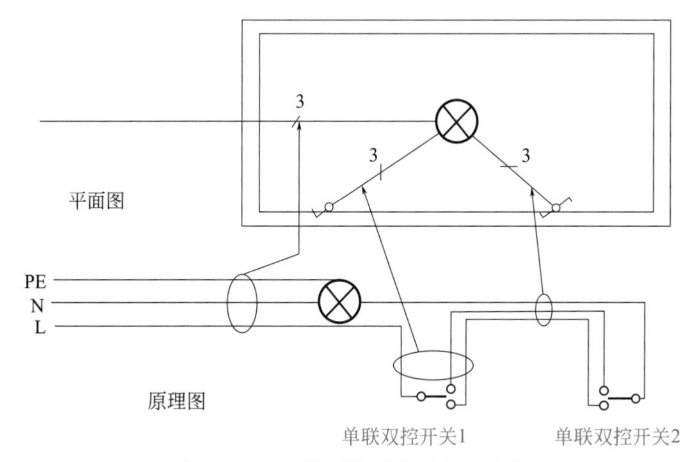

图 24-18 单联双控开关控制分析图

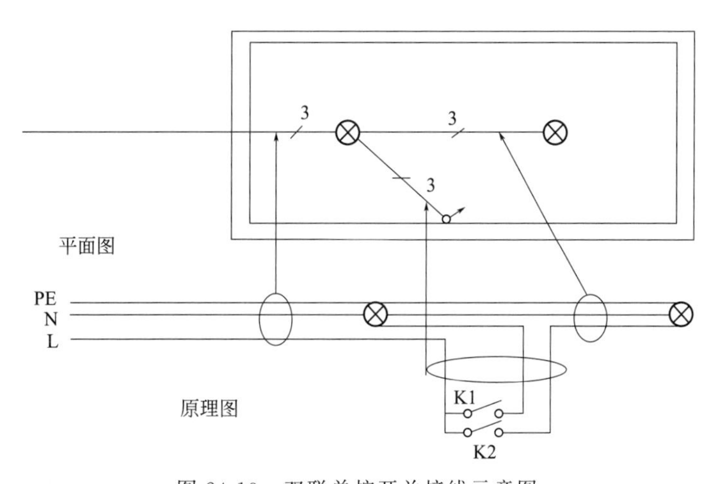

图 24-19 双联单控开关接线示意图

(4) 其他开关

与双联单控开关类似，还有三联单控开关、四联单控开关、五联单控开关，如

图 24-20 所示。开关按启动方法可分为旋转开关（图 24-21）、翘板开关、按钮开关、声控开关（如图 24-22 所示）、触屏开关、倒板开关、接线开关等。

图 24-20　三联（四联、五联）单控开关

图 24-21　旋转开关

图 24-22　声控开关

24.3.6　插座

① 先将插座电源闸拉下，确保切断电源，保障安全。

② 准备工具和原料：十字花或平口螺丝刀，单相插座，插座衬套。

③ 将衬套扣打开，根据需要打开一个孔或更多，并将插座放入墙体内。

④ 将单相插座前盖抠开，翻过来后面为接线口，使用螺丝刀将线接上，一般为三根线，即红线、蓝线、黄绿线，红线为火线，蓝线为零线，黄绿线为地线。

⑤ 接好后，使用插座配套螺栓固定，扣上前盖。

(1) 单相电源插座接线

单相插座有多种，常分两孔和三孔（图 24-23）。两孔并排分左右，三孔组成品字形。接线孔旁标字母，L 为火 N 为零。三孔之中还有 E，表示接地在正中。面对插座定方向，各孔接线有规定。左接零线右接火，保护地线接正中。

(2) 带开关的插座

带开关的插座规格很常见，如三孔带开关、五孔带开关、16A 空调等带开关插座，如图 24-24 所示。带开关的插座有两种，一种是用于控制此插座是否通电；另一种就是开关与插座的组合，开关不控制插座。

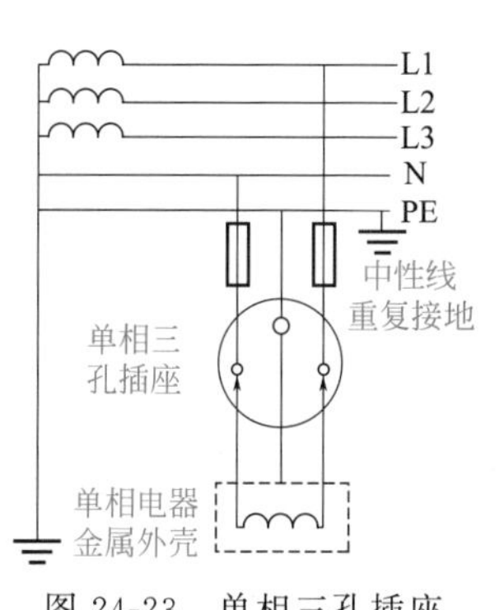

图 24-23 单相三孔插座

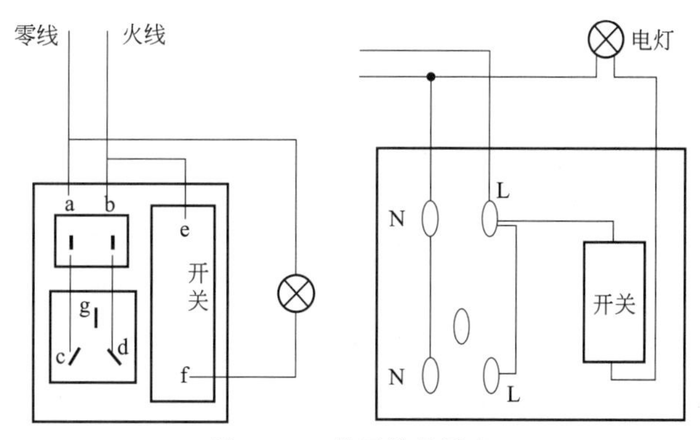

图 24-24 带开关的插座

24.4 建筑防雷

24.4.1 常见防雷接地装置图例

常见防雷接地装置图例见表 24-5。

图 24-5 常见防雷接地装置图例

序号	名称	图例	序号	名称	图例
1	一般避雷针		8	圆钢垂直接地体	
2	球形避雷针		9	圆钢水平接地体	
3	避雷带		10	扁钢水平接地体	
4	避雷线		11	板材接地体	
5	避雷网		12	等电位联结端子	
6	引下线		13	保护接地	
7	角钢垂直接地体		14	接地	

24.4.2 防雷工程图纸的项目组成

① 在图纸封面上将本次工程的全名、初步设计、施工图设计阶段、参加与本工程设计有的人员、设计单位、年月日、设计编号、工程编号等信息明确。

② 设计说明中需要提供防雷工程概况、类别、设计依据、主要防雷装置的规格型号、工程特点、使用的新技术、新材料、新工艺及施工的要求。

a. 工程概况的编写项目。工程概况编写主要交代防雷工程项目的具体位置、建筑（构筑）物以及信息系统的防雷类别，防雷工程应做的分项目名称等。

b. 设计依据。要写明与本工程设计有关的技术规范、勘查报告、法律条文、气象、地质、土壤信息等相关资料。

c. 设计参数。要说明的是防雷装置的主要技术参数，如避雷针的高度、强度、防护类别、电气参数；电源、信息系统安装的SPD的主要技术参数、接地电阻、接地形式等相关信息。

d. 设备、材料要求。安装的防雷装置所采用的主要设备的材料应符合防雷技术、机械强度要求以及主要材料的主要性能。

e. 施工说明。在某些设备或装置或做法无法在图纸上表达的要在说明中具体说明施工方法、工艺或规范要求等。

f. 其他措施。与防雷工程的施工有关的辅助技术措施应简单地叙述，如防雷装置上应注明与其他设备或人员安全之间的关系，警示牌之类的语句或标识牌。

③ 其他。

a. 防雷工程图纸目录中将所有的图纸按类别分类，并附注代号和序号。

b. 防雷设施原理图、平面图、设计图、施工图、详图等。

c. 防雷工程图纸设计顺序为先外部后内部，按从下到上的顺序设计、编制图号。

24.4.3 接闪器

接闪器是专门用来接收直接雷击（雷闪）的金属物体。接闪器的金属杆，称为避雷针。接闪器的金属线，称为避雷线或架空地线。接闪器的金属带、金属网，称为避雷带。所有接闪器都必须经过接地引下线与接地装置相连。

① 避雷针　避雷针是安装在建筑物突出部位或独立装设的针形导体，在发生雷击时能够吸引雷云放电，保护建筑物设备附件。避雷针一般用镀锌圆钢或镀锌钢管制成，其长度在1m以下时，圆钢直径不小于20mm；其长度在1～2m时，圆钢直径不小于16mm，钢管直径不小于25mm；烟囱顶上的避雷针，圆钢直径不小于20mm，钢管直径不小于40mm。避雷针示意如图24-25所示。

图24-25　避雷针示意

② 避雷线　避雷线一般采用截面不小于35mm^{2}的镀锌钢绞线，架设在架空线路上方，用来保护架空线路避免遭雷击。避雷线示意如图24-26所示。

③ 避雷带　避雷带是沿建筑物易受雷击的部位（如屋脊、屋角等）装设的带形导体。避雷带在建筑物上的做法，预制女儿墙挑檐避雷带支架示意如图 24-27 所示。

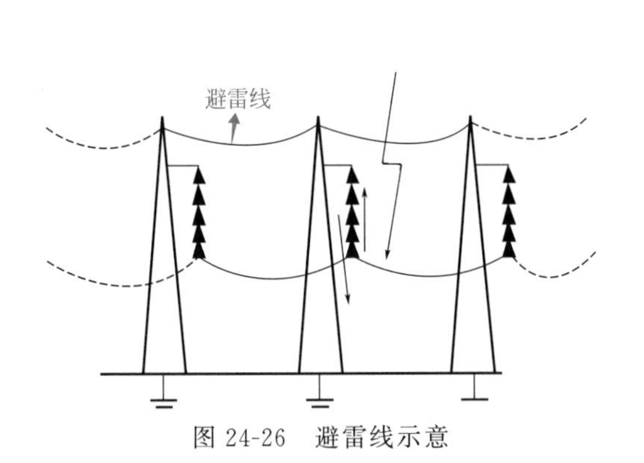

图 24-26　避雷线示意

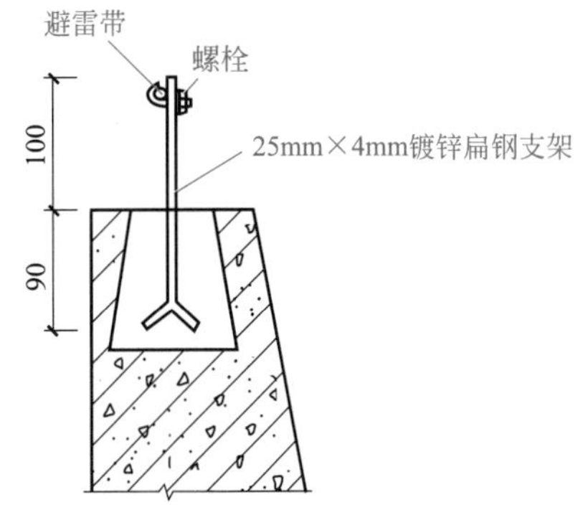

图 24-27　预制女儿墙挑檐避雷带支架示意

④ 避雷网　避雷网是由屋面上纵横交错敷设的避雷带组成的网格形状导体。避雷网一般用于重要的建筑物防雷保护。高层建筑常把建筑物内的钢筋连接成笼式避雷网，避雷带和避雷网一般采用镀锌圆钢或扁钢制成。

⑤ 避雷器　避雷器用来防止雷电波沿线路侵入建筑物内，以免电气设备损坏。常用避雷器的类型有阀式避雷器、管式避雷器等。《建筑电气工程施工质量验收规范》(GB 50303—2015) 中要求：建筑物顶部的避雷针、避雷带等必须与顶部外露的其他金属物体连成一个整体的电气通路，且与避雷引下线连接可靠。

24.4.4　引下线

(1) 引下线的概念

引下线是从接闪器将雷电流引泄入接地装置的金属导体。其装设方式有：设专用金属线沿建筑物外墙明敷；利用建筑物的金属构件（如消防梯等）、金属烟囱、烟囱的金属爬梯等；利用建筑物内混凝土中的钢筋。但不管采用何种方式做引下线，均必须满足其热稳定和机械强度的要求，保证强大雷电流通过不熔化。利用建筑物的金属构件做引下线时，应将金属部件之间连成电气通路，以防产生反击现象，引起火灾。明设引下线采用圆钢或扁钢（一般采用圆钢），其尺寸不应小于下列数值：圆钢直径为 8mm；扁钢截面为 $48mm^2$；扁钢厚度为 4mm。若引下线为暗设时，其截面应加大一级。

(2) 引下线的设置

除利用混凝土中钢筋做引下线以外，引下线还应镀锌，焊接处应涂防腐漆，在腐蚀性较强的场所，引线还应适当加大截面或采取其他的防腐措施。

① 引下线应沿建筑物外墙敷设，并经最短路径接地，建筑艺术要求较高者也可暗敷，但截面应加大一级。引下线不宜敷设在阳台附近及建筑物的出入口和人员较易接触到的地点。

② 根据建筑物防雷等级不同，防雷引下线的设置也不相同。一级防雷建筑物专设引下线时，其根数不应少于两根，间距不应大于 18m；二级防雷建筑物引下线的数量不应少于两根，间距不应大于 20m；三级防雷建筑物，为防雷装置专设引下线时，其引下线数量不宜少于两根，间距不应大于 25mm。

暗装引下线的断接卡子设置如图 24-28 所示。

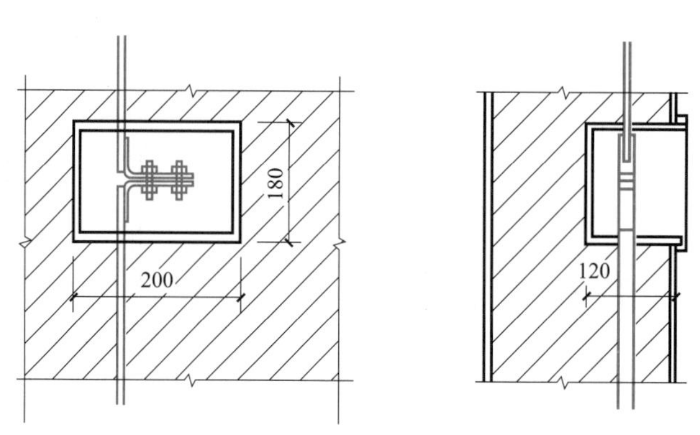

图 24-28 暗装引下线的断接卡子设置

(3) 引下线明敷设

明敷设引下线必须在调直后进行。如引下线材料为扁钢，可放在平板上用地锤调直；如引下线为圆钢，可将其一端固定在锤锚的机具上，另一端固定在绞磨或倒链的夹具上，冷拉调直，也可用钢筋调直机进行调直。

经调直后的引下线材料，运到安装地点后，可用绳子提拉到建筑物最高点，由上而下逐点使其与埋设在墙体内的支持卡子进行套环卡固，用螺栓或焊接固定，直到断接卡子为止。

引下线路径尽可能短而直。当通过屋面挑檐板等处，需要弯折时，不应构成锐角转折，应做成曲径较大的慢弯。弯曲部分线段的总长度，应小于拐弯开口处距离的 10 倍。

(4) 防雷笼网

防雷笼网是笼罩着整个物的金属笼，它是利用建筑结构配筋所形成的笼做接闪器，对于雷电能起到均压和屏蔽作用。接闪时，笼网上出现高电位，笼内空间的电场强度为零，笼上各处电位相等，形成一个等电位体，使笼内人身和设备都被保护。对于预制大板和现浇大板结构的建筑，网格较小，是理想的笼网，而框架结构建筑，则属于大格笼网，虽不如预制大板和现浇大板笼网严密，但一般民用建筑的柱间距离都在 7.5m 以内，所以也是安全的。利用建筑物结构配筋形成的笼网来保护建筑，既经济又不损坏建筑物的美观。图 24-29 所示为防雷笼网。

24.4.5 接地装置

接地装置也称接地一体化装置，是把电气设备或其他物件和地之间构成电气连接的设备。接地装置由接地极（板）、接地母线（户内、户外）、接地引下线（接地跨接线）、构架接地组成，它被用以实现电气系统与大地相连接。与大地直接接触实现电气连接的金属物体为接地极，它可以是人工接地极，也可以是自然接地极。对此接地极可赋以某种电气功能，例如用以做系统接地、保护接地或信号接地。接地母排是建筑物电气装置的参考电位点，通过它将电气装置内需接地的部分与接地极相连接。它还起另一个作用，即通过它将电气装置内诸等电位联结线互相连通，从而实现一个建筑物内大件导电部分间的总等电位联结。接地极与接地母排之间的连接线称为接地极引线。接地装置示意如图 24-30 所示。

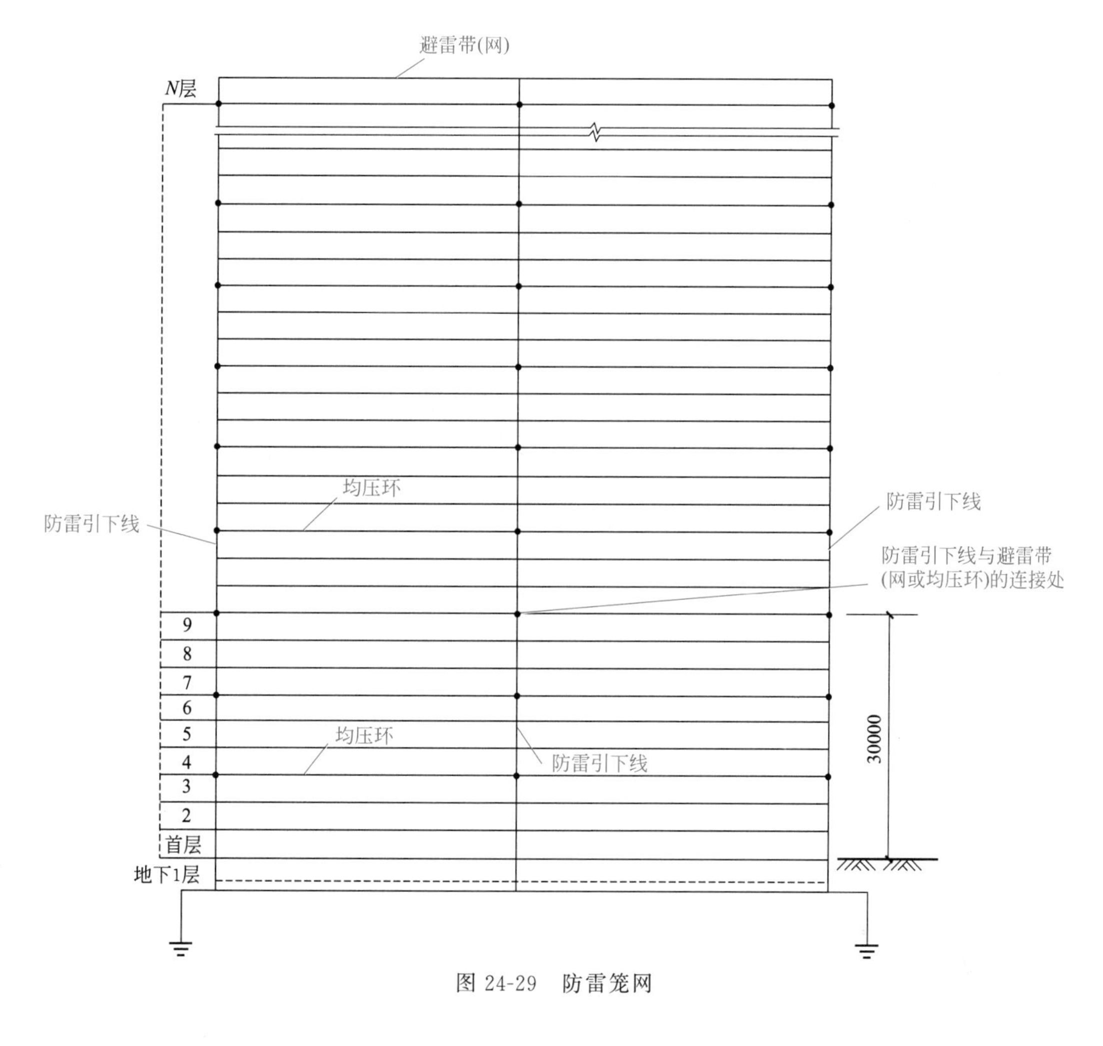

图 24-29 防雷笼网

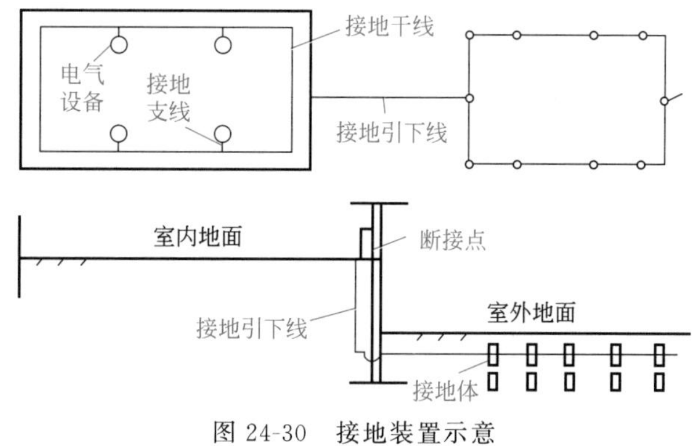

图 24-30 接地装置示意

24.4.6 避雷器

避雷器是一种过电压限制器，它实际上是过电压能量的吸收器，它与被保护设备并联运行，当作用电压超过一定幅值以后避雷器总是先动作，泄放大量能量，限制过电压，保护电气设备。避雷器示意如图 24-31 所示。

图 24-31　避雷器示意

避雷器放电时，强大的电流泄入大地，大电流过后，工频电流将沿原冲击电流的通道继续通过，此电流称为工频续流。避雷器应能迅速切断续流，才能保证电力系统的安全运行，因此对避雷器基本技术要求有两条：

① 过电压作用时，避雷器先于被保护电力设备放电，这需要由两者的全伏秒特性的配合来保证；

② 避雷器应具有一定的熄弧能力，以便可靠地切断在第一次过零时的工频续流，使系统恢复正常。

24.5 建筑物防雷措施

24.5.1 防直击雷的措施

直击雷防护是保护建筑物本身不受雷电损害，以及减弱雷击时巨大的雷电流沿着建筑物泄入大地时对建筑物内部空间产生的各种影响。建筑物防直击雷措施主要采用避雷针（避雷带、避雷网）、引下线、均压环、等电位、接地体等。图 24-32 所示为防直击雷示意图，对于矮小建（构）筑物防直击雷措施可以采用独立避雷针。

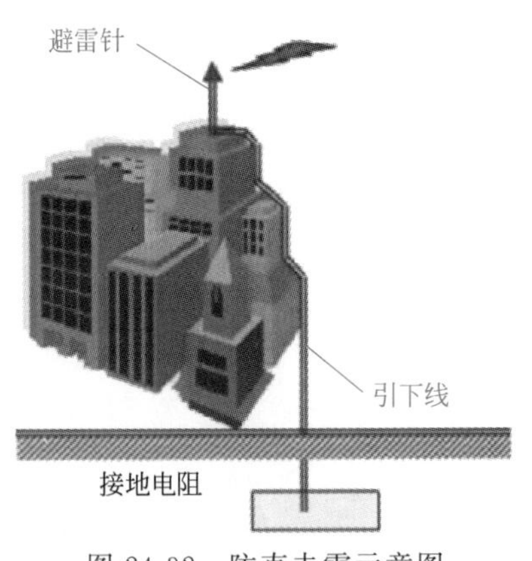

图 24-32　防直击雷示意图

24.5.2 防雷电感应的措施

① 建筑物内的金属物（如设管道、构架、电缆外皮、钢、钢门窗等较大构件）和突出屋面的金属物均应接到防雷电感应的接地装置上。

② 电力线、通信线等尽可能避免靠近有较大雷电流流过的导体，特别应避免在防雷引下线附近或沿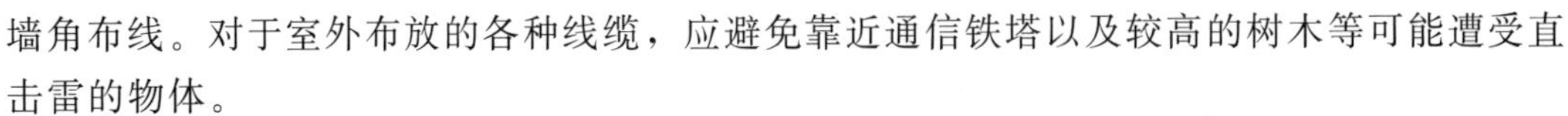墙角布线。对于室外布放的各种线缆，应避免靠近通信铁塔以及较高的树木等可能遭受直击雷的物体。

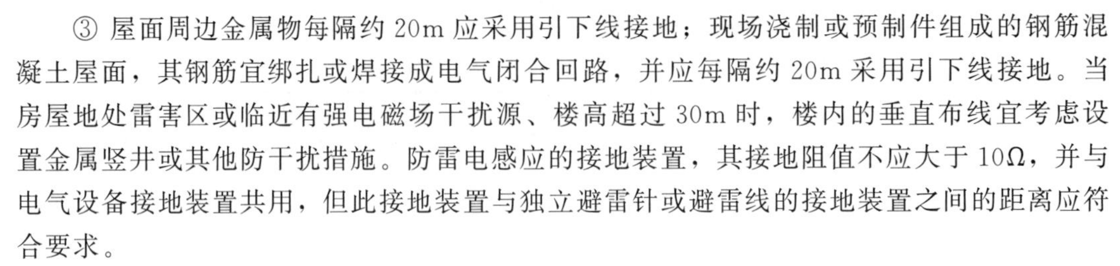

③ 屋面周边金属物每隔约 20m 应采用引下线接地；现场浇制或预制件组成的钢筋混凝土屋面，其钢筋宜绑扎或焊接成电气闭合回路，并应每隔约 20m 采用引下线接地。当房屋地处雷害区或临近有强电磁场干扰源、楼高超过 30m 时，楼内的垂直布线宜考虑设置金属竖井或其他防干扰措施。防雷电感应的接地装置，其接地阻值不应大于 10Ω，并与电气设备接地装置共用，但此接地装置与独立避雷针或避雷线的接地装置之间的距离应符合要求。

24.5.3 防雷电波侵入的措施

① 低压线路全线最好采用电缆直埋敷设，并在进户端将电缆外皮与接地装置相接。当采用架空线时，在进入建筑物处应采用一段长度不小于 2m（ρ 为埋电缆处的土壤电阻

率，Ω·m）的铠装电缆直埋引入，在架空线与电缆连接处应装设阀型避雷器，电缆外皮与绝缘子铁脚应连在一起接地，冲击接地电阻不应大于 10Ω。

② 架空金属管道进入建筑物处，应与防感应雷的接地装置相连，距离建筑物 100m 以内的一段管道，每隔 25m 左右接地一次，其冲击接地电阻不应大于 20Ω；埋地或在地沟内敷设的金属管道，在进入建筑物处也应与防感应雷的接地装置相连。

③ 凡进入建筑物的各种线路及金属管道都采用全线埋地引入的方式，并在入户处将其有关部分与接地装置相连接。当低压线全线埋地有困难时，可采用一段长度不小于 50m 的铠装电缆直接埋地引入，并在入户端将电缆的金属外皮与接地装置相连接。当低压线采用架空线直接入户时，应在入户处装设阀式避雷器，该避雷器的接地引下线应与进户线的绝缘子铁脚、电气设备的接地装置连在一起。避雷器能有效地防止雷电波由架空管线进入建筑物，阀式避雷器的安装示意如图 24-33 所示。

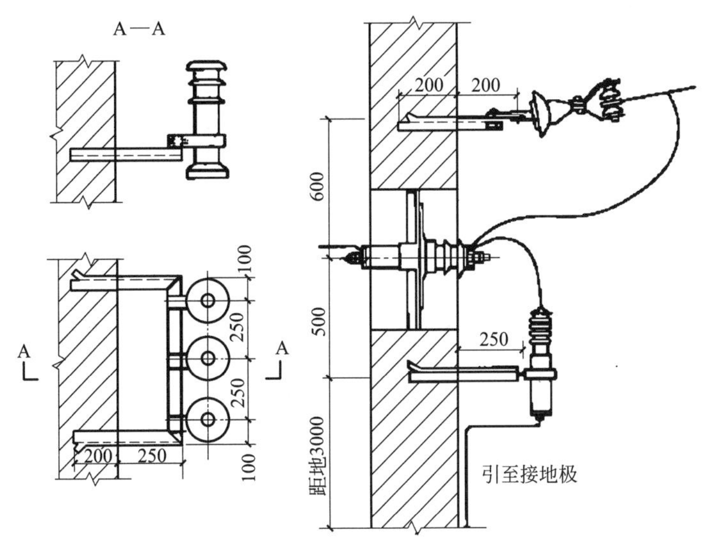

图 24-33　阀式避雷器的安装示意

24.5.4　防雷电反击的措施

（1）接闪

接闪装置就是人们常说的避雷针、避雷带、避雷线或避雷网，接闪就是让在一定程度范围内出现的闪电放电不能任意地选择放电通道，而只能按照人们事先设计的防雷系统的规定通道，将雷电能量泄放到大地中去。

（2）均压

接闪装置在接闪雷电时，引下线立即产生高电位，会对防雷系统周围的尚处于地电位的导体产生旁侧闪络，并使其电位升高，进而对人员和设备构成危害。为了减少这种闪络危险，最简单的办法是采用均压环，将处于低电位的导体等电位连接起来，一直到接地装置。室内的金属设施、电气装置和电子设备，如果其与防雷系统的导体，特别是接闪装置的距离达不到规定的安全要求时，则应该用较粗的导线把它们与防雷系统进行等电位连接。这样在闪电电流通过时，室内的所有设施立即形成一个“等电位岛”，保证导电部件之间不产生有害的电位差，不发生旁侧闪络放电。完善的等电位连接还可以防止闪电电流入地造成的地电位升高所产生的反击。

(3) 屏蔽

屏蔽就是利用金属网、箔、壳或管子等导体把需要保护的对象包围起来，使雷电电磁脉冲波入侵的通道全部截断。所有的屏蔽套、壳等均需要接地。

屏蔽是防止雷电电磁脉冲辐射对电子设备影响的最有效方法。

(4) 接地

接地就是让已经进入防雷系统的闪电电流顺利地流入大地，而不能让雷电能量集中在防雷系统的某处对被保护物体产生破坏作用，良好的接地才能有效地泄放雷电能量，降低引下线上的电压，避免发生反击。

(5) 分流

所谓分流就是在一切从室外来的导体（包括电力电源线、数据线、电话线或天馈线等信号线）与防雷接地装置或接地线之间并联一种适当的避雷器 SPD，当直击雷或雷击效应在线路上产生的过电压波沿这些导线进入室内或设备时，避雷器的电阻突然降到低值，近于短路状态，雷电电流就由此处分流入地。雷电流在分流之后，仍会有少部分沿导线进入设备，这对于一些不耐高压的微电子设备来说是很危险的，所以对于这类设备在导线进入机壳前，应进行多级分流（即不少于三级防雷保护）。

采用分流这一防雷措施时，应特别注意避雷器性能参数的选择，因为附加设施的安装或多或少地会影响系统的性能。比如信号避雷器的接入应不影响系统的传输速率；天馈避雷器在通带内的损耗要尽量小；若使用在定向设备上，不能导致定位误差。

(6) 躲避

在建筑物基建选址时，就应该躲开多雷区或易遭雷击的地点，以免日后增大防雷工程的开支和费用。

当雷电发生时，应关闭设备，拔掉电源插头。

随着计算机和网络通信技术的高速发展，计算机网络系统对雷击的防护要求越来越高，由于对雷击的防护措施不力或存在认识上的偏差，往往起不到应有的防护效果，机房遭受到雷击频繁发生。特别是在雷雨季节，计算机网络系统的一些电子电气设备受到雷击的干扰，有些遭雷击而烧毁，造成直接经济损失。计算机网络系统的防雷防护要引起足够重视，做到有备无患，对防雷设施进行整改，做好整体防护措施，才能更好地维护机房的安全运行。

采暖工程识图与节点构造

25.1 采暖系统

扫码看视频

采暖系统的组成和分类

25.1.1 采暖系统的组成和分类

25.1.1.1 采暖系统的组成

建筑采暖系统由热源、管道系统和散热设备组成。

① 热源　热源是指使燃料产生热能，将热媒（载热体）加热的部分，如锅炉。

② 管道系统　管道系统是指由室外、室内管网组成的热媒输配系统。

③ 散热设备　散热设备是将热量散入室内的设备，如散热器、暖风机、辐射板等。

25.1.1.2 采暖系统的分类

（1）根据采暖的热媒分类

① 热水采暖系统　以热水为热媒的采暖系统称为热水采暖系统。供水温度为95℃，回水温度为70℃时为低温热水采暖系统；供水温度高于100℃时为高温热水采暖系统。

② 蒸汽采暖系统　以蒸汽为热媒的采暖系统称为蒸汽采暖系统。根据蒸汽压力不同可分为高压蒸汽采暖系统（压力大于70kPa）、低压蒸汽采暖系统（压力小于70kPa）和真空蒸汽采暖系统（压力小于大气压）。

③ 热风采暖系统　以空气为热媒的采暖系统称为热风采暖系统。根据送风加热装置安设位置的不同，分为集中送风系统和暖风机系统。

（2）根据供热区域分类

① 局部采暖系统　热源、管道系统和散热设备在构造上连成一个整体的采暖系统，称为局部采暖系统。

② 集中采暖系统　锅炉在单独的锅炉房内，热量通过管道系统送至一幢或几幢建筑物的采暖系统，称为集中采暖系统。

③ 区域采暖系统　由一个锅炉房供给全区许多建筑物采暖、生产和生活用热的系统，

称为区域采暖系统或区域供热系统。

25.1.2 室内采暖施工图的组成及表示方法

25.1.2.1 采暖施工图的组成

室内采暖施工图包括设计总说明、采暖平面图、采暖系统轴测图、采暖详图、设备及材料表等几部分。

（1）设计总说明

设计总说明是用文字对在施工图样上无法表示出来而又非要施工人员知道不可的内容予以说明，如建筑物的采暖面积、热源种类、热媒参数、系统总热负荷、系统形式、进出口压力差、散热器形式和安装方式、管道敷设方式以及防腐、保温、水压试验的做法及要求等。此外，还应说明需要参看的有关专业的施工图号（或采用的标准图号）以及设计上对施工的特殊要求等。

（2）采暖平面图

采暖平面图主要表明建筑物内采暖管道及采暖设备的平面布置情况，其主要内容如下所述。

① 采暖总管入口和回水总管出口的位置、管径和坡度。

② 各立管的位置和编号。

③ 地沟的位置、主要尺寸及管道支架部分的位置等。

④ 散热设备的安装位置及安装方式。

⑤ 热水供暖时，膨胀水箱、集气罐的位置及连接管的规格。

⑥ 蒸汽供暖时，管线间和末端的疏水装置、安装方法及规格。

⑦ 地热辐射供暖时，分配器的规格、数量，分配器与热辐射管件之间的连接和管件的布置方法及规格。

（3）采暖系统轴测图

采暖系统轴测图表明整个供暖系统的组成及设备、管道、附件等的空间布置关系，表明各立管编号，各管段的直径、标高、坡度，散热器的型号与数量（片数），膨胀水箱和集气罐及阀件的位置、型号规格等。

（4）采暖详图

采暖详图包括标准图和非标准图，采暖设备的安装都要采用标准图，个别的还要绘制详图。标准图包括散热器的连接安装、膨胀水箱的制作和安装、集气罐的制作和连接、补偿器和疏水器的安装、入口装置等；非标准图是指供暖施工平面图及轴测图中表示不清而又无标准图的节点图、零件图。

（5）设备及材料表

设备及材料表是用表格的形式反映采暖工程所需的主要设备、各类管道、管件、阀门以及其他材料的名称、规格、型号和数量。

25.1.2.2 采暖施工图的表示方法

（1）图例

采暖施工图中管道、附件、设备及仪表常用图例的表示方法见表 25-1。

表 25-1 采暖施工图中管道、附件、设备及仪表常用图例的表示方法

序号	名称	图例	说明
1	热水给水管	——— RJ ———	
2	热水回水管	——— Rh ———	
3	循环给水管	——— XJ ———	
4	循环回水管	——— Xh ———	
5	热媒给水管	——— Rm ———	
6	热媒回水管	——— Rmh ———	
7	蒸汽管	——— Z ———	需要区分饱和、过热、自用蒸汽时，在代号前分别附加B、G、Z
8	凝结水管	——— N ———	
9	膨胀管	——— Pz ———	
10	保温管		
11	减压管		右侧为高压端
12	安全阀		左图为通用形式，中图为弹簧安全阀，右图为重锤安全阀
13	自动排气阀		
14	疏水器		在不致引起误解时，可用右图表示，也称疏水阀
15	补偿器		也称伸缩器
16	矩形补偿器		
17	卧式热交换器		
18	立式热交换器		
19	温度计	T 或	左图为圆盘式温度表，右图为管式温度表
20	压力表	或	
21	流量计	F.M. 或	

(2) 管道与散热器的连接图示

管道与散热器的连接画法见表 25-2。

表 25-2 管道与散热器的连接画法

系统形式	楼层	平面图	轴测图
单管垂直式	顶层	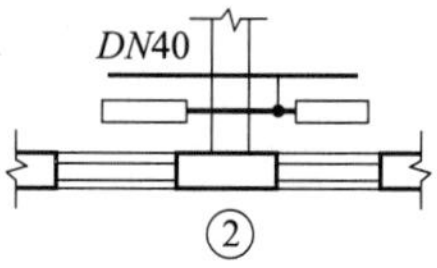 DN40 ②	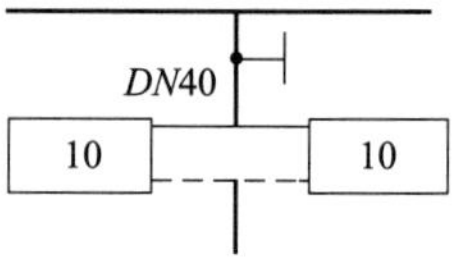 DN40 10 10
	中间层	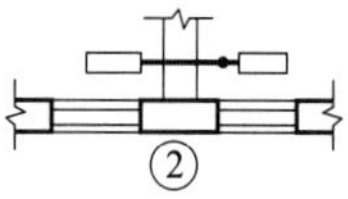 ②	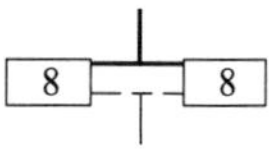 8 8
	底层	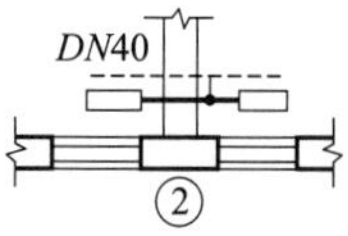 DN40 ②	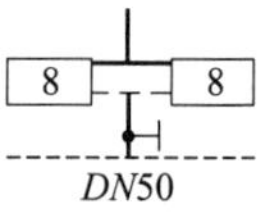 8 8 DN50
双管上分式	顶层	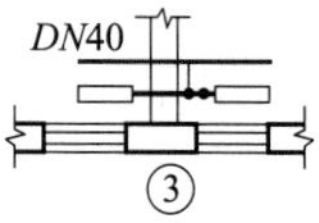 DN40 ③	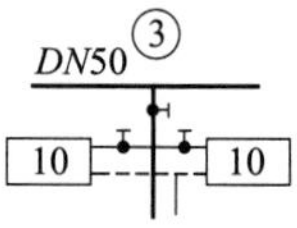 DN50 ③ 10 10
	中间层	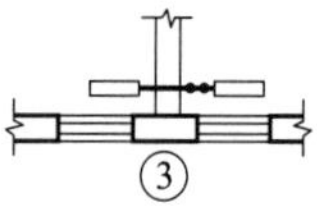 ③	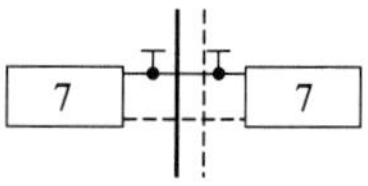 7 7
	底层	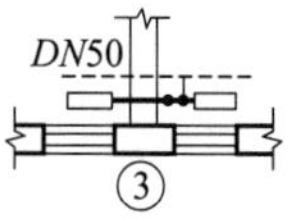 DN50 ③	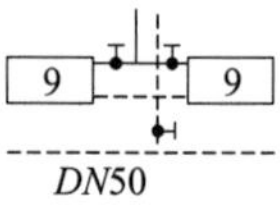 9 9 DN50
双管下分式	顶层	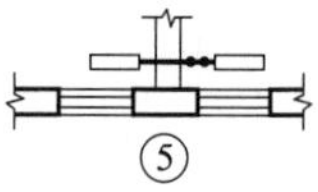 ⑤	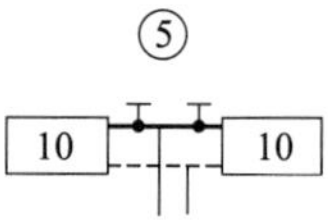 ⑤ 10 10
	中间层	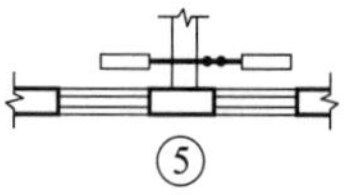 ⑤	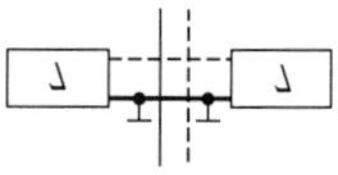
	底层	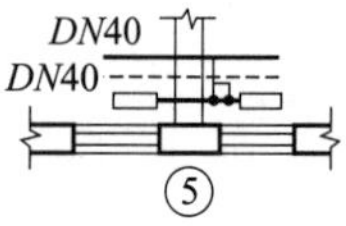 DN40 DN40 ⑤	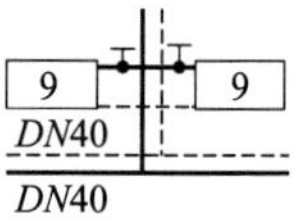 9 9 DN40 DN40

25.2 室内采暖施工图的识读

25.2.1 识读方法

（1）平面图识读方法

第一步：查找采暖总管入口和回水总管出口的位置、管径、坡度及一些附件。引入管一般设在建筑物中间或两端或单元入口处。总管入口处一般由减压阀、混水器、疏水器、分水器、分汽缸、除污器、控制阀门等组成。如果平面图上注明有入口节点图，阅读时则要按平面图所注节点图的编号查找入口详图进行识读。

第二步：了解干管的布置方式，干管的管径，干管上的阀门、固定支架、补偿器等的平面位置和型号等。读图时要查看干管敷设在最顶层、中间层，还是最底层。干管敷设在最顶层说明是上供式系统，干管敷设在中间层说明是中供式系统，干管敷设在最底层说明是下供式系统。在底层平面图中会出现回水干管，一般用粗虚线表示。如果干管最高处设有集气罐，则说明为热水供暖系统；如果散热器出口处和底层干管上出现疏水器，则说明干管（虚线）为凝结水管，从而表明该系统为蒸汽供暖系统。

读图时还应弄清补偿器与固定支架的平面位置及其种类。为了防止供热管道升温时，由于热伸长或温度应力而引起管道变形或破坏，需要在管道上设置补偿器。供暖系统中的补偿器常用的有方形补偿器和自然补偿器。

第三步：查找立管的数量和布置位置。复杂的系统有立管编号，简单的系统有的不进行编号。

第四步：查找建筑物内散热设备（散热器、辐射板、暖风机）的平面位置、种类、数量（片数）以及散热器的安装方式。散热器一般布置在房间外窗内侧窗台下（也有沿内墙布置的）。散热器的种类较多，常用的散热器有翼形散热器、柱形散热器、钢串片散热器、板形散热器、扁管形散热器、辐射板、暖风机等。散热器的安装方式有明装、半暗装、暗装。一般情况下散热器以明装较多。结合图纸说明确定散热器的种类和安装方式及要求。

第五步：针对热水供暖系统，查找膨胀水箱、集气罐等设备的平面位置、规格尺寸及与其连接的管道情况。热水供暖系统的集气罐一般装在系统最宜集气的地方，装在立管顶端的为立式集气罐，装在供水干管末端的为卧式集气罐。

（2）系统图识读方法

第一步：查找入口装置的组成和热入口处热媒来源、流向、坡向、管道标高、管径及热入口采用的标准图号或节点图编号。

第二步：查找各管段的管径、坡度、坡向、设备的标高和各立管的编号。一般情况下，系统图中各管段两端均注有管径，即变径管两侧要注明管径。

第三步：查找散热器型号、规格及数量。

第四步：查找阀件、附件、设备在空间中的布置位置。

25.2.2 某建筑物建筑采暖工程施工图识读实例

（1）某教学楼半地下室采暖平面图

某教学楼半地下室采暖平面图如图 25-1 所示。

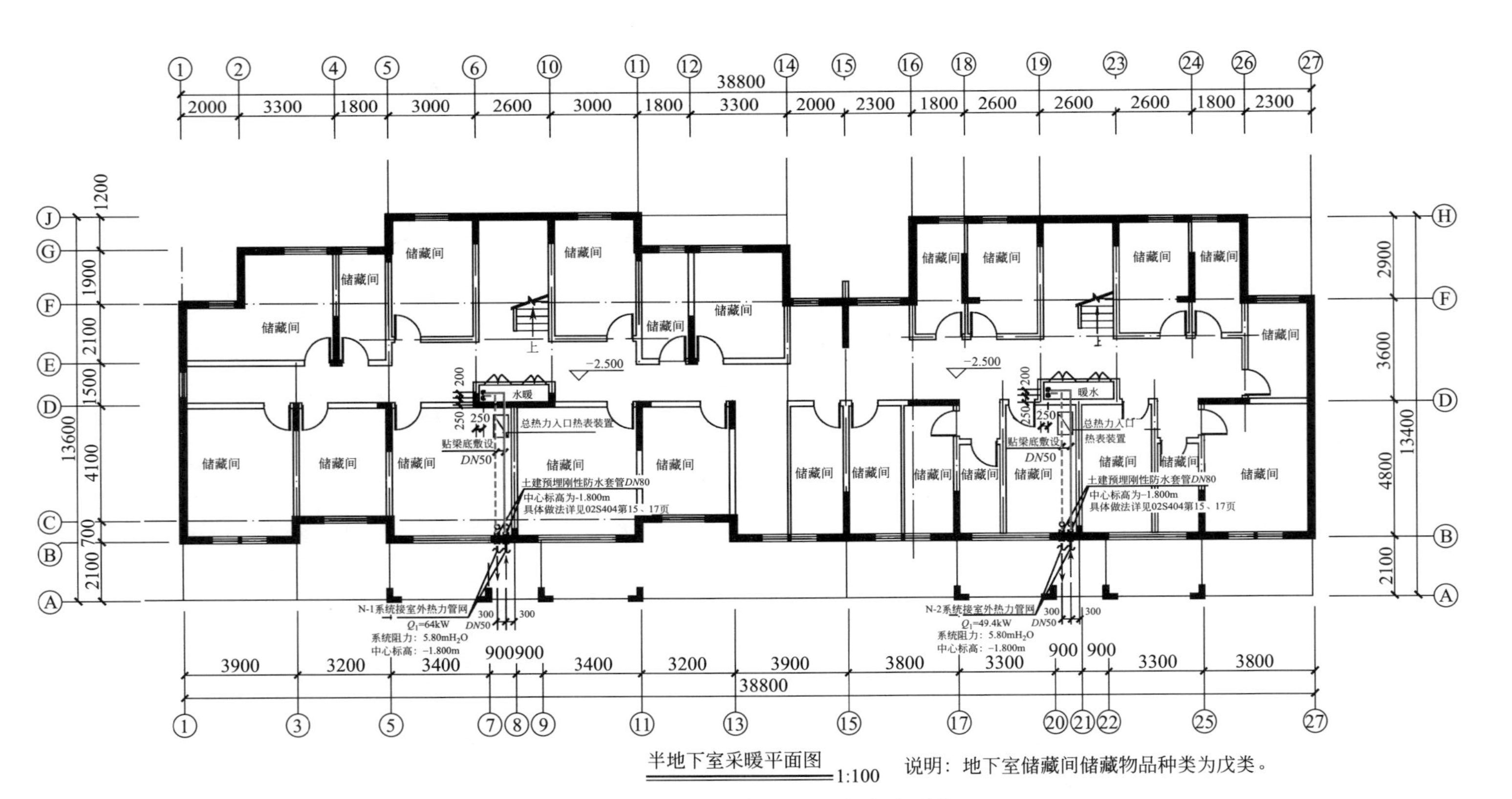

图 25-1 某教学楼半地下室采暖平面图

① 采暖管道入口　总管入口位置位于Ⓑ轴与⑦轴交界处，即室内采暖系统与室外热力管网连接处，管道直径为 $DN50$，标高为－1.8m。土建施工时预埋防水套管，管径为 $DN80$，如图 25-2 所示。

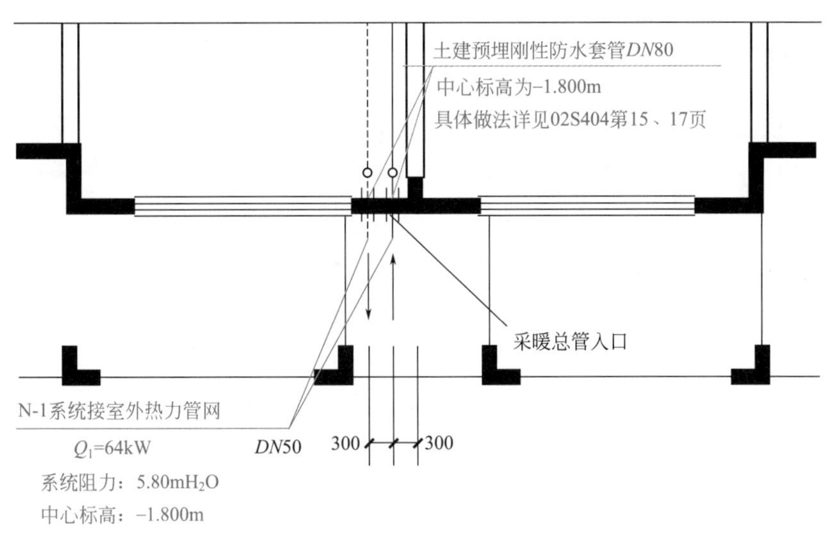

图 25-2　总管入口

② 总热力入口热表位置　总热力入口热表位置位于半地下室水暖井附近，管道直径为 $DN50$，如图 25-3 所示。

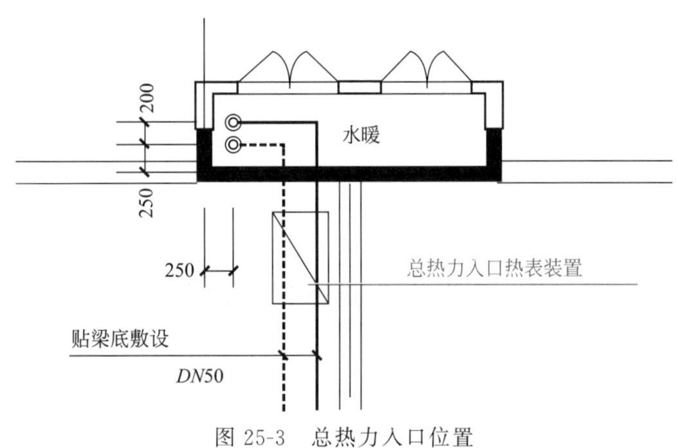

图 25-3　总热力入口位置

（2）某教学楼一层采暖平面图

某教学楼一层采暖平面图如图 25-4 所示。

识图内容如下。

① 一层总管入口　一层管道通过水暖井从半地下室引入，如图 25-5 所示。

② 供回水管道　供水管道用实线表示，回水管道用虚线表示，如图 25-6 所示，支管管径均为 $DN20$。

③ 散热器立管　散热器立管采用双管异程式系统，如图 25-7 所示。

④ 散热器　散热器数量如图 25-8 所示。

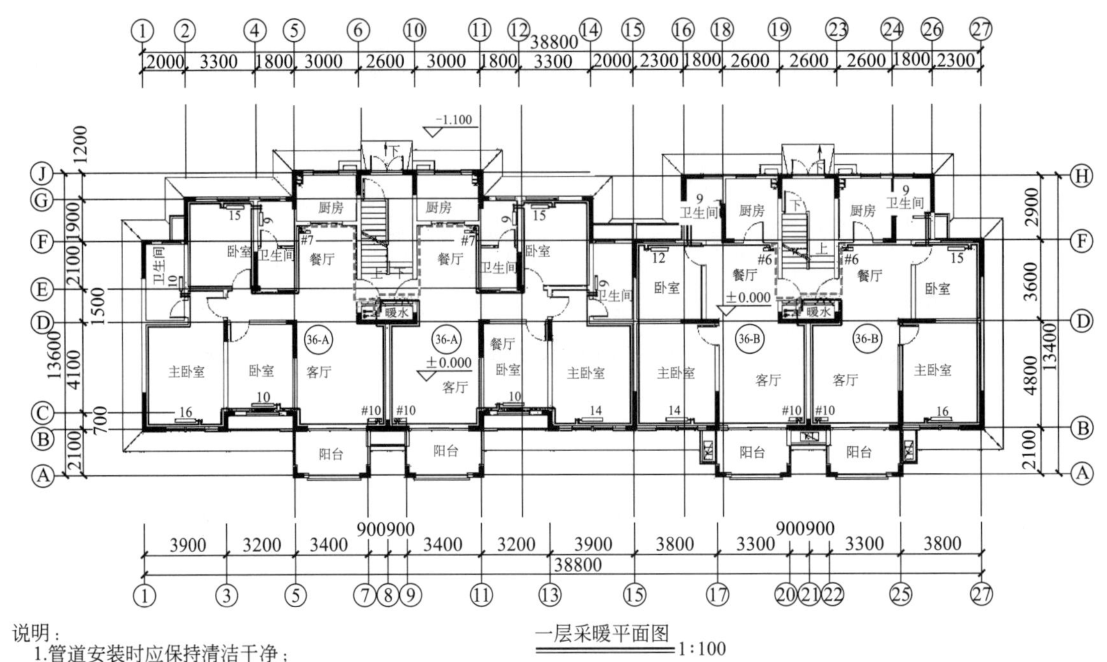

说明：

1.管道安装时应保持清洁干净；
2.所有埋地管道均采用无规共聚聚丙烯管(PP-R)$De25\times2.80$；
3.管井的立管须做保温，保温材料及厚度详见施工总说明；
4.管井内管道安装详见图91437-341-13-7；
5.埋地管道穿混凝土墙处加套管，套管管径应比埋地管管径大两号，标高为h+0.03m(h为本层结构标高)；
6.#n指高度为1800mm钢制椭圆管搭接焊散热器n片，n指高度为640mm钢管柱形散热器n片。

图 25-4　某教学楼一层采暖平面图

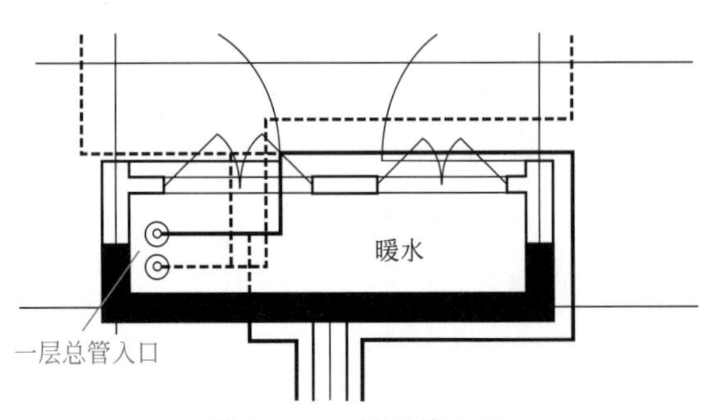

图 25-5　一层总管入口

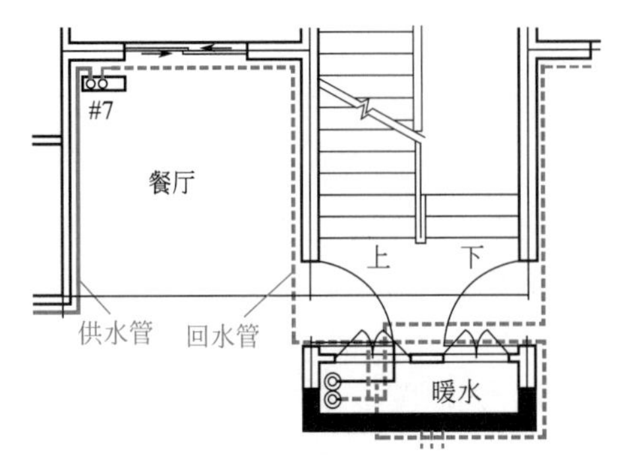

图 25-6　供回水管道

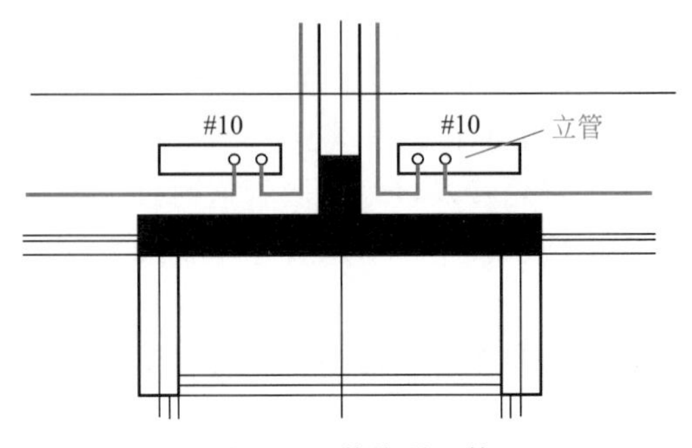

图 25-7　散热器立管

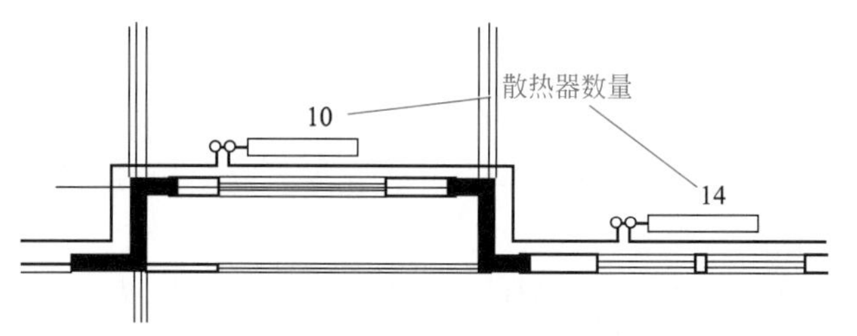

图 25-8　散热器数量

25.3 热水采暖

25.3.1 室内热水采暖系统与室外热网连接方式

供暖系统热用户与热水管网系统连接方式可分为直接连接和间接连接。直接连接是用户直接连接于室外供热管网上，管网水力工况和供热工况与用户采暖系统密切相关；间接连接是在用户侧设有换热器，将用户系统与管网隔离，形成两个独立的系统，用户与管网直接的水力工况互不影响。热水管网与用户的连接见图 25-9。

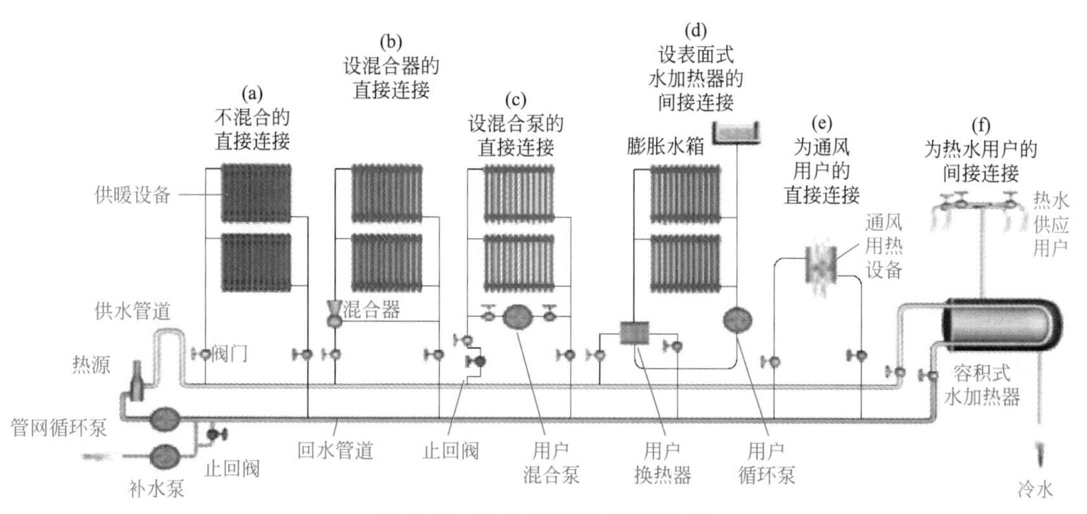

图 25-9　热水管网与用户的连接

（1）直接式连接

室外热网和用户系统中循环的是同一热媒，水利工况的改变依靠入口处的水泵以及压力流量自动调节器来实现，温度工况的调节则需借助各种混水器、三通调节阀来实现。这种连接是目前使用较多的方式，采用不同的入口装置，其原理和适用情况也有所不同。

（2）单纯连接

无混合的连接是目前最为常见的连接方式。用户的热媒参数与热网完全相同。来自热网的水直接进入用户供暖系统，放热降温后返回回水管。一般要在热力入口设置简单的计量仪表、压力表和温度计等，安装关断阀门与调节阀门。热力入口通常设置在地下检查井中，每个用户设一处或多处入口。这种连接方式，不但用户要求的供水温度和热网相等，而且回水温度也相近。另外，用户内部的耐压强度应该满足外网的压力要求。在水力工况方面，如果用户系统的耐压强度能够适应外网的压力，则不需要采取任何保护措施，相反为使用户系统在运行中不致受到室外热网高压的影响，应采用减压阀和流量调节阀等自动控制设备予以保护。在用户距锅炉房较近的入口，为保证各用户之间流量的平衡，可以采取减小管径、关小阀门或设置节流孔板进行调节等措施。利用减压阀和流量调节阀也能起到流量平衡的作用，也可以将用户分成若干区域，各区分别设流量调节阀进行控制。既可以起到热网平衡作用，又能使近端用户不发生超压问题。

(3) 混水直连系统

单纯直连方式是指一级网供、回水直接进入热用户。混水直连是指一级网供水在进入用户系统之前进行混水后再连接。

单纯直连方式与混水直连方式相比，在管径相同、经济比摩阻相同的情况下，后者输送的热量大于前者，因此混水直连方式供热系统在同样的热网管径下可提供较大供热面积，比单纯直连方式供热系统具有更大的供热能力。

① 热力站设置旁通混水泵的直接连接　在热力站内一级网供回水管之间的旁通管上安装水泵。抽引回水压入供水管，混合后再进入二级网。此种方式可提高一级网供、回水温差；对于新建管网可缩小一级网的设计管径，降低一级网的建设费用。

② 热力站设置加压混水泵的直接连接　在热力站一级网供水管上设置水泵，同时将泵吸入口处的供水管与用户系统的回水管连通，使得该泵同时抽引一级网供水与用户系统的部分回水，同时具有加压与混水的两种功能。此种方式主要用在以旁通混水泵形式为主的混水直连供热系统中的那些一级网供回水压差低于用户系统需用压差的热力站。但要注意泵的扬程不能太高，要根据实际情况进行计算。

25.3.2 热水采暖系统基本图式

在热水采暖系统中，热媒是水。热源中的水经输热管道流到采暖房间的散热器中，放出热量后经管道流回热源。系统中的水如果是靠水泵来循环的，就称为机械循环热水采暖系统；当系统不大时，也可不用水泵而仅靠供水与回水的容重差所形成的压头使水进行循环，称为自然循环热水采暖系统。

(1) 机械循环热水供暖系统

这种系统在热水供暖系统中得到广泛的应用。它由锅炉、输热管道、水泵、散热器以及膨胀水箱等组成。在这种系统中，主要依靠水泵所产生的压头促使水在系统内循环。水在锅炉中被加热后，沿总立管、供水干管、供水立管流入散热器，放热后沿回水立管、回水干管，被水泵送回锅炉，如图 25-10 所示。

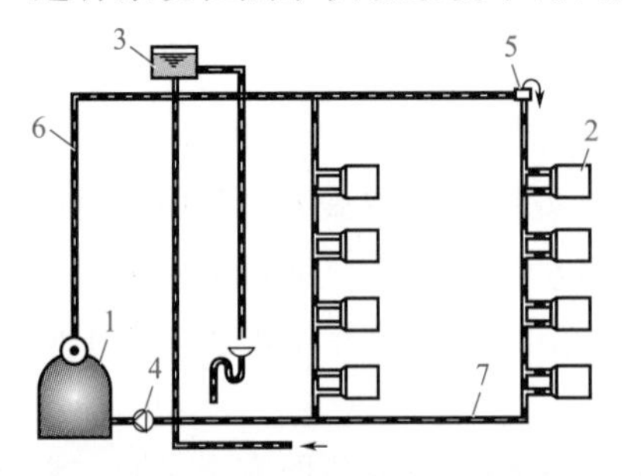

图 25-10　机械循环热水供暖系统

1—锅炉；2—散热器；3—膨胀水箱；4—循环水泵；5—集气罐；6—供水管；7—回水管

① 机械循环上供下回式热水采暖系统　机械循环上供下回式热水采暖系统如图 25-11 所示，左侧为双管系统，右侧为单管系统。机械循环系统除膨胀水箱的连接位置与自然循环系统不同外，还增加了循环水泵和排气装置。

在机械循环系统中，水流速度一般超过从水中分离出来的空气气泡的浮升速度。为了使气泡不致被带入立管，供水干管应按水流方向设上升坡度，使气泡随水流方向流动并汇集到系统的最高点，通过在最高点设置的排气装置将空气排出系统外。供水、回水干管的坡度，宜采用0.003，不得小于0.002。回水干管坡向与自然循环系统相同，即下坡向加热源（沿水流方向下降的坡度），应使系统水能顺利排出。

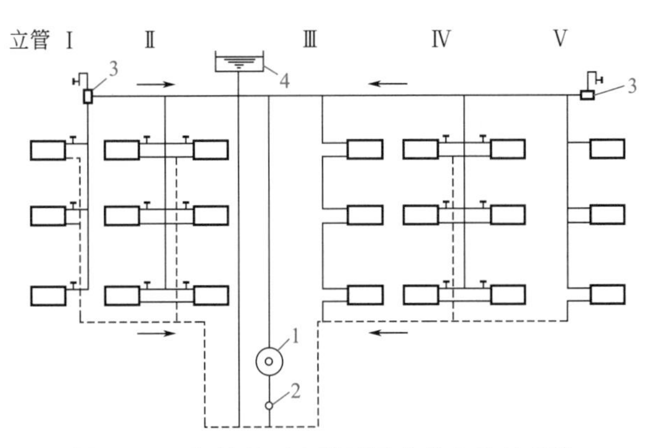

图 25-11　机械循环上供下回式热水采暖系统

1—热水锅炉；2—循环水泵；3—集气装置；4—膨胀水箱

图中除支管上的阀门外，其余阀门均未标出

图 25-11 中左侧的双管式系统，在管路与散热器连接方式上与自然循环系统没有差别。

图 25-11 中右侧立管Ⅴ是单管顺流式系统。单管顺流式系统的特点是立管中全部的水量顺流进入各层散热器。顺流式系统形式简单、施工方便、造价低，是国内目前一般建筑广泛应用的一种形式。它最严重的缺点是不能进行局部调节。

立管Ⅳ是单管跨越式系统。立管的一部分水量流进散热器，另一部分立管水量通过跨越管与散热器流出的回水混合，再流入下层散热器，与顺流式相比，由于只有部分立管水量流入散热器，在相同的散热量下散热器的出水温度降低，散热器中热媒和室内空气的平均温差 Δt 减小，因而所需的散热器面积比顺流式系统大一些。

对于单管跨越式系统，由于散热器面积增加，同时在散热器支管上安装阀门，使系统造价增高，施工工序多，因此多用于房间温度要求较严格，需要进行局部调节散热器散热量的建筑中。在高层建筑（通常超过六层）中，近年国内出现一种跨越式与顺流式相结合的系统形式——上部几层采用跨越式，下部采用顺流式（图 25-11 中右侧立管Ⅴ所示）。通过调节设置在上层跨越管段上的阀门开启度，在系统试运转或运行时，调节进入上层散热器流量，可适当减轻供暖系统中经常会出现的上热下冷的现象。但这种折中形式，并不能从设计角度有效地解决垂直失调和散热器的可调节性能。

上供下回式机械循环热水供暖系统的几种形式也可用于重力循环系统上。

上供下回式管道布置，是最常用的一种布置形式。

② 机械循环下供下回式热水采暖系统　如图 25-12 所示，系统的供水和回水干管都敷设在底层散热器下面。在设有地下室的建筑物，或在平屋顶建筑顶棚下难以布置供水干管的场合，常采用下供下回式系统。

③ 机械循环中供式热水采暖系统　如图 25-13 所示，从系统总立管引出的水平供水

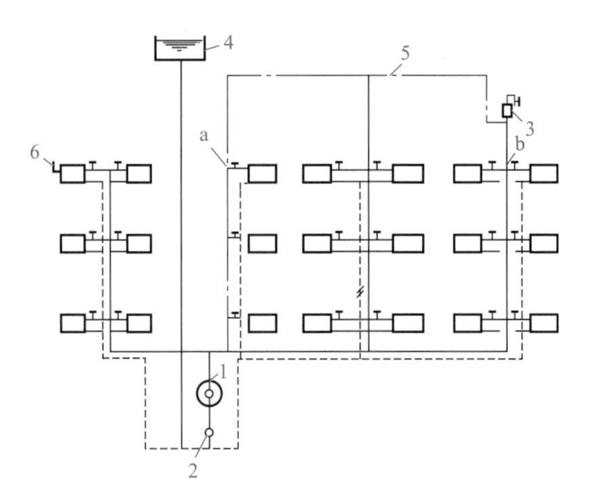

图 25-12 机械循环下供下回式热水采暖系统

1—热水锅炉；2—循环水泵；3—集气装置；4—膨胀水箱；5—空气管；6—冷风阀；a—供水总立管；b—供水立管

干管敷设在系统的中部，下部系统呈上供下回式。上部系统可采用下供下回式［双管，如图 25-13(a) 所示］，也可采用上供下回式［单管，如图 25-13(b) 所示］。中供式系统可避免由于顶层梁底标高过低，致使供水干管挡住顶层窗户的不合理布置，并减轻了上供下回式楼层过多，易出现垂直失调的现象；但上部系统要增加排气装置。中供式系统可用于加建楼层的原有的建筑物或“品”字形建筑（上部建筑面积少于下部的建筑）供暖上。

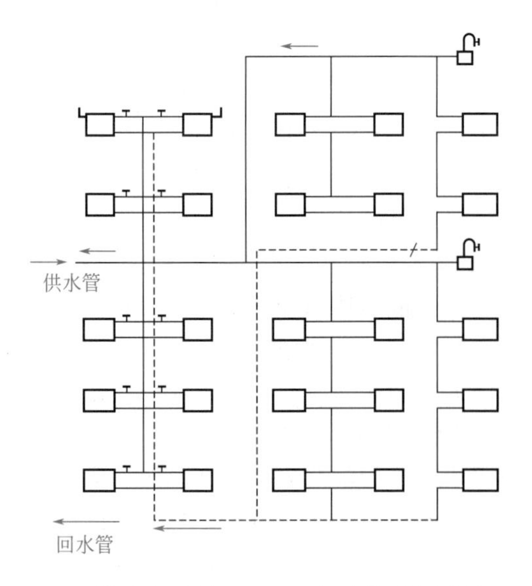

(a) 下供下回式双管　　(b) 上供下回式单管

图 25-13 机械循环中供式热水采暖系统

④ 机械循环下供上回式（倒流式）热水采暖系统　如图 25-14 所示，系统的供水干管设在下部，而回水干管设在上部，顶部还设置顺流式膨胀水箱。立管布置主要采用顺流式。

（2）自然循环热水供暖系统

自然循环热水供暖系统中不设水泵，仅依靠热水散热冷却所产生的自然压头促使水在系统内循环。在自然循环热水供暖系统中，膨胀水箱连接在总立管顶端，它不仅能容纳水受热后膨胀的体积，而且还有排除系统内空气的作用。在自然循环热水供暖系统中，水流速度很小，为了能顺利地通过膨胀水箱排除系统内的空气，供水干管沿水流方向应有向下的坡度。这种系统由于自然压头很小，因而其作用半径（总立管到最远立管沿供水干管走向的水平距离）不宜超过50m，否则，系统的管径就会过大。

自然循环热水供暖系统与机械循环热水供暖系统一样，也有双管、单管、上供下回、下供下回等形式。

与机械循环热水供暖系统相比，这种系统的作用半径小、管径大，但由于不设水泵，因此工作时不消耗电能、无噪声，而且维护管理也较简单。

只有当建筑物占地面积较小，且有可能在地下室、半地下室或就近较低处设置锅炉时，才能采用自然循环热水供暖系统。

如图25-15所示是自然循环热水供暖系统的工作原理。一根供水管和一根回水管把锅炉与散热器相连接。在系统的最高处连接一个膨胀水箱，用它容纳水在受热后膨胀而增加的体积。在系统工作之前，先将系统中充满冷水。当水在锅炉内被加热后，密度减小，同时受到从散热器流回来密度较大的回水的驱动，使热水沿供水干管上升，流入散热器。在散热器内水被冷却，再沿回水干管流回锅炉。这样形成图25-15中箭头所示的循环流动。

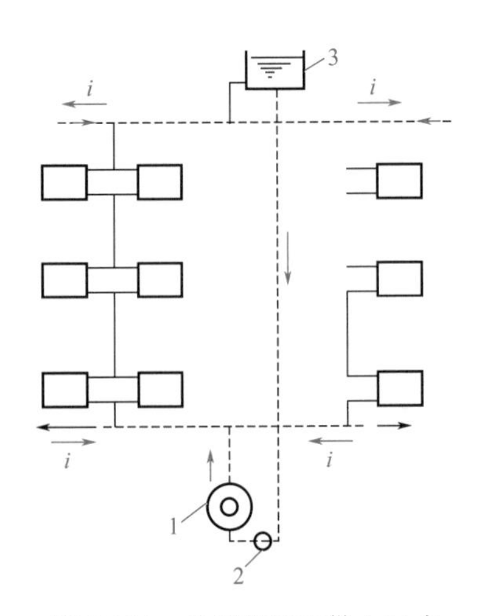

图25-14 机械循环下供上回式（倒流式）热水采暖系统

1—热水锅炉；2—循环水泵；3—膨胀水箱

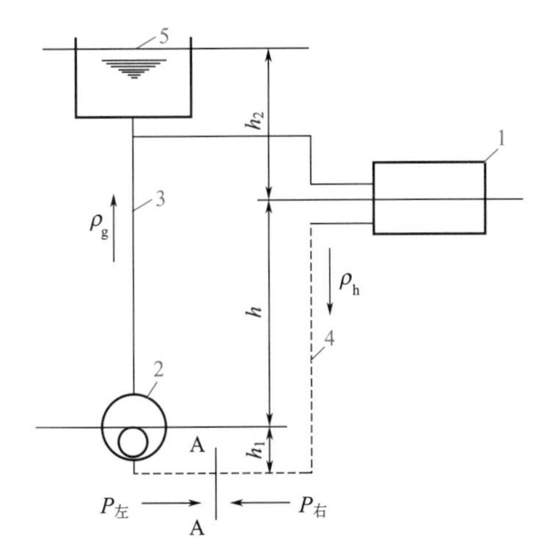

图25-15 自然循环热水供暖系统的工作原理

1—散热器；2—热水锅炉；3—供水管路；4—回水管路；5—膨胀水箱

25.3.3 热水采暖系统的管路布置

（1）管路布置

室内热水采暖系统管路布置合理与否，直接影响到系统的造价和使用效果。应根据建筑物的具体条件、与外网连接的形式以及运行情况等因素来选择合理的布置方案，力求系统管道走向布置合理、节省管材、便于调节和排除空气，而且要求各并联环路的阻力损失易于平衡。

采暖系统的引入口宜设置在建筑物热负荷对称分配的位置，一般宜在建筑物中部，这样可以缩短系统的作用半径。在民用建筑和生产厂房辅助性建筑中，系统总立管在房间内的布置不应影响人们生活和工作。

在布置供、回水干管时，首先应确定供、回水干管的走向。系统应合理地分成若干支路，而且尽量使各支路的阻力损失易于平衡。

(2) 环路划分

室内采暖系统引入口的设置，应根据热源和室外管道的位置确定，并且还应考虑有利于系统的环路划分。

环路划分一是要将整个系统划分成几个并联的、相对独立的小系统；二是要合理划分，使热量分配均衡，各并联环路阻力易于平衡，便于控制和调节系统。条件许可时，建筑物采暖系统南北向房间宜分环设置。

下面是几种常见的环路划分方法。

如图 25-16 所示为无分支环路的同程式系统。它适用于小型系统或引入口的位置不易平分成对称热负荷的系统中。

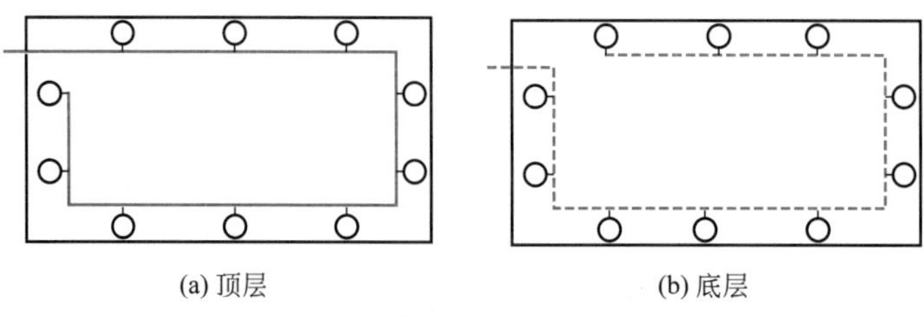

(a) 顶层　　(b) 底层

图 25-16　无分支环路的同程式系统

如图 25-17 所示为有两个分支环路的异程式系统的布置方式。它的特点是系统南北分环，容易调节。各环路的供回水干管管径较小，但如各环的作用半径过大，容易出现水平失调。如图 25-18 所示为有两个分支环路的同程式系统的布置方式。

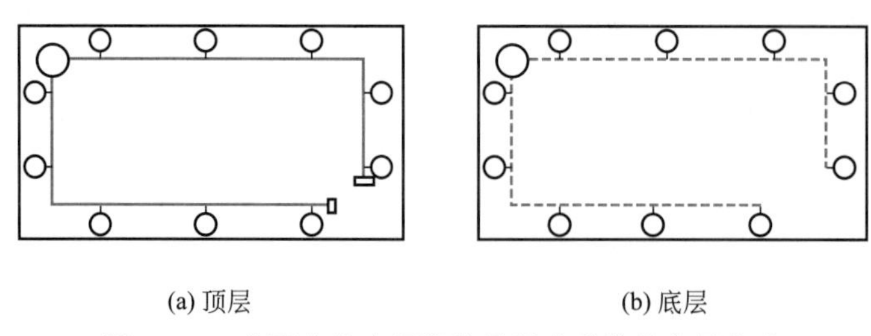

(a) 顶层　　(b) 底层

图 25-17　有两个分支环路的异程式系统的布置方式

一般宜将供水干管的始端放置在朝北向一侧，而末端设在朝南向一侧。也可以采用其他的管路布置方式，应视建筑物的具体情况灵活确定。在各分支环路上，应设置关闭和调节装置。

室内热水采暖系统的管路应明装，有特殊要求时，可采用暗装。尽可能将立管布置在房间的角落。尤其在两外墙的交接处。在每根立管的上、下端应装阀门，以便检修放水。对于立管很少的系统，也可仅在分环供、回水干管上安装阀门。

对于上供下回式系统，供水干管多设在顶层顶棚下。顶棚的过梁底标高距离窗户顶部

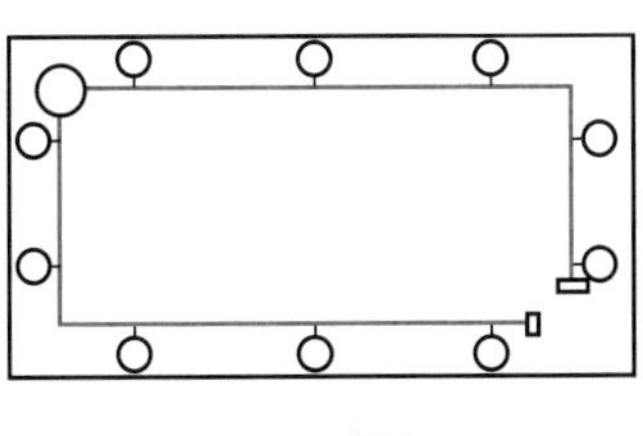
(a) 顶层

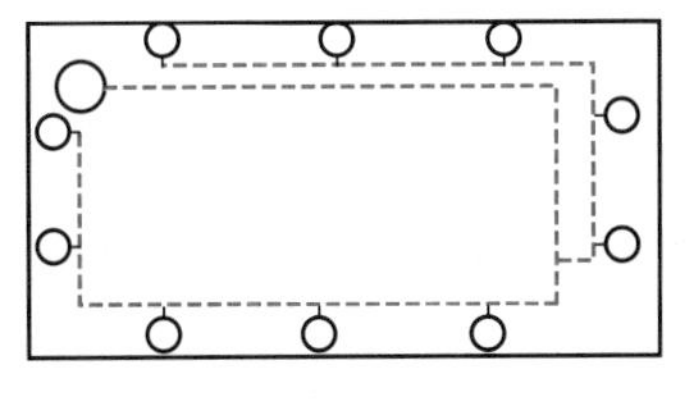
(b) 底层

图 25-18　有两个分支环路的同程式系统的布置方式

之间的距离应满足供水干管的坡度和设置集气罐所需的高度。回水干管可敷设在地面上，若地面上不容许敷设或净空高度不够时，则回水干管设置在半通行地沟或不通行地沟内。

为了有效排出系统内的空气，所有水平供水干管均应具有不小于 0.002 的坡度。当受到条件限制时，机械循环系统的热水管道可无坡度敷设，但管中的水流速度不得小于 0.25m/s。

(3) 敷设要求

室内采暖系统管道应尽量明设，以便于维护管理和节省造价，有特殊要求或影响室内整洁美观时，才考虑暗设。敷设时应考虑以下几点。

① 上供下回式系统的顶层梁下和窗顶之间的距离应满足供水干管的坡度和集气罐的设置要求。集气罐应尽量设在有排水设施的房间，以便于排气。

回水干管如果敷设在地面上，底层散热器下部和地面之间的距离也应满足回水干管敷设坡度的要求。如果地面上不允许敷设或净空高度不够时，则应设在半通行地沟或不通行地沟内。供、回水干管的敷设坡度应满足《民用建筑供暖通风与空气调节设计规范》(GB 50736—2012) 的要求。

② 管路敷设时应尽量避免出现局部向上凹凸现象，以免形成气塞。在局部高点处，应考虑设置排气装置；在局部最低点处，应考虑设置排水阀。

③ 回水干管过门时，如果下部设过门地沟或上部设空气管，应设置泄水和排空装置。具体做法如图 25-19 和图 25-20 所示。

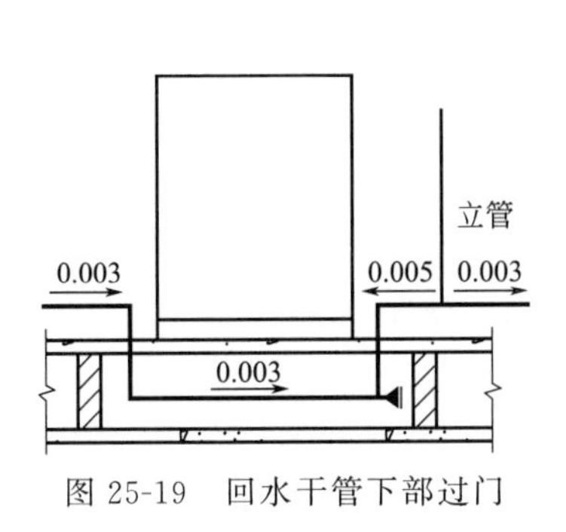

图 25-19　回水干管下部过门

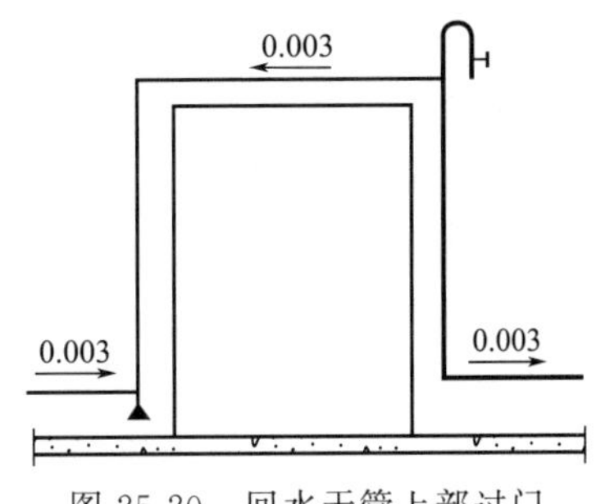

图 25-20　回水干管上部过门

两种做法中均设置了一段反坡向的管道，目的是顺利排除系统中的空气。

④ 立管应尽量设置在外墙角处，以补偿该处过多的热损失，防止该处结露。楼梯间或其他有冻结危险的场所，应单独设置立管，该立管及各组散热器的支管上均不得安装阀门。

⑤ 室内采暖系统的供、回水管上应设阀门；划分环路后，各并联环路的起、末端应

各设一个阀门，立管的上、下端各设一个阀门，以便于检修、关闭。

热水采暖系统热力入口处的供水、回水总管上应设置温度计、压力表及除污器，必要时应装设热量表。

⑥ 散热器的供、回水支管应考虑避免散热器上部积存空气或下部放水时放不净，应沿水流方向设下降的坡度，如图 25-21 所示。坡度不得小于 0.01。

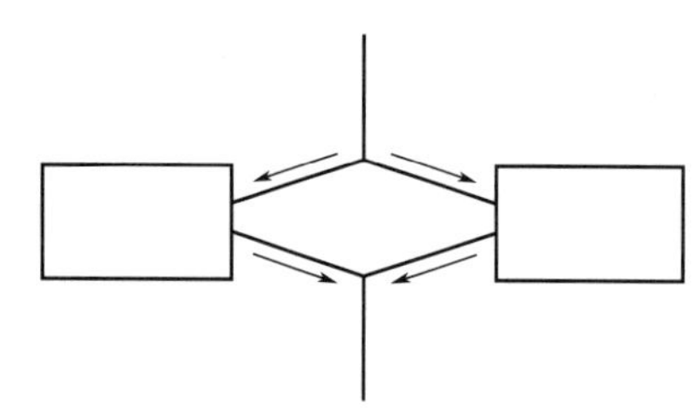

图 25-21 散热器支管的坡向

⑦ 穿过建筑物基础、变形缝的采暖管道，以及埋设在建筑结构里的立管，应采取防止由于建筑物下沉而损坏管道的措施。当采暖管道必须穿过防火墙时，在管道穿过处应采取防火封堵措施，并在管道穿过处采取固定措施，使管道可向墙的两侧伸缩。采暖管道穿过隔墙和楼板时，宜装设套管。采暖管道不得同时输送燃点低于或等于 120℃的可燃液体或可燃、腐蚀性气体的管道在同一条管沟内平行或交叉敷设。

⑧ 采暖管道在管沟或沿墙、柱、楼板敷设时，应根据设计、施工与验收规范的要求，每隔一定间距设置关卡或支、吊架。为了消除管道受热变形产生的热应力，应尽量利用管道上的自然转角进行热伸长的补偿，管线很长时，应设补偿器，适当位置设固定支架。

⑨ 采暖管道多采用水煤气钢管，可采用螺纹连接、焊接和法兰连接。管道应按施工与验收规范要求做防腐处理。敷设在管沟、技术夹层、闷顶、管道竖井或易冻结地方的管道，应采取保温措施。

⑩ 采暖系统供水、供汽干管的末端和回水干管始端的管径，不宜小于 20mm。低压蒸汽的供汽干管可适当放大。

25.4 蒸汽采暖

在蒸汽采暖系统中，热媒是蒸汽。蒸汽含有的热量由两部分组成：一部分是水在沸腾时含有的热量；另一部分是从沸腾的水变为饱和蒸汽的汽化潜热。在这两部分热量中，后者远大于前者（在 1 个绝对大气压下，两部分热量分别为 418.68kJ/kg 及 2260.87kJ/kg）。在蒸汽供暖系统中所利用的是蒸汽的汽化潜热。蒸汽进入散热器后，充满散热器，通过散热器将热量散发到房间内，与此同时，蒸汽冷凝成同温度的凝结水。

蒸汽供暖系统按系统起始压力的大小可分为：高压蒸汽供暖系统（系统起始压力大于 1.7 个绝对大气压）、低压蒸汽供暖系统（系统起始压力等于或低于 1.7 个绝对大气压）、真空蒸汽供暖系统（系统起始压力小于 1 个绝对大气压）。

按蒸汽供暖系统管路布置形式的不同又可分为：上供下回式、下供下回式系统，以及双管式和单管式系统。

25.4.1 低压蒸汽采暖系统

低压蒸汽采暖设备如图 25-22 所示。

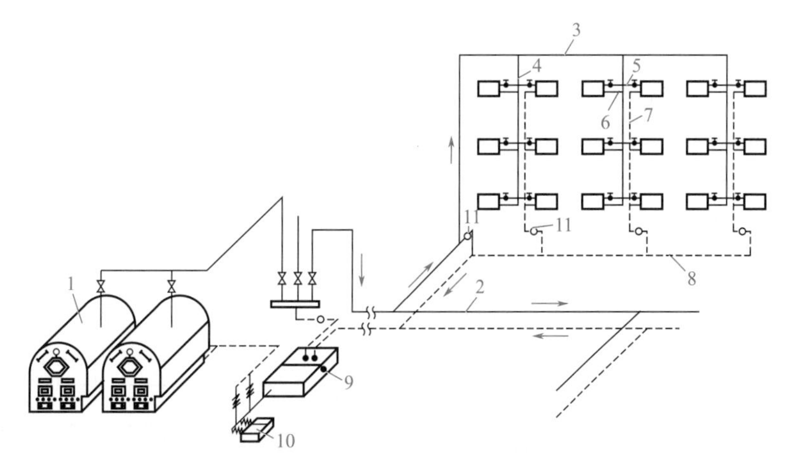

图 25-22 低压蒸汽采暖设备

1—蒸汽锅炉；2—室外蒸汽干管；3—室内蒸汽干管；4—蒸汽立管；5—散热器水平支管；6—凝结水支管；7—凝结水立管；8—凝结水干管；9—凝结水池；10—凝结水泵；11—疏水阀

（1）双管上供下回式低压蒸汽采暖系统

双管上供下回式低压蒸汽采暖系统如图 25-23 所示，从锅炉产生的低压蒸汽经分气缸分配到供汽管中，蒸汽在管道中依靠自压力，克服沿途阻力，依次经过室外蒸汽管、室内蒸汽主立管、蒸汽干管、立管、散热器支管进入散热器。在散热器内放出汽化潜热变成凝结水，而后凝结水经凝结水支管、立管、疏水器、干管进入室外凝结水管网流回凝结水箱，后经凝结水泵注入锅炉，重新加热进入系统。

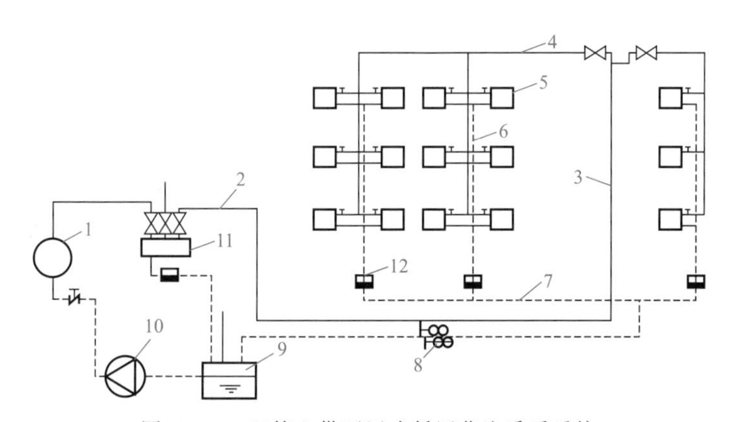

图 25-23 双管上供下回式低压蒸汽采暖系统

1—锅炉；2—室外蒸汽管；3—蒸汽立管；4—蒸汽干管；5—散热器；6—凝结水立管；7—凝结水干管；8—室外凝水管；9—凝水箱；10—凝结水泵；11—分气缸；12—疏水器

（2）双管下供下回式低压蒸汽采暖系统

双管下供下回式低压蒸汽采暖系统如图 25-24 所示，在该系统中，汽水呈逆向流动，蒸汽立管要采用比较小的速度，以减轻水击现象。为防止蒸汽串流进入凝结水管，在蒸汽干管末端和散热器出口要加疏水器。室内蒸汽干

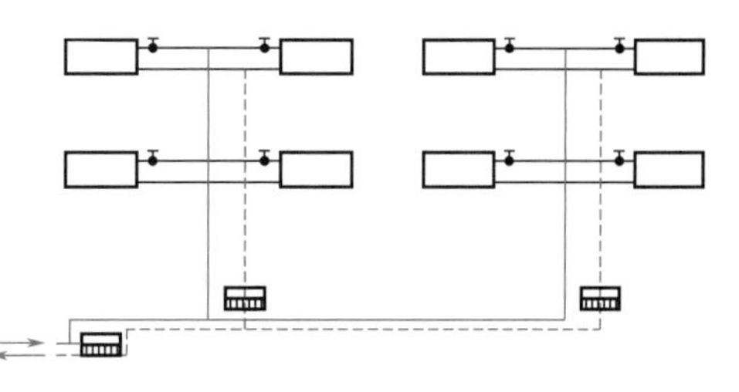
图 25-24 双管下供下回式低压蒸汽采暖系统

管和凝结水干管均布置在地下室或特设的地沟里，室内顶层无供汽干管，美观。

(3) 双管中供式低压蒸汽采暖系统

双管中供式低压蒸汽采暖系统如图 25-25 所示，双管中供式低压蒸汽采暖系统中立管长度比上供式短，供汽干管的余热也可得到利用。

(4) 单管上供下回式低压蒸汽采暖系统

单管上供下回式低压蒸汽采暖系统如图 25-26 所示，采用单根立管，节省材料。但底层散热器易被凝结水充满，散热器内空气不易排出。

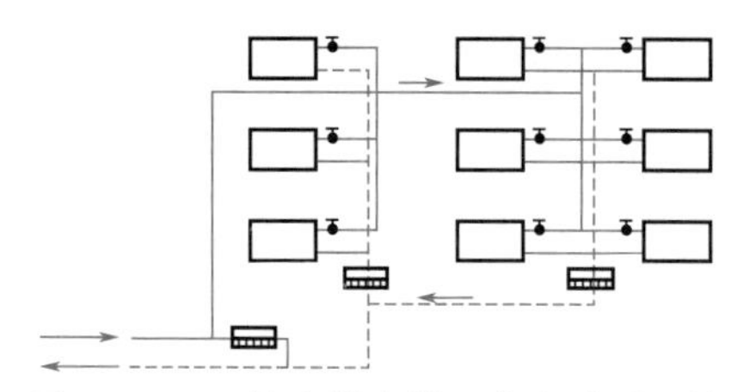

图 25-25 双管中供式低压蒸汽采暖系统

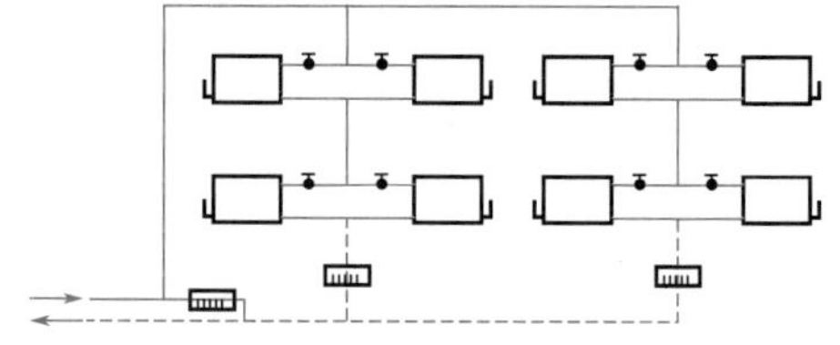

图 25-26 单管上供下回式低压蒸汽采暖系统

(5) 单管下供下回式低压蒸汽采暖系统

单管下供下回式低压蒸汽采暖系统如图 25-27 所示，在单根立管中，蒸汽向上流动，进入各散热器凝结散热，冷凝水沿管流回立管，为使凝结水顺利流回立管，散热器支管与立管的连接点要低于散热器出口水平面。因为汽水在同一管道逆向流动，故管径要粗一些，安装简便，造价低。同时在每个散热器 1/3 的高度处安装自动排气阀。目前主要是一些欧美国家在使用。

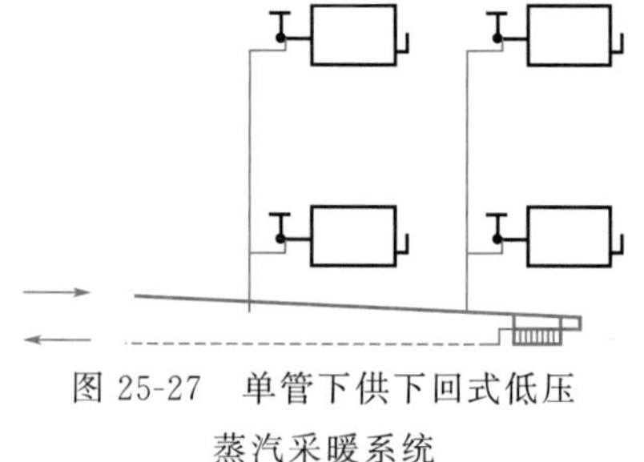

图 25-27 单管下供下回式低压蒸汽采暖系统

25.4.2 高压蒸汽采暖系统

在工厂中，生产工艺往往需要使用高压蒸汽，厂区间的车间及辅助建筑也需要利用高压蒸汽做热媒进行采暖，故高压蒸汽采暖是一种厂区内常用的采暖方式，如图 25-28 所示。

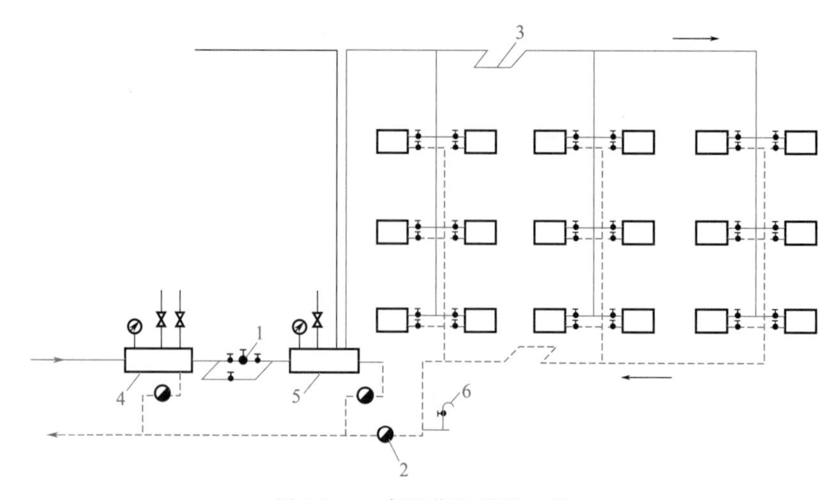

图 25-28 高压蒸汽采暖系统

1—减压阀；2—疏水阀；3—补偿器；4—生产用分汽缸；5—采暖用分汽缸；6—放气管

（1）双管上供下回高压蒸汽采暖系统

高压蒸汽采暖系统多采用上供下回双管系统，系统形式如图 25-29 所示。

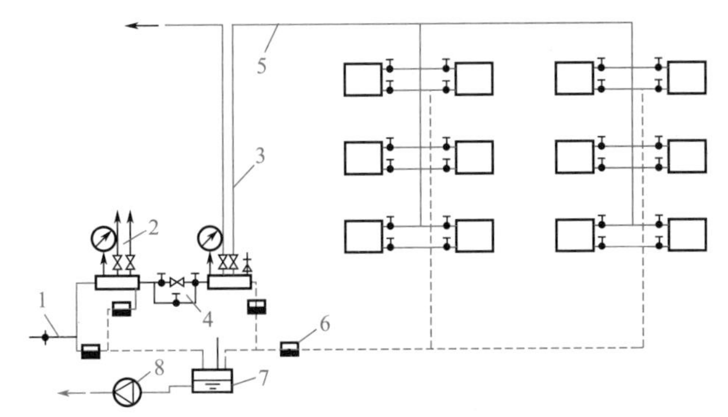

图 25-29　双管上供下回高压蒸汽采暖系统

1—室外蒸汽管网；2—室内高压蒸汽供热管；3—室内高压蒸汽采暖管；4—减压装置；5—补偿器；6—疏水器；7—凝结水箱；8—凝结水泵

高压蒸汽通过室外蒸汽管路输送到用户入口的高压分气缸，根据各用户的使用情况和压力要求，从分气缸上引出不同的蒸汽管路分送不同的用户，当蒸汽入口压力或生产工艺用热的使用压力高于采暖系统的工作压力时，应在分气缸之间设置减压装置，减压后蒸汽再进入低压分气缸分送不同的用户。送入室内各管路的蒸汽，在经散热设备冷凝放热后，凝结水经凝水管道汇集到凝水箱。凝水箱的水通过凝结水泵加压送回锅炉重新加热，循环使用。

和低压蒸汽不同的是，在高压蒸汽系统内不只在散热器前装截止阀，还在散热器后装截止阀，使散热器能够完全和管路隔开。各组散热器的凝水通过室内凝水管路进入集中的疏水器。高压蒸汽的疏水器仅安装在每个凝水干管的末端，不像低压蒸汽一样每组散热器的凝水支管上都装一个。

（2）双管上供上回高压蒸汽采暖系统

当车间地面不宜布置凝水管时，采用上供上回系统如图 25-30 所示，把凝水管设在散热器上面，除节省地沟外，还检修方便，但系统泄水不便。因此在每个散热设备的凝水排出管上安装疏水器和止回阀。通常只在散热量较大的暖风机系统上采用该系统，在气温较低的地方有系统冻结的可能。

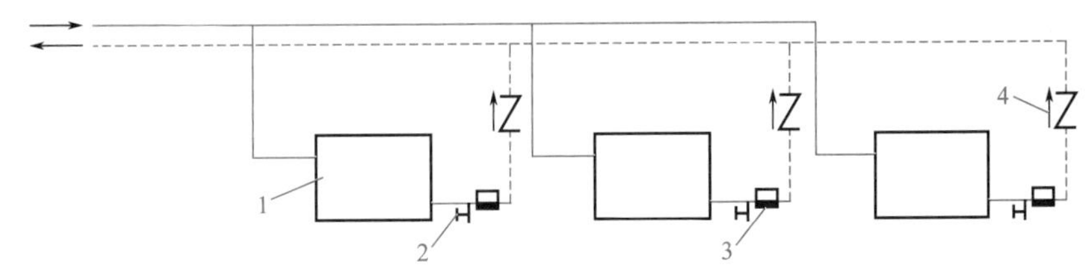

图 25-30　双管上供上回高压蒸汽采暖系统

1—散热器；2—泄水阀；3—疏水器；4—止回阀

（3）水平串联式高压蒸汽采暖系统

水平串联式高压蒸汽采暖系统如图 25-31 所示，其构造简单，造价低，但散热器接口处易漏水漏汽。

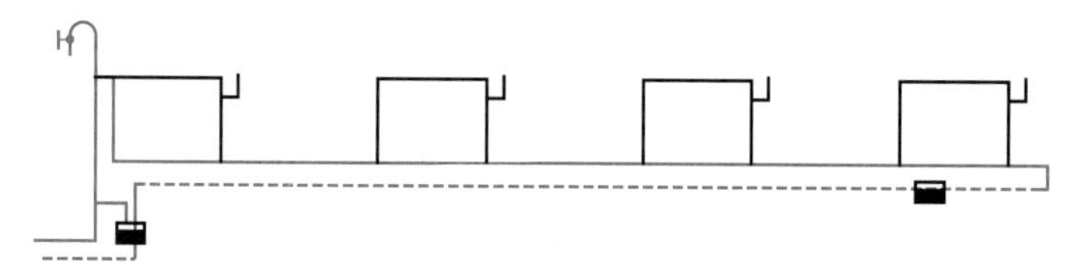

图 25-31　水平串联式高压蒸汽采暖系统

高压蒸汽采暖和低压蒸汽采暖相比有以下特点。

① 供汽压力高，热媒流速大，系统的作用半径较大，相同负荷时，系统所需管径和散热面积小。

② 表面温度高，输送过程中无效损失大，易烫伤人或烧焦落在散热器上的灰尘，卫生和安全条件差。

③ 凝水温度高，回流时易产生二次蒸汽，若凝水回流不畅，易产生严重的水击。

④ 高压蒸汽和凝水温度高，管道热伸长量大，应设置固定支架和补偿器。

25.4.3　蒸汽采暖系统的辅助设备

25.4.3.1　疏水器

(1) 疏水器的分类

疏水器是蒸汽采暖系统特有的设备，可自动而迅速地排出用热设备及管道中的凝水，并阻止蒸汽溢漏，在排除凝水的同时，排出系统中积留的空气和其他非凝结性气体，简单来说就是“排水阻气”。其按照作用原理不同分为三类。

① 机械型疏水器　利用蒸汽和凝水密度不同，形成凝水液位，以控制凝水排水孔自动启闭工作的疏水器。主要产品有浮筒式、钟形浮子式、倒置桶形、杠杆浮球式等。

② 热静力型疏水器　利用蒸汽和凝水的温度不同引起恒温元件膨胀或变形进行工作的疏水器。主要产品有波纹管型、膜盒型、双金属片型、恒温型等。

③ 热动力型疏水器　利用蒸汽和凝水热动力特性的不同进行工作的疏水器，如圆盘型、脉冲式、孔板式等。

(2) 常用疏水器的构造、特点及工作原理

① 浮筒式疏水器　浮筒式疏水器属于机械型疏水器，其剖面图如图 25-32(a) 所示。其动作原理如下。

凝结水流入疏水器外壳 2 内，当壳内水位升高时，浮筒 1 浮起，将阀孔 4 关闭。继续进水，凝水进入浮筒。当水即将充满浮筒时，浮筒下沉，阀孔打开，凝水借浮筒 1 蒸汽压力排到凝水管去。当凝水排出一定数量后，浮筒再度浮起，又将阀孔关闭。

如图 25-32(b) 所示是浮筒式疏水器动作的原理图，表示浮筒即将上浮，阀孔即将关闭，余留在浮筒内的一部分凝水起到水封作用，封住了蒸汽逸漏通路的情况。

浮筒的容积、浮筒及阀杆等的重量、阀孔直径及阀孔前后凝水的压差决定着浮筒的正常沉浮工作。浮筒底附带的可换重块 6，可用来调节它们之间的配合关系，适合不同凝水压力和差别等工作条件。

在正常工作情况下，浮筒式疏水器漏汽量只等于水封套筒排气孔的漏汽量，数量很

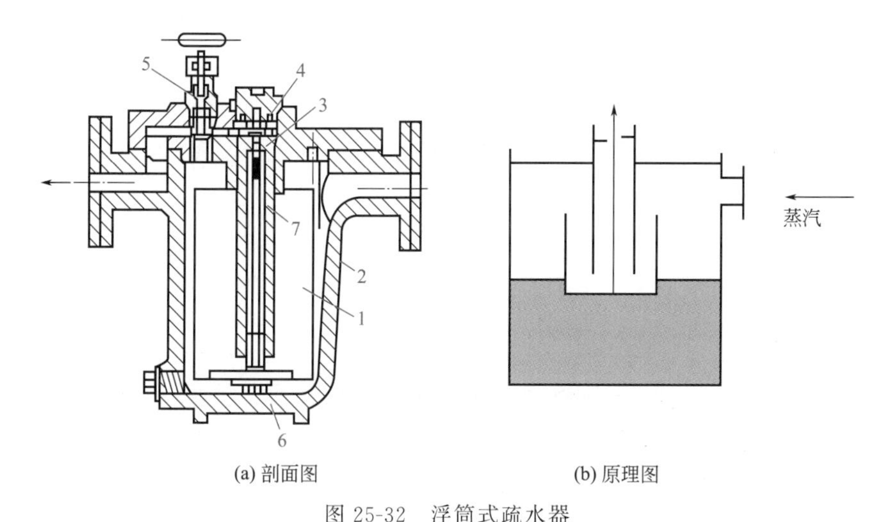

(a) 剖面图　　(b) 原理图

图 25-32　浮筒式疏水器

1—浮筒；2—外壳；3—顶针；4—阀孔；5—放气阀；6—可换重块；7—水封套管上的排气孔

少，它能排出具有饱和温度的凝水。凝水器前凝水的表压力 p，在 50kPa 或更小时便能启动疏水，排水孔阻力较小，因而疏水器的背压较高。缺点是体积大、排水量小、活动部件多、筒内易沉积渣垢、阀孔易磨损、维修工作量较大。

② 圆盘形疏水器　圆盘形疏水器属于热动力型疏水器，如图 25-33 所示，其工作原理为如下。

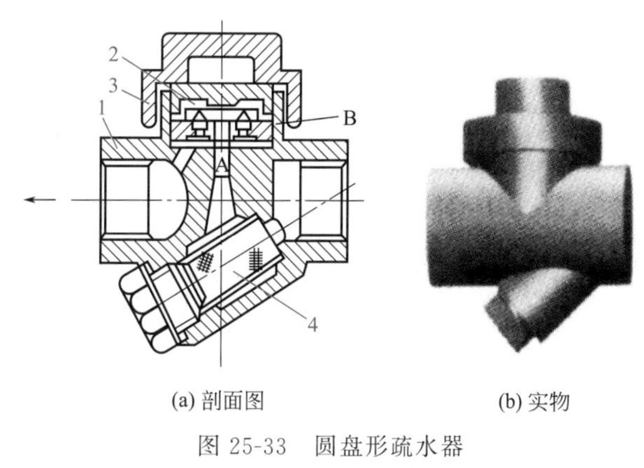

(a) 剖面图　　(b) 实物

图 25-33　圆盘形疏水器

1—阀体；2—阀门；3—阀盖；4—过滤器

当过冷的凝水流入孔 A 时，靠圆盘形阀片上下的压差顶开阀门，水经环形槽 B，从向下开的小孔排出。由于凝水的密度几乎不变，因此凝水流动通畅，阀片常开，连续排水。

当凝水带有蒸汽时，蒸汽在阀片下面从孔 A 经槽 B 流向出口，在通过阀片和阀座之间的狭窄通道时，压力下降，蒸汽密度急剧增大，阀片下面的蒸汽流速激增，造成阀片下面的静压下降。与此同时，蒸汽在槽 B 与出口孔受阻，被迫从阀片和阀盖之间的缝隙冲入阀片上部的控制室，动压转化为静压，在控制室内形成比阀片下更高的压力，迅速将阀片向下关闭阻汽。阀片关闭一段时间后，由于控制室内蒸汽凝结，压力下降，会使阀片瞬时开启，造成周期性漏汽。因此，新型的圆盘形疏水器先通过阀盖夹套再进入中心孔，以减缓控制室内蒸汽凝结。

圆盘形疏水器的优点是：体积小、重量轻、结构简单、安装维修方便。其缺点是：有周期漏汽现象，在凝水最小或疏水器前后压差过小时，会发生连续漏汽；当周围环境气温较高时，控制室内蒸汽凝结缓慢，阀片不易打开，会使排水量减少。

③ 温调式疏水器　温调式疏水器属于热静力型疏水器，疏水器的动作部件是一个波纹管的温度敏感元件，如图 25-34 所示。波纹管内部充以易蒸发的液体，当具有饱和温度的凝水到来时，由于凝水温度较高，使液体的饱和压力增高，波纹管轴向伸长，带动阀

芯，关闭凝水阀通路，防止蒸汽溢漏。当疏水器中的凝水由于向四周散热而温度下降时，液体的饱和压力下降，波纹管收缩，打开阀孔，排放凝水。疏水器尾部带有调节螺钉，向前调节可减小疏水器的阀孔间隙，从而提高凝水过冷度。此种疏水器的凝水排放温度为60～100℃，为使疏水器前凝水温度降低，疏水器前1～2m管道不保温。

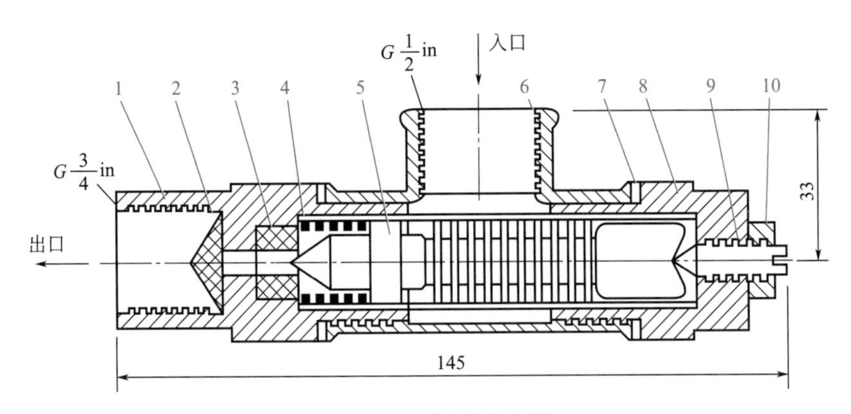

图 25-34　温调式疏水器

1—大管接头；2—过滤网；3—网座；4—弹簧；5—温度敏感元件；6—三通；7—垫片；8—后盖；9—调节螺钉；10—锁紧螺母

1in＝2.54cm

温调式疏水器加工工艺要求较高，适用于排除过冷凝水，安装位置不受水平限制，但不宜安装在周围环境温度高的场合。

无论是哪一种类型的疏水器，在性能方面，都应能在单位压降下的排凝水量较大，漏汽量要小（标准为不应大于实际排水量的3%），同时能顺利地排除空气，而且应对凝水的流量、压力和温度的波动适应性强。在结构方面，由于结构简单，活动部件少，便于维修，体积小，金属耗量少，所以使用寿命长。

(3) 疏水器的安装

① 疏水器应安装在便于操作和检修的位置，安装应平整，支架应牢固。连接管路应有坡度，其排水管与凝结水干管（回水）相接时，连接口应在凝结水干管的上方。

② 管道和设备需设疏水器时，必须做排污短管（座），排污短管（座）应有不小于150mm的存水高度，在存水高度线上部开口接疏水器，排污短管（座）下端应设法兰盖。

③ 应设置必要的法兰和活接头等，以便于检修拆卸。疏水器的安装方式如图25-35所示。

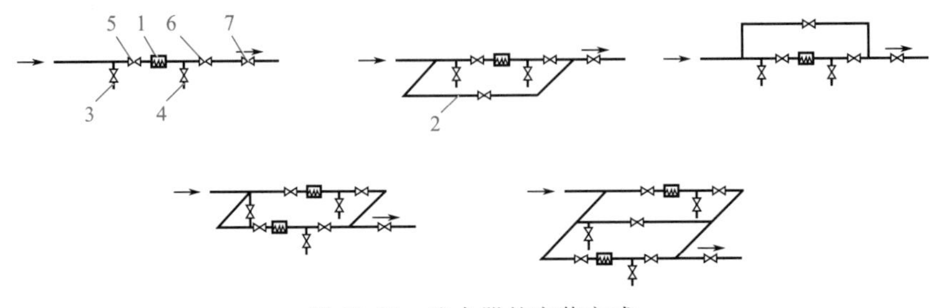

图 25-35　疏水器的安装方式

1—疏水器；2—旁通管；3—冲洗管；4—检查管；5,6—截止阀；7—止回阀

25.4.3.2 减压阀

减压阀可通过调节阀孔大小，对蒸汽进行节流进而达到减压目的，并能自动将阀后压力维持在一定范围内。

目前国产的减压阀有活塞式、波纹管式和薄膜式等几种。下面就活塞式和波纹管式减压阀的工作压力进行一一说明。

如图 25-36 所示是活塞式减压阀的工作原理。图中主阀 5 由活塞 4 上面的阀前蒸汽压力与下弹簧 6 的弹力相互平衡控制作用而上下移动，增大或减小阀孔的流通面积。针阀 3 由薄膜片 2 带动升降，开大或关小室 d 和室 e 的通道，薄膜片的弯曲度由上弹簧 1 和阀后蒸汽压力的相互作用来控制。启动前，主阀关闭。启动时，旋紧螺钉 7 压下薄膜片 2 和针阀 3，阀前压力为 p_1 的蒸汽便通过阀体内通道 a、室 e、室 d 和阀体内通道 b 到达活塞 4 上部空间，推下活塞，打开主阀。蒸汽流过主阀，压力下降为 p_2，经阀体内通道 e 进入薄膜片 2 下部空间，作用在薄膜片上的力与旋紧的弹簧力相平衡。调节旋紧螺钉使阀后压力达到设定值。当某种原因使阀后压力 p_2 升高时，薄膜片 2 由于下面的作用力变大而上弯，针阀 3 关小，活塞 4 的推动力下降，主阀上升，阀孔通路变小，p_2 下降；反之，动作相反。这样可以保持 p_2 在一个较小的范围（一般为±0.05MPa）内波动，处于基本稳定状态。活塞式减压阀适用于工作温度低于 300℃、工作压力达 1.6MPa 的蒸汽管道，阀前与阀后最小调节压差为 0.15MPa。

活塞式减压阀工作可靠，工作温度和压力较高，使用范围广。

波纹管式减压阀的结构如图 25-37 所示。它的主阀开启大小靠通至波纹管箱的阀后蒸汽压力和阀杆下的调节弹簧的弹力相互平衡来调节。压力波动范围在±0.025MPa 以内。阀前与阀后的最小调压差为 0.025MPa。波纹管适用于工作温度低于 200℃、工作压力达 1.0MPa 的蒸汽管道上。波纹管式减压阀的调节范围大，压力波动范围较小，特别适用于减为低压的低压蒸汽采暖系统。

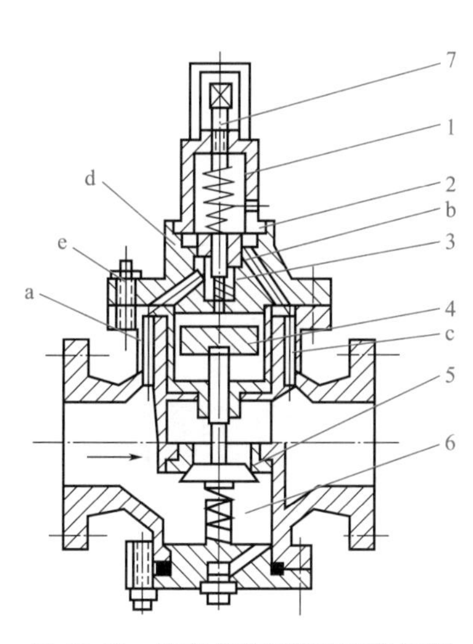

图 25-36 活塞式减压阀的工作原理

a～c—阀体内通道；
d，e—室；1—上弹簧；2—薄膜片；3—针阀；4—活塞；
5—主阀；6—下弹簧；7—旋紧螺钉

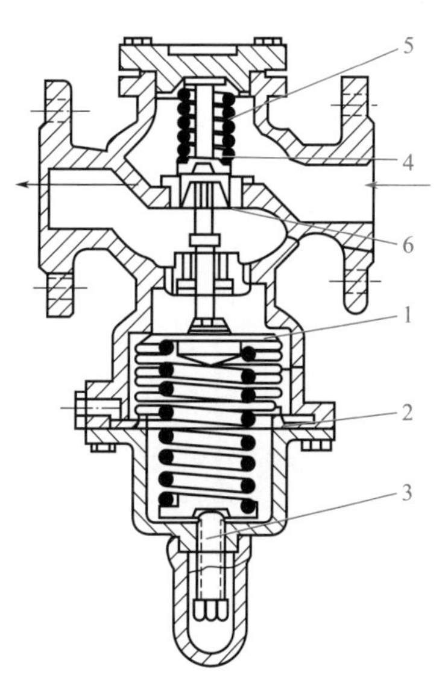

图 25-37 波纹管式减压阀的结构

1—波纹箱；2—调节弹簧；
3—调节螺钉；4—阀瓣；
5—辅助弹簧；6—阀杆

减压阀的安装应注意以下事项。

① 为了操作和维护方便，该阀一般直立安装在水平管道上。

② 减压阀安装必须严格按照阀体上的箭头方向保持和流体流动方向一致。如果水质不清洁，含有一些杂质，必须在减压阀的上游进水口安装过滤器（建议过滤精度不低于0.5mm）。

③ 为了防止阀后压力超压，应在离阀出口不小于4m处安装一个减压阀。

④ 减压阀在管道中起到一定的止回作用，为了防止水锤的危害，也可安装小的膨胀水箱，防止损坏管道和阀门，过滤器必须安装在减压阀的进水管前，而膨胀水箱必须安装在减压阀出水管后。

⑤ 如果需要将减压阀安装在热水系统中时，必须在减压阀和膨胀水箱之间安装止回阀。这样既可以让膨胀水箱吸收由于热膨胀而增加的水的体积，又可以防止热水回流或压力波动对减压阀产生冲击。

25.4.4 蒸汽采暖系统管道布置

蒸汽供暖系统管路布置的基本要求与热水供暖系统相同，还要注意以下几点。

① 水平敷设的供汽和凝水管道必须有足够的坡度并尽可能地使汽、水同向流动。

② 布置蒸汽供暖系统时应尽量使系统作用半径小，流量分配均匀。系统规模较大、作用半径较大时宜采用同程式布置，以避免远近不同的立管环路因压降不同造成环路凝水回流不畅。

③ 合理地设置疏水器。为了及时排除蒸汽系统的凝水，除了应保证管道必要的坡度外，还应在适当位置设置疏水装置，一般低压蒸汽供暖系统每组散热设备的出口或每根立管的下部都设置疏水器，高压蒸汽供暖系统一般在环路末端设置疏水器。水平敷设的供汽干管，为了减小敷设深度，每隔30～40m需要局部抬高，局部抬高的低点处设置疏水器和泄水装置。

④ 为避免蒸汽管路中的沿途凝水进入蒸汽立管造成水击现象，供汽立管应从蒸汽干管的上方或侧上方接出。干管沿途产生的凝结水，可通过干管末端设置的凝水立管和疏水装置排出。

⑤ 水平干式凝水干管通过过门地沟时，需将凝水管内的空气与凝水分流，应在门上设空气绕行管。

25.5 供热管道的敷设与安装

25.5.1 室外供热管道的敷设形式

因为室外供热管网是集中供热系统中投资最多、施工最繁重的部分，所以合理地选择供热管道的敷设方式以及做好管网平面的定线工作，对节省投资、保证热网安全可靠运行和施工维修方便等，都具有重要的意义。

25.5.1.1 管道的布置

小区供热管道应尽量经过热负荷集中的地方，且以线路短、便于施工为宜。管线尽量敷设在地势较平坦、土质良好、地下水位低的地方。同时还要考虑和其他地上管线的相互关系。

地下供热管道的埋设深度一般不考虑冻结问题，对于直埋管道，在车行道下为 0.8～1.2m，在非车行道下为 0.6m 左右；管沟顶上的覆土深度一般不小于 0.3m，以避免直接承受地面的作用力。架空管道设于人和车辆稀少的地方时，采用低支架敷设，交通频繁之处采用中支架敷设，穿越主干道时采用高支架敷设。埋地管线坡度应尽量采用与自然地面相同的坡度。

25.5.1.2 管道的敷设

室外采暖管道的敷设方式可分为管沟敷设、埋地敷设和架空敷设三种。

(1) 管沟敷设

厂区或街区交通特别频繁以致管道架空有困难或影响美观时，或在蒸汽供热系统中，凝水是靠高度差自流回收时，适于采用地下敷设。管沟是地下敷设管道的围护构筑物，其作用是承受土压力和地面荷载并防止水的侵入。根据管沟内人行通道的设置情况，分为通行管沟、半通行管沟和不通行管沟。

① 通行管沟　通行管沟是工作人员可以在管沟内直立通行的管沟，可采用单侧或双侧两种布管方式，如图 25-38 所示。通行管沟中人行通道的高度不低于 1.8m，宽度不小于 0.7m，并应允许管沟内管径最大的管道通过通道。管沟内若装有蒸汽管道，应每隔 100m 设一个事故入口；若无蒸汽管道，应每隔 200m 设一个事故入口。沟内设自然通风或机械通风设备。沟内空气温度按工人检修条件的要求不应超出 40～50℃。安全方面还要求地沟内设照明设施，照明电压不高于 36V。通行管沟的主要优点是，操作人员可在管沟内进行管道的日常维修甚至大修更换管道，但是土方量大、造价高。

② 半通行管沟　在半通行管沟内，留有高度为 1.2～1.4m、宽度不小于 0.5m 的人行通道，如图 25-39 所示。操作人员可以在半通行管沟内检查管道和进行小型修理工作，但更换管道等大修工作仍需挖开地面进行。从工作安全角度考虑，半通行管沟只宜用于低压蒸汽管道和温度低于 130℃的热水管道。在决定敷设方案时，应充分调查当时当地的具体条件，征求管理和运行人员的意见。

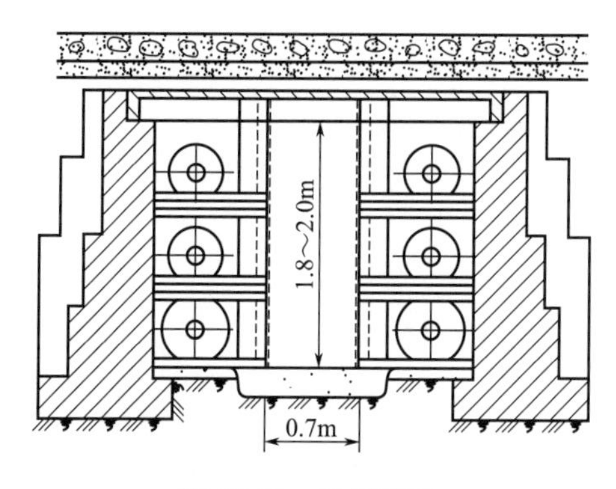

图 25-38　通行管沟

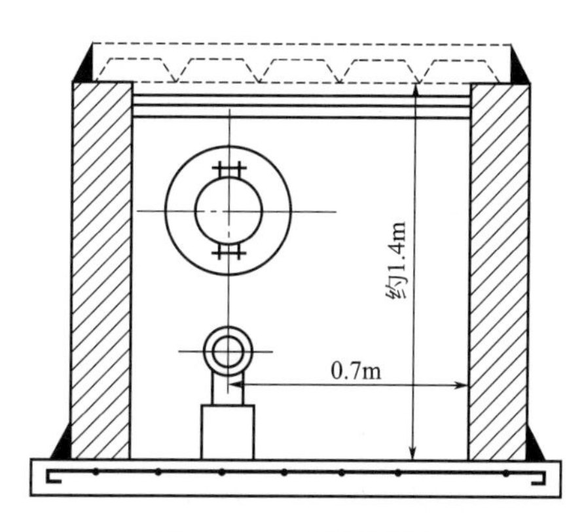

图 25-39　半通行管沟

③ 不通行管沟　不通行管沟的横截面较小，只需保证管道施工安装的必要尺寸。不通行管沟的造价较低，占地较小，是城镇采暖管道经常采用的管沟敷设形式。其缺点是检修时必须掘开地面。

(2) 埋地敷设

对于直径 $DN \leqslant 500$mm 的热力管道均可采用埋地敷设。一般应用在地下水位以上的土层内，它是将保温后的管道直接埋于地下，从而节省大量建造地沟的材料、工时和空间。管道应有一定的埋深，外壳顶部的埋深应满足覆土厚度的要求。此外，还要求保温材料除热导率小之外，还应吸水率低，电阻率高，并具有一定的机械强度。为了防水、防腐蚀，保温结构应连续无缝，形成整体。

(3) 架空敷设

架空敷设在工厂区和城市郊区应用广泛，它是将供热管道敷设在地面上的独立支架或带纵梁的管架以及建筑物的墙壁上。架空敷设管道不受地下水的侵蚀，因而管道寿命长；由于空间通畅，故管道坡度易于保证，所需放气与排水设备量少，而且通常有条件使用工作可靠、构造简单的方形补偿器；因为只有支撑结构基础的土方工程，故施工土方量小，造价低；在运行中，易于发现管道事故，维修方便，是一种比较经济的敷设方式。架空敷设的缺点是占地面积较多，管道热损大，在某些场合下不够美观。

按照支架的高度不同，可把支架分为下列三种形式。

① 低支架敷设　在不妨碍交通以及不妨碍厂区、街区扩建的地段，供热管道可采用低支架敷设。此时，最好是沿工厂的围墙或平行于公路、铁路进行布线。低支架上管道保温层的底部与地面间的净距通常为 0.5～1.0m，两个相邻管道保温层外面的间距，一般为 0.1～0.2m。低支架敷设如图 25-40 所示。

② 中支架敷设　在行人频繁处，可采用中支架敷设。中支架的净空高度为 2.5～4.0m，如图 25-41 所示。

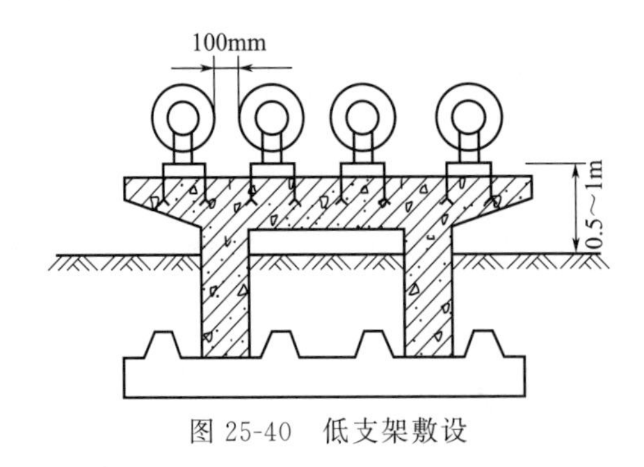

图 25-40　低支架敷设

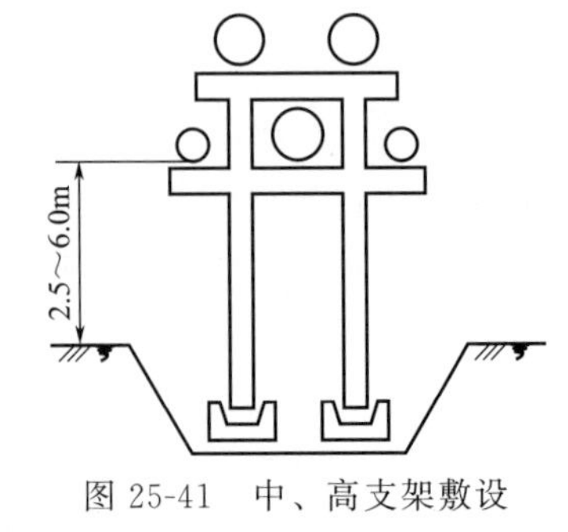

图 25-41　中、高支架敷设

③ 高支架敷设　在跨越公路或铁路时采用时，可采用高支架敷设，高支架的净空高度为 4.5～6.0m，如图 25-41 所示。

25.5.2　室外供热管道安装要求

(1) 支架的安装

① 支架的制作　一般采用角钢或槽钢制作支持结构，利用钢板加工托座。

② 支架的除锈　除锈的方法有手工法、机械法、酸洗法和喷砂法等。

③ 支架的防腐　通常刷底漆、面漆各两遍。底漆为樟（红）丹防锈漆或铁红防锈漆，面漆为调和漆。

④ 支架的安装　地沟内供热管道支架（座）的安装分两次进行：第一次在筑沟壁时，将支承结构（角钢或槽钢）预埋好；第二次在铺设管道时安装托持结构（托座）。

（2）铺设管道

① 管子的检查　管子的名称、规格、材质应符合设计要求，不得有裂纹、严重锈蚀等缺陷。

② 管子的除锈　通常采用喷砂法除锈，将管子外表面的锈污除掉，要求露出金属光泽。

③ 管子的防腐　通常在铺管之前，将管子外表面喷涂防锈底漆两遍，为了不影响焊接质量，每节管的两端各留出约 50mm 不涂漆。

④ 管段的组对与焊接　在管沟边的平地上将管子组对、焊接成适当长度的管段。

a. 管子的坡口。当管壁厚度小于 4mm 时不坡口，如图 25-42 所示；当管壁厚度不小于 4mm 时应坡口，坡口的形式一般为 V 形，角度为 60°～70°，如图 25-43 所示。坡口的加工可采用坡口机、气割等方法。

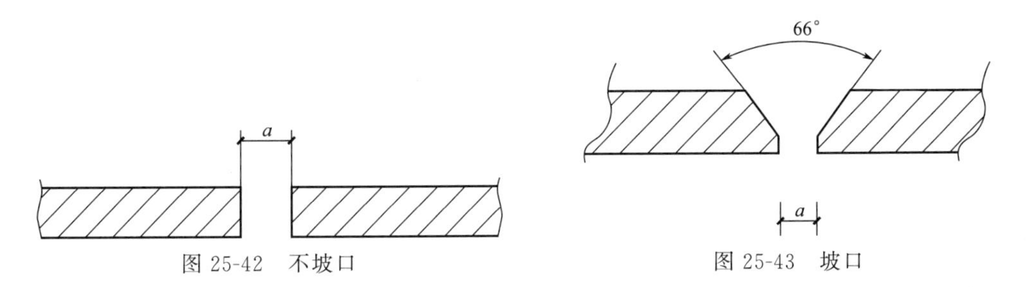

图 25-42　不坡口　　　　图 25-43　坡口

b. 管子的对口。对口时管口端面垂直管中心线，不得错口，管道的对口间隙如表 25-3 所示。

表 25-3　管道的对口间隙　　　　单位：mm

图形	管壁厚 δ	对口间隙
a	＜4	1.5～3
66° a	4～6	2
	7～8	2.5
	9～10	3
	11～12	3

c. 点焊。管口对好之后，为防止焊接过程中管口松动，以点焊固定。通常沿管口圆周等距离点焊 1～3 处，每处长为管壁厚的 2～3 倍。

d. 焊接。通常小口径管子，壁厚小于 4mm 时宜用气焊；大口径管子，壁厚不小于 4mm 时宜用电焊。

e. 铺管。将组对焊接好的管段，以机械（或人工）放入沟内的支架上，把管段连接成整条管道，然后将管道就位并调整间距、坡度及坡向。

f. 安装支座。安装固定支座时，其支座与管道和支架应焊接牢固。

(3) 补偿器及其安装

① 补偿器的作用　补偿器也称为伸缩器，其作用是吸收管道因热胀而伸长的长度和补偿因冷缩而回缩的长度。

② 补偿器的种类　补偿器分为自然和人工两种。自然补偿器是供热管道自然拐弯，分为 Z 形、L 形两种，如图 25-44 所示。人工补偿器有方形和套筒式补偿器两种。供热管道常采用方形补偿器，如图 25-45 所示，其优点为管道系统运行时，这种补偿器安全可靠，且平时不需要维修；缺点为占地面积较大。

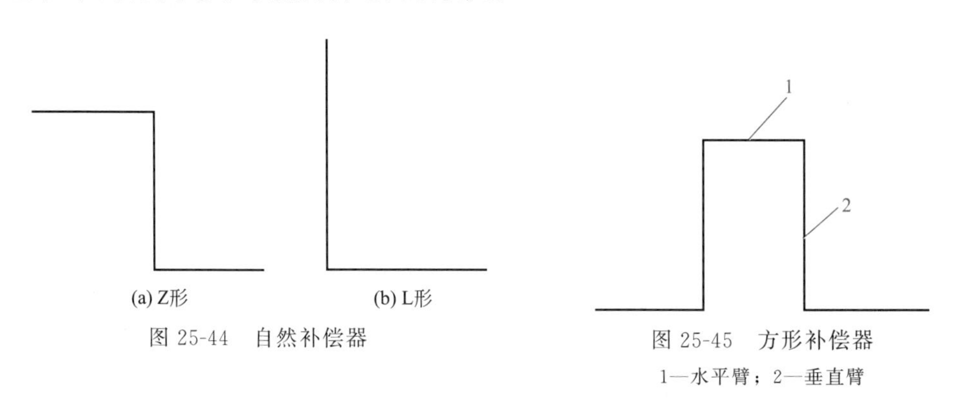

图 25-44　自然补偿器

图 25-45　方形补偿器

1—水平臂；2—垂直臂

③ 方形补偿器的制作　制作方形补偿器时须用优质的无缝钢管弯制而成，最好用一根管弯制。尺寸较大时也可以用两根或三根管焊接而成，焊缝应放在垂直臂上，严禁放在水平臂上。组对时，应在平台上进行，4 个弯头均为 90°且在同一平面上。

④ 方形补偿器的安装　为了提高其补偿能力，安装方形补偿器时应进行预拉伸或预撑。预拉伸的方法，通常采用拉管器、手拉葫芦。方形补偿器的预拉伸如图 25-46 所示。预拉伸时，先将方形补偿器的一端与管道焊接，另一端作为拉伸口，待拉伸量合适之后再焊接。

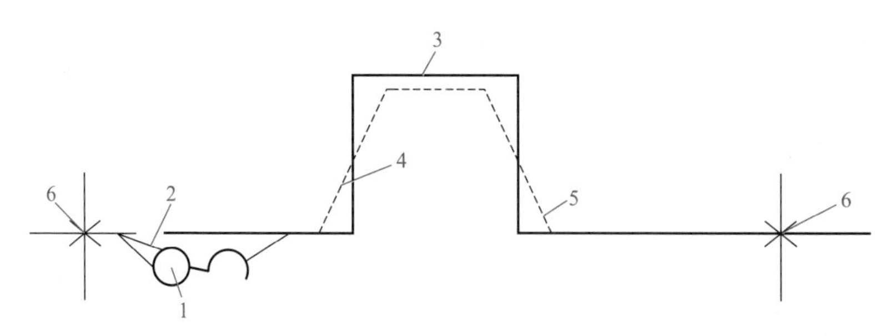

图 25-46　方形补偿器的预拉伸

1—手拉葫芦；2—拉伸口；3—方形补偿器；4—制作态；5—拉伸态；6—固定支架

25.5.3　供热管道的支座

管道支座是连接支承结构和管道的主要构件，其作用是支撑管道和限制管道位移。支座承受管道重力以及由内压、外载和温度引起的作用力，并将这些荷载传递到建筑结构或地面的管道构件上。管道支座的正确设计和选取，对供热管道的安全运行有重要的影响。

根据支座对管道位移的限制情况，分为固定支座和活动支座。

(1) 固定支座

固定支座是不允许管道和支承结构有相对位移的管道支座。它主要用于将管道划分为若干补偿管段，分别对各管段进行热补偿，从而保证补偿器的正常工作。

最常用的是金属结构的固定支座，有卡环式固定支座、焊接角钢固定支座、曲面槽固定支座和挡板式固定支座，分别如图 25-47 和图 25-48 所示。前三种固定支座承受的轴向推力较小，通常不超过 50kN；固定支座承受的轴向推力超过 50kN，多采用挡板式固定支座。

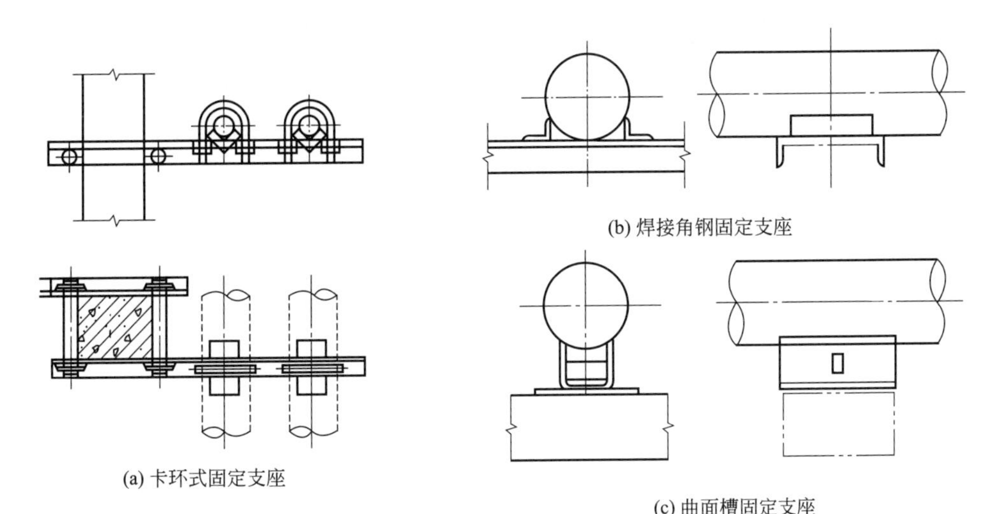

(a) 卡环式固定支座

(b) 焊接角钢固定支座

(c) 曲面槽固定支座

图 25-47 固定支座

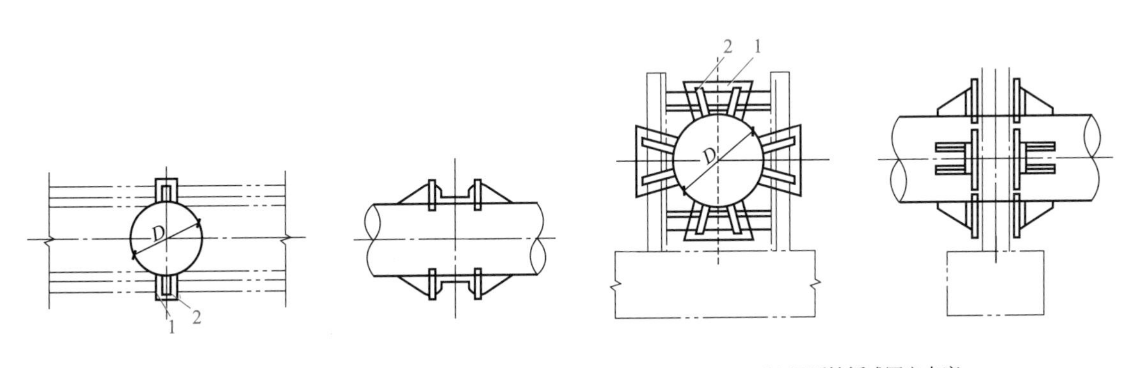

(a) 双面挡板式固定支座

(b) 四面挡板式固定支座

图 25-48 挡板式固定支座

1—挡板；2—肋板

在无沟敷设或不通行地沟中，固定支座也有做成钢筋混凝土固定墩的形式。如图 25-49 所示为直埋敷设所采用的一种固定墩的形式，管道从固定墩上部的立板穿过，在管子上焊有卡板进行固定。

固定支座的设置要求如下。

① 在管道不允许有轴向位移的节点处设置固定支座，例如有支管分出的干管处。

② 在热源出口、热力站和热用户出入口处，均应设置固定支座，以消除外部管路作用于附件和阀门上的作用力，使管道相对稳定。

③ 在管路弯曲的两侧应设置固定支座，以保证管道弯曲部位的弯曲应力不超过管子

的许用应力范围。

固定支座是供热管道中主要受力构件，应按照上述要求设置。为节约投资，应尽可能加大固定支座的间距，但也要满足下列要求。

① 管道的热伸长量不得超过补偿器所能允许的补偿量。

② 管道因膨胀和其他作用而产生的推力，不得超过固定支座所能承受的允许推力。

③ 不应使管道产生纵向弯曲。

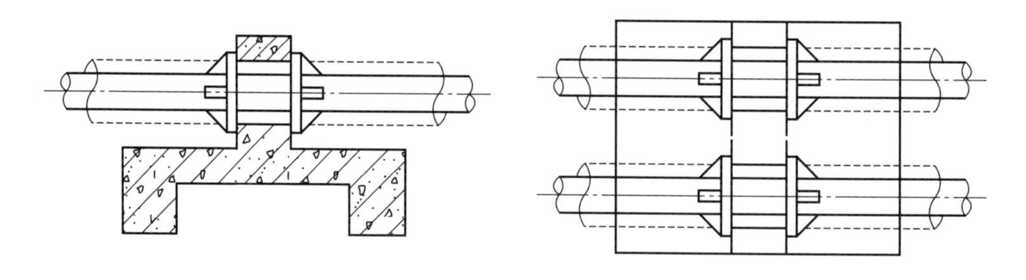

(a) 剖面图1　　(b) 剖面图2

图 25-49　直埋敷设的固定墩

(2) 活动支座

活动支座是允许管道和支承结构有相对位移的管道支座。按其构造和功能分为滑动、滚动、悬吊、弹簧和导向等支座形式。

① 滑动支座　滑动支座由安装（卡固或焊接）在管子上的钢制管托（卡固或焊接）和下面的支撑结构构成。它承受管道的垂直荷载，允许管道在水平方向上有滑动位移。根据管托横断面的形状，有曲面槽式（图 25-50）、丁字托式（图 25-51）和弧形板式（图 25-52）。前两种形式的滑动支座，由支座托住管道，滑动面低于保温层，保温层不会受到损坏。弧形板式滑动支座的滑动面直接附在管道壁上，因此安装支座时要去掉保温层，但管道安装位置可以低一些。

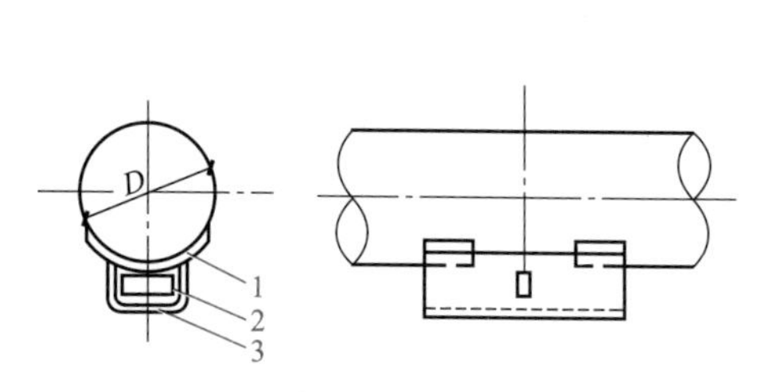

图 25-50　曲面槽式滑动支座

1—弧形板；2—肋板；3—曲面槽

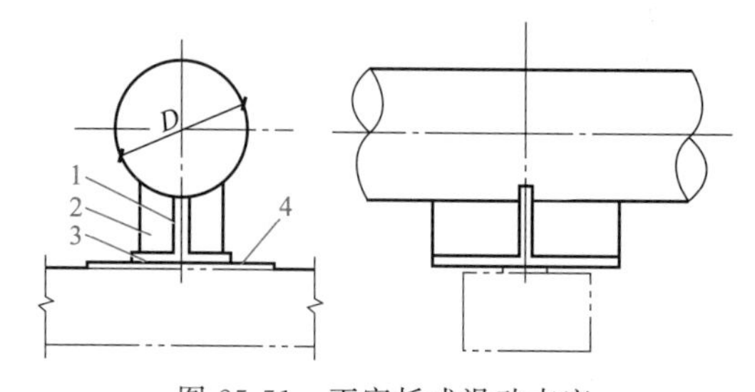

图 25-51　丁字托式滑动支座

1—顶板；2—侧板；3—底板；4—支承板

② 滚动支座　滚动支座由安装（卡固或焊接）在管子上的钢制管托与设置在支承结构上的辊轴、滚柱或滚珠盘等部件构成。

对于辊轴式支座（图 25-53）和滚柱式支座（图 25-54），管道有轴向位移时，管托和滚动部件间为滚动摩擦；管道有横向位移时为滑动摩擦。对于滚珠盘式支座，管道水平各向移动均为滚动摩擦。

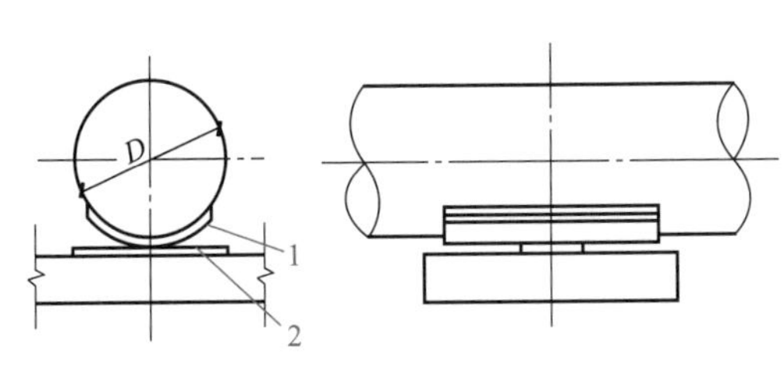

图 25-52　弧形板式滑动支座

1—弧形板；2—支承板

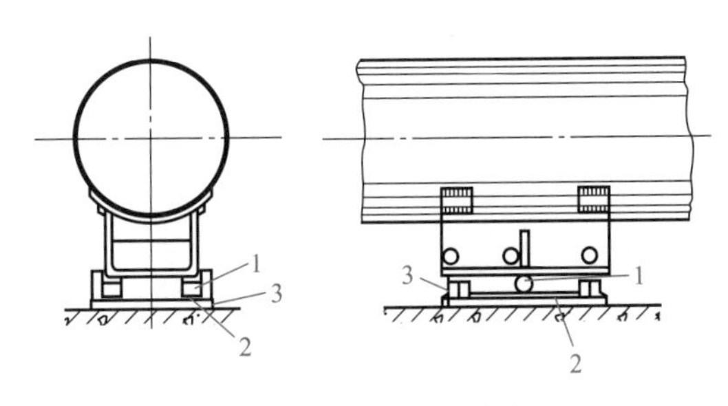

图 25-53　辊轴式滚动支座

1—辊轴；2—导向板；3—支撑板

滚动支座需要进行必要的维护，使滚动部件保持正常状态，否则滚动部件会腐蚀，不能转动，从而变为滑动支座。故滚动支座一般只用在架空敷设。

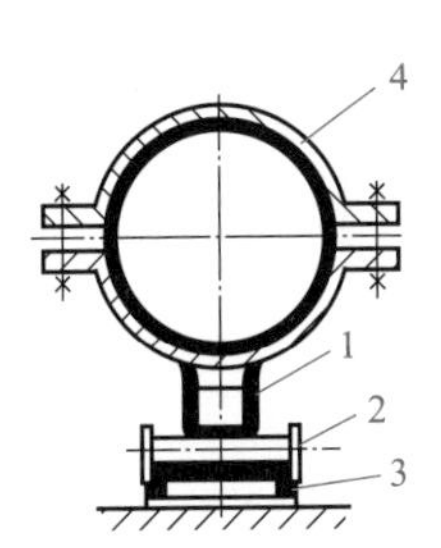

图 25-54　滚柱式滚动支座

1—槽板；2—滚柱；3—槽钢支柱；4—管箍

③ 悬吊支座　悬吊支座常用在供热管道上，管道用抱箍、吊杆等构件悬吊在支撑结构下面。如图 25-55 所示为几种常见的悬吊支座。悬吊支座构造简单，管道伸缩阻力小；管道位移时吊杆发生摆动，因各支座吊杆摆动幅度不一，难以保证管道轴线为一条直线，因此管道热补偿需要采用不受管道弯曲变形影响的补偿器。

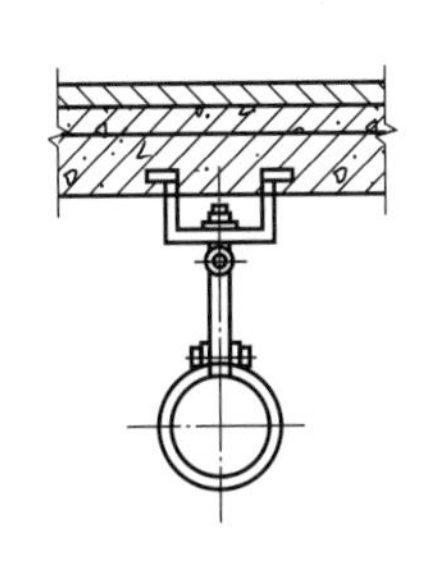

(a) 可在纵向及横向移动

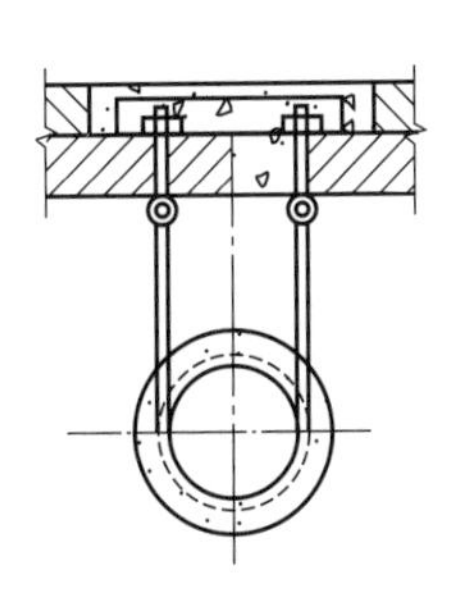

(b) 只能在纵向移动

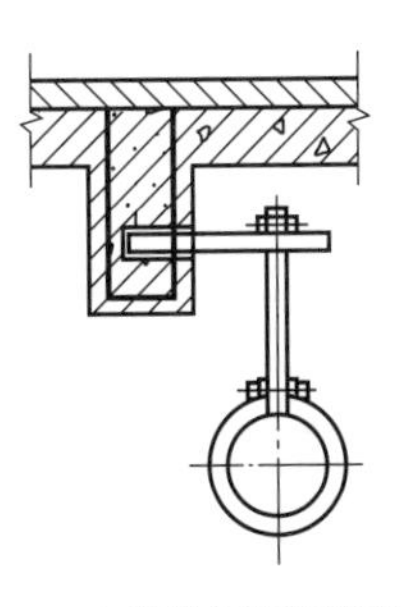

(c) 焊接在钢筋混凝土构件里的预埋上

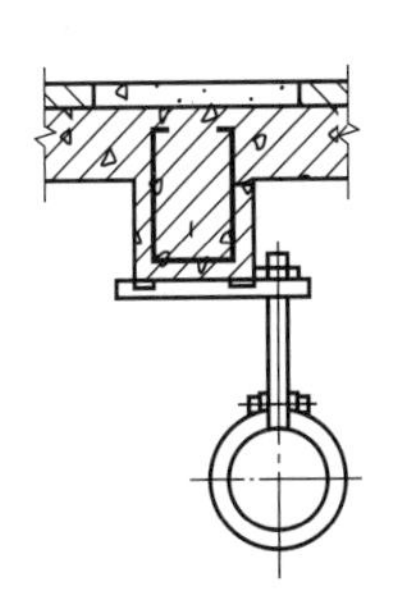

(d) 箍在钢筋混凝土梁上

图 25-55　几种常见的悬吊支座

④ 弹簧支座　弹簧支座一般是在滑动支座、滚动支座的管托下或在悬吊支架的构件中加弹簧构成的，如图 25-56 所示。其特点是允许管道水平位移的同时，还可适应管道的垂直位移，使支座承受的管道垂直荷载变化不大。常用于管道有较大的垂直位移处，以防止管道脱离支座，致使相邻支座和相应管段受力过大。

⑤ 导向支座　导向支座是只允许管道轴向伸缩，限制管道横向位移的支座形式，如图 25-57 所示。其构造通常是在滑动支座或滚动支座沿管道轴向的管托两侧设置导向挡板。导向支座的主要作用是防止管道纵向失稳，保证补偿器正常工作。

管道活动支座间距的大小决定着整个管网支座的数量，影响到管网的投资。活动支座的最大间距由管道的允许跨距来决定，而管道的允许跨距又是按强度条件和刚度条件来计算确定的，通常选取其中较小值作为管道支座的最大间距。

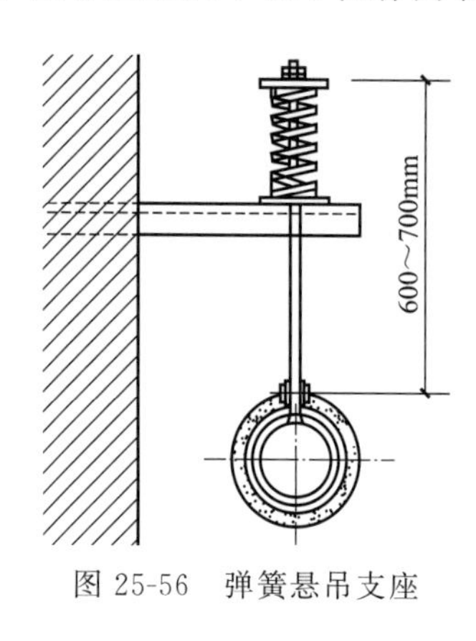

图 25-56　弹簧悬吊支座

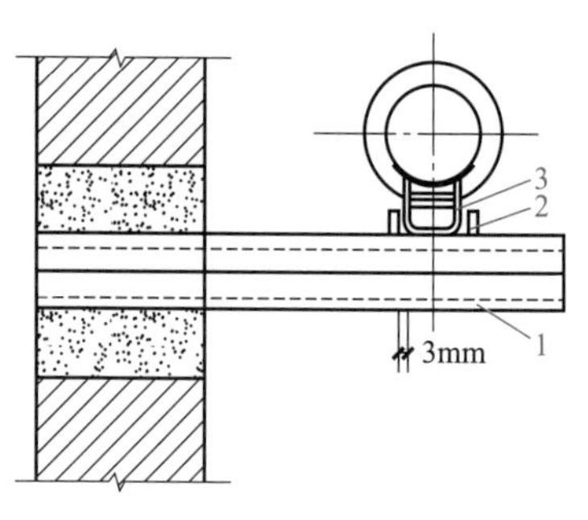

图 25-57　导向支座

1—支架；2—导向板；3—支座

25.5.4　供热管道的伸缩器

供热管道安装的主要问题，就是温度变化而引起管道的热胀冷缩问题。

供热管道系统的安装，通常是在常温下进行的，管子在受热膨胀伸长时或温度降低而缩短时，对于两端固定的管道，将产生很大的弹力，对固定点（支座）将产生很大的推力和拉力，使管道产生变形。在供热管路系统中，如何消除因温度变化而产生的热应力，具有重要的意义。

补偿器又叫胀力器或防胀器，是用来补偿管子因温度的变化而伸长或缩短的构件，用以减小管子的温度应力。为了防止供热管道升温时，由于热伸长或热应力引起管道变形或破坏，需要在管道上设置补偿器，以补偿管道的热伸长，从而减小管壁的应力和作用在阀件或支架结构上的作用力。

(1) 波纹管补偿器

波纹管补偿器是用单层或多层薄壁金属管制成的具有轴向波纹的管状补偿设备。工作时利用波纹变形进行管道热补偿。供热管道上使用的波纹管补偿器，多用不锈钢制造。其主要优点是占地小，介质流动阻力小，配管简单，安装容易，维修管理方便。波纹管补偿器根据工作压力（MPa）有 0.6、1.0、1.6、2.5 型，工作温度在 450℃以下，尺寸规格有 $DN50$～$DN2400$。

波纹管补偿器按补偿方式分为轴向、横向和铰接等形式。轴向补偿器可吸收轴向位移。波纹管补偿器按其承压方式又分为内压式和外压式。如图 25-58 所示为内压式轴向波纹管补偿器的结构示意。由于在波纹管内侧装有导流管，减少了流体的流动阻力，同时也避免了介质流动时对波纹管壁面的冲刷，延长了波纹管的使用寿命。横向式补偿器可沿补偿器径向变形，常装于管道中的横向管段上吸收管道热伸长。铰接式补偿器以铰接轴为中心折曲变形，类似球形补偿器，需要成对安装在转角段上进行管道热补偿。

为使轴向型波纹管补偿器严格地按管道轴向热胀或冷缩，补偿器应靠近一个固定支座设置，并设置导向支座，导向支座宜采用整体箍住管子的方式以控制横向位移和预防管子纵向变形。

常用的轴向波纹管补偿器通常都作为标准的管配件，用法兰或焊接的形式与管道连接。

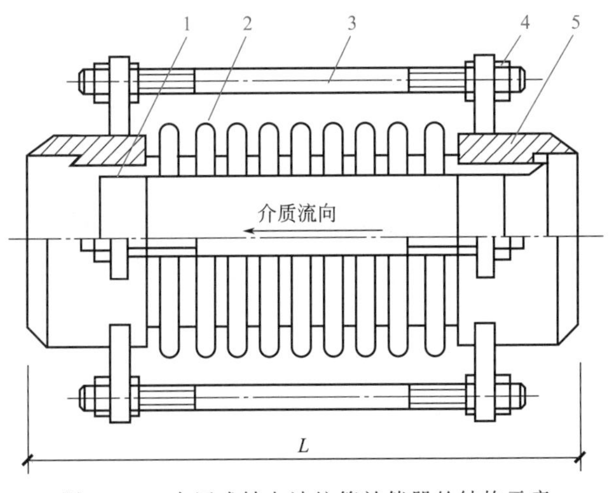

图 25-58　内压式轴向波纹管补偿器的结构示意

1—导流管；2—波纹管；3—限位拉杆；4—限位螺母；5—短管

(2) 套筒补偿器

套筒补偿器是由填料密封的套管和外壳管组成的，两者同心套装并可轴向补偿。如图 25-59 所示为单向套筒补偿器。套管与外壳之间用填料圈密封，填料被紧压在前压栏和后压栏之间，以保证封口紧密。填料采用石棉夹铜丝盘根，更换填料时需要松开前压栏进行操作。

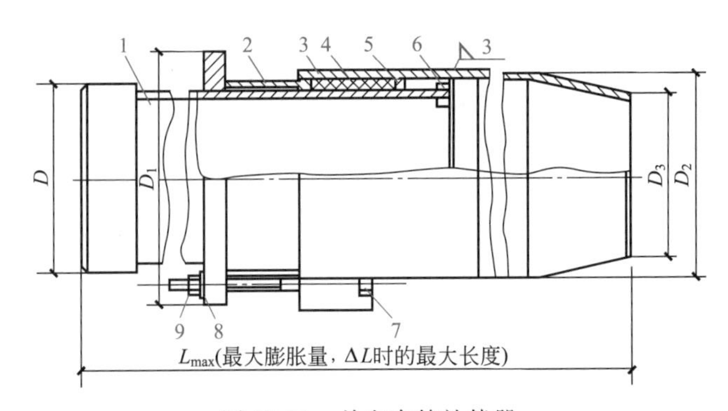

图 25-59　单向套筒补偿器

1—套筒；2—前压栏；3—壳体；4—填料圈；5—后压栏；6—防脱肩；7—T 形螺栓；8—垫圈；9—螺母

套筒补偿器的补偿能力大，一般可达 250～400mm，占地面积小，介质流动阻力小，造价低，安装方便，可直接焊接在供热管道上。但套筒补偿器易发生介质泄漏，需要经常检修，而且其压紧、补充和更换填料的维修工作量大，同时管道在地下敷设时，要增设检查室，如果管道变形有横向位移时，易造成填料圈卡住，它只能用在直线管段上，当其用在弯管或阀门处时，其轴向产生的盲板推力（由内压引起的不平衡推力）也比较大，需要设置加强的固定支座。套筒补偿器的最大补偿量，可参见产品样本。按套筒补偿器的工作压力（MPa）不同有 0.6、1.0、1.6、2.5 型，工作温度不超过 300℃。

(3) 球形补偿器

球形补偿器由球体和外壳组成。球体和外壳可相对折曲或旋转一定的角度，以此来补偿管道的热伸长量，两个配对成一组，其工作原理如图 25-60 所示。

球形补偿器具有很好的耐压和耐温性能，使用寿命长，运行可靠，占地面积小，能做空间变形，补偿能力大，流体阻力小，安装方便，投资省。特别适合于三维位移的蒸汽和热水管道。

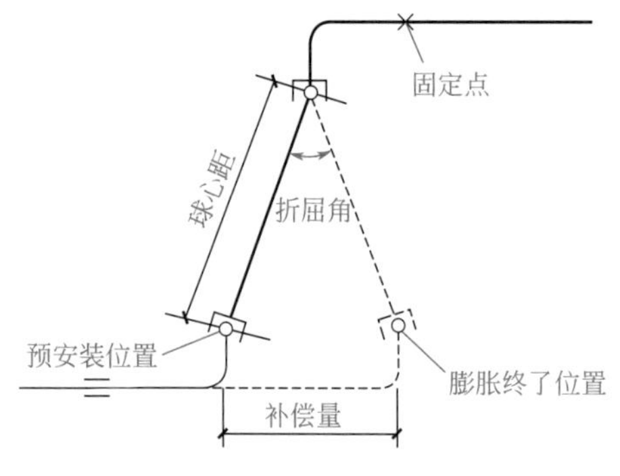

图 25-60 球形补偿器的工作原理

25.5.5 供热管道的保温

(1) 保温材料及其要求

良好的保温材料应重量轻、热导率小，在使用温度下不变形或变质，具有一定的机械强度、不腐蚀金属、可燃成分少、吸水率低、易施工成型且成本低廉。

供热介质设计温度高于 50℃的热力管道、设备、阀门应保温。保温材料及其制品的主要技术性能应符合下列规定。

① 平均工作温度下的热导率不得大于 0.12W/(m·K)，并应有明确的随温度变化的热导率方程或图表；对于松散或可压缩的保温材料及其制品，应具有在使用密度下的热导率方程或图表。

② 密度不应大于 350kg/m^3。

③ 除软质、散状材料外，硬质预制成型制品的抗压强度不应小于 0.3MPa；半硬质的保温材料压缩 10%时的抗压强度不应小于 0.2MPa。

目前常用的管道保温材料有石棉、膨胀珍珠岩、膨胀蛭石、岩棉、矿渣棉、玻璃纤维及玻璃棉、微孔硅酸钙、泡沫混凝土、聚氨酯硬质泡沫塑料等，各种材料及制品的技术性能可从生产厂家或一些设计手册中得到。在选用保温材料时，要综合考虑各种因素，因地制宜、就地取材，力求节约。

(2) 保湿结构

供热管道及其附件保温的目的是减少热量损失，保证热媒的使用温度，节约能源，保证操作人员安全，改善劳动条件；提高系统运行的经济性和安全性。供热管道的保温结构由保温层和保护层两部分组成。

① 保温层　供热管道的保温有多种方法，常用的有涂抹式、预制式、缠绕式、填充式、灌注式和喷涂式。

涂抹式保温是将不定型的保温材料加入黏合剂等拌和成塑性泥团，分层涂抹于需要保温的设备、管道表面上，干后形成保温层的保温方法。该方法不用模具，整体性好，特别适用于填补孔洞和异形表面的保温，涂抹式保温是传统的保温方法，施工方法落后、进度慢，在室外管网工程中已很少应用。适用此法的保温材料有膨胀珍珠岩、膨胀蛭石、石棉灰、石棉硅藻土等。

预制式保温是将保温材料制成板状、弧块状、管壳等形状，用捆扎和粘接方法安装在设备或管道上形成保温层的保温方法。该方法操作方便，保温材料多是预制品，因而此法采用的保温材料有泡沫混凝土、石棉、矿渣棉、岩棉、玻璃棉、膨胀珍珠岩、硬质泡沫塑料等，如图 25-61 所示为预制式保温瓦块。

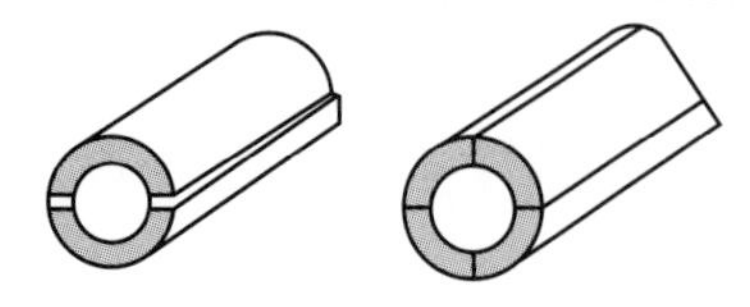
图 25-61 预制式保温瓦块

缠绕式保温是用绳状或片状的保温材料缠绕捆扎在管道或设备上形成保温层的保温方法。该方法操作方便、便于拆卸，在管道工程中应用较多。此法采用的保温材料有石棉绳、石棉布、纤维类保温毡（如岩棉、矿渣棉、玻璃棉等），如图25-62所示。

填充式保温是将松散的或纤维状保温材料，填充于管道、设备外围特制的壳体或金属网中，或直接填充于安装好管道的地沟或沟槽内形成保温层的保温方法。近年来，由于多将松散的或纤维状保温材料做成管壳式，这种填充保温方式已使用不多。在地沟或直埋管道沟槽内填充保温材料，必须采用憎水性保温材料，以避免水渗入，如用憎水性沥青珍珠岩等。

灌注式保温是将流动状态的保温材料，用灌注方法成型硬化后，在管道或设备外表面形成保温层的保温方法。如在直埋敷设管道的沟槽内灌注泡沫混凝土进行保温；在套管或模具中灌注聚氨酯硬质泡沫塑料，发泡固化后形成管道保温层。该方法的保温层为一个连续整体，有利于保温和对管道的保护，如图25-63所示。

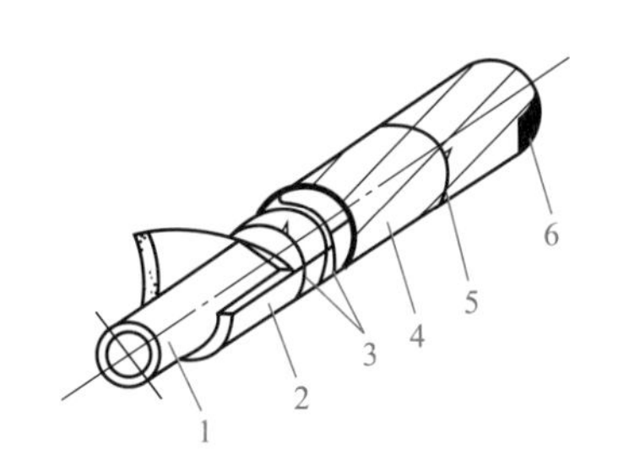

图25-62 缠绕式保温

1—管子；2—保温棉毡；3—镀锌铁丝；4—玻璃布；5—镀锌铁丝或钢带；6—调和漆

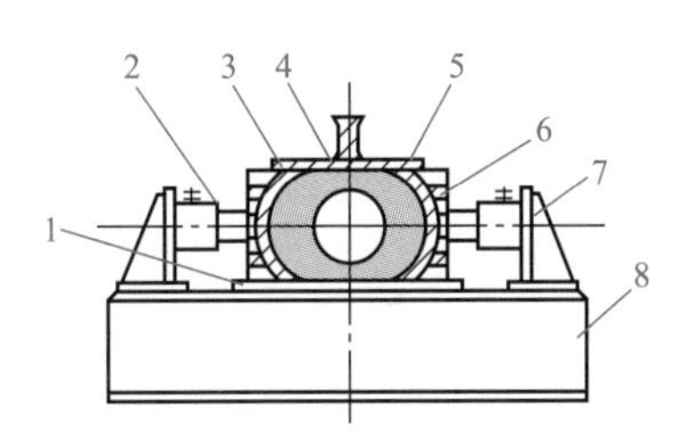

图25-63 灌注式保温

1—底板；2—液压千斤顶；3—沥青珍珠岩熟料；4—压盖；5—成型位置；6—模具；7—千斤顶；8—底座

喷涂式保温是利用喷涂设备，将保温材料喷射到管道、设备表面上形成保温层的保温方法。该方法施工效率高，保温层整体性好。此方法采用的保温材料有膨胀珍珠岩、膨胀蛭石、颗粒状石棉、泡沫塑料等。

② 保护层 供热管道保护层的作用主要是防止保温层的机械损伤和水分侵入，有时它还起到美化保温结构外观的作用。保护层是保证保温结构性能和寿命的重要组成部分，应具有足够的机械强度和必要的防水性能。

根据保护层所用材料和施工方法不同，可分为以下三类：涂抹式保护层，金属保护层，毡、布类保护层。

涂抹式保护层是将塑性泥团状的材料涂抹在保温层上。常用的材料有石棉水泥砂浆、沥青胶泥等。涂抹式保护层造价较低，但施工进度慢，需要分层涂抹。

金属保护层一般采用镀锌钢板或不镀锌的黑薄钢板，也可采用薄铝板、铝合金板等材料做保护层。金属保护层结构简单、重量轻、使用寿命长，但造价较高，易受化学腐蚀，只适宜在架空敷设时使用。

毡、布类保护层材料具有较好的防水性能，施工比较方便，近年来得到广泛的应用。常用的材料有玻璃布沥青油毡、铝箔、玻璃钢等。这类材料长期遭受日光暴晒容易老化断裂，宜在室内或地沟管道上使用。

参考文献

［1］ 中华人民共和国住房和城乡建设部．建筑制图标准（GB/T 50104—2010）［S］．北京：中国计划出版社，2010.
［2］ 中华人民共和国住房和城乡建设部．建筑工程抗震设防分类标准（GB 50223—2008）［S］．北京：中国建筑工业出版社，2008.
［3］ 中华人民共和国住房和城乡建设部．房屋建筑制图统一标准（GB/T 50001—2017）［S］．北京：中国建筑工业出版社，2017.
［4］ 中国建筑标准设计研究院．多、高层民用建筑钢结构节点构造详图（16G519）［S］．北京：中国计划出版社，2016.
［5］ 中国建筑标准设计研究院．钢结构连接施工图示（焊接连接）（15G909-1）［S］．北京：中国计划出版社，2015.
［6］ 中国京冶建设工程承包公司．钢与混凝土组合楼（屋）盖结构构造（05SG522）［S］．北京：中国计划出版社，2005.
［7］ 中华人民共和国住房和城乡建设部．民用建筑设计统一标准（GB 50352—2019）［S］．北京：中国建筑工业出版社，2019.
［8］ 浙江省住房和城乡建设厅．建筑电气工程施工质量验收规范（GB 50303—2015）［S］．北京：中国计划出版社，2016.
［9］ 中华人民共和国住房和城乡建设部．民用建筑供暖通风与空气调节设计规范（GB 50736—2012）［S］．北京：中国建筑工业出版社，2012.
［10］ 钟静，杨发青．建筑工程识图与构造一本通［M］．合肥：安徽科学技术出版社，2019.
［11］ 蔡小玲，陈冬苗．建筑工程识图与构造实训［M］．北京：化学工业出版社，2018.
［12］ 罗雪，高露．建筑识图与构造［M］．北京：北京理工大学出版社，2017.
［13］ 肖启荣，何飞．建筑识图与房屋构造［M］．成都：电子科技大学出版社，2016.
［14］ 张建荣，郑晟．装配式混凝土建筑识图与构造［M］．上海：上海交通大学出版社，2017.
［15］ 马军卫．装饰装修工程施工图识读［M］．北京：中国建材工业出版社，2015.
［16］ 歆静．详解室内外装修施工图识读与制图［M］．北京：机械工业出版社，2019.
［17］ 马瑞强．钢结构构造与识图［M］．北京：人民交通出版社，2020.
［18］ 任媛，王青沙．钢结构构造与识图［M］．武汉：武汉大学出版社，2016.
［19］ 郭喜庚．安装工程识图与构造［M］．北京：北京理工大学出版社，2018.
［20］ 胡婧．安装工程识图与构造［M］．北京：北京理工大学出版社，2018.